연산증폭기(Op Amp)를 사용한

아날로그 회로 설계 기술

工學博士 尹 德 鏞 著

연산증폭기란 무엇인가?
연산증폭기의 역사 및 분류
연산증폭기의 주요 모델에 대한 사양 비교
연산증폭기의 이상적 특성 및 실제 특성

아날로그 회로의 주요 특성
R, L, C 소자에 대한 상세한 이해
아날로그 회로의 해석에 필요한 이론 정리

연산증폭기를 사용한 비교기 회로의 설계 기술
연산증폭기를 사용한 증폭기 회로의 설계 기술
연산증폭기를 사용한 능동필터 회로의 설계 기술
연산증폭기를 사용한 기타 회로의 설계 기술
디지털/아날로그 인터페이스 회로의 설계 기술
정전압 직류 전원 회로의 설계 기술

/ 전면 컬러 인쇄 /

도서출판 Ohm사

이 책의 내용에 관하여 기술적인 문의 사항이 있는 분은 아래와 같이 본사의 인터넷 웹사이트 또는 저자의 네이버 카페에 공개적으로 질문하여 주시면 저자가 직접 신속하고 정확하게 답변해 드리겠습니다. 그러나, 어떤 경우에도 이 책에 관한 기술적인 문제를 저자에게 개인적으로 전화나 메일을 이용하여 질문하시는 것은 정중히 사절합니다.

◉ 본사 웹사이트 : http://www.ohm.co.kr/ 및 http://www.rnckit.com/
◉ 본사 E-mail : ohm@ohm.co.kr
◉ 저자 웹사이트 : https://cafe.naver.com/mcu32bit/
◉ 저자 E-mail : yoon3mcu@naver.com

머 리 말

현재의 시대를 특징적으로 지칭하는 대표적인 표현 중의 하나는 디지털 시대라는 것이다. 이 때문에 공과대학의 전기공학과, 전자공학과, 제어계측공학과, 정보통신공학과 등의 IT 분야 학과에서는 모든 교육과정을 디지털 분야에 초점을 맞추어 편성하고 있으며, 그것의 당연한 결과로 디지털 지식과 기술에 지나치게 편중되어 교육된 인력들이 매년 압도적인 비중으로 많이 배출되고 있다. 그러나, 우리가 현재 살고 있고 앞으로도 살아갈 이 세상은 모두 아날로그 구조로 이루어져 있으며, 따라서 디지털 기술을 사용하는 장비가 존재하기 위해서는 반드시 우리의 아날로그 세상과 디지털 장비를 연결하는 인터페이스 회로가 필요하게 된다. 그런 이유로 본 저자는 당연히 IT 분야의 학과에서 현재보다는 아날로그 회로 분야의 교육 비중이 좀더 높아져야 한다고 강조하고 싶다. 아날로그 기술의 바탕이 전제되지 않는 디지털 기술은 편협되고 허약하기 때문이다.

본 저자는 평생동안 제어계측공학과의 교수로 재직하면서 일찍이 이러한 상황을 깨달아서 "아날로그 회로 설계"라는 교과목을 개설하고 강의해왔다. 특별히 제어계측공학과이기 때문에 더욱 그러하기도 하였으나, 모든 IT 분야의 학과로 범위를 넓혀서 보더라도 이것은 매우 절실하게 요구되는 사항이라고 판단된다. 기업체에서 연구개발자로 일하는 엔지니어들도 디지털 회로 설계 지식은 충분한데 아날로그 회로 설계 능력이 부족하여 애로를 겪는 경우를 너무나도 자주 본다. 그 원인을 찾아보면 근본적으로 공과대학에서 지나치게 디지털 분야에만 편중하여 교육하고 있기 때문에 발생하는 일이다. 주지하다시피 아날로그 회로는 디지털 회로에 비하여 훨씬 더 정교하고 세심하게 설계되어야 한다. 아날로그 회로는 디지털 회로에 비하여 주위의 온도, 습도, 압력, 전원전압, 잡음 등에 영향을 받기 쉽고, 그러한 사용 환경이 아날로그 회로의 동작에 미치는 영향이 매우 크다. 이러한 아날로그 회로 설계 기술은 현재처럼 다른 교과목에 부분적으로 끼워 넣어 조금씩 단편적으로 교육하는 것은 바람직하지 않으며 독립적인 교과목으로 편성하여 보다 깊이 있게 가르쳐야 한다.

아날로그 회로 설계는 대부분의 경우 연산증폭기(Op Amp ; Operational Amplifier)를 중심으로 저항, 커패시터, 인덕터 등의 소자를 결합하여 사용하며, 그밖에 여러가지의 선형 반도체(linear IC)들이 추가로 사용되기도 하고, 경우에 따라서는 여기에 바이폴라 트랜지스터나 MOSFET, 다이오드 등의 개별 반도체 소자가 추가되어 사용되기도 한다. 이 때문에 아날로그 회로 설계는 곧 연산증폭기의 원리와 응용 기술을 공부하는 교과목이라고 간주해도 무방할 것이다. 이 책에서는 연산증폭기를 원리적으로 이해하고 이를 응용하여 여러가지의 아날로그 회로를 설계하는 기술을 체계적으로 공부할 수 있도록 설명한다. 이 내용들은 대부분 저자가 평생동안 제어계측공학과에서 강의하였던 내용과 각종 연구개발 과제 및 산업체의 제품 개발에 적용하였던 실무적이고 실용적인 기술을 망라하여 정리한 것이다. 이 책은 대학 및 전문대학의 IT 관련 학과에서 교재로 사용할 수도 있고, 산업체에서 연구개발자로 일하고 있는 현직 엔지니어들의 기술 학습 도서로도 유용하게 사용될 수 있을 것이다.

어려운 여건 속에서도 이 책을 출판해 수신 도서출판 Ohm사의 이상호 사장님과 직원 여러분에게 감사드리는 바이다.

2025년 10월 天安에서 저자 윤덕용(尹德鏞) 씀

◈ 참고 문헌 ◈

[1] Albert Malvino, David Bates and Patrick Hoppe, "Electronic Principles(9th Ed.)", McGraw-Hill, 2020.
[2] Robert F. Coughlin, Frederick F. Driscoll, "Operational Amplifiers & Linear Integrated Circuits(6th Ed.)", Prentice Hall, 2001.
[3] Ramakant A. Gayakwad, "Op-Amps and Linear Integrated Circuits(4th Ed.)", Prentice Hall, 2000.
[4] James M. Fiore, "Operational Amplifiers & Linear Integrated Circuits(3rd Ed.)", free PDF book, 2021.
[5] 최권희, "연산증폭기 회로설계 및 응용", 청문각, 2004.
[6] 박인규, "아날로그 응용전자회로 설계", 홍릉과학출판사, 2010.

◈ 저자 소개 ◈

(1) 학력

1981. 2. 서울대학교 전기공학과 졸업
1983. 2. 서울대학교 대학원 전기공학과 졸업(공학석사)
1995. 2. 단국대학교 대학원 전기공학과 졸업(공학박사)

(2) 주요 경력

1982.12.~1984. 5. 삼성전자(주) 종합연구소 근무
1984. 6.~1985. 2. (주)한독 컴퓨터기술연구소 근무
1985. 3.~2006. 2. 국립 천안공업대학 전자계산기과/제어계측과 교수
2005. 3.~2023. 8. 국립 공주대학교 천안공과대학 전기전자제어공학부 교수 (현재는 동대학 명예교수)

(3) 저서

마이크로프로세서 응용실습 (1988, 자유아카데미)
16비트 마이크로프로세서 및 IBM PC 하드웨어 입문 (1991, 조원사)
마이크로프로세서 응용 -Z80 MASTER- (1998, Ohm사)
DSP 마스터 시리즈 ① - TMS320C31 마스터 (1998, Ohm사)
DSP 마스터 시리즈 ② - TMS320C32 마스터 (1999, Ohm사)
어셈블리와 C언어로 익히는 80C196KC 마스터(I) (2000, Ohm사)
어셈블리와 C언어로 익히는 80C196KC 마스터(II) (2000, Ohm사)
어셈블리와 C언어로 익히는 8051 마스터 (2001, Ohm사)
어셈블리와 C언어로 익히는 AT89S52 마스터 (2006, Ohm사)
프로세서 응용 시리즈 ① - LCD 모듈의 철저 활용 (2002, Ohm사)
프로세서 응용 시리즈 ② - LCD 모듈 활용 마스터 (2004, Ohm사)
프로세서 응용 시리즈 ③ - ATmega128을 활용한 졸업작품 만들기(I) (2005, Ohm사)
프로세서 응용 시리즈 ④ - 졸업작품 만들기(VII) TFT-LCD 모듈 활용 마스터 (2009, Ohm사)
AVR 마스터 시리즈 ① - AVR ATmega128 마스터 (2004, Ohm사)
AVR 마스터 시리즈 ② - AVR ATmega162 마스터 (2004, Ohm사)
AVR 마스터 시리즈 ③ - AVR ATmega8515 마스터 (2004, Ohm사)
고성능 AVR 정복 시리즈 ① - AVR ATmega128 정복 (2006, Ohm사)
고성능 AVR 정복 시리즈 ② - AVR ATmega1281/2561 정복 (2006, Ohm사)
고성능 AVR 정복 시리즈 ③ - AVR ATmega1280/2560 정복 (2006, Ohm사)
고성능 AVR 정복 시리즈 ④ - AVR ATxmega 패밀리 정복 (2010, Ohm사)
고성능 AVR 정복 시리즈 ⑤ - AVR ATmega128A 바이블 (2011, Ohm사)
고성능 AVR 정복 시리즈 ⑥ - AVR ATmega128A 바이블2 (2020, Ohm사)
고성능 AVR 정복 시리즈 ⑦ - 8비트 MCU AVR128DA64 정복 (2022, Ohm사)
ARM 시작하기 시리즈 ① - ARM7TDMI AT91SAM7S256으로 시작하기 (2007, Ohm사)
ARM 시작하기 시리즈 ② - ARM Cortex-M0 STM32F051 마스터 (2013, Ohm사)
NXP사의 ARM Cortex-M0+ MKL25Z128VLK4 활용 (2016, Ohm사)
ARM Cortex-M 시리즈 ① - ARM Cortex-M0 STM32F091 정복 (2016, Ohm사)
ARM Cortex-M 시리즈 ② - ARM Cortex-M7 STM32F767 정복 (2017, Ohm사)
ARM Cortex-M 시리즈 ③ - ARM Cortex-M3 STM32F103 정복 (2018, Ohm사)
실용 모터제어 시리즈 ① - 직류전동기 제어 기술 (2015, Ohm사)
실용 모터제어 시리즈 ② - BLDC 모터 제어 기술 (2015, Ohm사)
실용 모터제어 시리즈 ③ - 유도전동기 벡터제어 기술 (2019, Ohm사)
연산증폭기(Op Amp)를 사용한 아날로그 회로 설계 기술(2025, Ohm사)

차 례

제 1 장 연산증폭기 입문

제 2 장 아날로그 비교기 회로

제 3 장 증폭기 회로

제 4 장 여러가지 아날로그 회로

제 5 장 능동필터 회로

제 6 장 아날로그 인터페이스 회로

제1장
연산증폭기 입문

1.1 연산증폭기의 개요
1.2 아날로그 회로 및 관련 소자
1.3 아날로그 회로 해석에 필요한 이론

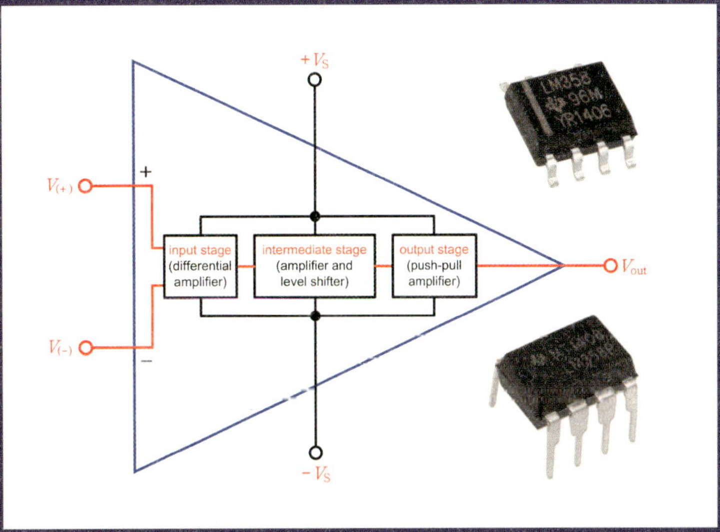

이 장에서는 이 책에서 연산증폭기를 공부하는 입문 과정으로서 이에 필요한 기초 사항을 먼저 정리하여 설명한다. 제1.1절에서는 연산증폭기가 무엇이며, 이것이 어떻게 탄생되어 지금까지 어떻게 발전되어 왔는지 그 과정도 알아보고, 연산증폭기의 이상적인 특성과 현실적인 연산증폭기의 특성을 비교 설명한 후에 마지막으로 연산증폭기에 관련된 주요 기술용어들을 총정리한다.

이어서 제1.2절에서는 아날로그 회로가 IT 분야에서 어떻게 사용되고 있는지 살펴보고, 이것을 공부하는 방법을 제시하며, 연산증폭기와 함께 아날로그 회로에 널리 사용되는 3대 수동 소자인 저항(R), 커패시터(C), 인덕터(L)에 대하여 알아봄으로써 아날로그 회로 설계 엔지니어로서의 기본 지식을 갖추도록 한다.

마지막으로 제1.3절에서는 아날로그 회로를 해석하는데 바탕이 되는 이론들을 요약하여 설명하는데, 여기서는 오옴의 법칙, 키르히호프의 법칙, 중첩의 원리, 테브난의 정리와 노턴의 정리 들을 다룬다.

연산증폭기 회로를 공부하려면 실제로 연산증폭기 IC 소자는 물론이고 이들 R, L, C소자와 다이오드, 트랜지스터, 각종 센서 등과 같은 여러가지의 소자를 준비하여 이들을 조합한 회로를 실제로 구성하고, 이 회로의 동작 원리를 이해하면서 디지털 멀티미터나 오실로스코프와 같은 계측기로 아날로그 값이나 동작 파형을 측정하여 보는 경험을 많이 쌓는 것이 필요하다. 그러나, 이러한 과정을 겪는데 따른 시간적, 공간적, 경제적 부담을 줄이려면 퍼스널컴퓨터에서 전용의 소프트웨어를 사용하여 아날로그 회로의 동작을 시뮬레이션하는 방법을 사용하는 것이 좋다.

1.1 연산증폭기의 개요

이 절에서는 연산증폭기가 무엇이며, 언제 어떻게 탄생하여 오늘에 이르게 되었는지, 그리고 어떤 종류와 제품들이 있는지 등 연산증폭기의 전반에 대한 개요를 알아보기로 한다.

1. 연산증폭기란 무엇인가?

연산증폭기(Op Amp ; Operational Amplifier)는 고이득의 직류전압 증폭기에 해당하는 아날로그 회로를 하나의 반도체 소자(IC ; Integrated Circuits)에 집어넣어 누구나 이를 쉽고 간편하며 안정적으로 사용할 수 있도록 만든 전자 부품이다. 이것의 내부는 상당히 많은 트랜지스터와 다이오드, 저항, 커패시터 등의 회로 소자로 구성되어 있는데, 여기서 2개의 아날로그 입력단자로 구성되는 입력부는 접지 전위(ground potential)와 무관하게 동작하는 차동증폭기(differential amplifier)의 구조를 가지며, 1개의 아날로그 출력단자로 구성되는 출력부는 접지 전위를 기준으로 하는 싱글 엔드 신호를 출력(single-ended output)한다. 연산증폭기의 전원은 일반적으로 크기는 같고 극성이 서로 반대인 양(+)전압과 음(-)전압을 사용한다. <그림 1.1.1>에 일반 증폭기와 연산증폭기의 기본 구조를 비교하여 보였다.

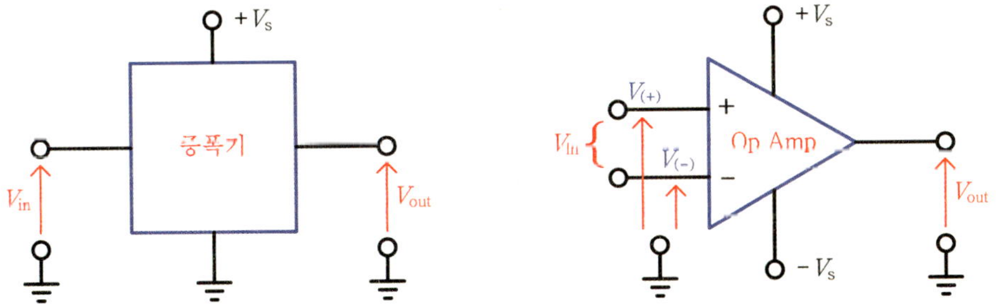

(a) 일반 증폭기 (b) 연산증폭기

<그림 1.1.1> 일반 증폭기와 연산증폭기의 기본 구조

직류증폭기는 직류 신호나 교류 신호를 모두 증폭할 수 있으며, 이에 비하여 교류증폭기는 교류 신호만을 증폭할 수 있다는 점에 유의해야 한다. 우리가 현실적으로 트랜지스터 등을 사용하여 필요한 직류증폭기를 설계하는 것은 생각보다 상당히 어려운 작업이다. 증폭률이나 입출력 임피던스와 같은 성능을 사용자가 원하는 대로 정확하게 나타내도록 설계하는 것도 물론 어렵고, 이 회로가 여러가지의 환경 조건에서 일정한 특성을 가지면서 안정적으로 동작하도록 설계하는 것은 더욱 어렵다. 그러나, 연산증폭기를 1개의 소자처럼 사용하면

사용자가 원하는 아날로그 회로를 매우 쉽게 설계할 수 있으며 그 회로는 주어진 조건에서 안정적으로 동작하는 것이 보장된다.

이와 같이 연산증폭기는 복잡한 내부 회로로 구성되어 있지만, 이것은 수많은 아날로그 회로를 설계하는데 필요한 빌딩 블록(building block)으로서 광범위하게 사용된다. 디지털 회로에서 AND 게이트나 OR 게이트가 하나의 디지털 기본 소자인 것처럼 취급되듯이 연산증폭기는 아날로그 회로에서 기본적으로 사용하는 하나의 아날로그 소자로 생각할 수 있다. 사용자가 연산증폭기에 저항, 커패시터, 인덕터, 다이오드 등을 결합하면 수많은 종류의 아날로그 회로를 쉽게 설계할 수 있으므로 오늘날 연산증폭기를 사용하지 않고 아날로그 회로를 설계하는 것은 상상하기 어렵다. 이것은 현재의 디지털 시대가 도래하기 훨씬 전의 아날로그 시대에 덧셈, 뺄셈, 곱셈, 나눗셈, 미분, 적분 등과 같은 여러가지의 아날로그 연산에 주로 사용되었으므로 이와 같은 이름을 갖게 되었지만, 현재는 이것이 증폭기 이외에도 매우 다양한 아날로그 회로에 널리 사용되고 있으므로 연산증폭기(operational amplifier)라기보다는 그냥 범용 아날로그 증폭기(analog amplifier)라는 이름이 더 어울리며, 수많은 아날로그 반도체 소자(analog IC) 또는 선형 반도체 소자(linear IC)의 일종에 해당한다.

2. 연산증폭기의 탄생과 역사

(1) 연산증폭기의 탄생

세계 최초의 연산증폭기는 1941년에 벨연구소의 Karl D. Swartzel Jr.가 제안한 특허 “Summing Amplifier”로 탄생하였으며, 그로부터 몇년이 지난 1947년에 John R. Ragazzinni가 발표한 “Analysis of Problems in Dynamics by Electronic Circuits”라는 논문에서 처음으로 “operational amplifier”라는 용어가 사용되었다. 그러나, 최초의 상업용 연산증폭기 제품은 이로부터 다시 몇년이 지난 1953년에 George A. Philbrick 연구소에 의해서 만들어진 K2-W라는 모델인데, 그 당시에는 트랜지스터가 발명되기는 했으나 아직 널리 사용되기 전이었으므로 이때까지의 모든 연산증폭기는 진공관을 사용하여 만들었다.

(2) 연산증폭기의 발전사

이후에는 반도체 트랜지스터를 사용하여 연산증폭기를 만들려는 노력이 지속적으로 이루어졌는데, 마침내 1963년에 Fairchild사에서 Bob Widlar가 개발한 최초의 IC화된 연산증폭기 μA702를 출시하였다. 이것은 그 이전의 진공관 방식에 비하여 매우 획기적인 특성을 가지고 있었으나, +12V와 -6V라는 불평형 전원전압을 사용하였고 동작의 안정성이 상당히 떨어지는 문제가 있었다. 그러나, 이러한 단점은 1965년에 같은 회사에서 ±15V 전원을 사용하는 μA709를 출시하면서 대부분 해소되어 본격적인 연산증폭기의 시대가 열리게 되었는데,

이 때문에 오늘날까지 많은 사람들은 연산증폭기 IC의 효시가 μA709라고 말하고 있다.

1967년에 National Semiconductor사가 출시한 LM101은 과전류 보호 기능을 가지고 있어서 제품이 훨씬 안정화되었으며, 외부에 주파수 보상용 커패시터를 사용하도록 되어 있었다. 또한, 1968년에 Fairchild사에서 출시한 μA741은 LM101과 매우 유사한 성능을 갖지만 주파수 보상용 커패시터를 소자에 내장하여 사용이 좀 더 간편해졌다. 이들 2가지 모델은 연산증폭기의 성능이나 IC의 핀배열을 표준화시키는 역할을 하였으며, 이후 많은 반도체 회사에서 이와 호환되는 모델을 출시하여 오늘날까지 오랜 세월동안 사용되어 오고 있다.

이후에도 연산증폭기는 계속 진화하여 Raytheon사에서 1974년에 최초로 1개의 IC에 2개의 연산증폭기를 내장한 RC4558을 출시하였다. 비슷한 시기에 National Semiconductor에서 출시한 LM358은 1개의 IC 소자에 2개의 연산증폭기를 내장한 Dual 패키지형이며 LM324는 1개의 IC 소자에 무려 4개의 연산증폭기를 내장한 Quad 패키지형인데, 이것들은 -전원을 사용하지 않고 +전원만을 사용하여 동작할 수도 있는 단전원 사용 가능 방식의 경이로운 모델이기도 하였다. 또한, 1970년대 후반에는 입력단에 바이폴라 트랜지스터 대신에 JFET를 사용하여 입력 임피던스를 크게 높이고 동작 속도는 더 빨라진 모델들이 많이 출시되었는데, National Semiconductor사의 LF353이나 Texas Instruments사의 TL081/2/4 등이 그것이다. 그 이후 1980년대에 이르기까지 MOSFET를 사용하여 더욱 특성이 좋아진 모델들도 많이 출시되었는데, 예를 들면 RCA사의 CA3130이 그러한 모델에 해당한다.

이와 같이 1960년대부터 1980년대에 이르기까지 반도체 IC 소자로 만들어진 연산증폭기 모델들은 눈부신 발전을 이루어 왔는데, 이러한 아날로그 반도체 시대를 주도적으로 이끌거나 시대의 흐름에 동참하여 온 주요 아날로그 반도체 회사들을 살펴보면 Fairchild, National Semiconductor, Texas Instruments, Burr-Brown, Analog Devices, RCA, Harris, PMI, Linear Tecnology, Maxim Integrated사 등이 있다.

3. 연산증폭기의 종류

(1) 연산증폭기의 분류

우리의 시각을 좀 넓혀서 살펴보면 연산증폭기는 연산에 사용되는 반도체 소자라기 보다는 아날로그 IC(analog IC) 또는 선형 IC(linear IC)의 일종에 해당하는 반도체 소자로 볼 수 있다. 1963년에서 1965년 사이에 처음으로 연산증폭기 반도체 IC가 탄생한 이후 현재까지 수많은 모델들이 출시되어 다양한 구조와 특성을 가지고 가격 및 성능 경쟁에 참여함에 따라 이것들을 전체적으로 파악하고 이해하기 위해서는 이것들을 유형별로 묶어서 분류하는 것이 좋다. 여기서는 먼저 아날로그 IC를 분류하여 연산증폭기가 어떤 위치에 있는지를 살펴보고, 다음에 이어서 연산증폭기 IC를 여러가지의 측면에서 분류하여 보기로 한다.

▣ 아날로그 IC의 분류

아날로그 IC는 크게 증폭기 계열과 스위칭 계열로 나눌 수 있으며 여기에 기능 회로 계열을 추가할 수 있는데, 각 부분의 실제 소자 예까지 포함하여 이것들을 모두 정리하면 <표 1.1.1>과 같다. 여기서 스위칭 계열이나 기능 회로 계열의 소자에는 많은 경우 아날로그 회로 부분과 디지털 회로 부분을 함께 내장하고 있는데, 이처럼 소자 내부에 아날로그 회로를 포함하는 반도체는 일반적으로 디지털 IC보다는 아날로그 IC로 분류하는 경향이 있다.

<표 1.1.1> 아날로그 IC 소자의 분류

계열	IC 소자	실제 예
증폭기 계열	차동증폭기	INA117, ADA4940-1/2
	연산증폭기	μA741, TLV9101/2/4
	계측용 증폭기	INA115, AD623
	오디오 앰프	LM1876, OPA1611/2
	비디오 앰프	AD829, THS7373
	IF/RF 앰프	BGA2851, QPA7489A
	라디오/TV용 복조회로	MC1496, LA72912V
	아날로그 곱셈기	MPY634, AD834
	아날로그 출력의 센서 앰프	LM35DZ, ALS31001
	정전압 리니어 레귤레이터	LM7805, LM1117-33
스위칭 계열	아날로그 비교기	LM311, LM339
	아날로그 스위치	DG721/2/3, TMUX1136
	A/D 컨버터	ADC0800/4/8, MCP3201/2/4/8
	D/A 컨버터	DAC0800, MCP4921/2
	디지털 출력의 센서 앰프	SHT85, APS12205
	타이머	NE555, NE556
	정전압 스위칭 레귤레이터	LM2575-5, MC34063
기능 회로 계열	PLL 회로	CD4046, TLC2933A
	펑션 제너레이터	XR-2206, AD5930
	톤 디코더	XR-2211, NE567
	AC/DC 전력 측정	ACS71020, CS5463, MCP39F511

▣ 동작 특성에 따른 분류

연산증폭기를 동작 특성이나 그를 바탕으로 하는 용도에 따라 다음과 같이 여러가지로 분류할 수 있다.

◎ 일반형(범용) - 일반형은 특정한 용도가 아니라 다양한 아날로그 회로에 널리 사용할 수 있도록 만든 연산증폭기로서 대역폭은 1MHz 이하로 낮고 슬루율도 0.5V/μs로 낮아서 다소 느린 편이지만 동작의 안정성이 높다는 특징이 있다. 전원 전압은 대체로 ±3~±18V 정도에서 동작하며, 단전원이 가능한 모델에서는 6~36V 정도의 전압에서 동작한다.

◎ 고정밀형 - 고정밀형은 입력 오프셋 전압이 0.5mV 이하로 작고, 입력 바이어스 전류와 오프셋 전류도 매우 작으며, 잡음 발생과 온도 드리프트가 적어서 센서의 출력신호와 같은 미소 신호를 증폭하는데 적합한 연산증폭기이다.

◎ 광대역형 - 광대역형은 주파수 대역폭이 6.5MHz 이상으로 높아서 수백 MHz에 이르는 것까지 있을 정도로 고속으로 동작하는 연산증폭기이다.

◎ 미소 전류형 - 미소 전류형은 입력 바이어스 전류가 0.1nA 이하로 작아서 이상적인 입력 특성에 더 가깝도록 설계된 연산증폭기이다.

◎ 저잡음형 - 저잡음형은 주파수에 따른 노이즈 발생이 10nV/√Hz 이하로 작아서 입력신호의 주파수가 높아지더라도 잡음 발생이 적은 연산증폭기이다.

◎ 저전압형 - 저전압형은 동작 전원이 양전원을 사용할 경우 ±2~±8V, 단전원의 경우 4~16V 정도로 낮은 전압에서 동작하도록 설계된 연산증폭기이다. 주로 배터리를 전원으로 사용하는 모바일 기기에 적합하도록 만들어진 것으로서 양전원 방식 뿐만 아니라 단전원 방식으로 동작할 수도 있는 것이 많다.

◎ 저전력형 - 저전력형은 소자의 동작 전류가 1mA 이하로 작아서 소비전력이 매우 적은 연산증폭기이다. 요즈음은 전원 단자의 전류가 수십 μA까지 작아진 초저전력형의 제품까지 출시되고 있다.

◎ 오디오 전력증폭기형 - 이것은 오디오 신호를 증폭하여 스피커에 공급하기 위한 전력용 연산증폭기인데, 단일 전원으로 동작하는 경우가 많으며 출력 용량은 0.2~100W로 상당히 다양하다.

◎ 전력용 연산증폭기 - 이것은 크게 2가지 종류로 나누어지는데, 하나는 전원전압 범위가 ±수십V를 넘는 정도의 고전압형이고, 또 하나는 출력전류 용량이 ±수A를 넘는 정도의 대전류형이다. 이런 연산증폭기들은 오디오 증폭기, 소형 직류전동기 구동회로, 초음파 진동자 구동회로 등 다양한 전력제어 회로에 사용되고 있다.

◎ rail-to-rail형 - 일반적으로 연산증폭기에서 입력신호로 사용할 수 있는 전압이나 출력단자로 출력할 수 있는 신호의 전압은 전원전압에 비하여 1.5~2V 정도만큼 작다. 그러나, rail-to-rail형의 연산증폭기는 이를 입출력 신호의 크기가 전원전압 범위까지 가능하도록 개선된 제품이다. 출력단에서만 이런 특징을 갖는 소자를 RRO(rail-to-rail output)형이라고 하고, 입력단과 출력단에서 모두 이런 특징을 갖는 소자를 RRIO(rail-to-rail input/output)형이라고 부른다.

▣ IC의 외형 패키지에 따른 분류

연산증폭기를 IC 소자의 외부 패키지(package)에 따라 분류하면 <표 1.1.2>와 같은 종류가 있다. 초기에는 TO-5-8, TO-39-8, TO-99-8형 금속 캔(metal can) 패키지나 플라스틱 DIP(Dual In-line Package)형 소자가 널리 사용되었으나, 현재는 SOT 23-5(Small Outline Transistor), SOIC(Small Outline Integrated Circuit), QFN(Quad Flat No-lead Package) 등과 같이 소형 SMD(Surface-Mounted Device) 방식의 패키지가 널리 사용되고 있다.

<표 1.1.2> 연산증폭기 IC에 사용되는 여러가지 패키지

패키지 이름	TO-99 metal can	plastic DIP	SOT-23-5 SMD	SOIC SMD	QFN SMD
핀수	8	8, 14	5	8, 14	14, 16
내장 회로수	1, 2	1, 2, 4	1	1, 2, 4	4
외형도					

■ **내장된 회로 수에 따른 분류**

연산증폭기를 1개의 반도체 IC 소자에 내장된 회로 수에 따라 분류하면 <그림 1.1.2>에 보인 것처럼 1개가 들어있는 싱글형(single package), 2개가 들어있는 듀얼형(dual package), 4개가 들어있는 쿼드형(quad package)이 있다.

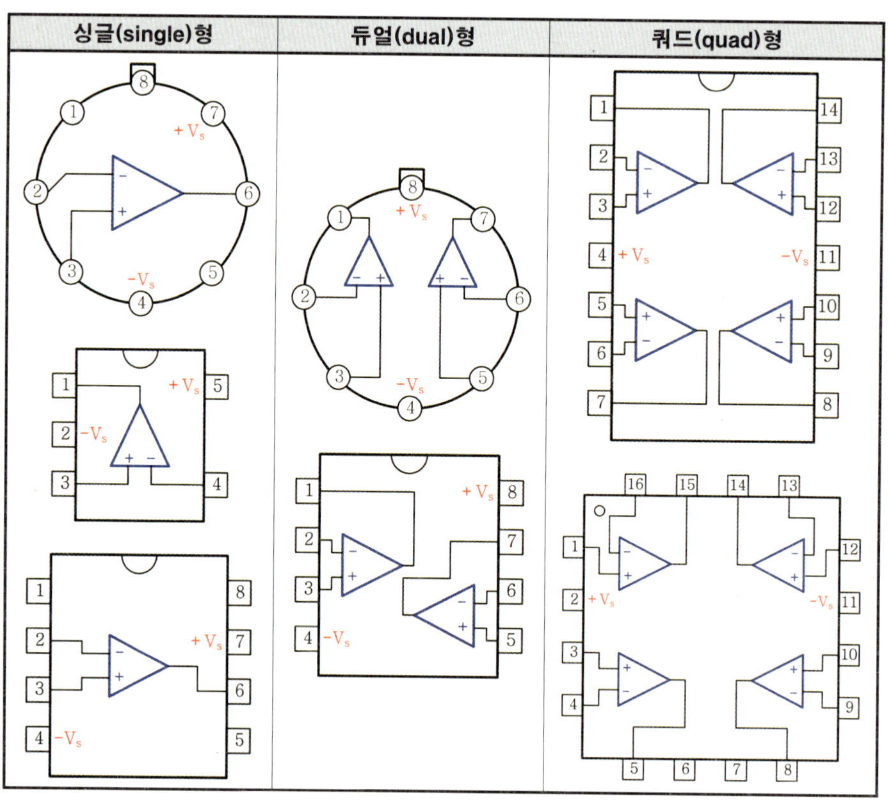

<그림 1.1.2> 연산증폭기 IC 소자에 내장되는 회로 수(Top View)

■ 입력단 회로에 따른 분류

연산증폭기를 입력단에 사용된 트랜지스터의 구조 또는 종류에 따라 분류하면 바이폴라형, Bi-FET형, Bi-MOS형으로 나눌 수 있다.

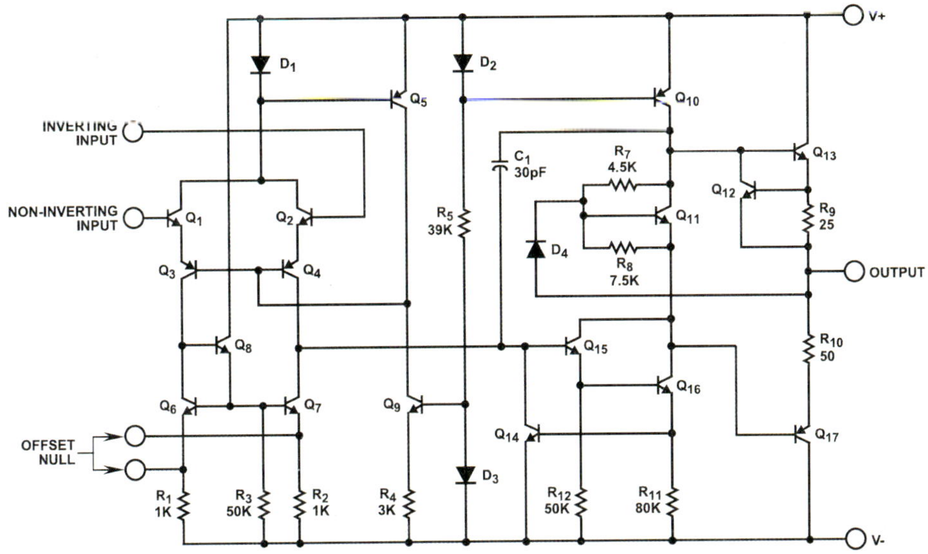

<그림 1.1.3> 바이폴라형 연산증폭기와 내부 회로(LM741의 경우)

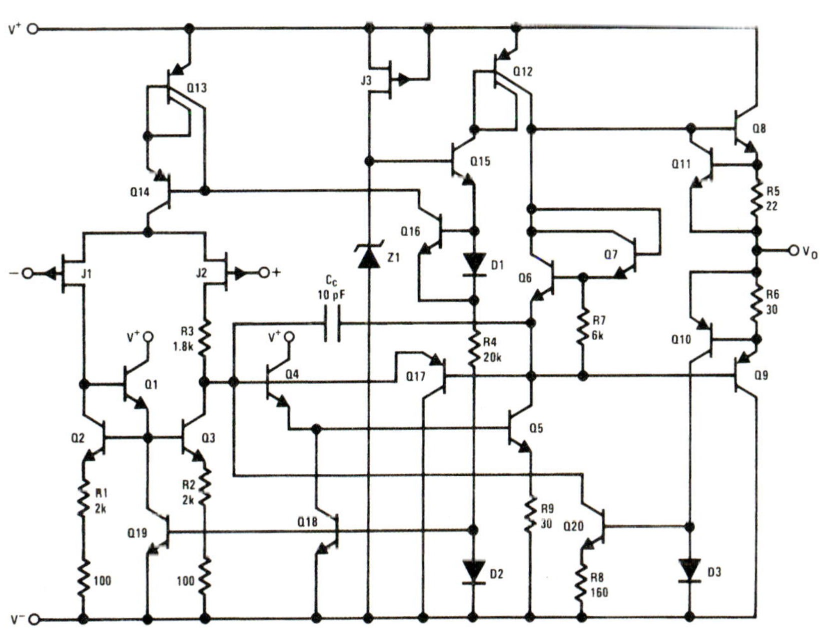

<그림 1.1.4> Bi-FET형 연산증폭기와 내부 회로(TL082의 경우)

바이폴라형은 연산증폭기의 초창기부터 널리 사용되었던 방식으로서 소자 내부의 모든 트랜지스터를 바이폴라형으로 사용한 것이다. <그림 1.1.3>에 바이폴라형 연산증폭기의 내부 회로를 보였는데, 이것은 대표적으로 LM741 모델의 경우를 선정한 것이다.

Bi-FET형은 전체적으로 바이폴라 트랜지스터를 기본으로 사용하되 입력단 차동 증폭기의 일부 회로에 JFET를 사용하여 입력 임피던스를 더욱 크게 하고 동작 속도를 빠르게 처리한 것이며, Bi-MOS형은 입력단에 MOSFET를 사용하여 이들 성능을 더욱 개선한 것인데, 이것들의 내부 회로를 각각 <그림 1.1.4>와 <그림 1.1.5>에 보였다.

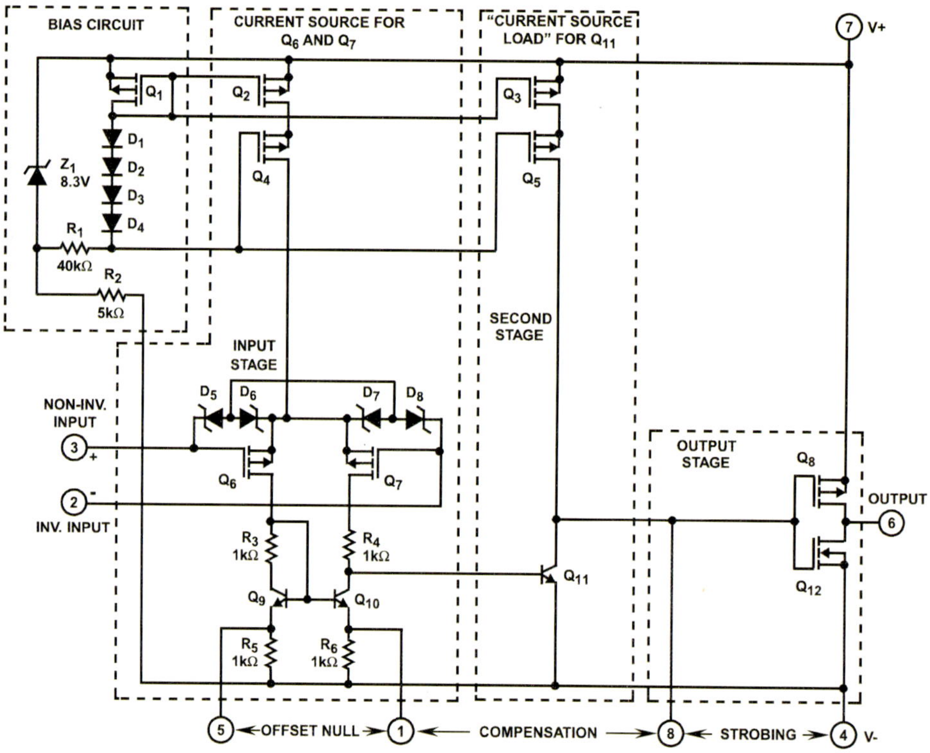

<그림 1.1.5> Bi-MOS형 연산증폭기와 내부 회로(CA3130의 경우)

(2) 연산증폭기의 대표적인 모델

현재까지 연산증폭기 IC 소자는 이루 헤아릴 수 없을 어려울 정도로 많은 모델이 출시되어 시장에서 경쟁하고 있다. 이중에서 연산증폭기의 발전사에서 나름대로 중요한 의미를 가지고 있거나 또는 지금도 시장에서 쉽게 구입할 수 있어서 널리 사용되고 있는 대표적인 모델들을 정리하여 보면 <표 1.1.3>과 같다. 또한, 특별히 최근에 사용이 급증하면서 각광을 받고 있는 rail-to-rail형의 연산증폭기만을 따로 정리하면 <표 1.1.4>와 같다.

<표 1.1.3> 일반 연산증폭기 IC의 종류 및 사양 비교

모델명	단전원 [V]	양전원 [V]	내장 회로 수	IC 핀수	개루프 증폭률 [V/mV]	밴드폭 [MHz]	슬루 레이트 [V/μs]	CMRR [dB]	오프셋 전압 [mV]	출력 전류 [mA]	비 고
μA709		±18	1	8, 14	45		0.25	110	1*		가장 오래된 고전적 모델
LM741/741C		±22/±18	1	8	200	1.5	0.5	95	1*	25	아주 오래된 고전적 모델
LM747/747C		±22/±18	2	14	200	1.5	0.5	90	1*	25	2개의 LM741 내장형
LM348		±18	4	14	160	1	0.5	90	1	25	4개의 LM741 내장형
LM748		±5～±20	1	8	160			90	1*		아주 오래된 범용
LM776		±1.2～±18	1	8	400		0.8	90	2*		아주 오래된 범용
LM301A		±18	1	8	160		10	90	2*		외부 보상형
LM308		±2～±18	1	8	300			100	2*		아주 오래된 범용
LM318		±5～±20	1	8	200	15	70	100	4*		아주 오래된 고속형
LM321	3～30	±2.5～±15	1	5	100	1	0.4	85	2	20	단전원 사용 가능형
LM324A	3～30	±2.5～±15	4	14	100	1.2	0.5	80	3	40	단전원 사용 가능형
LM358A	3～30	±2.5～±15	2	8	100	0.7	0.3	80	3	40	단전원 사용 가능형
LM380	10～22		1	14	50V/V	0.1				1.3A	오디오 2.5W 파워앰프용
LM384	12～26		1	14	50V/V	0.45				1.3A	오디오 5W 파워앰프용
LM833		±5～±18	2	8	110	16	7	100	0.15	29	오디오 프리앰프용
LM1458/1558		±18	2	8				90	1		범용 모델
LM2902/4	3～26	±2.5～±13	4/2	14/8	100	1.2	0.5	80	3	40	단전원 사용 가능형
LM2900/3900	4.5～32	±2.2～±16	4	14	2.8	2.5	0.5			10	단전원 사용 가능형
CA3130	5～16	±2.5～±8	1	8	320	15	30	90	8*	20	Bi-MOS형
CA3140	4～36	±2～±18	1	8	100	4.5	9	90	5*	18	Bi-MOS형
CA3160	5～16	±2.5～±8	1	8	320	4	10	90	6*	20	Bi-MOS형
RC4558		±5～±18	2	8	300	3	0.8	100	2		범용 모델
LF347		±3.5～±18	4	14	100	3	13	100	5		Bi-FET형
LF351		±3.5～±18	1	8	100	4	13	100	5*		Bi-FET형
LF353		±3.5～±18	2	8	100	3	13	100	5		Bi-FET형
LF356		±18	1	8	200	5	12	100	3*		Bi-FET형
LF411		±3.5～±18	1	8	200	3	13	100	0.8*		Bi-FET형
LF412		±3.5～±18	2	8	200	3	13	100	1		Bi-FET형
LF444		±18	4	14	100	1	1	95	3		저전력 Bi-FET형
TL061/2/4		±5～±18	1/2/4	8/8/14	6	1	3.5	86	3		저전력 Bi-FET형
TL071/2/4	4.5～40	±2.5～±20	1/2/4	8/8/14	200	5.25	20	100	3		저잡음 Bi-FET형
TL081/2/4	4.5～40	±2.5～±20	1/2/4	8/8/14	200	5.25	20	86	3		Bi-FET형
TLV2361/2		±1～±2.5	1/2	5/8	80dB	7	3	75	1		고성능, 저전압형
OP07C/D	6～36	±3～±18	1	8	112	0.6	0.3	120	0.06*		고정밀형
OP77E/F		±22	1	8	4000	0.6	0.3	220	0.01*		고정밀형
OP177F/G		±22	1	8	6000	0.6	0.3	140	0.01*		고정밀형
OP727	3～30	±1.5～±15	2	8	2500	0.7	0.2	120	0.03	30	단전원 사용 가능형
OP747	3～30	±1.5～±15	4	14	2500	0.7	0.2	120	0.03	30	단전원 사용 가능형
OP777	3～30	±1.5～±15	1	8	2500	0.7	0.2	120	0.03	30	단전원 사용 가능형
OPA177F/G		±3～±18	1	8	6000	0.6	0.3	140	0.01*		고정밀형
OPA333/2333	1.8～5.5	±0.9～±2.75	1/2	8/8	130dB	0.35	0.16	130	0.002	5	낮은 오프셋 전압형
OPA627	9～36	±4.5～±18	1	8	116dB	16	55	110	0.13	55	고속형, 단전원 가능
OPA637	9～36	±4.5～±18	1	8	116dB	80	135	110	0.13	55	고속형, 단전원 가능
LM321LV	2.7～5.5	±1.35～±1.75	1	5	125dB	1	1.5	92	1	40	저전압형, 단전원 가능
LM324LV	2.7～5.5	±1.35～±1.75	4	14	125dB	1	1.5	92	1	40	저전압형, 단전원 가능
LM358LV	2.7～5.5	±1.35～±1.75	2	8	125dB	1	1.5	92	1	40	저전압형, 단전원 가능
LM2902/4LV	2.7～5.5	±1.35～±1.75	4/2	14/8	110dB	1	1.5	84	1	40	저전압형, 단전원 가능
TLC071/2/4	4.5～16	±2.25～±8	1/2/4	8/8/14	120dB	10	16	95	0.39	100	고속 Bi-MOS형
TLC081/2/4	4.5～16	±2.25～±8	1/2/4	8/8/14	120dB	10	16	110	0.39	100	고속 Bi-MOS형
TLC272	3～16	±1.5～±8	2	8	36	2.2	5.3	85	1.1	30	고성능 MOSFET형

*는 오프셋 전압을 0으로 조정할 수 있는 기능을 제공하는 모델임.

<표 1.1.4> rail-to-rail형 연산증폭기 IC의 종류 및 사항 비교

모델명	단전원 [V]	양전원 [V]	내장 회로 수	IC 핀수	밴드폭 [MHz]	슬루 레이트 [V/μs]	오프셋 전압 [mV]	출력 전류 [mA]	rail-to-rail input	rail-to-rail output	비 고
LMH6642/3/4	2.7~12.8	±1.35~±6.4	1	5	130	135	1	115		○	초고속형, 큰 출력전류
LMV116/8	2.7~12	±1.35~±6	1	5	45	35	1	54		○	초고속형
LMV321	2.7~5.5		1	5	1	1	1.7	40		○	저전압형, 단전원
LMV324	2.7~5.5		4	14	1	1	1.7	40		○	저전압형, 단전원
LMV358	2.7~5.5		2	8	1	1	1.7	40		○	저전압형, 단전원
LMV321A	2.5~5.5	±1.25~±2.75	1	5	1	1.7	1	40		○	저전압형, 단전원 가능
LMV324A	2.5~5.5	±1.25~±2.75	4	14	1	1.7	1	40		○	저전압형, 단전원 가능
LMV358A	2.5~5.5	±1.25~±2.75	2	8	1	1.7	1	40		○	저전압형, 단전원 가능
TLC2252/4	4.4~16	±2.2~±8	2/4	8/14	0.2	0.12	0.2	50		○	고성능 MOSFET형
TLC2262/4	4.4~16	±2.2~±8	2/4	8/14	0.71	0.55	0.3	50		○	고성능 MOSFET형
TLC2272/4	4.4~16	±2.2~±8	2/4	8/14	2.18	3.6	0.3	50		○	고성능 MOSFET형, 고속
TLC4501/2A	4~6	±2~±3	1/2	8	4.7	2.5	0.01	100		○	고정밀 Bi-FET형
TLV271/2/4	2.7~16	±1.35~±8	1/2/4	5/8/14	3	2.4	0.5	12		○	±5V 전원 적합형
TLV2371/2/4	2.7~16	±1.35~±8	1/2/4	5/8/14	3	2.4	2	7	○	○	±5V 전원 적합형
TLV2381/2	2.7~16	±1.35~±8	1/2	5/8	0.16	0.06	0.5	100	○	○	저속형
TLV2451/2/4	2.7~6	±1.35~±3	1/2/4	5/8/14	0.2	0.11	0.25	10	○	○	출력전류 ±10mA
TLV2461/2/4	2.7~6	±1.35~±3	1/2/4	5/8/14	6.4	1.6	0.5	80	○	○	출력전류 ±80mA
TLV2471/2/4	2.7~6	±1.35~±3	1/2/4	5/8/14	2.8	1.5	0.25	35	○	○	출력전류 ±35mA
TLV2621/2/4	2.7~5.5	±1.35~±2.75	1/2/4	5/8/14	11	10	0.25	95		○	고속형(11MHz, 10V/μs)
TLV2631/2/4	2.7~5.5	±1.35~±2.75	1/2/4	5/8/14	9	6	0.25	95		○	고속형(9MHz, 6V/μs)
TLV2771/2/4	2.5~6	±1.25~±3	1/2/4	5/8/14	5.1	10.5	0.5	50		○	고속형(5.1MHz, 10.5V/μs)
TLV2761/2/4	1.8~3.6	±0.8~±1.8	1/2/4	5/8/14	0.5	0.22	0.55	10	○	○	저전압형
TLV2781/2/4	1.8~3.6	±0.9~±1.8	1/2/4	5/8/14	8	4.8	0.25	35	○	○	저전압형
TLV6741/2	1.8~5.5	±0.9~±2.75	1/2	5/8	10	4.5	0.15	68		○	고속형(10MHz, 4.5V/μs)
TLV9001/2/4	1.8~5.5	±0.9~±2.75	1/2/4	5/8/14	1	2	0.4	40	○	○	저전압형
TLV9041/2/4	1.2~5.5	±0.6~±2.75	1/2/4	5/8/14	0.35	0.2	0.6	40	○	○	저전압형
TLV9051/2/4	1.8~6	±0.9~±3	1/2/4	5/8/14	5	15	0.33	50	○	○	고속형(5MHz, 15V/μs)
TLV9061/2/4	1.8~5.5	±0.9~±2.75	1/2/4	5/8/14	10	6.5	0.3	50	○	○	고속형(10MHz, 6.5V/μs)
TLV9101/2/4	2.7~16	±1.35~±8	1/2/4	5/8/14	1.1	4.5	0.3	80	○	○	±5V 전원 적합형
TLV9151/2/4	2.7~16	±1.35~±8	1/2/4	5/8/14	4.5	21	0.125	75	○	○	낮은 오프셋 전압형
TLV9161/2/4	2.7~16	±1.35~±8	1/2/4	5/8/14	11	33	0.21	73	○	○	고속형(11MHz, 33V/μs)
TLV9301/2/4	4.5~40	±2.25~±20	1/2/4	5/8/14	1	3	0.5	60		○	범용 Bi-MOS형
TLV9361/2/4	4.5~40	±2.25~±20	1/2/4	5/8/14	10.6	25	0.4	60		○	고속 Bi-MOS형
OPA310	1.5~5.5	±0.75~±2.75	1	5/6	3	3	0.25	150	○	○	큰 출력전류형(150mA)
OPA2310	1.5~5.5	±0.75~±2.75	2	8/10	3	3	0.25	150	○	○	큰 출력전류형(150mA)
OPA4310	1.5~5.5	±0.75~±2.75	4	14	3	3	0.25	150	○	○	큰 출력전류형(150mA)
OPA322	1.8~5.5	±0.9~±2.75	1	5/6	20	10	0.5	65	○	○	고속형(20MHz, 10V/μs)
OPA2322	1.8~5.5	±0.9~±2.75	2	8/10	20	10	0.5	65	○	○	고속형(20MHz, 10V/μs)
OPA4322	1.8~5.5	±0.9~±2.75	4	14	20	10	0.5	65	○	○	고속형(20MHz, 10V/μs)
OPA990	2.7~40	±1.35~±20	1	5/6	1.1	4.5	0.3	80	○	○	중전압형
OPA2990	2.7~40	±1.35~±20	2	8/10	1.1	4.5	0.3	80	○	○	중전압형
OPA4990	2.7~40	±1.35~±20	4	14	1.1	4.5	0.3	80	○	○	중전압형
OPA991	2.7~40	±1.35~±20	1	5/6	4.5	21	0.125	75	○	○	낮은 오프셋 전압형
OPA2991	2.7~40	±1.35~±20	2	8/10	4.5	21	0.125	75	○	○	낮은 오프셋 전압형
OPA4991	2.7~40	±1.35~±20	4	14	4.5	21	0.125	75	○	○	낮은 오프셋 전압형
OPA992	2.7~40	±1.35~±20	1	5/6	10.6	32	0.21	65	○	○	고속형(10.6MHz, 32V/μs)
OPA2992	2.7~40	±1.35~±20	2	8/10	10.6	32	0.21	65	○	○	고속형(10.6MHz, 32V/μs)
OPA4992	2.7~40	±1.35~±20	4	14	10.6	32	0.21	65	○	○	고속형(10.6MHz, 32V/μs)
LM7321/2	2.5~32	±1.25~±16	1/2	8/8	20	18	0.7	65	○	○	큰 출력전류형
LM7332	2.5~32	±1.25~±16	2	8	21	15.2	2	70	○	○	큰 출력전류형
MC33201/2/4	1.8~12		1/2/4	8/14	2.2	1	6~10	80	○	○	큰 출력전류형

연산증폭기 IC 소자의 명칭은 제조사에 따라 서로 다르게 붙여지고 있으나 대체로 비슷하게 정해진 규칙에 따라 이름이 만들어진다. 예를 들자면 지금은 Texas Instruments사에 인수 합병되어 없어졌지만 오래동안 아날로그 반도체 분야의 최강자로 군림하였던 National Semiconductor사의 경우를 보면 반도체 이름을 정하는 규칙이 아래 <그림 1.1.6>과 같다. 소자의 완전한 명칭을 지칭할 경우에는 이렇게 LM741CN이라고 부르지만 보통의 경우에는 뒤쪽의 동작 온도 범위나 패키지를 표시하는 부분을 생략하고 LM741이라고 부른다.

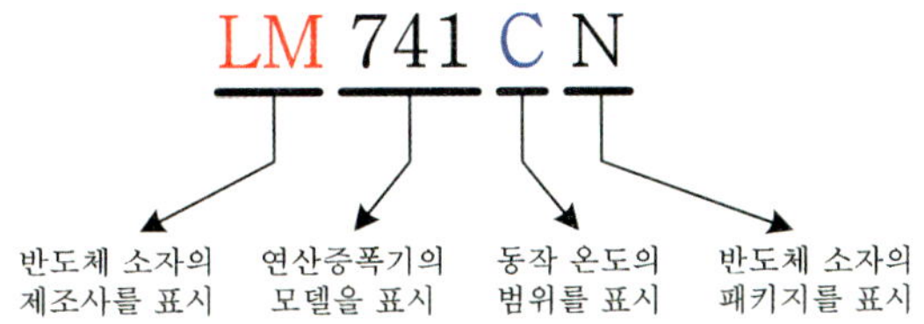

<그림 1.1.6> 연산증폭기의 명칭이 나타내는 의미

여기서 LM은 반도체 제조사로서 National Semiconductor의 제품이라는 것을 나타내는데, 연산증폭기의 제조사를 표시하는 접두어를 요약하면 다음과 같다.

◎ μA : Fairchild
◎ AD, OP : Analog Devices
◎ CA, CD : RCA, Harris
◎ CD : Cirus Logic
◎ INA, OPA : Burr-Brown
◎ LM, LMC, LMV, LF : National Semiconductor
◎ LT, LTC, LF : Linear Technology
◎ MAX : Maxim Integrated
◎ MC : Motorola, ON Semiconductor
◎ NE, SE : Signetics
◎ TL, TLC, TLV, TH, TM : Texas Instruments

741은 연산증폭기 모델의 종류를 나타낸다. 만약, 이 뒤에 A 또는 B라는 문자가 붙으면 이는 단점을 개선하여 차례로 성능을 높인 Advanced version이라는 것을 나타낸다.

또한, C는 이 소자의 동작 온도 범위를 나타내는데, 동작 온도를 표시하는 문자의 의미를 요약하면 다음과 같다.

◎ C : Commercial version, 0~70℃
◎ I : Industrial version, -25~85℃
◎ A : Automotive version, -40~125℃ (※ 다른 반도체 회사의 경우)
◎ M : Military version, -55~125℃

마지막으로 N은 이 반도체 소자의 외부 패키지를 나타내는데, 이처럼 패키지를 나타내는 문자들을 요약하면 다음과 같다.

◎ N, P : Plastic DIP
◎ J : Ceramic DIP
◎ DR : SOIC
◎ DGK : VSSOP
◎ PW : TSSOP

(3) 연산증폭기의 최근 동향

반도체를 사용한 연산증폭기 IC는 1960년대에 Fairchild사에 의하여 세계 최초로 개발되어 1990대에 이르기까지 National Semoconductor, Texas Instruments, Analog Devices, ON Semiconductor 등의 많은 반도체 회사에서 경쟁적으로 기술을 개발하고 다양한 모델의 제품을 출시하였다. 이 시기에 대부분의 다른 반도체 회사들은 일반적으로 제품의 성능을 높이면서 가격을 낮추는 전략을 사용하였는데, Burr-Brown이나 Analog Devices와 같은 회사들은 고가의 고성능 프리미엄급 연산증폭기 모델들을 주로 출시한 것으로 유명하였다.

이 시기에 연산증폭기의 기술적인 발전 내용을 요약하면 다음과 같다.

◎ 개루프 전압이득과 동상신호 제거비(CMRR)를 ∞에 가깝도록 크게 하고, 전원전압 제거비(PSRR)을 0에 가깝도록 작게 하는 등의 고성능화를 추구한다.

◎ 입력 임피던스를 ∞에 가깝도록 크게 하고, 출력 임피던스를 0에 가깝도록 작게 하는 등의 임피던스 특성을 개선한다.

◎ 개루프 대역폭(open-loop bandwidth)이나 슬루율(slew rate)을 더욱 크게 하여 고속으로 동작하도록 한다.

◎ 출력단의 부하 단락에 의한 과전류나 과열에 대한 보호 기능을 갖도록 하여 동작의 안전성을 높인다.

◎ 입력 오프셋 전류 및 바이어스 전류나 입력 오프셋 전압을 0에 가깝도록 하고, 온도 드리프트를 작게 하며, 저잡음 특성을 강화하여 고정밀화를 추구한다. 가변저항을 사용하는 오프셋 제로 조정 회로는 실제 사용하기에 불편하므로 연산증폭기의 오프셋 전압이 작아지도록 설계하고 오프셋 전압 제로 조정 기능을 제거한다.

◎ 반도체 소자의 패키지를 소형화하고, 1개의 소자에 여러개의 연산증폭기 회로를 내장하여 고밀도화를 추구한다.

◎ 일반적인 신호용의 연산증폭기는 최대 사용전압이 ±18V 이하로서 ±12V 또는 ±15V를 널리 사용하며, 출력 전류는 대체로 20mA 이하이다. 그러나, 오디오 앰프와 같은 전력증

폭기로 사용할 수 있도록 전원전압과 출력전류를 크게 높인 모델이 꾸준히 개발되고 있다.

그러나, 2000년대에 들어서 스마트폰이나 태블릿 PC와 같은 모바일 기기가 널리 사용되면서 아날로그 회로가 낮은 전압의 배터리 전원으로 구동되는 경우가 매우 많아졌다. 이에 따라 연산증폭기도 다음과 같은 큰 변화를 맞이하고 있다.

◎ 배터리를 전원으로 사용함에 따라 연산증폭기가 +/- 양전원(dual power supply) 방식이 아니라 +전원만을 사용하는 단전원(single power supply) 방식으로 동작하고, 이것의 동작 전압이 기존의 3~36V 정도에서 1.8~5.5V 정도로 낮아져서 디지털 회로의 전원전압과 같은 1.8V, 3.3V, 5.0V의 저전압으로 동작하는 연산증폭기가 널리 사용되고 있다.

◎ 기존의 연산증폭기들은 입력단 및 출력단 회로의 특성으로 전원전압보다 1.5~2V 정도 작은 전압만 사용할 수 있는데, 그러나 만약 새로 나온 단전원 저전압형 모델의 경우도 이런 특성을 갖는다고 하면 여기에서 사용할 수 있는 입출력 신호의 전압 영역이 너무 좁아지므로 입력신호와 출력신호의 사용 범위가 전원전압과 같은 RRO(rail-to-rail output) 또는 RRIO(rail-to-rail input/output)형의 연산증폭기가 널리 사용되고 있다.

◎ 입력 오프셋 전압이나 입력 오프셋 전류 및 바이어스 전류를 더욱 작게 하여 정밀도를 더욱 향상시킨 연산증폭기가 널리 사용되고 있다.

그런데, 오늘날 거의 모든 전자제품들이 디지털화되어 가는 디지털 시대가 도래함에 따라서 1900년대 말부터 2000년대로 넘어오면서 아날로그 IC를 주로 제조하던 종래의 반도체 회사들에 비하여 마이크로프로세서나 메모리 소자와 같은 디지털 IC를 주로 만드는 신흥 반도체 회사들이나 여기에 전력용 반도체를 함께 제조하는 메이저급의 종합 반도체 회사들이 전세계의 반도체 시장을 주도하는 급격한 변화가 일어났다. 이에 따라 많은 전통적인 반도체 제조사들이 시장에서 도태되거나 다른 반도체 회사에 흡수되는 인수 합병이 활발하게 진행되었는데 그 현황을 요약하면 다음과 같다.

◎ 1975년에 Signetics가 Philips에 인수 합병됨(Philips는 2006년에 NXP로 바뀜)
◎ 1999년에 Unitrode가 Texas Instruments에 인수 합병됨
◎ 2000년에 Burr-Brown이 Texas Instruments에 인수 합병됨
◎ 2001년에 Dallas Semiconductor가 Maxim Integrated에 인수 합병됨
◎ 2011년에 National Semiconductor가 Texas Instruments에 인수 합병됨
◎ 2011년에 Sanyo Semiconductor가 ON Semiconductor에 인수 합병됨
◎ 2013년에 LSI가 Avago에 인수 합병됨
◎ 2014년에 International Rectifier가 Infineon에 인수 합병됨

◎ 2015년에 Freescale이 NXP에 인수 합병됨
◎ 2015년에 Broadcom이 Avago에 인수 합병됨
◎ 2015년에 Altera가 Intel에 인수 합병됨
◎ 2015년에 Fairchild가 ON Semiconductor에 인수 합병됨
◎ 2016년에 Atmel이 Microchip Technology에 인수 합병됨
◎ 2016년에 ARM이 Softbank에 인수 합병됨
◎ 2016년에 Linear Technology가 Analog Devices에 인수 합병됨
◎ 2016년에 Intersil이 Renesas에 인수 합병됨
◎ 2019년에 Cypress Semiconductor가 Infineon에 인수 합병됨
◎ 2020년에 Maxim Integrated가 Analog Devices에 인수 합병됨
◎ 2020년에 Xilinx가 AMD에 인수 합병됨
◎ 2020년에 Intel의 NAND 메모리 사업부가 SK Hynix에 매각됨

이러한 반도체 업계의 급격한 변동으로 이제 연산증폭기를 비롯한 아날로그 IC를 제조하는 메이저급의 업체는 Texas Instruments, Analog Devices, ON Semiconductor 정도에 불과하게 되었으며, 연산증폭기를 중심으로 하는 아날로그 반도체 시장의 현재와 미래는 이들 몇 개의 업체가 거의 주도할 것으로 전망되고 있다.

4. 연산증폭기의 구조 및 동작 특성

(1) 연산증폭기의 외부 구조

연산증폭기의 외부 구조는 <그림 1.1.7>의 (a)에 보인 것처럼 정삼각형 또는 이등변삼각형을 90도 우측으로 회전하여 눕히고 여기에 5개의 핀(pin) 또는 단자(terminal)를 연결한 모양으로 구성되며, 이것들의 이름과 표시 기호는 이 그림의 (c)에 모두 정리하였다. 그런데, 실제 회로도에서 때로는 2개의 전원 단자를 생략하고 그림의 (b)처럼 간략화하여 표시하는 경우도 많이 있으며, 또한 회로를 그릴 때의 필요성에 따라 반전 입력단자와 비반전 입력단자의 상하 위치를 서로 바꾸어 표시하기도 한다.

그러나, 실제의 연산증폭기 소자에서는 이밖에도 몇가지의 단자를 더 가지는 경우가 있다. 예를 들어 오늘날에는 입력 오프셋 전압이 매우 작은 특성을 가지고 있어서 사용자가 이를 조정하지 않고 사용하는 모델이 대부분이지만, <그림 1.1.8>에 보였듯이 OP177처럼 오래된 연산증폭기들은 오프셋 전압을 0으로 조정할 수 있는 하드웨어적인 기능을 제공하였으며, 이를 위해서 2개의 지정된 단자(OP177의 경우에는 1번 및 8번 핀)가 사용되었다.

또한, <그림 1.1.9>에 보였듯이 LM301 모델에서는 1번 및 5번 핀을 사용하여 오프셋 전압을 0으로 조정할 수 있으며, 1번 및 8번 핀을 사용하여 외부에서 주파수를 보상할 수 있는 기능을 제공한다.

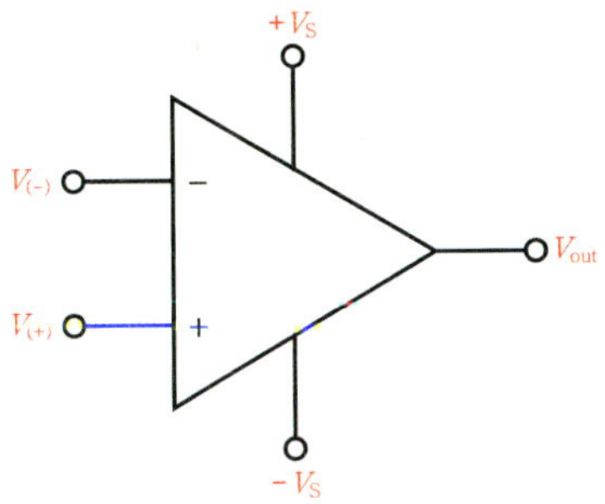

(a) 회로에서의 기호

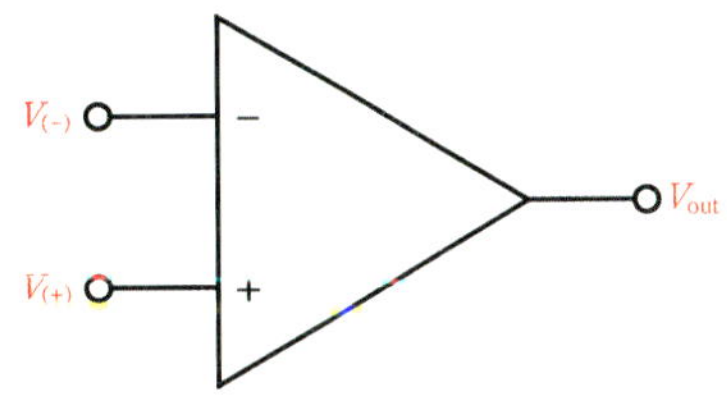

(b) 간략화한 기호

단자 이름	이 책에서의 표시 방법	기타 표시 방법
비반전 입력단자 (non-inverting input terminal)	$V_{(+)}$	V_+ , V_{in+} , $V_{in(+)}$, $+IN$, $IN+$, IN_+ , +
반전 입력단자 (inverting input terminal)	$V_{(-)}$	V_- , V_{in-} , $V_{in(-)}$, $-IN$, $IN-$, IN_- , −
출력단자 (output terminal)	V_{out}	V_o
양극성 전원 단자 (positive supply terminal)	$+V_S$	V_{S+} , $+V$, $V+$, $+V_{CC}$, V_{CC} , V_{DD}
음극성 전원 단자 (negative supply terminal)	$-V_S$	V_{S-} , $-V$, $V-$, $-V_{CC}$, V_{EE} , V_{SS}

(c) 단자의 이름 및 표시

<그림 1.1.7> 연산증폭기의 기호 및 단자

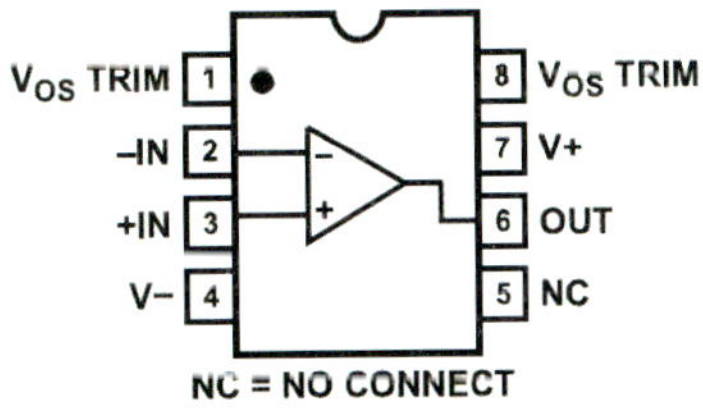

(a) 핀 배열

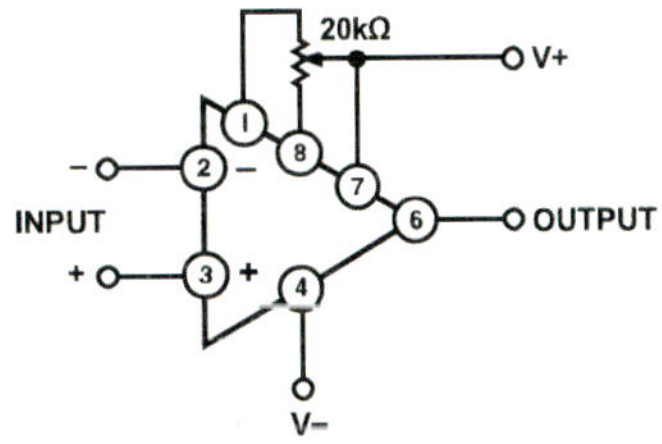

(b) 회로

<그림 1.1.8> 연산증폭기 OP177의 오프셋 조정 단자

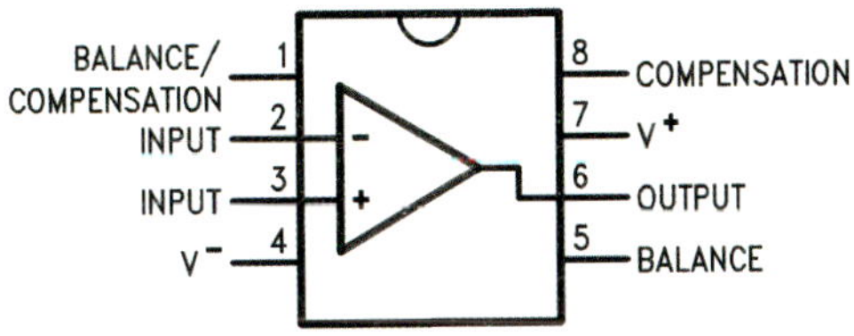

(a) 핀 배열

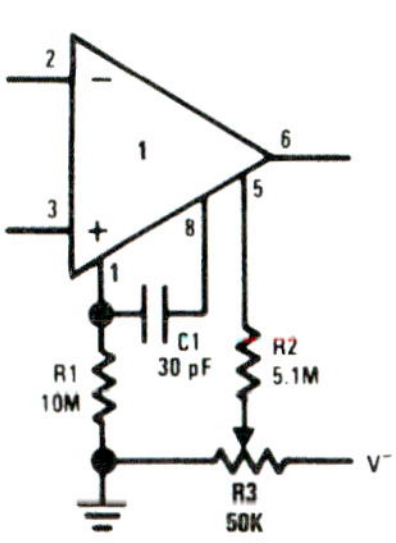

(b) 회로

<그림 1.1.9> 연산증폭기 LM301의 오프셋 조정 및 주파수 보상 단자

(2) 연산증폭기에 전원을 연결하는 방법

연산증폭기는 <그림 1.1.10>의 (a)처럼 전통적으로 $\pm V_S$의 양전원(dual power supply)을 사용하는 모델이 대부분이지만, 이중에는 종종 그림의 (b)처럼 $+V_S$의 단전원(single power supply)을 사용할 수 있는 모델도 있다. 요즈음은 배터리를 전원으로 사용하는 모바일 제품이 많아지면서 이처럼 양전원과 단전원을 모두 사용할 수 있고 사용 전압 범위도 낮아지는 경향이 있으며, 아예 단전원만을 사용할 수 있는 모델도 드물게 나오고 있다.

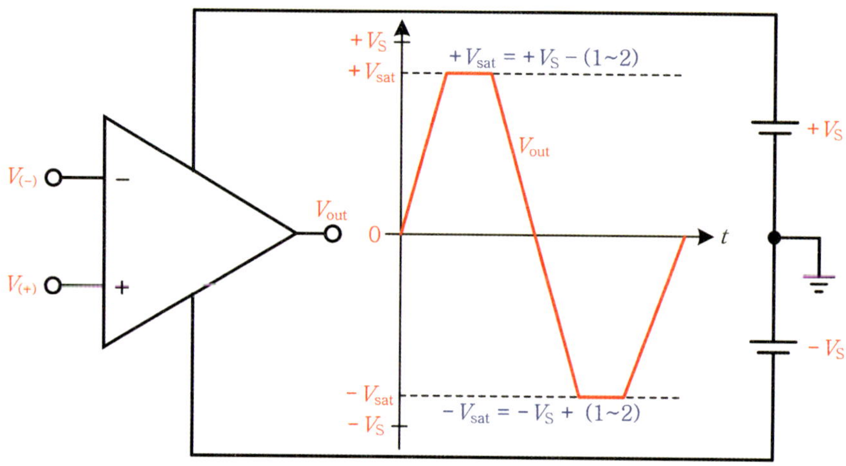

(a) $\pm V_S$ 양전원을 사용하는 경우

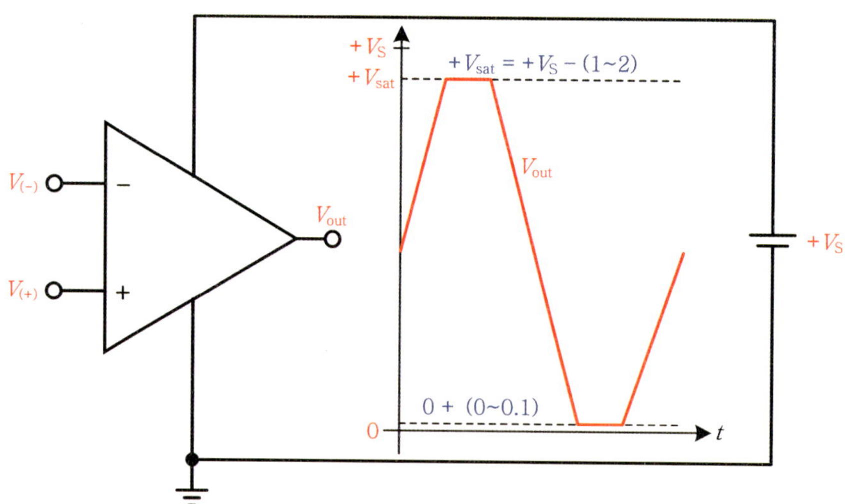

(b) $+V_S$ 단전원을 사용하는 경우

<그림 1.1.10> 연산증폭기에 전원을 연결하는 2가지 방법

일반적인 연산증폭기에서는 <그림 1.1.10>의 (a)에 보였듯이 $\pm V_S$ 양전원을 사용하는 경우 여기에 사용할 수 있는 입력전압이나 출력전압의 범위가 전원전압에 비하여 1~2V만큼 작아지는데, 이렇게 연산증폭기가 출력단자에 실제로 출력할 수 있는 전압의 한계 $\pm V_{sat}$를 각각 양극 포화전압 및 음극 포화전압(positive/negative saturation voltage)이라고 한다. 이처럼 연산증폭기에서 실제로 출력 가능한 전압은 전원전압보다 1~2V 정도 작기 때문에 -10~+10V 범위에서 선형적인 출력을 얻기 위하여 전통적으로 연산증폭기의 전원은 ±12V 또는 ±15V를 널리 사용해왔다. 그러나, 만약 필요하다면 이처럼 전원전압 $\pm V_S$를 대칭으로 사용하지 않고, $+V_S$와 $-V_S$ 전원의 전압 절대값을 서로 다르게 비대칭으로 사용하는 것도 가능하다. 하나의 예를 들면 $+V_S$ = +12V, $-V_S$ = -8V처럼 사용할 수 있다는 것이다.

<그림 1.1.10>의 (b)에 보였듯이 단전원을 사용할 수 있는 모델에서도 출력 가능한 최대 전압은 전원전압에 비하여 1~2V만큼 작아지며, 출력 가능한 최소 전압은 거의 0에 가깝게 되어 수 mV부터 그 이상의 출력이 가능하다. 그러나, 드물게 모델에 따라서는 0.1V 이상의 전압만 출력 가능한 것도 있다.

양전원 방식이든 단전원 방식이든 포화전압이 전원전압과 거의 같아지는 특성을 원한다면 rail-to-rail형 연산증폭기를 사용해야 한다. 출력전압만 전원전압 범위까지 동작하도록 하려면 RRO(rail-to-rail output)형의 모델을 사용하면 되고, 입력전압과 출력전압이 모두 전원전압 범위까지 동작하도록 하려면 RRIO(rail-to-rail input/output)형의 모델을 사용하면 된다. 앞의 <표 1.1.4>에서 보였듯이 요즈음에는 이처럼 RRO 또는 RRIO형의 연산증폭기가 매우 다양하게 출시되고 있어서 사용자의 선택 폭이 매우 넓어졌다.

연산증폭기의 데이터 시트에서 명시하는 최대 정격(maximum rating)보다 더 큰 전원전압을 사용하는 것은 절대로 피해야 하며, 만약 이를 지키지 않으면 반도체 소자가 파손될 수 있다. 예를 들어 LM358과 LM358A 모델은 최대 정격전압이 양전원의 경우 ±16V이고 단전원의 경우 32V이며, LM358B 모델은 최대 정격전압이 양전원의 경우 ±20V이고 단전원의 경우 40V인데, 충분히 안전한 동작을 위하여 전원전압은 LM358과 LM358A 모델의 경우 최대 ±15V 및 30V까지만 사용하고, LM358B 모델의 경우 최대 ±18V 및 36V까지만 사용하라고 데이터 시트에서 권장하고 있다.

(3) 연산증폭기의 내부 구조

연산증폭기의 내부 구조는 <그림 1.1.11>에 보인 것처럼 크게 3단계의 동작을 수행한다. 첫번째는 입력단(input stage)으로서 이는 차동증폭기(differential amplifier)로 구성되어 2개의 입력단자에서 무한대의 임피던스를 유지하면서 입력신호를 받아들여 접지 전위에 관계없이 이 두 입력신호의 차동전압을 검출하는 역할을 수행한다.

두번째는 중간 연결단(intermediate stage)으로서 차동전압을 증폭하고 주파수 보상을 실시하며, 이것이 연산증폭기의 출력단자에서 접지를 기준으로 하는 싱글 엔드 신호로 출력(single-ended output)되도록 전압 레벨을 시프트(level shifter)하는 기능을 수행한다.

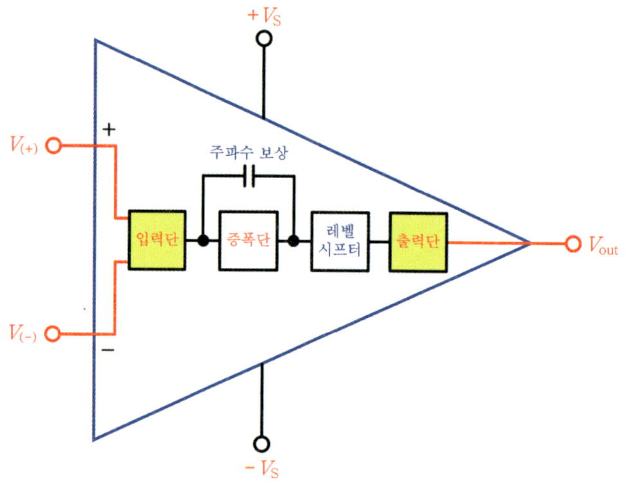

<그림 1.1.11> 연산증폭기의 내부 구성 블록도

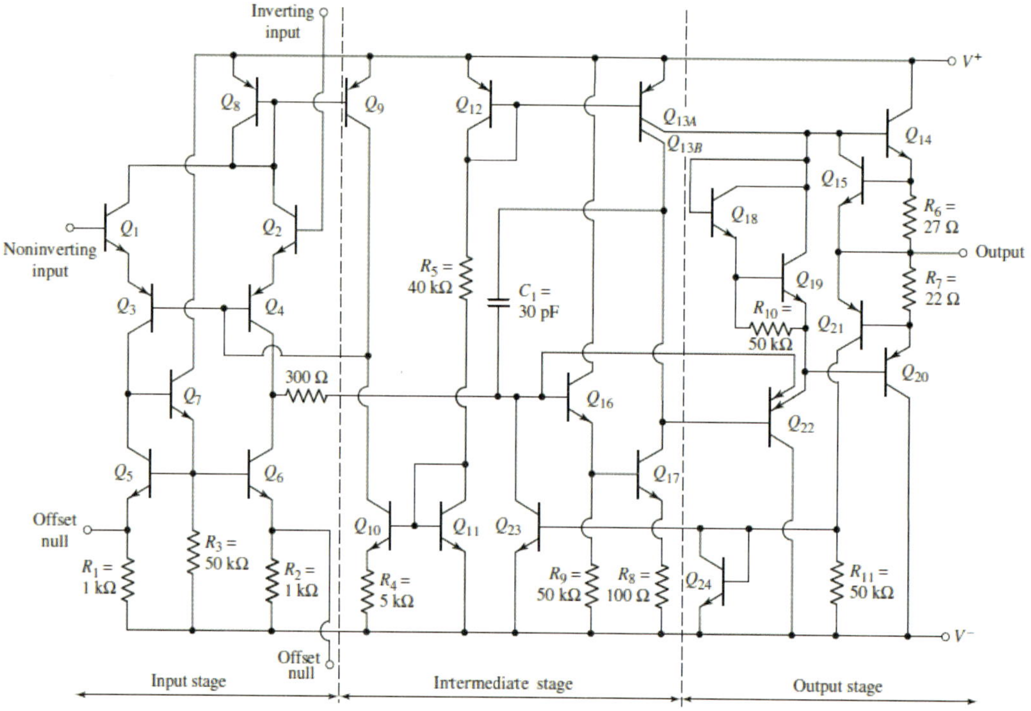

<그림 1.1.12> 연산증폭기의 실제 내부 회로 구성(LM741의 경우)

세번째는 출력단(output stage)으로서 pnp형과 npn형의 2개 트랜지스터로 구성되는 푸시풀 증폭기(push-pull amplifier)를 사용하여 출력전압과 전류를 증폭한 이후에 출력단자를 통하여 이를 출력하도록 하는 역할을 수행한다.

이처럼 크게 3단계로 구성되는 연산증폭기 내부 회로의 실제 예를 LM741의 경우로 선정하여 <그림 1.1.12>에 보였다.

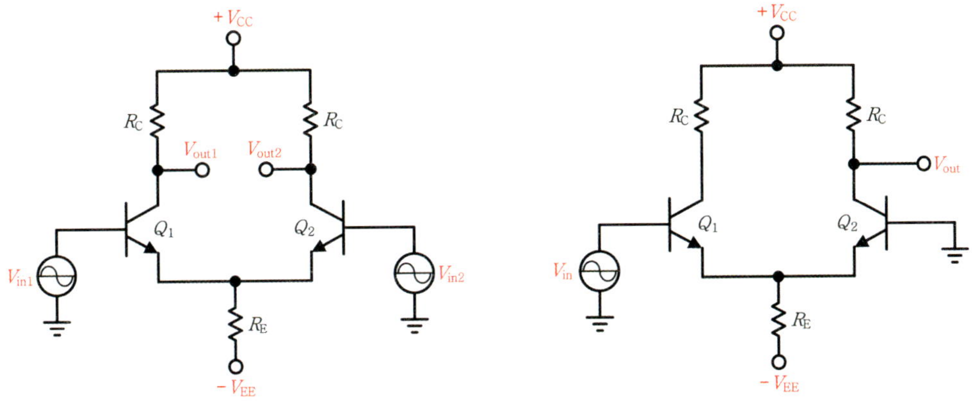

(a) 차동 입력 및 차동 출력형 (b) 싱글 엔드 입력 및 출력형

<그림 1.1.13> 연산증폭기의 입력단에 사용되는 차동증폭기 회로

모든 연산증폭기 회로의 입력단에는 차동증폭기를 사용하고 있는데, 전형적인 차동증폭기는 <그림 1.1.13>의 (a)에 보인 것처럼 2개의 npn 트랜지스터가 서로 마주 보도록 연결한 에미터 결합쌍(emitter-coupled pair) 또는 차동쌍(differential pair)이라고 불리는 회로 구조와 그 아래의 공통 에미터 단자에 공통 에미터 저항을 사용한 독특한 회로로 구성되어 있다. 이 차동증폭기의 자세한 동작을 해석하는 것은 매우 복잡하기도 하거니와 연산증폭기의 사용자들은 굳이 이런 내부 회로의 세부적인 동작까지를 꼼꼼하게 알 필요는 없다고 판단되므로 여기서 자세히 설명하지는 않겠으나 그 결과만이라도 간략히 요약하기로 한다.

2개의 입력신호 V_{in1}과 V_{in2}는 각각 동상신호 성분 V_{CM}과 차동신호 성분 V_{DM}의 합으로 구성되어 $V_{in1} = V_{CM} + V_{DM}$ 및 $V_{in2} = V_{CM} - V_{DM}$으로 표현할 수 있으며, 이를 차동신호 전압과 동상신호 전압으로 정리하면 다음과 같다.

$$V_{DM} = \frac{V_{in1} - V_{in2}}{2}$$

$$V_{CM} = \frac{V_{in1} + V_{in2}}{2}$$

그러면 차동모드의 전압이득을 A_{DM}이라 하고 동상모드의 전압이득을 A_{CM}이라 할 때 출력전압 신호 V_{out1}과 V_{out2}는 각각 다음과 같이 표현된다.

$$V_{out1} = A_{DM}V_{DM} + A_{CM}V_{CM} = A_{DM}\left(V_{DM} + \frac{A_{CM}}{A_{DM}}V_{CM}\right) = \frac{A_{DM}}{2}\left\{(V_{in1} - V_{in2}) + \frac{V_{in1} + V_{in2}}{CMRR}\right\}$$

$$V_{out2} = -A_{DM}V_{DM} + A_{CM}V_{CM} = -A_{DM}\left(V_{DM} - \frac{A_{CM}}{A_{DM}}V_{CM}\right) = -\frac{A_{DM}}{2}\left\{(V_{in1} - V_{in2}) - \frac{V_{in1} + V_{in2}}{CMRR}\right\}$$

따라서, 이 차동증폭기의 출력전압은 다음과 같이 계산된다.

$$V_{out} = V_{out1} - V_{out2} = A_{DM}(V_{in1} - V_{in2})$$

차동증폭기는 <그림 1.1.13>의 (a)에서와 같이 differential input/differential output의 구조를 갖는 것 이외에도 출력단자를 $V_{out} = V_{out1}$으로 사용하는 differential input/single-ended output의 구조를 갖는 것도 있으며, <그림 1.1.13>의 (b)와 같이 입출력 단자가 각각 1개씩 이어서 single-ended input/single-ended output의 구조를 갖는 것도 있다.

앞의 <그림 1.1.3> ~ <그림 1.1.5> 회로도에서도 보였듯이 초창기의 연산증폭기들은 모두 바이폴라 트랜지스터를 사용하였으나, 나중에 입력 바이어스 전류를 더욱 작게 줄이고 입력 임피던스는 더욱 크게 증가시키기 위하여 입력단 차동증폭기 회로에 JFET를 사용한 Bi-FET형의 연산증폭기가 개발되었으며, 입력단의 회로에 MOSFET를 사용하여 더욱 성능을 개선한 Bi-MOS형의 연산증폭기도 출현하였다. 또한, 드물게 내부의 모든 트랜지스터를 MOSFET로 사용한 연산증폭기도 있다.

(4) 연산증폭기의 내부 등가회로

연산증폭기의 내부를 개략적인 등가회로로 보이면 <그림 1.1.14>와 같다. 여기서 A_{OL}은 연산증폭기의 개루프 전압이득을 나타내며, R_{in}과 R_{out}은 각각 입력저항 및 출력저항을 나타낸다. (a)의 등가회로는 입력단을 차동 입력저항 R_{in}으로 표현한 것이고, (b)의 등가회로는 입력단에 동상 입력저항 $R_{in(CM)}$을 사용하여 표현한 것이다. 사람에 따라서는 연산증폭기가 고이득 직류 및 교류 증폭기 회로로 구성되는 것으로 간주하여 저항 R_{in}, $R_{in(CM)}$ 대신에 임피던스 Z_{in}, $Z_{in(CM)}$를 사용하여 등가회로를 표현하기도 한다.

연산증폭기의 내부 등가회로가 이처럼 서로 다르게 보이는 2가지로 표현될 수 있다는 것이 얼핏 이해하기 어려울 수도 있겠으나, 사실 곰곰이 생각해 보면 이 2가지의 회로는 기능적으로 같은 것이다. 이상적인 연산증폭기에서는 차동 입력저항 R_{in}나 동상 입력저항 $R_{in(CM)}$

이 모두 무한대(∞)로 크기 때문에 등가회로를 (a)처럼 표현하든지 (b)처럼 표현하든지 기능적으로 별 차이가 없다는 것이다. 또한, 이상적인 연산증폭기에 가까울수록 이 등가회로에서 출력저항 R_{out}은 0으로 작아진다는 점도 이제부터 기억해두는 것이 좋다.

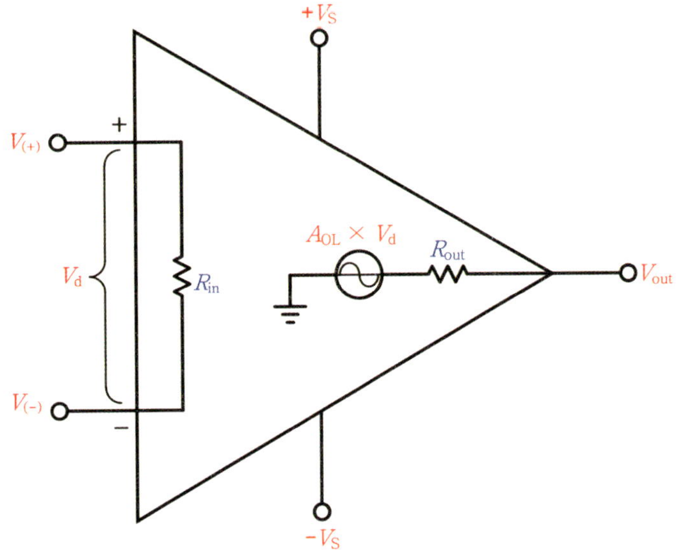

(a) 차동 입력저항을 사용하여 표현한 경우

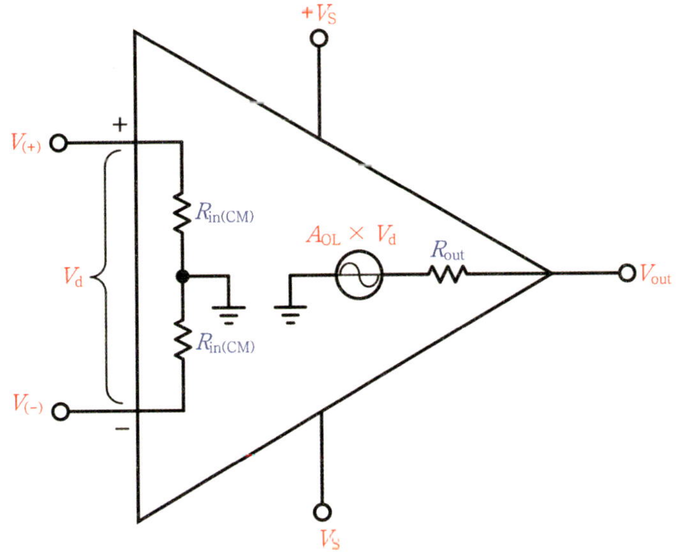

(b) 동상 입력저항을 사용하여 표현한 경우

<그림 1.1.14> 연산증폭기의 기능적인 내부 등가회로

(5) 연산증폭기의 보호 및 사용시 주의사항

연산증폭기 IC 소자가 발전함에 따라 현재 출시되고 있는 제품들은 입력단자에 전원전압보다 더 큰 신호가 들어오거나 출력단자가 접지 또는 전원과 단락되더라도 쉽게 파손되지 않도록 여러가지의 보호 기능이 내장되어 있는 경우가 많다. 그러나, 사용자가 이를 사용하여 시스템을 설계할 때는 보다 안정적인 동작을 위하여 조치해야 하는 사항들이 많은데 여기서는 이러한 사항들을 요약하여 설명한다.

▣ 입력측 보호

대부분의 연산증폭기 IC에서 최대로 허용되는 입력전압의 범위는 전원전압보다 작으며, RRIO(rail-to-rail input/output)형의 소자라도 입력전압이 전원전압을 초과하는 것은 허용되지 않는다. 그러나, 실제 시스템에서는 이 원칙이 지켜진다는 보장이 어려운 경우도 있으며, 특히 서지(surge)성 잡음이 우려되는 환경에서는 이런 일이 발생할 위험이 더 커진다. 이럴 때는 연산증폭기 회로의 입력단자 쪽에 안전하게 보호 회로를 추가하여 설계하는 것이 좋은데, 이를 <그림 1.1.15>에 보였다.

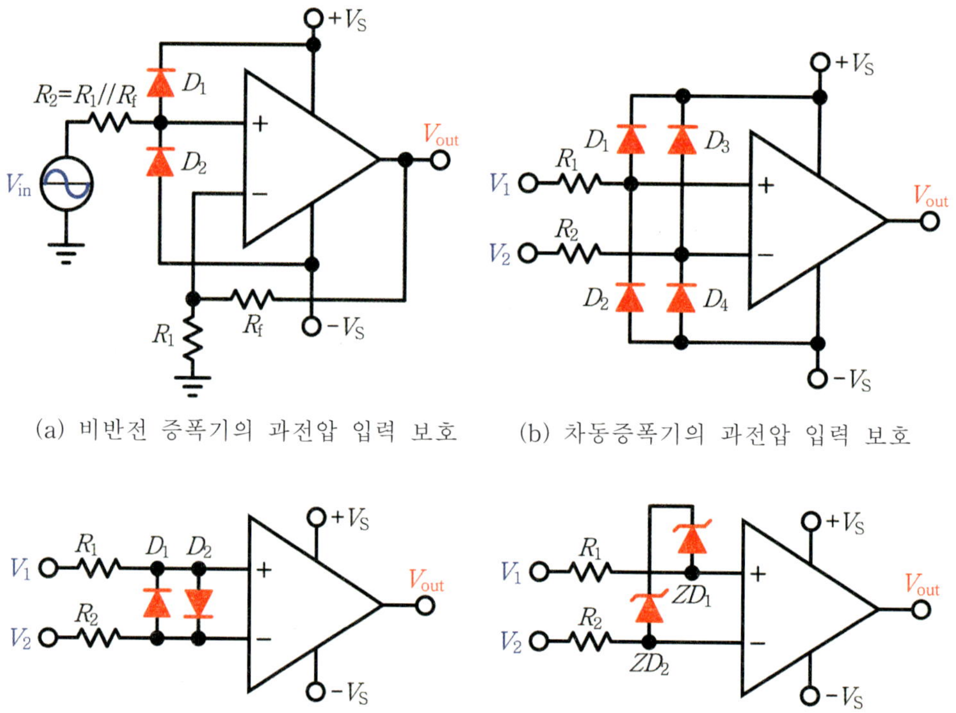

(a) 비반전 증폭기의 과전압 입력 보호

(b) 차동증폭기의 과전압 입력 보호

(c) 차동증폭기의 차동 과전압 입력 보호1

(d) 차동증폭기의 차동 과전압 입력 보호2

<그림 1.1.15> 연산증폭기의 입력측 보호회로

그림 (a)의 비반전 증폭기에서는 원래 저항 R_2가 없어도 되는 것인데, 과전압 보호용으로 2개의 다이오드 D_1과 D_2를 사용하게 되면 R_2를 추가함으로써 오프셋 전류 보상용의 저항을 겸하여 입력 과전압 발생시에 다이오드를 통하여 과전류가 흐르는 것을 억제해 주는 저항의 역할을 수행하도록 한다. 만약, 입력이 양(+)극성으로 과전압이라면 저항 R_2와 다이오드 D_1을 통하여 전류가 흐르며, 입력이 음(-)극성으로 과전압이라면 저항 R_2와 다이오드 D_2를 통하여 전류가 흐르면서 입력전압을 전원전압 범위에서 클리핑(clipping)한다. 그림 (b)의 차동증폭기에서도 마찬가지 원리로 저항과 다이오드가 두 입력의 과전압에 대하여 연산증폭기를 보호한다.

그림 (c)와 (d)는 2개의 입력에서 차동전압 값이 과도하게 클 경우에 대하여 연산증폭기를 보호하는 방법을 보였다. 정상적인 차동 입력전압이 ±0.7V보다 크지 않을 경우에는 (c)처럼 2개의 다이오드를 역병렬로 연결하여 사용하면 되고, 차동 입력전압이 이보다 더 큰 경우에는 적절한 2개의 제너 다이오드를 역직렬로 연결하여 사용하면 된다.

▣ 전원측 보호

전원의 극성을 잘못 연결하여 문제가 발생하거나 전원전압의 불안정으로 인한 연산증폭기 동작의 오차를 방지하기 위하여 전원에 대한 보호도 필요할 수 있다. <그림 1.1.16>의 (a)에는 연산증폭기 전원의 극성을 반대로 잘못 연결하였을 경우 소자가 파손되는 것을 방지하기 위한 회로를 보였다. 양전원 방식에서는 2개의 다이오드를 사용하고 단전원 방식에서는 1개의 다이오드를 사용하여 전원의 극성이 반대로 연결되면 전류가 흐르지 않게 하였다. 이러한 보호회로가 일반적으로 널리 사용되는 것은 아니지만, 만약 사용자가 제품에 전원을 연결할 때마다 실수로 역방향 접속의 우려가 있다면 이 방법이 매우 유용할 것이다.

그림의 (b)에는 전원전압에 리플이나 노이즈가 포함될 경우에 이 전원전압을 안정화시켜서 연산증폭기가 보다 안정적으로 동작할 수 있도록 바이패스 커패시터(bypass capacitor)를 사용하는 방법을 보였다.

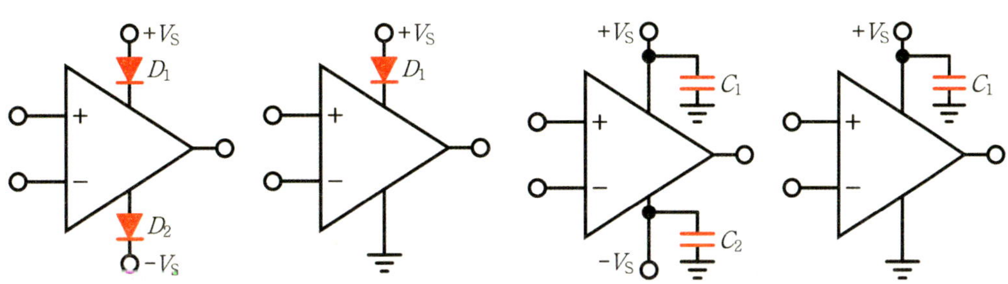

(a) 전원전압의 극성 역접속에 대한 보호　　(b) 전원전압의 리플에 대한 보호

<그림 1.1.16> 연산증폭기의 전원측 보호회로

■ 연산증폭기에서 사용하지 않는 단자의 처리

회로에서 1개의 IC 소자에 2개 또는 4개의 연산증폭기를 내장하고 있는 제품을 사용하다 보면 사용하지 않고 남는 연산증폭기가 생기는 경우가 있다. 이때 이를 <그림 1.1.17>의 (a)처럼 입력단자가 플로팅(floating)된 상태로 그냥 방치하게 되면 주변의 작은 전기적 자극이나 잡음에 의해서도 쉽게 출력전압이 흔들려서 회로가 불안정해지며, (b)처럼 2개의 입력단자를 모두 접지시키면 출력이 어느 한쪽으로 포화 상태가 되기 쉬워서 이 IC 소자에서의 소비전력이 증가하므로 이렇게 사용하는 것은 2가지 모두 매우 바람직하지 않다.

그러나, 그림의 (c)~(d)와 같은 방법은 그림에서 표시한 것처럼 양전원 방식에서는 무난하지만 단전원 방식이라면 이는 바람직하지 않다. 왜냐하면 이렇게 연결하여 연산증폭기의 출력단자에 전원전압의 양쪽 끝단(0 또는 $+V_S$)에 가까운 출력전압이 나오고 있으면 내부의 트랜지스터가 계속하여 어느 한쪽으로 포화된 상태를 유지하고 있다는 것이므로 이는 연산증폭기 IC 소자에서의 소비전력이 증가하고 발열이 커지는 결과로 이어지기 때문이다.

마지막으로 그림의 (e)처럼 연결하면 양전원 방식이든 단전원 방식이든 적절한 선형 동작 영역에서 출력전압을 내보내게 되므로 무리가 없다. 그러나, 이상의 설명에서 저항을 사용하는 방법은 그렇지 않은 방법에 비하여 경제적인 부담이 늘어나는 것을 고려해야 한다.

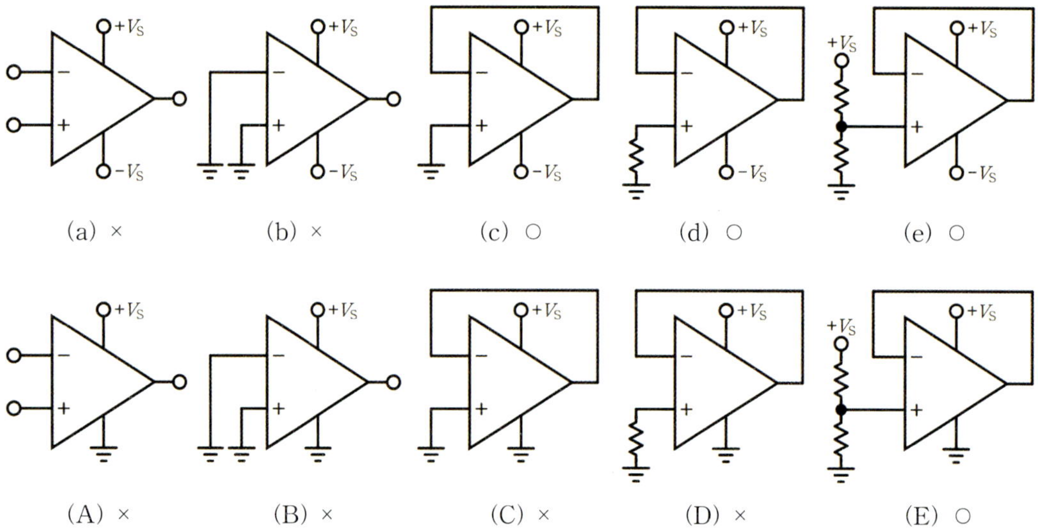

<그림 1.1.17> 연산증폭기에서 사용하지 않는 단자의 처리 방법(양전원과 단전원의 경우)

(6) 연산증폭기의 이상적인 특성과 현실적인 특성

이상적인 연산증폭기는 비반전 입력단자의 전압에서 반전 입력단자의 전압을 뺀 전압차에 개푸프 전압이득(open-loop voltage gain)을 곱한 값을 출력하는 선형증폭기로 동작한다.

$$V_{out} = A_{OL}\left(V_{(+)} - V_{(-)}\right) = A_{OL}\,V_d$$

그밖에 이상적인 연산증폭기가 갖추어야 하는 조건 또는 특성을 요약하면 다음과 같다. 이것들은 앞으로 우리가 연산증폭기를 사용하는 아날로그 회로를 해석하고 설계하는데 아주 유용하게 사용될 것이므로 잘 기억해 두어야 한다.

◎ 개루프 전압이득 A_{OL}이 무한대로 크다. ($A_{OL} = \infty$)
◎ 입력저항 R_{in}(차동 입력저항 및 동상 입력저항 모두)이 무한대로 크다. ($R_{in} = \infty$)
◎ 출력저항 R_{out}이 0으로 작다. ($R_{out} = 0$)
◎ 비반전 입력단자나 반전 입력단자에는 입력 전류가 흐르지 않는다. ($I_{B+} = I_{B-} = 0$)
◎ 비반전 입력단자와 반전 입력단자 사이의 전압차는 항상 0으로 유지된다. ($V_d = 0$)
◎ 입력 바이어스 전류 I_B가 0으로 작다. ($I_B = 0$)
◎ 입력 오프셋 전압 V_{OS}가 0으로 작다. ($V_{OS} = 0$)
◎ 주파수 대역폭이 직류에서 무한대 주파수까지 크다. ($f_w = BW = \infty$)
◎ 동상신호 제거비가 무한대로 크다. ($CMRR = \infty$)
◎ 전원전압 제거비가 무한대로 크다. ($PSRR = \infty$)
◎ 잡음 발생이 없다.
◎ 온도에 의한 드리프트가 없다.
◎ 슬루 레이트가 ∞로 커서 동작 속도가 빠르다. ($SR = \infty$)

이상적인 연산증폭기의 특성과 실제 연산증폭기의 특성을 비교하여 보면 <표 1.1.5>와 같다. 여기서는 2가지의 실제 연산증폭기 소자로서 상당히 오래된 모델인 LM741과 최근의 매우 진보된 기술이 적용된 Bi-MOS형의 연산증폭기인 TLC082를 선정하여 비교하였다.

<표 1.1.5> 이상적인 연산증폭기와 실제 연산증폭기의 특성 비교

특성의 종류	이상적인 연산증폭기	LM741 (바이폴라형)	TLC082 (Bi-MOS형)
개루프 전압이득 A_{OL}	∞	200V/mV = 2×10^5 = 106dB	140dB
입력저항 R_{in}	∞	2MΩ	1000GΩ
출력저항 R_{out}	0	75Ω	0.25Ω
입력 바이어스 전류 I_B	0	80nA	3pA
입력 오프셋 전류 I_{OS}	0	20nA	1.5pA
입력 오프셋 전압 V_{OS}	0	2mV	390μV
주파수 대역폭 BW	∞	1MHz	10MHz
동상신호 제거비 $CMRR$	∞	90dB	110dB
슬루 레이트	∞	0.5V/μs	16V/μs

(7) 연산증폭기 응용 회로를 해석하는데 꼭 필요한 동작 특성

이제부터 연산증폭기를 사용한 아날로그 회로의 동작을 해석하는데 반드시 필요한 연산증폭기의 이상적인 특성을 요약하면 다음과 같다. 이러한 연산증폭기의 특성①~특성④는 이제부터 반드시 기억하고 활용할 수 있어야 한다.

<표 1.1.6> 연산증폭기 응용 회로를 해석하는데 꼭 필요한 동작 특성

특성① - 연산증폭기의 개루프 전압이득은 무한대로 크다. ($A_{OL} = \infty$)
특성② - 연산증폭기의 비반전 입력단자와 반전 입력단자 사이의 전압차는 항상 0으로 유지된다. ($V_d = 0$)
특성③ - 연산증폭기의 비반전 입력단자나 반전 입력단자에는 전류가 흐르지 않는다. ($I_{B+} = I_{B-} = 0$)
특성④ - 연산증폭기의 입력저항은 무한대로 크고($R_{in} = \infty$), 출력저항은 0으로 작다. ($R_{out} = 0$)

5. 연산증폭기 관련 용어 정리

연산증폭기의 특성을 표시하는 많은 용어가 있는데, 여기서는 이를 자세하게 정리하여 설명한다. 이제부터 연산증폭기를 공부하려면 이들 용어를 잘 이해하는 것이 필요하며, 어떤 것은 현재의 학습 단계에서는 이해하기 어려울 수도 있으니 우선 그냥 넘어가도 된다.

▣ 개루프 전압이득 A_{OL}

개루프 전압이득(open-loop voltage gain)은 연산증폭기 회로에서 외부 궤환을 걸지 않은 경우 비반전 입력전압과 반전 입력전압의 차이에 대한 출력전압의 비를 나타낸다. 이상적인 연산증폭기의 개루프 전압이득은 무한대(∞)로 크다.

경우에 따라서는 이를 대신호 전압이득(large signal voltage gain)이라고 부르기도 하며, 기호는 A_v로 표시하기도 한다. (☞ 이를 폐루프 전압이득 A_{CL}과 혼동하지 말아야 한다.)

▣ 폐루프 전압이득 A_{CL}

폐루프 전압이득(closed-loop voltage gain)은 연산증폭기 회로에서 외부 궤환을 걸었을 경우 입력전압에 대한 출력전압의 비를 나타낸다. 폐루프 전압이득은 외부 궤환회로에 사용한 소자값에 의하여 결정되므로 사용자가 쉽게 원하는 대로 결정할 수 있으며, 항상 개루프 전압이득 보다는 작게 된다. (☞ 이를 개루프 전압이득 A_{OL}과 혼동하지 말아야 한다.)

■ 입력저항 R_{in}

입력저항(input resistance)은 비반전 입력단자와 반전 입력단자 사이의 등가 저항을 말한다. 엄밀히 말하면 이것은 <그림 1.1.14>에서 보였듯이 두 입력단자 사이의 등가 저항을 나타내는 차동 입력저항(differential input resistance) R_{in}과 각 입력단자와 접지 사이의 등가 저항을 나타내는 동상 입력저항(common-mode input resistance) $R_{in(CM)}$으로 나누어지지만 이상적인 연산증폭기에서 이 2가지의 저항은 모두 무한대(∞)로 크며, 일반적으로 그냥 입력저항이라고 하면 차동 입력저항을 지칭하는 경우가 많다. 바이폴라형 연산증폭기의 입력저항은 1~2MΩ 이하이며, Bi-FET형이나 Bi-MOS형의 연산증폭기에서는 이것이 대부분 수십MΩ 이상으로 커져서 무려 수GΩ 정도에 달하는 경우도 있다.

(☞ 사람에 따라서는 입력저항 R_{in}이라는 표현 대신에 입력 임피던스 Z_{in}라는 표현을 사용하는 경우도 있으나, 연산증폭기를 직류증폭기로 사용하든지 교류증폭기로 사용하든지 내부의 등가적인 저항이 대부분의 역할을 수행하므로 여기서 굳이 교류회로를 염두에 둔 입력 임피던스라는 표현을 사용해야 할 이유는 없다고 본다.)

■ 출력저항 R_{out}

출력저항(output resistance)은 출력단자와 접지 사이의 등가 저항을 말한다. 이상적인 연산증폭기에서 출력저항은 0으로 작으며, 실제의 연산증폭기에서는 수Ω~수백Ω 정도로 작다.

(☞ 사람에 따라서는 출력저항 R_{out}이라는 표현 대신에 출력 임피던스 Z_{out}라는 표현을 사용하는 경우도 있으나, 연산증폭기를 직류증폭기로 사용하든지 교류증폭기로 사용하든지 내부의 등가적인 저항이 대부분의 역할을 수행하므로 여기서 굳이 교류회로를 염두에 둔 출력 임피던스라는 표현을 사용해야 할 이유는 없다고 본다.)

■ 입력 바이어스 전류 I_B

입력 바이어스 전류(input bias current)는 연산증폭기의 출력전압이 0으로 유지되는 조건에서 비반전 입력단자에 흐르는 전류 I_{B+}와 반전 입력단자에 흐르는 전류 I_{B-}의 평균치로서 다음과 같이 정의된다.

$$I_B = \frac{I_{B+} + I_{B-}}{2}$$

이상적인 연산증폭기의 입력 바이어스 전류는 0으로 작으며, 바이폴라형 연산증폭기에서는 이것이 수 μA 정도이지만, Bi-FET형이나 Bi-MOS형의 연산증폭기에서는 이것이 수 nA에서 수 pA까지 더욱 작아진다.

▣ 입력 오프셋 전류 I_{OS}

입력 오프셋 전류(input offset current)는 연산증폭기의 출력전압이 0으로 유지되는 조건에서 비반전 입력단자에 흐르는 전류 I_{B+}와 반전 입력단자에 흐르는 전류 I_{B-}의 차이를 절대치로 나타낸 것으로서 다음과 같이 정의된다. 이것은 기호로 I_{OS}라고 나타내기도 하고, I_{IO}라고 표시하기도 한다.

$$I_{OS} = |I_{B+} - I_{B-}|$$

이상적인 연산증폭기의 입력 오프셋 전류는 0으로 작으며, 바이폴라형 연산증폭기에서는 이것이 수 μA 정도이지만, Bi-FET형이나 Bi-MOS형의 연산증폭기에서는 이것이 수 nA에서 수 pA까지 더욱 작아진다. (☞ 비반전 입력단자와 반전 입력단자에 연결되는 외부 회로의 등가 저항이 서로 같아지도록 회로를 설계하면 입력 오프셋 전류에 의하여 출력전압에 발생하는 오차를 최소화할 수 있다.)

▣ 입력 오프셋 전압 V_{OS}

입력 오프셋 전압(input offset voltage)은 연산증폭기의 출력전압을 0으로 유지하는데 필요한 두 입력단자 사이의 전압차를 말한다. 이상적인 연산증폭기에서는 입력단자의 전압차를 0으로 하면 출력전압도 0으로 되지만, 실제의 연산증폭기에서는 입력단 차동증폭기의 불균형이나 기타의 이유로 출력전압을 0으로 하려면 약간의 입력전압을 인가해야 하는데 이를 입력 오프셋 전압이라고 한다. 이것은 기호로 V_{OS}라고 나타내기도 하고, V_{IO}라고 표시하기도 한다. (☞ 초창기의 모델에서는 입력 오프셋 전압을 0으로 조정하기 위하여 사용자가 외부 회로를 사용할 수 있도록 2개의 오프셋 조정 단자를 가지고 있는 경우가 많았으나, 요즈음의 연산증폭기는 대부분 기본적으로 입력 오프셋 전압이 매우 낮게 설계되어 있고 소자의 핀 수도 줄여야 하기 때문에 이런 오프셋 조정 기능이 삭제되었다.)

▣ 동상 입력전압 범위 $\pm V_{CM}$

동상 입력전압 범위(common-mode input voltage range)는 출력전압에 클리핑(clipping)이나 찌그러짐을 일으키지 않고 선형적으로 동작하는 조건에서 인가할 수 있는 최대의 동상 입력전압의 범위를 말한다. 보통의 연산증폭기에서 이 값은 전원전압보다 1~2V 정도 작지만, RRIO(rail-to-rail input/output)형의 연산증폭기에서는 이 값이 전원전압과 거의 같다. 이것은 기호로 $\pm V_{CM}$이라고 나타내기도 하고, $\pm V_{ICR}$이라고 표시하기도 한다.

▣ 최대 출력전압 $\pm V_{sat}$

연산증폭기의 출력전압이 점점 커져서 포화되기 시작하려는 최대값을 말한다. 이론적으로 이보다 너 큰 출력전압이 되면 실제의 출력전압에서는 클리핑(clipping)이 발생하기 시작한다. 보통의 연산증폭기에서는 이 값이 전원전압보다 1~2V 정도 작지만, RRO(rail-to-rail output)형이나 RRIO(rail-to-rail input/output)형의 연산증폭기에서는 이 값이 전원전압과 거의 같게 된다. 보통은 이를 최대 출력전압(maximum output voltage) 또는 출력 포화전압(output saturation voltage)이라고 부르고 $\pm V_{sat}$로 표시하지만, 경우에 따라서는 이를 최대 출력전압 스윙(maximum output voltage swing)이라고 하여 V_{OM+} 및 V_{OM-}라고 표시하기도 한다.

▣ 출력 단락전류 I_{SC}

출력 단락전류(output short-circuit current)는 출력단자에 흐를 수 있는 전류의 최대값을 말한다. 대부분의 경우는 출력단자의 전류 방향에 관계없이 이 값이 동일하지만, 모델에 따라서는 출력단자에서 흘러나오는 전류를 $I_{SC(+)}$로 표시하고 출력단자로 흘러들어가는 전류를 $I_{SC(-)}$로 표시하여 이들 값의 크기가 극성에 따라 서로 다른 경우도 있다. 출력전류의 크기가 이 값을 넘게 되면 연산증폭기는 출력단 회로를 차단하거나 강제로 출력전류를 제한값 이하로 낮추어 유지하는 과전류 보호 기능이 동작하게 된다.

▣ 소비전력 P_D

연산증폭기의 소비전력(power dissipation)은 2개의 전원단자에 공급되는 전압과 이 단자에 흐르는 각 전류의 곱으로 표시되며, 무부하 조건에서 측정하므로 $I_{out} = 0$이 되어 출력단에서의 소비전력은 0으로 제외된다.

$$P_D = (+V_S)\times(+I_S) + (-V_S)\times(-I_S) - |V_{out}\times I_{out}| = (+V_S)\times(+I_S) + (-V_S)\times(-I_S)$$

▣ 주파수 대역폭 BW

연산증폭기의 주파수 대역폭은 <그림 1.1.18>에 보인 것처럼 여러가지의 종류가 있다. 이 그래프에서 수평축은 주파수를 나타내는데 10배씩 증가하는 로그 스케일(log scale)로 표시하였고, 수직축은 전압이득을 나타내는데 이것도 로그 스케일로 나타냈으며 dB 단위와 배수를 모두 표시하였다.

주파수가 높아짐에 따라 개루프 전압이득 곡선이 -20dB/decade의 기울기로 감소하는데, 나중에는 이것이 폐루프 전압이득 곡선과 만나서 함께 감소하게 된다. 개루프 전압이득이 최대값에서 -3dB만큼 감소한 위치의 주파수를 개루프 차단 주파수 $f_{c(OL)}$이라고 하고, 이것이 폐루프 전압이득과 만나는 주파수를 폐루프 차단주파수 $f_{c(CL)}$이라고 한다. 이때 직류에서부터 개루프 차단주파수까지의 주파수 대역을 개루프 대역폭(open-loop bandwidth)이라고 하고, 직류에서부터 폐루프 차단주파수까지의 대역을 폐루프 대역폭(closed-loop bandwidth)이라고 한다. 또한, 개루프 전압이득이 1 또는 0dB까지 감소한 주파수를 단위 이득 주파수(unity-gain frequency) f_{unity}라고 하고, 직류에서 단위 이득 주파수까지의 주파수 대역을 단위 이득 대역폭(unity-gain bandwidth)이라고 한다. 폐루프 대역폭은 단위 이득 대역폭을 폐루프 전압이득으로 나눈 값이 된다.

보통 연산증폭기의 데이터 시트에서는 주파수 사양을 이득 대역폭 곱(gain-bandwidth product ; GDP)이라고 하여 MHz 단위로 표시하는데, 이것은 사실상 단위 이득 대역폭을 나타내는 것이다. 왜냐하면 개루프 전압이득 곡선이 감소할 때 전압이득과 그 순간의 주파수를 곱한 값은 항상 일정한데, 데이터 시트에는 개루프 전압이득이 1 또는 0dB일 때 전압이득과 주파수의 곱으로 표시하므로 이 값은 단위 이득 대역폭과 같은 값이 되는 것이다.

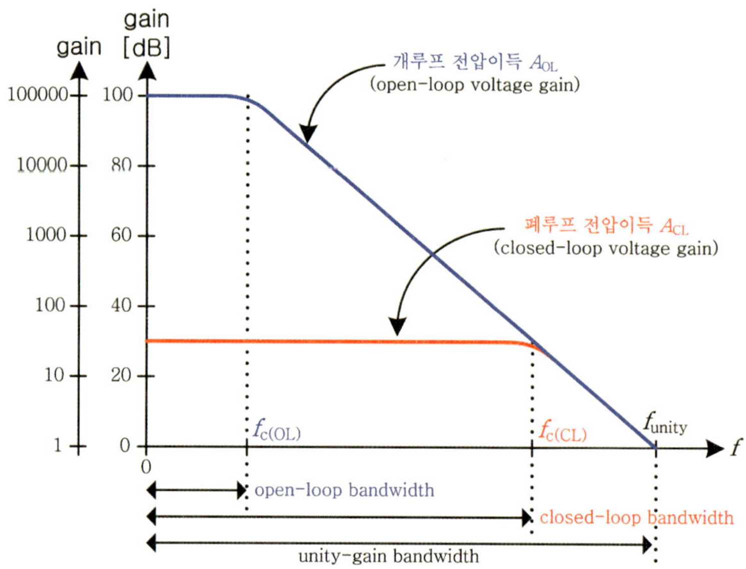

<그림 1.1.18> 연산증폭기의 주파수 대역폭

▣ 슬루 레이트 *SR*

슬루 레이트(slew rate)는 연산증폭기가 입력신호의 변동에 대하여 출력신호가 얼마나 빠르게 응답하는지를 나타내는 척도로서, 이것은 <그림 1.1.19>에 보인 것처럼 해당 연산증폭기를 사용한 전압 폴로워(voltage follower) 회로에 입력신호를 구형파로 인가하였을 때 출력신호의 시간 변화율을 V/μs 또는 V/ns의 단위로 표시한다.

$$SR = \frac{\Delta V}{\Delta t} \text{ [V/μs 또는 V/ns]}$$

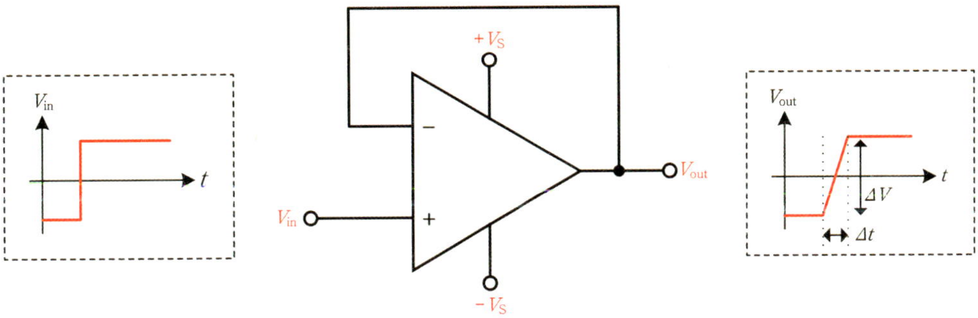

<그림 1.1.19> 연산증폭기의 슬루 레이트를 측정하는 방법

▣ 동상신호 제거비 *CMRR*

동상신호 제거비(common-mode rejection ratio)는 동상모드 전압이득 A_{CM}에 대한 차동모드 전압이득 A_{DM}의 비율을 dB 단위로 나타낸 것으로서, 이것이 클수록 좋은 연산증폭기이다. 즉, 이것이 크다면 입력단에서 동상신호는 증폭하지 않고 차동신호만을 증폭한다는 의미가 되므로 이상적인 특성에 가까워져서 좋은 연산증폭기가 되는 것이다.

$$CMRR = 20\log\left(\frac{A_{DM}}{A_{CM}}\right)$$

▣ 전원전압 제거비 *PSRR*

전원전압 제거비(power supply voltage rejection ratio)는 연산증폭기의 ±양전원을 동일한 크기로 변화(ΔV_S)시켰을 때 출력전압이 얼마나 변동(ΔV_{out})하는지를 나타내는 척도로서 다음과 같이 정의한다.

$$PSRR = 20\log\left(\frac{\Delta V_S}{\Delta V_{out}}\right)$$

따라서, 전원전압 제거비는 무한대로 클수록 좋은데, 이것이 크다는 것은 연산증폭기가 사용하는 전원전압이 변동하더라도 출력전압에 영향을 거의 주지 않는다는 것을 의미한다. 이것은 기호로 *PSRR*이라고 나타내기도 하고, k_{SVR}이라고 표시하기도 한다. 또한, 연산증폭기의 모델에 따라서는 (+)극성의 전원전압과 (−)극성의 전원전압을 1가지씩 별도로 변동시키면서 출력전압의 변화를 측정하여 전원전압 제거비도 $+PSRR$과 $-PSRR$처럼 극성별로 다르게 표시하는 경우도 있다.

▣ 입력 오프셋 전압 드리프트 $\Delta V_{OS} / \Delta T$

입력 오프셋 전압 드리프트(input offset voltage drift)는 온도가 1℃만큼 변할 때 입력 오프셋 전압이 변동하는 척도를 나타낸다. 연산증폭기에서 이 값은 작을수록 좋으며, 대부분의 연산증폭기에서는 이 값이 수 μV/℃ 정도나 그 이하로 작다.

▣ 입출력 레일 투 레일 특성

연산증폭기에서 ±양전원(dual power supply)을 사용하는 경우에는 $-V_S$에서 $+V_S$까지의 전체 전원전압 범위를 rail-to-rail이라고 하고, +단전원(single power supply)을 사용하는 경우에는 GND에서 $+V_S$까지의 전체 전원전압 범위를 rail-to-rail이라고 한다. 그런데, 일반형의 연산증폭기들은 <그림 1.1.20>에 보인 것처럼 허용 입력 범위나 출력 가능 범위가 모두 전원전압보다는 1~2V만큼 작다.

그러나, 만약 연산증폭기의 출력신호가 전원전압 범위까지 나올 수 있는 소자라면 이를 특별히 RRO(rail-to-rail output)형 연산증폭기라고 하며, 또한 입력신호 및 출력신호의 동작 범위가 모두 전원전압 범위까지 가능하다면 이를 RRIO(rail-to-rail input/output)형 연산증폭기라고 한다. 요즈음에는 배터리를 전원으로 사용하는 모바일 시대에 발맞추어 연산증폭기의 전원전압이 예전보다 훨씬 낮아지거나 단전원 방식으로 동작하는 모델을 점점 많이 사용하고 있으며, 여기에 RRO 또는 RRIO형의 입출력 동작 특성을 가지는 연산증폭기가 매우 많아지고 있다.

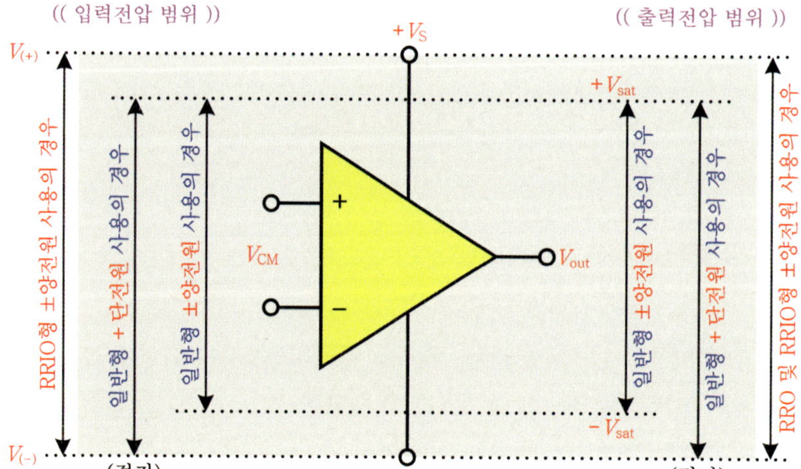

<그림 1.1.20> 연산증폭기에서 입출력 전압의 동작 범위

예를 들어 일반형 연산증폭기 IC 소자인 LM358을 ±15V의 양전원 방식으로 사용하였을 경우에는 25℃ 조건에서 동상 모드 입력전압 범위가 -15~+13.5V이고, 출력전압 범위가 -14.25~+13.6V이다. 그러나, LM358을 +5V의 단전원 방식으로 사용하였을 경우에는 25℃

조건에서 동상 모드 입력전압 범위가 0~3.5V이고, 출력전압 범위가 0.005~3.5V이다.

그러나, 대표적인 RRIO형 연산증폭기인 TLV9102를 ±5V의 양전원 방식으로 사용하였을 경우에 25℃의 동작 조건에서 동상 모드 입력전압 범위가 -5.2~+5.2V이고, 부하저항 10kΩ의 조건에서 출력전압 범위가 최대 -4.955~+4.955V로 되어 있어서 매우 우수한 rail-to-rail input/output 특성을 보이고 있다는 것을 알 수 있다.

▣ 바이폴라 동작과 유니폴라 동작

연산증폭기에 $\pm V_S$ 양전원(dual power supply)을 공급하여 사용할 때 이를 2개의 전압 극성을 갖는 전원을 사용한다고 하여 바이폴라 전원(bipolar power supply)이라고도 부르며, 이때 입력신호도 ±극성이 모두 사용될 수 있고 이에 따라 출력신호도 ±극성을 갖는 전압이 출력될 수 있으므로 이 경우를 바이폴라 동작(bipolar operation)이라고 할 수 있다.

그러나, 연산증폭기에 $+V_S$ 단전원(single power supply)을 공급하여 사용한다면 이를 1개의 전압 극성을 갖는 전원을 사용한다고 하여 유니폴라 전원(unipolar power supply)이라고도 부르며, 이때 입력신호도 +극성만 사용될 수 있고 출력신호도 +극성을 갖는 전압만 출력될 수 있으므로 이 경우를 유니폴라 동작(unipolar operation)이라고 할 수 있다.

휴게실

반도체 소자의 단종

전기 전자 분야에서 일하다 보면 자신이 즐겨 사용하는 반도체 소자가 단종(斷種)되어 애로 사항이 발생하는 경우가 종종 있다. 이미 개발하여 생산 판매중인 제품에서 사용하고 있는 일부 부품이 단종되기도 하고, 힘들여 개발을 모두 끝내고 이제 막 양산에 들어가려는데 일부 소자가 단종되어 난감한 상황에 빠지기도 한다.

반도체 제조사는 자신들의 제품이 단종되었다는 것을 "EOL(End of Life)" 또는 "Discontinued"라고 명확하게 밝히지 않는 경우가 대부분이지만, 홈페이지의 제품 소개나 데이터 시트에서 "Obsolete" 또는 "NRND(Not Recommended for New Designs)"라고 표시하고 있으면 이는 사실상 단종된 제품이라는 의미이다. 또한, 제품을 단종하여 더 이상 생산하지 않을 계획이므로 최종적으로 수분하여 구매가 가능한 날짜를 지정하면서 제품의 상태를 "LTB(Last Time Buy)"라고 표시하는 경우도 있다. 이처럼 소자가 단종되더라도 제조사 또는 유통사가 재고를 비축하고 있어서 곧바로 시장에서 이를 구입할 수 없게 되는 것은 아니지만, 만약 재고가 있더라도 이미 단종된 제품은 정상적으로 활성 상태(Active)였을 때에 비하여 가격이 훨씬 높아지는 경우가 많다.

이처럼 반도체 소자가 단종되는 것은 대부분 이것이 시대적으로 낙후되고 필요성이 없어져서 수요가 감소하거나, 판매가 부진하여 제조사에서 더 이상 경제성이 없다고 판단하였거나, 또는 이보다 더욱 경쟁력을 갖춘 새로운 대체품이 생산 판매되고 있을 때 이루어진다. 물론 반도체 제조사가 망하여 폐업하였기 때문에 갑자기 단종되는 경우도 있다. 이처럼 제품의 단종은 예고 없이 갑작스럽게 일어나는 경우도 있지만, 앞에서 설명한 것처럼 반도체 제조사에서 미리 단종을 예고하여 이에 대비할 수 있는 시간을 갖도록 소비자를 배려하기도 한다.

연산증폭기의 경우에도 IC 소자가 단종되는 사례는 종종 있다. 그러나, 지금은 여러 회사에서 수많은 연산증폭기 IC 소자를 만들어 판매하고 있기 때문에 어느 제품이 단종된다고 하더라도 대부분의 경우에는 동일한 회사의 다른 모델로 대체하거나 또는 다른 회사의 유사 모델로 대체가 가능하다. 이때 호환성(compatibility)이 문제가 되는데, 소자의 기능이나 성능은 물론이고 IC 패키지와 핀 배열까지 물리적으로 완전하게 호환이 되는 경우는 매우 쉽게 대체가 가능하지만, 기능이나 성능에서는 호환이 가능하더라도 패키지나 핀 배열이 다르면 그에 맞도록 제품의 PCB를 수정하여 다시 설계해야 하기 때문에 여간 번거로운 일이 아니다. 그러므로 개발사가 제품을 설계할 때는 사용할 부품의 현재 수급 상황이나 향후 전망까지 꼼꼼하게 따져보아야 하며, 가급적이면 여러 회사의 호환 가능한 소자를 사용할 수 있도록 부품을 선정하여 설계하는 것이 좋다.

1.2 아날로그 회로 및 관련 소자

이 절에서는 우리가 이 책에서 공부할 연산증폭기를 중심으로 하는 아날로그 회로의 특성을 알아보고, 그것을 해석 및 설계하는데 필수적으로 사용되는 R, L, C 소자에 대하여 자세하게 정리한다.

1. 아날로그 회로의 특성

오늘날은 디지털 시대라고 불리는만큼 많은 IT 기술이 디지털 방식에 집중되어 있는 것처럼 보이지만, 역설적으로 그럴수록 IT 기술을 사용하는 제품에는 아날로그 기술이 많이 포함되어 있다. 이 세상의 모든 물리적인 현상은 원래 모두 아날로그 방식으로 동작하고 있으므로 사용자가 디지털 기술을 사용하려면 그 제품 내부의 하드웨어가 아날로그 회로를 사용하여 필요한 신호를 디지털 신호로 변환해 주어야만 이런 디지털 기술이 가능해지기 때문이다. 결국 이것은 하드웨어 개발 엔지니어는 디지털 회로 기술에 너무 치우치지 말고 아날로그 회로 기술도 함께 깊이 있게 공부하고 경험하여 실력을 갖추어야 한다는 것이다.

이처럼 디지털 기술의 바탕에는 항상 아날로그 회로 기술이 기반이 되고 있는데, 이러한 아날로그 회로의 동작 특성은 디지털 회로에 비하여 훨씬 더 예민하고 정교하며 까다롭다는 점을 고려하여 하드웨어 개발 엔지니어라면 당연히 이것들의 특성과 동작 원리를 정확히 이해하고 설계해야 한다. 아날로그 회로가 갖는 특성을 요약하면 다음과 같다.

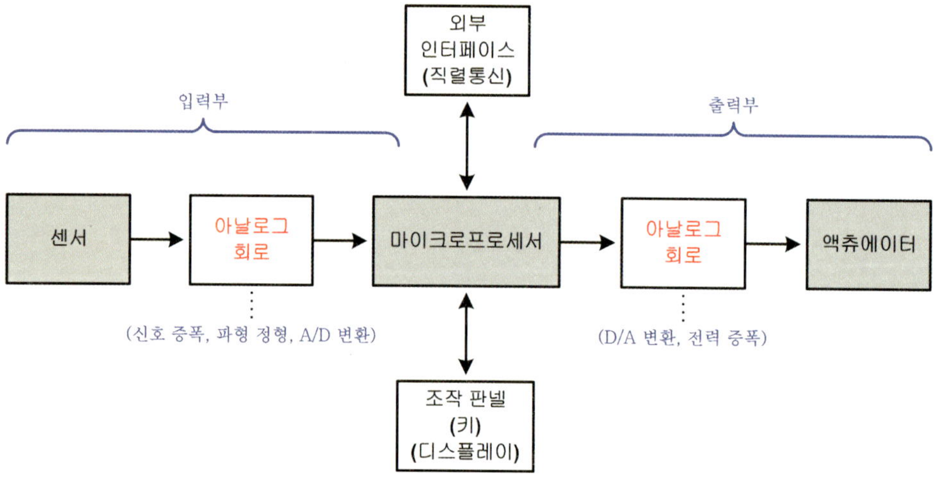

<그림 1.2.1> 디지털 제품의 전형적인 내부 하드웨어 구성을 보여주는 블록도

▣ 아날로그 신호는 자연적이고 디지털 신호는 인공적이다.

아날로그 신호(analog signal)는 이 세상에 자연적(natural)으로 존재하는 신호를 그대로 사용하는데 비하여 디지털 신호(digital signal)는 이를 인위적(artificial)으로 가공하여 아날로그 신호의 단점을 극복할 수 있는 것을 장점으로 가지도록 적용하고 있다. <그림 1.2.2>에서 보면 음향 신호를 아날로그 방식으로 사용하는 것과 디지털 방식으로 사용하는 것의 차이를 확실하게 알 수 있다.

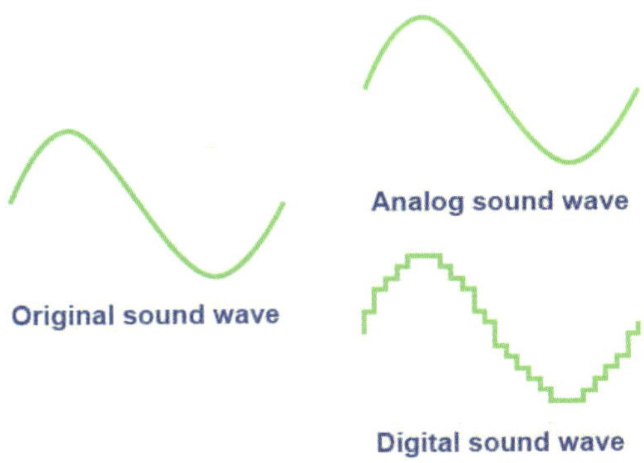

<그림 1.2.2> 음향 신호를 아날로그 방식과 디지털 방식으로 사용하는 경우의 비교

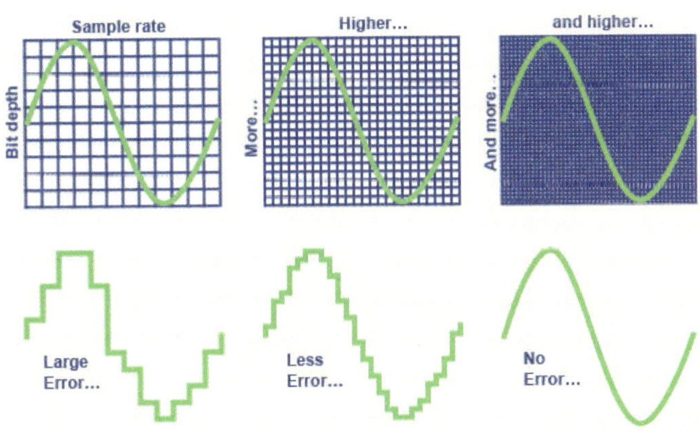

(a) 낮은 분해능 (b) 보통 분해능 (c) 높은 분해능

<그림 1.2.3> 아날로그 신호를 디지털 신호로 변환할 때 분해능의 중요성

아날로그 신호의 단점이란 이것이 잡음이나 왜곡에 민감하여 이 신호를 복사하거나, 하나의 기기에서 다른 기기로 전송하거나, 이를 증폭하고 재생할 때 이 신호가 나타내는 정보가 변형되거나 손실이 발생하는 가능성이 높다는 것이다. 그러나, 이를 디지털 신호로 가공하여 처리하면 복사, 전송, 증폭, 재생할 때 이 신호가 가지고 있는 특성이나 정보가 변경되

거나 손실되지 않고 그대로 유지되는 우수한 장점을 갖는다. 이 때문에 비디오 테이프에 저장되어 있는 아날로그 영상물은 오래 저장하거나 여러번 복제되면 화질과 음질이 심각하게 나빠지지만, MP4 형식으로 디지털화하여 저장된 동영상 파일은 아무리 오래되거나 여러번 복제되더라도 화질이나 음질이 전혀 나빠지지 않는 것이다.

그러나, 아날로그 신호를 샘플링(sampling)하여 디지털 데이터로 변환(digitizing)하는 일련의 과정(quantization)에서 아날로그 신호의 특성이 많이 희생되므로 이러한 문제를 해결하기 위하여 <그림 1.2.3>에 보인 것처럼 분해능(resolution)을 높임으로써 아날로그 신호의 특성을 최대한 유지하는 디지털 정보가 되도록 할 필요가 있다.

▣ 아날로그 신호는 연속적이고 디지털 신호는 이산적이다.

앞에서도 설명하였지만 아날로그 신호는 연속적(continuous)인 정보를 표현하는데 비하여 디지털 신호는 이산적(discrete)으로 정보를 표현하고 있다. <그림 1.2.4>의 아날로그 시계와 디지털 시계에서 이를 확실하게 살펴볼 수 있다. 좌측의 아날로그 시계는 360°로 연속적인 회전 동작을 보여주는 시, 분, 초의 각 바늘을 통하여 현재의 시각을 정확하게 초단위까지 알 수 있지만, 우측의 디지털 시계에서는 시, 분까지만을 표시하고 있으므로 초 단위의 시각 정보를 전혀 알 수가 없다. 만약 이 디지털 시계에서 초 단위의 시각 정보를 알고 싶다면 분해능을 높여서 초까지 표현하도록 만들어진 다른 디지털 시계로 교체하여 사용해야 할 것이다. 디지털 시스템에서는 분해능이 매우 중요하다는 것을 여기서도 확인할 수 있다.

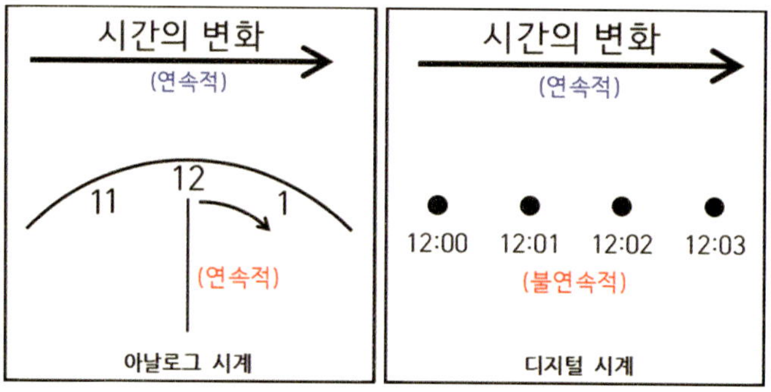

<그림 1.2.4> 연속적인 아날로그 정보와 이산적인 디지털 정보의 차이

▣ 아날로그 회로는 소자 특성의 오차에 의하여 영향을 받기 쉽다.

아날로그 신호는 이를 처리하기 위한 회로에 사용된 개별 소자의 특성에서 발생하는 오차에 의하여 그것의 동작에 직접적인 영향을 받는다. 그러나, 디지털 회로에서는 소자의 특성 오차에 의하여 신호가 달라지더라도 이것이 1과 0을 구분하는 차이 즉 노이즈 마진(noise margin)을 초과하지 않으면 1은 항상 1로 인식되고 0은 항상 0으로 인식되기 때문에 동작이 달라지지 않는다. 바로 이것이 디지털 시스템이 갖는 최대의 장점이다.

예를 들어서 <그림 1.2.5>에 보인 것처럼 4~20mA 전류 루프(current loop) 통신 방식으로 아날로그 데이터를 원격 전송하는 경우에 수신측의 회로에서는 이 전류가 250Ω의 저항에 의하여 1~5V의 전압으로 변환되고, 이 전압을 A/D 컨버터로 읽은 후에 소프트웨어적인 방법으로 250Ω의 저항값을 나누면 전송된 전류값을 알 수 있게 된다. 여기서 만약 10mA의 전류가 전송되었다면 이때 수신측의 250Ω 저항에 걸리는 전압은 0.01×250 = 2.5V가 될 것이며, A/D 컨버터로 이 전압값을 읽어서 250으로 나누면 10mA가 될 것이다. 그런데, 이때 250Ω의 저항이 +5%의 오차를 가지고 있어서 실제로는 262.5Ω의 저항값을 가지고 있다면 10mA의 전류가 전송되었을 때 이 저항에 나타나는 전압은 0.01×262.5 = 2.625V가 될 것이며, 이를 A/D 컨버터로 읽은 후에 250으로 나누면 수신측에서 인식하는 전류는 10.5mA가 될 것이다. 즉, 저항값이 +5%의 오차를 가지고 있다면 수신측에서 수신하는 전류값도 그대로 +5%의 오차를 갖는 것으로 잘못 처리하게 되는 것이다.

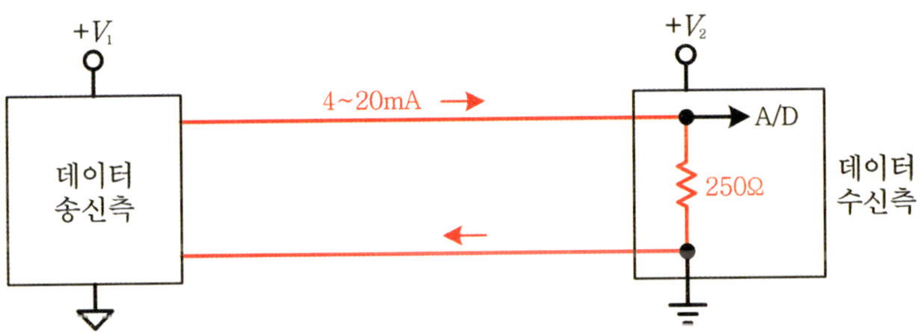

<그림 1.2.5> 4~20mA 전류 루프 방식의 아날로그 데이터 전송 회로

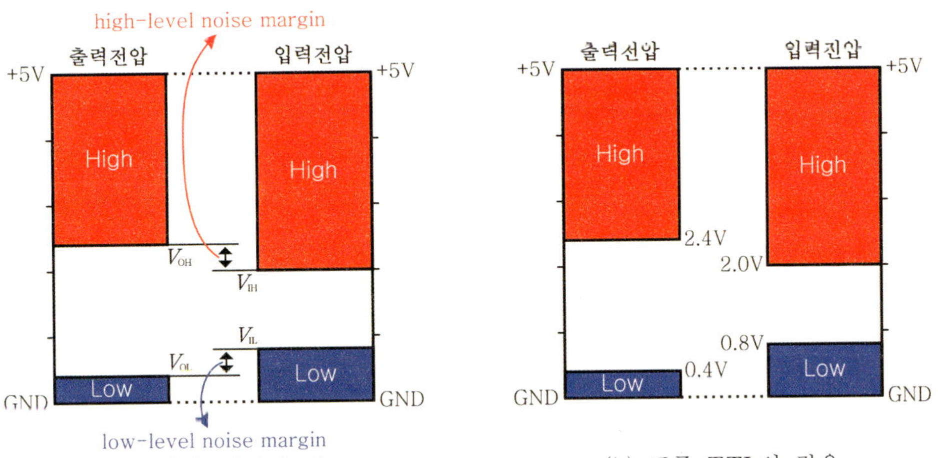

(a) 일반적인 디지털 회로 (b) 표준 TTL의 경우

<그림 1.2.6> 디지털 회로의 동작 신호 전압 레벨

그러나, 디지털 회로에서는 <그림 1.2.6>에 보인 것처럼 +5V 로직의 경우 입력단에서 high(=1)로 인식되는 전압 영역과 low(=0)로 인식되는 전압 영역이 하드웨어적으로 정해져 있다. 그리고 이와 동일한 종류의 회로 출력단에서 출력되는 전압은 입력전압 범위보다 노이즈 마진만큼 여유가 있도록 설계되어 있다. 이 때문에 출력신호에 노이즈가 포함되거나 소자의 오차에 의하여 출력신호의 전압값이 다소 달라지더라도 그것이 노이즈 마진을 초과하지 않는다면 0이 1로 바뀌거나 1이 0으로 바뀌는 일은 생기지 않으므로 이 디지털 시스템의 동작에 전혀 영향을 주지 않는다.

이러한 디지털 회로의 동작 안정성을 보여주는 또 하나의 예를 <그림 1.2.7>에 보였다. 이것은 릴레이 접점에 의하여 발생되는 +24V의 on/off 디지털 신호를 +5V로 동작하는 표준 TTL 로직으로 입력하는 회로이다. 여기서 릴레이가 on되었을 경우 TTL 회로에 입력되는 전압은 24×1kΩ÷(5kΩ+1kΩ) = 4V로 되는데, 이 전압은 <그림 1.2.6>의 (b)에서 보듯이 표준 TTL 로직에서 충분히 high(=1)로 인식되는 범위의 전압이므로 아무 문제가 없다. 그런데 이때 1kΩ의 저항이 -5%의 오차를 가지고 있어서 실제로는 0.95kΩ의 저항값을 갖는다고 가정해 보자. 그러면 TTL 회로에 입력되는 전압은 24×0.95kΩ÷(5kΩ+0.95kΩ) = 3.83V로 되는데, 이 전압은 저항의 오차에 의하여 다소 낮아지기는 했지만 역시 표준 TTL 로직에서 충분히 high(=1)로 인식되는 범위의 전압이다. 이처럼 디지털 회로에서는 소자의 오차가 있더라도 회로의 동작에 거의 영향을 미치지 않으므로 시스템의 동작이 훨씬 더 안정적이며, 이런 회로를 설계하는 것도 더 쉬워진다.

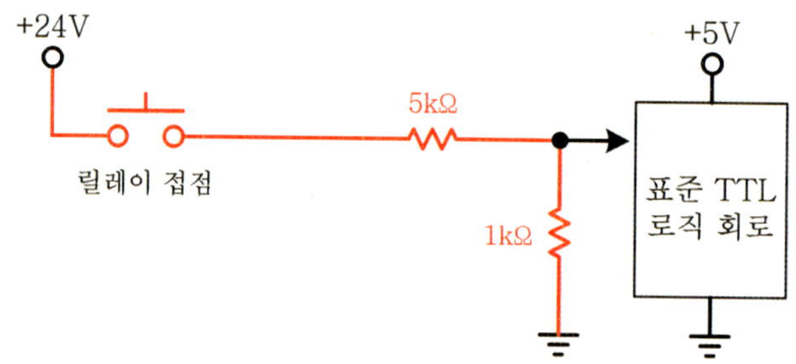

<그림 1.2.7> 24V의 디지털 로직 신호를 5V의 표준 TTL 로직 회로에 입력하는 방법

▣ 아날로그 회로는 온도, 습도, 전원전압, 잡음 등의 외부 환경에 영향을 받기 쉽다.

실리콘 반도체를 사용하는 연산증폭기 IC 소자나 그 외부에 사용하는 저항 소자 등은 온도, 습도, 전원전압 등에 따라 동작 특성이 변하므로 이에 따라 그만큼 아날로그 회로의 동작도 달라진다. 또한 그러한 아날로그 회로는 잡음의 영향을 쉽게 받는다. 이러한 외부 환경의 변화에 따라 소자의 특성이 달라지고 오차가 발생하는 사항들에 대해서는 앞에서도 충분히 설명하였으므로 다시 반복하지 않는다.

▣ 아날로그 회로는 IC에 추가적으로 수동 부품을 많이 사용하기 때문에 제품을 소형화하기가 더 어렵다.

디지털 회로에서는 대부분 IC 소자들만 사용하고 외부에 R, L, C와 수동 소자를 사용하는 경우가 매우 적지만, 아날로그 회로에서는 연산증폭기를 사용하더라도 거의 예외 없이 IC의 외부에 많은 저항이나 커패시터 등의 수동 소자를 추가적으로 사용하게 된다. 따라서, 이것들이 좀 더 넓은 PCB 면적을 차지하게 되고, 결과적으로 아날로그 회로를 사용하는 제품은 소형화하기가 더 어렵게 된다.

▣ 아날로그 회로에서 등가 출력저항은 0으로 작은 것이 좋고, 등가 입력저항은 ∞로 큰 것이 좋다.

회로가 복잡해지는 경우 아날로그 회로든지 디지털 회로든지 모두 앞단 회로의 출력신호가 뒷단 회로의 입력신호로 사용되는 방식으로 연결되는데, 이러한 다단 회로의 단계별 연결 방법을 캐스케이드 접속(cascade connection)이라고 한다.

특별히 다단계의 아날로그 회로를 캐스케이드 접속할 때는 <그림 1.2.8>에 보인 것처럼 신호의 소스가 되는 앞단 회로의 출력저항은 0으로 작은 것이 바람직하고, 부하가 되는 뒷단 회로의 입력저항은 ∞로 큰 것이 바람직하다는 원칙을 항상 기억해야 한다. 우리는 연산증폭기의 이상적인 특성이 바로 그러하다는 것을 이미 앞에서 공부하였다.

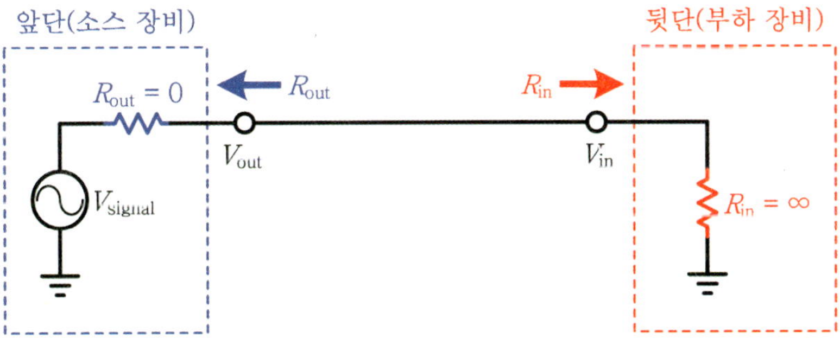

<그림 1.2.8> 아날로그 회로에서 바람직한 출력단 특성과 입력단 특성

이 그림에서 앞단 회로의 출력전압 V_{out}은 다음과 같이 계산할 수 있다. 여기서 보듯이 앞단 회로의 출력저항이 0이라면 부하가 되는 뒷단 회로의 특성에 관계 없이 항상 일정한 크기의 출력전압을 얻을 수 있으며, 따라서 당연히 이 회로의 동작을 해석하는 것이 쉬워진다. 그러나, 앞단의 출력저항이 0이 아닐 경우에는 무부하 전압에 비하여 부하 전압이 더 작아지며, 부하가 커질수록 출력전압이 더 감소한다.

$$V_{out} = V_{signal} \times \frac{R_{in}}{R_{out} + R_{in}} = V_{signal} \times \frac{R_{in}}{0 + R_{in}} = V_{signal}$$

또한, 뒷단 회로의 입력전압 V_{in}은 다음과 같이 계산할 수 있다. 여기서 보듯이 뒷단 회로의 입력저항이 ∞라면 앞단 회로의 특성에 관계 없이 항상 일정한 크기의 입력전압을 얻을 수 있다. 그러나, 뒷단의 입력저항이 ∞가 아닐 경우에는 앞단 회로의 출력저항에 의해 입력전압이 더 작아지며, 그 출력저항이 커질수록 입력전압이 더 감소한다.

$$V_{in} = V_{signal} \times \frac{R_{in}}{R_{out} + R_{in}} = V_{signal} \times \frac{\infty}{R_{out} + \infty} = V_{signal}$$

▣ 결론적으로 아날로그 회로의 설계는 디지털 회로의 설계에 비하여 더욱 이론적이고 정교하며 미세한 사항까지 까다롭게 검증하여 설계해야 한다.

이상으로 위에서 살펴본 바와 같이 아날로그 회로는 디지털 회로에 비하여 특성과 동작이 예민하고 정교하며 까다로운 회로이다. 따라서, 이를 설계하는 것도 원리적으로 접근하여 완벽하게 동작하며, 여러가지 예상되는 환경의 변화에 대해서 발생할 수 있는 특성의 변동폭이 사용자가 수용할 수 있는 범위 이내로 유지되도록 꼼꼼하게 따져서 설계해야 한다.

회로를 설계할 때 회로의 토폴로지(topology)가 왜 이렇게 구성되어야 하는지를 이론적으로 설명할 수 없으면 그것은 설계가 아니다. 또한, 왜 이 자리에는 이런 소자가 있어야 하는지, 그리고 왜 하필 이 값이어야 하는지를 근거 있게 설명하지 못하면 그것은 설계라고 할 수 없다. 설계는 자신감이요 책임감이다. 여기저기 떠돌아 다니는 회로를 확인과 검증 없이 그냥 가져다 사용하거나, 인터넷에서 주워온 회로들을 충분한 이해와 분석도 없이 이리저리 짜깁기하여 사용하는 것은 개발자가 가장 피해야 할 무책임이요 부도덕이다.

2. 연산증폭기의 응용 기술을 공부하는 방법

앞에서 살펴보았듯이 연산증폭기의 개요와 특성을 충분히 이해하고 이제부터 이것의 동작과 응용 회로를 단계적으로 공부하면 사용자가 이것들을 사용하여 원하는 기능과 성능을 발휘할 수 있도록 아날로그 회로를 설계하는 실무 응용 능력을 갖추게 될 것이다. 이제부터 연산증폭기를 공부하는 방법을 요약하여 제시하면 다음과 같다.

① 연산증폭기의 이상적인 특성을 정확히 이해하고 기억해야 한다. 모든 회로의 동작 해석은 연산증폭기의 이상적인 특성을 적용하는 것으로 시작한다. 특히 <표 1.1.6>에 제시한 연산증폭기의 이상적인 특성①~④는 반드시 기억하고 회로 해석에 적용해야 한다.

② 회로의 동작을 먼저 정성적으로 이해하고 이어서 정량적으로 해석할 수 있어야 한다. 어떤 아날로그 회로를 보면 먼저 이것이 어떤 종류의 회로인지 그것의 토폴로지를 파악하여 정성적으로 이해하고, 이어서 이것의 동작을 수식적으로 표현하여 정량적으로 해석할 수 있어야 한다. 회로의 종류를 파악하고 정성적으로 이해하기 위해서는 오랜 시간동안 많은 회로를 보고 해석하는 학습 과정을 통하여 자신의 실력을 높이는 것 이외에 별다르게 뾰족한 방법이 없다. 공부에 왕도는 없으며, 수고가 없으면 결과도 없는 것이다.

③ 연산증폭기 이외에 저항, 커패시터, 인덕터, 다이오드, 트랜지스터 등의 회로 소자에 대한 풍부한 실무 지식을 갖추어야 한다. 아날로그 회로는 연산증폭기에 이런 여러가지 소자들이 결합되어 이루어지기 때문이다.

④ 회로도를 그림으로만 보지 말고 실제 회로를 제작하여 계측기로 파형이나 입출력 값을 측정해 보는 것처럼 실험적인 방법으로 공부하는 것이 좋다. 이론적으로 따지는 것보다 실험적으로 확인하면 이해를 더욱 확실히 하게 되고, 이 과정에서 또 다른 것들을 배울 수 있다. 이를 위하여 디지털 멀티미터, 오실로스코프, LCR 미터 등의 계측장비는 개인적으로 갖추는 것이 좋다. 이런 장비가 없이 아날로그 회로를 사용하거나 설계하는 것은 사실상 불가능하다고 보아야 한다.

⑤ 보다 간편한 방법으로 실험을 하려면 브레드 보드를 사용할 수 있다. 그러나, 브레드 보드(bread board)를 사용할 때는 매우 주의가 필요하다. 충분히 우수한 품질을 갖는 제품이 아니거나 오래 사용하여 물리적인 동작 특성이 나빠진 브레드 보드는 내부에서 접촉이 불량해져서 학습에 심각한 문제를 일으킬 수 있다.

⑥ 경우에 따라서는 퍼스널컴퓨터에서 아날로그 회로 시뮬레이션 프로그램을 사용하여 학습할 수도 있다. 이러한 시뮬레이션 프로그램에는 PSIM, Multisim, TINA 등이 있는데, 당연히 이것들은 상업용으로 구입해야 하는 제품이다. 학생이나 아마추어 엔지니어들에게는 Texas Instruments사에서 무료로 제공하는 TINA-TI 소프트웨어를 권한다. 이 책에서는 이런 소프트웨어를 취급하지 않으므로 이것이 필요하다면 별도의 방법으로 익혀야 한다.

아날로그 회로를 공부하는데 갖추어야 할 장비들을 보이면 <그림 1.2.9>와 같다. 학교에서 IT 분야 학과의 하드웨어 실험실이나 산업체의 IT 분야 하드웨어 개발실에는 대부분 이런 정도 이상의 충분한 장비를 갖추고 있으나, 개인의 공부방에서는 이런 정도의 설비를 갖추는 것도 쉽지 않은 일이다. 그러나, 요즈음은 가격이 저렴하면서도 쓸만한 장비들이 시장에 많이 나오고 있으며 인터넷 거래를 통하여 중고 제품을 구입할 수도 있어서 열정과 의지가 있다면 개인이 이런 정도의 장비를 갖추는 것이 그렇게 어려운 것만도 아니다.

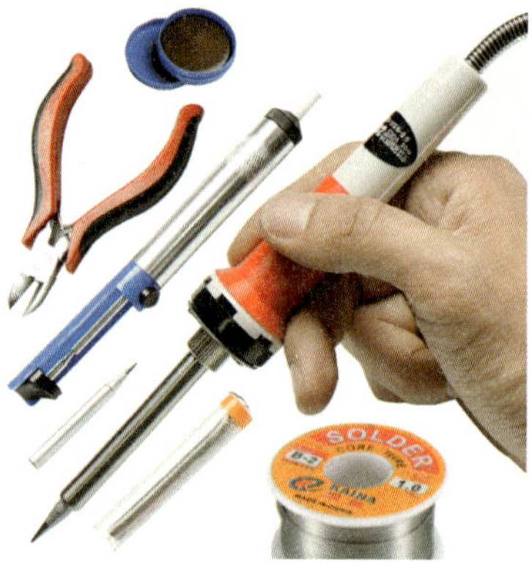

(a) 납땜 공구

(b) 브레드 보드

(c) 디지털 멀티미터

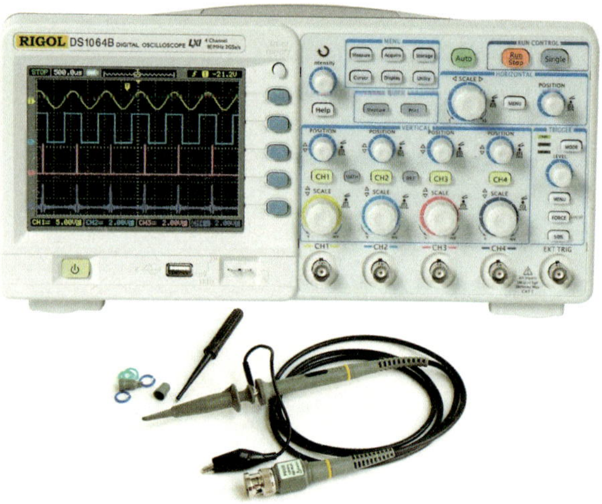

(d) 오실로스코프

<그림 1.2.9> 아날로그 회로 공부를 위하여 갖추기를 권장하는 장비

다음에 이어서 우리는 앞으로 제2장부터 연산증폭기의 응용 기술을 공부하는데 필수적으로 요구되는 저항 소자, 커패시터 소자, 인덕터 소자 등에 관한 실무 지식을 갖추는 과정을 학습할 것이다.

3. 저항 소자

저항 소자 또는 저항기(resistor)는 아날로그 회로를 구성하기 위하여 연산증폭기의 주변에서 가장 많이 사용되는 수동 부품이다. 이 저항 소자의 동작 특성은 그대로 해당 아날로그 소자의 동작 특성을 결정하게 되므로 아날로그 회로 설계자는 이 저항 소자의 특성을 충분히 잘 알고 사용해야 한다.

전기 저항(electric resistance)은 전기전자 회로에서 전류가 흐르는 것을 방해하는 정도를 나타낸다. Georg Simon Ohm은 독일의 물리학자인데, 전압(V)과 전류(I) 사이의 비례 관계(V = I×R)를 보여주는 오옴의 법칙은 그가 1826년에 발견하였으며, 그의 이름을 따서 전기 저항의 단위를 오옴[Ω]이라고 정했다. 단위길이와 단위면적을 가지는 도체의 전기 저항을 고유저항(specific resistance) 또는 비저항(resistivity)이라고 하며, 이 고유저항의 역수를 도전율(conductivity)이라고 하는데 이것은 물질에 전류가 흐르기 쉬운 정도를 나타낸다.

모든 물질은 동일한 온도 조건에서 일정한 고유저항 값을 갖지만 실제 도체의 저항값은 물질의 종류와 구조에 따라 달라진다. 동일한 물질에서의 저항값은 길이에 비례하고 단면적에 반비례한다. 즉, 도체가 가늘고 길수록 저항값이 커지며, 굵고 짧을수록 저항값이 작아진다. 물질의 고유저항은 온도에 의하여 영향을 받는데, 대부분의 물질은 온도가 높아지면 고유저항도 커지고 온도가 낮아지면 고유저항도 작아진다. 온도가 변함에 따라 고유저항이 달라지는 관계를 나타내는 계수를 고유저항의 온도계수(temperature coefficient)라고 한다.

도체에 전압을 인가하여 전류를 흘리면 저항에 의하여 주울열(Joule's heat)이 발생한다. 대부분의 경우에는 이 주울열이 에너지 손실(energy loss)과 발열로 나타나므로 주울열이 발생하는 것이 바람직하지 않지만, 전열기나 백열전구처럼 주울열을 적극적으로 이용하여 만든 전기기기도 있다. 도체의 고유저항이 0인 물질을 초전도체(superconductor)라고 하는데, 자연 상태에서는 초전도체가 존재하지 않으므로 인공적으로 만들어서 제한적인 조건에서 사용해야 하며, 이는 매우 많은 응용 분야를 가져올 수 있기 때문에 현재 세계 각국에서 치열한 기술개발 경쟁을 벌이고 있다.

(1) 저항의 종류

저항 소자는 이를 분류하는 기준에 따라서 여러가지로 나눌 수 있다. 여기서는 이렇게 많은 저항 소자들 중에서 아날로그 회로에 사용하는 빈도가 높은 종류에 초점을 맞추어 살펴보기로 한다.

▣ 저항값이 고정적인지 가변적인지에 따른 분류

저항 소자를 저항값이 고정적인지 가변적인지에 따라 분류하면 고정 저항(fixed resistor)과 가변 저항(variable resistor)으로 나눌 수 있다. 고정 저항은 다시 여러가지의 기준에 따라 수많은 종류로 나눌 수 있으며, 가변 저항은 구조 및 형태에 따라 다음과 같은 종류로 나눌 수 있다.

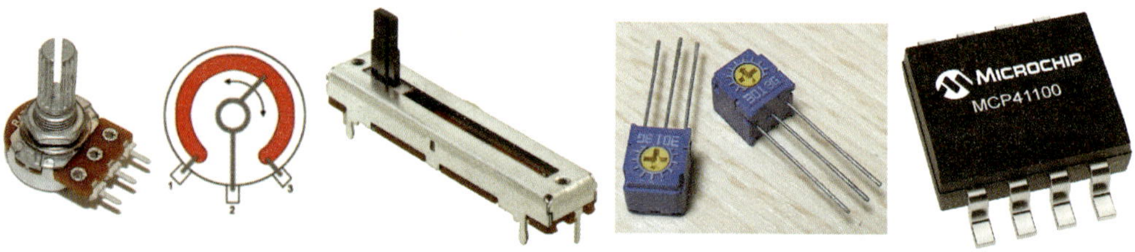

(a) 다이얼형　(b) 슬라이드형　(c) 반고정형　(d) 디지털 포텐쇼미터

<그림 1.2.10> 가변 저항의 여러가지 종류

① 다이얼형 가변저항 - 이것은 베이크라이트와 같은 절연판에 탄소피막을 입힌 것을 약 270° 정도의 원호 모양으로 만들고 그 위에 전극이 슬라이드 형태로 미끄러지는 방법으로 접촉시켜서 회전각에 따라 저항값이 변하는 저항이다. 이것은 사람의 손으로 회전축을 잡고 원의 방향으로 돌리면서 사용하기 때문에 다이얼(dial)형 가변저항이라고 하며, 예전에 오디오 기기의 음량을 가변하는 용도로 많이 사용되었기에 볼륨(volume)이라고도 부른다. 회전 각도에 대한 저항의 변화율에 따라 A형, B형, C형 등이 있는데, 회전각에 따라 저항값이 직선적으로 변하는 B형이 가장 일반적으로 사용된다. 용도에 따라서 다양한 모양과 크기의 제품이 있으나, 오늘날 일반적인 아날로그 회로에서는 자주 사용되지 않는다.

② 슬라이드형 가변저항 - 슬라이드(slide)형 가변저항은 다이얼형의 가변저항을 일직선의 구조로 만들어서 직선 방향으로 움직임에 따라 저항값이 변하도록 한 것이다. 오디오 기기 중에는 음량을 조절하는데 이러한 슬라이드형 가변저항을 사용한 것도 있다.

③ 반고정형 가변저항 - 다이얼형 가변저항을 이보다 훨씬 작게 만들어서 외부로 노출된 손잡이가 없으므로 손으로 직접 돌리지 못하고 ⊖자 또는 ⊕자 스크류 드라이버를 사용하여 돌릴 수 있도록 만든 가변 저항이다. 이것은 한번 저항값을 설정하여 놓으면 그 이후에는 자주 변경하지 않으며, 다이얼형에 비하여는 좀 더 정밀한 저항 설정용으로 많이 사용하기 때문에 트리머(trimmer) 저항 또는 트리머 포텐쇼미터(potentiometer)라고도 불린다. 다이얼형처럼 약 270° 정도를 돌릴 수 있는 1회전형이 많으나, 좀 더 정밀한 저항 설정용으로는 2회전에서 수십회전까지 돌릴 수 있는 멀티턴형(multi-turn)의 반고정 저항도 있다.

④ 디지털 포텐쇼미터 - 디지털 포텐쇼미터(digital potentiometer)는 IC로 만들어진 가변저항으로서 SPI나 I^2C와 같은 직렬통신에 의하여 소프트웨어적으로 외부에서 마이크로컨트롤러가 원하는 저항값을 설정할 수 있는 놀라운 제품이다. 저항값은 대부분 8비트 명령을 사용하여 설정하므로 256스텝으로 가변할 수 있다.

▣ 허용 소비전력에 따른 분류

저항 소자의 허용 소비전력은 이 저항에 전류를 흘렸을 때 너무 과열되어 정상적인 저항의 기능을 벗어나지 않고 견디는 최대 전력을 나타낸다. 저항에서의 소비전력은 전류값의 제곱에 저항값을 곱하는 방법으로 계산된다.

<그림 1.2.11>에 보였듯이 아날로그 회로에서 전통적으로 널리 사용되어 온 축방향 단자(axial lead) 저항 소자의 경우 허용 소비전력은 1/4 W이지만, 그 보다 더 작은 1/6 W 저항도 있으며, 외형의 크기가 이보다 더 커지면 1/2 W짜리나 1~5 W짜리 저항도 있다. 대체로 1 W 이하의 저항은 신호용이라고 볼 수 있지만, 그 이상의 허용 소비전력을 갖는 저항은 전력용이라고 분류할 수 있다. 전력용의 저항에는 소용량의 축방향 저항 이외에 수 W 이상의 허용 소비전력을 갖는 시멘트 저항(cement resistor)이나, 수십 W에서 수백 W 정도의 허용 소비전력을 가지는 권선 저항 또는 알루미늄 케이스의 블록(block) 저항도 있다.

이 그림에는 표시하지 않았지만 SMD(surface-mounted device) 저항은 외형의 크기에 따라 0.05~1 W 범위의 다양한 허용 소비전력 용량을 가진다.

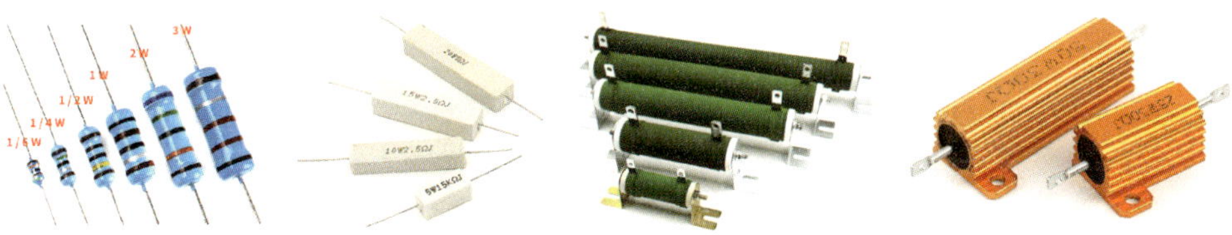

(a) 축방향 단자 저항 (b) 시멘트 저항 (c) 권선 저항 (d) 블록 저항

<그림 1.2.11> 허용 소비전력에 따른 저항의 종류

▣ 저항 소자를 만든 재료에 따른 분류

저항 소자를 만든 재료에 따라 분류하면 다음과 같다. 이것은 주로 신호용의 축방향 단자 저항을 염두에 두고 살펴본 것이며, 권선 저항이나 기타의 종류는 여기서 제외하였다.

① 고체 저항(solid resistor) - 탄소 분말에 수지와 같은 저항값 조절을 위한 혼합재를 섞고 여기에 결합제인 폴리머를 넣어 성형한 것이다. 허용 소비전력이 1/4~1 W 정도에 오차가 K(±10%)급~M급(±20%)인 저항 소자에 적합하다. 내압이 높고 큰 저항값을 갖는 제품을 만들기는 좋지만, 저항값의 정밀도가 낮고 저항의 온도계수가 커서 특성이 좋지는 않은 저항이라서 현재는 잘 사용하지 않고 있다.

② 탄소 피막 저항(carbon film resistor) - 세라믹 막대에 탄소 분말을 피막 형태로 입히고 여기에 나선형으로 홈을 파서 저항값을 조절하는 방법으로 만드는 저항이다. 오늘날 소전력의 신호용 저항으로서 가장 저렴하고 많이 사용하는 방식이며, 높은 정밀도 저항이

나 전력용으로는 적합하지 않다. 저항값의 정밀도는 J급(±5%) 수준이며, 허용 소비전력은 1/8~1/2 W 정도이다.

③ 금속 피막 저항(metal film resistor) - 세라믹 막대에 니켈이나 크롬 등의 합금을 증착 방식으로 피막을 입혀서 만드는 저항이다. 오늘날 높은 정밀도의 신호용 저항으로 많이 사용하는 방식으로서 가격은 탄소 피막 저항보다 비싸며, 고주파 특성이나 온도 특성, 잡음 특성 등이 우수하다. 저항값의 정밀도는 B급(±0.1%)~G급(±2%) 수준이며, 허용 소비전력은 1/8~2 W 정도이다.

④ 산화금속 피막 저항(metal-oxide film resistor) - 금속 피막 저항과 유사한 방법으로 만들지만 피막으로 주석이나 안티몬 계열의 금속 산화물을 사용하며 여기에 홈을 파서 만드는 저항이다. 정밀도나 잡음 특성이 금속 피막 저항에 비하여 떨어지지만, 산화 금속 피막이 열에 강하기 때문에 1/2~5 W 정도까지의 전력용 저항 소자에 사용되며, 저항값의 정밀도는 G급(±2%)~J급(±5%) 수준이다.

(2) 표준 저항값의 결정 방법

우리가 사용하는 저항 소자에 1kΩ, 1.5kΩ, 2kΩ 짜리는 있어도 예를 들어 1.9kΩ의 저항은 존재하지 않는다. 이러한 저항 소자의 저항값은 어떻게 결정했는지에 대하여 알아보자.

저항 소자의 저항값과 커패시터의 정전용량 값은 국제표준의 IEC-60063 규격에 의하여 E3, E6, E12, E24, E48, E96, E192 계열로 정해져 있다. 여기서 Em 계열의 저항값은 다음과 같은 등비수열의 식으로 만들어진다.

$$values\ of\ E_{m}\ \text{series} = 10^{\frac{n}{m}} \qquad \text{여기서 } n = 0, 1, 2, \ldots, m-1$$

즉, Em 계열에서 m은 해당 계열의 총 스텝수를 나타내며, n은 이 스텝의 일련 번호를 나타낸다. 예를 들어서 E6 계열은 m=6에 해당하므로 총 스텝수가 6이며, 다음과 같이 n=0, 1, 2, 3, 4, 5의 6가지 스텝에 해당하는 기본값이 만들어진다.

$10^{\frac{0}{6}} = 1.0$

$10^{\frac{1}{6}} = 1.468 \fallingdotseq 1.5$

$10^{\frac{2}{6}} = 2.154 \fallingdotseq 2.2$

$10^{\frac{3}{6}} = 3.162 \fallingdotseq 3.2$ (☞ 실제로는 3.3이라고 규정함.)

$10^{\frac{4}{6}} = 4.642 \fallingdotseq 4.6$ (☞ 실제로는 4.7이라고 규정함.)

$10^{\frac{5}{6}} = 6.813 \fallingdotseq 6.8$

<표 1.2.1>에 보인 것처럼 E3~E24 계열에서는 이 값을 2자리의 유효 숫자로 표현하도록 되어 있으므로 소숫점 둘째 자리에서 반올림하여 정수부 1자리와 소수부 1자리로 표현된다. 실제로 E6 계열의 저항값이나 커패시턴스 값을 정할 때는 이들 6가지의 기본값 숫자에 10의 멱급수를 곱하거나 나누어 10의 배수로 변형하여 사용할 수 있다.(그러나, E48~E192 계열에서는 저항값을 3자리의 유효 숫자로 표현한다.)

그런데, 위의 계산식에서 보듯이 E6 계열의 n=3 및 n=4인 경우에는 반올림하여 만들어진 계산값이 각각 3.2와 4.6이지만 실제의 IEC-60063 규격에 보면 정수비 분할의 필요성에 의하여 이것을 3.3과 4.7이라고 다른 값으로 조정하여 규정하고 있다. 이처럼 이 IEC-60063 규격에는 계산값과 다르게 규정된 여러개의 예외 사례가 포함되어 있다.

<표 1.2.1> IEC-60063 규격에 따른 E3~E192 계열의 저항값 및 커패시턴스 값

계열	표준 규정값	오차	유효 숫자
E3	1.0, 2.2, 4.7	±40%	2자리
E6	1.0, 1.5, 2.2, 3.3, 4.7, 6.8	±20%	
E12	1.0, 1.2, 1.5, 1.8, 2.2, 2.7, 3.3, 3.9, 4.7, 5.6, 6.8, 8.2	±10%	
E24	1.0, 1.1, 1.2, 1.3, 1.5, 1.6, 1.8, 2.0, 2.2, 2.4, 2.7, 3.0, 3.3, 3.6, 3.9, 4.3, 4.7, 5.1, 5.6, 6.2, 6.8, 7.5, 8.2, 9.1	±5%	
E48	1.00, 1.05, 1.10, 1.15, 1.21, 1.27, 1.33, 1.40, 1.47, 1.54, 1.62, 1.69, 1.78, 1.87, 1.96, 2.05, 2.15, 2.26, 2.37, 2.49, 2.61, 2.74, 2.87, 3.01, 3.16, 3.32, 3.48, 3.65, 3.83, 4.02, 4.22, 4.42, 4.64, 4.87, 5.11, 5.36, 5.62, 5.90, 6.19, 6.49, 6.81, 7.15, 7.50, 7.87, 8.25, 8.66, 9.09, 9.53	±2%	3자리
E96	1.00, 1.02, 1.05, 1.07, 1.10, 1.13, 1.15, 1.18, 1.21, 1.24, 1.27, 1.30, 1.33, 1.37, 1.40, 1.43, 1.47, 1.50, 1.54, 1.58, 1.62, 1.65, 1.69, 1.74, 1.78, 1.82, 1.87, 1.91, 1.96, 2.00, 2.05, 2.10, 2.15, 2.21, 2.26, 2.32, 2.37, 2.43, 2.49, 2.55, 2.61, 2.67, 2.74, 2.80, 2.87, 2.94, 3.01, 3.09, 3.16, 3.24, 3.32, 3.40, 3.48, 3.57, 3.65, 3.74, 3.83, 3.92, 4.02, 4.12, 4.22, 4.32, 4.42, 4.53, 4.64, 4.75, 4.87, 4.99, 5.11, 5.23, 5.36, 5.49, 5.62, 5.76, 5.90, 6.04, 6.19, 6.34, 6.49, 6.65, 6.81, 6.98, 7.15, 7.32, 7.50, 7.68, 7.87, 8.06, 8.25, 8.45, 8.66, 8.87, 9.09, 9.31, 9.53, 9.76	±1%	
E192	1.00, 1.01, 1.02, 1.04, 1.05, 1.06, 1.07, 1.09, 1.10, 1.11, 1.13, 1.14, 1.15, 1.17, 1.18, 1.20, 1.21, 1.23, 1.24, 1.26, 1.27, 1.29, 1.30, 1.32, 1.33, 1.35, 1.37, 1.38, 1.40, 1.42, 1.43, 1.45, 1.47, 1.49, 1.50, 1.52, 1.54, 1.56, 1.58, 1.60, 1.62, 1.64, 1.65, 1.67, 1.69, 1.72, 1.74, 1.76, 1.78, 1.80, 1.82, 1.84, 1.87, 1.89, 1.91, 1.93, 1.96, 1.98, 2.00, 2.03, 2.05, 2.08, 2.10, 2.13, 2.15, 2.18, 2.21, 2.23, 2.26, 2.29, 2.32, 2.34, 2.37, 2.40, 2.43, 2.46, 2.49, 2.52, 2.55, 2.58, 2.61, 2.64, 2.67, 2.71, 2.74, 2.77, 2.80, 2.84, 2.87, 2.91, 2.94, 2.98, 3.01, 3.05, 3.09, 3.12, 3.16, 3.20, 3.24, 3.28, 3.32, 3.36, 3.40, 3.44, 3.48, 3.52, 3.57, 3.61, 3.65, 3.70, 3.74, 3.79, 3.83, 3.88, 3.92, 3.97, 4.02, 4.07, 4.12, 4.17, 4.22, 4.27, 4.32, 4.37, 4.42, 4.48, 4.53, 4.59, 4.64, 4.70, 4.75, 4.81, 4.87, 4.93, 4.99, 5.05, 5.11, 5.17, 5.23, 5.30, 5.36, 5.42, 5.49, 5.56, 5.62, 5.69, 5.76, 5.83, 5.90, 5.97, 6.04, 6.12, 6.19, 6.26, 6.34, 6.42, 6.49, 6.57, 6.65, 6.73, 6.81, 6.90, 6.98, 7.06, 7.15, 7.23, 7.32, 7.41, 7.50, 7.59, 7.68, 7.77, 7.87, 7.96, 8.06, 8.16, 8.25, 8.35, 8.45, 8.56, 8.66, 8.76, 8.87, 8.98, 9.09, 9.20, 9.31, 9.42, 9.53, 9.65, 9.76, 9.88	±0.5% 이하	

<표 1.2.2> IEC-60063 규격에 따른 E6~E96 계열의 저항값 및 커패시턴스 기본값

EIA Standard Resistor Values by ± Tolerance%

E6	E12	E24	E48	E96	E6	E12	E24	E48	E96	E6	E12	E24	E48	E96
± 20%	± 10%	± 5%	± 2%	± 1%	± 20%	± 10%	± 5%	± 2%	± 1%	± 20%	± 10%	± 5%	± 2%	± 1%
100	100	100	100	100	220	220	220	215	215	470	470	470	464	464
				102					221					475
			105	105				226	226				487	487
				107					232					499
		110	110	110			240	237	237			510	511	511
				113					243					523
			115	115				249	249				536	536
				118					255					549
	120	120	121	121		270	270	261	261		560	560	562	562
				124					267					576
			127	127				274	274				590	590
				130					280					604
		130	133	133			300	287	287			620	619	619
				137					294					634
			140	140				301	301				649	649
				143					309					665
150	150	150	147	147	330	330	330	316	316	680	680	680	681	681
				150					324					698
			154	154				332	332				715	715
				158					340					732
		160	162	162			360	348	348			750	750	750
				165					357					768
			169	169				365	365				787	787
				174					374					806
	180	180	178	178		390	390	383	383		820	820	825	825
				182					392					845
			187	187				402	402				866	866
				191					412					887
		200	196	196			430	422	422			910	909	909
				200					432					931
			205	205				442	442				953	953
				210					453					976

IEC-60063 규격에 규정된 E3~E192 계열의 저항값 및 커패시턴스 값을 모두 열거하면 <표 1.2.1>과 같고, 이를 조금 다른 형태로 표시하여 보인 자료는 <표 1.2.2>와 같다.

실제의 저항 소자에서는 E24 계열과 E96 계열을 널리 사용하고 있는데, E24 계열의 저항값을 모두 열거하면 <표 1.2.3>과 같다.

<표 1.2.3> E24 계열의 실제 저항값

Standard Resistor Values (±5%)						
1.0	10	100	1.0K	10K	100K	1.0M
1.1	11	110	1.1K	11K	110K	1.1M
1.2	12	120	1.2K	12K	120K	1.2M
1.3	13	130	1.3K	13K	130K	1.3M
1.5	15	150	1.5K	15K	150K	1.5M
1.6	16	160	1.6K	16K	160K	1.6M
1.8	18	180	1.8K	18K	180K	1.8M
2.0	20	200	2.0K	20K	200K	2.0M
2.2	22	220	2.2K	22K	220K	2.2M
2.4	24	240	2.4K	24K	240K	2.4M
2.7	27	270	2.7K	27K	270K	2.7M
3.0	30	300	3.0K	30K	300K	3.0M
3.3	33	330	3.3K	33K	330K	3.3M
3.6	36	360	3.6K	36K	360K	3.6M
3.9	39	390	3.9K	39K	390K	3.9M
4.3	43	430	4.3K	43K	430K	4.3M
4.7	47	470	4.7K	47K	470K	4.7M
5.1	51	510	5.1K	51K	510K	5.1M
5.6	56	560	5.6K	56K	560K	5.6M
6.2	62	620	6.2K	62K	620K	6.2M
6.8	68	680	6.8K	68K	680K	6.8M
7.5	75	750	7.5K	75K	750K	7.5M
8.2	82	820	8.2K	82K	820K	8.2M
9.1	91	910	9.1K	91K	910K	9.1M

(3) 저항값과 오차를 컬러 코드로 표시하는 방법

축방향 단자를 갖는 저항에서는 저항값과 오차를 컬러 코드로 표시하는데 이제부터 그 방법에 대하여 알아보기로 한다. 총 12가지의 컬러가 나타내는 의미는 <그림 1.2.12>의 (a)에 보인 것처럼 저항값의 유효 숫자, 이 숫자에 곱해지는 승수, 그리고 저항값의 오차 등급에 따라 3가지 종류가 있다. 실제의 축방향 단자 저항에서 색띠(color band)를 사용하여 저항값과 오차를 표시하는 방법에는 <그림 1.2.12>의 (b)처럼 4색띠 표시 방법(E3~E24 계열)과 5색띠 표시 방법(E48~E192 계열)이 있다. 저항의 온도계수 표시까지를 포함하는 6색띠 표시 방법은 거의 사용하지 않는다.

이렇게 색띠를 볼 때 좌우 방향의 판단이 좀 어려울 수 있는데, 일반적으로 저항 막대의 여백이 적은 쪽이 왼쪽에 위치하고 여백이 좀 더 많은 쪽이 오른쪽에 위치하도록 놓으면 된다. 또는 오차를 표시하는 색띠를 좀 더 거리가 멀도록 떼어 놓거나 색띠의 굵기를 다르게 표시하는 방법을 사용하기도 하는데, 이때는 이 부분을 오른쪽에 위치시키고 읽으면 된다. 오차 표시는 ±0.05%~±20%의 범위에서 사용하며, 컬러로 오차를 표시하지 않은 경우의 저항값 오차 범위는 ±20%이다.

저항값의 오차 등급은 컬러 코드 대신에 1개의 영어 대문자를 사용하여 A(±0.05%), B(±0.1%), C(±0.25%), D(±0.5%), F(±1%), G(±2%), J(±5%), K(±10%), M(±20%)처럼 표시하는 경우도 있다.

색깔	수	승수	오차율
검정	0	10^0	
갈색	1	10^1	±1% (F)
빨강	2	10^2	±2% (G)
주황	3	10^3	
노랑	4	10^4	
초록	5	10^5	±0.5% (D)
파랑	6	10^6	±0.25% (C)
보라	7	10^7	±0.1% (B)
회색	8	10^8	±0.05% (A)
흰색	9	10^9	
금색		10^{-1}	±5% (J)
은색		10^{-2}	±10% (K)
none			±20% (M)

(a) 컬러 코드의 의미

Color	Signficant figures			Multiply	Tolerance (%)	Temp. Coeff. (ppm/K)
black	0	0	0	x 1		250 (U)
brown	1	1	1	x 10	1 (F)	100 (S)
red	2	2	2	x 100	2 (G)	50 (R)
orange	3	3	3	x 1K		15 (P)
yellow	4	4	4	x 10K		25 (Q)
green	5	5	5	x 100K	0.5 (D)	20 (Z)
blue	6	6	6	x 1M	0.25 (C)	10 (Z)
violet	7	7	7	x 10M	0.1 (B)	5 (M)
grey	8	8	8	x 100M	0.05 (A)	1 (K)
white	9	9	9	x 1G		
gold			3th digit only for 5 and 6 bands	x 0.1	5 (J)	
silver				x 0.01	10 (K)	
none					20 (M)	

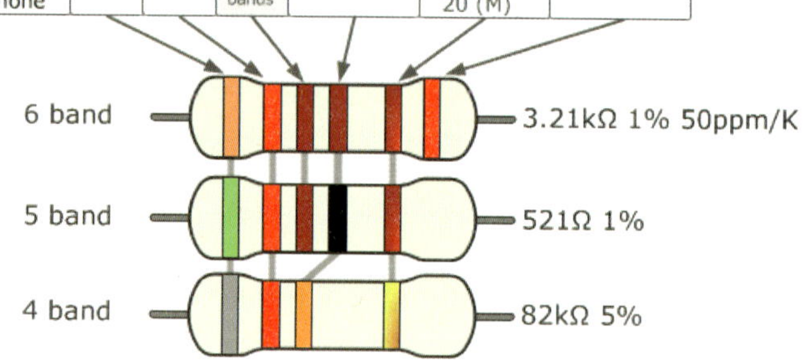

(b) 컬러 코드를 사용하는 방법

<그림 1.2.12> 저항값과 오차를 컬러 코드로 표시하는 방법

예를 들어서 이 그림에서처럼 4색띠가 갈색, 빨강, 금색, 은색의 순서로 되어 있다면 이 소자의 저항값과 오차는 다음과 같다.

저항값 : $12 \times 10^{-1} = 1.2\,[\Omega]$

오차 : ±10%

또한, 이 그림에서처럼 5색띠가 파랑, 회색, 검정, 빨강, 갈색의 순서로 되어 있다면 이 소자의 저항값과 오차는 다음과 같다.

저항값 : $680 \times 10^2 = 68000\,[\Omega] = 68\,[\mathrm{k}\Omega]$

오차 : ±1%

(4) SMD 저항에서 저항값을 표시하는 방법

SMD 저항 소자는 가로×세로의 크기에 따라 <그림 1.2.13>과 같이 여러가지의 종류가 있다. 이것들은 크기에 따라 허용 소비전력도 1/20~1 W로 달라진다.

Imperial				Size	Metric			
Resistor Case Code	Approx. Length (in)	Approx. Width (in)	Power (W)		Resistor Case Code	Approx. Length (mm)	Approx. Width (mm)	Power (W)
01005	0.016	0.008	1 / 32 (0.031)		**0402**	0.4	0.2	1 / 32 (0.031)
0201	0.02	0.01	1 / 20 (0.05)		**0603**	0.6	0.3	1 / 20 (0.05)
0402	0.04	0.02	1 / 16 (0.062)		**1005**	1.0	0.5	1 / 16 (0.062)
0603	0.06	0.03	1 / 10 (0.10)		**1608**	1.6	0.8	1 / 10 (0.10)
0805	0.08	0.05	1 / 8 (0.125)		**2012**	2.0	1.25	1 / 8 (0.125)
1206	0.125	0.06	1 / 4 (0.25)		**3216**	3.2	1.6	1 / 4 (0.25)
1210	0.125	0.10	1 / 2 (0.5)		**3225**	3.2	2.5	1 / 2 (0.5)
1812	0.18	0.125	3 / 4 (0.75)		**4532**	4.5	3.2	3 / 4 (0.75)
2010	0.20	0.10	3 / 4 (0.75)		**5025**	5.0	2.5	3 / 4 (0.75)
2512	0.25	0.125	1		**6332**	6.3	3.2	1

<그림 1.2.13> SMD 저항 소자의 종류

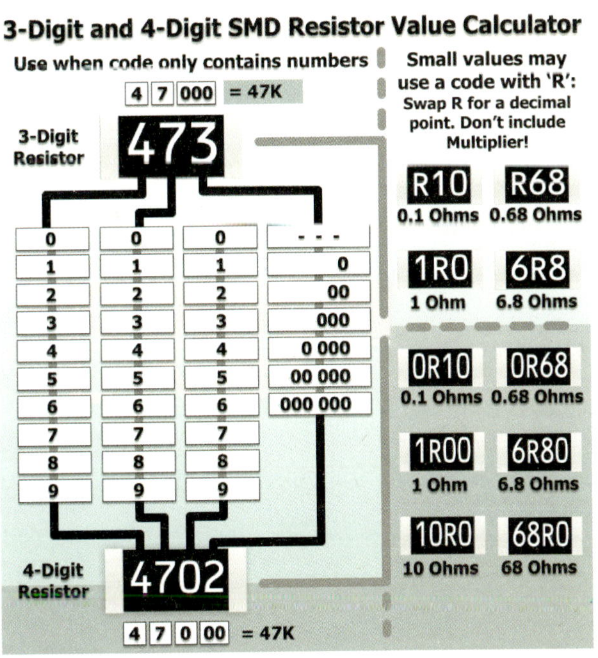

<그림 1.2.14> SMD 저항 소자의 저항값 표시 방법

SMD 저항 소자는 <그림 1.2.14>에 보였듯이 부품의 표면에 3자리 또는 4자리의 숫자나 문자로 저항값을 표시한다. 이것들을 읽는 방법을 아래에 설명한다.

▣ SMD 저항 소자의 3자리 표시 방법

SMD 저항 소자의 표면에 3자리의 숫자로 저항값을 표시하는 방법은 E3~E24 계열에서 사용하는데, 색띠 표시 방법과 유사하게 처음 2자리는 저항값의 유효 숫자를 표시하고 마지막 3번째 자리는 승수로서 10의 멱수를 표시한다. 여기서 오차는 따로 표시하지 않지만 보통 ±5%에 해당한다. 예를 들어보면 다음과 같다.

$$473 = 47 \times 10^3 = 47000\,[\Omega] = 47\,[\mathrm{k}\Omega]$$

$$152 = 15 \times 10^2 = 1500\,[\Omega] = 1.5\,[\mathrm{k}\Omega]$$

그런데 SMD 저항 소자의 3자리 표현 방법에서는 숫자 뿐만 아니라 소숫점 자리에 R [Ω], K[kΩ], M[MΩ]과 같은 문자를 사용하기도 한다. 원래 소숫점을 사용해야 하지만, 이 점은 크기가 작아서 지워질 경우 저항값을 읽는데 심각한 오류가 발생하므로 그 자리에 이들 문자를 적는 것이다. R을 적으면 그 자리는 소수점이 되면서 저항의 단위가 Ω으로 되고, K를 적으면 그 자리는 소수점이 되면서 저항의 단위가 kΩ으로 되며, M을 적으면 그 자리는 소수점이 되면서 저항의 단위가 MΩ으로 된다. 몇가지의 예를 들어보면 다음과 같다.

$$1\mathrm{R}5 = 1.5\,[\Omega]$$

$$\mathrm{R}47 = 0.47\,[\Omega]$$

$$1\mathrm{K}5 = 1.5\,[\mathrm{k}\Omega]$$

$$\mathrm{K}47 = 0.47\,[\mathrm{k}\Omega]$$

$$1\mathrm{M}5 = 1.5\,[\mathrm{M}\Omega]$$

▣ SMD 저항 소자의 4자리 표시 방법

SMD 저항 소자의 표면에 4자리의 숫자로 저항값을 표시하는 방법은 E48~E192 계열에서 사용하는데, 색띠 표시 방법과 유사하게 처음 3자리는 저항값의 유효 숫자를 표시하고 마지막 4번째 자리는 승수로서 10의 멱수를 표시한다. 여기서 오차는 따로 표시하지 않지만 보통 ±1%에 해당한다. 예를 들어보면 다음과 같다.

$$4702 = 470 \times 10^2 = 47000\,[\Omega] = 47\,[\mathrm{k}\Omega]$$

$$1541 = 154 \times 10^1 = 1540\,[\Omega] = 1.54\,[\mathrm{k}\Omega]$$

SMD 저항 소자의 4자리 표현 방법에서도 숫자 뿐만 아니라 소숫점 자리에 R[Ω], K[kΩ], M[MΩ]과 같은 문자를 사용할 수 있다. 원래 소숫점을 사용해야 하지만, 이 점은 크기가 작아서 지워질 경우 저항값을 읽는데 심각한 오류가 발생하므로 그 자리에 이들 문자를 적는 것이다. R을 적으면 그 자리는 소수점이 되면서 저항의 단위가 Ω으로 되고, K를 적으면 그 자리는 소수점이 되면서 저항의 단위가 kΩ으로 되며, M을 적으면 그 자리는 소수점이 되면서 저항의 단위가 MΩ으로 된다. 몇가지의 예를 들어보면 다음과 같다.

0R68 = 0.68[Ω]
68R0 = 68.0[Ω]
0K68 = 0.68[kΩ]
68K0 = 68.0[kΩ]
0M68 = 0.68[MΩ]

■ **E24 계열 SMD 저항 소자의 2자리 코드 표시 방법**

E24 계열의 SMD 저항 소자에 국한하여 2자리의 코드로 저항값을 표시하는 특별한 방법도 있다. 2자리의 코드 중에서 첫번째 자리는 1개의 영문 대문자 코드를 사용하여 <표 1.2.4>에 보인 것처럼 저항값의 유효 숫자를 표시하며, 두 번째 자리는 1개의 숫자를 사용하여 승수를 10의 멱수로 표시한다. 여기서 오차는 따로 표시하지 않지만 보통 ±5%에 해당한다. 몇가지의 예를 들어보면 다음과 같다.

Q1 = 4.7×10^1 = 47[Ω]
C3 = 1.2×10^3 = 1200[Ω] = 1.2[kΩ]
J6 = 2.4×10^6 = 2400000[Ω] = 2.4[MΩ]

<표 1.2.4> E24 계열의 SMD 저항값을 나타내는 첫번째 자리의 영문 코드

코드	유효 숫자	코드	유효 숫자	코드	유효 숫자
A	1	I	2.2	Q	4.7
B	1.1	J	2.4	R	5.1
C	1.2	K	2.7	S	5.6
D	1.3	L	3	T	6.2
E	1.5	M	3.3	U	6.8
F	1.6	N	3.6	V	7.5
G	1.8	O	3.9	W	8.2
H	2	P	4.3	X	9.1

■ E96 계열 SMD 저항 소자의 3자리 코드 표시 방법

E96 계열의 SMD 저항 소자에 국한하여 3자리의 코드로 저항값을 표시하는 특별한 방법도 있다. 3자리의 코드 중에서 첫번째와 두번째 자리는 2개의 숫자 코드를 사용하여 <표 1.2.5>에 보인 것처럼 저항값의 유효 숫자를 표시하며, 세번째 자리는 1개의 문자 코드를 사용하여 승수를 10의 멱수로 표시한다. 여기서 오차는 따로 표시하지 않지만 보통 ±1%에 해당한다. 몇가지의 예를 들어보면 다음과 같다.

$07B = 115 \times 10^1 = 1150\,[\Omega] = 1.15\,[k\Omega]$

$34D = 221 \times 10^3 = 221000\,[\Omega] = 221\,[k\Omega]$

$18E = 150 \times 10^4 = 1500000\,[\Omega] = 1.5\,[M\Omega]$

$34X = 221 \times 10^{-1} = 22.1\,[\Omega]$

$81H = 681 \times 10^1 = 6810\,[\Omega] = 6.81\,[k\Omega]$

<표 1.2.5> E96 계열의 SMD 저항값을 나타내는 3자리 코드 표시 방식

(a) 첫번째와 두번째 자리의 유효 숫자 코드

코드	유효 숫자	코드	유효 숫자	코드	유효 숫자	코드	유효 숫자
01	100	25	178	49	316	73	562
02	102	26	182	50	324	74	576
03	105	27	187	51	332	75	590
04	107	28	191	52	340	76	604
05	110	29	196	53	348	77	619
06	113	30	200	54	357	78	634
07	115	31	205	55	365	79	649
08	118	32	210	56	374	80	665
09	121	33	215	57	383	81	681
10	124	34	221	58	392	82	698
11	127	35	226	59	402	83	715
12	130	36	232	60	412	84	732
13	133	37	237	61	422	85	750
14	137	38	243	62	432	86	768
15	140	39	249	63	442	87	787
16	143	40	255	64	453	88	806
17	147	41	261	65	464	89	825
18	150	42	267	66	475	90	845
19	154	43	274	67	487	91	866
20	158	44	280	68	499	92	887
21	162	45	287	69	511	93	909
22	165	46	294	70	523	94	931
23	169	47	301	71	536	95	953
24	174	48	309	72	549	96	976

(b) 세번째 자리의 승수 코드

코드	승수
Z	$10^{-3} = 0.001$
R 또는 Y	$10^{-2} = 0.01$
S 또는 X	$10^{-1} = 0.1$
A	$10^0 = 1$
B 또는 H	$10^1 = 10$
C	$10^2 = 100$
D	$10^3 = 1000$
E	$10^4 = 10000$
F	$10^5 = 100000$

4. 커패시터

커패시터(capacitor)는 아날로그 회로에서 저항 다음으로 많이 사용되는 수동 부품이다. 그러나, 현실적으로 아날로그 회로에서 적절한 위치에 적절한 용량의 커패시터를 사용하는 기술은 저항을 사용하는 것에 비하여 훨씬 더 어렵다고 느끼는 학생이나 엔지니어가 많을 것이다. 그것은 커패시터 소자를 정확히 이해하지 못하기 때문이다. 커패시터를 잘 이해하고 있다면 이를 사용하는 것은 결코 어렵지 않다.

(1) 커패시터의 구조

커패시터는 <그림 1.2.15>에 보였듯이 면적이 A인 2개의 도체로 된 전극판(conductive plate)이 절연 상태로 일정한 거리 d를 두어 서로 마주 보도록 배치하고 여기에 각각 전기적인 단자(terminal)를 붙여서 외부와 연결할 수 있도록 만든 수동 전기 소자이다. 그러면 이 커패시터 소자의 정전용량(capacitance)은 다음과 같은 식으로 표현된다.

$$C = \epsilon \frac{A}{d} \text{ [F]}$$

정전용량의 단위는 영국의 위대한 물리학자이면서 화학자인 마이클 패러데이(Michael Faraday)의 이름에서 따온 패럿(farad) [F]이며, 여기서 비례상수 ϵ를 유전율(permittivity)이라고 하는데, 이것은 2개의 전극판 사이를 절연하여 채우는 유전체(dielectric material)로서 무엇을 사용하는지에 따라 달라진다.

이 식에서 보듯이 커패시터의 정전용량은 전극판의 면적 A에 비례하고, 두 전극판 사이의 거리 d에 반비례하다. 커패시터의 정전용량을 크게 하기 위하여 면적 A를 크게 하면 소자가 커지는 문제가 있으며, 거리 d를 짧게 하면 두 전극판 사이의 절연이 파괴되기 쉬우므로 최대 허용 전압이 낮아진다.

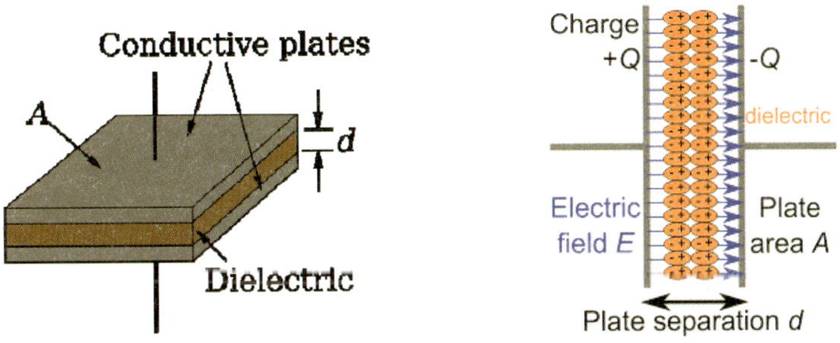

<그림 1.2.15> 커패시터의 기본 구조

휴게실 "콘덴서"가 아니라 "커패시터"이다

전기전자 회로에서 3가지의 주요 수동 소자로서 기호 C로 표현되는 부품을 흔히 콘덴서(condenser) 또는 커패시터(capacitor)라고 부른다. 그러면, 콘덴서와 커패시터는 서로 같은 말인가? 결론부터 말하면 우리나라에서 오랫동안 이것들은 서로 거의 같은 의미인 것처럼 사용되어 왔으나 이제는 반드시 커패시터라고 불러야 옳으며 콘덴서는 명백하게 틀린 말이다. 커패시터만이 학술적으로 올바른 표준 용어라는 것이다.

도대체 왜 콘덴서는 옳지 않고 커패시터가 바른 용어일까? 이 궁금증은 인터넷을 검색하여 보면 어렵지 않게 해결할 수 있다. 인터넷은 거대한 쓰레기 더미이기도 하지만 유용한 정보가 널려있는 보물 창고이기도 하다. 쓰레기와 보물을 구분하여 받아들이는 것은 전적으로 인터넷 사용자의 몫이다. 인터넷에서 비교적 정보의 신뢰도가 높은 위키 백과(Wikipedia) 한글판에서 콘덴서나 커패시터를 검색하면 모두 축전기라는 항목으로 넘어가는데, 여기서 축전기를 다음과 같이 설명하고 있다.

축전기(capacitor 커패시터) 또는 콘덴서(condenser)란 전기회로에서 전기 용량을 전기적 포텐셜 에너지로 저장하는 장치이다. 두 개의 단자가 있는 수동소자이다. 축전기 내부는 두 도체판이 떨어져 있는 구조로 되어 있고, 사이에는 보통 절연체가 들어간다. 각 판의 표면과 절연체의 경계 부분에 전하가 비축되고, 양 표면에 모이는 전하량의 크기는 같지만 부호는 반대이다. 즉, 두 도체판 사이에 전압을 걸면 음극에는 (-)전하가, 양극에는 (+)전하가 유도되는데, 이로 인해 전기적 인력이 발생하게 된다. 이 인력에 의하여 전하들이 모여있게 되므로 에너지가 저장된다.

"콘덴서"(condenser)라는 이름은 일본에서 영문 이름을 번역한 것이 그대로 대한민국으로 유입된 것으로, 오늘날 한국물리학회 표준 용어는 "축전기"이다. 뿐만 아니라, "condenser"라는 영어 용어는 광학에서 집광기(빛모으개)나 기체 역학에서 응축기(기체를 액체로 변화시키는 기구) 등 전혀 다른 기구를 일컫기도 한다.

그러나, 위키 백과 한글판보다 훨씬 더 설명이 자세하고 정확한 특징을 갖는 영문판에서 콘덴서(condenser)라는 용어를 찾아보면 이것의 여러가지 의미 중에서 한가지로 다음과 같은 설명이 나온다.

Capacitor, formerly called a condenser, an electrical device that stores energy
(커패시터. 에너지를 저장하는 전기 소자로서 과거에는 콘덴서라고 불렸음.)

즉, 과거에는 이것이 콘덴서라고 불렸으나 지금은 커패시터가 옳은 표현이라는 설명이다. 대부분 영어를 그대로 우리말로 읽어서 표기하여 커패시터라고 사용하며, 굳이 우리말로 번역하여 표현하면 축전기(蓄電器)라고 한다. 이것은 충전이 가능한 2차 전지를 가리키는 축전지(蓄電池)와는 전혀 다른 용어이므로 혼동하지 말아야 한다. 그러면 이 위키 백과 영문판에서 커패시터는 뭐라고 설명하는지 찾아보자.

A capacitor is a device that stores electrical energy in an electric field by accumulating electric charges on two closely spaced surfaces that are insulated from each other. It is a passive electronic component with two terminals.
(커패시터는 서로 절연되어 마주 보고 있는 2개 판의 표면에 전하를 축적하여 전계의 형태로 전기 에너지를 저장하는 소자이다. 그것은 2개의 단자를 가지는 수동 전자부품이다.)

오늘날 많은 사람이 그렇게 헷갈리듯이 위키백과조차도 전기(電氣)와 전자(電子)를 서로 구분하지 않고 혼용하여 electrical device와 electronic component를 왔다갔다 사용하는 것이 다소 불만이기는 하지만, 어쨌든 커패시터에 대하여 설명하는 내용은 충분히 이해할 수 있다. 여기서 커패시터의 설명을 쭉 읽어 내려가다 보면 다음과 같은 이야기가 나온다.

The capacitor was originally known as the condenser, a term still encountered in a few compound names, such as the condenser microphone.
(커패시터는 원래 콘덴서라고 알려져 왔는데, 이 명칭은 아직도 드물게 콘덴서 마이크와 같은 극히 일부의 복합적인 명칭에서 사용되고 있다.)

위키백과는 계속하여 1740년대부터 유럽의 여러 과학자들에 의하여 커패시터가 에너지 저장 소자로서 발명되어 사용되었음을 설명하고 있는데, 거기에는 다음과 같은 내용이 있으며 추가적으로 1926년에 영국공학표준협회에서 발행한 British Standard Glossary of Terms in Electrical Engineering이라는 책을 소개하고 있다.

Early capacitors were known as condensers, a term that is still occasionally used today, particularly in high power applications, such as automotive systems. The term condensatore was used by Alessandro Volta in 1780 to refer to a device, similar to his electrophorus, he developed to measure electricity, and translated in 1782 as condenser, where the name referred to the device's ability to store a higher density of electric charge than was possible with an isolated conductor. The term became deprecated because of the ambiguous meaning of steam condenser, with capacitor becoming the recommended term in the UK from 1926, while the change occurred considerably later in the United States.

(초창기의 커패시터는 콘덴서라고 알려졌었으며, 이 용어는 아직까지도 특히 자동차와 같은 내전력 응용 분야에서 종종 사용되고 있다. 콘덴세이터는 말은 1780년에 알레싼드로 볼타가 전기 측정을 위하여 개발한 전기쟁반과 같은 장치를 가리키기 위하여 사용하였으며, 1782년에 콘덴서라고 번역되었는데 이것은 절연 도체를 사용하는 경우에 비하여 더 높은 밀도의 전하를 저장하는 능력을 갖는 장치를 의미하였다. 그러나, 이 용어는 스팀 콘덴서(응축기, 凝縮器)와 의미가 혼동되므로 점점 사용되지 않게 되었는데, 영국에서는 1926년부터 커패시터라는 표준의 용어를 사용하도록 권장되고 있으며, 미국에서는 이러한 변화가 상당히 더 늦게 나타났다.)

이와 같이 지금부터 무려 100년 전에 이미 콘덴서라는 말은 커패시터라는 표준 용어로 대체되고 더 이상 사용하지 않게 된 것이다. 그러나, 위키백과에서도 설명하고 있듯이 아직도 영어권이 아닌 세계 각국에서는 콘덴서라는 말을 사용하는 경우가 종종 있다. 일본이 특히 그러하다.

일본은 1800년대 중반 무렵부터 서양의 문물을 받아들이고 과학기술을 발전시켜 1900년대 이르러서는 우리나라를 침략하고 중국 및 러시아와 동아시아의 패권을 다투었던 나라이다. 그러다가 오만하게도 제2차 세계대전을 일으키고 미국에게 도전하였다가 참담하게 패배하였지만, 일본은 이미 1800년대 말에 철도 및 방직 산업을 일으키고 1930년대부터는 자동차와 비행기를 자체 생산할 정도로 근대산업을 발전시켰다. 그렇다면 1900년대 초에 이미 일본에서는 전기공학을 정규 교육으로 배웠을 것이며 이때는 콘덴서라는 말이 아무 문제없이 사용되던 무렵이므로 당연히 일본의 전기공학 서적에서는 콘덴서(コンデンサー)라고 외래어로 표현했을 것이다.

그런데, 일본이라는 나라는 우리가 생각하는 것보다 훨씬 더 전통과 관습을 버리지 못하는 나라이다. 공산국가가 아닌데도 전세계에서 기독교가 맥을 못추는 특이한 나라가 일본이고, 2020년에 전세계를 강타한 코로나19 사태에서도 확진자 수를 집계하는데 반드시 팩스를 사용하는 것만을 고집하여 행정 처리가 늦었던 한심한 나라이며, 국가의 행정 서류를 전산화하려는데 단지 도장을 없애지 못하여 이를 시행하지 못하는 기가 막히는 나라이다. 그런 일본에서 1926년부터 콘덴서가 커패시터라는 새로운 표준 용어로 대체되었다는 것은 그저 남의 나라 이야기일 것이며, 그들은 이미 오래전부터 콘덴서라고 부르던 습관을 고칠 생각이 전혀 없었을 것이다.

그러나, 어떻게 보면 더 큰 문제는 우리나라에 있다고 할 수 있다. 우리나라는 시기적으로 일제 강점기에 서양 문물이 들어와서 생활 속에 자리를 잡았고, 많은 서양의 과학기술도 일본의 손을 거쳐서 들어왔다. 대학교에 공과대학이 생기고 서양의 과학기술 교육이 시작된 것도 일제 강점기였다. 그러한 이유로 우리나라의 좀 오래된 전기공학 서적에는 모조리 일본식으로 콘덴서라고 표기되어 있다. 적어도 우리나라에서 유난히 콘덴서라는 잘못된 말을 아직도 많이 사용하는 것은 순전히 일제 강점기부터 이어져 온 일제의 잔재일 뿐이다. 이제는 이것이 올바르지 않다는 것을 알았다면 당연히 바로잡아 고쳐야 한다. 유독 우리나라에서만 일본의 잔재를 잊지 못하여 또는 그것이 일본의 잔재인 줄도 모르고 콘덴서라고 부를 이유가 없는 것이다. 세상에 따라할 것이 없어서 콘덴서나 마이컵처럼 아직도 한심하게 일본을 따라하고 있는가! 세계적으로 표준 용어가 100여전 전에 이미 커패시터라고 정해졌는데... 왜 굳이 일본을 따라 아직도 콘덴서라고 부르고 있다는 말인가? 제대로 된 공학자나 공과대학 교수라면 당연히 학생들에게 커패시터라고 올바르게 가르치고 책에도 그렇게 써야 한다. 다행히 요즈음의 책을 찾아보니 이제는 우리나라 공학 서적에서도 대부분 커패시터로 바르게 표기하고 있으나 아직도 콘덴서라고 잘못 표기하고 있는 책을 드물지 않게 발견할 수 있다. 그러나, 물론 현재 영어로 된 공학 서적에서는 거의 모두 커패시터라고 올바르게 표기하고 있다.

좀 특이한 시각에서 용어를 설명하는 경우가 많은 나무위키에서 콘덴서를 검색하면 자동으로 커패시터 항목으로 넘어간다. 여기서 커패시터는 다음과 같이 설명하고 있다.

전자/전기에서 전기를 모으고, 방출하기 위하여 사용하는 부품. 다른 명칭으로는 커패시터(capacitor)라고 하며 줄여서 "캡"(cap)이라고 부르기도 한다.(이하 '커패시터'로 통일해서 쓴다.)

그밖에 인터넷에서 검색할 수 있는 대부분의 용어사전들은 용어사전이라기에는 부끄러울 정도로 설명이 부실하고 개념이 엉터리인 경우가 많다. 예를 들어 두산백과는 콘덴서와 커패시터를 전혀 구분하지 않고 동일한 용어인 것으로 설명하고 있으며, 네이버 지식백과나 전기용어 사전, 오디오 용어 사전, 학생백과 사전 등도 이와 별로 다르지 않다. 다시 분명하게 강조하지만 전기전자공학 분야에서 콘덴서는 이미 100여년 전에 용도 폐기된 단어이며, 지금의 표준 용어는 커패시터이므로 제대로 된 백과사전이나 용어사전이라면 이를 명확하게 구분하여 커패시터라고 올바르게 설명하고 콘덴서는 올바른 용어가 아니라는 것을 지적해야 한다.

실제 커패시터의 구조는 <그림 1.2.16>에 보인 것처럼 크게 평판형 구조, 적층형 구조, 원통형 구조의 3가지 방식이 있다. 평판형 구조에 비하여 적층형 구조는 커패시터의 정전용량을 크게 할 수 있으며, 원통형 구조에서는 정전용량을 더 크게 만들 수 있다. 적층형 구조의 대표적인 예는 적층형 세라믹 커패시터가 있으며, 원통형 구조를 사용한 대표적인 예는 전해 커패시터가 있다.

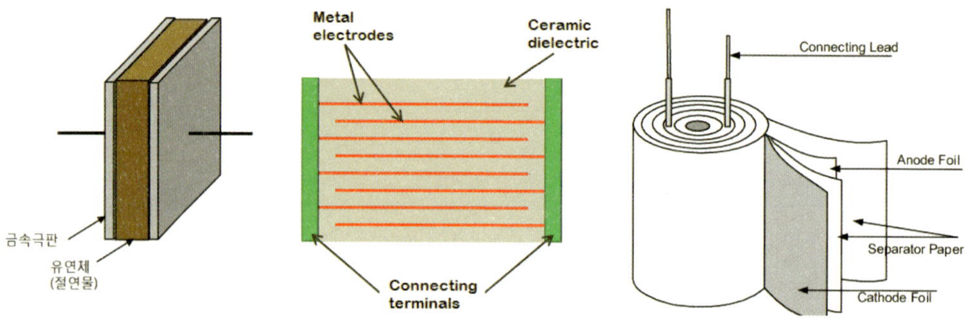

(a) 평판형 구조 (b) 적층형 구조 (c) 원통형 구조

<그림 1.2.16> 커패시터 구조의 대표적인 3가지 방식

커패시터의 종류에 따라 약간씩 다르기는 하지만 일반적으로 실제의 커패시터 소자에는 <그림 1.2.17>에 보인 바와 같이 기본적인 C성분 이외에 직렬로 등가 인덕턴스 및 등가 저항이 존재하며, C와 병렬로 등가 저항이 존재하게 된다. 여기서, 등가 직렬저항(ESR ; Equivalent Series Resistance) R_S는 당연히 리드선 및 전극에서의 저항값에 기인하며, 등가 병렬저항 R_P는 전극 사이에 완전한 절연이 이루어지지 않아 누설전류가 흐르는데 기인한다. 또한, 등가 직렬 인덕턴스 L_S는 리드선 및 전극의 구조에 따른 등가 인덕턴스로서 당연히 전극판이나 리드선이 길면 이 값이 커지며, 전해 커패시터나 필름 커패시터처럼 두루마리로 감은 원통형의 구조를 가지는 커패시터에서는 이 값이 더 커진다.

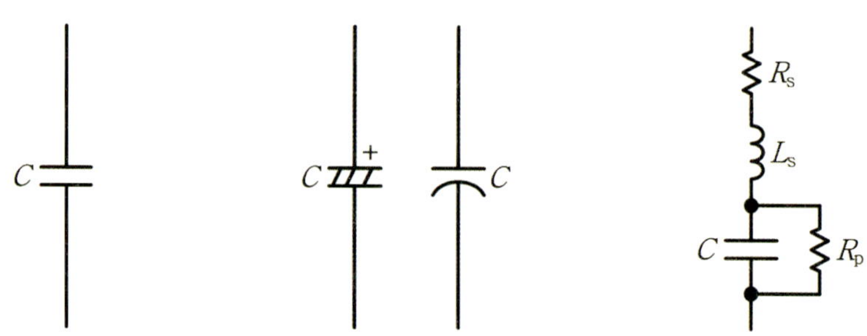

(a) 이상적인 커패시터 (b) 극성이 있는 커패시터 (c) 실제의 커패시터 등가회로

<그림 1.2.17> 커패시터의 회로 심볼 및 일반적인 등가회로

(2) 커패시터의 종류

커패시터에는 매우 많은 종류가 있고 이것들은 서로 상당히 다른 특성을 가지고 있는데, 여기서는 널리 사용하는 대표적인 몇가지의 커패시터 소자를 설명한다. 커패시터 소자를 선정하는데 첫번째 요소는 물론 정전용량이지만, 그 이외에도 주파수 특성과 정격전압 등을 반드시 고려하여 제품을 선정해야 한다. 또한, 전해 커패시터처럼 2개의 단자가 극성을 가지거나 온도에 민감한 영향을 받거나 수명이 짧은 소자의 경우에는 이것들도 제품을 선정하는데 중요한 요소가 된다.

여러가지 커패시터의 종류를 <그림 1.2.18>에 보였다. 이들 커패시터는 대부분 원주방향 단자(radial lead)를 가지는 구조이거나 큰 원통형의 구조 또는 SMD형으로 되어 있다는 것이 특징이다. 그러나, 이에 비하여 앞의 <그림 1.2.11>에서 보았듯이 저항 소자들은 대부분 축방향 단자(axial lead)의 구조를 가지고 있다는 것이 특징이다.

(a) 알루미늄 전해 커패시터

(b) 고체 커패시터

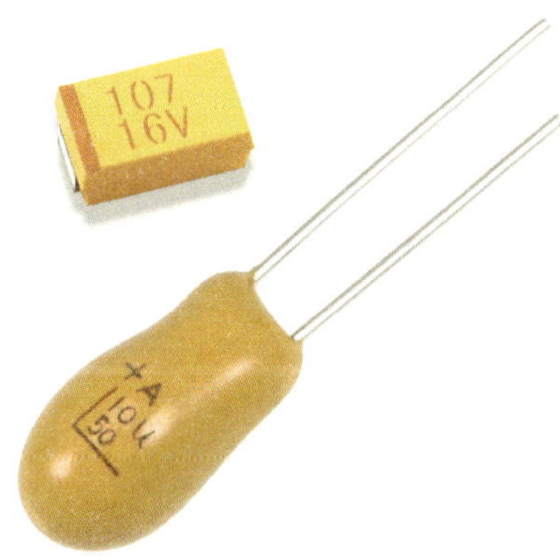

(c) 탄달 커패시터

(d) 세라믹 커패시터

(e) 적층형 세라믹 커패시터

(f) 마일러 커패시터

<그림 1.2.18> 커패시터의 여러가지 종류

▣ 전해 커패시터

전해 커패시터(electrolytic capacitor) 또는 알미늄 전해 커패시터(aluminum electrolytic capacitor)는 양극에 유전체로 얇은 산화막을 형성시킨 알루미늄 박(foil)을 사용하고 음극에도 고순도 알루미늄 박을 사용하며, 그 사이에 전해액과 절연지를 끼워 원통형의 두루마리 형태로 말아서 만든다. 이것은 정전용량 대 부피의 비율(capacitance-to-volume ratio)이 커서 정류회로에서의 전압 평활용과 같이 매우 큰 정전용량이 필요한 응용 분야에 널리 사용된다. 그러나, 이는 주파수 특성이 매우 낮고, 양극에만 산화막을 형성하여 사용하기 때문에 단자에 +/-의 극성이 있으며, 산화막과 전해액에서 발생하는 화학적 변화로 인하여 동작 온도에 매우 민감하고 수명이 상당히 짧다는 단점을 가지므로 사용에 주의가 필요하다. 일반적인 전해 커패시터 모델은 85℃ 제품으로서 수명이 수천시간 정도에 불과하며, 사용 온도가 10℃ 상승하면 수명은 1/2로 감소한다. 이 때문에 좀 더 고온에서 긴 수명이 필요한 용도에는 고가 모델인 105℃ 제품을 사용하며, 요즈음에는 이런 전해액을 사용하는 전해 커패시터의 단점을 개선하기 위하여 내부의 절연제로 고체의 도전성 고분자화합물을 사용한 알루미늄 폴리머 커패시터 또는 고체 커패시터(solid capacitor)도 많이 실용화되고 있다.

알루미늄 전해 커패시터는 주파수 특성이 낮고 내부 구조가 복잡하여 <그림 1.2.17>의 (b)에 보인 것보다 훨씬 더 복잡한 구성의 등가회로를 가지는데, 이중에서 특히 등가 직렬 저항(ESR) 값이 매우 커서 이로 인한 소비전력이 발생하고, 전원장치의 평활회로에서처럼 여기에 인가되는 리플전압이 커지면 자체 발열량이 급증하여 소자의 내부 온도가 상승하고 이는 제품의 수명을 현저히 감소시킨다. 이 때문에 전원장치의 평활회로에 사용된 전해 커패시터는 모든 전기전자 제품의 수명을 단축시키는 주범이 된다.

▣ 탄탈 커패시터

탄탈 커패시터(tantalum electrolytic capacitor)는 넓게 보면 전해 커패시터의 일종으로서 알미늄 전해 커패시터에 비하여 등가 직렬저항 및 누설전류가 작고 주파수 특성 및 온도 특성이 더 우수하다. 그러나, 탄탈 커패시터는 일반 전해 커패시터에 비하여 상대적으로 다소 작은 정전용량을 가지며, 역시 단자에 극성이 있고 가격이 비싼 것이 단점이다.

정상적인 수명을 유지하기 위하여 전해 커패시터나 탄탈 커패시터는 정격전압의 80%를 초과하는 영역에서 사용하는 것은 매우 바람직하지 않다. 그러나, 대부분의 다른 커패시터들은 정격전압의 약 5배 정도까지도 견딜 수 있는 것으로 알려져 있으며, 이를 초과하게 되면 두 단자 사이의 절연이 파괴될 수 있다. 탄탈 커패시터에 내압을 초과하여 사용하거나 극성을 거꾸로 연결하여 사용하면 폭발하듯이 소손되는데, 이렇게 소자가 파손될 경우 두 단자 사이가 단락되는 결과로 나타난다는 것도 응용 분야에 따라서는 큰 단점이 될 수 있다.

▣ 세라믹 커패시터

세라믹 커패시터(ceramic capacitor)는 등가 인덕턴스 값이나 직렬 등가 저항값이 매우 작아서 거의 이상적인 커패시터에 가까우며, 상당히 높은 주파수 특성을 가지고 있고 동작 온도 범위도 -55~+125℃ 정도로 매우 넓다.

세라믹 커패시터는 사용하는 유전체에 따라 나시 몇가지의 종류가 있는데, 고유전율 세라믹 커패시터는 정전용량 대 부피의 비율이 큰 것이 장점이지만, 온도나 전압 및 주파수의 변동에 따른 안정성이 매우 떨어지는 단점이 있다. 심하면 교류를 인가하였을 때 세라믹 부도체의 팽창과 수축으로 인하여 진동함으로써 소음이 발생하는 경우도 있다. 일반적으로 세라믹 커패시터는 평판형의 구조를 가지므로 정전용량이 비교적 작기 때문에 이를 크게 하기 위하여 적층형 세라믹 커패시터(MLCC ; Multi-Layer Ceramic Capacitor)가 사용된다.

▣ 필름 커패시터

필름 커패시터(film capacitor)는 2장의 도체 필름을 원통형의 두루마리처럼 감아서 만들기 때문에 극성이 없고 직렬 등가 저항은 상당히 작은 반면에 등가 직렬 인덕턴스는 비교적 크며 중간 정도의 주파수 특성을 가진다. 여기서 원통형으로 감는 필름의 종류에 따라서 다시 여러가지 종류로 나누어지는데, 폴리에스테르(polyester) 필름을 사용하는 마일러 커패시터(mylar capacitor)가 가장 저렴하고 널리 사용되며, 이것은 고주파 특성이 우수하지만 정전용량의 정밀도는 높지 않아서 바이패스 커패시터나 수십 kHz 이하 주파수 대역의 필터 회로에 사용한다.

폴리스티렌(polystylene) 필름 커패시터는 스티롤 커패시터라고도 하는데 주파수 특성이 좋은 편은 아니라서 수백 kHz 이하 주파수 대역의 필터 회로 정도에 사용한다. 폴리프로필렌(polypropylene) 필름 커패시터는 마일러 커패시터보다 정밀도가 높고 온도에 대한 안정성과 주파수 특성이 우수하여 고급 오디오 회로에 사용한다. 메탈 폴리프로필렌 필름 커패시터(metalized polypropylene film capacitor)는 폴리프로필렌 필름에 알루미늄이나 구리 유전체를 얇게 증착시켜 사용하는 것으로서 전극이 얇아서 소형화에 유리하다.

이들 대표적인 커패시터의 정전용량 범위를 서로 비교하여 나타내면 <그림 1.2.19>와 같고, 각 커패시터들의 주파수 특성을 비교하면 <그림 1.2.20>과 같다. 여기서 보듯이 정전용량은 평판형 구조를 갖는 세라믹 커패시터가 가장 작으며, 두루마리처럼 말아서 원통형 구조를 갖는 알루미늄 전해 커패시터가 가장 크다. 그러나, 반대로 주파수 특성은 세라믹 커패시터가 가장 우수하며, 알루미늄 전해 커패시터가 가장 나쁘다. 탄탈 커패시터는 알루미늄 전해 커패시터에 비하여 정전용량과 정격전압이 작지만 주파수 특성은 좀 더 좋다.

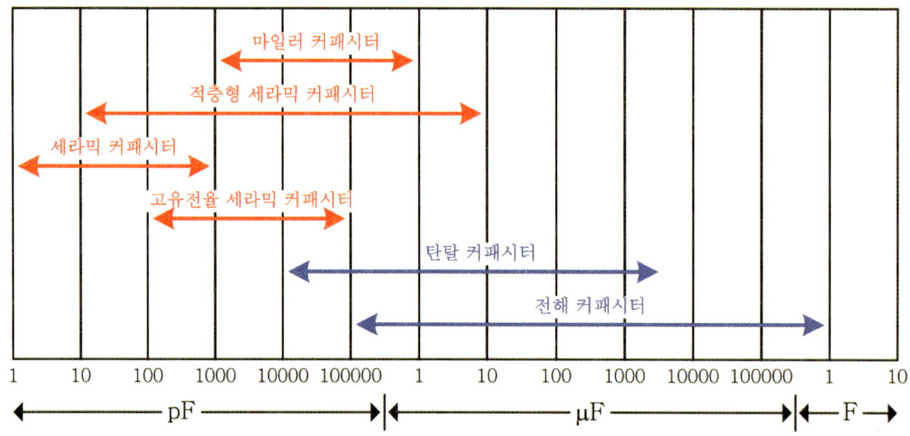

<그림 1.2.19> 각종 커패시터의 정전용량 범위 비교

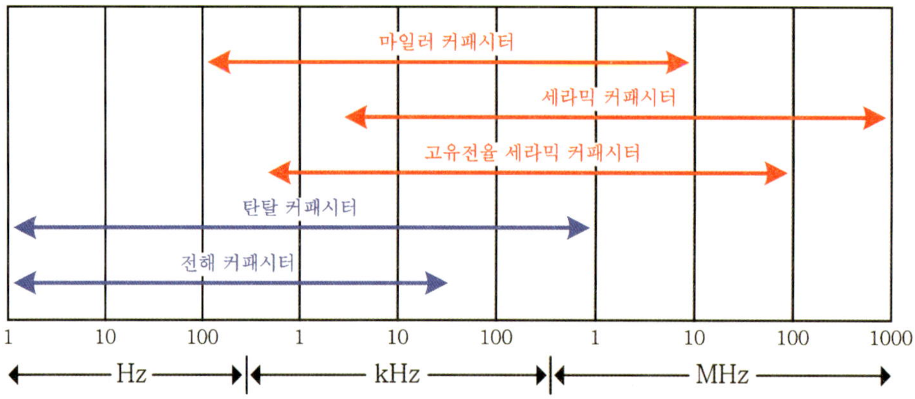

<그림 1.2.20> 각종 커패시터의 주파수 특성 비교

(3) 커패시터의 정전용량, 오차, 정격전압을 표시하는 방법

커패시터에서도 저항의 경우처럼 IEC-60063 규격에 따라 정전용량 값을 E3~E192 계열로 나타낼 수 있다. 가장 널리 사용하는 E24 계열의 경우 예를 들면 <표 1.2.6>과 같다.

앞에서도 설명하였듯이 저항 소자는 대부분 축방향 단자 구조로 되어 있으므로 좁은 원통형 몸체에 글씨를 써넣기가 어려우므로 색띠로 저항값이나 오차를 표시하는 경우가 많았으나, 커패시터는 세라믹 커패시터의 경우처럼 내부는 평판형 구조에 외부는 원주방향 단자의 구조로 되어 있거나 알루미늄 전해 커패시터처럼 굵은 원통형의 구조로 되어 있으므로 외부에 글씨를 써넣을 공간이 충분하여 정격전압이나 오차, 정격전압 등의 정보를 색띠로 표시하기 보다는 숫자나 문자로 써넣는 경우가 많다. 그러나, 적층형 세라믹 커패시터 소자는 크기가 매우 작아서 외부에 아무런 표시가 없으므로 취급 및 사용에 주의가 필요하다.

<표 1.2.6> IEC-60063 규격에 따른 E24 계열의 커패시턴스 값

pF	pF	pF	pF	μF	μF	μF	μF	μF	μF	μF
1.0	10	100	1000	0.01	0.1	1.0	10	100	1000	10000
1.1	11	110	1100							
1.2	12	120	1200							
1.3	13	130	1300							
1.5	15	150	1500	0.015	0.15	1.5	15	150	1500	
1.6	16	160	1600							
1.8	18	180	1800							
2.0	20	200	2000							
2.2	22	220	2200	0.022	0.22	2.2	22	220	2200	
2.4	24	240	2400							
2.7	27	270	2700							
3.0	30	300	3000							
3.3	33	330	3300	0.033	0.33	3.3	33	330	3300	
3.6	36	360	3600							
3.9	39	390	3900							
4.3	43	430	4300							
4.7	47	470	4700	0.047	0.47	4.7	47	470	4700	
5.1	51	510	5100							
5.6	56	560	5600							
6.2	62	620	6200							
6.8	68	680	6800	0.068	0.68	6.8	68	680	6800	
7.5	75	750	7500							
8.2	82	820	8200							
9.1	91	910	9100							

▣ 정전용량과 정격전압의 값을 직접 적어 표시하는 방법

이 표시 방법은 주로 알루미늄 전해 커패시터에서 사용하는데, 정전용량은 그냥 0.1μF나 470μF처럼 직접 값으로 적어 표시하고, 정격전압은 직접 16V 또는 1KV처럼 직접 전압값으로 적어서 나타낸다. 알루미늄 전해 커패시터의 정전용량 오차는 J(±10%) 또는 M(±20%)으로 표시하는 경우가 많으며, 특별히 이를 표시하지 않으면 M(±20%) 등급으로 간주한다. 이 커패시터에는 최고 사용온도를 85℃ 또는 105℃로 표시한다.

▣ 정전용량을 3자리 코드로 표시하는 방법

이 표시 방법은 주로 세라믹 커패시터나 마일러 커패시터 등에서 사용한다. 정전용량을 저항의 3색띠와 유사하게 3자리의 숫자로 나타내는데, 여기서 앞의 2자리는 정전용량의 유효 숫자를 나타내고 3번째 자리는 승수로서 10의 멱수를 나타내며, 단위는 항상 pF이다.

103 = 10×10^3 pF = 10 nF = 0.01 μF
104 = 10×10^4 pF = 100 nF = 0.1 μF
472 = 47×10^2 pF = 4.7 nF = 0.0047 μF

그리고, 10의 멱수를 빼기도 하고, 소수점 자리에 R을 적거나 pF를 의미하는 p, nF를 의미하는 n, μF를 의미하는 μ를 적어서 다음과 같이 2~4자리로 변형하여 나타내기도 한다.

10 = 10 pF
3R3 = 3.3 pF
3p3 = 3.3 pF
560p = 560 pF
1n0 = 1.0 nF
68n = 68 nF
μ47 = 0.47 μF
4μ7 = 4.7 μF

이 표시 방법에서는 정전용량의 허용오차를 주로 <표 1.2.7>과 같이 약어로 나타낸다. 여기서 N 이상의 오차 표시 방법은 커패시터의 제조사마다 다소 차이가 있기도 하다.

<표 1.2.7> 커패시터의 정전용량 허용오차를 나타내는 약어

(a) 10 pF 미만인 경우

약어	A	B	C	D	F	G
허용오차 [pF]	±0.05	±0.1	±0.25	±0.5	±1	±2

(b) 10 pF 이상인 경우

약어	A	B	C	D	F	G	J	K	M	N	P	W	X	Z
허용오차 [%]	±0.05	±0.1	±0.25	±0.5	±1	±2	±5	±10	±20	±30	+100 0	+200 0	+40 -20	+80 -20

또한, 커패시터의 정격전압은 직접 100V 또는 1KV처럼 직접 전압값으로 나타내기도 하지만 <표 1.2.8>에 나타낸 바와 같이 약어로 정격전압을 나타내기도 한다. 이것은 뒤쪽의 알파벳 문자가 정격전압의 유효 숫자를 나타내고, 그 앞의 숫자는 승수로서 10의 멱수를 나타낸다. 몇가지 예를 들면 다음과 같다.

0J = 6.3×10^0 = 6.3 V
1J = 6.3×10^1 = 63 V
2J = 6.3×10^2 = 630 V

<표 1.2.8> 커패시터의 정격전압을 나타내는 약어

기호	정격전압[V]	기호	정격전압[V]	기호	정격전압[V]
0A	1	1A	10	2A	100
0B	1.25	1B	12.5	2B	125
0C	1.6	1C	16	2C	160
0P	1.8	1P	18	2P	180
0D	2	1D	20	2D	200
0E	2.5	1E	25	2E	250
0F	3.15	1F	31.5	2F	315
0V	3.5	1V	35	2V	350
0G	4	1G	40	2G	400
0W	4.5	1W	45	2W	450
0H	5	1H	50	2H	500
0J	6.3	1J	63	2J	630
0K	8	1K	80	2K	800

(4) 커패시터의 주요 기능과 역할

커패시터는 넓은 시각에서 보면 2개의 단자에 전류가 흐르게 되면 서로 마주보고 있는 평판의 양쪽에 각각 ⊕극성의 전하와 ⊖극성의 전하가 축적되어 전압이 형성되고 이로 인하여 여기에 에너지를 저장할 수 있는 단순한 수동 소자이다. 그러나, 이런 기본 원리가 세부적으로 확장되어 아날로그 회로에서 매우 다양한 기능과 역할을 수행하는 것이 커패시터이다. 이런 커패시터의 주요 기능과 역할을 요약하면 다음과 같다.

① 정전용량이 C인 커패시터는 주파수가 f인 교류에서 $X_C = \frac{1}{2\pi fC}$의 용량성 리액턴스를 발생하고, 이로부터 등가 직렬저항이 R_S = 0이며 기타 다른 기생 성분이 없는 이상적인 커패시터의 임피던스는 $Z_C = R_S + \frac{1}{2\pi fC} = \frac{1}{2\pi fC}$가 된다. 커패시터의 양단에 교류전압이 인가되면 이 임피던스에 따라 전류가 흐르게 된다. 따라서, 주파수가 0인 직류전압에 대하여는 커패시터의 임피던스가 ∞로 되므로 전류가 흐르지 않으며, 주파수가 높은 교류전압이 인가되면 커패시터의 임피던스는 0에 가깝게 작아지므로 큰 전류가 흐른다. 즉, 커패시터는 직류신호는 통과하지 못하도록 저지하고 교류신호는 잘 통과시키는 역할을 수행한다. 커패시터의 이런 교류 친화적인 기능은 교류 증폭기에서 앞단의 신호를 뒷단의 입력으로 연결하는 커플링(coupling) 커패시터의 역할로 사용된다.

② 앞에서 설명한 바와 같이 커패시터의 임피던스가 교류에 대해서는 주파수가 높아질수록 0에 가깝게 작아지고 직류에 대해서는 ∞로 커지는 기능을 가지므로 이를 이용하여 직류 전원에서 리플을 제거하는 바이패스(bypass) 커패시터로 사용된다. 아날로그 회로에서 연산증폭기 IC 소자마다 0.1μF의 세라믹 커패시터를 달아주는 것은 이 때문이며, 경우에 따라 수μF 정도의 세라믹 커패시터 또는 탈탈 커패시터를 병렬로 더 추가하여 사용하기도 한다.

③ 이러한 커패시터의 교류 특성은 필터(filter)에서도 사용된다. 커패시터와 저항 R 또는 인덕터 L을 결합하여 차단 주파수를 결정하면 저역통과 필터에서는 차단주파수 이하의 입력신호는 출력으로 통과시키고, 차단 주파수 이상에서는 입력신호가 출력에 나타나지 않도록 차단한다. 물론, 고역통과 필터에서는 이것이 반대로 동작한다. 이러한 필터 기능은 통과되는 교류전압 파형의 위상을 변화시키므로 때로는 디지털 전압 파형이나 아날로그 교류 파형의 시간 지연 목적으로 사용되기도 한다.

④ 커패시터에는 전하의 형태로 에너지를 저장할 수 있다. 정전용량이 C인 커패시터에 교류전압 V가 걸려 있을 때 충전되는 전하량은 $Q=CV$이며, 이때 커패시터에 충전된 에너지는 $E=\frac{1}{2}CV^2$으로 표시된다. 이와 같이 커패시터가 에너지를 저장하는 기능을 갖는 것은 교류전압을 직류전압으로 변환하는 정류회로에서 리플 전압 평활용 커패시터로 사용된다. 교류 입력전압이 클 때는 정류용 다이오드가 턴온(turn-on)되어 부하에 전원을 공급하지만, 교류 입력전압이 작아지면 이 다이오드가 턴오프(turn-off)되므로 평활용 커패시터에 충전되어 있던 에너지가 부하에 공급된다. 따라서, 부하전압은 어느 순간에는 전원전압의 파형을 따라가고 어느 순간에는 에너지를 방전하면서 서서히 감소하는 커패시터의 전압을 따라가게 되므로 부하전압의 파형은 다소의 리플(ripple)을 가지고 변화한다. 이 리플을 줄이려면 커패시터의 정전용량을 크게 하여 에너지 저장량을 늘림으로써 이것이 부하에 전원을 공급할 때 전압의 감소폭이 작아지도록 해야 한다.

⑤ 커패시터에 에너지가 충전되고 방전되는 기능은 이것이 인덕터 L과 결합되어 동작할 경우 공진(resonance) 현상을 일으키기도 한다. 이를 이용하여 고주파 특성이 좋은 커패시터는 발진회로에 사용되기도 한다. 커패시터는 교류 친화적인 소자로서 이 양단의 전하가 불연속적으로 급변하지 않으므로 결과적으로 외부에서는 커패시터 전압이 순간적으로 급변하지 않는 것으로 나타나며, 반대로 인덕터는 직류 친화적인 소자로서 여기에서 발생되는 자속이 불연속적으로 급변하지 않으므로 외부에서는 인덕터에 흐르는 전류가 순간적으로 급변하지 않는 것으로 나타난다. 이러한 커패시터와 인덕터의 반대 특성이 전류와 전압을 서로 밀어주고 당기면서 교류 주파수 신호의 발진 동작을 일으킨다.

5. 인덕터

인덕터(inductor)는 R, L, C 등 3가지의 대표적인 수동 부품 중에서 아날로그 회로에 가장 사용 빈도가 낮은 소자라고 할 것이다. 이것은 신호용으로는 필터나 발진회로에 사용되는 정도이며, 전력용으로는 대용량 정류기의 평활회로나 스위칭 전원에 사용되는 정도이다.

이처럼 사용 빈도가 낮아서 그런지는 모르겠지만 많은 엔지니어들은 이 부품을 생소하게 느끼는 경향이 있다. 여기서는 아날로그 회로의 설계 엔지니어로서 필요한 정도로 인덕터 소자에 대하여 주요 사항을 알아보기로 한다.

(1) 인덕터의 구조 및 종류

인덕터(inductor)는 도체 권선을 동그랗게 감아서 집중적으로 자속을 발생하도록 함으로써 자기적(磁氣的)인 특성을 갖도록 하여 이를 이용하는 수동 소자이다. 많은 경우 인덕터와 코일(coil)은 동일한 의미로 사용되고 있지만, 엄밀한 의미에서 보면 코일은 "돌돌 말다"라는 동사로 사용되기도 하고 "돌돌 말아놓은 물건"이라는 명사의 의미도 있으므로 전기전자 분야의 수동 부품이 아니더라도 모양이 그러하면 모두 코일이라고 부를 수 있는 것처럼 훨씬 더 포괄적인 의미를 갖는 단어이다. 따라서, 이제부터 전기전자 분야의 수동 소자 부품으로서 사용되는 것은 코일이라기 보다는 인덕터라고 부르는 것이 바람직할 것이다.

(a) 인덕터(수동 부품)　　(b) 무지개 코일(플라스틱 장난감)

<그림 1.2.21> 인덕터와 코일의 차이

커패시터에서 전하가 불연속적으로 변하지 않기 때문에 여기에 나타나는 전압이 급변하지 못하는 것처럼 인덕터에서는 여기에 발생하는 자속이 불연속적으로 변하지 않기 때문에 이를 통하여 흐르는 전류가 급변하지 못한다. 인덕터에 흐르는 전류의 시간 변화율과 이로 인하여 유기되는 유도기전력 사이의 비례상수가 인덕턴스(inductance) L인데, 이것의 단위는 미국의 물리학자 조셉 헨리(Joseph Henry)의 이름을 따서 헨리[H]라고 한다.

$$e = -L\frac{di}{dt}$$

인덕터는 형상에 따라 <그림 1.2.22>에 보인 것처럼 여러가지가 있다. 이중에서 아날로그 회로에서는 (a)와 (b) 형태의 제품을 많이 사용하며, 이 그림에는 표시하지 않았지만 저항이나 커패시터처럼 작은 SMD 칩으로 되어 있는 소용량의 인덕터도 많이 사용한다. 공심형 인덕터(air core inductor)는 소자의 물리적인 변형으로 인덕턴스 값이 변동하기 쉬우므로 특별한 경우가 아니면 잘 사용하지 않는다. 전력회로에서는 인덕턴스 값도 커야 하고 전류 용량을 큰 것을 요구하는 경우가 많기 때문에 막대형(rod type)이나 드럼형(drum type)처럼 일직선의 철심보다는 링형(ring type) 또는 토로이덜형(toroidal type)으로 폐회로 구조의 자기 철심에 좀 더 굵은 권선을 감은 인덕터를 많이 사용한다.

(a) radial 단자형 (b) axial 단자형 (c) SMD형 (d) 공심형

(e) 막대형 (f) 드럼형 (g) 링형

<그림 1.2.22> 인덕터의 형상에 따른 종류

(2) 인덕터의 인덕턴스 값을 표시하는 방법

인덕터는 권선을 감은 코일로 되어 있기 때문에 그 표면에 인덕턴스 값을 표시하기 어렵다. 그러나, 축방향 단자형의 인덕터는 저항의 경우처럼 4색 또는 5색 컬러 코드로 인덕턴스 값과 오차를 표시하며, 원주방향 단자형의 인덕터나 전력용 SMD형의 경우는 부품의 윗면이 평평하므로 여기에 3자리의 숫자로 인덕턴스 값을 표시한다.

▣ 인덕턴스와 오차를 4색 컬러로 표시하는 방법

이것은 축방향 단자형의 인덕터에서 주로 사용하는 방식으로서 <그림 1.2.23>에 보인 것처럼 4색띠로 인덕턴스 값과 오차를 표시하며, 이렇게 만들어진 숫자의 단위는 μH이다. 군용 소자의 경우에는 가장 왼쪽에 군용(military specification)임을 표시하는 은색의 띠가 1개 더 추가되어 5색띠가 되는데, 이 은색띠를 제외하면 오차 표시 방법이 약간 다를 뿐이고 나머지의 컬러 표시는 4색띠를 사용하는 경우와 거의 유사하다.

몇가지의 4색띠 표시 예를 들면 다음과 같다.

갈색/검정/검정/금색 = 10×10^0 = 10μH ±5%
빨강/보라/갈색/은색 = 27×10^1 = 270μH ±10%
갈색/검정/빨강/검정 = 10×10^2 = 1000μH = 1mH ±20%

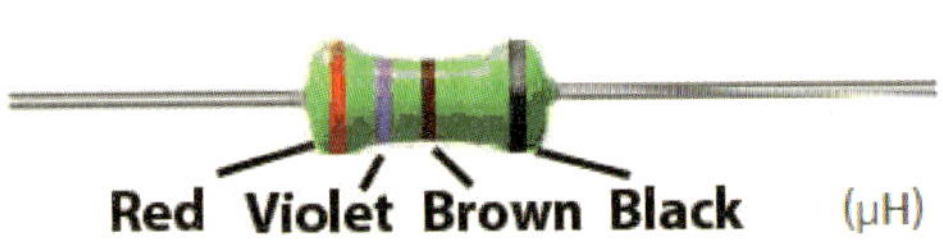

Band	1	2	3	4
Meaning	1st Digit	2nd Digit	Multiplier(No of Zero)	Tolerence(%)
Gold			0.1(divide by 10)	±5%
Silver			0.01(divide by 100)	±10%
Black	0	0	×1(No of Zeros)	±20%
Brown	1	1	×10(0)	
Red	2	2	×100(00)	
Orange	3	3	×1000(000)	
Yellow	4	4	×10000(0,000)	
Green	5	5		
Blue	6	6		
Violet	7	7		
Grey	8	8		
White	9	9		

<그림 1.2.23> 인덕터에서 인덕턴스 값과 오차의 컬러 코드 표시

▣ 인덕턴스와 오차를 3~4자리의 숫자와 문자로 표시하는 방법

이것은 원주방향 단자형이나 전력용 SMD형의 인덕터에서 주로 사용하는 방식으로서 3자리의 숫자를 사용하여 인덕턴스를 μH 값으로 표시하거나, 또는 마지막에 1개의 문자를 추가하여 총 4자리로 인덕턴스와 오차를 표시하는 방법이다.

3자리의 숫자 중에서 앞의 2자리는 유효 숫자를 나타내며, 3번째 자리는 승수로서 10의 멱수를 나타낸다. 오차를 나타내는 마지막 문자의 의미는 <표 1.2.9>에 보였다.

몇가지의 4색띠 표시 예를 들면 다음과 같다. 저항이나 커패시터에서도 그랬듯이 오차 표시가 없는 것은 대부분의 경우 ±20%의 오차로 간주된다.

100 = 10×10^0 = 10μH ±20%
101 = 10×10^1 = 100μH ±20%
221 = 22×10^1 = 220μH ±20%
221K = 22×10^1 = 220μH ±10%
153M = 15×10^3 = 15000μH = 15mH ±20%

<표 1.2.9> 인덕터의 인덕턴스 허용오차를 나타내는 약어

약어	B	C	S	D	F	G	H	J	K	L	M	V	N
허용오차	±0.15nH	±0.2nH	±0.3nH	±0.5nH	±1%	±2%	±3%	±5%	±10%	±15%	±20%	±25%	±30%

1.3 아날로그 회로 해석에 필요한 이론

이 절에서는 우리가 이 책에서 아날로그 회로를 해석할 때 바탕이 되는 이론적인 지식들을 정리하여 보기로 한다. 이것들은 모두 공과대학의 IT 관련 학과라면 그 학과에서 전공을 시작하면서 회로이론이나 전자회로 등의 교과목에서 기본적으로 배우는 사항이다.

1. 오옴의 법칙

이것은 독일의 물리학자인 오옴(Georg Simon Ohm)이 1827년에 발견하여 완성한 전기의 가장 기본적인 법칙으로서, 전압과 전류와 저항의 관계는 다음과 같은 식으로 표현되며, 전력은 전압과 전류의 곱으로 표현된다는 것이다.

$$I = \frac{V}{R} \text{ 또는 } V = R \times I$$

$$P = V \times I = \frac{V^2}{R} = I^2 \times R$$

여기서 전압(voltage)은 단위가 볼트[V]이고, 전류(current)는 단위가 암페어[A]이며, 저항(resistance)은 단위가 오옴[Ω]이다. 또한 전력(power)의 단위는 와트[W]이다. 이상은 직류 시스템에서 동작하는 것을 전제로 표현하였지만, 교류 시스템에서도 오옴의 법칙은 역시 성립한다. 교류일 경우에는 위의 식에서 전압 V와 전류 I를 각각 $v(t)$, $i(t)$로 바꾸고 저항 R을 임피던스 Z로 바꾸어 표시하면 된다.

▣ 오옴의 법칙이 알려주는 물리적인 의미

오옴의 법칙(Ohm's Law)이 의미하는 것은 다음과 같은 전기적인 동작 원리이다.

① $I = V/R$: <그림 1.3.1>의 (a)처럼 전원이 저항 R로 구성되는 부하 회로에 전압 V를 인가하면 이 회로에는 전압의 크기에 비례하는 전류 I가 흐른다. 이때의 비례 상수는 $1/R$이며, 이 관계식에서 저항값이 분모의 위치에 있으므로 저항이 커지면 전류가 더 적게 흐르고 저항이 작아지면 전류가 더 많게 흐른다는 것을 의미한다. 즉, 저항은 회로에서 전원전압에 대하여 전류의 흐름을 방해하는(resist) 소자라는 것이다.

② $V = R \times I$: 그림의 (b)처럼 전류 I가 흐르는 회로에 저항 R을 연결하면 이 저항에는 전류의 크기에 비례하는 전압강하 V가 발생한다. 이때의 비례 상수는 R이며, 이것은 저항이 커지면 전압강하도 커지고 저항이 작아지면 전압강하도 작아진다는 것을 의미한다. 즉, 저항은 회로에서 전류에 따라 전압강하(voltage drop)를 발생하는 소자라는 것이다.

③ $P = V \times I$: 전기전자 회로에서 소비전력 P는 전압 V와 전류 I의 곱으로 표시되는데, 저항 R에 전압 V를 인가하여 전류를 흘리는 경우 여기서 소비전력은 인가전압의 제곱에 비례($P = V^2/R$)하고, 저항 R에 전류 I가 흘러서 전압강하 V가 발생하는 경우 여기서 소비전력은 전류의 제곱에 비례($P = I^2 \times R$)한다. 저항에서 전력이 소비되면 주울열을 발생하면서 전기 에너지가 열 에너지로 변환된다.

(a) 저항에 전압을 인가하였을 때 (b) 저항에 전류를 흘렸을 때

<그림 1.3.1> 오옴의 법칙이 알려주는 2가지의 물리적인 의미

저항을 사용한 회로에서 저항값이 0[Ω]으로 되도록 하면 이는 단락회로(short circuit)가 되고, 이 저항값이 ∞[Ω]으로 되도록 하면 이는 개방회로(open circuit)가 된다.

▣ 전하, 전류, 전위, 전압

전하(電荷, electric charge)란 양성자나 전자가 갖는 고유한 성질로서 이것은 모든 전기적인 현상을 일으키는 주체적인 원인이 된다. 공간에서 가상의 점이 갖는 전하를 점전하라고 하고, 전하의 양을 전하량이라고 하며 보통 Q로 나타낸다. 전하에는 양전하와 음전하가 있으며, 전하의 단위는 쿨롱(coulomb)이며 [C]로 표시한다.

전하의 이동을 전류(電流, current)라고 한다. 전류는 흐르는 방향에 따라 극성이 있는데, 전류의 방향은 양전하의 이동 방향과 같도록 정의하였다. 전류의 단위는 암페어(ampere)이고 [A]로 표시하며, 1[A]는 1초에 1쿨롱의 비율로 전하가 이동하는 흐름을 나타낸다.

$$I = \frac{Q}{t}$$

전위(電位, electric potential)는 시간에 따라 변하지 않는 전기장에서 단위 전하가 가지고 있는 전기적 위치 에너지라고 정의하며, 단위는 볼트(volt)이고 [V]로 표시한다. 이것은 위치 에너지이기 때문에 이를 측정하기 위한 기준점이 있어야 하는데, 이론 물리학에서는 무한히 먼 곳에서의 전위를 0으로 하여 기준으로 사용하지만, 현실적으로는 지구의 대지 전위를 0으로 하여 전위를 측정하는 기준점으로 사용한다. 즉, 전위는 대지 접지(大地 接地, earth ground)를 기준으로 하여 단위 전하가 가지는 위치 에너지로 표시된다는 것이다.

전기회로에서 임의의 두 점(node) 사이의 전위차(電位差, electric potential difference)를 전압(電壓, voltage)이라고 하며, 단위는 역시 볼트(volt)이고 [V]로 표시한다. 즉, 대지 접지를 기준으로 측정한 것이 전위라면, 임의의 두 점에서 어느 한 점을 기준으로 나머지 점의 전위를 측정한 것이 전압이다.

관행적으로 직류 전압이나 직류 전류는 V, I처럼 대문자로 표시하고, 교류 전압이나 교류 전류는 v, i처럼 소문자로 표시하거나 $v(t)$, $i(t)$처럼 수학적으로 시간에 따라 변하는 함수라는 의미를 확실하게 포함시켜 나타낸다. 그러나, 이 책에서는 이런 직류 및 교류 전원의 표시를 엄격히 따르자면 불편할 경우가 많으므로 반드시 그렇게 표시하지는 않을 수도 있다. 너무나도 당연히, <그림 1.3.2>에 보였듯이 전압은 폐회로가 아니라도 존재할 수 있으나, <그림 1.3.3>에 보였듯이 전류는 폐회로가 아니면 흐를 수가 없다.

★주의★ 언론에서 보도하는 뉴스나 인터넷의 질문 글을 읽다보면 종종 전압이 흐른다거나 고압 전류가 흐른다고 말하는 것을 들을 수 있는데, 이는 의미상으로 잘못된 표현이다. 전류는 전하의 이동이므로 전류가 흐른다는 표현을 사용하지만, 전압은 위치 에너지이기 때문에 부하에 전압을 인가하거나 차단할 수는 있어도 전압이 흐른다고 말하면 틀린 것이다. 또한, 전압은 높은 고전압과 낮은 저전압이 있을 수 있으나, 전류에는 높고 낮음이 없기 때문에 고압 전류라는 말은 사용할 수가 없다.

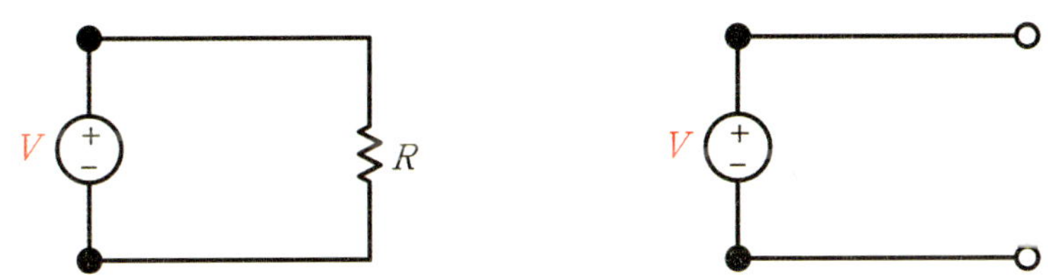

(a) 폐회로의 경우 (b) 개방 회로의 경우

<그림 1.3.2> 전압은 폐회로나 개방회로에 모두 인가하여 존재할 수 있다

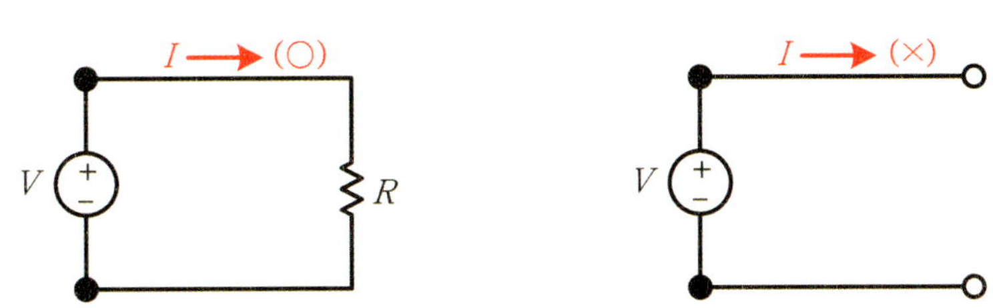

(a) 폐회로의 경우 (b) 개방 회로의 경우

<그림 1.3.3> 전류는 폐회로에서만 흐를 수 있다

■ 전압원과 전류원

부하의 크기나 부하의 변동에 영향을 받지 않고 일정한 단자 전압을 출력하는 전원을 이상 전압원(ideal voltage source)이라고 한다. 전압원에는 직류 전압원과 교류 전압원이 있다. 우리가 실제로 사용하는 대부분의 전원장치들은 정전압 레귤레이션(voltage regulation) 기능을 갖는 이상 전압원이다. 이런 전원장치들은 정격 전력 범위 이내에서는 출력으로 항상 정전압을 유지한다.

부하저항 또는 부하 임피던스의 크기가 달라지더라도 이에 영향을 받지 않고 일정한 전류를 출력하는 전원을 이상 전류원(ideal current source)이라고 한다. 우리가 사용하는 대부분의 전원장치들은 정전압을 출력하는 이상 전압원으로 되어 있지만, 전기도금이나 LED 조명 등과 같은 특별한 용도에서는 정전류 출력 기능을 갖는 전원장치를 사용한다.

이 책에서 사용하는 직류 전압원, 교류 전압원, 전류원의 표시 기호는 <그림 1.3.4>와 같으며, 전원이 아니라 연산증폭기 회로의 입력신호 파형을 나타내는 기호는 앞으로 <그림 1.3.5>와 같이 사용할 것이다. 그러나, 때로는 이들 전원과 입력신호를 엄격히 구분하지 않고 서로 적절히 혼용하기도 할 것이다.

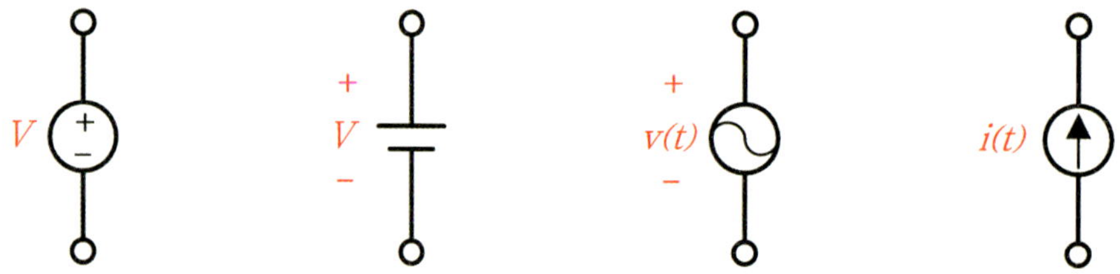

(a) 직류 전압원 (b) 직류 전압원 (c) 교류 전압원 (d) 전류원

<그림 1.3.4> 전압원과 전류원을 표시하는 기호

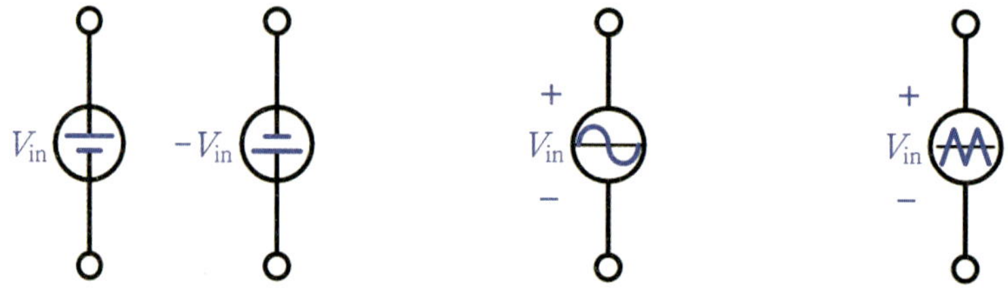

(a) 직류 입력 (b) 정현파 교류 입력 (c) 삼각파 교류 입력

<그림 1.3.5> 이 책의 연산증폭기 응용 회로에서 사용하는 입력신호의 기호

▣ 수동소자와 능동소자

전기전자 회로에서 소자(素子, element)란 회로나 장치를 구성하는 개별 부품을 가리키는 말로서 크게 수동소자와 능동소자로 나눌 수 있다.

수동소자(受動素子, passive element)는 외부에서 공급받은 것보다 더 많은 양의 에너지를 외부로 공급할 수 없는 소자를 가리키는데, 대표적인 기본 수동소자로는 저항(R), 커패시터(C), 인덕터(L)가 있다. 변압기는 여러가지의 기본 수동소자들이 결합된 복합 수동소자라고 볼 수 있다. 수동소자는 외부로부터 받은 에너지를 소비하거나 일시적으로 축적하였다가 다시 방출하는 등의 기능을 수행하지만, 정류나 증폭 또는 ON/OFF 스위칭과 같은 에너지 변환 기능은 수행하지 못한다. 수동소자는 대부분 선형 동작을 수행하는 선형소자이다.

이에 비하여 능동소자(能動素子, active element)는 전기 신호를 정류하거나 증폭하거나 ON/OFF 스위칭하는 등의 에너지 변환 기능을 수행할 수 있는 소자를 가리키는데, 대표적인 기본 능동소자로는 진공관, 다이오드, 트랜지스터, MOSFET 등이 있다. 연산증폭기나 마이크로프로세서와 같은 IC 소자는 기본 능동소자와 많은 수동소자들이 결합된 복합 능동소자라고 볼 수 있다. 능동소자에서도 당연히 에너지 보존법칙은 성립하지만, 전원을 제외하고 입력신호와 출력신호만을 놓고 비교하여 보면 이 소자에서 에너지가 증폭되거나 생성되는 듯한 착각이 들기도 한다. 능동소자는 대부분 비선형 동작을 수행하는 비선형소자이다.

대학의 IT 분야 학과에서 수동소자로 구성된 회로를 해석하고 설계하는 학문이나 기술 분야를 취급하는 기초 교과목이 회로이론(回路理論, circuit theory, circuit analysis, electric circuits)이며, 능동소자를 중심으로 하고 여기에 수동소자가 결합된 회로를 해석하고 설계하는 학문이나 기술 분야를 취급하는 기초 교과목이 전자회로(電子回路, electronic circuits)이다. 전자회로에서 아날로그 회로 부분을 제외하고 디지털 로직 회로만을 따로 분리하여 배우는 교과목이 논리회로(論理回路, logic circuits)나 디지털공학(digital engineering)이다.

▣ 직렬연결과 병렬연결

전기회로에서 전원이나 소자들을 일렬로 연결하는 것을 직렬연결(series connection)이라고 하고, 전원이나 소자들의 2개 단자를 각각 1점으로 모아서 묶는 방법으로 연결하는 것을 병렬연결(parallel connection)이라고 한다.

<그림 1.3.6>에 보였듯이 전압원은 여러개를 직렬로 연결하는 것은 가능하지만 절대로 병렬로 연결하면 안된다. 2개 이상의 전압원을 병렬로 연결한 경우 만약 그것들 중에 전압의 크기가 서로 조금이라도 다른 것이 있다면 이론적으로 무한대의 전류가 흐르게 되어 결과적으로 그들 전원장치가 오동작하거나 파손될 수 있다.

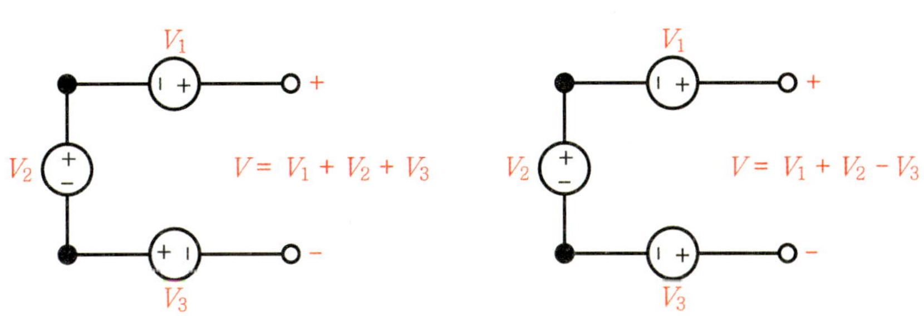

(a) 극성이 모두 일치하는 경우 (b) 극성이 서로 일치하지 않는 경우

<그림 1.3.6> 전압원의 직렬연결

그러나, <그림 1.3.7>에 보였듯이 전류원은 여러개를 병렬로 연결하는 것은 가능하지만 절대로 직렬로 연결하면 안된다. 2개 이상의 전류원을 직렬로 연결할 경우 만약 2개의 전류가 서로 조금이라도 다르다면 이론적으로 이것들이 각각의 전류원이 되지 않으며 결과적으로 2개의 전원장치가 모두 오동작하거나 파손될 수 있다.

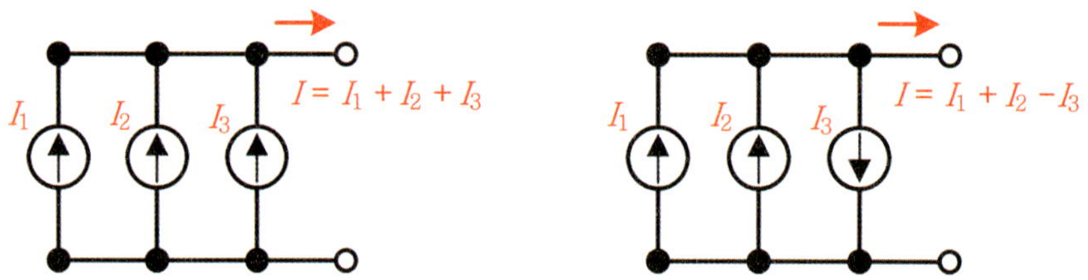

(a) 극성이 모두 일치하는 경우 (b) 극성이 서로 일치하지 않는 경우

<그림 1.3.7> 전류원의 병렬연결

여러개의 저항이나 인덕터와 같은 수동소자를 직렬로 연결하면 <그림 1.3.8>의 (a)처럼 그 합성값은 개별 소자값을 모두 합한 것이 된다. 그러나, 이들 수동소자를 병렬로 연결하면 <그림 1.3.8>의 (b)처럼 그 합성값의 역수는 개별 소자값의 역수를 모두 합한 것이 된다.

① 직렬연결 : $R = R_1 + R_2 + R_3$

② 병렬연결 : $\frac{1}{R} = \frac{1}{R_1} + \frac{1}{R_2} + \frac{1}{R_3}$

$$\frac{1}{R} = \frac{R_2 R_3}{R_1 R_2 R_3} + \frac{R_1 R_3}{R_1 R_2 R_3} + \frac{R_1 R_2}{R_1 R_2 R_3} = \frac{R_1 R_2 + R_2 R_3 + R_3 R_1}{R_1 R_2 R_3}$$

$$\therefore \ R = \frac{R_1 R_2 R_3}{R_1 R_2 + R_2 R_3 + R_3 R_1}$$

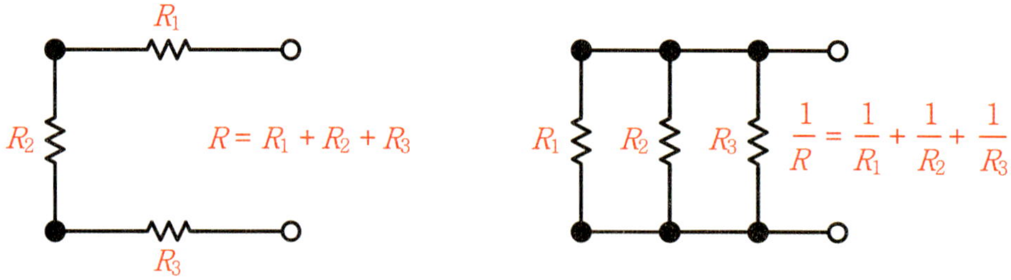

(a) 직렬연결의 경우 (b) 병렬연결의 경우

<그림 1.3.8> 저항이나 인덕터의 직렬연결과 병렬연결

그러나, 커패시터의 연결은 저항이나 인덕터의 경우와 반대의 특성을 갖는다. 즉, 커패시터를 직렬로 연결하면 <그림 1.3.9>의 (a)처럼 그 합성값의 역수는 개별 소자값의 역수를 모두 합한 것이 되며, 병렬로 연결하면 <그림 1.3.9>의 (b)처럼 그 합성값은 개별 소자값을 모두 합한 것이 된다.

① 직렬연결 : $\frac{1}{C}=\frac{1}{C_1}+\frac{1}{C_2}+\frac{1}{C_3}$

$$\frac{1}{C}=\frac{C_2C_3}{C_1C_2C_3}+\frac{C_1C_3}{C_1C_2C_3}+\frac{C_1C_2}{C_1C_2C_3}=\frac{C_1C_2+C_2C_3+C_3C_1}{C_1C_2C_3}$$

$$\therefore\ C=\frac{C_1C_2C_3}{C_1C_2+C_2C_3+C_3C_1}$$

② 병렬연결 : $C=C_1+C_2+C_3$

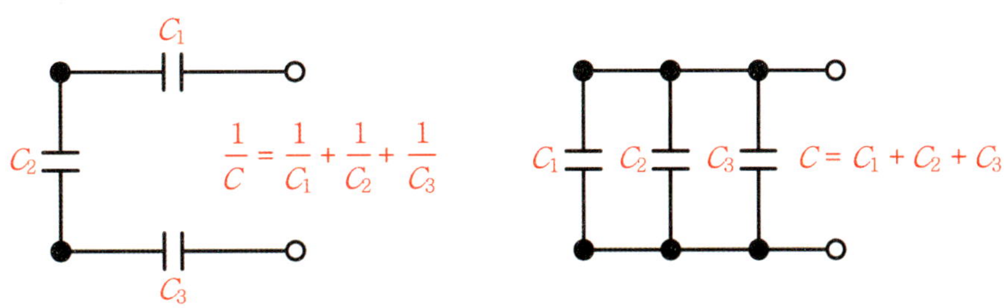

(a) 직렬연결의 경우　　　(b) 병렬연결의 경우

<그림 1.3.9> 커패시터의 직렬연결과 병렬연결

2. 키르히호프의 법칙

이것은 독일의 물리학자인 키르히호프(Gustav Robert Kirchhoff)가 1845년에 발표한 2개의 전기회로 법칙으로서 전기회로에서의 전하량과 에너지 보존 문제를 기술하여 전기회로의 해석을 획기적으로 쉽게 만드는 중요한 이론을 제시하였다.

▣ 키르히호프의 전류 법칙(KCL ; Kirchhoff's Current Law) - 제1법칙

이것은 키르히호프의 제1법칙 또는 키르히호프의 분기점 법칙이라고도 불리며, "전기회로의 임의의 분기점에서 각 전선에 흐르는 전류의 합은 항상 0이다."라는 것이다. 외부에서 분기점으로 흘러들어오는 전류를 양(+)의 값으로 정하고, 이 분기점에서 밖으로 흘러나가는 전류를 음(-)의 값으로 정하면 이 모든 전류들의 합은 항상 0이다. 이를 좀 다르게 표현하면 "임의의 분기점으로 흘러들어오는 전류의 합과 이 분기점에서 밖으로 흘러나가는 전류의 합은 항상 같다."라고 정리할 수도 있다. 전기전자의 회로도에서 2개 이상의 전선이 연결되어 만나는 분기점(junction, node)은 전선의 굵기보다 약간 더 큰 원형의 점으로 표시한다.

예를 들어서 <그림 1.3.10>의 회로에서 전류 I_1과 I_4는 분기점으로 흘러들어오는 전류이고, 전류 I_2, I_3, I_5는 이 분기점에서 밖으로 흘러나가는 전류이다. 그러면 이 분기점에서 항상 아래와 같은 관계가 성립한다.

$I_1 - I_2 - I_3 + I_4 - I_5 = 0$ 또는 $I_1 + I_4 = I_2 + I_3 + I_5$

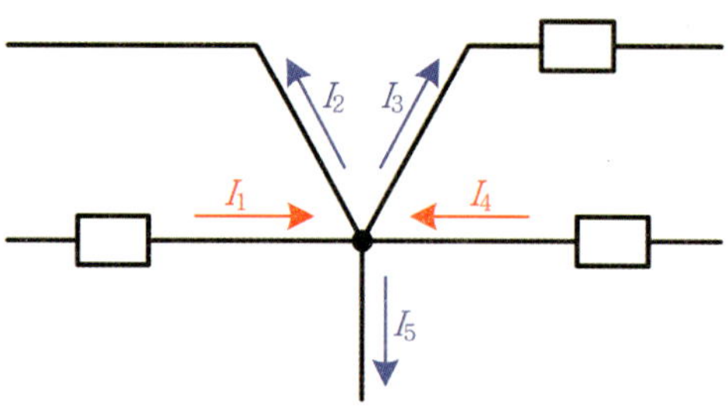

<그림 1.3.10> 키르히호프의 전류 법칙(KCL, 제1법칙)을 설명하는 그림

▣ 키르히호프의 전압 법칙(KVL ; Kirchhoff's Voltage Law) - 제2법칙

이것은 키르히호프의 제2법칙 또는 키르히호프의 루프 법칙이라고도 불리며, "전기회로에서 임의의 루프(폐회로로 연결된 전선)를 따라 한 방향으로 일주하면서 취한 전압 상승과 전압 강하의 대수적 합은 항상 0이다."라는 것이다. 루프를 일주하면서 전압 상승이 발생하면 이는 양(+)의 전압으로 정하고, 전압 강하가 발생하면 이는 음(-)의 값으로 정하면 이것들의 모든 합은 항상 0이다. 이를 좀 다르게 표현하면 "전기회로에서 임의의 루프를 따라 한쪽 방향으로 일주하면서 취한 전압 상승의 합과 전압 강하의 합은 항상 같다."라고 정리할 수도 있다. 여기서 루프를 일주하는 방향은 시계 방향이든 반시계 방향이든 상관 없다.

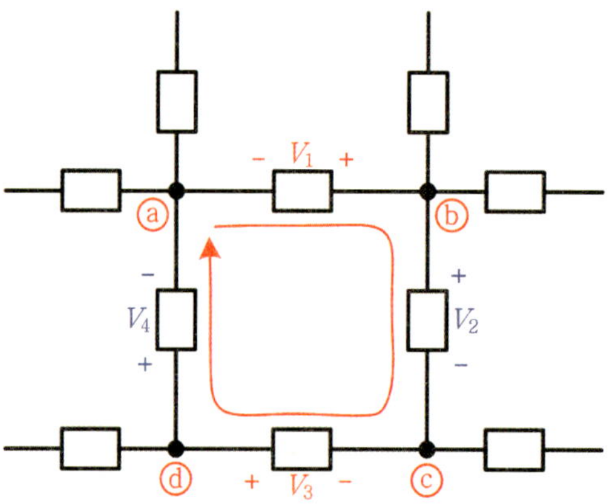

<그림 1.3.11> 키르히호프의 전압 법칙(KVL, 제2법칙)을 설명하는 그림

예를 들어서 <그림 1.3.11>의 회로에서 분기점 ⓐ→ⓑ→ⓒ→ⓓ→ⓐ의 순서로 시계방향의 루프를 일주하면서 생각할 때 V_1과 V_3은 전압 상승이고 V_2, V_4는 전압 강하이다. 그러면 이 루프에서 항상 아래와 같은 관계가 성립한다.

$V_1 - V_2 + V_3 - V_4 = 0$ 또는 $V_1 + V_3 = V_2 + V_4$

3. 중첩의 원리

이것은 중첩의 원리(superposition principle)라고도 하고 또는 중첩의 정리(superposition theorem)라고도 부르는데, 복잡한 선형 회로를 해석하는데 매우 편리한 방법을 제공해 주는 이론이다.

중첩의 원리를 요약하면 "여러개의 독립 전원을 가지는 선형 회로에서 어느 지점의 전압 또는 전류는 각 독립 전원이 개별적으로 이 지점에 대하여 만들어내는 전압 또는 전류의 합과 같다."는 것이다. 각각의 전원이 이 회로에 대하여 독립적으로 작용하는 것을 모두 중첩시키면 최종적인 결과가 된다는 것이다.

여기서 말하는 독립 전원은 전압원(voltage source)일 수도 있고 전류원(current source)일 수도 있다. 하나의 독립 전원에 의한 작용을 해석할 때 이를 제외한 나머지의 모든 전원은 회로에서 제거하고 해석해야 하는데, 이런 회로 해석을 위하여 전압원을 제거할 경우에는 그 전압원이 있던 곳을 단락(short)시켜 연결해 주어야 하며, 전류원을 제거할 경우에는 그 전류원이 있던 곳을 개방(open)하여 끊어주어야 한다.

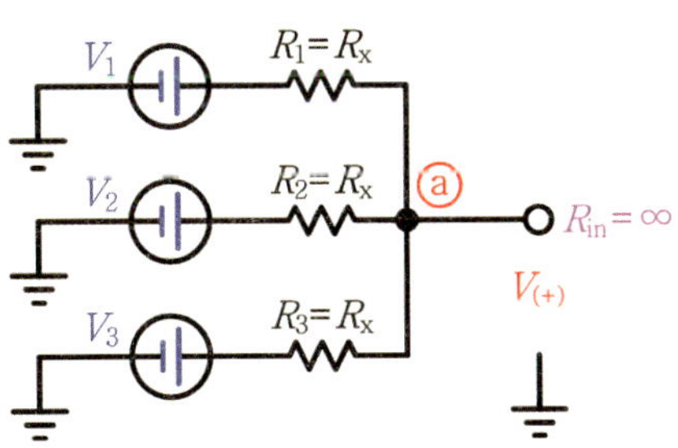

<그림 1.3.12> 비반전 가산기의 입력측 등가회로

예를 들어서 앞으로 <그림 3.2.7>에서 공부하게 될 비반전 가산기에서 연산증폭기의 비반전 입력단자에 인가되는 전압 $V_{(+)}$를 중첩의 원리로 계산하여 보자. 이 부분의 회로를 등가회로로 다시 그리면 <그림 1.3.12>와 같다. 단, 여기서 연산증폭기의 비반전 입력단자 쪽은 무한대(∞)의 임피던스를 가지므로 고려하지 않으며, 따라서 여기에는 아무것도 연결되어 있지 않는 것으로 간주한다.

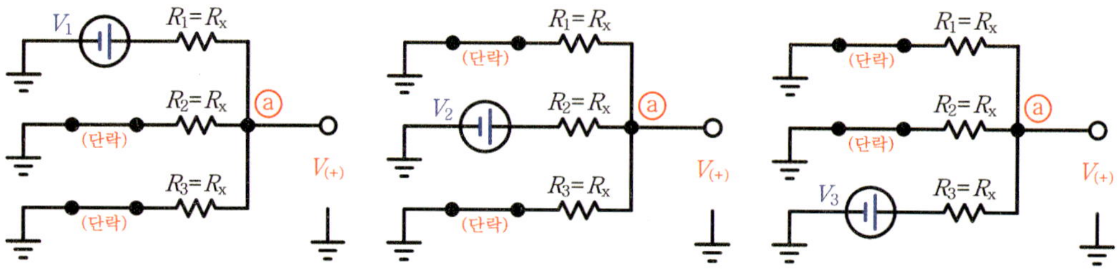

(a) 전원 V_1에 의한 출력 (b) 전원 V_2에 의한 출력 (c) 전원 V_3에 의한 출력

<그림 1.3.13> 중첩의 원리로 비반전 가산기의 입력단 전압 $V_{(+)}$를 계산하는 방법

여기서 전압원 V_1에 의하여 만들어지는 출력전압의 성분 $V_{(+)1}$을 계산하려면 나머지의 독립 전압원 V_2와 V_3은 단락시켜야 하므로 회로가 <그림 1.3.13>의 (a)처럼 되며, 이때 출력전압은 다음과 같이 계산된다.

$$V_{(+)1} = \frac{R_2//R_3}{R_1 + R_2//R_3} \times V_1 = \frac{\dfrac{R_2R_3}{R_2+R_3}}{R_1 + \dfrac{R_2R_3}{R_2+R_3}} \times V_1 = \frac{\dfrac{1}{2}R_x}{R_x + \dfrac{1}{2}R_x} \times V_1 = \frac{1}{3}V_1$$

또한, 전압원 V_2에 의하여 만들어지는 출력전압의 성분 $V_{(+)2}$와 전압원 V_3에 의하여 만들어지는 출력전압의 성분 $V_{(+)3}$도 각각 <그림 1.3.13>에서 (b)와 (c)의 회로를 보면서 위에서와 마찬가지 방법으로 구하면 다음과 같게 된다.

$$V_{(+)2} = \frac{1}{3}V_2\ ,\ \ V_{(+)3} = \frac{1}{3}V_3$$

따라서 이 회로의 최종적인 출력전압 $V_{(+)}$는 이것들을 모두 중첩시켜서 합하는 방법으로 다음과 같이 계산할 수 있다.

$$V_{(+)} = V_{(+)1} + V_{(+)2} + V_{(+)3} = \frac{1}{3}V_1 + \frac{1}{3}V_2 + \frac{1}{3}V_3 = \frac{1}{3}(V_1 + V_2 + V_3)$$

4. 테브난의 정리와 노턴의 정리

▣ 테브난의 정리

테브난의 정리(Thevenin's theorem)는 1883년에 프랑스의 통신공학자인 테브난(Léon Charles Thévenin)이 완성하여 발표한 이론으로서, 이것은 복잡한 회로의 해석이 용이하도록 매우 간단한 등가회로를 만드는 방법을 제시한 것이다. 등가회로(equivalent circuit)라는 것은 실제 회로의 구성이 너무나도 복잡하여 해석이 어려울 경우에 그 회로의 전기적 특성을 그대로 유지하면서 가장 단순한 형태로 회로 요소들을 결합하여 그것의 해석을 쉽게 할 수 있도록 다시 구성한 이론적인 회로를 말한다.

이 정리의 내용은 "두개의 단자 a, b로 출력되는 내부의 회로가 어떤 전압원, 전류원, 저항으로 구성되어 있더라도 이것은 하나의 전압원 V와 하나의 내부 저항 R이 직렬로 연결된 등가회로로 표현될 수 있다."는 것이다. 교류 회로의 경우에도 저항 R을 임피던스 Z로 대체하면 여전히 이 테브난의 정리가 문제 없이 적용된다.

여기서 테브난의 등가회로를 구하는 구체적인 절차와 방법은 다음과 같다.

① 등가 전압 V는 두 단자 a, b를 개방하였을 때 그 양단에 나타나는 전압을 계산하여 구하면 된다.

② 등가 내부 저항 R은 내부 회로에서 모든 전압원을 단락시키고 모든 전류원은 개방한 상태에서 두 단자 a, b 사이의 합성 저항을 계산하여 구하면 된다.

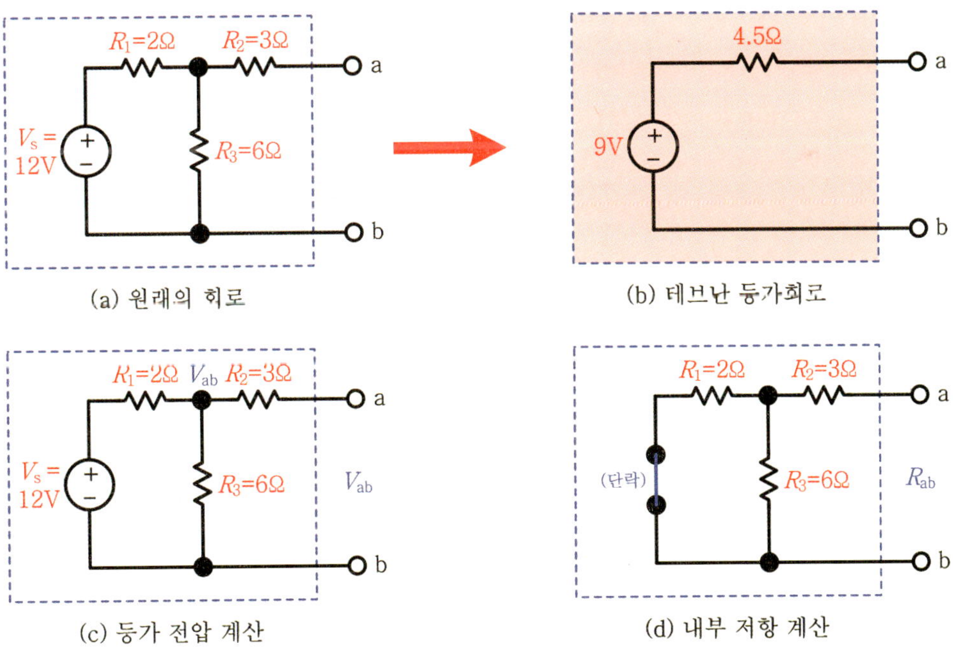

<그림 1.3.14> 테브난의 정리를 이용한 등가회로 구성

예를 들어 <그림 1.3.14>의 (a)와 같은 회로가 있을 때 이를 테브난의 정리를 사용하여 단순화된 등가회로로 그려보면 그림의 (b)와 같이 된다.

이 등가회로에서 테브난의 등가 전압 V를 구하기 위하여 위의 절차 ①을 적용하여 보면 <그림 1.3.14>의 (c)에서와 같이 두 단자 a, b를 개방해야 하므로 저항 R_2에는 전류가 흐르지 않게 되어 두 단자 a, b 사이의 전압 V_{ab}는 3개의 저항이 만나는 분기점에서의 전압과 같다. 그런데, 이 분기점의 전압은 전원전압 V_s를 2개의 저항 R_1과 R_3으로 분압한 전압이 되므로 결국 등가 전압 V는 다음과 같이 계산할 수 있다.

$$V = V_{ab} = V_s \times \frac{R_3}{R_1 + R_3} = 12[\mathrm{V}] \times \frac{6[\Omega]}{2[\Omega]+6[\Omega]} = 9[\mathrm{V}]$$

또한, 이 등가회로에서 테브난의 등가 저항 R을 구하기 위하여 위의 절차 ②를 적용하여 보면 <그림 1.3.14>의 (d)에서와 같이 내부의 전압원을 단락시키고 두 단자 a, b에서 보았을 때의 합성 저항을 구하면 된다. 이 합성 저항은 저항 R_2와 2개의 저항 R_1 및 R_3의 병렬 저항이 직렬로 연결된 형태이므로 합성 저항 R은 다음과 같이 계산할 수 있다.

$$R = R_{\mathrm{ab}} = R_2 + R_1 // R_3 = R_2 + \frac{R_1 \times R_3}{R_1 + R_3} = 3 + \frac{2 \times 6}{2+6} = 4.5[\Omega]$$

▣ 노턴의 정리

노턴의 정리(Norton's theorem)는 미국의 과학자인 노턴(Edward Lawry Norton)이 벨 연구소에 근무하던 1926년에 완성하여 발표한 이론으로서, 이것은 복잡한 회로의 해석이 용이하도록 해주는 테브난의 정리를 좀 더 확장한 것이다. 즉, 테브난의 정리에서는 임의의 복잡한 선형 회로를 단순화하여 1개의 전압원 V와 1개의 등가 저항 R이 직렬로 연결되는 방식으로 등가회로를 표현하는데 비하여, 노턴의 정리에서는 임의의 복잡한 선형 회로를 단순화하여 1개의 전류원 I와 1개의 등가 저항 R이 병렬로 연결되는 방식으로 등가회로를 표현할 수 있다는 것이다. 교류 회로의 경우에도 저항 R을 임피던스 Z로 대체하면 여전히 이 노턴의 정리가 문제 없이 적용된다.

여기서 노턴의 등가회로를 구하는 구체적인 절차와 방법은 다음과 같다.

① 등가 전류 I는 두 단자 a, b를 단락시켰을 때 그 양단에 흐르는 전류를 계산하여 구하면 된다.

② 등가 내부 저항 R은 내부 회로에서 모든 전압원을 단락시키고 모든 전류원은 개방한 상태에서 두 단자 a, b 사이의 합성 저항을 계산하여 구하면 된다. (이것은 테브난의 정리에서와 같은 방법이다.)

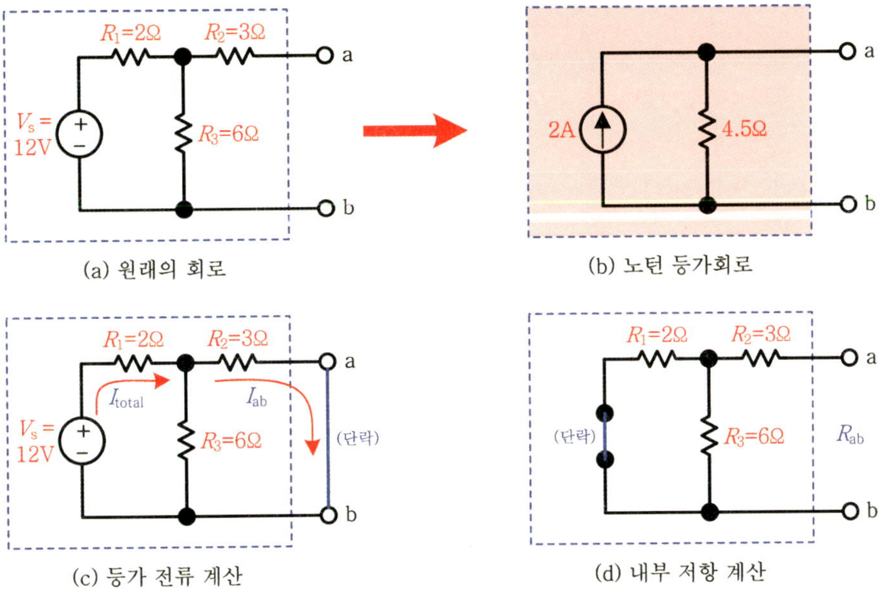

<그림 1.3.15> 노턴의 정리를 이용한 등가회로 구성

예를 들어 <그림 1.3.15>의 (a)와 같은 회로가 있을 때 이를 노턴의 정리를 사용하여 단순화된 등가회로로 그려보면 그림의 (b)와 같이 된다.

이 등가회로에서 노턴의 등가 전류 I를 구하기 위하여 위의 절차 ①을 적용하여 보면 <그림 1.3.15>의 (c)에서와 같이 두 단자 a, b를 단락하고 여기에 흐르는 전류를 계산해야 한다. 그러나, 단락한 두 단자 a, b를 통하여 흐르는 전류를 계산하려면 먼저 다음과 같이 내부의 독립 전원 V_s에 흐르는 전체 전류를 구해야 한다.

$$I_{total} = \frac{V_s}{R_1 + R_2//R_3} = \frac{V_s}{R_1 + \dfrac{R_2 \times R_3}{R_2 + R_3}} = \frac{12}{2 + \dfrac{3 \times 6}{3+6}} = 3\,[\mathrm{A}]$$

그러면, 단락한 두 단자 a, b를 통하여 흐르는 전류는 전체 전류 I_{total}을 병렬 저항인 R_2와 R_3에 반비례하도록 분리하면 되므로 다음과 같이 계산할 수 있다.

$$I = I_{ab} = I_{total} \times \frac{R_3}{R_2 + R_3} = 3 \times \frac{6}{3+6} = 2\,[\mathrm{A}]$$

또한, 노턴의 내부 등가 저항 R은 앞에서 테브난의 등가회로를 구할 때와 같은 방법으로 계산하여 4.5[Ω]이 된다.

5. 오픈 컬렉터 회로와 오픈 드레인 회로

▣ 푸시풀 회로, 컴플리멘터리 회로 및 토템폴 회로

제1.1절에서도 공부하였듯이 연산증폭기의 출력단 회로는 푸시풀(push-pull) 구조로 되어 있다. 즉, 출력단자와 양(+)전원 사이에 해당하는 위쪽에는 npn형의 트랜지스터가 있어서 이 트랜지스터가 활성화되는 정도에 따라 크기가 달라지는 양(+)극성의 출력전압이 나오게 되고, 반대로 출력단자와 음(-)전원 사이에 해당하는 아래쪽에는 pnp형의 트랜지스터가 있어서 이 트랜지스터가 활성화되는 정도에 따라 크기가 달라지는 음(-)극성의 출력전압이 나오게 된다. 아마 이것은 양(+)전압이 출력되는 동작에서는 이 회로가 안에서 밖으로 출력전류를 밀어내어(push) 소스 전류(source current)가 되고, 음(-)전압이 출력될 때는 이 회로가 밖에서 안으로 출력전류를 잡아당겨서(pull) 싱크 전류(sink current)가 되기 때문에 이와 같이 이름을 붙이지 않았을까 짐작된다. 이처럼 출력단 위쪽과 아래쪽의 트랜지스터가 대칭적인 특성으로 동작하는 것을 미러링(mirroring) 동작이라고도 부른다. 푸시풀 구조의 회로는 +/-의 양전원(dual power supply) 방식 회로에서 주로 사용되지만, 아래쪽이 음(-)전원 대신에 접지에 연결된 단일 전원(single power supply) 방식의 회로에 사용하기도 한다.

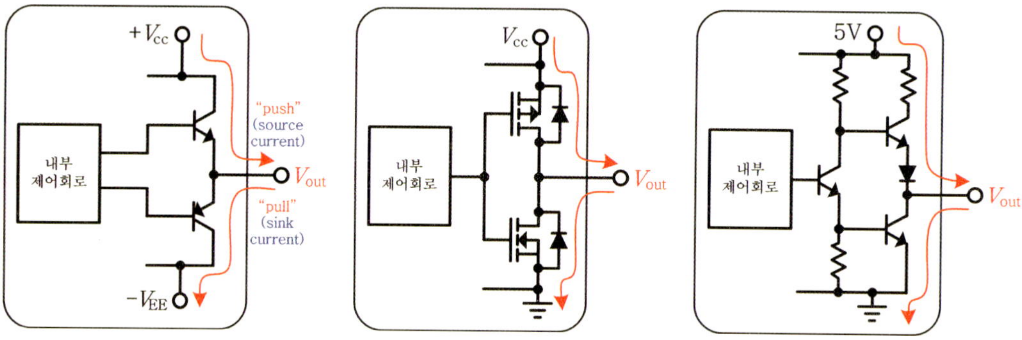

(a) 푸시풀 회로 (b) 컴플리멘터리 회로 (c) 토템폴 회로

<그림 1.3.16> 출력단 회로의 여러가지 방식

출력단 회로의 푸시풀 동작은 이처럼 연산증폭기와 같은 아날로그 회로의 출력단에서만 사용되는 것이 아니라 디지털 회로의 출력단에서도 사용된다. 단, 디지털 회로에서는 출력단자 위쪽의 트랜지스터와 아래쪽의 트랜지스터를 모두 증폭기가 아니라 스위치로 동작하도록 구동하는 차이가 있다. 그래서, 위쪽의 트랜지스터가 on되면 출력전압은 거의 양(+)전원의 전압에 가깝게 최대값으로 출력되고, 아래쪽의 트랜지스터가 on되면 출력전압은 거의 음(-)전원의 전압에 가깝게 최소값으로 출력되며, 때로는 위쪽과 아래쪽의 트랜지스터가 모두 off되어 출력전압이 0이 되거나 출력단자가 플로팅(floating) 상태로 되기도 한다.

그런데, 아날로그 회로나 디지털 회로에서 사용하는 출력단 구조로서 푸시풀 방식과 매우 유사하여 혼동하기 쉬운 것에 컴플리멘터리(complementary) 방식이 있다. 푸시풀 방식은 아날로그 회로에서든지 디지털 회로에서든지 단일 전원 방식보다는 양전원 방식의 회로에 더 많이 사용되는 경향이 있으며, 위쪽의 트랜지스터와 아래쪽의 트랜지스터가 모두 off되거나 동작을 멈추어 출력이 0이 되기도 한다. 그러나, 컴플리멘터리 방식은 단일 전원 방식의 디지털 회로에 더 많이 사용되는 경향이 있으며, 위쪽의 트랜지스터와 아래쪽의 트랜지스터가 동시에 모두 off되는 동작은 하지 않는다. 즉, 위쪽의 트랜지스터가 on되어 있는 순간에는 반드시 아래쪽의 트랜지스터가 off되어 있고, 반대로 위쪽의 트랜지스터가 off되어 있는 순간에는 반드시 아래쪽의 트랜지스터가 on되어 있게 되는데, 위와 아래의 트랜지스터가 반대로 스위칭되는 이러한 동작을 상보형 동작이라고 부른다.

또한, 푸시풀 방식과 유사한 출력단 구조 중에 토템폴(totem pole) 방식도 있다. 이것은 바이폴라형 트랜지스터로 이루어진 TTL 방식의 디지털 IC 소자에서 널리 사용하는 출력단 회로인데, 푸시풀이나 컴플리멘터리 방식에서는 출력단자 위쪽의 트랜지스터나 아래쪽의 트랜지스터가 대칭적인 동작 특성을 가져서 미러링 동작을 수행하는데 비하여 토템폴 방식에서는 위와 아래의 출력 회로가 대칭적인 동작 특성을 갖지 않으며, 따라서 일반적으로 출력단자의 소스 전류와 싱크 전류의 크기가 서로 다른 경우가 많다. 토템폴 회로는 출력단에 반드시 바이폴라 트랜지스터를 사용하지만, 푸시풀 회로나 컴플리멘터리 회로에서는 출력단에 바이폴라 트랜지스터를 사용하는 경우도 있고 MOSFET를 사용하는 경우도 있다.

▣ 오픈 컬렉터 회로와 오픈 드레인 회로

위에서 설명한 TTL 방식의 디지털 IC 출력 회로에서는 출력단에 토템폴형의 회로를 가지고 있어서 위쪽의 트랜지스터가 on되면 H(high) 상태의 로직을 출력하고, 아래쪽의 트랜지스터가 on되면 L(low) 상태의 로직을 출력하며, 위와 아래의 트랜지스터가 모두 off되면 출력은 H도 아니고 L도 아닌 출력단 플로팅(floating) 상태가 되는 동작을 수행한다. 내부의 회로 소자가 MOSFET로 이루어진 CMOS 방식의 디지털 IC에서도 TTL의 경우처럼 H 상태, L 상태, 플로팅 상태를 출력할 수 있다. 플로팅 상태의 출력을 high impedance의 Z상태 또는 tri-state 상태라고도 부른다.

그런데, 디지털 회로의 출력단을 구성하는 방식에는 위에서 설명한 3가지만 있는 것이 아니라 오픈 컬렉터(open collector) 방식 또는 오픈 드레인(open drain) 방식도 있다. 이것은 디지털 출력 회로에서만 사용하는데, 출력단의 2개 트랜지스터 중에서 위쪽의 트랜지스터가 없고 아래쪽의 트랜지스터만 있는 것이 특징이며, <그림 1.3.17>에 보였듯이 이것을 바이폴러 트랜시스터로 구성되는 출력단 회로에 사용하면 오픈 컬렉터형이라고 부르고, MOSFET 트랜지스터로 구성되는 출력단 회로에 사용하면 오픈 드레인형이라고 부른다.

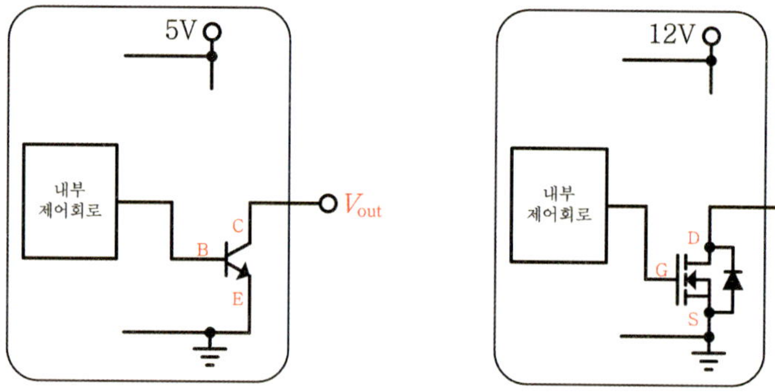

(a) 오픈 컬렉터 회로 (b) 오픈 드레인 회로

<그림 1.3.17> 오픈 컬렉터와 오픈 드레인 회로

이러한 오픈 컬렉터형이나 오픈 드레인형의 회로는 L(low)의 논리값과 플로팅 상태를 출력하는 기능만 가지고 있으므로 H(high)의 논리값을 출력할 수 있도록 하려면 외부에서 출력단자와 +전원 사이에 적절한 저항값의 풀업 저항(pull-up resistor)을 연결해 주어야 한다. 여기서 풀업 저항을 연결하는 전원전압에 따라 H상태의 로직 전압 레벨이 결정되는데, 이와 같이 하여 디지털 회로의 출력 논리 레벨을 쉽게 바꿀 수 있다는 것이 오픈 컬렉터 또는 오픈 드레인 방식 회로의 장점이다. LM311이나 LM339와 같은 비교기 전용의 IC에서 출력단을 오픈 컬렉터 구조로 설계한 것은 바로 이 때문이다.

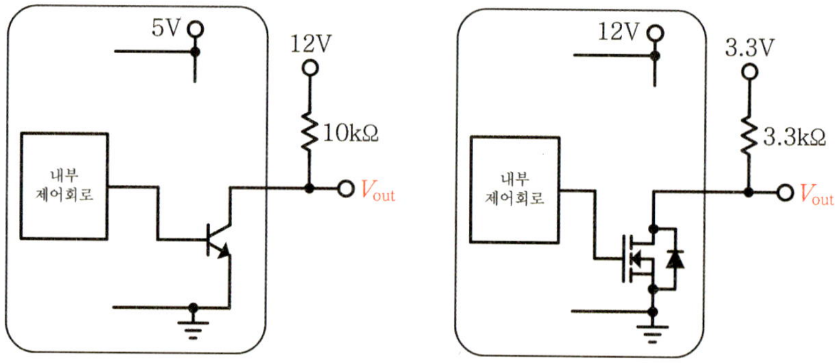

(a) 오픈 컬렉터 회로의 경우 (b) 오픈 드레인 회로의 경우

<그림 1.3.18> 외부에 풀업 저항을 연결한 오픈 컬렉터와 오픈 드레인 회로

오픈 컬렉터 또는 오픈 드레인 출력을 갖는 회로의 또 다른 장점으로는 여러개의 디지털 회로(심지어 그 디지털 회로들의 전원전압이 서로 다른 경우에도 가능)의 출력을 1곳으로 묶어서 쉽게 wired-OR 회로를 구성할 수 있다는 것이다. 여러개의 출력 중에서 단 1개라도 L상태로 출력되면 전체 출력이 L상태로 되기 때문에 부논리(negative logic)로 OR이며, 이

러한 출력 논리의 결합을 OR 게이트 IC 소자로 구현하지 않고 단지 출력선을 그냥 하드웨어적으로 연결하여 쉽게 구현하였으므로 배선 논리 wired-OR라고 부르는 것이다. 이렇게 wired-OR 회로를 구성한 예를 <그림 1.3.19>에 보였다.

그러나, 보통의 TTL 토템폴 출력이나 CMOS 논리 소자의 출력은 절대로 이렇게 직접 선으로 묶어 연결하면 안된다. <그림 1.3.20>에 보였듯이 만약 여기에 연결된 회로 중에서 어느 것의 출력이 H상태일 때 또 다른 회로의 출력이 L상태라면 이 회로는 전원과 접지가 단락된 회로가 되므로 출력단에 큰 전류가 흐르면서 그 소자들은 소손되어 파괴될 것이다.

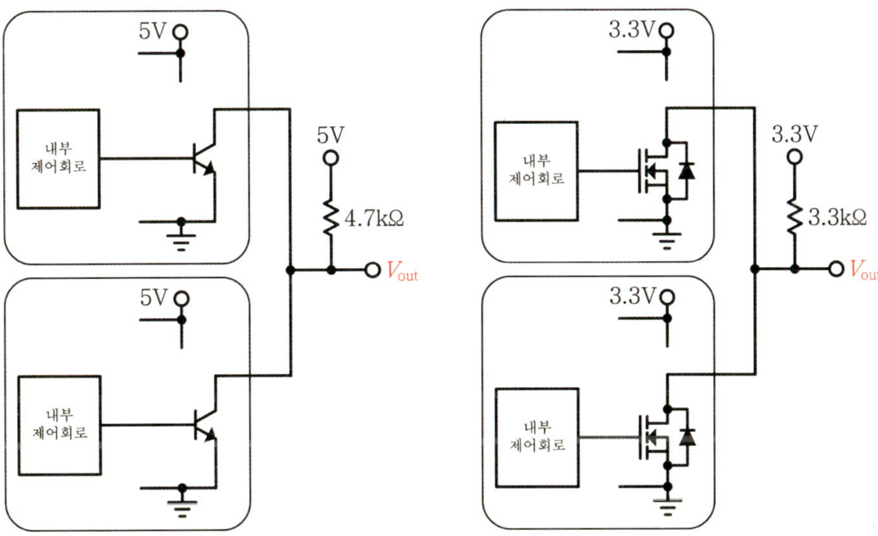

(a) 오픈 컬렉터 소자의 경우 (b) 오픈 드레인 소자의 경우

<그림 1.3.19> 오픈 컬렉터와 오픈 드레인 소자를 이용한 wired-OR 회로의 구성

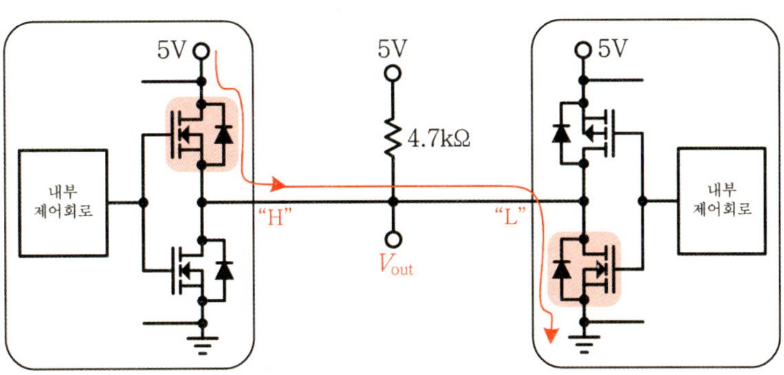

<그림 1.3.20> 디지털 회로의 출력을 직접 선으로 연결하면 안되는 이유

휴게실

공과대학 신입생에게 들려주는 대학생활 10계명

① 꿈을 크게 가져라.

꿈꾸고 노력하는 자만이 아름다운 미래를 기약할 수 있다. 그러나, 이상(理想)과 환상(幻想)은 구분하라. 노력이 따르지 않는 꿈은 환상에 불과하다. 눈은 저 높은 하늘을 보되 두 발은 땅을 굳게 딛고 서라. 인생은 노력과 선택의 문제이다. 모든 것은 나 자신의 객관적 주관(客觀的 主觀)으로 판단하라.

② 나 자신을 존중하라.

내가 나를 존중하는 것으로부터 모든 삶의 가치가 출발한다. 내가 나를 존중하지 않는데 절대로 남이 나를 존중해주지 않는다. 나 자신의 존재 의미와 능력에 자부심을 가져라. 나 자신의 의미를 스스로 깨달았을 때 진정한 용기도 나온다. 재능은 타고나는 것이지만 능력은 스스로 닦아나가는 것이다. 다른 사람이 할 수 있는 일이라면 나도 할 수 있다.

③ 작심삼일이면 3일마다 작심하라.

자신의 의지가 나약함을 비관하지 마라. 사람은 본래 나약한 존재이다. 자신의 의지가 불과 3일도 유지되지 않을 만큼 나약하다면 3일에 한번씩 의지를 다지면 된다. 입학은 긴 대학 생활의 시작이다. 입학할 때의 설렘과 초심을 졸업할 때까지 유지하라. 생각하는대로 살지 않으면 사는대로 생각하게 된다.

④ 모르는 것은 부끄러운 일이 아니다.

다만 자신이 모른다는 사실을 깨닫지 못하는 것이 부끄러운 일이다. 내가 모른다는 사실을 인식하면 노력은 자연히 뒤따르게 되어 있다. 내 머리로 직접 생각해야 내 지식이 되고, 내 손으로 직접 익혀야만 내 기술이 된다. 내 스스로 해결이 안되거든 기꺼이 질문하라. 그러나, 질문하기 전에 나 스스로 다섯 번은 생각하라.

⑤ 모르면 잠을 자지 마라.

또한 잠은 하루에 한번씩만 자라. 밤 12시 이전에 잠을 자면 하루에 두 번 자는 것이다. 남들 노는 것만큼 실컷 놀고 잠잘 것을 다 자는 사람에게 미래는 없다. 매일매일의 수업 진도를 밀리지 마라. 오늘 배운 것은 오늘 중에 내 것으로 만들어라. 모르는 것을 해결하기 전에는 결코 편히 잠자리에 들지 마라. 어차피 해야 할 공부라면 즐겁게 하라. 즐겁다고 생각하면 정말 즐거워진다. 공부든지 일이든지 피할 수 없다면 즐겨라.

⑥ 학교 수업과 내 공부가 따로 있는 것이 아니다.

공과대학에서는 필요한 것만 가르친다. 배운 것은 나중에 반드시 쓰인다. 취업 공부가 따로 있다고 착각하지 마라. 학교 수업이 곧 취업 공부다. 이론 수업은 괜찮은데 실험실습 과목을 싫어하는 공과대학생에게 미래는 기대하기 어렵다. 동작에 생각이 함께 가면 기술이 되고, 손발에 머리가 따라가면 실력이 된다. 생각이 없는 동작이나 머리가 따라가지 않는 손발은 단순한 기능이거나 습관일 뿐이다.

⑦ 낭만이나 찾고 휴강 좋아하지 마라.

학교에서 놀기 좋아하는 사람은 졸업하고도 계속 놀게 된다. 폼생폼사의 말로(末路)는 비참한 현실뿐이다. 행복은 성적순이 아닐지도 모른다. 그러나 성적의 역순은 더욱 아니다. 장학금에는 욕심을 내야 하며 결코 학점을 경시하지 말라. 아침을 굶더라도 수업에 지각은 하지 마라. 비록 나와서 졸더라도 수업 시간에 결석은 하지 마라. 연인과의 데이트 약속을 깨는 한이 있더라도 리포트는 제대로 써서 빼먹지 말고 제출하라.

⑧ 교수님과는 무조건 친해져라.

그가 내게 한번 교수였으면 앞으로도 영원히 나의 교수이다. 자기가 배우는 교수님을 우습게 아는 인간 잘되는 것을 본 적이 없다. 과목의 담당교수가 좋아야 그 과목이 좋아진다. 선배들의 말은 반만 듣고 다시 그것의 반은 한쪽 귀로 흘려버려라. 그들이 하는 말의 4분의 3은 뒤늦은 후회이거나 자기과시이기 때문이다.

⑨ 지킬 것은 지켜라.

놀 때는 열정적으로 화끈하게 놀아라. 그러나 젊음의 미덕은 절제에 있다. 감정과 언어와 행동의 절제는 물론이고, 시간의 절제나 경제적 절제도 필요하다. 내 윗사람에게, 내 동료에게, 그리고 내 아래 사람에게 각각 지킬 것이 있다. 사람과 사람의 관계에서는 되로 주면 말로 받는 것이 진리다. 작은 악행이 큰 재앙으로 되돌아오며, 반대로 작은 선행은 큰 은혜로 되돌아온다.

⑩ 결과보다 과정을 중시하라.

결과보다 과정에서 배우는 것이 많다. 결과는 속일 수 있지만 과정은 속일 수 없다. 결과는 일시적이지만 과정은 영원하다. 좋은 결과는 한번 박수를 받는 것으로 끝나지만, 좋은 과정은 내 머리와 가슴속에 오래 살아있다. 결과는 쉽게 잊을 수 있지만 과정은 오래 잊혀지지 않는다. 촌음(寸陰)이 모여서 영원(永遠)이 된다. 자투리 시간을 아껴 쓰는 사람은 과정을 귀하게 여긴다. 특히 어학 공부는 자투리 시간에도 가능하다. 계획적이고 과정을 귀하게 여기는 사람은 자투리 시간을 잘 활용할 줄 안다.

끝으로 하나 더... 자기 스스로 마음의 벽을 쌓고 그 감옥에 들어가지 마라. 자고로 대학(大學)은 큰 생각을 배우는 곳이요, university는 우주처럼 넓은 진리를 배우는 곳이다. 공과대학에서는 공학과 기술은 물론이고 넓은 사고방식도 배운다. 내가 스스로 주변의 성벽을 허물면 내 실력은 그만큼 높이 쌓아진다. 만리장성을 쌓은 진나라는 30년도 안되어 망했지만, 도로를 닦은 로마는 천년을 융성하였다. 3살짜리 아기에게서도 배울 것이 있다면 기꺼이 무릎을 꿇고 한 수 배워라. 배움 앞에는 어떤 조건이나 제한이 없다.

제2장
아날로그 비교기 회로

이 장에서는 연산증폭기를 2개의 아날로그 신호에 대하여 크기를 비교하는 아날로그 비교기로 사용하는 이론과 실무 기술에 대하여 공부한다. 이처럼 연산증폭기를 아날로그 비교기로 사용하는 것은 이것의 개루프 전압이득이 무한대로 크다는 특성을 이용하는 것이다. 응용분야에 따라서는 연산증폭기를 그냥 아날로그 비교기 회로에 사용하더라도 문제가 없지만, 또 다른 응용 분야에서는 연산증폭기 특성의 한계 때문에 불편할 수 있으므로 비교기 전용 IC가 탄생하였다. 그러므로 여기서는 연산증폭기를 사용하는 아날로그 비교기 회로 뿐만 아니라 비교기 전용 IC를 사용하는 방법에 대하여도 공부한다.

비교기 회로를 사용하여 2개의 아날로그 전압의 크기를 비교하면 그 결과는 디지털 신호로 출력되기 때문에 비교기 회로는 주로 아날로그 회로와 디지털 회로를 연결하는 인터페이스의 용도로 사용된다는 점에 주목하면서 이 장을 공부하면 좋을 것이다.

2.1 아날로그 비교기 기본 회로

이 절에서는 연산증폭기의 개루프 전압이득이 무한대(∞)로 크다는 특성을 이용하여 이를 간단하게 아날로그 비교기(analog comparator)로 사용하는 회로의 몇가지 종류에 대하여 자세히 알아보기로 한다.

1. 영전압 검출기

(1) 연산증폭기를 처음으로 사용하기 시작하며

이제부터 연산증폭기를 사용한 아날로그 회로의 공부를 시작한다. 이를 위해서 먼저 앞의 제1.1절에서 설명하였던 연산증폭기의 기본 구조와 이상적인 특성을 다시 한번 정리하기로 한다. 연산증폭기의 기본적인 외부 구조와 이상적인 주요 동작 특성을 요약하면 <그림 2.1.1>과 같다. 연산증폭기의 심볼은 정삼각형 또는 이등변삼각형을 오른쪽으로 90°만큼 돌려서 뉘어놓은 모양으로서 다음과 같이 5개의 단자를 갖는다.

① 비반전 입력단자(noninverting input terminal)
② 반전 입력단자(inverting input terminal)
③ 출력단자(output terminal)
④ 양극성 전원단자(positive power supply terminal)
⑤ 음극성 전원단자(negative power supply terminal) 또는 접지단자(ground terminal)

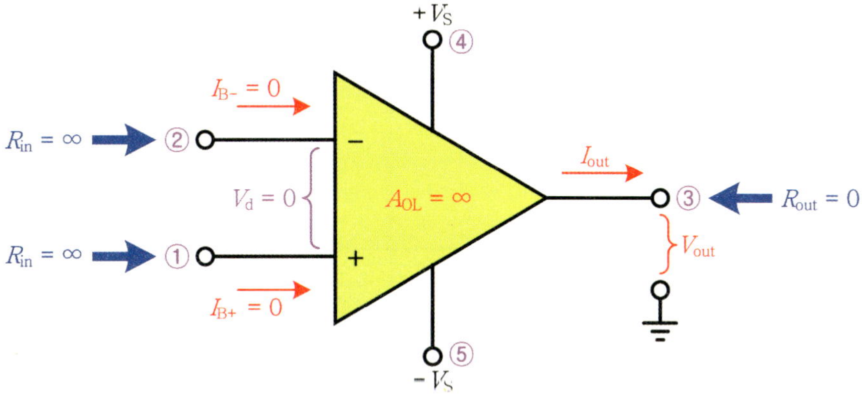

<그림 2.1.1> 연산증폭기의 기본 구조와 주요 동작 특성

이 책에서 연산증폭기를 사용한 아날로그 회로의 일반적인 원리를 설명할 때는 전원전압을 특정값으로 명시하지 않고 그냥 기호로 $\pm V_S$라고 표시할 것인데, 이것은 대부분 내용적으로 ±12V 또는 ±15V의 양전원(dual power supply)을 사용하는 것으로 간주하면 된다. 또한 단전원(single power supply) 방식의 아날로그 회로를 설명하는 경우에는 전원을 기호로 $+V_S$와 GND라고 표시할 것인데, 이것은 내용적으로 +5V나 +12V 또는 +15V의 단전원을 사용하는 것으로 이해하면 된다. 그러나, 실제 연산증폭기 IC 소자를 사용하는 구체적인 응용 회로를 소개할 때는 이 회로에서 사용하는 전원전압의 값을 구체적으로 명시할 것이다. 이들 회로에서 연산증폭기 IC 소자를 사용할 때는 주로 TI사의 LM741, LM358, OP177, TLV9101, TLV9102 모델을 선택할 것이다.

연산증폭기의 여러가지 이상적인 동작 특성 중에서 우리가 아날로그 회로를 해석할 때 꼭 필요한 4가지 특성을 선정하여 <표 1.1.6>에 정리했는데 이를 다시 보면 다음과 같다.

특성① - 연산증폭기의 개루프 전압이득은 무한대로 크다. ($A_{OL} = \infty$)
특성② - 연산증폭기의 비반전 입력단자와 반전 입력단자 사이의 전압차는 항상 0으로 유지된다. ($V_d = 0$)
특성③ - 연산증폭기의 비반전 입력단자나 반전 입력단자에는 전류가 흐르지 않는다. ($I_{B+} = I_{B-} = 0$)
특성④ - 연산증폭기의 입력저항은 무한대로 크고($R_{in} = \infty$), 출력저항은 0으로 작다. ($R_{out} = 0$)

이제 <그림 2.1.2>의 (a)에 보인 것처럼 연산증폭기 회로를 구성한 후에 2개의 입력단자에 각각 $V_{(+)}$와 $V_{(-)}$의 전압을 인가하고 이것의 크기를 각각 변동시켜서 연산증폭기에 입력되는 차동 입력전압이 음(−)의 값에서 양(+)의 값의 범위까지 변하도록 한다면 출력전압은 어떻게 될까?

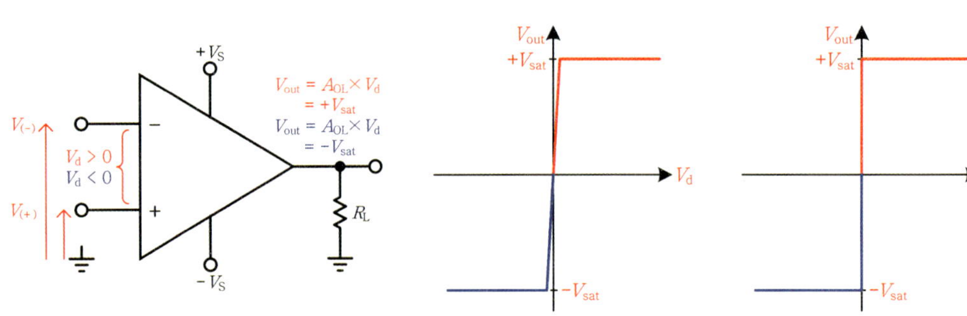

(a) 회로도　　(b) 실제의 입출력 특성 곡선　(c) 이상적인 입출력 특성 곡선

<그림 2.1.2> 연산증폭기의 차동 입력전압이 정방향 또는 역방향으로 점점 커지는 경우

이것은 다음과 같이 연산증폭기에 입력되는 차동 입력전압 V_d의 크기에 따라 2가지의 경우로 나누어 생각해야 한다. 여기서는 이상적인 연산증폭기의 특성①이 적용된다.

❶ $V_d > 0$의 경우

만약 비반전 입력단자에 입력되는 전압 $V_{(+)}$가 반전 입력단자에 입력되는 전압 $V_{(-)}$보다 커서 $V_d = V_{(+)} - V_{(-)}$가 0보다 큰 경우라면

$$V_{out} = A_{OL} \times (V_{(+)} - V_{(-)}) = A_{OL} \times V_d = \infty \times V_d = +\infty$$

❷ $V_d < 0$의 경우

만약 비반전 입력단자에 입력되는 전압 $V_{(+)}$가 반전 입력단자에 입력되는 전압 $V_{(-)}$보다 작아서 $V_d = V_{(+)} - V_{(-)}$가 0보다 작은 경우라면

$$V_{out} = A_{OL} \times (V_{(+)} - V_{(-)}) = A_{OL} \times V_d = \infty \times V_d = -\infty$$

따라서, 입력신호와 출력신호의 관계를 보여주는 입출력 특성 곡선으로 이 회로의 동작을 표현하면 <그림 2.1.2>의 (c)와 같게 된다. 차동 입력신호가 0보다 크면 이 회로의 출력은 무조건 $+V_{sat}$가 되며, 차동 입력신호가 0보다 작으면 이 회로의 출력은 $-V_{sat}$가 된다.

그런데, 이러한 입출력 동작의 해석은 이 회로에 사용된 연산증폭기가 이상적인 특성을 가져서 $A_{OL} = \infty$이라는 전제 조건에서만 성립한다. 실제의 연산증폭기에서는 개루프 전압이득 A_{OL}이 매우 크기는 하지만 무한대(∞)까지는 아니다. 만약, 차동전압의 절대값이 0에 가깝게 매우 작을 때는 이 차동전압에 개루프 전압이득을 곱한 출력전압으로 증폭되어 나타나며, 차동전압이 어느 한계를 넘어가면 그때부터는 출력전압이 $\pm V_{sat}$로 포화될 것이므로 실제의 연산증폭기 회로에서 입출력 특성 곡선은 <그림 2.1.2>의 (b)처럼 표현될 것이다.

만약 이 회로에 사용한 연산증폭기가 LM358A이고 전원전압이 $\pm V_S = \pm 15V$라면 이것의 개루프 전압이득은 $A_{OL} = 10^5 = 120[dB]$이고, $+V_{sat} = +13.5[V]$이며 $-V_{sat} = -13[V]$이다. 따라서, 차동전압이 0보다 큰 영역에서 점점 증가하여 출력전압을 $+V_{sat}$으로 만들기 시작하는 값은 다음과 같이 계산된다.

$$V_d = \frac{V_{out}}{A_{OL}} = \frac{+V_{sat}}{A_{OL}} = \frac{+13.5}{10^5} = +13.5[\mu V]$$

즉, 실제의 연산증폭기 회로에서 차동 입력전압이 +13.5μV보다 커지면 출력전압은 $+V_{sat}$으로 포화되고, 차동 입력전압이 -13μV보다 작아지면 출력전압은 $-V_{sat}$으로 포화된다는 것

이다. 그러나, 이렇게 작은 차동 입력전압은 실용적으로 사실상 0으로 간주해도 무방하기 때문에 앞으로 이 책에서 연산증폭기를 사용한 아날로그 회로를 해석할 때는 연산증폭기가 이상적인 특성을 갖는 것으로 간주하여 입출력 특성 곡선을 <그림 2.1.2>의 (b)처럼 표시하지 않고 (c)처럼 표시할 것이다.

(2) 비반전형 영전압 검출기

영전압 검출기(ZCD ; Zero-Crossing Detector)는 아날로그 교류전압 입력신호가 0을 지나가는 순간을 검출하는 회로로서, 연산증폭기에서 1개 입력단자는 접지하여 기준 입력신호로 사용하고 나머지 1개 입력단자는 아날로그 입력신호로 사용하여 연산증폭기가 아날로그 비교기(comparator)로 동작하게 한다. 이것은 아날로그 전압이 0을 지나가는 순간을 검출하여 여기서부터 시간이나 각도를 측정하려는 용도로 널리 사용하며, 교류의 아날로그 신호를 디지털 신호로 변환하는 용도로도 사용한다.

<그림 2.1.3>에 비반전형 영전압 검출기(noninverting zero-crossing detector)를 보였다. 이 그림의 (a) 회로도에서 보듯이 삼각파 교류 입력전압 V_{in}이 연산증폭기의 비반전 입력단자에 연결되고 반전 입력단자는 접지되어 있어서 비교기의 기준전압이 0이므로 개루프 전압이득이 ∞로 큰 것을 적용하면 입력전압 V_{in}이 0보다 크면 차동 입력전압이 양(+)이 되어 출력전압은 무조건 $+V_{sat}$이 되고, 입력전압 V_{in}이 0보다 작으면 차동 입력전압이 음(-)이 되어 출력전압은 무조건 $-V_{sat}$이 된다. 이를 입출력 파형(input/output waveform)으로 그리면 그림의 (b)와 같고, 입출력 특성 곡선(input/output characteristics)으로 그리면 (c)와 같다.

이처럼 이 회로에서는 교류 입력신호 V_{in}을 연산증폭기의 비반전 입력단자에 연결함으로써 입력신호의 극성과 출력신호의 극성이 동일하게 유지되므로 이를 비반전형 영전압 검출기라고 부른다.

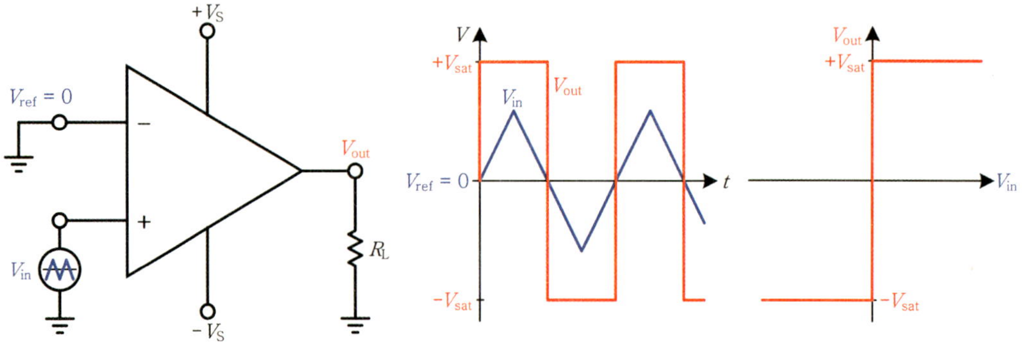

(a) 회로도 (b) 입출력 파형 (c) 입출력 특성 곡선

<그림 2.1.3> 비반전형 영전압 검출기

(3) 반전형 영전압 검출기

이번에는 <그림 2.1.4>에 반전형 영전압 검출기(inverting zero-crossing detector)를 보였다. 이 그림 (a)의 회로도에서 보듯이 삼각파 교류 입력전압 V_{in}이 연산증폭기의 반전 입력단자에 연결되고 비반전 입력단자는 접지되어 있어서 비교기의 기준전압이 0이므로 개루프 전압이득이 ∞로 큰 것을 적용하면 입력전압 V_{in}이 0보다 크면 차동 입력전압이 음(-)이 되어 출력전압은 무조건 $-V_{sat}$이 되고, 입력전압 V_{in}이 0보다 작으면 차동 입력전압이 양(+)이 되어 출력전압은 무조건 $+V_{sat}$이 된다. 이를 입출력 파형으로 그리면 (b)와 같고, 입출력 특성 곡선으로 나타내면 (c)와 같다.

이처럼 이 회로에서는 교류 입력신호 V_{in}을 연산증폭기의 반전 입력단자에 연결함으로써 입력신호의 극성과 출력신호의 극성이 서로 반대가 되므로 이를 반전형 영전압 검출기라고 부른다.

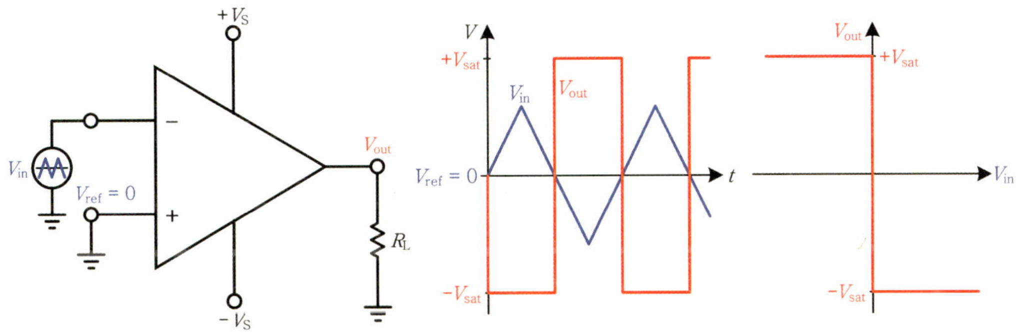

(a) 회로도　　(b) 입출력 파형　　(c) 입출력 특성 곡선

<그림 2.1.4> 반전형 영전압 검출기

(4) 영전압 검출기에서 디지털 신호의 레벨 변환

앞에서 설명한 <그림 2.1.3>의 비반전형 영전압 검출기나 <그림 2.1.4>의 반전형 영전압 검출기에서 보듯이 아날로그 삼각파로 된 입력 파형이 H(high)와 L(low)로만 표시되는 디지털 출력 파형으로 변환되었음을 알 수 있다. 영전압 검출기는 이처럼 아날로그 신호를 디지털 신호로 변환하는 용도로 사용할 수 있다.

그러나, 이렇게 영전압 검출기에 의해 만들어진 디지털 출력신호는 H = $+V_{sat}$ = +13.5V 이고 L = $-V_{sat}$ = -13V이므로 전압이 너무 커서 대부분의 디지털 회로에서 사용하기 어렵다. 예를 들어서 <그림 1.2.6>에서 설명하였듯이 +5V 전원을 사용하는 표준 TTL 회로에서 H레벨은 2.0~5V의 전압을 갖는 신호가 입력되어야 하고, L레벨은 0~0.8V의 전압을 갖는 신호가 입력되어야 한다. 따라서, 이 영전압 검출기의 출력전압에서 양(+)의 부분은 전압 레벨을 작게 낮추어야 하고, 음(-)의 부분은 제거하는 방법으로 파형을 수정해야 한다.

이러한 신호의 디지털 레벨 변환 방법에는 2가지가 있는데, 첫번째는 <그림 2.1.5>의 (a)에 보인 것처럼 다이오드 1개와 저항 2개를 사용하는 방법이다. 여기서 영전압 검출기의 출력이 $V_o = +V_{sat} = +13.5V$일 경우에 파형 정형 회로의 출력전압은 다음과 같이 계산된다. 여기서 다이오드의 순방향 전압강하는 0.7V로 간주하였다. 이렇게 만들어진 전압 +4.32V는 표준 TTL에서 H레벨의 입력전압 2.0~5V의 범위에 해당하므로 사용하는데 적합하다.

$$V_{out} = (+V_{sat} - 0.7) \times \frac{R_2}{R_1 + R_2} = (13.5 - 0.7) \times \frac{5.1}{10 + 5.1} = +4.32[V]$$

또한, 이 영전압 검출기의 출력이 $V_o = -V_{sat} = -13V$일 경우에는 다이오드에 역방향 전압이 인가되어 이것이 off되고, 따라서 저항 R_2에는 전류가 흐르지 않게 되므로 출력전압은 $V_{out} = 0$으로 된다. 이렇게 만들어진 출력전압 0V는 표준 TTL에서 L레벨의 입력전압 0~0.8V의 범위에 해당하므로 사용하는데 적합하다. 따라서, 이 회로의 입출력 파형을 그리면 <그림 2.1.5>의 (b)처럼 되고, 입출력 특성 곡선은 이 그림의 (c)가 된다.

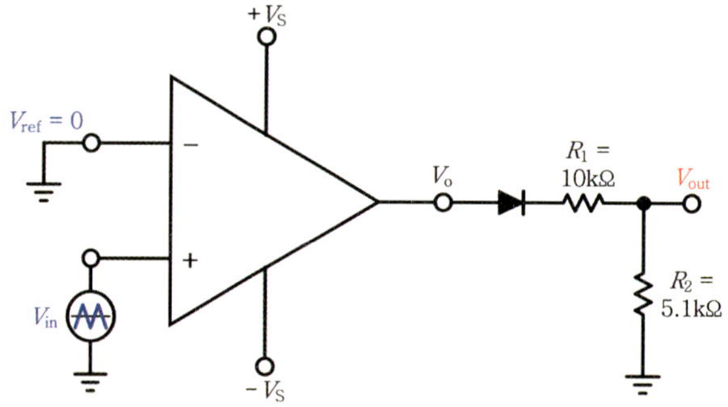

(a) 회로도

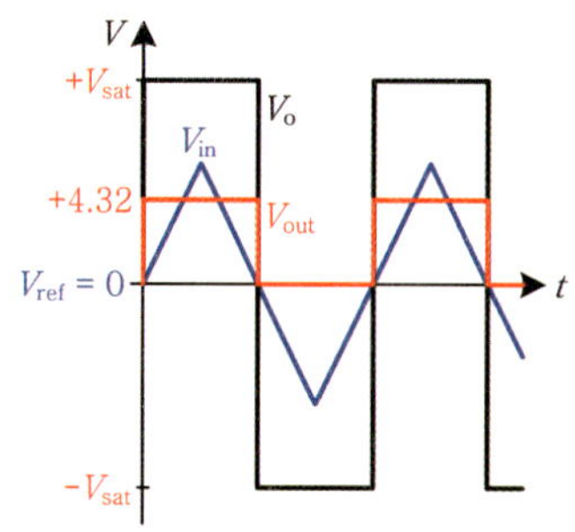

(b) 입출력 파형

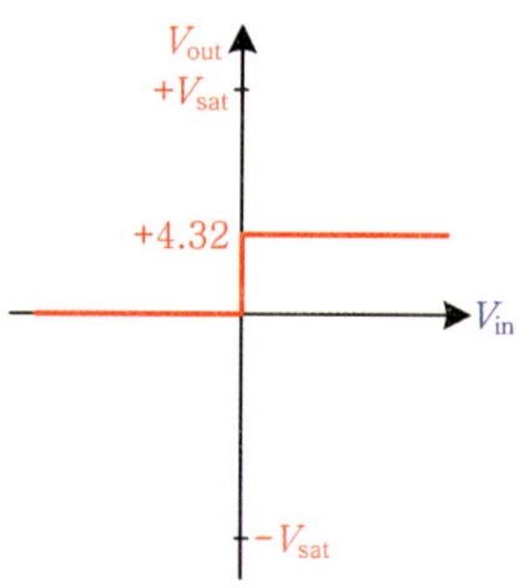

(c) 입출력 특성 곡선

<그림 2.1.5> 디지털 신호의 레벨 변환 회로가 추가된 비반전형 영전압 검출기(1)

영전압 검출기의 출력신호를 +5V 전원을 사용하는 표준 TTL 레벨의 디지털 신호로 레벨 변환하는 두번째 방법은 <그림 2.1.6>의 (a)에 보인 것과 같이 제너 다이오드 1개와 저항 1개를 사용하는 것이다. 여기서 영전압 검출기의 출력이 $V_o = +V_{sat} = +13.5V$일 경우에 파형 정형 회로의 출력전압은 제너 다이오드에 의하여 클리핑(clipping)되어 $V_{out} = +4.7V$가 된다. 이렇게 만들어진 전압 +4.7V는 표준 TTL에서 H레벨로 입력되어야 하는 전압 2.0~5V의 범위에 해당하므로 사용하는데 적합하다.

또한, 이 영전압 검출기의 출력이 $V_o = -V_{sat} = -13V$일 경우에는 제너 다이오드가 on되므로 출력전압은 $V_{out} = -0.7V$로 된다. 표준 TTL에서 L레벨로 입력되어야 하는 전압 범위는 0~0.8V이지만 -0.7V~0의 입력전압도 문제 없이 허용된다. 따라서, 이 회로의 입출력 파형을 그리면 <그림 2.1.6>의 (b)처럼 되고, 입출력 특성 곡선은 이 그림의 (c)가 된다.

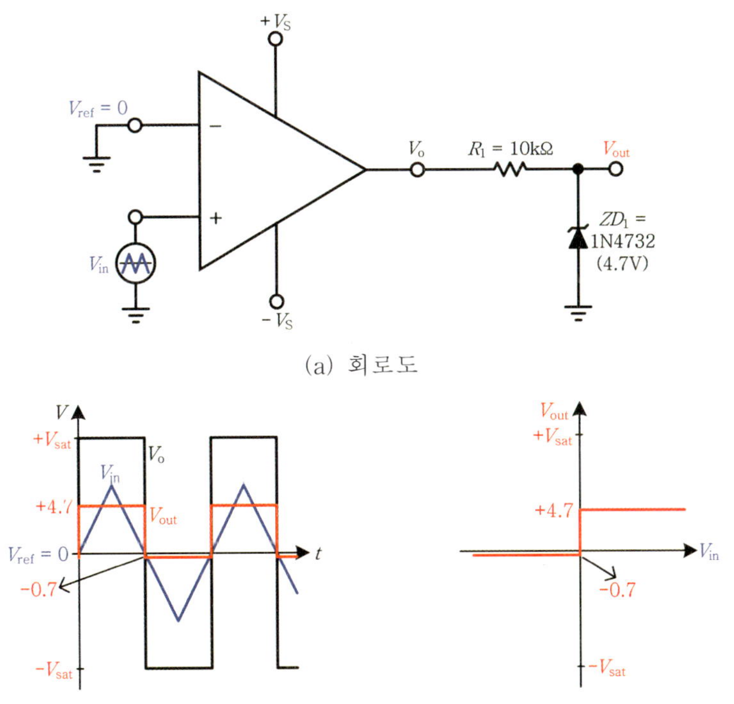

<그림 2.1.6> 디지털 신호의 레벨 변환 회로가 추가된 비반전형 영전압 검출기(2)

(5) 반전형 영전압 검출기에서 출력전압의 제한

<그림 2.1.4>의 반전형 영전압 검출기에서 연산증폭기의 반전 입력단자와 출력단자 사이에 부궤환(negative feedback) 회로를 구성하고 여기에 적절한 제너 다이오드를 사용하여 디지털 출력전압의 크기를 원하는 대로 제한할 수 있는데 그 방법을 <그림 2.1.7>에 보였

다. 여기서 삼각파 입력 파형은 peak-to-peak 전압이 20V이고, 모든 제너 다이오드의 제너 전압은 4.7V이며 이것의 순방향 전압강하는 0.7V라고 가정하였다. 이 그림에서 (a)의 경우 출력 파형을 보면 앞의 <그림 2.1.6>에서처럼 영전압 검출기의 출력단에서 저항과 제너 다이오드를 사용하여 레벨 변환을 수행한 것과 유사한 결과를 얻을 수 있음을 알 수 있다.

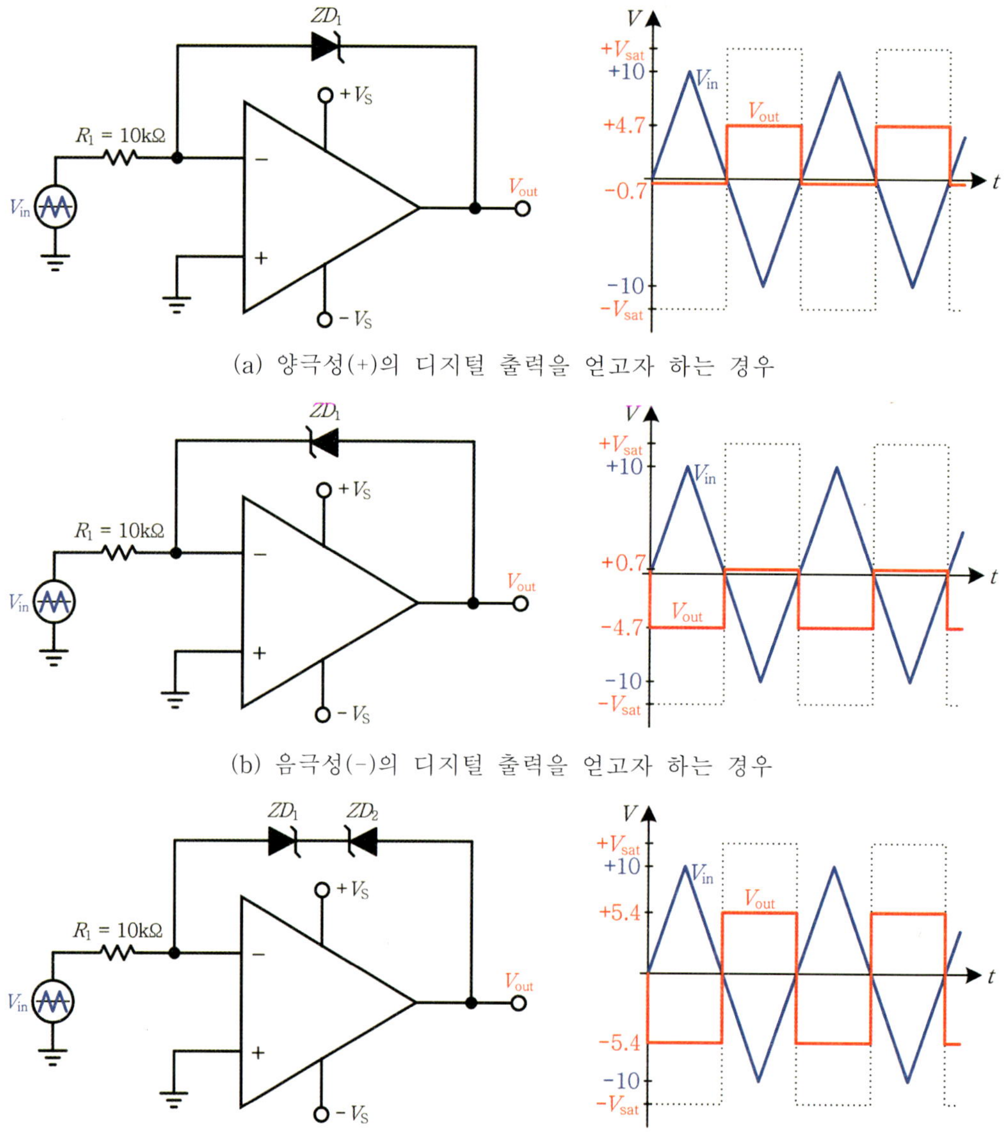

(c) 양극성(+)과 음극성(-)의 디지털 출력을 모두 얻고자 하는 경우

<그림 2.1.7> 반전형 영전압 검출기에서 제너 다이오드를 사용한 출력전압의 제한

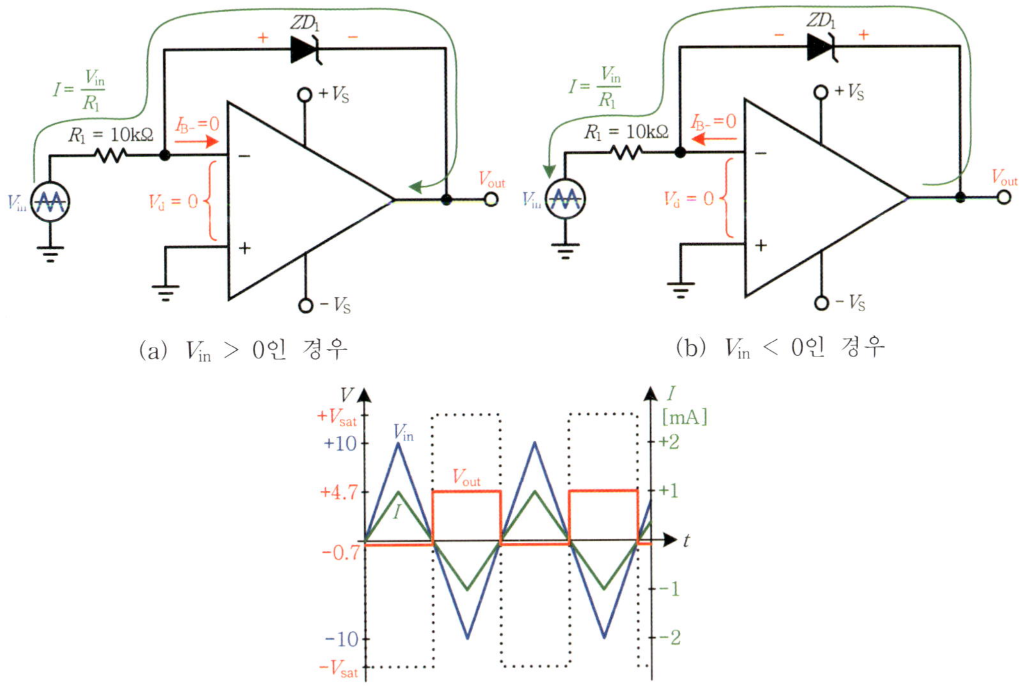

(a) $V_{in} > 0$인 경우

(b) $V_{in} < 0$인 경우

(c) 전류 파형(녹색)

<그림 2.1.8> 출력전압 제한 회로의 제너 다이오드에 흐르는 전류

영전압 검출기에서는 연산증폭기의 입력저항이 무한대로 크기 때문에 입력전류가 흐르지 않지만, 이처럼 출력전압 제한 회로에서 제너 다이오드를 사용한 부궤환 회로를 구성하면 전압 소스에서 이 부궤환 회로를 통하여 전류가 흐르기 때문에 반드시 적절한 크기의 직렬 입력저항 R_1을 사용하여 전류 제한을 수행해야 한다는 것에 주의해야 한다.

이 전류는 부궤환 회로가 아니라 입력전압 V_{in}과 저항 R_1에 의해서만 결정되기 때문에 <그림 2.1.7>의 (a), (b), (c)에서 제너 다이오드에는 모두 동일한 전류가 흐른다. 예를 들어서 이 그림의 (a)에 대하여 제너 다이오드에 흐르는 전류를 구해보면 <그림 2.1.8>과 같다.

❶ $V_{in} > 0$인 경우

이때는 연산증폭기의 두 입력단자 사이 전압이 항상 0으로 유지되므로 저항 R_1의 좌측에는 0보다 큰 V_{in}의 전압이 걸려있고 우측은 가상접지가 되어 이 저항을 통하여 우측 방향으로 다음과 같은 전류가 흐르며, V_{in}이 최대 피크값인 +10V일 때 전류는 +1mA가 된다.

$$I = \frac{V_{in}}{R_1} = \frac{+10}{10 \times 10^3} = +1\,[\text{mA}]$$

그런데, 연산증폭기의 반전 입력단자에는 전류가 흐르지 못하므로 이 전류는 모두 부궤환 회로의 제너 다이오드를 통하여 연산증폭기의 출력단자로 흘러 들어간다. 이와 같이 제너 다이오드가 순방향으로 도통되면 0.7V의 전압강하가 발생하므로 연산증폭기의 출력전압은 입력단의 가상접지에서 0.7V만큼 낮아져서 V_{out} = -0.7V가 된다.

❷ $V_{in} < 0$인 경우

이때는 연산증폭기의 두 입력단자 사이 전압이 항상 0으로 유지되므로 저항 R_1의 좌측에는 0보다 작은 V_{in}의 전압이 걸려있고 우측은 가상접지가 되어 이 저항을 통하여 좌측으로 다음과 같은 전류가 흐르며, V_{in}이 최소 피크값인 -10V일 때 전류는 -1mA가 된다.

$$I = \frac{V_{in}}{R_1} = \frac{-10}{10 \times 10^3} = -1\,[\text{mA}]$$

그런데, 연산증폭기의 반전 입력단자에는 전류가 흐르지 못하므로 이 전류는 모두 연산증폭기의 출력단에서 나와서 부궤환 회로의 제너 다이오드를 통하여 흘러들어 온다. 이와 같이 제너 다이오드가 역방향으로 전압이 걸려서 동작하면 제너 전압 4.7V만큼 전압이 발생하므로 연산증폭기의 출력전압은 가상접지에서 4.7V만큼 높아져서 V_{out} = +4.7V가 된다.

(6) 입력 과전압 보호 기능이 있는 영전압 검출기 회로

앞에서 설명한 비반전형 영전압 검출기나 반전형 영전압 검출기에서 만약 입력신호가 서지 전압이나 기타의 원인으로 연산증폭기에 허용되는 최대 입력전압 범위를 초과하는 과전압이 입력될 가능성이 있다면 <그림 2.1.9>와 같이 다이오드 클램프(clamp) 기능을 이용하여 보호할 수 있다.

여기서 입력신호 V_{in}의 전압이 양극성(+)으로 과도하게 크게 입력되더라도 다이오드 D_1이 도통되어 연산증폭기에 입력되는 전압은 +0.7V를 초과하지 않으며, 입력신호 V_{in}의 전압이 음극성(-)으로 과도하게 크게 입력되더라도 다이오드 D_2가 도통되어 연산증폭기에 입력되는 전압은 -0.7V를 초과하지 않으므로 연산증폭기가 안전하게 보호되면서 영전압 검출기의 기능은 정상적으로 수행한다.

그런데, 클램프 다이오드를 사용하지 않는 경우에는 연산증폭기의 입력저항이 무한대로 커서 입력전류가 흐르지 않지만, 이 그림에서처럼 클램프 다이오드를 사용하는 경우에는 이를 통하여 큰 전류가 흐를 수 있으므로 입력전압 소스 V_{in}을 과전류로부터 보호하기 위하여 적절한 직렬 입력저항 R_1을 사용하여 전류 제한을 수행해야 한다. 그리고, 연산증폭기의 반대쪽 단자에도 같은 크기의 전류 보상 저항 R_2를 사용하여 접지하는 것이 좋다.

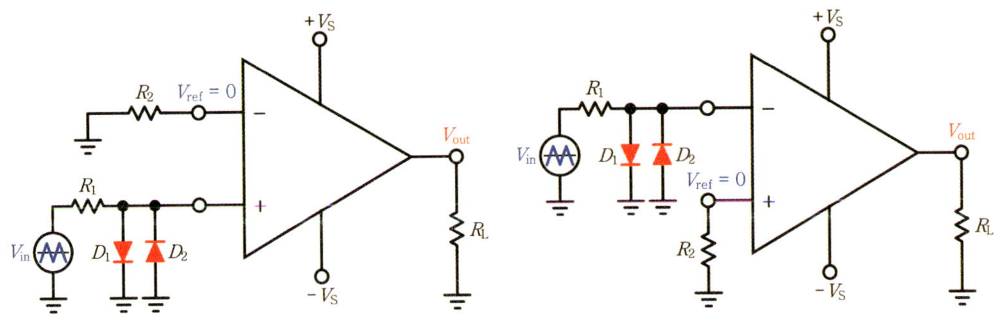

(a) 비반전형　　　　(b) 반전형

<그림 2.1.9> 입력 과전압 보호 기능이 있는 영전압 검출기

2. 전압 레벨 검출기

앞에서 공부한 영전압 검출기(ZCD ; Zero-Crossing Detector)는 연산증폭기를 이용한 비교기의 기준전압을 0V로 사용함으로써 입력신호가 0V를 지나가는 순간을 검출하는 회로이다. 그러나, 이 기준전압으로 0V가 아닌 임의의 전압 V_{ref}를 사용한다면 이를 전압 레벨 검출기(VLD ; Voltage-Level Detector)라고 한다.

(1) 비반전형 전압 레벨 검출기

<그림 2.1.10>에 비반전형 전압 레벨 검출기(noninverting voltage-level detector)를 보였다. 이 그림의 (a) 회로도에서 보듯이 삼각파 교류 입력전압 V_{in}이 연산증폭기의 비반전 입력단자에 연결되고, 반전 입력단자에는 가변저항을 사용하여 임의의 기준전압 V_{ref}를 인가하였다. 여기서 하드웨어적으로 V_{ref} 전압은 $-V_S \sim +V_S$ 범위로 설정할 수 있지만 RRIO형의 연산증폭기가 아니라면 이 입력전압이 동상 입력전압 범위를 초과하지 말아야 한다.

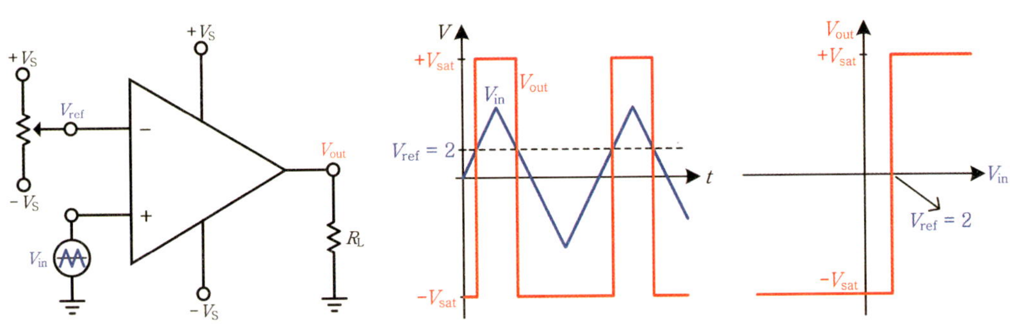

(a) 회로도　　　　(b) 입출력 파형　　　　(c) 입출력 특성 곡선

<그림 2.1.10> 비반전형 전압 레벨 검출기

이 회로에서 개루프 전압이득이 ∞로 큰 것을 적용하면 입력전압 V_{in}이 V_{ref}보다 크면 차동 입력전압이 양(+)으로 되어 출력전압은 무조건 $+V_{sat}$이 되고, 입력전압 V_{in}이 V_{ref}보다 작으면 차동 입력전압이 음(-)으로 되어 출력전압은 $-V_{sat}$이 된다. V_{ref} = 2V일 경우 이 회로의 동작을 입출력 파형과 입출력 특성 곡선으로 표시하면 각각 (b) 및 (c)와 같다.

(2) 반전형 전압 레벨 검출기

이번에는 <그림 2.1.11>에 반전형 전압 레벨 검출기(inverting voltage-level detector)를 보였다. 이 그림의 (a) 회로도에서 보듯이 삼각파 교류 입력전압 V_{in}이 연산증폭기의 반전 입력단자에 연결되고, 비반전 입력단자에는 가변저항을 사용하여 임의의 기준전압 V_{ref}를 인가하였다. 하드웨어적으로 V_{ref} 전압은 $-V_S \sim +V_S$ 범위로 설정할 수 있지만 RRIO형의 연산증폭기가 아니라면 이 입력전압이 동상 입력전압 범위를 초과하지 말아야 한다.

이 회로에서 개루프 전압이득이 ∞로 큰 것을 적용하면 입력전압 V_{in}이 V_{ref}보다 크면 차동 입력전압이 음(-)으로 되어 출력전압은 무조건 $-V_{sat}$이 되고, 입력전압 V_{in}이 V_{ref}보다 작으면 차동 입력전압이 양(+)으로 되어 출력전압은 $+V_{sat}$이 된다. V_{ref} = 2V일 경우 이 회로의 동작을 입출력 파형과 입출력 특성 곡선으로 표시하면 각각 (b) 및 (c)와 같다.

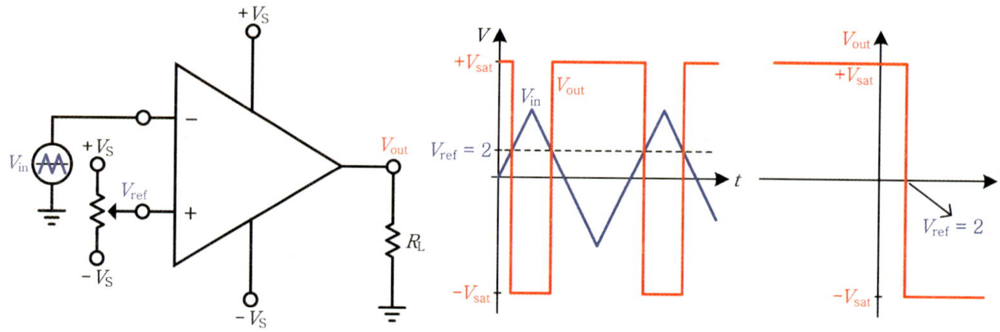

(a) 회로도　　(b) 입출력 파형　　(c) 입출력 특성 곡선

<그림 2.1.11> 반전형 전압 레벨 검출기

(3) 전압 레벨 검출기에서 디지털 신호의 레벨 변환

영전압 검출기에서 그랬던 것처럼 전압 레벨 검출기에서도 출력전압이 $-V_{sat} \sim +V_{sat}$ 범위로 출력되는 것을 5V 전원의 표준 TTL 레벨 신호로 바꾸는 디지털 레벨 변환을 수행하려면 <그림 2.1.12>와 같이 회로를 구성하면 된다. 여기서는 연산증폭기의 전원전압으로 $\pm V_s$ = ±15V를 사용하며 5V의 표준 TTL 신호로 변환하는 경우를 보였으나, 만약 연산증폭기의 전원전압이 이와 달라서 $\pm V_{sat}$ 전압의 크기가 달라지거나 또는 출력전압이 5V의 표준 TTL

신호가 아니고 3.3V 전원을 사용하는 TTL 레벨 신호로 되도록 변환한다면 그림 (a)에서 저항 R_1과 R_2의 분압비도 그에 맞도록 수정해야 한다. 또한, 출력전압을 3.3V 전원의 TTL 레벨 신호가 되도록 변환하는 경우에는 그림 (b)에서 제너 다이오드를 1N4732(4.7V)가 아니라 1N4727(3.0V)로 바꾸어 사용해야 한다.

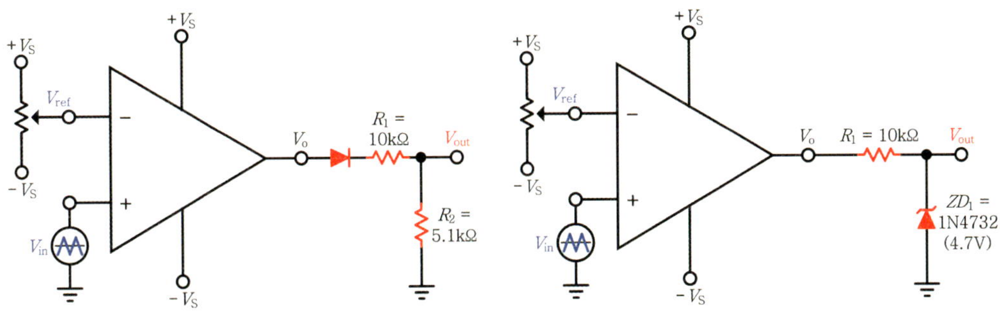

(a) 다이오드를 사용하는 방법 (b) 제너 다이오드를 사용하는 방법

<그림 2.1.12> 비반전 전압 레벨 검출기에 디지털 레벨 변환 회로를 추가하는 방법

그런데, 만약 이러한 전압 레벨 검출기에서 굳이 양전원 방식의 연산증폭기를 사용하지 않고 +5V 단전원으로 RRIO(rail-to-rail input/output)형의 연산증폭기를 사용할 수 있는 상황이라면 출력측에 파형 정형 회로를 사용하지 않고도 직접 사용자가 원하는 표준 TTL 레벨의 출력신호를 얻을 수 있다. 예를 들어서 단전원으로 사용 가능하면서 RRIO형의 연산증폭기인 TLV9101의 5핀짜리 SOT-23 패키지 소자를 사용하여 5V 전원의 표준 TTL 회로에 연결하기 위한 비반전형 전압 레벨 검출기를 구성하였을 경우 그 회로와 동작을 보이면 <그림 2.1.13>과 같다. 앞의 <그림 2.1.12>에서처럼 출력단에 디지털 레벨 변환 회로를 사용하지 않으므로 회로가 상당히 간단해지는 것을 알 수 있다.

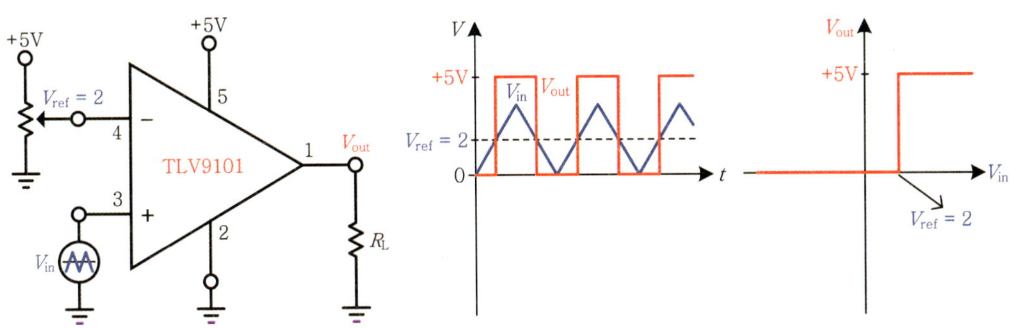

(a) 회로도 (b) 입출력 파형 (c) 입출력 특성 곡선

<그림 2.1.13> 단전원 방식으로 구성한 비반전형 전압 레벨 검출기

3. 윈도우 비교기

윈도우 비교기(window comparator, window detector)는 아날로그 입력전압의 크기가 2개의 기준전압 V_{LT}와 V_{UT}의 사이에 있는지를 검출하기 위하여 2개의 비교기를 사용하여 구성한 회로이다. 전원전압이 $\pm V_s = \pm 15$V일 때 양전원형 연산증폭기를 2개를 각각 Comp(1) 및 Comp(2) 소자에 사용하고, 마지막에 디지털 신호가 5V 전원의 표준 TTL 레벨로 출력되는 기능을 갖는 윈도우 비교기 회로를 설계하여 보면 <그림 2.1.14>의 (a)와 같다.

이 윈도우 비교기에서 낮은 쪽의 기준전압 V_{LT}와 높은 쪽의 기준전압 V_{UT}는 3개의 저항 $R_1 \sim R_3$을 사용하여 전원전압을 분압하는 방법으로 사용자가 원하는 값을 설정할 수 있도록 하였다. 여기서 아래 첨자 LT는 하위 문턱전압(lower threshold voltage)이라는 의미로 사용하였고, UT는 상위 문턱전압(upper threshold voltage)이라는 의미로 사용하였다.

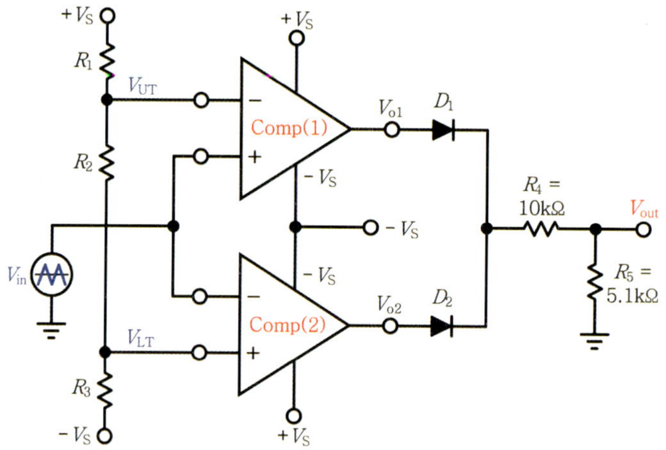

(a) 회로도

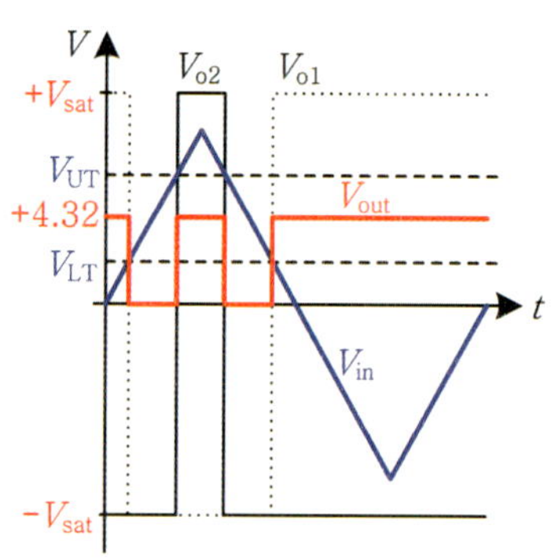

(b) 입출력 파형

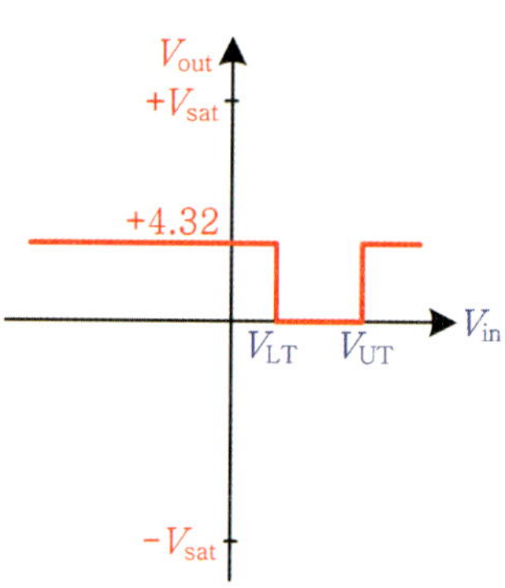

(c) 입출력 특성 곡선

<그림 2.1.14> 2개의 연산증폭기로 구성한 표준 TTL 출력형의 윈도우 비교기

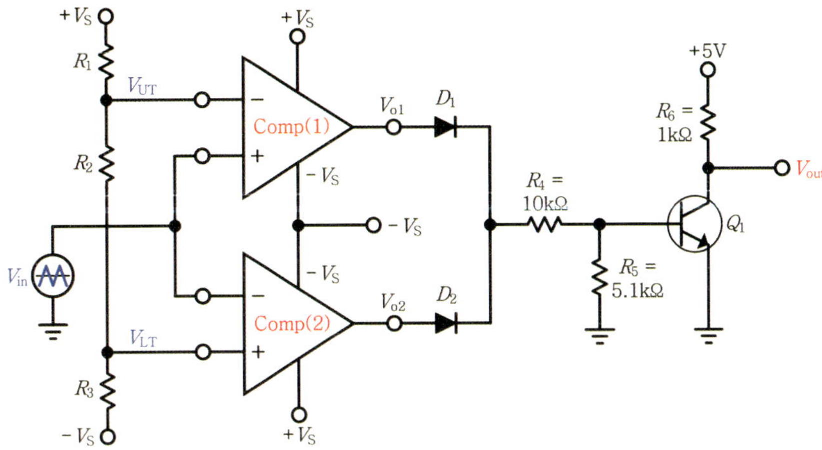

<그림 2.1.15> 출력의 논리값을 반전하도록 수정한 윈도우 비교기(1)

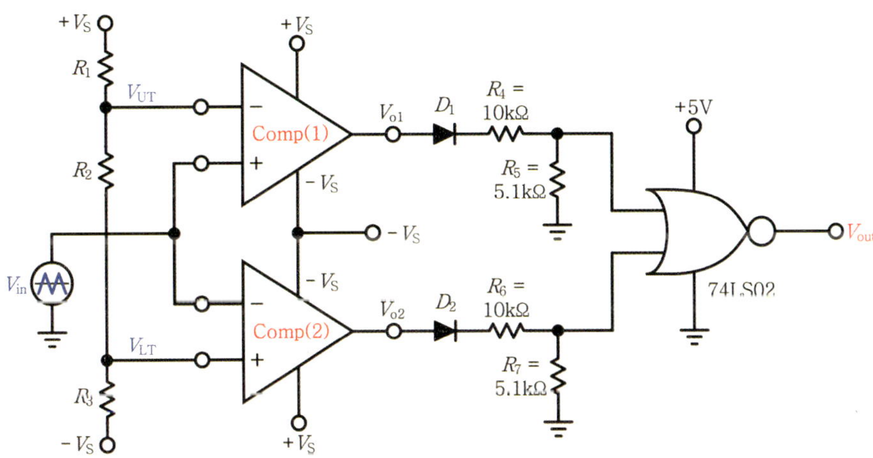

(a) 회로도

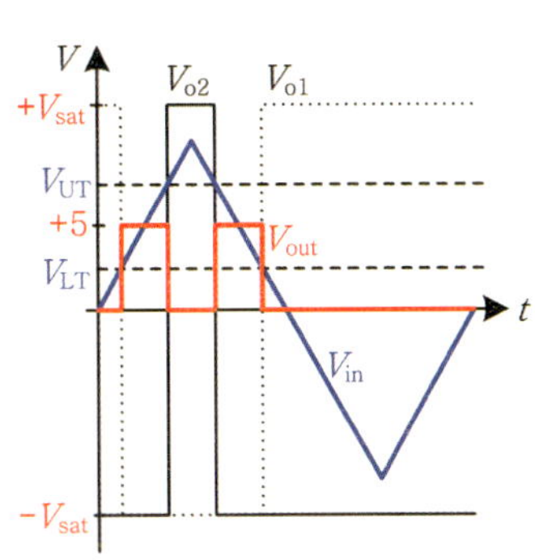

(b) 입출력 파형

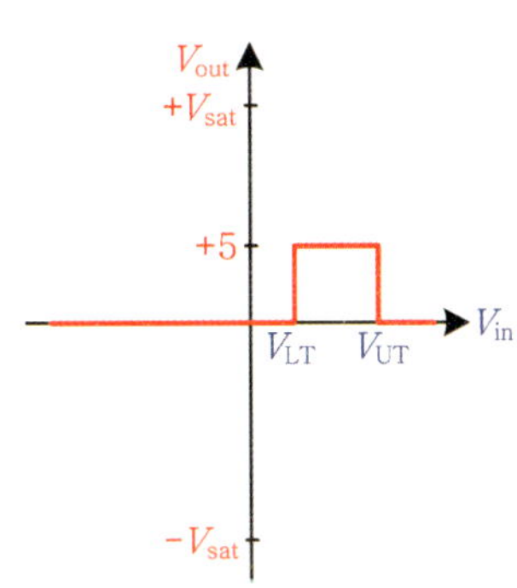

(c) 입출력 특성 곡선

<그림 2.1.16> 출력의 논리값을 반전하도록 수정한 윈도우 비교기(2)

<표 2.1.1> 윈도우 비교기의 동작 진리표

입력전압 V_{in}	V_{o1}	V_{o2}	다이오드 동작	출력전압 V_{out}
$V_{in} < V_{LT}$	L(= $-V_{sat}$)	H(= $+V_{sat}$)	D_1 = off, D_2 = on	H(= +4.32)
$V_{LT} < V_{in} < V_{UT}$	L(= $-V_{sat}$)	L(= $-V_{sat}$)	D_1 = off, D_2 = off	L(= 0)
$V_{UT} < V_{in}$	H(= $+V_{sat}$)	L(= $-V_{sat}$)	D_1 = on, D_2 = off	H(= +4.32)

<그림 2.1.14>의 (a) 회로에서 입력전압 V_{in}에 따라 출력전압 V_{out}이 만들어지는 동작 과정을 진리표로 보이면 <표 2.1.1>과 같다. 여기서, 다이오드 D_1과 D_2는 각 비교기의 디지털 출력 V_{o1}과 V_{o2}의 전압에서 $0 \sim -V_{sat}$ 부분을 클리핑하여 없애고 이 2개의 출력신호들을 논리적으로 OR시키는 기능을 수행하며, 저항 R_4와 R_5는 $0 \sim +V_{sat}$의 범위를 갖는 디지털 신호를 분압하여 표준 TTL 레벨에 맞추어 0~+4.32V 범위로 레벨 변환하는 기능을 수행한다. 이 H레벨의 출력전압 4.32V는 다음과 같이 계산하여 얻을 수 있다. 여기서, V_F는 다이오드의 순방향 전압강하를 의미한다.

$$(+V_{sat} - V_F) \times \frac{R_5}{R_4 + R_5} = (13.5 - 0.7) \times \frac{5.1}{10 + 5.1} \fallingdotseq 4.32\,[\mathrm{V}]$$

이 회로의 자세한 동작을 입출력 파형과 입출력 특성 곡선으로 보이면 각각 <그림 2.1.14>의 (b) 및 (c)와 같다.

그런데 <그림 2.1.14>의 윈도우 비교기는 입력전압이 기준전압 윈도우 $V_{LT} \sim V_{UT}$의 사이에 있을 때 출력전압이 L레벨이 되어 불편할 경우가 있다. 이 디지털 출력을 H레벨이 되도록 논리값을 반전(inverting)시키려면 <그림 2.1.15>처럼 출력단에 npn 트랜지스터를 1개 사용하는 인버터 회로를 추가하면 된다.

디지털 출력값을 반전시키는 또 다른 방법으로는 출력 회로에 74LS02와 같은 디지털 NOR 게이트를 사용하는 방법으로 수정하면 되는데 그렇게 만든 회로도를 <그림 2.1.16>에 보였다. 단, 이 경우에는 NOR 게이트의 입력신호가 모두 표준 TTL 레벨의 디지털 신호라야 하기 때문에 각 비교기의 출력단에서 다이오드와 저항 분압 회로를 사용하여 출력신호 V_{o1}과 V_{o2}를 디지털 레벨 변환하여 NOR 게이트에 입력해 주어야 한다.

나중에서 제2.3절에서 소개하는 것처럼 이 윈도우 비교기는 LM393과 같은 비교기 전용 IC를 사용하면 훨씬 간단하고 쉽게 구현할 수 있다.

2.2 히스테리시스 특성을 갖는 비교기 회로

이 절에서는 앞에서 공부한 기본적인 아날로그 비교기에 히스테리시스 특성을 갖게 함으로써 입력신호에 상당한 잡음을 포함하고 있는 경우에도 출력이 안정적으로 동작하도록 하는 히스테리시스형 아날로그 비교기 회로에 대하여 자세하게 공부한다.

1. 영전압 검출기

영전압 검출기와 같은 비교기 회로에서는 연산증폭기의 개루프 전압이득이 무한대(∞)로 크다는 특성을 이용하기 때문에 입력전압에 매우 작은 잡음(noise) 신호가 포함되더라도 디지털 출력전압에 치명적인 오류를 일으킬 수 있다. 예를 들어서 <그림 2.2.1>에 보인 반전형 영전압 검출기에서 정상적인 경우라면 입력전압 V_{in}이 상승하는 구간에서 기준전압 0을 지나갈 때 출력전압은 $+V_{sat}$에서 $-V_{sat}$으로 한번에 바뀌어야 한다. 그러나, 입력전압에 잡음 신호가 포함되는 경우에는 입력전압과 잡음이 합해진 신호가 기준전압 0을 여러번 교차하기 때문에 그림 (b)에 보인 것처럼 출력전압은 $+V_{sat}$와 $-V_{sat}$의 사이에서 여러번 진동하는 현상이 나타날 수 있다. 이렇게 만들어진 출력신호 V_{out}은 우리가 기대하는 결과와 매우 다르기 때문에 이를 사용하는 전체 시스템의 동작에 치명적인 문제를 일으킬 수도 있다.

이러한 문제를 해결하려면 영전압 검출기에 정궤환(positive feedback) 회로를 사용하여 히스테리시스(hysteresis) 기능을 부여하면 된다. 예상되는 잡음의 최대 크기에 따라 사용자가 히스테리시스 폭을 적절하게 설정함으로써 잡음에 의한 영향을 충분히 제거할 수 있다.

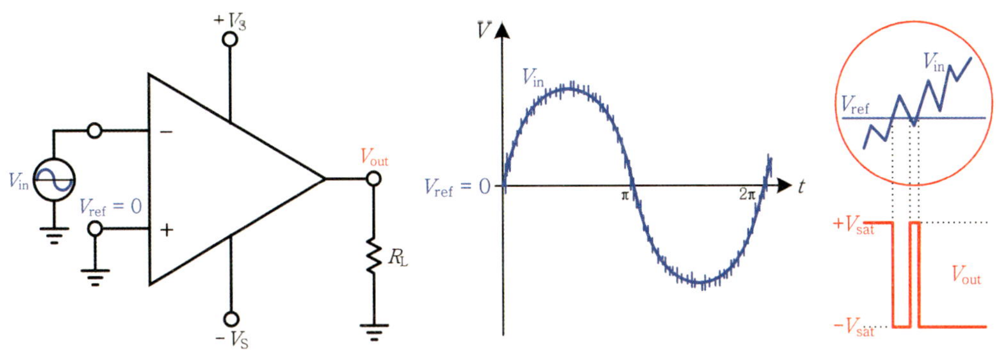

(a) 회로도 (b) 입출력 파형

<그림 2.2.1> 반전형 영전압 검출기에서 입력신호 잡음의 영향

(1) 히스테리시스 특성을 갖는 반전형 영전압 검출기

히스테리시스 기능을 부여하여 입력신호에 포함된 잡음에 의한 비교기 출력 동작의 오류를 해결한 반전형 영전압 검출기를 <그림 2.2.2>에 보였다. 출력단에서 저항 R_1과 R_2를 사용하여 출력전압을 분압하고 이를 정궤환 방식으로 연산증폭기의 비반전 입력단자에 입력하여 기준전압으로 사용하는데, 저항 R_1과 R_2를 사용한 출력전압의 분압비로 히스테리시스 폭을 설정할 수 있다. 이 그림 (b)에서 보듯이 히스테리시스 폭 $V_H = V_{UT} - V_{LT}$를 잡음보다 약간 더 크게 설정하였다면 출력 파형이 잡음에 영향을 받지 않고 안정적으로 동작하는 것을 알 수 있다.(☞ 이처럼 정궤환 방식을 사용하여 히스테리시스 기능을 갖는 아날로그 비교기 회로를 Schmitt trigger 회로라고 부른다.)

그러나, 이 영전압 검출기는 히스테리시스 폭을 설정하는 만큼 출력 파형이 시간적으로 지연되어 나타나는 것에 유의해야 한다. 이 때문에 잡음의 영향을 없애기 위하여 히스테리시스 폭을 무작정 너무 크게 설정하는 것은 바람직하지 않고, 잡음의 영향을 없애면서 히스테리시스 폭은 최소한으로 작게 설정하는 것이 바람직하다. 예를 들어서 위쪽의 분압 저항이 R_1 = 100kΩ이면 아래쪽의 분압 저항은 R_2 = 1kΩ이나 그보다 더 작게 설정한다.

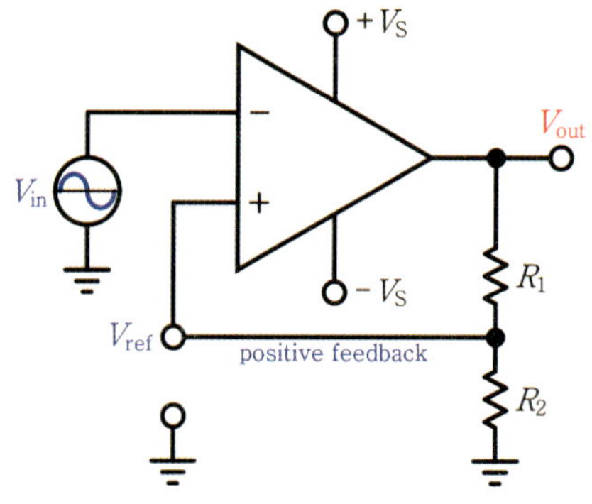

(a) 회로도

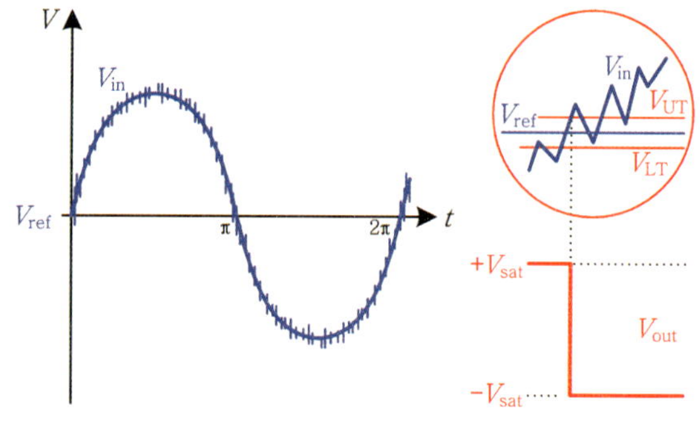

(b) 입출력 파형

<그림 2.2.2> 히스테리시스 기능을 갖는 반전형 영전압 검출기

이제 히스테리시스 기능을 갖는 반전형 영전압 검출기의 동작 원리를 설명하기 위하여 <그림 2.2.3>을 보였는데, 이 그림에서처럼 V_{in}이 상승하는 구간과 하강하는 구간으로 나누어 이것의 동작을 설명하면 다음과 같다.

❶ V_{in}이 상승하는 구간

$V_{in} < V_{UT}$이면 현재 출력전압이 $V_{out} = +V_{sat}$으로 되어 있어서 이것이 저항 R_1과 R_2에 의하여 분압된 상위 문턱전압 V_{UT}가 연산증폭기의 비반전 입력단자에 들어오고 있다.

$$V_{UT} = \frac{R_2}{R_1+R_2}\times(+V_{sat}) = \frac{R}{nR+R}\times(+V_{sat}) = \frac{+V_{sat}}{n+1}$$

여기서 $V_{in} < V_{UT}$라면 연산증폭기는 계속하여 $V_{out} = +V_{sat}$으로 출력하고 있게 된다. 그러다가 V_{in}이 점점 증가하여 $V_{in} > V_{UT}$로 되는 순간에 연산증폭기의 출력은 $V_{out} = -V_{sat}$으로 바뀐다. 히스테리시스 기능이 없는 원래의 영전압 검출기라면 $V_{in} > 0$으로 되는 순간에 출력전압이 바뀌지만, 이처럼 비교기에 히스테리시스 기능을 부여하면 V_{in}이 0보다 조금 더 큰 V_{UT}를 지나가는 순간에 출력전압이 바뀐다는 것에 주목해야 한다. 이후 V_{in}이 계속 증가하더라도 출력전압은 $V_{out} = -V_{sat}$으로 유지된다.

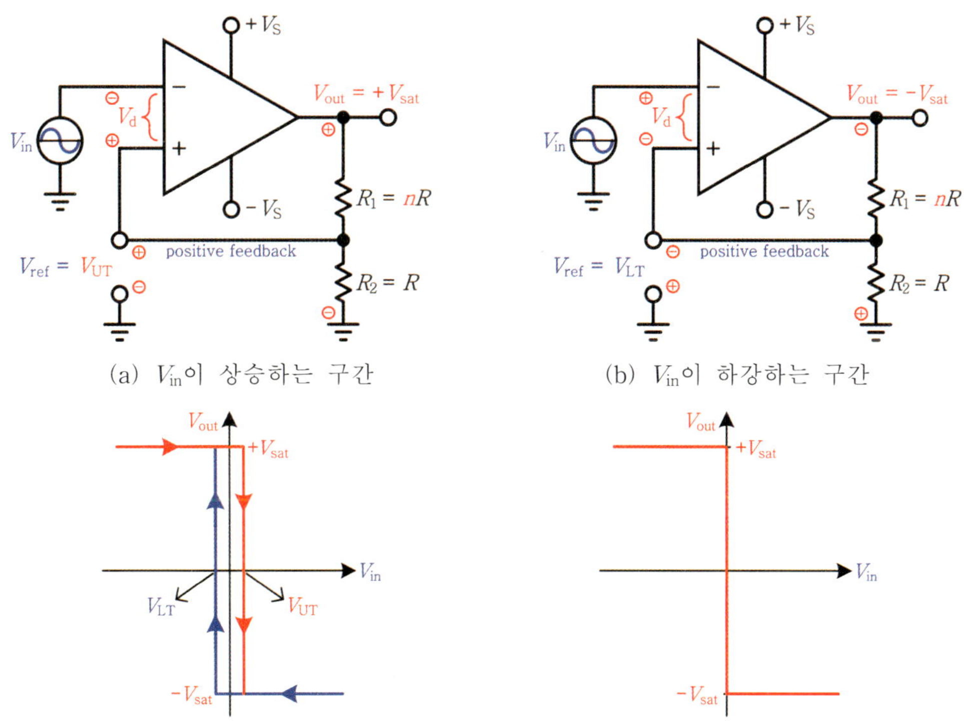

(a) V_{in}이 상승하는 구간　(b) V_{in}이 하강하는 구간

(c) 히스테리시스가 있는 입출력 특성 곡선　(d) 히스테리시스가 없는 입출력 특성 곡선

<그림 2.2.3> 히스테리시스 기능을 갖는 반전형 영전압 검출기의 동작

❷ V_{in}이 하강하는 구간

$V_{in} > V_{LT}$이면 현재 출력전압이 $V_{out} = -V_{sat}$으로 되어 있어서 이것이 저항 R_1과 R_2에 의하여 분압된 하위 문턱전압 V_{LT}가 연산증폭기의 비반전 입력단자에 들어오고 있다.

$$V_{LT} = \frac{R_2}{R_1 + R_2} \times (-V_{sat}) = \frac{R}{nR + R} \times (-V_{sat}) = \frac{-V_{sat}}{n+1}$$

여기서 $V_{in} > V_{LT}$이면 연산증폭기는 계속하여 $V_{out} = -V_{sat}$으로 출력하고 있게 된다. 그러다가 V_{in}이 점점 감소하여 $V_{in} < V_{LT}$로 되는 순간에 연산증폭기의 출력은 $V_{out} = +V_{sat}$으로 바뀐다. 히스테리시스 기능이 없는 원래의 영전압 검출기라면 $V_{in} < 0$으로 되는 순간에 출력전압이 바뀌지만, 이처럼 비교기에 히스테리시스 기능을 부여하면 V_{in}이 0보다 조금 더 작은 V_{LT}를 지나가는 순간에 출력전압이 바뀐다는 것에 주목해야 한다. 이후 V_{in}이 계속 감소하더라도 출력전압은 $V_{out} = +V_{sat}$으로 유지된다.

이와 같이 반전형 영전압 검출기에 히스테리시스 특성을 부여하면 그것의 입출력 특성곡선은 <그림 2.2.3>의 (c)와 같게 된다. 여기서 하위 문턱전압 V_{LT}와 상위 문턱전압 V_{UT}의 크기는 저항 R_1과 R_2의 비 $1/(n+1)$로 결정하므로 히스테리시스 전압 폭 $V_H = V_{UT} - V_{LT}$도 역시 이 저항 분압비로 결정하게 된다. 이것을 히스테리시스 특성이 없는 경우의 그림 (d)와 비교하여 보면 확실하게 비교기의 히스테리시스 특성이 어떤 것인지를 이해할 수 있다. 히스테리시스 특성을 갖는 반전형 영전압 검출기의 동작을 요약하면 다음과 같다.

① $V_{in} < V_{LT}$ 일 때 : $V_{out} = +V_{sat}$
② $V_{in} > V_{UT}$ 로 되면 : $V_{out} = -V_{sat}$로 바뀜
③ $V_{in} < V_{LT}$ 로 되면 : $V_{out} = +V_{sat}$로 바뀜
④ V_{in}이 V_H 이내에 있으면 : V_{out}이 현재 상태를 유지함

(2) 히스테리시스 특성을 갖는 비반전형 영전압 검출기

비반전형 영전압 검출기에 히스테리시스 기능을 부여하는 회로와 동작을 <그림 2.2.4>에 보였다. 앞의 반전형 영전압 검출기에서는 2개의 정궤환용 저항 $R_1 = nR$, $R_2 = R$을 사용하여 $1/(n+1)$의 분압비로 히스테리시스 폭을 설정하였으나, 비반전형 영전압 검출기에서는 이들 정궤환용 저항을 사용하여 $1/n$의 저항비로 히스테리시스 폭을 설정하는 점이 다르다.

히스테리시스 기능을 갖는 비반전형 영전압 검출기의 동작 원리를 V_{in}이 상승하는 구간과 하강하는 구간으로 나누어 설명하면 다음과 같다.

❶ V_{in}이 상승하는 구간

$V_{in} < V_{UT}$인 조건에서 V_{in}이 증가하고 있다면 현재 출력전압이 $V_{out} = -V_{sat}$으로 되어 있으며, 상위 문턱전압 V_{UT}는 저항 R_1과 R_2의 비율인 n에 의해 다음과 같이 설정할 수 있다.

$$V_{UT} = \frac{+V_{sat}}{n}$$

이 식은 그림 (a)에서 유도할 수 있다. 여기서 연산증폭기의 반전 입력단자는 접지되어 있고 연산증폭기의 두 입력단자 사이 전압은 항상 0으로 유지되기 때문에 비반전 입력단자는 가상접지(virtual ground)가 되어 역시 전압이 0으로 된다. 따라서 저항 R_2에 흐르는 전류는 다음과 같이 계산할 수 있다.

$$I = \frac{V_{in}}{R_2} = \frac{V_{in}}{R}$$

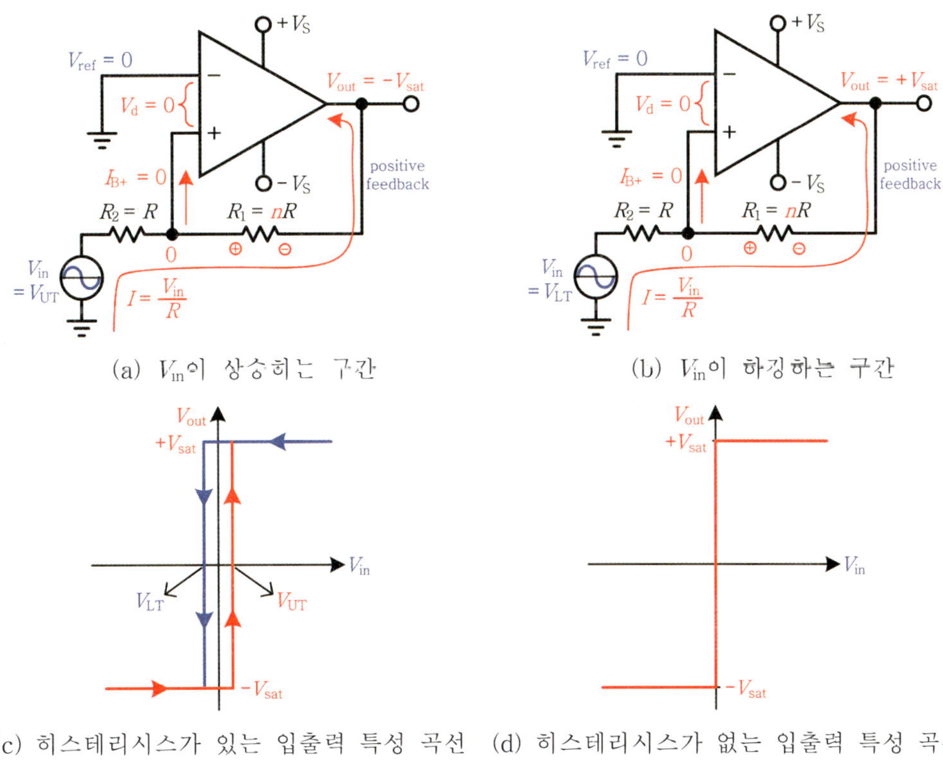

(a) V_{in}이 상승하는 구간 (b) V_{in}이 하강하는 구간

(c) 히스테리시스가 있는 입출력 특성 곡선 (d) 히스테리시스가 없는 입출력 특성 곡선

<그림 2.2.4> 히스테리시스 기능을 갖는 비반전형 영전압 검출기의 동작

이 전류는 연산증폭기의 비반전 입력단자로 흐르지 못하므로 모두 저항 R_1을 통하여 흐르면서 전압강하를 일으키기 때문에 다음과 같은 관계식을 생각할 수 있다. 이 식의 마지막에는 입력전압이 점점 증가하여 V_{in} = V_{UT}로 되는 순간을 적용하였다.

$$V_{out} = -V_{sat} = -I \times R_1 = -\frac{V_{in}}{R} \times nR = -nV_{in} = -nV_{UT}$$

$$\therefore V_{UT} = -\frac{-V_{sat}}{n} = \frac{+V_{sat}}{n}$$

이와 같이 V_{in}이 점점 증가하여 $V_{in} > V_{UT}$로 되는 순간에 연산증폭기의 출력은 $V_{out} = +V_{sat}$으로 바뀐다. 히스테리시스 기능이 없는 원래의 영전압 검출기라면 $V_{in} > 0$으로 되는 순간에 출력전압이 바뀌지만, 이처럼 비교기에 히스테리시스 기능을 부여하면 V_{in}이 0보다 조금 더 큰 V_{UT}를 지나가는 순간에 출력전압이 바뀐다는 것에 주목해야 한다. 이후 V_{in}이 계속 증가하더라도 출력전압은 $V_{out} = +V_{sat}$으로 유지된다.

❷ V_{in}이 하강하는 구간

$V_{in} > V_{LT}$인 조건에서 V_{in}이 감소하고 있다면 현재 출력전압이 $V_{out} = +V_{sat}$으로 되어 있으며, 하위 문턱전압 V_{LT}는 저항 R_1과 R_2의 비율인 n에 의해 다음과 같이 설정할 수 있다.

$$V_{LT} = \frac{-V_{sat}}{n}$$

이 식은 그림의 (b)에서 유도할 수 있다. 여기서 연산증폭기의 반전 입력단자는 접지되어 있고 연산증폭기의 두 입력단자 사이 전압은 항상 0으로 유지되기 때문에 비반전 입력단자는 가상접지(virtual ground)가 되어 역시 전압이 0으로 된다. 따라서 저항 R_2에 흐르는 전류는 다음과 같이 계산할 수 있다.

$$I = \frac{V_{in}}{R_2} = \frac{V_{in}}{R}$$

이 전류는 연산증폭기의 비반전 입력단자로 흐르지 못하므로 모두 저항 R_1을 통하여 흐르면서 전압강하를 일으키기 때문에 다음과 같은 관계식을 생각할 수 있다. 이 식의 마지막에는 입력전압이 점점 증가하여 $V_{in} = V_{LT}$로 되는 순간을 적용하였다.

$$V_{out} = +V_{sat} = -I \times R_1 = -\frac{V_{in}}{R} \times nR = -nV_{in} = -nV_{LT}$$

$$\therefore V_{LT} = -\frac{+V_{sat}}{n} = \frac{-V_{sat}}{n}$$

이와 같이 V_{in}이 점점 감소하여 $V_{in} < V_{LT}$로 되는 순간에 연산증폭기의 출력은 $V_{out} = -V_{sat}$으로 바뀐다. 히스테리시스 기능이 없는 원래의 영전압 검출기라면 $V_{in} < 0$으로 되는 순간에 출력전압이 바뀌지만, 이처럼 비교기에 히스테리시스 기능을 부여하면 V_{in}이 0보다 조금 더 작은 V_{LT}를 지나가는 순간에 출력전압이 바뀐다는 것에 주목해야 한다. 이후 V_{in}이 계속 감소하더라도 출력전압은 $V_{out} = -V_{sat}$으로 유지된다.

이와 같이 비반전형 영전압 검출기에 히스테리시스 특성을 부여하면 그것을 입출력 특성 곡선은 <그림 2.2.4>의 (c)와 같게 된다. 여기서 하위 문턱전압 V_{LT}와 상위 문턱전압 V_{UT}의 크기는 저항 R_1과 R_2의 비 $1/n$로 결정하므로 히스테리시스 전압 폭 $V_H = V_{UT} - V_{LT}$도 역시 이 저항 분압비로 결정하게 된다. 이것을 히스테리시스 특성이 없는 경우의 그림 (d)와 비교하여 보면 확실하게 비교기의 히스테리시스 특성이 어떤 것인지를 이해할 수 있다. 히스테리시스 특성을 갖는 비반전형 영전압 검출기의 동작을 요약하면 다음과 같다.

① $V_{in} < V_{LT}$ 일 때 : $V_{out} = -V_{sat}$
② $V_{in} > V_{UT}$ 로 되면 : $V_{out} = +V_{sat}$로 바뀜
③ $V_{in} < V_{LT}$ 로 되면 : $V_{out} = -V_{sat}$로 바뀜
④ V_{in}이 V_H 이내에 있으면 : V_{out}이 현재 상태를 유지함

(3) 히스테리시스 및 출력전압 제한 기능을 갖는 반전형 영전압 검출기

앞의 <그림 2.2.3>에서 보였던 히스테리시스 기능을 갖는 반전형 영전압 검출기에 새로 출력전압 제한 기능을 추가한 회로를 보이면 <그림 2.2.5>와 같다. 이 회로에서 출력전압은 출력단 저항 R_3와 2개의 세너 다이오드 ZD_1 및 ZD_2를 사용하여 나음과 같이 제한된다. 여기서 V_F는 세너 다이오드의 순방향 전압 강하를 나타내고, V_Z는 제너 다이오드의 제너전압을 나타낸다.

$$\pm V_{out(max)} = \pm(V_F + V_Z) = \pm(0.7 + 4.7) = \pm 5.4\text{V}$$

출력전압의 크기가 이와 같이 원하는 전압 $\pm V_{out(max)}$로 제한되고, 이에 따라 히스테리시스 동작의 하위 문턱전압 V_{LT}와 상위 문턱전압 V_{UT}의 계산도 이 출력전압을 기준으로 다시 계산해야 하는 것을 제외하면 전체적인 동작은 <그림 2.2.3>에서와 유사하여 입출력 특성 곡선은 <그림 2.2.5> (b)와 같게 된다.

$$V_{UT} = \frac{R_2}{R_1+R_2} \times (+V_{out(max)}) = \frac{1k\Omega}{100k\Omega + 1k\Omega} \times (+5.4) \fallingdotseq +0.05V$$

$$V_{LT} = \frac{R_2}{R_1+R_2} \times (-V_{out(max)}) = \frac{1k\Omega}{100k\Omega + 1k\Omega} \times (-5.4) \fallingdotseq -0.05V$$

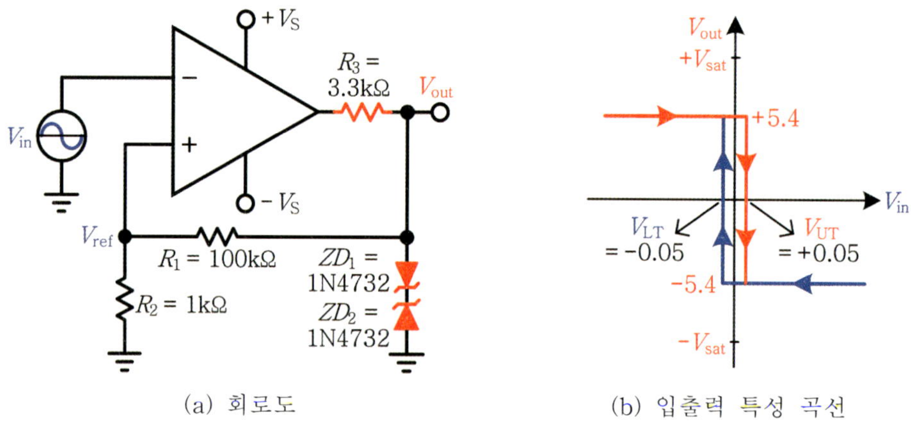

<그림 2.2.5> 히스테리시스 및 출력전압 제한 기능을 갖는 반전형 영전압 검출기의 동작

2. 전압 레벨 검출기

영전압 검출기에서처럼 전압 레벨 검출기에서도 입력전압에 포함된 잡음 신호가 출력에 미치는 영향을 제거하기 위하여 히스테리시스 기능을 부여할 수 있다. 그러나, 전압 레벨 검출기에서는 회로 동작의 해석이 조금 더 복잡하다. 히스테리시스 기능을 갖는 영전압 검출기에서는 비교기의 기준전압인 V_{ref} = 0이 히스테리시스 폭 V_H의 중앙 또는 중심(center)에 위치하였으므로 잡음 신호의 ±극성에 대칭적으로 동작할 수 있었으나, 히스테리시스 특성을 갖는 전압 레벨 검출기에서는 기준전압 V_{ref}가 히스테리시스 폭 V_H의 중앙에 위치하지 않으므로 다음과 같이 히스테리시스의 중심 전압 V_{center}를 도입하여 표시한다.

$$V_H = V_{UT} - V_{LT}$$

$$V_{center} = \frac{V_{UT} + V_{LT}}{2}$$

앞에서 우리가 공부했던 히스테리시스 기능을 갖는 영전압 검출기에서는 비교기의 기준 전압이 V_{ref} = 0으로 고정되어 있다는 것이 기본 특성이므로 사용자가 원하는 대로 히스테리시스 폭 V_H을 설정할 수 있으면 충분하였다. 그러나, 히스테리시스 특성을 갖는 전압 레벨 검출기에서는 아래에 요약한 것과 같이 변동하는 기준전압 V_{ref}에 대하여 사용자가 히스테리시스 전압 폭 V_H와 히스테리시스 중심 전압 V_{center}를 서로 독립적으로 사용자가 원하는 값으로 설정할 수 있어야 한다는 것이 이 회로 설계의 핵심이다.

① V_H를 가변저항으로 쉽게 설정할 수 있을 것.
② V_{center}를 또 다른 가변저항으로 쉽게 설정할 수 있을 것.
③ V_{center}는 외부 기준전압 V_{ref}에 의해 결정될 것.
④ V_H와 V_{center}의 설정은 서로 영향을 주지 않고 독립적일 것.

(1) 히스테리시스 기능을 갖는 반전형 전압 레벨 검출기

반전형 전압 레벨 검출기에 히스테리시스 기능을 부여하는 회로와 동작을 <그림 2.2.6>에 보였다. 그림 (a)의 회로에서 연산증폭기 두 입력단자 사이의 전압은 0으로 유지되므로 비반전 입력단자의 전압은 반전 입력단자의 입력전압 V_{in}과 같다. 따라서, 저항 R_2의 양측 전압을 알고 있으므로 여기에서 우측 방향으로 흐르는 전류를 계산할 수 있다. 연산증폭기의 비반전 입력단자에는 전류가 흐르지 못하므로 이 전류는 모두 저항 R_1을 통하여 우측으로 흐르며 다음과 같은 관계를 얻을 수 있다.

$$I = \left(\frac{V_{ref} - V_{in}}{R_2} = \frac{V_{ref} - V_{in}}{R} \right) = \left(\frac{V_{in} - V_{out}}{R_1} = \frac{V_{in} - V_{out}}{nR} \right)$$

이러한 좌우의 등식을 입력전압 V_{in}에 대하여 정리하면 다음과 같다.

$$V_{in} = \frac{n}{n+1} V_{ref} + \frac{1}{n+1} V_{out}$$

이 식에서 V_{in}이 증가하다가 상위 문턱전압 V_{UT}에 도달하는 순간의 값과, V_{in}이 감소하다가 하위 문턱전압 V_{LT}에 도달하는 순간의 값을 각각 대입하면 다음과 같은 결과를 얻을 수 있다.

$$V_{UT} = \frac{n}{n+1} V_{ref} + \frac{1}{n+1} (+V_{sat})$$

$$V_{LT} = \frac{n}{n+1} V_{ref} + \frac{1}{n+1} (-V_{sat})$$

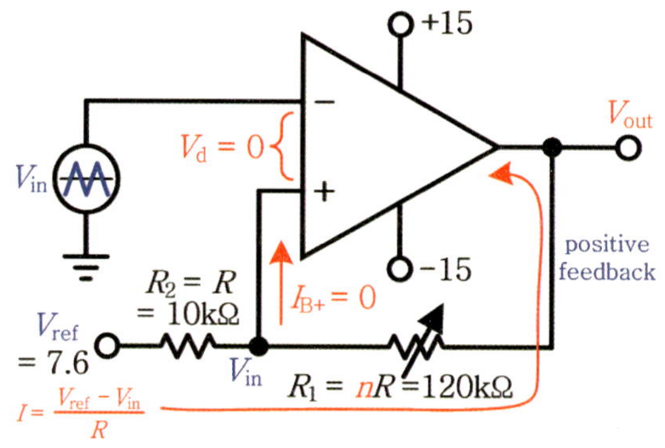

(a) 회로도

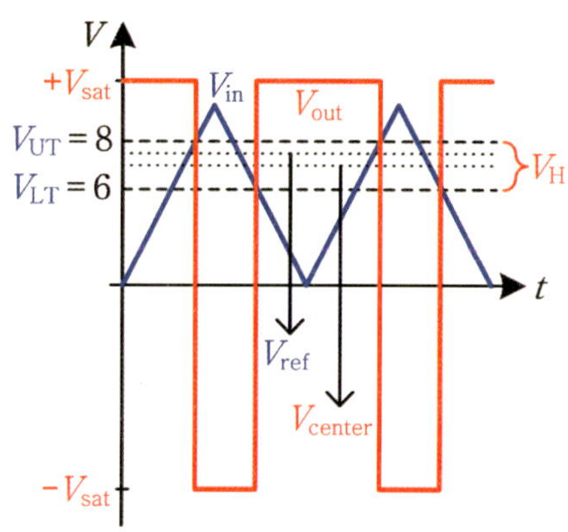

(b) 입출력 파형

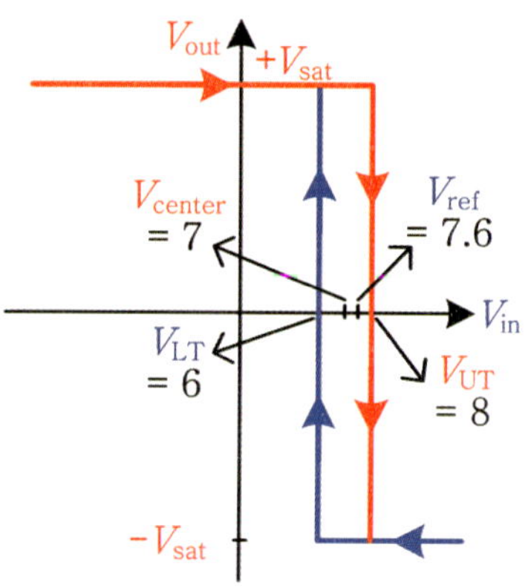

(c) 입출력 특성 곡선

<그림 2.2.6> 히스테리시스 기능을 갖는 반전형 전압 레벨 검출기의 동작

따라서 히스테리시스 전압 폭과 중심 전압은 각각 다음과 같이 계산할 수 있다.

$$V_H = V_{UT} - V_{LT} = \frac{(+V_{sat}) - (-V_{sat})}{n+1} = \frac{2}{n+1} V_{sat}$$

$$V_{center} = \frac{V_{UT} + V_{LT}}{2} = \frac{n}{n+1} V_{ref}$$

위의 두 식으로부터 기준전압 V_{ref}를 가변하여 중심 전압 V_{center}를 조절할 수 있으며, 또한 정궤환 저항 $R_1 = nR$을 조정하면 히스테리시스 전압 폭 V_H와 중심 전압 V_{center}를 조절할 수는 있으나 이것들이 동시에 변하기 때문에 이 2가지 값 V_H, V_{center}를 서로 독립적으로 설정할 수는 없다는 것을 알 수 있다.

이 회로에서 연산증폭기의 전원전압은 $\pm V_S$ = ±15V이고 $\pm V_{sat}$ = ±13V라고 가정할 때, V_{UT} = +8V 및 V_{LT} = +6V로 설계하고 싶다면 다음과 같이 계산할 수 있다.

$$V_H = V_{UT} - V_{LT} = 8 - 6 = 2\text{V}$$
$$V_{center} = \frac{V_{UT} + V_{LT}}{2} = \frac{8+6}{2} = 7\text{V}$$
$$n = \frac{2V_{sat}}{V_H} - 1 = \frac{2 \times 13}{2} - 1 = 12$$
$$V_{ref} = \frac{n+1}{n} V_{center} = \frac{12+1}{12} \times 7 = 7.6\text{V}$$

이제 이러한 설계 결과에 따라 <그림 2.2.6> (a)의 회로도를 구성하였을 때 이것이 동작하는 입출력 파형과 입출력 특성 곡선을 보이면 각각 그림의 (b), (c)와 같다.

(2) 히스테리시스 기능을 갖는 비반전형 전압 레벨 검출기

이번에는 비반전형 전압 레벨 검출기에 히스테리시스 기능을 부여하는 회로와 동작을 <그림 2.2.7>에 보였다. 그림 (a)의 회로에서 연산증폭기 두 입력단자 사이의 전압은 0으로 유지되므로 비반전 입력단자의 전압은 반전 입력단자의 기준전압 V_{ref}와 같다. 따라서, 저항 R_2의 양측 전압을 알고 있으므로 여기에서 우측 방향으로 흐르는 전류를 계산할 수 있다. 연산증폭기의 비반전 입력단자에는 전류가 흐르지 못하므로 이 전류는 모두 저항 R_1을 통하여 우측으로 흐르며 다음과 같은 관계를 얻을 수 있다.

$$I = \left(\frac{V_{in} - V_{ref}}{R_2} = \frac{V_{in} - V_{ref}}{R} \right) = \left(\frac{V_{ref} - V_{out}}{R_1} = \frac{V_{ref} - V_{out}}{nR} \right)$$

이러한 좌우의 등식을 입력전압 V_{in}에 대하여 정리하면 다음과 같다.

$$V_{in} = \left(1 + \frac{1}{n}\right) V_{ref} - \frac{1}{n} V_{out}$$

이 식에 V_{in}이 증가하다가 상위 문턱전압 V_{UT}에 도달하는 순간과, V_{in}이 감소하다가 하위 문턱전압 V_{LT}에 도달하는 순간의 값을 각각 대입하면 다음과 같은 결과를 얻을 수 있다.

$$V_{UT} = \left(1 + \frac{1}{n}\right) V_{ref} - \frac{1}{n}(-V_{sat})$$
$$V_{LT} = \left(1 + \frac{1}{n}\right) V_{ref} - \frac{1}{n}(+V_{sat})$$

따라서 히스테리시스 전압 폭과 중심 전압은 각각 다음과 같이 계산할 수 있다.

$$V_H = V_{UT} - V_{LT} = \frac{-(-V_{sat}) + (+V_{sat})}{n} = \frac{2}{n} V_{sat}$$

$$V_{center} = \frac{V_{UT} + V_{LT}}{2} = \left(1 + \frac{1}{n}\right) V_{ref}$$

위의 두 식으로부터 기준전압 V_{ref}를 가변하여 중심 전압 V_{center}를 조절할 수 있으며, 또한 정궤환 저항 $R_1 = nR$을 조정하면 히스테리시스 전압 폭 V_H와 중심 전압 V_{center}를 조절할 수는 있으나 이것들이 동시에 변하기 때문에 이 2가지 값 V_H, V_{center}를 서로 독립적으로 설정할 수는 없다는 것을 알 수 있다.

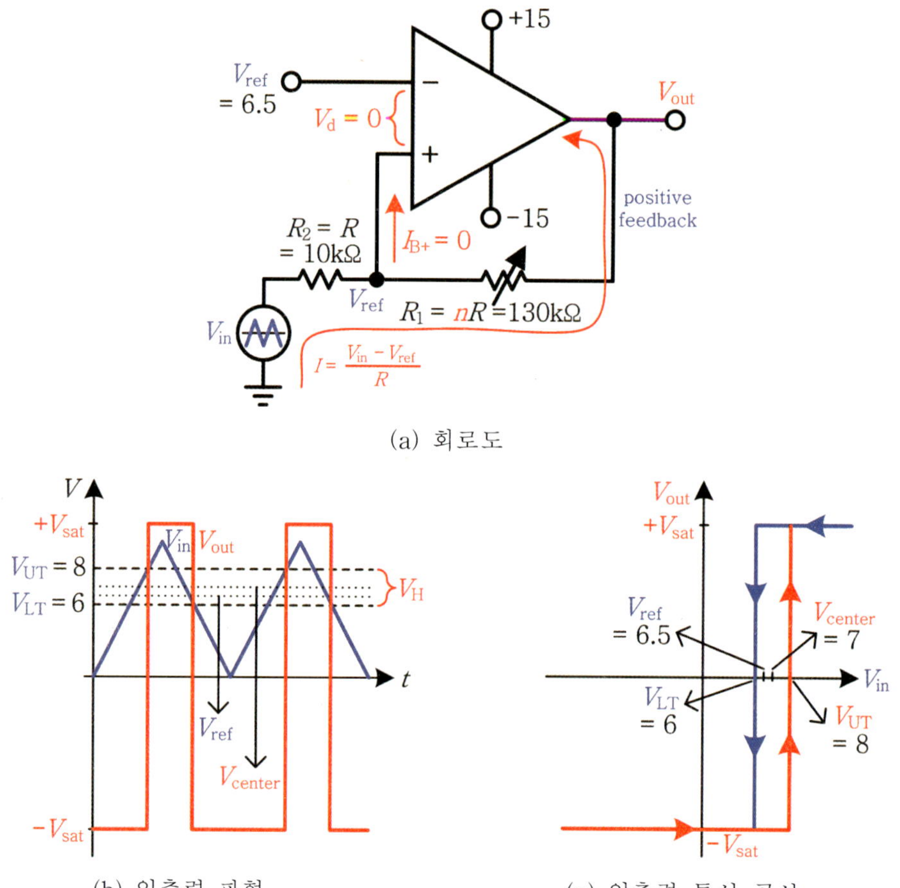

(b) 입출력 파형 (c) 입출력 특성 곡선

<그림 2.2.7> 히스테리시스 기능을 갖는 비반전형 전압 레벨 검출기의 동작

이 회로에서 연산증폭기의 전원전압은 $\pm V_S = \pm 15\text{V}$이고 $\pm V_{sat} = \pm 13\text{V}$라고 가정할 때, $V_{UT} = +8\text{V}$ 및 $V_{LT} = +6\text{V}$로 설계하고 싶다면 다음과 같이 계산할 수 있다.

$$V_H = V_{UT} - V_{LT} = 8 - 6 = 2\text{V}$$

$$V_{center} = \frac{V_{UT} + V_{LT}}{2} = \frac{8+6}{2} = 7\text{V}$$

$$n = \frac{2V_{sat}}{V_H} = \frac{2 \times 13}{2} = 13$$

$$V_{ref} = \frac{n}{n+1} V_{center} = \frac{13}{13+1} \times 7 = 6.5\text{V}$$

이제 이러한 설계 결과에 따라 <그림 2.2.7> (a)의 회로도를 구성하였을 때 이것이 동작하는 입출력 파형과 입출력 특성 곡선을 보이면 각각 그림의 (b), (c)와 같다.

(3) 완전한 히스테리시스 기능을 갖는 비반전형 전압 레벨 검출기

이제 히스테리시스 전압 폭 V_H와 중심 전압 V_{center}를 각각 독립적으로 설정할 수 있어서 완전한 히스테리시스 기능을 갖는다고 볼 수 있는 비반전형 전압 레벨 검출기 회로와 동작을 보이면 <그림 2.2.8>과 같다.

그림 (a)의 회로에서 반전 입력단자가 접지되어 있고 연산증폭기 두 입력단자 사이의 전압은 0으로 유지되므로 비반전 입력단자의 전압은 가상접지가 되어 0이다. 따라서, 3개의 분기 회로에서 섭속섬으로 흘러들어오는 전류 값을 각각 계산할 수 있고, 키르히호프의 전류 법칙(KCL)에 따라 이것들의 합은 0이 되므로 다음과 같은 식을 얻을 수 있다.

$$\frac{V_{in} - 0}{R_1} + \frac{V_{ref} - 0}{R_2} + \frac{V_{out} - 0}{R_3} = \frac{V_{in}}{R} + \frac{V_{ref}}{mR} + \frac{V_{out}}{nR} = 0$$

이 식을 입력전압 V_{in}에 대하여 정리하면 다음과 같다.

$$V_{in} = -\frac{V_{ref}}{m} - \frac{V_{out}}{n}$$

이 식에 V_{in}이 증가하다가 상위 문턱전압 V_{UT}에 도달하는 순간의 값과, V_{in}이 감소하다가 하위 문턱전압 V_{LT}에 도달하는 순간의 값을 각각 대입하면 다음과 같은 결과를 얻을 수 있다.

$$V_{UT} = -\frac{V_{ref}}{m} - \frac{(-V_{sat})}{n}$$
$$V_{LT} = -\frac{V_{ref}}{m} - \frac{(+V_{sat})}{n}$$

따라서 히스테리시스 전압 폭과 중심 전압은 각각 다음과 같이 계산할 수 있다.

$$V_H = V_{UT} - V_{LT} = \frac{-(-V_{sat}) + (+V_{sat})}{n} = \frac{2}{n}V_{sat}$$
$$V_{center} = \frac{V_{UT} + V_{LT}}{2} = -\frac{V_{ref}}{m}$$

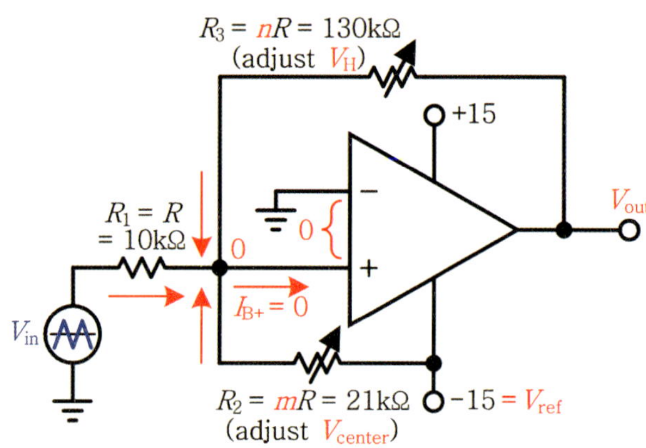

(a) 회로도

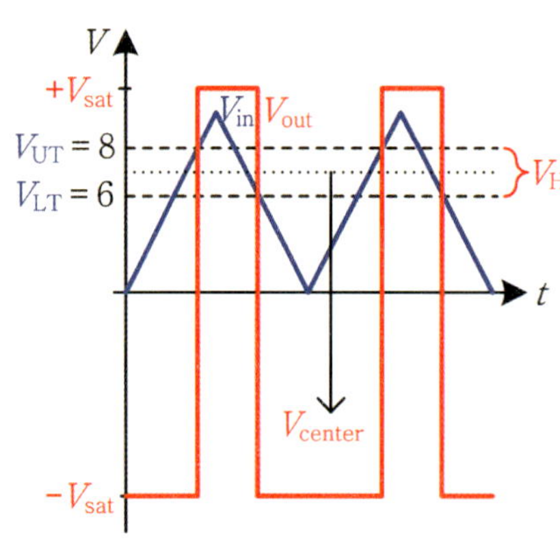

(b) 입출력 파형

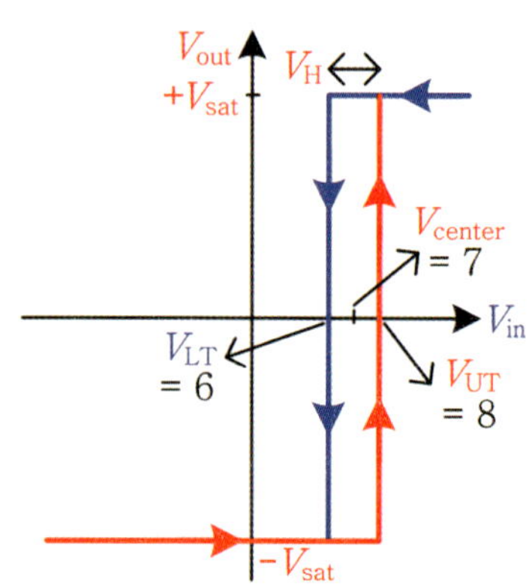

(c) 입출력 특성 곡선

<그림 2.2.8> 완전한 히스테리시스 기능을 갖는 비반전형 전압 레벨 검출기의 동작

위의 두 식으로부터 가변저항 $R_2 = mR$을 조정하면 히스테리시스 중심 전압 V_{center}를 원하는 대로 설정할 수 있으며, 또한 가변저항 $R_3 = nR$을 조정하면 히스테리시스 전압 폭 V_H를 원하는 대로 설정할 수 있다는 것을 알 수 있다. 즉, 2개의 서로 다른 가변저항을 사용하여 중심 전압 V_{center}와 히스테리시스 폭 V_H를 서로 독립적으로 설정할 수 있다. 이를 요약하면 다음과 같다.

> ① 히스테리시스 중심 전압 V_{center}와 히스테리시스 전압 폭 V_H를 서로 영향을 주지 않고 독립적으로 설정할 수 있다.
> ② V_{center}는 히스테리시스 전압 폭의 중앙에 위치하여 이를 중심으로 상하 대칭적인 히스테리시스 동작을 수행한다.
> ③ 가변저항 mR을 사용하여 히스테리시스 중심 전압 V_{center}를 설정한다.
> ④ 가변저항 nR을 사용하여 히스테리시스 전압 폭 V_H를 설정한다.

이 회로에서 연산증폭기의 전원전압은 $\pm V_S = \pm 15V$이고 $\pm V_{sat} = \pm 13V$라고 가정할 때, $V_{UT} = +8V$ 및 $V_{LT} = +6V$로 설계하고 싶다면 다음과 같이 계산할 수 있다.

$$V_H = V_{UT} - V_{LT} = 8 - 6 = 2V$$

$$V_{center} = \frac{V_{UT} + V_{LT}}{2} = \frac{8+6}{2} = 7V$$

$$n = \frac{2V_{sat}}{V_H} = \frac{2 \times 13}{2} = 13$$

$$m = -\frac{V_{ref}}{V_{center}} = -\frac{-15}{7} = 2.1$$

이제 이러한 설계 결과에 따라 <그림 2.2.8> (a)의 회로도를 구성하였을 때 이것이 동작하는 입출력 파형과 입출력 특성 곡선을 보이면 각각 그림의 (b), (c)와 같다.

★주의★ 연산증폭기 응용 회로에서 출력신호를 입력측으로 피드백할 때는 항상 부궤환(negative feedback) 방식을 사용한다. 그래야만 연산증폭기로부터 안정적인 출력을 얻는 동작이 가능하기 때문이다. 그러나, 비교기의 히스테리시스 회로나 연산증폭기를 사용한 발진회로에서는 출력신호의 급변이 발생할 수 있는 정궤환(positive feedback) 방식을 사용한다. 따라서, 이 2가지의 경우를 제외하고는 거의 정궤환을 사용하지 않는다고 기억하는 것이 좋다.

2.3 아날로그 비교기 IC

이 절에서는 아날로그 비교기(analog comparator) 전용 IC의 구조와 동작을 알아보고, 그것이 연산증폭기(operational amplifier)를 사용하는 아날로그 비교기 회로와 어떤 차이점이 있는지를 살펴보면서 응용 회로에 이를 적용하는 설계 기술도 공부한다.

1. 연산증폭기와 아날로그 비교기 IC

(1) 연산증폭기 IC와 아날로그 비교기 IC의 특성 비교

우리는 앞의 제2.1절과 제2.2절에서 연산증폭기를 비교기로 사용하는 기술에 대하여 공부하였다. 비교기는 아날로그 입력신호를 지정된 기준전압 신호와 비교하여 이것들의 대소 관계에 따라 디지털 H(high), L(low)의 로직 상태를 출력하는 회로이다. 그러나, 연산증폭기는 기본적으로 아날로그 증폭기로 사용하도록 설계되어 선형 동작에 최적화된 반도체 소자이므로 이와 같은 디지털 출력신호를 발생하는 경우에는 동작 속도가 상당히 느리다는 단점이 있다. 또한, 연산증폭기가 출력하는 디지털 신호 H/L 레벨의 전압은 $\pm V_{sat}$이므로 이를 일반적인 디지털 회로에 연결하여 사용하려면 출력신호에서 음(-)전압 부분을 잘라내어 없애고 양(+)전압 부분은 +5V 또는 +3.3V 등으로 크기를 줄여주어야 하는 불편이 있다.

<표 2.3.1> 연산증폭기 IC와 아날로그 비교기 IC의 일반적인 특성 비교

	연산증폭기 IC	아날로그 비교기 IC
기본 특성	선형 동작에 최적화 (아날로그 입력 / 아날로그 출력)	포화 동작에 최적화 (아날로그 입력 / 디지털 출력)
입력단 구조	차동증폭기	차동증폭기
개루프 전압이득	무한대(∞)	무한대(∞)
출력 동작 속도	느림	빠름
출력단 구조	푸시풀 회로 구조 (아날로그 출력에 최적화)	오픈 컬렉터 회로 구조 (디지털 출력에 최적화)
내부 구성도	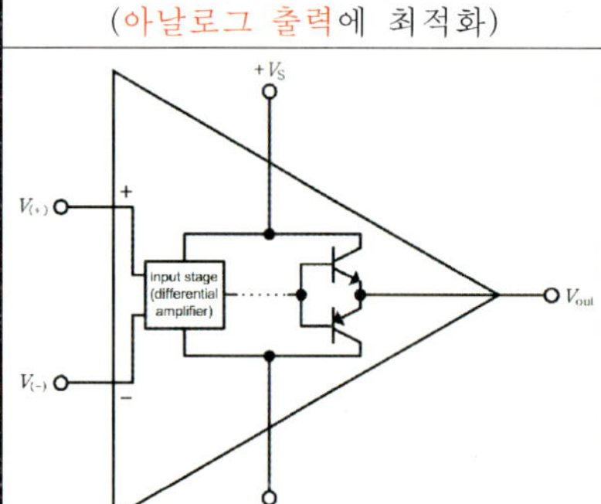	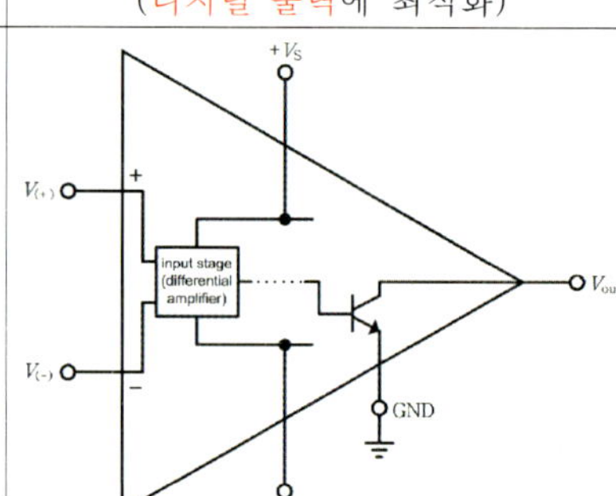

아날로그 비교기 IC는 연산증폭기를 아날로그 비교기로 사용할 때의 이런 단점을 해결하여 비교기 전용으로 설계된 반도체 소자이다. 이것의 입력단은 연산증폭기와 유사하게 차동증폭기의 구조로 되어 있으며, 무한대의 개루프 전압이득을 가진다. 이 때문에 아날로그 비교기 IC의 심볼은 연산증폭기와 구별하기 어려울 정도로 유사한 모양으로 되어 있다. 그러나, 연산증폭기의 출력단이 푸시풀(push-pull) 회로로 되어 있는데 비하여 아날로그 비교기 IC의 출력단은 오픈 컬렉터(open collector) 구조로 되어 있으며 포화(saturation) 영역에서 동작하는데 특화되어 만들어져 있다. 아날로그 비교기 IC의 출력단 회로에 사용된 트랜지스터는 에미터(emitter)를 접지하고 컬렉터(collector)가 오픈되어 출력단자로 사용되는 구조이기 때문에 이 소자의 외부에서 출력단자에 풀업저항(pull-up resistor)을 연결하여 사용해야 하며, 이 풀업저항을 연결하는 전원전압을 +5V 또는 +3.3V로 선택하여 사용함에 따라서 매우 쉽게 디지털 출력신호의 로직 레벨을 +5V 또는 +3.3V로 만들 수 있다. 즉, 아날로그 비교기 IC의 출력에 별도의 로직 레벨 변환 회로를 추가하지 않고 그대로 원하는 디지털 출력신호를 얻을 수 있다는 것이다.

연산증폭기 IC와 아날로그 비교기 IC의 일반적인 특성을 비교하여 <표 2.3.1>에 보였다. 또한, 몇가지 대표적인 연산증폭기 IC와 아날로그 비교기 IC 소자들을 선정하여 이것들의 전기적 특성을 비교한 내용을 <표 2.3.2>에 정리하였다.

<표 2.3.2> 몇가지 연산증폭기 IC와 아날로그 비교기 IC의 특성 비교

	연산증폭기 IC		아날로그 비교기 IC			
	LM741	**LM358**	**LM311**	**LM393**	**LM319**	**LM339**
IC 핀수	8	8	8	8	10/14	14
내장 회로수	1	2	1	2	2	4
개루프 전압이득 [V/mV]	200	100	200	200	40	200
슬루 레이트 [V/μs]	0.5	0.3				
응답시간 (L→H / H→L)			115 ns 165 ns	1.3 μs	80 ns	1.3 μs
전원전압 [V]	±10~±22	3~30 ±2.5~±15	3.5~30 ±1.8~±15	2~30	3.5~30 ±1.8~±15	2~30
동상 입력전압 [V]	(±15V 전원) -13~+13	(+5V 전원) 0~+3.5	(±15V 전원) -14.7~+13.8	(+5V 전원) 0~+3.5	(±15V 전원) -13~+13	(+5V 전원) 0~+3.5
출력 포화전압 [V]	(±15V 전원) ±14	(+5V 전원) +3.5	0.23	0.13	0.75	0.15
입력 오프셋 전압 [mV]	2	3	2	2	2	2
입력 오프셋 전류 [nA]	20	2	6	5	80	5
출력 전류 [mA]	25	40	20	20	25	25

(2) LM311 비교기 IC

LM311은 출력단이 오픈 컬렉터 구조의 아날로그 비교기를 1개 내장하고 있는 8핀짜리 아날로그 비교기 IC 소자이다. 이것의 기본 구성도, 핀 배열, 내부 회로도 등을 보이면 <그림 2.3.1>과 같다. 출력단 트랜지스터의 에미터가 접지되어 있지 않고 외부 단자로 출력되기 때문에 필요하다면 사용자가 외부에서 이를 접지시켜 주어야 한다. BALANCE 단자와 BAL/STRB 단자를 사용하여 오프셋 전압 조정이 가능하며, 외부에서 BAL/STRB 단자를 접지에 연결할지 여부로 출력신호를 on/off 제어하는 것이 가능하다.

이것의 전원전압으로는 단전원 방식으로 3.5~30V를 사용할 수도 있고, 양전원 방식으로 ±1.8~±15V를 사용할 수도 있다.

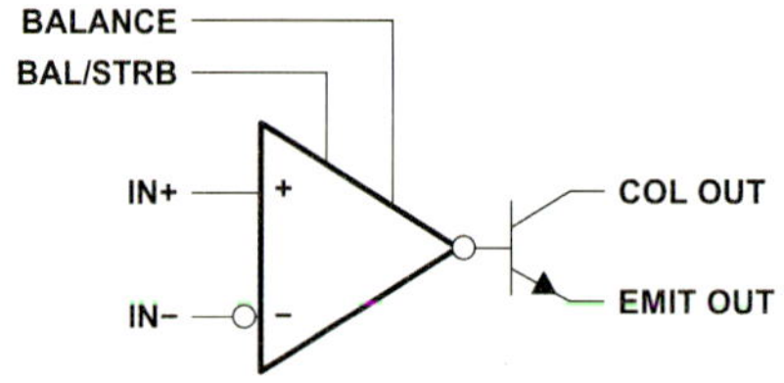

(a) 기본 구성도

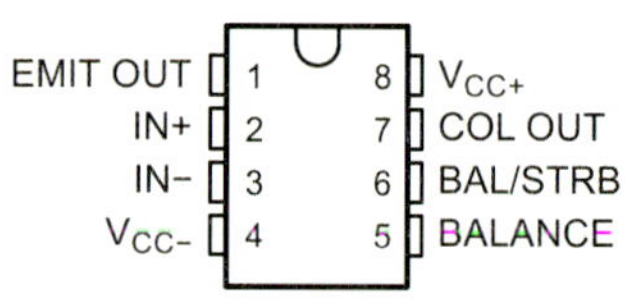

(b) 핀 배열

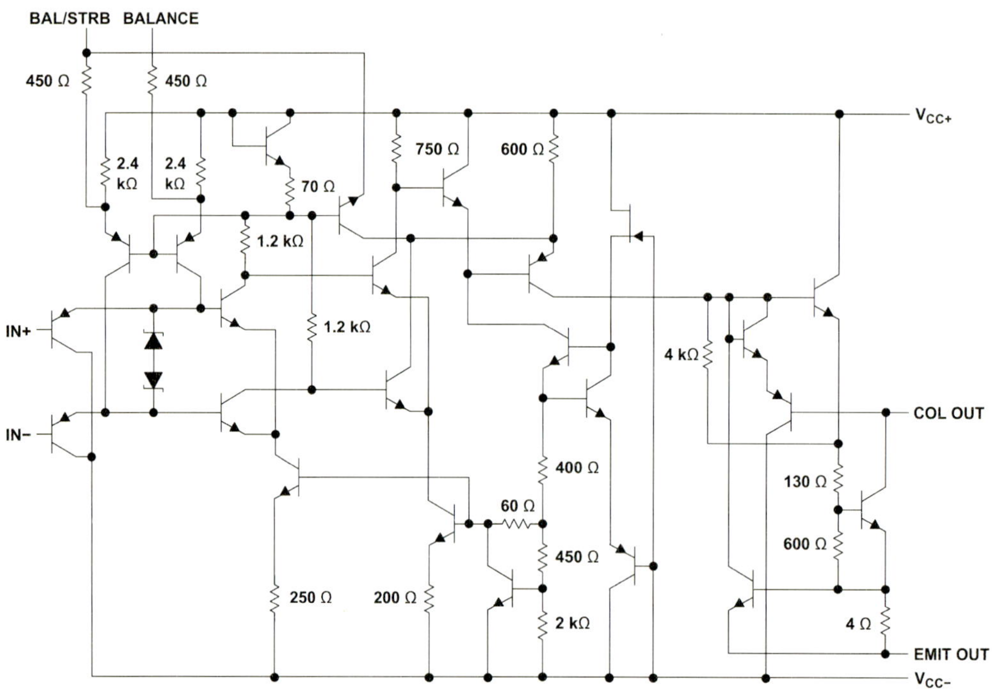

(c) 내부 회로도

<그림 2.3.1> LM311 아날로그 비교기 IC의 핀 배열과 내부 구조

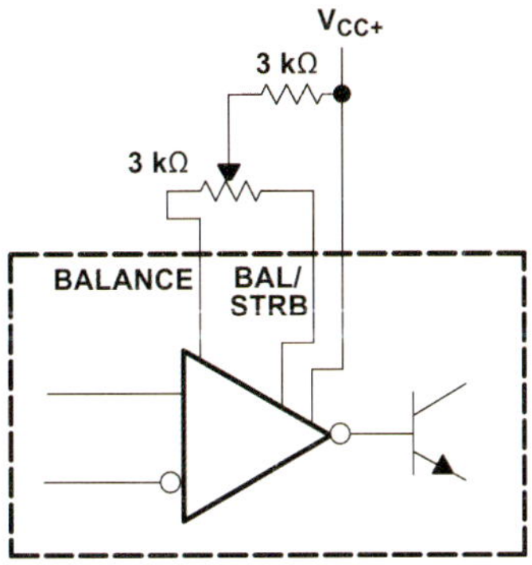

(a) 오프셋 전압 조정 회로

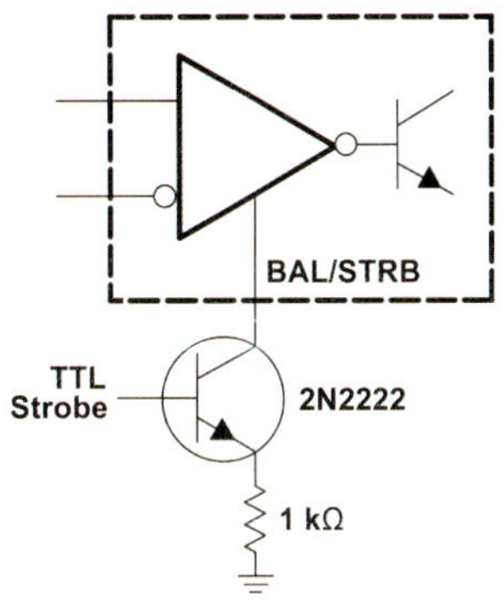

(b) 출력 on/off 제어 회로

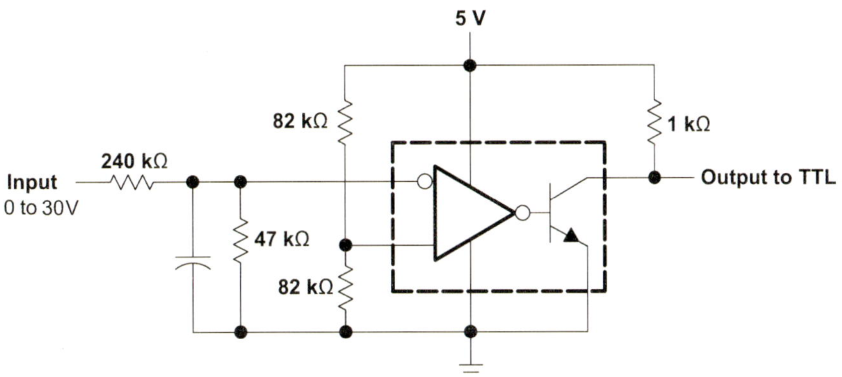

(c) 비교기의 출력을 표준 TTL 로직에 연결하기 위한 회로

<그림 2.3.2> LM311 아날로그 비교기 IC의 몇가지 응용 회로

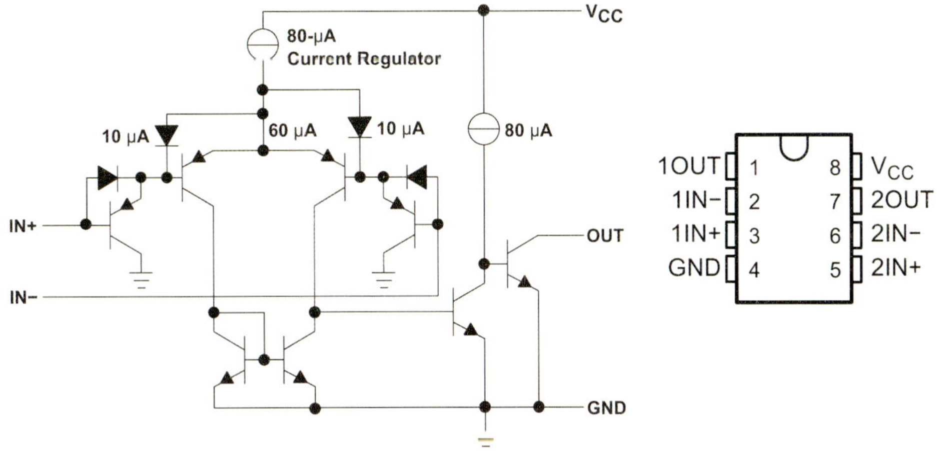

<그림 2.3.3> LM393 아날로그 비교기 IC의 핀 배열과 내부 회로도

(3) LM393 비교기 IC

LM393은 출력단이 오픈 컬렉터 구조로 이루어진 아날로그 비교기를 2개 내장하고 있는 8핀짜리 아날로그 비교기 IC 소자이다. 이것의 핀 배열과 내부 회로도를 보이면 <그림 2.3.3>과 같다. 출력단 트랜지스터의 에미터가 내부에서 접지되어 있는 것을 알 수 있다. 전원전압은 단전원 방식으로만 2~30V의 범위에서 사용할 수 있다.

(4) LM339 비교기 IC

LM339는 출력단이 오픈 컬렉터 구조로 이루어진 아날로그 비교기를 4개 내장하고 있는 14핀짜리 아날로그 비교기 IC 소자이다. 이것은 LM393과 거의 유사한 비교기가 4개 내장된 소자라고 보면 되며, 핀 배열과 내부 회로도를 보이면 <그림 2.3.4>와 같다. 출력단 트랜지스터의 에미터가 내부에서 접지되어 있는 것을 알 수 있다. 전원전압은 단전원 방식으로만 2~30V의 범위에서 사용할 수 있다.

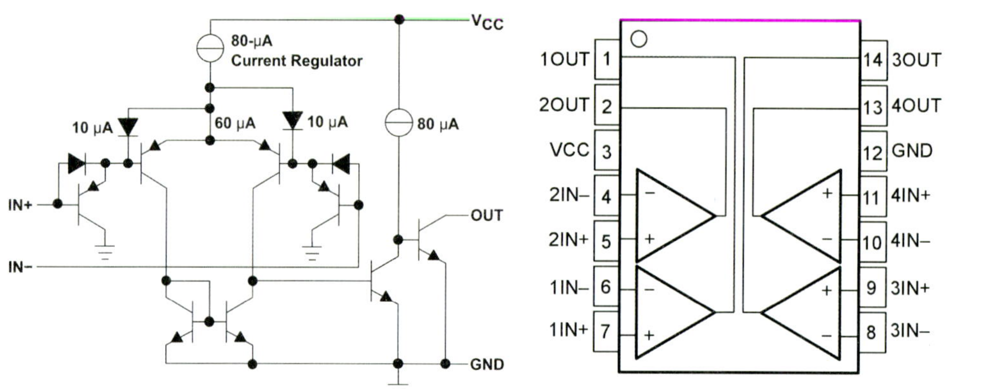

<그림 2.3.4> LM339 비교기 IC의 핀 배열과 내부 회로도

2. 영전압 비교기

우리는 앞의 제2.1절과 제2.2절에서 연산증폭기를 아날로그 비교기로 사용하는 기술에 대하여 공부하였다. 아날로그 비교기는 아날로그 입력신호를 지정된 기준전압 신호와 비교하여 이것들의 대소 관계에 따라 디지털의 H(high), L(low) 로직을 출력하는 회로이다. 그러나, 연산증폭기는 기본적으로 아날로그 증폭기로 설계되어 선형 동작에 최적화된 반도체 소자이므로 이와 같은 디지털 출력신호를 발생하는 경우에는 슬루 레이트와 같은 동작속도가 상당히 느리다는 단점이 있다. 또한, 연산증폭기가 출력하는 디지털 신호 H/L은 $\pm V_{sat}$이므로 이를 일반적인 디지털 회로에 연결하여 사용하려면 출력신호의 음(−)전압 부분을 잘라내어 없애고 양(+)전압 부분은 +5V 또는 +3.3V 등으로 크기를 줄여야 하는 불편이 있다.

그러나, 아날로그 비교기 IC를 사용하면 연산증폭기를 사용하여 아날로그 비교기를 구성하는 경우의 이런 단점을 대부분 쉽게 해결할 수 있다. <그림 2.3.5>에 아날로그 비교기 IC를 사용한 히스테리시스형 영전압 검출기 회로를 보였다. 1번 단자를 접지하고 출력단자에 풀업저항을 사용하여 원하는 전압으로 풀업하는 것으로 간단하게 원하는 디지털 출력신호 레벨을 얻을 수 있다는 것을 알 수 있다. 여기서 비반전 입력단자의 전압이 반전 입력단자보다 낮으면 출력단 스위치가 on되어 출력전압은 0으로 되며, 비반전 입력단자의 전압이 반전 입력단자보다 높으면 출력단 스위치가 off되어 출력전압은 +5V와 풀업저항에 의하여 +5V로 된다. 이 영전압 검출기 회로에서 히스테리시스 특성은 다음과 같게 동작한다.

$$V_{UT} = \frac{R_2}{R_1 + R_2} V_{out} = \frac{1\text{k}\Omega}{100\text{k}\Omega + 1\text{k}\Omega} \times 5 = 0.05\text{V} = 50\text{mV}$$

$$V_{LT} = 0$$

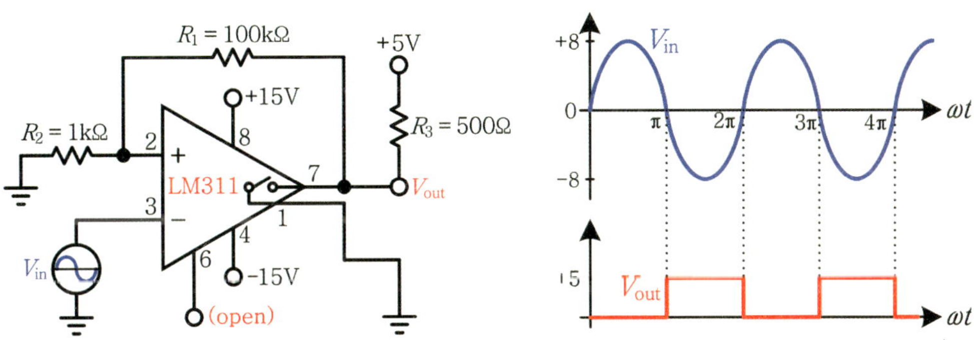

(a) 회로도 (b) 입출력 파형

<그림 2.3.5> LM311을 이용한 히스테리시스 기능을 갖는 반전형 영전압 검출기

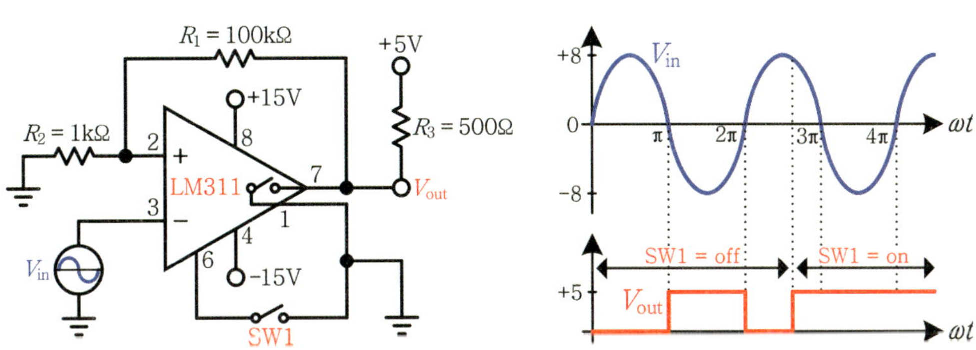

(a) 회로도 (b) 입출력 파형

<그림 2.3.6> LM311을 이용한 반전형 영전압 검출기에서 출력신호의 on/off 제어

LM311 아날로그 비교기 IC는 특이하게 출력신호를 on/off할 수 있는 STRB 단자를 가지고 있다. 그런데, 앞의 <그림 2.3.5> (a) 회로에서는 이 STRB 단자를 개방시켜 놓고 사용하지 않았으므로 출력신호는 (b)에서 보듯이 2개의 입력전압에 의해서만 결정되었다. 그러나, <그림 2.3.6>의 (a)처럼 LM311의 STRB 단자와 접지 사이에 스위치 SW1을 사용하여 이를 on/off하면 출력신호의 출력 여부를 제어할 수 있다. 즉, SW1을 off하였을 경우에는 이 영전압 검출기가 정상적으로 동작하지만, SW1을 on하면 입력신호의 크기에 상관없이 출력단 스위치가 항상 off되어 출력전압은 무조건 +5V와 풀업저항에 의하여 +5V로 된다. 스위치 SW1은 토글 스위치를 사용하여 사람이 수동으로 조작할 수도 있으며, 트랜지스터 스위치를 사용하고 마이크로컨트롤러로 이를 제어할 수도 있다.

3. 전압 레벨 검출기

LM311 아날로그 비교기 IC를 사용하여 히스테리시스 기능을 갖는 반전형 전압 레벨 검출기 회로를 설계하여 보이면 <그림 2.3.7>과 같다. 이 그림의 (a) 회로에서 비교기 두 입력단자 사이의 전압은 0으로 유지되므로 비반전 입력단자의 전압은 반전 입력단자의 입력전압 V_{in}과 같다. 따라서, 저항 R_2의 양측 전압을 알고 있으므로 여기에서 우측 방향으로 흐르는 전류를 계산할 수 있다. LM311의 비반전 입력단자에는 전류가 흐르지 못하므로 이 전류는 모두 저항 R_1을 통하여 출력단자 쪽으로 흐르며 다음과 같은 관계를 얻을 수 있다.

$$I=\left(\frac{V_{ref}-V_{in}}{R_2}=\frac{V_{ref}-V_{in}}{R}\right)=\left(\frac{V_{in}-V_{out}}{R_1}=\frac{V_{in}-V_{out}}{nR}\right)$$

이 좌우의 등식을 입력전압 V_{in}에 대하여 정리하면 다음과 같다.

$$V_{in}=\frac{n}{n+1}V_{ref}+\frac{1}{n+1}V_{out}$$

여기서 기준전압을 V_{ref} = 4V로 선정하였다면, 이 식에 V_{in}이 증가하다가 상위 문턱전압 V_{UT}에 도달하는 순간의 값과, V_{in}이 감소하다가 하위 문턱전압 V_{LT}에 도달하는 순간의 값을 각각 대입하면 다음과 같은 결과를 얻을 수 있다.

$$V_{UT}=\frac{100}{100+1}\times 4+\frac{1}{100+1}\times 5=4.01\text{V}$$

$$V_{LT}=\frac{100}{100+1}\times 4+\frac{1}{100+1}\times 0=3.96\text{V}$$

여기서 보듯이 정궤환 저항 R_1과 R_2에 의한 분압비 $1/(n+1)$을 어떻게 선정하느냐에 따라 V_{UT}와 V_{LT}를 달리하여 사용자가 원하는 히스테리시스 폭 $V_H = V_{UT} - V_{LT}$를 설정할 수 있음을 알 수 있다.

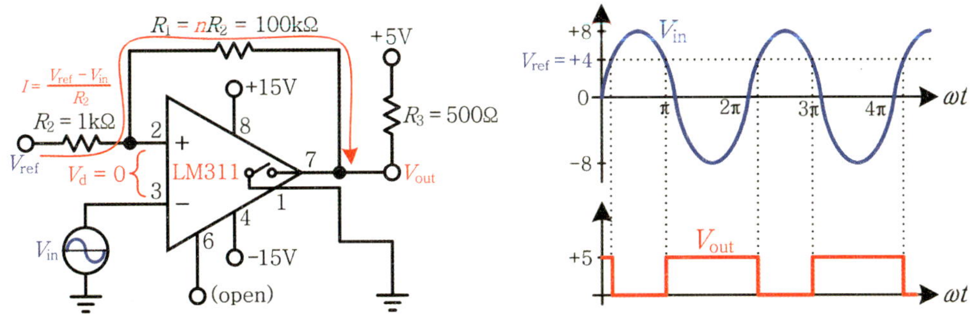

(a) 회로도 (b) 입출력 파형

<그림 2.3.7> LM311을 이용한 히스테리시스 기능을 갖는 반전형 전압 레벨 검출기

4. 윈도우 비교기

앞의 <그림 2.1.14>~<그림 2.1.16>에서 보았듯이 연산증폭기를 사용하여 윈도우 비교기를 구성할 경우에는 디지털 출력신호가 표준 TTL 레벨이 아니므로 출력단에 복잡한 전압 레벨 변환 회로를 추가해야 하는 불편이 있었다. 그러나, 아날로그 비교기 IC를 사용하여 윈도우 비교기를 구성하면 이런 점이 개선되어 출력단 회로가 매우 간단해진다. <그림 2.3.8>에 LM393 아날로그 비교기 IC를 사용한 윈도우 비교기의 회로도와 동작 파형을 보였다.

이 회로에서 입력전압 V_{in}에 따라 출력전압 V_{out}이 만들어지는 동작 과정을 진리표로 보이면 <표 2.3.3>과 같다. 연산증폭기를 사용한 <그림 2.1.14>~<그림 2.1.16>의 회로에서와 아날로그 비교기 IC를 사용한 이 회로에서는 비반전 입력단자와 반전 입력단자를 반대로 사용해야 한다는 것에 유의하라. 왜냐하면 연산증폭기를 사용한 윈도우 비교기에서는 2개의 출력신호 V_{o1}과 V_{o2}를 조합하여 최종 출력신호 V_{out}을 만들기 위하여 이것들을 논리적으로 OR시키지만, 아날로그 비교기 IC를 사용한 회로에서는 <표 2.3.3.>에서 보듯이 2개의 출력신호 V_{o1}과 V_{o2}를 논리적으로 AND시켜 최종 출력신호 V_{out}을 만들기 때문이다.

<표 2.3.3> 윈도우 비교기의 동작 진리표

입력전압 V_{in}	V_{o1}	V_{o2}	출력전압 V_{out}
$V_{in} < V_{LT}$	open	L(= 0V)	L(= 0V)
$V_{LT} < V_{in} < V_{UT}$	open	open	H(= +5V)
$V_{UT} < V_{in}$	L(= 0V)	open	L(= 0V)

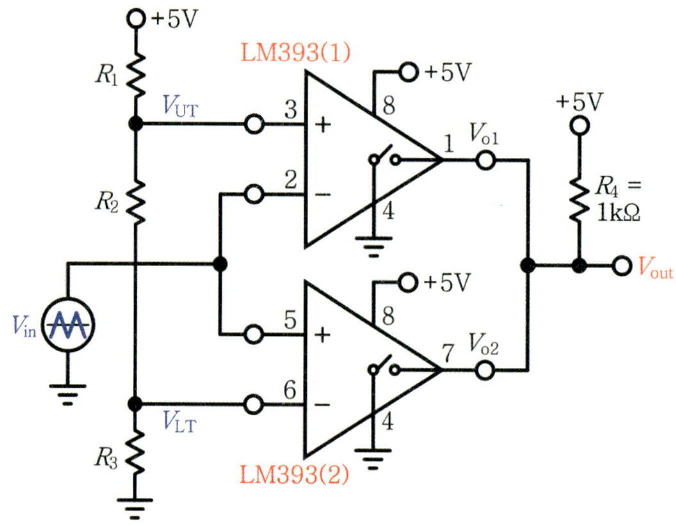

(a) 회로도

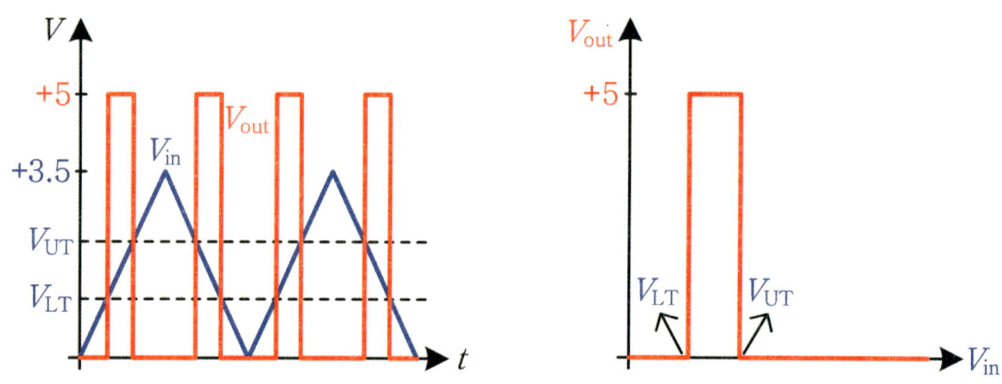

(b) 입출력 파형 (c) 입출력 특성 곡선

<그림 2.3.8> LM393 아날로그 비교기 IC를 사용한 윈도우 비교기

5. 비교기를 이용한 LED 바 표시장치

(1) 10단 전압 레벨 미터

여기서는 먼저 비교기의 응용 회로를 공부하는 차원에서 입력전압의 크기에 따라 LED 바(bar)가 점등되는 전압 레벨 미터(voltage level meter)를 설계하여 보기로 한다. 먼저 비교기로서 연산증폭기를 사용하는 방법으로 10단계의 전압 레벨 미터를 설계한 회로도는 <그림 2.3.9>의 (a)와 같다. 여기서 10개의 연산증폭기를 사용한 비교기의 반전 입력단자에 입력할 기준전압은 +15V의 전원전압을 10개의 저항 $R_1 \sim R_{10}$을 사용하여 일정한 간격으로 분압하여 만들었으며, 이때 가변저항 VR_1을 사용하여 최대 입력전압의 크기를 다르게 설정할 수 있다. 입력전압 V_{in}은 모든 비교기의 비반전 입력단자에 공통으로 연결한다. 이렇게 하면 입력전압의 크기에 따라 각 아날로그 비교기가 동작하여 LED1부터 LED10 쪽으로 올라가면서 LED가 점등되어 전압의 크기를 시각적으로 확인할 수 있게 된다. LED는 10개의 개별 소자를 사용하는 것보다는 그림의 (b)처럼 4각형 세그먼트를 10개 내장하고 있는 단색 또는 다색의 LED bar 소자를 1개 사용하는 것이 더 간편하다.

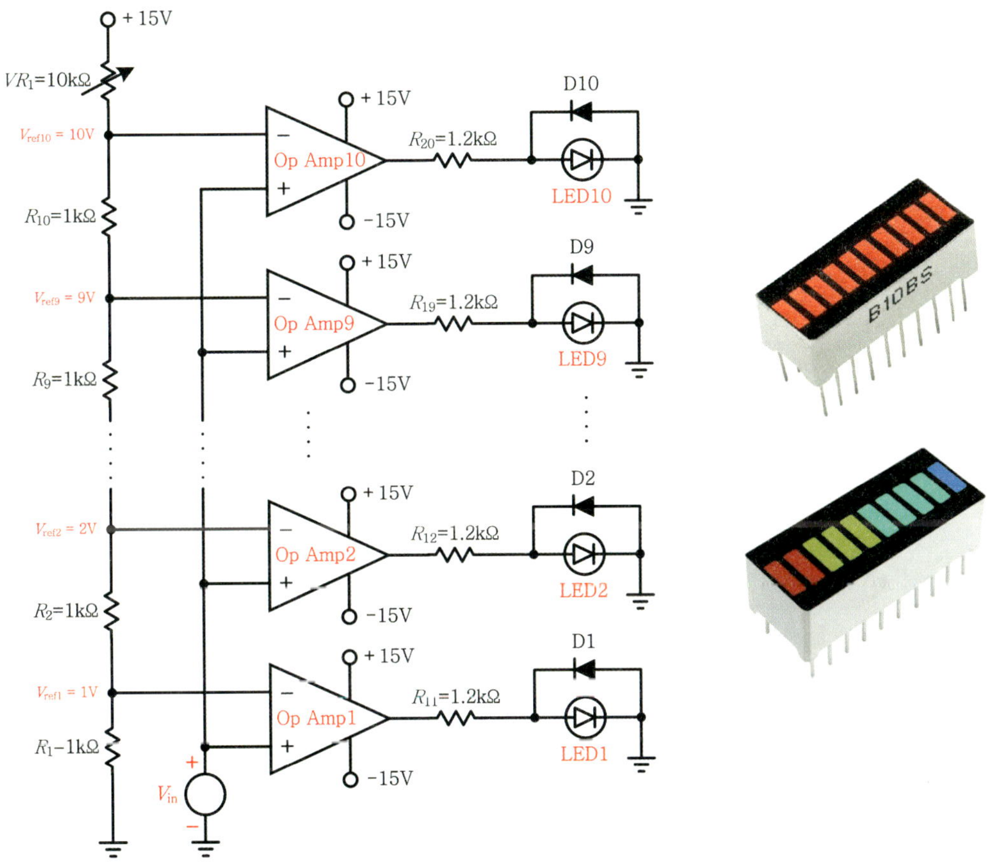

(a) 회로도 (b) LED 바

<그림 2.3.9> LED로 표시하는 10단계의 전압 레벨 미터 (연산증폭기로 구현하는 방식)

각 비교기의 출력단에 사용한 저항 R_{11}~R_{20}은 LED를 점등할 때 흐르는 출력전류 I_{out}을 아래와 같이 제한하기 위한 용도로 사용하였으며, 다이오드 D_1~D_{10}은 LED에 과도한 역전압이 걸려서 파괴되는 것을 방지하기 위한 용도로 사용하였다. 보통 적색 LED는 순방향 전압강하가 V_F = 1.8~2.4V 정도이며, 허용되는 최대 역전압은 -6V 정도에 불과하여 이와 같이 다이오드를 병렬로 연결하여 보호해 주지 않으면 비교기의 출력전압 $-V_{sat}$ = -13.5V에

의하여 LED가 역방향의 과전압으로 파괴될 수 있다. 여기서는 V_F = 2.2V로 간주하였다.

$$I_{out} = \frac{+V_{sat} - V_F}{R_n} = \frac{13.5 - 2.2}{1.2 \times 10^3} \fallingdotseq 9.42 \, [\mathrm{mA}]$$

★참고★ <그림 2.3.9> (a)의 LED 레벨 미터 회로와 매우 유사한 기능을 가지는 IC소자로 National Semiconductor사의 LM3914와 LM3915가 있었으나 지금은 단종되어 사용하기 어렵다. LM3914는 내부에서 10개의 1kΩ짜리 저항으로 입력전압을 10등분하여 등간격으로 10개의 LED를 구동하였으며, LM3915는 이 간격을 log 스케일로 분리하여 3db씩 증가하는 간격으로 10개의 LED를 구동하였다.

(2) 오디오 스펙트럼 어낼라이저

이번에는 앞에서 소개한 전압 레벨 미터를 더 확장하여 <그림 2.3.10>의 (a)와 같은 형태의 오디오 스펙트럼 어낼라이저(audio spectrum analyzer)를 만드는 방법을 소개하기로 한다. 이를 위해서는 먼저 그림 (b)의 블록도에서와 같이 오디오 입력신호 V_{in}을 주파수 대역별로 분리해야 한다. 이런 작업은 제5장에서 공부하게 될 능동필터 중에서 밴드 패스 필터(BPF ; Band-Pass Filter)를 사용하여 수행한다.

각 밴드 패스 필터를 거쳐서 11개의 주파수 대역 또는 밴드(band)별로 분리된 오디오 신호는 <그림 2.3.9>의 (a)와 같은 11단 전압 레벨 미터를 통하여 각 주파수 밴드별 전압의 크기가 11개의 LED 바에 표시된다. 각 밴드의 11단 전압 레벨 미터는 등간격의 전압으로 처리하지 말고 로그 스케일(log scale)로 하여 일정한 dB 간격으로 처리하는 것이 좋으며, LED 바는 단색을 사용하지 말고 저단은 녹색에서 시작하여 위로 올라갈수록 황색을 거쳐서 적색 LED로 변화시키면 시각적으로 더 보기 좋은 스펙트럼 어낼라이저가 된다.

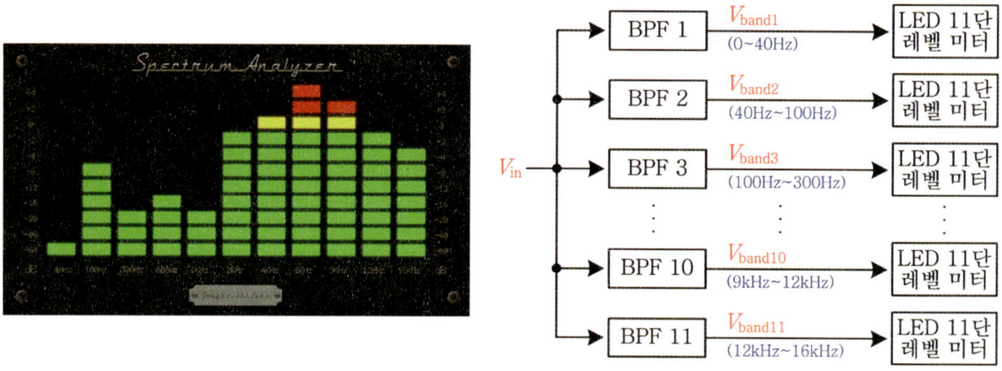

(a) LED 표시 부분 (b) 구성 블록도

<그림 2.3.10> 오디오 스펙트럼 어낼라이저 (11밴드/11단)

제3장
증폭기 회로

이 장에서는 연산증폭기를 아날로그 신호의 증폭기로 사용하는 이론과 실무 기술에 대하여 공부한다. 여기서 증폭기라고 하면 아날로그 입력신호를 더 크게 증폭하는 기능은 물론이고, 이 신호를 좀 더 작게 감쇠시키는 기능까지를 포함한다.

연산증폭기를 사용한 증폭기는 크게 반전 증폭기와 비반전 증폭기로 나누어지며, 이를 이용하여 전압 폴로워, 아날로그 신호 가산기, 아날로그 신호 감산기, 계측용 증폭기 등과 같이 여러가지의 회로로 확장시켜 나갈 수 있다.

이러한 많은 종류의 회로를 공부할 때는 회로의 토폴로지를 보고 이 회로가 무슨 기능을 수행하는 회로인지를 빠르게 판단하는 것이 중요하며, 그 이후에는 이를 정량적으로 해석하여 세부적인 동작을 이해하는 것이 필요하다. 그렇게 되려면 여기서 설명하는 것처럼 이론적인 바탕을 튼튼히 한 상태에서 많은 실용 회로를 해석하거나 설계해 보면서 경험을 쌓는 것 이외에는 뾰족한 방법이 없다.

3.1 증폭기 기본 회로

이 절에서는 연산증폭기에 부궤환(negative feedback)을 걸어서 폐루프 전압이득을 사용자가 원하는 대로 아주 쉽게 설계할 수 있는 가장 기본적인 증폭기 회로인 반전 증폭기와 비반전 증폭기에 대하여 자세히 알아보기로 한다.

1. 증폭기란 무엇인가

(1) 증폭기의 정의

아날로그 입력신호를 파형의 왜곡(distortion)이 없이 크기를 증대시켜서 출력하는 회로를 증폭기(amplifier)라고 한다. 예를 들어서 <그림 3.1.1>에 보인 것처럼 오디오 증폭기는 마이크(microphone)를 사용하여 음향을 전기 신호로 바꾸어 입력한 전압 파형을 사용자가 원하는 대로 크게 증폭하여 스피커(speaker)로 재생함으로써 먼 거리에서도 그 음향을 크게 들을 수 있도록 하는 장치이다. 이와 같은 오디오 증폭기에서는 먼저 입력단에서 마이크를 사용하여 음향을 전기 신호로 바꾸어야 하며, 작은 전기 신호인 전압 파형을 증폭기로 크게 증폭하고, 마지막에 이를 스피커로 출력하여 다시 전기 신호를 음향으로 바꾸게 된다.

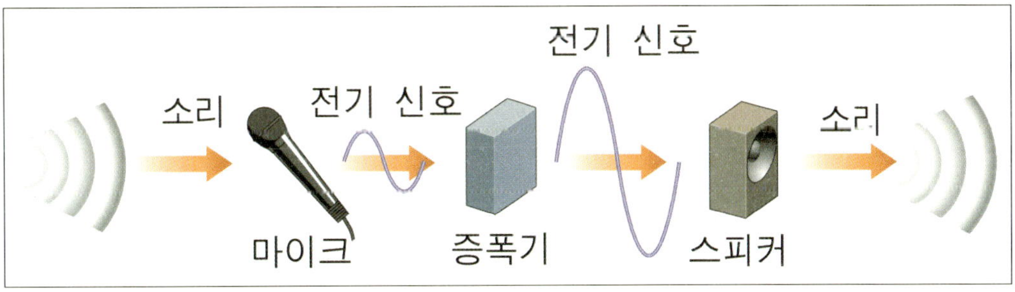

<그림 3.1.1> 증폭기를 포함하는 오디오 시스템의 구성도

증폭기는 크게 직류증폭기와 교류증폭기로 나눌 수 있다. 직류증폭기는 직류 신호나 교류 신호를 모두 증폭할 수 있으나, 교류증폭기는 교류 신호만 증폭할 수 있다. 일반적으로 교류증폭기에 비하여 직류증폭기의 설계가 기술적으로 더 까다로운 것으로 알려져 있다. 연산증폭기는 대표적인 직류증폭기이며, 오디오 증폭기는 대표적인 교류증폭기에 해당한다.

우리가 연산증폭기를 사용하여 직류증폭기를 설계하면 다음과 같은 특징이나 좋은 점이 있다.

① 반드시 연산증폭기의 출력단자에서 반전 입력단자로 부궤환(negative feedback)을 걸어야 한다.
② 연산증폭기의 개루프 전압이득 A_{OL}은 거의 무한대(∞)로 크기만, 여기에 부궤환을 걸어서 직류증폭기를 구성하면 사용자가 원하는 크기의 폐루프 전압이득 A_{CL}을 갖게 된다.
③ 폐루프 전압이득 A_{CL}은 오직 연산증폭기 외부에 연결하는 몇 개의 저항값에 의해서만 결정되므로 사용자가 증폭기를 아주 쉽게 설계할 수 있다.

연산증폭기를 사용한 증폭기 회로를 해석할 때 꼭 필요한 연산증폭기의 4가지 이상적인 특성을 여기서 이를 다시 확인하고 간다. 이는 앞의 <표 1.1.6>에서 정리한 바 있다.

특성① - **연산증폭기의 개루프 전압이득은 무한대로 크다.** ($A_{OL} = \infty$)
특성② - **연산증폭기의 비반전 입력단자와 반전 입력단자 사이의 전압차는 항상 0으로 유지된다.** ($V_d = 0$)
특성③ - **연산증폭기의 비반전 입력단자나 반전 입력단자에는 전류가 흐르지 않는다.** ($I_{B+} = I_{B-} = 0$)
특성④ - **연산증폭기의 입력저항은 무한대로 크고**($R_{in} = \infty$)**, 출력저항은 0으로 작다.** ($R_{out} = 0$)

이 장에서 연산증폭기를 사용한 아날로그 회로의 일반적인 원리를 설명할 때는 전원전압을 특정값으로 명시하지 않고 그냥 기호로 $\pm V_S$라고 표시할 것인데, 이것은 대부분 내용적으로 ±12V 또는 ±15V의 양전원(dual power supply)을 사용하고 있다고 간주하면 된다. 또한 단전원(single power supply) 방식의 아날로그 회로를 설명하는 경우에는 전원을 기호로 $+V_S$와 GND라고 표시할 것인데, 이것은 내용적으로 +5V나 +12V 또는 +15V의 단전원을 사용하는 것으로 간주하면 된다.

(2) 회로의 토폴로지

이 책에서는 연산증폭기를 사용한 비교기 회로, 증폭기 회로, 연산 회로, 발진 회로, 능동필터 회로 등 많은 아날로그 회로를 소개하고 있다. 경우에 따라 이들 회로는 서로 매우 유사한 형태를 가지므로 독자들이 이것들을 세심하게 살펴보지 않으면 혼동하거나 헷갈리기 쉽다. 동일한 회로인데도 불구하고 설계자들은 각자 자신의 취향에 맞는 방식으로 이것의 회로도를 그릴 수 있으므로 자칫하면 서로 다른 회로처럼 보일 수 있다.

이러한 혼란을 피하고 회로를 정확히 판단하여 이해하려면 회로의 모양을 보지 말고 회로의 구성 즉 토폴로지(topology)를 파악해야 한다. 토폴로지란 원래 길이나 크기와 같은 양적인 관계를 무시하고 도형 상호의 위치나 연결 방식 따위를 연속적으로 변형하여 그 도형의 불변적 성질을 알아내거나 그런 변형 아래에서 얼마만큼 다른 도형이 있는가를 연구하는 일종의 기하학을 가리키는 말이었으나, 이것이 컴퓨터 공학으로 넘어와서 컴퓨터 네트워크의 요소들을 연결하는 망(network) 구성의 연결 방식이라는 의미로 사용되었다. 그러나 오늘날은 이것의 의미가 더욱 확대되어 컴퓨터 네트워크 뿐만 아니라 일반적인 전기전자 회로의 연결 방식을 지칭하는 의미로 널리 사용되고 있다.

예를 들어 <그림 3.1.2>에 비반전 증폭기 회로도를 보였다. 여기에 보인 6가지의 회로는 얼핏 모두 다른 회로처럼 보이지만, 이것들은 서로 모양만 다를 뿐이지 토폴로지는 모두 동일하므로 완전히 똑같은 비반전 증폭기 회로이다. 앞으로 여러분은 이처럼 여러가지의 모양으로 다르게 느껴질 수도 있게 그려놓은 회로를 보고 헷갈리지 않도록 회로를 빠르고 정확하게 파악하는 능력을 길러야 한다.

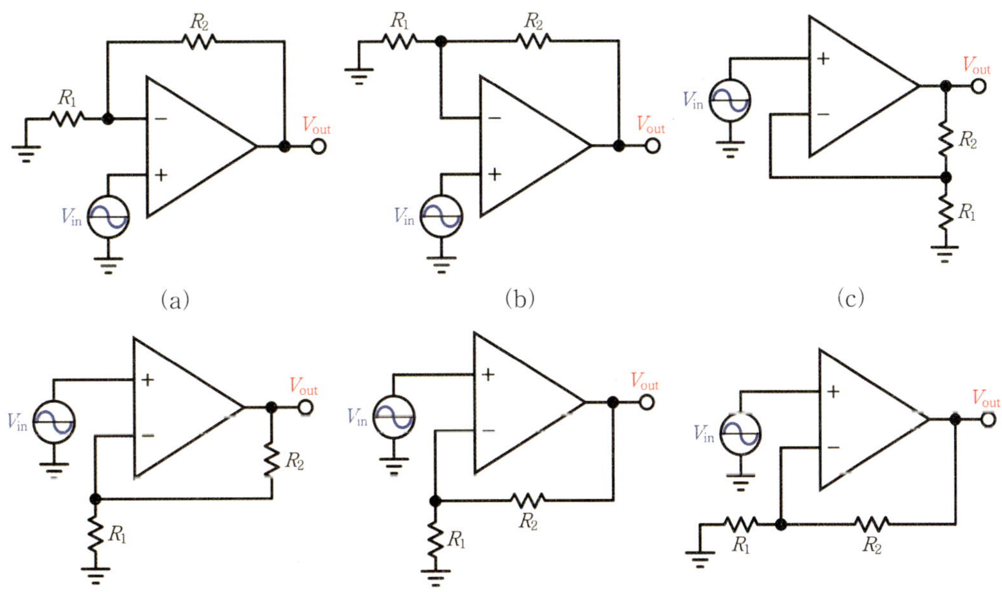

<그림 3.1.2> 여러가지의 모양으로 그려서 표현한 비반전 증폭기의 회로도

2. 반전 증폭기

(1) 기본 회로

<그림 3.1.3>에 연산증폭기를 사용한 반전 증폭기(inverting amplifier)의 회로를 보였다. 이 증폭기는 입력신호와 이것이 증폭되어 출력된 신호의 극성이 서로 반대로 되기 때문에

반전 증폭기라고 부른다.

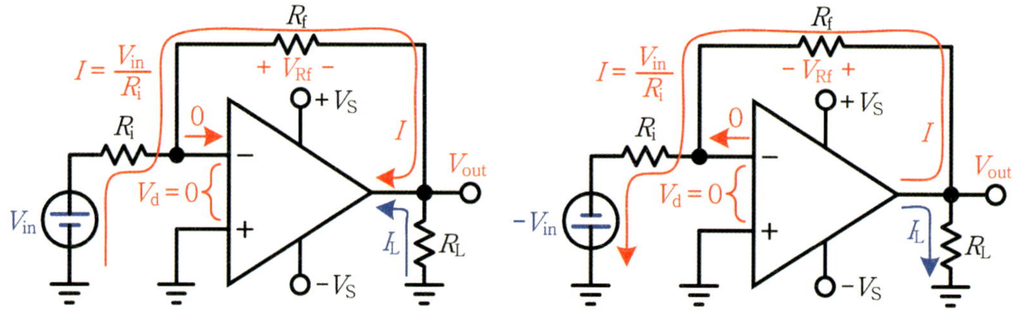

(a) 양(+)의 입력전압을 사용한 경우 (b) 음(-)의 입력전압을 사용한 경우

<그림 3.1.3> 반전 증폭기

이것은 다음과 같이 연산증폭기에 입력되는 입력전압 V_{in}의 극성에 따라 2가지의 경우로 나누어 생각하는 것이 좋다. 여기서는 이상적인 연산증폭기의 특성②와 특성③이 적용된다.

❶ 양(+)의 입력전압을 사용한 경우

비반전 입력단자가 접지되어 있고 두 입력단자 사이의 전압은 항상 0이 되므로 반전 입력단자는 가상 접지가 된다. 따라서, 입력단 저항 R_i에는 다음과 같은 전류가 우측 방향으로 흐른다.

$$I = \frac{V_{in} - 0}{R_i} = \frac{V_{in}}{R_i}$$

그런데, 연산증폭기의 두 입력단자에는 전류가 흐르지 못하므로 이 전류는 모두 피드백 저항 R_f를 통하여 흘러나가게 되며, 따라서 피드백 저항에는 다음과 같이 전압강하가 발생하여 출력전압이 만들어진다.

$$V_{Rf} = I \times R_f = \frac{V_{in}}{R_i} R_f = \frac{R_f}{R_i} V_{in}$$

$$V_{out} = -V_{Rf} = -\frac{R_f}{R_i} V_{in}$$

그러므로 이 반전 증폭기의 증폭률 즉 폐루프 전압이득은 다음과 같이 계산된다.

$$A_{CL} = \frac{V_{out}}{V_{in}} = -\frac{R_f}{R_i}$$

❷ 음(-)의 입력전압을 사용한 경우

비반전 입력단자가 접지되어 있고 두 입력단자 사이의 전압은 항상 0이 되므로 반전 입력단자는 가상 접지가 된다. 따라서, 입력단 저항 R_i에는 다음과 같은 전류가 좌측 방향으로 흐른다.

$$I = \frac{0-(-V_{in})}{R_i} = \frac{V_{in}}{R_i}$$

그런데, 연산증폭기의 두 입력단자에는 전류가 흐르지 못하므로 이 전류는 모두 피드백 저항 R_f를 통하여 흘러들어오게 되며, 따라서 피드백 저항에는 다음과 같이 전압강하가 발생하여 출력전압이 만들어진다.

$$V_{Rf} = I \times R_f = \frac{V_{in}}{R_i} R_f = \frac{R_f}{R_i} V_{in}$$

$$V_{out} = V_{Rf} = \frac{R_f}{R_i} V_{in} = -\frac{R_f}{R_i}(-V_{in})$$

그러므로 이 반전 증폭기의 증폭률 즉 폐루프 전압이득은 다음과 같이 계산된다.

$$A_{CL} = \frac{V_{out}}{-V_{in}} = -\frac{R_f}{R_i}$$

이상으로 살펴본 반전 증폭기의 특성을 요약하면 다음과 같다.

① 출력신호의 극성이 입력신호와 반대로 된다.

② 폐루프 전압이득이 오직 입력단 저항 R_i와 궤환저항 R_f만으로 결정된다.

$$A_{CL} = -\frac{R_f}{R_i}$$

③ 입력단 저항 R_i와 궤환저항 R_f의 비율에 따라 증폭과 감쇠가 모두 가능하다.

④ 이 회로의 입력저항은 R_i로서 무한대 보다는 상당히 작아진다.

⑤ 저항 R_i와 R_f는 수십 kΩ에서 수백 kΩ 정도를 사용하는 것이 바람직하다.

한편, 연산증폭기의 출력단자에 흐르는 전류는 $I_{out} = I + I_L$로 입력전류와 부하전류의 합이 되는데, 입력단 저항 R_i는 수십 kΩ 이상으로 크게 선정하기 때문에 입력전류가 작아지므로 이들 두 전류는 $I << I_L$의 관계에 있게 되고 따라서 연산증폭기에서 출력단자의 전류는 주로 부하전류 I_L에 의하여 결정된다. 대부분의 연산증폭기에서 출력단자의 전류는 20mA 정도를 넘지 않도록 부하를 사용해야 한다.

이와 같은 반전 증폭기 회로의 동작을 입력신호와 출력신호의 관계를 보여주는 입출력 특성 곡선으로 표현하면 <그림 3.1.4>와 같다. 입력신호가 양(+)의 방향으로 커질수록 출력신호는 음(-)의 방향으로 커지다가 결국은 포화전압 $-V_{sat}$에 도달하며, 반대로 입력신호가 음(-)의 방향으로 커질수록 출력신호는 양(+)의 방향으로 커지다가 결국은 포화전압 $+V_{sat}$에 도달하는 것을 볼 수 있다. 이 특성 곡선의 기울기가 곧 반전 증폭기의 폐루프 전압이득이 되는데, 이 증폭률이 커질수록 특성 곡선의 기울기도 급격해지며, 증폭률이 작아질수록 특성 곡선의 기울기도 완만해진다.

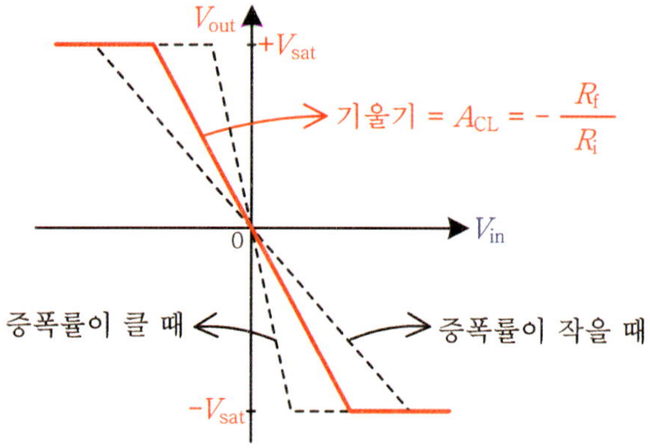

<그림 3.1.4> 반전 증폭기의 입출력 특성 곡선

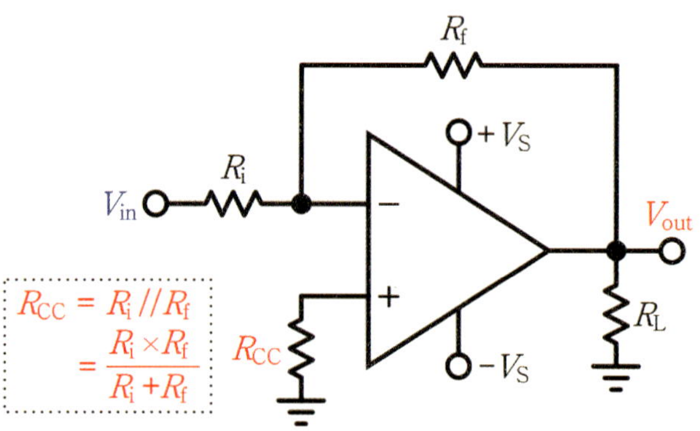

<그림 3.1.5> 전류 보상 저항을 사용한 반전 증폭기 회로

그러나, <그림 3.1.3>에서 보인 반전 증폭기를 실제로 구성하여 사용할 때는 <그림 3.1.5>처럼 전류 보상 저항(current-compensating resistor) R_{cc}를 사용하는 것이 좋다. 이것은 뒤의 "5. 전류 보상 저항의 사용"에서 설명하는 것처럼 입력 바이어스 전류에 의하여 출력전압에 오차가 발생하는 것을 억제하기 위한 저항으로서 반전 증폭기의 기본 동작에는 영향을 주지 않는다. 비반전 입력단자에 사용하는 이 전류 보상 저항의 저항값은 반전 입력단자에 사용된 회로의 등가저항 값과 동일하게 사용하는 것이 바람직하지만, 실제로는 이처럼 계산된 저항값을 갖는 저항 소자가 없는 경우가 많으므로 이 계산치에 가장 가까운 저항값을 갖는 소자를 선정하여 사용하면 된다.

(2) 실제 적용 회로

<그림 3.1.6>에 반전 증폭기의 실제 사용 예를 보였다. 입력신호에는 -5~+5V의 범위에서 변동하고 주파수가 500Hz인 대칭형 삼각파를 사용하였으며, 폐루프 전압이득은 -2로 설정하였다. 이 회로에서 정확한 전류 보상 저항값은 R_i = 10kΩ과 R_f = 20kΩ을 병렬로 계산한 6.667kΩ이지만 실제로 이런 저항 소자는 없으므로 이와 가까운 6.8kΩ을 사용하였다. 이것의 자세한 동작을 그림의 (b)와 (c)에 각각 입출력 파형과 입출력 특성 곡선으로 설명하였다.

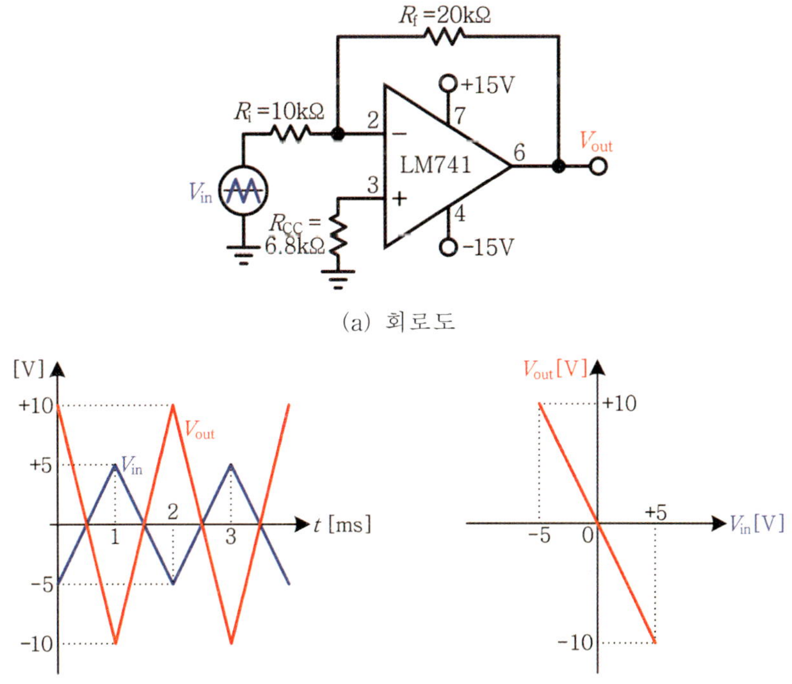

(b) 입출력 파형 (c) 입출력 특성 곡선

<그림 3.1.6> 반전 증폭기의 사용 예

(3) 궤환저항을 분할하여 사용하는 고이득 반전 증폭기

반전 증폭기가 갖는 단점 중의 하나는 입력저항이 연산증폭기의 무한대(∞) 입력저항이 아니라 회로의 입력단에 사용한 저항 R_i가 되므로 무한대에 비하여 매우 작다는 것이다. 이 회로의 입력저항을 크게 하고자 R_i를 크게 하면 증폭률이 클 경우에 궤환저항 R_f도 그만큼 크게 사용해야 한다. 그런데, 궤환저항이 수백 kΩ을 넘어서 MΩ 정도의 영역으로 들어가면 이 값이 연산증폭기의 입력저항과 유사한 수준이 되어 증폭기로서의 동작이 연산증폭기의 이상적인 동작에서 점점 벗어나서 오차를 발생하게 된다. 그러므로 반전 증폭기는 증폭률 즉 폐루프 전압이득을 크게 하기 어렵다는 단점을 갖게 된다.

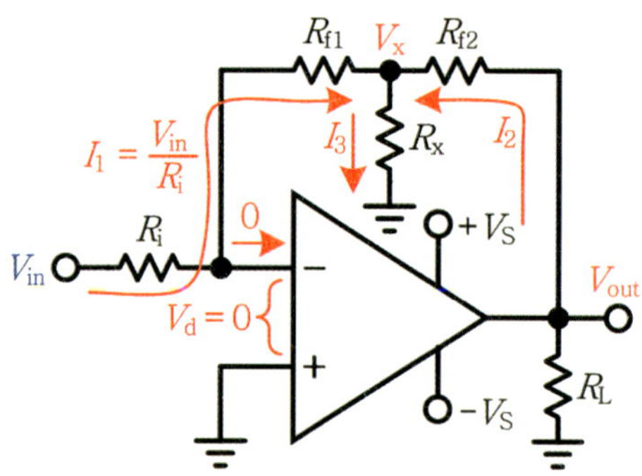

<그림 3.1.7> 궤환저항을 분할하여 사용하는 반전 증폭기 회로

이러한 반전 증폭기의 단점을 해결하는 방법 중의 하나가 <그림 3.1.7>에 보인 것처럼 궤환저항을 2개로 분할하고 그 중간에 접지 저항을 1개 연결하는 회로를 사용하는 방법이다. 여기서 입력전류 I_1은 쉽게 구할 수 있으며, 연산증폭기의 반전 입력단자에는 전류가 흐르지 못하므로 이 전류는 모두 궤환저항 R_{f1}을 통하여 흐른다.

$$I_1 = \frac{V_{in} - 0}{R_i} = \frac{0 - V_x}{R_{f1}}$$

또한, 2개의 궤환저항과 저항 R_x가 만나는 점의 전압을 V_x라고 하고, 연산증폭기의 출력단자에서 이 점으로 흘러들어오는 전류를 I_2라고 하며, 이 점에서 저항 R_x를 통하여 접지로 흘러나가는 전류를 I_3라고 하면 키르히호프의 전류 법칙에 따라 다음의 관계가 성립한다.

$$I_1 + I_2 = I_3$$

$$\frac{0 - V_x}{R_{f1}} + \frac{V_{out} - V_x}{R_{f2}} = \frac{V_x - 0}{R_x}$$

이상 2가지의 전류 관계식을 연립으로 풀면 다음과 같은 출력전압의 식을 얻을 수 있다. 여기서 보듯이 만약 저항 R_x가 무한대로 커진다면($R_x = \infty$) 괄호 안의 첫번째 항이 0으로 작아지므로 이 식은 그대로 반전 증폭기의 출력전압 식이 된다. 그러나, 반대로 저항 R_x가 0으로 매우 작아진다면 ($R_x = 0$) 괄호 안의 첫번째 항이 ∞로 커지므로 이 회로의 증폭률은 -∞로 커진다. 즉, 기본적인 반전 증폭기에 추가된 저항 R_x를 사용하여 이 증폭기의 증폭률을 매우 크게 할 수 있다.

$$V_{out} = -\left(\frac{R_{f1}R_{f2}}{R_iR_x} + \frac{R_{f1}+R_{f2}}{R_i}\right)V_{in}$$

실제 회로에서 저항 R_x를 가변저항으로 사용하여 이와 같은 반전 증폭기를 구성한다면 입력단 저항 R_i를 매우 크게 사용한 상태에서도 저항 R_x를 사용하여 증폭률을 사용자가 원하는 대로 매우 크게 설정할 수 있으므로 반전 증폭기의 단점을 개선할 수 있게 된다. 또한, 실제 회로에서는 비반전 입력단자에 적절한 크기의 전류 보상 저항을 사용하는 것이 좋다.

3. 비반전 증폭기

(1) 기본 회로

다음의 <그림 3.1.8>에 연산증폭기를 사용한 비반전 증폭기(noninverting amplifier)의 회로를 보였다. 이 증폭기는 입력신호와 이것이 증폭되어 출력된 신호의 극성이 서로 동일하게 유지되기 때문에 비반전 증폭기라고 부른다.

이것도 역시 반전 증폭기의 경우처럼 다음과 같이 연산증폭기에 입력되는 입력전압 V_{in}의 극성에 따라 2가지의 경우로 나누어 생각하는 것이 좋다. 여기서는 이상적인 연산증폭기의 특성②와 특성③이 적용된다.

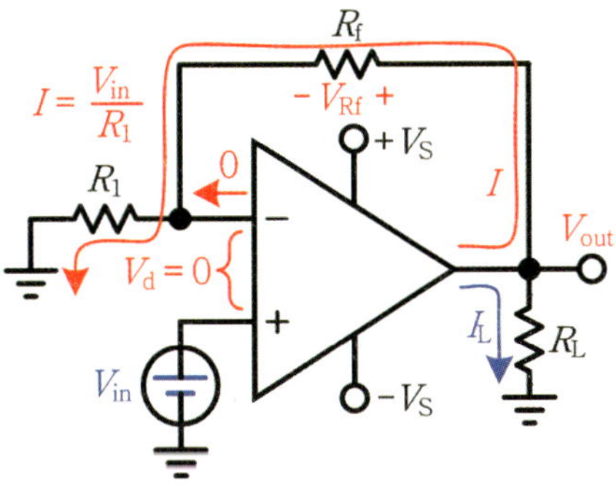

(a) 양(+)의 입력전압을 사용한 경우

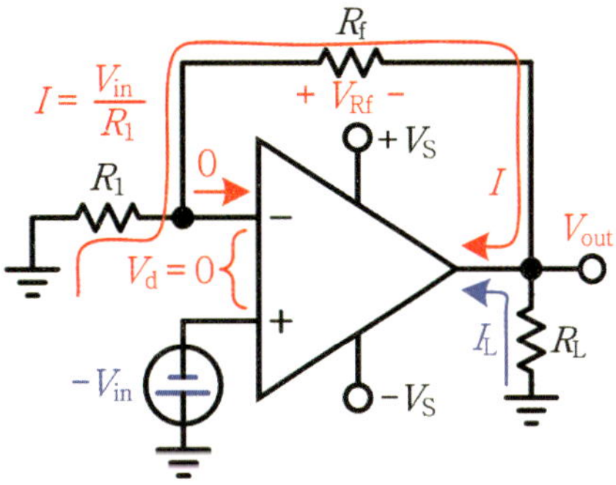

(b) 음(-)의 입력전압을 사용한 경우

<그림 3.1.8> 비반전 증폭기

❶ 양(+)의 입력전압을 사용한 경우

두 입력단자 사이의 전압은 항상 0으로 유지되므로 반전 입력단자의 전압은 입력전압 V_{in}과 같게 되며, 반전 입력단자에 연결된 저항 R_1의 다른 쪽은 접지되어 있다. 따라서, 저항 R_1에는 다음과 같은 전류가 좌측 방향으로 흐른다. (☞ 비반전 증폭기에서 이 저항은 더 이상 입력단 저항이라고 부를 수 없으므로 R_i가 아니라 R_1이라고 표기한다.)

$$I = \frac{V_{in} - 0}{R_1} = \frac{V_{in}}{R_1}$$

그런데, 연산증폭기의 두 입력단자에는 전류가 흐르지 못하므로 이 전류는 모두 피드백 저항 R_f를 통하여 흘러들어오게 되며, 따라서 피드백 저항에는 다음과 같이 전압강하가 발생하여 출력전압이 만들어진다.

$$V_{Rf} = I \times R_f = \frac{V_{in}}{R_1} R_f = \frac{R_f}{R_1} V_{in}$$

$$V_{out} = V_{in} + V_{Rf} = V_{in} + \frac{R_f}{R_1} V_{in} = \left(1 + \frac{R_f}{R_1}\right) V_{in}$$

그러므로 이 비반전 증폭기의 증폭률 즉 폐루프 전압이득은 다음과 같이 계산된다.

$$A_{CL} = \frac{V_{out}}{V_{in}} = 1 + \frac{R_f}{R_1}$$

❷ 음(-)의 입력전압을 사용한 경우

두 입력단자 사이의 전압은 항상 0으로 유지되므로 반전 입력단자의 전압은 입력전압 $-V_{in}$과 같게 되며, 반전 입력단자에 연결된 저항 R_1의 다른 쪽은 접지되어 있다. 따라서, 저항 R_1에는 다음과 같은 전류가 우측 방향으로 흐른다.

$$I = \frac{0 - (-V_{in})}{R_1} = \frac{V_{in}}{R_1}$$

그런데, 연산증폭기의 두 입력단자에는 전류가 흐르지 못하므로 이 전류는 모두 피드백 저항 R_f를 통하여 흘러나가게 되며, 따라서 피드백 저항에는 다음과 같이 전압강하가 발생하여 출력전압이 만들어진다.

$$V_{Rf} = I \times R_f = \frac{V_{in}}{R_1} R_f = \frac{R_f}{R_1} V_{in}$$

$$V_{out} = -V_{in} - V_{Rf} = -V_{in} - \frac{R_f}{R_1} V_{in} = \left(1 + \frac{R_f}{R_1}\right)(-V_{in})$$

그러므로 이 비반전 증폭기의 증폭률 즉 폐루프 전압이득은 다음과 같이 계산된다.

$$A_{CL} = \frac{V_{out}}{-V_{in}} = 1 + \frac{R_f}{R_1}$$

이상으로 살펴본 비반전 증폭기의 특성을 요약하면 다음과 같다.

① 출력신호의 극성이 입력신호와 동일하게 된다.
② 폐루프 전압이득이 오직 저항 R_1과 궤환저항 R_f만으로 결정된다.

$$A_{CL} = 1 + \frac{R_f}{R_1}$$

③ 저항 R_1과 궤환저항 R_f의 비율에 1이 더해지므로 항상 증폭만 가능하다.
④ 이 회로의 입력저항은 연산증폭기의 입력저항 R_{in}과 같으므로 무한대로 크다.
⑤ 저항 R_1과 R_f는 수십 kΩ에서 수백 kΩ 정도를 사용하는 것이 바람직하다.

한편, 연산증폭기의 출력단자에 흐르는 전류는 $I_{out} = I + I_L$로 입력전류와 부하전류의 합이 되는데, 저항 R_1은 수십 kΩ 이상으로 크게 선정하기 때문에 여기에 흐르는 전류가 작아지므로 이들 두 전류는 $I << I_L$의 관계에 있게 되고 따라서 연산증폭기의 출력단자 전류는 주로 부하전류 I_L에 의하여 결정된다. 대부분의 연산증폭기에서 출력단자의 전류는 20mA 정도를 넘지 않도록 부하를 사용해야 한다.

이와 같은 비반전 증폭기 회로의 동작을 입력신호와 출력신호의 관계를 보여주는 입출력 특성 곡선으로 표현하면 <그림 3.1.9>와 같다. 입력신호가 양(+)의 방향으로 커질수록 출력신호도 양(+)의 방향으로 커지다가 결국은 포화전압 $+V_{sat}$에 도달하며, 반대로 입력신호가 음(-)의 방향으로 커질수록 출력신호도 음(-)의 방향으로 커지다가 결국은 포화전압 $-V_{sat}$에 도달하는 것을 볼 수 있다. 이 특성 곡선의 기울기가 곧 비반전 증폭기의 폐루프 전압이득이 되는데, 이 증폭률이 커질수록 특성 곡선의 기울기도 급격해지며, 증폭률이 작아질수록 특성 곡선의 기울기도 완만해진다.

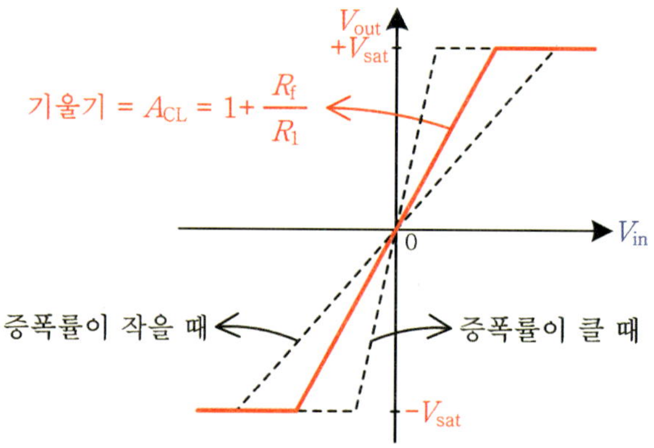

<그림 3.1.9> 비반전 증폭기의 입출력 특성 곡선

그러나, <그림 3.1.8>에서 보인 비반전 증폭기를 실제로 구성하여 사용할 때는 <그림 3.1.10>처럼 전류 보상 저항 R_{cc}를 사용하는 것이 좋다. 이것은 뒤의 "5. 전류 보상 저항의 사용"에서 설명하는 것처럼 입력 바이어스 전류에 의하여 출력전압에 오차가 발생하는 것을 억제하기 위한 저항으로서 비반전 증폭기의 기본 동작에는 영향을 주지 않는다. 비반전 입력단자에 사용하는 이 전류 보상 저항의 저항값은 반전 입력단자에 사용된 회로의 등가저항값과 동일하게 사용하는 것이 바람직하지만, 이처럼 계산된 저항값을 갖는 저항 소자가 없는 경우가 많으므로 이 계산치에 가장 가까운 저항 소자를 선정하여 사용하면 된다.

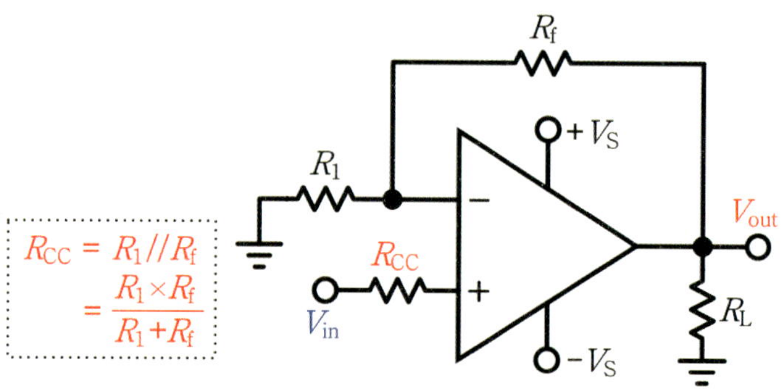

<그림 3.1.10> 전류 보상 저항을 사용한 비반전 증폭기 회로

(2) 실제 적용 회로

<그림 3.1.11>에 비반전 증폭기의 실제 사용 예를 보였다. 입력신호로 -2~+2V의 범위에서 변동하고 주파수가 500Hz인 대칭형 삼각파를 사용하였으며, 폐루프 전압이득은 5로 설정하였다. 이 회로에서 정확한 전류 보상 저항값은 R_1 = 10kΩ과 R_f = 40kΩ을 병렬로 계산한

8kΩ이지만 이런 저항 소자는 없으므로 이와 가까운 8.2kΩ을 사용하였다. 이것의 자세한 동작을 그림의 (b)와 (c)에 각각 입출력 파형과 입출력 특성 곡선으로 설명하였다.

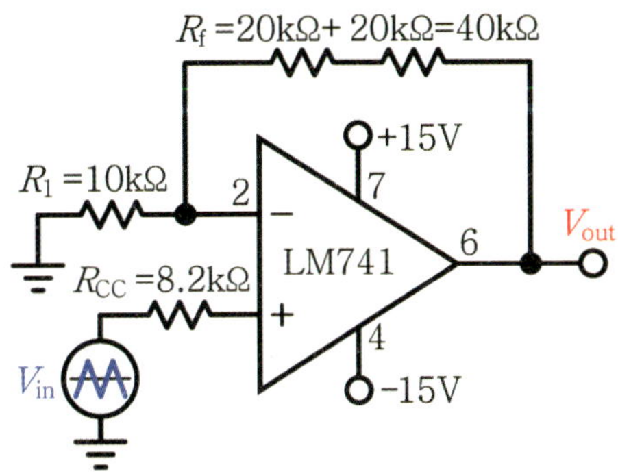

(a) 회로도

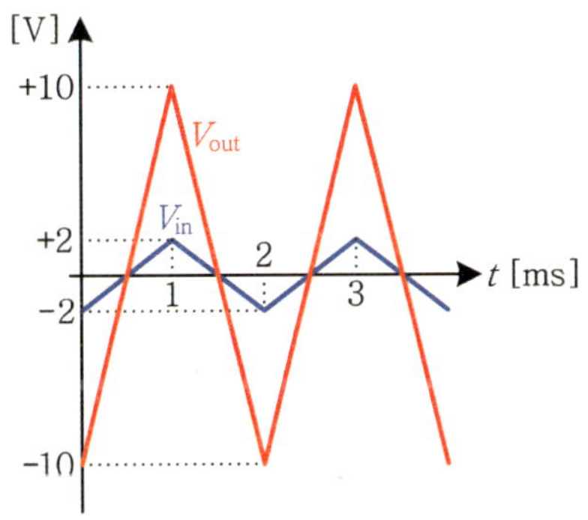

(b) 입출력 파형

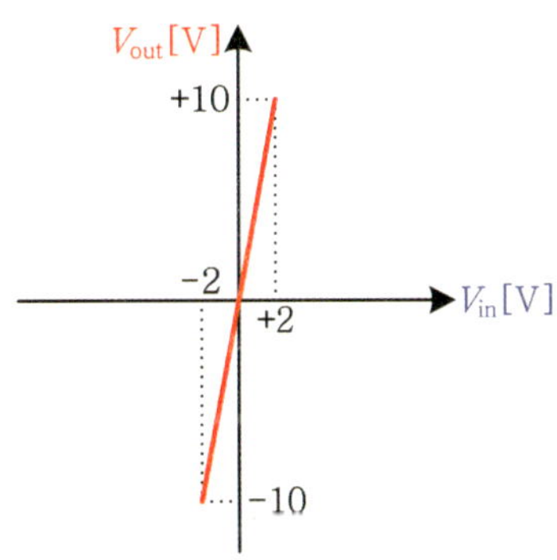

(c) 입출력 특성 곡선

<그림 3.1.11> 비반전 증폭기의 사용 예

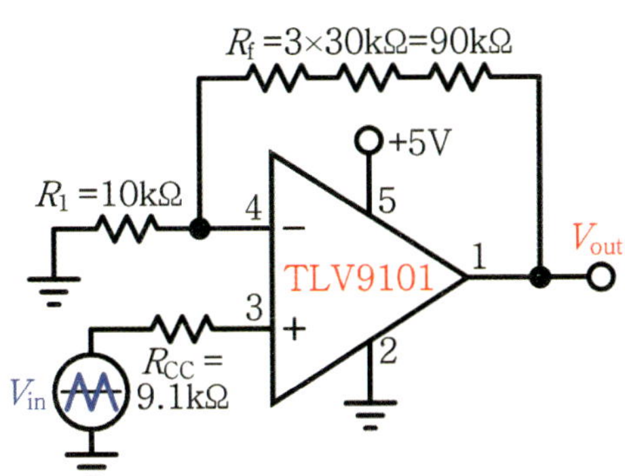

(a) 회로도

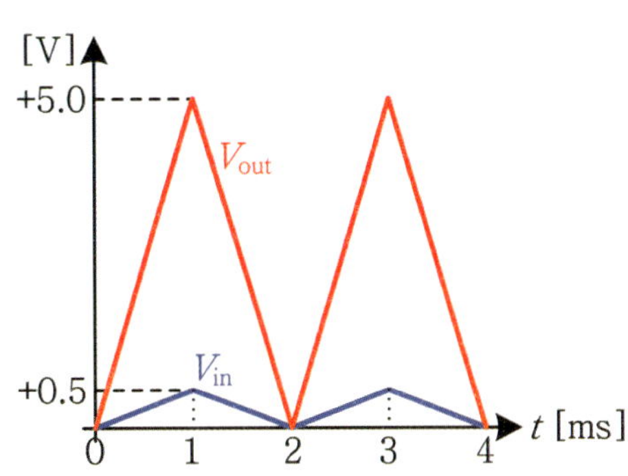

(b) 입출력 파형

<그림 3.1.12> 단전원 방식으로 설계한 비반전 증폭기 회로의 예

또 하나의 비반전 증폭기 회로의 예로서 단전원 방식의 RRIO형 연산증폭기 TLV9101을 사용하여 설계한 비반전 증폭기를 보이면 <그림 3.1.12>와 같다. 여기서는 입력신호로 0~+0.5V의 범위에서 변동하고 주파수가 500Hz인 삼각파를 사용하였으며, 폐루프 전압이득은 10으로 설정하였다. 이 회로에서 정확한 전류 보상 저항값은 R_1 = 10kΩ과 R_f = 90kΩ을 병렬로 계산한 9kΩ이지만 이런 저항 소자는 없으므로 이와 가까운 9.1kΩ을 사용하였다. 이것의 자세한 동작을 그림 (b)와 같이 입출력 파형으로 설명하였다.

(3) 비반전 증폭기와 반전 증폭기의 특성 비교

이상에서 공부한 반전 증폭기와 비반전 증폭기의 특성을 요약하여 비교하면 <표 3.1.1>과 같다. 이 표에서 보듯이 반전 증폭기와 비반전 증폭기는 유사한 특성도 많이 갖지만 서로 다른 특성도 있으므로 아날로그 회로의 용도에 따라서 이것들을 잘 선택하여 사용해야 한다. 반전 증폭기는 입력 임피던스가 작다는 것이 단점으로 나타날 경우가 많으며, 비반전 증폭기는 증폭만 가능하고 감쇠가 안된다는 점이 단점일 때가 있다.

<표 3.1.1> 반전 증폭기와 비반전 증폭기의 특성 비교

	반전 증폭기	비반전 증폭기
회로	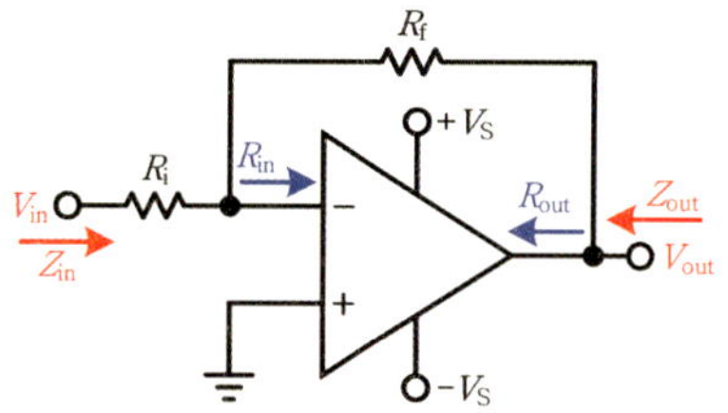	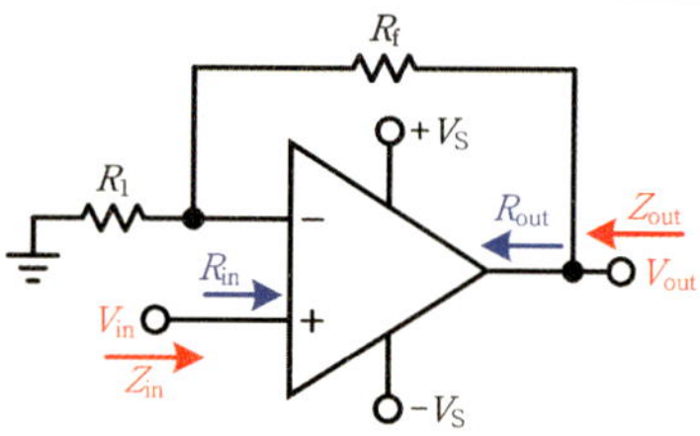
출력전압 극성	출력신호의 극성이 입력신호와 반대로 된다.	출력신호의 극성이 입력신호와 동일하게 유지된다.
폐루프 전압이득	$A_{CL} = -\frac{R_f}{R_i}$ 증폭이나 감쇠가 모두 가능하다.	$A_{CL} = 1 + \frac{R_f}{R_i}$ 증폭만 가능하다.
입력 임피던스	$Z_{in} = R_i + \left(\frac{R_f}{1+A_{OL}}\right) // R_{in} \fallingdotseq R_i + \frac{R_f}{1+A_{OL}} \fallingdotseq R_i$ 입력 임피던스가 작다.	$Z_{in} = R_{in}\left(1 + A_{OL}\frac{R_1}{R_1+R_f}\right) \fallingdotseq \infty$ 입력 임피던스가 크다.
출력 임피던스	$Z_{out} = \frac{R_{out}}{1 + A_{OL}\frac{R_i}{R_i+R_f}} \fallingdotseq 0$ 출력 임피던스가 작다.	$Z_{out} = \frac{R_{out}}{1 + A_{OL}\frac{R_i}{R_i+R_f}} \fallingdotseq 0$ 출력 임피던스가 작다.
폐루프 대역폭	$f_{CL} = f_{OL}\left(1 + A_{OL}\frac{R_i}{R_i+R_f}\right) \fallingdotseq \infty$ 폐루프 대역폭이 크다.	$f_{CL} = f_{OL}\left(1 + A_{OL}\frac{R_1}{R_1+R_f}\right) \fallingdotseq \infty$ 폐루프 대역폭이 크다.
가산기 회로 만들기	쉽다.	복잡하다.

여기서는 이를 직류 증폭회로로 간주하기 때문에 임피던스라는 말은 적합하지 않지만, 연산증폭기 자체의 입력저항 R_{in} 및 출력저항 R_{out}과 전체 증폭기 회로의 입력저항 및 출력저항을 서로 구분하여 표시하기 위하여 굳이 이를 저항이 아니라 임피던스라고 다르게 부르기로 하였다.

이 비교표에서 2가지 증폭기의 입력 임피던스, 출력 임피던스, 폐루프 대역폭 등의 식을 유도하는 과정은 아날로그 회로의 해석 및 설계 기술을 익히는 것이 목적인 우리의 응용 엔지니어들에게는 그다지 필수적인 사항이 아니라고 판단되어 이 책의 범위를 넘는 것으로 생각하지만, 참고 사항으로 이것들의 입력 임피던스와 출력 임피던스를 계산하는 과정을 아래에 요약하여 소개한다.

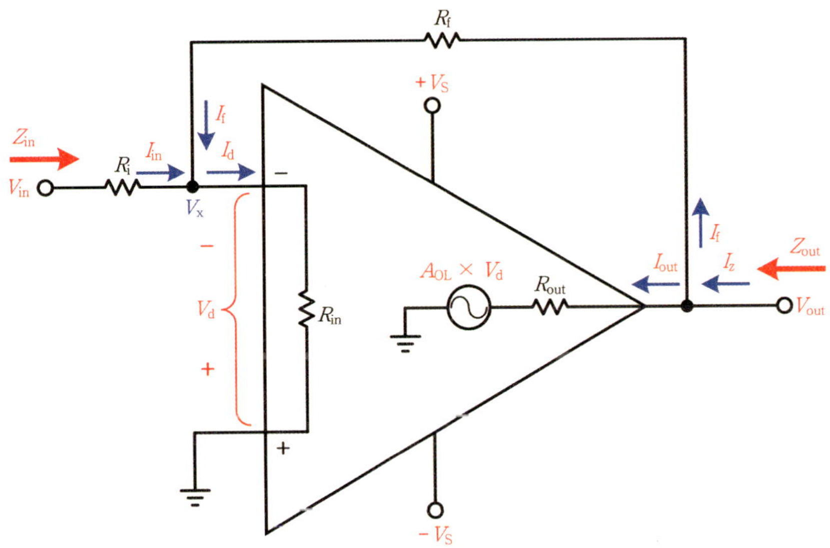

<그림 3.1.13> 반전 증폭기의 입출력 임피던스를 계산하기 위한 상세 능가회로

▣ 반전 증폭기의 입력 임피던스 및 출력 임피던스 계산

연산증폭기 자체의 입력저항이 R_{in}이고, 출력저항이 R_{out}이며, 개루프 전압이득이 A_{OL}일 때 이 연산증폭기를 사용하여 반전 증폭기를 구성하였을 경우 이 증폭기 회로의 전체 입력 임피던스 Z_{in}과 출력 임피던스 Z_{out}을 구하기 위한 상세 등가회로는 <그림 3.1.13>과 같다.

❶ 입력 임피던스 Z_{in}을 구하는 방법

이제부터 사용하는 연산증폭기는 이상적인 특성을 갖지 않는다고 가정하므로 입력저항 R_{in}은 무한대는 아니지만 매우 크고, 출력저항 R_{out}도 0은 아니지만 매우 작으며, 폐루프 전압이득 A_{OL}도 무한대는 아니지만 매우 크다. 또한, 이 회로에서 반전 입력단자의 전압을 V_x

라고 가정한다.

먼저, 여기서 출력전류와 출력저항의 곱은 상대적으로 매우 작은 값이 되어 무시할 수 있으므로 차동 입력전압과 출력전압은 다음과 같은 관계로 나타낼 수 있다.

$$V_{out} = A_{OL} \times V_d - I_{out}R_{out} \fallingdotseq A_{OL} \times V_d$$

그러면 이 증폭기의 피드백 저항에 흐르는 전류는 다음과 같이 계산할 수 있다.

$$I_f = \frac{V_{out} - V_x}{R_f} = \frac{V_{out} + V_d}{R_f} = \frac{A_{OL}V_d + V_d}{R_f} = \frac{1 + A_{OL}}{R_f}V_d$$

입력저항, 반전 입력단자, 피드백 저항이 만나는 V_x 점에서 키르히호프의 전류법칙을 적용하면 다음과 같은 관계를 얻을 수 있다. 여기서, 반전 입력단자로 흘러들어가는 전류는 피드백 저항에 흐르는 전류에 비하면 상대적으로 매우 작은 전류이므로 무시한다.

$$I_{in} = -I_f + I_d \fallingdotseq -I_f = -\frac{1 + A_{OL}}{R_f}V_d$$

그러면, V_x 점에서 연산증폭기 쪽으로 바라본 임피던스를 Z_x라고 하면 이것은 양쪽 회로로 갈라진 2개의 등가저항이 병렬로 연결된 형태가 되므로 다음과 같이 계산된다.

$$Z_x = \frac{V_x}{I_{in}} = \frac{-V_d}{I_{in}} = \left(\frac{-V_d}{-I_f}\right) // \left(\frac{-V_d}{I_d}\right) = \left(\frac{-V_d}{-\frac{1 + A_{OL}}{R_f}V_d}\right) // R_{in} = \left(\frac{R_f}{1 + A_{OL}}\right) // R_{in}$$

따라서, 이 회로의 입력 임피던스는 다음과 같이 구해진다.

$$Z_{in} = R_i + Z_x = R_i + \left(\frac{R_f}{1 + A_{OL}}\right) // R_{in} \fallingdotseq R_i + \frac{R_f}{1 + A_{OL}} \fallingdotseq R_i$$

❷ 출력 임피던스 Z_{out}을 구하는 방법

이 회로의 출력 임피던스를 구할 때는 이 반전 증폭기의 입력전압 V_{in}을 0으로 놓고 이 입력단자를 접지시킨 것으로 간주한다. 그러면 연산증폭기의 차동 입력전압은 다음과 같이 계산할 수 있다.

$$V_d = -V_x = -\frac{R_i}{R_i + R_f}V_{out}$$

그러면 이 연산증폭기의 출력전류는 다음과 같이 계산할 수 있다.

$$I_{out} = \frac{V_{out} - A_{OL}V_d}{R_{out}} = \frac{V_{out} + A_{OL}\frac{R_i}{R_i + R_f}V_{out}}{R_{out}} = \frac{\left(1 + A_{OL}\frac{R_i}{R_i + R_f}\right)V_{out}}{R_{out}} = \left(1 + A_{OL}\frac{R_i}{R_i + R_f}\right)\frac{V_{out}}{R_{out}}$$

그런데, 이 회로의 출력전류가 연산증폭기의 출력전류 I_{out}과 피드백 전류 I_f로 갈라질 때 출력저항 R_{out}과 피드백 저항 R_f에 반비례하여 분기되므로 I_{out}에 비하여 I_f가 훨씬 작게 되어 이를 무시할 수 있다.

$$I_z = I_{out} + I_f \fallingdotseq I_{out} = \left(1 + A_{OL}\frac{R_i}{R_i + R_f}\right)\frac{V_{out}}{R_{out}}$$

따라서, 이 회로의 출력 임피던스는 다음과 같이 구해진다.

$$Z_{out} = \frac{V_{out}}{I_z} = \frac{V_{out}}{\left(1 + A_{OL}\frac{R_i}{R_i + R_f}\right)\frac{V_{out}}{R_{out}}} = \frac{R_{out}}{\left(1 + A_{OL}\frac{R_i}{R_i + R_f}\right)}$$

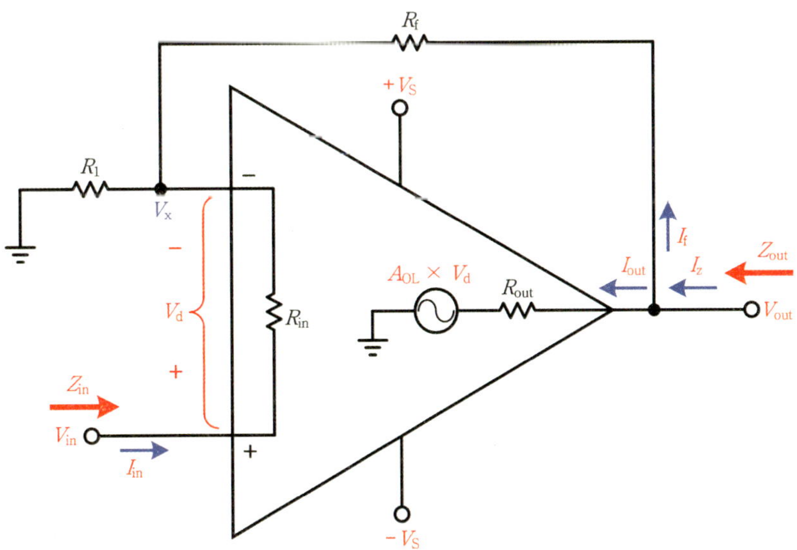

<그림 3.1.14> 비반전 증폭기의 입출력 임피던스를 계산하기 위한 상세 등가회로

▣ 비반전 증폭기의 입력 임피던스 및 출력 임피던스 계산

연산증폭기 자체의 입력저항이 R_{in}이고, 출력저항이 R_{out}이며, 개루프 전압이득이 A_{OL}일 때 이 연산증폭기를 사용하여 비반전 증폭기를 구성하였을 경우 이 증폭기 회로의 전체 입력 임피던스 Z_{in}과 출력 임피던스 Z_{out}을 구하기 위한 상세 등가회로를 <그림 3.1.14>에 보였다.

❶ 입력 임피던스 Z_{in}을 구하는 방법

이제부터 사용하는 연산증폭기는 이상적인 특성을 갖지 않는다고 가정하므로 입력저항 R_{in}은 무한대는 아니지만 매우 크고, 출력저항 R_{out}도 0은 아니지만 매우 작으며, 폐루프 전압이득 A_{OL}도 무한대는 아니지만 매우 크다. 또한, 이 회로에서 반전 입력단자의 전압을 V_x라고 가정한다.

먼저, 이 연산증폭기의 차동 입력전압과 출력전압은 다음과 같이 계산할 수 있다. 그러나, 여기서 출력전류와 출력저항의 곱은 상대적으로 매우 작은 값이 되어 무시한다.

$$V_d = I_{in}R_{in}$$
$$V_{out} = A_{OL} \times V_d - I_{out}R_{out} \fallingdotseq A_{OL} \times V_d$$

그러면 이를 이용하여 이 비반전 증폭기의 입력전압을 다음과 같이 나타낼 수 있다.

$$\begin{aligned} V_{in} &= V_d + V_x = V_d + \frac{R_1}{R_1 + R_f} V_{out} = V_d + \frac{R_1}{R_1 + R_f} A_{OL} V_d \\ &= \left(1 + A_{OL} \frac{R_1}{R_1 + R_f}\right) V_d = \left(1 + A_{OL} \frac{R_1}{R_1 + R_f}\right) I_{in} R_{in} \end{aligned}$$

따라서, 이 회로의 입력 임피던스는 다음과 같이 구해진다.

$$Z_{in} = \frac{V_{in}}{I_{in}} = \frac{\left(1 + A_{OL} \frac{R_1}{R_1 + R_f}\right) I_{in} R_{in}}{I_{in}} = R_{in}\left(1 + A_{OL} \frac{R_1}{R_1 + R_f}\right)$$

❷ 출력 임피던스 Z_{out}을 구하는 방법

이 회로의 출력 임피던스를 구할 때는 이 비반전 증폭기의 입력전압 V_{in}을 0으로 놓고 이 입력단자를 접지시킨 것으로 간주한다. 그러면 연산증폭기의 차동 입력전압은 다음과 같이 계산할 수 있다.

$$V_d = -V_x = -\frac{R_1}{R_1 + R_f} V_{out}$$

그러면 이 연산증폭기의 출력전류는 다음과 같이 계산할 수 있다.

$$I_{out} = \frac{V_{out} - A_{OL} V_d}{R_{out}} = \frac{V_{out} + A_{OL} \frac{R_1}{R_1 + R_f} V_{out}}{R_{out}} = \frac{\left(1 + A_{OL} \frac{R_1}{R_1 + R_f}\right) V_{out}}{R_{out}} = \left(1 + A_{OL} \frac{R_1}{R_1 + R_f}\right) \frac{V_{out}}{R_{out}}$$

그런데, 이 회로의 출력전류가 연산증폭기의 출력전류 I_{out}과 피드백 전류 I_f로 갈라질 때 출력저항 R_{out}과 피드백 저항 R_f에 반비례하여 분기되므로 I_{out}에 비하여 I_f가 훨씬 작게 되어 이를 무시할 수 있다.

$$I_z = I_{out} + I_f \fallingdotseq I_{out} = \left(1 + A_{OL} \frac{R_1}{R_1 + R_f}\right) \frac{V_{out}}{R_{out}}$$

따라서, 이 회로의 출력 임피던스는 다음과 같이 구해진다.

$$Z_{out} = \frac{V_{out}}{I_z} = \frac{V_{out}}{\left(1 + A_{OL} \frac{R_1}{R_1 + R_f}\right) \frac{V_{out}}{R_{out}}} = \frac{R_{out}}{\left(1 + A_{OL} \frac{R_1}{R_1 + R_f}\right)}$$

4. 전압 폴로워

<그림 3.1.15>에 유명한 전압 폴로워(voltage follower) 회로를 보였다. 이것은 연산증폭기에서 저항을 사용하지 않고 출력전압을 반전 입력단자에 직접 부궤환으로 연결한 것이다. 그림의 (a)에 보인 것처럼 두 입력단자 사이의 전압은 항상 0으로 유지되고, 반전 입력단자에는 전류가 흐르지 않고 궤환저항도 없으므로 이 부궤환 회로에는 전압강하가 나타나지 않기 때문에 출력전압은 항상 입력전압과 같다.

$$V_{out} = V_{in}$$

이것의 동작 원리는 그림의 (b)처럼 생각할 수도 있다. 즉 비반전 증폭기에서 2개의 저항값이 각각 $R_1 = \infty$ 및 $R_f = 0$으로 된 특수한 회로라고 볼 수 있는 것이다. 그러면 비반전 증폭기의 출력전압 식이 다음과 같이 된다.

$$V_{out} = \left(1 + \frac{R_f}{R_1}\right) V_{in} = \left(1 + \frac{0}{\infty}\right) V_{in} = V_{in}$$

이 회로에서는 출력전압이 항상 입력전압과 같으므로 출력전압이 입력전압을 따라간다고 하여 전압 폴로워(voltage follower)라고 불리며, 언제나 폐루프 전압이득이 1이므로 단위 이득 증폭기(unity-gain amplifier)라고도 한다.

$$A_{CL} = \frac{V_{out}}{V_{in}} = 1$$

또한, 이것의 입력저항은 ∞이고 출력저항은 0이므로 완충 증폭기(buffer amplifier)라고 불리기도 하며, 입력저항이 ∞라는 것은 사실상 입력단과 출력단이 전기적으로 분리되어 있는 것으로 간주할 수 있으므로 분리 증폭기(isolation amplifier)라고도 한다.

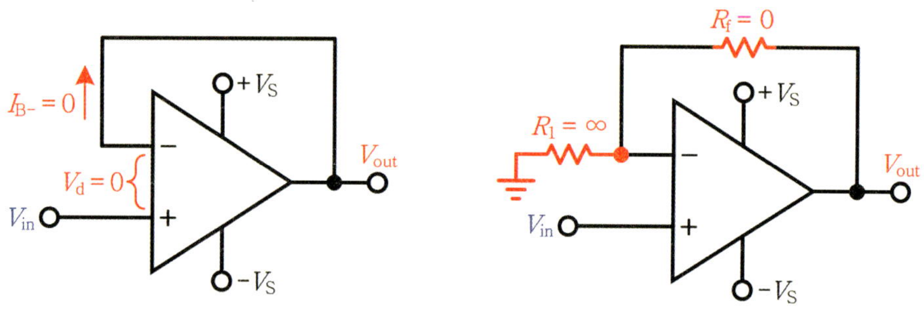

(a) 동작 원리 1 (b) 동작 원리 2

<그림 3.1.15> 전압 폴로워

이상으로 살펴본 전압 폴로워 회로의 특성을 요약하면 다음과 같다.

① 항상 출력전압이 입력전압과 같으므로 폐루프 전압이득이 1이다.
② 입력저항은 $R_{in} = \infty$이고 출력저항은 $R_{out} = 0$이다.
③ 매우 다양한 용도로 사용되며, 특히 부하저항의 영향을 제거하기 위한 임피던스 변환의 용도로 널리 사용된다.

전압 폴로워에서도 만약 입력전압 소스 V_{in}에 등가 출력저항 R_G를 가지고 있다면 이것 때문에 바이어스 전류에 의한 출력전압의 오차가 발생할 수 있으므로 <그림 3.1.16>과 같이 부궤환 연결선에 전류 보상 저항 R_{CC}를 사용하는 것이 좋다.

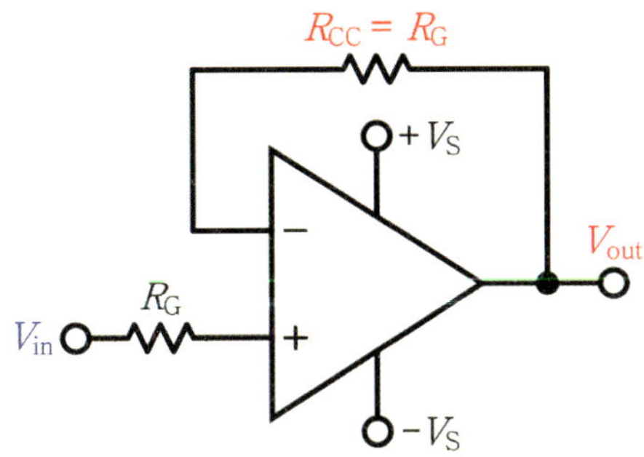

<그림 3.1.16> 전류 보상 저항을 사용한 전압 폴로워 회로

5. 전류 보상 저항의 사용

연산증폭기를 직류 증폭기 회로에 적용할 때 출력전압에 오차를 유발하는 요인에는 다음과 같은 것들이 있다.

① 입력 바이어스 전류(input bias current)
② 입력 오프셋 전류(input offset cirrent)
③ 입력 오프셋 전압(input offset voltage)
④ 온도 드리프트에 의한 특성 변화
⑤ 전원전압 변동에 따른 특성 변화

이중에서 ③의 원인으로 발생하는 오차는 각 연산증폭기 IC의 데이터 시트에서 권장하는 오프셋 제거 회로를 사용하여 조정하는 방법으로 해결할 수 있으며, 오늘날의 고성능 연산증폭기에서는 오프셋 전압이 내략 1mV 미만으로 매우 작세 유시되노록 설세하여 별노도 오프셋 조정 단자를 제공하지 않는 경우가 많다.

또한, ④⑤의 원인으로 발생하는 오차는 사용자가 기술적으로 해결하기 어려운 사항이며, 사용자가 응용 시스템을 설계할 때 온도 드리프트나 전원전압의 변동에 대하여 특성 변화가 적은 우수한 성능의 연산증폭기 소자를 선정하는 방법으로 해결해야 한다. 물론, 주변 온도를 일정하게 유지하거나 연산증폭기의 전원전압이 매우 안정적으로 공급될 수 있도록 한다면 이런 원인으로 발생하는 오차를 최소한으로 억제할 수 있다.

그러나, ①②의 원인으로 발생하는 출력전압의 오차는 사용자가 연산증폭기를 사용하여 아날로그 회로를 설계하는 방법에 의하여 해결할 수 있으므로 잘 알아두어야 한다. 여기서는 어떤 원리로 어떻게 이를 해결할 수 있는지 공부하기로 한다.

이제까지 우리는 연산증폭기 회로를 해석하면서 언제나 연산증폭기의 특성이 이상적이라고 가정하였으므로 비반전 입력단자의 바이어스 전류(소자로 흘러들어가는 방향을 +극성으로 간주함.) I_{B+}와 반전 입력단자의 바이어스 전류(소자로 흘러들어가는 방향을 +극성으로 간주함.) I_{B-}는 항상 0이라고 간주하였다. 그러나, 반도체 구조를 갖는 실제의 연산증폭기에서는 이들 전류값이 0일 수가 없다. 일반 바이폴라형의 연산증폭기에서는 이들 각 단자의 바이어스 전류가 수 μA에서 수 nA 정도이고, Bi-MOS형의 연산증폭기에서는 수 pA로 더욱 작아지기는 했지만, 그렇다고 하더라도 반도체 소자가 동작하기 위해서는 당연히 이들 전류가 어느 정도 흐르는 것이 당연하다. <그림 1.1.13>에서도 보였듯이 연산증폭기 내부에서 사용되는 트랜지스터 회로의 구조로 볼 때 이들 전류가 밖으로 흘러나올 수는 없으며 항상 내부로 흘러들어가는 방향으로 동작하게 된다.

연산증폭기에서 입력 바이어스 전류 I_B는 다음과 같이 각 단자의 바이어스 전류를 평균한 값으로 정의한다.

$$I_B = \frac{I_{B+} + I_{B-}}{2}$$

또한, 연산증폭기에서 입력 오프셋 전류 I_{OS}는 다음과 같이 두 입력단자의 바이어스 전류를 뺀 값으로 정의한다. 연산증폭기에서 비반전 입력단자와 반전 입력단자의 바이어스 전류 I_{B+}, I_{B-}는 서로 같은 크기가 되어 오프셋 전류가 0으로 되면서 대칭적으로 동작하는 것이 바람직하지만, 실제로 이 값들은 약간의 크기 차이가 있는 경우가 대부분이어서 입력 오프셋 전류도 정확히 0으로 되지는 않는다.

$$I_{OS} = I_{B+} - I_{B-}$$

예를 들어 바이폴라형의 연산증폭기인 LM741은 I_{B+} = 0.4μA, I_{B-} = 0.3μA 정도라고 알려져 있으므로 입력 바이어스 전류와 입력 오프셋 전류는 다음과 같이 계산된다.

$$I_B = \frac{I_{B+} + I_{B-}}{2} = \frac{0.4 + 0.3}{2} = 0.35\,[\mu A]$$

$$I_{OS} = I_{B+} - I_{B-} = 0.4 - 0.3 = 0.1\,[\mu A]$$

그러나, Bi-MOS형의 연산증폭기인 TLV9102는 I_B = 10pA, I_{OS} = 5pA 이하로서 이보다 훨씬 더 작은 값을 갖는다.

이제 연산증폭기 각 입력단자의 바이어스 전류 I_{B+}와 I_{B-}가 서로 거의 같아서 입력 오프셋 전류 I_{OS}가 0에 가깝다고 가정하면 전류 보상 저항(current-compensating resistor)을 사용하여 이것들이 출력전압에 미치는 영향을 최소화할 수 있다. 전류 보상 저항은 연산증폭기 외부에서 비반전 입력단자 측에 연결된 등가저항과 반전 입력단자 측에 연결된 등가저항의 크기가 서로 같아지도록 사용해야 한다.

(1) 반전 증폭기 및 비반전 증폭기의 경우

먼저 <그림 3.1.17>에 반전 증폭기와 비반전 증폭기의 경우 전류 보상 저항을 사용하여 바이어스 전류에 의한 출력전압 오차를 제거하는 방법을 설명하였다. 반전 증폭기의 경우 비반전 입력단자에 $R_{CC} = R_i // R_f$에 해당하는 전류 보상 저항을 연결하면 된다.

$$R_{CC} = R_i // R_f = \frac{R_i R_f}{R_i + R_f}$$

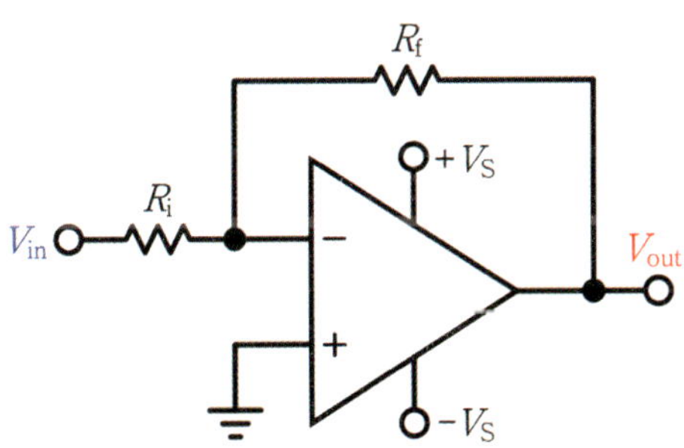

(a) 전류 보상 전의 반전 증폭기

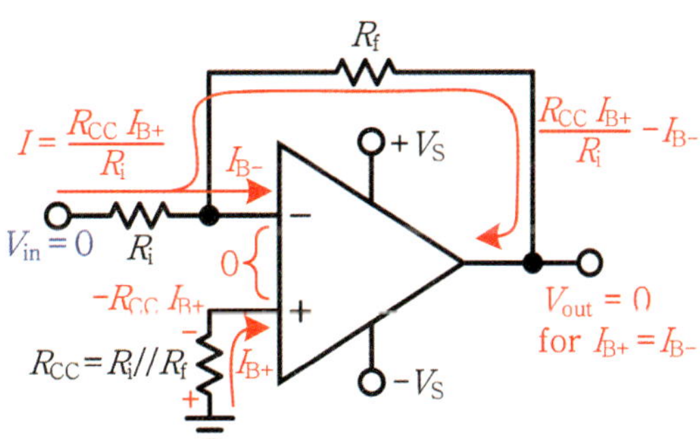

(b) 반전 증폭기의 전류 보상

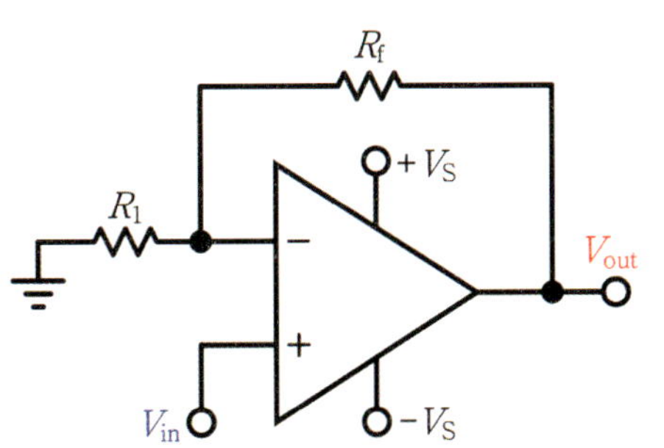

(c) 전류 보상 전의 비반전 증폭기

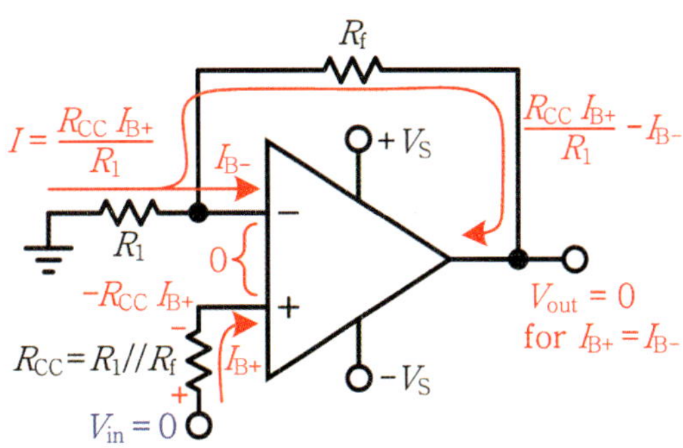

(d) 비반전 증폭기의 전류 보상

<그림 3.1.17> 반전 증폭기와 비반전 증폭기에서 전류 보상 저항을 사용하는 방법

이들 증폭기가 이상적으로 동작한다면 입력전압이 V_{in} = 0일 때 출력전압도 V_{out} = 0으로 출력되어야 한다. 그러나, 실제로는 그렇게 되지 않는다. V_{in} = 0일 때 비반전 입력단자에 바이어스 전류 I_{B+}가 흐른다면 전류 보상 저항 R_{CC}에 $R_{CC}I_{B+}$의 전압강하가 발생하여 비반전 입력단자의 전압은 $-R_{CC}I_{B+}$로 낮아진다. 그런데, 두 입력단자 사이의 전압은 항상 0으로 유지되기 때문에 반전 입력단자의 전압도 $-R_{CC}I_{B+}$가 된다. 따라서, 반전 증폭기의 경우 입력저항 R_i의 우측 방향으로 다음과 같은 전류 I가 흐른다.

$$I = \frac{R_{CC} I_{B+}}{R_i}$$

이 전류 중에서 I_{B-}만큼은 반전 입력단자로 흘러 들어가고 그 나머지는 부궤환 저항 R_f를 거쳐서 연산증폭기의 출력단자로 흘러 들어간다.

$$I_{Rf} = \frac{R_{CC} I_{B+}}{R_i} - I_{B-}$$

따라서, 출력전압은 다음과 같이 계산된다. 그러므로, 이 연산증폭기에서 I_{B+} = I_{B-}가 되어 입력 오프셋 전류가 I_{OS} = 0이라면 출력전압도 V_{out} = 0으로 된다. 즉, 전류 보상 저항을 사용하고 오프셋 전류 I_{OS}가 0이라면 두 입력단자의 바이어스 전류에 의한 출력전압의 오차는 없어진다.

$$\begin{aligned} V_{out} &= -R_{CC}I_{B+} - \left(\frac{R_{CC}I_{B+}}{R_i} - I_{B-}\right)R_f = -R_{CC}\left(1+\frac{R_f}{R_i}\right)I_{B+} + R_f I_{B-} = -\frac{R_i R_f}{R_i + R_f}\left(\frac{R_i+R_f}{R_i}\right)I_{B+} + R_f I_{B-} \\ &= -R_f(I_{B+} - I_{B-}) = -R_f I_{OS} \end{aligned}$$

그러나, 이와 같은 전류 보상 저항을 사용하더라도 만약 입력 오프셋 전류 I_{OS}가 0에 가깝게 작지 않다면 바이어스 전류에 의한 출력전압의 오차는 완전히 제거되지 않는다. 위의 식에서 알 수 있듯이 비반전 입력단자의 바이어스 전류 I_{B+}는 출력전압에 음(-)의 방향으로 오차를 유발하고, 반전 입력단자의 바이어스 전류 I_{B-}는 출력전압에 양(+)의 방향으로 오차를 유발한다. 이들 바이어스 전류가 같다면 이것들이 출력전압에 유발하는 오차를 서로 상쇄하여 제거하는 것으로 생각할 수 있다.

이상에서는 반전 증폭기를 기준으로 설명하였으나, 여기서 저항 R_i를 저항 R_1으로 바꾸면 비반전 증폭기에 대해서도 똑같은 방법으로 설명할 수 있다.

(2) 전압 폴로워의 경우

이번에는 전압 폴로워의 경우 전류 보상 저항을 사용하여 바이어스 전류에 의한 출력전압 오차를 제거하는 방법을 <그림 3.1.18>에 설명하였다. 입력전압 소스 V_{in}이 이상적인 전압원이라면 이러한 전류 보상은 필요 없다. 그러나, 현실적으로는 입력전압 소스 V_{in}이 등가 출력저항 R_G를 가지고 있다. 그러면 전압 폴로워의 부궤환 회로에 사용하는 전류 보상 저항은 $R_{CC} = R_G$에 해당하는 저항값을 연결하면 된다.

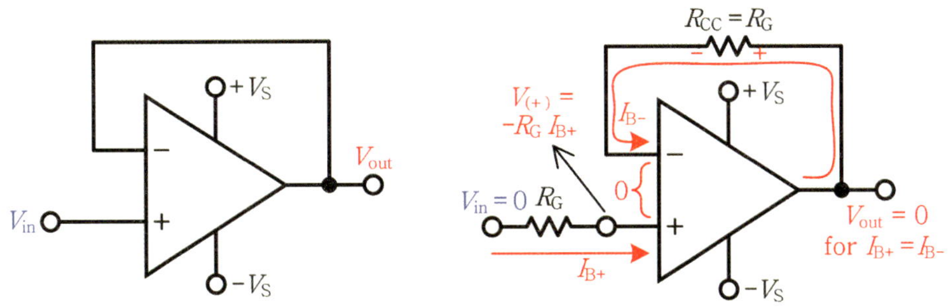

(a) 전류 보상 전의 전압 폴로워 (b) 전압 폴로워의 전류 보상

<그림 3.1.18> 전압 폴로워에서 전류 보상 저항을 사용하는 방법

전압 폴로워가 이상적으로 동작한다면 입력전압이 V_{in} = 0일 때 출력전압도 V_{out} = 0으로 출력되어야 한다. 그러나, 실제로는 그렇게 되지 않는다. V_{in} = 0일 때 비반전 입력단자에 바이어스 전류 I_{B+}가 흐른다면 등가 저항 R_G에 $R_G I_{B+}$의 전압강하가 발생하여 비반전 입력단자의 전압은 $-R_G I_{B+}$로 낮아진다. 그런데, 두 입력단자 사이의 전압은 항상 0으로 유지되기 때문에 반전 입력단자의 전압도 $-R_G I_{B+}$가 된다.

그런데, 반전 입력단자에도 출력단자로부터 전류 보상 저항 R_{CC}를 거쳐서 바이어스 전류 I_{B-}가 흘러들어온다. 그러므로, 이 전류에 의하여 저항 R_{CC}에 전압강하가 나타나면서 출력전압은 다음과 같이 계산된다. 따라서, 이 연산증폭기에서 I_{B+} = I_{B-}가 되어 입력 오프셋 전류가 I_{OS} = 0이라면 출력전압도 V_{out} = 0으로 된다. 즉, 전류 보상 저항을 사용하고 오프셋 전류 I_{OS}가 0이라면 두 입력단자의 바이어스 전류에 의한 출력전압의 오차는 없어진다.

$$V_{out} = -R_G I_{B+} + R_{CC} I_{B-} = -R_G (I_{B+} - I_{B-}) = -R_G I_{OS}$$

여기서, 연산증폭기의 오프셋 전류 I_{OS}가 0이 되도록 만드는 것은 반도체 제조사에서 할 일이며, 이 회로에 적절한 전류 보상 저항을 사용하는 것은 연산증폭기 응용 회로의 설계자가 해야 하는 일이다.

3.2 연산 기능을 갖는 증폭기 회로

이 절에서는 연산증폭기를 아날로그 직류 증폭기로 사용하여 가산기, 가산 증폭기, 감산기, 감산 증폭기 등의 용도에 활용하는 회로에 대하여 공부하기로 한다.

1. 반전 가산기

(1) 반전 가산 증폭기

<그림 3.2.1>에 반전 증폭기를 응용하여 만든 다채널의 반전 가산 증폭기(summing amplifier) 회로와 동작을 보였다. 여기서는 입력신호가 3채널인 경우를 보였지만, 필요하면 이를 n개로 늘릴 수도 있다.

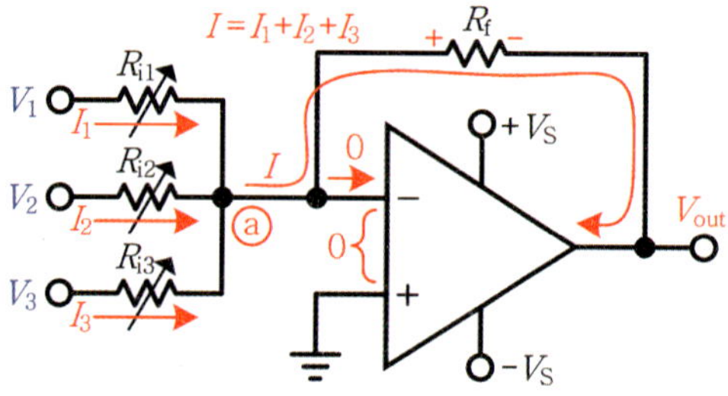

<그림 3.2.1> 반전 가산 증폭기

이 회로에서는 연산증폭기의 비반전 입력단자를 접지시키고 두 입력단자 사이의 전압은 0으로 유지되므로 반전 입력단자가 가상접지(virtual ground)로 되어 각 입력채널이 만나는 ⓐ점의 전압이 0으로 되기 때문에 각 입력채널의 전류를 다음과 같이 계산할 수 있다.

$$I_1 = \frac{V_1}{R_{i1}},\ I_2 = \frac{V_2}{R_{i2}},\ I_3 = \frac{V_3}{R_{i3}},\ I = I_1 + I_2 + I_3$$

연산증폭기의 반전 입력단자에는 전류가 흐르지 못하므로 이 합성전류 I는 모두 부궤환저항 R_f를 통해 흘러 나가며 이 저항에서 전압강하를 일으킨다. 따라서, 이 회로의 출력전압은 다음과 같이 계산할 수 있다.

$$V_{out} = -IR_f = -(I_1 + I_2 + I_3)R_f = -\left(\frac{V_1}{R_{i1}} + \frac{V_2}{R_{i2}} + \frac{V_3}{R_{i3}}\right)R_f = -\left(\frac{R_f}{R_{i1}}V_1 + \frac{R_f}{R_{i2}}V_2 + \frac{R_f}{R_{i3}}V_3\right)$$

여기서 각 채널의 입력단 저항 R_{i1}, R_{i2}, R_{i3}을 모두 가변저항으로 사용하면 이것들을 가변함으로써 각 채널의 입력전압에 대한 증폭률(폐루프 전압이득)을 서로 다르게 독립적으로 조절할 수 있다. 이 회로는 오디오 증폭기에서 입력 채널 믹서(mixer)로 사용할 수 있다.

(2) 반전 가산기

이번에는 <그림 3.2.2>에 반전 증폭기를 응용하여 만든 반전 가산기(inverting adder)의 회로와 동작을 보였다. 여기서는 입력신호가 3채널인 경우를 보였지만, 필요하면 이를 n개로 늘릴 수도 있다.

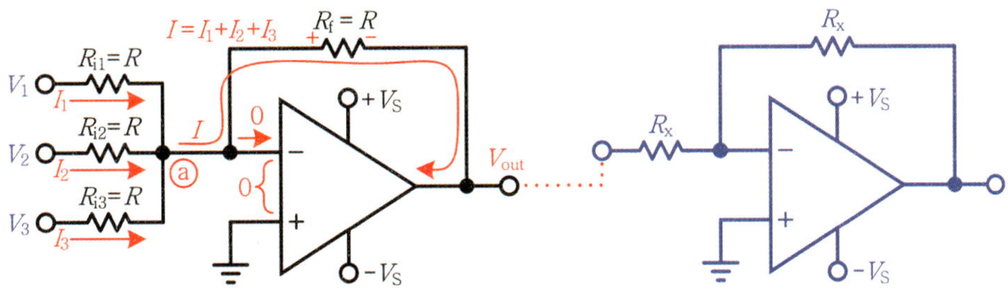

<그림 3.2.2> 반전 가산기

연산증폭기의 비반전 입력단자를 접지시키고 두 입력단자 사이의 전압은 0으로 유지되므로 반전 입력단자가 가상접지로 되어 각 입력채널이 만나는 ⓐ점의 전압이 0이 되기 때문에 각 입력채널의 전류를 다음과 같이 계산할 수 있다.

$$I_1 = \frac{V_1}{R_{i1}},\ I_2 = \frac{V_2}{R_{i2}},\ I_3 = \frac{V_3}{R_{i3}},\ I = I_1 + I_2 + I_3$$

연산증폭기의 반전 입력단자에는 전류가 흐르지 못하므로 이 합성전류 I는 모두 부궤환 저항 R_f를 통해 흐르며 여기에 전압강하를 일으킨다. 따라서, 이 회로의 출력전압은 다음과 같이 계산할 수 있다.

$$V_{out} = -IR_f = -(I_1+I_2+I_3)R_f = -\left(\frac{V_1}{R_{i1}}+\frac{V_2}{R_{i2}}+\frac{V_3}{R_{i3}}\right)R_f = -\left(\frac{R_f}{R_{i1}}V_1+\frac{R_f}{R_{i2}}V_2+\frac{R_f}{R_{i3}}V_3\right)$$
$$= -\left(\frac{R}{R}V_1+\frac{R}{R}V_2+\frac{R}{R}V_3\right) = -(V_1+V_2+V_3)$$

이처럼 n개의 입력전압을 모두 더한 출력전압이 만들어지며, 그것의 극성이 반전되므로 이를 반전 가산기라고 부른다. 여기서 출력전압의 극성이 반전되지 않게 하려면 연산증폭기를 사용한 1:1 크기의 반전 증폭기를 1개 더 출력단에 캐스케이드 접속으로 연결하면 된다.

(3) 레벨 시프트 회로1

이제 반전 가산기를 사용하여 교류 신호를 양극성(positive) 영역에만 위치하도록 레벨을 시프트(level shift 또는 DC offsetting)하는 회로를 만들어 보자. 다음의 <그림 3.2.3>에 보인 회로는 -5V~+5V의 범위에서 변하는 500Hz의 대칭 삼각파 교류를 +5V만큼 시프트하여 0~+10V 범위에서 변하는 삼각파로 만드는 회로이다. 여기서 출력전압 식은 다음과 같다

$$V_{out} = -\left(\frac{R_f}{R_{i1}}V_{in} + \frac{R_f}{R_{i2}}V_{ref}\right) = -\left(\frac{10k\Omega}{10k\Omega}V_{in} + \frac{10k\Omega}{10k\Omega}V_{ref}\right) = -(V_{in} + V_{ref}) = -V_{in} + 5$$

여기서 만약 출력전압의 크기를 1/2로 감쇠하여 0~+5V 범위에서 변하는 삼각파로 만들고자 한다면 R_{i1} = 20kΩ 및 V_{ref} = -2.5V로 바꾸면 된다. 물론 이에 따라 전류 보상 저항도 R_{CC} = 3.9kΩ 정도로 바꾸는 것이 좋다.

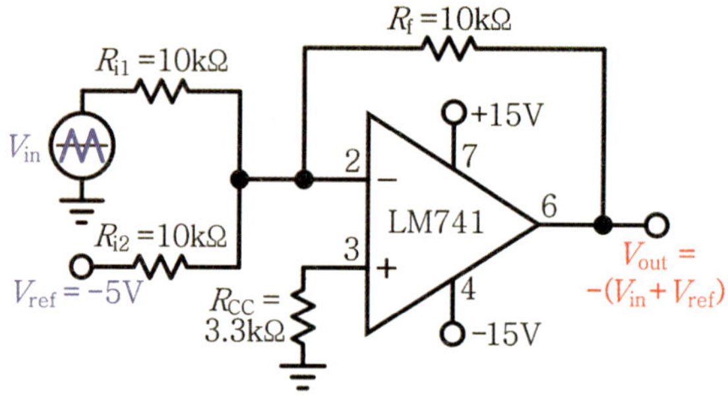

(a) 회로도

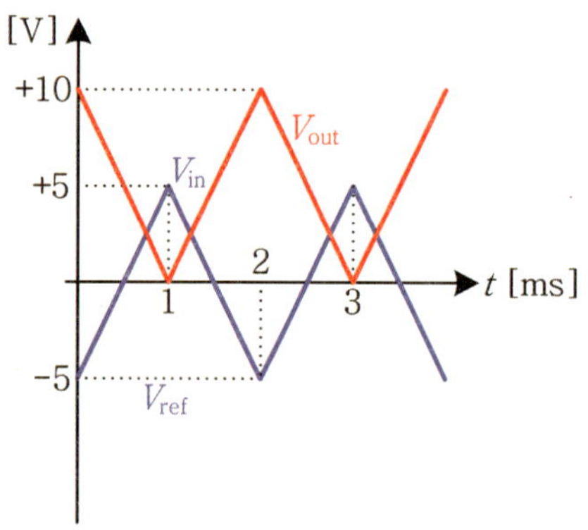

(b) 입출력 파형

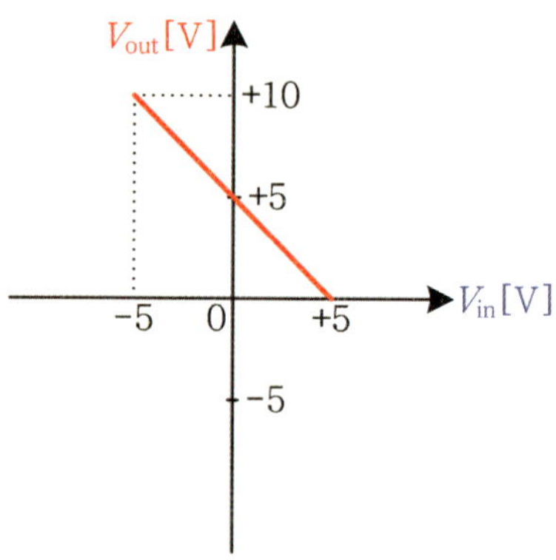

(c) 입출력 특성 곡선

<그림 3.2.3> 레벨 시프트 회로

(4) 레벨 시프트 회로2

앞의 <그림 3.1.12>에서 보았던 것처럼 입력신호가 교류 성분을 갖더라도 양(+)의 영역에만 존재하는 단극성 신호인 경우에는 연산증폭기를 단전원 방식으로 사용하여 증폭할 수 있다. 그러나, 입력신호가 양(+)의 영역과 음(-)의 영역에 대칭적으로 존재하는 교류 파형을 갖는 경우에는 단전원 방식의 증폭기를 사용할 수 없다.

이런 경우에는 <그림 3.2.4>처럼 레벨 시프트 기능을 갖는 증폭 회로를 권장하는 경우가 있다. 여기서 입력신호는 진폭이 1.25V인 500Hz의 정현파이며, 레벨 시프트를 위하여 기준 전압 -1.25V를 또 다른 입력신호로 사용하였다. 이렇게 하면 기술적으로는 아무 문제 없이 양(+)의 영역에만 존재하는 출력신호를 얻을 수 있다.

$$V_{out} = -\left(\frac{R_f}{R_{i1}}V_{in} + \frac{R_f}{R_{i2}}V_{ref}\right) = -\left(\frac{20k\Omega}{10k\Omega}V_{in} + \frac{20k\Omega}{10k\Omega}V_{ref}\right) = -(2V_{in} + 2V_{ref}) = -2V_{in} + 2.5$$

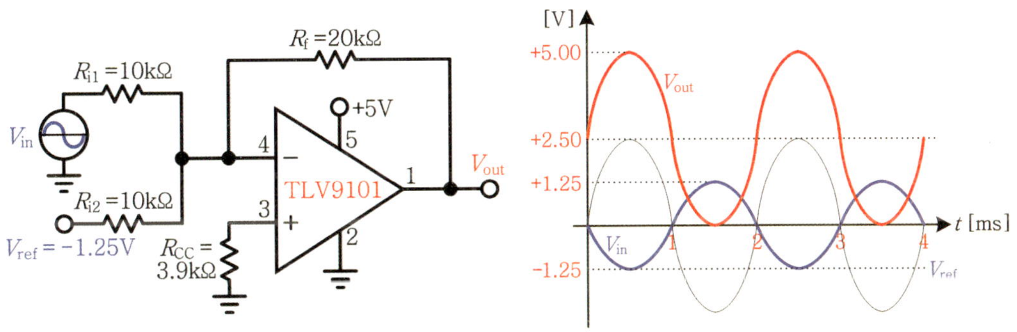

(a) 회로도 (b) 입출력 파형

<그림 3.2.4> 단전원 방식의 증폭 및 레벨 시프트 회로

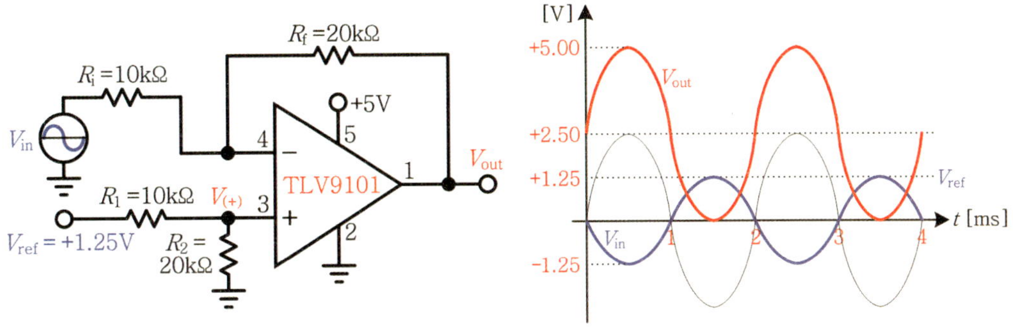

(a) 회로도 (b) 입출력 파형

<그림 3.2.5> 개선된 단전원 방식의 증폭 및 레벨 시프트 회로

그러나, 이 방법은 현실적으로 매우 당황스러운 한 가지의 문제를 가지고 있다. 지금 회로에서 음전원은 없고 오직 +5V의 단일 전원만을 가지고 있는 시스템이라서 교류 신호를 양(+)의 영역으로 레벨 시프트하여 증폭하고자 하는 상황인데, 여기에 사용할 음(-)의 기준전압 V_{ref} = -1.25V를 어디서 가져오느냐 하는 것이다. 물론, 양(+)전압을 음(-)전압으로 변환하는 DC-DC 컨버터를 사용하고, 이를 다시 -1.25V의 기준전압으로 변환하여 입력하는 과정을 거치면 안될 것은 없지만 이는 적지 않게 번거로운 일이다.

이처럼 <그림 3.2.4>의 회로가 가지고 있는 기준전압 문제를 해결할 수 있는 방법을 <그림 3.2.5>에 제시하였다. 여기서는 레벨 시프트를 위한 기준전압으로 V_{ref} = -1.25V가 아니라 V_{ref} = +1.25V를 사용하므로 실용적인 측면에서 상황이 훨씬 개선된다. 이제 이 회로의 동작을 해석하기 위하여 먼저 연산증폭기 비반전 단자의 입력전압을 $V_{(+)}$라고 하면 이것은 다음과 같이 계산할 수 있다.

$$V_{(+)} = \frac{R_2}{R_1 + R_2} V_{ref} = \frac{20k\Omega}{10k\Omega + 20k\Omega} V_{ref} = \frac{2}{3} V_{ref}$$

그런데, 두 입력단자 사이의 전압은 항상 0으로 유지되므로 비반전 입력단자의 전압도 $V_{(+)}$가 되며, 입력단 저항 R_i를 통하여 우측으로 흐르는 전류는 다음과 같이 계산할 수 있다.

$$I = \frac{V_{in} - V_{(+)}}{R_i}$$

연산증폭기의 반전 입력단자에는 전류가 흐르지 않으므로 이 전류는 모두 부궤환 저항 R_f를 통하여 출력단자 측으로 흘러 나가면서 전압강하를 일으키므로 출력전압은 다음과 같이 계산할 수 있다.

$$V_{out} = V_{(+)} - IR_f = V_{(+)} - \frac{V_{in} - V_{(+)}}{R_i} R_f = -\frac{R_f}{R_i} V_{in} + \left(1 + \frac{R_f}{R_i}\right) V_{(+)} = -\frac{R_f}{R_i} V_{in} + \left(\frac{R_i + R_f}{R_i}\right) \frac{R_2}{R_1 + R_2} V_{ref}$$

$$= -\frac{20k\Omega}{10k\Omega} V_{in} + \left(\frac{10k\Omega + 20k\Omega}{10k\Omega}\right) \frac{20k\Omega}{10k\Omega + 20k\Omega} 1.25 = -2V_{in} + 2.5$$

이 출력전압 식을 사용하여 이 회로의 동작을 입출력 파형으로 보이면 그림 (b)와 같다. 결국 이 회로는 입력전압을 반전 증폭기로 -2배 증폭하고 +2.5V만큼 레벨을 시프트하는 동작을 수행한다. 그런데, 이 회로도에서처럼 저항 사이에 R_i = R_1 및 R_f = R_2의 관계를 갖는다면 위의 출력전압 식은 다음과 같이 전개할 수 있다. 즉, 2개의 입력신호 V_{in}과 V_{ref}에 대한 감산 증폭기가 되는 것이다.

$$V_{out} = V_{(+)} - IR_f = V_{(+)} - \frac{V_{in} - V_{(+)}}{R_i} R_f = -\frac{R_f}{R_i} V_{in} + \left(1 + \frac{R_f}{R_i}\right) V_{(+)} = -\frac{R_f}{R_i} V_{in} + \left(\frac{R_i + R_f}{R_i}\right) \frac{R_2}{R_1 + R_2} V_{ref}$$
$$= -\frac{R_f}{R_i} V_{in} + \frac{R_f}{R_i} V_{ref} = -\frac{R_f}{R_i}(V_{in} - V_{ref}) = \frac{R_f}{R_i}(V_{ref} - V_{in})$$

그렇다면 이제 <그림 3.2.5>의 회로에서 기준전압 V_{ref} = +1.25V는 어떻게 만들까 생각해보자. 여기서 가장 흔히 권장할 만한 방법은 REF35125처럼 +1.25V의 출력전압을 발생하는 정밀 기준전압 발생 IC 소자(high-precision voltage reference)를 사용하는 것이다.

그러나, 어떤 이유로 이런 IC 소자를 사용하기 어려운 여건이라면 흔히 시도하는 방법이 <그림 3.2.6>의 (a)처럼 저항 분압을 사용하여 +5V 전원전압으로부터 V_{ref} = +1.25V의 전압을 만들어 사용하겠다는 것이다. 초보자들이 흔히 이런 무모한 접근을 시도하지만 이는 절대로 불가능한 방법이다. <그림 3.2.5>의 (a)에서 기준전압 V_{ref}를 저항 R_1과 R_2로 분압할 때는 연산증폭기의 입력저항이 무한대로 크기 때문에 이것이 가능하였지만, <그림 3.2.6>의 (a)에서 전원전압 +5V를 저항 R_3과 R_4로 분압할 경우에는 여기에 연결된 부하저항 R_1과 R_2가 무한대가 아니므로 저항 분압 회로에서 결코 V_{ref} = +1.25V가 만들어지지 않는다.

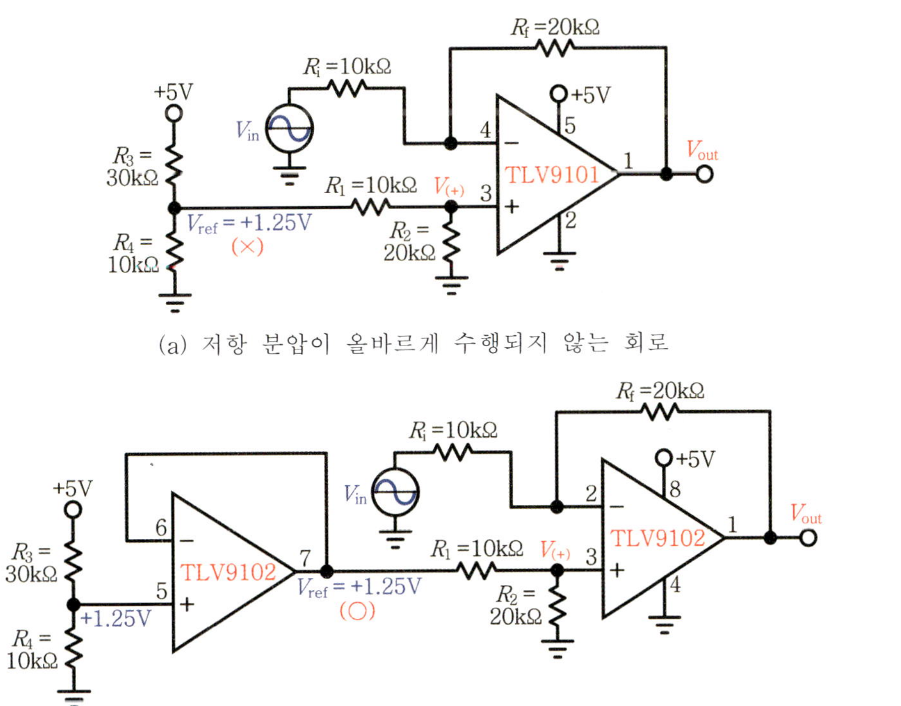

(a) 저항 분압이 올바르게 수행되지 않는 회로

(b) 저항 분압이 올바르게 수행되는 회로

<그림 3.2.6> 개선된 단전원 방식의 증폭 및 레벨 시프트 회로에서 기준전압의 발생

이를 해결하는 것이 전압 폴로워를 추가한 <그림 3.2.6> (b)의 방법인데, 여기서는 전압 폴로워가 R_3과 R_4에 의한 저항 분압 회로의 부하저항을 무한대로 변환시키므로 이 저항 분압 회로에서 기준전압 V_{ref} = +1.25V를 정확하게 만들어낼 수 있게 된다.

★참고★ 공학적으로 시프트(shift)는 어떤 도형이나 파형의 물리적 성질(크기)과 화학적 성질(모양, 형상)을 변화시키지 않고 그대로 유지한 상태에서 단순히 위치만을 이동시키는 것을 의미한다. 예를 들면 <그림 3.2.5> (b)에서처럼 검정색 실선으로 표시된 $-2V_{in}$의 정현파에 2.5V의 직류전압을 더하여 빨강색 실선으로 된 $-2V_{in}$ + 2.5의 파형을 만드는 것은 시프트에 해당한다. 좀 더 정확히 말하면 파형의 크기나 모양은 전혀 바꾸지 않고 직류 레벨만을 다르게 이동시켰으므로 전압 레벨 시프트(voltage level shift)라고 한다.

그러나, 변환(transform, conversion)은 물리적 성질은 달라지더라도 화학적 성질은 달라지지 않도록 바꾸거나 변화시키는 것을 의미한다. 예를 들어 라플라스 변환(Laplace transform)은 시간 영역의 함수 f(t)를 복소 영역의 함수 F(s)로 바꾸어 미분방정식을 계산하거나 해를 구하는 것을 쉽게 처리하는 방법이다. 여기서 함수 f(t)를 F(s)로 바꾸더라도 형태가 상당히 달라지기는 했지만 그것이 가지는 성질은 변하지 않았다. 또한, A/D 변환(analog-to-digital conversion)은 아날로그 전압의 값을 디지털 값으로 바꾸어 읽어들이는 방법인데, 이렇게 아날로그 물리량이 디지털 물리량으로 바뀌더라도 그 전압은 크기(값)가 변하지는 않는다. 영전압 검출기로 사용되는 비교기 회로에 정현파(sinusoidal wave)를 입력시켜서 구형파(rectangular wave)의 출력을 얻어내는 경우에도 이를 파형 변환이라고 할 수 있다.

이에 비하여 move, transfer, transmit, change는 그런 성질이 달라지는지 여부를 묻지도 따지지도 않고 그냥 단순히 움직이거나 전송하거나 변화시킬 때 사용한다. 이런 단어에는 시프트나 변환처럼 특별한 공학적인 의미가 부여되어 있지 않다는 것이다.

2. 비반전 가산기

아래의 <그림 3.2.7>에 비반전 증폭기를 응용하여 만든 가산기(noninverting adder)의 회로를 보였다. 여기서는 입력신호가 3채널인 경우를 보였지만, 필요하면 이를 n개로 늘릴 수도 있다. 그런데, 반전 가산기와 달리 비반전 가산기 회로에서는 주의할 사항이 있다.

앞의 <그림 3.2.2>에서 보았듯이 반전 가산기에서는 각 입력채널이 서로 만나는 ⓐ점이 가상접지가 되어 전압이 0이므로 각 입력채널의 전류를 쉽게 계산할 수 있고, 이 전류들은 모두 부궤환 저항을 통하여 흐르며 다른 채널에 영향을 주지 않는다. 그러나, <그림 3.2.7>의 (a)처럼 비반전 가산기를 구성하면 각 입력채널이 서로 만나는 ⓐ점의 전압이 0이 되지 않으며, 더구나 각 입력 채널의 전류가 연산증폭기로 흘러들어가지 못하고 다른 채널의 입력 소스로 흘러들어갈 수 있으므로 각 채널 사이에 서로 간섭을 일으키는 문제가 발생한다. 따라서, 그림의 (a)와 같은 방식은 입력전압 소스의 성격에 따라 때로는 문제를 일으켜서 사용하기 곤란할 수 있으며, 이를 개선하여 (b)와 같은 방법으로 비반전 가산기를 구성하는 것이 바람직하다. 즉, 비반전 가산기에서는 각 입력 채널에 전압 폴로워(voltage follower)를 사용하여 입력신호를 이상적인 전압원으로 만들어 줌으로써 이들 채널 사이에 서로 간섭을 일으키지 못하도록 하는 것이 좋다. 당연히 이와 같이 하면 각 입력 채널마다 전압 폴로워로서 연산증폭기를 1개씩 사용해야 하므로 하드웨어 비용 측면에서 반전 가산기에 비하여 상당히 불리하게 되고, 이런 이유로 비반전 가산기는 실용적으로 잘 사용하지 않는다.

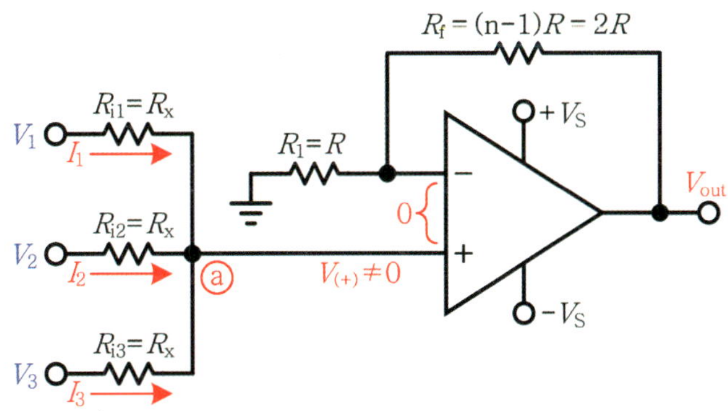

(a) 사용하기 어려운 회로

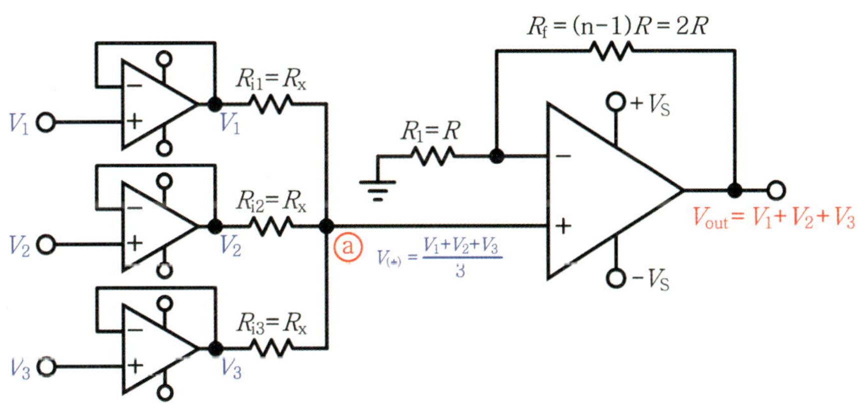

(b) 바람직한 회로

<그림 3.2.7> 비반전 가산기

이제 <그림 3.2.7>의 (b)와 같은 비반전 가산기의 회로를 해석하려면 연산증폭기의 비반전 입력단자 즉 ⓐ점의 전압을 구하기 위하여 중첩의 원리(superposition principle) 또는 중첩의 정리(superposition theorem)를 적용하는 것이 좋다. 그렇게 하여 n개의 입력전압 V_1, V_2, V_3, ... , V_n에 의하여 각각 독립적으로 만들어지는 ⓐ점의 전압을 모두 합하면 된다.

입력전압 V_1에 의하여 만들어지는 ⓐ점의 전압을 구하려면 나머지 $(n-1)$개의 다른 전압원 V_2, V_3, ... , V_n은 모두 단락시키고 등가회로를 구성하여야 하는데, 이렇게 하면 입력전압 V_1에 의하여 만들어지는 ⓐ점의 전압이 저항 R_{i1}과 그 나머지 $(n-1)$개의 저항 R_{i2}, R_{i3}, ... , R_{in}의 병렬값에 의하여 분압되어 다음과 같이 나타난다. 이 계산에서는 입력채널이 n개가 있다고 가정하여 계산식을 유도하며, 여기서 사용한 회로의 경우에는 n=3이다.

$$V_{(+)1} = \frac{R_{i2}//R_{i3}//...//R_{in}}{R_{i1}+R_{i2}//R_{i3}//...//R_{in}} V_1 = \frac{\frac{R_x}{(n-1)}}{R_x + \frac{R_x}{(n-1)}} V_1 = \frac{1}{n} V_1$$

다른 전압원 V_2, V_3, ... , V_n에 의하여 만들어지는 ⓐ점의 전압 $V_{(+)2}$, $V_{(+)3}$, ... , $V_{(+)n}$도 마찬가지로 구할 수 있다. 따라서, 이렇게 구한 전압을 모두 합치면 ⓐ점의 전압은 다음과 같게 된다.

$$\begin{aligned} V_{(+)} &= V_{(+)1} + V_{(+)2} + V_{(+)3} + ... + V_{(+)n} = \frac{1}{n} V_1 + \frac{1}{n} V_2 + \frac{1}{n} V_3 + ... + \frac{1}{n} V_n \\ &= \frac{1}{n}(V_1 + V_2 + V_3 + ... + V_n) \end{aligned}$$

이렇게 계산된 ⓐ점의 전압 $V_{(+)}$는 비반전 증폭기의 입력전압이 되므로 출력전압은 다음과 같이 계산할 수 있다.

$$V_{out} = \left(1 + \frac{R_f}{R_1}\right) V_{(+)} = \left(1 + \frac{(n-1)R}{R}\right) \frac{1}{n}(V_1 + V_2 + V_3 + ... + V_n) = V_1 + V_2 + V_3 + ... + V_n$$

이 출력전압 식에서 보듯이 출력전압 V_{out}은 모든 입력채널의 전압 V_1, V_2, V_3, ... , V_n을 합한 것이 되므로 <그림 3.2.7> (b)의 회로는 n=3인 경우의 비반전 가산기가 되는 것이다.

그런데, 이와 같은 비반전 가산기를 설계할 때 피드백 저항 R_f에 원하는 저항값의 소자를 구할 수 없는 경우가 발생할 수 있다. 예를 들어서 3개의 입력을 더하는 n=3인 비반전 가산기에서 R_x = 47kΩ 및 R_1 = R = 47kΩ으로 저항값을 선정하는 경우 피드백 저항에는 R_f = 2R = 94kΩ을 사용해야 하는데, 현실적으로 94kΩ의 저항 소자는 존재하지 않는다. 이런 경우에는 피드백 저항에 굳이 이런 1개의 저항 소자를 찾아서 사용하려고 하지 말고 2개의 47kΩ 저항을 직렬 연결하여 R_f = R + R = 47kΩ + 47kΩ = 94kΩ으로 사용하면 된다.

3. 감산기 및 감산 증폭기

(1) 연산증폭기 2개를 사용한 감산기

아래의 <그림 3.2.8>에 연산증폭기 2개를 사용하여 2개의 입력전압을 서로 빼서 그 차이를 얻고자 하는 감산기(subtractor) 회로를 보였다. 여기서 Op Amp 1의 회로는 입력신호 V_1의 극성을 반전시키기 위한 반전 증폭기로 사용되고, Op Amp 2의 회로는 반전 가산기로 사용되었다. 그래서 먼저 Op Amp 1을 사용하여 입력전압 V_1을 $-V_1$으로 바꾸고, 이어서 반전 가산기로 다음과 같이 이들 2개의 입력신호를 가산한다.

$$V_{out} = -(V_{o1} + V_2) = -(-V_1 + V_2) = V_1 - V_2$$

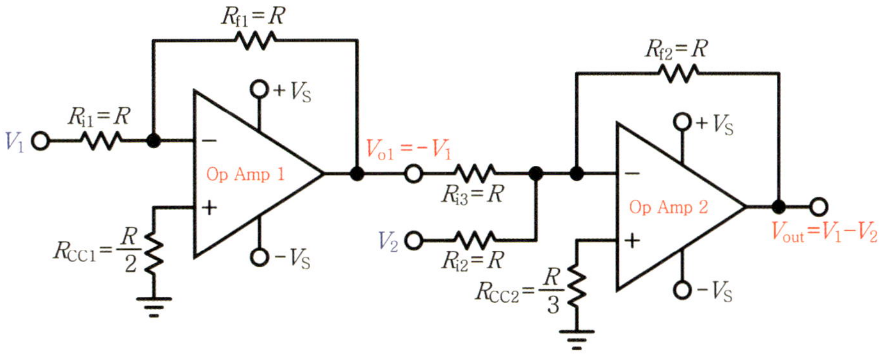

<그림 3.2.8> 연산증폭기 2개를 사용한 감산기(1)

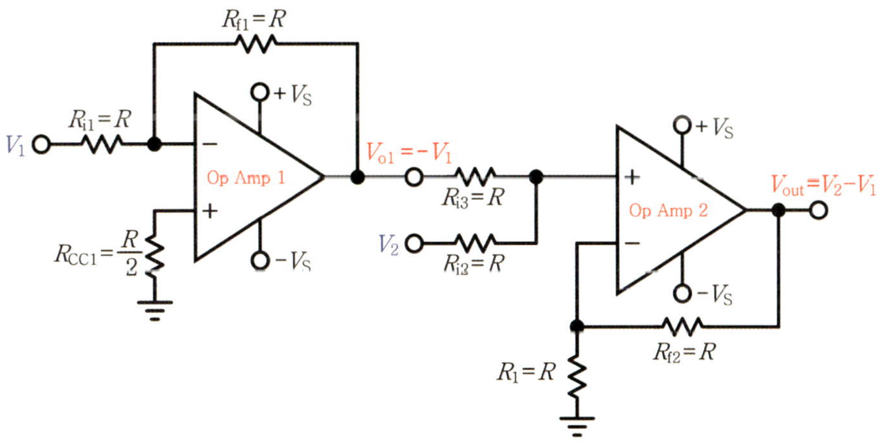

<그림 3.2.9> 연산증폭기 2개를 사용한 감산기(2)

그러나, 이 가산기 회로를 <그림 3.2.9>처럼 구현할 수도 있다. 여기서 Op Amp 2의 회로는 반전 가산기가 아니라 비반전 가산기로 사용하였는데, 이렇게 하면 이 감산기 회로의 출력전압 식이 $V_1 - V_2$에서 $V_2 - V_1$으로 바뀐다.

$$V_{out} = V_{o1} + V_2 = (-V_1) + V_2 = V_2 - V_1$$

그런데, 2개의 연산증폭기를 사용하여 2개의 입력전압을 서로 빼는 위의 감산기 회로는 연산증폭기를 1개만 사용하여 더 간단하게 구현할 수 있다.

(2) 연산증폭기 1개를 사용한 감산기

연산증폭기 1개를 사용하여 <그림 3.2.8>과 <그림 3.2.9>보다 좀 더 간단하게 구성한 감산기 회로를 <그림 3.2.10>에 보였다.

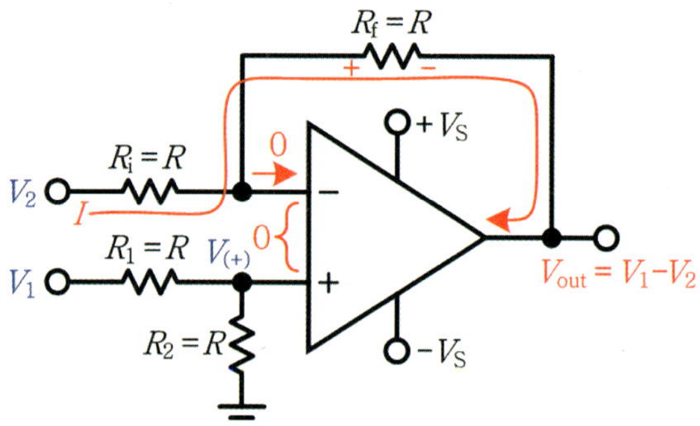

<그림 3.2.10> 연산증폭기 1개를 사용한 감산기

여기서 먼저 비반전 입력단자의 입력전압 $V_{(+)}$를 구하면 다음과 같다.

$$V_{(+)} = \frac{R_2}{R_1 + R_2} V_1 = \frac{R}{R + R} V_1 = \frac{1}{2} V_1$$

연산증폭기에서 비반전 입력단자와 반전 입력단자 사이의 전압차는 항상 0으로 유지되므로 저항 R_i에 우측 방향으로 흐르는 전류는 다음과 같이 계산할 수 있다.

$$I = \frac{V_2 - V_{(+)}}{R_i}$$

반전 입력단자에는 전류가 흐르지 못하기 때문에 이 전류는 모두 부궤환 저항으로 흘러나가면서 전압강하를 일으키므로 다음과 같이 출력전압을 계산할 수 있다.

$$V_{out} = V_{(+)} - IR_f = V_{(+)} - \frac{V_2 - V_{(+)}}{R_i} R_f = V_{(+)} - \frac{V_2 - V_{(+)}}{R} R = 2V_{(+)} - V_2$$
$$= 2 \times \frac{1}{2} V_1 - V_2 = V_1 - V_2$$

그런데, <그림 3.2.10>의 감산기 회로를 조금 더 변형하면 2개의 입력전압을 서로 빼서 원하는 비율로 증폭까지 할 수 있는 $a(V_1 - V_2)$의 감산 증폭기 회로를 만들 수 있다.

(3) 연산증폭기 1개를 사용한 감산 증폭기

연산증폭기 1개를 사용한 <그림 3.2.10>의 감산기 회로를 약간 더 변형시킨 감산 증폭기(subtraction amplifier) 회로를 <그림 3.2.11>에 보였다.

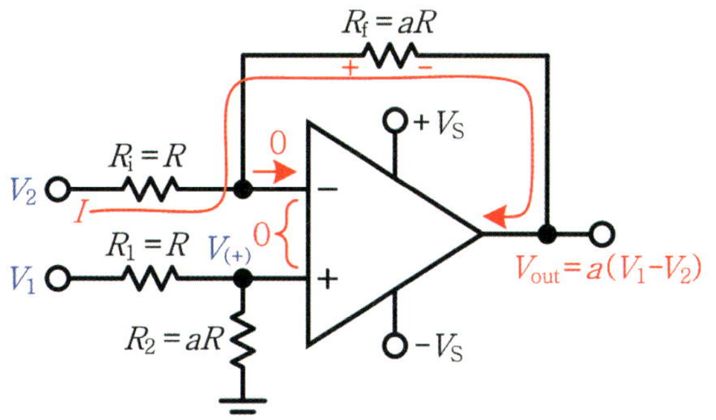

<그림 3.2.11> 연산증폭기 1개를 사용한 감산 증폭기

여기서 먼저 비반전 입력단자의 입력전압 $V_{(+)}$를 구하면 다음과 같다.

$$V_{(+)} = \frac{R_2}{R_1 + R_2} V_1 = \frac{aR}{R + aR} V_1 = \frac{a}{1+a} V_1$$

연산증폭기에서 비반전 입력단자와 반전 입력단자 사이의 전압차는 항상 0으로 유지되므로 저항 R_i에 우측 방향으로 흐르는 전류는 다음과 같이 계산할 수 있다.

$$I = \frac{V_2 - V_{(+)}}{R_i}$$

반전 입력단자에는 전류가 흐르지 못하기 때문에 이 전류는 모두 부궤환 저항으로 흘러나가면서 전압강하를 일으키므로 다음과 같이 출력전압을 계산할 수 있다.

$$\begin{aligned} V_{out} &= V_{(+)} - IR_f = V_{(+)} - \frac{V_2 - V_{(+)}}{R_i} R_f = V_{(+)} - \frac{V_2 - V_{(+)}}{R} aR = (1+a) V_{(+)} - aV_2 \\ &= (1+a) \times \frac{a}{1+a} V_1 - aV_2 = a(V_1 - V_2) \end{aligned}$$

그런데, 여기서 다시 <그림 3.2.11>의 감산 증폭기 회로를 조금 변형하면 2개의 입력전압을 서로 빼고 여기에 직류 오프셋 전압을 더하는 $V_1 + a(V_1 - V_2)$ 방식의 감산 증폭기 회로를 만들 수 있다.

(4) 직류 오프셋 전압을 갖는 감산 증폭기

연산증폭기 1개를 사용한 <그림 3.2.11>의 감산 증폭기 회로를 다시 약간 변형하여 만든 직류 오프셋 전압을 갖는 감산 증폭기 회로를 <그림 3.2.12>에 보였다.

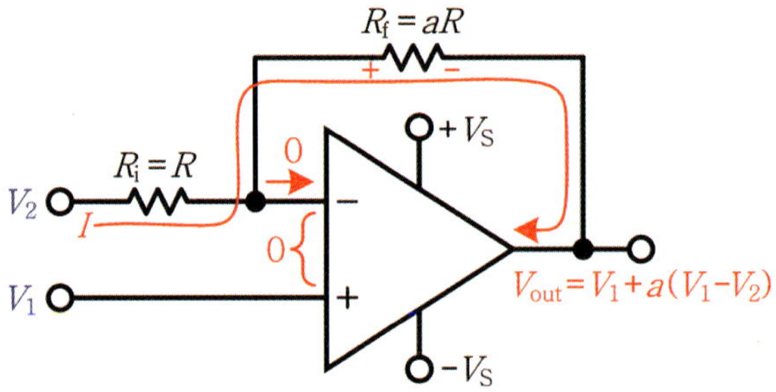

<그림 3.2.12> 직류 오프셋 전압을 갖는 감산 증폭기

연산증폭기에서 비반전 입력단자와 반전 입력단자 사이의 전압차는 항상 0으로 유지되므로 반전 입력단자의 전압도 V_1이 되며, 따라서 저항 R_i에 우측 방향으로 흐르는 전류는 다음과 같이 계산할 수 있다.

$$I = \frac{V_2 - V_1}{R_i}$$

반전 입력단자에는 전류가 흐르지 못하기 때문에 이 전류는 모두 부궤환 저항으로 흘러나가면서 전압강하를 일으키므로 다음과 같이 출력전압을 계산할 수 있다.

$$V_{out} = V_1 - IR_f = V_1 - \frac{V_2 - V_1}{R_i}R_f = V_1 - \frac{V_2 - V_1}{R}aR = V_1 + a(V_1 - V_2)$$

이 출력전압 식을 보면 두 입력전압 중에서 V_1을 중심으로 하여 입력전압의 차를 a배 증폭하고, 그 결과에 V_1을 더한 것이다. 이런 방법은 전원전압의 1/2을 중심으로 하여 출력 신호가 나오는 단전원 방식의 센서에 사용할 때 매우 유용하다. 현재 전류센서(current sensor)나 자기센서(magnetic sensor) 등 많은 센서들이 이런 방식으로 동작한다.

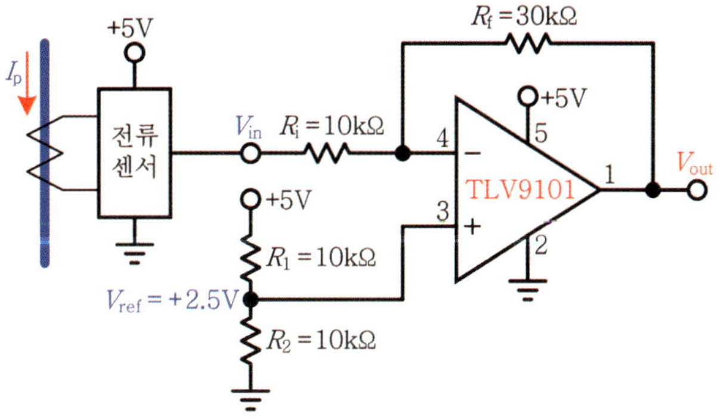

(a) 회로도

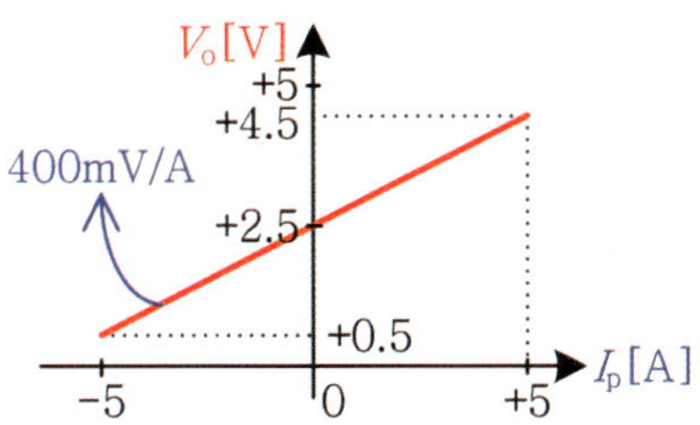

(b) 전류센서의 특성 곡선

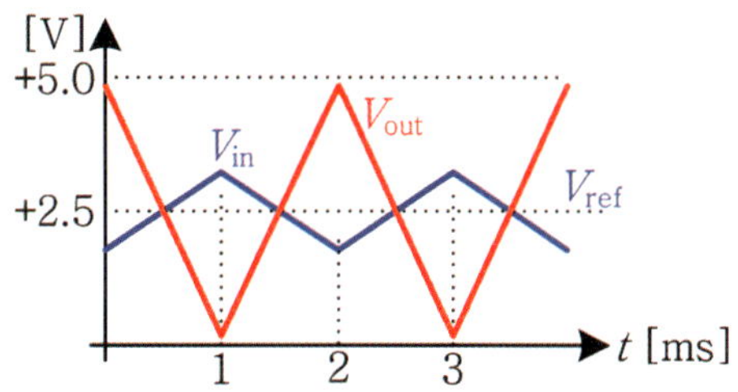

(c) 입출력 파형

<그림 3.2.13> 전류센서를 사용하여 전류를 측정하기 위한 감산 증폭기

<그림 3.2.13>에 전원전압의 1/2을 기준전압으로 하여 (+)극성의 입력전류에 대해서는 이 기준전압보다 큰 출력전압이 나오고, (-)극성의 입력전류에 대해서는 이 기준전압보다 작은 출력전압이 나오는 전류센서의 출력신호를 3배 증폭하기 위한 감산 증폭기 회로와 그것의 동작을 보였다.

이러한 교류측정용 전류센서의 동작은 그림 (b)에 보인 것처럼 +5V 전원을 사용할 때 +2.5V를 기준으로 출력신호가 나오는데, 전류 1A당 400mV씩 증가하여 정격 측정전류 ±5A 범위에 대하여 +0.5~+4.5V의 출력전압이 나온다. 그런데, 이 전류센서의 정격 측정전류는 ±5A이지만 만약 측정하려는 전류가 ±2A 이내에 불과하다면 이를 그대로 사용할 경우 센서의 출력전압이 V_{out} = 2.5 ± 0.8 = +1.7~+3.3V 범위에서 변하므로 이를 읽어들이기 위한 A/D 컨버터의 분해능이 나빠지게 된다. 여기서 전류센서의 출력신호를 3배 증폭하여 출력전압이 V_{out} = 2.5 ± 0.8×3 = +0.1~+4.9V로 되고 이를 통하여 전류 측정의 분해능을 높이기 위한 회로는 그림 (a)와 같다. +2.5V를 기준으로 출력되는 전류센서의 출력을 V_{in}으로 사용하였으며, 저항 분압으로 +2.5V의 기준전압을 만들어서 V_{ref}로 사용하였다. 증폭률을 3배로 하기 위하여 입력저항으로 R_i = 10kΩ을 사용하고, 부궤환 저항으로 R_f = 30kΩ을 사용하였다. 그러면 출력전압은 다음 식으로 계산된다.

$$V_{out} = V_{ref} + a(V_{ref} - V_{in}) = 2.5 + 3(2.5 - V_{in})$$

그러므로 만약 전류센서의 출력이 +2.5V를 기준으로 ±800mV만큼 변하여 +1.7~+3.3V 범위에서 움직이는 삼각파 파형이 나와서 이것이 V_{in} 신호로 들어왔다면 감산 증폭기는 이것을 3배 감산 증폭하여 V_{out} = +0.1~+4.9V의 범위로 출력한다. 이러한 감산 증폭기의 입출력 파형을 그림 (c)에 보였다.

(5) 레벨 시프트 기능을 갖는 감산기 및 감산 증폭기

앞의 <그림 3.2.10>에서 설명한 감산기 회로에 출력전압을 V_{ref}만큼 레벨 시프트하는 기능을 추가하면 <그림 3.2.14>의 (b)와 같다. 보통은 이 레벨 전압을 V_{ref} = 1/2 V_s로 설정하는 경우가 많다. <그림 3.2.10>의 감산기에서는 $V_1 - V_2$의 값이 양(+)이 되기도 하고 음(-)이 되기도 할 것이므로 항상 안전하게 동작하려면 반드시 연산증폭기를 $+V_s$와 $-V_s$의 양전원 방식으로 사용해야 한다. 그러나, <그림 3.2.14>에서처럼 출력전압을 V_{ref} = 1/2 V_s만큼 레벨 시프트시키면 항상 모든 전압은 양(+)의 영역에서 동작하므로 연산증폭기의 음전원 단자를 접지시키고 이 회로를 단전원 방식으로 사용할 수 있게 된다.

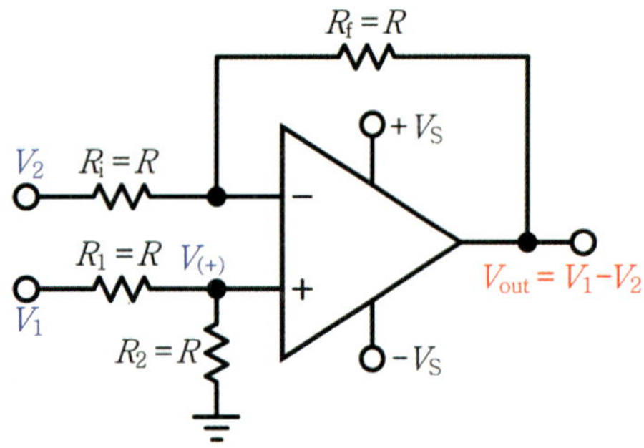

(a) 수정 전의 감산기

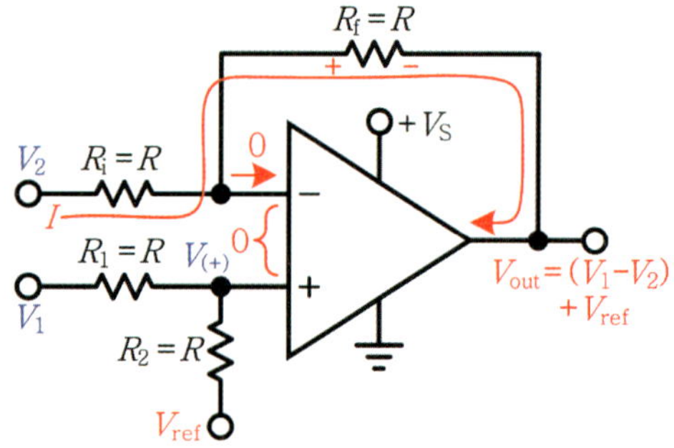

(b) 레벨 시프트 기능을 갖는 감산기

<그림 3.2.14> 연산증폭기 1개를 사용한 감산기

이제 <그림 3.2.14>의 (b)에서 먼저 비반전 입력단자의 입력전압 $V_{(+)}$를 구하면 다음과 같다.

$$V_{(+)} = \frac{R_2}{R_1 + R_2}(V_1 - V_{ref}) + V_{ref} = \frac{R}{R+R}(V_1 - V_{ref}) + V_{ref} = \frac{1}{2}(V_1 - V_{ref}) + V_{ref} = \frac{1}{2}(V_1 + V_{ref})$$

연산증폭기에서 비반전 입력단자와 반전 입력단자 사이의 전압차는 항상 0으로 유지되므로 저항 R_i에 우측 방향으로 흐르는 전류는 다음과 같이 계산할 수 있다.

$$I = \frac{V_2 - V_{(+)}}{R_i}$$

반전 입력단자에는 전류가 흐르지 못하기 때문에 이 전류는 모두 부궤환 저항으로 흘러 나가면서 전압강하를 일으키므로 다음과 같이 출력전압을 계산할 수 있다.

$$V_{out} = V_{(+)} - IR_f = V_{(+)} - \frac{V_2 - V_{(+)}}{R_i}R_f = V_{(+)} - \frac{V_2 - V_{(+)}}{R}R = 2V_{(+)} - V_2$$
$$= 2 \times \frac{1}{2}(V_1 + V_{ref}) - V_2 = (V_1 - V_2) + V_{ref}$$

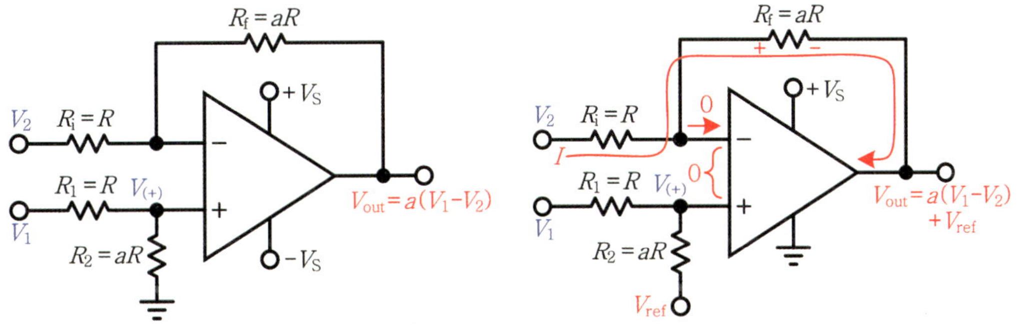

(a) 수정 전의 감산 증폭기 (b) 레벨 시프트 기능을 갖는 감산 증폭기

<그림 3.2.15> 연산증폭기 1개를 사용한 감산 증폭기

이와 마찬가지로 <그림 3.2.11>에서 설명하였던 감산 증폭기에 대해서도 출력전압을 V_{ref} = 1/2 V_s만큼 레벨 시프트하는 기능을 갖도록 수정할 수 있는데 이를 <그림 3.2.15>의 (b)에 보였다. 여기서 먼저 비반전 입력단자의 입력전압 $V_{(+)}$를 구하면 다음과 같다.

$$V_{(+)} = \frac{R_2}{R_1 + R_2}(V_1 - V_{ref}) + V_{ref} = \frac{aR}{R + aR}(V_1 - V_{ref}) + V_{ref} = \frac{a}{1+a}(V_1 - V_{ref}) + V_{ref}$$

연산증폭기에서 비반전 입력단자와 반전 입력단자 사이의 전압차는 항상 0으로 유지되므로 저항 R_i에 우측 방향으로 흐르는 전류는 다음과 같이 계산할 수 있다.

$$I = \frac{V_2 - V_{(+)}}{R_i}$$

반전 입력단자에는 전류가 흐르지 못하기 때문에 이 전류는 모두 부궤환 저항으로 흘러나가면서 전압강하를 일으키므로 다음과 같이 출력전압을 계산할 수 있다.

$$V_{out} = V_{(+)} - IR_f = V_{(+)} - \frac{V_2 - V_{(+)}}{R_i} R_f = V_{(+)} - \frac{V_2 - V_{(+)}}{R} aR = (1+a)\,V_{(+)} - a\,V_2$$
$$= (1+a) \times \left\{ \frac{a}{1+a} (V_1 - V_{ref}) + V_{ref} \right\} - a\,V_2 = a(V_1 - V_2) + V_{ref}$$

4. 계측용 증폭기

(1) 연산증폭기 1개를 사용한 감산 증폭기의 단점

앞의 <그림 3.2.11>에서 공부한 감산 증폭기 회로는 두 입력전압 V_1, V_2의 동상전압에 관계없이 이것의 차이값 $V_1 - V_2$를 구하고 이를 다시 원하는 배율로 증폭까지 할 수 있다는 점에서 매우 유용하다.

그러나, 이 회로는 입력 임피던스가 작고, V_1과 V_2의 미세한 차동전압에 대하여 매우 큰 증폭률을 갖게 하기 어렵다는 단점을 갖는다. 이것의 증폭률을 매우 크게 하기 위하여 저항 R_f와 R_2를 크게 하는 방법은 겨우 수백 kΩ 이상을 사용하기 어려우며, 반대로 저항 R_i와 R_1을 작게 하는 방법은 입력 임피던스를 더욱 작게 하므로 사용하기 어렵다. 또한, 이 회로에서 동상신호 제거비 CMRR를 크게 유지하여 감산 증폭기가 올바르게 동작하도록 하려면 $R_i = R_1$ 및 $R_f = R_2$의 관계가 유지되거나 또는 $R_2/R_1 = R_f/R_i = a$의 관계가 정확하게 유지되어야 하는데, 그러기 위해서는 오차가 매우 작아서 정밀도가 높은 고가의 저항을 사용해야 한다. 아날로그 회로를 설계하면서 오차가 0.01%나 그 이하의 극도로 정밀한 저항 소자를 사용해야 한다는 것은 현실적으로 상당히 피하고 싶은 단점이 된다.

이러한 감산 증폭기 회로는 왜 동상신호 제거비 CMRR(Common-Mode Rejection Ratio) 값이 작은 특성을 갖는지 알아보자. 제1.1절에서도 설명하였듯이 동상신호 제거비는 동상모드 전압이득 A_{CM}에 대한 차동모드 전압이득 A_{DM}의 비율로 정의되는데 때로는 이를 dB 단위로 표시하기도 하며, 따라서 동상모드 전압이득 A_{CM}이 작아서 CMRR이 커야 좋은 증폭기라고 할 수 있다.

$$CMRR = \frac{A_{DM}}{A_{CM}} \text{ 또는 } CMRR = 20\log\left(\frac{A_{DM}}{A_{CM}}\right)$$

일반적으로 아날로그 증폭기에서 차동모드(differential mode)의 입력전압을 V_D라 하고 동상모드(common mode)의 입력전압을 V_C라 하면 이것의 출력전압은 다음과 같이 나타낼 수 있으며, <그림 3.2.16>에 이 증폭기의 동작을 도식화하여 보였다.

$$V_{out} = A_{\mathrm{DM}} V_{\mathrm{D}} + A_{\mathrm{CM}} V_{\mathrm{C}}$$

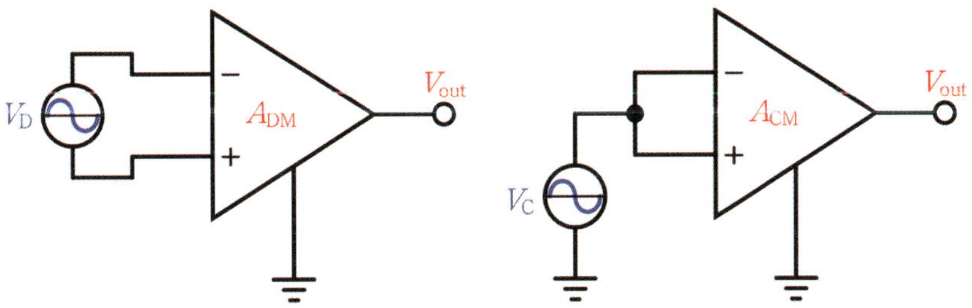

(a) 차동모드　　　　　　　　　　(b) 동상모드

<그림 3.2.16> 차동모드 증폭과 동상모드 증폭의 개념

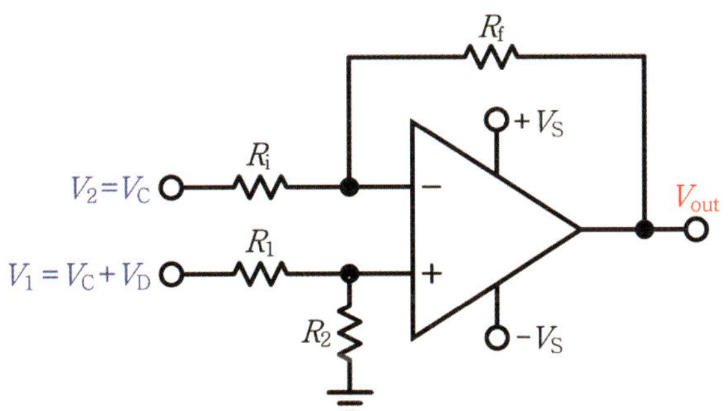

(a) 회로도

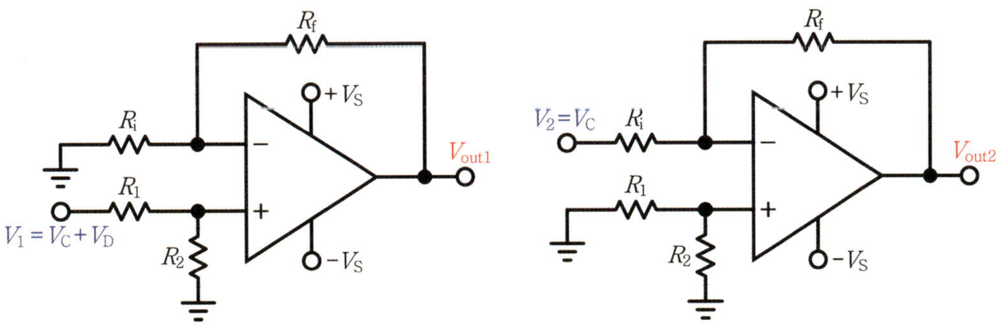

(b) V_2=0으로 놓고 출력전압을 구함　　　　(c) V_1=0으로 놓고 출력전압을 구함

<그림 3.2.17> 감산 증폭기 회로에서 CMRR의 계산 방법

이제 이러한 내용을 <그림 3.2.17> (a)의 감산 증폭기 회로에 적용하면 입력전압 V_1과 V_2에 모두 동상모드 전압 V_C를 인가하고, 입력전압 V_1에는 차동모드 전압 V_D를 추가로 인가하는 것으로 모델링할 수 있다. 여기서 중첩의 정리에 따라 각 입력전압 V_1과 V_2가 만드

는 출력전압을 구할 수 있다. 먼저 그림 (b)처럼 V_2 = 0으로 놓고 V_1에 의한 출력전압을 계산하려면 이 회로는 비반전 증폭기가 되어 다음과 같이 계산된다.

$$V_{out1} = \left(1 + \frac{R_f}{R_i}\right)\frac{R_2}{R_1 + R_2}V_1$$

그리고, 그림 (c)처럼 V_1 = 0으로 놓고 V_2에 의한 출력전압을 계산하려면 이 회로는 반전 증폭기가 되어 다음과 같이 계산된다.

$$V_{out2} = -\frac{R_f}{R_i}V_2$$

그러므로 이 중첩의 정리에 따라 이 감산 증폭기의 출력전압은 다음과 같이 계산된다.

$$\begin{aligned} V_{out} &= V_{out1} + V_{out2} = \left(1 + \frac{R_f}{R_i}\right)\frac{R_2}{R_1 + R_2}V_1 - \frac{R_f}{R_i}V_2 = \left(1 + \frac{R_f}{R_i}\right)\frac{R_2}{R_1 + R_2}(V_C + V_D) - \frac{R_f}{R_i}V_C \\ &= \left\{\left(1 + \frac{R_f}{R_i}\right)\frac{R_2}{R_1 + R_2} - \frac{R_f}{R_i}\right\}V_C + \left(1 + \frac{R_f}{R_i}\right)\frac{R_2}{R_1 + R_2}V_D = A_{CM}V_C + A_{DM}V_D \end{aligned}$$

그러므로 위 식에서 동상모드 전압이득과 차동모드 전압이득은 각각 다음과 같게 표현할 수 있다.

$$A_{CM} = \left(1 + \frac{R_f}{R_i}\right)\frac{R_2}{R_1 + R_2} - \frac{R_f}{R_i}$$

$$A_{DM} = \left(1 + \frac{R_f}{R_i}\right)\frac{R_2}{R_1 + R_2}$$

이로부터 이 감산 증폭기의 동상신호 제거비는 다음과 같이 계산할 수 있다.

$$CMRR = \frac{A_{DM}}{A_{CM}} = \frac{\left(1 + \frac{R_f}{R_i}\right)\frac{R_2}{R_1 + R_2}}{\left(1 + \frac{R_f}{R_i}\right)\frac{R_2}{R_1 + R_2} - \frac{R_f}{R_i}}$$

여기서 이상적인 회로의 경우에는 4개의 저항값이 동일하지만, 실제로는 이들 저항값이 오차가 있어서 $R_i = R_2 = R+\Delta R$이고, $R_1 = R_f = R-\Delta R$이라고 가정하면 CMRR은 다음과 같이 계산된다.

$$CMRR = \frac{\left(1+\frac{R_f}{R_i}\right)\frac{R_2}{R_1+R_2}}{\left(1+\frac{R_f}{R_i}\right)\frac{R_2}{R_1+R_2}-\frac{R_f}{R_i}} = \frac{\left(1+\frac{R-\Delta R}{R+\Delta R}\right)\frac{R+\Delta R}{R-\Delta R+R+\Delta R}}{\left(1+\frac{R-\Delta R}{R+\Delta R}\right)\frac{R+\Delta R}{R-\Delta R+R+\Delta R}-\frac{R-\Delta R}{R+\Delta R}} = \frac{R+\Delta R}{2\times\Delta R}$$

여기서 실제로 저항값의 오차가 ±0.1%와 ±0.01%인 소자를 사용하는 경우 각각 이 감산 증폭기 회로의 CMRR을 계산하면 다음과 같이 된다.

저항의 오차가 ±0.1%일 때 : $CMRR = \frac{R+\Delta R}{2\times\Delta R} = \frac{R+0.001R}{2\times 0.001R} = \frac{1.001}{0.002} = 500.5 \fallingdotseq 54\,\text{dB}$

저항의 오차가 ±0.01%일 때 : $CMRR = \frac{R+\Delta R}{2\times\Delta R} = \frac{R+0.0001R}{2\times 0.0001R} = \frac{1.0001}{0.0002} = 5000.5 \fallingdotseq 74\,\text{dB}$

이처럼 저항으로 ±0.1%와 ±0.01%인 것을 사용한 경우에 CMRR은 각각 54dB와 74dB에 불과하다. 실제로 이런 정도의 저항 소자는 시장에서 구입하기가 쉽지 않을 정도로 상당히 정밀한 저항에 해당하지만, 그럼에도 불구하고 그것을 사용했을 때의 CMRR값은 54dB과 74dB 정도로서 그다지 우수한 값이 아니다. 만약, 여기에서 사용한 저항 소자에 오차가 없다면 ΔR = 0이므로 CMRR은 무한대가 되어 가장 좋은 상태가 된다. 이러한 결과는 결국 연산증폭기 1개를 사용하는 이런 종류의 감산 증폭기 회로에서는 저항값의 오차 때문에 동상신호 제거비가 상당히 불량해질 수 있다는 것을 의미한다.

(2) 계측용 증폭기

위에서 설명한 바와 같이 <그림 3.2.11>의 감산 증폭기 회로는 대부분의 센서에서 나오는 출력처럼 미세한 전압 신호를 아주 높은 배율로 증폭하기 어려우며, 또한 이것의 동상신호 제거비 CMRR이 상당히 작아서 주로 동상신호로 많이 들어오는 잡음에 취약하다는 등의 단점을 갖는다.

이를 개선하여 각 입력단에 전압 폴로워를 사용함으로써 입력 임피던스를 매우 크게 하고, 매우 큰 동상신호 제거비와 높은 증폭률을 갖도록 한 계측용 증폭기(instrumentation amplifier) 회로를 <그림 3.2.18>에 보였다.

이 회로의 Op Amp 1과 Op Amp 2에서 두 입력단자 사이의 전압은 항상 0으로 유지되므로 점 ⓐ와 ⓑ의 전압은 각각 입력전압 V_1 및 V_2와 같게 된다. 따라서, 전압이득을 가변하기 위한 저항 R_G의 양쪽에는 전압차가 있으므로 다음과 같은 전류가 흐른다.

$$I = \frac{V_1 - V_2}{R_G} = \frac{V_1 - V_2}{aR}$$

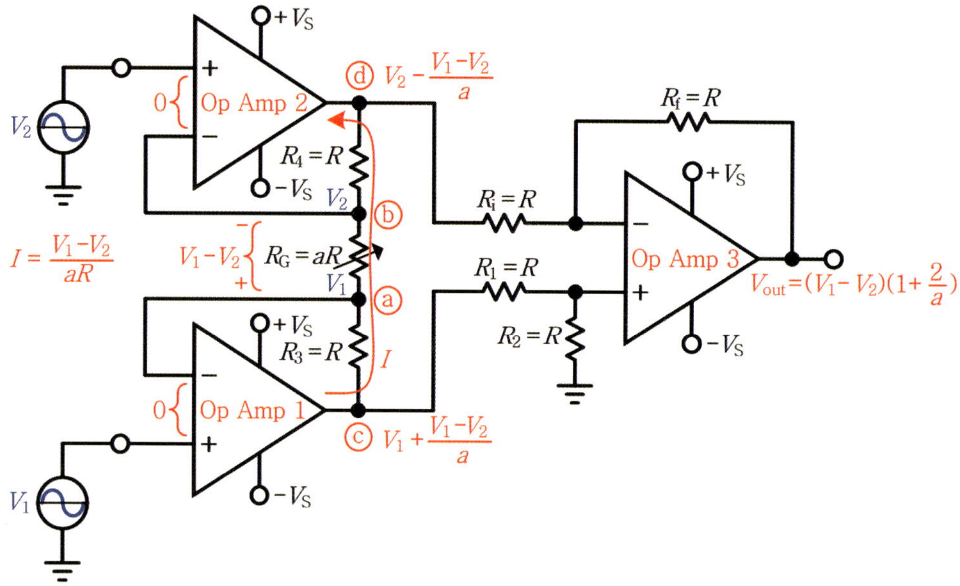

<그림 3.2.18> 계측용 증폭기

이 전류는 Op Amp 1의 출력단자에서 흘러나와 회로의 ⓒ→ⓐ→ⓑ→ⓓ 점을 차례로 거쳐서 Op Amp 2의 출력단자로 흘러 들어가므로 점ⓒ와 점ⓓ의 전압을 각각 다음과 같이 구할 수 있다.

$$V_{(c)} = V_1 + IR_3 = V_1 + \frac{V_1 - V_2}{aR}R_3 = V_1 + \frac{V_1 - V_2}{aR}R = V_1 + \frac{V_1 - V_2}{a}$$

$$V_{(d)} = V_2 - IR_4 = V_2 - \frac{V_1 - V_2}{aR}R_4 = V_2 - \frac{V_1 - V_2}{aR}R = V_2 - \frac{V_1 - V_2}{a}$$

그런데, 이 회로를 잘 살펴보면 점ⓒ와 점ⓓ의 뒤쪽에 있는 회로는 앞의 <그림 3.2.10>에서 공부하였던 감산기 또는 감산 증폭기 회로이므로 이 회로의 출력전압은 다음과 같이 계산할 수 있다.

$$V_{out} = V_{(c)} - V_{(d)} = \left(V_1 + \frac{V_1 - V_2}{a}\right) - \left(V_2 - \frac{V_1 - V_2}{a}\right) = V_1 - V_2 + 2\frac{V_1 - V_2}{a} = (V_1 - V_2)\left(1 + \frac{2}{a}\right)$$

이 출력전압 식에서 보듯이 이 계측용 증폭기는 저항 R_G를 가변저항으로 사용하여 변화시킴으로써 저항의 비율 a에 따라 전압이득 $1+2/a$를 가변할 수 있다. 여기서 a를 작게 할수록 계측용 증폭기의 전압이득은 커지며, 계측용 증폭기 IC 소자에서 전압이득의 가변 범위는 대략 1~10000 정도이다.

이러한 계측용 증폭기 회로는 사용자가 3개의 연산증폭기와 몇 개의 저항을 사용하여 직접 구성할 수도 있지만, 상당히 일찍부터 아날로그 반도체 제조사들이 이것을 1개의 반도체 IC 소자로 만들어서 출시하고 있으므로 이를 사용하면 더욱 편리하다. 앞에서 살펴본 <그림 3.2.11>의 경우보다는 상황이 나아졌으나 그렇다 하더라도 사용자가 연산증폭기를 사용하여 이 계측용 증폭기를 직접 설계하는 경우에는 오차가 작은 정밀 저항을 사용해야 하는 부담이 있으며, 계측용 증폭기 IC 소자를 사용하면 이런 점을 충분히 고려하여 만족할 만한 특성을 갖도록 설계되어 있으므로 안심하고 사용할 수 있다.

(3) 계측용 증폭기의 출력 레벨 시프트

앞의 <그림 3.2.14>와 <그림 3.2.15>에서 공부하였던 것처럼 계측용 증폭기에서도 저항 R_2를 접지하지 않고 여기에 V_{ref} = 1/2 V_s의 기준전압을 인가하면 출력전압을 그만큼 레벨 시프트할 수 있는데 이러한 회로를 <그림 3.2.19>에 보였다. 실제로 대부분의 계측용 증폭기 IC 소자에서는 이 단자를 내부에서 접지하지 않고 REF 단자로 만들어 놓아서 사용자가 필요에 따라 외부에서 이를 접지시키거나 또는 출력전압 레벨 시프트용으로 사용할 수 있도록 하고 있다.

$$V_{out} = (V_1 - V_2)\left(1 + \frac{2}{a}\right) + V_{ref}$$

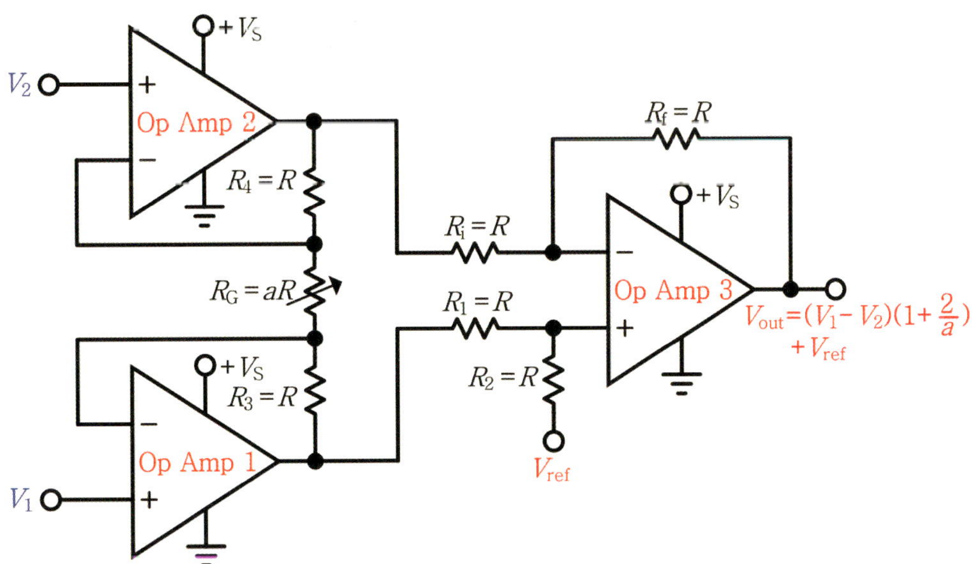

<그림 3.2.19> 계측용 증폭기에서 출력전압의 레벨 시프트

이상으로 살펴본 계측용 증폭기를 하나의 IC 소자로 만든 제품의 특징을 요약하면 다음과 같다.

① 두 입력단자의 입력 임피던스가 매우 크다.
② 1개의 저항 R_G를 사용하여 쉽게 전압이득을 가변할 수 있다.
③ 매우 큰 동상신호 제거비를 가지고 있어서 동상모드의 잡음을 제거하는 성능이 우수하다. 동상모드 전압이득이 0이 되도록 조절함으로써 동상신호 제거비를 더욱 높이기 위하여 저항 R_2를 가변할 수 있는 제품도 있다.
④ 저항 R_2를 접지하지 않고 이 단자(REF)에 기준전압을 인가하여 출력전압을 레벨 시프트할 수 있는데, 이러한 회로는 계측용 증폭기를 단전원 방식으로 사용할 때 유용하다.
⑤ 많은 반도체 회사에서 제품을 출시하고 있는데, 예를 들면 Analog Devices사의 AD620/621/622나 Texas Instruments사의 INA121/122 등이 있다.

(4) 계측용 증폭기 IC의 종류별 사양 정리

계측용 증폭기 IC를 일찍부터 선구적으로 개발하여 출시하고 있는 반도체 회사는 단연 Analog Devices사라고 할 수 있다. 이 회사는 원래 오래전부터 A/D 컨버터 및 D/A 컨버터와 같은 아날로그 반도체 분야에서 독보적인 위치를 구축하여 왔는데, 계측용 증폭기 IC에 대해서도 일찍부터 압도적인 강세를 보여왔다. 여기에 2016년에 아날로그 반도체에 강점을 갖추고 있던 Linear Technology사를 인수 합병하고, 또한 2020년에 Maxim Integrated사를 인수 합병함으로써 아날로그 반도체 분야에서의 압도적으로 확고한 지위를 더욱 강화하였다. 이 회사의 계측용 증폭기 IC 소자들을 모두 조사하여 사양을 비교 정리하면 <표 3.2.1>과 같다.

현재 아날로그 반도체 분야에서 Analog Devices사와 함께 양대 산맥을 구축하고 있는 또 하나의 업체는 Texas Instruments사이다. 이 회사도 원래부터 종합 반도체 메이커로서 오랜 역사를 가지고 있었지만, 특히 2000년에 아날로그 반도체의 강자였던 Burr-Brown사를 인수 합병하고 2011년에는 당대 최고의 아날로그 반도체 회사였던 National Semiconductor사까지 인수 합병함으로써 연산증폭기나 계측용 증폭기와 같은 아날로그 반도체 분야에서도 엄청난 경쟁력을 갖추게 되었다. 이 회사의 계측용 증폭기 IC 소자들을 모두 조사하여 이것들의 사양을 비교 정리하면 <표 3.2.2>와 같다. INA로 시작하는 계측용 증폭기의 모델명은 Burr-Brown사의 제품에서 유래된 것이다.

<표 3.2.1> Analog Devices사 계측용 증폭기 IC의 종류 및 사양 비교

모델명	양전원 [V]	단전원 [V]	IC 핀수	내장 회로 수	이득 조정 방법	이득 범위	REF 단자	오프셋 전압 [μV]	밴드폭 (G=1/100) [MHz/kHz]	1kHz에서 RTI 잡음 [nV/√Hz]	rail-to-rail	
											input	output
AD524	±6~±18		16/20	1	핀 선택	1/10/100/1000	○	50	1/150	7		
AD620	±2.3~±18	가능	8	1	저항 R_G	1~10000	○	50	1/120	9		
AD621	±2.3~±18	가능	8	1	핀 연결	10/100	○	125	0.8/200	9		
AD622	±2.6~±18		8	1	저항 R_G	1~1000	○	125	1/120	12		
AD623	±2.5~±6	2.7~12	8	1	저항 R_G	1~1000	○	25	0.8/10	35		○
AD624	±6~±18		16	1	핀 선택	1/100/200/500	○	25	1/150	4		
AD625	±6~±18		16/20	1	R_G, R_F	1~10000	○	25	0.65/150	4		
AD627	±1.1~±18	2.2~36	8	1	저항 R_G	5~1000	○	125	0.08/3	38		○
AD8220	±2.25~±18	4.5~36	8	1	저항 R_G	1~1000	○	125	1.5/800	14		○
AD8221	±2.3~±18		8	1	저항 R_G	1~1000	○	25	0.825/100	8		
AD8222	±2.3~±18		16	2	저항 R_G	1~10000	○	60	1.2/140	8		
AD8223	±2~±12	3~24	8	1	저항 R_G	5~1000	○	100	0.125/50	30		○
AD8224	±2.25~±18	4.5~36	16	2	저항 R_G	1~1000	○	175	1.5/120	14		○
AD8225	±1.7~±18	4~36	8	1	고정	5	○	150	900kHz	45		
AD8226	±1.35~±18	2.2~36	8	1	저항 R_G	1~1000	○	50	1.5/20	22		○
AD8227	±1.5~±18	2.2~36	8	1	저항 R_G	5~1000	○	100	0.25/50	24		○
AD8228	±2.3~±18	가능	8	1	핀 연결	10/100	○	50	650kHz	8		
AD8229	±4~±17		8	1	저항 R_G	1~2000	○	100	15/1200	1		
AD8230	±4~±8	8~16	8	1	R_G, R_F	2~1000	○	10	1.5kHz	240	○	○
AD8231	±1.5~±2.5	3~5	16	1	디지털	1/2/4/8/16/ 32/64/128	○	4	1MHz	32		○
AD8235	±0.9~±2.5	1.8~5.5	11	1	저항 R_G	5~200	○	2.5mV	23/0.4kHz	76	○	○
AD8236	±0.9~±2.5	1.8~5.5	8	1	저항 R_G	5~200	○	3.5mV	23/0.4kHz	76	○	○
AD8237		1.8~5.5	8	1	R_1, R_2	1~1000	○	30	200/0.2kHz	68	○	○
AD8250	±5~±15		10	1	디지털	1/2/5/10	○	70	10/3MHz	40		
AD8251	±5~±15		10	1	디지털	1/2/4/8	○	70	10/2.5MHz	40		
AD8253	±5~±15		10	1	디지털	1/10/100/1000	○	150	10/550	45		
AD8293G80 AD8293G160		1.8~5.5	8	1	고정	80 160	○	20	500Hz	35		○
AD8295	±2.3~±18		16	1	저항 R_G	1~1000	○	120	1.2/140	8		
AD8420	+2.7~+18	2.7~36	8	1	R_1, R_2	1~1000	○	125	0.25/2.5	55		○
AD8421	±2.5~±18	5~36	8	1	저항 R_G	1~2000	○	60	10/2MHz	3		
AD8422	±2.3~±18	4.6~36	8	1	저항 R_G	1~1000	○	60	2.2/120	8		○
AD8426	±1.35~±18	2.2~36	16	2	저항 R_G	1~1000	○	200	1/20	24		○
AD8428	±4~±18		8	1	고정	2000	○	100	3.5MHz	1.3		
AD8429	±4~±18		8	1	저항 R_G	1~2000	○	150	15/1.2MHz	1		
AD8553		1.8~5.5	8	1	R_1, R_2	0.1~10000	○	20	1kHz	150		○
ADA4254	±5~±28		24/28	1	디지털	I/O 가변 이득		14	15kHz 이상	17		
ADA4255		2.7~5	28	1	디지털	I/O 가변 이득		14	15kHz 이상	17		
AMP01	±4.5~±18		18/20	1	R_G, R_S	0.1~10000	○	50	0.57/82	540		
AMP02	±4.5~±18		8/16	1	저항 R_G	1~10000	○	100	1.2/200	120		
AMP04	±2.5~±18	4~12	8	1	저항 R_G	1~1000	○	150	300kHz	270		
LT1101	±1.2~±22	2.4~44	8/16	1	핀 연결	10/100	○	160	0.033/3	43		
LT1102	±20Vmax		8	1	핀 연결	10/100	○	180	3.5/220	19		
LT1167	±2.3~±20		8	1	저항 R_G	1~10000	○	60	1/120	7.5		
LT1168	±2.3~±20		8	1	저항 R_G	1~10000	○	40	0.4/13	10		
LT1789-1 LT1789-10		2.2~36	8	1	저항 R_G	1~1000 10~1000	○	100	0.060/3 0.025/12	48		○
LT1920	±2.3~±20		8	1	저항 R_G	1~10000	○	225	1/120	7.5		

<표 3.2.2> Texas Instruments사 계측용 증폭기 IC의 종류 및 사양 비교

모델명	양전원 [V]	단전원 [V]	IC 핀수	내장 회로 수	이득 조정 방법	이득 범위	REF 단자	오프셋 전압 [μV]	밴드폭 (G=1/100) [MHz/kHz]	1kHz에서 RTI 잡음 [nV/√Hz]	rail-to-rail	
											input	output
INA101	±5~±20		14/16	1	핀 선택	1~1000	○	25	0.3/25	13		
INA103	±9~±25		16	1	저항 R_G	1~1000	○	250	6/800	1		
INA111	±6~±18		8/16	1	저항 R_G	1~10000	○	500	2/400	10		
INA114	±2.25~±18		8/16	1	저항 R_G	1~10000	○	50	1/10	11		
INA115	±2.25~±18		16	1	저항 R_G	1~10000	○	50	1/10	11		
INA118	±2.25~±18		8	1	저항 R_G	1~10000	○	50	0.8/70	10		
INA121	±2.25~±18	가능	8	1	저항 R_G	1~10000	○	200	0.6/50	20		
INA122	±1.3~±18	2.2~36	8	1	저항 R_G	5~10000	○	250	0.12/5	60		○
INA125	±1.35~±18	2.7~36	16	1	저항 R_G	4~10000	○	250	0.15/4.5	38		
INA126 INA2126	±1.35~±18	2.7~36	8 16	1 2	저항 R_G	5~10000	○	100	0.2/9	35		
INA128 INA129	±2.25~±18	4.5~36	8	1	저항 R_G	1~10000	○	50	1.3/200	8		
INA131	±2.25~±18		8	1	저항 R_G	100 이상	○	50	70kHz	12		
INA141	±2.25~±18	4.5~36	8	1	핀 연결	10/100	○	50	0.61/200	12		
INA155		2.7~5.5	8	1	저항 R_G	10~50	○	200	0.55/110	40		○
INA156		2.7~5.5	8	1	저항 R_G	10~50	○	2.5mV	0.55/110	40		○
INA163	±4.5~±18		14	1	저항 R_G	1~2000	○	50	3.4/800	1		
INA166	±4.5~±18		14	1	저항 R_G	2000 이상	○	50	450kHz	1.3		
INA188	±2~±18	4~36	8	1	저항 R_G	1~1000	○	55	0.6/15	12		
INA217	±4.5~±18		8/16	1	저항 R_G	1~2000	○	50	3.4/800	1.3		
INA317	±0.9~±2.75	1.8~5.5	8	1	저항 R_G	1~1000	○	75	0.15/3.5	50		○
INA321 INA2321		2.7~5.5	8 14	1 2	R_1, R_2	5~100	○	200	500kHz	100		○
INA322 INA2322		2.7~5.5	8 14	1 2	R_1, R_2	5~100	○	2mV	500kHz	100		○
INA326 INA327		2.7~5.5	8 10	1	저항 R_1	0.1~10000	○	100	1kHz	33	○	○
INA331 INA2331		2.7~5.5	8 14	1 2	R_1, R_2	5~100	○	250	2MHz	46		○
INA332 INA2332		2.7~5.5	8 14	1 2	R_1, R_2	5~100	○	2mV	2MHz	46		○
INA333	±0.9~±2.75	1.8~5.5	8	1	저항 R_G	1~1000	○	25	0.15/3.5	50		○
INA337 INA338		2.7~5.5	8 10	1	저항 R_1	0.1~10000	○	100	1kHz	33	○	○
INA350ABS INA350CDS	±0.85~±2.75	1.7~5.5	8/10	1	핀 연결	10/20 30/50	○	200	100/50kHz 40/25kHz	36	○	○
INA351ABS INA351CDS	±0.9~±2.75	1.7~5.5	8/10	1	핀 연결	10/20 30/50	○	200	100/50kHz 40/25kHz	36	○	○
INA818	±2.25~±18	4.5~36	8	1	저항 R_G	1~1000	○	10	2/270	8		
INA819	±2.25~±18	4.5~36	8	1	저항 R_G	1~1000	○	10	2/270	8		
INA821	±2.25~±18	4.5~36	8	1	저항 R_G	1~1000	○	10	4.7/290	7		
INA823	±1.35~±18	2.7~36	8	1	저항 R_G	1~1000	○	20	1.9/60	21		
INA826	±1.5~±18	3~36	8	1	저항 R_G	1~1000	○	150	1/60	18		○
INA827	±1.5~±18	3~36	8	1	저항 R_G	5~1000	○	150	0.6/150	17		○
INA828	±2.25~±18	4.5~36	8	1	저항 R_G	1~1000	○	50	2/260	7		
INA848	±4~±18	8~36	8	1	고정	2000	○	35	2.8MHz	1.5		
INA849	±4~±18	8~36	8	1	저항 R_G	1~1000	○	35	28/8MHz	1		
INA851	±4~±18	8~36	16	1	저항 R_G	0.2~10000	○	10	15/5MHz	3.2		
INA2128	±2.25~±18	4.5~36	16	2	저항 R_G	1~10000	○	50	1.3/200	8		
INA2141	±2.25~±18		16	2	핀 연결	10/100	○	50	1/200	8		

3.3 기타 증폭기 회로

이 절에서는 앞에서 공부한 것처럼 가산기와 감산기를 포함하는 넓은 의미의 증폭기 회로를 가급적 여러가지로 폭넓게 찾아서 이것들을 두루 살펴보면서 연산증폭기 응용 회로에 대한 공부를 이어가기로 한다.

1. 여러가지 증폭기 회로

(1) 반전 가산기

우리는 앞의 <그림 3.2.2>에서 n개의 입력전압 V_1, V_2, V_3, … , V_n을 모두 더하는 반전 가산기를 공부하였는데, 이것은 모든 입력전압이 한 곳으로 모이는 연산증폭기의 반전 입력 단자가 가상접지로 되므로 각 입력전압이 서로 간섭을 일으키지 않아서 해석이 쉬웠다. 이 회로에서 모든 저항은 동일한 저항값 R을 사용하므로 출력전압은 다음과 같이 계산된다.

$$V_{out} = -\left(\frac{R_f}{R_{i1}}V_1 + \frac{R_f}{R_{i2}}V_2 + \frac{R_f}{R_{i3}}V_3 + \ldots + \frac{R_f}{R_{in}}V_n\right) = -(V_1 + V_2 + V_3 + \ldots + V_n)$$

그런데, 이러한 반전 가산기는 양(+)의 전압만 더할 수 있는 것이 아니고 음(-)의 전압도 더할 수 있으며, 가산은 물론이고 감산도 가능하다. 또한, 더하거나 빼는 각 입력전압을 임의로 증폭 또는 감쇠하여 각 전압에 가중치를 두는 것도 가능하다.

예를 들어 $V_{out} = V_1 + 2V_2 + 0.5V_3 - V_4$의 가산을 수행하는 반전 가산기 회로를 구성하여 보자. 반전 가산기의 피드백 저항을 V_f = 20kΩ으로 사용한다면 V_1의 입력저항은 이와 동일하게 20kΩ으로 하고, V_2의 입력저항은 10kΩ으로 하여 2배 증폭하며, V_3의 입력저항은 1/2로 감쇠하기 위하여 40kΩ을 사용해야 하는데 이런 저항은 없으므로 20kΩ짜리 저항 2개를 직렬로 연결하여 사용하면 된다. 또한, 감산항인 $-V_4$는 입력전압 V_4를 반전 증폭기로 반전시켜서 반전 가산기의 입력으로 사용하면 된다.

이렇게 모든 입력을 가산한 결과는 위의 출력전압 식에서도 보듯이 극성이 반전되는 문제가 있다. 이는 출력단에 또 하나의 연산증폭기를 사용하여 반전 증폭기를 만들어 캐스케이드 접속하는 방법으로 간단하게 해결할 수 있다. 이렇게 설계한 반전 가산기의 회로는 <그림 3.3.1>에 보였으며, 이것의 출력전압 식은 다음과 같이 나타낼 수 있다.

$$V_{out} = -(V_1 + 2V_2 + 0.5V_3 - V_4) \times (-1) = V_1 + 2V_2 + 0.5V_3 - V_4$$

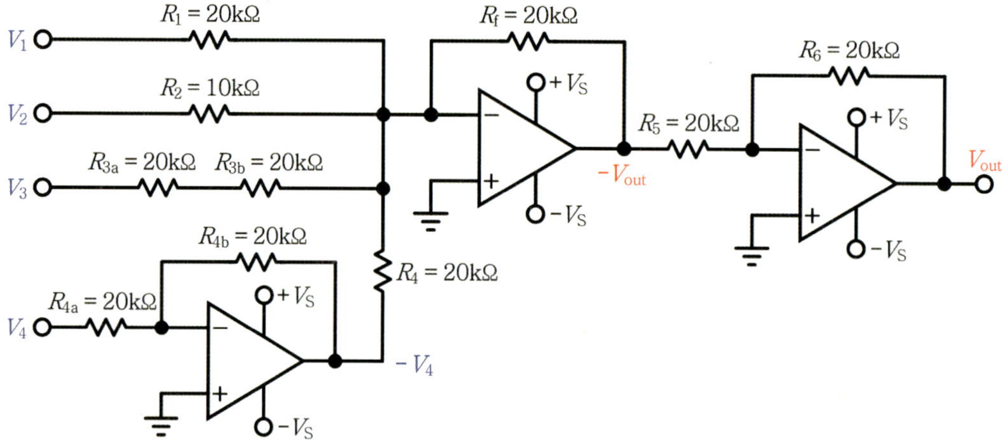

<그림 3.3.1> 4입력 반전 가산기 회로

(2) 비반전 가산기

반전 가산기는 모든 입력전압이 모아지는 점이 가상접지로 되어 해석이 쉬워지는데 비하여, 비반전 가산기는 n개의 입력전압 V_1, V_2, V_3, ... , V_n이 한 곳으로 모이는 연산증폭기의 비반전 입력단자가 0이 아닌 어떤 전압을 가지므로 하나의 입력전압에 의하여 발생되는 전류가 다른 입력전압의 신호원으로 흘러 들어가면서 상호 간섭을 일으킬 수 있기 때문에 <그림 3.2.7>의 (b)처럼 이를 방지하기 위하여 모든 입력전압이 전압 폴로워를 거쳐서 입력되는 방식으로 사용하도록 권장되었다. 이 회로에서는 각 입력전압에 직렬로 연결되는 입력저항이 모두 동일한 저항값 R을 가져야 하며, 피드백 저항은 $(n-1)R$의 저항값을 가져야 한다. 이것의 출력전압은 다음과 같이 계산된다.

$$V_{out} = \left(1+\frac{(n-1)R}{R}\right)\frac{1}{n}(V_1+V_2+V_3+\ldots+V_n) = V_1+V_2+V_3+\ldots+V_n$$

그러나, 입력전압 신호원의 상호간에 간섭을 일으키는 것이 문제가 되지 않는 경우라면 비반전 가산기를 <그림 3.2.7>의 (a)처럼 전압 폴로워를 사용하지 않고 그냥 간단하게 구성할 수도 있다. 이 경우에도 그림의 (b)에서 했던 것처럼 중첩의 원리를 적용하여 위와 동일한 출력전압 식을 얻을 수 있다.

n개의 입력이 아니고 단순히 2~3개의 입력전압을 더하기 위한 간단한 비반전 가산기에서는 굳이 중첩의 원리를 사용하지 않고 키르히호프의 전류법칙을 적용하여 좀 더 간단하게 출력전압 식을 얻을 수 있다. 먼저 <그림 3.3.2>의 2입력 비반전 가산기 회로를 보자.

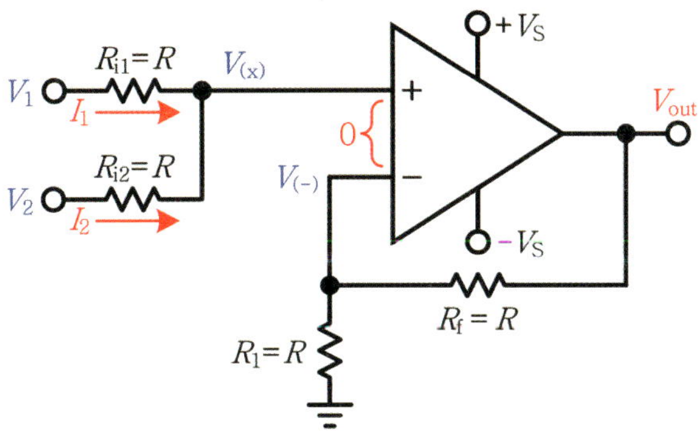

<그림 3.3.2> 2입력 비반전 가산기 회로

여기서 반전 입력단자의 전압 $V_{(-)}$는 다음과 같이 구할 수 있다. 그런데, 연산증폭기에서 두 입력단자 사이의 전압은 항상 0으로 유지되므로 반전 입력단자의 전압은 비반전 입력단자의 전압 $V_{(x)}$와 같아진다.

$$V_{(-)} = \frac{R_1}{R_1+R_f}V_{out} = V_{(x)}$$

비반전 입력단자에는 전류가 흘러 들어가지 못하므로 여기에 키르히호프의 전류법칙을 적용하면 다음과 같다.

$$I_1 + I_2 = \frac{V_1 - V_{(x)}}{R_{i1}} + \frac{V_2 - V_{(x)}}{R_{i2}} = 0$$

$$\therefore \frac{V_1}{R_{i1}} + \frac{V_2}{R_{i2}} = \left(\frac{1}{R_{i1}} + \frac{1}{R_{i2}}\right)V_{(x)} = \left(\frac{1}{R_{i1}} + \frac{1}{R_{i2}}\right)\frac{R_1}{R_1+R_f}V_{out}$$

이를 정리하여 출력전압 V_{out}을 구하면 다음과 같게 된다.

$$V_{out} = \left(\frac{V_1}{R_{i1}} + \frac{V_2}{R_{i2}}\right)\frac{1}{\left(\frac{1}{R_{i1}} + \frac{1}{R_{i2}}\right)\frac{R_1}{R_1+R_f}} = \frac{R_{i1}R_{i2}}{R_{i1}+R_{i2}}\times\frac{R_1+R_f}{R_1}\times\left(\frac{V_1}{R_{i1}} + \frac{V_2}{R_{i2}}\right)$$

여기서 모든 저항의 저항값이 같아서 $R_{i1} = R_{i2} = R_1 = R_f = R$이라면 출력전압은 다음과 같이 된다.

$$V_{out} = \frac{RR}{R+R}\times\frac{R+R}{R}\times\left(\frac{V_1}{R} + \frac{V_2}{R}\right) = V_1 + V_2$$

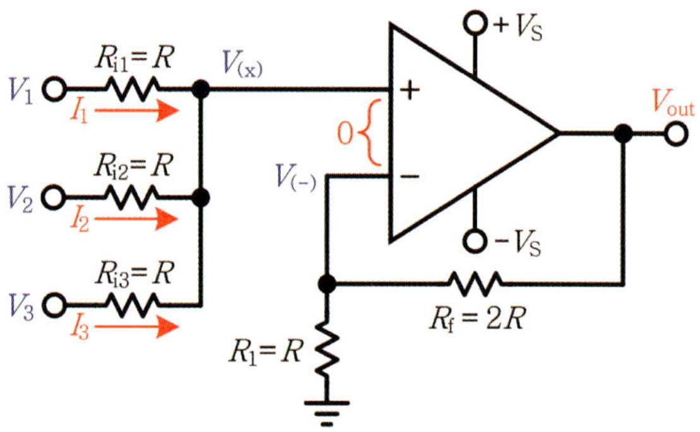

<그림 3.3.3> 3입력 비반전 가산기 회로

이번에는 <그림 3.3.3>과 같은 3입력 비반전 가산기 회로를 보자. 여기서 반전 입력단자의 전압 $V_{(-)}$는 다음과 같이 구할 수 있다. 그런데, 연산증폭기에서 두 입력단자 사이의 전압은 항상 0으로 유지되므로 반전 입력단자의 전압은 비반전 입력단자의 전압 $V_{(x)}$와 같아진다.

$$V_{(-)} = \frac{R_1}{R_1 + R_f} V_{out} = V_{(x)}$$

비반전 입력단자에는 전류가 흘러들어가지 못하므로 여기에 키르히호프의 전류법칙을 적용하면 다음과 같다.

$$I_1 + I_2 + I_3 = \frac{V_1 - V_{(x)}}{R_{i1}} + \frac{V_2 - V_{(x)}}{R_{i2}} + \frac{V_3 - V_{(x)}}{R_{i3}} = 0$$

$$\therefore \frac{V_1}{R_{i1}} + \frac{V_2}{R_{i2}} + \frac{V_3}{R_{i3}} = \left(\frac{1}{R_{i1}} + \frac{1}{R_{i2}} + \frac{1}{R_{i3}}\right) V_{(x)} = \left(\frac{1}{R_{i1}} + \frac{1}{R_{i2}} + \frac{1}{R_{i3}}\right) \frac{R_1}{R_1 + R_f} V_{out}$$

이를 정리하여 출력전압 V_{out}을 구하면 다음과 같게 된다.

$$V_{out} = \frac{R_{i1}R_{i2}R_{i3}}{R_{i1}R_{i2} + R_{i2}R_{i3} + R_{i3}R_{i1}} \times \frac{R_1 + R_f}{R_1} \times \left(\frac{V_1}{R_{i1}} + \frac{V_2}{R_{i2}} + \frac{V_3}{R_{i3}}\right)$$

여기서 저항값이 $R_{i1} = R_{i2} = R_{i3} = R_1 = R$로 같고, $R_f = 2R$이라면 출력전압은 다음과 같이 된다.

$$V_{out} = \frac{RRR}{RR + RR + RR} \times \frac{R + 2R}{R} \times \left(\frac{V_1}{R} + \frac{V_2}{R} + \frac{V_3}{R}\right) = V_1 + V_2 + V_3$$

그런데, <그림 3.3.3>의 3입력 비반전 가산기 회로는 <그림 3.3.2>의 2입력 비반전 가산기 2개를 사용하여 구성할 수도 있는데 이를 <그림 3.3.4>에 보였다.

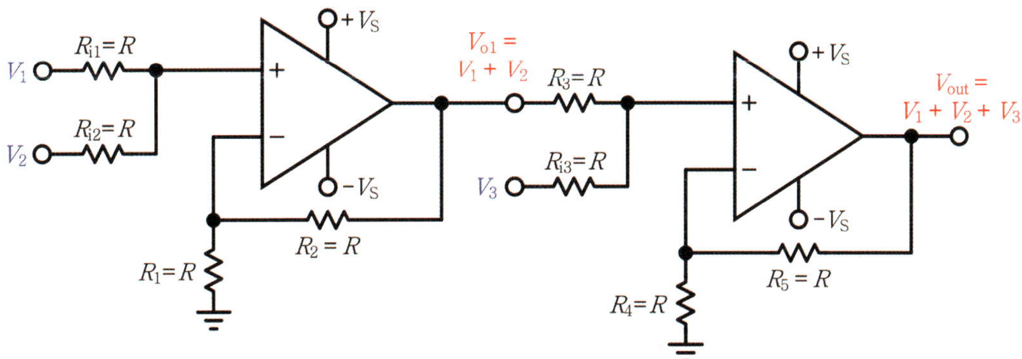

<그림 3.3.4> 연산증폭기 2개를 사용한 3입력 비반전 가산기 회로

(3) 다중 입력 감산 증폭기

앞의 <그림 3.2.11>에서 공부하였던 감산 증폭기는 출력전압 식이 $V_{out} = a(V_1 - V_2)$가 되어 2개의 입력전압을 빼고 이를 다시 a배 증폭하는 기능을 가지고 있다. 그런데, 아래의 <그림 3.3.5>에 보였듯이 이 감산 증폭기 회로에서 비반전 단자 쪽과 반전 단자 쪽에 연결하는 입력전압의 수를 모두 임의의 n개로 늘려서 다중 입력 감산 증폭기로 만들면 출력전압 식이 어떻게 되는지 살펴보자

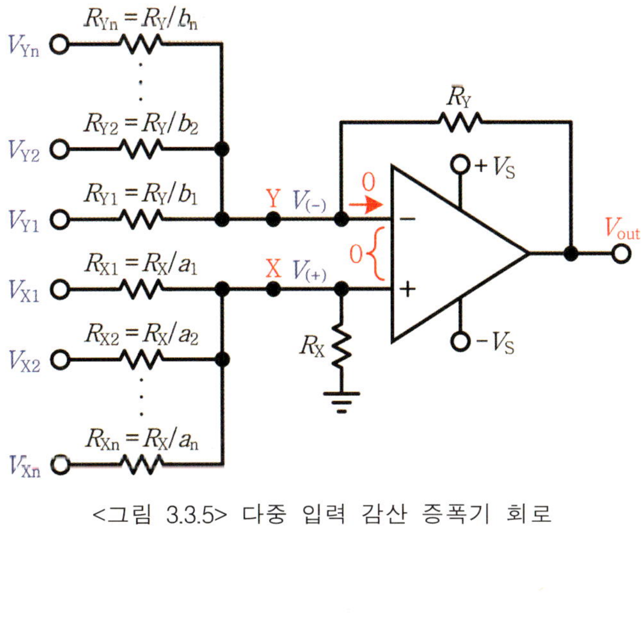

<그림 3.3.5> 다중 입력 감산 증폭기 회로

먼저, 점 X에 해당하는 비반전 입력단자에 키르히호프의 전류법칙을 적용하면 비반전 입력단자에는 전류가 흘러 들어가지 않으므로 다음과 같이 표현할 수 있다.

$$\frac{V_{X1}-V_{(+)}}{\frac{R_X}{a_1}}+\frac{V_{X2}-V_{(+)}}{\frac{R_X}{a_2}}+\ldots+\frac{V_{Xn}-V_{(+)}}{\frac{R_X}{a_n}}=\frac{V_{(+)}}{R_X}$$

이 식의 양변에 R_X를 곱하여 정리하면 다음과 같이 계산된다.

$$a_1V_{X1}+a_2V_{X2}+\ldots+a_nV_{Xn}=(a_1+a_2+\ldots+a_n+1)V_{(+)}$$
$$\sum_{i=1}^{i=n}a_iV_{Xi}=\left(\sum_{i=1}^{i=n}a_i+1\right)V_{(+)}$$

이번에는 점 Y에 해당하는 반전 입력단자에 키르히호프의 전류법칙을 작용하면 반전 입력단자에는 전류가 흘러 들어가지 않으므로 다음과 같이 표현할 수 있다.

$$\frac{V_{Y1}-V_{(-)}}{\frac{R_Y}{b_1}}+\frac{V_{Y2}-V_{(-)}}{\frac{R_Y}{b_2}}+\ldots+\frac{V_{Yn}-V_{(-)}}{\frac{R_Y}{b_n}}=\frac{V_{(-)}-V_{out}}{R_Y}$$

이 식의 양변에 R_Y를 곱하여 정리하면 다음과 같이 계산된다.

$$V_{out}=-(b_1V_{Y1}+b_2V_{Y2}+\ldots+b_nV_{Yn})+(b_1+b_2+\ldots+b_n+1)V_{(-)}=-\sum_{i=1}^{i=n}b_iV_{Yi}+\left(\sum_{i=1}^{i=n}b_i+1\right)V_{(-)}$$

그런데, 연산증폭기의 두 입력단자 사이의 전압은 항상 0으로 유지되므로 $V_{(+)}=V_{(-)}$가 되고, 따라서 비반전 입력단자 쪽의 식에서 $V_{(+)}$를 구하여 이 출력전압 식에 대입하면 다음과 같이 된다.

$$V_{out}=-\sum_{i=1}^{i=n}b_iV_{Yi}+\left(\sum_{i=1}^{i=n}b_i+1\right)V_{(-)}=-\sum_{i=1}^{i=n}b_iV_{Yi}+\left(\sum_{i=1}^{i=n}b_i+1\right)\frac{\sum_{i=1}^{i=n}a_iV_{Xi}}{\left(\sum_{i=1}^{i=n}a_i+1\right)}$$

여기서 X쪽의 모든 저항비와 Y쪽의 모든 저항비가 1:1로 같아서 $a_1=b_1$, $a_2=b_2$, ... , $a_n=b_n$으로 된다면 출력전압 식은 다음과 같이 간단해진다.

$$V_{out}=\sum_{i=1}^{i=n}a_iV_{Xi}-\sum_{i=1}^{i=n}b_iV_{Yi}$$

만약, X쪽의 모든 저항비와 Y쪽의 모든 저항비가 같아서 $a_1=a_2=...=a_n = b_1=b_2=...=b_n = a$로 된다면 출력전압 식은 다음과 같이 간단해진다. 즉, 이처럼 다중 입력을 갖는 감산 증폭기는 비반전 입력단자 쪽에 인가된 모든 전압의 합에서 반전 입력단자 쪽에 인가된 모든 전압의 합을 빼고 이를 a배 증폭하는 기능을 수행한다.

$$V_{out} = \sum_{i=1}^{i=n} a_i V_{Xi} - \sum_{i=1}^{i=n} b_i V_{Yi} = a\sum_{i=1}^{i=n} V_{Xi} - a\sum_{i=1}^{i=n} V_{Yi} = a\left(\sum_{i=1}^{i=n} V_{Xi} - \sum_{i=1}^{i=n} V_{Yi}\right)$$

(4) 기준전압 발생

앞의 <그림 3.2.6>에서도 간단히 살펴본 바가 있듯이 전원전압과는 다른 어떤 임의의 기준전압이 필요할 때 이를 2개의 저항으로 분압하는 방법으로 쉽게 만들어 사용할 수 있다고 생각하면 큰 오산이다. 이는 전기전자에서 가장 기초가 되고 기본이 되는 오옴의 법칙을 모르는 무지의 소산이라고 할 수밖에 없다.

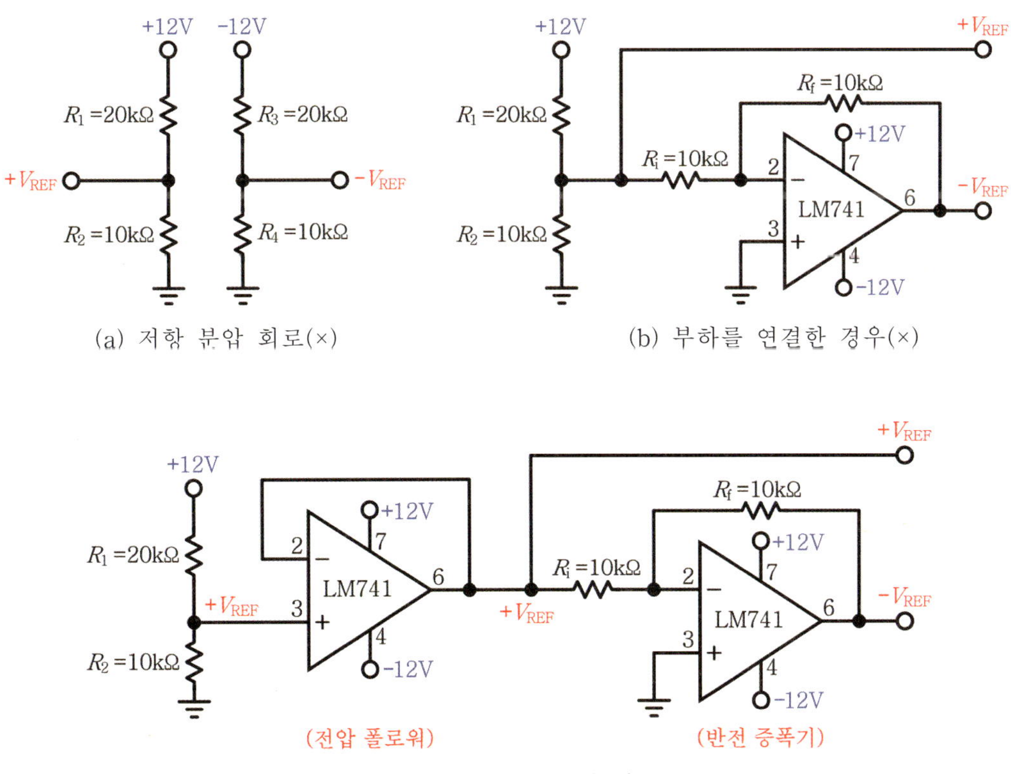

<그림 3.3.6> 소용량 기준전압의 발생 방법

그러나, 전기전자에서 아날로그 회로를 설계하다 보면 이처럼 어떤 기준전압을 필요로 하는 경우는 생각보다 자주 있다. 비교기에 사용할 기준전압이 필요한 경우도 있고, A/D 컨버터나 D/A 컨버터에 사용할 기준전압을 필요로 하는 경우도 있으며, 때로는 디지털 시스템에서 1~2개 정도의 연산증폭기를 사용할 때 이것의 전원으로 기준전압이 필요한 경우도 있다. 물론, 이런 경우에는 정전압 레귤레이터 IC를 사용하여 안정적인 전압을 만들어 공급하면 되지만, 불과 수 mA 이하를 소비하는 소용량의 기준전압 전원을 위하여 이렇게 하는 것은 부담스러울 때가 있는 것이다.

예를 들어서 현재 ±12V 전원만 가지고 있는 어떤 아날로그 회로에서 소용량의 기준전압 $\pm V_{REF}$ = ±4V가 필요하다고 가정하여 보자. 이를 구현하는 방법을 <그림 3.3.6>에 보였다. 만약, 이를 그림의 (a)처럼 2개의 저항으로 분압하여 얻으려 한다면 이 회로 자체만 놓고 보았을 때는 문제가 없어 보인다. 12V의 전압을 20kΩ과 10kΩ의 저항으로 분압하여 4V를 쉽게 만들 수 있기 때문이다.

$$+V_{REF} = \frac{R_2}{R_1 + R_2}(+V_S) = \frac{10\text{k}\Omega}{20\text{k}\Omega + 10\text{k}\Omega}(+12\text{V}) = +4\text{V}$$

$$-V_{REF} = \frac{R_4}{R_3 + R_4}(-V_S) = \frac{10\text{k}\Omega}{20\text{k}\Omega + 10\text{k}\Omega}(-12\text{V}) = -4\text{V}$$

그러나, 이렇게 만든 기준전압을 입력 임피던스가 ∞가 아닌 다른 회로에 연결하면 그 회로의 입력 임피던스 때문에 이 전압은 4V를 유지하지 못하고 훨씬 더 작은 전압으로 바뀐다. 그림의 (b)에서 반전 증폭기의 입력 임피던스는 거의 R_i와 같으므로 이 저항값이 아래쪽의 분압 저항 R_2와 병렬이 되어 실제로 분압되는 전압은 아래와 같이 전혀 달라진다.

$$+V_{REF} = \frac{R_2 // R_i}{R_1 + R_2 // R_i}(+V_S) = \frac{10\text{k}\Omega // 10\text{k}\Omega}{20\text{k}\Omega + 10\text{k}\Omega // 10\text{k}\Omega}(+12\text{V}) = \frac{5\text{k}\Omega}{20\text{k}\Omega + 5\text{k}\Omega}(+12\text{V}) = +2.4\text{V}$$

이러한 문제를 해결하려면 그림의 (c)에 보였듯이 전압 폴로워를 사용하여 분압 저항의 출력단에 무한대 크기의 부하저항을 연결한 것처럼 되도록 버퍼링해주어야 한다. 그러면 전압 폴로워의 출력에서 양극성의 기준전압 $+V_{REF}$를 얻고, 이를 반전 증폭기로 반전시킨 출력에서 음극성의 기준전압 $-V_{REF}$를 얻는다. 이렇게 하여 연산증폭기 LM741의 최대 출력전류인 25mA의 용량을 갖는 ±4V의 기준전압을 만들 수 있다.

그러나, 이렇게 연산증폭기를 사용한 전압 폴로워를 거쳐서 부하에 관계없이 일정한 출력전압을 유지하는 기준전압을 얻었다고 하더라도 문제가 남아있다. 이를 정밀한 기준전원으로 사용하려면 첫째 여기에 사용한 전원전압 +12V가 정확하고 안정적이어야 하고, 둘째로 저항 분압에 사용한 저항 소자의 저항값이 오차 없이 정밀해야 하며, 연산증폭기의 오프셋 전압이 0에 가깝게 오차가 없어야 한다. 이상 3가지의 조건이 모두 정확히 지켜지지 않으면 <그림 3.3.6> (c)의 회로를 사용하여 만든 기준전압은 정밀하지 않게 된다.

그러므로, 이처럼 정밀한 기준전압이 필요한 경우에는 대부분 전용의 기준전압(voltage reference) IC 소자를 사용한다. 정전압 레귤레이터(voltage regulator) IC는 상대적으로 큰 전류용량을 갖지만 출력전압의 오차가 약 2~5% 정도로 커서 정밀도가 낮은데 비하여, 기준전압 IC는 출력전류 용량은 수십 mA 이하로 작지만 출력전압의 오차가 대부분 0.5% 이하로 작아서 정밀도가 매우 높고, 온도 및 부하 변동에 대하여 좀 더 안정적이다. 이러한 기준전압 소자는 매우 일반적인 용도의 아날로그 IC로서 출력전압, 출력전류, 정밀도에 따라 다양한 모델이 있는데, 이를 <표 3.3.1>에 요약하여 정리하였다.

<표 3.3.1> 기준전압 IC의 종류 및 사양 비교

모델명	입력전압 [V]	출력전압 [V]	출력전압 오차[%]	최대출력 전류[mA]	IC 패키지 및 핀수	제조사	비고
LM336-2.5 LM336-5.0	-	2.5 5.0	±4	10	TO-92-3 SOIC-8	Texas Instruments	adjustable reference Zener diode
LM385-1.2 LM385-2.5	-	1.235 2.5	±2 ±1.2	20	TO-92-3 SOT-23-3 SOIC-8	Texas Instruments	reference Zener diode
LM4030-2.5 LM4030-4.096	6Vmax	2.5 4.096	±0.05	30	SOT-23-5	Texas Instruments	shunt voltage reference
LM4040C10 LM4040C20 LM4040C25 LM4040C30 LM4040C41 LM4040C50 LM4040C82	-	10 2.048 2.5 3 4.096 5 8.2	±0.5	15	SOT-23-3 SC70-5 TO-92-3	Texas Instruments	shunt voltage reference
LM4040C-2.5 LM4040C-4.1 LM4040C-5.0	-	2.500 4.096 5.000	±0.5	15	SOT-23-3	Microchip Technology	shunt voltage reference
LM4041C-1.2	-	1.225	±0.5	12	SOT-23-3	Microchip Technology	shunt voltage reference
LM4050C10 LM4050C2.0 LM4050C2.5 LM4050C4.1 LM4050C5.0	-	10 2.048 2.5 4.096 5	±0.5	15	SOT-23-3	Texas Instruments	shunt voltage reference
MCP1501-10 MCP1501-12 MCP1501-18 MCP1501-20 MCP1501-25 MCP1501-30 MCP1501-33 MCP1501-40 MCP1501-45 MCP1501-50	1.65~5.5 1.65~5.5 2.0~5.5 2.25~5.5 2.70~5.5 3.2~5.5 3.5~5.5 4.3~5.5 4.7~5.5 5.2~5.5	1.024 1.250 1.800 2.048 2.500 3.000 3.300 4.096 4.500 5.000	±0.1	20	SOT-23-6 SOIC-8 WDFN-8	Microchip Technology	buffered voltage reference with shutdown
MCP1502-10 MCP1502-12 MCP1502-18 MCP1502-20 MCP1502-25 MCP1502-30 MCP1502-33 MCP1502-40 MCP1502-45 MCP1502-50	1.65~5.5 1.65~5.5 2.0~5.5 2.25~5.5 2.70~5.5 3.2~5.5 3.5~5.5 4.3~5.5 4.7~5.5 5.2~5.5	1.024 1.250 1.800 2.048 2.500 3.000 3.300 4.096 4.500 5.000	±0.1	20	SOT-23-6	Microchip Technology	buffered voltage reference with shutdown

<표 3.3.1> 기준전압 IC의 종류 및 사양 비교(계속)

모델명	입력전압 [V]	출력전압 [V]	출력전압 오차[%]	최대출력 전류[mA]	IC 패키지 및 핀수	제조사	비고
REF02	40Vmax	5.0	±0.2	21	SOIC-8	Texas Instruments	precision voltage reference
REF3312 REF3318 REF3320 REF3325 REF3330 REF3333	V_{OUT}+0.2 ~5.5	1.25 1.8 2.048 2.5 3.0 3.3	±0.15	5	SOT-23-3 SC70-3 UQFN-8	Texas Instruments	low-dropout precision voltage reference
REF3425 REF3430 REF3433 REF3440 REF3450	V_{OUT}+0.2 ~12	2.5 3 3.3 4.096 5	±0.05	10	SOT-23-6	Texas Instruments	high-precision voltage reference
REF35102 REF35120 REF35125 REF35160 REF35170 REF35180 REF35205 REF35250 REF35300 REF35330 REF35360 REF35409 REF35500	V_{OUT}+0.2 ~6	1.024 1.2 1.25 1.6 1.7 1.8 2.048 2.5 3.0 3.3 3.6 4.096 5.0	±0.05	10	SOT-23-6 DSBGA-4	Texas Instruments	low-power high-precision voltage reference
REF5010 REF5020 REF5025 REF5030 REF5040 REF5045 REF5050	V_{OUT}+0.2 ~18	10.0 2.048 2.5 3.0 4.096 4.5 5.0	±0.1	10	SOIC-8 VSSOP-8	Texas Instruments	wide-input precision voltage reference
REF54250 REF54300 REF54410 REF54450 REF54500	V_{OUT}+0.2 ~18	2.5 3.0 4.096 4.5 5.0	±0.02	10	SOIC-8	Texas Instruments	low-drift high-precision voltage reference
LP2950-30 * LP2950-33 * LP2950-50 *	30Vmax	3.0 3.3 5.0	±1	100	TO-92-3	Texas Instruments	LDO voltage regulator
LP2951-30 * LP2951-33 * LP2951-50 *	30Vmax	3.0 3.3 5.0	±1	100	SOIC-8 SON-8	Texas Instruments	LDO voltage regulator with shutdown
LP2981-28 * LP2981-30 * LP2981-33 * LP2981-50 *	16Vmax	2.8 3.0 3.3 5.0	±1	100	SOT-23-5	Texas Instruments	LDO voltage regulator with shutdown

위의 <표 3.3.1>에서 마지막에 소개한 LP2950, LP2951, LP2981은 원래 기준전압 IC가 아니라 출력전류 용량이 100mA로서 비교적 작은 LDO(low-dropout)형의 정전압 레귤레이터 IC이다. 그러나, 이것은 다른 기준전압 IC에 비하여 출력전류 용량이 월등히 크고 출력전압의 오차 범위는 ±1%로서 충분히 기준전압으로 사용할 수 있는 수준이다. 이 때문에 이 소자들은 종종 A/D 컨버터나 D/A 컨버터 회로에서 아날로그 회로의 전원과 기준전압에 공통으로 사용할 수십 mA 정도의 깨끗한 전원이 필요할 때 사용하면 좋다.

2. 교류 커플링 증폭기 회로

앞에서 공부하였듯이 연산증폭기는 고이득 직류전압 증폭기이므로 입력으로 직류 신호를 인가하든지 또는 교류 신호를 인가하든지 그것들을 충실하게 증폭한다. 그런데, 오디오 증폭기의 경우처럼 항상 교류 신호만을 증폭하고 싶은 경우에는 이를 위한 특별한 회로를 구성하는 것이 바람직하다. 왜냐하면 우리가 증폭기의 입력으로 교류 오디오 신호를 인가하여 여러 단(stage)의 증폭회로를 거치면서 이를 상당히 큰 증폭률로 증폭하게 되면 각 연산증폭기에 존재하는 직류 성분의 작은 오프셋 전압도 각 증폭단을 거칠 때마다 계속하여 함께 증폭되기 때문에 최종 출력전압에는 상당히 큰 직류 성분이 포함될 수 있고, 이것은 증폭회로에서 여러가지의 문제를 일으킨다. 이러한 상황은 오디오 증폭기의 경우 뿐만 아니라 교류 신호를 출력하는 각종 센서를 위한 증폭기 회로에서도 마찬가지로 발생할 수 있다.

그러므로 이렇게 순수한 교류전압 증폭기가 필요한 경우에는 앞에서 지금까지 우리가 공부하였던 증폭기에 교류 커플링 회로(AC-coupling circuit)를 추가하여야 한다. 여기서는 반전 증폭기와 비반전 증폭기 회로를 각각 교류 커플링 반전 증폭기(AC-coupling inverting amplifier)와 교류 커플링 비반전 증폭기(AC-coupling noninverting amplifier) 회로로 수정하는 방법에 대하여 알아보기로 한다. 이렇게 순수한 교류전압 증폭기를 단전원 방식의 연산증폭기를 사용하여 구성할 경우에는 추가적으로 직류 바이어스(DC bias) 회로를 사용해야 하는데, 여기서는 이처럼 단전원 방식으로 교류 커플링 반전 증폭기와 교류 커플링 비반전 증폭기 회로를 구성하는 방법도 공부할 것이다.

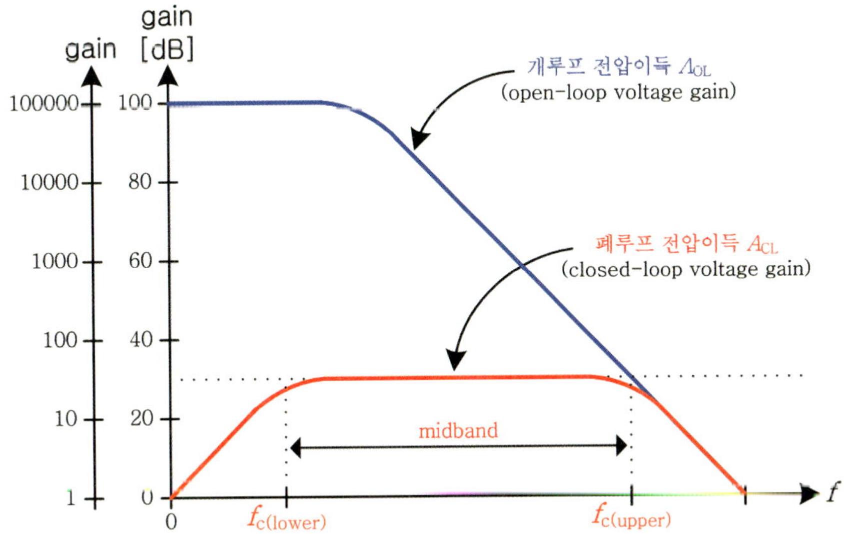

<그림 3.3.7> 연산증폭기 회로의 이득 곡선

그런데, 이처럼 교류전압 증폭기에 커패시터를 사용한 교류 커플링 회로를 추가하면 당연히 직류는 이를 통과하지 못하므로 증폭기의 단(stage)을 통과할 때마다 직류 성분이 제거되지만, 교류 신호도 커패시터로 인한 임피던스만큼 감소하게 된다. 그러므로 일반 증폭기라면 주파수 변화에 따른 증폭률 특성 곡선이 직류인 0[Hz]부터 일정하게 평평한 모습을 보이다가 반도체 소자와 증폭기 회로의 기본적인 특성 때문에 매우 높은 주파수가 되면 이 증폭률(= 폐루프 전압이득)이 서서히 감소하는 특성을 나타내지만, <그림 3.3.7>에 보인 것처럼 교류 커플링 증폭기에서는 주파수가 0[Hz]의 방향으로 낮아지는 경우에도 증폭률이 감소하는 특성을 보인다. 즉, 교류 입력신호의 주파수가 낮아질수록 이 증폭기의 증폭률이 작아지고, 0[Hz]의 주파수를 갖는 직류 입력신호의 증폭률은 0이 된다는 것이다.

증폭률이 최대값으로 일정하게 유지되어 평평한 영역을 중간 대역(midband)이라고 하며, 중간 대역의 이득에서 -3dB만큼 낮아지는 주파수를 차단주파수(cutoff frequency)라고 한다. 여기서 차단주파수는 2개가 존재하는데, 주파수가 낮은 쪽에 위치하는 것을 하위 차단주파수(lower cutoff frequency)라고 하고, 주파수가 높은 쪽에 위치하는 것을 상위 차단주파수(upper cutoff frequency)라고 한다. 이러한 cutoff frequency는 break frequency, corner frequency, -3dB frequency, 0.707 frequency라고도 부른다.

$$\frac{A_{\mathrm{CL}}}{A_{\mathrm{CL(midband)}}} = \frac{R}{\sqrt{R^2 + X_c^2}} = \frac{1}{\sqrt{1+\left(\frac{X_c}{R}\right)^2}} = \frac{1}{\sqrt{1+1}} = \frac{1}{\sqrt{2}} = 0.707, \quad 20 \times \log\frac{1}{\sqrt{2}} = -3\,\mathrm{dB}$$

즉, 위의 식에서 다음과 같은 조건을 만족하는 주파수가 차단주파수이다. 그러므로, 교류 커플링 커패시터의 정전용량 C를 크게 할수록 차단주파수가 작아지며, 이것은 증폭기가 더 낮은 주파수의 교류 입력신호까지도 잘 받아서 증폭하여 출력한다는 것을 의미한다.

$$R = X_c = \frac{1}{2\pi f_c C} \qquad \therefore\ f_c = \frac{1}{2\pi RC}$$

★참고★ 교류 커플링 증폭기는 이처럼 커패시터 커플링을 통과할 때마다 주파수에 따른 신호 감쇄가 발생하므로 정밀 계측 회로에는 사용하지 않는 것이 바람직하다. 정밀 계측 회로에는 증폭률이 정확해야 하므로 앞에서 공부한 여러가지 직류 증폭회로나 계측용 증폭기 회로를 사용해야 한다.

(1) 반전 증폭기의 경우

▣ 양전원 방식의 교류 커플링 반전 증폭기

앞에서 공부했던 <그림 3.1.5>의 반전 증폭기가 순수하게 교류전압 신호만을 증폭하고 만약 입력신호에 직류 성분이 있으면 이를 제거하도록 수정한 교류 커플링 반전 증폭기(AC-coupling inverting amplifier) 회로를 <그림 3.3.8>의 (b)에 보였다. 입력단에는 교류 커플링 커패시터로서 C_1을 사용하고, 출력단에는 교류 커플링 커패시터로서 C_2를 사용하였다. 이러한 커플링 커패시터는 보통 수 μF에서 수십 μF 정도의 용량을 가지므로 전해 커패시터나 탄탈 커패시터를 사용하는데, 이것들은 극성이 있으므로 주의해야 한다.

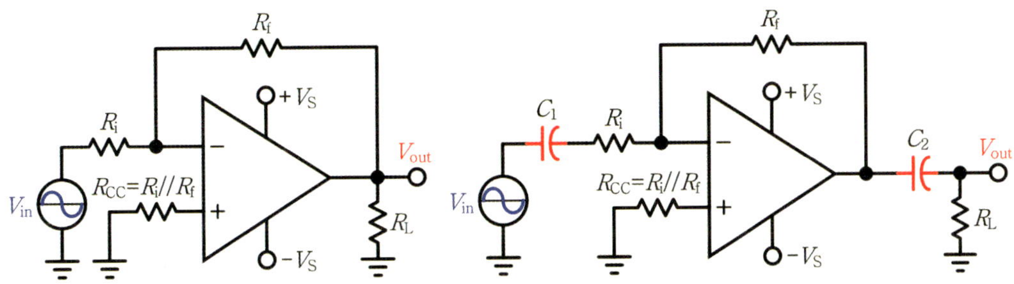

(a) 일반 반전 증폭기 (b) 교류 커플링 반전 증폭기

<그림 3.3.8> 반전 증폭기 회로

이러한 교류 커플링 반전 증폭기에서 만약 입력신호 V_{in}에 직류 성분을 포함하고 있다면 이는 입력단 커패시터 C_1에 의하여 제거되어 증폭되지 않으며, 연산증폭기의 출력단에 직류 성분인 오프셋 전압이 나타난다고 하더라도 이는 출력단 커패시터 C_2에 의하여 제거되므로 출력전압 V_{out}에는 직류 성분이 나타나지 않는다. 그러나, 교류 입력신호 V_{in}은 일반 반전 증폭기에서처럼 다음과 같은 증폭률로 증폭된다.

$$A_{CL} = \frac{V_{out}}{V_{in}} = -\frac{R_f}{R_i}$$

이러한 교류 커플링 반전 증폭기에서 입력단의 커플링 커패시터 C_1에 의하여 만들어지는 하위 차단주파수와 출력단의 커플링 커패시터 C_2에 의하여 만들어지는 하위 차단주파수는 각각 다음과 같이 계산할 수 있다.

$$f_{c1} = \frac{1}{2\pi C_1 R_i} \qquad f_{c2} = \frac{1}{2\pi C_2 R_L}$$

■ **단전원 방식의 교류 커플링 반전 증폭기**

만약, 이러한 기본적인 양전원(dual power supply) 방식의 교류 커플링 반전 증폭기를 단전원(single power supply) 방식으로 사용하고자 한다면 <그림 3.3.8>의 (b)에 다시 특별한 회로를 추가하여 <그림 3.3.9>의 (a)처럼 만들어야 한다. 여기서, 연산증폭기는 단전원으로 동작하며, 비반전 입력단자에는 2개의 바이어스 저항을 사용하여 R_{b1} = R_{b2} = R로서 직류 전원 전압의 1/2 크기를 만들어 입력한다. 그러면 출력전압이 이 직류 전원 전압 $+V_S$의 1/2을 중심으로 하여 위와 아래로 스윙(swing)할 수 있게 된다.

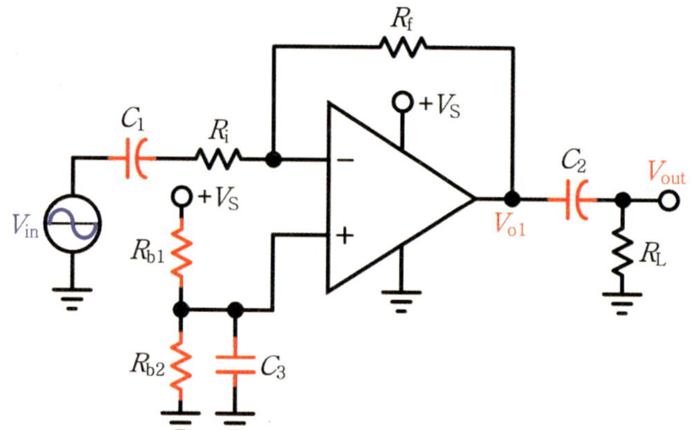

(a)회로도

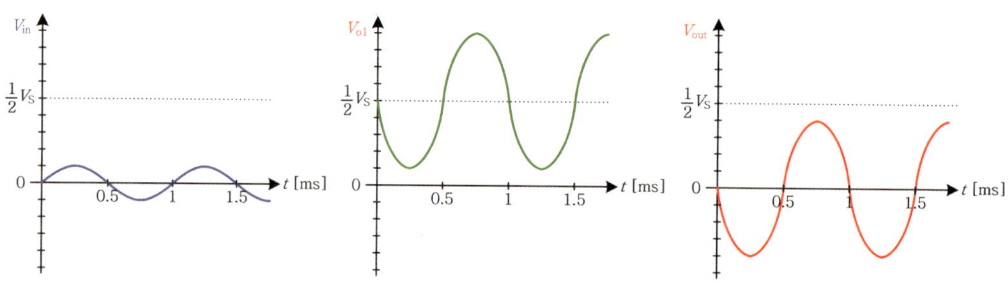

(b) 입력 파형 V_{in} (c) 연산증폭기 출력 파형 V_{o1} (d) 출력 파형 V_{out}

<그림 3.3.9> 단전원을 사용한 교류 커플링 반전 증폭기 회로 및 동작 파형

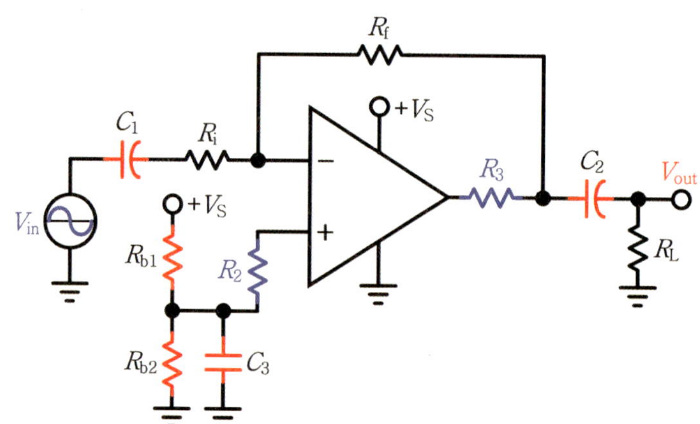

<그림 3.3.10> 보호 저항을 사용한 단전원 방식의 교류 커플링 반전 증폭기 회로

이 회로의 직류 등가회로에서는 모든 커패시터를 개방시켜 놓고 해석하므로 이 회로는 전압 폴로워가 되어 비반전 입력단자의 입력전압 $+V_S/2$가 연산증폭기의 출력단자 전압 V_{o1}에 그대로 나타난다. 또한, 이 회로의 교류 등가회로에서는 모든 커패시터를 단락시켜 놓고 해석하므로 이 회로는 반전 증폭기가 되어 출력전압 식은 다음과 같이 된다.

$$A_{CL} = \frac{V_{out}}{V_{in}} = -\frac{R_f}{R_i}$$

이 교류 커플링 반전 증폭기에서 폐루프 전압이득이 A_{CL} = 4라고 가정할 때 정현파 입력전압 파형에 대한 출력전압 파형을 보이면 <그림 3.3.9>의 (b)~(d)와 같다.

이와 같은 단전원 방식의 교류 커플링 반전 증폭기에서는 바이어스 저항 R_{b1}과 R_{b2}를 사용하여 전원전압을 분배한 후 이를 연산증폭기의 비반전 입력단자에 바이어스 전압으로 공급하므로 전원전압의 안정성이 매우 중요하다. 이 때문에 커패시터 C_3를 사용하여 전원전압의 교류 성분에 대한 바이패스 기능을 수행하는데, 이것으로 충분하지 않을 경우에는 바이어스 전압을 안정시키기 위한 추가적인 노력이 필요할 수 있다.

이러한 단전원 방식의 교류 커플링 반전 증폭기에서 입력단 커플링 커패시터 C_1, 출력단 커플링 커패시터 C_2, 그리고 직류 전원전압을 저항으로 분압할 때 교류전압 성분의 바이패스(bypass)용으로 사용한 커패시터 C_3에 의하여 만들어지는 하위 차단주파수들은 각각 다음과 같이 계산할 수 있다.

$$f_{c1} = \frac{1}{2\pi C_1 R_i} \qquad f_{c2} = \frac{1}{2\pi C_2 R_L} \qquad f_{c3} = \frac{1}{2\pi C_3 (R_{b1} // R_{b2})}$$

<그림 3.3.9>의 (a) 회로에 커패시터의 급속한 방전에 의한 연산증폭기 손상을 방지하기 위한 보호 저항 R_2 및 R_3을 추가한 회로는 <그림 3.3.10>과 같다. 이러한 보호 기능이 필요 없다면 이들 저항은 사용하지 않는 것도 가능하며, 만약 사용한다고 하더라도 이들 저항값은 수백 Ω을 넘지 않는 것이 좋다.

(2) 비반전 증폭기의 경우

▣ 양전원 방식의 교류 커플링 비반전 증폭기

앞에서 공부했던 <그림 3.1.10>의 비반전 증폭기가 순수하게 교류전압 신호만을 증폭하고 입력신호에 직류 성분이 있으면 이를 제거하도록 수정한 교류 커플링 비반전 증폭기(AC-coupling noninverting amplifier) 회로를 <그림 3.3.11>의 (b)에 보였다. 입력단에는 교류 커플링 커패시터로서 C_1을 사용하고, 출력단에는 교류 커플링 커패시터로서 C_2를 사용하였으며, 저항 R_1과 직렬로 바이패스용의 커패시터 C_3을 연결하였다. 이러한 커플링 커패시터는 보통 수 μF에서 수십 μF 정도의 용량을 가지므로 전해 커패시터나 탄탈 커패시터를 사용하는데, 이것들은 극성이 있으므로 주의해야 한다. 교류 커플링 회로를 구성할 때는 비반전 입력단자의 전류 보상 저항을 접지쪽으로 연결해야 한다는 것도 주목해야 한다.

이러한 교류 커플링 비반전 증폭기에서 만약 입력신호 V_{in}에 직류 성분을 포함하고 있다면 이는 입력단 커패시터 C_1에 의하여 제거되어 증폭되지 않으며, 연산증폭기의 출력단에 직류 성분인 오프셋 전압이 나타난다고 하더라도 이는 출력단 커패시터 C_2에 의하여 제거되므로 출력전압 V_{out}에는 직류 성분이 나타나지 않는다. 그러나, 교류 입력신호 V_{in}은 일반 비반전 증폭기에서처럼 다음과 같은 증폭률로 증폭된다.

$$A_{CL} = \frac{V_{out}}{V_{in}} = 1 + \frac{R_f}{R_1}$$

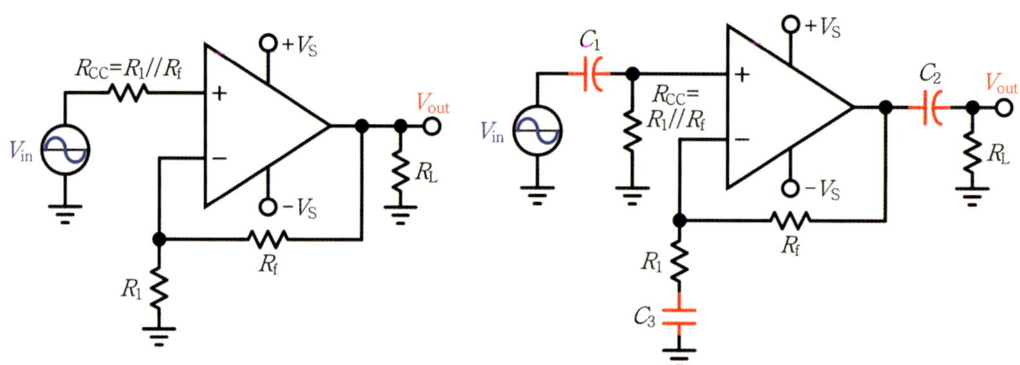

(a) 일반 비반전 증폭기 (b) 교류 커플링 비반전 증폭기

<그림 3.3.11> 비반전 증폭기 회로

이러한 교류 커플링 비반전 증폭기에서 입력단 커패시터 C_1, 출력단 커패시터 C_2, 그리고 바이패스용으로 사용한 커패시터 C_3에 의하여 만들어지는 하위 차단주파수들은 각각 다음과 같이 계산할 수 있다.

$$f_{c1} = \frac{1}{2\pi C_1 R_{CC}} \qquad f_{c2} = \frac{1}{2\pi C_2 R_L} \qquad f_{c3} = \frac{1}{2\pi C_3 R_1}$$

▣ 단전원 방식의 교류 커플링 비반전 증폭기

만약, 이러한 기본적인 양전원(dual power supply) 방식의 교류 커플링 비반전 증폭기를 단전원(single power supply) 방식으로 사용하고자 한다면 <그림 3.3.11>의 (b)에 다시 특별한 회로를 추가하여 <그림 3.3.12>의 (a)처럼 만들어야 한다. 여기서, 연산증폭기는 단전원으로 동작하며, 비반전 입력단자에는 2개의 바이어스 저항을 사용하여 $R_{b1} = R_{b2} = R$로서 전원 전압 $+V_S$의 1/2을 만들어 입력한다. 그러면 출력전압이 이 직류 전원 전압의 1/2을 중심으로 하여 위와 아래로 스윙(swing)할 수 있게 된다.

이 회로의 직류 등가회로에서는 모든 커패시터를 개방시켜 놓고 해석하므로 이 회로는 전압 폴로워가 되어 비반전 입력단자의 전압 $+V_S/2$가 연산증폭기의 출력단자 전압 V_{o1}에 그대로 나타난다. 또한, 이 회로의 교류 등가회로에서는 모든 커패시터를 단락시켜 놓고 해석하므로 이 회로는 비반전 증폭기가 되어 출력전압 식은 다음과 같이 된다.

$$A_{CL} = \frac{V_{out}}{V_{in}} = 1 + \frac{R_f}{R_1}$$

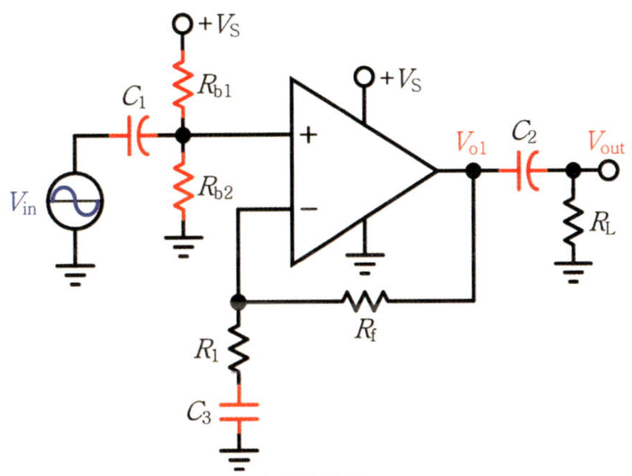

(a)회로도

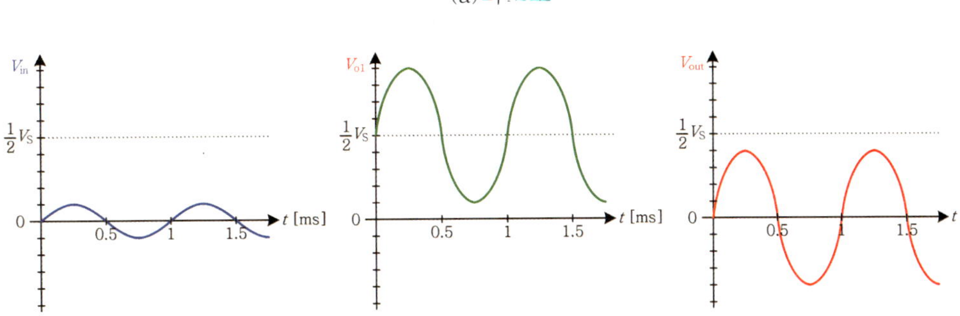

(b) 입력 파형 V_{in} (c) 연산증폭기 출력 파형 V_{o1} (d) 출력 파형 V_{out}

<그림 3.3.12> 단전원을 사용한 교류 커플링 비반전 증폭기 회로 및 동작 파형

이 교류 커플링 비반전 증폭기에서 폐루프 전압이득이 A_{CL} = 4라고 가정할 때 정현파 입력전압 파형에 대한 출력전압 파형을 보이면 <그림 3.3.12>의 (b)~(d)와 같다.

이러한 단전원 방식의 교류 커플링 비반전 증폭기에서는 바이어스 저항 R_{b1}과 R_{b2}를 사용하여 전원전압을 분배한 후 이를 연산증폭기 비반전 입력단자에 바이어스 전압으로 공급하므로 전원전압의 안정성이 매우 중요하다. 이 때문에 만약 전원전압의 안정성이 충분하지 않을 경우에는 이 바이어스 전압을 안정시키기 위한 추가적인 노력이 필요할 수 있다.

이 단전원 방식의 교류 커플링 비반전 증폭기에서 입력단 커패시터 C_1, 출력단 커패시터 C_2, 그리고 바이패스용으로 사용한 커패시터 C_3에 의하여 만들어지는 하위 차단주파수들은 각각 다음과 같이 계산할 수 있다.

$$f_{c1} = \frac{1}{2\pi C_1 (R_{b1} // R_{b2})} \qquad f_{c2} = \frac{1}{2\pi C_2 R_L} \qquad f_{c3} = \frac{1}{2\pi C_3 R_1}$$

<그림 3.3.12>의 (a) 회로에 커패시터의 급속한 방전에 의한 연산증폭기 손상을 방지하기 위한 보호 저항 R_2, R_3을 추가한 회로는 <그림 3.3.13>과 같다. 이러한 보호 기능이 필요 없다면 이들 저항은 사용하지 않는 것도 가능하며, 만약 사용한다고 하더라도 저항값은 수백 Ω을 넘지 않는 것이 좋다.

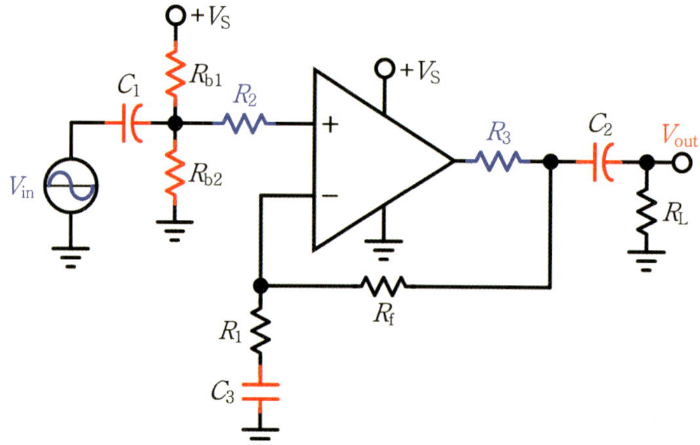

<그림 3.3.13> 보호 저항을 사용한 단전원 방식의 교류 커플링 비반전 증폭기 회로

3. 위상 시프트 회로

연산증폭기 1개를 사용하여 쉽게 정현파 입력전압 파형의 위상을 뒤로 늦어지게(lag) 이동시키거나 앞으로 빠르게(lead) 이동시키는 위상 시프트 회로(phase shifter)를 설계하는 것이 가능하다. 여기서 시프트(shift)라는 말은 입력전압의 파형과 크기를 그대로 유지하면서 위치만을 이동시키는 것이라는 의미를 가지고 있음을 다시 한번 상기하라.

▣ 지상형 위상 시프트 회로

먼저 지상형(lag angle type)의 위상 시프트 회로와 그것의 입출력 전압 파형을 보이면 <그림 3.3.14>와 같다. 여기서, 증폭률을 결정하는 2개의 저항은 $R_1 = R_f$로서 반드시 같은 저항값을 가져야 하며, 시프트되는 위상차는 가변저항 R_i를 사용하여 0°~-180°의 범위에서 입력 파형보다 위상이 뒤로 늦어지는 방향으로 변화시킬 수 있다.

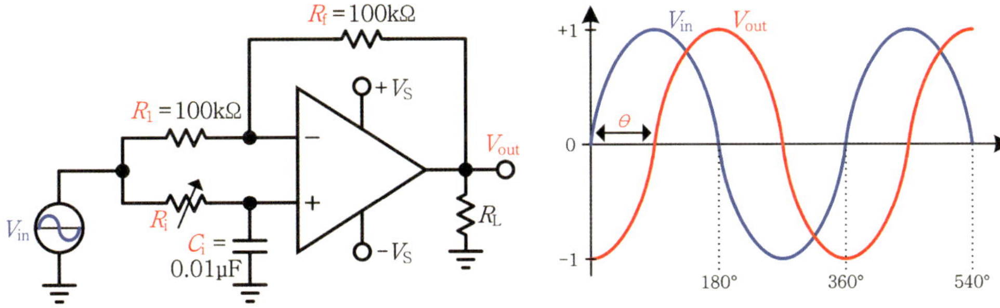

(a) 회로도 (b) 입출력 파형

<그림 3.3.14> 지상(lag)형의 위상 시프트 회로 및 동작

이 회로에서 입력신호 V_{in}은 2갈래로 갈라져서 위쪽으로는 저항 R_1에 연결되고 아래쪽으로는 가변 저항 R_i에 연결된다. 위쪽으로 입력된 교류 신호를 해석할 때는 아래쪽의 입력을 접지시켜서 비반전 입력단자에 입력되는 전압이 0이 되게 하므로 이 회로를 반전 증폭기로 간주할 수 있으며, 이때의 입력전압 V_{in}에 대한 증폭률은 다음과 같다.

$$A_{CL(inverting)} = -\frac{R_f}{R_1} = -1$$

아래쪽으로 입력된 교류 신호를 해석할 때는 위쪽의 입력을 접지시키고, 이 신호의 주파수가 RC 회로에 의한 차단주파수보다 훨씬 낮다고 가정할 때($f << f_c$) 이 커패시터를 개방시켜서 이 회로를 비반전 증폭기로 간주할 수 있으며, 이때의 입력전압 V_{in}에 대한 증폭률은 다음과 같다.

$$A_{CL(noninverting)} = 1 + \frac{R_f}{R_1} = 1 + 1 = 2$$

따라서, 입력신호 V_{in}의 주파수가 차단주파수보다 현저하게 낮을 경우에는 이 회로의 증폭률이 아래와 같이 1이 되고, 위상 지연도 거의 0°에 가깝게 되므로 출력전압의 파형은 입력전압의 파형과 같아진다.

$$A_{CL} = A_{CL(inverting)} + A_{CL(noninverting)} = -1 + 2 = 1$$

그러나, 입력신호 V_{in}의 주파수가 차단주파수보다 현저하게 높아지면($f >> f_c$) 커패시터에 의한 임피던스가 작아지므로 이 커패시터를 단락시켜서 비반전 증폭기에 의한 증폭률은 0으로 접근하므로 이 회로 전체의 증폭률은 비반전 증폭기에 의한 증폭률의 지배를 받게 되어 -1에 접근하고, 따라서 위상차는 -180°에 접근하게 된다.

이 회로의 차단주파수와 위상차는 각각 다음과 같이 계산할 수 있으며, 여기서 <그림 3.3.15>와 같은 탄젠트(tangent) 함수의 곡선을 참고하여 위의 위상차 θ와 저항 R_i의 관계식을 보면 R_i를 크게 할수록 위상차 θ가 커져서 -180°에 접근하고, R_i를 작게 할수록 위상차 θ가 작아져서 0°에 접근한다.

$$f_c = \frac{1}{2\pi R_i C_i}$$

$$\theta = -2\tan^{-1}(2\pi f R_i C_i) = -2\tan^{-1}\left(\frac{f}{f_c}\right) \quad \therefore\ R_i = \left| \frac{\tan\left(-\frac{\theta}{2}\right)}{2\pi f C_i} \right|$$

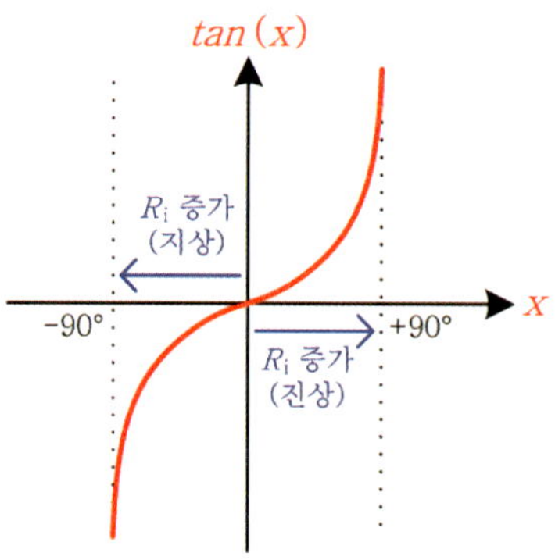

<그림 3.3.15> 탄젠트 함수의 곡선

■ 진상형 위상 시프트 회로

이번에는 진상형(lead angle type)의 위상 시프트 회로와 입출력 전압 파형을 보이면 <그림 3.3.16>과 같다. 지상형과 진상형은 가변저항 R_i와 커패시터 C_i의 위치가 서로 반대로 되어 있음에 유의해야 한다. 여기서, 증폭률을 결정하는 2개의 저항은 $R_1 = R_f$로서 반드시 같은 저항값을 가져야 하며, 시프트되는 위상차는 가변저항 R_i를 사용하여 0° ~ +180°의 범위에서 입력 파형보다 위상이 앞으로 빨라지는 방향으로 변화시킬 수 있다.

진상형 위상 시프트 회로에서는 위상차 관련식이 다음과 같이 표현되므로 R_i를 크게 할수록 위상차 θ가 작아져서 0°에 접근하고, R_i를 작게 할수록 위상차 θ가 커져서 +180°에 접근한다.

$$\theta = \pi - 2\tan^{-1}(2\pi f R_i C_i) \quad \therefore \; R_i = \left| \frac{\tan\left(\frac{\pi-\theta}{2}\right)}{2\pi f C_i} \right|$$

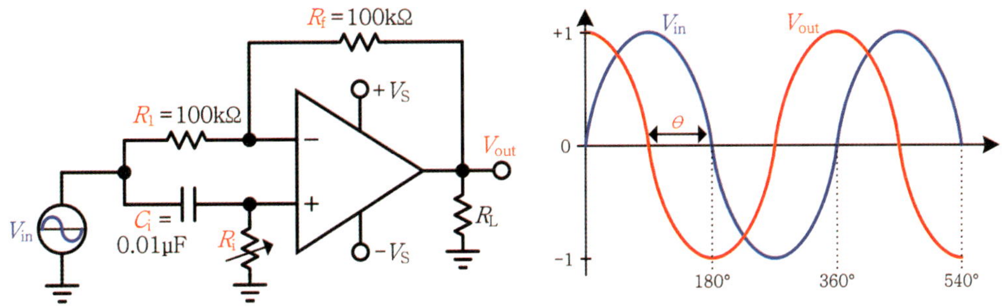

(a) 회로도 (b) 입출력 파형

<그림 3.3.16> 진상(lead)형의 위상 시프트 회로 및 동작

4. 전압제어에 의한 전류 발생 회로

(1) 정전류 발생 회로

여기서는 부하저항의 크기에 관계없이 일정한 크기의 부하전류가 흐르게 하는 회로를 설명한다. 부하전류의 크기는 입력전압 V_{in}으로 조절하며, 부하가 접지로부터 떨어져 있는 플로팅 부하 방식의 회로와 부하가 접지쪽에 연결되는 접지 부하 방식의 회로로 나눌 수 있다. 만약 마이크로프로세서 응용 시스템을 사용한다면 D/A 컨버터를 사용하여 원하는 아날로그 전압 V_{in}을 만들 수 있으므로 소프트웨어적으로 쉽게 정전류를 가변 제어할 수 있다.

▣ 플로팅 부하 방식

플로팅 부하(floating load)에 대하여 부하저항의 크기에 관계없이 일정한 부하전류가 흐르도록 하는 회로를 보이면 <그림 3.3.17>과 같다. 이것은 아날로그 방식의 직류전압계를 구동하는 회로나 밝기를 가변해야 하는 LED 구동 회로와 같은 용도에 유용할 수 있다. 여기서 연산증폭기의 두 입력단자 사이의 전압은 항상 0이 되므로 비반전 입력단자의 입력전압 V_{in}은 반전 입력단자에서도 동일하며, 따라서 저항 R_1에 흐르는 전류는 다음과 같다.

$$I_{R1} = \frac{V_{in}}{R_1}$$

그런데, 이 회로의 반전 입력단자에 키르히호프의 전류법칙을 적용하면 연산증폭기의 반전 입력단자에는 전류가 흐르지 않으므로 이 전류는 모두 연산증폭기의 출력단자에서 부하를 거쳐서 저항 R_1으로 흘러들어오며, 이 부하전류는 부하와 독립적이라서 부하저항의 크기에는 관계가 없고 오직 입력전압 V_{in}에 의해서만 결정된다.

$$I_L = I_{R1} = \frac{V_{in}}{R_1}$$

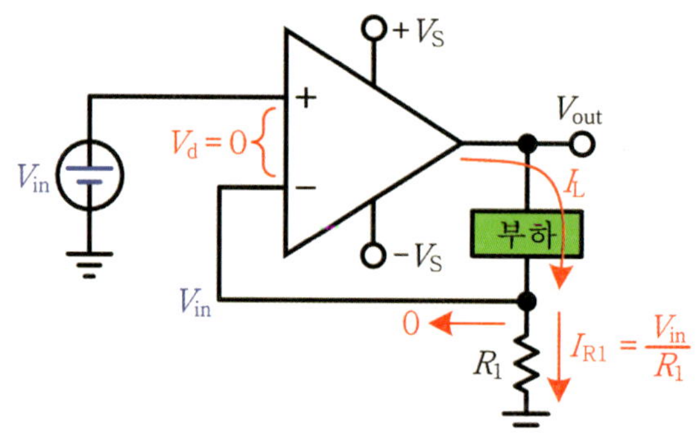

<그림 3.3.17> 플로팅 부하에 정전류가 흐르게 하는 회로

그러나, 이 회로에서 부하에는 다음의 전압식이 성립하므로 만약 부하전류 I_L이나 부하저항 R_L이 너무 커지면 연산증폭기의 출력전압 V_{out}이 포화되어 정전류가 유지되지 못하게 된다. 또한, 일반적으로 연산증폭기의 출력전류가 25mA에 도달하면 출력 단락전류 I_{SC}로 판단하여 출력을 제한하는 보호 기능이 작동하므로 부하전류 I_L은 대략 20mA 이내의 범위에서 사용하는 것이 바람직하다.

$$V_{out} = V_{in} + I_L R_L$$

■ **접지 부하 방식**

그러나, 때로는 앞에서와 같이 정전류 부하를 플로팅시키지 않고 안정적으로 접지쪽에 연결(grounded load)해야 하는 경우가 발생하는데, 이럴 때는 정전류 발생 회로를 <그림 3.3.18>과 같이 구성하면 된다. 여기서 4개의 저항값은 모두 같도록 하며, 반전 입력단자의 전압 $V_{(-)}$는 다음과 같이 계산할 수 있다.

$$V_{(-)} = \frac{R_1}{R_1 + R_2} V_{out} = \frac{R}{R+R} V_{out} = \frac{1}{2} V_{out}$$

또한, 비반전 입력단자에 키르히호프의 법칙을 적용하면 비반전 입력단자에는 전류가 흐르지 않으므로 다음과 같은 관계를 얻을 수 있다.

$$I_L = \frac{V_{in} - V_{(+)}}{R_3} + \frac{V_{out} - V_{(+)}}{R_4} = \frac{V_{in} - V_{(+)}}{R} + \frac{V_{out} - V_{(+)}}{R}$$
$$\therefore\ I_L R = V_{in} + V_{out} - 2V_{(+)}$$

그런데, 연산증폭기의 두 입력단자 사이의 전압은 항상 0이 되므로 비반전 입력단자의 전압 $V_{(+)}$와 반전 입력단자의 전압 $V_{(-)}$는 동일하며, 따라서 앞에서 구한 $V_{(-)}$를 이 식에 대입하여 정리하면 다음과 같이 부하전류를 얻게 되며, 이 부하전류는 부하와 독립적이라서 부하저항의 크기에는 관계가 없고 오직 입력전압 V_{in}에 의해서만 결정된다.

$$I_L R = V_{in} + V_{out} - 2V_{(+)} = V_{in} + V_{out} - 2 \times \frac{1}{2} V_{out} = V_{in}$$
$$\therefore\ I_L = \frac{V_{in}}{R}$$

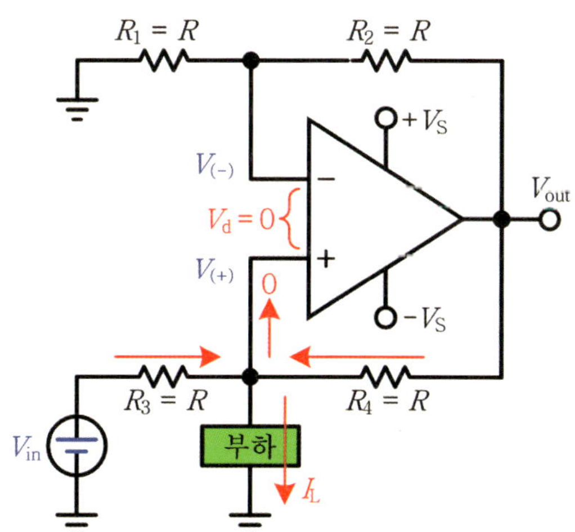

<그림 3.3.18> 접지 부하에 정전류가 흐르게 하는 회로

■ 부하 전류 용량의 증대

그러나, 위에서 소개한 2가지의 정전류 발생 방식은 오직 입력전압 V_{in}을 사용하여 아주 쉽게 정전류를 제어할 수 있어서 편리하지만, 이들 정전류가 연산증폭기의 출력전류로 만들어지기 때문에 대략 20mA 이하 정도만 가능하다는 약점을 가지고 있다. 이 정전류 값을 더 크게 하려면 <그림 3.3.19>에 보인 것처럼 외부 회로를 추가해야 한다. 그림의 (a)에서는 출력단에 n채널형의 MOSFET를 추가하여 플로팅 부하 방식으로 부하의 전류 용량을 늘렸으며, 그림의 (b)에서는 출력단에 pnp형의 바이폴라 트랜지스터를 추가하여 접지 부하 방식으로 부하의 전류 용량을 늘렸다.

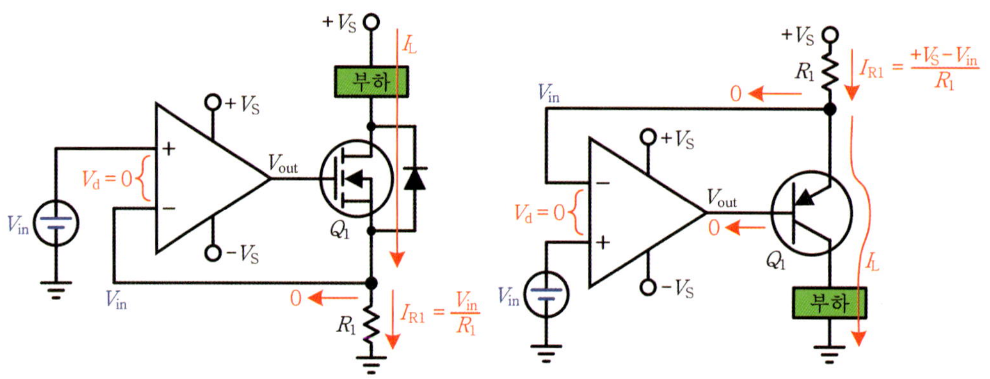

(a) MOSFET를 사용 (b) 바이폴라 트랜지스터를 사용

<그림 3.3.19> 전류 용량을 증대시킨 정전류 발생 회로

이 2가지 회로의 원리는 서로 매우 유사하므로 여기서는 (b)의 회로에 대해서만 동작을 설명하기로 한다. 연산증폭기의 두 입력단자 사이의 전압은 항상 0이 되므로 비반전 입력단자의 입력전압 V_{in}은 반전 입력단자에서도 동일하며, 따라서 저항 R_1에 흐르는 전류값은 다음과 같이 계산된다.

$$I_{R1} = \frac{+V_S - V_{in}}{R_1}$$

그런데, 이 전류는 트랜지스터 Q_1의 에미터 전류가 되며, 이 트랜지스터의 전류증폭률이 매우 크다면 에미터 전류는 대부분 컬렉터 전류 즉 부하전류가 되며, 이 부하전류는 부하와 독립적이라서 부하저항의 크기에 관계가 없다. 이 트랜지스터의 전류증폭률을 더욱 크게 하기 위하여 2개의 트랜지스터를 달링턴 접속(Darlington connection)으로 사용하기도 한다.

$$I_L \fallingdotseq I_{R1} = \frac{+V_S - V_{in}}{R_1}$$

이렇게 하면 부하전류는 연산증폭기의 출력 단락전류가 아니라 트랜지스터 Q_1의 최대 컬렉터 전류에 의하여 제한되기 때문에 훨씬 더 큰 전류를 흘릴 수 있게 된다. 그러나, 이 회로에서는 부하에 흐르는 정전류가 전원전압 $+V_S$의 영향을 받기 때문에 정밀한 부하 정전류값을 얻고 유지하려면 전원전압 역시 정밀하게 안정적으로 유지되어야 한다.

(2) 전류 부스터 회로

여기서는 증폭기의 출력전류 용량을 증대시키기 위한 전류 부스터(current booster) 회로에 대하여 공부한다. 출력전압은 입력전압 V_{in}을 사용하여 가변하는데, 입력전압을 양(+)극성 신호만 사용할 수 있는 유니폴라 방식과 양(+)극성 및 음(-)극성 신호를 모두 사용할 수 있는 바이폴라 방식의 회로가 있다.

▣ 유니폴라 방식의 회로

유니폴라(unipolar) 방식의 연산증폭기 출력전류 부스터 회로를 보이면 <그림 3.3.20>과 같다. 여기서 그림의 (a)는 플로팅 부하형 회로로서 출력단에 pnp형 바이폴라 트랜지스터를 사용했으며, 부하전류는 전원전압과 입력전압의 차를 부하저항으로 나눈 값이 된다. 따라서, 전원전압이 일정하다면 부하전류는 입력전압 V_{in}에 의해서만 가변할 수 있다.

또한, 그림의 (b)는 접지 부하형 회로로서 출력단에 npn형 바이폴라 트랜지스터를 에미터 폴로워(emitter follower) 회로로 사용했으며, 부하전류는 입력전압을 부하저항으로 나눈 값이 된다. 따라서, 부하전류는 입력전압 V_{in}에 의해서만 가변할 수 있다.

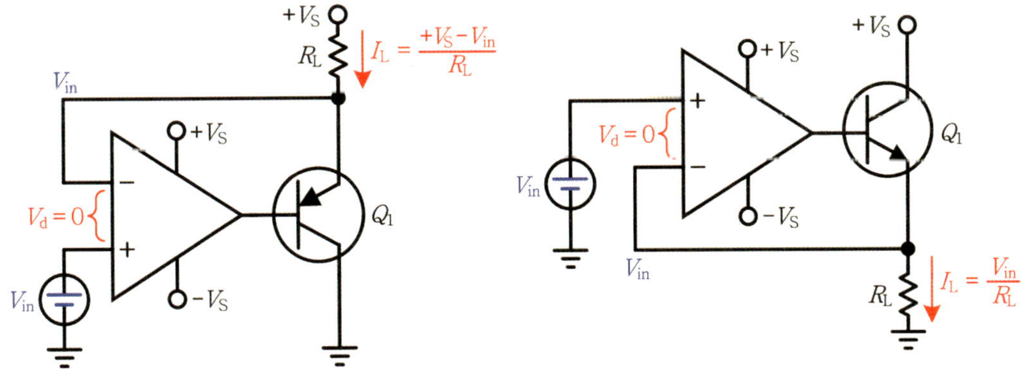

(a) 플로팅 부하형 (b) 접지 부하형

<그림 3.3.20> 유니폴라 방식의 전류 부스터 회로

그런데, 이 회로에서 연산증폭기가 전압 증폭을 수행하지 않으므로 부하저항에 걸리는 전압이 너무 작아서 불편할 경우가 있다. 여기서 연산증폭기는 무한대의 입력 임피던스를 가지며 입력전압을 증폭하지는 않고 그대로 부하저항으로 전달하면서 트랜지스터를 구동하

는 역할을 수행한다. 만약, <그림 3.3.20>의 (b) 회로에서 연산증폭기가 비반전 증폭기의 역할을 갖도록 수정하면 <그림 3.3.21>과 같다. 여기서는 연산증폭기가 비반전 증폭기로 동작하면서 트랜지스터를 구동하므로 부하전류는 다음과 같이 계산된다.

$$I_L = \frac{V_{out}}{R_L} = \left(1 + \frac{R_f}{R_1}\right)\frac{V_{in}}{R_L}$$

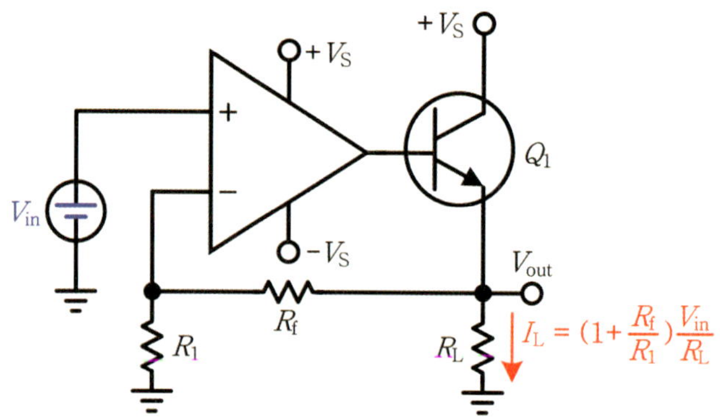

<그림 3.3.21> 비반전 증폭 기능을 갖는 유니폴라 방식의 전류 부스터 회로

▣ 바이폴라 방식의 회로

이번에는 입력전압이 교류 파형일 경우에도 사용할 수 있는 바이폴라(bipolar) 방식의 연산증폭기 출력전류 부스터 회로를 보이면 <그림 3.3.22>와 같다. 여기서는 출력전류를 크게 하기 위하여 출력단에 npn형 트랜지스터와 pnp형 트랜지스터를 푸시풀(push-pull) 구조로 연결하여 B급 증폭기(class B amplifier)를 구성하였다.

그림의 (a) 회로에서는 연산증폭기를 전압 폴로워로 사용하여 입력전압과 출력전압의 극성이 같게 되며, 출력전압이 입력전압과 같으므로 부하전류는 다음과 같이 계산된다.

$$I_L = \frac{V_{out}}{R_L} = \frac{V_{in}}{R_L}$$

그러나, 그림의 (b) 회로에서는 연산증폭기를 반전 증폭기로 사용하여 출력전압의 파형은 입력전압 파형에 비하여 위상이 180° 차이가 나서 극성이 반전되며, 부하전류는 다음과 같이 계산된다.

$$I_L = \frac{V_{out}}{R_L} = \left(-\frac{R_f}{R_1}\right)\frac{V_{in}}{R_L}$$

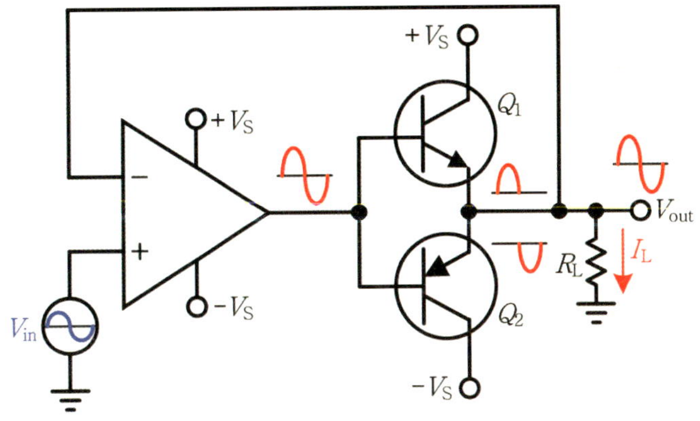

(a) 연산증폭기를 전압 폴로워로 사용한 경우

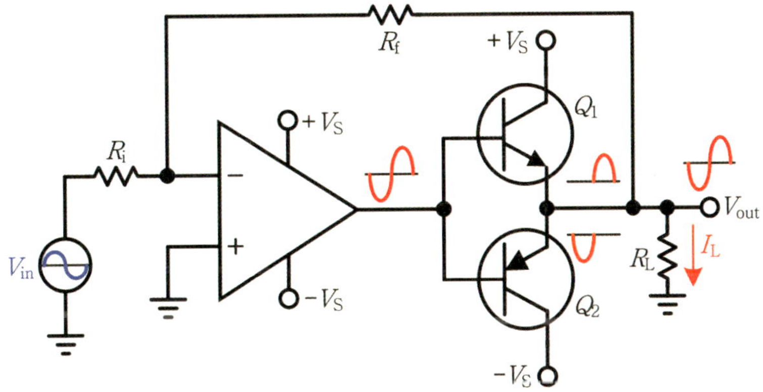

(b) 연산증폭기를 반전 증폭기로 사용한 경우

<그림 3.3.22> B급 증폭기를 사용한 바이폴라 방식의 전류 부스터 회로

그런데, 전류 부스트 회로로서 B급 증폭기를 사용한 <그림 3.3.22>에는 한가지의 중요한 단점이 있는데, 그것은 −0.7～+0.7V 사이에서는 출력전압이 나오지 않는 불감대(dead band) 때문에 0V 근처에서 교차 왜곡(crossover distortion)이 발생한다는 것이다. 이것은 양(+)극성 동작을 수행하는 상위 트랜지스터 Q_1이 0～+0.7V 입력에서는 동작하지 않고, 음(−)극성 동작을 수행하는 하위 트랜지스터 Q_2가 −0.7～0V 입력에서는 동작하지 않기 때문이다.

이 문제를 해결하려면 이 전류 부스터 회로의 출력단에 B급 증폭기를 사용하지 말고 AB급 증폭기를 사용해야 하는데, <그림 3.2.22> (a)의 회로를 이렇게 수정하여 보면 <그림 3.3.23>과 같게 된다. 여기서는 바이어스 저항 R_{b1}과 R_{b2} 및 다이오드 D_1과 D_2가 결합하여 각각 트랜지스터 Q_1과 Q_2에 바이어스 전압을 형성시켜주는 기능을 수행함으로써 출력전압 파형에 교차 왜곡이 나타나는 것을 방지한다.

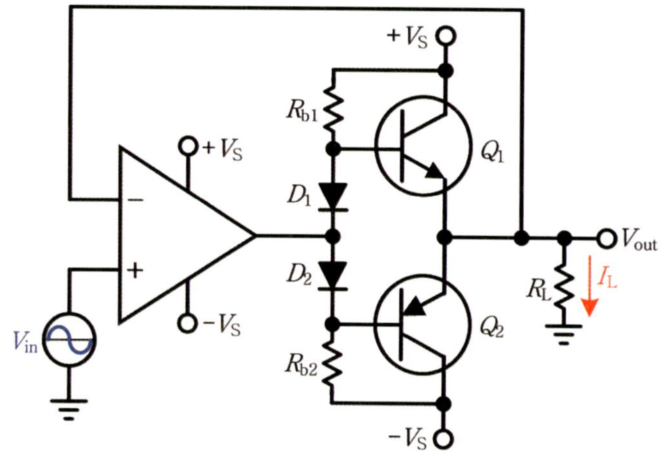

<그림 3.3.23> AB급 증폭기를 사용한 바이폴라 방식의 전류 부스터 회로

(3) 전력 증폭기 회로

위에서 전력 증폭기로서 B급 증폭기와 AB 증폭기가 언급되었으므로 전력증폭기의 종류와 대략적인 특징을 정리하여 보기로 한다. 이것은 전자회로 교과목에서 취급하는 내용으로서 이 책의 범위에서는 좀 벗어나지만 아날로그 회로를 이해하는 차원에서 이렇게 한번쯤 정리하여 두는 것도 나쁘지 않을 것이다.

전력 증폭기의 등급(class)은 교류 입력신호의 1주기(360°)에 대하여 1개의 트랜지스터가 전류를 실제로 흘리는 각도에 따라 분류한다. A급 증폭기는 트랜지스터가 교류 파형의 360° 전체 주기에 대하여 전류를 흘리는 증폭기이다. B급 증폭기는 트랜지스터가 교류 파형의 180° 동안만 전류를 흘리는 증폭기이다. AB급 증폭기는 B급 증폭기의 단점을 보완하기 위하여 A급의 장점과 B급의 장점을 결합한 방식의 증폭기이다. C급 증폭기는 트랜지스터가 교류 파형의 180°보다 훨씬 작은 기간동안 전류를 흘리는 증폭기이다. 이상의 증폭기는 모두 아날로그 특성을 갖는 증폭기인데 비하여 D급 증폭기는 고효율의 PWM 스위칭 방식으로 동작하는 증폭기이며, 그밖에도 E급, F급, G급, H급, T급, XD급 증폭기가 있으나 이것들은 여기서 설명하지 않는다.

■ A급 증폭기

전형적인 A급 증폭기의 회로도는 <그림 3.3.24>의 (a)에 보였는데, 이것은 입력신호의 360° 전주기에 대하여 선형적으로 동작하며 이를 위하여 바이어스 저항 R_{b1}과 R_{b2}를 사용하여 이 트랜지스터의 동작점이 교류 부하선(AC load line)의 중앙에 위치하도록 설계한다.

이 방식은 트랜지스터를 1개 사용하고 있어서 회로가 간단하고 고주파 성능이나 피드백 루프의 안정성 측면에서 우수하지만, 입력신호가 없는 때에도 트랜지스터가 항상 바이어스

되어 있어서 큰 컬렉터 전류가 흐르고 있으므로 전력 효율이 50% 이하로 매우 낮고 발열이 극심하다는 치명적인 단점을 가지고 있다.

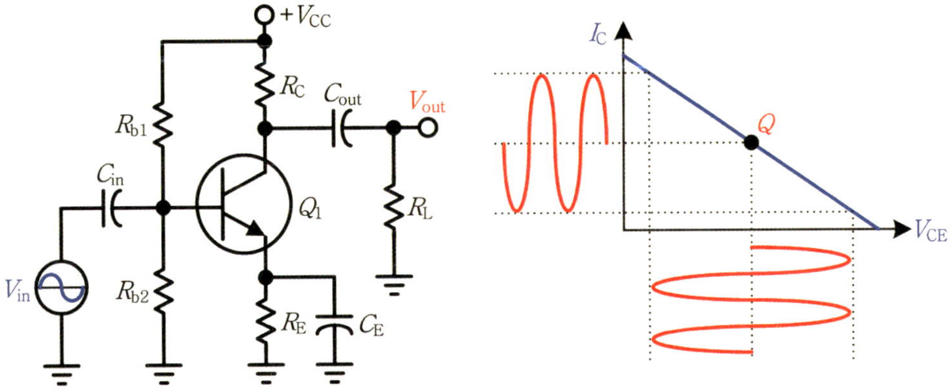

(a) 회로도 (b) 교류 부하선 및 동작 파형

<그림 3.3.24> A급 증폭기

▣ B급 증폭기

전형적인 B급 증폭기의 회로도는 <그림 3.3.25>의 (a)에 보였는데, 이것은 2개의 트랜지스터가 각각 입력신호의 180° 주기에 대하여 선형적으로 동작하며, 이들 트랜지스터가 푸시풀 방식으로 동작하여 각각 180°씩 담당하는 출력이 부하에서 360°로 합쳐진다.

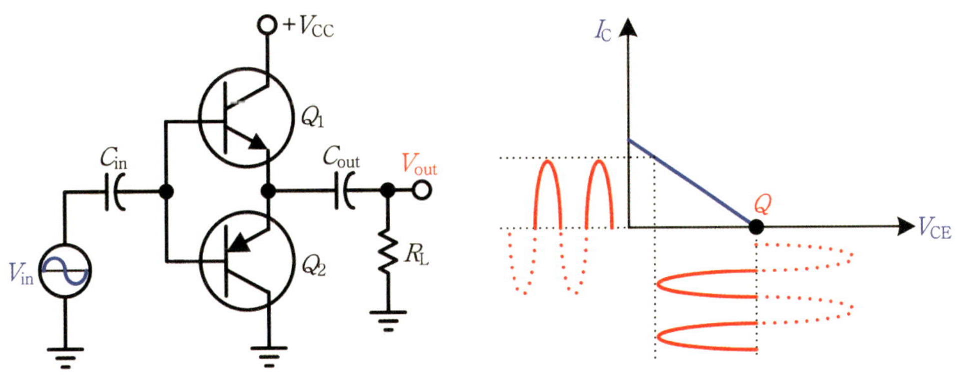

(a) 회로도 (b) 교류 부하선 및 동작 파형

<그림 3.3.25> B급 증폭기

이 방식은 입력신호가 없으면 트랜지스터에 전류가 흐르지 않기 때문에 발열이 적고 전력 효율이 최고 78.5%로 높다는 것이 장점이지만, −0.7~+0.7V 범위의 입력전압은 증폭하지

못하는 불감대(dead band) 때문에 0V 근처에서 교차 왜곡(crossover distortion)이 발생하는 단점이 있다.

▣ AB급 증폭기

전형적인 AB급 증폭기의 회로도는 <그림 3.3.26>의 (a)에 보였는데, 이것은 B급 증폭기에서 교차 왜곡을 없애기 위하여 트랜지스터에 약간의 바이어스를 걸어주는 회로를 추가한 것으로서 B급 증폭기에 A급 증폭기의 특성을 약간 가미한 것으로 볼 수 있다. 여기서는 2개의 트랜지스터가 각각 입력신호의 180° 보다 조금 더 긴 주기에 대하여 선형적으로 동작하며, 이들 각각의 출력이 부하에서 360°로 합쳐진다.

이 방식은 B급 증폭기에 비하여 전력 효율이 약간 낮아졌으나, 교차 왜곡이 없어서 입력신호를 증폭하여 완전한 출력 파형이 만들어지는 장점을 가진다.

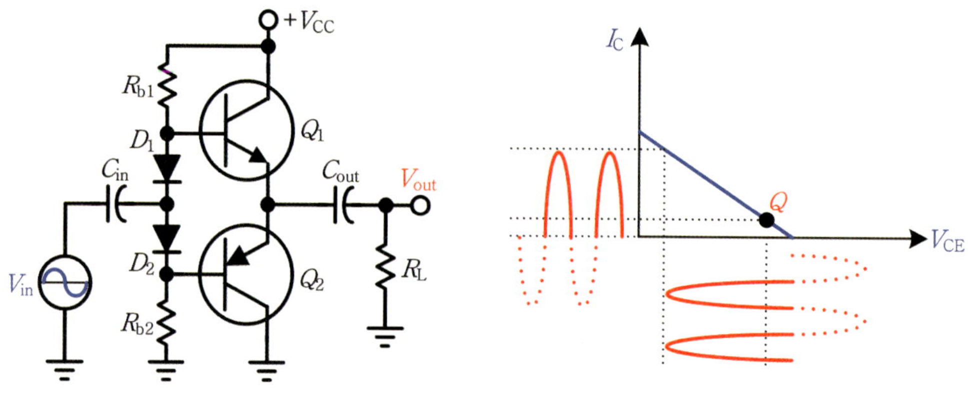

(a) 회로도 (b) 교류 부하선 및 동작 파형

<그림 3.3.26> AB급 증폭기

(4) 전력용 연산증폭기 IC 소자

연산증폭기는 일반적으로 전원전압 범위가 ±20V 이하이며, 출력전류 용량은 25mA 이하인데 간혹 전류 용량이 큰 모델이라도 100mA를 넘지 않는 경우가 대부분이다. 이 때문에 우리는 위에서 연산증폭기의 출력전류를 크게 하기 위하여 전류 부스터 회로를 추가하거나 연산증폭기 출력신호의 전력증폭을 위하여 AB급 증폭기를 사용하는 기술을 공부하였다.

그러나, 연산증폭기에는 전력용 연산증폭기(power operational amplifier)라고 불리는 특수용이 있으므로 이를 사용하면 훨씬 간편하다. 전력용 연산증폭기는 전원전압 범위가 수십V에서 수백V에 이르는 고전압형과 출력전류 용량이 수A에서 수십A에 이르는 대전류형으로 나눌 수 있는데, 이런 IC 소자들을 <표 3.3.2>에 요약 정리하였다.

<표 3.3.2> 전력용 연산증폭기 IC의 종류 및 사양 비교

모델명	단전원 [V]	양전원 [V]	내장 회로 수	IC 패키지 (핀수)	개루프 증폭률 [V/mV]	밴드폭 [MHz]	슬루레이트 [V/μs]	오프셋 전압 [mV]	출력 전류 [mA]	rail-to-rail in	rail-to-rail out	비 고
OPA445		±10~±40	1	DIP-8,SOIC-8 TO-99-8	110dB	2	15	±1	±15			고전압형 Bi-FET형
OPA452 OPA453		±10~±40	1	TO-220-7	110dB	1.8	7.2	±1	±50			고전압형
OPA454	10~100	±5~±50	1	SOIC-8	130dB	2.5	13	±0.2	±50			고전압형
OPA455	12~150	±6~±75	1	SOIC-8	135dB	6.5	32	±0.2	±45			고전압형
OPA462	12~180	±6~±90	1	SOIC-8	135dB	6.5	32	±0.2	±45			고전압형
OPA541	10~80	±5~±40	1	TO-3-8 TO-220-11	97dB	1.6	10	±2	5A			고전압/대전류형 (피크전류 10A)
OPA544		±10~±35	1	TO-220-5 TO-263-5	103dB	1.4	8	±1	2A			고전압/대전류형
OPA547	8~60	±4~±30	1	TO-220-7 TO-263-7	115dB	1	6	±1	0.5A			고전압/대전류형
OPA548	8~60	±4~±30	1	TO-220-7 TO-263-7	98dB	1	10	±2	3A			고전압/대전류형 (피크전류 5A)
OPA549	8~60	±4~±30	1	TO-220-11 TO-4.62-11	110dB	0.9	9	±1	8A			고전압/대전류형 (피크전류 10A)
OPA551 OPA552	8~60	±4~±30	1	DIP-8,SOIC-8 TO-263-7	126dB	3 12	15 24	±1	0.2A			고전압/대전류형
OPA561	7~15	±3.5~±7.5	1	HTSSOP-20	100dB	17	50	±3	1.2A			대전류/고속형
OPA564	7~24	±3.5~±12	1	SOIC-20	108dB	17	40	±2	1.5A			대전류형
OPA567 OPA569	2.7~5.5	±1.35~±2.75	1	VQFN-12 SOIC-20	126dB	1.2	1.2	±0.5	2A	○	○	대전류형
OPA593	8~85	±4~±42.5	1	WSON-12	140dB	10	45	±20μV	0.25A		○	고전압/대전류형
OPA596	8~85	±4~±42.5	1	SOT-23-5	140dB	3.75	100	±0.2	30		○	고전압형
OPA2541	10~80	±5~±40	2	TO-3-8	96dB	1.6	8	±2	5A			고전압/대전류형
OPA2544	20~70	±10~±35	2	TO-220-11	103dB	1.4	8	±1	2A			고전압/대전류형
OPA2614	5~12	±2.5~±6	2	SOIC-8	92dB	218	116	±1	0.28A			대전류형
OPA2673	5.75~13	±3.5~±6.5	2	VQFN-16		330	3500	±2	0.7A			대전류형
OPA2675	4.5~13	±2.5~±6.5	2	VQFN-16		330	3500	±1.5	1A			대전류형
ALM2402-Q1	5~16	±2.5~±8	2	WSON-12 HTSSOP-14	90dB	0.6	0.17	±1	0.4A			대전류형
ALM2403-Q1	5~24	±2.5~±12	2	HTSSOP-14	111dB	21	50	±6	0.5A			대전류형
LM675	16~60	±8~±30	1	TO-220-5	90dB	5.5	8	±1	3A			고전압/대전류형
LMH6672	5~12	±2.5~±6.5	2	SOIC-8	74dB	90	135	±0.1	0.6A			대전류형
TLV4110 TLV4111 TLV4112 TLV4113	2.5~6		1 1 2 2	DIP-8,SOIC-8 DIP-8,SOIC-8 DIP-8,SOIC-8 SOIC-14	94dB	1.5	21	0.175	0.3A		○	대전류형
AD8018	3.3~8		2	SOIC-8 TSSOP-14		130	300	1	0.4A		○	대전류형
AD8531 AD8532 AD8534	2.7~6		1 2 4	SOT-23-5 SOIC-8 SOIC-14 TSSOP-14	70dB	3	5	12.5	0.25A	○	○	대전류형
LT1886	4~12	±2~±6.5	2	SOIC-8	82dB	700	200	1	0.2A			대전류형
LT1970A	5~36	±2.5~±18	1	TSSOP-20	104dB	3.6	1.6	0.2	0.5A			대전류형
MAX4230 MAX4231 MAX4232 MAX4233 MAX4234	2.7~5.5	±1.35~±2.5	1 1 2 2 4	SOT-23-8 μMAX-8 μMAX-10 SOIC-14 TSSOP-14	100dB	10	10	0.85	0.2A	○	○	대전류형
NCS2372	5~40	±2.5~±20	2	SOIC-16	100dB	1.4	1.4	1	1A			대전류형
TCA0372	5~40	±2.5~±20	2	SOIC-16	100dB	1.4	1.4	1	1A			대전류형
PA01		±10~±28	1	TO-3-8	113dB	1	2.6	±5	±5A			대전류형
PA03		±15~±75	1	MO-127-12	102dB	1	8	±0.5	±30A			대전류형
PA05		±15~±50	1	MO-127-12	102dB	1	100	±0.5	±30A			대전류형
PA91		±40~±225	1	P-SIP-12	111dB	100	300	±0.5	±0.2A			고전압형
PA95		±50~±450	1	P-SIP-8	118dB	10	30	±0.5	±0.1A			고전압형
PA99		±100~±1250	1	P-DIP-12	117dB	28	30	±2	±0.05A			고전압형

휴게실

연산증폭기를 선정할 때의 주의 사항

IT 분야의 아마추어 또는 개발 엔지니어로서 어느 제품의 회로를 설계하면서 이에 적절한 여러가지의 부품 또는 소자, 그중에서도 특히 연산증폭기를 선정해야 하는 경우가 발생한다. 마이크로컨트롤러나 디지털 IC 소자들은 상대적으로 종류도 적고 특성이 비교적 뚜렷하며 당대의 시장을 주도하면서 유행하는 제품들이 존재하거나, 소자들이 사실상 표준화되어 있어서 나에게 적합한 소자를 선정하는 것이 그래도 쉬운 편이다. 이에 비하여 아날로그 반도체 소자인 연산증폭기는 엄청나게 많은 종류가 있으며, 그것들의 특성도 명확하게 비교하기가 쉽지 않아서 나에게 적합한 소자를 선정할 때 선택장애(결정장애)에 가까운 고민과 어려움을 느끼게 될 때가 많다. 특히 초보자나 숙달되지 않은 설계 엔지니어들에게는 더욱 그러하다. 이럴 때 어떻게 방향을 설정하고 나에게 중요한 사항을 판단 기준으로 하여 연산증폭기 소자를 선정하면 좋을지 요약하여 설명하기로 한다.

첫째로, 어떤 분야에서 어떤 용도로 연산증폭기를 사용하느냐에 따라 판단 기준이 많이 달라진다. 기업에서 양산하여 상품으로 판매하기 위한 제품을 설계하는 경우는 제품의 성능과 생산성이 중요하므로 회로에서 필요로 하는 연산증폭기의 여러가지 특성을 꼼꼼하게 검토하여 소자를 선정하고, 이 소자의 수명이나 시장에서의 수급 상황까지 정확히 알아보아야 한다. 열심히 설계하고 테스트를 거쳐서 이미 제품의 생산을 시작하는 단계가 되었는데, 알고 보니 연산증폭기 소자가 이미 단종되었거나(Obsolete) 곧 단종될 것으로 예고되어 제조사에서 NRND(Not Recommended for New Designs)라고 공지하고 있다면 큰 낭패가 된다. 그러나, 개인의 실험이나 자신이 사용하기 위한 소량의 수제품을 설계 또는 제작하는 경우에는 현재 자신의 부품함에 보관하고 있는 재고품을 찾아서 적절히 사용하고, 문제가 발생하면 시행착오를 거치면서 추후에 다른 모델로 교체해도 된다.

둘째로, 아날로그 입력전압과 출력전압의 극성 및 크기, 전원전압의 극성 및 범위, 소자의 외부 패키지 및 핀 수 등과 같이 외형적으로 쉽게 판단할 수 있는 큰 줄거리의 사양을 먼저 판단해야 한다. 이것은 제품의 성능에서 좋고 나쁨의 문제가 아니고, 이 소자를 사용할 수 있느냐 없느냐의 문제이기 때문에 선택을 잘못하면 나중에 그 제품은 사용하지도 못하고 쓰레기통에 모두 버려야 하는 심각한 상황이 발생한다. 예를 들어서 시스템의 전원은 +5V와 +12V의 단극성 전원만 가지고 있는데 여기에 +/- 양전원 방식으로만 동작하는 연산증폭기를 선정하고 (-)극성의 음전원을 접지 단자에 연결하였다면 이는 아예 정상적인 동작을 기대할 수 없게 된다.

셋째로, 회로에서 요구되는 성능에 따라 필수적으로 요구되는 주요 성능을 조사하여 판단해야 한다. 센서로부터 정밀한 아날로그 신호를 받아 증폭하는 회로라면 소자의 입력 임피던스나 증폭률 및 오프셋 전압이 중요할 것이고, 높은 주파수의 신호를 처리하는 경우라면 소자의 밴드폭이나 슬루 레이트와 같은 특성이 중요할 것이며, 연산증폭기의 출력단에서 큰 부하를 구동해야 하는 경우라면 소자의 출력전류 용량이 중요할 것이다. 또한, 배터리로 동작하는 제품을 설계하고 있다면 소자의 소비전력이 중요한 요소가 될 수도 있다. 소자의 특성이라는 것은 경우에 따라 장점이 되기도 하고 단점이 되기도 하는 것이므로 절대적인 좋고 나쁨의 기준이 있는 것이 아니며, 이 소자가 내가 원하는 특성을 가지고 있는지 그래서 나의 제품에 적합한지 여부가 판단 기준이어야 한다. 그 이외의 중요하지 않은 특성들은 크게 신경쓰지 않아도 되는 경우가 대부분이다.

넷째로, 많은 설계자가 rail-to-rail형의 연산증폭기가 필요한지 여부를 고려하지 않았다가 큰 낭패를 보는 경우가 많으므로 주의해야 한다. 연산증폭기의 전원전압에 비하여 아날로그 입력전압 및 출력전압의 동작 범위가 어떻게 되는지 따라서 일반형으로 충분한 경우도 있고, rail-to-rail output형 또는 rail-to-rail input/output형의 연산증폭기를 사용해야 하는 경우도 있다. 이것이 잘못되면 회로의 동작에 심각한 결함을 초래할 수 있다.

다섯째로, 소자의 패키지를 선정하는데도 신경써야 한다. 우선, 납땜 조립의 측면에서 보면 양산의 경우에는 자동 납땜을 하는 경우가 대부분이므로 어떤 패키지를 선정하더라도 문제가 없지만, 소량 생산이어서 수동 납땜을 할 수 있는 경우에는 DIP형이나 SOIC형과 같이 핀 간격이 넓고 수땜이 용이한 소자를 선정하는 것이 좋다. 또한, 기능적인 측면에서 보면 1개의 IC 소자에 몇 개의 연산증폭기가 들어있는 모델을 선정하는지가 중요할 때도 있다. 만약, 회로의 인접한 부분에서 여러개의 연산증폭기가 사용되고 있다면 4개의 연산증폭기가 들어있는 14핀짜리 소자를 선정하는 것이 유리할 것이다. 그러나, 회로에서 서로 멀리 떨어져서 띄엄띄엄 존재하는 연산증폭기에 이런 4개짜리 소자를 사용하면 오히려 PCB를 설계할 때 배선이 길어져서 불편하고 잡음 억제에도 바람직하지 않으므로 1~2개의 연산증폭기가 들어 있는 소자를 사용하여 배치를 분산시키는 것이 더 좋다.

여섯째로, 핀 배열이 표준화되어 있는 소자를 선정하는 것이 좋다. 모두 그런 것은 아니지만, 1~2개의 연산증폭기가 내장된 8핀짜리 IC 소자나 4개의 연산증폭기가 내장된 14핀짜리 IC 소자들은 거의 핀 배열이 동일하게 표준화된 모델들이 많다. 이를 사용하면 소자의 선정이 잘못되었을 경우 PCB를 수정하지 않고 연산증폭기를 다른 모델로 쉽게 교체할 수 있으므로 설계의 실패를 줄일 수 있다.

제4장
여러가지 아날로그 회로

연산증폭기가 포화되지 않는 선형 영역에서 주로 동작하도록 사용하는 대표적인 응용이 증폭기 회로와 각종 연산 회로 및 능동 필터 회로이며, 반대로 연산증폭기를 주로 비선형 영역에서 사용하는 대표적인 응용이 비교기 회로, 다이오드와의 조합 회로, 발진 회로 등이다.

비교기 회로와 증폭기 회로는 앞의 제2장과 제3장에서 각각 충분히 공부하였으므로 여기서는 그 나머지에 해당하는 몇가지의 연산 회로, 다이오드를 포함하는 비선형 회로, 발진기 회로 등의 3가지 연산증폭기 응용 회로를 살펴보기로 한다.

그밖에 연산증폭기를 사용한 능동 필터 회로는 다음의 제5장에서 공부할 것이다.

4.1 연산 회로

연산증폭기는 그 이름에서 알 수 있듯이 처음에는 수치 연산을 수행하기 위하여 개발된 아날로그 반도체로서 덧셈, 뺄셈, 곱셈, 나눗셈의 사칙연산은 물론이고, 미분과 적분을 넘어서 지수, 대수, 제곱근에 이르기까지 다양한 아날로그 연산 회로에 활용될 수 있다. 이중에서 가장 기본이 되는 가산기 회로와 감산기 회로는 이미 제3장의 증폭기 회로에서 자세하게 공부하였으며, 그 나머지의 연산 회로들은 디지털 시대인 지금의 환경에서는 그다지 널리 사용되고 있지는 않으므로 이를 모두 소개하는 것은 이 책의 범위를 벗어나는 것으로 판단하기 때문에 이 절에서는 연산증폭기를 사용한 미분기 회로와 적분기 회로를 공부하고, 곱셈기 전용의 IC 소자를 사용하는 몇가지의 응용 회로에 대해서 설명한다.

1. 미분기 회로

연산증폭기를 사용한 반전 증폭기 회로에서 입력저항 R_i를 커패시터 C_i로 교체하면 <그림 4.1.1>의 (a)처럼 미분기(differentiator) 회로가 된다.

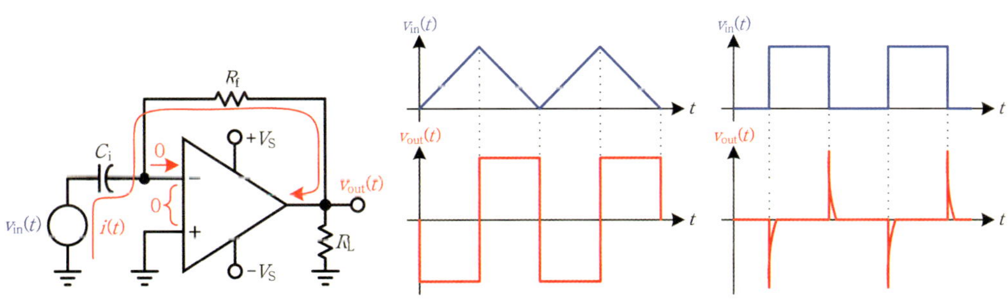

(a) 회로도 (b) 삼각파 입력의 경우 (c) 구형파 입력의 경우

<그림 4.1.1> 미분기 회로와 동작

이 회로의 연산증폭기에서 비반전 입력단자가 접지되어 있고 두 입력단자 사이의 전압은 항상 0이 되므로 반전 입력단자는 가상 접지가 된다. 따라서, 입력단 커패시터 C_i에는 다음과 같은 입력전류가 우측 방향으로 흐른다.

$$i(t) = C_i \frac{dv_{in}(t)}{dt}$$

그런데, 연산증폭기의 입력단자에는 전류가 흐르지 못하므로 이 입력전류는 모두 피드백 저항 R_f를 통하여 연산증폭기의 출력단자로 흘러 들어가게 된다. 따라서, 이 회로의 출력전압 $v_{out}(t)$은 다음과 같이 계산된다.

$$v_{out}(t) = -i(t) \times R_f = -C_i \frac{dv_{in}(t)}{dt} \times R_f = -R_f C_i \frac{dv_{in}(t)}{dt}$$

따라서, 출력전압은 입력전압을 미분한 값에 비례하며, 회로가 반전 증폭기의 형태이므로 출력전압의 극성이 반전되어 나타난다. 이 미분기 회로에 삼각파(triangle wave) 전압을 입력하면 <그림 4.1.1>의 (b)에서처럼 출력전압은 구형파(square wave)로 나타나며, 구형파 전압을 입력하면 그림의 (c)에서처럼 출력은 매우 짧은 펄스 파형이 되어 나타난다.

그런데, 이런 미분기 회로에서 입력신호의 주파수가 높아지면 아래 식과 같이 입력단 커패시터의 리액턴스가 점점 작아져서 이 회로의 전압이득이 매우 커지게 되며, 이 때문에 회로의 동작이 고주파 잡음에 민감하게 되거나 경우에 따라서는 주파수 발진과 같은 부작용이 나타날 수도 있다.

$$X_c = \frac{1}{2\pi f C_i}$$

이런 부작용을 방지하려면 <그림 4.1.2>에 보인 것처럼 미분기 회로의 입력단에 커패시터 C_i와 직렬로 작은 저항을 추가하고, 피드백 저항 R_f와 병렬로 작은 커패시터를 추가하는 것이 좋다. 원래 미분기의 기본 동작에 미치는 영향이 적도록 하기 위하여 이처럼 추가하는 소자의 값은 매우 작게 하는 것이 좋은데, $R_iC_i = R_fC_f$의 조건을 만족하면서 저항 R_i는 R_f의 0.01~0.1배가 되고 커패시터 C_f는 C_i의 0.01~0.1배가 되도록 사용하는 것이 권장된다.

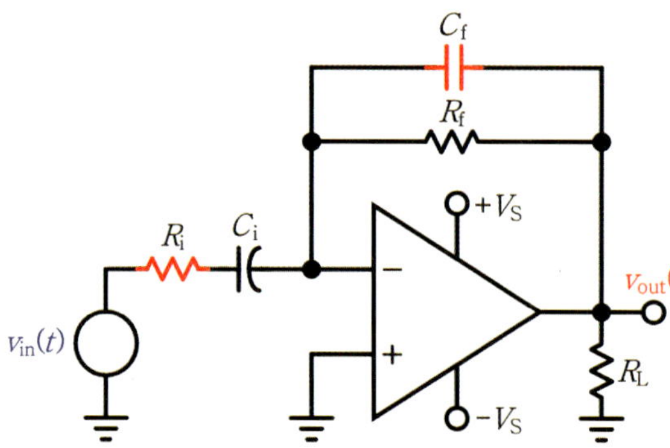

<그림 4.1.2> 고주파 이득을 제한한 미분기 회로

2. 적분기 회로

연산증폭기를 사용한 반전 증폭기 회로에서 피드백 저항 R_f를 커패시터 C_f로 교체하면 <그림 4.1.3>의 (a)처럼 적분기(integrator) 회로가 된다.

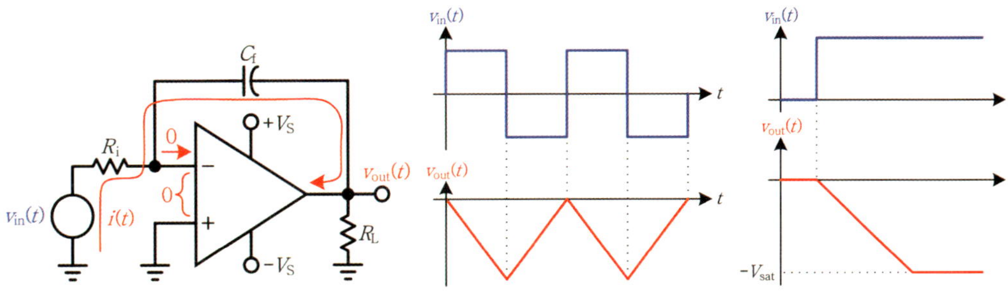

(a) 회로도 (b) 구형파 입력의 경우 (c) 계단파 입력의 경우

<그림 4.1.3> 적분기 회로와 동작

이 회로의 연산증폭기에서 비반전 입력단자가 접지되어 있고 두 입력단자 사이의 전압은 항상 0이 되므로 반전 입력단자는 가상 접지가 된다. 따라서, 입력단 저항 R_i에는 다음과 같은 입력전류가 우측 방향으로 흐른다.

$$i(t) = \frac{v_{in}(t)}{R_i}$$

그런데, 연산증폭기의 입력단자에는 전류가 흐르지 못하므로 이 입력전류는 모두 피드백 커패시터 C_f를 통하여 연산증폭기의 출력단자로 흘러 들어가게 된다. 따라서, 이 회로의 출력전압 $v_{out}(t)$은 다음과 같이 계산된다.

$$v_{out}(t) = -\frac{1}{C_f}\int_0^t i(t)\,dt = -\frac{1}{C_f}\int_0^t \frac{v_{in}(t)}{R_i}\,dt = -\frac{1}{R_iC_f}\int_0^t v_{in}(t)\,dt$$

따라서, 출력전압은 입력전압을 적분한 값에 비례하며, 회로가 반전 증폭기의 형태이므로 출력전압의 극성이 반전되어 나타난다. 이 적분기 회로에 구형파 전압을 입력하면 <그림 4.1.3>의 (b)에서처럼 출력전압은 삼각파로 나타나며, 계단파를 입력하면 그림의 (c)에서처럼 출력은 계속 증가하다가 연산증폭기의 포화전압에 이르게 된다.

그런데, 이런 적분기 회로에서 입력신호의 주파수가 낮아지면 아래 식과 같이 피드백 커패시터의 리액턴스가 점점 커져서 피드백 회로가 개방 상태로 되므로 이 회로의 전압이득은 연산증폭기의 개루프 전압이득이 되어 출력전압이 $+V_{sat}$ 또는 $-V_{sat}$으로 포화되게 된다.

$$X_c = \frac{1}{2\pi f C_f}$$

이를 방지하려면 필요할 때 피드백 커패시터를 단락시켜 방전시켜 주는 회로를 추가하는 방법도 있고, <그림 4.1.4>에 보인 것처럼 적분기 회로의 피드백 커패시터 C_f와 병렬로 큰 저항을 추가하는 방법도 있다. 원래 적분기의 기본 동작에 미치는 영향이 적도록 하기 위하여 이처럼 추가하는 저항 R_f는 R_i의 10~100배가 되도록 매우 크게 사용하는 것이 좋다.

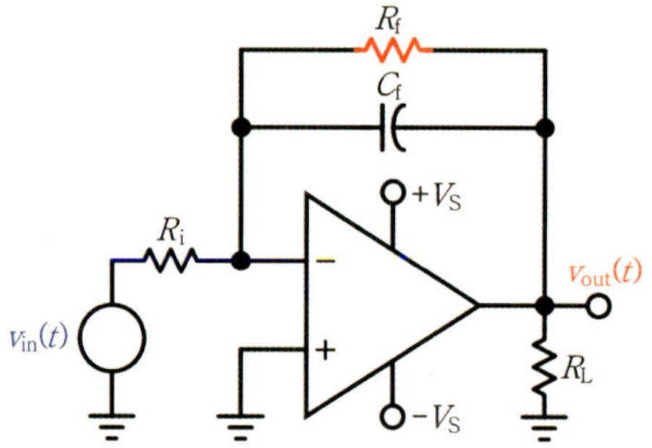

<그림 4.1.4> 저주파 이득을 제한한 적분기 회로

3. 곱셈기 응용 회로

우리가 연산증폭기를 사용하여 아날로그 곱셈이나 나눗셈 연산을 수행하는 회로를 구성하는 것은 상당히 복잡하고 어려운 일이다. 그래서 전통적인 아날로그 반도체 제조사들은 다양한 곱셈기 및 나눗셈기 전용의 아날로그 IC 소자를 개발하여 제공해 왔다. 예를 들어 Analog Devices사의 AD534, AD633, AD734, AD834, AD835 등이나 Texas Instruments사의 MPY100, MPY634 등이 이러한 소자들이다.

이런 analog multiplier/divider 소자들의 응용 범위는 상당히 다양하여 곱셈이나 나눗셈의 연산은 물론이고, 제곱 계산, 제곱근 계산, 전력 측정, 주파수 2체배, 2가지 동일한 주파수 신호의 위상차 검출, AM 변조 및 복조 등에 활용될 수 있다. 여기서는 AD633을 사용하여 이들 몇가지 기능을 수행하는 방법에 대하여 설명한다.

AD633에는 8핀 DIP형 패키지와 8핀 SOIC형 패키지가 있는데 이것들은 핀 번호가 서로 다른 것에 주의해야 하며, 8핀 DIP형 소자인 AD633JN의 핀 배열 및 내부 구조는 <그림 4.1.5>와 같다.

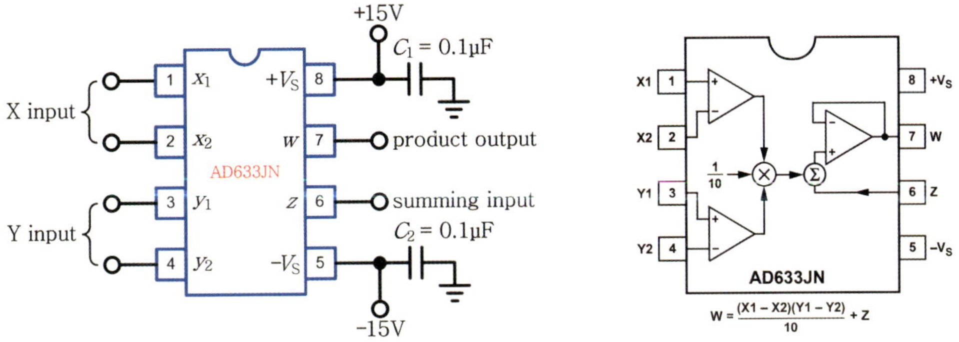

<그림 4.1.5> 8핀 DIP형 패키지인 AD633JN의 핀 배열 및 내부 구조

(1) 4상한 곱셈기의 기본 동작

AD633의 전원전압 사용 범위는 $\pm V_s$ = ±8∼±18V이지만 일반적으로는 <그림 4.1.5>에 보인 것처럼 ±15V를 사용하는 것이 권장되는데, 그러면 차동모드 입력전압이나 동상 모드 입력전압은 ±10V까지 선형적으로 동작하고 출력전압은 ±11V까지 선형적으로 동작한다.

여기서 W 단자에 출력되는 기본 출력전압 식은 다음과 같은데, 출력이 선형 영역을 벗어나는 것을 방지하기 위하여 scale factor 10으로 나누어주도록 설계되어 있다.

$$V_{out} = \frac{(x_1 - x_2)(y_1 - y_2)}{10} + z$$

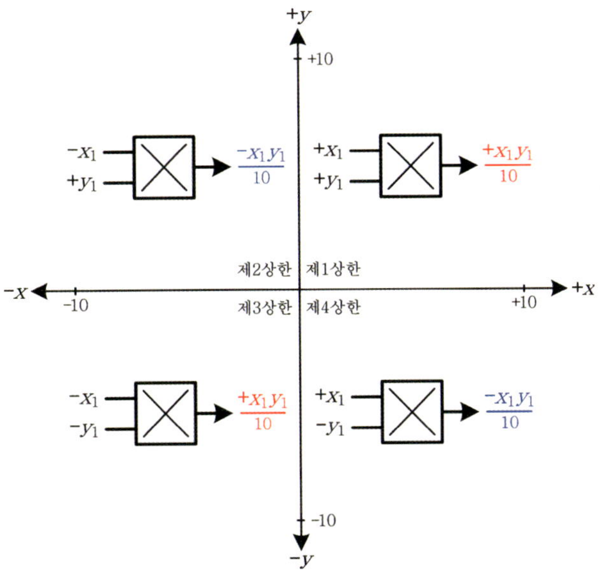

<그림 4.1.6> AD633의 4상한 곱셈 동작

그러나, 만약 3개의 단자를 접지하여 $x_2 = y_2 = z = 0$으로 입력하였다면 출력전압은 아래와 같이 단순한 곱셈이 된다.

$$V_{out} = \frac{x_1 \times y_1}{10}$$

이때, 입력전압 x_1과 y_1을 곱하면서 전압의 극성도 고려해야 한다. 즉, 곱셈 연산은 <그림 4.1.6>에 보인 것처럼 입출력 전압의 극성에 따라 4개의 상한에서 올바르게 처리된다.

(2) 출력 크기의 조정

AD633에서는 기본적으로 X 입력과 Y 입력을 곱한 값이 선형 영역을 벗어나지 않도록 하기 위하여 scale factor 10으로 나누어주도록 설계되어 있다는 것을 앞에서 설명하였다. 그런데, 이 scale factor를 다른 값으로 변경하여 출력의 크기를 바꾸고자 하면 <그림 4.1.7>에 보인 것처럼 출력단에 1kΩ~100kΩ 범위의 2개 저항을 사용하면 된다.

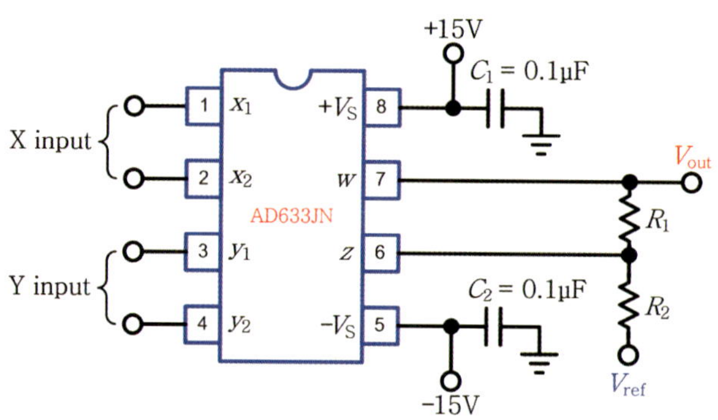

<그림 4.1.7> AD633에서 출력의 크기를 조정하는 회로

이 회로에서 출력전압 식은 일단 다음과 같이 표현할 수 있다.

$$V_{out} = \frac{(x_1 - x_2)(y_1 - y_2)}{10} + z$$

그런데, 여기서 z 단자의 전압은 독립적인 값이 아니라 출력전압과 연계되어 다음과 같이 계산된다.

$$z = (V_{out} - V_{ref})\frac{R_2}{R_1 + R_2} + V_{ref}$$

이 두 개의 식을 연립하여 풀면 출력전압 식은 다음과 같이 된다.

$$V_{out} = \frac{(x_1 - x_2)(y_1 - y_2)}{10}\left(\frac{R_1 + R_2}{R_1}\right) + V_{ref}$$

여기서, 만약 저항 R_2의 아래쪽을 접지시켜서 기준전압을 $V_{ref} = 0$으로 하였다면 출력전압은 다음과 같이 된다.

$$V_{out} = \frac{(x_1 - x_2)(y_1 - y_2)}{10}\left(\frac{R_1 + R_2}{R_1}\right)$$

(3) 제곱 계산

AD633에서 하나의 아날로그 입력전압 값을 제곱하는 계산을 수행하려면 <그림 4.1.8>에 보인 것처럼 그 아날로그 입력전압 V_{in}을 x_1 및 y_1 단자에 입력하고, 나머지 입력단자들을 접지하여 $x_2 = y_2 = z = 0$으로 처리하면 된다. 따라서, 이 회로에서 출력전압 식은 다음과 같이 계산된다.

$$V_{out} = \frac{(x_1 - x_2)(y_1 - y_2)}{10} + z = \frac{(V_{in} - 0)(V_{in} - 0)}{10} + 0 = \frac{V_{in}^2}{10}$$

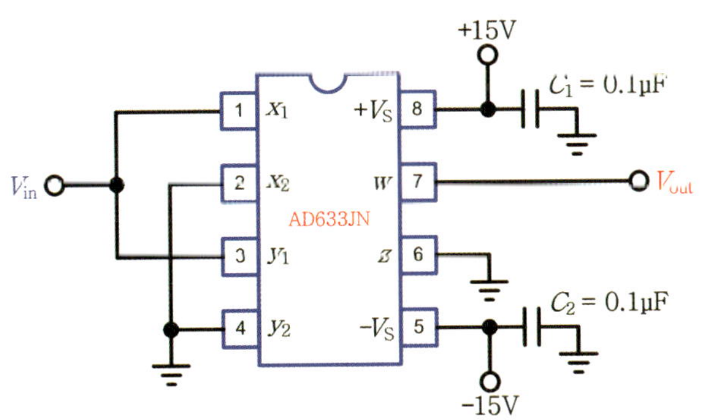

<그림 4.1.8> AD633을 이용한 제곱 계산 회로

(4) 제곱근 계산

AD633에서 하나의 아날로그 입력전압 값의 제곱근을 구하는 계산을 수행하려면 <그림 4.1.9>에 보인 것처럼 AD633과 연산증폭기를 조합하여 사용해야 한다. 연산증폭기의 출력이 다이오드를 거친 후에 AD633의 x_1 및 y_1 단자에 공통으로 입력되도록 연결하고, 나머지 입력단자들은 모두 접지하여 $x_2 = y_2 = z = 0$으로 처리한다. 이것은 반전 증폭기 회로의 피드백 루프에 AD633을 사용한 제곱 계산 회로를 포함시켜 넣어놓은 형태가 된다. 여기서, 입력저항과 피드백 저항은 같아서 $R_i = R_f = R$이며, 아날로그 입력은 반드시 음의 극성을 가져서 $-V_{in} = -1 \sim -10V$ 범위로만 사용해야 한다는 것에 주의하라.

연산증폭기의 비반전 입력단자가 접지되어 있고 두 입력단자 사이의 전압은 항상 0이 되므로 반전 입력단자는 가상 접지가 된다. 따라서, 입력저항 R_i에는 다음과 같은 전류가 좌측 방향으로 흐른다.

$$I = \frac{0-(-V_{in})}{R_i} = \frac{V_{in}}{R_i}$$

그런데, AD633의 출력전압 w의 전압은 다음과 같이 표시된다.

$$w = \frac{V_{out}^2}{10}$$

그러므로 피드백 저항 R_f에 흐르는 전류는 다음과 같이 계산되며, 연산증폭기의 반전 입력단자에는 전류가 흐르지 못하므로 이 피드백 전류는 입력전류와 같게 된다. 이 식으로부터 다음과 같이 출력전압 V_{out}을 구할 수 있다.

$$\frac{w-0}{R_f} = \frac{V_{out}^2}{10R_f}\left(= \frac{V_{out}^2}{10R}\right) = I = \frac{V_{in}}{R_i}\left(= \frac{V_{in}}{R}\right)$$

$$\therefore\ V_{out} = \sqrt{10\,|V_{in}|}$$

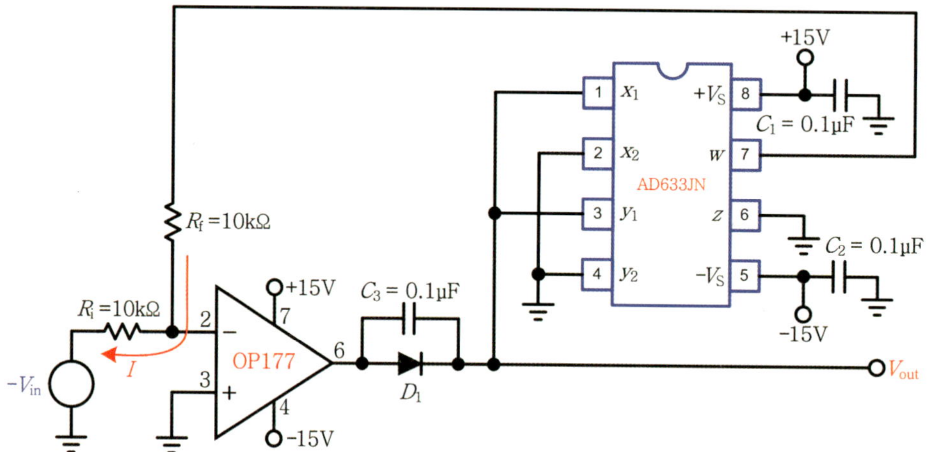

<그림 4.1.9> AD633을 이용한 제곱근 계산 회로

(5) 나눗셈 계산

AD633에서 교류 입력전압을 직류 전압으로 나누는 나눗셈 계산을 수행하려면 <그림 4.1.10>에 보인 것처럼 AD633과 연산증폭기를 조합하여 사용해야 한다. 피제수(被除數)는 $v_{\text{in}}(\text{t})$로서 입력저항 R_{i}를 거쳐서 연산증폭기에 입력하고, 연산증폭기의 출력이 AD633의 y_1 단자에 입력되도록 연결하며, 제수(除數)는 V_{x}로서 AD633의 x_1 단자에 입력되도록 연결한다. AD633의 나머지 입력단자들은 모두 접지하여 $x_2 = y_2 = z = 0$으로 처리한다. 여기서, 입력저항과 피드백 저항은 같아서 $R_{\text{i}} = R_{\text{f}} = R$이며, 제수 V_{x}의 입력은 반드시 0보다 크고 양의 극성을 가져서 $V_{\text{x}} = 1 \sim 10\text{V}$ 범위로 사용하는 것이 좋다는 것에 주의하라.

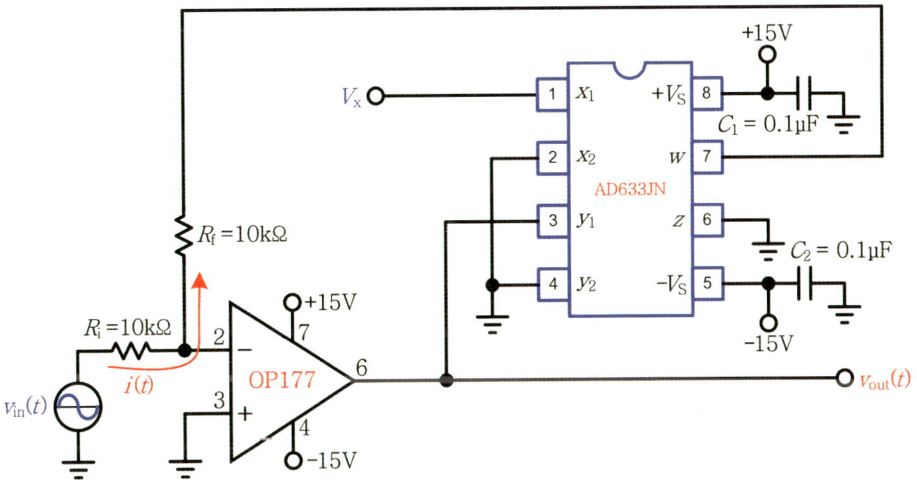

<그림 4.1.10> AD633을 이용한 나눗셈 계산 회로

연산증폭기의 비반전 입력단자가 접지되어 있고 두 입력단자 사이의 전압은 항상 0이 되므로 반전 입력단자는 가상 접지가 된다. 따라서, 입력전압이 양(+)의 극성일 경우에 보면 입력저항 R_{i}에는 다음과 같은 전류가 우측 방향으로 흐른다.

$$i(t) = \frac{v_{\text{in}}(t) - 0}{R_{\text{i}}} = \frac{v_{\text{in}}(t)}{R_{\text{i}}}$$

그런데, AD633의 출력전압 w의 전압은 다음과 같이 표시된다.

$$w = \frac{V_{\text{x}} \times v_{\text{out}}(t)}{10}$$

그러므로 피드백 저항 R_f에 흐르는 전류는 다음과 같이 계산되며, 연산증폭기의 반전 입력단자에는 전류가 흐르지 못하므로 이 피드백 전류는 입력전류와 같게 된다. 이 식으로부터 다음과 같이 출력전압 $V_{out}(t)$을 구할 수 있다.

$$\frac{0-w}{R_f} = -\frac{V_x \times v_{out}(t)}{10R_f}\left(= -\frac{V_x \times v_{out}(t)}{10R}\right) = i(t) = \frac{v_{in}(t)}{R_i}\left(= \frac{v_{in}(t)}{R}\right)$$

$$\therefore\ v_{out}(t) = -10 \times \frac{v_{in}(t)}{V_x}$$

(6) 정현파 주파수 2체배

AD633에서 정현파 신호의 주파수를 2배로 만드는 계산을 수행하려면 <그림 4.1.8>의 제곱 계산 회로에서 입력단자에 정현파를 연결하여 <그림 4.1.11>의 (a)처럼 사용하면 된다.

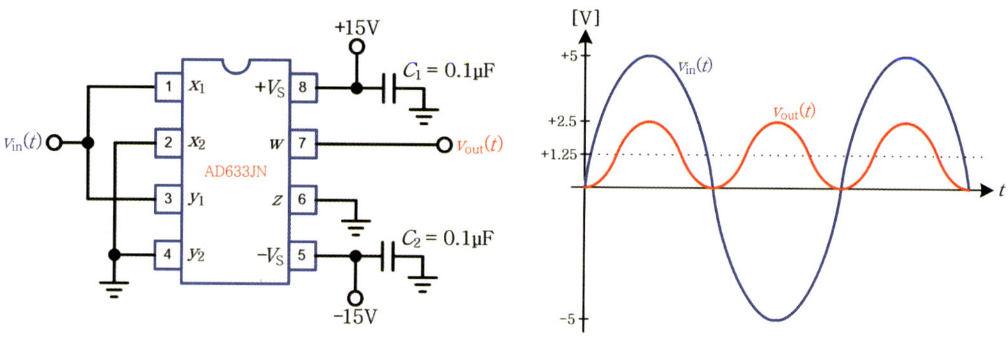

(a) 회로도 (b) 입출력 파형

<그림 4.1.11> AD633을 이용한 정현파 주파수 2체배 회로와 입출력 파형

먼저, 삼각함수 공식에서 정현파 함수를 제곱하면 다음과 같이 되는 것을 기억하라.

$$(\sin\omega t)^2 = (\sin 2\pi f t)^2 = \frac{1}{2} - \frac{\cos 2\pi(2f)t}{2}$$

만약, 입력한 정현파가 진폭이 5V이고 주파수가 f인 함수라면 이를 제곱한 출력전압 식은 다음과 같이 계산되며, 이들 입출력 파형은 <그림 4.1.11>의 (b)에 표시하였다.

$$v_{in}(t) = 5\sin 2\pi f t$$

$$v_{out}(t) = \frac{[v_{in}(t)]^2}{10} = \frac{(5\sin 2\pi f t)^2}{10} = \frac{25}{10}\left[\frac{1}{2} - \frac{\cos 2\pi(2f)t}{2}\right] = 1.25 - 1.25\cos 2\pi(2f)t$$

4.2 다이오드를 포함하는 비선형 회로

제1장에서 공부하였듯이 연산증폭기는 본질적으로 고이득 직류증폭기 소자로서 출력이 포화되지 않은 정상 동작 영역에서는 입력전압과 출력전압이 항상 비례 관계를 유지하는 선형적인 동작을 수행한다. 그러나, 연산증폭기와 다이오드가 결합되면 연산증폭기의 선형 영역에서도 비선형으로 동작하여 여러가지의 유용한 아날로그 기능을 수행할 수 있다. 이 절에서는 이와 같이 연산증폭기를 다이오드와 결합한 비선형 회로에 대하여 설명한다.

1. 정밀 반파정류 회로

(1) 실제 다이오드와 이상적인 다이오드

다이오드는 반도체 pn 접합의 순방향으로 V_F = 0.7V의 문턱전압(threshold voltage)보다 높은 전압이 인가되면 도통되어 전류가 흐르고, 역방향의 전압이 인가되면 차단되어 전류가 흐르지 않는 특성이 있으므로 교류 전압을 직류 전압으로 정류(整流 ; rectification)하는 기능을 수행하는 대표적인 반도체 소자로 꼽힌다.

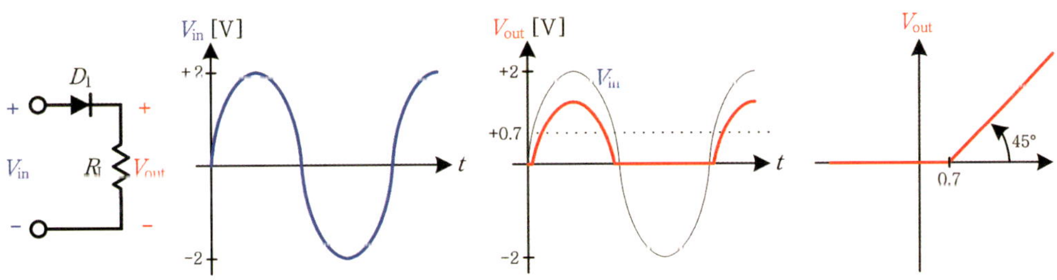

(a) 실제 다이오드의 경우

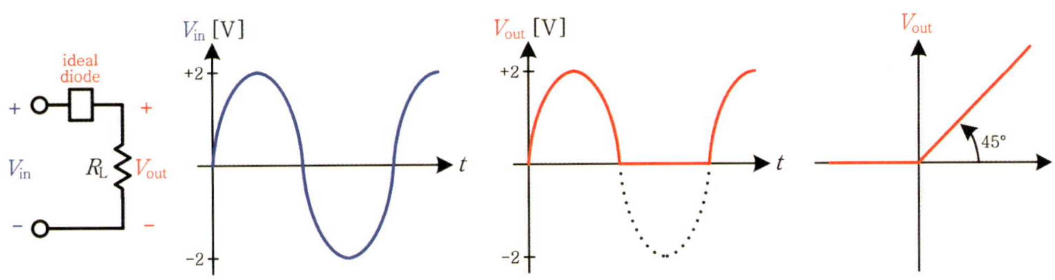

(b) 이상적인 다이오드의 경우

<그림 4.2.1> 다이오드의 정류 동작 특성

이처럼 실제 다이오드(real diode, practical diode)가 문턱전압을 갖는 정류 특성은 수십V 이상의 크기를 갖는 교류 전압을 정류할 때는 별로 문제가 되지 않지만, 이것을 소신호의 정밀 회로에서 사용할 경우에는 <그림 4.2.1>에 보인 것처럼 매우 심각한 문제를 발생시킨다. 즉, 그림의 (a)에 보인 것처럼 입력 교류전압의 진폭이 2V 정도로 작은 교류 전압일 경우에는 다이오드의 순방향 전압강하 때문에 출력전압이 심하게 왜곡되며, 만약 입력 교류전압의 진폭이 0.7V 이하라면 아예 출력전압이 나오지 않아서 0V로 된다.

이러한 작은 크기의 교류 입력전압 신호에 대해서도 정밀한 정류 작용을 수행하려 한다면 pn 접합의 문턱전압이 없어서 순방향으로 0V 이상이 인가되면 무조건 도통되고, 역방향 전압이 인가되면 출력이 차단되는 이상적인 다이오드(ideal diode)가 필요하게 된다. 이러한 이상적인 다이오드의 정류 동작 특성을 그림 (b)에 보였다.

★참고★ 다이오드의 pn 접합 때문에 존재하는 문턱전압 또는 순방향 전압강하 0.7V는 소자에 따라 0.6V가 되는 경우도 있으므로 다이오드의 문턱전압이 0.6~0.7V라고 말하는 사람도 있다. 이 책에서는 실리콘 다이오드의 문턱전압은 항상 0.7V인 것으로 간주한다. 그러나, 쇼트키 다이오드(Schottky diode)에서는 이 순방향 전압강하가 훨씬 더 낮아서 0.2~0.4V에 불과하다.

▣ 연산증폭기를 사용한 이상적인 다이오드 회로

그렇다면 과연 그러한 이상적인 다이오드가 존재할까? 우리는 연산증폭기와 실제 다이오드를 사용하여 <그림 4.2.2>와 같이 이상적인 다이오드 회로를 만들어 사용할 수 있다. 이것은 1개의 소자로 이루어진 이상적인 다이오드는 아니지만, 연산증폭기와 다이오드를 각각 1개씩 사용하여 연산증폭기의 안전 동작 범위 이내에서 이상적인 다이오드의 특성을 갖는 회로를 간단하게 구성할 수 있는 것이다. 이러한 회로를 "superdiode"라고 부르기도 한다.

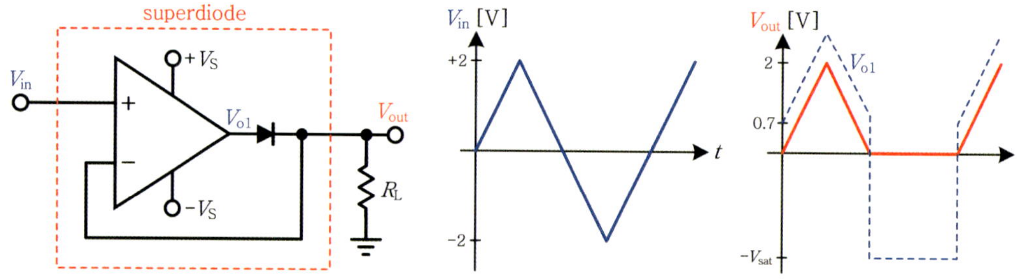

<그림 4.2.2> 연산증폭기를 사용한 이상적인 다이오드 회로

여기서 만약 $V_{in} > 0$의 경우라면 연산증폭기에서 두 입력단자 사이의 전압은 항상 0이 되므로 출력전압 V_{out}은 입력전압 V_{in}과 같게 된다. 이때 실제로 이러한 출력전압을 부하저항에 공급하는 것은 연산증폭기이며, 이를 위하여 연산증폭기의 출력전압 V_{o1}은 이 회로의

출력전압 V_{out}보다 다이오드의 순방향 전압강하 0.7V만큼 큰 전압을 출력한다.

그러나, $V_{in} < 0$의 경우에는 연산증폭기의 출력전압이 $V_{o1} = -V_{sat}$으로 되고, 따라서 다이오드는 역전압으로 차단되어 동작하지 않게 되며, 부하저항 R_L에는 전류가 흐르지 않게 되므로 이 회로의 출력전압 V_{out}은 0V로 유지된다.

그러나, 이 슈퍼 다이오드(superdiode) 회로에는 몇가지 단점이 있어서 범용으로 다양한 회로에 사용하기에는 그다지 실용적인 회로가 되지 못한다. 첫째, 슈퍼 다이오드 회로는 부하저항이 연결되었을 때만 이상적인 다이오드의 특성을 나타낸다. 입력전압이 0V보다 작을 때 만약 부하저항이 연결되지 않았다면 출력전압이 0V로 유지되는 것이 보장되지 않기 때문이다. 둘째, 슈퍼 다이오드 회로는 당연히 연산증폭기의 전원전압 범위 이내에서만 사용할 수 있다. 셋째, 슈퍼 다이오드 회로에서 입력전압이 0V보다 작을 때 출력은 0V로 유지되지만 연산증폭기의 출력전압은 $-V_{sat}$으로 포화되어 있기 때문에 여기서 입력전압이 다시 0V보다 커져서 선형 동작 영역으로 들어갈 때의 응답 속도가 늦을 수 있다. 이는 슈퍼 다이오드 회로의 동작 주파수 대역폭을 상당히 작게 만든다.

▣ 이상적인 다이오드 IC

실제 다이오드는 0.7V의 순방향 전압강하가 발생하기 때문에 이를 <그림 4.2.3>과 같이 시스템 전원과 백업 전원을 선택하여 연결하는 스위치로 사용하는 경우에 상당한 전력 손실을 감수해야 하는 단점이 있다. 그러나, 연산증폭기와 다이오드를 결합하여 사용하는 슈퍼 다이오드는 낮은 전압의 신호용으로 사용할 수 있는 정도에 불과하므로 이런 전력 스위치용으로는 사용할 수 없다.

이 때문에 최근에는 여러 반도체 회사에서 1개의 IC로 된 이상적인 다이오드 IC 소자를 출시하고 있다. 이와 관련된 내용은 제7.4절에서 좀 더 자세하게 공부할 것인데, 이들 소자에는 이상적인 다이오드의 특성뿐만 아니라 전류 제한 기능, 돌입 전류 억제 기능, 역극성 또는 역전압에 대한 보호 기능, 과열 보호 기능 등의 시스템 제어 기능을 가지고 있다. 그러나, 이상적인 다이오드 IC 소자는 이처럼 전원 스위칭용 또는 역전압 보호용으로 사용하는 것을 목적으로 설계된 소자라서 정류용으로는 적합하지 않으므로 일반 다이오드와 같이 교류 전압을 정류하는 용도로는 거의 사용하지 않는다.

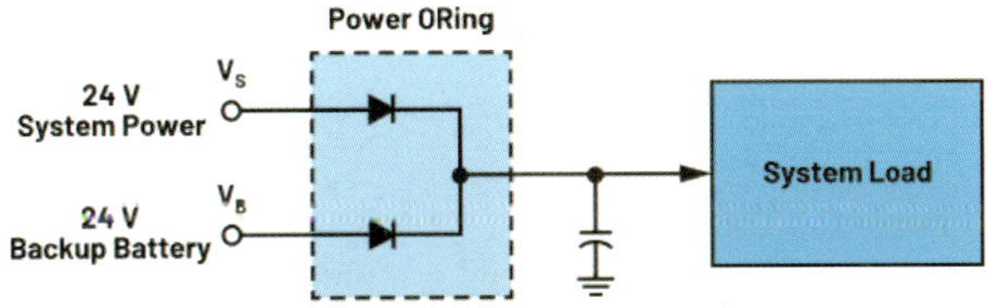

<그림 4.2.3> 이상적인 다이오드 IC의 사용 예

이상적인 다이오드 IC 소자는 입출력 전압 검출기, 전류 검출기, 비교기, 게이트 구동 회로 등을 포함하는 제어회로부와 MOSFET 스위치로 구성된다. 이들 소자는 크게 제어회로부와 p채널 MOSFET를 모두 내장하고 있는 integrated ideal diode와, 제어회로만을 내장하고 있어서 외부에 별도로 MOSFET를 연결하여 사용하는 ideal diode controller의 2가지로 나누어진다. 이중에서 ideal diode controller는 다시 외부에 p채널 MOSFET를 연결하는 방식, 외부에 n채널 MOSFET를 연결하는 방식, 외부에 power ORing을 위한 MOSFET를 2개 연결하는 방식, 외부에 back-to-back 형태로 2개의 p채널 MOSFET 또는 2개의 n채널 MOSFET를 연결하는 방식, 외부에 풀 브리지(full bridge) 형태로 4개의 n채널 MOSFET를 연결하는 방식 등 여러가지 종류로 나눌 수 있다.

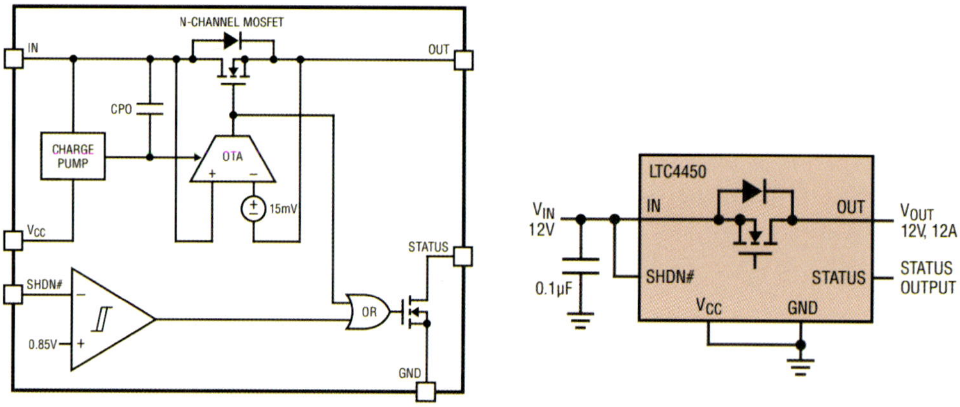

<그림 4.2.4> Analog Devices사의 LTC4450 소자

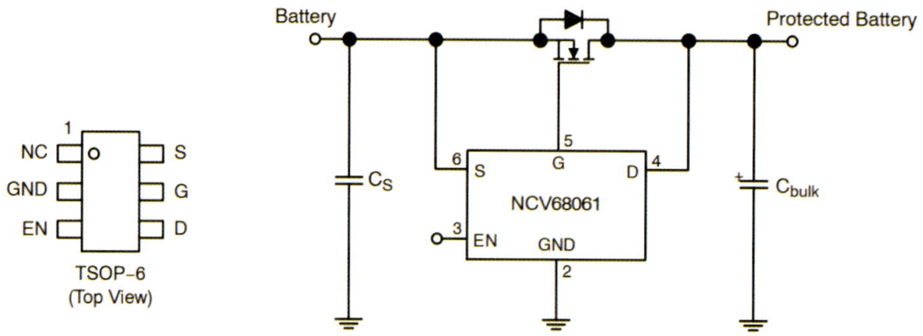

<그림 4.2.5> ON Semiconductor사의 NCV68061 소자

예를 들어서 <그림 4.2.4>에 보인 바와 같이 Analog Devices사의 LTC4450은 입력전압 사양이 0~18V이고 최대 부하전류가 12A인 integrated ideal diode 소자인데, 여기에 내장된

n채널 MOSFET 소자의 $R_{DS(on)}$ 저항은 7mΩ에 불과하여 5A의 부하전류가 흐르더라도 순방향 전압강하가 0.035V에 불과하여 상당히 이상적인 다이오드에 가까운 특성을 보인다.

또한 <그림 4.2.5>에 보인 바와 같이 ON Semiconductor사의 NCV68061은 입력전압 사양이 3~32V이고 외부에 n채널 MOSFET를 연결하여 사용하는 ideal diode controller 소자인데, 역극성 방지(RPP ; Reverse Polarity Protection) 기능과 입력전압이 출력전압보다 작아지더라도 출력에서 입력 방향으로 역전류가 흐르지 않게 보호하는 기능을 가지고 있다.

(2) +극성의 출력을 갖는 반전형 정밀 반파정류 회로

연산증폭기와 다이오드를 결합하여 다이오드의 순방향 전압강하가 없는 정밀 반파정류 회로를 <그림 4.2.6>에 보였다. 이것은 +극성의 입력전압이 들어올 때 출력은 0이 되고, -극성의 입력전압이 들어오면 이것이 반전되어 출력은 +극성으로 나타나는 동작을 수행하므로 +극성의 출력을 갖는 반전형 정밀 반파정류 회로(inverting precision half-wave rectifier with positive output)라고 부른다.

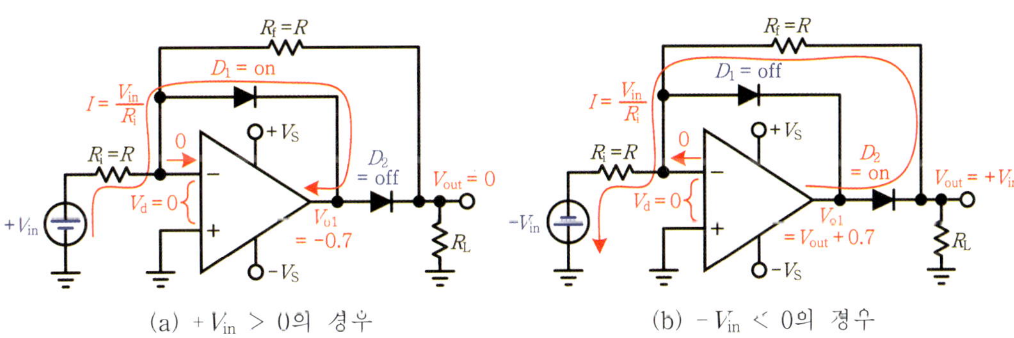

<그림 4.2.6> +극성의 출력을 갖는 반전형 정밀 반파정류 회로의 동작

❶ 양(+)의 입력전압이 들어오는 경우 ($+V_{in} > 0$)

이 경우에는 <그림 4.2.6>의 (a)처럼 비반전 입력단자가 접지되어 있고 두 입력단자 사이의 전압은 항상 0이 되므로 반전 입력단자는 가상 접지가 된다. 따라서, 입력단 저항 R_i에는 다음과 같은 입력전류가 우측 방향으로 흐른다.

$$I = \frac{V_{in} - 0}{R_i} = \frac{V_{in}}{R_i}$$

그런데, 연산증폭기의 반전 입력단자에는 전류가 흐르지 못하므로 이 입력전류는 모두 다이오드 D_1이 on되면서 이를 통하여 연산증폭기의 출력단자로 흘러 들어가게 된다. 혹시 이 전류가 피드백 저항 R_f와 부하저항 R_L을 통하여 우측으로 흐르지는 않을까 생각할 수 있지만, 출발점인 연산증폭기의 반전 입력단자와 도착점인 부하저항의 아래쪽이 모두 접지인 0V라서 양쪽의 전압차가 없으므로 그 사이에는 전류가 흐르지 않는다. 이와 같이 부하저항 R_L에 전류가 흐르지 않으므로 출력전압 V_{out}은 접지와 같은 0V가 된다.

전류가 다이오드 D_1을 통하여 흐르면서 순방향 전압강하가 발생하므로 연산증폭기의 출력단자 전압은 $V_{o1} = -V_F = -0.7V$가 된다. 따라서, 다이오드 D_2에는 0.7V 크기의 역전압이 걸리므로 이 다이오드는 off된다.

❷ 음(-)의 입력전압이 들어오는 경우 ($-V_{in} < 0$)

이 경우에는 <그림 4.2.6>의 (b)처럼 비반전 입력단자가 접지되어 있고 두 입력단자 사이의 전압은 항상 0이 되므로 반전 입력단자는 가상 접지가 된다. 따라서, 입력단 저항 R_i에는 다음과 같은 전류가 좌측 방향으로 흐른다.

$$I = \frac{0-(-V_{in})}{R_i} = \frac{V_{in}}{R_i}$$

그런데, 연산증폭기의 반전 입력단자에는 전류가 흐르지 못하므로 이 전류는 모두 다이오드 D_2가 on되면서 연산증폭기의 출력단자에서 흘러나와 이 다이오드와 피드백 저항 R_f를 통하여 흘러 들어오게 된다. 혹시 이 전류가 부하저항 R_L과 피드백 저항 R_f를 통하여 좌측으로 흐르지는 않을까 생각할 수 있지만, 출발점인 부하저항의 아래쪽과 도착점인 연산증폭기의 반전 입력단자는 모두 접지인 0V라서 양쪽의 전압차가 없으므로 그 사이에는 전류가 흐르지 않는다. 이와 같이 입력전류가 모두 피드백 저항 R_f를 통하여 흐르므로 출력전압 V_{out}은 다음과 같이 계산된다.

$$V_{out} = I \times R_f = \frac{V_{in}}{R_i} R_f = \frac{V_{in}}{R} R = V_{in}$$

연산증폭기의 출력단자 전압 V_{o1}은 출력전압 V_{out}보다 다이오드 D_2의 순방향 전압강하에 해당하는 만큼 높아지므로 다음과 같이 된다.

$$V_{o1} = V_{out} + V_F = V_{out} + 0.7$$

따라서, 다이오드 D_1에는 V_{o1} 크기만큼의 역전압이 걸리므로 이 다이오드는 off된다.

이상을 종합하면 <그림 4.2.6>의 반파정류 회로는 +극성의 입력전압이 들어올 때 출력은 0이 되고, -극성의 입력전압이 들어오면 이것이 반전되어 출력은 +극성으로 나타나는 동작을 수행하는 것을 알 수 있다. 입력전압으로 삼각파 교류전압을 인가하였을 경우에 이것의 동작 파형과 입출력 특성 곡선을 그려보면 <그림 4.2.7>과 같다. 여기서 보듯이 정류된 출력전압 V_{out}은 다이오드의 순방향 전압강하에 영향을 받지 않는다.

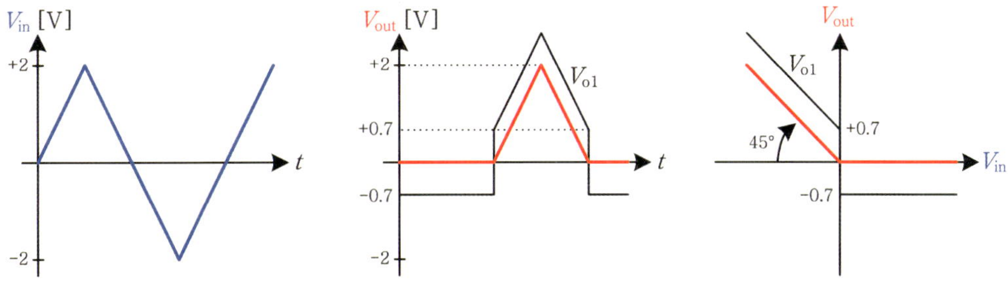

<그림 4.2.7> +극성의 출력을 갖는 반전형 정밀 반파정류 회로의 동작 파형

(3) -극성의 출력을 갖는 반전형 정밀 반파정류 회로

이번에는 앞의 <그림 4.2.6> 회로에서 2개의 다이오드를 모두 반대 방향으로 연결하여 <그림 4.2.8>에 보인 것처럼 새로운 반파정류 회로를 만들 것인데, 이것은 +극성의 입력전압이 들어오면 이것이 반전되어 출력은 -극성으로 나타나고, -극성의 입력전압이 들어오면 출력은 0으로 되는 동작을 수행하므로 -극성의 출력을 갖는 반전형 정밀 반파정류 회로(inverting precision half-wave rectifier with negative output)라고 부른다.

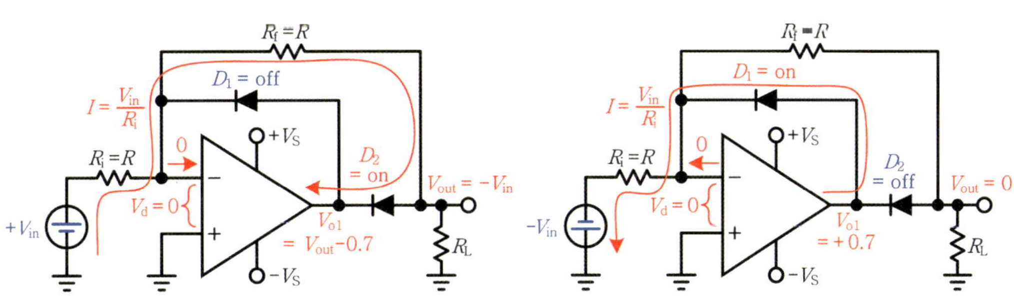

(a) $+V_{in} > 0$의 경우 (b) $-V_{in} < 0$의 경우

<그림 4.2.8> -극성의 출력을 갖는 반전형 정밀 반파정류 회로의 동작

❶ 양(+)의 입력전압이 들어오는 경우 ($+V_{in} > 0$)

이 경우에는 <그림 4.2.8>의 (a)처럼 비반전 입력단자가 접지되어 있고 두 입력단자 사

이의 전압은 항상 0이 되므로 반전 입력단자는 가상 접지가 된다. 따라서, 입력단 저항 R_i에는 다음과 같은 입력전류가 우측 방향으로 흐른다.

$$I = \frac{V_{in} - 0}{R_i} = \frac{V_{in}}{R_i}$$

그런데, 연산증폭기의 반전 입력단자에는 전류가 흐르지 못하므로 이 전류는 모두 다이오드 D_2가 on되면서 피드백 저항 R_f와 이 다이오드를 통하여 연산증폭기의 출력단자로 흘러 들어가게 된다. 혹시 이 전류가 피드백 저항 R_f와 부하저항 R_L을 통하여 흐르지는 않을까 생각할 수 있지만, 출발점인 연산증폭기의 반전 입력단자와 도착점인 부하저항의 아래쪽은 모두 접지인 0V라서 양쪽의 전압차가 없으므로 그 사이에는 전류가 흐르지 않는다.

이와 같이 입력전류가 모두 피드백 저항 R_f를 통하여 흐르므로 출력전압 V_{out}은 다음과 같이 계산된다.

$$V_{out} = 0 - I \times R_f = -\frac{V_{in}}{R_i} R_f = -\frac{V_{in}}{R} R = -V_{in}$$

연산증폭기의 출력단자 전압 V_{o1}은 출력전압 V_{out}보다 다이오드 D_2의 순방향 전압강하에 해당하는 만큼 낮아지므로 다음과 같이 된다.

$$V_{o1} = V_{out} - V_F = V_{out} - 0.7$$

따라서, 다이오드 D_1에는 V_{o1} 크기만큼의 역전압이 걸리므로 이 다이오드는 off된다.

❷ 음(-)의 입력전압이 들어오는 경우 ($-V_{in} < 0$)

이 경우에는 <그림 4.2.8>의 (b)처럼 비반전 입력단자가 접지되어 있고 두 입력단자 사이의 전압은 항상 0이 되므로 반전 입력단자는 가상 접지가 된다. 따라서, 입력단 저항 R_i에는 다음과 같은 입력전류가 좌측 방향으로 흐른다.

$$I = \frac{0 - (-V_{in})}{R_i} = \frac{V_{in}}{R_i}$$

그런데, 연산증폭기의 반전 입력단자에는 전류가 흐르지 못하므로 이 입력전류는 모두 다이오드 D_1이 on되면서 이를 통하여 연산증폭기의 출력단자에서 흘러나오게 된다. 혹시 이 전류가 부하저항 R_L과 피드백 저항 R_f를 통하여 좌측으로 흐르지는 않을까 생각할 수 있지만, 출발점인 부하저항의 아래쪽과 도착점인 연산증폭기의 반전 입력단자는 모두 접지인 0V 라서 양쪽의 전압차가 없으므로 그 사이에는 전류가 흐르지 않는다. 이와 같이 부하저항 R_L에 전류가 흐르지 않으므로 출력전압 V_{out}은 접지와 같은 0V가 된다.

전류가 다이오드 D_1을 통하여 흐르면서 순방향 전압강하가 발생하므로 연산증폭기의 출력단자 전압은 V_{o1} = V_F = 0.7V가 된다. 따라서, 다이오드 D_2에는 0.7V 크기의 역전압이 걸리므로 이 다이오드는 off된다.

이상을 종합하면 <그림 4.2.8>의 반파정류 회로는 +극성의 입력전압이 들어오면 이것이 반전되어 출력은 -극성으로 되고, -극성의 입력전압이 들어오면 출력은 0으로 되는 동작을 수행하는 것을 알 수 있다. 입력전압으로 삼각파 교류전압을 인가하였을 경우에 이것의 동작 파형과 입출력 특성 곡선을 그려보면 <그림 4.2.9>와 같다. 여기서 보듯이 정류된 출력전압 V_{out}은 다이오드의 순방향 전압강하에 영향을 받지 않는다.

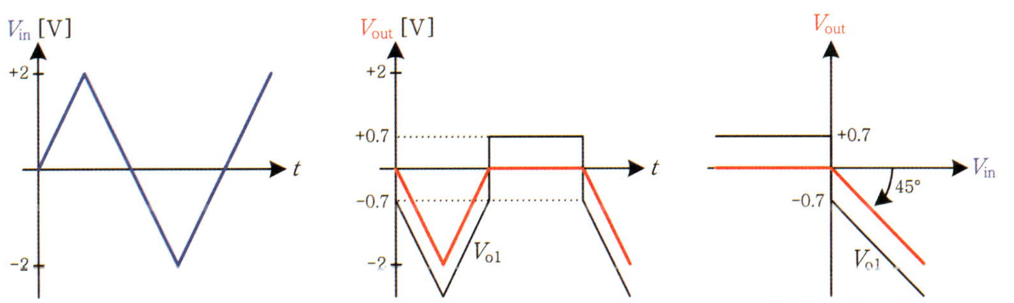

(입력 파형) (출력 파형) (입출력 특성 곡선)

<그림 4.2.9> -극성의 출력을 갖는 반전형 정밀 반파정류 회로의 동작 파형

2. 정밀 전파정류 회로

연산증폭기와 다이오드를 결합하면 다이오드의 순방향 전압강하에 영향을 받지 않고 매우 작은 교류 신호까지 정밀하게 전파정류하는 회로를 설계할 수 있다. 여기서는 몇가지의 이러한 정밀 전파정류 회로(precision full-wave rectifier)를 소개하면서 이것의 동작을 분석하여 보기로 한다. 이런 회로는 입력전압의 극성이 +극성이든 -극성이든 항상 출력이 +극성으로 바뀌어 나오기 때문에 절대값 회로(absolute-value circuit)라고 부르기도 한다.

(1) 연산증폭기 2개를 사용하는 정밀 전파정류 회로

<그림 4.2.10>에 2개의 연산증폭기, 2개의 다이오드, 그리고 5개의 저항을 사용하는 전파정류 회로를 보였다. 이 회로도에는 복잡성을 피하기 위하여 굳이 표시하지 않았지만, 오프

셋 전류에 의한 출력전압의 오차를 제거하여 좀 더 정밀한 출력을 얻고자 한다면 연산증폭기의 비반전 입력단자에 적절한 오프셋 전류 보상저항을 사용하는 것이 좋다. 이 회로는 우수한 정밀 전파정류 기능을 가지고 있지만, 회로 전체의 입력 임피던스가 거의 입력단 저항 R_1과 R_4의 병렬값으로 결정되어 상당히 작게 된다는 단점을 갖는다.

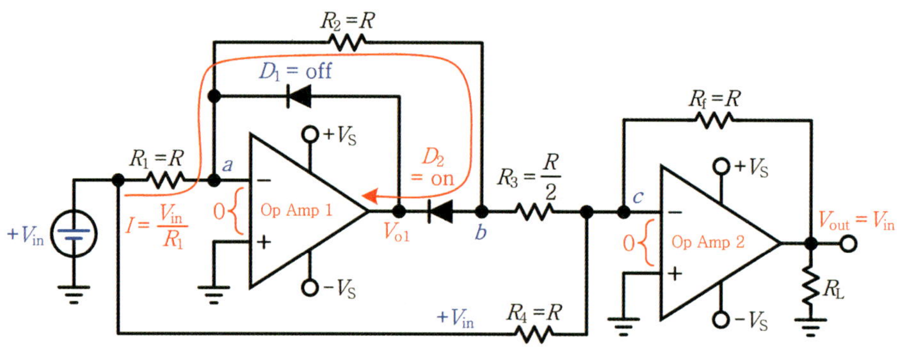

(a) $+V_{in} > 0$의 경우

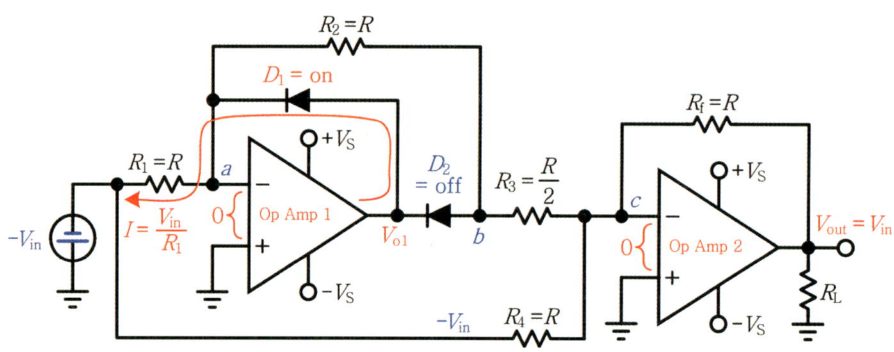

(b) $-V_{in} < 0$의 경우

<그림 4.2.10> 연산증폭기 2개를 사용하는 정밀 전파정류 회로의 동작

❶ 양(+)의 입력전압이 들어오는 경우 ($+V_{in} > 0$)

이 경우에는 <그림 4.2.10>의 (a)처럼 위쪽 경로의 Op Amp 1 회로가 입력전압을 반전시켜서 b점의 전압 V_b를 만들고, Op Amp 2는 이렇게 만들어진 V_b 전압과 입력단에서 아래쪽 경로를 통하여 그대로 전달된 $+V_{in}$ 전압을 더하는 반전 가산증폭기 회로로 동작한다.

먼저, 위쪽 경로에서 Op Amp 1의 비반전 입력단자가 접지되어 있고 두 입력단자 사이의 전압은 항상 0이 되므로 반전 입력단자는 가상 접지가 된다. 따라서, 입력단 저항 R_1에는 다음과 같은 입력전류가 우측 방향으로 흐른다.

$$I = \frac{V_{in} - 0}{R_1} = \frac{V_{in}}{R_1}$$

그런데, 연산증폭기의 반전 입력단자에는 전류가 흐르지 못하며 다이오드 D_1을 통하여 반대 방향으로 전류가 흐르지는 못하므로 이 입력전류는 모두 저항 R_2와 다이오드 D_2를 통하여 Op Amp 1의 출력단자로 흘러 들어가게 된다. 혹시 이 전류가 저항 R_2와 R_3을 통하여 우측으로 흐르지는 않을까 생각할 수 있지만, 시작점인 Op Amp 1의 반전 입력단자(a점)와 끝점인 Op Amp 2의 반전 입력단자(c점)는 모두 가상접지라서 0V이고, 따라서 양쪽의 전위차가 없으므로 그 사이에는 전류가 흐르지 않는다.

전류 I가 저항 R_2를 통하여 흐르면서 b점의 전압은 다음과 같이 된다.

$$V_b = 0 - I \times R_2 = -\frac{V_{in}}{R_1} R_2 = -\frac{V_{in}}{R} R = -V_{in}$$

연산증폭기 Op Amp 1의 출력단자 전압은 b점의 전압보다 다이오드 D_2의 순방향 전압에 해당하는 만큼 낮아지므로 다음과 같이 된다. 따라서, 다이오드 D_1에는 V_{o1}의 크기만큼 역전압이 걸리므로 이 다이오드는 off된다.

$$V_{o1} = V_b - V_F = -V_{in} - 0.7$$

이제 Op Amp 2의 가산증폭기는 다음과 같이 전압 V_b와 $+V_{in}$을 가산 및 증폭하므로 출력전압 V_{out}은 다음과 같이 계산된다.

$$V_{out} = -\frac{R_f}{R_3} V_b - \frac{R_f}{R_4}(+V_{in}) = -\frac{R}{R/2}(-V_{in}) - \frac{R}{R}(+V_{in}) = V_{in}$$

❷ 음(-)의 입력전압이 들어오는 경우 ($-V_{in} < 0$)

이 경우에는 <그림 4.2.10>의 (b)처럼 비반전 입력단자가 접지되어 있고 두 입력단자 사이의 전압은 항상 0이 되므로 반전 입력단자는 가상 접지가 된다. 따라서, 입력단 저항 R_1에는 다음과 같은 입력전류가 좌측 방향으로 흐른다.

$$I = \frac{0 - (-V_{in})}{R_1} = \frac{V_{in}}{R_1}$$

그런데, 이 입력전류는 모두 Op Amp 1의 출력단자에서 시작하여 다이오드 D_1을 통하여 흘러 들어온다. 혹시 이 전류가 저항 R_3과 R_2를 통하여 좌측으로 흐르지는 않을까 생각할 수 있지만, 시작점인 Op Amp 2의 반전 입력단자(c점)와 끝점인 Op Amp 1의 반전 입력단자(a점)는 모두 가상접지라서 0V이고, 따라서 양쪽의 전위차가 없으므로 그 사이에는 전류가 흐르지 않는다. 이와 같이 저항 R_3과 R_2의 양쪽 끝의 전압은 모두 0V이고 그 사이에는 전류가 흐르지 않으므로 b점의 전압도 0V가 된다.

$$V_b = 0$$

그런데, Op Amp 1의 출력전압 V_{o1}은 가상접지에 비하여 다이오드 D_1의 순방향 전압강하만큼 높아지므로 다이오드 D_2는 V_{o1}의 크기만큼 역전압이 걸려서 off된다.

$$V_{o1} = V_F = 0.7$$

이제 Op Amp 2의 가산증폭기는 다음과 같이 전압 V_b와 $-V_{in}$을 가산 및 증폭하므로 출력전압 V_{out}은 다음과 같이 계산된다.

$$V_{out} = -\frac{R_f}{R_3}V_b - \frac{R_f}{R_4}(-V_{in}) = -\frac{R}{R/2}\times 0 - \frac{R}{R}(-V_{in}) = V_{in}$$

이상을 종합하면 <그림 4.2.10>의 전파정류 회로는 +극성의 입력전압이 들어오든지 -극성의 입력전압이 들어오든지 항상 그것의 절대값을 출력하는 동작을 수행하는 것을 알 수 있다. 입력전압으로 삼각파 교류전압을 인가하였을 경우에 이것의 동작 파형과 입출력 특성 곡선을 그려보면 <그림 4.2.11>과 같다. 여기서 보듯이 정류된 출력전압 V_{out}은 다이오드의 순방향 전압강하에 영향을 받지 않는다.

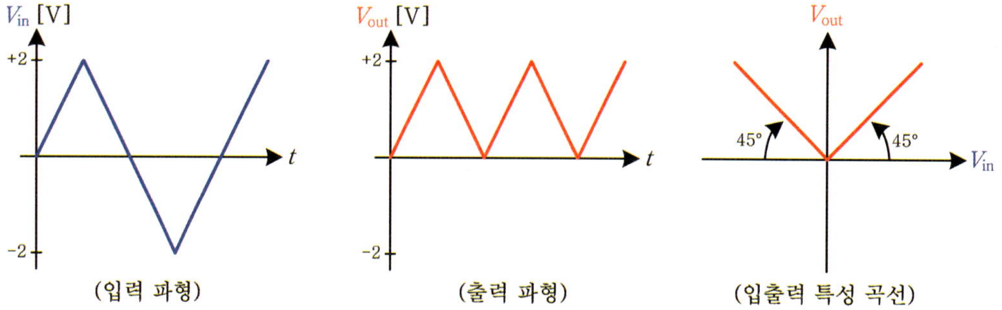

<그림 4.2.11> 연산증폭기 2개를 사용하는 정밀 전파정류 회로의 동작 파형

(2) 동일한 저항값을 사용하는 정밀 전파정류 회로

<그림 4.2.12>에 2개의 연산증폭기, 2개의 다이오드, 그리고 5개의 동일한 저항을 사용하는 전파정류 회로를 보였다. 이 회로도에는 복잡성을 피하기 위하여 굳이 표시하지 않았지만, 오프셋 전류에 의한 출력전압의 오차를 제거하여 좀 더 정밀한 출력을 얻고자 한다면 연산증폭기의 비반전 입력단자에 적절한 오프셋 전류 보상저항을 사용하는 것이 좋다. 이 회로는 우수한 정밀 전파정류 기능을 가지고 있으며 5개의 동일한 저항을 사용한다는 측면에서 좋지만, 역시 앞에서 소개했던 전파정류 회로처럼 회로 전체의 입력 임피던스가 거의 입력단 저항 R_i로 결정되어 상당히 작게 된다는 단점을 갖는다.

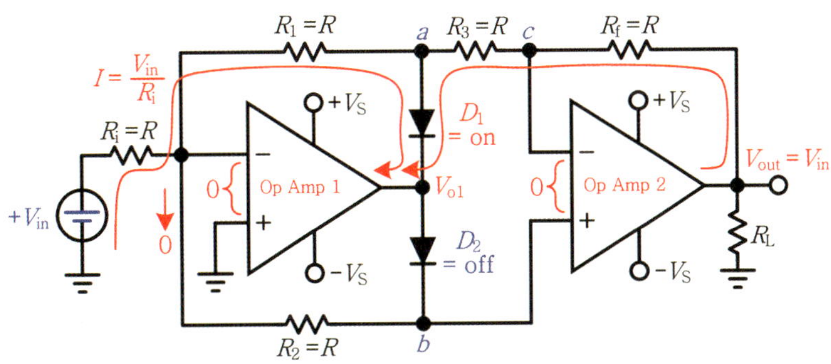

(a) $+V_{in} > 0$의 경우

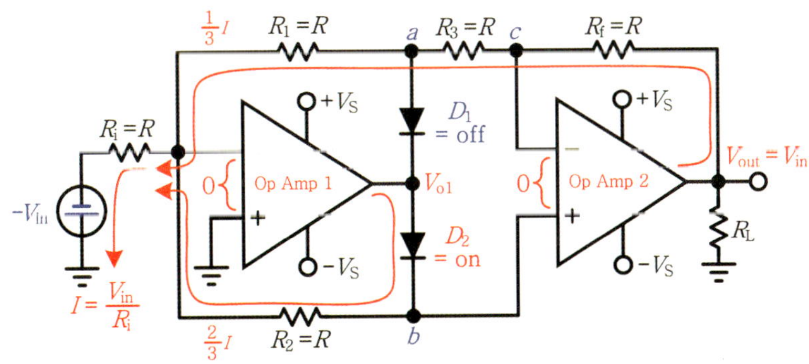

(b) $-V_{in} < 0$의 경우

<그림 4.2.12> 동일한 저항값을 사용하는 정밀 전파정류 회로의 동작

❶ 양(+)의 입력전압이 들어오는 경우 ($+V_{in} > 0$)

이 경우에는 <그림 4.2.12>의 (a)처럼 비반전 입력단자가 접지되어 있고 두 입력단자 사이의 전압은 항상 0이 되므로 반전 입력단자는 가상 접지가 된다. 따라서, 입력단 저항 R_i에는 다음과 같은 입력전류가 우측 방향으로 흐른다.

$$I = \frac{V_{\text{in}} - 0}{R_{\text{i}}} = \frac{V_{\text{in}}}{R_{\text{i}}}$$

그런데, 연산증폭기의 반전 입력단자에는 전류가 흐르지 못하며 다이오드 D_2를 통하여 반대 방향으로 전류가 흐르지는 못하므로 이 입력전류는 모두 저항 R_1과 다이오드 D_1을 통하여 연산증폭기의 출력단자로 흘러 들어가게 된다. 혹시 이 전류가 저항 R_1과 저항 R_3을 통하여 우측으로 흐르지는 않을까 생각할 수 있지만 그렇게는 전류가 흐르지 못한다. 왜냐하면 Op Amp 1의 반전 입력단자는 가상접지라서 0V이고, 여기서 아래쪽으로 저항 R_1을 통해서는 전류가 흐르지 못하므로 b점의 전압도 0V이며, Op Amp 2의 두 입력단자 사이의 전압은 0이므로 c점의 전압도 0V가 된다. 따라서, 출발점인 Op Amp 1의 반전 입력단자와 도착점인 c점은 모두 접지인 0V라서 양쪽의 전위차가 없으므로 그 사이에는 전류가 흐르지 않는다.

전류 I가 저항 R_1을 통하여 흐르면서 a점의 전압은 다음과 같이 된다.

$$V_{\text{a}} = 0 - I \times R_1 = -\frac{V_{\text{in}}}{R_{\text{i}}} R_1 = -\frac{V_{\text{in}}}{R} R = -V_{\text{in}}$$

연산증폭기 Op Amp 1의 출력단자 전압 V_{o1}은 a점의 전압보다 다이오드 D_1의 순방향 전압강하에 해당하는 만큼 낮아지므로 다음과 같이 된다. 따라서, 다이오드 D_2에는 V_{o1}의 크기만큼 역전압이 걸리므로 이 다이오드는 off된다.

$$V_{\text{o1}} = V_{\text{a}} - V_{\text{F}} = -V_{\text{in}} - 0.7$$

그런데, 우측의 c점 전압은 0V이므로 c점에서 a점으로 저항 R_3을 통하여 다음과 같이 전류가 흐르는데 이 전류의 크기도 I와 같게 된다.

$$\frac{V_{\text{c}} - V_{\text{a}}}{R_3} = \frac{0 - (-V_{\text{in}})}{R_3} = \frac{V_{\text{in}}}{R_3} = I = \frac{V_{\text{in}}}{R_{\text{i}}}$$

이 전류는 모두 Op Amp 2의 출력단자에서 피드백 저항 R_{f}를 통하여 c점으로 흘러 들어오므로 출력전압 V_{out}은 다음과 같이 계산된다.

$$V_{\text{out}} = 0 + I \times R_{\text{f}} = \frac{V_{\text{in}}}{R_3} R_{\text{f}} = \frac{V_{\text{in}}}{R} R = V_{\text{in}}$$

❷ 음(-)의 입력전압이 들어오는 경우 ($-V_{in} < 0$)

이 경우에는 <그림 4.2.12>의 (b)처럼 비반전 입력단자가 접지되어 있고 두 입력단자 사이의 전압은 항상 0이 되므로 반전 입력단자는 가상 접지가 된다. 따라서, 입력단 저항 R_i에는 다음과 같은 입력전류가 좌측 방향으로 흐른다.

$$I = \frac{0-(-V_{in})}{R_i} = \frac{V_{in}}{R_i}$$

그런데, 이 입력전류는 우측에서 2가지 경로를 통하여 흘러들어오는데, 하나는 Op Amp 2의 출력단자에서 시작하여 저항 R_f, R_3, R_1을 차례로 거쳐서 흘러들어오는 경로이고, 또 하나는 Op Amp 1의 출력단자에서 시작하여 다이오드 D_2와 저항 R_2를 거쳐서 흘러 들어오는 경로이다. 이 부분을 저항 등가회로로 그려보면 <그림 4.2.13>처럼 병렬저항 회로가 되어 위쪽의 경로는 저항값이 $2R$이므로 입력전류 I의 1/3이 흐르고, 아래쪽의 경로는 저항값이 R이므로 입력전류 I의 2/3가 흐른다. 점 b와 점 c는 가상적으로 연결된 점이라서 서로 전위는 같지만 그 사이에 전류가 흐르지는 못한다는 점에 유의해야 한다. 따라서, 그 뒤에 있는 저항 R_f에는 위쪽 경로의 전류가 흐른다.

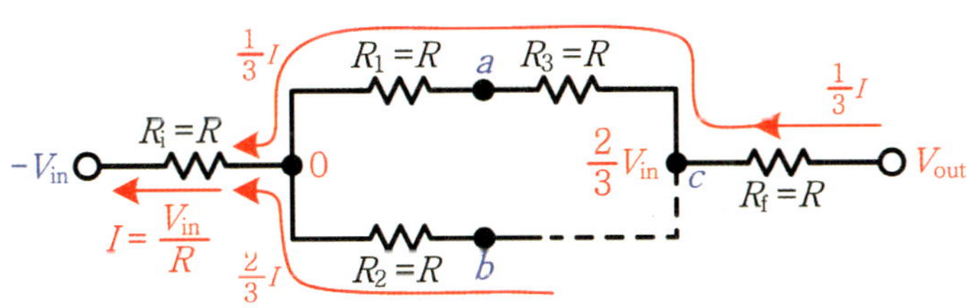

<그림 4.2.13> 앞 그림 (b)의 저항 등가회로

그런데, a점의 전압 V_a와 Op Amp 1의 출력전압 V_{o1}은 각각 다음과 같이 계산되므로 다이오드 D_1에는 역전압이 걸려서 off된다.

$$V_a = 0 + \frac{1}{3} I \times R_1 = \frac{1}{3}\frac{V_{in}}{R_i} R_1 = \frac{1}{3} V_{in}$$

$$V_{o1} = V_b + 0.7 = \frac{2}{3} I \times R_2 + 0.7 = \frac{2}{3}\frac{V_{in}}{R_i} R_2 + 0.7 = \frac{2}{3} V_{in} + 0.7$$

또한, 여기서 c점의 전압은 b점의 전압과 같아서 다음과 같이 계산할 수 있다.

$$V_c = V_b = \frac{2}{3} I \times R_2 = \frac{2}{3} \frac{V_{in}}{R_i} R_2 = \frac{2}{3} \frac{V_{in}}{R} R = \frac{2}{3} V_{in}$$

따라서, 출력전압 V_{out}은 다음과 같이 계산할 수 있다.

$$V_{out} = V_c + \frac{1}{3} I \times R_f = \frac{2}{3} V_{in} + \frac{1}{3} \frac{V_{in}}{R_i} R_f = \frac{2}{3} V_{in} + \frac{1}{3} \frac{V_{in}}{R} R = V_{in}$$

이상을 종합하면 <그림 4.2.12>의 전파정류 회로는 +극성의 입력전압이 들어오든지 -극성의 입력전압이 들어오든지 항상 그것의 절대값을 출력하는 동작을 수행하는 것을 알 수 있다. 입력전압으로 삼각파 교류전압을 인가하였을 경우에 이것의 동작 파형과 입출력 특성 곡선을 그려보면 <그림 4.2.14>와 같다. 여기서 보듯이 정류된 출력전압 V_{out}은 다이오드의 순방향 전압강하에 영향을 받지 않는다.

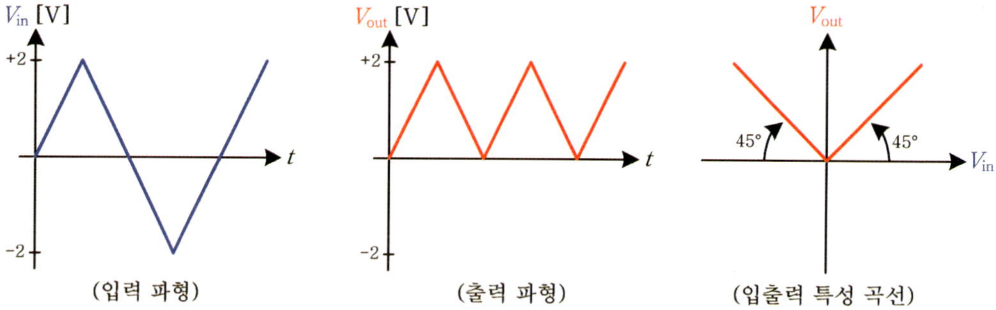

<그림 4.2.14> 동일한 저항값을 사용하는 정밀 전파정류 회로의 동작 파형

(3) 입력 임피던스가 매우 큰 정밀 전파정류 회로

이번에는 <그림 4.2.15>에 2개의 연산증폭기, 2개의 다이오드, 그리고 4개의 저항을 사용하는 전파정류 회로를 보였다. 이 회로도에는 복잡성을 피하기 위하여 굳이 표시하지 않았지만, 오프셋 전류에 의한 출력전압의 오차를 제거하여 좀 더 정밀한 출력을 얻고자 한다면 연산증폭기의 비반전 입력단자에 적절한 오프셋 전류 보상저항을 사용하는 것이 좋다. 이 회로는 우수한 정밀 전파정류 기능을 가지고 있으며, 회로 전체의 입력 임피던스가 거의 무한대로 크다는 것이 장점이다.

❶ 양(+)의 입력전압이 들어오는 경우 ($+V_{in} > 0$)

이 경우에는 <그림 4.2.15>의 (a)처럼 Op Amp 1에서 두 입력단자 사이의 전압은 항상 0이 되므로 반전 입력단자인 a점의 전압도 $+V_{in}$이 된다. 따라서, 입력단 저항 R_1에는 다음과 같은 입력전류가 좌측 방향으로 흐른다.

$$I = \frac{V_{in} - 0}{R_1} = \frac{V_{in}}{R_1}$$

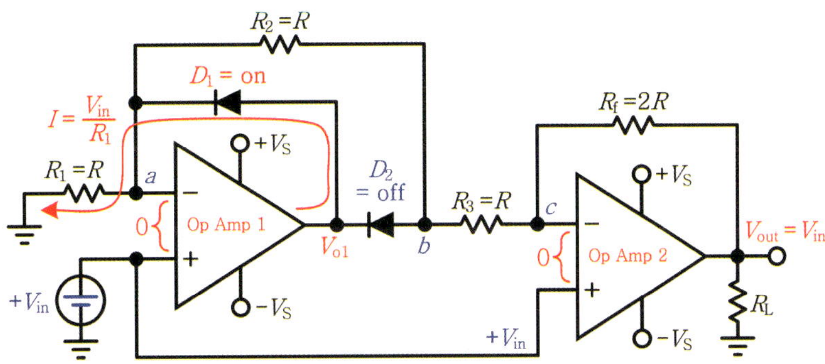

(a) $+V_{in} > 0$의 경우

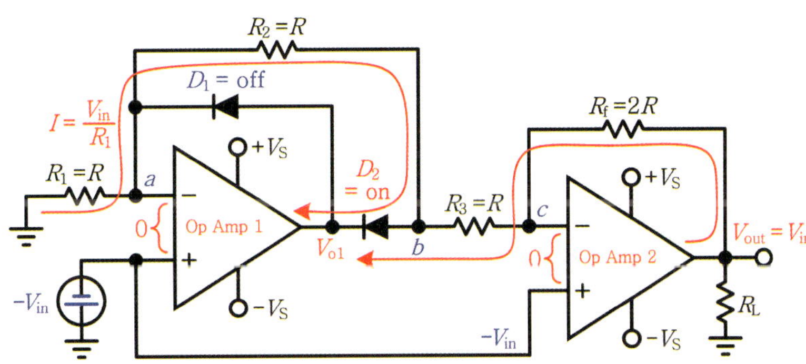

(b) $-V_{in} < 0$의 경우

<그림 4.2.15> 입력 임피던스가 매우 큰 정밀 선파정류 회로의 농삭

그런데, 이 입력전류는 모두 Op Amp 1의 출력단자에서 시작하여 다이오드 D_1을 통하여 흘러 들어온다. 혹시 이 전류가 저항 R_3과 R_2를 통하여 좌측으로 흐르지는 않을까 생각할 수 있지만, 시작점인 Op Amp 2의 반전 입력단자(c점)와 끝점인 Op Amp 1의 반전 입력단자(a점)의 전압이 $+V_{in}$으로 같아서 양쪽의 전위차가 없으므로 그 사이에는 전류가 흐르지 않는다. 이와 같이 저항 R_3과 R_2의 양쪽 끝의 전압이 $+V_{in}$으로 같고 그 사이에는 전류가 흐르지 않으므로 그 중간에 있는 b점의 전압도 $+V_{in}$이 된다.

$$V_b = V_{in}$$

Op Amp 1의 출력전압 V_{o1}은 반전 입력단자의 전압보다 다이오드 D_1의 순방향 전압강하 만큼 높아지므로 다이오드 D_2에는 0.7V의 역전압이 걸려서 off된다.

$$V_{o1} = V_{in} + V_F = V_{in} + 0.7$$

여기서, c점에 키르히호프의 전류 법칙을 적용하면 저항 R_3에 전류가 흐르지 않으므로 저항 R_f에도 전류가 흐르지 않게 되고, 따라서 Op Amp 2의 회로는 전압 폴로워처럼 동작하여 비반전 입력단자의 입력전압 $+V_{in}$이 그대로 출력전압 V_{out}에 나타나게 된다.

$$V_{out} = V_{in}$$

❷ 음(-)의 입력전압이 들어오는 경우 ($-V_{in} < 0$)

이 경우에는 <그림 4.2.15>의 (b)처럼 Op Amp 1의 두 입력단자 사이의 전압은 항상 0이 되므로 반전 입력단자의 전압도 $-V_{in}$이 된다. 따라서, 입력단 저항 R_1에는 다음과 같은 입력전류가 우측 방향으로 흐른다.

$$I = \frac{0-(-V_{in})}{R_1} = \frac{V_{in}}{R_1}$$

그런데, 연산증폭기의 반전 입력단자에는 전류가 흐르지 못하며 다이오드 D_1을 통하여 반대 방향으로 전류가 흐르지는 못하므로 이 입력전류는 모두 저항 R_2와 다이오드 D_2를 통하여 Op Amp 1의 출력단자로 흘러 들어가게 된다. 혹시 이 전류가 저항 R_2와 R_3을 통하여 우측으로 흐르지는 않을까 생각할 수 있지만, 시작점인 Op Amp 1의 반전 입력단자(a점)와 끝점인 Op Amp 2의 반전 입력단자(c점)의 전압이 $-V_{in}$으로 같아서 양쪽의 전위차가 없으므로 그 사이에는 전류가 흐르지 않는다.

전류 I가 저항 R_2를 통하여 흐르면서 b점의 전압과 Op Amp 1의 출력단자 전압 V_{o1}은 다음과 같이 계산된다. 따라서, 다이오드 D_1에는 역전압이 걸리므로 이 다이오드는 off된다.

$$V_b = -V_{in} - I \times R_2 = -V_{in} - \frac{V_{in}}{R_1}R_2 = -V_{in} - \frac{V_{in}}{R}R = -2V_{in}$$

$$V_{o1} = V_b - V_F = -2V_{in} - 0.7$$

여기서, c점의 전압은 $-V_{in}$으로서 b점의 전압보다 높기 때문에 c점에서 저항 R_3과 다이오드 D_2를 통하여 다음과 같이 전류가 흐르는데 이 전류의 크기도 I와 같게 된다.

$$\frac{V_c - V_b}{R_3} = \frac{(-V_{in}) - (-2V_{in})}{R_3} = \frac{V_{in}}{R_3} = I = \frac{V_{in}}{R_1}$$

따라서, 출력전압 V_{out}은 다음과 같이 계산된다.

$$V_{out} = V_c + I \times R_f = -V_{in} + \frac{V_{in}}{R_3} R_f = -V_{in} + \frac{V_{in}}{R} \times 2R = V_{in}$$

이상을 종합하면 <그림 4.2.15>의 전파정류 회로는 +극성의 입력전압이 들어오든지 -극성의 입력전압이 들어오든지 항상 그것의 절대값을 출력하는 동작을 수행하는 것을 알 수 있다. 입력전압으로 삼각파 교류전압을 인가하였을 경우에 이것의 동작 파형과 입출력 특성 곡선을 그려보면 <그림 4.2.16>과 같다. 여기서 보듯이 정류된 출력전압 V_{out}은 다이오드의 순방향 전압강하에 영향을 받지 않는다.

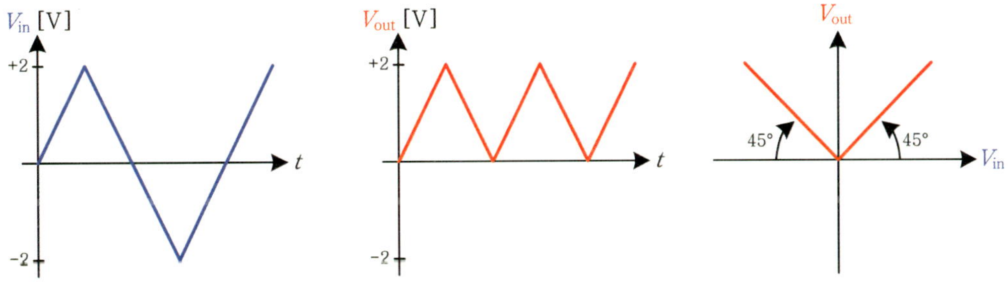

<그림 4.2.16> 입력 임피던스가 매우 큰 정밀 전파정류 회로의 동작 파형

3. 교류 전압의 MAV 출력 회로

우리가 직류전압이나 직류전류의 크기를 디지털값으로 변환하여 측정하는 것은 매우 쉽다. 직류 신호는 극성이 변하지 않고 짧은 순간에는 크기도 그다지 빠르게 변하지 않는 속성을 가지고 있으므로 A/D 컨버터를 사용하여 임의의 원하는 순간에 그것의 값을 측정하면 되기 때문이다.

그러나, 교류전압이나 교류전류와 같은 교류 신호들의 크기를 측정하는 것은 그렇게 간단한 일이 아니다. 교류 신호는 순간순간마다 그 크기와 극성이 계속하여 변하기 때문에 이를 A/D 컨버터로 측정하여 읽으면 그것은 그 측정 순간의 순시값일 뿐이기 때문이다. 사실 직류는 그 크기를 표현하는 방법이 1가지뿐이지만, 교류에서는 그 크기를 표현하는 방법이 순시값, 피크값, 평균값, 실효값 등 여러가지가 있으므로 교류 신호를 측정하고자 하면 자신이 지금 측정하려는 값이 뭔지부터 정확하게 알아야 한다. 이를 결정하지 않고 그냥 무턱대고 교류전압을 측정하겠다고 한다면 그것은 공학적으로 너무나도 무지한 것이다.

일반적으로 교류전압 또는 교류전류를 측정할 때 우리가 가장 널리 사용하는 것은 실효값(root-mean-square value)이다. 예를 들어서 다음과 같은 정현파 교류전압이 있다고 하자. 여기서 $v(t)$는 시간 t일 때의 순시값(instantaneous value)이며, 정현파의 진폭에 해당하는 V_m은 피크값(peak value) 또는 최대값(maximum value)이라고 한다.

$$v(t) = V_m \sin\omega t$$

이러한 정현파 교류전압의 실효값(rms value)은 직류전압과 동일한 크기의 전기적 효과를 낼 수 있는 교류전압이라는 의미로서 다음과 같이 계산된다. 여기서, T는 이 교류 정현파의 주기를 나타낸다. 이름에서도 알 수 있듯이 실효값은 교류 신호를 제곱(square)하여 평균(mean)하고 이를 다시 제곱근(root)으로 계산한 것이다.

$$V_{rms} = \sqrt{\frac{1}{T}\int_0^T v^2(t)dt} = \sqrt{\frac{1}{T}\int_0^T V_m^2 \sin^2\omega t\, dt} = \sqrt{\frac{1}{2\pi}\int_0^{2\pi} V_m^2 \sin^2\omega t\, d(\omega t)} = \frac{1}{\sqrt{2}}V_m$$

그러나, 주기적인 대칭 정현파 전압이라면 산술적인 평균값(average value)은 양극성의 반주기 부분과 음극성의 반주기 부분이 서로 상쇄되어 다음과 같이 0이 된다.

$$V_{aver} = \frac{1}{T}\int_0^T v(t)dt = \frac{1}{T}\int_0^T V_m \sin\omega t\, dt = \frac{1}{2\pi}\int_0^{2\pi} V_m \sin\omega t\, d(\omega t) = 0$$

그래서, 전기공학에서는 교류전압이나 교류전류의 평균값을 이처럼 단순하게 산술 평균한 값이 아니라 다음과 같이 MAV(mean absolute value)값으로 정의한다. 즉, 교류전압을 1주기동안 그냥 적분하는 것이 아니라 이를 정밀 전파정류한 것처럼 절대값(absolute value)을 취하여 그것을 1주기 동안 적분하여 평균(mean)을 취하는 것이다.

$$V_{MAV} = \frac{1}{T}\int_0^T |v(t)|dt = \frac{1}{T}\int_0^T |V_m \sin\omega t|dt = \frac{1}{2\pi}\int_0^{2\pi} |V_m \sin\omega t|\, d(\omega t) = \frac{2}{\pi}V_m$$

대표적인 몇가지의 주기적인 교류전압 파형으로서 구형파(square wave or rectangular wave), 삼각파(triangle wave or triangular wave), 정현파(sinusoidal wave) 신호를 단순 산술 평균하였을 경우와 MAV값을 구하였을 경우를 비교하여 보이면 <그림 4.2.17>과 같다. 여기서 보듯이 구형파의 경우는 절대값이 그대로 MAV값으로 되고, 삼각파의 경우에는 최대값인 V_m의 1/2 크기에 해당하는 값이 평균으로 되어 MAV값이 되며, 정현파의 경우에는 최대값인 V_m의 $2/\pi$ 크기에 해당하는 값이 평균으로 되어 MAV값이 된다.

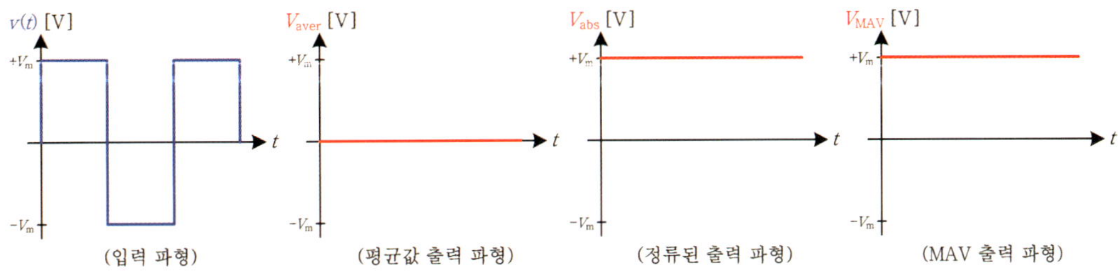

(a) 구형파의 경우

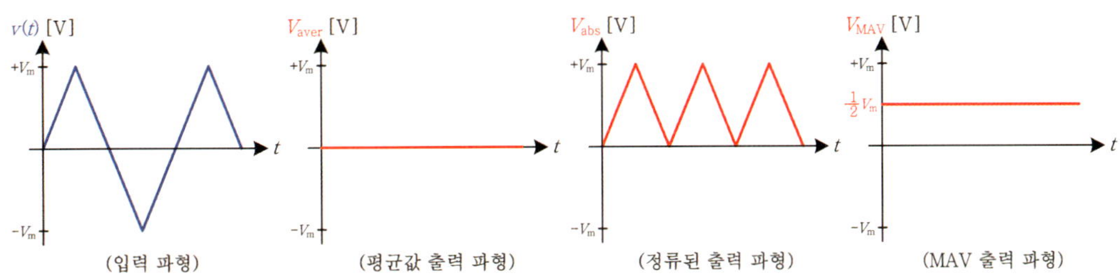

(b) 삼각파의 경우

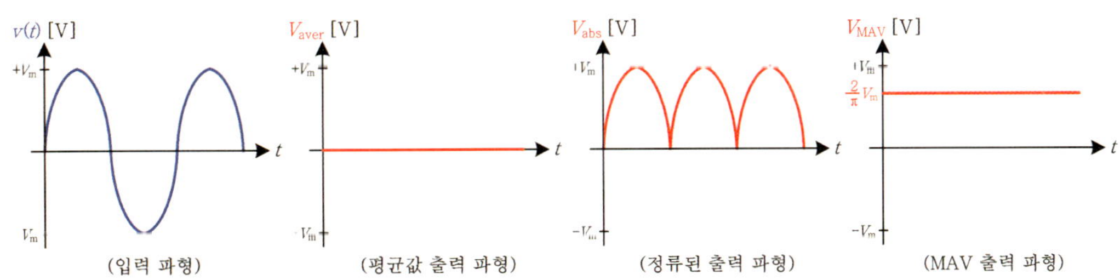

(c) 정현파의 경우

<그림 4.2.17> 구형파, 삼각파, 정현파 교류전압에 대한 MAV 출력 파형

그렇다면 과연 이러한 MAV값은 어디에 사용할 수 있을까? 이것은 교류전압을 정밀 전파정류한 후에 이를 평활하는 방법으로 쉽게 얻을 수 있으며, 이것이 완전한 직류전압의 형태라는 것이 중요하다. 이것이 직류전압이기 때문에 언제든지 원하는 순간에 A/D 컨버터를 사용하여 이를 디지털값으로 읽을 수 있게 되는 것이다.

그러나, 정현파 교류전압에서 우리가 일반적으로 측정하고자 하는 것은 MAV값이 아니라 실효값이라고 위에서 설명하였다. 이 실효값도 당연히 직류전압의 형태이기는 하지만, 이것의 파형을 직접적으로 얻기는 매우 어렵기 때문에 다른 방법을 사용하여 간접적으로 측정해야 한다. 즉, 직류 파형으로 쉽게 얻을 수 있는 MAV값을 A/D 컨버터로 측정한 후에 $\pi/2$를 곱하여 최대값 V_m을 얻고 여기에 다시 $1/\sqrt{2}$을 곱하면 실효값이 되는 것이다.

교류전압의 MAV값을 얻는 회로는 앞에서 공부했던 <그림 4.2.10>의 정밀 전파정류 회로에 출력 파형의 평활을 위한 커패시터 1개를 추가하여 만든다. 이를 <그림 4.2.18>에 보였다. 여기서, 여기서 저항 R_{c1}과 R_{c2}는 오프셋 전류 보상저항이며, 평활용 커패시터 C_1에는 1~10μF 정도를 사용하면 된다. 커패시터 C_1의 정전용량을 크게 하면 전파정류된 절대값 파형의 리플이 더 많이 제거되어 좋지만 입력전압의 크기 변동에 대한 출력전압의 응답속도가 느려지는 단점이 있고, 반대로 커패시터 C_1의 정전용량을 작게 하면 전파정류된 절대값 파형의 리플을 제거하는 성능은 나빠지게 되지만 입력전압의 크기 변동에 대한 출력전압의 응답속도가 빨라지게 된다. 이 평활회로의 응답속도를 나타내는 시정수는 $\tau = R_f C_1$으로 나타내게 되는데, 이 값은 절대값 파형의 수십 주기 정도가 되도록 설계하는 것이 좋다.

만약, 이 회로에서 Op Amp 2의 피드백 저항 R_f를 더 크게 변경하면 출력전압의 증폭도 가능하다. 또한, 이 회로의 입력 임피던스가 입력단 저항 2개의 병렬값인 $R_1 // R_4$ 정도로 너무 작아서 문제가 된다면 이를 무한대로 크게 만들기 위하여 입력전압 신호 $v_{in}(t)$와 이 회로의 사이에 전압 폴로워(voltage follower) 회로를 사용하는 것이 좋다.

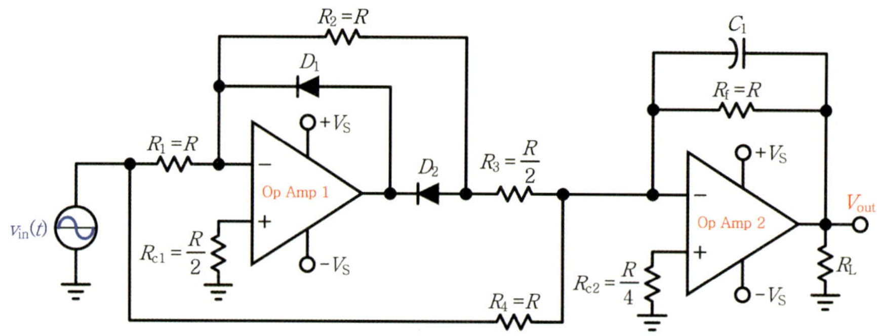

<그림 4.2.18> 정현파 교류 전압의 MAV값을 얻기 위한 회로

위에서 우리는 교류전압의 실효값을 구하기 위하여 먼저 <그림 4.2.18>의 회로를 사용하여 MAV값을 만들고, 이를 A/D 컨버터를 사용하여 디지털 데이터로 측정한 후에 다시 소프트웨어 연산을 이용하여 이로부터 간접적으로 실효값을 구하는 방법으로 소개하였다. 그러나, 전통적인 아날로그 반도체 제조사들은 교류전압을 입력하면 곧바로 직류전압 형태의 실효값을 출력하는 전용의 IC 소자를 개발하여 제공해 왔다. 이러한 소자의 예로는 Analog Devices사의 AD536A, AD636/637, AD736/737, AD8436, LTC1966/1967/1968 등이 있다.

4.3 발진기 회로

이 절에서는 연산증폭기를 사용하여 구성하는 발진기 회로를 공부하고, 몇가지의 발진기 전용 IC의 기능과 응용 회로를 소개한다. 예전의 아날로그 시대에는 발진기가 상당히 널리 사용되어 중요하였으나, 오늘날의 디지털 시대에는 아날로그 회로가 디지털 시스템의 부속물 정도로 여겨지고 있으며, 어떤 종류의 주파수 신호가 필요하더라도 이를 디지털 시스템에서 처리하는 경우가 많기 때문에 상대적으로 아날로그 발진기 회로의 중요성은 훨씬 낮아졌다고 볼 수 있다. 따라서, 연산증폭기를 증폭기나 비교기의 용도로 주로 사용하는 독자들이라면 이번 제4.3절의 내용은 생략하고 그냥 지나가도 무방할 것이다.

1. 여러가지 발진기 회로

외부에서 인가되는 입력신호가 없이 스스로 주기적으로 크기(경우에 따라서는 극성까지)가 변동하는 출력신호를 발생시키는 회로를 발진기 회로(oscillator circuit)라고 한다. 발진기는 발진하는 원리에 따라 크게 RC(resistor/capacitor) 발진기와 LC(inductor/capacitor) 발진기로 나눌 수 있는데, RC 발진기에는 윈 브리지(Wien bridge) 발진기, 위상 천이 발진기, Twin-T 발진기, 타이머 IC를 사용한 발진기 등이 있으며, LC 발진기에는 콜피츠(Colpitts) 발진기, 하틀리(Hartley) 발진기, 암스트롱(Armstrong) 발진기, 수정(crystal) 발진기 등이 있다. 또한, 발진기는 출력 파형에 따라 정현파 발진기, 구형파 발진기, 삼각파 발진기, 톱니파 발진기, 펄스파 발진기 등으로 나눌 수 있다.

RC 발진기는 기본적으로 전류가 저항을 통하여 흐르면서 천천히 커패시터에 충전과 방전을 반복하는 원리로 주기적인 파형을 만들어 발진하게 된다. 따라서, 여기서는 저항값을 바꾸어 흐르는 전류의 크기를 다르게 하거나, 커패시터의 정전용량을 바꾸어 충전이나 방전되는 전하량을 다르게 하면 발진 주파수를 변경시킬 수 있다. RC 발진기는 수 MHz 이하의 낮은 주파수 영역의 발진기 회로에 주로 사용되며, 저가격으로 구현할 수 있다는 장점이 있으나 온도에 따라 저항값이나 정전용량값이 변하기 때문에 발진 주파수의 안정성이 떨어지는 단점이 있다.

이에 비하여 LC 발진기는 기본적으로 인덕터와 커패시터에서의 전류 공진을 이용하므로 좀 더 높은 주파수 영역의 발진기 회로에 사용된다. RC 발진기에서는 소자값을 변경하면 발진 주파수도 이에 반비례하여 선형적으로 변하므로 주파수 변경 폭이 넓지만, LC 발진기에서는 소자값을 변경하면 발진 주파수는 소자값의 제곱근에 반비례하여 비선형적으로 변하므로 주파수를 변경할 수 있는 폭이 상대적으로 더 좁게 된다.

연산증폭기를 이용한 발진기 회로에서는 기본적으로 출력의 정궤환(positive feedback)을 이용한다. 증폭기를 비롯한 대부분의 연산증폭기 회로에서는 부궤환(negative feedback)을 사용하는데, 정궤환을 사용하는 연산증폭기 회로는 비교기 회로에서 히스테리시스 기능을 부여하는 부분과 발진기 회로의 2가지뿐이라고 보면 된다.

발진기의 위상 조건은 정궤환을 사용하는 경우 입력신호와 궤환되는 신호의 위상차가 0°로서 동일한 위상의 신호를 궤환시켜야 한다는 것이며, 부궤환을 사용하는 경우에는 입력신호와 궤환되는 신호의 위상차가 180°로서 반대되는 위상의 신호를 궤환시켜야 한다는 것이다. 위상차가 180°인 반대의 신호를 부궤환하는 경우는 부궤환 이후의 증폭기에서 신호가 다시 반전되어 추가적으로 위상이 180° 바뀌므로 위상차가 0°가 되어 사실상 정궤환을 수행하는 것과 같은 효과가 있기 때문에 발진이 가능해지는 것이다.

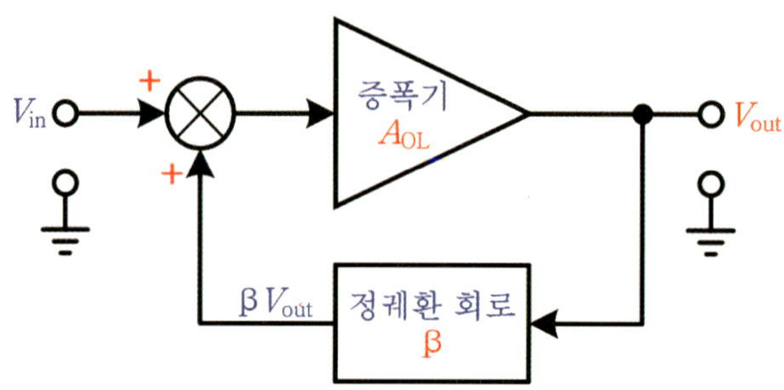

<그림 4.3.1> 정궤환에 의한 발진기의 원리

정궤환 증폭기에 의한 발진 회로의 원리를 좀 더 살펴보기 위하여 <그림 4.3.1>을 보였다. 이러한 정궤환 시스템에서 폐루프 전압이득을 구해보면 다음과 같다.

$$V_{out} = (V_{in} + \beta V_{out})A_{OL} = A_{OL}V_{in} + \beta A_{OL}V_{out}$$

$$\therefore\ A_{CL} = \frac{V_{out}}{V_{in}} = \frac{A_{OL}}{1-\beta A_{OL}}$$

이처럼 폐루프 전압이득을 나타내는 식에서 $\beta A_{OL} = 1$이 되면 이 폐루프 전압이득이 무한대로 커서 입력전압이 $V_{in} = 0$이더라도 출력이 만들어지고 결국 출력신호가 발진하게 되는데 이를 바크하우젠(Barkhausen)의 발진 조건이라고 한다. 여기서 βA_{OL}을 루프 이득이라고 하며, 발진이 이루어지려면 ① 바크하우젠의 발진 조건처럼 루프 이득의 크기는 1이 되어야 하고, ② 이것의 위상각은 0°로 되어야 한다. 위에서도 설명하였듯이 만약 정궤환이 아니고 부궤환을 사용한다면 루프 이득의 크기가 1이고 위상각이 180°일 경우 정궤환과 마찬가지의 효과를 가지므로 역시 발진이 이루어진다.

대부분의 경우 이와 같은 루프 이득의 조건을 만족하면서 출력전압이 입력측으로 궤환되는 신호의 주파수는 1개뿐이므로 이러한 원리로 발진되는 출력전압은 정현파가 된다. 그러나, 만약 기본파에 어떤 고조파가 포함되어 2개 이상의 주파수가 피드백되어 발진한다면 출력전압의 파형은 완전한 정현파가 되지 않는다. 만약, 궤환 회로에 주파수 특성을 갖는 커패시터나 인덕터가 포함되면 어떤 특정한 주파수에 대해서만 루프 이득이 1로 되기 때문에 정현파 발진이 수행된다. 대부분의 RC 발진기나 LC 발진기에서는 이러한 원리로 정현파 발진이 이루어진다.

(1) 윈 브리지 발진기 회로

이것은 1891년에 독일의 물리학자인 Max Karl Werner Wien이 개발한 윈 브리지 회로를 이용하여 만든 정현파 RC 발진 회로이다. 이것의 기본 회로는 <그림 4.3.2>에 보인 것처럼 연산증폭기 1개에 4개의 저항과 2개의 커패시터를 사용하여 구성되며, $R_1 = R_2 = R$ 및 $C_1 = C_2 = C$로 유지되는 조건에서 발진 주파수는 다음과 같이 표시된다. 그리고, 안정적인 발진이 유지되려면 $R_3 = 2R_4$의 조건으로 설계하는 것이 좋다.

$$f = \frac{1}{2\pi RC} \text{ [Hz]}$$

이 발진기는 5Hz~1MHz 정도의 넓은 범위에서 주파수를 발생할 수 있다는 장점이 있지만, 주파수를 가변하기 위해서는 2개의 저항 R_1 및 R_2를 연동시켜 동일한 값이 유지되도록 동시에 변화시키거나 또는 2개의 커패시터 C_1 및 C_2를 연동시켜 동일한 값이 유지되도록 동시에 변화시켜야 한다는 불편이 있다.

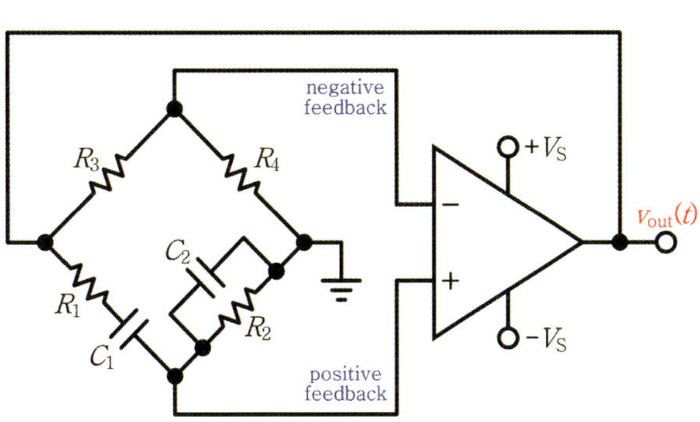

(a) 기본 회로

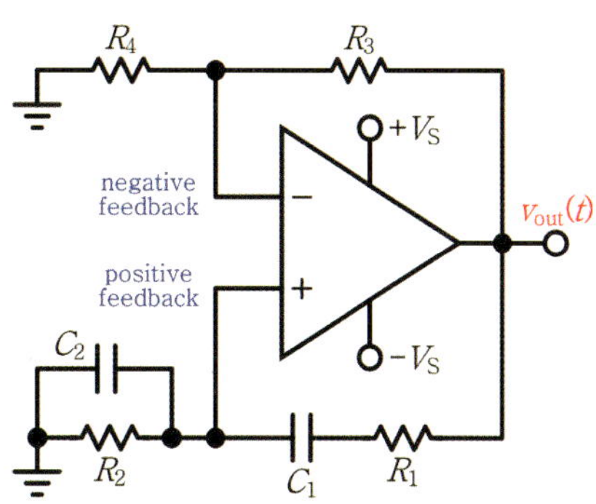

(b) 알기 쉽게 다시 그린 회로

<그림 4.3.2> 윈 브리지 발진기 회로

(2) 위상 천이 발진기 회로

위상 천이 발진기(phase-shift oscillator)는 위상이 늦어지도록 하는(lag) RC 회로를 3단으로 연결하거나 또는 위상이 앞서도록 하는(lead) CR 회로를 3단으로 연결하는 방법으로 180°의 위상차가 발생하는 부궤환 회로를 구성하여 발진하는 방법이다. 위상을 시프트하여 궤환시키므로 이를 이상(移相) 발진기라고 부르기도 한다.

위상 천이 발진기 회로는 <그림 4.3.3>의 (a)처럼 lag형이 있고, (b)와 같은 lead형도 있다. lag형에서는 1개의 RC 회로가 소자값에 따라 0°~-90°의 범위에서 위상을 지연시키는 작용을 수행하므로 이를 3단으로 연결하면 -180°의 위상차를 발생할 수 있다. 반대로 lead형에서는 1개의 CR 회로가 소자값에 따라 0°~90°의 범위에서 위상을 앞당기는 작용을 수행하므로 이를 3단으로 연결하면 +180°의 위상차를 발생할 수 있다. ±180°의 위상차를 만들기 위하여 드물게 RC 회로나 CR 회로를 4단으로 구성하는 경우도 있다.

위상 천이 발진기의 발진 주파수는 다음과 같은데, 이 발진기는 회로 구성이 단순하여 좋지만, 넓은 범위에서 주파수를 가변하기 어렵다는 것이 단점이다.

$$f = \frac{1}{2\pi\sqrt{6}\,RC}\,[\text{Hz}]$$

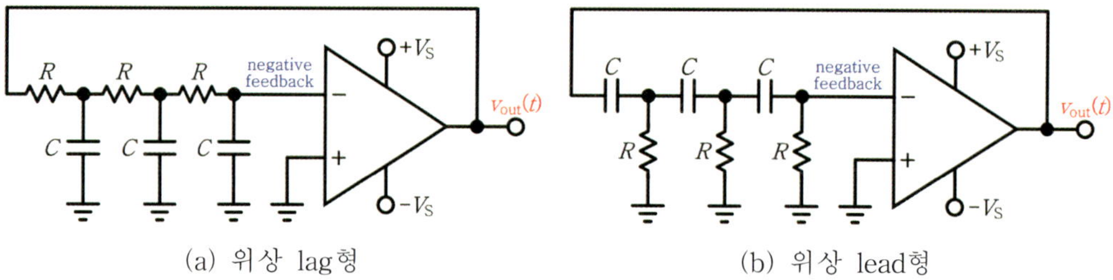

<그림 4.3.3> 위상 천이 발진기 회로

(3) 직각 발진기 회로

직각 발진기(quadrature oscillator)는 서로 90°의 위상차를 갖는 사인파(sine wave)와 코사인파(cosine wave)의 2개 정현파를 발진하므로 이런 이름으로 불리게 되었으며, 같은 이유로 2상 발진기(two-phase oscillator)라고도 한다. 이것은 넓은 의미에서 보면 위상 천이 발진기에 해당하는 것이며, <그림 4.3.4>처럼 2개의 연산증폭기를 사용하는데, 여기서 Op Amp 1은 비반전 적분기의 역할을 수행하고 Op Amp 2는 반전 적분기의 역할을 수행한다. 비반전 적분기는 출력전압의 위상을 -90°로 늦어지게 만들며, 반전 적분기는 적분하여 위상이 -90°로 늦어진 것을 다시 반전시켜 출력하므로 -180°가 더 늦어져서 결과적으로 출력전압의 위상이 총 -270°가 늦어지게 만든다.

<그림 4.3.4>의 회로에서 R_{CC}는 오프셋 전류 보상저항이며, 이 직각 발진기의 출력 주파수는 다음과 같이 계산된다.

$$f = \frac{1}{2\pi\sqrt{R_1R_2C_1C_2}}\ [\text{Hz}]$$

그러나, 만약 저항과 커패시터를 $R_1 = R_2 = R$ 및 $C_1 = C_2 = C$로 사용하였다면 출력 주파수는 다음과 같이 간단하게 표현된다.

$$f = \frac{1}{2\pi RC}\ [\text{Hz}]$$

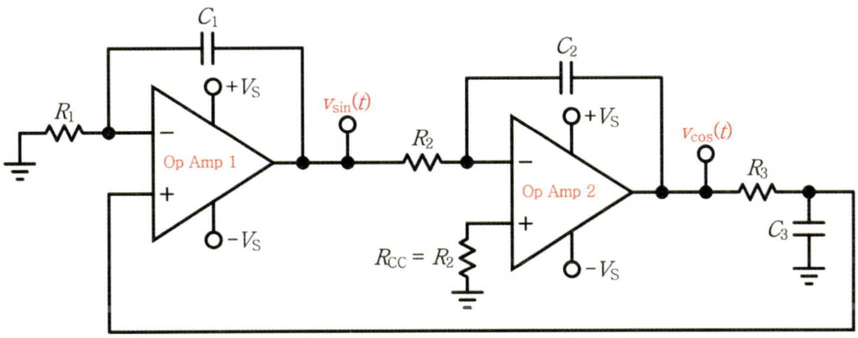

<그림 4.3.4> 직각 발진기 회로

(4) twin-T 발진기 회로

twin-T 발진기는 <그림 4.3.5>에 보인 것처럼 2개의 저항 R_1 및 R_2로 출력전압을 분압하여 정궤환시키고, 2개의 T형 노치 필터(notch filter)를 사용하여 180°만큼 출력전압을 위상 지연시켜서 부궤환시킨다.

이 발진기의 출력 주파수는 다음과 같이 계산되는데, 이 주파수를 가변하려면 T형 노치 필터에 연결된 $R/2$ 저항의 저항값을 변화시키면 된다. 그러나, 이 발진기에서는 발진 주파수를 넓은 범위에서 가변하는 것이 어렵다.

$$f = \frac{1}{2\pi RC}\ [\text{Hz}]$$

이 발진기에서는 안정적인 발진 동작을 위하여 저항 R_1을 R_2에 비하여 100배 이상 큰 값으로 사용하는 것이 좋다.

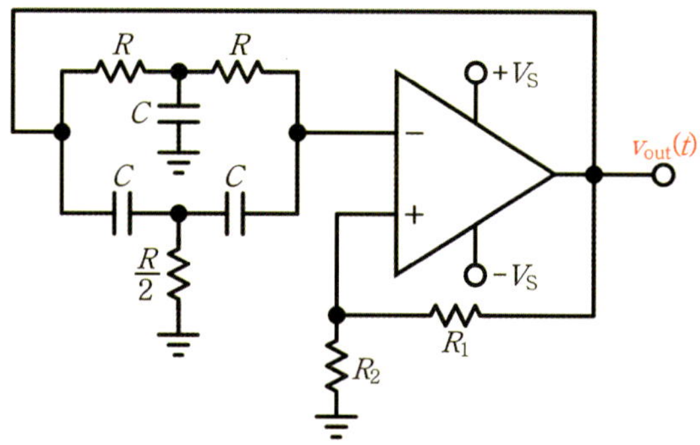

<그림 4.3.5> twin-T 발진기 회로

(5) RC 충방전을 이용한 구형파 발진기 회로

출력전압이 연산증폭기의 +/− 양극성 최대값($\pm V_{sat}$) 사이에서 진동하면서 커패시터의 충전 및 방전을 통하여 발진하는 방식을 이장발진기(弛張發振器, relaxation oscillator) 또는 멀티바이브레이터(multivibrator)라고 하는데, 이를 <그림 4.3.6>에 보였다. 여기서 연산증폭기는 히스테리시스 기능을 갖는 비교기로 동작하게 되며, 출력이 ±최대값 사이에서 진동하므로 출력 파형은 당연히 구형파가 된다. 단, 출력 포화전압 $\pm V_{sat}$에서 이것의 절대값은 서로 같은 크기라고 가정한다.

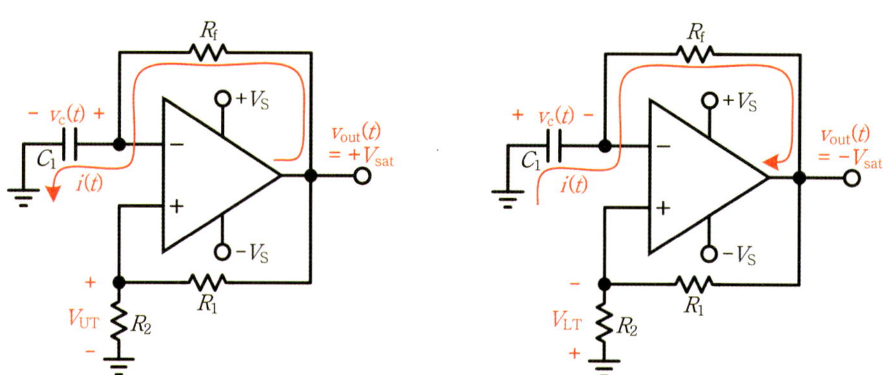

(a) 출력전압이 $+V_{sat}$인 경우 (b) 출력전압이 $-V_{sat}$인 경우

<그림 4.3.6> RC 충방전 구형파 발진기 회로의 동작

❶ 출력전압이 $v_{out}(t) = +V_{sat}$인 경우

이 경우에는 <그림 4.3.6>의 (a)에 보인 것처럼 전류가 연산증폭기의 출력단자에서 흘러나와서 피드백 저항 R_f와 커패시터 C_1을 거쳐 흐르면서 이 커패시터를 충전한다. 이 전류는 다음과 같은 식으로 표현할 수 있다.

$$i(t) = \frac{v_{out}(t) - v_c(t)}{R_f} = \frac{+V_{sat} - v_c(t)}{R_f} = \frac{V_{sat} - v_c(t)}{R_f}$$

이 전류가 흐를 때 커패시터의 전압은 다음과 같이 표시된다.

$$v_c(t) = \frac{1}{C_1}\int_0^t i(t)dt$$

커패시터 전압이 점점 커져서 다음과 같은 상위 문턱전압 V_{UT}를 초과하여 높아지게 되면 출력전압이 $+V_{sat}$에서 $-V_{sat}$으로 변경된다.

$$V_{UT} = \frac{R_2}{R_1 + R_2}(+V_{sat})$$

❷ 출력전압이 $v_{out}(t) = -V_{sat}$인 경우

이 경우에는 <그림 4.3.6>의 (b)에 보인 것처럼 전류가 접지에서 흘러나와서 커패시터 C_1과 피드백 저항 R_f를 거쳐 연산증폭기의 출력단자로 흘러 들어가면서 이 커패시터는 방전되다가 반대 방향으로 충전된다. 이 전류는 다음과 같은 식으로 표현할 수 있다.

$$i(t) = \frac{-v_c(t) - v_{out}(t)}{R_f} = \frac{-v_c(t) - (-V_{sat})}{R_f} = \frac{V_{sat} - v_c(t)}{R_f}$$

이 전류가 흐를 때 커패시터의 전압은 다음과 같이 표시된다.

$$v_c(t) = \frac{1}{C_1}\int_0^t i(t)dt$$

커패시터 전압이 점점 방전되다가 반대의 극성으로 충전되면서 커져서 다음과 같은 하위 문턱전압 V_{LT}의 미만으로 낮아지게 되면 출력전압이 $-V_{sat}$에서 $+V_{sat}$으로 변경된다.

$$V_{LT} = \frac{R_2}{R_1 + R_2}(-V_{sat})$$

❸ 출력 주파수의 계산

이와 같은 RC 충방전을 이용한 구형파 발진기의 동작을 파형으로 보이면 <그림 4.3.7>과 같다. 이제 위의 동작 해석과 이 파형을 참고하여 발진 주파수를 계산해 보자.

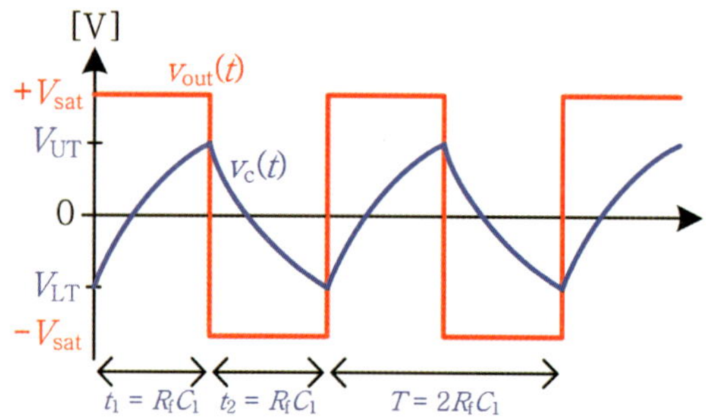

<그림 4.3.7> RC 충방전 구형파 발진기 회로의 동작 파형

이 회로의 반전 입력단자에서 키르히호프의 전류 법칙을 적용하면 다음과 같이 된다.

$$C_1\frac{dv_c(t)}{dt} + \frac{v_c(t) - V_{sat}}{R_f} = 0$$

$$\therefore \quad \frac{dv_c(t)}{dt} + \frac{1}{R_fC_1}v_c(t) = \frac{1}{R_fC_1}V_{sat}$$

이 미분방정식의 해 $v_c(t)$를 구하면서 $t = 0$일 때 $v_c(t) = V_{LT}$라는 조건을 적용하면 커패시터 전압은 다음과 같이 표현된다.

$$v_c(t) = (V_{LT} - V_{sat})\, e^{-\frac{1}{R_fC_1}t} + V_{sat}$$

여기에 $t = t_1$일 때 $v_c(t) = V_{UT}$라는 조건을 적용하면 t_1은 다음과 같이 계산된다.

$$t_1 = R_fC_1 \times \ln\left(\frac{V_{sat} - V_{LT}}{V_{sat} - V_{UT}}\right) = R_fC_1 \times \ln\left(\frac{R_1 + 2R_2}{R_1}\right)$$

$t = t_2$일 때도 같은 방법으로 적용하면 t_1과 t_2는 동일한 표현식이 되므로 이 발진 출력 파형의 주기는 다음과 같게 자연로그(natural logarithm) 값으로 된다.

$$T = t_1 + t_2 = 2R_fC_1 \times \ln\left(\frac{R_1 + 2R_2}{R_1}\right)$$

그런데, 자연로그에서 $\ln(2.71828) = 1$이 되므로 $(R_1 + 2R_2)/R_1 = 2.71828$이면, 즉 $R_2 = 0.85914R_1$이면 주기는 다음과 같이 간단히 표현된다.

$T = 2R_f C_1$

그러므로 $R_2 = 0.85914R_1$의 조건에서 발진 주파수는 다음과 같게 된다.

$$f = \frac{1}{T} = \frac{1}{2R_f C_1} \text{ [Hz]}$$

<그림 4.3.6>의 회로에서 만약 출력 포화전압 $\pm V_{sat}$의 절대값이 서로 달라서 문제가 된다면 <그림 4.3.8>의 (a)처럼 저항 R_3과 2개의 제너 다이오드를 연결하여 출력신호를 클리핑함으로써 ±출력전압의 크기를 대칭으로 만들 수 있다. 또한, 구형파 출력의 듀티비를 비대칭으로 만들려면 <그림 4.3.8>의 (b)처럼 피드백 회로를 수정하여 충방전 특성을 다르게 하면 된다. 여기서 저항값을 $R_{f1} > R_{f2}$로 하면 구형파 출력의 듀티비는 50%보다 커지고, 저항값을 $R_{f1} < R_{f2}$로 하면 구형파 출력의 듀티비는 50%보다 작아진다.

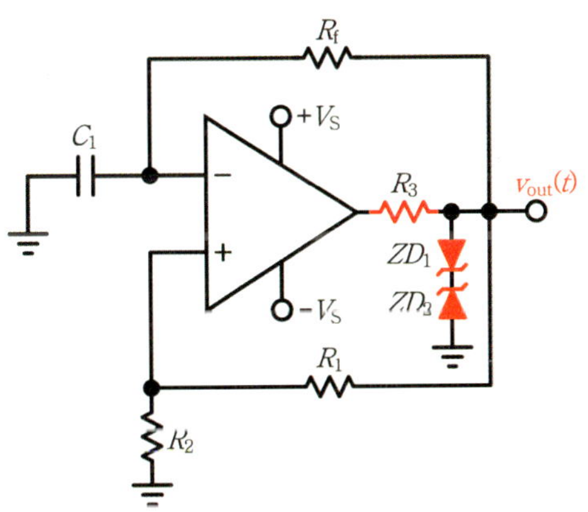

(a) 출력 파형의 크기를 대칭으로 하려면

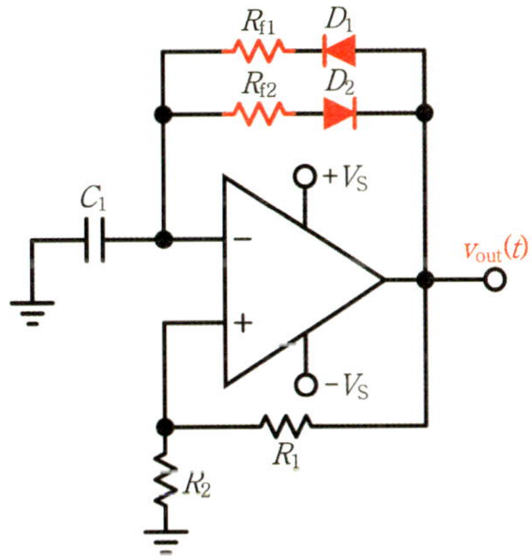

(b) 출력 파형의 듀티비를 다르게 하려면

<그림 4.3.8> RC 충방전 구형파 발진기 회로의 수정

(6) 삼각파 발진기 회로

역시 RC 충방전 동작을 이용한 삼각파 발진 회로를 보이면 <그림 4.3.9>의 (a)와 같다. 여기서 Op Amp 1은 히스테리시스 기능을 갖는 비교기로 동작하여 출력전압이 연산증폭기의 $\pm V_{sat}$ 사이에서 진동하면서 구형파를 만든다. 또한, Op Amp 2는 적분기로 동작하여 앞에서 만들어진 구형파를 적분하는 방법으로 삼각파를 발생한다. 이러한 발진 회로는 <그림 4.3.9>의 (b)에 보인 것처럼 삼각파 신호를 얻는 것이 목적이지만, 만약 Op Amp 1의 출력을 사용하면 부수적으로 구형파의 신호도 얻을 수 있다.

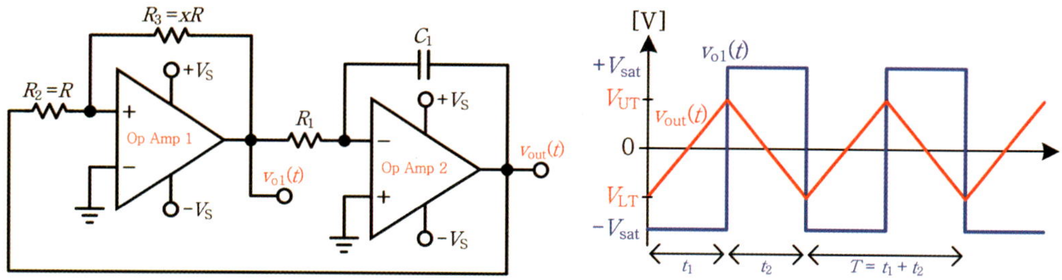

(a) 회로도 (b) 동작 파형

<그림 4.3.9> 바이폴라형 삼각파 발진기 회로

이제 이 발진기 회로가 만드는 출력 파형의 주파수를 계산해 보자. 단, Op Amp 1의 출력 포화전압 $\pm V_{\rm sat}$에서 이것의 절대값은 서로 같은 크기라고 가정한다.

먼저, Op Amp 1의 비반전 입력단자에 키르히호프의 전류 법칙을 적용하면 다음과 같이 된다.

$$\frac{v_{\rm out}(t)}{R_2} + \frac{v_{\rm o1}(t)}{R_3} = 0$$

$$\therefore \ v_{\rm out}(t) = -\frac{R_2}{R_3} v_{\rm o1}(t)$$

여기서, 히스테리시스 비교기의 상위 문턱전압과 하위 문턱전압은 각각 다음과 같이 계산된다.

$$V_{\rm UT} = -\frac{R_2}{R_3}(-V_{\rm sat}) = \frac{R_2}{R_3}V_{\rm sat} = \frac{V_{\rm sat}}{x}$$

$$V_{\rm LT} = -\frac{R_2}{R_3}(+V_{\rm sat}) = -\frac{R_2}{R_3}V_{\rm sat} = -\frac{V_{\rm sat}}{x}$$

그런데, 삼각파 출력전압은 구형파 입력전압을 적분한 것이므로 충전하는 구간에서 다음과 같이 t_1을 계산할 수 있다.

$$-\frac{1}{R_1C_1}\int_0^{t_1} v_{\rm o1}(t)\,dt = -\frac{1}{R_1C_1}\int_0^{t_1}(-V_{\rm sat})\,dt = \frac{1}{R_1C_1}(t_1 \times V_{\rm sat} - 0) = V_{\rm UT} - V_{\rm LT} = 2\frac{R_2}{R_3}V_{\rm sat}$$

$$\therefore \ t_1 = 2R_1C_1\frac{R_2}{R_3}$$

방전 시간 t_2에 대해서도 이와 같은 방법으로 계산하면 같은 값을 얻게 되므로 출력 파형의 주기와 발진 주파수는 다음과 같이 표현된다.

$$T = t_1 + t_2 = 4R_1C_1\frac{R_2}{R_3}$$

$$\therefore\ f = \frac{1}{T} = \frac{1}{4R_1C_1}\left(\frac{R_3}{R_2}\right) = \frac{x}{4R_1C_1}\ \text{[Hz]}$$

여기서 보듯이 저항 R_1과 커패시터 C_1은 발진 주파수에만 영향을 주는데 비하여, 저항 R_2와 R_3의 비 x는 출력 파형의 주파수와 진폭에 영향을 준다.

<그림 4.3.9>에 보인 삼각파 발진기는 ±극성으로 대칭인 바이폴라(bipolar)형의 삼각파 발진기 회로라고 한다면 여기에 다이오드를 1개 추가함으로써 <그림 4.3.10>과 같이 유니폴라(unipolar)형의 삼각파 발진기 회로를 만들 수 있다. 모든 소자값이 동일할 때 유니폴라형의 삼각파 발진기에서는 바이폴라형의 삼각파 발진기에 비하여 약 2배 정도 높아진 출력 주파수를 얻게 된다.

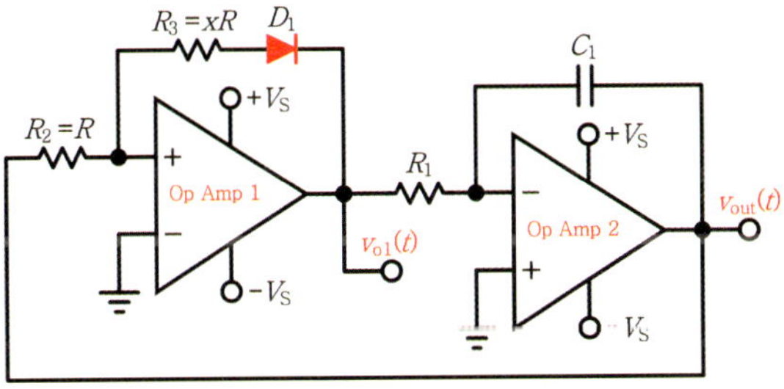

(a) 회로도

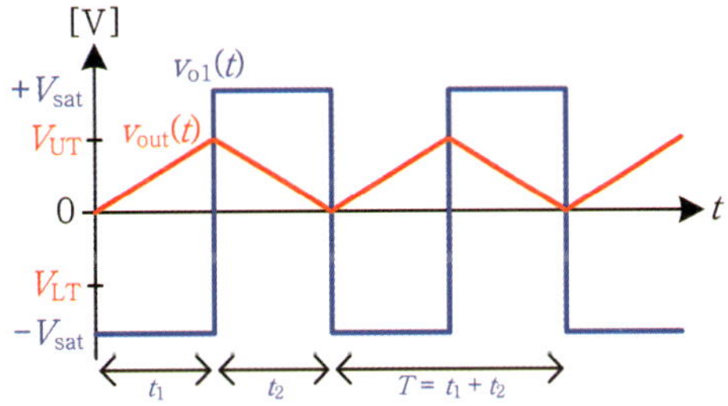

(b) 동작 파형

<그림 4.3.10> 유니폴라형 삼각파 발진기 회로

(7) 톱니파 발진기 회로

이번에도 역시 RC 충방전을 이용한 톱니파 발진 회로를 보이면 <그림 4.3.11>의 (a)와 같다. 여기서 Op Amp 1은 히스테리시스 기능을 갖는 비교기로 동작하여 출력전압이 연산 증폭기의 $\pm V_{sat}$ 사이에서 진동하면서 구형파를 만든다. 또한, Op Amp 2는 충전 특성과 방전 특성이 서로 다른 비대칭 동작의 적분기로 동작하여 앞에서 만들어진 구형파를 적분하는 방법으로 톱니파를 발생한다. 여기서 저항의 크기를 $R_1 \gg R_2$로 설계하여 커패시터 C_1이 충전하는 시간은 길게 하고 방전하는 시간은 짧게 함으로써 출력 파형이 톱니파가 되도록 한다. 이러한 발진 회로는 <그림 4.3.11>의 (b)에 보인 것처럼 톱니파를 얻는 것이 목적이지만 Op Amp 1의 출력을 사용하면 부수적으로 펄스성의 구형파 신호도 얻을 수 있다.

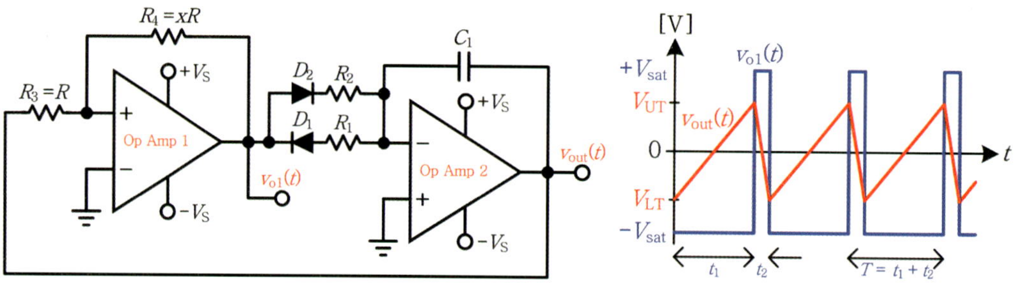

(a) 회로도 (b) 동작 파형

<그림 4.3.11> 톱니파 발진기 회로

이제 이 발진기 회로가 만드는 출력 파형의 주파수를 계산해 보자. 단, Op Amp 1의 출력 포화전압 $\pm V_{sat}$에서 이것의 절대값은 서로 같은 크기라고 가정한다.

먼저, Op Amp 1의 비반전 입력단자에 키르히호프의 전류 법칙을 적용하면 다음과 같이 된다.

$$\frac{v_{out}(t)}{R_3} + \frac{v_{o1}(t)}{R_4} = 0$$

$$\therefore \; v_{out}(t) = -\frac{R_3}{R_4} v_{o1}(t)$$

여기서, 히스테리시스 비교기의 상위 문턱전압과 하위 문턱전압은 각각 다음과 같이 계산된다.

$$V_{UT} = -\frac{R_3}{R_4}(-V_{sat}) = \frac{R_3}{R_4} V_{sat} = \frac{V_{sat}}{x}$$

$$V_{LT} = -\frac{R_3}{R_4}(+V_{sat}) = -\frac{R_3}{R_4} V_{sat} = -\frac{V_{sat}}{x}$$

그런데, 삼각파 출력전압은 구형파 입력전압을 적분한 것이므로 충전하는 구간에서 다음과 같이 t_1을 계산할 수 있다.

$$-\frac{1}{R_1 C_1}\int_0^{t_1} v_{o1}(t)\,dt = -\frac{1}{R_1 C_1}\int_0^{t_1}(-V_{sat})\,dt = \frac{1}{R_1 C_1}(t_1 \times V_{sat} - 0) = V_{UT} - V_{LT} = 2\frac{R_3}{R_4} V_{sat}$$

$$\therefore \; t_1 = 2R_1 C_1 \frac{R_3}{R_4}$$

마찬가지로 방전하는 구간에서도 다음과 같이 t_2를 계산할 수 있다.

$$-\frac{1}{R_2C_1}\int_0^{t_2} v_{o1}(t)\,dt = -\frac{1}{R_2C_1}\int_0^{t_2}(+V_{sat})\,dt = -\frac{1}{R_2C_1}(t_2 \times V_{sat} - 0) = V_{LT} - V_{UT} = -2\frac{R_3}{R_4}V_{sat}$$

$$\therefore\ t_2 = 2R_2C_1\frac{R_3}{R_4}$$

이로부터 출력 파형의 주기는 다음과 같이 표현된다.

$$T = t_1 + t_2 = 2R_1C_1\frac{R_3}{R_4} + 2R_2C_1\frac{R_3}{R_4} = 2(R_1+R_2)C_1\frac{R_3}{R_4}$$

그러므로 이 회로의 발진 주파수는 다음과 같게 된다.

$$f = \frac{1}{T} = \frac{1}{2(R_1+R_2)C_1}\left(\frac{R_4}{R_3}\right) = \frac{x}{2(R_1+R_2)C_1}\ [\text{Hz}]$$

여기서 보듯이 저항 R_1, R_2와 커패시터 C_1은 발진 주파수에만 영향을 주는데 비하여, 저항 R_3과 R_4의 비 x는 출력 파형의 주파수와 진폭에 영향을 준다.

(8) 하틀리 발진기 회로

이것은 1915년 미국 엔지니어 Ralph Hartley가 진공관을 사용하여 개발한 LC 공진형 발진기이다. 이것의 특징은 2개의 직렬 인덕터를 커패시터에 병렬로 연결하고 그 직렬 인덕터의 중앙부를 접지하며 이들 인덕터에 의하여 분압된 한쪽 전압을 부궤환시켜 발진 동작을 수행하는 것이다. 이러한 발신기의 증폭기 부분에 npn 트랜지스터를 사용하여 구현한 회로를 <그림 4.3.12>의 (a)에 보였으며, 연산증폭기를 사용하여 구현한 회로를 같은 그림의 (b)에 보였다.

여기서 커패시터 C_1과 병렬로 연결된 직렬 인덕터 L_1, L_2의 조합은 LC 공진 탱크를 구성하며, 이 회로의 발진 주파수는 다음과 같이 표현된다. 발진기 초기의 시동 조건(starting condition)은 증폭기의 이득이 L_1/L_2보다 커야 한다는 것이며, 이 발진 회로에서 주파수를 가변하려면 커패시터 C_1의 정전용량을 변화시키면 된다.

$$f = \frac{1}{2\pi\sqrt{(L_1+L_2)C_1}}\ [\text{Hz}]$$

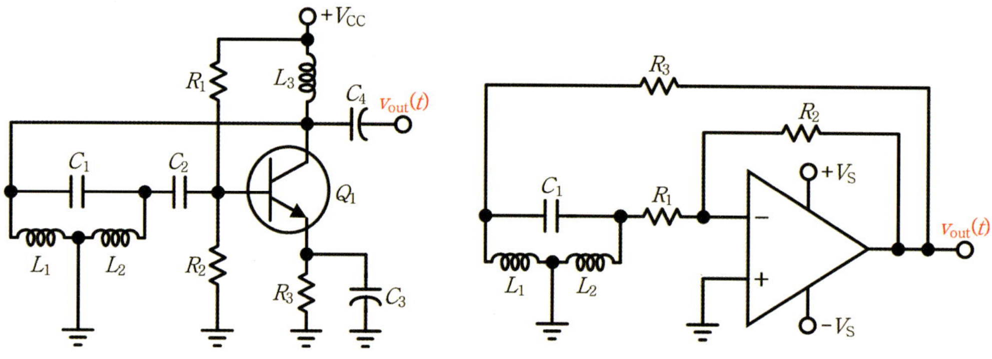

(a) 트랜지스터를 사용한 경우 (b) 연산증폭기를 사용한 경우

<그림 4.3.12> 하틀리 발진기 회로

(9) 콜피츠 발진기 회로

이것은 1918년 미국 엔지니어 Edwin Henry Colpitts가 진공관을 사용하여 개발한 LC 공진형 발진기이다. 이것의 특징은 2개의 직렬 커패시터를 인덕터에 병렬로 연결하고 그 직렬 커패시터의 중앙부를 접지하며 이들 커패시터에 의하여 분압된 한쪽 전압을 부궤환시켜 발진 동작을 수행하는 것이다. 이를 npn 트랜지스터 증폭기로 구현한 회로를 <그림 4.3.13>의 (a)에 보였으며, 연산증폭기를 사용하여 구현한 회로를 같은 그림의 (b)에 보였다.

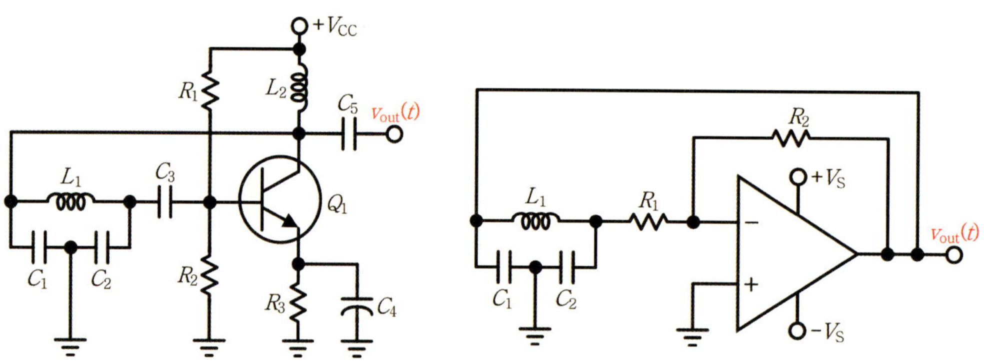

(a) 트랜지스터를 사용한 경우 (b) 연산증폭기를 사용한 경우

<그림 4.3.13> 콜피츠 발진기 회로

여기서 인덕터 L_1과 병렬로 연결된 직렬 커패시터 C_1, C_2의 조합은 LC 공진 탱크를 구성하며, 이 회로의 발진 주파수는 다음과 같이 표현된다. 발진기 초기의 시동 조건(starting condition)은 증폭기의 이득이 C_2/C_1보다 커야 한다는 것이며, 이 발진 회로에서 주파수를 가변하려면 커패시터 C_1 또는 C_2의 정전용량을 변화시키면 된다.

$$f = \frac{1}{2\pi\sqrt{L_1 \frac{C_1 C_2}{C_1 + C_2}}} \text{ [Hz]}$$

(10) 수정 발진 회로

수정 발진 회로는 압전효과(piezoelectric effect)를 가지고 있어서 외부에서 기계적인 힘을 가하거나 교류 전압을 가하면 그것의 모양이 미세하게 변하면서 고유의 주파수로 진동하는 석영 수정(quartz crystal, X-tal)을 이용하여 발진하는 것이다. 이것은 수십 kHz에서부터 수백 MHz의 범위에서 매우 정밀하고 안정적인 주파수를 발생하는 특징이 있어서 오늘날 많은 전자기기에서 널리 사용하고 있다.

수정발진자는 <그림 4.3.14>의 (a)에 보인 것처럼 석영 수정을 얇은 웨이퍼(wafer) 또는 슬라이스(slice) 형태로 절단 및 가공한 후 여기에 금속판을 사용하여 전극을 붙이는 방법으로 만든다. 이것의 전기적인 등가회로는 그림의 (b)에 보인 것처럼 RLC 직렬 소자와 또 하나의 커패시터가 병렬로 구성된 형태로 된다. 이것의 전기적 발진 동작은 그림의 (c)에 보인 것처럼 2개의 공진 특성을 갖는데, 낮은 직렬공진주파수(series resonant frequency) f_s에서 가장 작은 피크 임피던스를 가지며, 이보다 높은 반공진주파수(anti-resonant frequency) f_a에서 가장 큰 피크 임피던스를 갖는다. 따라서, 이 소자는 f_s 이하의 낮은 주파수 영역이나 f_a 이상의 높은 주파수 영역에서는 용량성이 강한 커패시터에 가까운 동작 특성을 보이며, 그 중간의 주파수 영역에서는 유도성이 강한 인덕터에 가까운 동작 특성을 보인다.

발진 회로를 구성하는 소자로 판매되는 일반 수정발진자(XO ; Quartz X-tal Oscillator)는 보통 10~20ppm 정도의 주파수 오차를 갖는데, 특별히 온도 보상형 수정발진자(TCXO ; Temperature-Compensated X-tal Oscillator)는 오차가 2ppm 수준에 불과하며, 항온조에서 일정한 온도를 유지하며 사용하는 오븐 제어형 수정발진자(OCXO ; Oven-Controlled X-tal Oscillator)는 오차가 0.1ppm 수준으로 매우 작다.

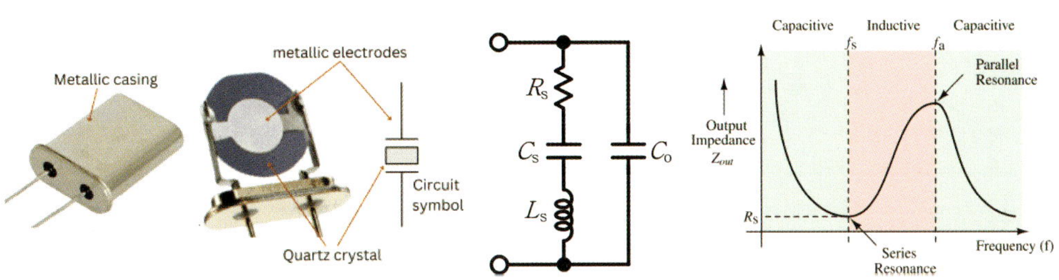

(a) 내부 구조 및 회로 심볼 (b) 등가회로 (c) 특성 곡선

<그림 4.3.14> 수정발진자의 구조 및 특성

수정발진자의 여러 공진 주파수 중에서 기본파 주파수(fundamental frequency)는 얇게 가공된 수정 슬라이스의 두께에 반비례하며, 대략 10MHz 이하의 범위가 된다. 그러나, 배수 발진(overtone)을 이용하면 대략 100MHz까지의 주파수를 얻는 것이 가능하다.

수정발진자의 직렬공진주파수와 반공진주파수는 각각 다음과 같이 표시된다. 직렬공진주파수 f_s에 비하여 반공진주파수 f_a가 약간 큰 값이 된다. 그러면 이 수정발진자를 사용한 발진기 회로에서는 f_s와 f_a 사이에서 병렬공진에 의한 발진 주파수를 얻게 될 것이다.

$$f_s = \frac{1}{2\pi\sqrt{L_s C_s}} \text{ [Hz]}$$

$$f_a = \frac{1}{2\pi\sqrt{L_s \frac{C_o C_s}{C_o + C_s}}} = f_s\sqrt{1 + \frac{C_s}{C_o}} \text{ [Hz]}$$

수정발진자를 사용한 여러가지 방식의 발진 회로를 <그림 4.3.15>에 보였다.

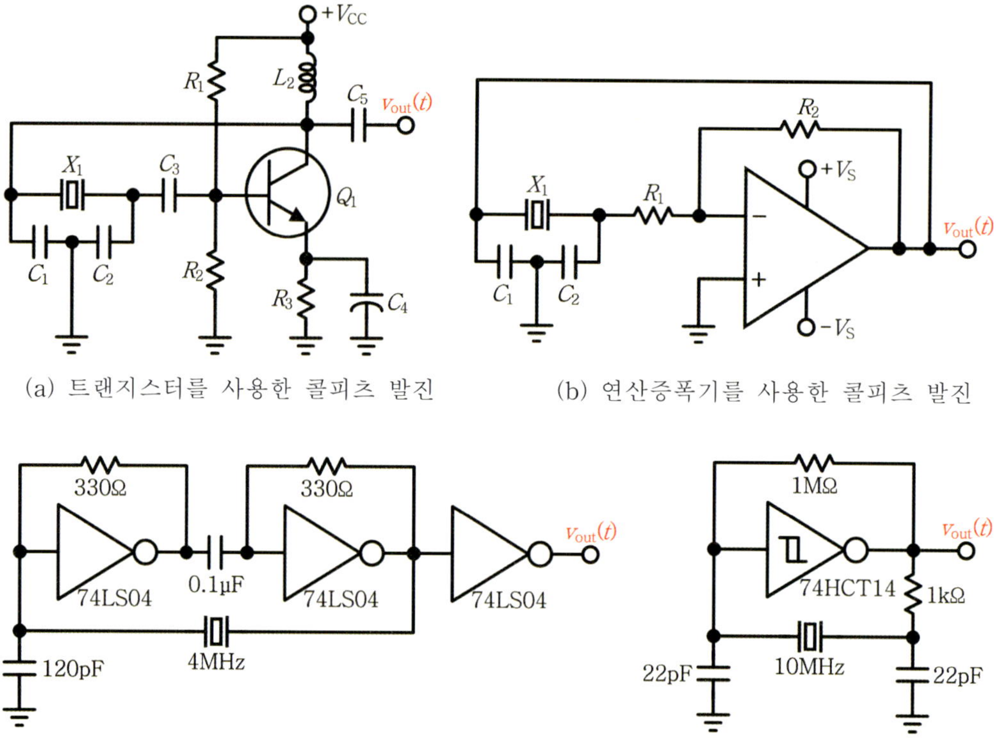

(a) 트랜지스터를 사용한 콜피츠 발진 (b) 연산증폭기를 사용한 콜피츠 발진

(c) 로직 인버터를 사용한 직렬공진 발진 (d) 슈미트 인버터를 사용한 병렬공진 발진

<그림 4.3.15> 수정 발진기 회로의 여러가지 방식

(11) 마이크로프로세서에서 사용하는 수정 발진 회로

오늘날 디지털 시스템의 핵심 소자로 사용하는 마이크로프로세서나 마이크로컨트롤러에서는 매우 안정적이며 높은 시스템 클록 주파수를 필요로 하므로 거의 필수적으로 수정 발진 회로를 사용하고 있다. 이때 사용하는 발진 회로는 앞의 <그림 4.3.15>의 (d)에 보였던 것과 같은 형태인데 이를 피어스 발진기(Pierce oscillator)라고 부른다. 이 회로는 1924년경에 미국의 물리학자인 George Washington Pierce가 발명했는데, 물론 그 당시에는 이를 진공관으로 만들었으나 오늘날은 반도체 회로를 사용한다.

CMOS 인버터 게이트 소자와 수정발진자를 사용한 마이크로프로세서용의 피어스 발진기 회로를 다시 보이면 <그림 4.3.16>의 (a)와 같고, 이것의 전기적 등가회로는 그림 (b)와 같게 된다. 이 중에서 CMOS 인버터와 피드백 저항 R_1은 마이크로프로세서에 내장되므로 외부 단자에는 수정발진자와 부하 커패시터 C_1 및 C_2만을 연결하면 되므로 사용자는 매우 간편하게 시스템 클록 발생 회로를 구성할 수 있다. 그러나, 경우에 따라 외부에 감쇠 저항 R_2를 사용하기도 한다.

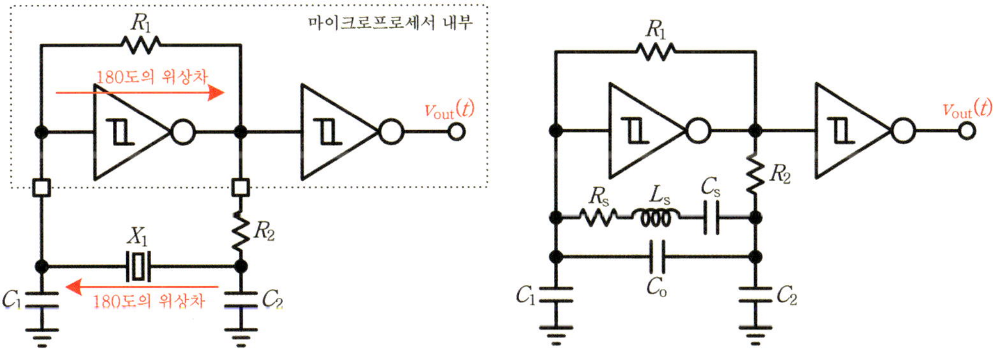

(a) 회로도 (b) 등가 회로

<그림 4.3.16> 마이크로프로세서용의 피어스 발진기 회로

피어스 발진기에서 CMOS 인버터는 입력과 출력의 위상이 180° 달라지도록 만든다. 여기에 수MΩ 정도의 피드백 저항 R_1을 연결하면 입력 레벨을 전원전압의 1/2 정도로 바이어스(bias)시켜서 증폭률이 매우 큰 아날로그 반전 증폭기가 된다. 발진주파수가 높을수록 피드백 저항은 작은 값을 사용해야 한다. 이제 이 회로가 발진기가 되려면 여기에 출력신호를 180°만큼 위상 이동시켜서 입력측으로 피드백하는 회로가 추가되어야 하는데, 수정발진자 X_1과 부하 커패시터 C_1, C_2가 이런 역할을 하게 된다. 외부 회로에 직렬로 수백Ω~수kΩ 정도의 감쇠 저항 R_2를 사용하기도 하는데, 이것은 수정발진자에 흐르는 전류를 제한하여 이 소자가 포화되는 것을 방지하면서 인버터 출력과 외부의 크리스털 회로를 임피던스 측면에

서 분리시켜 주는 역할을 한다. 발진주파수가 높을수록 감쇠 저항은 작은 값을 사용해야 하며 20MHz 이상에서는 이를 사용하지 않기도 하는데, 만약 감쇠 저항이 너무 작으면 수정발진자에서의 소비전력이 과도하게 커질 수 있으며, 감쇠 저항이 너무 크면 발진 동작이 수행되지 않을 수 있다.

또한, 마이크로프로세서 내부에서 발진 주파수 신호를 사용하면서 1개의 CMOS 인버터를 더 거쳐서 사용하는 이유는 이렇게 연결하는 부하가 발진기 회로의 출력에 영향을 주지 않도록 버퍼링하기 위함이다.

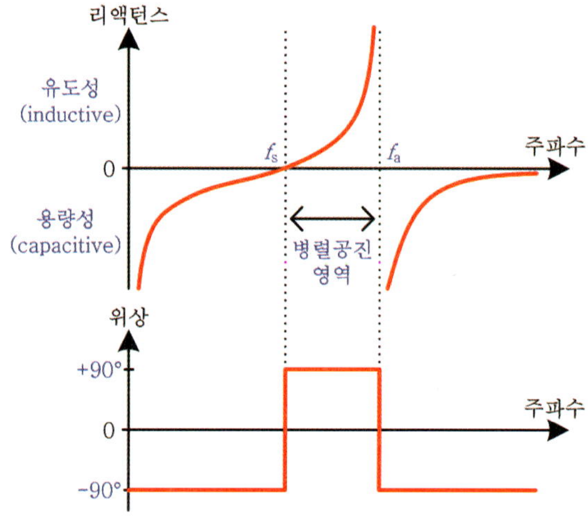

<그림 4.3.17> 피어스 발진기의 주파수에 따른 동작 특성

직렬공진 회로에서는 공진주파수 f_s로 동작할 때 커패시터에 의한 용량성 리액턴스와 인덕터에 의한 유도성 리액턴스가 서로 상쇄되어 저항만 남게 되므로 전체 임피던스는 최소가 되고 따라서 전류는 최대로 흐르게 된다. 그러나, 병렬공진 회로에서는 반공진주파수 f_a로 동작할 때 커패시터에 의한 용량성 리액턴스와 인덕터에 의한 유도성 리액턴스를 포함하는 전체 임피던스가 최대로 되고 따라서 전류는 최소로 흐르게 된다. 그런데, <그림 4.3.16>과 같은 피어스 발진 회로에서는 피드백 회로에 부하 커패시터 C_1과 C_2를 추가함으로써 <그림 4.3.17>에 보인 것처럼 직렬공진주파수 f_s보다는 크고 반공진주파수 f_a보다는 작은 병렬공진 영역에서 발진하도록 한다.

부하 커패시터 C_1과 C_2는 서로 직렬 연결의 관계를 가져서 부하 커패시터의 정전용량 C_L을 만들게 되며, 이것들은 다시 수정발진자와 병렬로 연결되어 있다. 일반적으로 C_1과 C_2는 서로 같은 값을 사용하지만, 경우에 따라 C_2를 좀 더 큰 값으로 사용하기도 한다. 따라서, 이 발진 회로에서 부하 커패시터의 정전용량은 다음과 같이 계산된다.

$$C_L = \frac{C_1 C_2}{C_1 + C_2}$$

ATS SERIES

ATS-49/U, ATS-25/U, ATS-51/U

- ATS Holder Type Package
- AT-Cut or BT-Cut Available
- Resistance Weld Seal
- Tape and Reel, Insulator Tab, Three Leads and Custom Lead Length Options Available
- Tight Tolerance / Stability
- Pb-free and RoHS Compliance

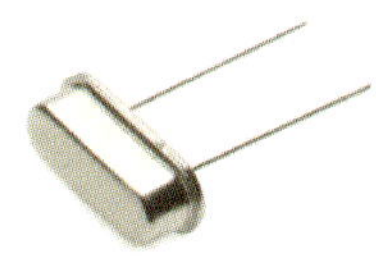

■ ELECTRICAL SPECIFICATIONS

Frequency Range	3.2768 to 60.000 MHz
Operating Temperature Range	-20 to +70 ℃, -40 to +85 ℃, or specify
Storage Temperature Range	-40 to +85 ℃
Frequency Tolerance (at 25 ℃)	±15, ±30, ±50 ppm(STD), or specify
Frequency Stability	±10 to ±50 ppm(-20 to +70 ℃)
Over Operating Temperature Range	±20 to ±100 ppm(-40 to +85 ℃)
Load Capacitance (CL)	18 pF(STD), Custom CL≥10 pF or Series Resonant
Drive Level	100 μW(1000 μW Max.)
Shunt Capacitance (C0)	7.0 pF Max.
Aging (at 25 ℃)	±3 ppm/year Max.
Insulation Resistance	500 MΩ Min. at 100 V_{DC}

■ EQUIVALENT SERIES RESISTANCE(ESR)

Frequency Range(MHz)	ESR(Ω Max.)	Mode of Oscillation
3.2768 ~ 3.999	150	Fundamental / AT-Cut
4.000 ~ 4.999	120	Fundamental / AT-Cut
5.000 ~ 5.999	100	Fundamental / AT-Cut
6.000 ~ 7.999	90	Fundamental / AT-Cut
8.000 ~ 9.999	70	Fundamental / AT-Cut
10.000 ~ 11.999	60	Fundamental / AT-Cut
12.000 ~ 14.999	50	Fundamental / AT-Cut
15.000 ~ 19.999	40	Fundamental / AT-Cut
20.000 ~ 27.000	30	Fundamental / AT-Cut
27.000 ~ 32.999	50	Fundamental / BT-Cut
33.000 ~ 45.158	40	Fundamental / BT-Cut
24.576 ~ 47.999	80	3rd Overtone
48.000 ~ 60.000	60	3rd Overtone

<그림 4.3.18> 써니전자 ATS-49/U 시리즈 수정발진자의 데이터 시트(발췌)

부하 커패시터의 정전용량 C_L은 수정발진자의 데이터 시트에 명시되어 있다. 예를 들어 <그림 4.3.18>에 보인 것처럼 마이크로프로세서에서 시스템 클록 발생용으로 널리 사용되는 써니전자 제품인 ATS-49/U 시리즈의 20MHz짜리 수정발진자의 데이터 시트에는 소자 내부의 등가회로에서 R_s = 30Ω 및 C_o = 7pF이고, 부하 커패시터의 정전용량은 C_L = 18pF를

사용하라고 명시되어 있다. 그러므로 여기서 부하 커패시터의 정전용량이 18pF가 되도록 하려면 이론적으로는 $C_1 = C_2 = 36$pF로 사용하면 된다. 만약, 부하 커패시터의 정전용량 C_L을 권장값인 18pF보다 크게 사용하면 병렬공진에 의한 발진주파수는 사양값인 20MHz보다 낮아지고, 반대로 부하 커패시터의 정전용량을 권장값인 18pF보다 작게 사용하면 발진주파수는 사양값인 20MHz보다 높아지게 된다.

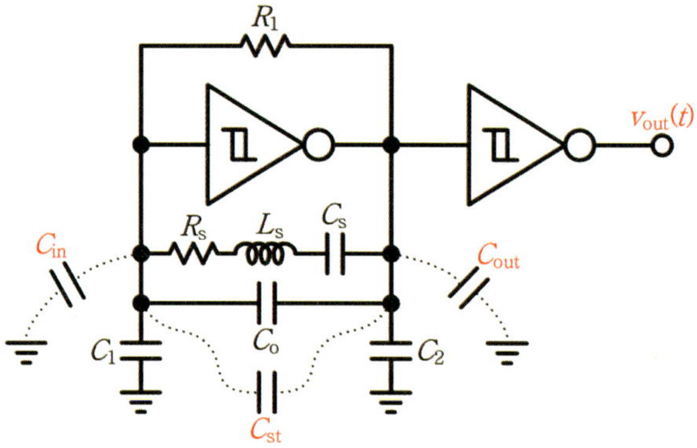

<그림 4.3.19> 마이크로프로세서용 피어스 발진기의 현실적인 등가회로

그러나, 실제의 회로에서는 이 문제를 이처럼 이론적으로만 접근하여 설계하는 것이 적절하지 않다. 왜냐하면 <그림 4.3.19>에 보였듯이 실제의 회로에서는 마이크로프로세서의 내부에서 수정발진자 연결 핀에 기생 커패시턴스(parasitic capacitance) C_{in} 및 C_{out}이 존재하고, 외부에서 수정발진자를 연결하는 PCB 패턴에도 부유 용량(stray capacitance) C_{st}가 존재하기 때문에 현실적으로는 이것들까지 모두 고려하여 다음과 같이 부하 커패시터의 정전용량 C_L을 계산해야 더 정확한 설계가 되기 때문이다.

$$C_L = \frac{(C_1 + C_{in})(C_2 + C_{out})}{(C_1 + C_{in}) + (C_2 + C_{out})} + C_{st}$$

이제 우리가 사용하는 마이크로프로세서에서 기생 커패시턴스 C_{in} 및 C_{out}이 각각 4pF와 7pF이고 PCB 패턴에 의한 부유 용량이 4pF인 경우라고 가정하면 커패시터 C_1과 C_2를 모두 아래 식에서처럼 $C_1 = C_2 = 22$pF로 사용해야 부하 커패시터의 정전용량이 데이터 시트의 권장값인 18pF에 가깝게 되도록 설계할 수 있게 된다.

$$C_L = \frac{(C_1 + C_{in})(C_2 + C_{out})}{(C_1 + C_{in}) + (C_2 + C_{out})} + C_{st} = \frac{(22+5)(22+7)}{(22+5)+(22+7)} + 4 = 17.98$$

그러나, 만약 이것을 이론적인 측면만을 고려하여 $C_1 = C_2 = 36$pF로 설계하였다면 실제로 작용하는 부하 커패시터의 용량은 아래 식에서 계산한 것처럼 24.99pF가 되어 데이터 시트의 권장값인 18pF에 비하여 훨씬 커지므로 병렬공진에 의한 발진주파수는 수정발진자의 사양 주파수 20MHz보다 낮아지게 된다.

$$C_L = \frac{(C_1 + C_{in})(C_2 + C_{out})}{(C_1 + C_{in}) + (C_2 + C_{out})} + C_{st} = \frac{(36+5)(36+7)}{(36+5)+(36+7)} + 4 = 24.99$$

여기서 부하 커패시턴스가 권장값에서 1pF 달라질 때 발진주파수는 사양값에서 얼마나 변하는지를 나타내는 척도를 트림 감도(trim sensitivity)라고 하는데 이것은 다음과 같이 표시된다. 여기서 모든 커패시턴스는 pF값으로 사용해야 하며, 이 값의 부호가 음(-)으로 표시되는 것은 부하 커패시턴스가 증가하면 트림 감도만큼 발진주파수가 감소하고, 반대로 부하 커패시턴스가 감소하면 트림 감도만큼 발진주파수가 증가한다는 것을 의미한다.

$$S = -\frac{C_s}{2(C_o + C_L)^2} \times 10^6 \text{ [ppm/pF]}$$

2. NE555 타이머 IC

이것은 너무나도 유명한 타이머 IC 소자로서 기본적인 기능은 비안정 멀티 바이브레이터(astable multivibrator)와 단안정(monostable, one shot) 동작이다. 원래는 1972년에 미국의 Signctics사에서 처음 개발하여 상업용(commercial) 버전 NE555와 군용(military) 버전 SE555로 출시하였으나 이 회사는 나중에 필립스를 거쳐서 NXP에 인수 합병되었고, 그러는 사이에 다른 여러 반도체 회사에서 LM555, LMC555, TLC555, MC1455, CA555, HA555 등의 이름으로 이와 호환 기능을 갖는 IC 소자를 출시하였다. NE555는 8핀 DIP 또는 SOIC 패키지로 되어 있으며, 1개의 반도체 IC 소자에 이와 동일한 회로를 2개 내장한 14핀 패키지의 NE556도 있다. 이것의 출력신호를 보면 항상 디지털 파형이지만 내부의 회로와 동작은 상당히 아날로그적인 성격을 많이 가지고 있다.

(1) NE555의 구조와 기능

NE555의 외부 핀 배열과 내부의 구조는 <그림 4.3.20>에 보였다. 원래는 8핀 DIP형 패키지로 되어 있었으나 현재는 8핀 SOIC나 TSSOP 패키지도 있으며, 그밖의 특이한 패키지를 가지는 호환 기종도 있다. 전원전압의 사용 범위는 4.5~16V가 권장되며, 출력단자의 소스 및 싱크 전류는 최대 200mA로서 상당히 큰 편이다.

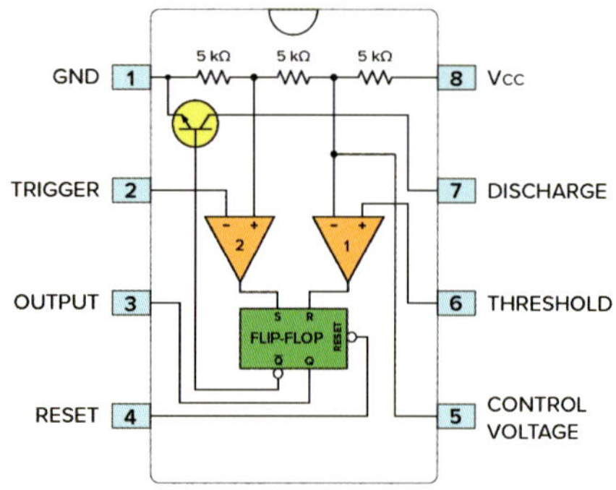

(a) 8핀 DIP 또는 SOIC 패키지

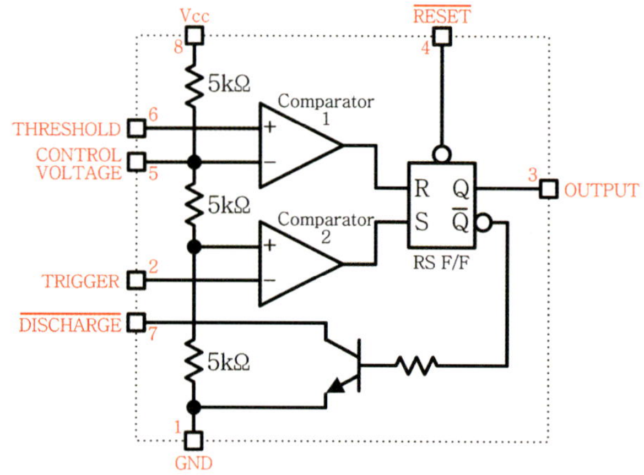

(b) 내부 구성 및 기능 블록도

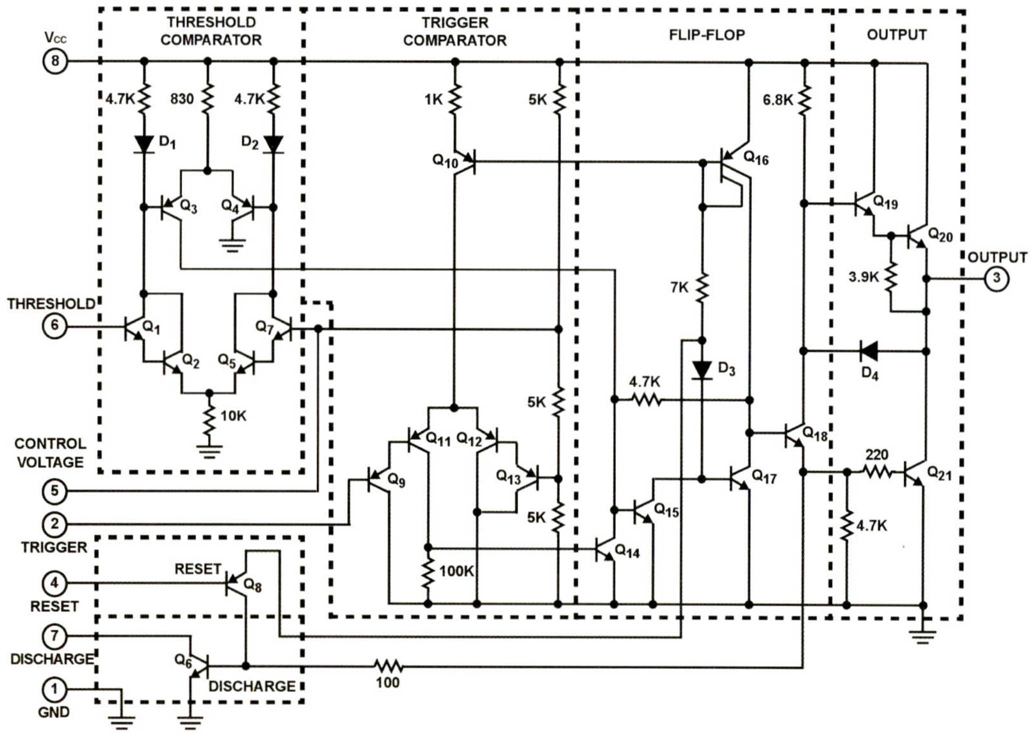

(c) 내부 회로도

<그림 4.3.20> NE555의 핀 배열 및 내부 구성도

내부 구조는 3개의 5kΩ짜리 직렬 저항을 기준으로 동작하는 2개의 아날로그 비교기와 1개의 RS 플립플롭으로 구성된다. 이 플립플롭의 리셋 신호를 발생하는 위쪽의 비교기 1에서의 상위 문턱전압과, 이 플립플롭의 세트 신호를 발생하는 아래쪽 비교기 2에서의 하위 문턱전압은 각각 다음과 같다.

$$V_{UT} = \frac{2}{3}V_{cc} = 2V_{LT}$$

$$V_{LT} = \frac{1}{3}V_{cc} = \frac{1}{2}V_{UT}$$

위쪽의 비교기 1로 들어가는 입력신호는 6번 핀의 THRESHOLD인데, 이 전압이 V_{UT}보다 커지면 플립플롭을 리셋시켜 3번 핀의 출력신호와 7번 핀의 DISCHARGE를 모두 L상태로 만든다. 이에 비하여 아래쪽의 비교기 2로 들어가는 입력신호는 2번 핀의 TRIGGER인데, 이 전압이 V_{LT}보다 작아지면 플립플롭을 세트시켜 3번 핀의 출력신호를 H상태로 만들고 7번 핀의 DISCHARGE를 개방 상태로 만든다. 5번 핀은 특이하게 입력신호와 출력신호로 사용하는 것이 모두 가능한데, 이를 출력신호로 사용할 경우에는 이 단자에 전압 V_{UT}가 출력되고 이 단자와 접지 사이에 바이패스 커패시터를 연결할 수도 있으며, 이를 입력신호로 사용할 경우에는 여기에 임의의 기준전압을 인가할 수도 있다.

4번 핀의 $\overline{\text{RESET}}$ 신호가 L상태로 입력되면 플립플롭을 리셋시켜 3번 핀의 출력신호와 7번 핀의 DISCHARGE를 모두 L상태로 만든다. 만약, 출력을 리셋시키는 동작이 필요 없다면 이 핀은 V_{CC}에 연결한다.

<표 4.3.1> RS 플립플롭의 동작 진리표

S	R	$\overline{\text{RESET}}$	Q	$\overline{\text{Q}}$	비 고
1($V_2 < V_{LT}$)	0($V_6 < V_{UT}$)	1	1	0	① 세트 상태(V_3 = 1)
0($V_2 > V_{LT}$)	1($V_6 > V_{UT}$)	1	0	1	② 리셋 상태(V_3 = 0)
0($V_2 > V_{LT}$)	0($V_6 < V_{UT}$)	1	Q	$\overline{\text{Q}}$	③ 상태 변동 없음
1($V_2 < V_{LT}$)	1($V_6 > V_{UT}$)	1	-	-	④ 정의되지 않음
-	-	0	0	1	② 리셋 상태(V_3 = 0)

이상에서 설명한 NE555의 동작을 진리표로 요약하여 보이면 <표 4.3.1>과 같다. 여기서 보듯이 특별한 이유가 있는 경우가 아니라면 RS 플립플롭의 입력신호는 S=1, R=0이거나 S=0, R=1이거나 또는 S=0, R=0의 3가지 경우만 가능하도록 사용하는 것이 바람직하다. 즉, S=1, R=1의 경우는 발생하지 않도록 해야 한다는 것이다. 이렇게 하려면 NE555의 2번 핀과 6번 핀을 묶어서 항상 1개의 입력신호인 것처럼 같은 값이 되도록 하면 된다.

이처럼 NE555의 2번 핀과 6번 핀을 묶고 여기에 입력전압으로 삼각파를 입력하였을 때 이것의 입출력 파형과 입출력 특성 곡선을 보이면 <그림 4.3.21>과 같다. 여기서 보듯이 입력전압의 변화에 대하여 출력 파형은 히스테리시스 특성을 가지고 변한다.

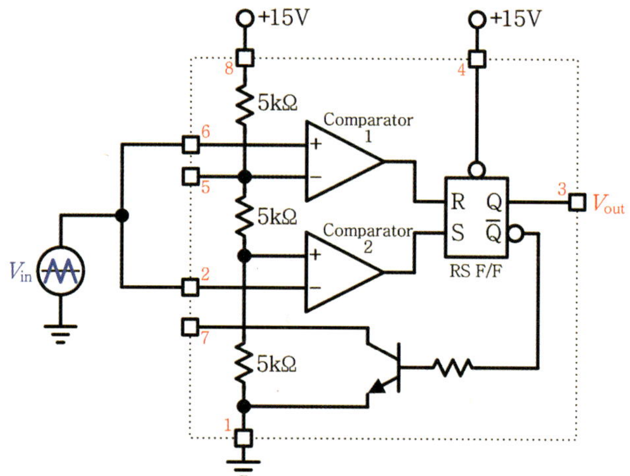

(a) 회로도

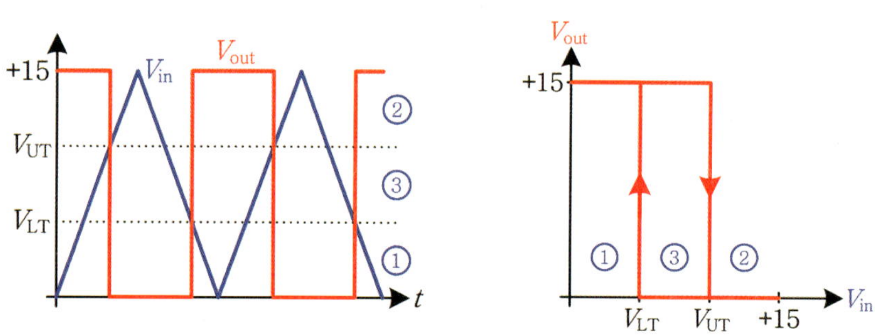

(b) 입출력 파형 (c) 입출력 특성 곡선

<그림 4.3.21> NE555에서 비교기 및 플립플롭의 동작

(2) 시간 지연 회로

NE555을 사용한 첫번째 응용 회로는 전원을 투입한 후에 일정한 시간이 지나고 나서 출력신호가 발생하는 시간 지연 회로인데, 이를 <그림 4.3.22>에 보였다. 그림의 (a)와 (b)는 출력이 0에서 출발하여 일정한 시간 지연 후에 1로 바뀌는 동작을 수행하는 회로와 동작 파형이다. 시간 t = 0에서 전원 스위치 SW1을 인가하면 2번과 6번 핀의 전압 V_{26}이 전원전압과 같은 15V에서 출발하여 점차로 감소하고, 출력전압은 논리상태 0에서 출발하여 시간이 흐르다가 V_{26}이 V_{LT} 미만으로 감소하면 논리상태 1로 바뀐다.

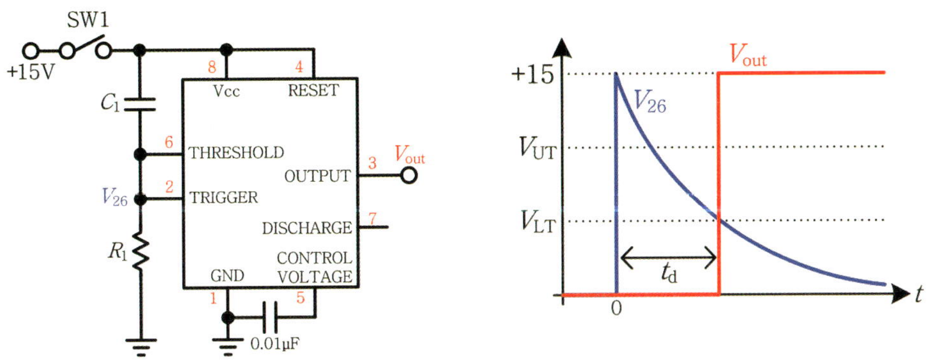

(a) 지연 on 동작의 회로도 (b) 지연 on 동작 파형

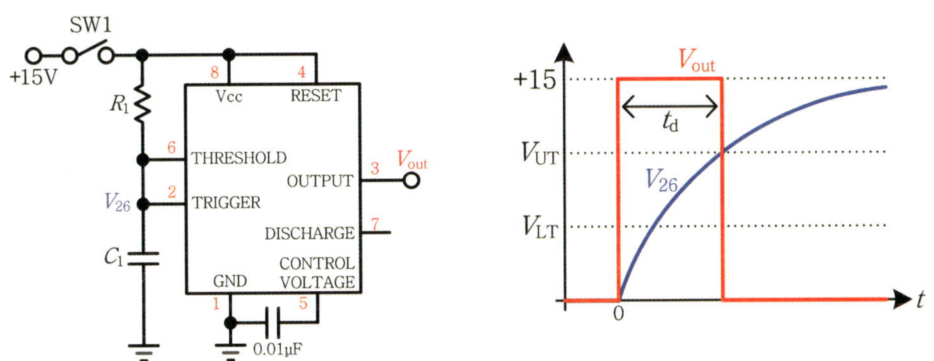

(c) 지연 off 동작의 회로도 (d) 지연 off 동작 파형

<그림 4.3.22> NE555를 사용한 시간 지연 회로

여기서, 미분 방정식으로 표현되는 RC 충전 전압방정식을 풀면 2번과 6번 핀의 진입 V_{26}을 다음과 같이 구할 수 있다. 이 전압이 감소하다가 V_{LT}와 같아지는 순간을 구하면 시간 지연값 t_d를 구할 수 있다. 이 결과식에서 보는 것처럼 저항값이나 커패시터의 정전용량을 바꿈으로써 지연(delay) 시간을 원하는 대로 조절할 수 있다.

$$v_{26}(t) = V_{cc}e^{-\frac{1}{R_1C_1}t} = V_{LT} = \frac{1}{3}V_{cc}$$

$$\therefore\ t_d = R_1C_1 \times \ln 3 \fallingdotseq 1.0986R_1C_1$$

반대로 그림의 (c)와 (d)는 전원 투입 후 출력이 1에서 출발하여 일정한 시간 지연 후에 0으로 바뀌는 동작을 수행하는 회로와 동작 파형이다. 시간 t = 0에서 전원 스위치 SW1을 인가하면 2번과 6번 핀의 전압 V_{26}이 0V에서 출발하여 점차 증가하고, 출력전압은 논리상태 1에서 출발하여 시간이 흐르다가 V_{26}이 V_{UT}를 초과하여 증가하면 논리상태 0으로 바뀐다.

여기서, 미분방정식으로 표현되는 RC 충전 전압방정식을 풀면 2번과 6번 핀의 전압 V_{26}을 다음과 같이 구할 수 있다. 이 전압이 증가하다가 V_{UT}와 같아지는 순간을 구하면 시간 지연값 t_d를 구할 수 있다. 이 결과식에서 보는 것처럼 저항값이나 커패시터의 정전용량을 바꿈으로써 지연(delay) 시간을 원하는 대로 조절할 수 있다.

$$v_{26}(t) = V_{cc}\left(1 - e^{-\frac{1}{R_1C_1}t}\right) = V_{UT} = \frac{2}{3}V_{cc}$$

$$\therefore\ t_d = R_1C_1 \times \ln 3 \fallingdotseq 1.0986R_1C_1$$

(3) 단안정 멀티바이브레이터 회로

NE555을 사용한 두번째 응용 회로는 입력 트리거 신호에 의하여 원하는 시간 폭을 갖는 1개의 구형파 펄스를 출력하는 단안정 멀티바이브레이터(monostable multivibrator) 또는 원샷(one-shot) 회로인데, 이를 <그림 4.3.23>에 보였다. 입력 트리거 신호는 평소에 1상태를 유지하다가 출력을 발생하고자 하면 짧은 low pulse를 입력하면 된다.

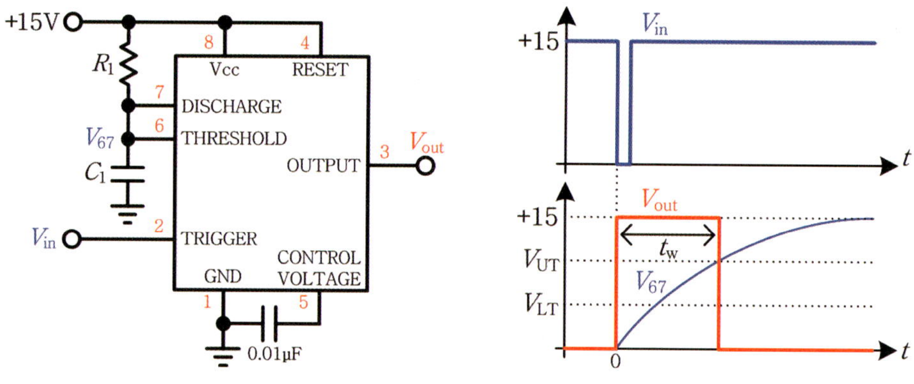

(a) 회로도　　　(b) 동작 파형

<그림 4.3.23> NE555를 사용한 단안정 멀티바이브레이터 회로

❶ 초기 상태 : $V_{67} = 0$, $V_{in} > V_{LT}$, R = 0, S = 0, $V_{out} = 0$

처음에 회로의 전원을 켜면 커패시터에 서서히 전압이 충전되면서 $V_{67} > V_{UT}$가 되어 R=1이고, $V_{in} > V_{LT}$이므로 S=0이 되어 플립플롭이 리셋된다. 그러면 출력은 0으로 되고 내부의 방전 트랜지스터가 on되면서 7번 핀이 접지 상태로 되어 $V_{67} = 0$으로 유지된다. 이렇게 되면 $V_{67} < V_{UT}$가 되어 R=0이 되므로 R=0, S=0이 되어 플립플롭은 이전의 상태를 유지하므로 출력이 0으로 유지되고 방전 트랜지스터도 계속 on 상태를 유지한다.

❷ 입력신호가 1 → 0으로 변할 때 : V_{67} = 0, $V_{in} < V_{LT}$, R = 0, S = 1, V_{out} = 1

입력 트리거 신호가 들어오기 시작하여 1에서 0으로 떨어지면 $V_{in} < V_{LT}$가 되어 S=1이 되므로 R=0, S=1이 되어 플립플롭이 리셋된다. 그러면 출력은 1로 바뀌고 내부의 방전 트랜지스터가 off되면서 저항 R_1을 통하여 커패시터 C_1이 충전되므로 V_{67}의 전압이 서서히 증가하게 된다.

❸ 입력신호가 0 → 1로 변할 때 : $V_{in} > V_{LT}$, R = 0, S = 0, V_{out} = 1

입력 트리거 신호가 끝나서 0에서 1로 다시 올라가면 $V_{in} > V_{LT}$가 되어 S=0이 되므로 R=0, S=0이 되어 플립플롭의 상태는 변동 없이 이전의 상태를 유지한다. 그러면 계속하여 저항 R_1을 통하여 커패시터 C_1이 충전되면서 V_{67}의 전압이 증가하게 된다.

❹ 전압 V_{67}이 V_{UT}를 초과할 때 : V_{67} = 0, $V_{in} > V_{LT}$, R = 1, S = 0, V_{out} = 0

커패시터 충전 전압 즉 V_{67}이 계속 증가하다가 V_{UT}를 초과하게 되면 R=1이 되므로 R=1, S=0이 되어 플립플롭이 리셋되고, 이것은 출력을 0으로 만들어 구형파 펄스를 종료시키며 방전 트랜지스터를 on시켜서 V_{67} = 0으로 만든다.

이상의 동작 설명에서 알 수 있듯이 출력 펄스는 저항 R_1을 통하여 커패시터 C_1이 충전되면서 이것이 V_{UT}에 이르는 시간까지 만들어지므로 다음과 같이 계산할 수 있다. 이 결과식에서 보는 것처럼 저항값이나 커패시터의 정전용량을 바꿈으로써 구형파 출력의 펄스 폭(width)을 원하는 대로 조절할 수 있다.

$$v_{67}(t) = V_{cc}\left(1 - e^{-\frac{1}{R_1C_1}t}\right) = V_{UT} = \frac{2}{3}V_{cc}$$

$$\therefore\ t_w = R_1C_1 \times \ln 3 \fallingdotseq 1.0986R_1C_1$$

(4) 비안정 멀티바이브레이터 회로

NE555을 사용한 세번째 응용 회로는 구형파 발진 회로에 해당하는 비안정 멀티바이브레이터(astable multivibrator) 또는 프리 런닝(free-running multivibrator) 회로인데, 이를 <그림 4.3.24>에 보였다. 이 회로는 전원을 넣으면 다음과 같은 동작 원리에 의하여 즉시 발진을 시작한다.

❶ 커패시터 충전 구간 : V_{26} = V_{LT} → V_{UT}, R = 0, S = 1 또는 0, V_{out} = 1

이때는 출력이 1이고 내부의 방전 트랜지스터가 off되어 있으므로 저항 R_1과 R_2를 통하여 커패시터 C_1이 충전되면서 V_{26} 전압이 증가한다. 이러한 충전 동작은 $V_{26} > V_{LT}$가 되어 S=0이 되더라도 R=0, S=0이 되어 출력이 현재 상태를 유지하므로 그대로 계속된다. 그러다가 커패시터 전압이 $V_{26} > V_{UT}$에 이르면 R=1이 되므로 R=1, S=0이 되어 플립플롭이 리셋되고, 이는 출력을 0으로 바꾸고 방전 트랜지스터가 on되면서 방전 모드로 변한다.

❷ 커패시터 방전 구간 : $V_{26} = V_{UT} \rightarrow V_{LT}$, R = 1 또는 0, S = 0, $V_{out} = 0$

이때는 출력이 0이고 내부의 방전 트랜지스터가 on되어 있으므로 저항 R_2를 통하여 커패시터 C_1의 전압이 방전되면서 V_{26} 전압이 감소한다. 이러한 방전 동작은 $V_{26} < V_{UT}$가 되어 R=0이 되더라도 R=0, S=0이 되어 출력이 현재 상태를 유지하므로 그대로 계속된다. 그러다가 커패시터 전압이 $V_{26} < V_{LT}$에 이르면 S=1이 되므로 R=0, S=1이 되어 플립플롭이 세트되고, 이는 출력을 1로 바꾸고 방전 트랜지스터가 off되면서 충전 모드로 변한다.

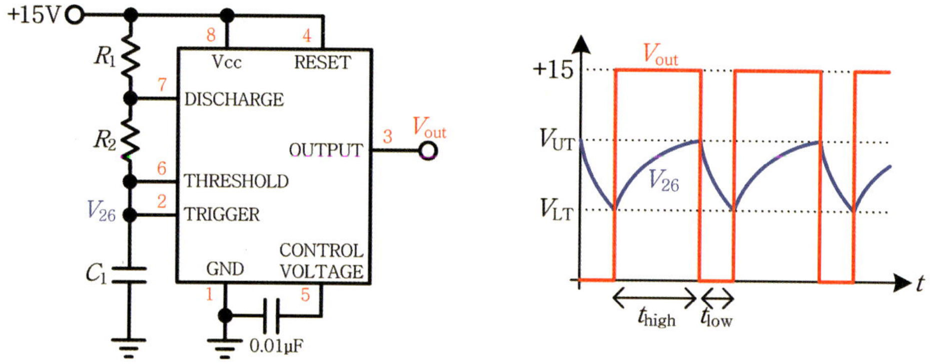

(a) 회로도 (b) 동작 파형

<그림 4.3.24> NE555를 사용한 비안정 멀티바이브레이터 회로

이 회로의 충전 동작에서 미분방정식으로 표현되는 커패시터의 전압 즉 2번 핀 및 6번 핀의 전압 V_{26}을 다음과 같이 구할 수 있다. 이 전압이 증가하다가 V_{UT}와 같아지는 순간을 구하면 출력이 1로 유지되는 시간 t_{high}를 구할 수 있다.

$$v_{26}(t) = (V_{LT} - V_{cc}) \times e^{-\frac{1}{(R_1+R_2)C_1}t} + V_{cc} = V_{UT} = \frac{2}{3}V_{cc}$$

$$\therefore\ t_{high} = (R_1 + R_2)C_1 \times \ln 2 \fallingdotseq 0.6931(R_1 + R_2)C_1$$

이 회로의 방전 동작에서 미분방정식으로 표현되는 커패시터의 전압 즉 2번 핀 및 6번 핀의 전압 V_{26}을 다음과 같이 구할 수 있다. 이 전압이 감소하다가 V_{LT}와 같아지는 순간을 구하면 출력이 0으로 유지되는 시간 t_{low}를 구할 수 있다.

$$v_{26}(t) = V_{\mathrm{UT}} \times e^{-\frac{1}{R_2 C_1}t} = V_{\mathrm{LT}} = \frac{1}{3}V_{cc}$$

$$\therefore\ t_{\mathrm{low}} = R_2 C_1 \times \ln 2 \fallingdotseq 0.6931 R_2 C_1$$

그러므로 NE555를 사용한 이 발진 파형의 주기와 주파수는 다음과 같이 표현된다. 이 발진 주파수를 가변하려면 저항 R_1 또는 R_2를 변화시키면 된다.

$$T = t_{\mathrm{high}} + t_{\mathrm{low}} = (R_1 + 2R_2)C_1 \times \ln 2 \fallingdotseq 0.6931(R_1 + 2R_2)C_1$$

$$f = \frac{1}{T} \fallingdotseq \frac{1.4427}{(R_1 + 2R_2)C_1}$$

이 회로에서 충전할 때는 저항 R_1 및 R_2를 통하여 전류가 흐르고, 방전할 때는 저항 R_2를 통하여 전류가 흐르기 때문에 충전 시간과 방전 시간이 달라서 주파수 신호의 듀티비는 다음과 같이 50%가 넘게 된다.

$$D = \frac{R_1 + R_2}{R_1 + 2R_2} \times 100\ [\%]$$

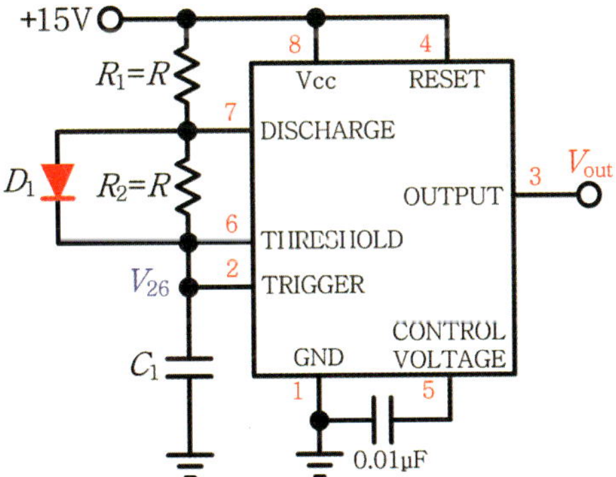

(a) 회로도

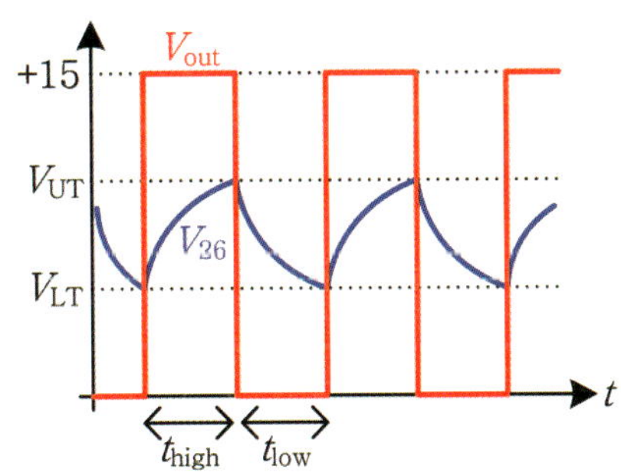

(b) 동작 파형

<그림 4.3.25> NE555를 사용한 비안정 멀티바이브레이터 회로의 수정

이 발진 파형의 듀티비를 50%에 가깝게 하려면 <그림 4.3.25>처럼 저항 R_2와 병렬로 다이오드를 1개 추가하고, 이들 2개의 저항을 서로 같은 값으로 사용하면 된다. 이렇게 하면 커패시터의 충전 전류와 방전 전류가 같은 크기의 저항 1개만을 거쳐서 흐르기 때문에 충전 시간과 방전 시간이 서로 같아진다. 그러면, 이 회로의 발진 주파수 파형에 관련된 식들은 다음과 같이 달라진다.

$$t_{high} = 0.6931R_1C_1 = 0.6931RC_1$$

$$t_{low} = 0.6931R_2C_1 = 0.6931RC_1$$

$$T = t_{high} + t_{low} \fallingdotseq 0.6931(R_1 + R_2)C_1 = 0.6931(2R)C_1$$

$$f = \frac{1}{T} \fallingdotseq \frac{1.4427}{2RC_1} = \frac{0.7213}{RC_1}$$

$$D = \frac{R}{2R} \times 100\ [\%] = 50\ [\%]$$

휴게실

초보는 그 용기와 의욕이 아름답다

어떤 일이나 전문 분야에 새로 뛰어들어서 아직 그것에 대하여 많은 지식이나 경험을 갖추지 못하고 있으며 해당 분야에 두루 익숙하지 않은 사람을 초보자(初步者)라고 한다. 따라서, 초보자는 그 일에 대하여 잘 모르고 때로는 엉뚱한 일을 저지를 수도 있으며, 그것은 너무나 당연한 일로서 전혀 부끄러울 것이 없다. 그러나, 강호의 무림호걸도 처음에는 소림사에 무술을 배우러 들어가서 청소와 심부름을 하면서 물동이를 지는 일부터 시작하는 것이 무림의 세계에서 세상을 살아가는 이치이며, 어떤 숙련된 사람이라도 힘들고 어려웠던 초보 시절이 있게 마련이다. 그 시절 고난의 과정을 통하여 인내하는 법을 배우고, 수많은 허드렛일을 하면서 기초 체력을 기르다 보면 그것들이 쌓여서 나중에 무예를 익히는데 필요한 바탕이 되는 것이다.

이 때문에 숙련자가 초보 시절의 어려웠던 과정을 망각하고 판단과 처신을 잘못하게 되면 세상의 비난을 받는다. "개구리 올챙이 적 생각 못한다."라고도 하고 더 몰지각한 경우에는 "화장실 들어갈 때와 나올 때가 다르다."라고도 한다. 숙련자에게 요구되는 덕목은 스스로의 능력에 도취되지 말 것이며, 초보자 앞에서 교만하지 말라는 것이다. 그러나, 강호의 도사로 지칭되는 무림호걸들이 모두 이러한 덕목을 갖추고 있는 것은 아니다. 어렵게 수련한 무예를 가지고 자신의 안락과 이익을 구하는데만 사용하거나, 더욱 심한 경우는 약한 자, 초보자를 괴롭히는데 사용하기까지 한다.

이처럼 강호의 도사들에게 엄격하게 요구되는 덕목이 있는 반면에 초보자에게도 이보다 덜할지는 모르지만 역시 갖추어야 할 조건이 있다. 전술한 바와 같이 초보자는 그 이름 그대로 초보이기 때문에 잘못된 결과에 대하여 용서되는 부분이 있다. 그러나, 아무리 초보자라고 하더라도 그 동기와 과정까지를 용서받을 수 있는 것은 아니다. 초보가 이미 그 얕은 지식과 능력을 정당하지 못한 목적에 사용하려 하거나, 간사한 방법이나 책략으로 자신의 맡은 바 임무를 피하려 한다면 그것은 정말 못 봐줄 일이다. 또한, 아직 초보임에도 불구하고 자신이 강호의 호걸들과 어깨를 나란히 할 수 있을 것으로 착각하여 교만하거나 사소한 일에도 함부로 칼을 뽑으며 섣불리 경거망동하는 것은 더욱 못 봐줄 일이다.

그러나, 오늘날 기술 분야의 무림에 뛰어든 초보자들에게 있어서 가장 못 봐줄 것이 있다면 그것은 초보가 초보답지 못하다는 점이다. 초보가 청소하고 물동이 지는 일을 기피하면서 바로 무술 훈련을 그것도 목검(木劍)이 아니라 진검(眞劍)을 가지고 수행하려는 무모함은 정말로 눈뜨고 못 봐준다. 또한, 초보가 초보다운 용기와 의욕 때로는 무모할 정도의 도전 정신을 가져야 함에도 불구하고 잔머리와 잔재주에 익숙하고 쉬운 길만을 택하려 하는 것은 그가 초보인지를 의심케 한다. 초보는 그냥이 시간이 흘러간다고 해서 자연히 도사가 되지 않는다. 피나는 수련을 통해서 하루하루의 시간을 긴 세월로 엮어내려 갔을 때 그는 어느날 강호의 고수로 우뚝 설 수가 있는 것이다. 평생을 도장에서 보냈어도 순간순간의 수련을 게을리 하여 무예와 정신이 수준에 이르지 못했다면 그는 얼굴에 주름이 지고 백발이 흩날리더라도 역시 초보일 뿐이다.

초보는 초보다울 때 아름답다. 그는 결과에 대하여 용서받을 수 있는 특권을 가진 만큼 도전의 목적과 과정이 순수하고 성실해야 한다는 의무를 갖는다. 강호의 호걸을 목표로 하여 무예를 닦으려는 의욕이 충만하고, 어떤 가시밭길이라도 뛰어들 수 있는 용기를 갖추어야 하며, 오랜 시간을 참아낼 수 있는 인내가 있어야 한다. 나보다 무예가 앞선 고수에게는 누구에게나 무릎을 꿇고 한 수의 가르침을 청할 수 있는 겸손과 성실함까지를 갖추었다면 그는 진정 아름다운 초보이며 가능성 있는 초보일 것이다.

제5장
능동필터 회로

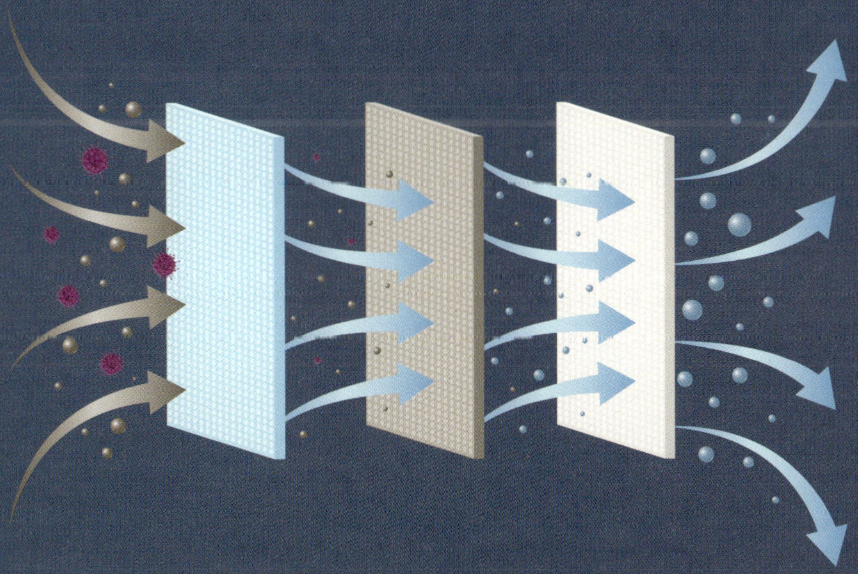

필터는 정밀 계측 및 신호처리 회로에서 매우 중요한 역할을 하는 전자회로이다. 이것은 입력신호 중에서 사용자가 원하는 특정 주파수 대역의 신호만을 출력으로 통과시키고 그 나머지의 신호들은 제거하여 출력되지 않도록 하는 회로이다.

필터 회로에는 대표적인 수동 소자인 R, L, C만을 사용하여 구성하는 수동필터가 있고, 연산증폭기와 같은 반도체 소자를 주요 소자로 사용하는 능동필터가 있는데 당연히 여기서는 능동필터를 중심으로 설명한다. 통과대역에 따라 능동필터는 다시 저역통과 필터, 고역통과 필터, 대역통과 필터, 대역저지 필터 등으로 나눌 수 있다. 일반적으로 사용하는 신호에 비하여 잡음의 주파수가 높은 경우가 많고 이러한 고주파의 잡음을 제거하기 위하여 필터를 사용하게 되므로 아무래도 이 중에서 가장 많이 사용되는 것은 저역통과 필터이다.

요즈음에는 고성능의 마이크로프로세서가 널리 실용화되어 충분한 실시간 연산처리 성능을 발휘하고 있으므로 종래의 하드웨어적인 필터 회로의 기능을 소프트웨어적인 디지털 필터로 대체하거나 또는 하드웨어 필터에 추가적으로 소프트웨어에 의한 디지털 필터를 사용하는 경우도 많다.

필터가 안정적으로 역할을 수행하려면 전체 하드웨어 시스템이 안정적으로 동작하도록 설계되어야 한다는 것이 매우 중요하다. 시스템이 안정적으로 동작하지 않는다면 필터 회로가 불안해져서 필터 이론에 따른 올바른 동작을 기대하기 어렵다. 하드웨어 시스템을 안정화시키는데 중요한 요소들에는 정밀하고 신뢰성 있는 직류 전원 장치를 사용하는 것과 시스템의 올바른 접지 처리, 그리고 잡음이나 신호의 간섭에 대하여 충분히 고려된 PCB 설계 등이 있다.

5.1 저역통과 필터

이 절에서는 먼저 필터가 무엇인지 그 정의부터 시작하여 그것들의 종류나 동작 특성과 같은 기초 사항에 대하여 공부하고, 여러가지 능동필터 회로 중에서 저역통과 필터를 집중적으로 설명한다.

1. 능동필터란 무엇인가

여러가지 주파수가 혼합된 입력신호 중에서 지정된 대역의 주파수를 갖는 신호는 통과(pass)시켜 출력하고 그밖의 신호들은 감쇠시켜 출력에 나타나지 않도록 저지(stop)하는 기능을 수행하는 회로를 필터(filter, 濾波器)라고 한다. 전원장치를 포함하는 아날로그 회로에서는 필터가 매우 중요하며 각종 응용 분야에 다양하게 사용되고 있다. 그러나, 디지털 회로에서는 필터가 그다지 중요하지 않으며, 신호의 잡음에 크게 좌우되지 않고 필터가 없으면서도 안정적으로 동작할 수 있도록 하여 잡음과 필터에서 해방된 것이 디지털 회로의 기본 속성이요 장점이라고 할 수 있다.

▣ 수동필터와 능동필터

필터는 여러가지 기준으로 분류할 수 있으며 매우 다양한 종류가 있다. 먼저 필터를 기본 구조와 속성에 따라 분류하면 수동필터와 능동필터로 나눌 수 있다.

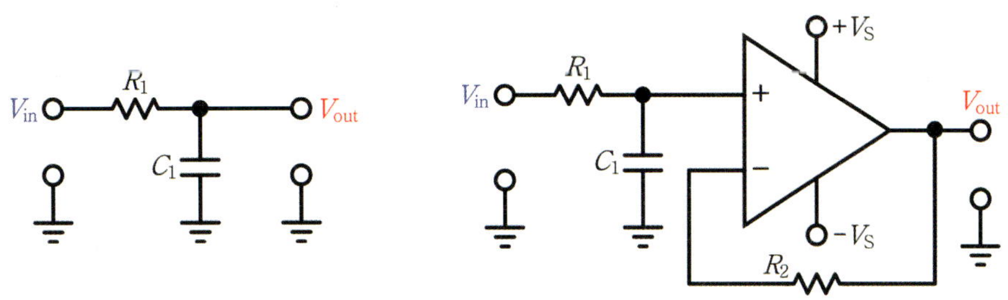

(a) 수동필터 (b) 능동필터

<그림 5.1.1> 수동필터 회로와 능동필터 회로

수동필터(passive filter)는 <그림 5.1.1>의 (a)에 보인 것처럼 저항, 인덕터, 커패시터의 3가지 소자들만을 사용하여 간단히 구성하는데, 1MHz 이상의 높은 주파수 신호에서도 사용할 수 있으며 필터를 위한 직류전원을 사용하지 않으나, 필터의 동작이 부하의 영향을 받을

수 있으므로 좋지 않다.

능동필터(active filter)는 <그림 5.1.1>의 (a)에 보인 것처럼 저항, 인덕터, 커패시터와 같은 소자에 추가적으로 트랜지스터나 연산증폭기 등의 반도체 소자를 사용하여 구성하는데, 1MHz 이하의 영역에서 주로 사용하고 반도체 소자의 동작을 위한 직류전원이 필요하며, 필터의 동작이 부하의 영향을 받지 않게 할 수 있다는 장점을 가진다.

▣ 동작 주파수 대역에 따른 필터의 종류

출력으로 통과시키는 전압 신호의 주파수 대역에 따라 필터를 분류하면 저역통과 필터(LPF ; Low-Pass Filter), 고역통과 필터(HPF ; High-Pass Filter), 대역통과 필터(BPF ; Band-Pass Filter), 대역저지 필터(BSF ; Band-Stop Filter, Band-Rejection Filter, Band-Elimination Filter) 등이 있다. 필터에서 통과 대역(pass band)과 저지 대역(stop band)의 경계에 해당하는 주파수를 차단주파수(cut-off frequency) f_c라고 하는데, 저역통과 필터는 차단주파수 이하의 신호는 통과시키고 차단주파수 이상의 신호는 저지하는 필터이며, 반대로 고역통과 필터는 차단주파수 이상의 신호는 통과시키고 차단주파수 이하의 신호는 저지하는 필터이다. 대역통과 필터와 대역저지 필터에서는 차단주파수가 2개 존재하는데, 주파수 대역의 낮은 쪽 경계에 해당하는 하위 차단주파수를 f_L로 표시하고, 대역의 높은 쪽 경계에 해당하는 상위 차단주파수를 f_H로 표시한다.

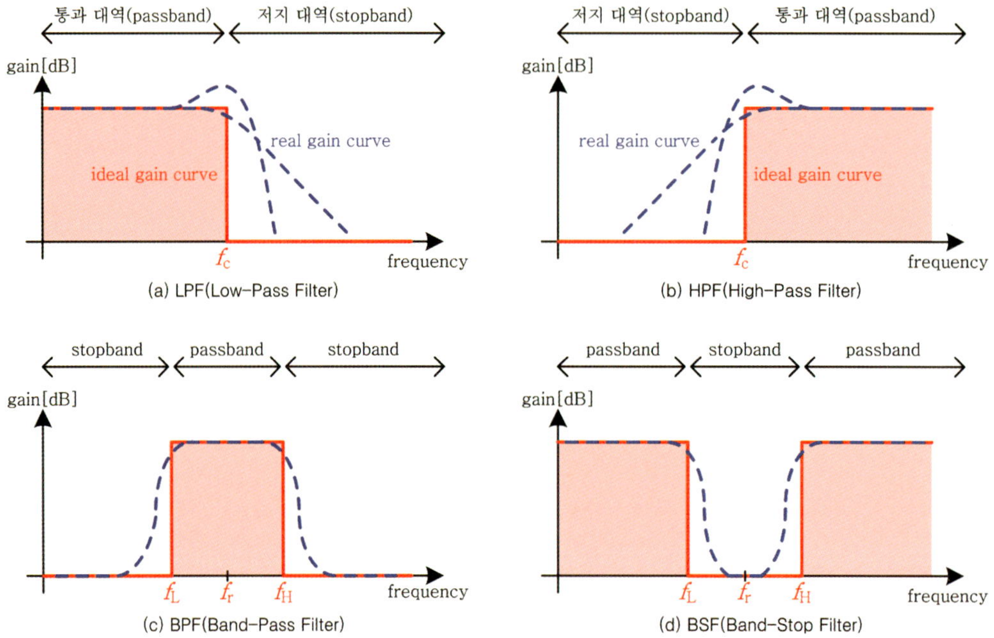

<그림 5.1.2> 동작 주파수 대역에 따른 필터의 종류

하위 차단주파수와 상위 차단주파수의 사이에 공진주파수(resonant frequency) 또는 중심주파수(center frequency) f_0이 존재한다.

이들 필터의 기본은 역시 저역통과 필터 및 고역통과 필터이다. 이들 2가지의 필터를 종속 접속(cascade connection)하고, 여기서 저역통과 필터의 차단주파수가 고역통과 필터의 차단주파수보다 크게 설정하여 통과대역이 중첩되도록 하는 방법으로 광대역(wide band) 대역통과 필터를 구성할 수 있다. 그러나, 통과대역이 좁은 협대역(narrow band) 대역통과 필터는 별도의 방법으로 회로를 설계해야 한다.

★참고★ 전대역 통과 필터(all-pass filter)라는 것도 있는데, 이것은 모든 주파수 대역의 신호를 크기의 증폭이나 감쇠도 없이 출력하는 필터이다. 그러면 전압 폴로워(voltage follower)처럼 차라리 1:1 증폭기라고 부르는 것이 더 어울릴 수도 있을텐데 이것을 굳이 왜 필터라고 부르게 되었을까 생각할 수 있다. 그 이유는 바로 위상의 변화에 있다. 이 필터를 거치면 신호의 크기는 변하지 않지만 주파수에 따라 달라지는 위상의 변화가 있는 것이다. 이 때문에 앞의 <그림 3.3.14> 및 <그림 3.3.16>에서 설명한 위상 시프트 회로(phase shifter)를 전대역 통과 필터라고 부르는 사람도 있다.

▣ 구조 및 동작 특성에 따른 필터의 종류

필터의 최초 설계자나 회로 구성 방식 또는 동작 특성에 따라 분류하면 버터워스 필터(Butterworth filter), 체비셰프 필터(Chebyshev filter), 베셀 필처(Bessel filter), 타원 필터(elliptic filter) 등이 있다.

버터워스 필터는 영국의 물리학자인 Stephen Butterworth가 1930년에 논문으로 발표한 필터로서 통과대역의 이득이 최대값으로 평탄하게 나타나므로 “maximally flat magnitude filter”라고도 불리며, 차단주파수를 벗어나면 이득이 -20dB, -40dB, -60dB 등으로 직선적으로 감쇠(roll-off)하는 우수한 특성을 갖지만 감쇠율은 좀 작아서 감쇠가 느린 편이다.

체비셰프 필터는 러시아의 수학자인 Pavnuty Lvovich Chebyshev가 제안한 수학적 다항식으로 표현되기 때문에 붙여진 이름으로서, 버터워스 필터에 비하여 차단주파수 부근에서의 감쇠 특성이 빨라서 좋지만, 유형 I 에서는 통과대역에서 이득 곡선이 리플(ripple)을 가지며 유형 II 에서는 저지대역에서 이득 곡선이 리플을 가지는 단점이 있다.

베셀 필터는 독일의 수학자 Friedrich Wilhelm Bessel이 만든 베셀 함수 다항식을 사용하여 1949년에 W. E. Thomson이 설계하여 논문으로 발표한 필터로서, 이득 곡선의 형태가 버터워스 필터와 유사한 형태를 가지며 감쇠율은 좀 더 낮은 반면에 주파수에 따른 위상 변화가 선형적이라는 특징이 있다.

타원 필터는 차단주파수에서의 감쇠 특성이 거의 수직에 가까워서 매우 우수하지만, 이득 곡선이 통과대역과 저지대역에서 모두 비슷한 형태의 리플을 갖는 특징이 있다.

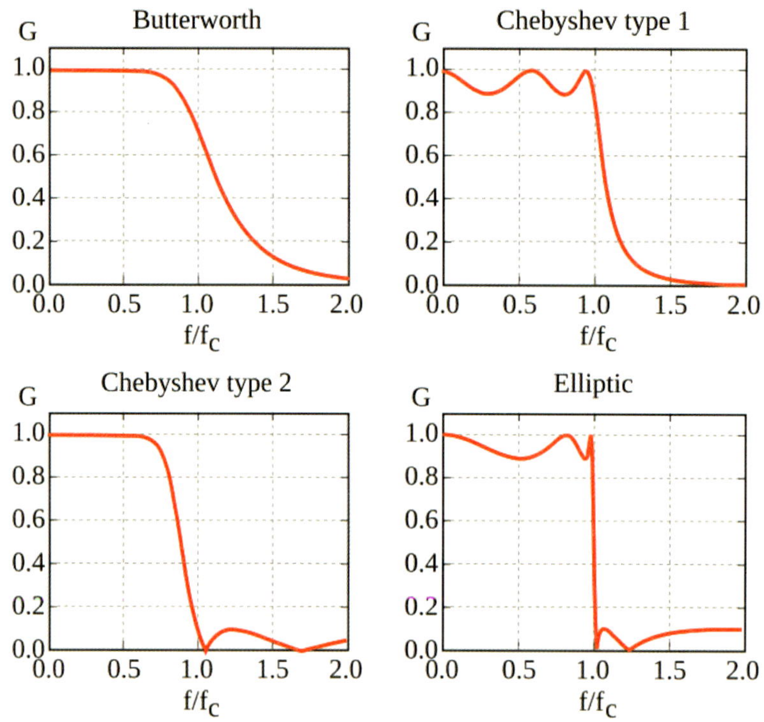

<그림 5.1.3> 버터워스 필터, 체비셰프 필터, 타원 필터의 동작 특성 비교

이들 몇가지 필터의 동작 특성 곡선을 서로 비교하여 보면 <그림 5.1.3>과 같다. 이러한 필터들은 각각의 특성이 서로 다르므로 어느 것이 특별히 우수하다고 평가하기는 어렵다. 장단점이라는 것은 응용 분야에 따라 달라지는 것이라서 어느 분야에서의 장점이 다른 분야에서는 단점이 되기도 하고 또 그 반대의 경우도 있으므로 이들 중에서 어느 필터를 사용할지 선택은 회로 또는 시스템 설계자가 판단하여 결정할 일이다. 다만, 버터워스 필터는 여러 가지 응용 분야에 두루 적용하기에 무난한 특성을 가지고 있으며, 또한 사용자가 자신의 시스템에 적합하도록 이를 상세하게 설계하고 소자를 선정하기가 쉽다는 특징이 있으므로 이 책에서는 버터워스 필터를 중심으로 공부할 것이다.

▣ 필터의 응답에 관련된 주요 사항 요약

필터에서 임의의 주파수를 갖는 출력신호의 크기가 얼마나 감쇠하였는지를 나타내는 척도로서 다음과 같이 감쇠율(attenuation)을 표시할 수 있다. 여기서 $V_{out(midband)}$는 통과대역의 중간 즉 이득 곡선이 평평한 최대값에 해당하는 주파수 신호의 출력전압이고, V_{out}은 감쇠되는 정도를 확인하고자 하는 주파수 신호의 출력전압을 나타낸다.

$$\text{attenuation} = \frac{v_{out}}{v_{out(midband)}}$$

예를 들어서 통과대역 신호의 출력전압이 2V이고 특정 주파수 신호의 출력전압이 1V라면 이 신호의 감쇠율은 1/2 = 0.5가 된다. 그러나, 일반적으로 필터 출력의 감쇠율은 아래와 같이 데시벨 단위로 표현한다.

$$\text{attenuation} = -20\log\left(\frac{v_{out}}{v_{out(midband)}}\right)[\text{dB}]$$

그러므로 위에서 감쇠율이 0.5였던 것을 이처럼 데시벨로 표현하면 -20×log0.5 = 6dB이 된다. 참고로 $1/\sqrt{2}$은 3dB이 되며, 1/2은 6dB, 1/4은 12dB, 1/10은 20dB이 된다. 이상적인 필터에서는 출력신호의 위상 변화가 없으며, 차단주파수에서 이득이 최대값에서 최소값으로 수직 변화한다. 그러나, 실제의 필터에서는 이런 이상적인 특성을 가질 수 없고, 출력신호는 주파수에 따라 달라지는 위상의 변화가 있으며 차단주파수에서 이득이 3dB만큼 감쇠한다. 저역통과 필터에서는 출력신호의 위상이 입력신호에 비하여 늦어지는 지상(lag)으로 나타나며, 고역통과 필터에서는 출력신호의 위상이 입력신호에 비하여 앞서는 진상(lead)으로 나타난다.

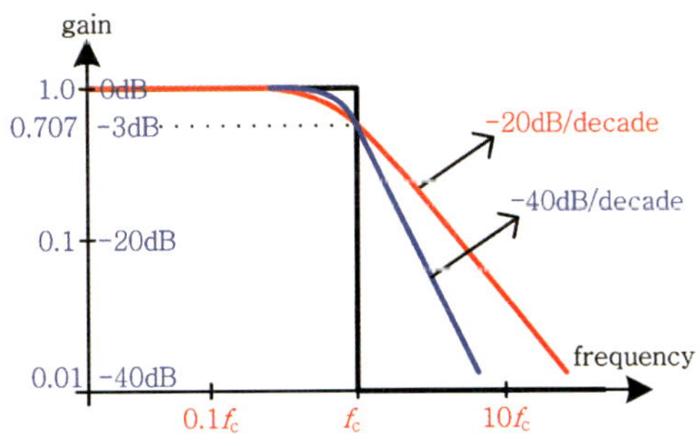

(a) 저역통과 필터의 경우

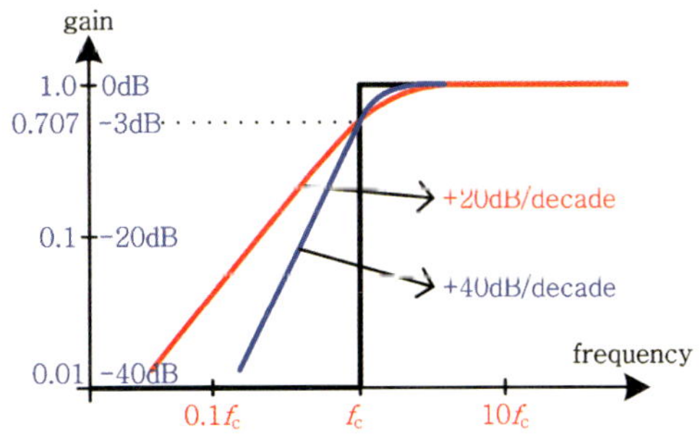

(b) 고역통과 필터의 경우

<그림 5.1.4> 버터워스 필터에서 출력신호의 감쇠율

필터의 차수(order) n은 차단주파수를 지나서 출력신호가 저지대역으로 진입할 때 감쇠율을 결정하는 핵심 파라미터가 된다. 일반적으로 필터의 차수가 커질수록 차단주파수 부근에서의 신호 감쇠율이 커져서 이상적인 필터의 감쇠 특성에 접근한다. 예를 들어 <그림 5.1.4>에 보였듯이 버터워스 필터에서 차수가 n = 1이면 차단주파수 부근에서 주파수 10배 변화에 대한 감쇠율은 20dB이고, n = 2이면 주파수 10배 변화에 대한 감쇠율은 40dB이며,

n = 3이면 주파수 10배 변화에 대한 감쇠율은 60dB이다. 이처럼 필터의 차수가 커지면 회로는 그만큼 복잡해지고, 따라서 이 필터 회로의 해석도 복잡해지며 감쇠율이 커져서 주파수 차단 특성이 급격해진다.

수동필터에서의 차수는 이 필터 회로에 사용된 인덕터와 커패시터의 수로 결정된다. 예를 들어 인덕터가 1개, 커패시터가 2개 사용되었다면 이 필터의 차수는 n = 3이다. 그러나, 능동필터에서는 인덕터를 거의 사용하지 않으므로 RC 회로의 수 또는 극(pole) 수가 이 필터의 차수가 된다. 그런데, 능동필터 회로에서 저항 R과 커패시터 C 소자의 매칭을 일일이 확인하기 어려울 경우가 많으므로 현실적으로는 그냥 커패시터 C의 수를 차수로 간주한다.

2. 기본적인 1차 저역통과 필터

이제 우리가 첫번째로 공부할 능동필터로서 <그림 5.1.5>에 기본적인 1차 저역통과 필터를 보였다. 이것은 가장 기본적인 RC 형태의 수동필터에 연산증폭기를 사용한 전압 폴로워(voltage follower) 추가하여 필터의 동작이 부하의 영향을 받지 않도록 처리한 능동필터라는 것을 한눈에 알아볼 수 있다. 이 회로의 전압 폴로워에서 피드백 저항은 오프셋 전류에 의한 출력전압의 오차를 제거하기 위한 전류 보상 저항이다.

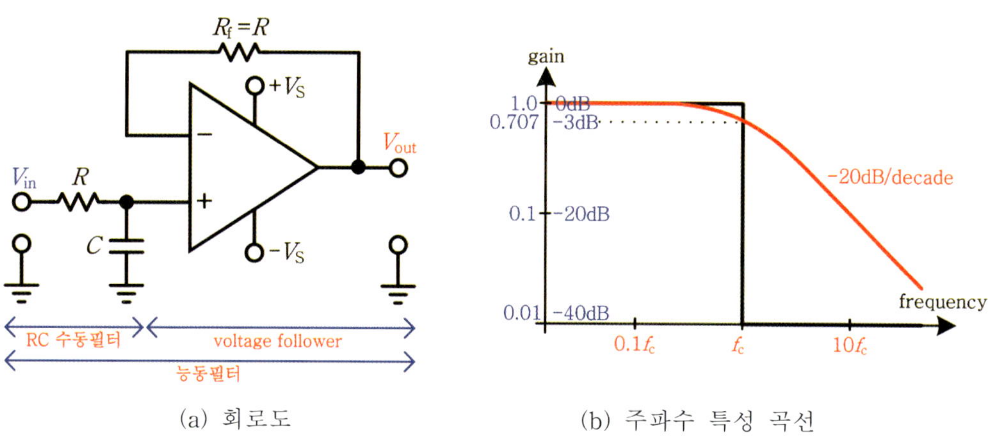

(a) 회로도 (b) 주파수 특성 곡선

<그림 5.1.5> 기본적인 1차 저역통과 필터

이 저역통과 필터의 전압이득 A_v는 다음과 같이 계산할 수 있다. 증폭기 회로에서는 입력과 출력의 관계를 폐루프 전압이득 A_{CL}로 표시하였으나 이제부터 필터에서는 입력과 출력의 관계를 전압이득 A_v로 표시하기로 한다.

$$A_v = \frac{V_{out}}{V_{in}} = \frac{\frac{1}{j\omega C}}{R + \frac{1}{j\omega C}} = \frac{1}{1+j\omega RC} = \frac{1}{1+j2\pi fRC}$$

여기서는 j는 복소수를 나타내는 기호로서 $j=\sqrt{-1}$ 이며, $\omega=2\pi f$ 는 [rad/s] 단위로 표현되는 입력신호의 각주파수(angular frequency)이다. 이 전압이득의 크기는 다음과 같이 나타낼 수 있으며, 이로부터 이와 같은 1차 저역통과 필터의 특성을 다음과 같이 요약할 수 있다.

$$|A_v| = \left|\frac{1}{1+j\omega RC}\right| = \frac{1}{\sqrt{1+(\omega RC)^2}}$$

① 입력신호의 주파수가 매우 낮아져서 $\omega \to 0$으로 되면 전압이득의 크기는 1로 되고, 반대로 주파수가 매우 높아져서 $\omega \to \infty$로 되면 전압이득의 크기는 0으로 된다.

② 차단주파수 $\omega_c = 2\pi f_c$에서 $\omega_c RC = 1$이 되므로 전압이득의 크기는 다음과 같이 된다.

$$|A_v| = \frac{1}{\sqrt{1+(\omega RC)^2}} = \frac{1}{\sqrt{1+1^2}} = \frac{1}{\sqrt{2}} \fallingdotseq 0.707 = -3\text{dB}\,(=20\log 0.707)$$

③ 차단주파수 $\omega_c = 2\pi f_c$에서 $\omega_c RC = 1$이 되므로 전압이득 식은 다음과 같이 표현되어 이 주파수를 갖는 출력신호의 위상은 45°만큼 지연된다.

$$A_v = \frac{1}{1+j\omega RC} = \frac{1}{1+j} = \frac{1}{\sqrt{2}\angle 45^\circ} = \frac{1}{\sqrt{2}}\angle -45^\circ$$

④ 차단주파수 이상의 영역에서 전압이득의 크기는 -20dB/decade로 감쇠한다.

만약 이 회로에서 R = 10kΩ, C = 680pF를 사용하였다면 차단주파수는 다음과 같이 계산되어 약 2.34kHz가 된다.

$$f_c = \frac{1}{2\pi RC} \fallingdotseq \frac{1}{2\times 3.14\times(10\times 10^3)\times(680\times 10^{-12})} = 2.34[\text{kHz}]$$

이러한 1차 저역통과 필터의 전압이득과 입출력 위상차가 입력신호의 주파수 변화에 따라 어떻게 변화하는지를 표로 정리하면 <표 5.1.1>과 같다. 여기서 주파수는 차단주파수에 대한 비율로 표시하였다.

<표 5.1.1> 1차 저역통과 필터의 주파수 변화에 따른 전압이득 및 위상차의 추이

주파수 f/f_c	전압이득의 크기	위상차[°]
0.1	1.0	-6
0.25	0.97	-14
0.5	0.89	-27
1	0.707	-45
2	0.445	-63
4	0.25	-76
10	0.1	-84
∞	0	-90

<그림 5.1.5>에 보인 기본적인 1차 저역통과 필터는 <그림 5.1.6>처럼 변형시켜 사용하는 것도 가능하다. 이 그림의 (a)에 보인 회로는 연산증폭기가 전압 폴로워가 아니라 비반전 증폭기로 사용되었으므로 다음과 같은 차단주파수를 갖는 저역통과 필터의 기능에 추가적으로 증폭 기능을 갖게 된다.

$$f_c = \frac{1}{2\pi RC}$$

$$A_v = 1 + \frac{R_f}{R_1}$$

또한, 그림의 (b) 회로는 연산증폭기가 필터를 구성하면서 반전 증폭기의 기능을 수행하므로 차단주파수와 전압이득은 다음과 같이 된다.

$$f_c = \frac{1}{2\pi R_f C}$$

$$A_v = -\frac{R_f}{R_1}$$

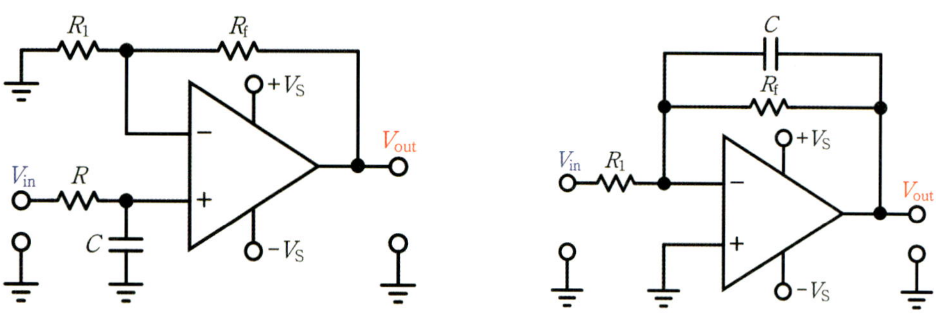

(a) 비반전 증폭기 타입 (b) 반전 증폭기 타입

<그림 5.1.6> 다른 형태의 1차 저역통과 필터

3. 버터워스 저역통과 필터

(1) 2차 버터워스 저역통과 필터

이번에는 2차 버터워스 저역통과 필터를 <그림 5.1.7>에 보였다. 이것은 RC 회로가 2개 포함되어 있으므로 2차 필터이며, 통과대역에서의 전압이득 곡선이 매우 평평하게 나타나고 차단주파수 이상의 영역에서 출력신호의 감쇠 특성이 -40dB/decade가 된다.

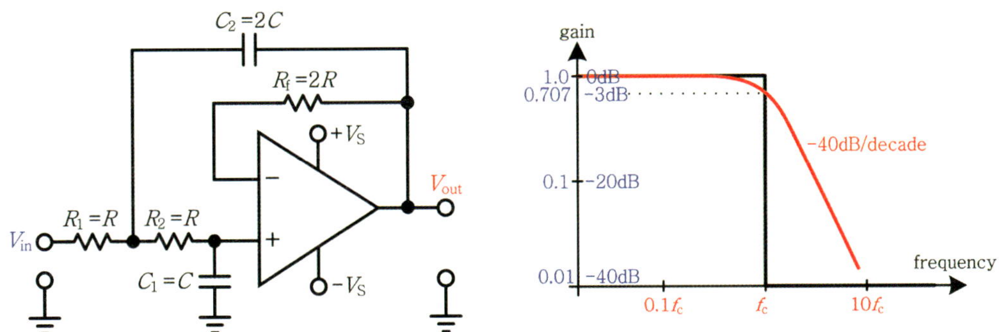

(a) 회로도　　　　(b) 주파수 특성 곡선

<그림 5.1.7> 2차 버터워스 저역통과 필터

이 회로에서 피드백 저항 R_f는 연산증폭기의 오프셋 전류 보상용으로 사용된 것이며, 이 필터의 차단주파수는 다음과 같이 계산된다.

$$f_c = \frac{1}{2\pi\sqrt{R_1R_2C_1C_2}} = \frac{1}{2\pi\sqrt{RRC2C}} = \frac{1}{2\sqrt{2}\pi RC}$$

이러한 2차 버터워스 저역통과 필터를 설계하는 과정은 다음과 같다.

❶ 필터의 차단주파수 ω_c 또는 f_c를 결정한다. 이는 응용 분야에 따라 설계자가 적절하게 선택한다.

❷ 커패시터 C_1의 정전용량을 100pF ~ 0.1μF의 범위에서 선정한다.

❸ 커패시터 C_2의 정전용량을 C_1의 2배가 되도록 선정한다. 이러한 정전용량을 가지는 커패시터를 선정하기 어려울 때는 C_1과 같은 커패시터를 2개 병렬로 연결하여 사용한다.

❹ 다음과 같은 저항값을 갖는 저항 R_1과 R_2를 선정한다.

$$R = \frac{1}{\sqrt{2}\,\omega_c C} = \frac{1}{2\sqrt{2}\pi f_c C}$$

❺ 피드백 저항 R_f는 저항 R_1 및 R_2보다 2배 큰 값으로 선정한다. 이러한 저항값을 가지는 소자를 선정하기 어려울 때는 R_1 및 R_2와 같은 저항을 2개 직렬로 연결하여 사용하기도 한다. 여기서, 모든 저항 소자는 10kΩ~100kΩ 정도를 사용하는 것이 좋다.

이상의 설계 과정에서 커패시터와 저항 소자는 계산값에 가장 근접하는 값을 갖는 것으로 선정하면 된다. 그러나, 계산된 값에 근접하는 저항 소자가 없을 경우에는 ❷에서 커패시터의 정전용량을 다른 값으로 변경하고 그 나머지 과정을 다시 설계하는 방법도 있다.

이러한 2차 버터워스 저역통과 필터의 전압이득과 입출력 위상차가 입력신호의 주파수 변화에 따라 어떻게 변화하는지를 표로 정리하면 <표 5.1.2>와 같다. 여기서 주파수는 차단주파수에 대한 비율로 표시하였다.

<표 5.1.2> 2차 버터워스 저역통과 필터의 주파수 변화에 따른 전압이득 및 위상차의 추이

주파수 f/f_c	전압이득의 크기	위상차[°]
0.1	1.0	-8
0.25	0.998	-21
0.5	0.97	-43
1	0.707	-90
2	0.24	-137
4	0.053	-143
10	0.01	-172
∞	0	-180

(2) 고차 버터워스 저역통과 필터

3차 이상의 고차 버터워스 저역통과 필터는 앞에서 공부한 기본 1차 저역통과 필터와 2차 버터워스 저역통과 필터를 여러개 종속 접속(cascade connection)하는 방법으로 쉽게 구현할 수 있다. 이처럼 여러개의 필터를 종속 접속할 때 이것들을 연결하는 순서는 중요하지 않으므로 서로 순서를 바꾸어 연결하더라도 무방하다.

이러한 방법으로 2차 버터워스 저역통과 필터와 1차 기본 저역통과 필터를 차례로 종속 접속하여 3차 저역통과 필터를 구현한 예를 <그림 5.1.8>에 보였다. 여기서는 2차 저역통과 필터를 앞에 사용하고 기본 1차 저역통과 필터를 뒤에 연결하였으나 이것들의 순서를 서로 바꾸어도 아무런 문제가 없다. 이것의 전압이득은 다음과 같이 계산되며, 통과대역에서의 전압이득 곡선이 평평하게 나타나고 차단주파수 이상의 영역에서 출력신호의 감쇠 특성이 -60dB/decade가 된다.

$$A_v = \frac{V_{o1}}{V_{in}} \times \frac{V_{out}}{V_{o1}} = \frac{V_{out}}{V_{in}}$$

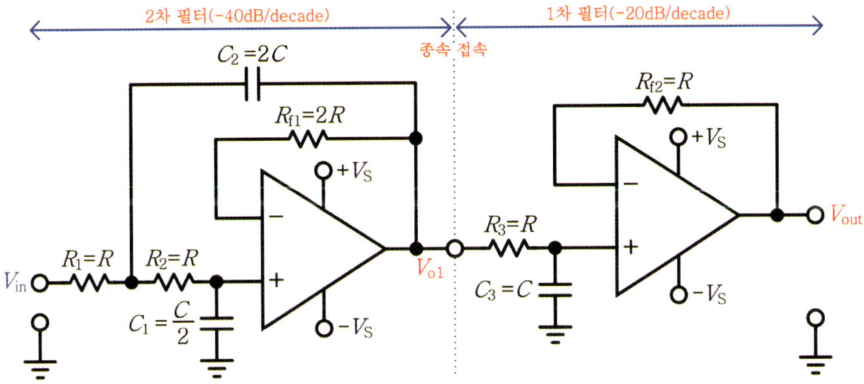

<그림 5.1.8> 3차 버터워스 저역통과 필터

이 회로에서 필터의 차단주파수는 다음과 같이 계산된다.

$$f_c = \frac{1}{2\pi\sqrt[3]{R^3 C_1 C_2 C_3}} = \frac{1}{2\pi\sqrt[3]{R^3 \frac{C}{2} 2CC}} = \frac{1}{2\pi RC}$$

이러한 3차 버터워스 저역통과 필터를 설계하는 과정은 다음과 같다.

❶ 필터의 차단주파수 ω_c 또는 f_c를 결정한다. 이는 응용 분야에 따라 설계자가 적절하게 선택한다.

❷ 커패시터 C_3의 정전용량을 0.001㎌~0.1㎌의 범위에서 선정한다.

❸ 커패시터 C_1의 정전용량은 C_3의 1/2이 되고, 커패시터 C_2의 정전용량은 C_3의 2배가 되도록 선정한다. 정전용량이 1/2이 되도록 하려면 동일한 2개의 커패시터를 직렬 연결하면 되고, 정전용량이 2배가 되도록 하려면 동일한 커패시터를 2개 병렬로 연결하면 된다.

❹ 다음과 같은 저항값을 갖는 저항 R_1, R_2, R_3을 동일하게 선정한다.

$$R = \frac{1}{\omega_c C} = \frac{1}{2\pi f_c C}$$

❺ 피드백 저항 R_{f1}은 저항 R_1 및 R_2보다 2배 큰 값으로 선정하고, 피드백 저항 R_{f2}는 저항 R_3과 같은 값으로 선정한다. 2배의 저항값을 가지는 소자를 선정하기 어려울 때는 동일한 저항을 2개 직렬로 연결하여 사용할 수 있다. 여기서, 모든 저항 소자는 10kΩ~100kΩ 정도를 사용하는 것이 좋다.

이상의 설계 과정에서 커패시터와 저항 소자는 계산값에 가장 근접하는 값을 갖는 것으로 선정하면 된다. 그러나, 계산된 값에 근접하는 저항 소자가 없을 경우에는 ❷에서 커패시터의 정전용량을 다른 값으로 변경하고 그 나머지 과정을 다시 설계하는 방법도 있다.

이러한 3차 버터워스 저역통과 필터의 전압이득과 입출력 위상차가 입력신호의 주파수 변화에 따라 어떻게 변화하는지를 표로 정리하면 <표 5.1.3>과 같다. 여기서 주파수는 차단 주파수에 대한 비율로 표시하였다.

<표 5.1.3> 3차 버터워스 저역통과 필터의 주파수 변화에 따른 전압이득 및 위상차의 추이

주파수 f/f_c	전압이득의 크기	위상차[°]
0.1	1.0	-12
0.25	0.999	-29
0.5	0.992	-60
1	0.707	-135
2	0.124	-210
4	0.022	-226
10	0.001	-256
∞	0	-270

(3) 다른 형태의 저역통과 필터

이밖에도 2차 저역통과 필터에는 더 많은 종류들이 있는데, 그 예로서 <그림 5.1.9>에 Sallen-Key 타입의 2차 저역통과 필터 회로와 다중 피드백(MFB ; multiple feedback) 타입의 2차 저역통과 필터 회로를 보였다.

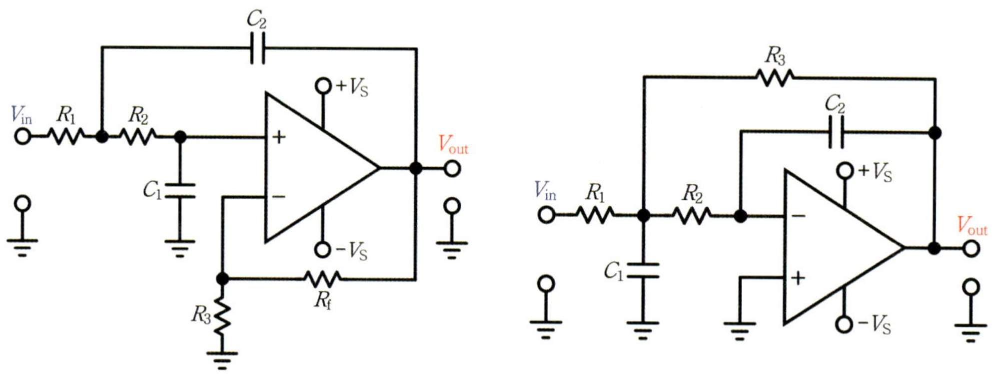

(a) Sallen-Key 타입 (b) 다중 피드백 타입

<그림 5.1.9> 다른 형태의 2차 저역통과 필터

그림의 (a)와 같은 Sallen-Key 타입의 2차 저역통과 필터 회로에서는 2개의 저항값이

$R_1 = R_2 = R$로 같고, 2개 커패시터의 정전용량도 $C_1 = C_2 = C$로 같으며, 연산증폭기는 기본적으로 비반전 증폭기의 형태가 되어 이 필터의 이득은 다음과 같이 표현되는데, 이 이득은 3보다 작게 설계해야 한다.

$$A_v = 1 + \frac{R_f}{R_3}$$

또한, 이 필터의 Q값은 다음과 같이 전압이득에 의하여 달라진다. 여기서 보면 전압이득 A_v의 최소값은 1이므로 Q값의 최소값은 0.5이며, 전압이득이 1~3의 범위에서 커지면 Q값은 0.5에서 ∞까지 커진다. 만약, 전압이득이 3을 넘게 되면 피드백이 너무 커서 이 회로는 발진하게 된다.

$$Q = \frac{1}{3 - A_v}$$

그림의 (b)와 같은 다중 피드백 타입의 2차 저역통과 필터 회로에서 연산증폭기는 기본적으로 반전 증폭기의 형태가 되어 이 필터의 이득은 다음과 같이 표현된다.

$$A_v = -\frac{R_3}{R_1}$$

이러한 필터 회로는 나름대로 특정 용도에서 유용한 특징을 가지고 있으나, 수학적인 해석이 복잡하며 버터워스 필터의 경우처럼 사용자가 간단하게 설계하여 사용하기에는 어려움이 있으므로 여기서는 더 이상 자세하게 취급하지 않는다.

5.2 고역통과 필터

이 절에서는 앞에서 설명한 저역통과 필터의 반대되는 특성을 갖는 고역통과 필터에 대하여 공부한다. 이 2가지 종류의 필터들은 구조나 동작 특성이 거의 정반대로 되어 있다.

1. 기본적인 1차 고역통과 필터

아래의 <그림 5.2.1>에 기본적인 1차 고역통과 필터를 보였다. 이것은 <그림 5.1.5>에서 설명한 기본 저역통과 필터에서 저항 R과 커패시터 C의 위치를 서로 바꾸어 놓은 CR 형태의 수동필터에 연산증폭기를 사용한 전압 폴로워를 추가하여 필터의 동작이 부하의 영향을 받지 않도록 처리한 능동필터라는 것을 한눈에 알아볼 수 있다. 이 회로의 전압 폴로워에서 피드백 저항은 오프셋 전류에 의한 출력전압의 오차를 제거하기 위한 전류 보상 저항이다.

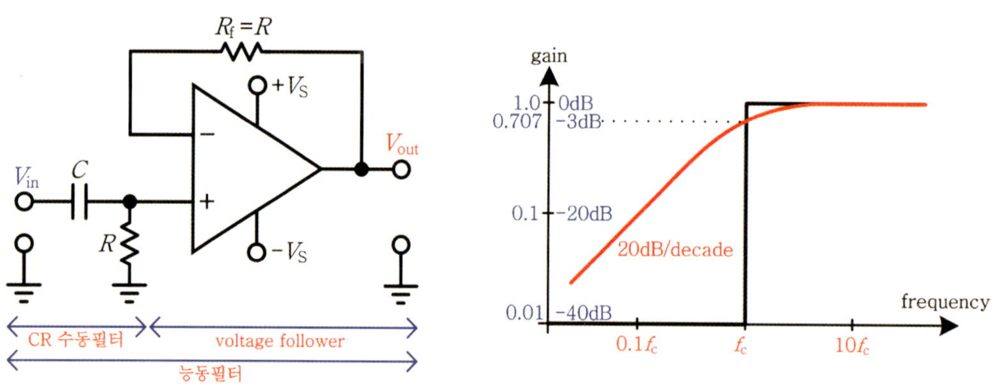

(a) 회로도 (b) 주파수 특성 곡선

<그림 5.2.1> 기본적인 1차 고역통과 필터

이 고역통과 필터의 전압이득 A_v는 다음과 같이 계산할 수 있다. 증폭기 회로에서는 입력과 출력의 관계를 폐루프 전압이득 A_{CL}로 표시하였으나 이제부터 필터에서는 입력과 출력의 관계를 전압이득 A_v로 표시하기로 한다.

$$A_v = \frac{V_{out}}{V_{in}} = \frac{R}{R + \dfrac{1}{j\omega C}} = \frac{1}{1 - j\dfrac{1}{\omega RC}} = \frac{1}{1 - j\dfrac{1}{2\pi fRC}}$$

여기서는 j는 복소수를 나타내는 기호로서 $j=\sqrt{-1}$ 이며, $\omega=2\pi f$ 는 [rad/s] 단위로 표현되는 입력신호의 각주파수(angular frequency)이다. 이 전압이득의 크기는 다음과 같이 나타낼 수 있으며, 이로부터 이와 같은 1차 고역통과 필터의 특성을 다음과 같이 요약할 수 있다.

$$|A_v| = \left|\frac{1}{1-j\frac{1}{\omega RC}}\right| = \frac{1}{\sqrt{1+\left(\frac{1}{\omega RC}\right)^2}}$$

① 입력신호의 주파수가 매우 낮아져서 $\omega \to 0$으로 되면 전압이득의 크기는 0으로 되고, 반대로 주파수가 매우 높아져서 $\omega \to \infty$로 되면 전압이득의 크기는 1로 된다.

② 차단주파수 $\omega_c = 2\pi f_c$에서 $1/(\omega_c RC)=1$이 되므로 전압이득의 크기는 다음과 같이 된다.

$$|A_v| = \frac{1}{\sqrt{1+\left(\frac{1}{\omega RC}\right)^2}} = \frac{1}{\sqrt{1+1^2}} = \frac{1}{\sqrt{2}} \fallingdotseq 0.707 = -3\text{dB}\,(=20\log 0.707)$$

③ 차단주파수 $\omega_c = 2\pi f_c$에서 $1/(\omega_c RC)=1$이 되므로 전압이득 식은 다음과 같이 표현되어 이 주파수를 갖는 출력신호의 위상은 45°만큼 빨라진다.

$$A_v = \frac{1}{1-j\frac{1}{\omega RC}} = \frac{1}{1-j} = \frac{1}{\sqrt{2}\angle -45^\circ} = \frac{1}{\sqrt{2}}\angle 45^\circ$$

④ 차단주파수 이하의 영역에서 전압이득의 크기는 20dB/decade로 증가한다.

만약 이 회로에서 R = 10kΩ, C = 680pF를 사용하였다면 차단주파수는 다음과 같이 계산되어 약 2.34kHz가 된다.

$$f_c = \frac{1}{2\pi RC} \fallingdotseq \frac{1}{2\times 3.14\times(10\times 10^3)\times(680\times 10^{-12})} = 2.34[\text{kHz}]$$

이러한 1차 고역통과 필터의 전압이득과 입출력 위상차가 입력신호의 주파수 변화에 따라 어떻게 변화하는지를 표로 정리하면 <표 5.2.1>과 같다. 여기서 주파수는 차단주파수에 대한 비율로 표시하였다.

<표 5.2.1> 1차 고역통과 필터의 주파수 변화에 따른 전압이득 및 위상차의 추이

주파수 f/f_c	전압이득의 크기	위상차[°]
0	0	90
0.1	0.1	84
0.25	0.25	76
0.5	0.445	63
1	0.707	45
2	0.89	27
4	0.97	14
10	1.0	6

<그림 5.2.1>에 보인 기본적인 1차 고역통과 필터는 <그림 5.2.2>처럼 변형시켜 사용하는 것도 가능하다. 이 그림의 (a)에 보인 회로는 연산증폭기가 전압 폴로워가 아니라 비반전 증폭기로 사용되었으므로 다음과 같은 차단주파수를 갖는 고역통과 필터의 기능에 추가적으로 증폭 기능을 갖게 된다.

$$f_c = \frac{1}{2\pi RC}$$

$$A_v = 1 + \frac{R_f}{R_1}$$

또한, 그림의 (b) 회로는 연산증폭기가 필터를 구성하면서 반전 증폭기의 기능을 수행하므로 차단주파수와 전압이득은 다음과 같이 된다.

$$f_c = \frac{1}{2\pi RC_f}$$

$$A_v = -\frac{X_{Cf}}{X_{C1}} = -\frac{C_1}{C_f}$$

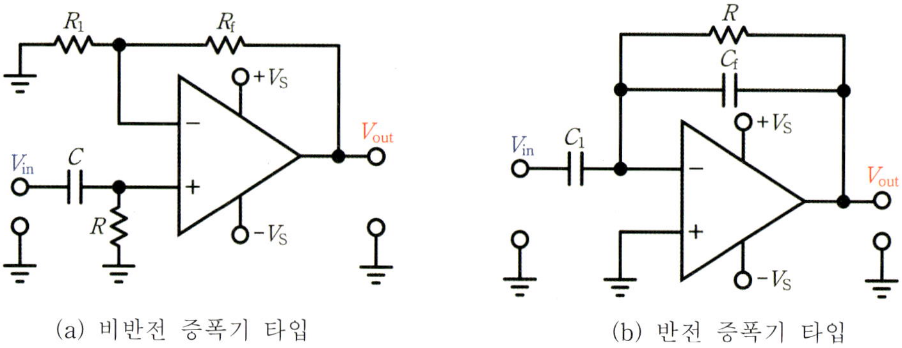

(a) 비반전 증폭기 타입 (b) 반전 증폭기 타입

<그림 5.2.2> 다른 형태의 1차 고역통과 필터

2. 버터워스 고역통과 필터

(1) 2차 버터워스 고역통과 필터

이번에는 2차 버터워스 고역통과 필터를 <그림 5.2.3>에 보였다. 이것은 RC 회로가 2개 포함되어 있으므로 2차 필터이며, 통과대역에서의 전압이득 곡선이 매우 평평하게 나타나고 차단주파수 이상의 영역에서 출력신호의 감쇠 특성이 40dB/decade가 된다.

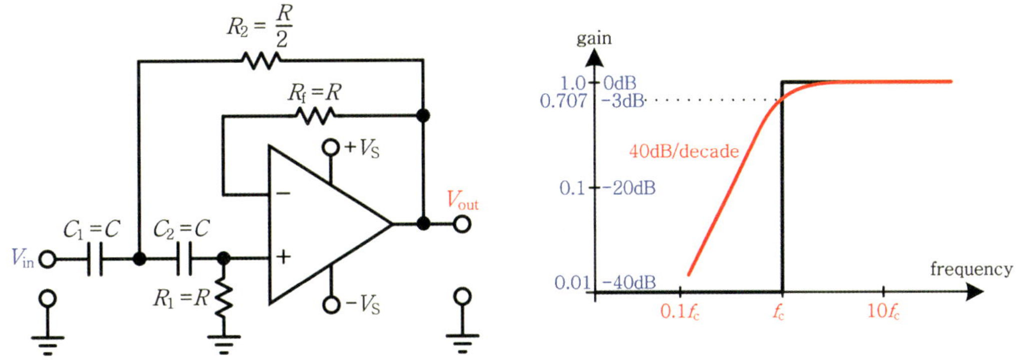

(a) 회로도　　　　(b) 주파수 특성 곡선

<그림 5.2.3> 2차 버터워스 고역통과 필터

이 회로에서 피드백 저항 R_f는 연산증폭기의 오프셋 전류 보상용으로 사용된 것이며, 이 필터의 차단주파수는 다음과 같이 계산된다.

$$f_c = \frac{1}{2\pi\sqrt{R_1R_2C_1C_2}} = \frac{1}{2\pi\sqrt{R\frac{R}{2}CC}} = \frac{\sqrt{2}}{2\pi RC} = \frac{1}{\sqrt{2}\pi RC}$$

이러한 2차 버터워스 고역통과 필터를 설계하는 과정은 다음과 같다.

❶ 필터의 차단주파수 ω_c 또는 f_c를 결정한다. 이는 응용 분야에 따라 설계자가 적절하게 선택한다.

❷ 커패시터 C_1 및 C_2의 정전용량을 100pF ~ 0.1㎌의 범위에서 선정한다.

❸ 다음과 같은 저항값을 갖는 저항 R_1을 선정한다.

$$R = \frac{\sqrt{2}}{\omega_c C} = \frac{\sqrt{2}}{2\pi f_c C} = \frac{1}{\sqrt{2}\pi f_c C}$$

❹ 저항 R_2는 저항 R_1의 1/2이 되도록 선정한다. 이러한 저항값을 가지는 소자를 선정하기 어려울 때는 R_1과 같은 저항을 2개 병렬로 연결하여 사용하기도 한다.

❺ 피드백 저항 R_f는 저항 R_1과 같은 값으로 선정한다. 여기서, 모든 저항 소자는 10kΩ~100kΩ 정도를 사용하는 것이 좋다.

이상의 설계 과정에서 커패시터와 저항 소자는 계산값에 가장 근접하는 값을 갖는 것으로 선정하면 된다. 그러나, 계산된 값에 근접하는 저항 소자가 없을 경우에는 ❷에서 커패시터의 정전용량을 다른 값으로 변경하고 그 나머지 과정을 다시 설계하는 방법도 있다.

이러한 2차 버터워스 저역통과 필터의 전압이득과 입출력 위상차가 입력신호의 주파수 변화에 따라 어떻게 변화하는지를 표로 정리하면 <표 5.2.2>와 같다. 여기서 주파수는 차단주파수에 대한 비율로 표시하였다.

<표 5.2.2> 2차 버터워스 고역통과 필터의 주파수 변화에 따른 전압이득 및 위상차의 추이

주파수 f/f_c	전압이득의 크기	위상차[°]
0	0	180
0.1	0.01	172
0.25	0.053	143
0.5	0.24	137
1	0.707	90
2	0.97	43
4	0.998	21
10	1.0	8

(2) 고차 버터워스 고역통과 필터

3차 이상의 고차 버터워스 고역통과 필터는 앞에서 공부한 기본 1차 고역통과 필터와 2차 버터워스 고역통과 필터를 여러개 종속 접속(cascade connection)하는 방법으로 쉽게 구현할 수 있다. 이처럼 여러개의 필터를 종속 접속할 때 이것들을 연결하는 순서는 중요하지 않으므로 서로 순서를 바꾸어 연결하더라도 무방하다.

이러한 방법으로 2차 버터워스 고역통과 필터와 1차 기본 고역통과 필터를 종속 접속하여 3차 고역통과 필터를 구현한 예를 <그림 5.2.4>에 보였다. 여기서는 2차 고역통과 필터를 앞에 사용하고 기본 1차 고역통과 필터를 뒤에 연결하였으나 이것들의 순서를 서로 바꾸어도 문제가 없다. 이것의 전압이득은 다음과 같이 계산되며, 통과대역에서의 전압이득 곡선이 평평하게 나타나고 차단주파수 이하의 영역에서 출력신호의 감쇠 특성이 60dB/decade가 된다.

$$A_v = \frac{V_{o1}}{V_{in}} \times \frac{V_{out}}{V_{o1}} = \frac{V_{out}}{V_{in}}$$

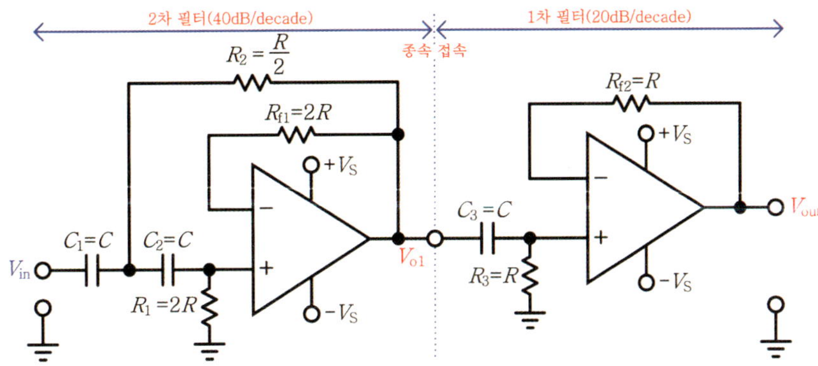

<그림 5.2.4> 3차 버터워스 고역통과 필터

이 회로에서 필터의 차단주파수는 다음과 같이 계산된다.

$$f_c=\frac{1}{2\pi\sqrt[3]{R_1R_2R_3C^3}}=\frac{1}{2\pi\sqrt[3]{2R\frac{R}{2}RC^3}}=\frac{1}{2\pi RC}$$

이러한 3차 버터워스 고역통과 필터를 설계하는 과정은 다음과 같다.

❶ 필터의 차단주파수 ω_c 또는 f_c를 결정한다. 이는 응용 분야에 따라 설계자가 적절하게 선택한다.

❷ 커패시터 C_1, C_2, C_3의 정전용량을 100pF ~ 0.1㎌의 범위에서 동일하게 선정한다.

❸ 다음과 같은 저항값을 갖는 저항 R_3을 선정한다.

$$R=\frac{1}{\omega_c C}=\frac{1}{2\pi f_c C}$$

❹ 저항 R_1은 R_3의 2배가 되고, 저항 R_2의 R_3의 1/2이 되도록 선정한다. 저항값이 2배로 되도록 하려면 동일한 2개의 저항을 직렬 연결하면 되고, 저항값이 1/2이 되도록 하려면 동일한 저항을 2개 병렬로 연결하면 된다.

❺ 피드백 저항 R_{f1}은 저항 R_1과 같게 $2R$로 선정하고, 피드백 저항 R_{f2}는 저항 R_3과 같게 R로 선정한다. 여기서, 모든 저항 소자는 10kΩ ~ 100kΩ 정도를 사용하는 것이 좋다.

이상의 설계 과정에서 커패시터와 저항 소자는 계산값에 가장 근접하는 값을 갖는 것으로 선정하면 된다. 그러나, 계산된 값에 근접하는 저항 소자가 없을 경우에는 ❷에서 커패시터의 정전용량을 다른 값으로 변경하고 그 나머지 과정을 다시 설계하는 방법도 있다.

이러한 3차 버터워스 고역통과 필터의 전압이득과 입출력 위상차가 입력신호의 주파수 변화에 따라 어떻게 변화하는지를 표로 정리하면 <표 5.2.3>과 같다. 여기서 주파수는 차단 주파수에 대한 비율로 표시하였다.

<표 5.2.3> 3차 버터워스 고역통과 필터의 주파수 변화에 따른 전압이득 및 위상차의 추이

주파수 f/f_c	전압이득의 크기	위상차[°]
0	0	270
0.1	0.001	256
0.25	0.022	226
0.5	0.124	210
1	0.707	135
2	0.992	60
4	0.999	29
10	1.0	12

(3) 다른 형태의 고역통과 필터

이밖에도 2차 고역통과 필터에는 많은 종류들이 더 있는데, 그 예로서 <그림 5.2.5>에 Sallen-Key 타입의 2차 고역통과 필터 회로와 다중 피드백(MFB ; multiple feedback) 타입의 2차 고역통과 필터 회로를 보였다.

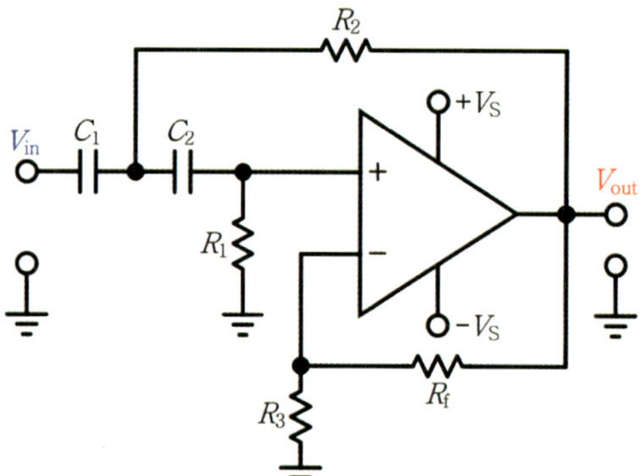

(a) Sallen-Key 타입

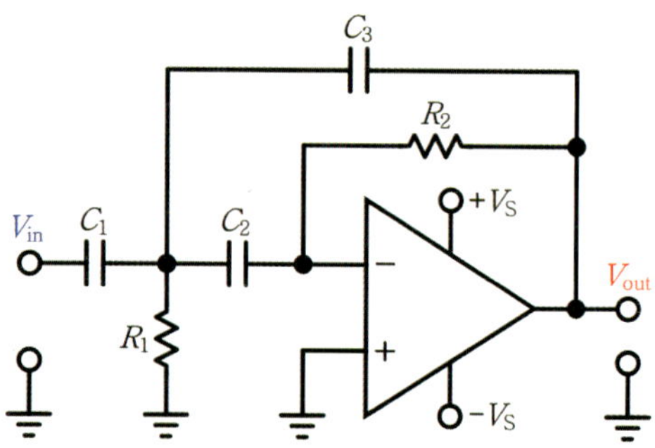

(b) 다중 피드백 타입

<그림 5.2.5> 다른 형태의 2차 고역통과 필터

그림의 (a)와 같은 Sallen-Key 타입의 2차 고역통과 필터 회로에서는 2개의 저항값이 $R_1 = R_2 = R$로 같고, 2개 커패시터의 정전용량도 $C_1 = C_2 = C$로 같으며, 연산증폭기는 기본적으로 비반전 증폭기의 형태가 되어 이 필터의 이득은 다음과 같이 표현되며, 이 이득은 3보다 작게 설계해야 한다.

$$A_v = 1 + \frac{R_f}{R_3}$$

또한, 이 필터의 Q값은 다음과 같이 전압이득에 의하여 달라진다. 여기서 보면 전압이득 A_v의 최소값은 1이므로 Q값의 최소값은 0.5이며, 전압이득이 1~3의 범위에서 커지면 Q값은 0.5에서 ∞까지 커진다. 만약, 전압이득이 3을 넘게 되면 피드백이 너무 커서 이 회로는 발진하게 된다.

$$Q = \frac{1}{3 - A_v}$$

그림의 (b)와 같은 다중 피드백 타입의 2차 저역통과 필터 회로에서 2개 커패시터의 정전용량이 $C_1 = C_2 = C$로 같다면 연산증폭기는 기본적으로 반전 증폭기의 형태가 되어 이 필터의 이득은 다음과 같이 표현된다.

$$A_v = -\frac{C}{C_3}$$

이러한 필터 회로는 나름대로 특정 용도에서 유용한 특징을 가지고 있으나, 수학적인 해석이 복잡하며 버터워스 필터의 경우처럼 사용자가 간단하게 설계하여 사용하기에는 어려움이 있으므로 여기서는 더 이상 자세하게 취급하지 않는다.

5.3 대역통과 필터 및 대역저지 필터

이 절에서는 앞에서 설명한 저역통과 필터와 고역통과 필터에 이어서 대역통과 필터와 대역저지 필터에 대하여 공부한다. 이것들은 앞의 2가지 필터만큼 광범위하게 사용되는 것은 아니지만, 무선 송수신기나 오디오 및 비디오 신호 처리 등과 같은 특정한 용도에서 매우 유용하게 사용되고 있다.

1. 대역통과 필터

대역통과 필터 또는 대역저지 필터에서는 차단주파수가 2개 존재하는데, 주파수 대역의 낮은 쪽 경계에 해당하는 하위 차단주파수를 f_L로 표시하고, 대역의 높은 쪽 경계에 해당하는 상위 차단주파수를 f_H로 표시한다. 하위 차단주파수와 상위 차단주파수의 사이에 공진주파수(resonant frequency) 또는 중심주파수(center frequency) f_r이 존재한다. 이 공진주파수는 다음과 같이 하위 차단주파수와 상위 차단주파수를 곱하여 그 제곱근을 취한 값으로 계산된다.

$$f_r = \sqrt{f_L f_H}$$

하위 차단주파수와 상위 차단주파수 사이의 영역을 대역폭(bandwidth)이라 하며 다음과 같이 표시할 수 있다.

$$BW = f_H - f_L$$

대역통과 필터의 양호도(良好度, quality factor)는 다음과 같이 공진주파수를 대역폭으로 나눈 값으로 정의되는데, 이것은 대역통과 필터의 품질을 나타내는 척도가 되는 것으로 선택도(選擇度) 또는 첨예도(尖銳度)라고도 하며 흔히 그냥 Q값이라고 부른다. Q값이 증가하면 대역폭이 좁고 이득 곡선이 날카로워진다는 것을 의미하고, Q값이 감소하면 그 반대의 효과가 나타난다. $Q \leq 1$이면 대역폭이 넓은(wideband) 광대역 대역통과 필터라고 부르고, $Q > 1$이면 대역폭이 좁은(narrowband) 협대역 대역통과 필터라고 부른다.

$$Q = \frac{f_r}{BW} = \frac{\sqrt{f_L f_H}}{f_H - f_L}$$

(1) 광대역 대역통과 필터

광대역 대역통과 필터는 <그림 5.3.1>에 보인 것처럼 고역통과 필터와 저역통과 필터를 2단(two stage)으로 종속 접속하여 통과대역이 중첩되도록 설계하면 쉽게 만들 수 있다. 즉, 이 그림에서처럼 만약 고역통과 필터의 차단주파수가 300Hz이고 저역통과 필터의 차단주파수가 3000Hz라면 이를 종속 접속하면 통과대역은 주파수가 중첩되는 300Hz~3000Hz로 된다. 이 통과대역 필터의 Q값은 다음과 같이 0.35가 되므로 1보다 적어서 광대역 대역통과 필터가 된다.

$$Q = \frac{f_r}{BW} = \frac{\sqrt{f_L f_H}}{f_H - f_L} = \frac{\sqrt{300 \times 3000}}{3000 - 300} \fallingdotseq 0.35$$

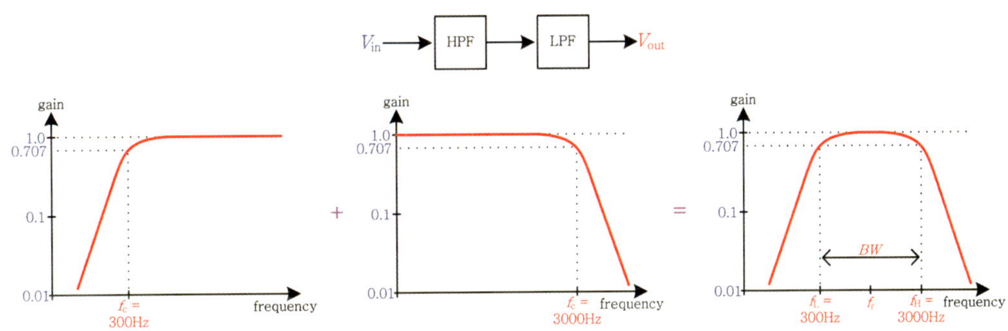

<그림 5.3.1> 광대역 대역통과 필터를 구현하는 방법

2차 버터워스 저역통과 필터와 2차 버터워스 고역통과 필터를 2단으로 종속 접속하는 방식으로 만든 광대역 대역통과 필터의 실제 예를 <그림 5.3.2>에 보였다. 여기서는 저역통과 필터를 앞에 먼저 연결하고 고역통과 필터를 뒤에 나중에 연결하였지만 이 순서는 서로 바꾸어도 무방하다.

여기서 2차 저역통과 필터의 차단주파수는 다음과 같이 계산할 수 있다.

$$f_c = \frac{1}{2\sqrt{2}\pi RC} = \frac{1}{2\sqrt{2} \times 3.14 \times (7.5 \times 10^3) \times (0.005 \times 10^{-6})} \fallingdotseq 3001\,[\text{Hz}] = f_H$$

또한, 2차 고역통과 필터의 차단주파수는 다음과 같이 계산할 수 있다.

$$f_c = \frac{1}{\sqrt{2}\pi RC} = \frac{1}{\sqrt{2} \times 3.14 \times (15 \times 10^3) \times (0.05 \times 10^{-6})} \fallingdotseq 300\,[\text{Hz}] = f_L$$

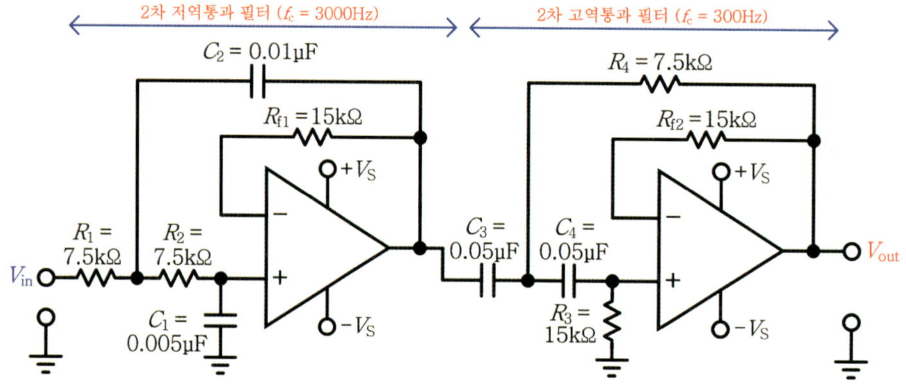

<그림 5.3.2> 2차 광대역 대역통과 필터의 예

그러면 이 광대역 대역통과 필터에서 공진주파수, 대역폭, Q값은 각각 다음과 같이 계산할 수 있다. Q값이 0.35로서 1보다 작으므로 이 회로는 광대역 대역통과 필터라는 것을 확인할 수 있다.

$$f_r = \sqrt{f_L f_H} = \sqrt{300 \times 3001} \fallingdotseq 949\,[\text{Hz}]$$
$$BW = f_H - f_L = 3001 - 300 = 2701\,[\text{Hz}]$$
$$Q = \frac{f_r}{BW} = \frac{949}{2701} = 0.35$$

(2) 협대역 대역통과 필터

앞에서 설명한 것처럼 광대역 대역통과 필터는 저역통과 필터와 고역통과 필터를 2단으로 종속 접속하는 방식으로 쉽게 만들었지만, 협대역 대역통과 필터는 연산증폭기 1개를 사용하여 단일 스테이지(single stage)로 만든다.

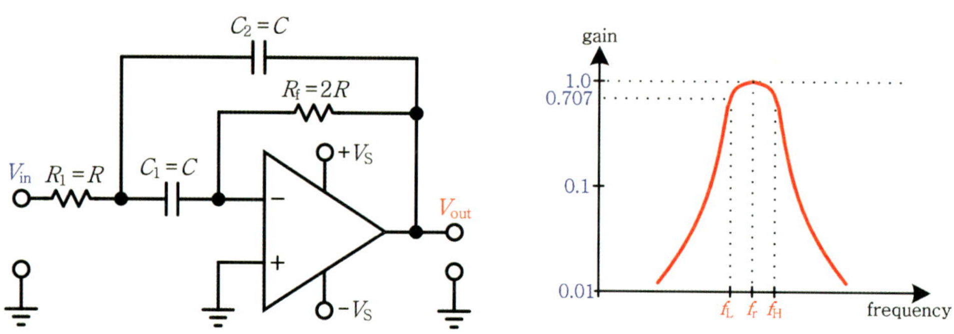

(a) 회로도 (b) 주파수 특성 곡선

<그림 5.3.3> 협대역 2차 대역통과 필터

대표적인 예로는 <그림 5.3.3>에 보인 것처럼 다중 피드백형의 협대역 2차 대역통과 필터 회로가 있다. 이 회로는 기본적으로 반전 증폭기의 형태이므로 전압이득이 다음과 같이 반전되어 나타난다. 여기서 기본적으로는 이득의 크기가 1이 아니지만, 만약 피드백 저항 R_f를 입력저항 R_1보다 2배 크게 선정하면 이득의 크기를 1로 만들 수 있다.

$$A_v = -\frac{R_f}{2R_1}$$

또한, 이 필터의 공진주파수와 Q값은 각각 다음과 같이 표현된다.

$$f_r = \sqrt{f_L f_H} = \frac{1}{2\pi\sqrt{R_1 R_f C_1 C_2}} = \frac{1}{2\pi C\sqrt{R_1 R_f}} = \frac{1}{2\sqrt{2}\pi RC}$$

$$Q = \frac{f_r}{BW} = \frac{1}{2}\sqrt{\frac{R_f}{R_1}} = \frac{1}{\sqrt{2}}\sqrt{-A_v}$$

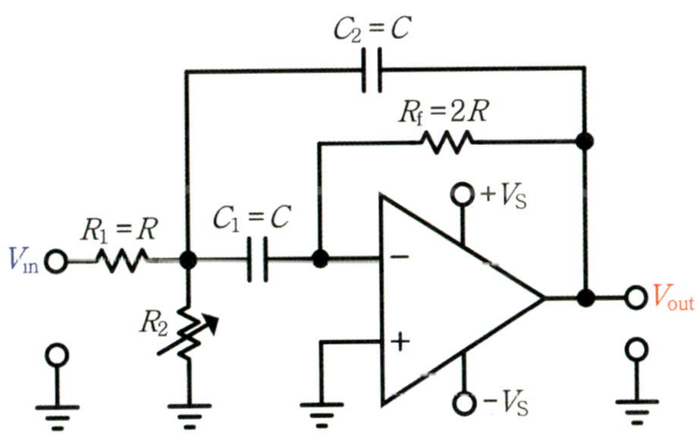

<그림 5.3.4> 공진주파수를 가변할 수 있는 협대역 2차 대역통과 필터

또 다른 다중 피드백형의 협대역 2차 대역통과 필터 회로를 <그림 5.3.4>에 보였다. 이것은 <그림 5.3.3>의 필터 회로와 매우 유사하지만 가변저항 R_2가 추가되었다. 이 회로에서는 피드백 저항 R_f를 입력저항 R_1보다 2배 크게 선정하여 전압이득의 크기가 1이며, 가변저항 R_2를 사용하여 공진주파수를 조절하는 것이 가능하다는 특징이 있다.

$$A_v = -1$$

이 필터의 공진주파수, 대역폭, Q값은 각각 다음과 같이 표현된다.

$$f_{\mathrm{r}} = \sqrt{f_{\mathrm{L}} f_{\mathrm{H}}} = \frac{1}{2\pi\sqrt{(R_1 \parallel R_2) R_{\mathrm{f}} C_1 C_2}} = \frac{1}{2\sqrt{2}\pi C\sqrt{R_1 \dfrac{R_1 R_2}{R_1 + R_2}}} = \frac{1}{2\sqrt{2}\pi R_1 C}\sqrt{1 + \frac{R_1}{R_2}}$$

$$BW = f_{\mathrm{H}} - f_{\mathrm{L}} = \frac{1}{2\pi R_1 C}$$

$$Q = \frac{f_{\mathrm{r}}}{BW} = \frac{1}{\sqrt{2}}\sqrt{1 + \frac{R_1}{R_2}}$$

위의 식에서 보듯이 이 협대역 2차 대역통과 필터에서는 가변저항으로 R_2를 변화시키면 공진주파수 f_r과 Q값을 조절할 수 있다.

협대역 대역통과 필터를 잘 적용한 사례로서 <그림 5.3.5>에 TV 리모컨의 신호를 수신하는 IC 모듈 소자인 KSM-603LM을 소개하였다. 이 소자는 38kHz의 주파수로 변조하여 보내는 TV 리모컨의 적외선 LED 광신호를 수신하고, 대역통과 필터를 사용하여 원하는 신호만을 추출한 후에 이를 다시 원래의 데이터 신호로 가공하여 출력단자로 내보내는 기능을 수행한다.

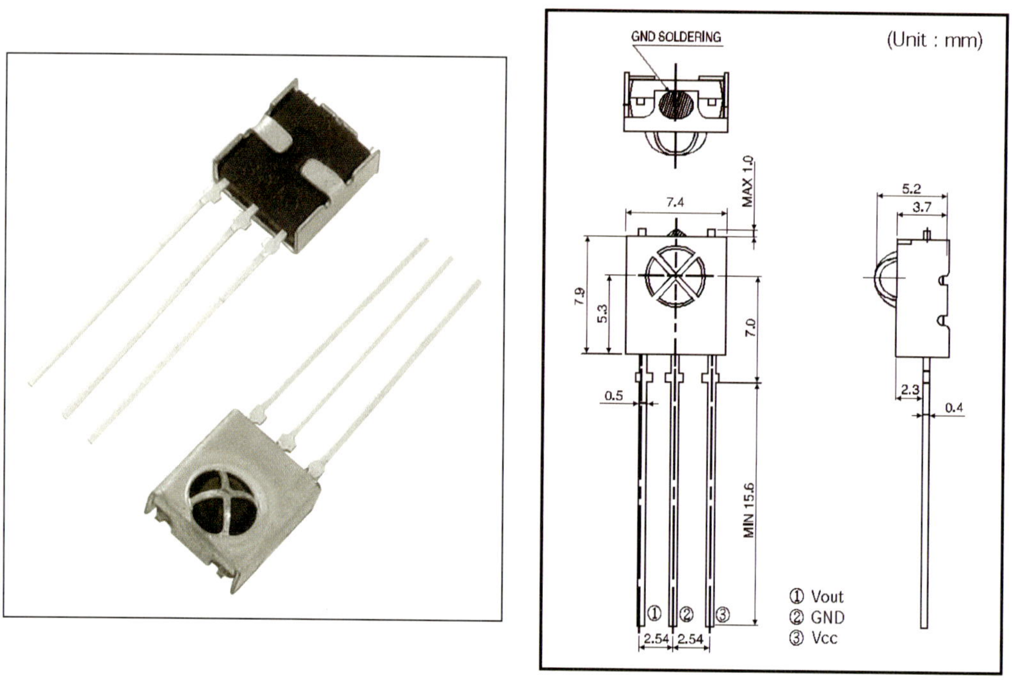

<그림 5.3.5> TV 리모컨 수신 IC 모듈 소자인 KSM-603LM

TV 리모컨에서는 <그림 5.3.6>의 ①에 보인 것처럼 리더 코드(leader code)로 시작하여 32비트로 구성되는 데이터 신호를 송신한다. 그런데 만약 이를 그냥 LED 광신호로 보낸다면 햇빛이나 조명등과 같은 외란광의 영향을 많이 받아서 오동작하기 쉬우므로 일반 LED가 아니라 적외선 LED 광신호를 사용하며, 또한 <그림 5.3.6>의 ②에 보인 것처럼 듀티비 33%인 38kHz의 반송파 주파수(carrier frequency) 신호로 변조하여 보낸다.

KSM-603LM이 이 적외선 LED 광신호를 수신하면 정상적인 신호에 여러가지의 잡음 신호가 포함될 수 있는데, 첫단계로서 37.9kHz의 공진주파수를 갖는 협대역 대역통과 필터를 사용하여 <그림 5.3.6>의 ②와 같은 정상적인 신호를 추출한다. 이어서 두번째 단계로서 여기서 다시 38kHz의 고주파 변조 신호를 제거하고, 세번째 단계로서 이렇게 처리된 디지털 신호를 논리적으로 반전시켜서 KSM-603LM의 출력단자에는 최종적으로 <그림 5.3.6>의 ③과 같은 신호가 출력된다.

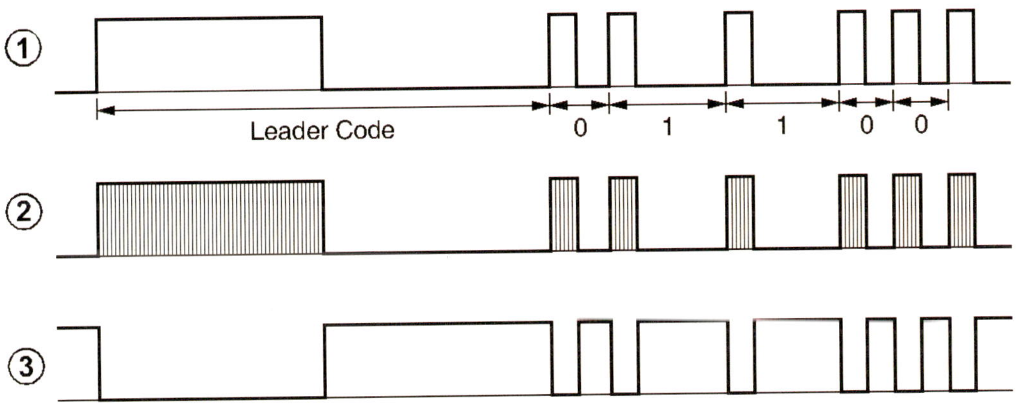

<그림 5.3.6> TV 리모컨의 ①송신 데이터 신호, ②변조된 신호, ③수신 데이티 신호의 관계

2. 대역저지 필터

대역저지 필터(band-stop filter, band-rejection filter, band-elimination filter)는 광대역(wide band)인 경우가 매우 드물고 대부분 협대역으로 사용되므로 특별히 notch filter라고도 부른다. 협대역의 대역저지 필터를 사용하는 예로는 60Hz의 교류전원을 전파정류하여 직류전원을 만들었을 경우 120Hz의 전원 잡음이 포함될 수 있는데 이를 제거하기 위하여 공진주파수가 120Hz인 notch filter를 사용하는 경우이다. 대역통과 필터에서 사용하던 차단주파수, 공진주파수, 밴드폭, Q값 등의 파라미터는 대역저지 필터에서도 그대로 사용한다. 협대역 대역저지 필터의 전압이득 곡선은 <그림 5.3.7>과 같은 형태를 가진다.

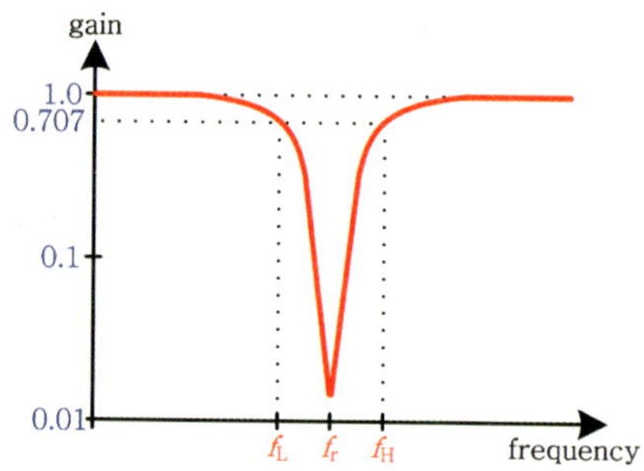

<그림 5.3.7> 협대역 대역저지 필터(notch filter)의 전압이득 곡선

(1) 저역통과 필터와 고역통과 필터를 조합한 광대역 대역저지 필터

2차 저역통과 필터와 2차 고역통과 필터의 출력을 가산기 회로를 사용하여 가산함으로써 광대역 대역저지 필터를 만드는 방법을 <그림 5.3.8>에 보였다. 여기서는 저역통과 필터와 고역통과 필터의 차단주파수가 $f_{c1} << f_{c2}$ 가 되도록 설계하는 것이 중요하다.

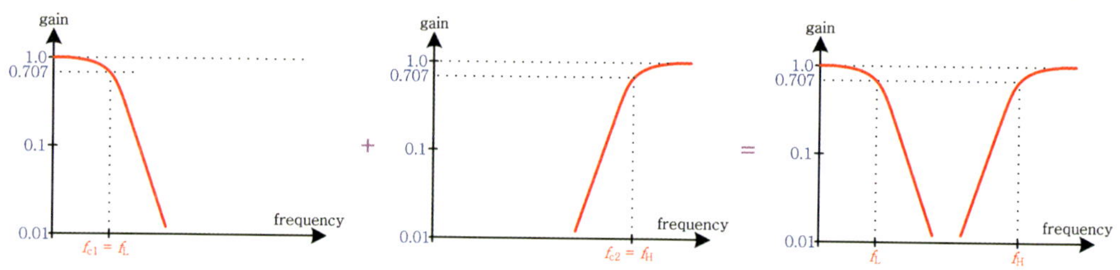

(a) 동작 원리

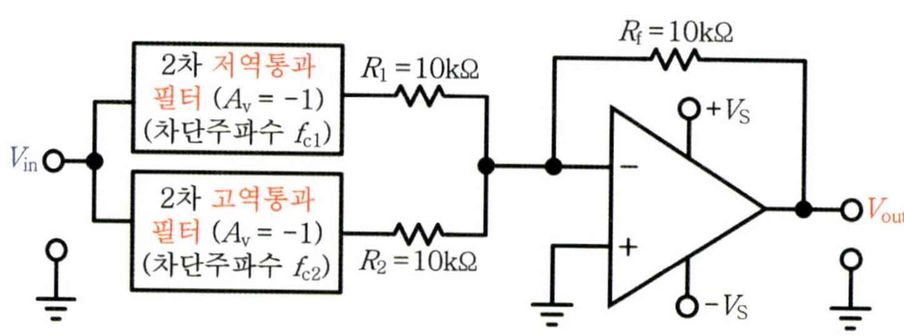

(b) 회로 구성 방법

<그림 5.3.8> 광대역 대역저지 필터를 만드는 방법

(2) 협대역 대역통과 필터를 사용하여 만드는 협대역 대역저지 필터

여러 개의 연산증폭기를 사용하여 협대역 대역저지 필터를 만드는 방법의 예를 <그림 5.3.9>에 보였다. 여기서는 앞의 <그림 5.3.3>이나 <그림 5.3.4>에서 소개한 것과 같은 전압이득이 A_v = −1인 협대역 대역통과 필터의 출력을 원래의 입력신호와 가산기 회로를 사용하여 더하는 방법으로 필터를 구성함으로써 입력신호 중에서 협대역의 원하는 주파수 신호를 제거한다.

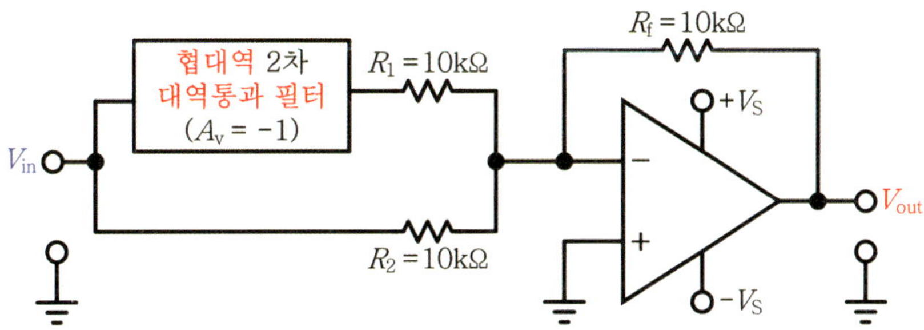

<그림 5.3.9> 협대역 대역통과 필터를 사용하여 협대역 대역저지 필터를 만드는 방법

(3) 협대역 대역통과 필터

연산증폭기 1개를 사용하여 단일 스테이지(single stage)로 만드는 협대역 대역저지 필터 즉 노치 필터의 회로에도 여러가지가 있다.

첫번째로 Salen-Key 타입의 협대역 2차 대역저지 필터 회로를 <그림 5.3.10>에 보였다. 이 필터의 전압 이득, 공진주파수, Q값은 각각 다음과 같이 표현된다.

$$A_v = 1 + \frac{R_f}{R_4}$$

$$f_r = \sqrt{f_L f_H} = \frac{1}{2\pi RC}$$

$$Q = \frac{f_r}{BW} = \frac{0.5}{2 - A_v}$$

두번째로 다중 피드백 타입의 2차 대역저지 필터 회로를 <그림 5.3.11>에 보였다. 이 필터의 공진주파수, 대역폭, Q값은 각각 다음과 같이 계산된다.

$$f_r = \sqrt{f_L f_H} = \frac{1}{2\pi\sqrt{R_1 R_f C_1 C_2}} = \frac{1}{2\pi C\sqrt{R_1 R_f}}$$

$$BW = f_H - f_L = \frac{1}{\pi R_f C}$$

$$Q = \frac{f_r}{BW} = \frac{1}{2}\sqrt{\frac{R_f}{R_1}}$$

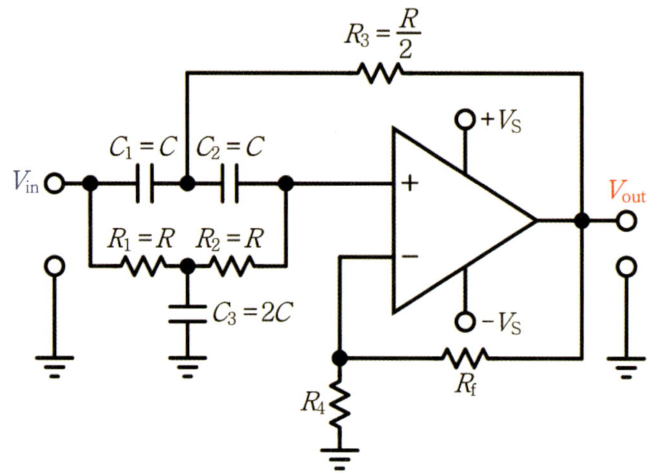

<그림 5.3.10> Salen-Key 타입의 협대역 2차 대역저지 필터

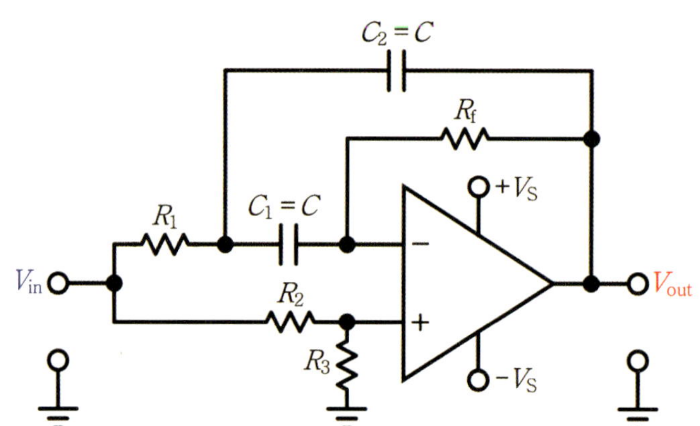

<그림 5.3.11> 다중 피드백 타입의 협대역 2차 대역저지 필터

세번째로 소개하는 것은 twin-T형 노치 필터라고 불리는 협대역 대역저지 필터 회로로서 <그림 5.3.12>에 보였다. 이 필터의 공진주파수와 Q값은 각각 다음과 같이 계산되는데, 여기서 보듯이 Q값이 상당히 작은 0.25로 고정된다는 것이 이 회로의 단점이다.

$$f_r = \sqrt{f_L f_H} = \frac{1}{2\pi RC}$$

$$Q = \frac{f_r}{BW} = \frac{1}{4} = 0.25$$

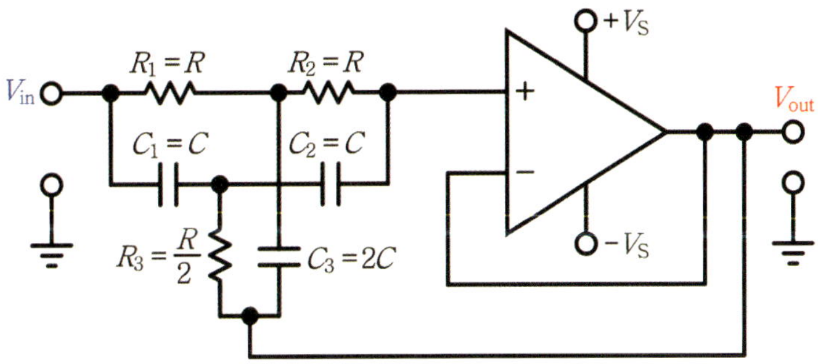

<그림 5.3.12> twin-T 타입의 협대역 2차 대역저지 필터

네번째로 소개하는 것은 twin-T형 노치 필터에서 Q값이 작다는 단점을 개선한 협대역 대역저지 필터 회로로서 <그림 5.3.13>에 보였다. 여기서는 연산증폭기를 1개 더 사용하고 있지만 저항 R_4와 R_5의 비를 가변하여 출력전압을 피드백하는 양을 조절함으로써 Q값을 최대 50 정도까지 높일 수 있다.

$$Q = \frac{f_r}{BW} = \frac{1}{4}\left(1 + \frac{R_5}{R_4}\right)$$

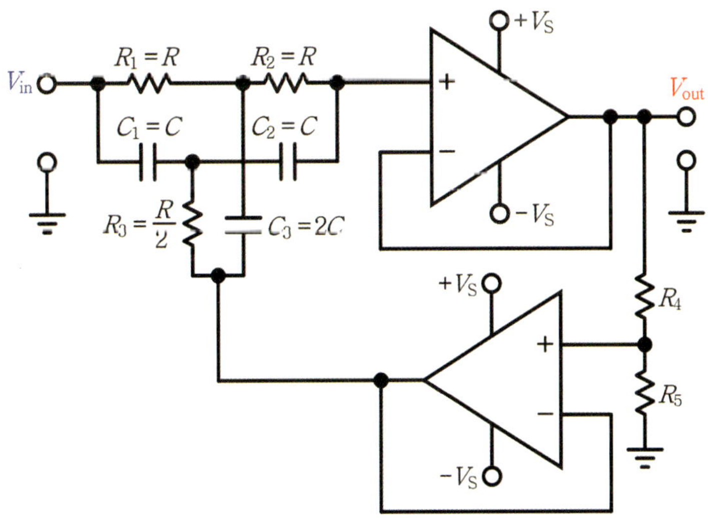

<그림 5.3.13> Q값을 가변할 수 있는 twin-T 타입의 협대역 2차 대역저지 필터

휴게실

이론과 실제는 다르다(?)

저자는 평생을 IT 분야에서 연구개발자로 일하면서 긴 시간의 노력 끝에 성공적인 결과를 얻었을 때는 큰 희열을 느끼기도 하였지만, 어떤 경우에는 오랜 시간동안 일이 뜻대로 풀리지 않아서 기술적인 번민에 빠지는 고통스러운 경험도 하였다. 어려운 개발 프로젝트를 수행하면서 최선을 다하여 분석하고 문제점을 해결하여 다시 시도하는 노력을 반복해도 원하는 결과가 나오지 않아서 그 과제가 성공적으로 끝날 기미가 보이지 않는 시간이 계속될 때는 마음이 흔들려서 정말 이론(理論)과 실제(實際)는 다른가? 하는 의심에 빠지기도 하였다.

우리가 인생을 살면서 생활하다보면 매우 자주 듣게 되는 것이 "이론과 실제는 다르다"는 말이다. 참으로 많은 사람들이 그 말이 진리라고 믿으며, 이론과 실제는 다른 경우가 너무나도 많다고 생각하는 듯하다. 인터넷을 검색해 보더라도 이 명제가 옳다는 긍적적인 전제하에 논리를 전개하는 글은 넘쳐나지만 이를 사실이 아니라고 부정하는 글은 눈을 씻고 찾으려 해도 잘 보이지 않는다. 심지어 이론과 실제는 "언제나" 또는 "항상" 다르다고까지 극언을 하는 글도 있었다. 과연 이론과 실제는 다른 것일까? 정말 그럴까?

일상적으로 우리가 세상을 살아가면서 부딪히는 많은 일, 특히 사람과 사람이 서로 상대하면서 겪는 일에서는 이론과 실제가 다를 경우가 종종 있을지도 모르겠다. 초등학교, 중학교, 고등학교를 다니면서 배운 윤리대로 세상이 돌아가지 않는 경우를 너무나도 자주 보게 되며, 엄연히 법이 존재하는데도 세상의 정의가 지켜지지 않는 사례를 수없이 뉴스에서 보고 듣는다. 그럴 때 우리는 이론과 실제는 다르다고 느끼지 않을까? 이런 경험의 반복으로 우리의 마음 속에는 이론과 실제는 다른 것이라고 잘못된 명제가 자리를 잡아 가는 것이 아닐까?

그러나, 나는 평생동안 공학 특히 IT 분야에서 일하고 가르치면서 단 한번도 이론과 실제가 다른 경우를 보지 못했다. 결코 이론과 실제는 다르지 않았다. 남들이 너무나도 신기하여 도깨비에 홀린 것같다고 말하는 어떤 증상이나, 오랜 실무 경험에서 나오는 노하우라고 감추고 넘어가는 것들도 사실은 알고 보면 모두 이론적으로 정확하게 설명되는 사항들이었다. 혹시 당신이 대학을 졸업하고 처음 취업하여 직장이 생겼을 때 "회사에서의 실무는 학교에서 배운 이론과 다르다. 이제까지 학교에서 배웠던 이론은 모두 잊어버리고 새로 배워라."라고 말하는 사람이 있으면 그것은 무능하고 자만심이 가득찬 선배의 헛소리로 생각하고 무시하는 것이 좋다.

다른 분야에서는 몰라도 IT의 세계에서는 철저하게 이론과 실제가 일치하여 함께 간다. 만약, 이론이 먼저 가고 거기에 실제가 따라 가면 지식이요 기술이 되지만, 실제만 가고 거기에 이론이 따라가지 못할 경우에는 좋게 말해봐야 기능이고 나쁘게 말하면 무대뽀다. 그런데, 이렇게 정교한 공학의 IT 분야에서까지 이론과 실제는 다르다고 말하거나 실제로 그렇게 믿는 사람들이 너무나도 많은 것은 도대체 어떻게 된 일일까? 그것은 다음과 같은 이유로 설명이 가능하다. 물론 이것은 필자의 개인적인 견해일 뿐이다.

첫째, 자신의 무지나 실수 또는 오류를 덮기 위하여 이론과 실제는 다르다는 명제를 끌어다 붙이는 경우이다. 자신의 부족함과 현실을 인정하고 더 노력하여 실력을 쌓아서 이를 극복하면 되는 것인데, 열등감이 많은 사람은 그렇게 하기 보다는 핑계를 대거나 감추는데 더 노력한다. 내가 잘못한 것이 아니라 원래 이론과 실제는 다른 것이니 나로서도 어쩔 수가 없었던 것이고 잘못한 일도 아니라고 피해서 넘어가고 싶은 것이다.

둘째, 배움이 부족하여 이론을 모르는 경우이다. 축구선수라고 하여 모두가 펠레나 베컴처럼 축구 잘하는 것은 아니듯이 공과대학을 졸업했다고 누구나 능력 있는 기술자가 되는 것은 아니다. 그가 재학시절에 치열하게 공부하지 않았다면 도처에 구멍이 숭숭 뚫린 어설픈 이론과 지식으로 근근히 버티는 허접한 엔지니어가 되었을 수도 있다. 그런 사람이 좀 심오한 기술적인 상황을 만나면 자신의 능력으로는 그것이 도저히 이해가 되지 않고 설명도 안되므로 이론과 실제는 다른 법이라면서 덮고 넘어가려 하는 유혹을 받는 것이다.

셋째, 이론 따로 실제 따로 잘못 알고 있는 경우이다. 아기가 첫돌을 지나고 서너 살쯤 되어 가면서 세상의 지식들을 배우게 될 때 2 더하기 3이 얼마인지 물어보면 어려워 하는데, 아침에 빵을 2개 먹고 점심에 또 빵을 3개 먹었다면 오늘 먹은 빵은 모두 몇 개냐고 물어보면 쉽게 대답하는 것을 보게 된다. 강의실의 회로이론 교과목에서 분명히 교류 전력은 전압의 실효치, 전류의 실효치, 그리고 역률을 곱한 것이라고 배웠는데, 실험실에서 실험실습을 시켜보면 전압계에서 읽은 값과 전류계에서 읽은 값을 곱하여 엄청나게 큰 값을 얻어놓고는 입력 전력보다 출력 전력이 더 크게 나오니 귀신이 곡할 노릇이라거나 또는 계측기가 고장난 것같다고 실험 보고서에 쓰는 학생들을 종종 본다. 그런 학생들이 졸업하고 실무 분야에 나가면 자신이 잘 모르는 사항이 나왔을 때 이론과 실제가 다르다고 말하지 않을까?

넷째, 드물기는 하지만 아직 인류가 정확한 이론을 정리하지 못하거나 원하는 수준까지 실제 기술을 발전시키지 못하여 한시적으로 이것들이 서로 매칭되지 않는 경우도 있다. 저자가 대학교에 다닐 때는 자동제어 교과목에서 많은 제어 이론을 배우면서 이를 실시간 제어로 구현하는 것을 꿈꾸었으나 당시의 컴퓨터 기술로는 이를 구현하는 것을 엄두도 내기 어려웠고, 이러한 일은 먼 미래에나 가능할 것으로 알았다. 그러나, 그 누구도 이것을 보고 이론과 실제가 다르다고 말하지는 않았다. 이론은 정리가 되었으나 이를 실현하기 위한 현실적인 기술이 모자란 것뿐이었다. 그리고, 그 이후 불과 10년 정도가 지나면서 컴퓨터 기술이 엄청나게 발전하여 실시간 제어는 너무나도 빠르게 현실이 되었다. 또 다른 예로는 비행기가 뜨는 원리를 날개의 곡면 길이 차이로 발생하는 양력 때문이라는 엉터리 이론이 버젓이 교과서에 실려 있음에도 그보다 훨씬 전부터 인류는 수없이 많은 비행기를 만들어서 하늘에 띄웠다. 날개에 그런 곡면 자체가 없는 종이 비행기나 고무줄 글라이더 비행기가 엄연히 하늘을 나는 것을 두 눈으로 보면서도 엉터리 이론이 정설처럼 받아들여지던 시절이 있었다. 이런 경우 역시 이론과 실제가 다른 것은 아니다. 인간의 착각으로 한 때 잘못된 이론이 세상을 지배했던 것뿐이다.

제6장
아날로그 인터페이스 회로

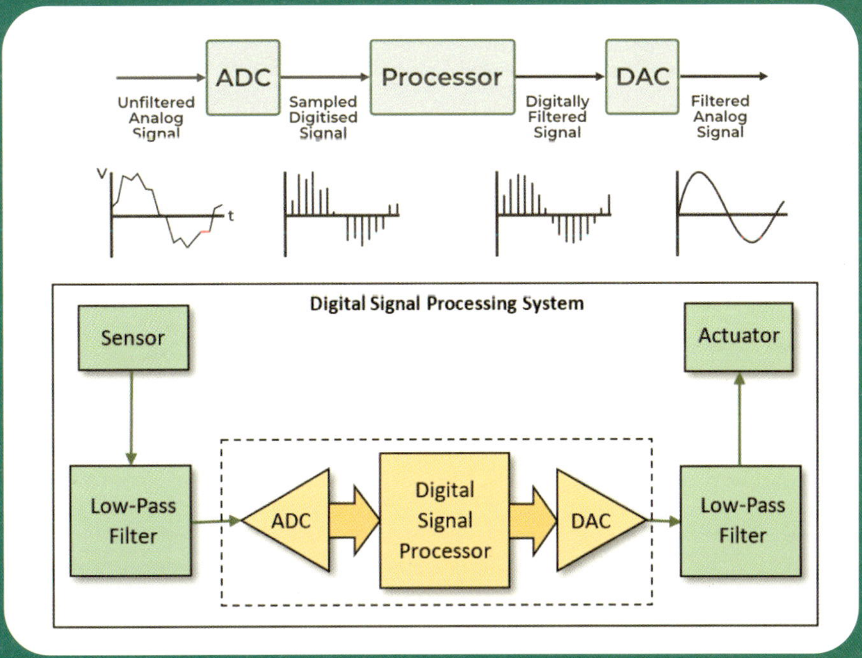

이 장에서는 디지털 시스템에 아날로그 회로를 연결하는 기술에 대하여 공부한다. 대표적으로는 디지털 시스템이 센서를 통하여 아날로그 물리량을 읽어들일 때 사용하는 A/D 컨버터가 될 것이며, 이와 반대로 디지털 시스템이 처리 결과를 외부의 장치에 출력할 때 사용하는 D/A 컨버터를 함께 설명할 것이다.

그밖에도 아날로그 신호의 계측 분야에서 아직도 널리 사용하고 있는 4~20mA 전류 루프 통신에 대하여 공부할 것이다.

아날로그 신호 처리 기술은 디지털 신호 처리 기술에 비하여 여러가지의 다른 특징을 갖지만, 그중에서도 가장 뚜렷한 차이는 아마 아날로그 신호는 노이즈에 민감하게 영향을 받는다는 점일 것이다. 오늘날 수많은 전기전자 제품이 예전의 아날로그 방식에서 디지털 방식으로 대체되어 마침내 디지털 시대에 도달하게 된 것은 바로 이처럼 시스템이 노이즈의 영향을 받지 않도록 하여 성능을 높이기 위함이라고 할 수 있다. 따라서, 아날로그 인터페이스 기술을 공부할 때 노이즈의 원인과 특성 그리고 노이즈를 방지하기 위한 대책 등을 공부하는 것은 매우 중요하고 필수적인 내용이라고 할 것이다. 여기서는 그러한 노이즈에 대한 기술을 공부하며, 아울러 회로의 노이즈를 이야기할 때 그림자처럼 따라오는 접지 문제도 함께 공부할 것이다.

6.1 A/D 컨버터

이 절에서는 먼저 A/D 컨버터가 무엇인지 그 의미부터 시작하여 그것이 어떤 분야에서 어떻게 사용되고 있는지를 알아보고, 그것들의 종류별 구조와 동작 특성에 대하여 집중적으로 설명한다.

1. A/D 컨버터의 개요

(1) A/D 컨버터란 무엇인가

앞의 제1.2절에서도 설명하였듯이 오늘날은 디지털 시대라고 불릴 정도로 많은 IT 제품들이 디지털 기술로 만들어져 있다. 이러한 디지털 제품의 전형적인 하드웨어 구성을 <그림 6.1.1>에 보였다.

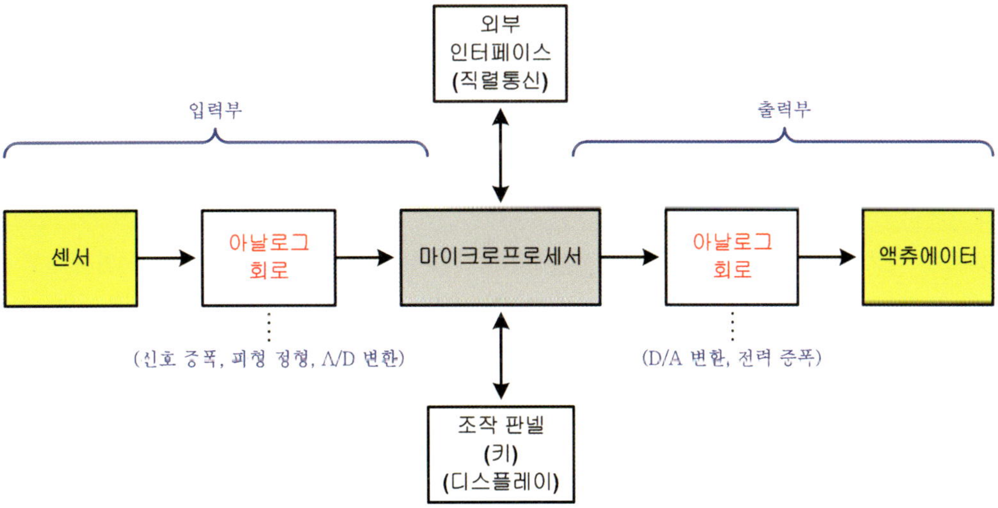

<그림 6.1.1> 디지털 제품의 전형적인 내부 구성을 보여주는 블록도

이러한 IT 제품들에서는 그림에서 보듯이 기본적으로 아날로그 기술이 사용되는데, 제품의 핵심부가 디지털 소프트웨어 기술로 동작하기 위해서는 제품의 입력부에서 센서를 사용하여 전압, 전류, 자계, 온도, 습도, 압력, 속도, 가속도, 소리, 빛 등을 검출한 아날로그 신호가 A/D 컨버터(analog-to-digital converter)를 사용하여 디지털 값으로 변환되어 제품 내부의 소프트웨어에게 전달되어야 하며, 제품 내부의 소프트웨어가 제어 또는 처리한 결과는

출력부에서 D/A 컨버터(digital-to-analog converter)를 사용하여 다시 아날로그 신호로 변환되어 외부에 출력되는 과정을 거치게 된다.

이 세상의 모든 물리적인 현상은 원래 모두 아날로그 방식으로 동작하도록 구성되어 있으므로 사용자가 디지털 기술을 사용하려면 내부의 하드웨어가 아날로그 회로를 사용하여 필요한 신호를 디지털 값으로 변환해주어야만 이런 디지털 기술이 가능해진다. 이와 같이 센서(sensor)와 A/D 컨버터는 디지털 시스템의 입력부를 구성하는 핵심 소자이며, D/A 컨버터와 액추에이터(actuator)는 디지털 시스템의 출력부를 구성하는 핵심 소자가 된다. 이처럼 디지털 소프트웨어 기술의 바탕에는 항상 아날로그 회로 기술이 기반이 되고 있으므로 하드웨어 개발 엔지니어는 디지털 회로 기술에 너무 치우치지 말고 아날로그 회로 기술도 함께 깊이 있게 공부하고 경험하여 실력을 갖추는 것이 바람직하다.

여러가지의 아날로그 물리량을 측정하여 디지털 값으로 읽어들이는 장치를 DAS(Data Acquisition System)라고 하는데, 이것의 하드웨어 기본 구성은 <그림 6.1.2>와 같다.

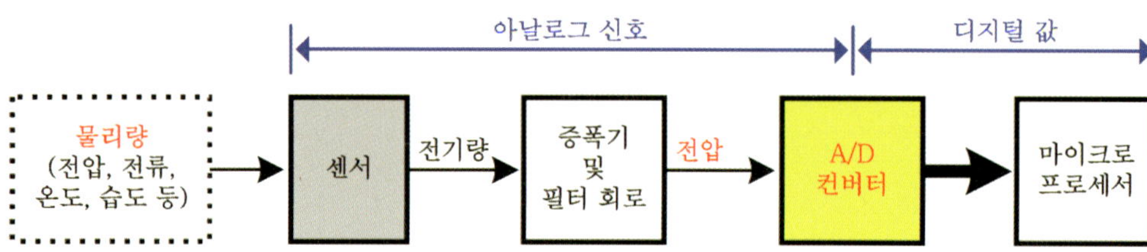

<그림 6.1.2> DAS의 하드웨어 기본 구성

특히 센서와 마이크로프로세서의 거리가 먼 경우에는 센서에 의하여 출력된 아날로그 신호를 멀리까지 신호선으로 연결하는 것이 바람직하지 않기 때문에 센서 부근에서 A/D 컨버터 또는 DAS를 사용하여 디지털 값으로 변환하고 이를 유선 또는 무선의 디지털 통신으로 마이크로프로세서에게 전달하는 방식을 사용하는 것이 유리하다.

IT 기기를 이처럼 디지털화하면 소프트웨어에 의하여 데이터를 필터링, 압축, 변조 등으로 처리하는 알고리즘을 적용하기 용이해지고, 데이터의 손실 없이 원거리까지 전송하기 좋으며, 처리하는 데이터에 잡음이 거의 제거되어 깨끗하게 처리할 수 있는 등 매우 많은 장점을 갖게 된다.

(2) A/D 컨버터의 동작 시퀀스

A/D 컨버터는 하드웨어적인 방법이나 소프트웨어적인 방법으로 트리거(trigger) 신호를 받아서 A/D 변환 동작을 시작한다. A/D 변환 동작은 다음과 같이 크게 3단계로 수행되며, A/D 변환이 완료되면 내부의 상태 레지스터에 플랙 비트(flag bit)로 이를 표시하여 외부에

알려주거나 또는 마이크로프로세서에게 하드웨어적으로 인터럽트를 요청하여 A/D 변환 결과를 읽어가도록 한다. A/D 변환 결과는 결과 레지스터(A/D result register)에 미리 지정된 포맷으로 저장되어 있게 된다.

① **샘플링(sampling) 단계** : 연속적으로 크기가 변하면서 입력되는 아날로그 신호를 일정한 시간 간격으로 캡쳐하여 그 순간의 신호 크기를 유지할 수 있도록 처리하는 단계이다. A/D 컨버터의 종류에 따라 다를 수 있지만 이렇게 신호의 크기가 변하지 않도록 유지하는 데는 캡쳐한 전압을 커패시터에 충전시켜서 저장하는 방법이 널리 사용되며, 이와 같이 아날로그 신호를 캡쳐하여 저장하는 과정을 샘플 홀드(S/H ; Sample and Hold) 또는 트랙 홀드(T/H ; Track and Hold)라고 부른다. 아날로그 전압을 캡쳐하여 커패시터에 저장하는 방식에서는 커패시터에 전류를 흘려서 전압을 충전하는데 어느 정도의 시간이 필요하기 때문에 충분한 샘플링 시간(sampling time)을 부여하는 것이 요구된다.

② **양자화(quantization) 단계** : 샘플 홀드 회로를 사용하여 일정한 값으로 유지하고 있는 아날로그 전압을 별도의 기준 전압과 비교하여 이와 가장 가까운 디지털 값으로 변환하는 단계이다. 이 단계의 처리에 걸리는 시간이 변환 시간(conversion time)인데, 이것은 A/D 컨버터의 동작 방식에 따라 상당히 달라진다. 양자화 단계에서 아날로그 전압이 얼마나 정밀한 디지털 값으로 변환되는지를 나타내는 척도가 분해능(resolution)이며, 아날로그 전압이 더 세밀한 디지털 값으로 변환될수록 분해능이 높다고 말한다.

③ **부호화(coding) 단계** : 양자화된 디지털 값이 0과 1로 구성되는 적절한 2진수로 표현되는 과정이다. 데이터의 표현 길이는 분해능에 따라 달라지며, 당연히 분해능이 높으면 2진수의 표현도 길어진다. 아날로그 입력이 양(positive)의 극성만을 갖는 경우에는 당연히 2진수도 양의 정수로만 표현되지만, 아날로그 전압이 양(positive)과 음(negative)의 극성을 모두 가질 수 있는 경우에는 일정한 오프셋 값을 두어 변환 결과가 양의 정수로만 나타나도록 표시하는 방식도 있고, 변환 결과가 양수와 음수를 모두 나타낼 수 있는 2의 보수법으로 표현되는 방식도 있다.

<그림 6.1.3>에 여러개의 아날로그 입력신호 중에서 1개를 선택하여 샘플 홀드하는 회로의 구성을 보였다. A/D 컨버터와 같은 아날로그 회로는 구조가 복잡할 뿐만 아니라 디지털 회로에 비하여 소비전력이 크기 때문에 마이크로컨트롤러에는 이것을 1개만 내장하는 경우가 많다. 그러므로 여기에 여러개의 아날로그 입력단자(채널)를 선택적으로 연결할 수 있도록 하려면 이 그림에서처럼 아날로그 멀티플렉서(analog multiplexer)를 사용하게 된다.

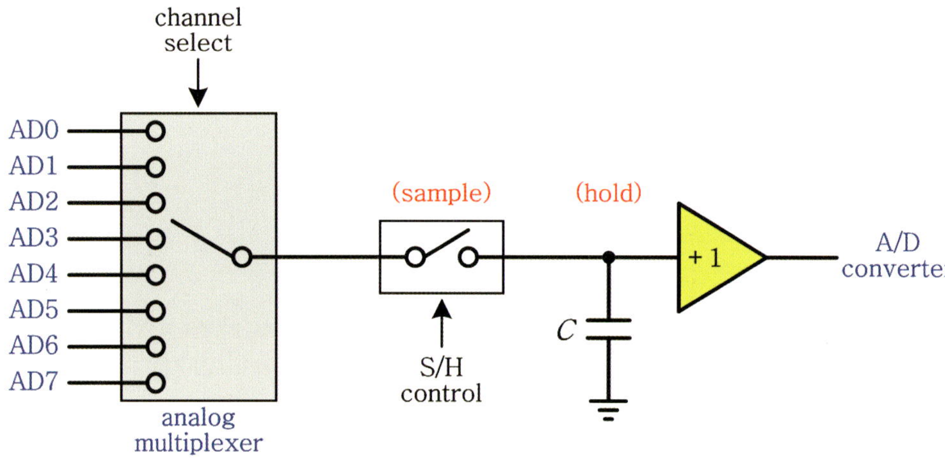

<그림 6.1.3> 아날로그 멀티플렉서 및 샘플 홀드 회로의 구성

(3) A/D 컨버터의 주요 성능 지표

오늘날 A/D 컨버터는 매우 많은 종류가 있으며 이것들은 일찍부터 별도의 아날로그 IC 소자로 발전되어 왔으나 요즈음에는 제어기로 사용할 마이크로컨트롤러에 이것이 내장되는 경우도 많다. 이것들을 선정하거나 성능을 비교할 때 고려할 요소 또는 성능 지표를 요약하여 설명하면 다음과 같다.

▣ 분해능

A/D 컨버터를 사용하여 아날로그 신호를 읽어들일 때 1비트의 디지털 값으로 구분하여 표현할 수 있는 아날로그 신호의 최소 크기를 분해능(resolution)이라고 한다. A/D 컨버터에 입력할 수 있는 최대 크기의 아날로그 입력을 풀 스케일(FS ; full scale)이라고 하는데, n비트의 구조를 갖는 A/D 컨버터라면 그것의 분해능은 FS/2^n으로 표시된다. 예를 들어 0~5V의 아날로그 전압을 A/D 변환할 수 있는 8비트 및 12비트의 A/D 컨버터가 있다면 이것들의 분해능은 각각 다음과 같이 표시된다.

$$\frac{FS}{2^n} = \frac{5}{2^8} = \frac{5}{256} \fallingdotseq 0.01953[V] = 19.53125[mV]$$

$$\frac{FS}{2^n} = \frac{5}{2^{12}} = \frac{5}{4096} \fallingdotseq 0.00122[V] = 1.22070[mV]$$

여기서 보듯이 동일한 조건에서 8비트의 A/D 컨버터 보다는 12비트의 A/D 컨버터가 훨씬 더 정밀하게 아날로그 전압을 디지털 값으로 표현할 수 있으므로 “분해능이 높다” 또는

"분해능이 우수하다"고 말할 수 있다. 결국 A/D 컨버터의 분해능은 변환 결과 값을 나타내는 비트 수에 의하여 결정되므로 오늘날은 이 비트 수를 그냥 A/D 컨버터의 분해능이라고 부르기도 하며, 때로는 비트 수가 n일 때 2^n을 분해능이라고 부르기도 한다. 12비트 분해능의 A/D 컨버터는 8비트 분해능의 A/D 컨버터에 비하여 분해능이 $2^{12}/2^8 = 2^4 = 16$배만큼 우수하다.

A/D 컨버터의 분해능은 동적 범위 또는 다이내믹 레인지(DNR ; dynamic range)로 나타낼 수도 있다. 다이내믹 레인지는 A/D 컨버터로 표현할 수 있는 최소값과 최대값의 비율을 나타내는 분해능의 척도로서 다음과 같이 단위를 데시벨[dB]로 표시한다.

$$\mathrm{DNR} = 20\log\left(\frac{\text{표현가능한최대값}}{\text{표현가능한최소값}}\right) = 20\log\left(\frac{2^n/2^n}{1/2^n}\right) = 20\log(2^n)\ [\mathrm{dB}]$$

그러므로 비트 수에 따른 여러가지의 A/D 컨버터에 대하여 그것들의 분해능과 다이내믹 레인지를 정리하여 보면 <표 6.1.1>과 같다.

<표 6.1.1> A/D 컨버터의 비트 수에 따른 분해능과 다이내믹 레인지 비교

비트 수	분해능	다이내믹 레인지
8	$\frac{FS}{2^8} = \frac{FS}{256} \fallingdotseq FS \times 0.0039062500$	$20\log(2^8) = 20\log 256 = 48\ [\mathrm{dB}]$
12	$\frac{FS}{2^8} = \frac{FS}{4096} \fallingdotseq FS \times 0.0002441406$	$20\log(2^{12}) = 20\log 4096 = 72\ [\mathrm{dB}]$
14	$\frac{FS}{2^8} = \frac{FS}{16384} \fallingdotseq FS \times 0.0000610352$	$20\log(2^{14}) = 20\log 16384 = 84\ [\mathrm{dB}]$
16	$\frac{FS}{2^8} = \frac{FS}{65536} \fallingdotseq FS \times 0.0000152588$	$20\log(2^{16}) = 20\log 65536 = 96\ [\mathrm{dB}]$
24	$\frac{FS}{2^8} = \frac{FS}{16777216} \fallingdotseq FS \times 0.0000000596$	$20\log(2^{24}) = 20\log 16777216 = 144\ [\mathrm{dB}]$

▣ 샘플링 속도 및 변환 시간

샘플링 속도(sampling rate)는 1초당 얼마나 여러번 아날로그 신호를 캡쳐하여 디지털 값으로 변환할 수 있는지 나타내는 척도로서 단위는 SPS(Samples per Second)를 사용한다. 이것은 A/D 컨버터의 변환 시간(conversion time)에 따라 결정된다. A/D 변환 시간이 짧아서 변환 속도(conversion speed)가 높다면 당연히 샘플링 속도를 빠르게 할 수 있다.

넓은 의미에서 변환 시간은 A/D 변환이 트리거되어 샘플 홀드 회로에서 아날로그 신호가 샘플링 되고 이것이 디지털 값으로 변환되어 그 결과가 결과 레지스터에 저장될 때까지의 전체 경과 시간을 의미하지만, 좁은 의미에서는 샘플 홀드 회로에서 아날로그 신호를 캡쳐하는 샘플링 시간을 제외하고 순수하게 아날로그 신호를 디지털 값으로 변환하는 시간만을 나타낸다. 어쨌거나 샘플링 시간과 변환 시간이 짧으면 샘플링 속도와 변환 속도를 빠르게 할 수 있다.

넓은 의미의 변환 시간 = 샘플링 시간 + 좁은 의미의 변환 시간
샘플링 속도 = 변환 속도 = 1 / (넓은 의미의 변환 시간)

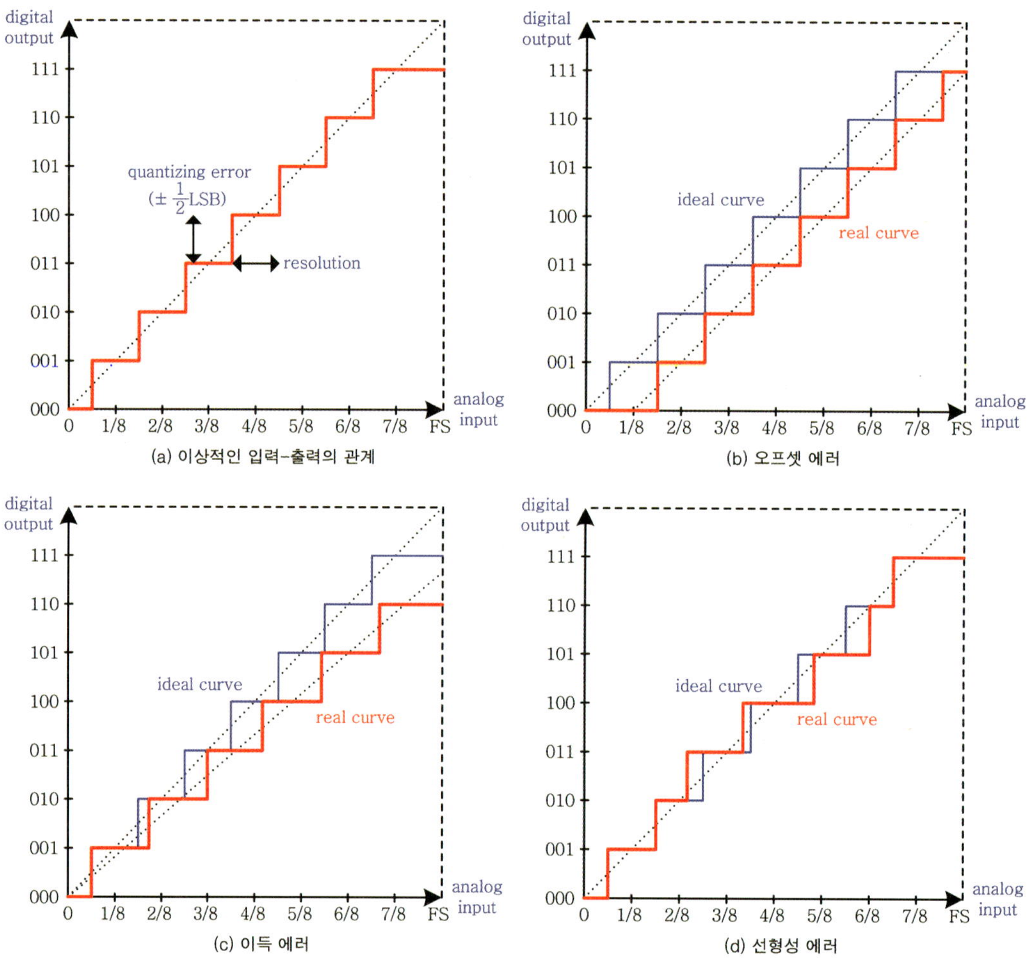

(a) 이상적인 입력-출력의 관계
(b) 오프셋 에러
(c) 이득 에러
(d) 선형성 에러

<그림 6.1.4> 3비트 A/D 컨버터에서 발생할 수 있는 오차의 종류

■ 정확도 및 선형성

아날로그 입력과 디지털 출력 사이의 관계가 얼마나 정확하게 얼마나 선형적으로 유지되면서 변환이 수행되는지를 나타내는 척도로서 적분 비선형성(INL ; Integral Non-Linearity)이나 차동 비선형성(DNL ; Differential Non-Linearity) 등이 있다. A/D 컨버터에서 정확성

과 선형성이 우수하게 수행되려면 아날로그 신호를 양자화(quantization)하는 단계에서 오차가 적어야 하는데, A/D 컨버터에서 발생할 수 있는 오차는 <그림 6.1.4>에 보인 바와 같이 오프셋 오차(offset error), 이득 오차(gain error), 선형성 오차(linearity error) 등의 3가지가 있다.

▣ 신호 대 잡음비

A/D 변환된 디지털 값에서 유효한 아날로그 신호에 의한 값과 잡음에 의한 값의 비율을 신호 대 잡음비(SNR ; Signal-to-Noise Ratio)라고 한다. 아날로그 신호를 A/D 변환하면 양자화 과정에서 대부분의 잡음이 걸러지는 효과가 있기 때문에 변환 결과값의 신호 대 잡음비가 매우 커서 잡음이 거의 제거되는 장점이 있다.

▣ 나이퀴스트의 샘플링 이론

스웨덴 태생으로 미국 국적을 가진 전자공학자인 나이퀴스트(Harry Nyquist)가 정립한 샘플링 이론(Sampling Theory)에 따르면 아날로그 신호를 원래 신호 주파수의 2배 이상 주파수로 샘플링하여 A/D 변환하면 나중에 D/A 변환을 사용하여 이 아날로그 신호를 완전하게 재생할 수 있다.

즉, 아날로그 신호의 주파수가 f_m이며 그 이상의 주파수 성분은 가지고 있지 않은 것으로 대역 제한(band-limited)되어 있다고 하자. 이를 A/D 컨버터로 샘플링하는 시간 주기가 T_s라면 샘플링 주파수는 $f_s = 1/T_s$라고 할 수 있다. 그러면 이것들의 관계가 다음을 만족하면 이 디지털 값은 나중에 완전하게 원래의 아날로그 신호로 재생할 수 있다.

$$f_s \geq 2\,f_m$$

만약, 샘플링 주파수가 너무 낮아서 이 조건을 만족하지 못한다면 이 디지털 값을 재생하였을 경우 원래의 아날로그 신호에 비하여 훨씬 낮거나 높은 주파수를 갖는 전혀 다른 신호가 만들어지는 결과를 얻게 되는데 이를 에일리어싱(aliasing) 현상이라고 한다. A/D 변환을 수행할 때 이처럼 바람직하지 않은 에일리어싱 현상이 나타나는 것을 방지하려면 샘플링 주파수를 신호 주파수의 2배 이상으로 높이거나, A/D 컨버터의 입력단에 안티 에일리어싱 필터(anti-aliasing filter)라고 부르는 저역통과 필터를 사용해야 한다.

2. A/D 컨버터의 종류별 동작 특성

A/D 컨버터에는 매우 많은 종류가 있으며, 이것들은 여러가지의 기준으로 분류할 수 있는데, 이를 요약 정리하면 아래와 같다.

○ 분해능에 따른 분류

- 6비트형
- 8비트형
- 10비트형 --- 10비트 이하는 저분해능형
- 12비트형 --- 12비트~14비트는 중분해능형
- 13비트형
- 14비트형
- 16비트형 --- 16비트 이상은 고분해능형
- 18비트형
- 22비트형
- 24비트형
- 32비트형

○ 변환 시간에 따른 분류

- 저속형 - 변환 시간이 ms 정도
- 중속형 - 변환 시간이 수십 μs
- 고속형 - 변환 시간이 수 μs 이하

○ 아날로그 입력 채널 수에 따른 분류

- 싱글 채널형
- 멀티 채널형

○ 클록 또는 기준전압 내장 여부에 따른 분류

- 클록 또는 기준전압 내장형
- 클록 또는 기준전압 외부 인가형

○ S/H 내장 여부에 따른 분류

- S/H 내장형
- S/H 외장형

○ 마이크로프로세서 인터페이스에 따른 분류

- 병렬 인터페이스형
- 직렬 인터페이스형 --- SPI형, I^2C형

○ 데이터 출력의 형태에 따른 분류

- 병렬 출력형
- 직렬 출력형
- 주파수 출력형

○ 아날로그 입력의 극성 및 출력 데이터의 형태에 따른 분류

- 유니폴라 입력형 --- straight binary형, BCD형
- 바이폴라 입력형 --- offset binary형, 2's complement형

○ 데이터 변환 방식에 따른 분류

- 병렬비교형(플래시형)
- 계수비교형(디지털 램프형)
- 추적비교형(트래킹형)
- 축차비교형(연속근사형)
- 이중적분형(이중경사형)
- 파이프라인형
- 델타-시그마형

마이크로프로세서의 입장에서 보면 A/D 컨버터의 디지털 변환 결과값이 어떤 형태로 출력되는지도 매우 중요한 사항이다. 마이크로프로세서에서 직접적으로 사용할 수 있는 형식으로 데이터가 변환되어 전달되어야만 소프트웨어로 이를 용이하게 처리할 수 있기 때문이다. 양극성(positive)의 아날로그 전압만 입력할 수 있는 유니폴라 입력형 A/D 컨버터는 대부분 straight binary의 형태로 변환 결과가 출력되고, 양극성(positive)과 음극성(negative)의 아날로그 전압을 모두 입력할 수 있는 바이폴라 입력형 A/D 컨버터는 대부분 offset binary 또는 2's complement의 형태로 변환 결과가 출력된다. 4비트 디지털 형식으로 양극성의 전압 0~10V와 양극성/음극성의 전압 -5 ~ +5V를 각각 A/D 변환하여 얻은 결과값을 표현하는 예를 비교하여 보면 <표 6.1.2>와 같다.

<표 6.1.2> A/D 컨버터에서 변환 결과 데이터의 표현 형식(4비트의 경우)

0~10V	-5 ~ +5V		
straight binary	sign magnitude binary	offset binary	2's complement
1111 = 9.375V	0111 = +4.375V	1111 = +4.375V	0111 = +4.375V
1110 = 8.750V	0110 = +3.750V	1110 = +3.750V	0110 = +3.750V
1101 = 8.125V	0101 = +3.125V	1101 = +3.125V	0101 = +3.125V
1100 = 7.500V	0100 = +2.500V	1100 = +2.500V	0100 = +2.500V
1011 = 6.875V	0011 = +1.875V	1011 = +1.875V	0011 = +1.875V
1010 = 6.250V	0010 = +1.250V	1010 = +1.250V	0010 = +1.250V
1001 = 5.625V	0001 = +0.625V	1001 = +0.625V	0001 = +0.625V
1000 = 5.000V	0000 = +0.000V	1000 = 0.000V	0000 = 0.000V
0111 = 4.375V	1000 = -0.000V	0111 = -0.625V	1111 = -0.625V
0110 = 3.750V	1001 = -0.625V	0110 = -1.250V	1110 = -1.250V
0101 = 3.125V	1010 = -1.250V	0101 = -1.875V	1101 = -1.875V
0100 = 2.500V	1011 = -1.875V	0100 = -2.500V	1100 = -2.500V
0011 = 1.875V	1100 = -2.500V	0011 = -3.125V	1011 = -3.125V
0010 = 1.250V	1101 = -3.125V	0010 = -3.750V	1010 = -3.750V
0001 = 0.625V	1110 = -3.750V	0001 = -4.375V	1001 = -4.375V
0000 = 0.000V	1111 = -4.375V	0000 = -5.000V	1000 = -5.000V

A/D 컨버터를 선정할 때 고려하는 성능 지표는 앞에서 설명한 것처럼 여러가지가 있으나 이중에서 가장 중요한 2가지를 꼽으라고 한다면 역시 분해능과 변환 속도이다. 여러가지의 A/D 컨버터에 대하여 분해능과 변환 속도를 비교하여 보면 <그림 6.1.5>와 같다.

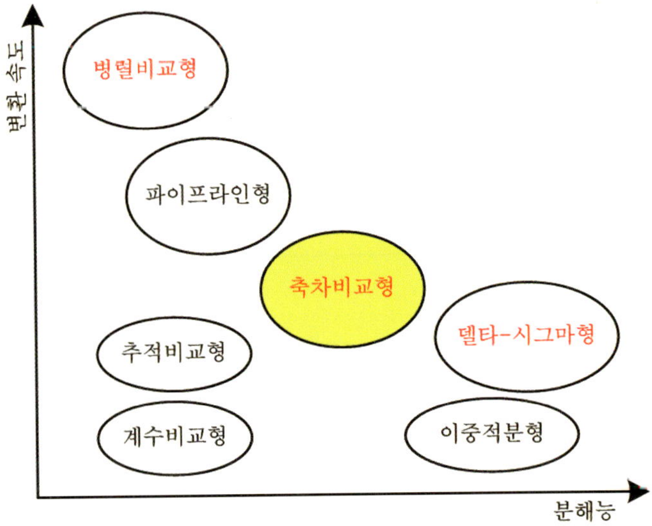

<그림 6.1.5> 여러가지 A/D 컨버터의 분해능과 변환속도 비교

(1) 병렬비교형 A/D 컨버터

병렬비교형 A/D 컨버터(multi-comparator ADC)는 플래시형(flash ADC)이라고도 불리는 방식인데, 여러개의 비교기를 사용하여 기준전압과 비교하는 방법으로 아날로그 입력전압의 크기를 판단하는 방식으로 동작한다. 예를 들어 3비트형의 경우에는 <그림 6.1.6>에 보인 것과 같이 2^3-1 = 7개의 아날로그 비교기를 사용하여 비교한 결과로부터 우선순위 엔코더(priority encoder)가 3비트 출력 데이터를 만들게 된다.

이 방식은 현존하는 A/D 컨버터 중에서 가장 빠른 변환 속도를 가지는 장점이 있으나, 회로가 복잡하고 소비전력이 크며 가격이 비싼 단점을 가지고 있다.

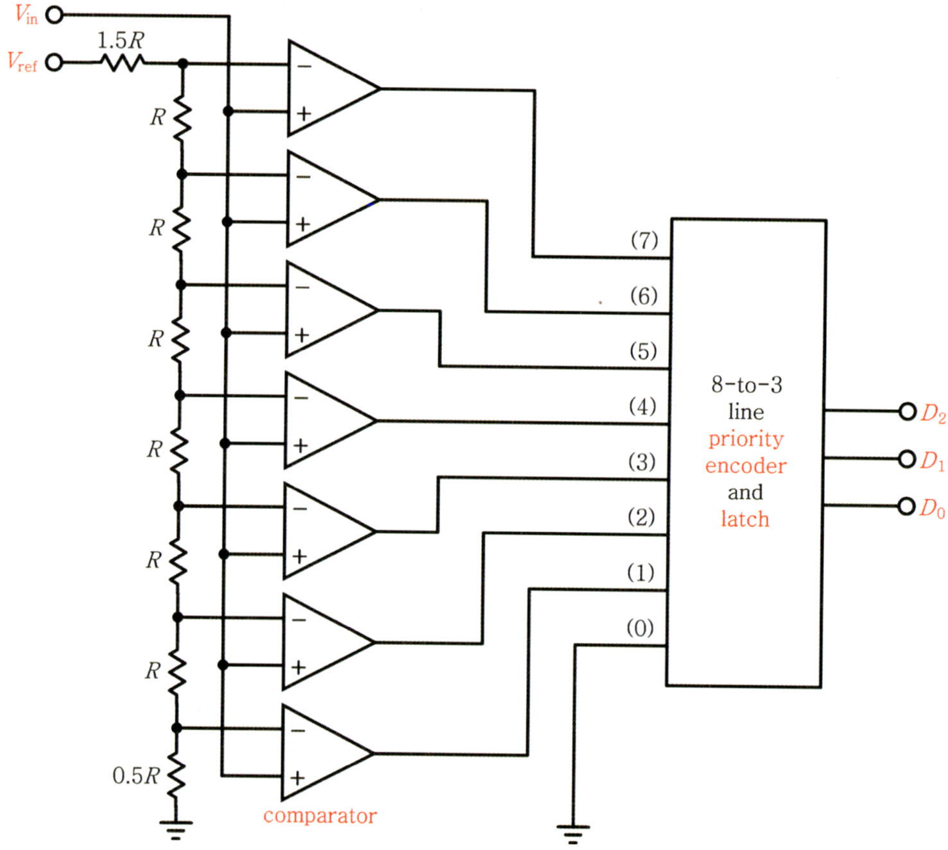

<그림 6.1.6> 병렬 비교형 A/D 컨버터의 구조(3비트 분해능의 경우)

(2) 계수비교형 A/D 컨버터

계수비교형 A/D 컨버터(counter ADC)는 계단 경사형 또는 디지털 램프형(digital ramp ADC)이라고도 불리는 방식인데, 이것은 내부에 2진 카운터(binary counter)와 D/A 컨버터를 가지고 있어서 카운터가 1씩 증가할 때마다 일정하게 커지는 아날로그 신호를 만든다. 그러면 비교기가 외부에서 입력된 아날로그 신호와 내부에서 D/A 컨버터가 만든 아날로그 전압을 서로 비교하여 D/A 컨버터의 출력전압이 더 커지는 순간 카운터의 동작을 정지시키며 그 순간의 카운터 값을 디지털 변환 결과로 출력한다. <그림 6.1.7>에 8비트 계수비교형 A/D 컨버터의 구조와 동작을 보였다.

이 방식은 회로가 간단하다는 장점이 있지만, 변환 시간이 길고 더구나 이것이 입력신호의 크기에 따라 달라지는 단점이 있다. 입력신호가 클수록 카운터와 D/A 컨버터가 그에 가까운 아날로그 전압을 만들기까지 더 많은 시간이 필요하기 때문이다.

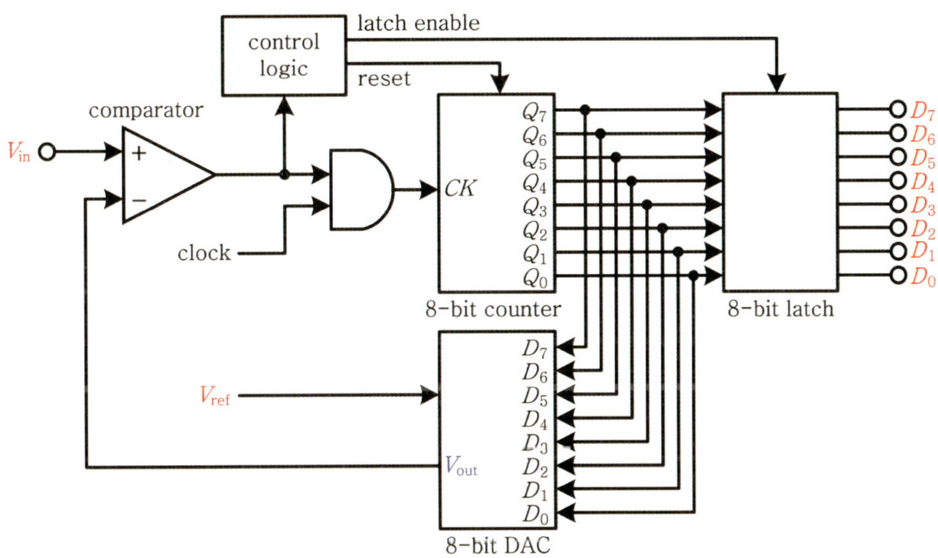

(a) 하드웨어 구조

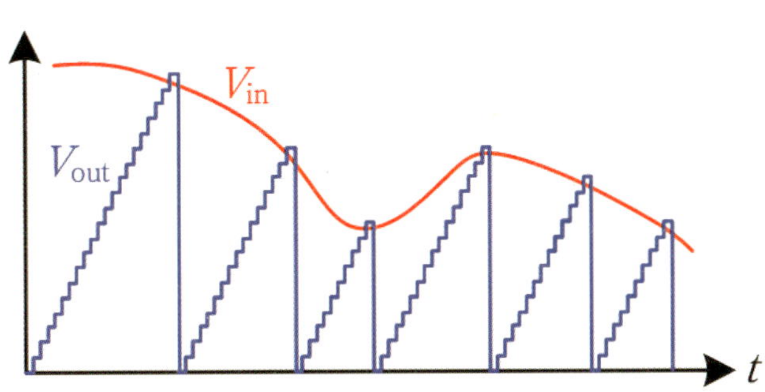

(b) 동작 원리를 나타내는 파형

<그림 6.1.7> 계수비교형 A/D 컨버터의 구조 및 동작(8비트 분해능의 경우)

(3) 추적비교형 A/D 컨버터

추적비교형 A/D 컨버터는 트래킹형(tracking ADC)이라고도 불리는 방식인데, 이것은 계수비교형 A/D 컨버터와 유사한 구조를 갖지만 계수비교형의 변환 속도가 느린 단점을 개선한 것이다. 즉, 계수비교형 A/D 컨버터에서는 A/D 변환 동작을 반복할 때마다 카운터를 리셋시키고 다시 시작함으로써 변환 속도가 늦어지는 단점이 있었다. 그러나, 추적비교형 A/D 컨버터에서는 이를 개선하기 위하여 증가형 카운터가 아니라 증가/감소형 카운터를 사용하며, 처음 1번의 A/D 변환 동작은 계수비교형과 유사하게 수행되지만 그 이후부터는 카운터가 증가 또는 감소하는 방법으로 D/A 컨버터의 출력값이 아날로그 입력신호를 추적하는 방식으로 동작함으로써 변환 시간이 훨씬 더 짧아지게 된다.

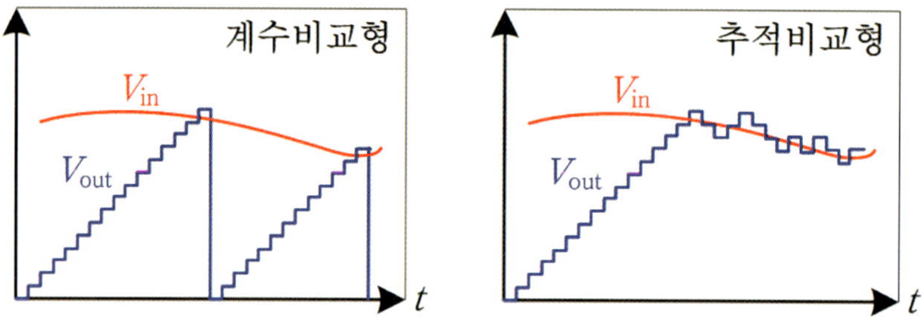

<그림 6.1.8> 계수비교형 A/D 컨버터와 추적비교형 A/D 컨버터의 동작 비교

(4) 축차비교형 A/D 컨버터

축차비교형 A/D 컨버터는 연속 근사형(successive approximation ADC)이라고도 불리는 방식인데, 이것은 계수비교형 A/D 컨버터와 매우 비슷한 듯한 구조를 갖지만 카운터 대신에 SAR(Successive Approximation Register)을 사용하여 변환 속도가 훨씬 빠르며 모든 아날로그 입력신호에 대한 일정한 변환 시간을 갖도록 개선한 것이다. 분해능과 변환 속도, 소비전력, 가격 등에서 골고루 우수하므로 현재 가장 널리 사용하는 방식의 A/D 컨버터이며, 특히 마이크로컨트롤러에 내장된 A/D 컨버터는 대부분 이 방식으로 되어 있다. 그러나, 이 A/D 컨버터에서는 변환이 수행되는 동안에 아날로그 입력신호의 크기가 변하면 안되기 때문에 반드시 샘플 홀드 회로를 사용해야 한다.

계수비교형 A/D 컨버터에서는 카운터가 순차적으로 증가하기 때문에 이를 이용하는 D/A 컨버터의 값이 아날로그 입력신호에 근접하게 되기까지 시간이 오래 걸리지만, 축차비교형 A/D 컨버터는 <그림 6.1.9>에 보인 것처럼 비교기의 비교 결과에 따라 SAR 회로에서 최상위 비트부터 차례로 1비트씩 변화시키면서 근사값을 찾아가기 때문에 변환 동작이 빠르고 일정하게 된다.

<그림 6.1.9>의 (b)는 4비트 구조의 SAR이 아날로그 신호를 추적하여 디지털 값을 찾아내는 알고리즘을 보여주는데, 여기서 적색으로 표시한 경로는 그림 (c)에서 ①의 경우에 대한 것이다. 그림 (c)에서 흑색으로 표시한 곡선은 아날로그 입력신호 V_{in}을 나타내고, 적색의 수평선은 A/D 변환을 시작하는 순간에 샘플 홀드 회로가 캡쳐한 아날로그 입력전압을 의미한다. 이렇게 하여 SAR이 아날로그 신호를 추적하여 A/D 변환을 수행하는 동안에는 아날로그 입력전압이 일정하게 유지된다.

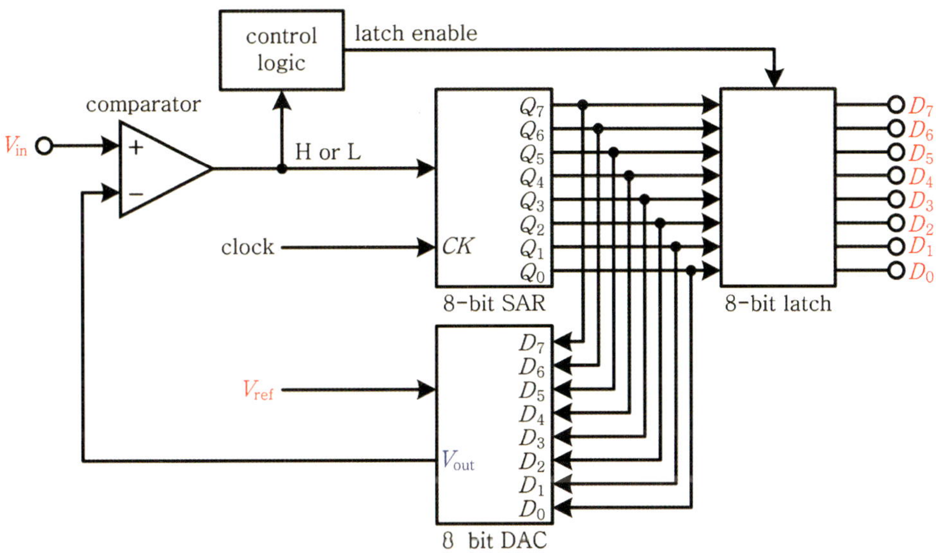

(a) 하드웨어 구조

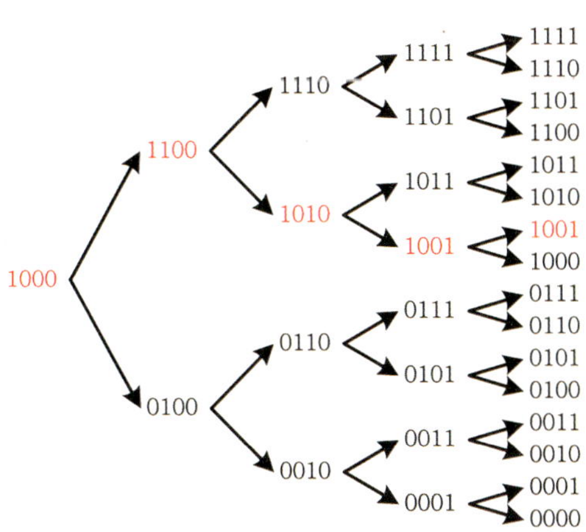

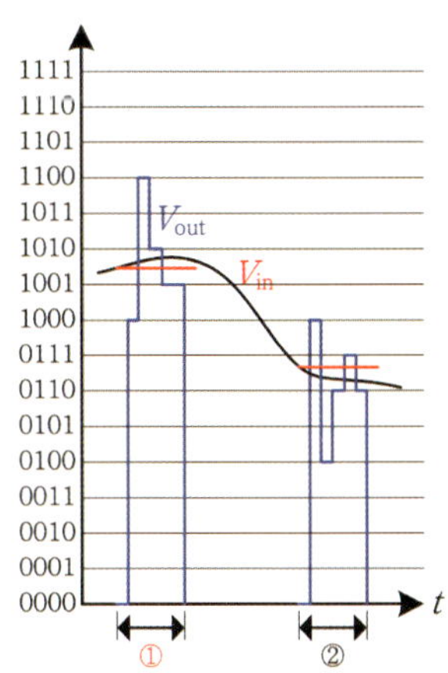

(b) 4비트 SAR 알고리즘(적색은 우측 ①의 경우) (c) 4비트 A/D 변환 동작

<그림 6.1.9> 축차비교형 A/D 컨버터의 구조 및 동작

(5) 이중적분형 A/D 컨버터

이중적분형 A/D 컨버터(dual-slope integrating ADC)는 이중경사형(dual slope ADC)이라고도 불리는 방식인데, 이제까지 앞에서 설명한 A/D 컨버터들은 모두 아날로그 비교기가 주요 구성 요소였던데 비하여 이것은 적분기를 주요 구성 요소로 가지고 있다.

<그림 6.1.10>에 이중적분형 A/D 컨버터의 하드웨어 구조와 동작 원리를 보였다. A/D 변환이 시작되면 첫번째 단계로 제어 로직에서 적분기를 리셋하고 적분기의 입력신호로 아날로그 입력신호 V_{in}을 선택하여 일정한 시간 t_1동안 적분을 수행한다. 그 다음 두번째 단계에서는 카운터를 리셋하고 적분기의 입력신호로 기준전압 $-V_{ref}$를 선택하여 적분기의 출력이 0이 될 때까지 적분하여 그 시간 t_2를 측정한다. 그러면 첫번째 단계에서 적분 시간 t_1동안 충전된 전하량과 두번째 단계에서 적분 시간 t_2동안 방전된 전하량이 같아야 한다.

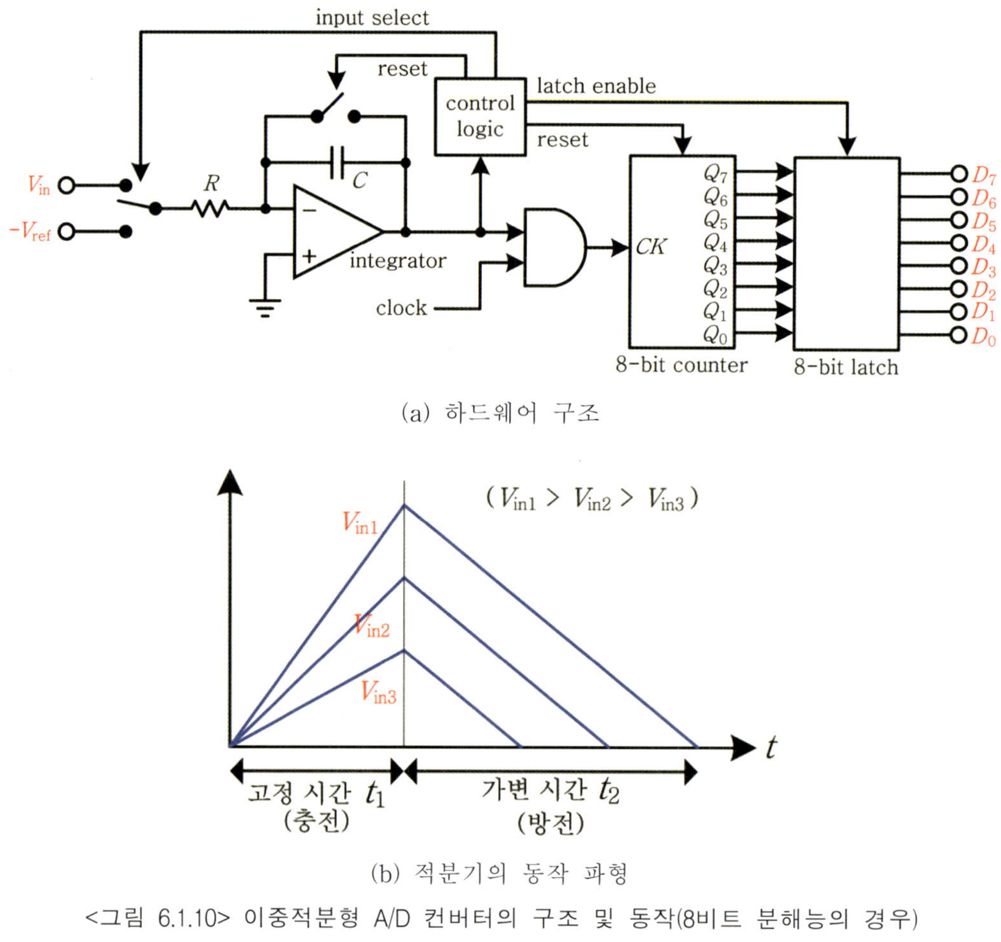

<그림 6.1.10> 이중적분형 A/D 컨버터의 구조 및 동작(8비트 분해능의 경우)

$$t_1 V_{\text{in}} = t_2 V_{\text{ref}}$$

이로부터 입력 아날로그 전압의 크기는 다음과 같이 계산된다.

$$V_{\text{in}} = \frac{t_2}{t_1} V_{\text{ref}}$$

이 방식의 A/D 컨버터는 일정한 시간 t_1동안 아날로그 입력신호를 적분하므로 입력신호에 잡음이 포함되더라도 정밀도가 높고 안정적인 변환 특성을 가지는 장점이 있으나, 2번의 적분을 수행해야 하므로 변환 시간이 길다는 단점을 갖는다.

(6) 파이프라인형 A/D 컨버터

파이프라인형 A/D 컨버터(pipeline ADC)는 <그림 6.1.11>에 보인 것처럼 2~4비트 정도의 짧은 길이로 나누어 A/D 변환을 수행하는 여러개의 스테이지(stage)를 파이프라인처럼 연속적으로 캐스케이드(cascade) 접속한 구조를 갖는다. 각 스테이지에서는 아날로그 입력전압에서 A/D 변환한 값만큼을 빼어 그 나머지 차이를 다시 증폭하고 이를 다음 스테이지의 입력전압으로 전달한다.

이 방식은 분해능은 중간 정도이지만, A/D 변환 속도가 매우 빠르며 파이프라인 구조를 사용하여 연속적인 신호의 A/D 변환이 가능하기 때문에 현재 영상신호 처리 분야에서 널리 사용되고 있다.

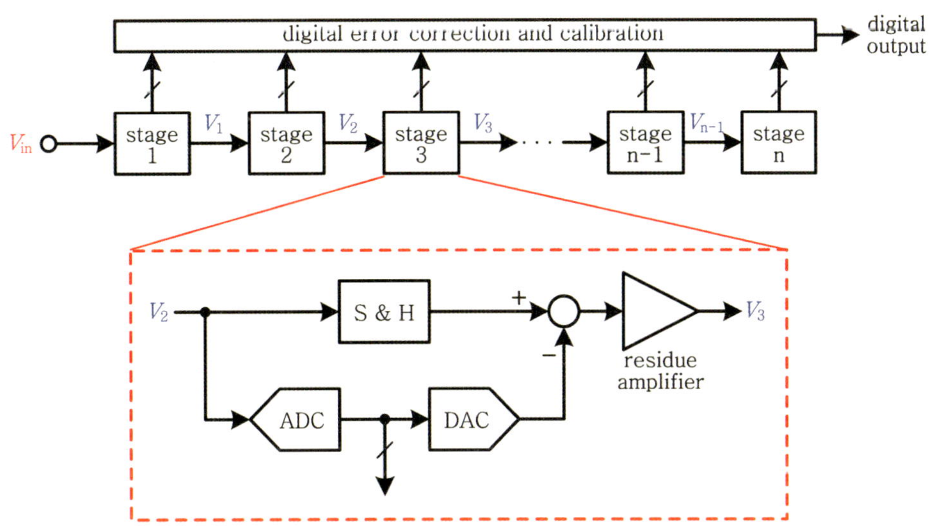

<그림 6.1.11> 파이프라인형 A/D 컨버터의 구조

(7) 델타-시그마형 A/D 컨버터

델타-시그마형 A/D 컨버터(delta-sigma ADC)는 내부에 적분기를 가지고 있어서 잡음에 강하며 높은 분해능을 가지는 방식이지만, 변환 시간은 비교적 느린 편에 속한다. 따라서, 이것은 고속으로 변하는 아날로그 신호에는 적용하기 어렵지만, 성능이 우수하고 반도체 기술의 발전으로 CMOS 공정으로 구현하기가 쉬워지면서 최근에 각광을 받기 시작한 A/D 컨버터이다. 요즘에는 높은 분해능이 요구되는 디지털 음성 신호 처리에 많이 사용되고 있다.

원래 언어적으로 볼 때 델타(delta, Δ)는 차이(difference) 또는 변화(change)를 의미하며, 시그마(sigma, Σ)는 가산(summation) 또는 누적(integration)의 의미를 갖는다. 여기에서 알 수 있듯이 델타-시그마형 A/D 컨버터는 차이를 계산하는 뺄셈기와 적분기가 주요 구성 요소이며, 저역통과 필터의 기능을 내장하고 있어서 잡음에 강한 특성을 갖는다. 또한 이러한 구조적인 특성 때문에 델타-시그마 A/D 컨버터는 1개의 아날로그 입력 채널만을 갖는 것이 바람직하며, 1개의 A/D 컨버터에 아날로그 멀티플렉서를 사용하여 여러개의 아날로그 입력 신호를 선택적으로 연결하는 구조는 잘 사용하지 않는다.

델타-시그마 A/D 컨버터의 내부는 매우 복잡한 구조를 가지므로 여기서 이를 상세하게 설명하기는 어렵지만, 대략적인 동작 원리를 설명하는 블록도로 간략화하여 보이면 <그림 6.1.12>와 같다. 즉, 여기서는 처음에 아날로그 입력신호의 값을 대략 예측하고 이것과 실제의 아날로그 입력신호를 비교기로 비교하고 적분기로 적분하면서 오차를 점차로 보정해나가는 방식으로 동작한다. 이 때문에 여기서는 A/D 변환 과정에서 반복적으로 입력신호를 샘플링하게 되는데 이를 오버샘플링(oversampling)이라고 한다.

델타-시그마 A/D 컨버터는 높은 분해능을 위하여 변환 속도가 희생되는 것을 감수하는 방식이라고 할 수 있다. 현재 이 방식은 24비트를 넘어 32비트 분해능의 제품까지 상당히 많이 출시되고 있다. 이것의 분해능이 높고 정밀한 이유는 오버 샘플링을 통한 지속적인 오차 보정과 디지털 LPF를 사용하여 신호를 안정화시키기 때문이다.

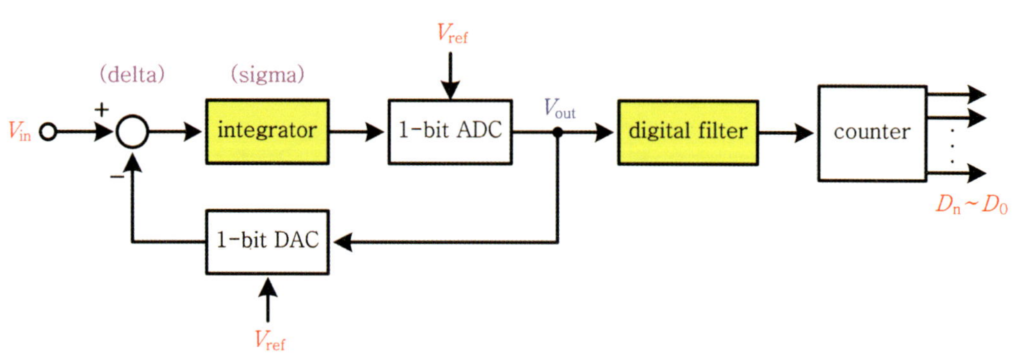

<그림 6.1.12> 델타-시그마형 A/D 컨버터의 구조

(8) A/D 컨버터 IC 소자의 정리

앞의 332페이지에서 살펴보았듯이 A/D 컨버터에는 매우 많은 종류와 모델들이 있다. 쉽게 짐작할 수 있듯이 전통적으로 연산증폭기를 많이 만드는 반도체 회사들이 역시 A/D 컨버터 IC 소자를 만들어 왔다. A/D 컨버터는 아날로그 신호를 디지털 값으로 변환하여 읽어들이는 소자이므로 1970년대에 마이크로프로세서가 탄생하면서부터 여기에 아날로그 회로를 인터페이스하기 위한 수단으로 널리 사용되기 시작했다. 그 당시의 범용 마이크로프로세서들은 외부에 메모리나 주변장치들을 접속하기 위하여 어드레스 버스, 데이터 버스, 제어 버스로 구성되는 시스템 버스를 갖추고 있었으므로 초기의 A/D 컨버터들은 이러한 방식으로 마이크로프로세서에 인터페이스할 수 있는 병렬접속형이 주류를 이루었다.

현재까지 판매되고 있는 Texas Instruments사와 Analog Devices사의 주요 병렬접속형 A/D 컨버터 IC들을 각각 <표 6.1.3> 및 <표 6.1.4>에 정리하여 보였다. 이중에서 Texas Instruments사의 제품에는 그들이 인수 합병한 Burr-Brown이나 National Semiconductor 시절부터 이어지는 제품을 포함하고 있으며, 또한 Analog Devices사의 제품에는 Linear Technology나 Maxim Integrated 시절부터 이어지는 제품을 포함하고 있다.

<표 6.1.3> Texas Instruments사의 주요 병렬접속형 A/D 컨버터

분해능 (bit)	모델명	입력 채널	방식	샘플링 속도 [MSPS]	아날로그 입력[V]	전원전압[V] Analog/Digital	기준전압 V_{REF}[V]	패키지
8	ADC0802-N	1	SAR	0.01	SE, Diff	4.5~5.5	내5, 2.5	SOIC-20
	ADC0804-N	1	SAR	0.01	SE, Diff	4.5~5.5	내5, 2.5	SOIC-20
	ADC0820-N	1	SAR	0.658	SE	4.5~8	외5	SOIC-20
	TLC0820A	1	SAR	0.392	SE	4.5~8	외5	DIP-20,SOIC-20,SSOP-20
	TLV571	1	SAR	1.25	SE	2.7~5.5/2.7~5.5	외2.5~AV_{DD}	SOIC-24, TSSOP-24
	THS1007	4	PL	6	SE, Diff	4.75~5.25/4.75~5.25	내2.5	TSSOP-32
	THS1009	2	PL	8	SE, Diff	4.75~5.25/4.75~5.25	내2.5	TSSOP-32
	THS10064	4	PL	6	SE, Diff	4.75~5.25/3~5.25	내2.5	TSSOP-32
	THS10082	2	PL	8	SE, Diff	4.75~5.25/3~5.25	내2.5	TSSOP-32
10	TLC1550	1	SAR	0.164	SE	4.75~5.5/4.75~5.5	외5	SOIC-24, PLCC-28
	TLC1551	1	SAR	0.164	SE	4.75~5.5/4.75~5.5	외5	SOIC-24, PLCC-28
	TLV1562	4	PL	2	SE, Diff	2.7~5.5/2.7~5.5	외AV_{DD}-1	SOIC-28, TSSOP-28
	TLV1571	1	SAR	1.25	SE	2.7~5.5/2.7~5.5	외2.5~AV_{DD}	SOIC-24
	TLV1578	8	SAR	1.25	SE	2.7~5.5/2.7~5.5	외2.5~AV_{DD}	TSSOP-32
12	ADS7842	4	SAR	0.2	SE	2.7~5.25/2.7~5.25	외0.1~AV_{DD}	SSOP-28
	ADS7852	8	SAR	0.5	SE	4.75~5.25	내2.50	TQFP-32
	ADS7862	4	SAR	0.5	SE, Diff	4.5~5.5/4.5~5.5	외0.4~V_{DD}	DIP-16, SOIC-16
	ADS7865	6	SAR	2	Diff	2.7~5.5/2.7~5.5	내2.500	TQFP-32
	THS1206	4	PL	6	SE, Diff	4.75~5.25/3~5.25	내2.5	TSSOP-32
	THS1207	4	PL	6	SE, Diff	4.75~5.25/4.75~5.25	내2.5	TSSOP-32
	THS1209	2	PL	8	SE, Diff	4.75~5.25/4.75~5.25	내2.5	TSSOP-32
16	ADS1605	1	D-S	5	SE, Diff	4.75~5.25/2.7~5.25	외3.0	HTQFP-64
	ADS1606	1	D-S	5	SE, Diff	4.75~5.25/2.7~5.25	외3.0	HTQFP-64
	ADS7811	1	SAR	0.25	SE ±2.5	-5~+5	내2.5	SOIC-28
	ADS7815	11	SAR	0.25	SE ±2.5	-5~+5	내2.5	SOIC-28
18	ADS1625	1	D-S	1.25	SE, Diff	4.75~5.25/2.7~5.25	외3.0	HTQFP-64
	ADS1626	1	D-S	1.25	SE, Diff	4.75~5.25/2.7~5.25	외3.0	HTQFP-64

<표 6.1.4> Analog Devices사의 주요 병렬접속형 A/D 컨버터

분해능 (bit)	모델명	입력 채널	방식	샘플링 속도 [SPS]	아날로그 입력[V]	전원전압[V] Analog/Digital	기준전압 V_{REF}[V]	패키지
8	LTC1099	1	SAR	400k	SE	4.75~5.25	외0~V_{CC}	DIP-20, wide SO-20
	MAX150	1	SAR	500k	SE	4.75~5.25	내2.50	DIP-20, wide SO-20
	MAX152	1	SAR	400k	SE	3.0~3.6	외0~V_{CC}	DIP-20, wide SO-20
	MAX153	1	SAR	1000k	SE	0~5 또는 -5~+5	외0~V_{CC}	DIP-20, wide SO-20
	MAX154	4	SAR	400k	SE	4.75~5.25	내2.50	DIP-24, wide SO-24
	MAX155	8	SAR	250k	SE, Diff	4.75~5.25	내2.50	DIP-28, wide SO-28
	MAX156	4	SAR	250k	SE, Diff	4.75~5.25	내2.50	DIP-24, wide SO-28
	MAX158	8	SAR	400k	SE	4.75~5.25	내2.50	DIP-28, wide SO-28
	MAX1191	2	PL	7.5M	SE, Diff	2.7~3.6/1.8~3.6	외1.024	QFN-28
	MAX1192	2	PL	22M	SE, Diff	2.7~3.6/1.8~3.6	외1.024	QFN-28
	MAX1193	2	PL	45M	SE, Diff	2.7~3.6/1.8~3.6	외1.024	QFN-28
10	AD7470	1	SAR	1750k	SE	2.7~5.25/2.7~5.25	외2.5	SOIC-24, TSSOP-24
	AD7933	4	SAR	1500k	SE, Diff	2.7~5.25/2.7~5.25	내2.5	TSSOP-28
	AD7939	8	SAR	1500k	SE, Diff	2.7~5.25/2.7~5.25	내2.5	TQFP-32, LFCSP-32
	LTC1850	8	SAR	1250k	SE, Diff	4.75~5.25/2.7~5.25	내2.50	TSSOP-48
	LTC1852	8	SAR	400k	SE, Diff	2.7~5.5/2.7~5.5	내2.50	TSSOP-48
	AD9200	1	PL	20M	SE	2.7~5.5/2.7~5.5	내1/2	SSOP-28, LQFP-48
	AD9201	2	PL	20M	SE	2.7~5.5/2.7~5.5	내1/2	SSOP-28
	AD9203	1	PL	40M	SE	2.7~3.6/2.7~3.6	내0.5/1	TSSOP-28
12	AD7472	1	SAR	1750k	SE	2.7~5.25/2.7~5.25	외2.5	SOIC-24, TSSOP-24
	LTC1851	8	SAR	1500k	SE, Diff	4.75~5.25/2.7~5.25	내2.50	TSSOP-48
	LTC1853	8	SAR	400k	SE, Diff	2.7~5.5/2.7~5.5	내2.50	TSSOP-48
	MAX162	1	SAR	308k	SE	V_{SS}=-15, V_{CC}=5	내-5.25	DIP-24, wide SO-24
	MAX163	1	SAR	100k	SE	V_{SS}=-15, V_{CC}=5	내-5.00	DIP-24, wide SO-24
	MAX164	1	SAR	100k	SE	V_{SS}=-15, V_{CC}=5	내-5.00	DIP-24, wide SO-24
	MAX167	1	SAR	100k	SE	V_{SS}=-15, V_{CC}=5	내-5.00	DIP-24, wide SO-24
	MAX196	6	SAR	100k	SE	4.75~5.25	내4.096	DIP-28, wide SO-28
	MAX198	6	SAR	100k	SE	4.75~5.25	내4.096	DIP-28, wide SO-28
	MAX1265	6	SAR	265k	SE, Diff	2.7~3.6	내2.5	QSOP-28
	MAX1267	2	SAR	265k	SE, Diff	2.7~3.6	내2.5	QSOP-24
	MAX1420	1	PL	60M	SE, Diff	3.145~3.465/2.7~3.6	외2.048	LQFP-48
	MAX1421	1	PL	40M	SE, Diff	3.135~3.465/2.7~3.6	외2.048	LQFP-48
	MAX1422	1	PL	20M	SE, Diff	3.138~3.465/2.7~3.6	외2.048	LQFP-48
14	MAX1316	8	SAR	526k	SE 0~5	4.75~5.25/2.70~5.25	내2.500	LQFP-48
	MAX1317	4	SAR	526k	SE 0~5	4.75~5.25/2.70~5.25	내2.500	LQFP-48
	MAX1318	2	SAR	526k	SE 0~5	4.75~5.25/2.70~5.25	내2.500	LQFP-48
	MAX1320	8	SAR	526k	SE ±5	4.75~5.25/2.70~5.25	내2.500	LQFP-48
	MAX1321	4	SAR	526k	SE ±5	4.75~5.25/2.70~5.25	내2.500	LQFP-48
	MAX1322	2	SAR	526k	SE ±5	4.75~5.25/2.70~5.25	내2.500	LQFP-48
	MAX1324	8	SAR	526k	SE ±10	4.75~5.25/2.70~5.25	내2.500	LQFP-48
	MAX1325	4	SAR	526k	SE ±10	4.75~5.25/2.70~5.25	내2.500	LQFP-48
	MAX1326	2	SAR	526k	SE ±10	4.75~5.25/2.70~5.25	내2.500	LQFP-48
	MAX11054	4	SAR	250k	SE	4.75~5.25/2.70~5.25	내4.096	TQFP-64, TQFN-56
	MAX11055	6	SAR	250k	SE	4.75~5.25/2.70~5.25	내4.096	TQFP-64, TQFN-56
	MAX11056	8	SAR	250k	SE	4.75~5.25/2.70~5.25	내4.096	TQFP-64, TQFN-56
	LTC2245	1	PL	10M	SE, Diff	2.7~3.4/0.5~3.6	내0.5/1	QFN-32
	LTC2295	2	PL	10M	SE, Diff	2.7~3.4/0.5~3.6	내0.5/1	QFN-64
16	MAX1165	1	SAR	165k	SE	4.75~5.25/2.7~5.25	내4.096	TSSOP-28
	MAX1189	1	SAR	135k	SE ±10	4.75~5.25/2.70~5.25	내4.096	TSSOP-28
	MAX11044	4	SAR	250k	SE	4.75~5.25/2.70~5.25	내4.096	TQFP-64, TQFN-56
	MAX11045	6	SAR	250k	SE	4.75~5.25/2.70~5.25	내4.096	TQFP-64, TQFN-56
	MAX11046	8	SAR	250k	SE	4.75~5.25/2.70~5.25	내4.096	TQFP-64, TQFN-56
	LTC2202	1	PL	10M	SE, Diff	2.7~3.4/0.5~3.6	외1.25/2.5	QFN-48
	MAX19588	1	PL	100M	SE, Diff	3.13~3.46/1.7~1.9	내1.28	QFN-56

☞ (주1) 약어 : D-S = delta-sigma, PL = pipeline, SE = single-ended, Diff = differential

☞ (주2) 이 회사에서는 샘플링 속도가 kSPS인 모델을 고정밀형, MSPS인 모델을 고속형으로 분류함.

그러나, 1970년대부터 시작된 범용 마이크로프로세서 시대가 지나가고 1990년대부터 본격적인 마이크로컨트롤러의 시대가 열리면서 현재는 A/D 컨버터 시장의 상황이 다음과 같이 많이 달라지게 되었다.

첫째, 범용 마이크로프로세서에는 외부에 시스템 버스(system bus)를 가지고 있으므로 앞에서 살펴본 병렬접속형의 A/D 컨버터 소자가 인기를 끌었으나, 마이크로컨트롤러는 대부분 외부에 시스템 버스를 가지고 있지 않으므로 병렬접속형 보다는 마이크로컨트롤러가 SPI나 I^2C와 같은 직렬통신을 사용하여 A/D 변환 결과를 읽어들이는 직렬접속형이 주류를 이루고 있다. 이들 직렬접속형 A/D 컨버터는 종래의 병렬접속형 소자에 비하여 핀수가 훨씬 적어서 소형 패키지로 되어 있다는 것이 큰 장점이다.

둘째, 이처럼 직렬접속형 A/D 컨버터가 널리 사용됨에 따라 종래의 병렬접속형 A/D 컨버터에 비하여 동작 모드와 기능이 다양해지고 있다. 즉, 종래의 병렬접속형 A/D 컨버터에서는 A/D 변환 결과를 병렬 핀으로 출력하고 마이크로프로세서는 이를 입력으로 단순히 읽어들일 뿐이었다. 그러나, 직렬접속형 A/D 컨버터에서는 마이크로컨트롤러와 A/D 컨버터가 직렬통신으로 연결되기 때문에 이를 통하여 A/D 변환 결과를 읽어들이는 것은 물론이고, 미리 동작 모드를 초기화하고 다양한 기능이나 파라미터들을 설정하는 것이 가능하다.

셋째, 오늘날 대부분의 마이크로컨트롤러에는 A/D 컨버터가 주변장치로 내장되어 있으므로 외부에 별도로 A/D 컨버터 소자를 추가하여 사용할 필요가 훨씬 적어졌다. 그러나, 마이크로컨트롤러에 내장되어 있는 A/D 컨버터는 8~10비트의 저분해능이거나 12~14비트의 중분해능이 많고 또한 변환속도가 상대적으로 느린 축차비교형인 경우가 대부분이므로 16비트 이상의 고분해능이 필요하거나 좀 더 고속의 A/D 변환이 필요한 경우에는 외부에 별도의 A/D 컨버터 IC 소자를 접속하여 사용하게 된다.

넷째, 종래의 병렬접속형 A/D 컨버터는 축차비교형이 압도적으로 많았으나 현재는 요구되는 특성에 따라 A/D 변환 방식이 좀 더 다양해졌다. 예를 들어 좀 더 고속의 변환시간이 요구되는 경우에는 파이프라인형이 널리 사용되며, 16비트 이상의 고분해능 A/D 컨버터에는 델타-시그마형이 대부분이다. 따라서, 축차비교형, 파이프라인형, 델타-시그마형은 현재 A/D 컨버터의 주류를 이루는 3대 주축 모델이라고 볼 수 있다.

현재 판매되고 있는 Texas Instruments사와 Analog Devices사의 주요 직렬접속형 A/D 컨버터 IC 소자를 발췌하여 각각 <표 6.1.5> 및 <표 6.1.6>에 정리하였다. 이중에서 Texas Instruments사의 제품에는 그들이 인수 합병한 Burr-Brown이나 National Semiconductor 시절부터 이어지는 제품을 포함하고 있으며, 또한 Analog Devices사의 제품에는 Linear Technology나 Maxim Integrated 시절부터 이어지는 제품을 포함하고 있다. 실제 직렬접속형 모델은 이보다 훨씬 많으나 여기서는 그중에서 극히 일부만을 발췌하여 보였다.

<표 6.1.5> Texas Instruments사의 주요 직렬접속형 A/D 컨버터

분해능 (bit)	모델명	입력 채널	방식	인터 페이스	샘플링 속도 [MSPS]	아날로그 입력[V]	전원전압[V] Analog/Digital	기준전압 V_{REF}[V]	패키지
8	TLC0831	1	SAR	SPI	0.031	SE, Diff	4.5~5.5	외0~V_{CC}	DIP-8, SOIC-8
	TLC0832	2	SAR	SPI	0.022	SE, Diff	4.5~5.5	외V_{CC}=V_{REF}	DIP-8, SOIC-8
	TLC0834	4	SAR	SPI	0.02	SE, Diff	4.5~5.5	외0~V_{CC}	DIP-14, SOIC-14
	TLC0838	8	SAR	SPI	0.02	SE, Diff	4.5~5.5	외0~V_{CC}	DIP-20, SOIC-20
10	TLC1514	4	SAR	SPI	0.4	SE, Diff	4.5~5.5	외2~V_{CC}	SOIC-14, TSSOP-14
	TLC1518	8	SAR	SPI	0.4	SE, Diff	4.5~5.5	외2~V_{CC}	SOIC-20, TSSOP-20
	TLC1549	1	SAR	SPI	0.038	SE	4.5~5.5	외2.5~V_{CC}	DIP-8, SOIC-8
12	TLC2551	1	SAR	SPI	0.4	SE	4.5~5.5	외2~V_{DD}	SOIC-8, VSSOP-8
	TLC2552	2	SAR	SPI	0.4	SE	4.5~5.5	외2~V_{DD}	SOIC-8, VSSOP-8
	TLC2554	4	SAR	SPI	0.4	SE, Diff	4.5~5.5	외2~V_{CC}	SOIC-16, TSSOP-16
	TLC2555	1	SAR	SPI	0.4	Diff	4.5~5.5	외2~V_{DD}	VSSOP-8
	TLC2558	8	SAR	SPI	0.4	SE, Diff	4.5~5.5	외2~V_{CC}	SOIC-20, TSSOP-20
14	TLC3541	1	SAR	SPI	0.2	SE	4.5~5.5	외4~V_{DD}	SOIC-8, VSSOP-8
	TLC3544	4	SAR	SPI	0.2	SE, Diff	4.5~5.5/2.7~5.5	외3~V_{DD}	SOIC-20, TSSOP-20
	TLC3545	1	SAR	SPI	0.2	Diff	4.5~5.5	외4~V_{DD}	SOIC-8, VSSOP-8
	TLC3548	8	SAR	SPI	0.2	SE, Diff	4.5~5.5/2.7~5.5	외3~V_{DD}	SOIC-24, TSSOP-24
16	ADS1146	1	D-S	SPI	0.002	SE, Diff	5, ±2.5/2.7~5.25	외0.5~AV_{DD}	TSSOP-16
	ADS1147	4	D-S	SPI	0.002	SE, Diff	5, ±2.5/2.7~5.25	외0.5~AV_{DD}	TSSOP-20
	ADS1148	8	D-S	SPI	0.002	SE, Diff	5, ±2.5/2.7~5.25	외0.5~AV_{DD}	TSSOP-28, VQFN-32
	ADS8329	1	SAR	SPI	1	SE	4.5~5.5/1.65~5.5	외0.3~V_{A}	TSSOP-16, QFN-16
	ADS8330	2	SAR	SPI	1	SE	4.5~5.5/1.65~5.5	외0.3~V_{A}	TSSOP-16, QFN-16
	ADS8331	4	SAR	SPI	0.5	SE, Diff	2.7~3.6/1.65~3.6	외1.2~2.525	TSSOP-24, VQFN-24
	ADS8332	8	SAR	SPI	0.5	SE, Diff	2.7~3.6/1.65~3.6	외1.2~2.525	TSSOP-24, VQFN-24
	TLC4541	1	SAR	SPI	0.2	SE	4.5~5.5	외4~V_{DD}	SOIC-8, VSSOP-8
	TLC4545	1	SAR	SPI	0.2	Diff	4.5~5.5	외4~V_{DD}	SOIC-8, VSSOP-8
18	ADS1130	1	D-S	SPI	0.00008	SE, Diff	2.7~5.3/2.7~5.3	외1.5~AV_{DD}	TSSOP-16
	ADS1131	1	D-S	SPI	0.00008	SE, Diff	3~5.3/3~5.3	외1.5~AV_{DD}	SOIC-16
	ADS8380	1	SAR	SPI	0.6	SE, Diff	4.75~5.25/2.7~5.25	내4.096	VQFN-28
	ADS8382	1	SAR	SPI	0.6	Diff	4.75~5.25/2.7~5.25	내4.096	VQFN-28
	ADS8383	1	SAR	SPI	0.5	SE, Diff	4.75~5.25/2.95~5.25	외4.096	TQFP-48
20	ADS1230	1	D-S	SPI	0.00008	SE, Diff	2.7~5.3/2.7~5.3	외1.5~AV_{DD}	TSSOP-16
22	ADS1213	4	D-S	SPI	0.00625	SE, Diff	4.75~5.25/4.75~5.25	내2.5	SOIC-24, SSOP-28
24	ADS1211	4	D-S	SPI	0.016	SE, Diff	4.75~5.25/4.75~5.25	내2.5	SOIC-24
	ADS1219	4	D-S	I^2C	0.001	SE, Diff	2.3~5.5/2.3~5.5	내2.048	TSSOP-16, WQFN-16
	ADS1220	4	D-S	SPI	0.002	SE, Diff	5, ±2.5/2.3~5.5	외0.75~AV_{DD}	TSSOP-16, VQFN-16
	ADS1222	2	D-S	SPI	0.00024	SE, Diff	2.7~5.5	외0.5~V_{DD}	TSSOP-14
	ADS1224	4	D-S	SPI	0.00024	SE, Diff	2.7~5.5/2.7~5.5	외0.5~AV_{DD}	TSSOP-20
	ADS1231	1	D-S	SPI	0.00008	SE, Diff	3~5.3/3~5.3	외1.5~AV_{DD}	SOIC-16
	ADS1232	2	D-S	SPI	0.00008	Diff	2.7~5.3/2.7~5.3	외1.5~AV_{DD}	TSSOP-24
	ADS1234	4	D-S	SPI	0.00008	Diff	2.7~5.3/2.7~5.3	외1.5~AV_{DD}	TSSOP-28
	ADS1246	1	D-S	SPI	0.002	SE, Diff	5, ±2.5/2.7~5.25	외0.5~AV_{DD}	TSSOP-16
	ADS1247	4	D-S	SPI	0.002	SE, Diff	5, ±2.5/2.7~5.25	외0.5~AV_{DD}	TSSOP-20
	ADS1248	8	D-S	SPI	0.002	SE, Diff	5, ±2.5/2.7~5.25	외0.5~AV_{DD}	TSSOP-28
	ADS1251	1	D-S	SPI	0.02	Diff	4.75~5.25	외0.5~V_{DD}	SOIC-8
	ADS1252	1	D-S	SPI	0.041	Diff	4.75~5.25	외0.5~V_{DD}	SOIC-8
	ADS1253	4	D-S	SPI	0.02	Diff	4.75~5.25	외0.5~V_{DD}	SSOP-16
	ADS1254	4	D-S	SPI	0.02	Diff	4.75~5.25/1.8~3.6	외0.5~AV_{DD}	SSOP-20
	ADS1255	2	D-S	SPI	0.03	SE, Diff	4.75~5.25/1.8~3.6	외2.5	SSOP-20
	ADS1256	8	D-S	SPI	0.03	SE, Diff	4.75~5.25/1.8~3.6	외2.5	SSOP-28
	ADS1271	1	D-S	SPI	0.105	Diff	4.75~5.25/1.65~3.6	외2.5	TSSOP-16
31	ADS1281	1	D-S	SPI	0.004	Diff	5, ±2.5/1.65~3.6	외±2.5	TSSOP-24
	ADS1282	2	D-S	SPI	0.004	Diff	5, ±2.5/1.65~3.6	외±2.5	TSSOP-28
	ADS1283	2	D-S	SPI	0.004	Diff	5, ±2.5/1.65~3.6	외±2.5	VQFN-24
	ADS1284	2	D-S	SPI	0.004	Diff	5, ±2.5/1.65~3.6	외±2.5	VQFN-24
32	ADS1262	10	D-S	SPI	0.038	SE, Diff	4.75~5.25/2.7~5.25	내2.5	TSSOP-28
	ADS1263	10	D-S	SPI	0.038	SE, Diff	4.75~5.25/2.7~5.25	내2.5	TSSOP-28
	ADS1285	2	D-S	SPI	0.004	Diff	5, 3.3, ±2.5/2.7~3.6	외2.5,4.096,5	VQFN-32
	ADS1288	2	D-S	SPI	0.002	Diff	5, 3.3, ±2.5/2.7~3.6	외2.5	VQFN-32

<표 6.1.6> Analog Devices사의 주요 직렬접속형 A/D 컨버터

분해능 (bit)	모델명	입력채널	방식	인터페이스	샘플링속도 [MSPS]	아날로그입력[V]	전원전압[V] Analog/Digital	기준전압 V_{REF}[V]	패키지
8	AD7478	1	SAR	SPI	1	SE	2.35~5.25	외V_{DD}=V_{REF}	SOT-23-6
	AD7823	1	SAR	SPI	0.2	Diff	2.7~5.5	외1.2~V_{DD}	SOIC-8, MSOP-8
	AD7904	4	SAR	SPI	1	SE	2.7~5.25/2.7~5.25	외2.5	TSSOP-16
	AD7908	8	SAR	SPI	1	SE	2.7~5.25/2.7~5.25	외2.5	TSSOP-20
	LTC1096	1	SAR	SPI	0.033	SE, Diff	3.0~9	외0~V_{CC}	DIP-8, SOIC-8
	LTC1098	2	SAR	SPI	0.033	SE, Diff	3.0~6	외V_{CC}=V_{REF}	DIP-8, SOIC-8
10	AD7810	1	SAR	SPI	0.35	Diff	2.7~5.5	외1.2~V_{DD}	DIP-8, SOIC-8
	AD7811	4	SAR	SPI	0.35	SE, Diff	2.7~5.5	외1.2~V_{DD}	SOIC-16, TSSOP-16
	AD7812	8	SAR	SPI	0.35	SE, Diff	2.7~5.5	외1.2~V_{DD}	SOIC-20, TSSOP-20
	MAX1361	1	SAR	I^2C		SE			SOIC-20, TSSOP-20
	MAX1362		SAR	I^2C					DIP-8, SOIC-8
12	AD7887	1	SAR	SPI	0.125	SE	2.7~5.25	외2.5~V_{DD}	SOIC-8, MSOP-8
	AD7888	1	SAR	SPI	0.125	SE	2.7~5.25	외2.5~V_{DD}	SOIC-16, TSSOP-16
	AD7920	1	SAR	SPI	0.25	SE	2.35~5.25	외V_{DD}=V_{REF}	MSOP-8, SC70-6
	AD7921	2	SAR	SPI	0.25	SE	2.35~5.25	외V_{DD}=V_{REF}	MSOP-8, TSOT-8
	AD7922	2	SAR	SPI	1	SE	2.35~5.25	외V_{DD}=V_{REF}	MSOP-8, TSOT-8
	AD7923	4	SAR	SPI	0.2	SE	2.7~5.25/2.7~5.25	외2.5	TSSOP-16
	AD7924	4	SAR	SPI	1	SE	2.7~5.25/2.7~5.25	외2.5	TSSOP-16
	LTC2302	1	SAR	SPI	0.5	SE, Diff	2.7~5.25	외0.1~V_{DD}	DFN-10
	LTC2306	2	SAR	SPI	0.5	SE, Diff	2.7~5.25	외0.1~V_{DD}	DFN-10
	LTC2308	8	SAR	SPI	0.5	SE, Diff	4.75~5.25/4.75~5.25	내4.096	QFN-24
14	LTC1417	1	SAR	SPI	0.4	SE, Diff	5, ±5	내4.096	SSOP-16
	LTC1418	1	SAR	SPI	0.2	SE, Diff	5, ±5	내4.096	DIP-28, SSOP-28
	LTC1855	8	SAR	SPI	0.1	SE, Diff	4.75~5.25/4.75~5.25	내4.096	SSOP-28
	LTC1858	8	SAR	SPI	0.1	SE, Diff	4.75~5.25/4.75~5.25	내4.096	SSOP-28
16	AD7701	1	D-S	SPI	0.004	SE	5, ±5/4.5~5.5	외2.5	DIP-20, SOIC-20
	AD7705	2	D-S	SPI	0.0005	Diff	2.7~5.25	외2.5	DIP-16, SOIC-16
	AD7706	3	D-S	SPI	0.0005	Diff	2.7~5.25	외2.5	DIP-16, SOIC-16
	AD7707	3	D-S	SPI	0.0005	SE, Diff	2.7~5.25/2.7~5.25	외2.5	SOIC-20, TSSOP-20
	AD7708	10	D-S	SPI	0.001365	SE, Diff	2.7~5.25/2.7~5.25	외1~V_{DD}	SOIC-28, TSSOP-28
	AD7709	4	D-S	SPI	105SPS	SE, Diff	2.7~5.25	외1~V_{DD}	TSSOP-24
	AD7915	1	SAR	SPI	1	Diff	2.375~2.625/1.7~5.5	외2.4~5.1	MSOP-10,LFCSP-10
	AD7916	1	SAR	SPI	0.5	Diff	2.375~2.625/1.7~5.5	외2.4~5.1	MSOP-10,LFCSP-10
	LTC1864	1	SAR	SPI	0.25	SE, Diff	4.75~5.25	외1~V_{CC}	SOIC-8, MSOP-8
	LTC1865	2	SAR	SPI	0.25	SE, Diff	4.75~5.25	외1~V_{CC}	SOIC-8, MSOP-10
	LTC1867	8	SAR	SPI	0.2	SE, Diff	4.75~5.25	내4.096	SSOP-16
18	AD7690	1	SAR	SPI	0.4	Diff	4.75~5.25/2.3~5.25	외0.5~V_{DD}	MSOP-10,LFCSP-10
	AD7691	1	SAR	SPI	0.25	Diff	2.3~5.25/2.3~5.25	외0.5~V_{DD}	MSOP-10,LFCSP-10
	MAX1400	5	D-S	SPI	0.0048	Diff	4.75~5.25/2.7~5.25	외2.50	SSOP-28
	MAX1401	5	D-S	SPI	0.0048	Diff	2.7~3.6/2.7~3.6	외1.25	SSOP-28
	MAX1402	5	D-S	SPI	0.0048	Diff	4.75~5.25/2.7~5.25	외2.50	SSOP-28
	MAX1403	5	D-S	SPI	0.0048	Diff	2.7~3.6/2.7~3.6	외1.25	SSOP-28
20	AD4020	1	SAR	SPI	1.8	Diff	1.71~1.89/1.71~5.5	외2.4~5.1	MSOP-10,LFCSP-10
	AD4021	1	SAR	SPI	1	Diff	1.71~1.89/1.71~5.5	외2.4~5.1	MSOP-10,LFCSP-10
	AD4022	1	SAR	SPI	0.5	Diff	1.71~1.89/1.71~5.5	외2.4~5.1	MSOP-10,LFCSP-10
	AD7781	1	D-S	SPI	16.7SPS	Diff	2.7~5.25/2.7~5.25	외0.5~AV_{DD}	SOIC-14, TSSOP-16
	AD7785	3	D-S	SPI	0.00047	Diff	2.7~5.25/2.7~5.25	외0.1~AV_{DD}	TSSOP-16
24	AD7710	2	D-S	SPI	0.001028	Diff	5, ±5, 10/5	외2.5~5	DIP-24, SOIC-24
	AD7711	2	D-S	SPI	0.001028	SE, Diff	5, ±5, 10/5	외2.5~5	DIP-24, SOIC-24
	AD7712	2	D-S	SPI	0.001028	SE, Diff	5, ±5, 10/5	외2.5~5	DIP-24, SOIC-24
	AD7713	3	D-S	SPI	205SPS	SE, Diff	5, 10/5	외2.5	DIP-24, SOIC-24
	AD7714	5	D-S	SPI	0.001	Diff	3~5.25/3~5.25	외2.5	DIP-24, SOIC-24
	AD7730	2	D-S	SPI	0.0012	SE, Diff	4.75~5.25/2.7~5.25	외2.5, 5	SOIC-24, TSSOP-24
	AD7731	3	D-S	SPI	0.0064	Diff	5/2.7~5.25	외2.5, 5	SOIC-24, TSSOP-24
	AD7732	2	D-S	SPI	0.0154	Diff	4.75~5.25/2.7~5.25	외2.5	TSSOP-28
	AD7734	4	D-S	SPI	0.0154	5,+5,10,+10	4.75~5.25/2.7~5.25	외2.5	TSSOP-28
	AD7738	8	D-S	SPI	0.0154	SE, Diff	4.75~5.25/2.7~5.25	외2.5	TSSOP-28
	AD7739	8	D-S	SPI	0.0151	SE, Diff	4.75~5.25/2.7~5.25	외2.5	TSSOP-24
32	AD7177-2	4	D-S	SPI	0.01	SE, Diff	5, ±2.5/2~5.5	외1~AV_{DD}	TSSOP-24

<표 6.1.7> Microchip Technology사의 주요 직렬접속형 A/D 컨버터

분해능 (bit)	모델명	입력 채널	방식	인터페이스	샘플링 속도 [kSPS]	아날로그 입력[V]	전원전압[V] Analog/Digital	기준전압 V_{REF}[V]	패키지
10	MCP3001	1	SAR	SPI	200	SE	2.7~5.5/2.7~5.5	외0.25~V_{DD}	DIP-8, SOIC-8, TSSOP-8
	MCP3002	2	SAR	SPI	200	SE, Diff	2.7~5.5/2.7~5.5	외V_{DD}=V_{REF}	DIP-8, SOIC-8, TSSOP-8
	MCP3004	4	SAR	SPI	200	SE, Diff	2.7~5.5/2.7~5.5	외0.25~V_{DD}	DIP-14, SOIC-14
	MCP3008	8	SAR	SPI	200	SE, Diff	2.7~5.5/2.7~5.5	외0.25~V_{DD}	DIP-16, SOIC-16
	MCP3021	1	SAR	I^2C	22	SE	2.7~5.5/2.7~5.5	외V_{DD}=V_{REF}	SOT-23-5
12	MCP3201	1	SAR	SPI	100	SE, Diff	2.7~5.5/2.7~5.5	외0.25~V_{DD}	DIP-8, SOIC-8, TSSOP-8
	MCP3202	2	SAR	SPI	100	SE, Diff	2.7~5.5/2.7~5.5	외V_{DD}=V_{REF}	DIP-8, SOIC-8, TSSOP-8
	MCP3204	4	SAR	SPI	100	SE, Diff	2.7~5.5/2.7~5.5	외0.25~V_{DD}	DIP-14, SOIC-14
	MCP3208	8	SAR	SPI	100	SE, Diff	2.7~5.5/2.7~5.5	외0.25~V_{DD}	DIP-16, SOIC-16
	MCP3221	1	SAR	I^2C	22	SE	2.7~5.5/2.7~5.5	외V_{DD}=V_{REF}	SOT-23-5
13	MCP3301	1	SAR	SPI	100	SE, Diff	4.5~5.5/4.5~5.5	외0.4~V_{DD}	DIP-8, SOIC-8, MSOP-8
	MCP3302	4	SAR	SPI	100	SE, Diff	4.5~5.5/4.5~5.5	외0.4~V_{DD}	DIP-14, SOIC-14
	MCP3304	8	SAR	SPI	100	SE, Diff	4.5~5.5/4.5~5.5	외0.4~V_{DD}	DIP-16, SOIC-16
16	MCP3425	1	D-S	I^2C	0.24	SE, Diff	2.7~5.5/2.7~5.5	내2.048	SOT-23-6
	MCP3426	2	D-S	I^2C	0.24	SE, Diff	2.7~5.5/2.7~5.5	내2.048	SOIC-8, MSOP-8, DFN-8
	MCP3427	2	D-S	I^2C	0.24	SE, Diff	2.7~5.5/2.7~5.5	내2.048	MSOP-10, DFN-10
	MCP3428	4	D-S	I^2C	0.24	SE, Diff	2.7~5.5/2.7~5.5	내2.048	SOIC-14, TSSOP-14
18	MCP3421	1	D-S	I^2C	0.24	SE, Diff	2.7~5.5/2.7~5.5	내2.048	SOT-23-6
	MCP3422	2	D-S	I^2C	0.24	SE, Diff	2.7~5.5/2.7~5.5	내2.048	SOIC-8, MSOP-8, DFN-8
	MCP3423	2	D-S	I^2C	0.24	SE, Diff	2.7~5.5/2.7~5.5	내2.048	MSOP-10, DFN-10
	MCP3424	4	D-S	I^2C	0.24	SE, Diff	2.7~5.5/2.7~5.5	내2.048	SOIC-14, TSSOP-14
22	MCP3550	1	D-S	SPI	0.0125	SE, Diff	2.7~5.5/2.7~5.5	외0.1~V_{DD}	SOIC-8, MSOP-8
	MCP3551	1	D-S	SPI	0.014	SE, Diff	2.7~5.5/2.7~5.5	외0.1~V_{DD}	SOIC-8, MSOP-8
	MCP3553	1	D-S	SPI	0.06	SE, Diff	2.7~5.5/2.7~5.5	외0.1~V_{DD}	SOIC-8, MSOP-8
24	MCP3561R	1	D-S	SPI	153.6	SE, Diff	2.7~3.6/1.8~3.6	내2.4	TSSOP-20, UQFN-20
	MCP3562R	4	D-S	SPI	153.6	SE, Diff	2.7~3.6/1.8~3.6	내2.4	TSSOP-20, UQFN-20
	MCP3564R	8	D-S	SPI	153.6	SE, Diff	2.7~3.6/1.8~3.6	내2.4	TSSOP-20, UQFN-20
	MCP3565R	2	D-S	SPI	153.6	SE, Diff	2.7~3.6/1.8~3.6	내2.4	UQFN-12
	MCP3901	2	D-S	SPI	64	SE, Diff	4.5~5.5/2.7~5.5	내2.37	SSOP-20, QFN-20
	MCP3903	6	D-S	SPI	64	SE, Diff	4.5~5.5/2.7~5.5	내2.35	SSOP-28
	MCP3910	2	D-S	SPI	125	SE, Diff	2.7~3.6/2.7~3.6	내1.2	SSOP-20, QFN-20
	MCP3911	2	D-S	SPI	125	SE, Diff	2.7~3.6/2.7~3.6	내1.2	SSOP-20, QFN-20
	MCP3918	1	D-S	SPI	125	SE, Diff	2.7~3.6/2.7~3.6	내1.2	SSOP-20, QFN-20

또한, <표 6.1.7>에는 Microchip Technology사의 직렬접속형 A/D 컨버터 IC들을 정리하였다. 본 저자는 제어 시스템을 설계할 때 12비트의 중분해능 A/D 컨버터가 필요하면 이 회사의 MCP320x 모델을 즐겨 사용한다. 반도체 소자의 패키지가 SOIC형으로 되어 있어서 손으로 납땜하기가 좋고, 가격도 만족스러우며, 언제나 시장에서의 수급 상황이 좋았기 때문이다. 그러나, 16비트를 훨씬 넘어서 24비트 정도의 고분해능 A/D 컨버터가 필요한 경우에는 Texas Instruments사의 모델 중에서 선택하여 사용하는 경우가 많다.

(9) 마이크로컨트롤러에 내장된 A/D 컨버터

1997년에 Atmel사에서 출시한 AVR 마이크로컨트롤러에서 선구적으로 A/D 컨버터를 내장한 이후에 현재는 대부분의 마이크로컨트롤러가 기본적으로 A/D 컨버터를 주변장치로 내장하고 있으며, 모델에 따라서는 D/A 컨버터까지 내장하고 있다. 초창기에는 대부분 10비트 분해능의 축차비교형 A/D 컨버터를 1개 내장하고 여기에 아날로그 멀티플렉서를 이용하여 여러 채널 핀으로 입력되는 아날로그 신호를 선택 접속하는 방식이었으나, 나중에는 12비트 분해능이 많아졌으며 2~3개의 A/D 컨버터를 내장하여 이것들을 개별적으로 동시에 사용하거나 상호 연계하여 사용하는 모델도 생겨났다. 또한, 최근의 일부 마이크로컨트롤러 모델 중에는 16비트 또는 24비트의 델타-시그마형의 A/D 컨버터를 내장하여 아날로그 신호 처리에 특화된 제품이 나오기도 하였다.

현재 우리가 시장에서 접할 수 있는 몇가지의 주요 마이크로컨트롤러 모델에 내장된 A/D 컨버터의 사양을 정리하여 보면 <표 6.1.8>과 같다.

<표 6.1.8> 마이크로컨트롤러에 내장된 A/D 컨버터의 사양

제조사/시리즈	모델명	A/D 변환 방식	분해능/소자 수	채널 수	최고 샘플링 속도	아날로그 입력[V]	내부 기준전압 V_{REF}[V]	외부 기준전압 V_{REF}[V]
Microchip Technology AVR	ATmega8A	SAR	10/1	8	15kSPS	SE	2.56	2.0~5.0
	ATmega32A		10/1	8	15kSPS	SE, Diff	2.56	2.0~5.0
	ATmega128A		10/1	8	15kSPS	SE, Diff	2.56	2.0~5.0
	ATmega2560		10/1	16	15kSPS	SE, Diff	2.56	2.7~5.0
	AVR128DA64	SAR	12/1	22	130kSPS	SE, Diff	4가지 선택	1.024~5.0
	AVR128DB64		12/1	22	130kSPS	SE, Diff	4가지 선택	1.024~5.0
	AVR64DD32		12/1	23	130kSPS	SE, Diff	4가지 선택	1.024~5.0
	AVR64DU32		10/1	21	170kSPS	SE	4가지 선택	1.024~5.0
	AVR64EA48		12/1	28	375kSPS	SE, Diff	4가지 선택	1.024~5.0
	AVR32EB32		12/1	24	300kSPS	SE, Diff	4가지 선택	1.024~5.0
STMicro-electronics ARM Cortex-M	STM32F051R8T6	SAR	12/1	16	1MSPS	SE	1.23	$V_{REF}=V_{DDA}$
	STM32F091VCT6		12/1	16	1MSPS	SE	1.23	$V_{REF}=V_{DDA}$
	STM32F103VGT6	SAR	12/3	16	1MSPS	SE	1.20	2.4~3.3
	STM32F205VGT6		12/3	16	2MSPS	SE	1.21	1.8~3.3
	STM32F437VGT6	SAR	12/3	16	2.4MSPS	SE	1.21	1.7~3.3
	STM32F437ZGT6		12/3	24	2.4MSPS	SE	1.21	1.7~3.3
	STM32F303R8T6	SAR	12/2	21	5MSPS	SE	1.23	2.0~3.3
	STM32F373R8T6	SAR	12/1	16	1MSPS	SE	1.2/1.8	2.4~3.3
		delta-sigma	16/3	8	16.6kSPS	SE, Diff	1.2/1.8	1.1~3.3
	STM32F373VCT6	SAR	12/1	16	1MSPS	SE	1.2/1.8	2.4~3.3
		delta-sigma	16/3	21	16.6kSPS	SE, Diff	1.2/1.8	1.1~3.3
	STM32F767VGT6	SAR	12/3	16	2.4MSPS	SE	1.21	1.7~3.3
	STM32F767BGT6		12/3	24	2.4MSPS	SE	1.21	1.7~3.3
Nuboton 8051 and ARM Cortex-M	MG51LD1AE	SAR	12/1	15	500kSPS	SE	1.2	2.4~5.0
	ML51LD1AE	SAR	12/1	10	500kSPS	SE	0.814	2.4~3.3
	MINI58LDE	SAR	10/1	8	250kSPS	SE	1.24	2.5~5.0
	NUC100VE3DN		12/1	8	760kSPS	SE, Diff	1.20	3.0~5.0
	NANO100KE3BN		12/1	12	2MSPS	SE	1.8/2.5	1.8~3.3
	M451VG6AE	SAR	12/1	16	1MSPS	SE, Diff	4가지 선택	2.5~5.0
	NUC442VI8AE	SAR	12/1	12	800kSPS	SE, Diff	4가지 선택	2.4~5.0
		SAR	12/2	16	800kSPS	SE	4가지 선택	2.4~5.0
Texas Instruments MSP430	MSP430FR2633IDA	SAR	10/1	8	200kSPS	SE	1.5	1.2
	MSP430FR5964IPNR	SAR	12/1	20	200kSPS	SE, Diff	3가지 선택	1.2~3.3
	MSP430F6658IPZ	SAR	12/1	12	200kSPS	SE	3가지 선택	1.4~3.3
	MSP430F6778AIPEU	SAR	10/1	6	200kSPS	SE	3가지 선택	1.4~3.3
		delta-sigma	24/1	7	-	SE, Diff	1.2	1.4~3.3

6.2 D/A 컨버터

이 절에서는 D/A 컨버터가 무엇인지 그 의미부터 시작하여 그것이 어떤 분야에서 어떻게 사용되고 있는지를 알아보고, 그것들의 종류별 구조와 동작 특성에 대하여 집중적으로 설명한다.

1. D/A 컨버터의 개요

(1) D/A 컨버터란 무엇인가

A/D 컨버터(analog-to-digital converter)가 디지털 소프트웨어 기술로 동작하는 일반적인 IT 제품의 입력부에서 센서를 사용하여 검출하고 증폭 또는 필터링 처리된 아날로그 신호를 디지털 값으로 변환하여 마이크로프로세서가 이를 읽어들일 수 있도록 하는 소자인데 비하여 D/A 컨버터(digital-to-analog converter)는 이와 반대로 이러한 IT 제품의 출력부에서 마이크로프로세서가 지정하는 디지털 값을 이에 대응하는 아날로그 신호로 변환하여 외부로 출력하는 소자이다. 이처럼 D/A 컨버터는 기능적으로 A/D 컨버터와 정반대의 역할을 수행하며, 구조적으로나 원리적으로 볼 때 A/D 컨버터와 전혀 다른 소자이다. A/D 컨버터와 D/A 컨버터의 기능을 도식화하여 비교하여 보면 <그림 6.2.1>과 같다.

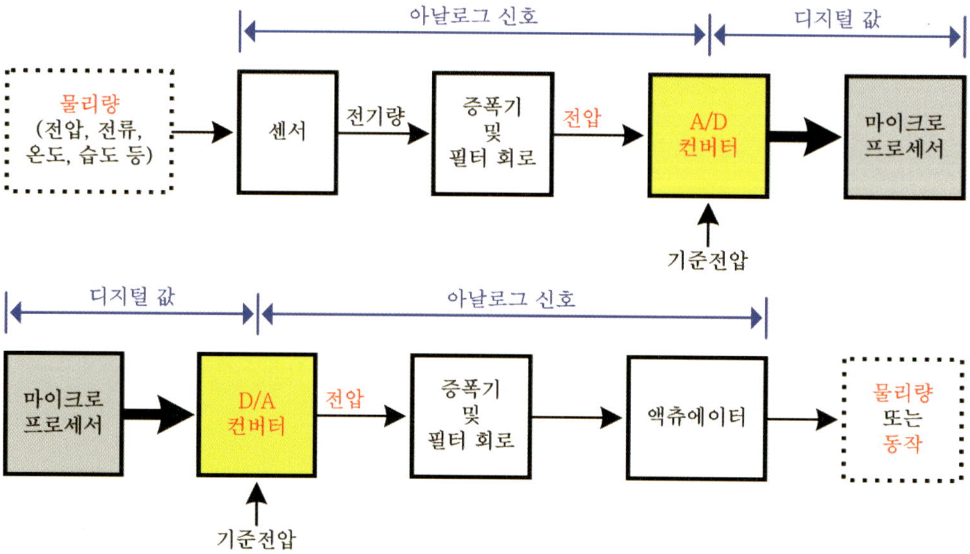

<그림 6.2.1> A/D 컨버터와 D/A 컨버터의 기능 비교

이와 같이 디지털 컴퓨터나 마이크로프로세서 내부에서는 모든 데이터를 디지털 값으로 처리하므로 이를 외부에 아날로그 신호로 출력하려면 디지털 데이터를 아날로그 데이터로 변환해주는 D/A 컨버터가 필요하다. D/A 컨버터를 통하여 출력된 아날로그 신호는 그대로 사용되는 경우도 있지만, 필요한 전력용량을 가지도록 증폭되는 경우도 있다. 예를 들어 미세한 용량으로 동작할 수 있는 아날로그 계기(analog instrument)는 D/A 컨버터의 출력신호를 그대로 사용할 수도 있으나, 스피커(speaker)를 구동하기 위한 오디오 신호나 직류전동기를 제어하기 위한 아날로그 출력신호는 전력증폭이 필요하다.

또한, D/A 컨버터의 출력은 미세하게 살펴보면 무수히 많은 계단 파형으로 구성되어 있으므로 많은 고조파를 포함하게 되며, 경우에 따라서는 디지털 데이터가 변하는 과도기간에 아날로그 신호에 오버슈트(overshoot) 성격의 리플 신호나 글리치(glitch) 파형이 출력에 포함되기도 하므로 이것들을 제거하기 위하여 D/A 컨버터의 출력단에 저역통과 필터를 사용하기도 한다.

만약 어떤 이유로 아날로그 회로를 디지털 회로와 절연시켜야 하는 필요가 있다면 아날로그 회로는 포토커플러(photo coupler)와 같은 소자를 사용하여 절연 상태에서 입력과 출력의 직선성(linearity)을 유지하면서 데이터를 전송하는 것이 매우 어려우므로 아날로그 회로보다는 디지털 회로에서 절연 처리하는 것이 바람직하다. 즉, A/D 컨버터의 경우에는 <그림 6.2.1>의 위쪽 그림에서 A/D 컨버터와 마이크로프로세서의 사이에 포토커플러를 사용하여 절연하는 것이 좋으며, D/A 컨버터의 경우에는 <그림 6.2.1>의 아래쪽 그림에서 마이크로프로세서와 D/A 컨버터의 사이에 포토커플러를 사용하여 절연하는 것이 좋다.

(2) D/A 컨버터의 주요 성능 지표

D/A 컨버터는 A/D 컨버터에 비하여 상대적으로 회로 구조와 동작 원리가 간단하여 이해하기도 쉬우며, 이를 비교 평가하거나 소자를 선정하기 위한 고려 요소 또는 성능 지표도 다음과 같이 간단하다.

■ 분해능

D/A 컨버터의 분해능은 A/D 컨버터에서와 거의 같은 의미로 사용된다. 즉, D/A 컨버터를 사용하여 아날로그 신호를 출력할 때 1비트의 디지털 값으로 표현할 수 있는 아날로그 신호의 최소 크기를 분해능(resolution)이라고 한다. D/A 컨버터로 출력할 수 있는 최대 크기의 아날로그 신호를 풀 스케일(FS ; full scale)이라고 하는데, n비트의 구조를 갖는 D/A 컨버터라면 그것의 분해능은 $FS/2^n$으로 표시된다. 예를 들어 0~5V의 아날로그 전압을 출력할 수 있는 8비트 및 12비트의 D/A 컨버터가 있다면 이것들의 분해능은 각각 다음과 같이 표시된다.

$$\frac{FS}{2^n} = \frac{5}{2^8} = \frac{5}{256} \fallingdotseq 0.01953[V] = 19.53125[mV]$$
$$\frac{FS}{2^n} = \frac{5}{2^{12}} = \frac{5}{4096} \fallingdotseq 0.00122[V] = 1.22070[mV]$$

여기서 보듯이 동일한 조건에서 8비트의 D/A 컨버터 보다는 12비트의 D/A 컨버터가 훨씬 더 정밀하게 아날로그 신호 파형을 출력할 수 있으므로 "분해능이 높다" 또는 "분해능이 우수하다"고 말할 수 있다. 결국 D/A 컨버터의 분해능은 디지털 데이터를 표현하는 비트 수에 의하여 결정되므로 오늘날은 이 비트 수를 그냥 D/A 컨버터의 분해능이라고 부르기도 하며, 때로는 비트 수가 n일 때 2^n을 분해능이라고 부르기도 한다. 12비트 분해능의 D/A 컨버터는 8비트 분해능의 D/A 컨버터에 비하여 분해능이 $2^{12}/2^8 = 2^4 = 16$배만큼 우수하다.

D/A 컨버터에서도 A/D 컨버터에서처럼 분해능을 다이내믹 레인지(DNR ; dynamic range)로 나타낼 수 있다. 다이내믹 레인지는 D/A 컨버터로 표현할 수 있는 최소값과 최대값의 비율을 나타내는 분해능의 척도로서 다음과 같이 단위를 데시벨[dB]로 표시한다.

$$DNR = 20\log\left(\frac{\text{표현가능한최대값}}{\text{표현가능한최소값}}\right) = 20\log\left(\frac{2^n/2^n}{1/2^n}\right) = 20\log(2^n)\ [dB]$$

그러므로 비트 수에 따른 여러가지의 D/A 컨버터에 대하여 그것들의 분해능과 다이내믹 레인지를 정리하여 보면 <표 6.2.1>과 같다.

<표 6.2.1> D/A 컨버터의 비트 수에 따른 분해능과 다이내믹 레인지 비교

비트 수	분해능	다이내믹 레인지
8	$\frac{FS}{2^8} = \frac{FS}{256} \fallingdotseq FS \times 0.0039062500$	$20\log(2^8) = 20\log 256 = 48\ [dB]$
12	$\frac{FS}{2^8} = \frac{FS}{4096} \fallingdotseq FS \times 0.0002441406$	$20\log(2^{12}) = 20\log 4096 = 72\ [dB]$
14	$\frac{FS}{2^8} = \frac{FS}{16384} \fallingdotseq FS \times 0.0000610352$	$20\log(2^{14}) = 20\log 16384 = 84\ [dB]$
16	$\frac{FS}{2^8} = \frac{FS}{65536} \fallingdotseq FS \times 0.0000152588$	$20\log(2^{16}) = 20\log 65536 = 96\ [dB]$
24	$\frac{FS}{2^8} = \frac{FS}{16777216} \fallingdotseq FS \times 0.0000000596$	$20\log(2^{24}) = 20\log 16777216 = 144\ [dB]$

■ 변환 시간 또는 셋틀링 시간

새로운 디지털 데이터를 출력하여 이에 대응되는 아날로그 신호를 안정적으로 출력하는 데까지의 시간을 D/A 컨버터의 변환 시간(conversion time)이라고 하며, 이는 디지털 데이터가 저항 회로 및 연산증폭기에 의하여 전압으로 변환되고 안정되는 시간이므로 셋틀링 시간(settling time)이라고도 한다. 드물기는 하지만 D/A 컨버터에서도 A/D 컨버터처럼 동작 속도를 MSPS 단위의 샘플링 속도(sampling rate)로 나타내는 경우도 있다.

D/A 컨버터는 A/D 컨버터와 달리 여러 단계로 데이터를 변환하지 않고 디지털 데이터가 저항 회로 및 연산증폭기 회로를 통하여 단번에 아날로그 전압으로 변환되어 나타나므로 A/D 컨버터보다 훨씬 빠르고 짧은 변환 시간을 갖는다. 게다가 D/A 컨버터로 만들어지는 아날로그 신호는 특별한 경우가 아니면 그다지 빠르고 높은 주파수를 가져야 하는 경우도 드물기 때문에 D/A 컨버터에서는 변환 시간이 그다지 중요하지 않을 때가 많다.

■ 선형성 및 온도 안정성 등

D/A 컨버터가 갖추어야 하는 바람직한 특성 중에는 디지털 데이터 입력에 대한 아날로그 신호 출력의 선형성 또는 직선성(linearity)도 중요하다. 또한, D/A 컨버터의 내부는 온도에 영향을 받기 쉬운 저항이나 연산증폭기가 주된 회로 구성 요소로 되어 있기 때문에 온도 변화에 대한 동작의 안정성(drift)도 또한 중요한 특성이 된다. 이처럼 동작의 직선성이나 온도 안정성은 D/A 컨버터의 오차를 유발하는 요인이 된다.

D/A 컨버터를 선정할 때는 이밖에도 출력신호가 전압형인지 전류형인지 검토해야 한다. 만약 아날로그 전압이 필요한데 전류출력형 D/A 컨버터를 선택하였다면 출력단에 추가로 연산증폭기 회로를 사용하여 전류를 전압으로 변환해 주어야 하며, 특히 멀티 채널형 D/A 컨버터의 경우에는 이것이 상당히 불편할 수 있다.

D/A 컨버터의 출력신호가 단극성(unipolar)인지 양극성(bipolar)인지가 중요할 때도 있다. 물론 단극성의 D/A 컨버터 모델에서도 출력단에 연산증폭기 회로를 추가하면 양극성의 출력으로 변환하는 것이 가능하지만, 아무래도 이렇게 하면 추가되는 회로 때문에 불편하며 또한 +/- 양방향의 대칭성이 정확하지 않게 될 수도 있다.

2. D/A 컨버터의 종류별 동작 특성

D/A 컨버터에는 매우 많은 종류가 있으며, 이것들은 여러가지의 기준으로 분류할 수 있는데, 이를 요약 정리하면 아래와 같다. 반도체 제조사에서는 제품을 크게 고속형, 정밀형, 스테레오 오디오형의 3가지 카테고리로 분류하는 경향이 있다. 이중에서 우리가 일반적으로 사용하는 것은 정밀형이며, 고속형은 수십 MSPS 정도의 빠른 변환 속도를 갖는 모델이고, 오디오형은 스테레오 오디오에 적합하도록 변환 속도는 느리지만 고분해능이면서 2채널의 전압출력형이라는 특징을 갖는다.

○ 분해능에 따른 분류

- 6비트형
- 8비트형
- 10비트형 --- 10비트 이하는 저분해능형
- 12비트형 --- 12비트~14비트는 중분해능형
- 14비트형
- 16비트형 --- 16비트 이상은 고분해능형
- 18비트형
- 20비트형
- 24비트형

○ 변환 시간에 따른 분류

- 저속형 - 변환 시간이 수 μs 이상
- 고속형 - 변환 시간이 수백 ns 이하

○ 아날로그 출력 채널 수에 따른 분류

- 싱글 채널형
- 멀티 채널형

○ 마이크로프로세서 인터페이스에 따른 분류

- 병렬 인터페이스형
- 직렬 인터페이스형 --- SPI형, I^2C형

○ 데이터 출력의 형태에 따른 분류

- 전압 출력형
- 전류 출력형

○ 아날로그 출력의 극성에 따른 분류

- 단극성형(유니폴라 출력형)
- 양극성형(바이폴라 출력형)

○ 데이터 변환 방식에 따른 분류

- 저항 스트링형(저항 분압 방식)
- 저항 네트워크형(가중 저항 방식)
- 저항 사다리형(R-2R 래더 방식)
- PWM형
- 델타-시그마형
- 곱셈형

(1) 저항 스트링형 D/A 컨버터

저항 스트링형 D/A 컨버터(resistor string DAC)는 다른 말로 저항 분압 방식(voltage divider DAC)이라고도 불리는데, 이는 기준전압 V_{ref}를 여러 개의 동일한 저항으로 분압하고 이를 선택 스위치와 전압 버퍼를 거쳐서 출력전압으로 출력하는 방법을 사용한다.

예를 들어 분해능이 3비트의 경우(n=3) <그림 6.2.2>에 보인 것과 같이 기준전압 V_{ref}를 2^n = 8개의 동일한 저항으로 분압하여 각각의 디지털 입력에 대응하는 출력전압을 만들고, 이들 각 출력전압은 3-to-8 라인 디코더를 사용하여 스위치를 작동함으로써 선택한다. 여기서 만약 3비트의 디지털 입력이 111로 되어 풀 스케일인 경우에는 출력전압을 다음과 같이 계산할 수 있다.

$$V_{out} = \left(D_2 \times 2^2 + D_1 \times 2^1 + D_0 \times 2^0\right)\frac{1}{8}\,V_{ref} = \left(1 \times 2^2 + 1 \times 2^1 + 1 \times 2^0\right)\frac{1}{8}\,V_{ref} = \frac{7}{8}\,V_{ref}$$

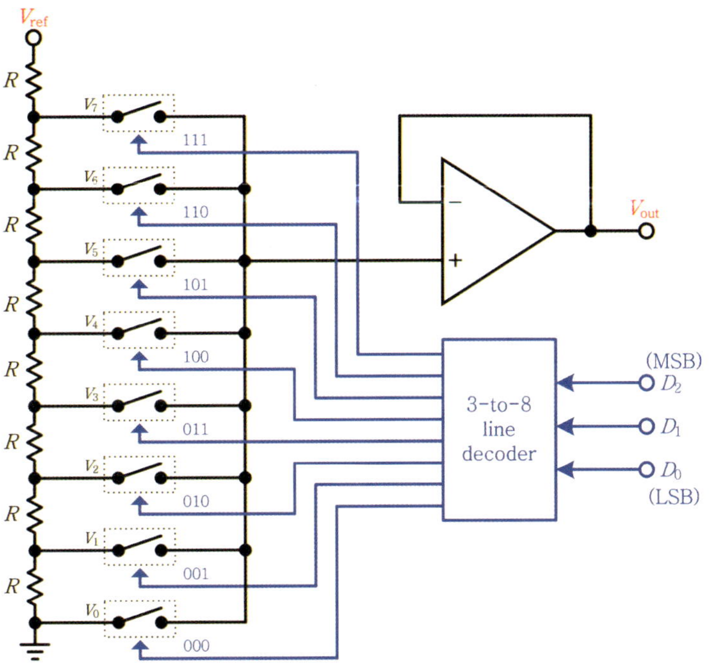

<그림 6.2.2> 저항 스트링형 D/A 컨버터의 구조(3비트 분해능의 경우)

이 방식의 D/A 컨버터는 직관적으로 이해하기 쉬운 간단한 구조를 가지며, 디지털 입력이 하드웨어적으로 동작하여 곧바로 아날로그 출력전압을 발생하므로 변환 시간이 비교적 빠르다. 그러나, 분해능이 높아지면 엄청나게 많은 2^n개의 저항을 사용해야 하므로 이를 반도체로 구현하는 것이 만만한 일이 아니게 되며, 분압에 사용되는 전체 저항값이 커지게 됨에 따라 시정수가 커지기 때문에 분해능이 높아질수록 변환 시간이 느려진다.

(2) 저항 네트워크형 D/A 컨버터

저항 네트워크형 D/A 컨버터(resistor network DAC)는 다른 말로 가중 저항 방식(binary weighted resistor DAC) 또는 가산증폭기형(summing amplifier DAC)이라고도 불리는데, 이는 각 디지털 입력 비트의 2진수에 대응하여 가중치를 갖는 저항 네트워크와 연산증폭기를 사용한 가산 증폭회로로 구성된다.

예를 들어 4비트형의 경우 <그림 6.2.3>에 보인 것과 같이 가중치를 갖는 4개의 입력저항 $R_3 \sim R_0$와 피드백 저항 R_f를 사용하여 연산증폭기로 가산 증폭회로를 구성하며, 최종 출력단에는 아날로그 출력전압이 음극성으로 나타나게 되는 것을 방지하고자 1:1의 반전 증폭기를 추가한다.

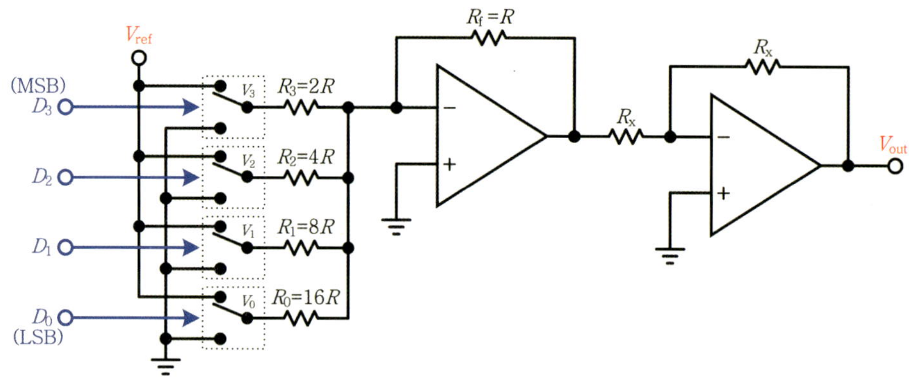

<그림 6.2.3> 저항 네트워크형 D/A 컨버터의 구조(4비트 분해능의 경우)

여기서는 각 디지털 입력 데이터 비트가 그에 대응하는 스위치를 작동시키는데, 이 디지털 값이 1일 때는 스위치가 기준전압 V_{ref} 쪽에 연결되고 0일 때는 스위치가 접지쪽으로 연결된다. 이렇게 하여 생성된 각 입력 비트에 대응하는 전압 V_3~V_0가 가산 증폭회로의 개별 입력전압이 되어 D/A 컨버터의 출력전압은 다음과 같이 된다.

$$V_{out} = -\left(V_3\frac{R_f}{R_3} + V_2\frac{R_f}{R_2} + V_1\frac{R_f}{R_1} + V_0\frac{R_f}{R_0}\right) \times \left(-\frac{R_x}{R_x}\right)$$

$$= V_3\frac{R_f}{R_3} + V_2\frac{R_f}{R_2} + V_1\frac{R_f}{R_1} + V_0\frac{R_f}{R_0}$$

그런데, 여기서 디지털 입력 데이터에 대하여 2진수의 가중치를 갖도록 하기 위하여 다음과 같이 입력저항을 선정한다.

$$R_f = R$$
$$R_3 = 2^{(4-3)} \times R_f = 2^1 R = 2R$$
$$R_2 = 2^{(4-2)} \times R_f = 2^2 R = 4R$$
$$R_1 = 2^{(4-1)} \times R_f = 2^3 R = 8R$$
$$R_0 = 2^{(4-0)} \times R_f = 2^4 R = 16R$$

그러면 디지털 입력 데이터가 1111로서 풀 스케일인 경우 이 D/A 컨버터의 출력전압 식은 다음과 같이 표현될 수 있다.

$$V_{out} = V_3\frac{R_f}{R_3} + V_2\frac{R_f}{R_2} + V_1\frac{R_f}{R_1} + V_0\frac{R_f}{R_0} = V_{ref}\frac{R}{2R} + V_{ref}\frac{R}{4R} + V_{ref}\frac{R}{8R} + V_{ref}\frac{R}{16R}$$

$$= V_{ref}\left(\frac{1}{2} + \frac{1}{4} + \frac{1}{8} + \frac{1}{16}\right) = V_{ref}\left(\frac{8}{16} + \frac{4}{16} + \frac{2}{16} + \frac{1}{16}\right) = \frac{15}{16}V_{ref}$$

이 방식의 D/A 컨버터는 디지털 입력이 하드웨어적으로 동작하여 곧바로 아날로그 출력 전압을 발생하므로 변환 시간이 빠르고 회로의 구조가 매우 간단하다는 장점을 갖지만, 분해능 즉 디지털 입력의 비트 수가 증가할수록 가산증폭기 회로에 사용되는 저항값의 범위가 너무 넓어지고 이 저항값들의 정확성을 높게 유지하기가 상당히 어렵기 때문에 D/A 컨버터의 정밀도가 낮아질 수 있다는 단점이 있다. 예를 들어서 12비트 분해능의 D/A 컨버터만 하더라도 피드백 저항을 R_f = 10kΩ으로 선정한다면 여기서 가산증폭기의 입력저항은 R_{11}~R_0 = 20kΩ~40.96MΩ의 넓은 범위가 된다. 수십MΩ 이상의 큰 저항은 반도체에서 구현하기가 어려워지며, 그렇다고 하여 전체적으로 저항값을 너무 작게 선정하면 여기서 소비전력이 커지고 정밀도를 유지하는 것이 어려워진다.

(3) 저항 사다리형 D/A 컨버터

저항 사다리형 D/A 컨버터(resistor ladder DAC)는 다른 말로 R-2R 래더 방식(R-2R ladder DAC)이라고도 불리는데, 이는 각 디지털 입력 비트에 직렬 저항 R과 병렬 저항 $2R$이 연결되어 전체 디지털 입력 비트에 대하여 살펴보면 저항 소자들의 연결이 사다리의 모양으로 보이는 구조를 가지고 있다.

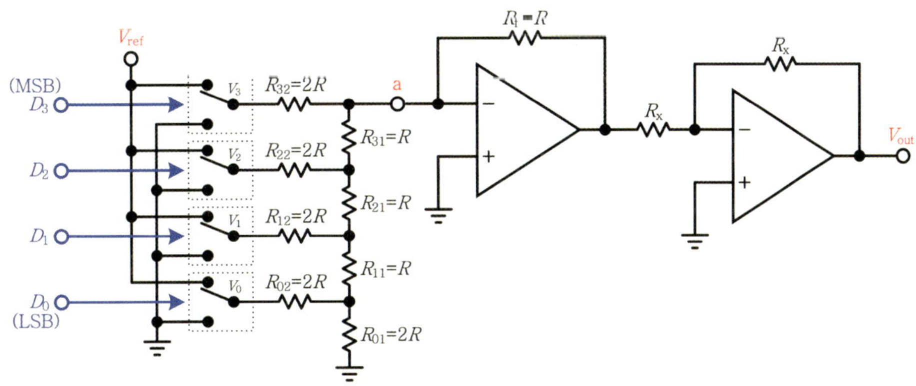

<그림 6.2.4> 저항 사다리형 D/A 컨버터의 구조(4비트 분해능의 경우)

예를 들어 4비트형의 경우 <그림 6.2.4>에 보인 것과 같이 각 비트에는 직렬 저항 R과 병렬 저항 $2R$이 연결되어 있으며, 예외적으로 가장 아래쪽의 LSB 입력에 대해서는 직렬 저

항과 병렬 저항이 모두 $2R$로 되어 있다. 출력단의 연산증폭기는 각 디지털 입력 비트에 의하여 만들어지는 전압을 가산하는 가산증폭기의 기능을 수행한다. 이 방식의 D/A 컨버터는 오직 R과 $2R$의 2가지 저항값만을 사용하므로 저항 네트워크형 D/A 컨버터에 비하여 훨씬 구현하기 쉽다는 장점을 갖는다. 그리고, 분해능 즉 디지털 입력의 비트 수가 증가하더라도 정밀도가 달라지지 않으므로 D/A 컨버터의 정밀도를 높게 유지할 수 있다.

여기서는 각 디지털 입력 데이터 비트가 그에 대응하는 스위치를 작동시키는데, 이 디지털 값이 1일 때는 스위치가 기준전압 V_{ref} 쪽에 연결되고 0일 때는 스위치가 접지쪽으로 연결된다. 이렇게 하여 생성된 각 디지털 입력 비트에 대응하는 전압 $V_3 \sim V_0$가 저항 사다리의 개별 입력전압으로 공급되는데, 각 입력전압 $V_3 \sim V_0$가 만드는 D/A 컨버터의 출력전압은 다음과 같이 테브난의 정리를 사용하여 좀 복잡한 과정으로 계산할 수 있다.

❶ 디지털 입력이 2진수 1000인 경우

4비트의 디지털 입력이 $D_3 \sim D_0$ = 1000인 경우에는 각 비트에 대응하는 입력전압이 $V_3 = V_{ref}$, $V_2 = V_1 = V_0 = 0$이므로 이 경우의 회로를 그리면 <그림 6.2.5>의 (a)와 같고, 이것을 테브난의 등가회로로 그리면 (b)와 같다.

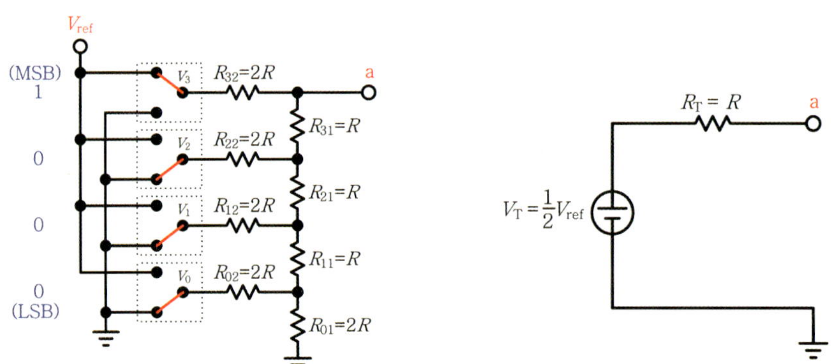

<그림 6.2.5> 디지털 입력이 1000일 경우 저항 사다리형 D/A 컨버터의 테브난 등가회로

여기서 테브난의 등가회로를 그릴 때 합성 저항을 계산하는데는 일정한 규칙이 나타나는 것에 주목해야 한다. 즉, 전압 V_0에 대응하는 저항 사다리 R_{01}과 R_{02}의 병렬 합성 저항은 R이 되고, 이것은 R_{11}과 직렬로 연결되어 있으므로 그 합성 저항은 $2R$이 된다. 그러므로 전압 V_1에 대응하는 저항 사다리 R_{11}과 R_{12}의 관계도 전압 V_1의 경우와 똑같아지며, 이는 전압 V_2에 대하여도 동일하다. 그러므로 $V_3 = V_{ref}$에 의하여 만들어지는 테브난의 등가전압 V_T는 $R_{32} = 2R$과 R_{31}의 아래쪽을 모두 더한 합성 저항 $2R$에 의하여 분압되어 나타나므로 V_T

= $V_{ref} \times 2R/(2R+2R)$ = $V_{ref}/2$ 가 된다. 또한, 테브난의 등가저항 R_T는 모든 전압원을 접지시킨 상태에서 출력단의 a단자와 접지 단자에서 회로를 바라보았을 때의 합성 저항이므로 그 결과가 R이 된다는 것을 위에서 설명한 방법으로 쉽게 알 수 있다. 그러므로 디지털 입력이 1000일 경우의 D/A 컨버터 출력전압은 다음과 같다.

$$V_{out(1000)} = V_T\left(-\frac{R_f}{R_T}\right)\times\left(-\frac{R_x}{R_x}\right) = \frac{1}{2}V_{ref}$$

❷ 디지털 입력이 2진수 0100인 경우

4비트의 디지털 입력이 $D_3 \sim D_0$ = 0100인 경우에는 각 비트에 대응하는 입력전압이 V_2 = V_{ref}, V_3 = V_1 = V_0 = 0이므로 이 경우의 회로를 그리면 <그림 6.2.6>의 (a)와 같고, 이것을 테브난의 등가회로로 그리면 (b)와 같다.

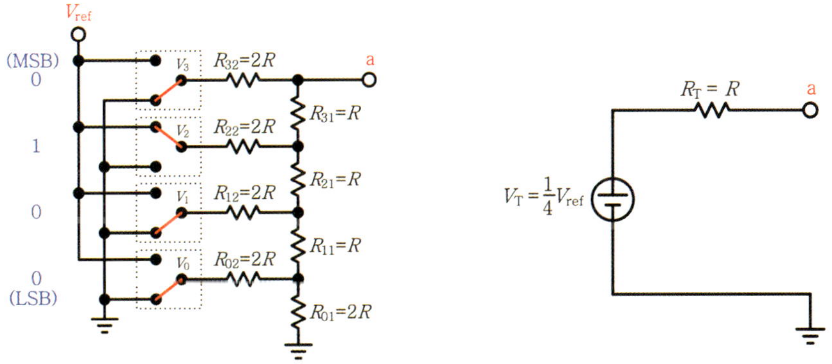

(a) 입력측의 회로 (b) 테브난의 등가회로

<그림 6.2.6> 디지털 입력이 0100일 경우 저항 사다리형 D/A 컨버터의 테브난 등가회로

좀 계산이 복잡하지만 V_2 = V_{ref}에 의하여 만들어지는 테브난의 등가전압은 V_T = $V_{ref}/4$가 되며, 테브난의 등가저항은 앞의 ❶에서와 동일한 방법으로 R_T = R이 된다. 그러므로 디지털 입력이 0100일 경우의 D/A 컨버터 출력전압은 다음과 같다.

$$V_{out(0100)} = V_T\left(-\frac{R_f}{R_T}\right)\times\left(-\frac{R_x}{R_x}\right) = \frac{1}{4}V_{ref}$$

❸ 디지털 입력이 2진수 0010인 경우

4비트의 디지털 입력이 $D_3 \sim D_0$ = 0010인 경우에는 각 비트에 대응하는 입력전압이 V_1 = V_{ref}, V_3 = V_2 = V_0 = 0이므로 이 경우의 회로를 그리면 <그림 6.2.7>의 (a)와 같고, 이것을 테브난의 등가회로로 그리면 (b)와 같다. 좀 계산이 복잡하지만 V_1 = V_{ref}에 의하여 만들어지는 테브난의 등가전압은 V_T = $V_{ref}/8$ 가 되며, 테브난의 등가저항은 앞의 ❶에서와 동일한 방법으로 R_T = R이 된다. 그러므로 디지털 입력이 0010일 경우의 D/A 컨버터 출력전압은 다음과 같다.

$$V_{out(0010)} = V_T\left(-\frac{R_f}{R_T}\right) \times \left(-\frac{R_x}{R_x}\right) = \frac{1}{8}V_{ref}$$

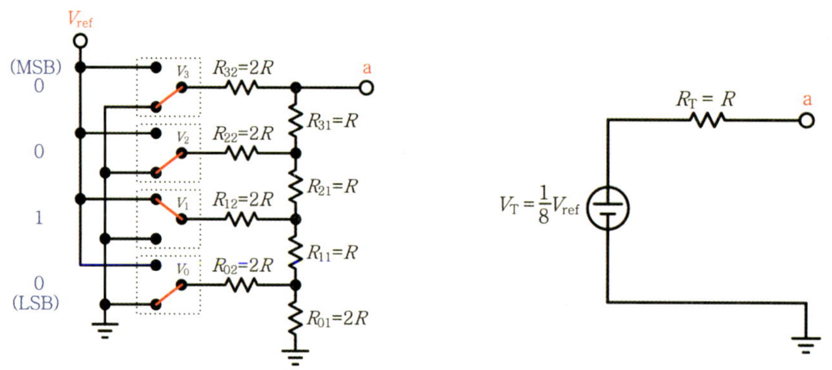

(a) 입력측의 회로 (b) 테브난의 등가회로

<그림 6.2.7> 디지털 입력이 0010일 경우 저항 사다리형 D/A 컨버터의 테브난 등가회로

❹ 디지털 입력이 2진수 0001인 경우

4비트의 디지털 입력이 $D_3 \sim D_0$ = 0001인 경우에는 각 비트에 대응하는 입력전압이 V_0 = V_{ref}, V_3 = V_2 = V_1 = 0이므로 이 경우의 회로를 그리면 <그림 6.2.8>의 (a)와 같고, 이것을 테브난의 등가회로로 그리면 (b)와 같다.

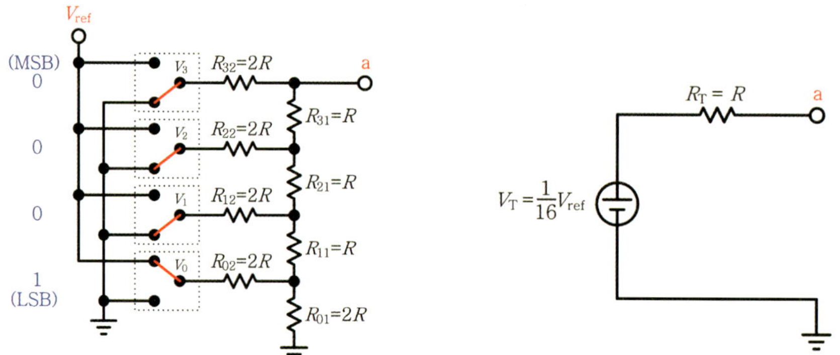

(a) 입력측의 회로 (b) 테브난의 등가회로

<그림 6.2.8> 디지털 입력이 0001일 경우 저항 사다리형 D/A 컨버터의 테브난 등가회로

좀 계산이 복잡하지만 $V_0 = V_{ref}$에 의하여 만들어지는 테브난의 등가전압은 $V_T = V_{ref}/16$가 되며, 테브난의 등가저항은 앞의 ❶에서와 동일한 방법으로 $R_T = R$이 된다. 그러므로 디지털 입력이 0001일 경우의 D/A 컨버터 출력전압은 다음과 같다.

$$V_{out(0001)} = V_T\left(-\frac{R_f}{R_T}\right)\times\left(-\frac{R_x}{R_x}\right) = \frac{1}{16}V_{ref}$$

이상과 같이 디지털 입력이 1000, 0100, 0010, 0001의 4가지 경우에 대하여 알아보았는데, 그 이외의 경우에는 중첩의 원리에 따라 이것들을 적절하게 더해주면 된다. 단, 디지털 입력이 0000인 경우에는 출력전압도 0이다.

예를 들어 디지털 입력이 1010인 경우에는 D/A 컨버터의 출력전압이 다음과 같다.

$$V_{out} = V_{out(1000)} + V_{out(0010)} = \left(\frac{1}{2}+\frac{1}{8}\right)V_{ref} = \frac{5}{8}V_{ref}$$

또한, 예를 들어 디지털 입력이 1111로서 풀 스케일인 경우에는 D/A 컨버터의 출력전압이 다음과 같다.

$$V_{out} = V_{out(1000)} + V_{out(0100)} + V_{out(0010)} + V_{out(0001)} = \left(\frac{1}{2}+\frac{1}{4}+\frac{1}{8}+\frac{1}{16}\right)V_{ref} = \frac{15}{16}V_{ref}$$

(4) PWM형 D/A 컨버터

PWM형 D/A 컨버터(PWM DAC)는 <그림 6.2.9>에 보인 것과 같이 제1단계로 디지털 입력에 비례하는 디지털 PWM 신호를 만들고, 제2단계로 이를 RC 필터로 필터링하여 PWM의 듀티비에 비례하는 아날로그 신호를 만들어 전압 버퍼를 거친 후에 출력하는 방식이다. 이 방식은 일반적인 D/A 컨버터에서는 잘 사용하지 않으며, 속도가 그다지 빠르지 않은 특별한 용도에서만 제한적으로 사용한다.

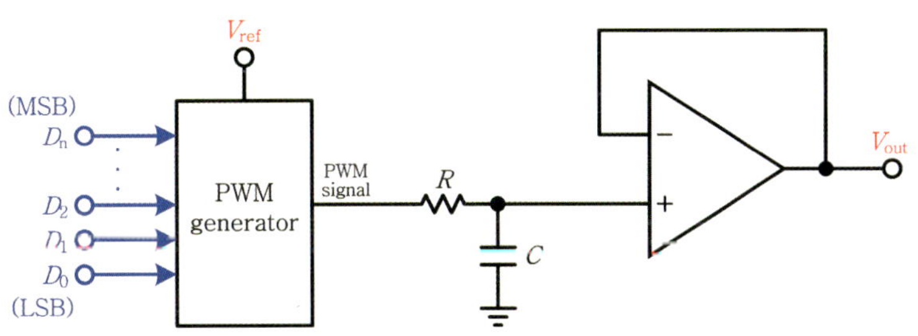

<그림 6.2.9> PWM형 D/A 컨버터의 구조

(5) 그밖의 D/A 컨버터

위에서 설명한 4가지 이외에도 D/A 컨버터에는 여러가지 방식이 더 있다. A/D 컨버터에서처럼 델타-시그마형 D/A 컨버터(delta-sigma DAC)도 있고, 곱셈형 D/A 컨버터(MDAC ; multiplying DAC)도 있으며, 전류 스위칭형 D/A 컨버터(current-steering DAC)나 파이프라인형 D/A 컨버터(pipeline DAC)라는 것도 있다.

델타-시그마형 D/A 컨버터는 A/D 컨버터에서처럼 내부에 델타-시그마 모듈레이터, 적분기, 저역통과 필터 등을 가지므로 잡음에 매우 강한 특성이 있고 고해상도에 적합하므로 디지털 오디오용의 D/A 컨버터에 많이 사용하며, 대역폭이 제한되고 변환 시간이 길어서 속도가 느리다는 단점을 갖는다.

곱셈형 D/A 컨버터는 기준전압과 디지털 입력을 아날로그 곱셈기로 곱하여 출력전압을 얻는 방식인데, 내부에 R-2R 사다리 방식의 D/A 컨버터를 포함하는 경우가 많으며, 기준전압을 1가지 값으로 고정시키지 않고 가변하면서 디지털 입력으로 제어하면 출력의 극성과 진폭을 변화시키기 용이하다는 특징이 있어서 디지털 오디오 분야에서 선호된다.

전류 스위칭형 D/A 컨버터는 내부에서 전류원을 만들어 놓고 디지털 입력에 따라 이를 스위치로 선택하여 출력하므로 동작이 매우 빨라서 전류출력형 D/A 컨버터나 고속형 D/A 컨버터에 적합하다.

(6) D/A 컨버터 IC 소자의 정리

앞의 352페이지에서 살펴보았듯이 D/A 컨버터에는 매우 많은 종류와 모델들이 있다. 쉽게 짐작할 수 있듯이 전통적으로 연산증폭기나 A/D 컨버터를 많이 만드는 반도체 회사들이 역시 D/A 컨버터 IC 소자를 만들어 왔다. D/A 컨버터도 A/D 컨버터처럼 1970년대에 마이크로프로세서가 탄생하면서부터 여기에 아날로그 회로를 인터페이스하기 위한 수단으로 널리 사용되기 시작했으며, 그 당시의 범용 마이크로프로세서들은 외부에 메모리나 주변장치들을 접속하기 위하여 어드레스 버스, 데이터 버스, 제어 버스로 구성되는 시스템 버스를 갖추고 있었으므로 초기의 D/A 컨버터들은 이러한 방식으로 마이크로프로세서에 인터페이스할 수 있는 병렬접속형이 주류를 이루었다. 그러나, 1990년대부터 본격적인 마이크로컨트롤러의 시대가 열리면서 현재는 SPI나 I^2C와 같은 직렬통신으로 마이크로컨트롤러에 쉽고 간편하게 연결하여 사용할 수 있는 직렬접속형 D/A 컨버터가 압도적인 주류를 이루고 있다.

현재 많이 사용되고 있는 Texas Instruments사와 Analog Devices사의 주요 D/A 컨버터 IC들을 각각 <표 6.2.2> 및 <표 6.2.3>에 정리하여 보였다. 이중에서 Texas Instruments사의 제품에는 그들이 인수 합병한 Burr-Brown이나 National Semiconductor 시절부터 이어지는 제품을 포함하고 있으며, 또한 Analog Devices사의 제품에는 Linear Technology나 Maxim Integrated 시절부터 이어지는 제품을 포함하고 있다.

<표 6.2.2> Texas Instruments사의 주요 정밀형 D/A 컨버터

분해능 (bit)	모델명	출력 채널	D/A 변환 방식	인터페이스	셋틀링 시간 [μS]	출력 전압 범위[V]	전원전압[V] Analog/Digital	기준전압 V_{REF}[V]	패키지
8	DAC0800	1	multiplying	parallel	0.1	-18~+18	±4.5~±18	외±4.5~±18	DIP-16, SOIC-16
	TLC7225	4	R-2R	parallel	5	0~20	-5.5~+16.5	외2~V_{DD}-4	SOIC-24
	DAC5571	1	string	I^2C	8	0~5.5	2.7~5.5	외V_{DD}=V_{REF}	SOT-23-6
	DAC5573	4	string	I^2C	8	0~5.5	2.7~5.5	외0~V_{DD}	TSSOP-16
	TLV5623	1	string	SPI	3	0~5	2.7~5.5	외0~V_{DD}	SOIC-8, VSSOP-8
	TLV5625	2	string	SPI	3	0~5	2.7~5.5	외0~V_{DD}-1.5	SOIC-8
	TLV5627	4	string	SPI	2.5	0~5	2.7~5.5/2.7~5.5	외0~AV_{DD}-1.5	SOIC-16, TSSOP-16
10	DAC6571	1	string	I^2C	9	0~5.5	2.7~5.5	외V_{DD}=V_{REF}	SOT-23-6
	DAC6573	4	string	I^2C	9	0~5.5	2.7~5.5	외0~V_{DD}	TSSOP-16
	DAC6574	4	string	I^2C	9	0~5.5	2.7~5.5	외V_{DD}=V_{REF}	VSSOP-10
	TLV5604	4	string	SPI	3	0~5	2.7~5.5/2.7~5.5	외0~AV_{DD}-1.5	SOIC-16, TSSOP-16
	TLV5606	1	string	SPI	3	0~5	2.7~5.5	외0~V_{DD}-1.5	SOIC-8, VSSOP-8
	TLV5608	8	string	SPI	1	0~5	2.7~5.5/2.7~5.5	외0~AV_{DD}	SOIC-20, TSSOP-20
12	DAC7624	4	R-2R	parallel	10	-5~+5	-5~+5	외-2.5~+2.5	SOIC-28
	DAC7821	1	multiplying	parallel	0.2	current	2.5~5.5	외-15~+15	TSSOP-20
	DAC7822	2	multiplying	parallel	0.2	current	2.5~5.5	외-15~+15	WQFN-40
	DAC7551	1	string	SPI	5	0~5.5	2.7~5.5	외0~V_{DD}	USON-12
	DAC7552	2	string	SPI	5	0~5.5	2.7~5.5	외0~V_{DD}	VQFN-16
	DAC7554	4	string	SPI	5	0~5.5	2.7~5.5	외0~V_{DD}	VSSOP-10
	DAC7558	8	string	SPI	5	0~5.5	2.7~5.5	외0~V_{DD}	VQFN-32
	DAC7614	4	R-2R	SPI	10	-5~+5	+5, -5~+5	외-2.5~+2.5	SOIC-16, SSOP-20
	DAC7615	4	R-2R	SPI	10	-5~+5	+5, -5~+5	외-2.5~+2.5	SOIC-16, SSOP-20
	DAC7714	4	R-2R	SPI	10	-10~+10	+15, -15~+15	외-10~+10	SOIC-16
	DAC7715	4	R-2R	SPI	10	-10~+10	+15, -15~+15	외-10~+10	SOIC-16
	TLV5614	4	string	SPI	3	0~5	2.7~5.5/2.7~5.5	외0~AV_{DD}-1.5	SOIC-16, TSSOP-16
	TLV5616	1	string	SPI	3	0~5	2.7~5.5	외0~V_{DD}-1.5	DIP-8, SOIC-8
	TLV5618A	2	string	SPI	2.5	0~5.5	2.7~5.5	외0~V_{DD}-1.5	DIP-8, SOIC-8
	TLV5636	1	string	SPI	1	0~5	2.7~5.5	외0~V_{DD}	SOIC-8, VSSOP-8
	TLV5638	2	string	SPI	1	0~5	2.7~5.5	외0~V_{DD}	SOIC-8
14	DAC8228	8	string	parallel	6	-16~+16	4.5~5.5	외4~V_{DD}	TQFP-56, VQFN-64
	DAC8805	2	multiplying	parallel	0.5	current	2.7~5.5	외-18~+18	TSSOP-38
	DAC8806	1	multiplying	parallel	0.5	current	2.7~5.5	외-18~+18	SSOP-28
	DAC8162	2	string	SPI	0.2	0~5.5	2.7~5.5	내2.5,외0~V_{DD}	VSSOP-10
	DAC8164	4	string	SPI	0.2	0~5.5	2.7~5.5	내2.5,외0~V_{DD}	TSSOP-16
	DAC8168	8	string	SPI	0.2	0~5.5	2.7~5.5	내2.5,외0~V_{DD}	TSSOP-16
16	DAC7641	1	R-2R	parallel	10	-5~+5	2.7~5.25	외0.5~AV_{DD}	TQFP-32
	DAC7642	2	R-2R	parallel	10	-5~+5	2.7~5.25	외0.5~AV_{DD}	LQFP-32
	DAC7644	4	R-2R	parallel	10	-5~+5	2.7~5.25	외0.5~AV_{DD}	SSOP-48
	DAC8541	1	string	parallel	10	0~5.5	1.8~5.5/2.7~5.5	외0~AV_{DD}	TQFP-32
	DAC8544	4	string	parallel	8	0~5.5	2.7~5.5	외0~V_{DD}	TQFP-48
	DAC7731	1	R-2R	SPI	5	-10~+10	-15~+15/+5	내10	SSOP-24
	DAC7734	4	R-2R	SPI	10	-10~+10	-15~+15/+5	외1.25~10	SSOP-48
	DAC8531	1	string	SPI	10	0~5.5	2.7~5.5	외0~V_{DD}	VSSOP-8, VSON-8
	DAC8532	2	string	SPI	10	0~5	2.7~5.5	외0~V_{DD}	VSSOP-8
	DAC8534	4	string	SPI	10	0~5	2.7~5.5/2.7~5.5	외0~AV_{DD}	TSSOP-16
	DAC8560	1	string	SPI	8	0~5.5	2.7~5.5	내2.5/외0~V_{DD}	VSSOP-8
	DAC8562	2	string	SPI	7	0~5.5	2.7~5.5	내2.5/외0~V_{DD}	VSSOP-10
	DAC8564	4	string	SPI	8	0~5.5	2.7~5.5	내2.5/외0~V_{DD}	TSSOP-16
	DAC8568	8	string	SPI	5	0~5.5	2.7~5.5	내2.5/외0~V_{DD}	TSSOP-16
	DAC8811	1	multiplying	SPI	0.5	current	2.7~5.5	외-15~+15	VSSOP-8, VSON-8
	DAC8812	2	multiplying	SPI	0.5	current	2.7~5.5	외-15~+15	TSSOP-16
	DAC8814	4	multiplying	SPI	0.5	current	2.7~5.5	외-15~+15	SSOP-28
18	DAC9801	1	R-2R	SPI	5	0~5.5	2.7~5.3/2.7~5.3	외1.5~AV_{DD}	VQFN-24
	DAC91001	1	R-2R	SPI	1	-10~+10	3~5.3/3~5.3	외1.5~AV_{DD}	TQFP-48
20	DAC1220	1	D-S	SPI	2000	0~5.5	4.75~5.25/ 4.75~5.25	외2.5	SSOP-16
24	DAC1282	1	current	SPI	100	0~5.5	0~5/1.8~3.3 ±2.5/1.8~3.3	외2.4~AV_{DD}	TSSOP-24

☞ (주) D/A 변환 방식에서 D-S = delta-sigma, string = resistor string, current = current-steering

<표 6.2.3> Analog Devices사의 주요 정밀형 D/A 컨버터

분해능(bit)	모델명	출력채널	D/A 변환방식	인터페이스	셋틀링시간[μS]	출력전압범위[V]	전원전압[V] Analog/Digital	기준전압 V_{REF}[V]	패키지
8	AD5330	1	string	parallel	6	0~5.5	2.5~5.5	외0.25~V_{DD}	TSSOP-20
	AD5332	2	string	parallel	6	0~10	2.5~5.5	외0.25~V_{DD}	TSSOP-20
	AD5334	4	string	parallel	6	0~10	2.5~5.5	외0.25~V_{DD}	TSSOP-24
	AD5346	8	string	parallel	6	0~5.5	2.5~5.5	외0.25~V_{DD}	TSSOP-38
	AD7303	2	R-2R	SPI	1.2	0~5	2.7~5.5	외1~$V_{DD}/2$	DIP-8, SOIC-8
	AD7304	4	R-2R	SPI	1	-5~5	2.7~5.5, ±5	외0~V_{DD}	SOIC-16, TSSOP-16
	MAX517	1	R-2R	I^2C	6	0~5.5	4.5~5.5	외0~V_{DD}	DIP-8, SOIC-8
	MAX518	2	R-2R	I^2C	6	0~5.5	4.5~5.5	외$V_{DD}=V_{REF}$	DIP-8, SOIC-8
	MAX520	4	R-2R	I^2C	2	0~5.5	4.5~5.5	외0~V_{DD}	DIP-16, SOIC-16
	MAX521	8	R-2R	I^2C	6	0~5.5	4.5~5.5	외0~V_{DD}	DIP-20, SOIC-24
10	AD5310	1	string	SPI	6	0~5.5	2.7~5.5	외$V_{DD}=V_{REF}$	SOT-23-6, MSOP-8
	AD5312	2	string	SPI	7	0~5.5	2.5~5.5	외0~V_{DD}	MSOP-10
	AD5314	4	string	SPI	7	0~5.5	2.5~5.5	외0.25~V_{DD}	MSOP-10, LFCSP-10
	AD5318	8	string	SPI	7	0~5.5	2.5~5.5	외0.25~V_{DD}	TSSOP-16
12	AD5340	1	string	parallel	8	0~5.5	2.5~5.5	외0.25~V_{DD}	TSSOP-24
	AD5342	2	string	parallel	8	0~10	2.5~5.5	외0.25~V_{DD}	TSSOP-28
	AD5344	4	string	parallel	8	0~10	2.5~5.5	외0.25~V_{DD}	TSSOP-28
	AD5348	8	string	parallel	8	0~5.5	2.5~5.5	외0.25~V_{DD}	TSSOP-38
	AD5320	1	string	SPI	8	0~5.5	2.7~5.5	외$V_{DD}=V_{REF}$	SOT-23-6, MSOP-8
	AD5322	2	string	SPI	8	0~5.5	2.5~5.5	외0~V_{DD}	MSOP-10
	AD5324	4	string	SPI	8	0~5.5	2.5~5.5	외0.25~V_{DD}	MSOP-10, LFCSP-10
	AD5328	8	string	SPI	8	0~5.5	2.5~5.5	외0.25~V_{DD}	TSSOP-16
	LTC1452	1	multiplying	SPI	14	0~4.096	2.7~5.5	외0~$V_{CC}/2$	DIP-8, SOIC-8
	LTC1454	2	multiplying	SPI	14	0~4.096	4.5~5.5	외0~$V_{CC}/2$	DIP-16, SOIC-16
	LTC1458	4	multiplying	SPI	14	0~4.096	4.5~5.5	외0~$V_{CC}/2$	SOIC-28, SSOP-28
	LTC2621	1	multiplying	SPI	7	0~5.5	2.5~5.5	외0~V_{CC}	DFN-10
	LTC2622	2	multiplying	SPI	7	0~5.5	2.5~5.5	외0~V_{CC}	MSOP-8
	LTC2624	4	multiplying	SPI	7	0~5.5	2.5~5.5	외0~V_{CC}	SSOP-16
	MAX5120	1	R-2R	SPI	20	0~5.5	4.5~5.5	내2.5	QSOP-16
	MAX5121	1	R-2R	SPI	20	0~3.6	2.7~3.6	내1.25	QSOP-16
14	AD5551	1	R-2R	SPI	1	0~5	2.7~5.5	외2~V_{DD}	SOIC-8
	AD5552	1	R-2R	SPI	1	-5~+5	2.7~5.5	외2~V_{DD}	SOIC-14
	AD5553	1	multiplying	SPI	0.5	-15~+15	4.5~5.5	외-15~+15	MSOP-8
	AD5554	4	multiplying	SPI	0.5	-15~+15	4.5~5.5	외-15~+15	SSOP-28
	AD5555	2	multiplying	SPI	0.5	-12~+12	4.5~5.5	외-12~+12	TSSOP-16
	MAX554	1	R-2R	SPI	1	0~V_{REF}	4.75~5.25	외2~3	SOIC-8
16	AD5541	1	R-2R	SPI	1	0~5	2.7~5.5	외2~V_{DD}	SOIC-8
	AD5542	1	R-2R	SPI	1	-5~+5	2.7~5.5	외2~V_{DD}	SOIC-14
	AD5543	1	multiplying	SPI	0.5	-15~+15	4.5~5.5	외-15~+15	MSOP-8, SOIC-8
	AD5544	4	multiplying	SPI	0.5	-15~+15	4.5~5.5	외-15~+15	SSOP-28
	AD5545	2	multiplying	SPI	0.5	-12~+12	4.5~5.5	외-12~+12	TSSOP-16
	AD5546	1	multiplying	parallel	0.5	-18~+18	2.7~5.5	외-18~+18	TSSOP-28
	AD5547	2	multiplying	parallel	0.5	-18~+18	2.7~5.5	외-18~+18	TSSOP-38
	AD5662	1	string	SPI	8	0~5.5	2.7~5.5	외0.75~V_{DD}	SOT-23-8
	AD5663	2	string	SPI	4	0~5.5	2.7~5.5	외0.75~V_{DD}	MSOP-10, LFCSP-10
	AD5664	4	string	SPI	4	0~5.5	2.7~5.5	외0.75~V_{DD}	MSOP-10, LFCSP-10
	AD5668	8	string	SPI	2.5	0~5.5	4.5~5.5	외0~V_{DD}	TSSOP-16
	LTC2600	8	multiplying	SPI	10	0~5.5	2.5~5.5	외0~V_{CC}	SSOP-16, QFN-20
	LTC2601	1	multiplying	SPI	10	0~5.5	2.5~5.5	외0~V_{CC}	DFN-10
	LTC2602	2	multiplying	SPI	10	0~5.5	2.5~5.5	외0~V_{CC}	SSOP-16
	LTC2604	4	multiplying	SPI	10	0~5.5	2.5~5.5	외0~V_{CC}	SSOP-16
	MAX541	1	R-2R	SPI	1	0~V_{REF}	4.75~5.25	외2~3	DIP-8, SOIC-8
	MAX542	1	R-2R	SPI	1	0~V_{REF}	4.75~5.25	외2~3	DIP-14, SOIC-14
18	AD5781	1	R-2R	SPI	1	-10~+10	±16.5/2.7~5.5	외5~V_{DD}-2.5	TSSOP-20
	LTC2756	1	multiplying	SPI	2.1	-10~+10	2.7~5.5	외-15~+15	SSOP-28
	LTC2758	2	multiplying	SPI	2.1	-10~+10	2.7~5.5	외-15~+15	LQFP-48
	MAX5318	1	R-2R	SPI	3	0~5.4	4.5~5.5/1.8~5.5	외2.4~5.4	TSSOP-24
20	AD5790	1	R-2R	SPI	2.5	-10~+10	±16.5/2.7~5.5	외5~V_{DD}-2.5	LFCSP-24
	AD5791	1	R-2R	SPI	1	-10~+10	±16.5/2.7~5.5	외5~V_{DD}-2.5	TSSOP-20
	MAX5719	1	R-2R	SPI	0.75	0~5.5	4.5~5.5	외4~V_{DD}	SOIC-14

<표 6.2.4> Microchip Technology사의 주요 직렬접속형 D/A 컨버터

분해능 (bit)	모델명	출력 채널	D/A 변환 방식	인터 페이스	셋틀링 시간 [μS]	출력 전압 범위[V]	전원전압[V] Analog/Digital	기준전압 V_{REF}[V]	패키지
8	MCP4801	1	string	SPI	4.5	0.01~V_{DD}-0.04	2.7~5.5	내2.048	D8, S8, M8
	MCP4802	2	string	SPI	4.5	0.01~V_{DD}-0.04	2.7~5.5	내2.048	D8, S8, M8
	MCP4901	1	string	SPI	4.5	0.04~V_{DD}-0.04	2.7~5.5	외0.04~V_{DD}-0.04	D8, S8, M8
	MCP4902	2	string	SPI	4.5	0.04~V_{DD}-0.04	2.7~5.5	외0.04~V_{DD}-0.04	D14, S14, T14
	MCP48CMB04	4	string	SPI	4	0~V_{DD}	1.8~5.5	외0~V_{DD}	T20, QFN-20
	MCP48CMB08	8	string	SPI	4	0~V_{DD}	1.8~5.5	외0~V_{DD}	T20, QFN-20
	MCP48CMD01	1	string	SPI	4	0~V_{DD}	1.8~5.5	외0~V_{DD}	M10, DFN-10
	MCP48CMD02	2	string	SPI	4	0~V_{DD}	1.8~5.5	외0~V_{DD}	M10, DFN-10
	MCP48FEB01	1	string	SPI	7.8	0.01~V_{DD}-0.04	1.8~5.5	외0.04~V_{DD}-0.04	M10
	MCP48FEB02	2	string	SPI	7.8	0.01~V_{DD}-0.04	1.8~5.5	외0.04~V_{DD}-0.04	M10
	MCP48FEB04	4	string	SPI	7.8	0.01~V_{DD}-0.04	1.8~5.5	외0.04~V_{DD}-0.04	M10
	MCP48FEB08	8	string	SPI	7.8	0.01~V_{DD}-0.04	1.8~5.5	외0.04~V_{DD}-0.04	M10
	MCP4706	1	string	I^2C	6	0.01~V_{DD}-0.04	2.7~5.5	외0.04~V_{DD}-0.04	SOT6, DFN-8
	MCP47CMB04	4	string	I^2C	4	0~V_{DD}	1.8~5.5	외0~V_{DD}	T20, QFN-20
	MCP47CMB08	8	string	I^2C	4	0~V_{DD}	1.8~5.5	외0~V_{DD}	T20, QFN-20
	MCP47CMD01	1	string	I^2C	4	0~V_{DD}	1.8~5.5	외0~V_{DD}	M10, DFN-10
	MCP47CMD02	2	string	I^2C	4	0~V_{DD}	1.8~5.5	외0~V_{DD}	M10, DFN-10
	MCP47FEB01	1	string	I^2C	6	0.01~V_{DD}-0.04	1.8~5.5	외0~V_{DD}-0.04	T8
	MCP47FEB02	2	string	I^2C	6	0.01~V_{DD}-0.04	1.8~5.5	외0~V_{DD}-0.04	T8
	MCP47FEB04	4	string	I^2C	7.8	0.01~V_{DD}-0.016	1.8~5.5	외0~V_{DD}-0.04	T20, VQFN-20
	MCP47FEB08	8	string	I^2C	7.8	0.01~V_{DD}-0.016	1.8~5.5	외0~V_{DD}-0.04	T20, VQFN-20
10	MCP4811	1	string	SPI	4.5	0.01~V_{DD}-0.04	2.7~5.5	내2.048	D8, S8, M8
	MCP4812	2	string	SPI	4.5	0.01~V_{DD}-0.04	2.7~5.5	내2.048	D8, S8, M8
	MCP4911	1	string	SPI	4.5	0.04~V_{DD}-0.04	2.7~5.5	외0.04~V_{DD}-0.04	D8, S8, M8
	MCP4912	2	string	SPI	4.5	0.04~V_{DD}-0.04	2.7~5.5	외0.04~V_{DD}-0.04	D14, S14, T14
	MCP48CMB14	4	string	SPI	4	0~V_{DD}	1.8~5.5	외0~V_{DD}	T20, QFN-20
	MCP48CMB18	8	string	SPI	4	0~V_{DD}	1.8~5.5	외0~V_{DD}	T20, QFN-20
	MCP48CMD11	1	string	SPI	4	0~V_{DD}	1.8~5.5	외0~V_{DD}	M10, DFN-10
	MCP48CMD12	2	string	SPI	4	0~V_{DD}	1.8~5.5	외0~V_{DD}	M10, DFN-10
	MCP48FEB11	1	string	SPI	7.8	0.01~V_{DD}-0.04	1.8~5.5	외0.04~V_{DD}-0.04	M10
	MCP48FEB12	2	string	SPI	7.8	0.01~V_{DD}-0.04	1.8~5.5	외0.04~V_{DD}-0.04	M10
	MCP48FEB14	4	string	SPI	7.8	0.01~V_{DD}-0.04	1.8~5.5	외0.04~V_{DD}-0.04	M10
	MCP48FEB18	8	string	SPI	7.8	0.01~V_{DD}-0.04	1.8~5.5	외0.04~V_{DD}-0.04	M10
	MCP4716	1	string	I^2C	6	0.01~V_{DD}-0.04	2.7~5.5	외0.04~V_{DD}-0.04	SOT6, DFN-8
	MCP47CMB14	4	string	I^2C	4	0~V_{DD}	1.8~5.5	외0~V_{DD}	T20, QFN-20
	MCP47CMB18	8	string	I^2C	4	0~V_{DD}	1.8~5.5	외0~V_{DD}	T20, QFN-20
	MCP47CMD11	1	string	I^2C	4	0~V_{DD}	1.8~5.5	외0~V_{DD}	M10, DFN-10
	MCP47CMD12	2	string	I^2C	4	0~V_{DD}	1.8~5.5	외0~V_{DD}	M10, DFN-10
	MCP47FEB11	1	string	I^2C	6	0.01~V_{DD}-0.04	1.8~5.5	외0~V_{DD}-0.04	T8
	MCP47FEB12	2	string	I^2C	6	0.01~V_{DD}-0.04	1.8~5.5	외0~V_{DD}-0.04	T8
	MCP47FEB14	4	string	I^2C	7.8	0.01~V_{DD}-0.016	1.8~5.5	외0~V_{DD}-0.04	T20, VQFN-20
	MCP47FEB18	8	string	I^2C	7.8	0.01~V_{DD}-0.016	1.8~5.5	외0~V_{DD}-0.04	T20, VQFN-20
12	MCP4821	1	string	SPI	4.5	0.01~V_{DD}-0.04	2.7~5.5	내2.048	D8, S8, M8
	MCP4822	2	string	SPI	4.5	0.01~V_{DD}-0.04	2.7~5.5	내2.048	D8, S8, M8
	MCP4921	1	string	SPI	4.5	0.04~V_{DD}-0.04	2.7~5.5	외0.04~V_{DD}-0.04	D8, S8, M8
	MCP4922	2	string	SPI	4.5	0.04~V_{DD}-0.04	2.7~5.5	외0.04~V_{DD}-0.04	D14, S14, T14
	MCP48CMB24	4	string	SPI	4	0~V_{DD}	1.8~5.5	외0~V_{DD}	T20, QFN-20
	MCP48CMB28	8	string	SPI	4	0~V_{DD}	1.8~5.5	외0~V_{DD}	T20, QFN-20
	MCP48CMD21	1	string	SPI	4	0~V_{DD}	1.8~5.5	외0~V_{DD}	M10, DFN-10
	MCP48CMD22	2	string	SPI	4	0~V_{DD}	1.8~5.5	외0~V_{DD}	M10, DFN-10
	MCP48FEB21	1	string	SPI	7.8	0.01~V_{DD}-0.04	1.8~5.5	외0.04~V_{DD}-0.04	M10
	MCP48FEB22	2	string	SPI	7.8	0.01~V_{DD}-0.04	1.8~5.5	외0.04~V_{DD}-0.04	M10
	MCP48FEB24	4	string	SPI	7.8	0.01~V_{DD}-0.04	1.8~5.5	외0.04~V_{DD}-0.04	M10
	MCP48FEB28	8	string	SPI	7.8	0.01~V_{DD}-0.04	1.8~5.5	외0.04~V_{DD}-0.04	M10
	MCP4726	1	string	I^2C	6	0.01~V_{DD}-0.04	2.7~5.5	외0.04~V_{DD}-0.04	SOT6, DFN-8
	MCP4728	4	string	I^2C	6	0~V_{DD}	2.7~5.5	내2.048	M10
	MCP47CMB24	4	string	I^2C	4	0~V_{DD}	1.8~5.5	외0~V_{DD}	T20, QFN-20
	MCP47CMB28	8	string	I^2C	4	0~V_{DD}	1.8~5.5	외0~V_{DD}	T20, QFN-20
	MCP47CMD21	1	string	I^2C	4	0~V_{DD}	1.8~5.5	외0~V_{DD}	M10, DFN-10
	MCP47CMD22	2	string	I^2C	4	0~V_{DD}	1.8~5.5	외0~V_{DD}	M10, DFN-10
	MCP47FEB21	1	string	I^2C	6	0.01~V_{DD}-0.04	1.8~5.5	외0~V_{DD}-0.04	T8
	MCP47FEB22	2	string	I^2C	6	0.01~V_{DD}-0.04	1.8~5.5	외0~V_{DD}-0.04	T8
	MCP47FEB24	4	string	I^2C	7.8	0.01~V_{DD}-0.016	1.8~5.5	외0~V_{DD}-0.04	T20, VQFN-20
	MCP47FEB28	8	string	I^2C	7.8	0.01~V_{DD}-0.016	1.8~5.5	외0~V_{DD}-0.04	T20, VQFN-20

☞ (주) 패키지에서 Dx = DIP-x, Sx = SOIC-x, Mx = MSOP-x, Tx = TSSOP-x, SOTx = SOT-23-x

또한, <표 6.2.4>에는 Microchip Technology사의 주요 직렬접속형 D/A 컨버터 IC들을 정리하였다. 본 저자는 제어 시스템을 설계할 때 12비트의 중분해능 D/A 컨버터가 필요하면 이 회사의 MCP492x 모델을 즐겨 사용한다. 반도체 소자의 패키지가 SOIC형으로 되어 있어서 손으로 납땜하기가 좋고, 가격도 만족스러우며, 언제나 시장에서의 수급 상황이 좋았기 때문이다.

앞의 <표 6.1.8>에 보였던 몇가지의 주요 마이크로컨트롤러 모델에 대하여 A/D 컨버터와 함께 소자에 내장된 D/A 컨버터의 사양을 정리하여 보면 <표 6.2.5>와 같다.

<표 6.2.5> 마이크로컨트롤러에 A/D 컨버터와 함께 내장된 D/A 컨버터의 사양

제조사/시리즈	모델명	A/D 변환 방식	분해능/소자 수	채널 수	최고 샘플링 속도	아날로그 입력[V]	D/A 컨버터 분해능/채널 수
Microchip Technology AVR	ATmega8A	SAR	10/1	8	15kSPS	SE	-/-
	ATmega32A		10/1	8	15kSPS	SE, Diff	-/-
	ATmega128A		10/1	8	15kSPS	SE, Diff	-/-
	ATmega2560		10/1	16	15kSPS	SE, Diff	-/-
	AVR128DA64	SAR	12/1	22	130kSPS	SE, Diff	10/1
	AVR128DB64		12/1	22	130kSPS	SE, Diff	10/1
	AVR64DD32		12/1	23	130kSPS	SE, Diff	10/1
	AVR64DU32		10/1	21	170kSPS	SE	-/-
	AVR64EA48		12/1	28	375kSPS	SE, Diff	10/1
	AVR32EB32		12/1	24	300kSPS	SE, Diff	-/-
STMicro-electronics ARM Cortex-M	STM32F051R8T6	SAR	12/1	16	1MSPS	SE	12/1
	STM32F091VCT6		12/1	16	1MSPS	SE	12/2
	STM32F103VGT6	SAR	12/3	16	1MSPS	SE	12/2
	STM32F205VGT6		12/3	16	2MSPS	SE	12/2
	STM32F437VGT6	SAR	12/3	16	2.4MSPS	SE	12/2
	STM32F437ZGT6		12/3	24	2.4MSPS	SE	12/2
	STM32F303R8T6	SAR	12/2	21	5MSPS	SE	12/3
	STM32F373R8T6	SAR	12/1	16	1MSPS	SE	12/3
		delta-sigma	16/3	8	16.6kSPS	SE, Diff	-
	STM32F373VCT6	SAR	12/1	16	1MSPS	SE	12/3
		delta-sigma	16/3	21	16.6kSPS	SE, Diff	-
	STM32F767VGT6	SAR	12/3	16	2.4MSPS	SE	12/2
	STM32F767BGT6		12/3	24	2.4MSPS	SE	12/2
Nuboton 8051 and ARM Cortex-M	MG51LD1AE	SAR	12/1	15	500kSPS	SE	-/-
	ML51LD1AE	SAR	12/1	10	500kSPS	SE	-/-
	MINI58LDE	SAR	10/1	8	250kSPS	SE	-/-
	NUC100VE3DN		12/1	8	760kSPS	SE, Diff	-/-
	NANO100KE3BN		12/1	12	2MSPS	SE	12/2
	M451VG6AE	SAR	12/1	16	1MSPS	SE, Diff	12/1
	NUC442VI8AE	SAR	12/1	12	800kSPS	SE, Diff	-/-
		SAR	12/2	16	800kSPS	SE	-
Texas Instruments MSP430	MSP430FR2633IDA	SAR	10/1	8	200kSPS	SE	-/-
	MSP430FR5964IPNR	SAR	12/1	20	200kSPS	SE, Diff	-/-
	MSP430F6658IPZ	SAR	12/1	12	200kSPS	SE	12/2
	MSP430F6778AIPEU	SAR	10/1	6	200kSPS	SE	-/-
		delta-sigma	24/1	7	-	SE, Diff	-

6.3 그밖의 아날로그 인터페이스 회로

이 절에서는 아날로그 데이터를 안정적으로 먼 거리에 전송하는 방법으로서 오래 전부터 널리 사용하고 4~20mA 전류 루프(current loop) 통신에 대하여 공부한다. 이것은 제어계측 시스템이나 계장제어 분야에서 아날로그 물리량을 정밀하게 측정하여 먼 거리에 전송하는 수단으로 현재도 많이 사용되고 있다.

1. 4~20mA 전류 루프 통신

(1) 4~20mA 전류 루프의 개요

유선 방식이든 무선 방식이든 모든 디지털 시스템의 데이터 통신에서는 데이터 값을 디지털 숫자로 표현하여 전송한다. 그러므로 어느 하나의 장비 A에서 또 다른 장비 B로 아날로그 신호를 전송하고자 하면 먼저 송신측에 해당하는 장비 A에서 아날로그 신호의 값을 A/D 컨버터를 사용하여 실시간으로 읽어서 디지털 데이터로 변환하는 작업이 선행되어야 한다. 그러면 이 디지털 데이터는 통신을 통하여 쉽게 먼거리까지 전송할 수 있으며, 수신측에 해당하는 장비 B는 이를 수신한 다음에 디지털 데이터를 그대로 사용할 수도 있고 필요하다면 D/A 컨버터를 사용하여 이를 다시 아날로그 신호로 실시간 재생할 수도 있다. 오늘날 우리가 일상적으로 사용하고 있는 휴대전화는 바로 이렇게 구현되는 기술의 결과라고 볼 수 있다. 이러한 일련의 과정을 그림으로 설명하면 <그림 6.3.1>과 같다.

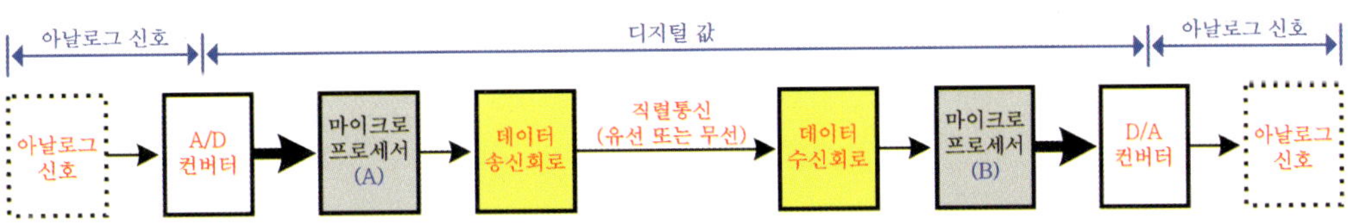

<그림 6.3.1> 아날로그 데이터를 먼거리로 전송하는 일반적인 방법

그런데, 데이터 통신 중에서 거의 유일하게 아날로그 신호를 디지털 데이터로 변환하지 않고 직접 그대로 전송하는 방식이 있는데 그것이 바로 4~20mA 전류 루프 통신이다. 이것은 1950년대부터 사용되기 시작한 것으로 알려져 있으나 그보다 한참 후에 ANSI(American National Standards Institute)에서 ISA-S50.1-1982 표준규격으로 만들어졌으며, 1992년에 한 차례 개정된 바 있다. 여기서는 송신측(transmitter)에서 온도, 압력, 유량, 속도, 위치 등과 같은 아날로그 물리량의 크기에 비례하는 4~20mA 범위의 정전류를 발생하여 전송하며,

수신측(receiver)에서는 통신선에 직렬저항을 연결하여 전류 신호를 전압 신호로 변환하고 이렇게 발생된 전압으로 원래의 아날로그 신호를 재생하여 사용하거나 필요한 경우에는 이를 A/D 변환하여 디지털 값으로 인식하기도 한다. 다른 디지털 데이터 통신은 모두 전압 레벨을 사용하여 디지털 데이터 0과 1을 표현하기 때문에 상대적으로 잡음 전압의 영향을 받기 쉽지만, 4~20mA 전류 루프는 아날로그 데이터 통신임에도 불구하고 전류값으로 아날로그 신호의 크기를 표현하여 전송하므로 잡음 전압에 의하여 거의 영향을 받지 않아서 잡음에 매우 강한 특성이 있다. 4~20mA 전류 루프 통신의 특성을 요약하면 다음과 같다.

① 외부 잡음에 매우 강하다. 잡음은 대부분 원래의 신호 전압에 순간적인 외부 전압 신호가 더해져서 발생하는 것으로 나타나는데, 이 통신 방식에서는 데이터가 정전류로 변환되어 전송되므로 외부의 잡음 전압에 거의 영향을 받지 않는다.

② 수신측에서 전류를 쉽게 전압 신호로 바꿀 수 있다. 수신측에서 전송선에 직렬로 250Ω의 저항을 연결하면 4~20mA의 전류를 1~5V의 전압으로 바꿀 수 있다. 이때 250Ω의 저항은 오차가 1% 이하의 정밀 저항을 사용하는 것이 바람직하고 소비전력에도 문제가 없는 저항을 선정해야 한다. 그러나, 표준 저항에는 250Ω의 저항 소자가 없으므로 특별히 이 저항값을 갖는 특별한 저항 소자를 구하기 어려운 경우에는 100Ω과 150Ω의 저항을 직렬로 연결하거나 또는 1kΩ의 정밀 저항을 4개 병렬로 연결하여 사용하기도 한다. 또한, 송신측과 수신측의 접지 관계를 고려하여 수신된 전압 신호를 사용하는데 문제가 없도록 송수신 시스템의 회로 구조를 세밀하게 체크하여 설계해야 한다.

③ 장거리 전송에서 전송선의 저항값에 의한 전압강하가 발생하더라도 수신측의 출력에 영향을 주지 않는다. 4~20mA 전류 루프 통신은 수km 이상의 먼거리까지 사용할 수 있는데, 전송선이 길어지면 전송선의 저항값이 커지게 되며 이로 인하여 전압강하가 발생하지만 이는 수신측의 250Ω 저항에 나타나는 출력전압에는 아무런 영향을 주지 않는다. 전송선의 저항값에 의한 전압강하와 관계없이 정전류가 유지되므로 수신측의 250Ω 저항에 나타나는 출력전압은 달라지지 않고 동일하기 때문이다.

④ 수신측에서 전송선의 단선 여부를 쉽게 파악할 수 있다. 이 통신 방식에서 정전류 범위를 0~20mA가 아니라 4~20mA 범위로 사용하는 것은 바로 단선 여부를 알 수 있도록 하기 위함이다. 여기서는 당연히 4mA의 경우가 전송하려는 아날로그 물리량의 최소값을 나타내며, 20mA의 경우가 전송하려는 아날로그 물리량의 최대값을 나타내는데, 여러가지 상황을 고려하여 정전류값이 3.8~20.5mA의 범위로 전송되는 것을 허용한다. 그러나, 전류가 3.6mA 이하로 떨어지거나 21mA 이상으로 커지면 오류로 처리하는데, 특히 3.6mA 이하인 경우에는 전송선의 단선으로 판단한다.

⑤ 송신선에는 1개의 송신기(transmitter)만 연결되지만 수신기(receiver)는 여러개가 다

중으로 연결될 수 있다. 이때 여러개의 수신기는 반드시 직렬로 연결되어 통신의 전송로에 정전류가 유지되어야 하며, 이들 각 수신기는 접지가 일치되지 않으므로 각 수신기의 회로 구성에 주의해야 한다.

⑥ 4~20mA 전류 루프를 디지털 데이터 통신에도 사용할 수 있다. 대부분의 경우에는 이상에서 설명하였듯이 이를 아날로그 데이터 직접 전송에 사용하지만, 4mA = '0'과 20mA = '1'로 디지털화하여 신호를 전송하면 이를 디지털 데이터 통신에 사용할 수도 있다. 이렇게 하면 통신 속도는 빠르게 구현하기 어렵지만 잡음에 매우 강한 디지털 데이터 통신을 수행할 수 있어서 예전에 텔레타이프(TTY ; teletypewriter) 등에 사용되기도 하였다.

★참고★ HART(Highway Addressable Remote Transducer Protocol) 통신은 4~20mA 전류 루프에 FSK(Frequency Shift Keying) 기술을 적용한 디지털 데이터 통신 규격으로서 1980년대 중반부터 계장제어 분야에서 널리 사용되고 있다. 이것은 4~20mA 범위에서 변하는 1200Hz의 1주기 정현파가 디지털 값 '1'을 나타내고, 2200Hz의 2주기 정현파가 디지털값 '0'을 나타내는 방식으로 UART 신호를 전류 파형으로 변조하여 디지털 데이터를 전송한다. 이것은 기본적으로 4~20mA 전류 루프 통신의 하드웨어를 그대로 사용하기 때문에 전송속도는 비교적 느리지만 잡음에 매우 강하다는 장점을 갖는다.

이러한 4~20mA 전류 루프를 사용한 통신 시스템의 송신측과 수신측의 연결 관계를 도시하면 <그림 6.3.2>와 같다. 송신측에서 4~20mA 전류를 어떻게 발생시키며 수신측에서 이를 어떻게 250Ω의 부하저항에 연결하느냐에 따라 플로팅 부하(floating load) 방식과 접지 부하(grounded load) 방식이 가능한데, ANSI의 ISA-S50.1-1982 표준규격에서는 이들 중에서 어느 것이라도 사용할 수 있는 것으로 규정하고 있다. 접지 부하 방식에서는 송신측과 수신측의 전원이 공통의 접지점을 사용할 수 있지만, 플로팅 방식에서는 이렇게 공통의 접지를 사용할 수 없으므로 어떤 이유로 양측의 전원이 공통 접지를 사용해야 한다면 4~20mA 전류 루프 통신은 하드웨어적으로 양측을 절연 처리하여 연결해야 한다.

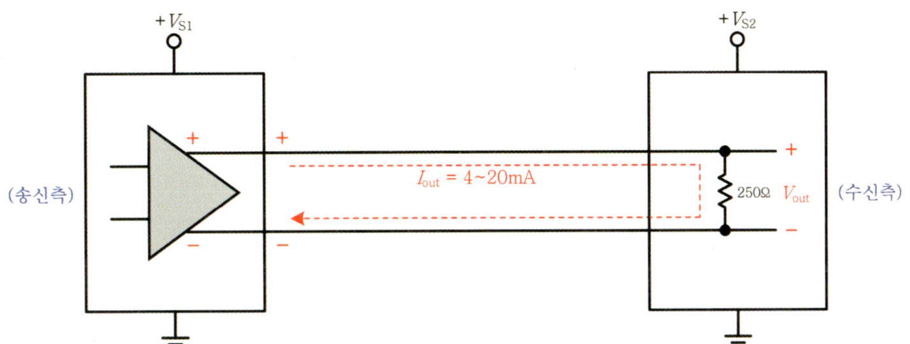

<그림 6.3.2> 4~20mA 전류 루프 통신을 사용하는 송신측과 수신측의 시스템 구성

4~20mA 전류 루프 통신의 응용 예로서 송신측에서 0~50℃ 범위에서 변하는 온도값을 측정하여 입력전압 0~2.5V의 전압으로 변환하고, 이를 4~20mA 전류 루프 통신으로 전송하여 수신측에서 1~5V의 전압으로 인식하게 되는 동작 파형을 <그림 6.3.3>에 보였다. 여기서 통신선이 단선되는 경우는 출력전압이 0으로 측정되므로 쉽게 확인할 수 있다.

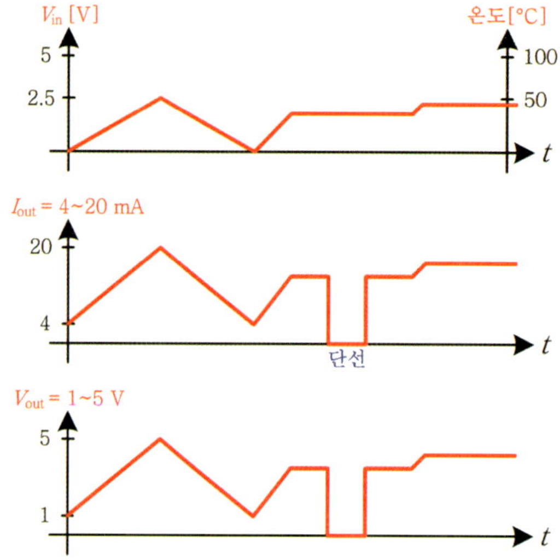

<그림 6.3.3> 0~50℃의 온도값을 4~20mA 전류 루프 통신으로 전송하는 동작 파형

(2) 4~20mA 전류 루프의 송신회로 구현1 - 플로팅 부하 방식

이러한 4~20mA 전류 루프 통신은 상당히 오랜 역사를 가지고 있으므로 당연히 이것의 송신회로에 사용하기 위한 전용 IC 소자가 여러가지 출시되어 사용되어 왔다. 예를 들면 Texas Instruments사의 XTR115, XTR116, XTR117 등이나 Analog Devices사의 AD693, AD694 등이 이에 해당한다. 그러나, 이들 IC는 가격이 꽤 비싼 편이기도 하고, 그 이유는 알기 어렵지만 소량이 필요한 개발자나 아마추어들에게는 이를 구입하는 것이 꽤 어려워서 잘 사용하지 않는다. 그렇기 때문에 본 저자도 4~20mA 전류 루프 통신을 사용하는 제품을 개발할 때는 언제나 연산증폭기와 트랜지스터를 사용하여 이를 직접 구현한다. 그러면 경제적으로도 오히려 더 저렴하고, 부품의 수급에 문제가 없어서 좋다.

입력전압에 비례하는 정전류를 발생하는 회로는 이미 앞의 제3.3절의 4에서 설명한 바가 있다. 입력전압에 비례하여 4~20mA의 전류를 발생하려면 <그림 3.3.17>과 같은 회로를 사용할 수 있다. 그러나, 먼거리로 출력되는 부하전류를 이처럼 연산증폭기가 직접 구동하는 것은 바람직하지 않으며, 또한 최대값인 20mA는 연산증폭기 모델에 따라서는 감당하기 어려운 큰 전류값일 경우도 있으므로 실제로는 <그림 3.3.19>의 (a)에서처럼 출력단에 트랜지스터를 사용한 전류증폭 회로를 추가한다. 이들 2가지의 회로는 4~20mA의 출력 전류가 접지(ground)보다는 높은 전위 영역에서 플로팅(floating)되어 부하를 통해 흐르기 때문에 플로팅 부하 방식이라고 한다.

디지털 입력전압 1~5V에 비례하여 4~20mA의 전류를 발생하는 4~20mA 전류 루프 통신의 송신회로를 플로팅 부하 방식으로 구현하면 <그림 6.3.4>와 같다. 그림의 (a)에서는 출력단의 전류증폭 회로에 npn형의 바이폴라 트랜지스터를 사용했으며, (b)에서는 n채널형의 MOSFET를 사용하였다.

이 회로에서 연산증폭기의 두 입력단자 사이의 전압차는 항상 0이므로 저항 R_1의 상단에도 항상 입력전압 V_{in}이 그대로 걸리며, 따라서 이 저항에 흐르는 전류는 다음과 같이 계산되어 4~20mA가 된다.

$$I_{out} = I_{R1} = \frac{V_{in}}{R_1} = \frac{1 \sim 5}{250} = 0.004 \sim 0.02[\mathrm{A}] = 4 \sim 20[\mathrm{mA}]$$

그림의 (a)처럼 바이폴라 트랜지스터를 사용한 경우 이 전류 I_{out}은 연산증폭기의 출력전류가 트랜지스터의 베이스 전류로 동작함으로써 이를 h_{FE}배 하여 증폭되는 컬렉터 전류 I_C에 의하여 출력된다. 그러나, 엄밀히 말하면 트랜지스터의 베이스 전류와 컬렉터 전류의 합이 에미터 전류이므로($I_E = I_B + I_C$) 출력전류 I_{out}은 4~20mA에서 트랜지스터의 베이스 전류만큼 작아지게 된다. 이런 문제를 해결하려면 트랜지스터 Q_1에 일반형의 npn 트랜지스터를 사용하지 말고 BCV47처럼 h_{FE}가 엄청나게 큰 달링턴(Darlington) 접속형의 npn 트랜지스터를 사용하는 것이 좋다. 그러나, 그림의 (b)처럼 MOSFET를 사용하면 게이트 전류가 흐르지 않고 드레인 전류가 소스 전류와 같게 되므로 이런 문제가 발생하지 않는다.

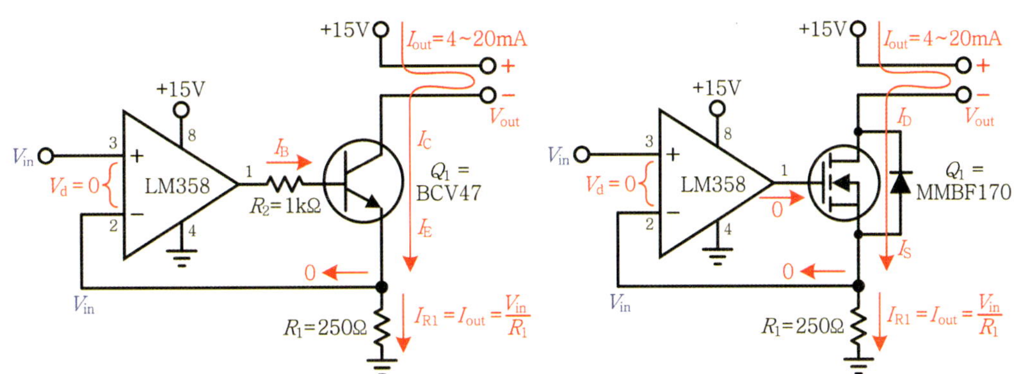

(a) 바이폴라 트랜지스터를 사용한 경우 (b) MOSFET를 사용한 경우

<그림 6.3.4> 플로팅 부하 방식으로 구현한 4~20mA 전류 루프 통신의 송신회로

이 회로는 왜 0~5V가 아니라 1~5V의 입력전압으로 4~20mA의 전류를 발생시키도록 설계하였을까? 그것은 굳이 0~5V의 입력전압에 대하여 4~20mA의 전류를 발생시키도록 회로를 설계할 수는 있지만 그렇게 동작하는 회로는 상당히 복잡하며, 보통 이 입력전압은 마이크로프로세서가 D/A 컨버터를 사용하여 출력하므로 사용자가 원하는 범위에서 전압을 1~5V로 출력하도록 쉽게 소프트웨어 처리할 수 있기 때문이다. 하드웨어가 복잡해지는 것을 피하고 대신에 이를 소프트웨어로 쉽게 처리할 수 있다는 것이다.

4~20mA 전류 루프 통신은 계장제어 분야에서 많이 사용하기 때문에 전원 전압으로 PLC(Programmable Logic Controller)와 같은 24V를 사용하는 경우가 많다. 그러나, <그림 6.3.4>에서는 연산증폭기와 공통으로 사용할 수 있는 전원전압 15V를 사용하여 회로를 구현하였다. 이 회로에서 사용한 250Ω의 저항은 표준 저항에는 없는 소자이므로 특별히 이 저항값을 갖는 특별한 저항 소자를 구하기 어려운 경우에는 100Ω과 150Ω처럼 2개의 정밀 저항을 직렬로 연결하거나 또는 1kΩ의 정밀 저항을 4개 병렬로 연결하여 사용하면 좋다.

<그림 6.3.4>의 4~20mA 전류 루프 통신 송신회로는 실제 제품에서 사용해도 되는 회로지만 여기에는 1가지 주의해야 할 사항이 있다. 그림에서 보듯이 이 4~20mA 전류는 수신측에서 다시 250Ω의 저항을 사용하여 전압으로 바꾸고 이를 A/D 컨버터로 읽어들이는 절차를 밟게 되는데, 송신측에서 이 전류를 발생할 때 플로팅 상태로 만들어서 전송하게 되므로 만약 송신측과 수신측이 접지를 공통으로 사용해야 하는 시스템이라면 이런 4~20mA 전류 루프 통신 송신회로는 사용할 수 없게 된다. 왜냐하면 <그림 6.3.5>에 보인 것처럼 수신측에서 250Ω의 저항 아래쪽을 접지 단자에 연결하면 그것이 송신측 출력단의 정전류 발생 회로를 동작할 수 없도록 만들어 버리기 때문이다. 만약, 송신측과 수신측이 RS-232C나 RS-485와 같은 또 다른 직렬통신으로 연결되는 경우라면 이런 상황이 된다. 이런 경우에는 다음 절에서 설명하는 것처럼 플로팅 부하 방식의 4~20mA 전류 루프 통신 송신회로를 포토 커플러로 절연하여 구현하든지 또는 접지 부하 방식으로 바꾸어 사용해야 한다.

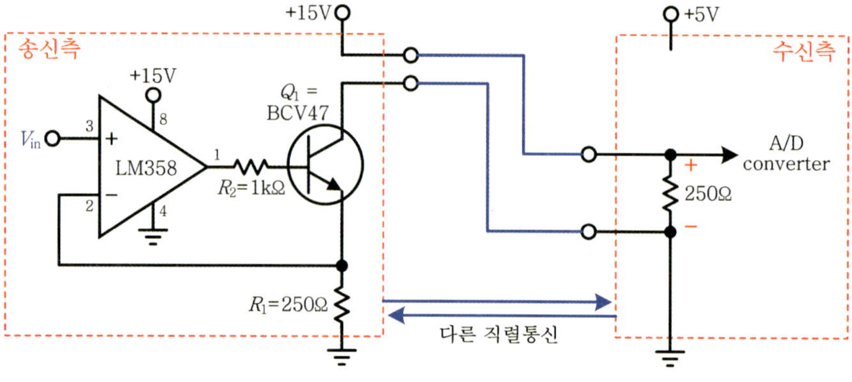

<그림 6.3.5> 플로팅 부하 방식으로 구현한 4~20mA 전류 루프 통신을 사용할 때의 문제점

(3) 4~20mA 전류 루프의 송신회로 구현2 - 접지 부하 방식

이번에는 4~20mA 전류 루프 통신의 송신회로를 접지 부하 방식으로 구현하는 방법을 설명한다. 이 방식에서는 송신측과 수신측에서 접지를 공통으로 사용하도록 연결할 수 있기 때문에 4~20mA 전류 루프 통신을 사용하는데 아무런 제한이 없으나 송신회로가 좀 더 복잡해지는 단점이 있다.

접지 부하 방식으로 입력전압에 비례하는 정전류를 발생하는 회로는 이미 앞의 제3.3절의 4에서 설명한 바가 있다. 입력전압에 비례하여 4~20mA의 전류를 발생하려면 <그림 3.3.18>과 같은 회로를 사용할 수 있다. 그러나, 먼 거리로 출력되는 부하전류를 이처럼 입력전압 소스나 연산증폭기가 구동하는 것은 바람직하지 않으므로 실제로는 <그림 3.3.19>의 (b)에서처럼 출력단에 트랜지스터를 사용한 전류증폭 회로를 추가하는 것이 바람직하다. 그러나, <그림 3.3.19>의 (b)에 보인 회로에서는 출력전류가 전원전압 $+V_S$와 입력전압에 의하여 결정되기 때문에 정밀한 출력전류 값을 얻고 유지하려면 전원전압 역시 정밀하게 안정적으로 유지되어야 한다는 단점이 있다. 따라서, 전원전압에 직접적으로 영향을 받지 않는 새로운 접지 부하 방식의 4~20mA 전류 루프 통신의 송신회로가 필요하다.

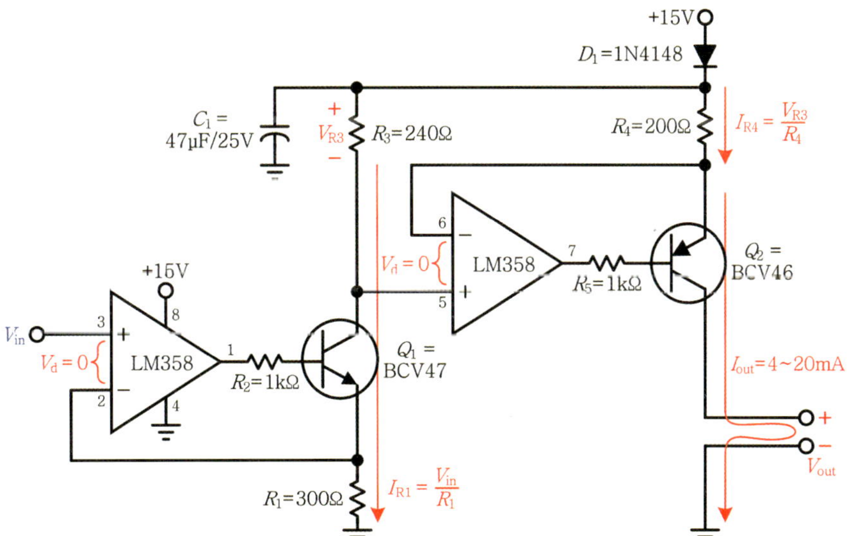

<그림 6.3.6> 접지 부하 방식으로 구현한 4~20mA 전류 루프 통신의 송신회로

디지털 입력전압 1~5V에 비례하여 4~20mA의 전류를 발생하는 4~20mA 전류 루프 통신의 송신회로를 접지 부하 방식으로 구현하면 <그림 6.3.6>과 같다. 이 그림에서는 바이폴라 트랜지스터의 h_{FE}가 매우 커지도록 npn형의 달링턴 트랜지스터 BCV47과 pnp형의 달링턴 트랜지스터 BCV46을 사용했으나, n채널형의 MOSFET와 p채널형의 MOSFET를 사용

하여 이러한 회로를 설계하는 것도 가능하다.

이 회로의 첫번째 연산증폭기에서 두 입력단자 사이의 전압차는 항상 0이므로 저항 R_1의 상단에도 항상 입력전압 V_{in}이 그대로 걸리며, 따라서 이 저항에 흐르는 전류는 다음과 같이 계산된다.

$$I_{R1} = \frac{V_{in}}{R_1} = \frac{1 \sim 5}{300}$$

그러면 첫번째 연산증폭기의 출력전류가 바이폴라형 달링턴 트랜지스터 Q_1의 베이스 전류로 됨으로써 이를 h_{FE}배 하여 증폭된 컬렉터 전류가 흐르고, 이 전류는 컬렉터쪽의 저항 R_3에 전압강하 V_{R3}을 일으킨다. 그런데, 두번째 연산증폭기에서 두 입력단자 사이의 전압차는 항상 0이므로 저항 R_4에도 똑같은 크기의 전압 V_{R3}이 걸리며, 따라서 저항 R_4에 흐르는 전류 즉 출력전류는 다음과 같이 계산된다.

$$I_{out} = I_{R4} = \frac{V_{R3}}{R_4} = \left(\frac{V_{in}}{R_1} \times R_3\right)\frac{1}{R_4} = \left(\frac{1 \sim 5}{300} \times 240\right)\frac{1}{200} = \frac{1 \sim 5}{250} = 0.004 \sim 0.02[\mathrm{A}] = 4 \sim 20[\mathrm{mA}]$$

이 회로의 마지막 출력단에는 달링턴 접속형의 pnp 트랜지스터 BCV46을 사용하였다. BCV47과 BCV46은 모두 전류증폭률 h_{FE}가 무려 2000~10000에 이르며 전류용량은 500mA인 달링턴 접속형 트랜지스터이다.

또한, 이 회로에서 다이오드 D_1은 연산증폭기가 rail-to-rail input/output형이 아닐 경우 이것의 입력전압이 전원전압보다 더 낮은 영역에 형성되어 연산증폭기가 안정적인 동작을 수행하도록 하기 위한 용도로 사용되었으며, 커패시터 C_1은 이렇게 낮춰진 전원전압을 안정시켜 주는 기능을 수행한다.

2. 포토커플러를 사용한 절연처리

앞에서 설명한 것처럼 4~20mA 전류 루프 통신의 송신회로는 크게 플로팅 부하 방식과 접지 부하 방식으로 나눌 수 있다. 플로팅 부하 방식은 매우 간단한 회로로 구성할 수 있으나 송신측과 수신측이 동일한 접지를 공유할 수 없다는 한계를 가지고 있으며, 접지 부하 방식은 송신측과 수신측이 공통의 접지를 사용하여 자유롭게 연결할 수 있지만 회로가 조금 더 복잡해지는 단점이 있다.

이러한 장단점을 고려하여 보면 일반적으로는 4~20mA 전류 루프 통신의 송신회로는 접지 부하 방식을 사용하는 것이 권장된다. 그러나, 어떤 이유로 플로팅 부하 방식을 사용하면서 송신측과 수신측이 공통의 접지를 사용해야 하는 경우라면 부득이 4~20mA 전류 루프 통신의 송신회로를 절연하여 구성해야 하는데, 이런 경우에는 포토 커플러가 주요 소자로 사용된다.

(1) 포토 커플러

중간에 빛을 이용하는 방법으로 서로 전기적인 절연을 유지하면서 신호를 입력측에서 출력측으로 전달하는 전자부품을 포토 커플러(photo coupler)라고 하며, 다른 용어로 opto coupler 또는 opto isolator라고도 부른다. 이것은 입력측(송신측)에서 발광 다이오드(LED ; Light-Emitting Diode)로 구성되는 발광부와 출력측(수신측)에서 포토 다이오드나 포토 트랜지스터를 기본으로 사용하는 수광부 회로로 구성된다. 출력측의 수광부 회로는 포토 다이오드나 포토 트랜지스터를 사용하여 여러가지 형태의 전자회로로 구성하는 것이 가능하기 때문에 포토 커플러에는 <그림 6.3.7>에 보인 것처럼 다양한 형식이 있다.

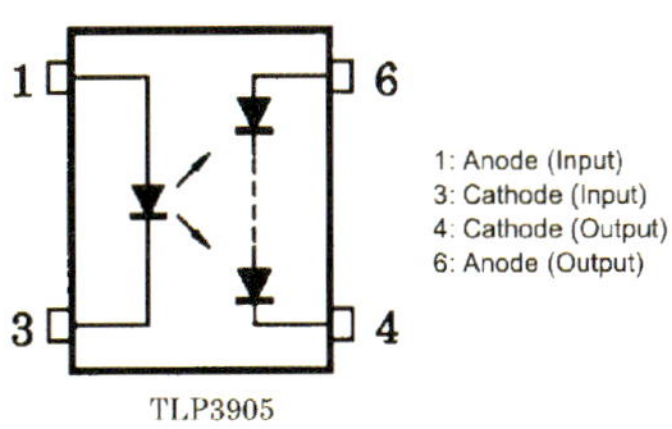

(a) 포토 다이오드형

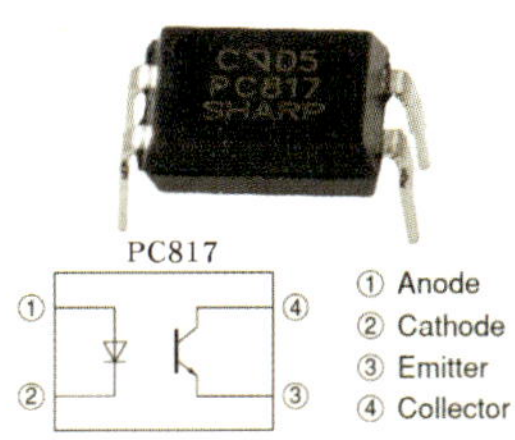

(b) 포토 트랜지스터형

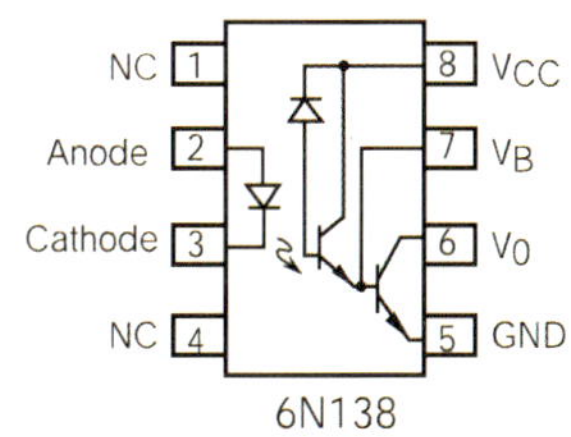

(c) 포토 달링턴 트랜지스터형

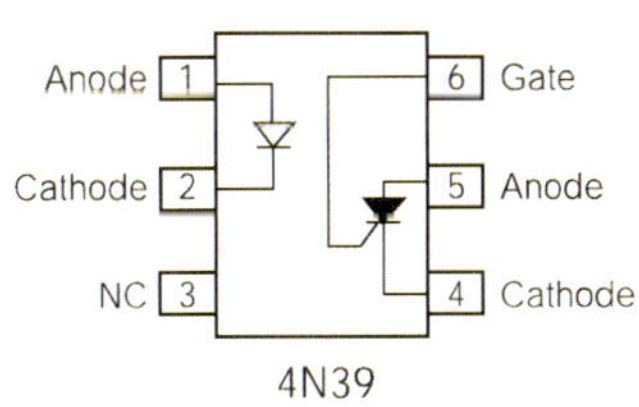

(d) 포토 싸이리스터형

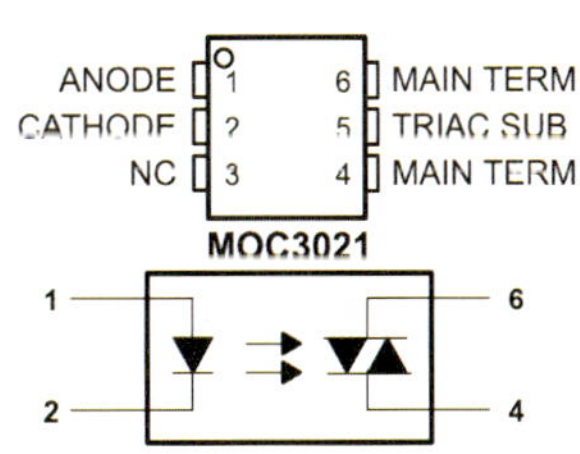

(e) 포토 트라이악형

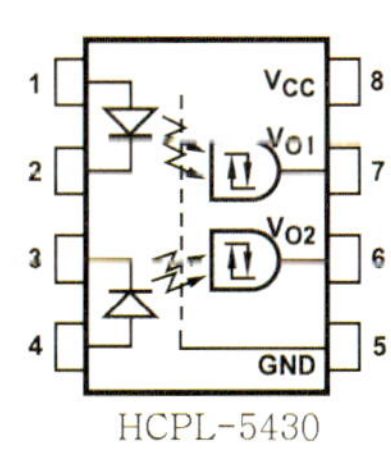

(f) 로직 IC형

<그림 6.3.7> 수광부의 구조에 따라 여러가지 형태로 분류할 수 있는 포토 커플러의 종류

그러나, 이런 여러가지 형태의 포토 커플러 중에서 역시 기본적인 것은 <그림 6.3.7>의 (b)와 같이 출력측의 수광부가 포토 트랜지스터로 이루어진 종류이다. 이것은 SMPS에서 출력전압을 피드백하는 경우처럼 변압기 2차측의 아날로그 전압 신호를 1차측으로 절연하여 전송하는데도 사용되고, 간단히 0(low)과 1(high)로 구성되는 디지털 신호를 전송하는데도 사용된다. 그러나, 아날로그 신호를 전송하기 위한 경우라고 하더라도 입력측의 신호를 출력

측으로 선형적으로 전송하는 것은 상당히 어려운 일이기 때문에 잘 사용하지 않는다. 이런 경우에는 입력측에서 아날로그 신호를 A/D 변환하여 디지털 값으로 변환한 후에 직렬통신 데이터를 포토 커플러로 절연하여 출력측으로 전송하는 것이 바람직하다.

전형적인 트랜지스터 출력형의 포토 커플러를 사용하여 디지털 신호를 절연하고 전송하는 회로를 <그림 6.3.8>의 (a)에 보였다. 그러나, 때로는 절연하기 위한 목적보다는 디지털 신호의 전압 레벨을 변환하기 위한 목적으로 <그림 6.3.8>의 (b)처럼 포토 커플러를 사용하기도 한다. 이 회로에서 사용한 PC817 포토 커플러는 발광부 다이오드의 순방향 전압강하가 V_F = 1.2V이고 전류는 20mA 이하로 사용하는 것이 권장되며, 수광부 트랜지스터의 컬렉터 전류는 30mA 이하로 사용하는 것이 바람직하다. PC817의 포토 커플러를 2개 내장하고 있는 모델이 PC827이며, 4개를 내장하고 있는 모델이 PC847이다.

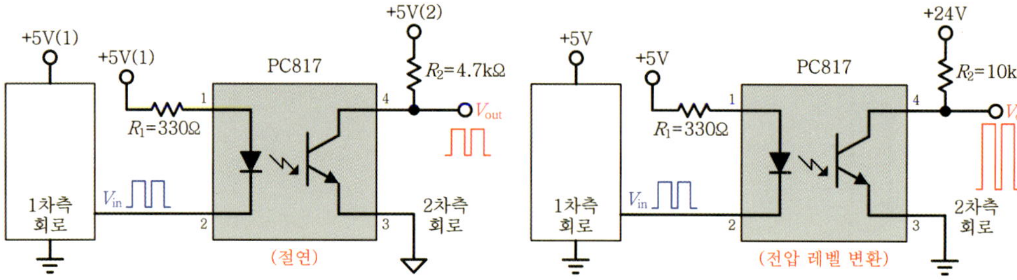

(a) 디지털 신호의 절연 및 전송 (b) 디지털 신호의 전압 레벨 변환

<그림 6.3.8> 포토 커플러를 사용하는 전형적인 응용 예

(2) 디지털 아이솔레이터

그런데, 1차측 발광부와 2차측 수광부 회로 사이에서 여러개의 디지털 신호를 절연하여 송신 및 수신하는 경우에는 이와 같은 PC817, PC827, PC847 등의 개별 포토 커플러 소자를 사용할 수도 있으나, 이때는 여러개의 IC 소자가 필요하며, 또한 1차측의 외부에는 적절한 크기의 전류 제한 저항을 사용하고 2차측의 외부에는 적절한 크기의 풀업 저항을 연결해 주어야 하는 등 사용에 불편이 있다. 이럴 때 좀 더 편리하게 디지털 직렬통신의 송수신 신호를 절연하여 전송할 수 있는 디지털 아이솔레이터(digital isolator)라는 소자가 있는데, 이러한 소자들의 예를 <표 6.3.1>에 Texas Instruments사의 제품으로 정리하여 보였으며, 여기서 ISO67xx 시리즈는 범용이고 ISO77xx 시리즈는 동작이 좀 더 빠른 고속형이다. 이들 소자는 1차측과 2차측의 회로가 각각 2개의 서로 다른 전원 V_{CC1}과 V_{CC2}에 의하여 서로 독립적으로 동작하며, 입력신호와 출력신호는 저항과 같은 추가적인 소자를 사용하지 않고 그냥 직접 연결하여 사용하면 되기 때문에 매우 편리하다.

<표 6.3.1> Texas Instruments사의 주요 디지털 아이솔레이터 소자

분류	모델명	송신/수신 채널 수	전송 속도 [Mbps]	디폴트 출력 H 모델	디폴트 출력 L 모델	1차측 전원 전압 VCC1[V]	2차측 전원 전압 VCC1[V]	최대 V_{IL} / 최소 V_{IH}	패키지
범용 2채널	ISO6720	2/0	50	ISO6720B	ISO6720FB	1.71~5.5	1.71~5.5	$0.3\times V_{CC}/0.7\times V_{CC}$	SOIC-8
	ISO6721	1/1	50	ISO6721B	ISO6721FB	1.71~5.5	1.71~5.5	$0.3\times V_{CC}/0.7\times V_{CC}$	SOIC-8
범용 3채널	ISO6731	2/1	50	ISO6731	ISO6731F	1.71~5.5	1.71~5.5	$0.3\times V_{CC}/0.7\times V_{CC}$	SOIC-16
범용 4채널	ISO6740	4/0	50	ISO6740	ISO6740F	1.71~5.5	1.71~5.5	$0.3\times V_{CC}/0.7\times V_{CC}$	SOIC-16
	ISO6741	3/1	50	ISO6741	ISO6741F	1.71~5.5	1.71~5.5	$0.3\times V_{CC}/0.7\times V_{CC}$	SOIC-16
	ISO6742	2/2	50	ISO6742	ISO6742F	1.71~5.5	1.71~5.5	$0.3\times V_{CC}/0.7\times V_{CC}$	SOIC-16
범용 6채널	ISO6760	6/0	50	ISO6760	ISO6760F	1.71~5.5	1.71~5.5	$0.3\times V_{CC}/0.7\times V_{CC}$	SOIC-16
	ISO6761	5/1	50	ISO6761	ISO6761F	1.71~5.5	1.71~5.5	$0.3\times V_{CC}/0.7\times V_{CC}$	SOIC-16
	ISO6762	4/2	50	ISO6762	ISO6762F	1.71~5.5	1.71~5.5	$0.3\times V_{CC}/0.7\times V_{CC}$	SOIC-16
	ISO6763	3/3	50	ISO6763	ISO6763F	1.71~5.5	1.71~5.5	$0.3\times V_{CC}/0.7\times V_{CC}$	SOIC-16
고속형 1채널	ISO7710	1/0	100	ISO7710	ISO7710F	2.25~5.5	2.25~5.5	$0.3\times V_{CC}/0.7\times V_{CC}$	SOIC-8
고속형 2채널	ISO7720	2/0	100	ISO7720	ISO7720F	2.25~5.5	2.25~5.5	$0.3\times V_{CC}/0.7\times V_{CC}$	SOIC-8
	ISO7721	1/1	100	ISO7721	ISO7721F	2.25~5.5	2.25~5.5	$0.3\times V_{CC}/0.7\times V_{CC}$	SOIC-8
고속형 3채널	ISO7730	3/0	100	ISO7730	ISO7730F	2.25~5.5	2.25~5.5	$0.3\times V_{CC}/0.7\times V_{CC}$	SOIC-16
	ISO7731	2/1	100	ISO7731	ISO7731F	2.25~5.5	2.25~5.5	$0.3\times V_{CC}/0.7\times V_{CC}$	SOIC-16
고속형 4채널	ISO7740	4/0	100	ISO7740	ISO7740F	2.25~5.5	2.25~5.5	$0.3\times V_{CC}/0.7\times V_{CC}$	SOIC-16
	ISO7741	3/1	100	ISO7741	ISO7741F	2.25~5.5	2.25~5.5	$0.3\times V_{CC}/0.7\times V_{CC}$	SOIC-16
	ISO7742	2/2	100	ISO7742	ISO7742F	2.25~5.5	2.25~5.5	$0.3\times V_{CC}/0.7\times V_{CC}$	SOIC-16
고속형 6채널	ISO7760	6/0	100	ISO7760	ISO7760F	2.25~5.5	2.25~5.5	$0.3\times V_{CC}/0.7\times V_{CC}$	SOIC-16
	ISO7761	5/1	100	ISO7761	ISO7761F	2.25~5.5	2.25~5.5	$0.3\times V_{CC}/0.7\times V_{CC}$	SOIC-16
	ISO7762	4/2	100	ISO7762	ISO7762F	2.25~5.5	2.25~5.5	$0.3\times V_{CC}/0.7\times V_{CC}$	SOIC-16
	ISO7763	3/3	100	ISO7763	ISO7763F	2.25~5.5	2.25~5.5	$0.3\times V_{CC}/0.7\times V_{CC}$	SOIC-16

이들 디지털 아이솔레이터 소자 중에서 고속형 3채널 모델인 ISO7730과 ISO7731의 핀 배열을 보면 <그림 6.3.9>와 같다. 여기서 출력 인에이블(output enable) 단자 EN1 및 EN2 단자를 접지에 연결하면 출력신호는 차단 상태(high impedance state)가 되고, 이를 전원에 연결하거나 개방시켜 두면 정상적인 출력신호가 나온다.

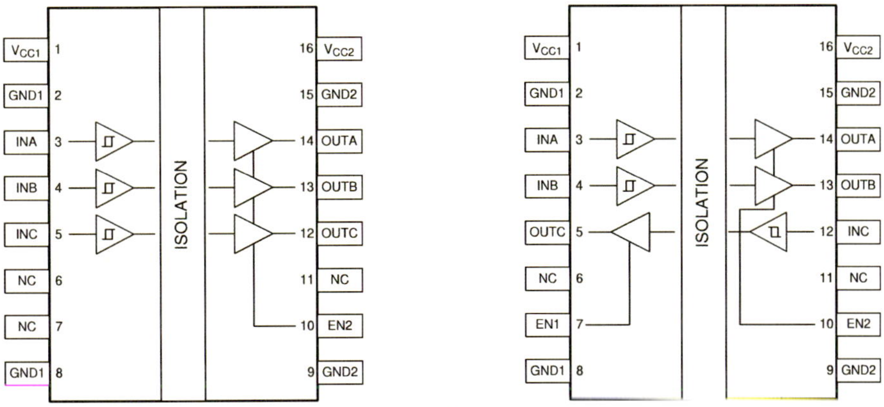

(a) ISO7730(송신채널 3개, 수신 채널 0개) (b) ISO7731(송신 채널 2개, 수신 채널 1개)

<그림 6.3.9> 2가지 디지털 아이솔레이터 소자의 핀 배열

디지털 아이솔레이터 ISO7730을 사용하여 송신측에서 절연하는 방법으로 구현한 플로팅 부하 방식의 4~20mA 전류 루프 통신 회로는 <그림 6.3.10>과 같다. 여기서, 마이크로프로세서가 출력하는 SPI 통신 신호는 ISO7730을 사용하여 절연한 후에 12비트 D/A 컨버터 MCP4921을 사용하여 전압 V_{in}을 만들고 이를 4~20mA의 전류로 변환하여 출력한다. 절연된 송신회로의 전원은 별도의 +15V를 사용하며, 정밀한 정전압 레귤레이터 LP2950-50을 사용하여 이를 +5V로 만들어 사용하기도 한다. 이처럼 송신회로에서 절연하여 별도의 전원을 사용하였으므로 수신측에서는 안심하고 250Ω의 저항을 사용하여 4~20mA의 전류를 1~5V의 전압으로 변환하여 사용할 수 있다. 그러므로 송신측과 수신측은 아무 문제가 없이 접지를 공통으로 사용할 수 있게 된다.

플로팅 부하 방식의 4~20mA 전류 루프 통신 회로에서 이처럼 반드시 송신측에서 절연 처리해야 하는 것은 아니어서 수신측에서 절연을 수행하는 것도 가능하다. 수신측에서 12비트 A/D 컨버터 MCP3201을 거쳐서 디지털 아이솔레이터 ISO7731로 절연하는 방법으로 구현한 플로팅 부하 방식의 4~20mA 전류 루프 통신 회로는 <그림 6.3.11>에 보였다.

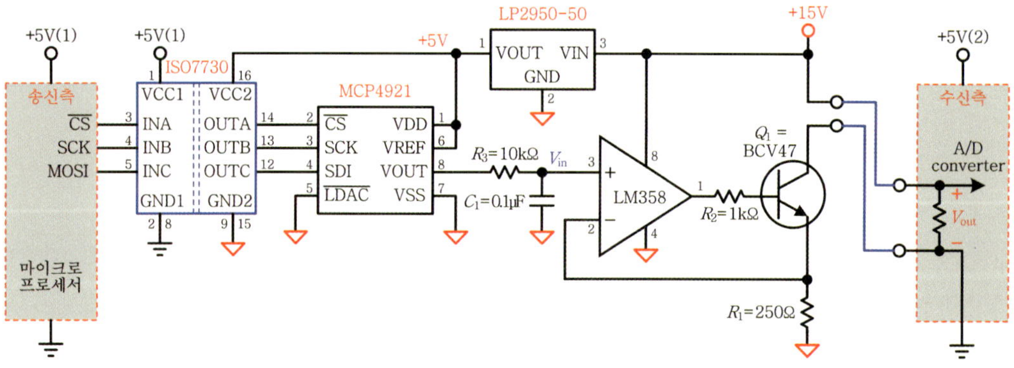

<그림 6.3.10> 플로팅 부하 방식에서 절연하여 구현한 4~20mA 전류 루프 통신 회로
(ISO7730을 사용하여 송신측에서 절연 처리함)

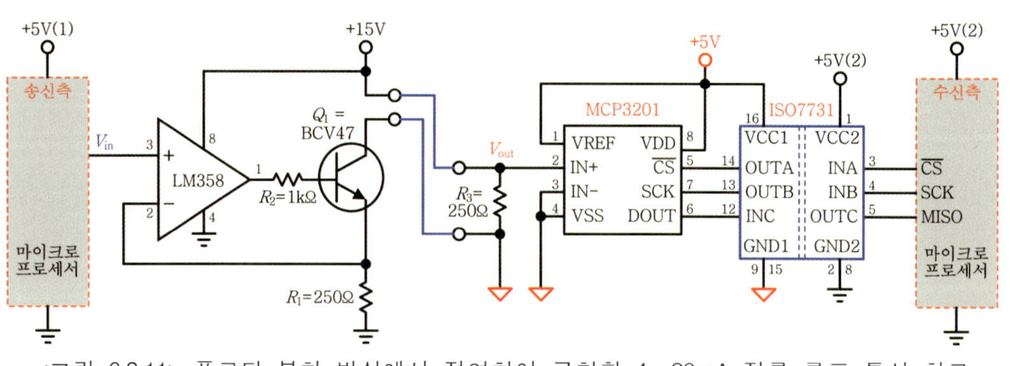

<그림 6.3.11> 플로팅 부하 방식에서 절연하여 구현한 4~20mA 전류 루프 통신 회로
(ISO7731을 사용하여 수신측에서 절연 처리함)

6.4 아날로그 회로에서의 노이즈 방지 기술

이 절에서는 아날로그 회로가 포함된 컨트롤 시스템에서 발생하기 쉬운 노이즈의 실체를 이해하고 이것이 시스템의 동작에 미치는 악영향을 억제하여 컨트롤 시스템이 안정적으로 동작할 수 있도록 설계하는 노이즈 방지 기술에 대하여 공부한다.

1. 노이즈란 무엇인가?

전기 전자 기술이 적용된 제품에서 시스템의 동작을 방해하는 모든 전기 신호를 노이즈(noise)라고 정의하며, 다른 말로 전기 전자 시스템에서 목적으로 하는 것 이외의 모든 신호를 노이즈라고 정의하기도 한다. 회로에서 아무 필요가 없어서 원하지 않거나 또는 그것이 포함되어 있으면 오히려 방해가 되는 모든 나쁜 신호를 노이즈라고 할 수 있으며, 이는 농사를 짓는 논밭에서 잡초와 같은 존재라고 알기 쉽게 비유할 수 있다.

노이즈를 우리말로는 잡음(雜音)이라고 번역하는데, 잡음이라고 하면 주로 사람의 귀에 들리는 가청 소음을 가리키는 것같은 뉘앙스가 있으므로 여기서는 회로에서 동작에 방해가 되는 나쁜 신호라는 의미로 그냥 노이즈라고 부르기로 한다.

노이즈는 디지털 회로보다 아날로그 회로에서 훨씬 더 민감하고 심각하다. 만약 오디오 증폭기에서 신호에 노이즈가 포함되면 결국 스피커로 이를 재생하였을 때 사람의 귀에 원하지 않는 잡음이 들리게 될 것이며, 영상 신호에 노이즈가 포함되면 이를 화면에 출력할 때 화면의 이미지에 원하지 않는 점이나 선이 나타나서 화질이 선명하게 보이는데 방해가 될 것이다. 또한, 센서나 이를 위한 아날로그 증폭회로의 출력신호에 노이즈가 포함된다면 이를 마이크로프로세서가 A/D 변환했을 때 센서의 측정값에 그만큼 오차를 포함하게 된다.

그러나, 디지털 회로에서는 노이즈의 크기가 노이즈 마진(noise margin)을 넘지 않으면 이러한 노이즈가 신호에 포함되더라도 디지털 값이 0에서 1로 또는 1에서 0으로 바뀌지 않으므로 시스템의 동작에 거의 영향을 주지 않는데, 이것이 바로 디지털 회로의 가장 큰 장점이다. 따라서, 마이크로프로세서를 이용한 제품을 설계할 때는 디지털 회로 부분보다 시스템 클록의 발진 회로나 A/D 변환 및 D/A 변환에 관련된 아날로그 회로 부분에서 노이즈에 대하여 안정적으로 동작하도록 설계하는데 더 중점을 두어야 한다.

한편, 전동기를 제어하기 위한 장치와 같은 전력제어 회로에서는 신호보다는 전원전압에 포함되는 펄스(pulse)성 노이즈 즉 서지(surge)가 더욱 문제가 된다. 서지는 전압이나 전류의 파형이 짧은 시간에 급격하게 변동하였다가 다시 원상태로 되돌아오는 모양의 노이즈를 말하며, 전압 스파이크(voltage spike) 또는 전류 스파이크(current spike)라고도 한다. 이러한 전원전압의 서지는 아날로그 신호에 포함되는 노이즈보다 훨씬 더 시스템에 치명적일 수 있다. 아날로그 신호의 노이즈는 필터로 제거할 수 있지만, 전원전압에 포함되는 서지는 필터 회로 자체를 무력하게 만들고 시스템 전체의 동작을 흔들어 놓을 만큼 강력하고 악성이기 때문이다. 이처럼 전원전압에 포함되는 서지도 넓은 의미에서 노이즈라고 볼 수 있으며, 이 책에서는 신호의 노이즈보다 전원전압의 서지성 노이즈를 중점적으로 고려하여 설명할 것이다. <그림 6.4.1>에 정현파 신호에 일반적인 노이즈가 포함된 경우와 서지가 포함된 경우의 파형을 보였다.

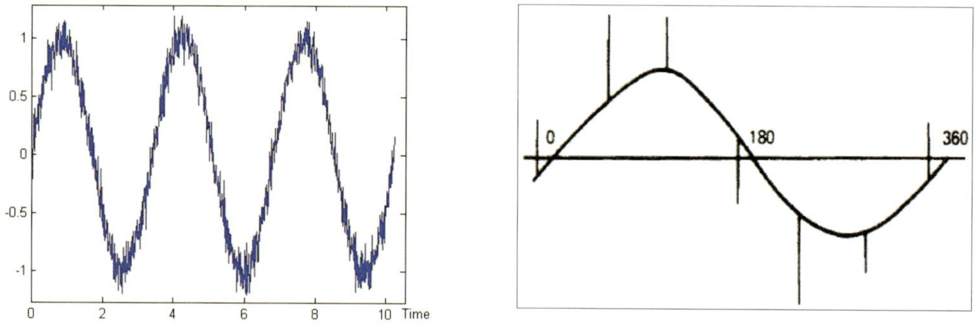

(a) 노이즈가 포함된 경우 (b) 서지가 포함된 경우

<그림 6.4.1> 노이즈가 많이 포함된 정현파 신호 파형

전원전압 또는 아날로그 신호에 노이즈가 포함되어 있을 경우에 이로부터 노이즈를 걸러내어 제거하는 회로 또는 장치를 필터(filter)라고 한다. 대부분의 경우 노이즈는 신호에 비하여 훨씬 높은 주파수를 가지므로 이러한 노이즈를 제거하기 위한 필터는 거의 저역통과 필터(LPF ; Low-Pass Filter)이다. 그러나, 아날로그 신호에 포함되는 노이즈는 필터로 제거할 수 있지만, 전원전압에 포함되는 노이즈는 시스템 전체에 미치는 영향력이 훨씬 더 크고 또한 전원선이 넓은 면적에 퍼져 있어서 어느 한 곳에서 이를 필터로 모두 걸러내기도 쉽지 않으므로 이러한 노이즈가 발생하는 것을 원천적으로 억제하여 전원전압에 이것들이 포함되지 않도록 하는 것이 더 좋은 방법이다.

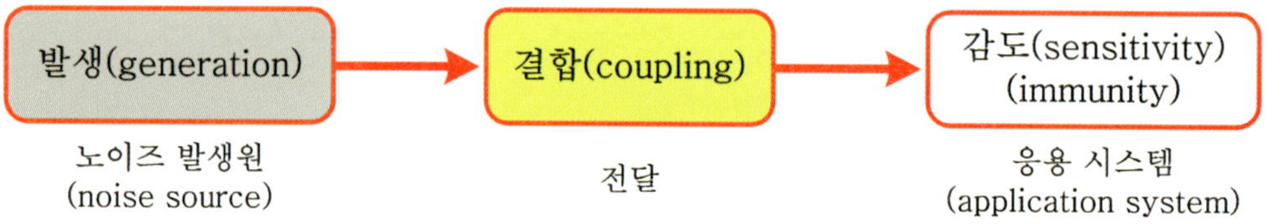

<그림 6.4.2> 노이즈의 3요소

노이즈가 발생하여 응용 시스템에서 이로 인한 영향을 받기까지 노이즈를 구성하는 3요소를 도시하면 <그림 6.4.2>와 같다. 노이즈 문제를 해결하려면 원천적으로 노이즈 발생원에서 노이즈를 발생하지 않게 하거나 최소한으로 적게 발생하도록 억제하는 것이 가장 좋은 방법이다. 그 다음에는 이것이 발생원에서 응용 시스템까지 전달되지 못하도록 중간에서 차단하는 방법을 사용할 수 있으며, 마지막으로는 응용 시스템에서 노이즈에 대한 감도를 낮추어 피해를 최소한으로 줄이는 방법이 있다.

2. 노이즈의 종류

전기 전자 회로에서 발생하는 노이즈를 종류별로 분류하여 보면 <그림 6.4.3>과 같다. 전력제어 시스템에서 주로 문제가 되는 노이즈는 발생 소스에 따라 분류할 때 내부에서 발생하는 노이즈, 그중에서도 스위칭 동작에 의한 노이즈가 압도적으로 많다. 또한, 이런 장치에서 주로 문제가 되는 노이즈는 그것의 성격에 따라 분류할 때 차동 모드 노이즈가 많으며, 전달 방식에 따라 분류할 때는 전도성 노이즈가 많다.

- ⊙ 발생 소스에 따라
  - 외부에서 유입되는 노이즈
  - 내부에서 발생하는 노이즈
    - 스위칭 동작에 의한 노이즈
    - 공통 임피던스에 의한 노이즈
- ⊙ 노이즈 성격에 따라
  - 차동 모드 노이즈
  - 공통 모드 노이즈
- ⊙ 전달 방식에 따라
  - 전도성 노이즈
  - 방사성 노이즈
    - 유도 결합에 의한 노이즈
    - 정전 결합에 의한 노이즈
  - 전자파 노이즈

<그림 6.4.3> 노이즈의 종류

(1) 발생 소스에 따른 노이즈의 종류

노이즈를 발생 소스에 따라 분류하면 시스템의 외부에서 유입되는 노이즈와 내부에서 발생하는 노이즈로 나눌 수 있다. 외부에서 유입되는 노이즈는 주로 전원선이나 통신선, 인터페이스 회로 등을 통하여 유입되는데 이는 대부분 필터를 사용하여 차단하며, 경우에 따라서는 변압기나 포토 커플러(photo coupler) 등의 부품을 사용하여 절연 처리하는 방법을 사용하기도 한다. 외부에서 유입되는 노이즈는 원천적으로 발생을 억제할 수 없으므로 전달 경로에서 이를 차단하거나 응용 시스템에서 감도를 낮추어 피해를 줄이는 수밖에 없다.

노이즈는 외부에서 유입되어 현재의 시스템에 나쁜 영향을 주는 것도 피해야 하지만, 반대로 현재의 시스템이 많은 노이즈를 발생시켜서 이것이 외부의 다른 기기에게 나쁜 영향을 주는 일도 없도록 해야 한다. 특히 전력용 반도체를 사용하여 PWM 스위칭을 수행하는 전력변환 장치들은 매우 많은 노이즈를 발생시키기 때문에 시스템 자체가 이런 노이즈에 의하여 동작에 영향을 받지 않도록 설계해야 하며, 또한 이러한 노이즈가 시스템의 외부로 퍼져 나가지 않도록 대비해야 한다. 내부에서 발생하는 노이즈는 발생원에서 노이즈 발생을 억제하는 것이 가장 좋은 방법이다.

(2) 성격에 따른 노이즈의 종류

노이즈를 그것의 성격에 따라 분류하면 <그림 6.4.4>에 보인 것처럼 차동 모드 노이즈(differential-mode noise)와 공통 모드 노이즈(common-mode noise)로 나눌 수 나눌 수 있다. 여기서 노이즈는 V_n으로 표시하였다.

차동 모드 노이즈는 전원 양단에 포함되는 노이즈이고, 공통 모드 노이즈는 대지 접지(FG ; Frame Ground)에 대하여 2개의 전원선에 공통적으로 포함되는 노이즈이다. 일반적으로는 전력제어 시스템에서는 차동 모드 노이즈가 압도적으로 많으며, 이것이 응용 시스템에 미치는 영향이 훨씬 더 크다.

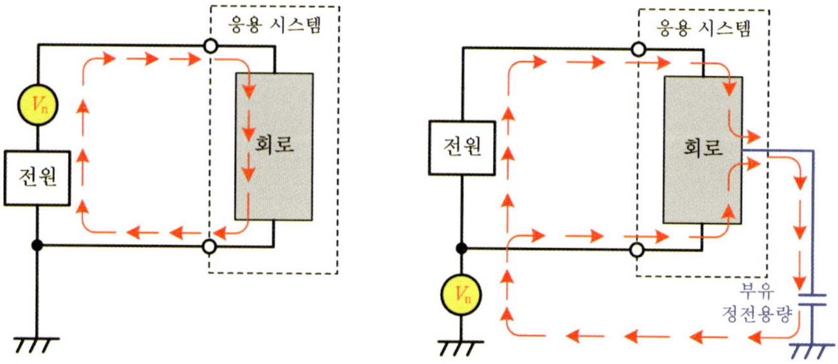

(a) 차동 모드 노이즈 (b) 공통 모드 노이즈

<그림 6.4.4> 차동 모드 노이즈와 공통 모드 노이즈

(3) 전달 방식에 따른 노이즈의 종류

노이즈를 전달 방식에 따라 분류하면 전도성 노이즈(conducted noise), 방사성 노이즈(radiated noise), 전자파 노이즈(electromagnetic wave noise)로 나눌 수 있다.

전도성 노이즈는 두 개의 시스템 사이에 연결된 접지선, 통신선 또는 입출력 신호선을 통하여 직접 전달되는 노이즈인데, 전력제어 시스템에서는 이러한 전도성 노이즈가 가장 많고 영향력이 크다.

방사성 노이즈는 두 개의 시스템이 전선을 통하여 서로 직접 연결되어 있지는 않지만 전자기(電磁氣)적인 결합 상태를 가지고 있어서 전달되는 노이즈인데, 여기에는 유도 결합에 의한 노이즈와 정전 결합에 의한 노이즈가 있다. 유도 결합 노이즈는 코일이나 변압기와 같이 인덕턴스 성분이 있는 소자가 발생하는 자계에 의하여 두 시스템이 결합되고 자계 에너지의 형태로 전달되는 노이즈이며, 정전 결합 노이즈는 두 개의 시스템 사이에 부유 정전용량이 존재하고 이를 통하여 정전(靜電) 에너지의 형태로 전달되는 노이즈이다. 속성상 유도 결합 노이즈는 차동 모드 노이즈의 성격으로 나타나는 경우가 많으며, 정전 결합 노이즈는 공통 모드 노이즈로 나타나는 경우가 많다. 이러한 방사성 노이즈는 2개 시스템 사이의 거리를 멀게 하면 노이즈의 전달이 어려워지므로 매우 효과적이며, 불가피하게 거리를 멀리 떼어놓기 어려운 경우에는 그 사이를 차폐하는 기술이 사용되기도 한다. <그림 6.4.5>에 전도성 노이즈, 유도 결합에 의한 노이즈, 정전 결합에 의한 노이즈를 그림으로 설명하였다.

전자파 노이즈는 무선통신 시스템과 같은 응용에서 매우 중요하지만, 전력제어 시스템에서는 이것이 다른 노이즈에 비하여 상대적으로 강도가 매우 약하여 크게 문제되지 않는 경우가 대부분이므로 여기서는 고려하지 않는다.

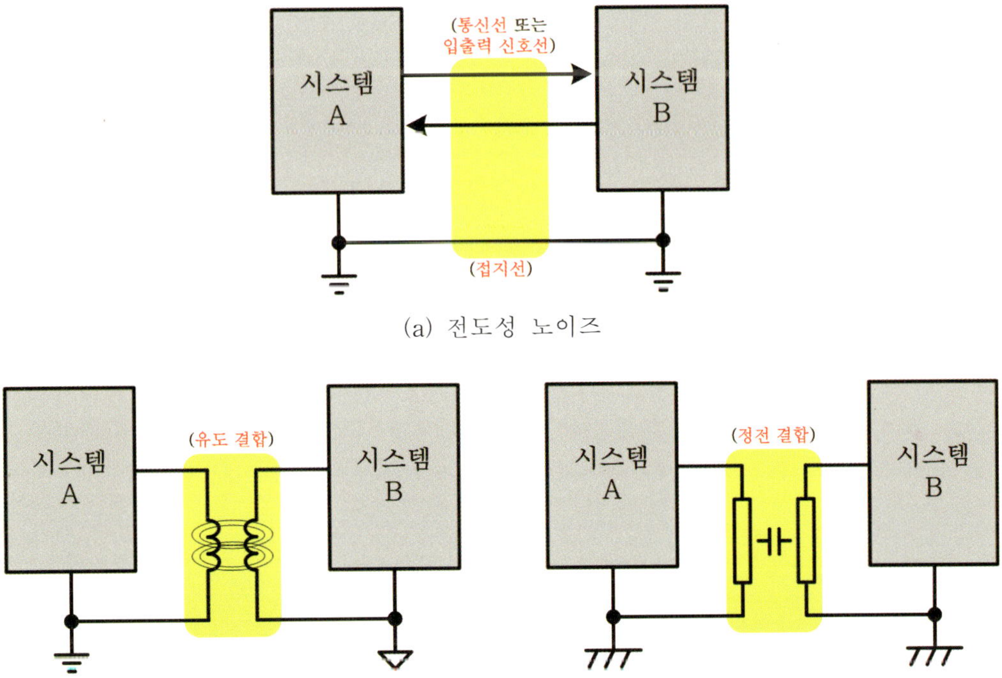

(a) 전도성 노이즈

(b) 유도 결합 노이즈

(c) 정전 결합 노이즈

<그림 6.4.5> 전달 방식에 따른 노이즈의 종류

3. 시스템 설계에서의 노이즈 방지 대책

전동기 제어장치와 같은 전력제어 시스템에서는 전력용 반도체 스위칭 소자를 사용하여 높은 주파수의 PWM 방식으로 전원을 ON/OFF하는 스위칭 동작을 수행하므로 여기서 많은 서지성 노이즈가 발생한다. 또한, 릴레이(relay)나 마그네트 스위치(magnet switch)와 같은 강한 유도성 부하를 ON/OFF하는 경우에도 큰 서지성 노이즈가 발생한다. 이러한 노이즈가 발생하도록 그냥 두면 이로 인하여 시스템 자체가 정상적으로 동작하기 어렵고, 이것이 전원선이나 기타의 여러가지 경로를 거쳐서 시스템의 외부로 전달되기 때문에 다른 기기에까지 심각한 악영향을 미칠 수도 있다. 상업용으로 판매되는 제품이 이런 문제를 가지고 있으면 치명적인 상황이 벌어질 수 있으므로 모든 국가에서는 이런 문제를 방지하고자 공인된 기관에서 인증이나 규격을 받은 제품만을 판매할 수 있도록 법으로 규제하고 있다.

여기서는 이러한 전력제어 회로에서 노이즈가 발생하는 것을 원리적으로 이해하고 시스템의 하드웨어 설계 단계에서부터 이에 대한 대책을 마련하는 기술에 대하여 설명한다.

(1) 노이즈 방지 대책의 기본 방향

어떤 소스에서 노이즈가 발생하고 응용 시스템에서 이로 인한 영향을 받기까지 노이즈를 구성하는 3요소를 앞의 <그림 6.4.2>에서 보인 바가 있다. 이런 노이즈의 3요소를 염두에 두면서 노이즈 문제를 해결하는 기본 방향을 요약하면 다음과 같다.

① 노이즈는 발생원에서 원천적으로 이것이 발생하지 않도록 억제하는 것이 대원칙이다. 일단 노이즈가 발생하면 여러가지 경로를 통하여 외부로 넓게 퍼져나가므로 이를 완벽하게 차단하는 것은 매우 어렵고 많은 추가 비용이 들어가기 때문이다.

② 만약, 외부에서 유입되는 노이즈처럼 그것의 발생원을 알기 어렵거나 또는 어떤 이유로 노이즈를 발생원에서 억제하기 어려운 경우에는 노이즈가 전달되는 주요 전달 경로를 찾아서 철저하게 막아야 한다. 그러나, 피해를 볼 수 있는 각각의 개별 응용 시스템에서 이를 막으려 하면 그것이 기술적으로 어렵기도 하거니와 그렇게 하더라도 해당 부분의 피해를 막았을 뿐이기 때문에 시스템 전체에는 여전히 많은 노이즈가 존재하게 된다.

③ 노이즈 방지 대책은 전체 시스템의 설계 단계에서부터 철저하게 준비되고 적용되어야 한다. 시스템이 제작된 후에 노이즈의 증상을 보고 해결하려면 이것이 불가능하거나 그 효과가 매우 적은 경우가 대부분이다.

④ 노이즈 방지 대책은 어느 1가지만을 적용하는 것이 아니라 여러가지 방법을 2중, 3중으로 중복하여 적용함으로써 시스템의 신뢰성을 최대한 높이도록 설계해야 한다. 즉, 노이즈

발생원에서 원천적으로 노이즈 발생을 억제하는 기술을 적용했더라도 이에 그치지 말고 예상되는 주요 전달 경로에서 이를 차단할 수 있는 수단을 추가로 적용하고, 다시 마지막으로 노이즈에 대하여 취약할 수 있는 센서나 아날로그 회로에는 노이즈 필터 회로나 노이즈 억제 소자를 사용하여 노이즈 유입에 의한 피해를 막도록 해야 한다.

⑤ 노이즈 문제는 철저하게 이론적으로 분석하고 대책을 세워야 한다. 많은 사람들이 노이즈 문제는 거의 이론도 없고 오랜 현장 경험을 통하여 실무적으로 해결해야 한다고 말하는데, 이는 천만의 말씀이며 오히려 그 반대다. 노이즈 문제야말로 철저하게 이론적으로 접근해야 하며, 그 이론도 대단히 어려운 것이 아니라 대학교 3학년 정도에서 배우는 회로이론과 전자기학 교과서 수준의 기본 원리를 바탕으로 충분히 분석하고 해결할 수 있다.

⑥ 노이즈 문제는 시스템을 나무처럼 미시적으로 바라보는 것이 아니라 숲처럼 거시적으로 바라보아야 해결되는 경우가 많다. 지엽적인 구조가 아니라 시스템 전체의 회로 구성, 특히 전원의 연결 방법, 회로의 물리적인 토폴로지, 접지 및 배선 처리 방법 등... 도면으로는 볼 수 없는 실제의 현장 상황을 정확히 파악하고 분석해야 하는 경우가 많다.

⑦ 전동기 제어장치처럼 전력제어 시스템을 개발하는 일은 처음부터 끝까지 노이즈와의 싸움이다. 이에 필요한 철저한 이론과 많은 경험으로 무장해야만 이 싸움에서 이길 수 있다. 노이즈 때문에 동작이 오락가락하며 신뢰성이 2% 부족한 제품은 시장에서 2등짜리 제품이 아니라 곧 산업용 쓰레기일 뿐이다.

(2) 노이즈는 발생원에서 원천적으로 발생하지 않게 억제하라

앞의 <그림 6.4.3>에서 보였듯이 전력제어 회로의 시스템 내부에서 노이즈를 발생하는 원인은 스위칭 동작에 의한 경우와 공통 임피던스이 존재에 의한 경우의 2가지가 있다. 이것들이 어떤 원리로 노이즈를 발생하는지를 알면 원천적으로 노이즈의 발생을 억제하도록 설계하는데 크게 도움이 된다.

▣ 스위칭 동작에 의한 노이즈의 경우

먼저 스위칭 동작에 의하여 노이즈를 발생하는 것은 근본적으로 전원의 스위칭에 의하여 회로의 전류나 전압에 갑작스러운 변화가 생기기 때문이다. <그림 6.4.6>의 (a)처럼 스위치의 뒤쪽에 유도성 부하(inductive load)가 연결되어 있는 경우에는 이 스위치를 OFF할 때 전원의 전류가 급격하게 감소하므로 부하의 인덕턴스에서 큰 유도전압이 발생하여 이것이 전원전압에 큰 노이즈를 싣게 된다. 따라서, 스위치 OFF 동작에서 인덕터에서의 큰 서지 전압이 발생하지 않도록 하면 이런 노이즈를 원천적으로 억제할 수 있다.

그러나, <그림 6.4.6>의 (b)처럼 스위치의 뒤쪽에 용량성 부하(capacitive load)가 연결되어 있는 경우에는 이 스위치를 ON할 때 큰 돌입전류(inrush current)가 흐르면서 부하에 공급되는 전압이 급격하게 감소하므로 이것이 전원전압에 큰 노이즈를 싣게 된다. 따라서, 스위치 ON 동작에서 커패시터를 충전하는 큰 돌입전류가 흐르지 않도록 하면 이런 노이즈를 원천적으로 억제할 수 있다.

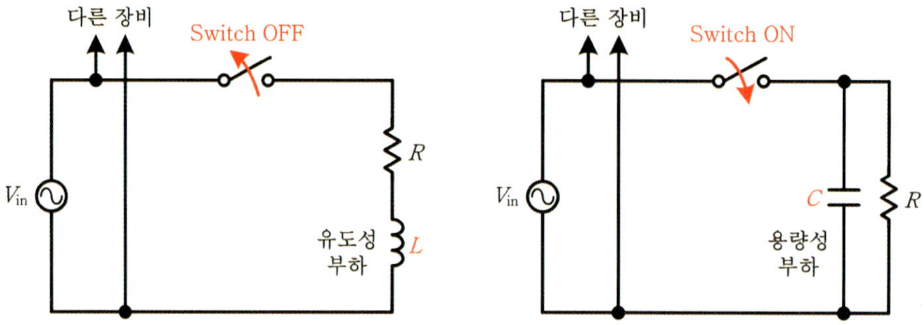

(a) 스위치 OFF 동작의 경우 (b) 스위치 ON 동작의 경우

<그림 6.4.6> 스위칭 동작에 의한 노이즈

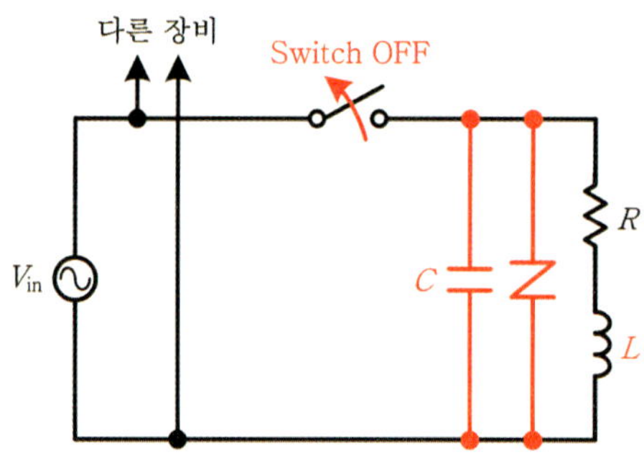

<그림 6.4.7> 스위치 OFF 동작에서 유도성 부하에 의한 노이즈를 억제하는 대책

<그림 6.4.6>의 (a)에서처럼 유도성 부하에서 발생하는 스위칭 노이즈를 해결하려면 스위치를 OFF할 때 인덕터에서 높은 서지 전압을 발생하면서 여기에 저장되어 있는 에너지가 스위치 접점에서 순간적으로 방전되는 스파크(spark) 현상을 일으키지 않도록 프리휠링(freewheeling) 회로를 구성해주면 된다. 직류전원을 사용하는 회로인 경우에는 프리휠링 다이오드를 사용할 수 있지만, 여기서처럼 교류전원을 사용하는 회로인 경우에는 그것이 불가능하므로 <그림 6.4.7>처럼 커패시터를 사용하여 플리휠링 회로를 구성하면 된다.(어떤 사람은 이를 스너버 회로라고 부르기도 하는데 적절한 표현은 아닌 듯하다.) 만약, 스위칭하는 부하 전류값이 크거나 인덕턴스가 큰 경우에는 발생되는 서지 전압도 그만큼 커지므로 이런

경우에는 프리휠링용의 커패시터에 병렬로 서지 업서버(surge absorber) 또는 바리스터(varistor)를 함께 사용하면 더욱 효과적이다. 여기서는 부하측의 R, L 양단을 모두 포함하도록 커패시터와 서지 업서버를 붙였지만, 이것들을 부하 L의 양단에 붙이는 방법도 있다.

놀랍게도 <그림 6.4.6>의 (a)와 같이 발생하는 스위칭 노이즈를 해결하기 위한 대책이 전혀 엉뚱하게 잘못된 경우를 너무나도 흔히 보게 되는데, 그러한 예를 <그림 6.4.8>에 보였다. 인덕터에 의한 서지는 스위치의 뒤쪽에서 발생하는데 이 그림의 (a)처럼 프리휠링용의 커패시터를 스위치의 앞쪽에 붙이는 것은 노이즈 억제에 거의 도움이 되지 않는다. 또한, 그림의 (b)처럼 스위치의 양단에 커패시터를 붙이는 경우는 스파크에 의하여 스위치의 접점이 소손되는 것을 방지하는 효과는 있지만, 이 시스템에 발생하는 노이즈를 억제하는 효과는 거의 미미하다.

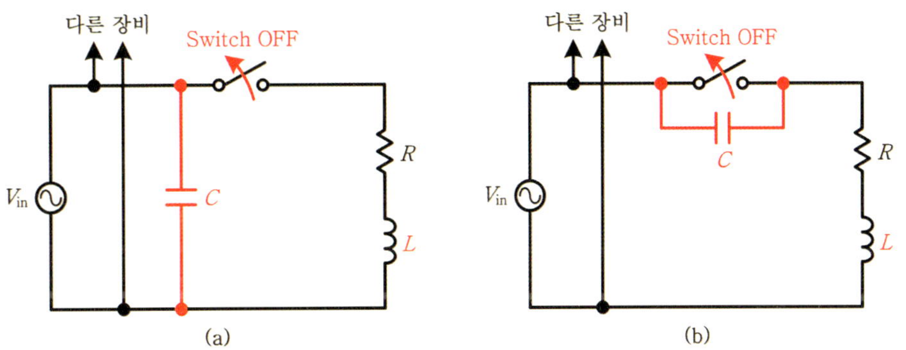

<그림 6.4.8> 스위치 OFF시 유도성 부하 노이즈를 억제하기 위한 잘못된 대책

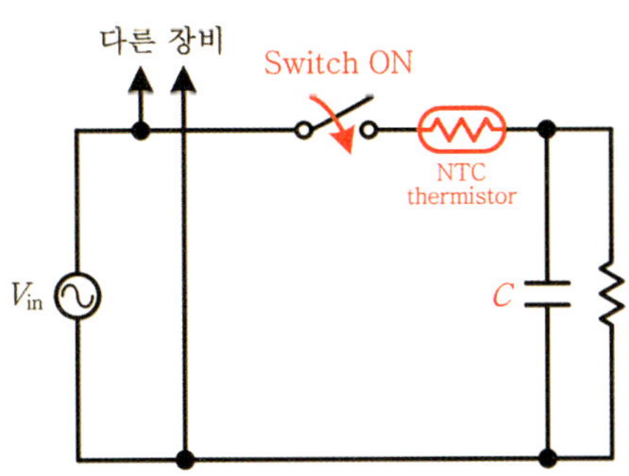

<그림 6.4.9> 스위치 ON 동작에서 용량성 부하에 의한 노이즈를 억제하는 대책

한편, <그림 6.4.6>의 (b)에서처럼 용량성 부하에서 발생하는 스위칭 노이즈를 해결하려면 스위치를 ON할 때 부하의 커패시터를 충전하기 위한 큰 돌입전류가 흐르지 않도록 <그림 6.4.9>처럼 부하에 직렬로 NTC 서미스터를 연결해 주면 된다. 이 서미스터는 스위치를

ON하는 순간에는 지정된 저항값을 가지고 있으므로 돌입전류를 제한하는 기능을 수행하지만, 그 이후에 점차로 시간이 지나면서 자체적인 발열에 의하여 이것의 온도가 올라가면 저항값이 거의 0으로 떨어지게 된다. 때로는 여기에 서미스터 대신에 작은 인덕턴스 값을 갖는 코일 또는 페라이트 비드(ferrite bead)를 직렬로 연결하는 방법도 있다.

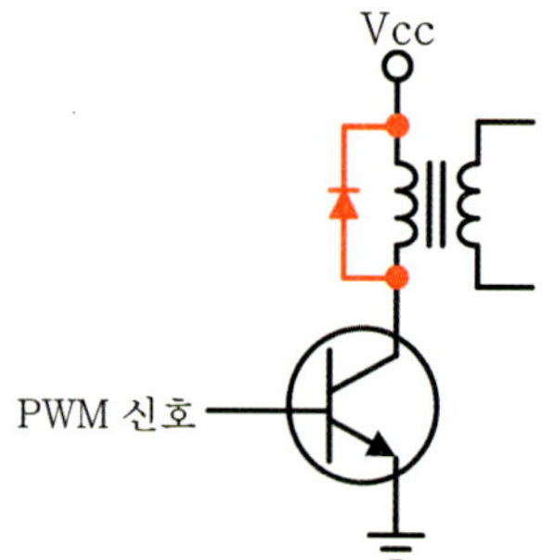

<그림 6.4.10> 직류 회로에서 스위칭 노이즈를 억제하는 프리휠링 다이오드

<그림 6.4.10>과 같은 PWM 스위칭 회로에서 유도성 부하인 변압기의 1차측 권선에 프리휠링 다이오드를 사용하는 것도 노이즈를 발생원에서 원천적으로 억제하는 방법이다. 여기서 프리휠링 다이오드를 사용할 수 있는 것은 이것이 직류 회로이기 때문이며, 이러한 프리휠링 다이오드에는 스위칭 속도가 빠른 고속 역회복 다이오드나 쇼트키 다이오드를 사용해야 하고, 경우에 따라서는 다이오드와 병렬로 작은 세라믹 커패시터를 사용하기도 한다.

▣ 공통 임피던스에 의한 노이즈의 경우

동일한 회로도를 사용하더라도 PCB를 설계할 때 여기에 소자들을 어떻게 배치하고 그것들을 어떻게 선으로 연결하는지에 따라, 또한 제품이나 응용 시스템의 설치 현장에서 실제로 배선 작업을 어떻게 수행하는지에 따라 노이즈의 발생은 천차만별로 달라질 수 있다. 작은 전류가 흐르는 회로가 큰 전류가 흐르는 스위칭 회로와 공통의 경로에서 동일한 임피던스를 공통으로 사용하면 이 임피던스에서 발생하는 전압강하 때문에 작은 전류가 흐르는 회로에 심각한 노이즈가 발생할 수 있으므로 이런 상황을 피하여 제품을 설계해야 한다.

예를 들어 <그림 6.4.11>에서처럼 하나의 시스템에서 작은 전류로 동작하는 회로, 중간 전류로 동작하는 회로, 대전류로 동작하는 회로 등이 있는 경우를 가정하여 보자. (a)처럼 직류전원을 소전류 회로 쪽에서 공급한다면 가장 먼 대전류 회로에 공급되는 전류는 소전류 회로와 중전류 회로를 거쳐서 지나가기 때문에 작은 전류 회로쪽에 있는 도선의 공통 임피던스가 대전류의 스위칭 동작에 의하여 반복적으로 큰 전압강하를 일으키게 된다. 그러면 작은 전류나 중간 전류 회로의 접지 전위와 전원전압은 심하게 흔들리게 되고 이것은 곧 회로의 노이즈가 된다. 그러므로 (a)와 같은 연결 방식은 꼭 피해야 하는 최악의 방법이다.

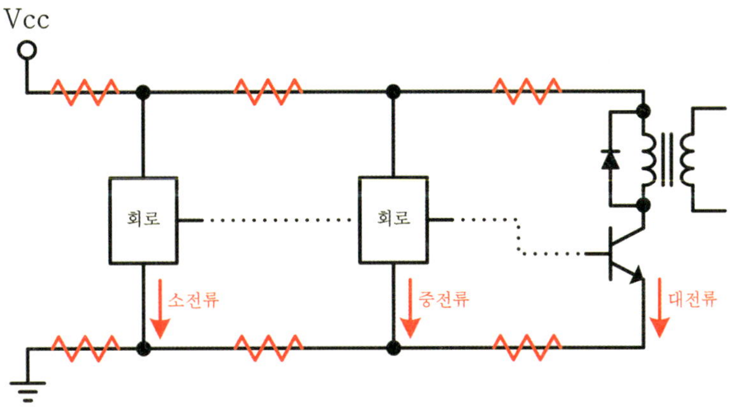

(a) 소전류 회로 쪽에서 전원을 공급하는 방식(×)

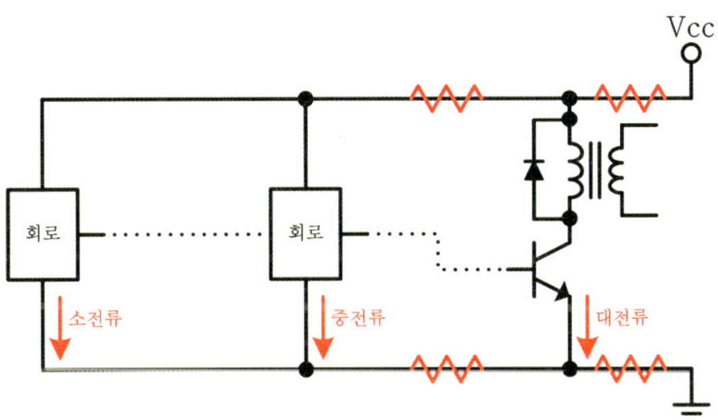

(b) 대전류 회로 쪽에서 전원을 공급하는 방식(△)

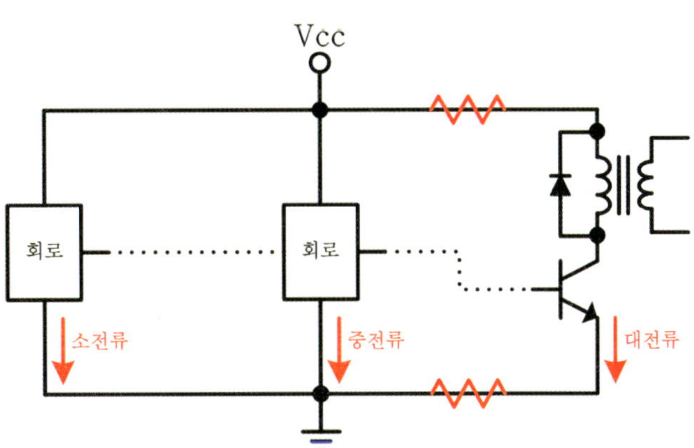

(c) 1점 접지 방식(○)

<그림 6.4.11> 공통 임피던스에 의한 노이즈

이제 반대로 <그림 6.4.11>의 (b)처럼 직류전원을 대전류 회로 쪽에서 공급하면 (a)의 경우보다는 다소 낫겠지만 아직도 각 회로들이 일부의 공통 임피던스를 가지기 때문에 대전류 회로의 스위칭 동작에 의한 반복적인 전압강하로 소전류 회로나 중전류 회로에 노이즈를 유발한다.

그러나, <그림 6.4.11>의 (c)처럼 각 회로가 공통 임피던스를 갖지 않도록 회로를 구성하면 대전류 회로의 동작이 소전류 회로나 중전류 회로에 노이즈를 유발하지 않는다. 이렇게 접지점을 1개로 구성하여 각 회로의 전류가 서로 간섭하거나 노이즈를 유발하지 않고 개별적인 도선을 통하여 흐르도록 하는 방식을 1점 접지라고 하며, 이상의 3가지 중에서 가장 좋은 배선 방법이다.

(3) 노이즈가 전달되지 않도록 주요 경로를 차단하라

노이즈는 발생원에서 근원적으로 발생을 억제하는 것이 대원칙이지만 그래도 어느 정도의 노이즈가 발생하게 되면 두번째 단계의 대책으로는 노이즈의 전달을 차단하는 것이다. 노이즈가 전달되지 않게 차단하는 방법은 노이즈의 종류에 따라 상당히 달라진다.

먼저, 전도성 노이즈의 경우에는 다음과 같은 방법으로 대처한다.

- 접지를 1점 접지 방식으로 설계하여 공통 임피던스가 존재하지 않도록 한다.
- 접지선은 가급적 짧고 굵게 처리한다.
- 노이즈가 전달되는 전원선이나 신호선에 페라이트 비드를 사용한다.
- 전원선 양단에 서지 업서버를 사용한다.
- 신호선 양단에 TVS(Transient Voltage Suppressor) 다이오드를 사용한다.
- 가능하다면 양쪽의 전원 및 접지를 완전히 분리한다.

그 다음에 유도 결합에 의하여 노이즈가 전달되는 경우에는 다음과 같은 방법으로 대처한다.

- 양쪽의 거리를 멀게 하여 결합도를 낮춘다.
- 전원선 또는 신호선 케이블을 twisted pair로 꼬아서 사용한다.
- 외부 자계의 영향을 받지 않도록 실드 케이블(shielded cable)을 사용한다.

마지막으로 정전 결합에 의하여 노이즈가 전달되는 경우에는 다음과 같은 방법으로 대처한다.

- 양쪽의 거리를 멀게 하여 결합도를 낮춘다.
- 정전 차폐를 실시한다.

직류전원이 먼 거리에 있는 부하에 전원을 공급할 때 전원에 포함되는 노이즈나 또는 전원선에서 발생하는 노이즈가 부하 쪽으로 전달되지 않고 부하에 공급되는 전원전압이 안정되도록 하려면 <그림 6.4.12>와 같이 2가지 경우로 나누어 대처해야 한다. 먼저, 전원이 공급되는 도선의 임피던스가 클 경우에는 그림의 (a)처럼 부하에 병렬로 큰 정전용량의 벌크 커패시터(bulk capacitor)를 설치한다. 이런 경우에는 부하전류가 급격하게 변동하면 전원선의 임피던스에 의하여 전압강하도 변동하고 이로 인하여 부하에 공급되는 전압에 노이즈를 발생시킨다. 그런데, 부하와 가까운 거리에 큰 정전용량의 벌크 커패시터를 설치하면 부하의 전류가 급증할 때 커패시터에 충전되어 있던 에너지가 부하 쪽으로 공급됨으로써 먼 거리의 전원으로부터 큰 전류를 끌고 오는 도중에 생기는 부하의 전압 변동을 방지할 수 있다.

그러나, 전원이 공급되는 도선의 임피던스가 작을 경우에는 그림의 (b)처럼 부하에 직렬로 작은 인덕턴스의 인덕터 또는 페라이트 비드를 설치한다. 이런 경우에는 부하전류가 급격하게 변동하면 전원선의 임피던스에 의하여 전압강하도 변동하고 이로 인하여 부하에 공급되는 전압에 노이즈를 발생시킨다. 부하와 직렬로 인덕터를 설치하면 부하의 전류가 변동할 때 높은 주파수의 노이즈가 인덕터에 전압으로 걸리게 됨으로써 먼 거리의 전원으로부터 전류를 끌고 오는 도중에 생기는 부하의 전압 변동을 방지할 수 있다.

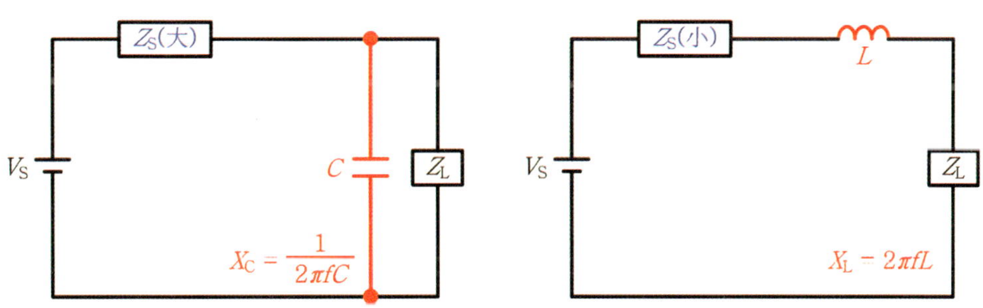

(a) 전원선의 임피던스가 클 경우　　　(b) 전원선의 임피던스가 작을 경우

<그림 6.4.12> 먼 거리에서 직류전원이 공급되는 경우의 노이즈 대책

(4) 노이즈 필터의 기능을 바로 알고 사용하라

노이즈는 일반적으로 신호나 전원에 비하여 훨씬 높은 주파수를 가지므로 이를 감쇄시켜 제거하는데 사용하는 필터는 기본적으로 저역통과 필터(LPF)이다. 대표적인 저역통과 필터는 <그림 6.4.13>과 같이 3가지의 형태가 있으며, 이것들의 동작 특성은 서로 좀 다르다.

교류 전원의 입력단에서 노이즈 제거용으로 사용하는 라인 필터는 기본적으로 이러한 저역통과 필터를 조합하여 차동 모드 노이즈 및 공통 모드 노이즈를 제거하는 기능을 갖는다. 단상교류 전원용의 라인 필터에는 <그림 6.4.14>의 (a)처럼 차동 모드 노이즈만 제거하는 형식과 (b)처럼 차동 모드 노이즈와 공통 모드 노이즈를 모두 제거하는 형식이 있으며, 대부분의 경우에는 후자를 사용한다. 이러한 단상 교류용 라인 필터의 실제 제품 사진을 <그림 6.4.15>에 보였다.

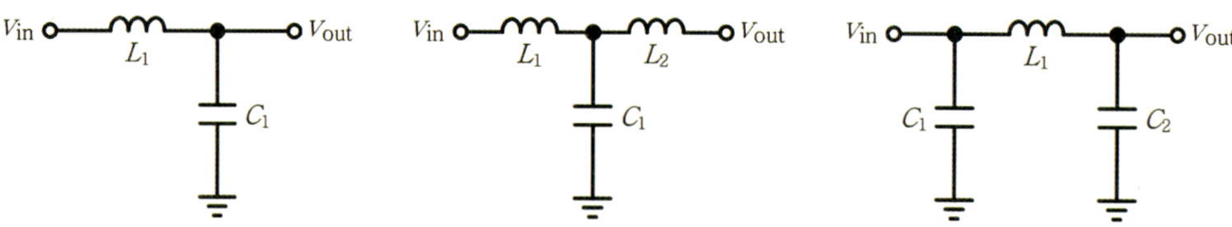

(a) L형 필터 (b) T형 필터 (c) π형 필터

<그림 6.4.13> 저역통과 필터의 기본 형태

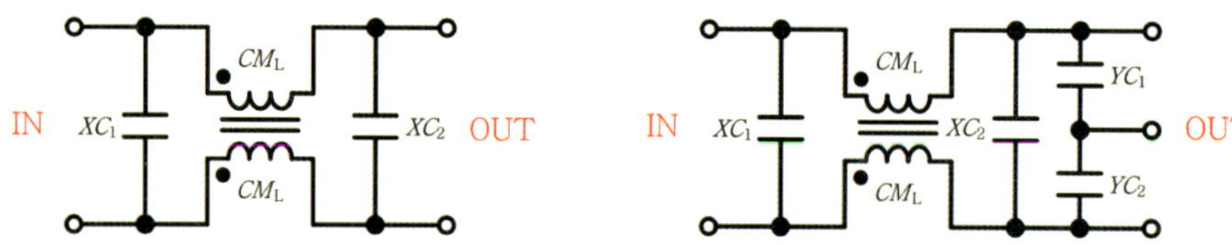

(a) 차동 모드 노이즈 제거용 (b) 차동 및 공통 모드 노이즈 제거용

<그림 6.4.14> 단상 교류 전원용 라인 필터의 2가지 형식

(a) 외장형 (b) PCB 실장형

<그림 6.4.15> 단상 교류 전원용 라인 필터의 제품 사진

차동 모드 노이즈와 공통 모드 노이즈를 모두 제거하는 형식의 라인 필터는 내부에 차동 모드 노이즈 제거용의 X-커패시터(X-capacitor) 2개와 공통 모드 노이즈 제거용의 링크 인덕터(또는 초크 코일) CM_L 및 Y-커패시터(Y-capacitor) 2개를 가지고 있는데, 이것들의 동작 원리를 <그림 6.4.16>으로 설명하였다. 그림의 (a)처럼 교류 입력전원 V_{in}에 차동 모드

노이즈 V_n이 포함되어 있으면 노이즈 필터의 X-커패시터 XC_1에서 이를 제거한다. 이런 라인 필터는 외부에서 입력되는 노이즈를 제거하는 기능뿐만 아니라 내부에서 외부로 노이즈가 나가는 것도 차단하는 기능을 가지는데, 내부에서 외부로 나가려는 차동 모드 노이즈는 X-커패시터 XC_2에서 제거한다.

또한, 그림의 (b)처럼 교류 입력전원 V_{in}에 공통 모드 노이즈 V_n이 포함되어 있으면 노이즈 필터의 링크 인덕터 CM_L과 Y-커패시터 YC_1, YC_2에서 이를 제거하는데, 이를 위해서는 반드시 출력 쪽의 FG 단자를 확실하게 대지 접지해야 한다. 물론, 그림의 (c)처럼 링크 인덕터 CM_L만으로도 공통 모드 노이즈를 제거하는 기능을 수행한다.

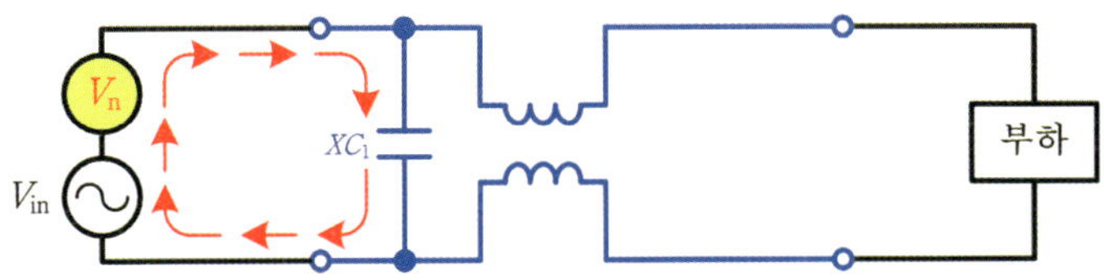

(a) 차동 모드 노이즈의 제거

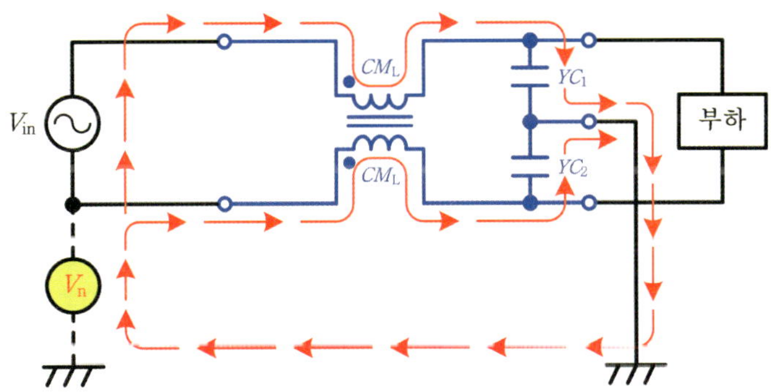

(b) 공통 모드 노이즈의 제거(1)

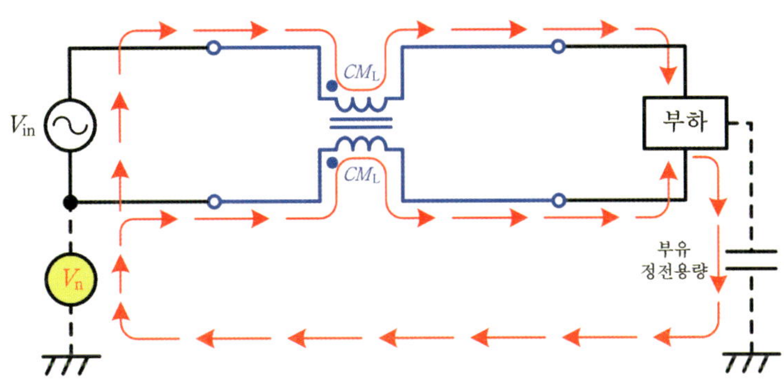

(c) 공통 모드 노이즈의 제거(2)

<그림 6.4.16> 단상 교류 전원용 라인 필터의 노이즈 제거 기능

(5) 아날로그 회로와 디지털 회로의 그라운드를 분리하라?

전동기 제어장치와 같은 전력제어 시스템에서는 전력회로, 디지털 제어 회로, 정밀 아날로그 회로처럼 서로 성격이 매우 다른 회로들이 내부에 공존하게 된다. 이러한 회로를 설계할 때 전원 및 접지를 어떻게 처리하느냐 하는 것은 매우 중요한 사항이다. 이들 회로 중에서 특히 아날로그 회로는 동작이 매우 정밀하면서 노이즈에 취약한 특징이 있어서 가장 조심스럽게 설계해야 하는데, 이와 관련하여 아날로그 회로와 디지털 제어 회로 사이에는 노이즈에 대비하여 그라운드를 분리하라는 말을 자주 듣게 된다. 가끔 이 말의 의미를 잘못 이해하여 아날로그 회로와 디지털 회로의 접지를 실제로 완전히 떼어놓으려는 시도를 하는 경우를 보는데 이는 전기전자 회로의 기본을 모르는 황당한 무지의 소산이다. 서로 신호가 연결되는 회로에서 접지를 물리적으로 분리하면 이들 회로가 올바르게 동작할 턱이 없다.

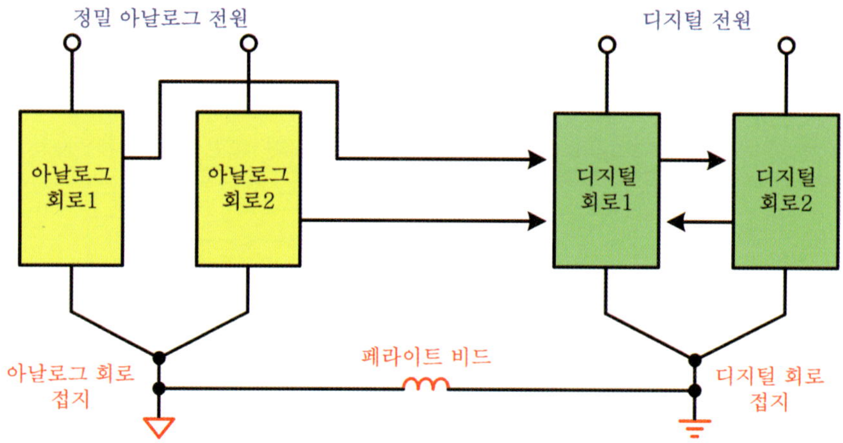

<그림 6.4.17> 아날로그 회로와 디지털 회로의 그라운드 분리

<그림 6.4.17>과 같은 회로에서 이 문제를 살펴보자. 지금 아날로그 회로1과 2는 센서 회로로서 여기서 검출되고 증폭된 아날로그 신호는 디지털 회로1로 전달되어 A/D 변환을 수행하고자 한다. 또한, 디지털 회로1과 2도 서로 디지털 신호를 주고받으며 동작한다. 이때 가급적이면 아날로그 회로끼리는 1점 접지로 처리하고, 디지털 회로끼리도 1점 접지로 처리하는 것이 좋다. 그러면 이렇게 서로 다른 아날로그 회로의 접지와 디지털 회로의 접지는 어떻게 연결해야 할까? 당연히 이는 물리적으로 분리하면 안되고 반드시 전기적으로 연결해야 한다. 문제는 이를 그냥 직접 연결하면 디지털 회로에서 발생하는 노이즈가 접지선을 통하여 아날로그 회로로 전달되어 아날로그 회로가 피해를 당할 수 있다는 것이다. 여기서 만약 접지선의 공통 임피던스가 크다면 이런 노이즈의 피해도 더 커진다.

이런 경우에 권장하는 방법이 바로 페라이트 비드를 사용하여 양쪽의 접지점을 연결하라

4. PCB 설계에서의 노이즈 방지 대책

유도전동기를 운전하는 벡터제어 인버터와 같은 전력제어 시스템의 회로를 설계할 때는 PCB 아트웍(artwork) 기술이 매우 중요하다. 동일한 회로를 가지고도 PCB를 어떻게 설계하느냐에 따라 시스템의 성능과 안정성에서 많은 차이가 나타날 수 있다. 전력제어용 컨트롤 보드는 여러가지의 전문적이고 기술적인 사항을 고려하여 설계해야 하므로 절대로 전력제어 기술 분야의 전문가가 직접 PCB 아트웍 작업을 수행하는 것이 바람직하며, 이 분야의 기술이 부족한 아트웍 전문 직종의 테크니션(technician)이 작업하는 것은 좀 곤란하다.

앞에서도 언급한 바 있지만 전력제어 시스템을 개발하는 일은 노이즈와의 긴 싸움이다. 컨트롤 보드를 설계할 때 설계자가 무엇보다도 가장 신경 써서 고려해야 하는 사항은 노이즈가 가장 적게 발생하고 노이즈에 대하여 안정적으로 동작하는 제어기를 만드는 것이다. 컨트롤 보드가 노이즈에 대하여 취약하고 동작의 신뢰성이 낮으면 그것은 상품이 아니라 산업용 쓰레기가 된다. 모든 회로 관련 지식과 설계 및 조립 기술을 총동원하여 노이즈에 대해 완벽하게 안정적으로 동작하는 시스템을 만들어야 한다.

이제 전력회로, 디지털 제어 회로, 정밀 아날로그 회로가 내부에 공존하여 노이즈 문제가 매우 중요할 수 있는 전력제어용 컨트롤 보드를 PCB 아트웍할 때 주요 고려 사항을 요약하면 다음과 같다.

(1) 가급적이면 다층 기판으로 설계하라

전력제어용 컨트롤 보드는 4층 이상의 다층 기판으로 설계하는 것이 유리하다. 만약, 기판을 4층으로 설계한다면 대부분 2층을 접지층으로 사용하고, 3층을 +5V 또는 +3.3V 전원층으로 사용하기 때문에 내부의 2개 동편 층이 넓은 면을 이루고 있어서 방사성 노이즈나 선사파 노이즈에 내한 차폐 효과도 있고, 전원층과 접지층이 넓고 가깝게 마주보고 있어서 바이패스 커패시터 역할을 하며, 또한 넓은 접지층은 접지선을 매우 굵게 처리한 결과가 되므로 공통 임피던스가 작아지는 등 여러가지 측면에서 유리하다.

그러나, 당연히 다층 기판은 단면 기판이나 양면 기판에 비하여 PCB 제작비가 높아지는 단점이 있다.

(2) 접지선은 가급적이면 굵고 그물망처럼 배선하라

전력제어 회로에서 접지선은 그에 존재하는 공통 임피던스로 인하여 노이즈를 발생하는 주요 원인이 되기 때문에 무조건 굵게 처리하는 것이 바람직하다 다층 기판에서는 넓은 면적의 전원층이 따로 있어서 이 문제가 자동으로 해결되지만, 단면 기판이나 양면 기판에서는 이를 패턴으로 처리하게 되므로 매우 신경 써서 설계해야 하는 부분이다. 이 때문에

PCB의 모든 남는 여백 부분을 카퍼(copper)로 처리하는 방법도 종종 사용하지만, 때로는 CAD 프로그램에 의하여 자동으로 카퍼 처리하는 방법이 오히려 더 좋지 않을 경우도 있으므로 이러한 카퍼 처리는 설계자가 세심하게 살펴서 사용해야 한다.

만약, 카퍼를 사용하지 않으면서 접지선을 굵게 처리하여 공통 임피던스에 의한 노이즈를 줄이려면 양면 PCB의 경우 <그림 6.4.19>처럼 PCB 주변을 굵은 접지선으로 처리하고 그 내부에 최대한 많은 접지선을 사용하여 그물망 구조로 처리하는 것이 좋다. 특히 접지 단자가 여러개인 마이크로컨트롤러 소자의 경우에는 각 접지 단자를 1개의 선으로 묶어서 외부와 연결하지 말고 이 그림에서 보인 것처럼 각 접지 단자를 스타(star) 구조로 외부와 각각 연결하는 것이 바람직하다. 접지선을 이처럼 그물망 구조로 설계하지 않아서 매우 나쁜 설계가 되는 경우의 예를 <그림 6.4.20>에 보였다.

+5V나 +3.3V와 같은 주요 직류전원의 전원선도 앞에서 설명한 접지선과 유사한 방식으로 처리하면 되는데, 가급적이면 이들 전원선보다 접지선을 더 굵게 처리하는 것이 좋다. 양면 PCB의 경우 접지선은 대부분 2층면(또는 납땜면)에 배선하고, 직류전원은 1층면(또는 부품면)에 동일한 방법으로 배선하면 된다.

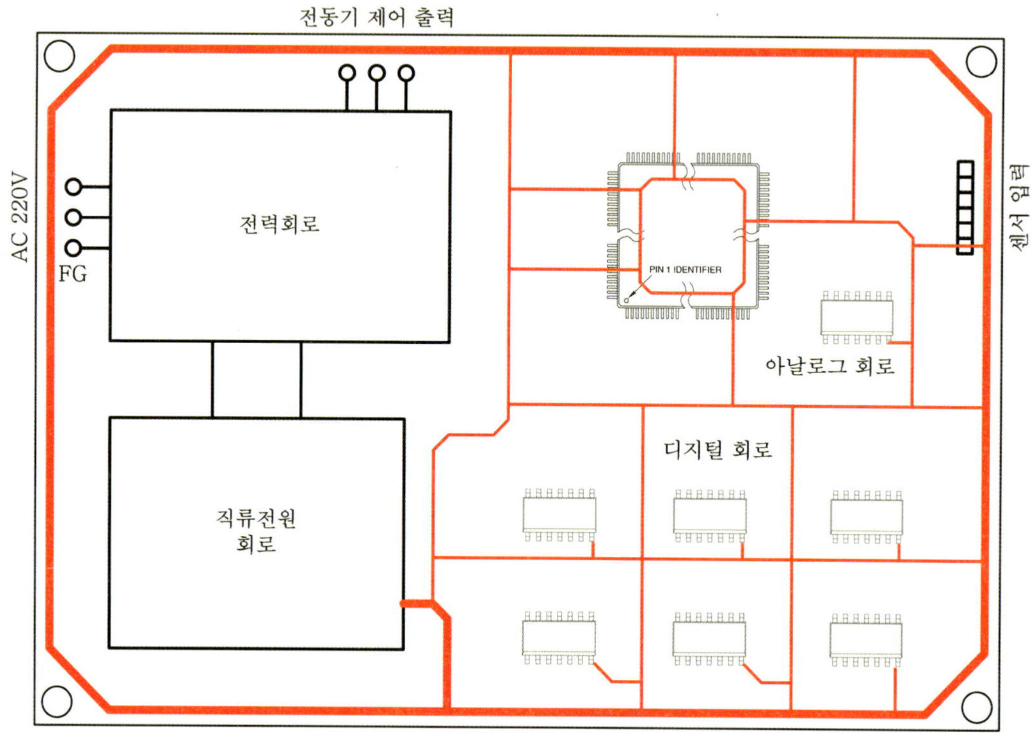

<그림 6.4.19> 양면 PCB의 아트웍에서 접지선의 처리

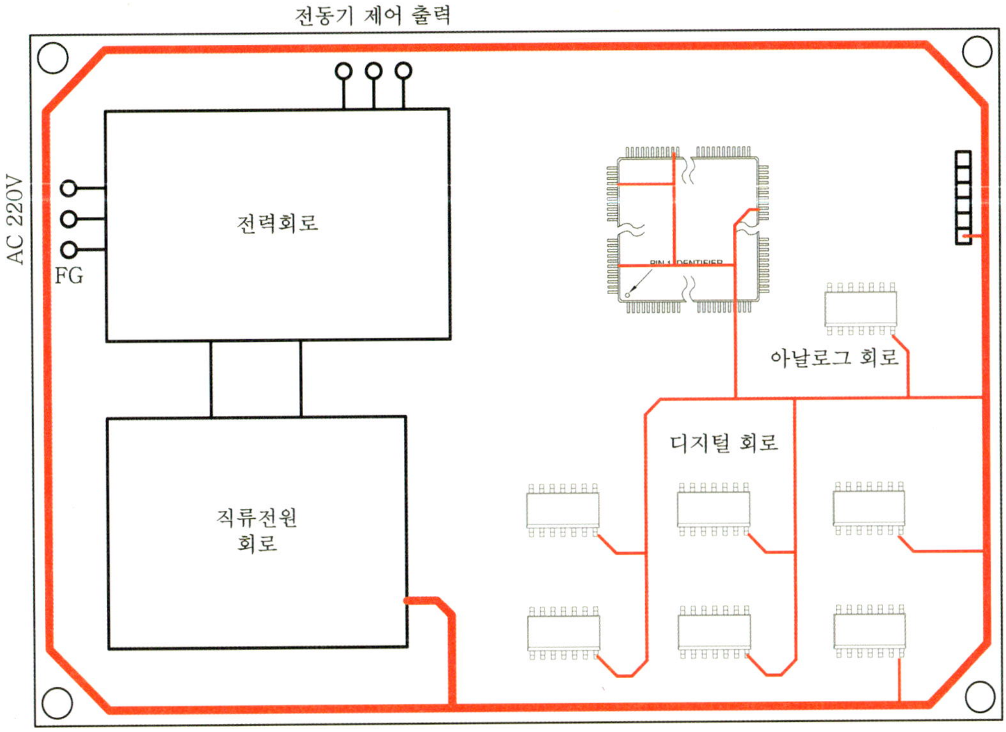

<그림 6.4.20> 양면 PCB의 아트웍에서 접지선의 처리가 매우 잘못된 예

(3) 벌크 커패시터와 바이패스 커패시터를 충분히 사용하라

직류전원이 보드 밖의 먼 거리에서 공급되고 이 보드에서 소비전류가 큰 경우에는 긴 전원선의 임피던스에 의하여 보드에 공급되는 전압이 변동되면서 선원에 노이즈가 포함되는 경우가 많다. 또한, 컨트롤 보드의 내부에서 직류전원을 만들어 사용하더라도 보드의 사이즈가 큰 경우에는 전원이 공급되는 반대편의 먼 곳에서 동일한 상황이 벌어지게 된다. 이런 경우에는 <그림 6.4.21>에 청색으로 보인 것처럼 직류전원이 공급되는 입구 및 여기에서 가장 먼 반대쪽의 위치에 수십μF 이상의 정전용량을 갖는 벌크 커패시터(bulk capacitor)를 1개씩 설치한다. 그러면 부하전류가 급증할 때 가까운 거리의 이 커패시터에 저장되어 있던 에너지가 부하로 공급되기 때문에 전원전압이 출렁이면서 전원 노이즈가 발생하는 것을 방지할 수 있다. 벌크 커패시터로는 전해 커패시터보다 가격은 비싸지만 주파수 특성이 좋은 탄탈 커패시터를 사용하는 것이 성능면에서 우수하다.

또한, 하나의 PCB와 다른 PCB가 커넥터 및 도선으로 연결되는 경우에는 메인 PCB에서 커넥터로 전원을 공급하는 출구에 벌크 커패시터를 사용하고, 서브 PCB에서 커넥터로부터 전원을 공급받는 입구에도 벌크 커패시터를 사용하는 것이 원칙이다.

는 것이다. 이렇게 하면 높은 주파수를 가지는 노이즈 신호는 페라이트 비드에서 임피던스가 크기 때문에 전달되지 않고, 직류전원이나 낮은 주파수의 정상 신호에 대하여는 페라이트 비드에서 임피던스가 거의 0에 가깝기 때문에 도선으로 직결한 것과 같아서 노이즈에 대해서는 사실상 양쪽 회로의 그라운드를 분리한 것과 같은 효과가 있다는 것이다. 즉, 직류 및 신호에 대해서는 양쪽의 접지가 서로 같은 접지점에 연결된 것처럼 동작하고, 노이즈에 대해서는 양쪽의 접지점이 서로 분리되어 있는 것처럼 동작하게 된다. 이를 실제로 그라운드를 물리적으로 완전히 분리하라는 것으로 착각하면 안된다.

그러나, 저자는 이처럼 페라이트 비드를 사용하여 접지를 분리하는 방식을 그다지 선호하지 않는다. 차라리 이들 사이에 공통 임피던스가 거의 없도록 접지선을 짧고 굵게 처리하여 아날로그 회로의 접지와 디지털 회로의 접지를 직결하는 것이 더 간단하고 좋은 방법이라고 믿는다.

(6) 그밖에 다양한 부품을 노이즈 제거에 활용하라

그밖에도 노이즈 발생을 억제하거나 차단하는데 사용되는 여러가지의 전기전자 부품이 <그림 6.4.18>과 같이 많이 있으므로 이것들을 회로의 적재적소에 올바르게 활용하면 좋다. 이것들을 사용할 때는 적절한 소자값을 선정하여 사용하는 것도 물론 중요하지만, 이 소자들을 회로의 어느 위치에 연결하여 사용하는지가 더욱 중요하다.

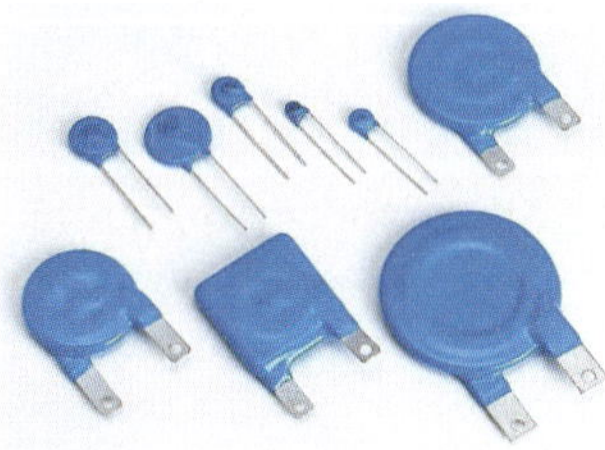
(a) 바리스터

(b) TVS 다이오드

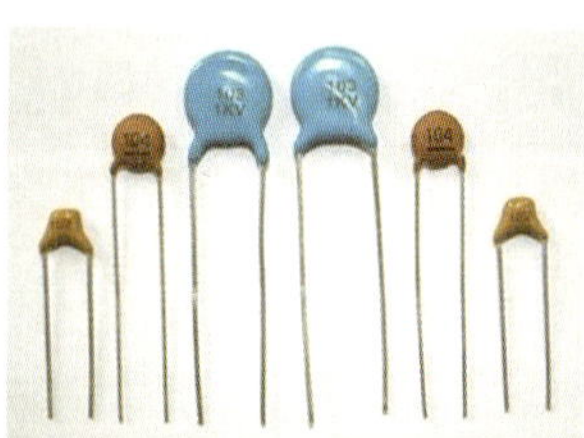
(c) 커패시터

(d) 인덕터

(e) 페라이트 비드

(c) 클램프 필터

<그림 6.4.18> 노이즈 발생을 억제하거나 차단하는데 사용되는 여러가지 전기전자 부품

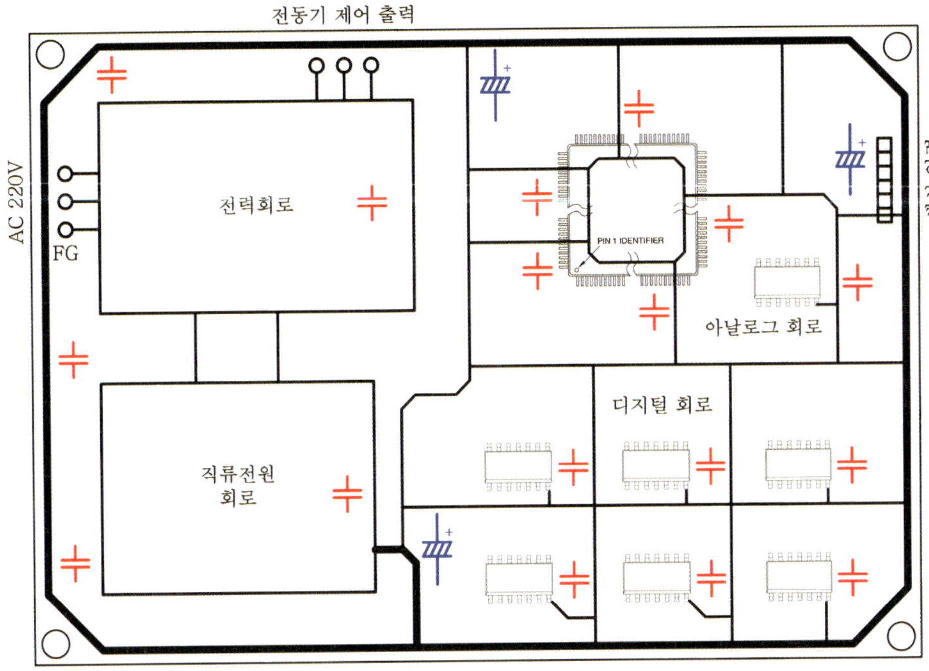

<그림 6.4.21> PCB 아트웍에서 벌크 커패시터(청색)와 바이패스 커패시터(적색)의 사용

거의 모든 디지털 IC 소자는 출력단 부분이 토템폴(totem pole) 회로 또는 컴플리멘터리(complementary) 회로의 구조로 되어 있는데, 이것들은 항상 상보형으로 동작하므로 출력신호의 논리상태가 0에서 1로 바뀌거나 반대로 1에서 0으로 바뀔 때 순간적으로 짧은 시간동안 전원 단락을 일으키면서 직류전원에 리플 노이즈를 발생시킨다. 따라서, 이를 그대로 두면 이러한 전원을 함께 사용하는 이웃의 다른 IC에게 나쁜 영향을 미치게 된다. 따라서, <그림 6.4.21>에서 적색으로 표시한 것처럼 모든 디지털 IC 소자에는 가장 가까운 거리에서 직류전원과 접지 단자의 사이에 바이패스 커패시터(bypass capacitor) 또는 디커플링 커패시터(decoupling capacitor)를 붙여주는 것이 바람직하다. 접지 단자를 여러개 가지고 있는 마이크로컨트롤러의 경우에는 각 접지 단자마다 1개씩 바이패스 커패시터를 달아주면 좋다. 이러한 디지털 회로에서의 바이패스 커패시터로는 0.01～1μF 정도의 고주파 커패시터를 사용하는 것이 권장되는데, 현실적으로는 대부분 0.1μF의 세라믹 커패시터를 사용한다.

(4) 전력회로, 디지털 회로, 아날로그 회로는 서로 거리를 떼어서 배치하라

노이즈를 발생할 위험이 높은 전력회로, 이를 제어하는 디지털 회로, 그리고 노이즈에 가장 취약한 아날로그 회로는 물리적으로 가급적 멀리 거리를 두고 떼어놓는 것이 바람직하다. 그래야만 각 회로에 전원을 공급하기도 편리하고 전자 결합 또는 정전 결합의 가능성을 낮추어 노이즈에 의한 상호 영향을 줄일 수 있다.

이를 위해서는 PCB를 설계하는 초기 단계에서 보드에 부품을 배치(layout)하는 작업이 매우 중요하다. 부품을 합리적으로 잘 배치하는 것이 PCB 아트웍 작업의 50% 이상을 좌우한다고 말해도 과언이 아니다.

(5) 모든 배선은 가급적 짧고 굵게 하라

전원선과 접지선은 물론이고, 모든 신호선도 가급적이면 짧고 굵게 처리하는 것이 좋다. 그러기 위해서는 역시 PCB에 전체적으로 부품 배치를 잘 해야 한다. 부품 배치를 합리적으로 잘 해놓으면 PCB 내부에서 배선이 이리저리 왔다갔다 하는 일이 훨씬 적어지므로 당연히 연결선이 짧아진다.

또한, PCB에서 배선이 90도로 꺾이는 것은 적극적으로 피해야 한다. 만약 배선이 진행하다가 90도로 방향을 틀어야 하는 경우가 생기면 모서리 부분에서 45도로 2번을 꺾어서 처리하는 것이 바람직하다.

(6) 가급적이면 배선끼리의 간격에서 3W 룰을 지켜라

PCB에서 배선끼리의 간격을 너무 가깝게 하면 PCB 제조 공정에서 불량이 날 가능성이 높아지기도 하지만, 배선 사이에 전자 결합이 일어나거나, 도체와 도체 사이의 부유 커패시턴스가 생겨서 정전 결합이 이루어짐으로써 크로스 토크(crosstalk) 문제가 발생할 수 있다. 이 때문에 나온 것이 3W 룰(rule)인데, 이것은 <그림 6.4.22>에 보인 것처럼 하나의 배선 폭이 W라면 배선 간격은 각 배선 중심 사이의 거리가 3W 이상이 되도록 처리해야 한다는 것이다. 이를 다시 말하면 배선 사이에는 배선 폭보다 2배 이상의 거리를 두는 것이 좋다는 의미가 된다.

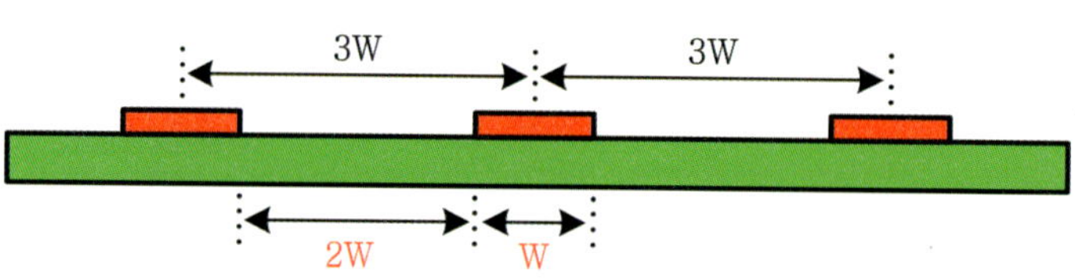

<그림 6.4.22> PCB 아트웍에서 배선 간격을 결정하는 3W 룰

5. 교류전원과 대지 접지에 관한 이해

전력제어 시스템을 개발하는 과정에서 마이크로프로세서의 에뮬레이터를 사용하다가 전력회로와 퍼스널컴퓨터가 에뮬레이터를 통하여 전기적으로 단락(短絡, short) 또는 합선(合

線)되는 사고가 발생하여 배전반의 차단기가 동작하거나 개발중인 제품에 내장된 퓨즈가 끊어지거나 더욱 심한 경우에는 제품 또는 퍼스널컴퓨터가 망가지는 낭패를 경험할 수 있다.

또한, 전력제어 시스템이 동작하는 중에 오실로스코프를 사용하여 전력회로의 임의의 위치에서 파형을 측정하기 위하여 오실로스코프 프로브(probe)를 연결하는 순간에도 마찬가지의 위험한 단락 사고가 발생하는 경우가 허다하다. 이 때문에 전동기 제어 또는 전력제어에 관한 개발 업무를 수행하는 연구실에 가면 고장난 오실로스코프의 프로브가 즐비하게 널려있는 안타까운 모습을 접하게 된다.

도대체 왜 이런 사고가 발생하며, 어떻게 하면 이런 문제를 해결할 수 있을까? 의외로 이에 대하여 원리적으로 잘 알고 있는 사람이 드물다는 것이 우리의 놀라운 현실이다. 여기서는 이 문제에 대하여 체계적으로 설명하기로 한다.

(1) 전원 플러그 및 콘센트

우리나라에서 국가 표준으로 사용하는 단상 교류 220V용의 전원 플러그(plug)는 <그림 6.4.23>처럼 접지형(接地型)과 무접지형(無接地型)이 있다. 접지형의 원형 몸체 바깥쪽으로는 위와 아래에 2개의 접지 단자가 약간 안쪽으로 파여진 홈 속에 들어가 있으며, 왼쪽의 단자가 L, 오른쪽의 단자가 N으로 되어 있다. 이 전원코드를 까보면 접지선은 다시 녹색으로 피복되어 있고, L선은 갈색이며, N선은 청색으로 되어 있다. 무접지형은 접지형에 비하여 좀 더 소용량의 전기기기에서 사용하는 경향이 있는데, 접지 단자가 없지만 나머지는 동일하여 하나는 L 단자, 또 하나는 N 단자로 되어 있다. 무접지형의 전원코드도 내부를 까보면 역시 하나는 L선으로서 갈색으로 되어 있고 또 하나는 N선으로서 청색으로 되어 있다.

전기 제품에 전원을 연결하기 위하여 수컷인 플러그를 꽂는 반대편의 암컷으로 된 기구물을 콘센트라고 부르는데, 역시 콘센트에도 <그림 6.4.24>처럼 접지형과 무접지형이 있다. 원래 콘센트라는 말은 영어의 concentric plug에서 유래된 것인데 이를 일본에서 그들의 특유한 습관대로 꼰센또(コンセント)라고 줄여서 부르는 것을 우리가 콘센트라고 받아들인 것으로서 만약 이를 concent라고 영어로 표기하면 영어에는 그런 단어가 없으니 잘못된 것이며, 현재 영어로는 이를 아웃렛(electrical outlet) 또는 소켓(wall socket)이라고 부른다.

현재 우리나라에서는 어떤 건축물이든지 무조건 벽에 설치되는 콘센트는 접지형을 사용하게 되어 있으며, 옥내에서 사용자가 임의로 배선할 경우에는 종종 무접지형으로 배선하기도 한다. 여기서 접지 단자를 흔히 FG(Frame Ground) 단자라고도 부르는데, 원래 감전 사고를 방지하기 위하여 전력용 기기의 외함(外函, enclosure)은 반드시 규정에 따라 접지하도록 되어 있고, 이 접지선은 실제로 대지에 접지되므로 외함 접지를 대지 접지와 같은 개념으로 보아 통상적으로 대지 접지를 FG라고 부르는 것이다.

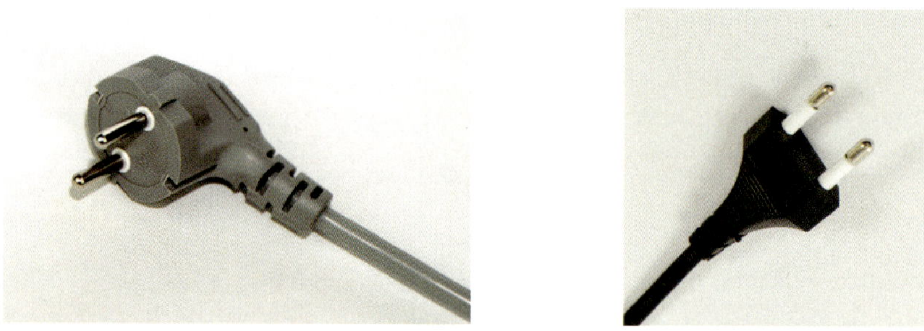

(a) 접지형 (b) 무접지형

<그림 6.4.23> 우리나라에서 사용하는 교류 220V용 전원 플러그의 표준 제품

(a) 접지형 (b) 무접지형

<그림 6.4.24> 우리나라에서 사용하는 교류 220V용 전원 콘센트의 표준 제품

(2) 교류 220V의 전원이 공급되는 배전 계통의 구조

우리나라의 가정이나 사무실 또는 공장 등에서는 원래 최종 배전용 전원으로 단상 교류 100V/60Hz를 사용하여 왔으나, 1970년대 초에 정부에서 이를 220V로 승압하기로 결정하고 2000년대 초까지 약 30년에 걸쳐서 이러한 배전전압의 변경 작업을 완료하였기 때문에 현재는 220V/60Hz를 국가 표준으로 사용하고 있다. 이처럼 우리나라의 1차 배전 전압은 22900V로 통일되고 최종 수용가의 배전 전압은 220V로 통일되어 표준으로 사용되는데, 이러한 배전 계통에서 220V의 전원이 우리가 실내에서 사용하는 220V의 접지형 콘센트까지 이르는 과정을 보면 <그림 6.4.25>처럼 여러가지 방식이 있다.

가장 일반적인 경우는 이 그림의 (a)처럼 변전소 또는 주상 변압기로부터 2개의 전원선으로 220V를 공급하는 단상 2선식인데, 이것은 변압기 쪽에서 L과 N중에서 N을 대지 접지(FG)에 연결하고 수용가의 콘센트에서도 FG 단자를 실제로 대지에 접지하는 방식이다. 수용가에서 간이식으로는 콘센트의 FG 단자를 N 단자에 직접 연결하여 사용하기도 한다.

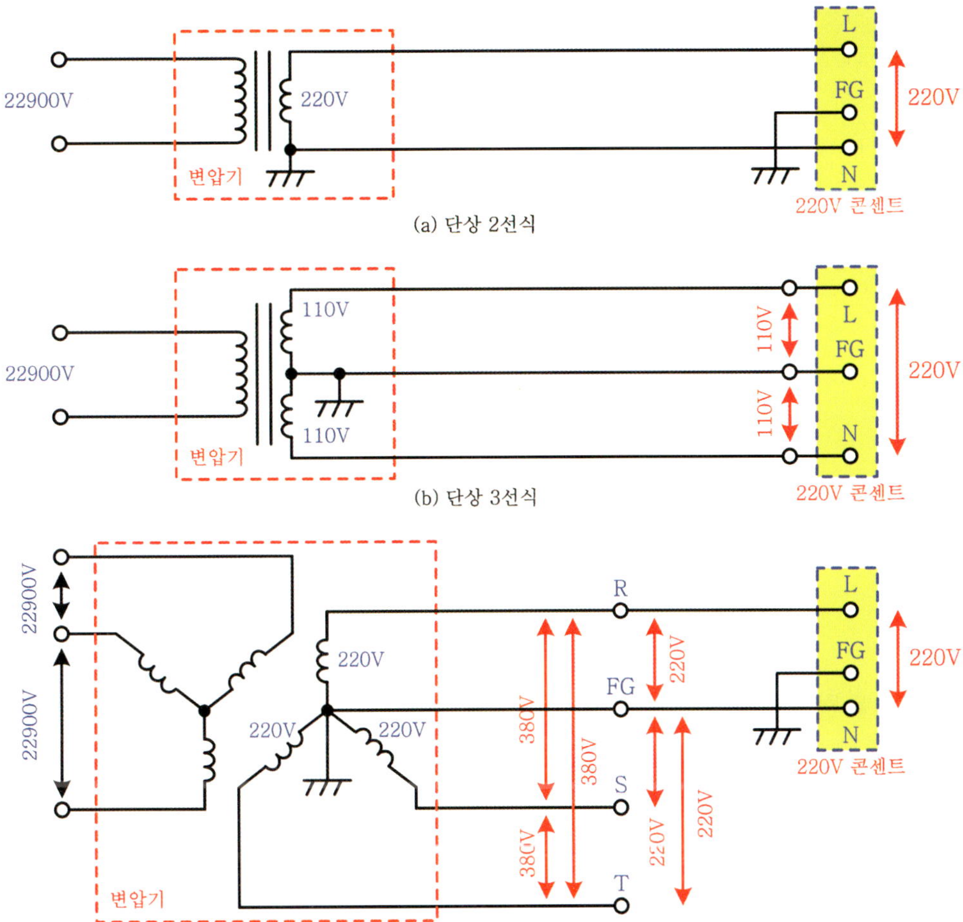

(a) 단상 2선식

(b) 단상 3선식

(c) 3상 4선식

<그림 6.4.25> 우리나라 단상 교류 220V용 전원 콘센트의 전원 공급 구조

(a) 110V용 (b) 220V용

<그림 6.4.26> 우리나라의 110V용 콘센트와 220V용 콘센트

두번째로 그림의 (b)와 같은 단상 3선식은 100V를 220V로 승압하던 과도기에 기존의 100V용 전기제품을 큰 문제없이 사용할 수 있도록 하기 위하여 벽에 220V용의 신형 콘센트와 기존의 100V용을 살짝 변경한 110V용의 콘센트를 동시에 설치하는 배선 방식이다. 이러한 배선 방식에서는 L 단자와 N 단자 사이의 전압이 220V이며, FG 단자에서 L 단자 또는 N 단자까지의 전압이 각각 110V가 된다. 따라서, 만약 110V용의 콘센트를 사용하려면 FG 단자와 L 단자를 콘센트에 연결하거나 또는 FG 단자와 N 단자를 연결하면 된다. 다소 오래된 건물에서는 지금도 벽에 <그림 6.4.26>과 같은 110V용의 콘센트와 220V용의 콘센트가 함께 설치되어 있는 것을 볼 수 있다. 원래 우리나라의 전통적인 100V용 콘센트는 접지 단자가 없는 11자 형식이었으나, 220V로 승압하면서 이를 110V 전압으로 전압을 10V만큼 높이고 아래쪽에 접지 단자가 있는 11자 형식으로 약간 변경하였다.

세번째로 3상 4선식의 배선에서 단상 220V 콘센트를 설치하려면 그림의 (c)처럼 3상의 R, S, T중에서 임의로 하나를 선택하여 L 단자로 사용하고, Y결선의 중성점을 N 단자로 사용하며, FG 단자는 이 중성점과 같이 대지 접지로 연결하여 사용하면 된다. 이는 전력 설비용량이 커서 3상 380V가 공급되는 건물에서 주로 사용한다.

(3) 오실로스코프와 퍼스널컴퓨터 내부의 직류전원 장치

대부분의 전기전자 제품에서는 내부에 직류전원을 사용한다. 심지어 3상 교류 전동기를 제어하는 전력제어 시스템에서도 내부의 제어회로는 직류전원으로 동작한다. 이러한 직류전원에는 변환효율을 높이고 부피나 중량을 줄이기 위하여 리니어 방식의 전원보다는 스위칭 방식의 전원을 압도적으로 많이 사용하는데, 스위칭 방식으로 교류전원에서 직류전원을 만드는 장치가 SMPS(Switching-Mode Power Supply)이다.

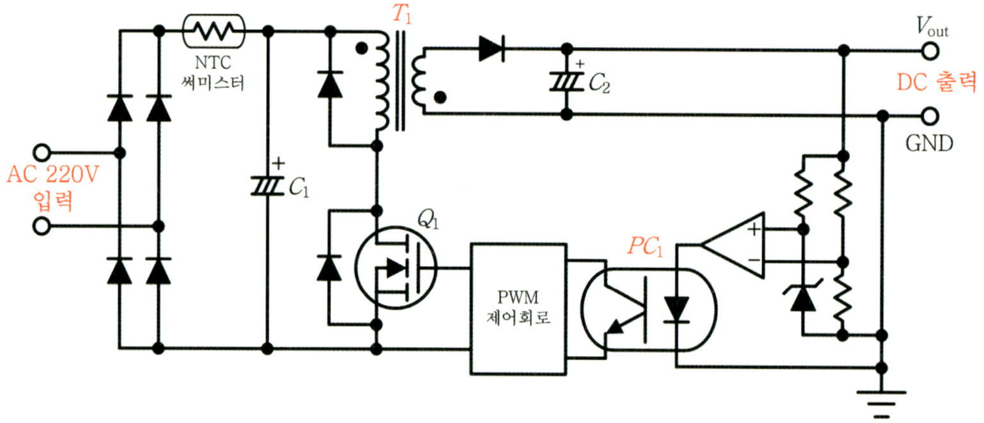

<그림 6.4.27> 전형적인 플라이백형 SMPS의 기본 구성도

일반적인 소용량의 SMPS 전원장치는 <그림 6.4.27>과 같은 플라이백(flyback)형을 널리 사용하고 있다. 여기서 주목할 사항은 모든 SMPS는 교류 입력회로와 직류 출력회로가 고주파 변압기 T_1과 포토 커플러 PC_1을 통하여 반드시 전기적으로 절연을 유지한다는 것이다. 그러므로 직류출력 전원의 낮은 전위 쪽에 해당하는 GND 단자(사실 이는 접지가 아니지만 관행적으로 접지라고 부른다. 대지 접지 FG와 대비하여 SG 즉 Signal Ground라고도 부른다.)는 교류 입력측의 대지 접지 FG에 대하여 플로팅(floating) 상태에 있게 된다.

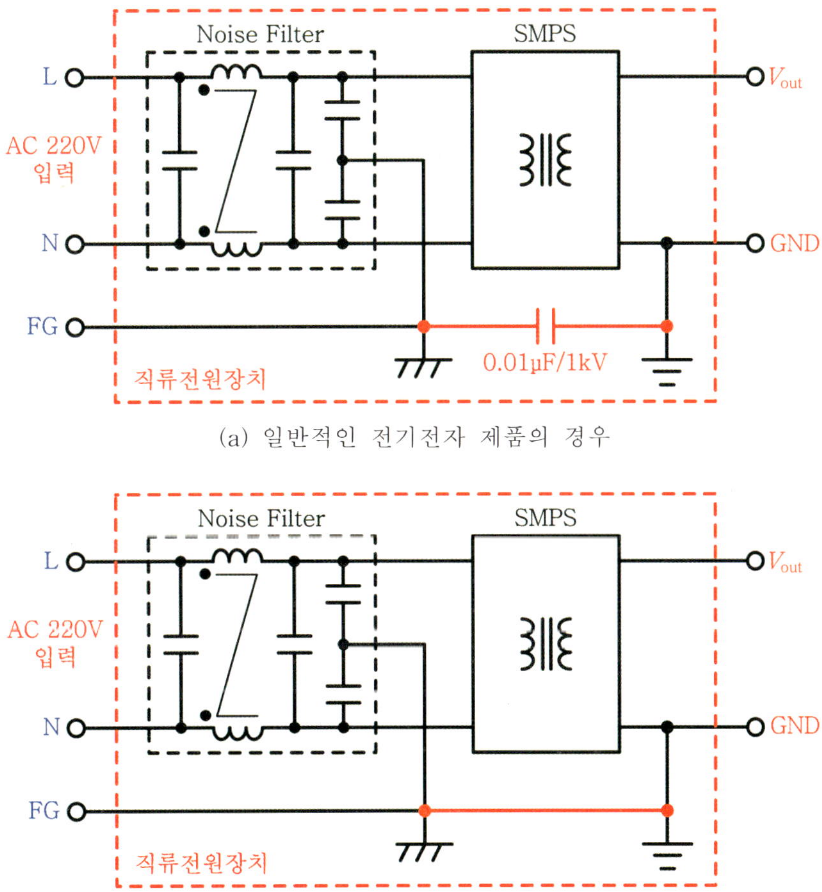

(a) 일반적인 전기전자 제품의 경우

(b) 오실로스코프나 퍼스널컴퓨터의 경우

<그림 6.4.28> 전기전자 제품의 내부에서 사용하는 직류전원장치의 접지선 연결 방식

그런데, 전기전자 제품에 사용되는 대부분의 SMPS 전원장치는 입력단에 노이즈 필터(noise filter)를 포함하고 있으며, 이 노이즈 필터에는 공통 모드 노이즈를 제거하기 위하여 FG 단자를 가지고 있다. 이때 문제가 되는 것은 교류입력 측의 FG 단자와 직류출력 측의

GND 단자를 어떻게 처리하느냐 하는 것이다. 만약 교류입력 측과 직류출력 측을 그냥 절연 상태로 두면 정전기 등에 의하여 FG 단자에 비해 플로팅 상태에 있는 GND 단자의 전위가 매우 높아지는 경우가 발생하여 사람이 이를 손으로 만졌을 때 인체를 통하여 전류가 흐르면서 방전하는 등 여러가지 좋지 않은 문제를 일으킬 수 있다. 이를 방지하기 위하여 대부분의 SMPS에서는 <그림 6.4.28>의 (a)처럼 0.01μF/1kV 정도의 고압 세라믹 커패시터로 양쪽의 접지 단자를 연결하여 교류 커플링한다. 그러나, 이 세상의 모든 전기전자 제품 중에서 적어도 오실로스코프와 퍼스널컴퓨터의 경우에는 그림의 (b)처럼 FG 단자와 GND 단자를 직접 도선으로 연결한 독특한 구조를 가지고 있다. 왜 유독 이 2가지의 제품들은 이처럼 특이한 접지 구조를 가지게 되었는지 저자는 그 이유를 알지 못한다. 그러나, 바로 이것 때문에 오실로스코프나 퍼스널컴퓨터를 사용할 때는 매우 특별한 주의가 필요하며, 그렇지 않으면 심각한 사고로 이어질 수 있다. 오실로스코프나 퍼스널컴퓨터의 출력 측에 있는 GND 단자는 다른 일반적인 제품에서처럼 그냥 플로팅되어 있는 단자가 아니라 이것이 변전실의 대지 접지와 직접 연결되어 있는 FG 단자라는 것을 절대로 잊으면 안된다.

(4) 오실로스코프를 사용할 때의 단락사고 원인 및 방지 대책

앞에서 설명한 것처럼 오실로스코프는 특이하게 내부에서 교류전원 입력측의 FG 단자와 SMPS 출력측의 GND 단자가 직접 연결되어 있으며, 이 GND 단자는 오실로스코프 프로브의 접지 클립(ground clip) 또는 악어 클립(alligator clip)이라고 부르는 단자까지 직결되어 있다. 오실로스코프의 프로브 구조를 <그림 6.4.29>에 보였다.

이제 오실로스코프를 사용하여 3상 유도전동기 제어장치인 벡터제어 인버터의 직류링크 전압을 측정하기 위하여 <그림 6.4.30>에서처럼 오실로스코프 프로브를 ①과 ②의 위치에 연결하는 상황을 가정하여 보기로 한다. 만약, 벡터제어 인버터에 전원이 공급되어 동작하고 있을 때 이렇게 하였다면 오실로스코프 프로브의 악어 클립으로 ①의 위치를 잡는 즉시 220V 전원에 단락 사고가 발생하여 악어 클립에서 불꽃이 튀면서 금속이 녹아버리든지, 배전반의 차단기가 OFF되든지, 또는 벡터제어 인버터의 퓨즈가 녹아서 끊어질 것이다. 어떤 방법으로든지 전원이 차단되지 않으면 단락 전류에 의하여 화재가 발생될 수도 있다.

이런 사고가 발생하는 것은 <그림 6.4.30>에서 보듯이 오실로스코프의 내부에서 FG 단자와 GND 단자가 직접 연결되어 있으므로 악어 클립으로 ①의 위치를 잡으면 다이오드 정류회로에서 D_2와 D_3이 ON되는 순간에 오실로스코프의 프로브 악어 클립이 교류 220V의 N 단자(위치 Ⓐ)와 L 단자(위치 Ⓑ)를 그냥 단락시키는 상태가 되기 때문이다. 당연히 엄청난 사고가 일어나게 되어 있는 것이다. 다시 한번 분명히 강조하지만 이런 사고가 발생하는 원인은 오실로스코프의 내부에서 FG 단자와 GND 단자가 직접 연결되어 있기 때문이다.

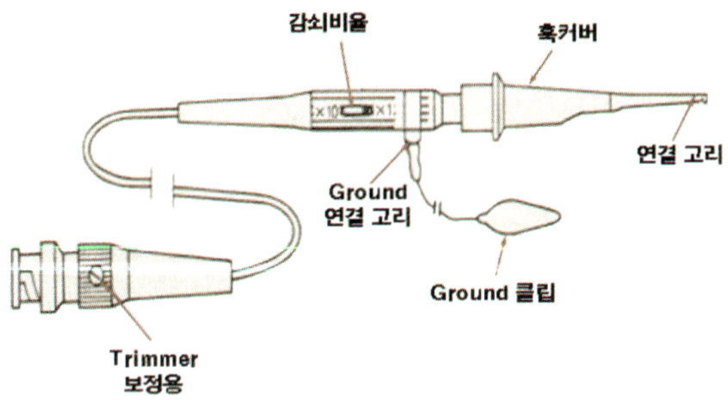

(a) 각부의 명칭

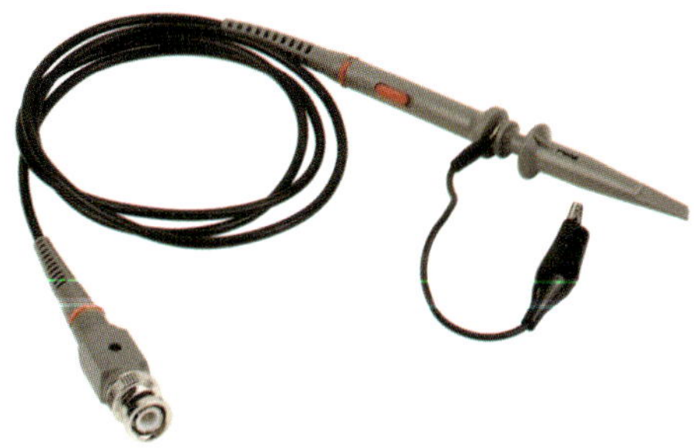

(b) 제품 사진

<그림 6.4.29> 오실로스코프의 프로브

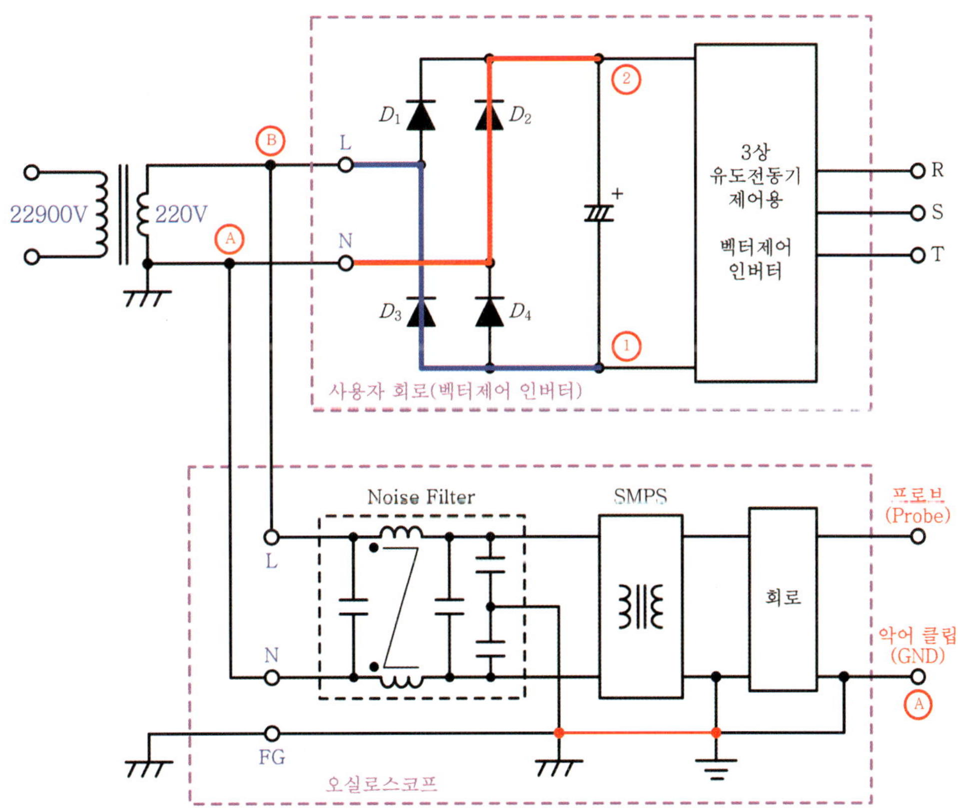

<그림 6.4.30> 벡터제어 인버터에서 오실로스코프로 전압을 측정하는 상황의 개념도

그러면 오실로스코프를 사용할 때 이런 전원 단락 사고를 방지하려면 어떻게 해야 할까? 우선, 오실로스코프의 프로브를 회로에 접촉하는 순간에 불꽃이 튀면서 악어 클립이 망가지거나 이런 방전 스파크에 의하여 사람이 다치는 것을 막으려면 절대로 전원이 켜져서 현재

시스템이 동작하고 있는 회로에 프로브를 연결하지 말아야 한다. 회로의 전압을 측정하려면 동작하고 있는 회로에 프로브를 연결하지 말고, 먼저 시스템의 전원을 끄고 오실로스코프의 프로브를 연결한 후에 다시 회로의 전원을 켜서 파형을 관측하는 절차를 습관화하라는 것이다. 이렇게 하면 설혹 단락 사고가 일어나도록 회로가 연결되어 있더라도 전원을 켜는 순간에 과전류 또는 누설전류에 의하여 차단기가 떨어지든지 또는 퓨즈가 끊어질지언정 오실로스코프의 프로브에서 불꽃이 튀지는 않는다.

그러나, 이런 사고가 발생하는 원인을 근본적으로 제거하고 항상 안전하게 오실로스코프를 사용하려면 오실로스코프의 내부에서 FG 단자와 GND 단자의 연결을 끊어야 한다. 하지만 사용자가 오실로스코프를 분해하고 내부에서 해당되는 위치를 찾아서 이런 연결선을 끊는다는 것은 상당히 어렵고 번거로운 일이라서 별로 현실적이지 못하다. 그러므로 더 바람직한 방법은 오실로스코프의 전원 입력측에서 FG 단자가 연결되지 않도록 조치하는 것이다. 그렇게 하려면 <그림 6.4.31>에 보인 것처럼 오실로스코프의 전원선을 무접지형으로 바꾸든지 콘센트를 무접지형으로 바꾸면 자연스럽게 FG 단자가 끊어지게 된다. 그러나, 무접지형 콘센트를 사용하는 것은 오실로스코프를 다른 장소로 옮겨서 사용하게 되면 적용되지 않으므로 항구적인 대책은 되지 못하는데, 이런 경우에는 제품을 구하는 것이 좀 쉽지는 않지만 그림의 (c)와 같은 무접지형 콘센트 어댑터를 사용하면 좋다. 저자는 충분한 전력 용량을 갖는 1:1 변압기를 사용하여 항상 FG 단자가 연결되지 않으며 완전히 절연한 L 단자 및 N 단자의 전원을 오실로스코프에 공급하는 방법으로 이 문제를 해결하고 있다.

(a) 무접지형 전원선 (b) 무접지형 콘센트 (c) 무접지형 콘센트 어댑터

<그림 6.4.31> 오실로스코프의 단락 사고를 방지하기 위한 전원선 연결

이러한 오실로스코프의 단락 사고를 방지하기 위하여 값비싼 비용이 필요한 고급 해결 방법으로는 <그림 6.4.32>에 보인 것처럼 오실로스코프의 프로브를 차동 프로브(differential probe)로 사용하는 것이다. 이것은 프로브의 신호 단자와 접지 단자가 모두 오실로스코프

내부 전원의 접지와 절연되어 차동증폭기로 동작하기 때문에 단락 사고의 위험이 없이 측정하고자 하는 회로에서 임의의 위치에 프로브를 연결할 수 있다. 단, 이런 프로브는 가격이 수백만원 정도의 고가이므로 누구나 이를 사용하기는 좀 어렵다는 것이 단점이다.

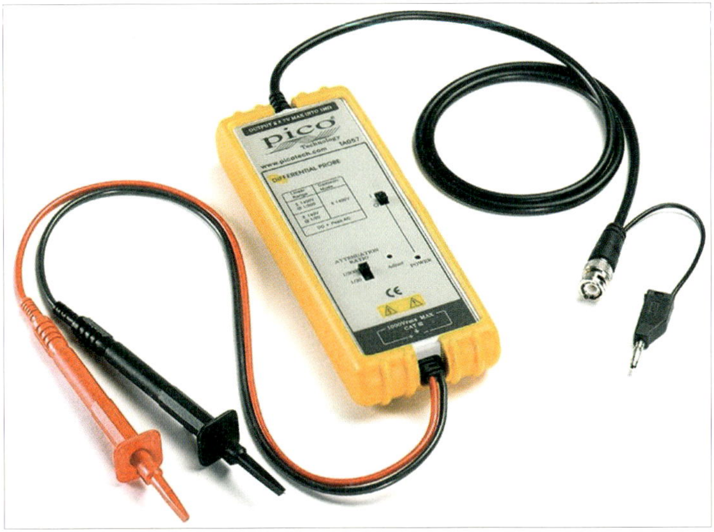

<그림 6.4.32> 고급 디지털 메모리 오실로스코프의 차동 프로브

(5) 퍼스널컴퓨터를 사용할 때의 단락사고 원인 및 방지 대책

앞에서 설명한 것처럼 퍼스널컴퓨터도 내부에서 교류전원 입력측의 FG 단자와 SMPS 출력측의 GND 단자가 직접 연결되어 있기 때문에 퍼스널컴퓨터에서 USB 통신 케이블을 사용하여 인터페이스되는 마이크로컨트롤러용 에뮬레이터를 타겟 보드와 연결하면 역시 교류전원 220V를 단락시키는 사고가 발생할 수 있다. 그러면, 배전반의 차단기가 OFF되든지 또는 타겟 보드에서 퓨즈가 녹아서 끊어질 것이며, 경우에 따라서는 에뮬레이터나 퍼스널컴퓨터의 USB 통신 포트가 망가지기도 한다.

따라서, 퍼스널컴퓨터에서 이런 사고를 방지하기 위한 대책의 첫번째는 앞에서 설명한 오실로스코프의 경우와 마찬가지로 퍼스널컴퓨터의 전원선을 무접지형으로 바꾸든지 또는 콘센트를 무접지형으로 바꾸어 전원측의 FG 단자가 퍼스널컴퓨터 내부의 직류전원 GND와 직접 연결되지 않도록 끊어버리는 것이다.

두번째 방법은 절연형 에뮬레이터를 사용하여 퍼스널컴퓨터와 타겟 보드를 전기적으로 완전히 절연시키는 것이다. 대부분의 마이크로프로세서에 대하여 고급 개발장비 제품으로 이런 절연형 에뮬레이터가 출시되고 있다.

휴게실

작품을 만들지 말고 상품을 만들어라

전기 전자 분야 회사의 개발실에 근무하는 엔지니어는 물론이고 대학원이나 연구소에서 신제품 또는 신기술을 개발하는 업무에 종사하는 연구원이라면 누구에게나 상업용 제품 또는 실험용 시스템을 설계하는데 있어서 지켜야 할 기본적이고 이상적인 원칙이 있다. 이를 한마디로 요약하면 "우연히 동작하게 되는 발명품을 만들지 말고 체계적으로 설계된 개발품을 만들라."는 것이며 "작품(作品)을 만들지 말고 상품(商品)을 만들라."라는 것이 된다. 이를 좀 더 구체적으로 정리하여 보면 다음과 같다.

첫째로, 제품은 보편성(普遍性)이나 재현성(再現性)이 있어야 한다. 동일한 도면 및 지시에 따라 동일한 재료를 가지고 만든다면 어느 누가 만들더라도 동일한 성능과 특성이 나와야 한다는 것이다. 만드는 제품마다 특성이 들쭉날쭉하다면 이것은 상품으로서의 가치가 없는 것은 더 말할 나위가 없고, 기술 개발로서의 일반성을 인정받을 수도 없게 된다. 제품이 이러한 보편성이나 재현성을 가지게 되려면 설계에서 제작까지 모든 단계에서 철저한 이론적 바탕과 치밀하게 계산된 설계 작업을 거쳐야만 한다. 공학 기술의 꽃은 연구개발이며, 개발의 핵심은 설계이다. 왜 이 자리에 이 소자가 있어야 하는지를 정성적으로 설명할 수 없다면 그것은 설계가 아니며, 왜 이 소자가 이 값이어야 하는지를 정량적으로 설명할 수 없으면 그것도 설계가 아니다. 진정한 설계가 아닌 설계는 무책임이요 불행의 씨앗이 된다. 이론이 무시되고 수많은 시행착오와 우여곡절 끝에 어찌어찌하여 동작하도록 만들어진 제품은 나중에 반드시 문제를 일으킨다.

둘째로, 제품은 신뢰성(信賴性)이 있어야 한다. 이것은 앞의 보편성이나 재현성과도 관련이 있는 말이지만 올바르게 설계된 제품이라도 주위의 다양한 환경 변화를 고려하지 않았거나, 여러가지의 안전장치를 갖추지 않았거나, 또는 검증되지 않은 재료나 부품을 사용하여 제작되었다면 신뢰성을 갖기 어렵다. 우리가 가장 많이 볼 수 있는 이러한 사례는 실험실에서는 잘 동작하는데 현장에 나가면 오락가락하여 엉망이 되는 것이다. 이러한 경우는 그것이 작품일 수는 있으되 제품이 되지 못하며, 이러한 제품으로서의 신뢰성 부족은 설계자에게는 물론이요 회사에게도 치명적인 신뢰성의 손상을 주게 되고, 그것은 곧 심각한 경제적 손실로 이어진다. 제품이 신뢰성을 갖도록 하기 위해서는 철저하게 기본 원칙을 지켜가면서 이론적인 바탕에서 설계하여야 하고, 설계 단계에서 실제의 동작 환경을 고려한 안전 여유를 두어야 하며, 올바르게 검증된 부품을 사용하고 충분한 현장 테스트를 거쳐야 한다. 이러한 테스트 과정에서 문제점이 발생한다면 반드시 그 원인을 철저히 분석하고 이를 다시 설계 단계로 피드백시켜 설계를 수정하여야 한다.

셋째로, 제품은 현실성(現實性)과 경제성(經濟性)이 있어야 한다. 제품이 현실에서 실용적 가치가 없거나 또는 구하기 어려운 부품 또는 재료를 사용하여 만들어야 하거나 가격이 지나치게 높다면 이는 설계자의 잘못이라는 것이다. 예술 작품에서는 오히려 유일의 독창성과 비현실성이 보다 높은 가치를 가질 수도 있지만, 공학과 기술에서의 제품이나 상품의 경우에는 이러한 점이 그것의 가치를 크게 떨어뜨리는 요인이 된다. 이러한 특성은 물론 회사의 상품에서 더욱 강조되겠지만 공학적인 제품 개발에서도 역시 일반적으로 요구되는 사항이라 할 것이다. 현실성이나 경제성을 무시한 기술이나 제품을 개발하려 한다면 그것은 공학이나 기술이 아니라 공상과학이거나 마술이라고 해야 할 것이다.

이상은 우리가 조금만 생각하면 쉽게 알 수 있거나 평소에도 자주 느끼는 사항들이다. 그러나, 실제의 현실세계에 들어가 보면 이를 신념처럼 습관처럼 생활처럼 지키려는 진정한 엔지니어는 그리 많지 않다. 이는 한마디로 엔지니어들의 되지도 않는 고집 때문이다. 필요할 때는 나의 지식과 기술을 밖으로 드러내어 다른 사람과 토론하고 평가를 받으려는 열린 마음이 있어야 하는데, 그렇게 하면 경쟁 사회에서 자신만 손해를 본다는 어리석은 생각으로 스스로를 안으로 닫아놓는 엔지니어는 점점 더 고집에 빠지게 된다. 마음이 열린 사람은 자신의 생각보다도 훌륭한 사항을 쉽게 받아들이지만, 닫힌 사람은 외부에서 받아들이기 보다는 내부를 단속하는데 더 치중하기 때문에 시간이 갈수록 지식과 기술이 뒤떨어지게 된다. 실력이 뒤떨어진 사람이 할 수 있는 일이란 오직 고집밖에는 없는 것이다.

혹자는 이러한 현상을 엔지니어의 자존심(自尊心)이라고 미화하지만 그런 사람에게 자존심이란 사치스런 표현일 뿐이다. 자존심이란 그런 부정적인 의미가 아니다. 자신의 진정한 가치를 스스로 알고, 자신의 가치를 스스로 존중하는 만큼 남의 가치도 존중하는 마음이 자존심이다. 자존심은 사람이 당연히 가져야 하는 필수 요소이다. 자존심이 없는 사람은 옛날의 간신배와 같은 부류이다. 자존심이 없는 사람은 겉으로 강하고 안으로 약하며, 강자에게 약하고 약자에게 강하다.

자기 혼자서만 만족하는 작품을 만들어 놓고도 이를 상품이라고 고집하는 엔지니어는 자존심이 강한 사람이 아니라 자만심(自慢心)이 강한 사람일 뿐이다. 자신의 잘못에 가혹하고 자신의 부족함을 늘 메꾸어 가려는 열린 자세가 되어 있는 사람은 진정한 자존심이 있는 엔지니어다. 그런 엔지니어가 만든 작품이라면 그것은 곧 상품(商品)이요 명품(名品)일 것이다.

제7장 정전압 직류 전원 회로

이 책의 마지막으로 제7장에서는 연산증폭기 회로를 동작시키는데 필요한 정전압 직류 전원 장치와 그 회로에 대하여 공부한다. 정전압 직류 전원은 크게 리니어 방식과 스위칭 방식으로 나눈다. 리니어 방식의 전원은 출력전압의 품질이 상대적으로 우수하여 연산증폭기를 비롯한 아날로그 회로에 더 적합하지만 효율이 나빠서 전력 용량이 커지면 불리해진다. 반대로 스위칭 방식의 전원은 효율이 좋아서 좀 더 큰 전력용량의 전원에 적합하지만 출력전압에 더 많은 리플을 포함하는 등 품질이 떨어지므로 연산증폭기를 비롯한 정밀 아날로그 회로에 사용할 때는 주의가 필요하다. 또한, 스위칭 방식의 전원은 높은 주파수의 스위칭 잡음을 발생하므로 가까운 거리에서 동작하는 무선통신 회로에 전원을 공급할 때는 특별한 주의와 조치가 필요할 수 있다.

또 다른 측면에서 정전압 전원 장치를 분류하면 입력측과 출력측이 전기적으로 절연되는 절연형과 입력측과 출력측이 공통의 접지를 사용하는 비절연형으로 나눌 수 있는데, 응용 분야에 따라 이것들 중에서 어떤 방식을 사용해야 하는지가 매우 중요할 때가 많다.

이러한 전원 장치는 정밀한 출력전압 피드백 제어를 사용하는 제어회로를 가지고 있어서 사용자가 이를 필요로 할 때마다 직접 설계하여 사용하기는 상당히 까다롭고 번거로울 경우가 많으므로 출력 전류가 수A 이하의 소용량 전원에 대하여는 IC로 만들어져 판매되고 있는 리니어 정전압 레귤레이터 또는 스위칭 정전압 레귤레이터 소자를 사용하면 매우 편리하다. 이런 정전압 레귤레이터 IC들은 매우 종류가 많으므로 여기서 이것들의 주요 모델을 정리하여 보여주며, 그것들의 활용 기술에 대하여도 알아본다.

7.1 정전압 직류 전원의 개요

이 절에서는 정전압 직류 전원에 대하여 개괄적으로 설명하고, 절연형과 비절연형, 그리고 리니어 방식과 스위칭 방식의 전원을 비교하여 알아본다.

1. 정전압 직류 전원이란 무엇인가?

연산증폭기로 대표되는 아날로그 회로든지 또한 마이크로프로세서 및 메모리 소자로 대표되는 디지털 회로든지 모든 전기전자 분야의 제어회로는 정전압의 직류 전원을 필요로 한다. 기존의 R, L, C 소자나 트랜지스터, 다이오드와 같은 반도체 소자나 그것들을 종합적으로 집합시켜 만들어지는 모든 IC 소자들은 직류 전압이 있어야만 동작하기 때문이다.

이러한 직류 전원을 공급하는 직류 전원장치에는 정전압 전원과 정전류 전원이 있다. 정전압 전원(constant-voltage regulated power supply)은 입력전압이나 부하의 크기가 제한된 사양의 범위 내에서 변동하더라도 출력전압을 일정하게 유지하는 전원으로서 대부분의 직류 전원장치는 이에 해당한다. 정전류 전원(constant-current regulated power supply)은 입력전압이나 부하의 크기가 제한된 사양의 범위 내에서 변동하더라도 출력전류를 일정하게 유지하는 전원으로서 배터리 충전기나 LED 조명 장치 등과 같이 정전류가 필요한 특별한 응용 분야에서 사용한다. 우리는 이제부터 정전압 전원에 대해서만 취급할 것이다.

▣ 전원장치에서 출력전압의 부하 변동률

이처럼 이상적인 정전압 전원장치는 입력전압이나 부하의 크기는 물론이고 다른 환경 조건이 달라지더라도 항상 일정한 출력전압을 유지하지만, 정전압 제어를 수행하지 않는 전원장치는 <그림 7.1.1>에 등가회로로 보인 것처럼 부하의 크기만 변동하더라도 출력전압이 달라진다. 여기서 전원장치의 등가회로는 소스 전압 V_s이고 출력저항이 R_{out}으로 표시된다.

그러면 이 그림의 (a)에서처럼 이 전원장치에 아무 부하도 연결하지 않은 상태에서는 부하전류가 흐르지 않으므로 무부하(NL ; No Load) 출력전압 V_{NL}은 소스 전압 V_S와 같다.

$$V_{NL} = V_S$$

그러나, 그림의 (b)에서처럼 정격 부하저항 R_L을 연결하였을 때의 출력전류가 I_L이라면 정격부하 또는 최대 부하(FL ; Full Load) 출력전압 V_{FL}은 전원장치 등가 출력저항에서의 전압강하 때문에 다음과 같이 감소하여 소스 전압보다 작아진다.

$$V_{FL} = V_S - I_L R_{out} = V_{NL} - I_L R_{out}$$

다른 측면에서 보면 최대 부하에서의 출력전압은 다음과 같이 전원장치의 출력저항과 부하저항에 의한 분압으로 나타나는 것이다.

$$V_{FL} = \frac{R_L}{R_{out} + R_L} V_S = \frac{R_L}{R_{out} + R_L} V_{NL}$$

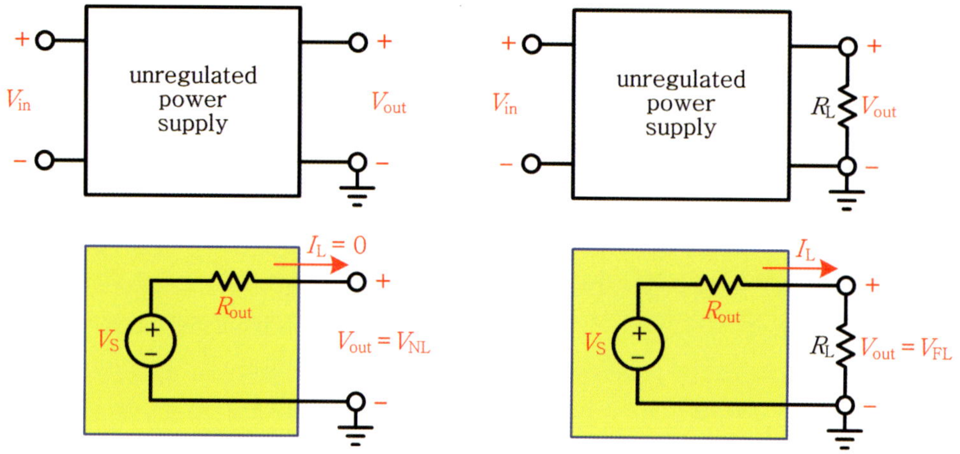

(a) 무부하의 경우 (b) 정격 부하의 경우

<그림 7.1.1> 정전압 제어 기능이 없는 전원장치의 부하 변동에 따른 동작

이처럼 전원장치의 등가 출력저항 R_{out}은 무부하와 최대 부하일 때의 출력전압에 차이를 발생하는 원인이 되며, 전원장치 내부에서 손실과 발열 문제를 일으킨다. 당연히 전원장치의 이 출력저항이 0이라면 손실은 최소로 되고, 무부하에서의 출력전압과 최대 부하에서의 출력전압이 서로 같아진다. 이처럼 전원장치 내부의 출력저항 때문에 출력전압이 무부하에 비하여 최대 부하에서 얼마나 감소하는지를 나타내는 척도로서 출력전압의 부하 변동률(load regulation)을 다음과 같이 정의하며, 여기에 위의 V_{FL} 식을 적용하면 부하 변동률은 부하저항에 대한 출력저항의 비로 표시된다. 아래의 식처럼 부하 변동률에 100을 곱하여 % 단위로 나타내면 특별히 이를 % 부하 변동률(% load regulation)이라고 부른다.

$$\%\text{부하 변동률} = \frac{V_{NL} - V_{FL}}{V_{FL}} \times 100\,[\%] = \frac{R_{out}}{R_L} \times 100\,[\%]$$

당연히 부하 변동률이 작을수록 좋은 전원장치이며, 이는 출력저항 R_{out}이나 부하전류 I_L이 커지면 부하 변동률도 커져서 좋지 않다. 전원장치에 본질적으로 존재하는 등가 출력저항과 부하저항의 크기는 어쩔 수가 없으나, 전원선을 굵게 처리하면 여기에 분포하여 존재하는 추가적인 저항값을 최소로 하여 부하 변동률을 더 작게 할 수 있다.

이상에서 설명한 것처럼 정전압 제어 기능을 가지고 있지 않아서 출력저항과 부하의 크기에 따라 출력전압이 변동하는 전원장치를 "unregulated power supply"라고 부른다.

▣ 전원장치에서 출력전압의 선로 전압 변동률

전원장치의 성능을 나타내는 척도에는 선로 전압 변동률(line regulation)도 있는데, 이것은 다음과 같이 입력전압의 변동에 대하여 출력전압이 얼마나 변동하는지를 나타낸다.

$$\text{선로 전압 변동률} = \frac{\Delta V_{out}}{\Delta V_{in}} \; [\mu V/V]$$

선로 전압 변동률을 출력전압으로 나누고 여기에 100을 곱하여 %/V 단위로 나타내면 특별히 이를 % 선로 전압 변동률(% line regulation)이라고 부른다.

$$\%\,\text{선로 전압 변동률} = \frac{\Delta V_{out}}{\Delta V_{in}} \times \frac{1}{V_{out}} \times 100 \; [\%/V]$$

당연히 선로 전압 변동률이나 % 선로 전압 변동률이 작을수록 더 좋은 전원장치이다.

▣ 전원장치에서 출력전압의 맥동률

그밖에도 전원장치의 성능을 나타내는 척도에는 출력전압의 맥동률 또는 리플률(ripple factor)도 있는데, 이것은 다음과 같이 전원장치를 정격 부하에서 운전할 때 출력전압의 평균값에 대한 출력전압의 리플전압 rms값의 비율을 % 단위로 나타낸다. 당연히 출력전압의 맥동률이나 리플률이 작을수록 더 좋은 전원장치이다.

$$\text{맥동률} = \text{리플률} = \frac{V_{ripple(rms)}}{V_{out(average)}} \times 100 \; [\%]$$

이상에서와 같이 전원장치의 출력전압에서 부하 변동률, 선로 전압 변동률, 그리고 맥동률을 작게 하여 좋은 정전압 전원으로 만들려면 출력전압을 피드백하여 전원장치의 출력전압이 일정하게 유지되도록 정밀하게 제어해야 한다. 입력전압이나 부하의 크기 및 기타의 여러가지 환경 조건이 정격 사양의 범위에서 수시로 변동하더라도 출력전압을 항상 일정하게 유지하는 회로를 전압 레귤레이터(voltage regulator)라고 하는데, 이처럼 정전압 제어 기능을 갖는 전원장치를 "regulated power supply"라고 부른다.

■ 전원장치의 효율

전원장치의 효율(efficiency)은 다음과 같이 입력전력에 대한 출력전력의 비를 % 단위로 나타낸다.

$$\text{효율} = \frac{P_{out}}{P_{in}} \times 100 = \frac{V_{out} \times I_L}{V_{in} \times I_{in}} \times 100\,[\%]$$

전원장치에서 효율은 매우 중요한 성능 비교 척도이며, 효율이 나쁘거나 전력 용량이 커지면 발열의 문제가 발생하므로 이렇게 발열을 일으키는 소자에 방열판을 사용하거나 전원장치에 냉각팬을 사용하여 열을 외부로 더 빠르게 방출하도록 해야 한다.

2. 리니어 전원과 스위칭 전원의 비교

정전압 전원 장치에서 입력전압이나 부하의 크기 및 기타의 여러가지 환경 조건이 정격사양의 범위에서 수시로 변동하더라도 출력전압을 항상 일정하게 유지하는 회로를 특별히 전압 레귤레이터(voltage regulator)라고 한다. 이러한 전압 레귤레이터는 크게 리니어 전압 레귤레이터와 스위칭 전압 레귤레이터의 2가지로 나눌 수 있다. <그림 7.1.2>에 보인 것처럼 정전압 전원장치에는 전압 레귤레이터가 중요한 구성 요소로 포함되는데, 내부에 리니어 전압 레귤레이터를 포함하는 정전압 전원장치를 리니어 전원장치(linear power supply)라고 부르며, 내부에 스위칭 전압 레귤레이터를 포함하는 정전압 전원장치를 스위칭 전원장치(switching power supply)라고 부른다.

리니어 전원장치에 포함되는 리니어 레귤레이터는 다시 크게 션트형 레귤레이터(shunt regulator)와 시리즈형 레귤에이터(series regulator)가 있다. 또한, 스위칭 전원장치에 포함되는 스위칭 레귤레이터는 다시 크게 그림의 (b)에 보인 것처럼 고주파 변압기와 스위칭 회로, 정류회로, 평활회로로 구성되는 절연형 스위칭 레귤레이터가 있고, 이 그림에는 표시하지 않았지만 스위칭 회로와 평활회로만으로 구성되는 DC-DC 컨버터 방식의 비절연형 스위칭 레귤레이터도 있다. 원리적으로 보면 내부에 절연형이든 비절연형이든 스위칭 레귤레이터를 사용하고 있으면 이것들은 모두 SMPS(Switching-Mode Power Supply)라고 부를 수 있겠으나 현실적으로는 그림의 (b)처럼 내부에 절연형의 스위칭 레귤레이터를 가지고 있으면서 처음에 교류 입력전압을 받아서 최종적으로 직류 정전압을 출력하는 구조의 전원장치만을 SMPS라고 부르는 경향이 있다.

교류 입력전압을 사용하는 unregulated power supply는 기본 구조가 AC→DC의 형태로 구성되지만, SMPS라고 불리는 전원장치는 AC→DC→AC→DC의 형태를 갖는데 이렇게 중간에 다시 한번 직류를 교류로 만들었다가 직류로 만드는 과정을 거치게 되면 스위칭 레귤레이터를 고주파로 동작시킴으로써 전체 전원장치의 구조를 부피가 작고 무게가 가볍게 만들 수 있기 때문이다. 그러나, 배터리나 태양전지에서처럼 처음부터 직류 입력전압을 사용하는 regulated power supply는 DC→DC의 기본 구조를 갖는데, 이것의 내부에는 절연형의 스위칭 레귤레이터를 사용할 수도 있고 비절연형의 스위칭 레귤레이터를 사용할 수도 있다.

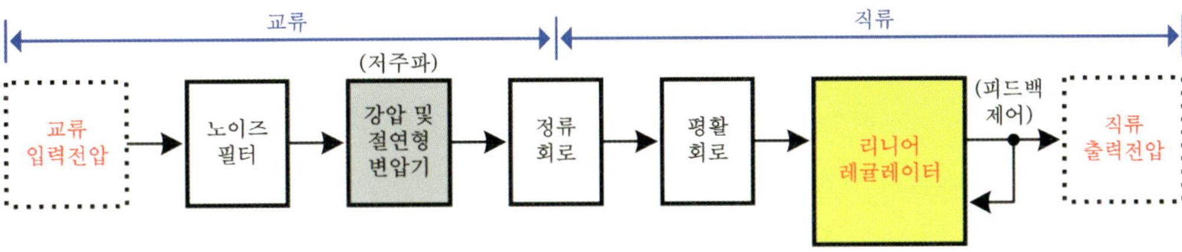

(a) 리니어 전원장치

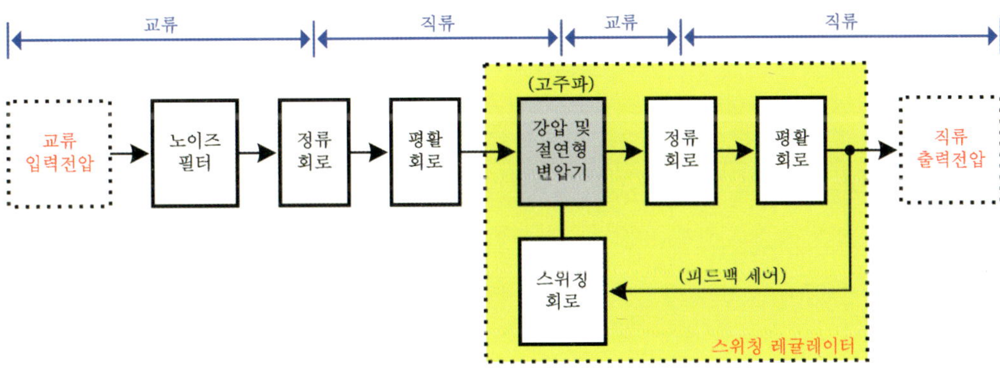

(b) 스위칭 전원장치

<그림 7.1.2> 정전압 제어 기능이 전원장치의 기본 구조

리니어 전압 레귤레이터(linear voltage regulator)는 입력전압이나 부하의 크기가 변동되더라도 전력용 반도체를 선형 전압 증폭기(linear voltage amplifier)로 사용하는 방법으로 출력전압이 일정하게 유지되도록 제어하는 회로인데, 여기에는 낮은 주파수에서 동작하는 강압용 변압기나 평활용 커패시터 및 전력용 반도체에 대하여 사용하는 방열판 등으로 인하여 무겁고 부피가 크며 저효율의 특성을 가지므로 이것은 소용량의 전원에 적합하다.

이에 비하여 스위칭 전압 레귤레이터(switching voltage regulator)는 입력전압이나 부하의 크기가 변동되더라도 전력용 반도체를 스위치(switching device)로 동작시켜서 PWM 제어를 수행하는 방법으로 출력전압이 일정하게 유지되도록 제어하는 회로인데, 여기에는 높은 스위칭 주파수를 사용함으로써 전체적인 부품이 작고 가벼워지며 고효율의 특성을 가지므로 이것은 중용량부터 대용량까지의 전원에 적합하다.

▣ 리니어 방식 전원과 스위칭 방식 전원의 비교

리니어 방식의 전원과 스위칭 방식의 전원에 대하여 서로 특성을 요약 비교하면 <표 7.1.1>과 같다. 리니어 방식의 전원은 구조가 간단하고, 가격이 낮으며, 출력전압의 리플이나 잡음 발생이 적어서 출력전압의 품질이 좋으므로 고정밀 전원에 적합하다는 장점을 갖지만, 효율이 낮아서 수W 이하의 소용량 전원에 주로 사용한다.

이에 비하여 스위칭 방식의 전원은 효율이 높으며, 작고 가벼워서 PCB 실장형이나 기기 내장형의 중대용량 전원에 널리 사용되고 있다. 이것은 흔히 프리 볼트(free volt)형이라고 불리는 교류 110V/220V 겸용의 SMPS에 사용할 수도 있으며, DC-DC 컨버터 방식에서는 강압용이나 승압용 전원에 모두 사용할 수 있다는 것도 중요한 장점이다. 예전에는 이것이 회로의 구조가 복잡하여 사용자가 이를 직접 설계하기에 어렵다거나 신뢰성이 낮고 가격이 비싸다는 단점이 있었지만, 이러한 단점은 현재 1개의 소자로 만들어진 스위칭 레귤레이터 IC가 보편화되어 널리 사용되면서 거의 해소되어 가고 있다.

<표 7.1.1> 리니어 레귤레이터를 사용한 전원과 스위칭 레귤레이터를 사용한 전원의 비교

	리니어 레귤레이터를 사용한 전원	스위칭 레귤레이터를 사용한 전원
회로의 복잡성	간단하다.(강압, 정류, 평활)	복잡하다.(정류, 스위칭, 강압, 정류, 평활)
변환 효율	낮다.(30~60%) ※ 동작 조건에 따라 상당히 변동한다.	높다.(70~85%) ※ 동작 조건에 따라 변동이 거의 없다.
부피	크다.(변압기, 평활용 커패시터, 방열판)	작다.(1/4~1/10 정도로 감소)
중량	무겁다.(변압기, 평활용 커패시터, 방열판)	작다.(1/4~1/10 정도로 감소)
과도응답 속도	빠르다.(50μs~1ms)	느리다.(약 10배 : 500μs~10ms)
출력전압 리플	작다.(0.1mV~10mV)	크다.(약 100배 : 10mV~200mV)
입력전압	① 입력전압의 폭이 넓으면 효율이 낮아진다. ② 직류 입력전압은 사용할 수 없다. ③ 변압기를 사용하여 110V/220V 절환형으로 만드는 것이 가능하다.	① 입력전압 폭이 넓고 효율이 거의 일정하다. ② 직류 입력전압도 사용할 수 있다. ③ 기본적으로 110V/220V 겸용의 프리 볼트형으로 만드는 것이 가능하다.
입출력 전압의 관계	강압용으로만 사용할 수 있다.	강압용 및 승압용이 모두 가능하다.
잡음 발생	없다. ※외부 노이즈의 차단 기능이 나쁘다.	스위칭 잡음이나 EMI를 발생한다. ※외부 노이즈의 차단 기능이 우수하다.
신뢰성	높다. ※ 온도가 높아지면 신뢰성은 낮아진다.	낮다. ※ 온도와 신뢰성이 별로 관계 없다.
가격	낮다.	높다.(※ 현재는 격차가 매우 좁혀졌다.)
용도	고정밀 전원, 10W 이하의 소용량 전원. 가변 전압 전원. ※ PCB 실장에 불리하다.	고효율 전원, 중대용량 전원. 고정 정전압 전원. ※ PCB 실장에 유리하다.

▣ 리니어 방식 전원의 기본 구조

내부에 리니어 정전압 레귤레이터를 포함하는 리니어 방식 전원의 기본 구조를 보이면 <그림 7.1.3>과 같다. 여기서 사용한 리니어 정전압 레귤레이터의 종류는 시리즈형(series regulator)과 션트형(shunt regulator) 중에서 시리즈형이다.

리니어 방식의 전원에서는 첫번째 단계에서 60Hz의 낮은 주파수 변압기로 절연 및 강압을 수행하게 되므로 매우 큰 인덕턴스를 가지며 무거운 규소강판형 변압기 T_1을 사용하고, 브리지 다이오드로 정류한 출력전압에서 리플을 최대한 제거해야 하므로 큰 정전용량의 평활용 커패시터 C_1을 사용해야 하며, 선형 전압증폭기로 사용된 전력용 바이폴라 트랜지스터 Q_1에서는 전력 손실이 매우 크므로 큰 방열판을 부착해 주어야 한다. 이렇게 크고 무거운 3가지의 전기전자 부품을 보이면 <그림 7.1.4>와 같다.

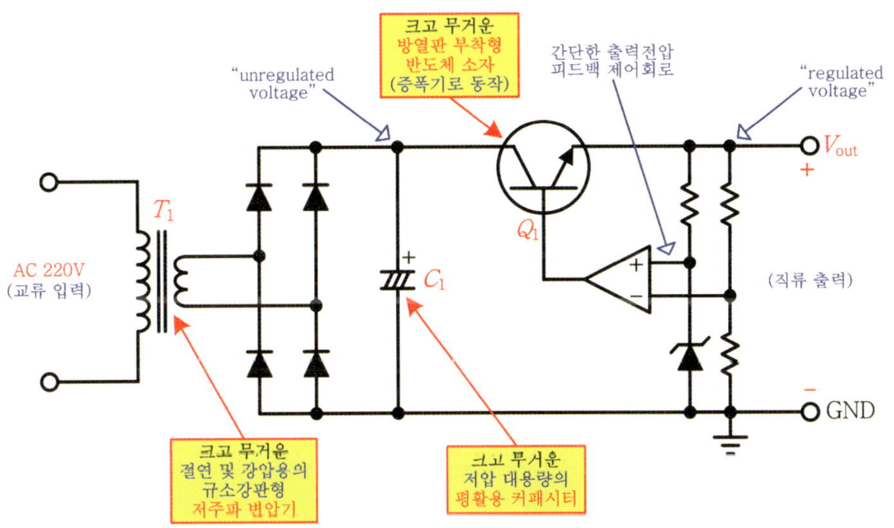

<그림 7.1.3> 리니어 방식 전원장치의 기본 구조

<그림 7.1.4> 리니어 방식 전원장치에 사용되는 주요 부품

▣ 스위칭 방식 전원의 기본 구조

내부에 스위칭 정전압 레귤레이터를 포함하는 스위칭 방식 전원의 기본 구조를 보이면 <그림 7.1.5>와 같다. 여기서 사용한 스위칭 정전압 레귤레이터의 종류는 포워드 컨버터(forward converter) 또는 플라이백 컨버터(flyback converter)이다.

스위칭 방식의 전원에서는 첫번째 단계에서 60Hz의 교류 입력전압을 그대로 정류하고 평활하게 되는데, 이렇게 만들어지는 unregulated voltage는 뒤의 두번째 단계에서 PWM 제어를 수행하게 되므로 작은 정전용량의 평활용 커패시터 C_1을 사용하여 상당한 리플을 포함하더라도 큰 문제가 없게 된다. 두번째 단계에서는 반도체 스위칭 소자 Q_1을 사용하여 가청 주파수 이상의 높은 주파수로 스위칭함으로써 작은 페라이트형 고주파 변압기 T_1으로 절연 및 강압을 수행할 수 있으며, 세번째 단계에서는 고주파 변압기를 통하여 넘어온 교류 전압을 정류하고 평활하여 출력전압을 얻게 된다. 이처럼 높은 주파수로 동작하는 정류회로에서는 속도가 빠른 고속 역회복 다이오드나 쇼트키 다이오드를 사용해야 하며, 고주파 전압의 평활회로는 용량이 작은 인덕터 L_1과 커패시터 C_2를 사용하여 LC 필터로 구성한다. 스위칭 동작을 수행하는 반도체 소자 Q_1에서는 선형 전압증폭기로 동작하는 리니어 전원에 비하여 손실이 훨씬 적으므로 작은 전력 용량에서는 방열판을 사용하지 않을 수도 있으며, 전력 용량이 커지더라도 리니어 전원의 경우에 비하여 훨씬 작은 방열판을 사용한다. 이렇게 작고 가벼워진 3가지의 전기전자 부품을 보이면 <그림 7.1.6>과 같다.

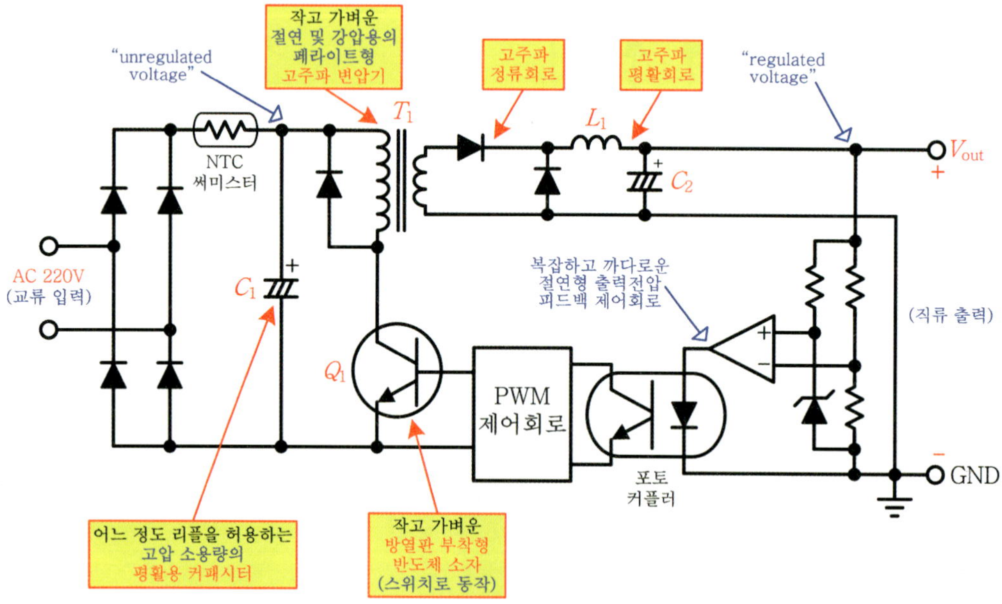

<그림 7.1.5> 스위칭 방식 전원장치의 기본 구조

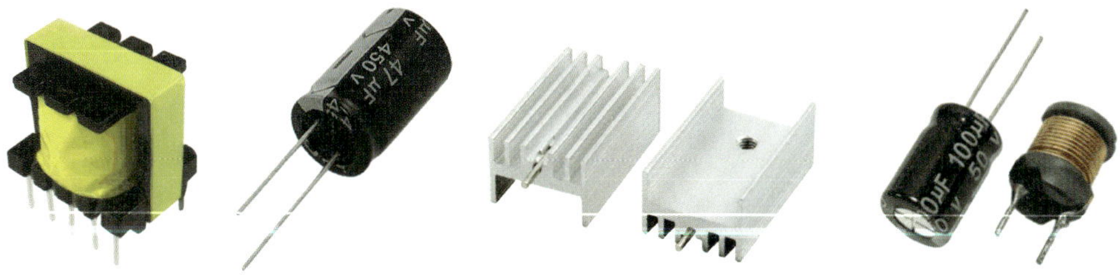

<그림 7.1.6> 스위칭 방식 전원장치에 사용되는 주요 부품

▣ 다출력 전원을 만들기 위한 정전압 레귤레이터 IC 소자의 종속 접속

하나의 전원장치에서 여러가지의 출력전압을 갖는 전원을 얻어낼 수 있는 것을 다출력 전원이라고 한다. 많은 전기전자 제품에서는 2가지 이상의 전원을 필요로 하므로 이런 경우에는 전원장치의 회로를 다출력 전원으로 설계해야 한다.

리니어 방식으로 다출력 전원을 만드는 경우에는 <그림 7.1.7>의 (a)에서처럼 강압용 변압기를 다출력형으로 사용하여 2차측에서 각 출력전압에 대하여 독립적인 정류회로-평활회로-레귤레이터를 갖도록 설계해야 한다. 그러나, 만약 그림의 (b)처럼 레귤레이터1의 아래쪽에 레귤레이터2를 종속 접속하면 효율이 나쁜 레귤레이터1이 레귤레이터2의 부하전류까지 공급해야 하므로 발열이 심하여 무리한 동작이 되기 때문에 이런 구성은 바람직하지 않다.

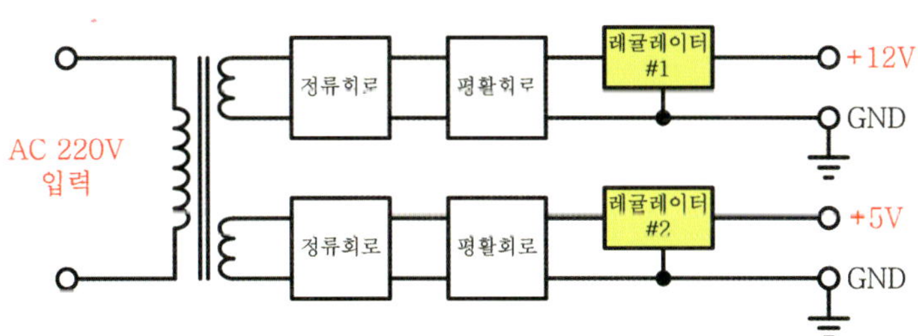

(a) 바람직한 구성 방식

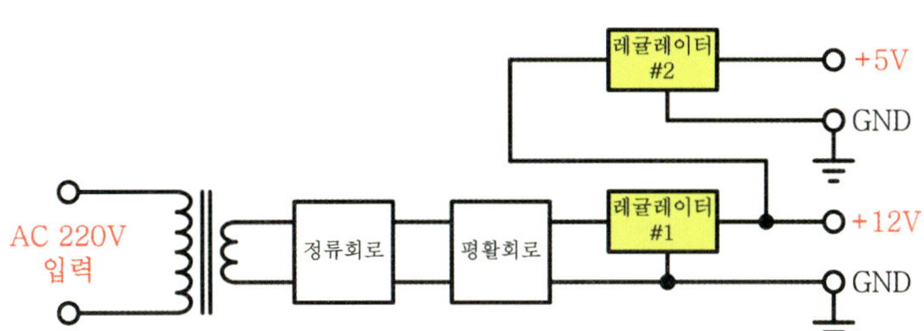

(b) 바람직하지 않은 구성 방식

<그림 7.1.7> 리니어 방식으로 다출력 전원을 만드는 방법

스위칭 방식으로 다출력 전원을 만드는 경우에도 기본적으로는 <그림 7.1.8>의 (a)에서 처럼 하나의 직류전원에서 병렬로 분기하여 각각 독립적인 스위칭 레귤레이터 소자를 사용하는 방식으로 원하는 출력전압을 만든다. 그러나, 스위칭 방식에서는 그림의 (b)처럼 레귤레이터1의 아래쪽에 레귤레이터2를 종속 접속하고 다시 그 아래쪽에 레귤레이터3을 종속 접속하더라도 이들 레귤레이터의 효율이 좋기 때문에 크게 무리한 동작이 되지 않도록 할 수 있어서 이런 종속 접속 방식의 구성도 종종 사용한다.

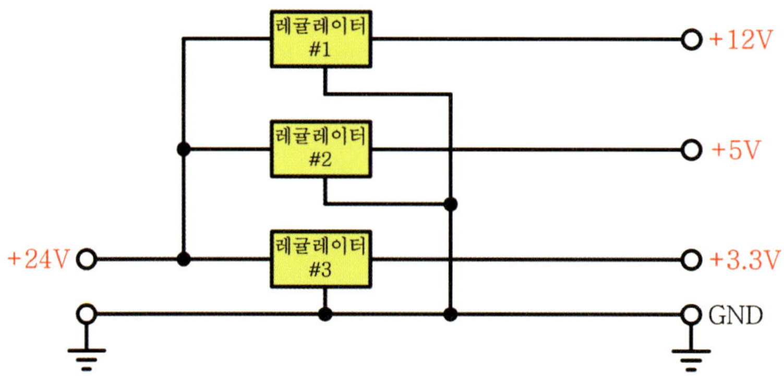

(a) 바람직한 구성 방식

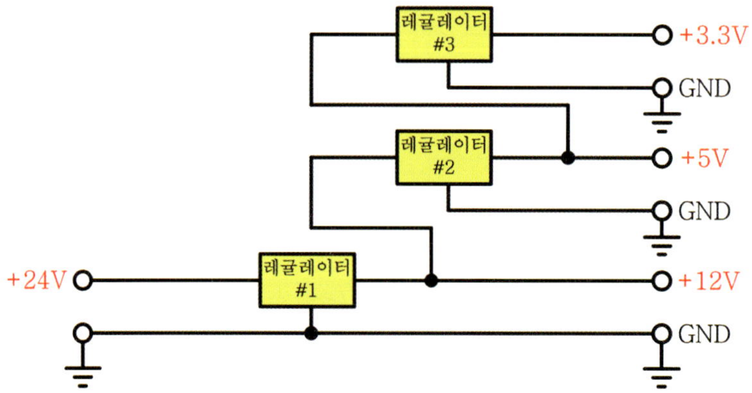

(b) 사용 가능한 또 다른 구성 방식

<그림 7.1.8> 스위칭 방식으로 다출력 전원을 만드는 방법

이처럼 하나의 시스템에서 다출력 전원을 사용하는 일은 매우 자주 있는데, 스위칭 방식으로 그러한 다출력 전원을 만들어 공급하는 형식에는 <그림 7.1.9>에 보인 것처럼 2가지 경우가 있다. 그림 (a)는 교류 220V를 입력전압으로 받아서 +5V, +15V, -15V 등 3가지의 출력전압을 공급하는 절연형의 다출력 SMPS 모듈을 사용하는 경우이다. 소용량의 SMPS

중에는 하나의 부품처럼 작은 모듈 형태로 되어 있어서 이렇게 PCB에 쉽게 실장하여 사용할 수 있는 제품이 많다.

그림 (b)는 직류 24V를 입력전압으로 받아서 +5V, +15V, -15V 등 3가지의 출력전압을 공급하는 비절연형의 다출력 DC-DC 컨버터 모듈을 사용하는 경우이다. 소용량의 DC-DC 컨버터 모듈에는 절연형과 비절연형이 있는데, 여기서는 이 PCB의 회로와 외부의 다른 기기들이 +24V의 전원을 공통으로 사용하므로 당연히 접지를 일치시키는 구조로 만들기 위하여 비절연형의 DC-DC 컨버터 모듈을 사용하였다.

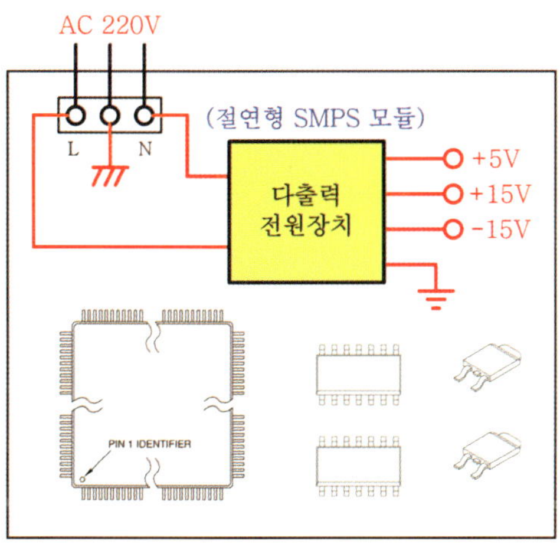

(a) SMPS를 사용하는 경우

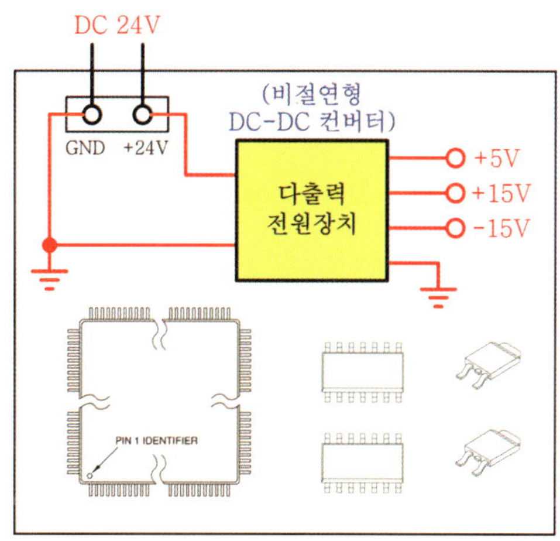

(b) DC-DC 컨버터를 사용하는 경우

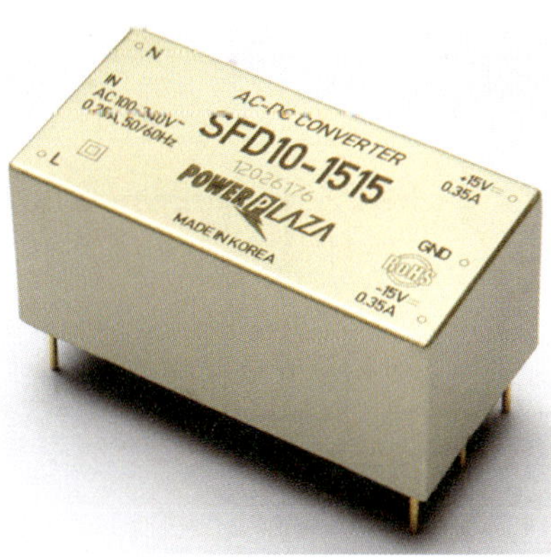

(c) 절연형 SMPS 모듈의 예

(d) 비절연형 DC-DC 컨버터 모듈의 예

<그림 7.1.9> 스위칭 방식의 다출력 전원장치를 PCB에 실장하여 사용하는 방법

7.2 리니어 전원 회로

이 절에서는 리니어 전원 회로의 기본 구조와 동작 원리를 이해하고, 리니어 정전압 레귤레이터의 종류에 대하여 공부한다. 그리고, 단일 소자로 만들어진 리니어 레귤레이터 IC의 종류를 요약하고 그것들 중에서 대표적인 모델을 선정하여 활용 기술을 알아본다.

1. 정류회로와 평활회로

(1) 리니어 전원장치의 기본 구조

앞 절에서도 살펴본 바가 있듯이 내부에 리니어 정전압 레귤레이터를 포함하는 리니어 방식 전원의 기본 구조를 다시 보이면 <그림 7.2.1>과 같다. 여기서는 리니어 정전압 레귤레이터의 종류로서 시리즈형(series regulator)을 사용하였다.

이것의 입력단에 220V/60Hz의 교류 입력전압이 들어오면 첫번째 단계에서 저주파 변압기 T_1으로 절연 및 강압을 수행하여 적절한 전압으로 낮춘다. 두번째 단계에서는 브리지형으로 구성된 4개의 다이오드 $D_1 \sim D_4$로 정류를 수행하며, 이어서 커패시터 C_1을 사용하여 이 전압을 평활한다. 이렇게 만들어진 전압은 정류회로와 평활회로를 모두 거쳤으므로 어느 정도의 직류전압이 되기는 했으나, 이것은 아직 상당한 정도의 리플(ripple) 성분을 포함하고 있으며 입력전압이나 부하전류가 변동하면 그에 따라 이 전압도 변동하므로 아직 정전압은 아니고 이를 unregulated voltage라고 한다.

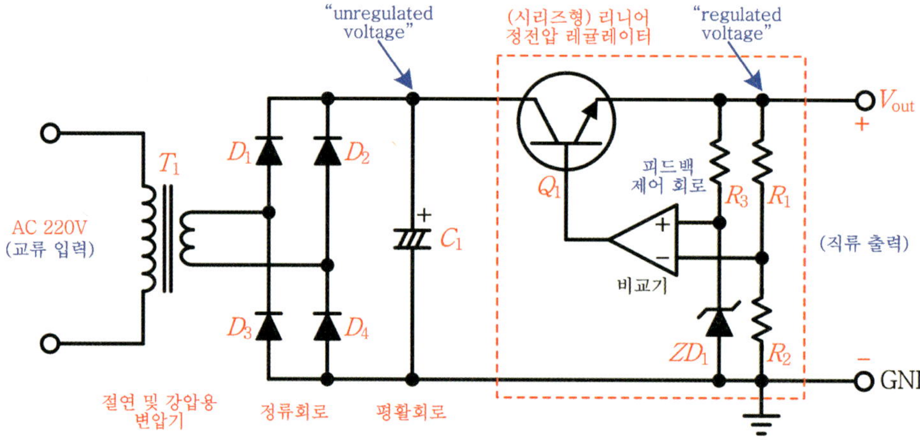

<그림 7.2.1> 리니어 방식 전원장치의 기본 구조

따라서, 원하는 정전압 출력을 얻으려면 세번째 단계로 리니어 정전압 레귤레이터를 사용하여 unregulated voltage를 regulated voltage로 만들어야 한다. 여기서는 시리즈형 레귤레이터를 사용하였는데, 이것은 기준전압과 출력전압을 비교하여 바이폴라 트랜지스터 Q_1을 전압증폭기로 구동함으로써 출력전압을 피드백 제어한다. 이때 기준전압은 저항 R_3과 제너다이오드 ZD_1을 사용하여 만들며, 출력전압은 2개의 저항 R_1과 R_2를 사용하여 검출하므로 이 2개의 저항비를 어떻게 설정하는지에 따라 출력전압의 크기가 결정된다.

입력전압인 unregulated voltage에서 출력전압인 regulated voltage를 뺀 값이 이 트랜지스터 Q_1의 컬렉터-에미터 양단에 걸리게 되고, 여기에 컬렉터 전류 즉 부하전류를 곱한 값이 이 트랜지스터 소자에서의 손실이 되므로 입력전압이 커지거나 부하전류가 커지면 그에 비례하여 트랜지스터에서의 전력 손실도 함께 커진다. 이 때문에 리니어 전원의 효율이 나빠지게 된다.

(2) 저주파 변압기

리니어 전원에서 높은 교류 입력전압을 적절한 크기의 전압으로 낮추고 또한 교류 입력전원과 직류 출력전원을 분리 절연하기 위하여 필수적으로 사용하는 것이 저주파 변압기이다. 60Hz의 낮은 주파수에서는 1차측과 2차측의 인덕턴스를 크게 하고 원하는 전력 용량을 가지려면 규소강판을 철심으로 사용하여 변압기를 만들어야 하기 때문에 부피가 크고 무겁다는 치명적인 단점을 갖게 된다.

교류전압의 크기를 변환하는데는 변압기를 사용하는 것보다 더 좋은 방법이 없다. 변압기에서 1차측과 2차측에 대한 권선수, 전압, 전류의 관계는 다음과 같다.

$$\frac{n_2}{n_1} = \frac{V_2}{V_1} = \frac{I_1}{I_2}$$

즉, 변압기에서 전압은 권선비에 비례하고, 전류는 권선비에 반비례한다. 따라서, 강압용 변압기에서는 1차측의 권선수가 2차측의 권선수에 비하여 훨씬 크다. 변압기는 전압과 전류를 통하여 1차측의 전력을 2차측으로 전달하기 때문에 여기서의 손실을 무시하면 1차측의 전력과 2차측의 전력이 같다. 그러므로 1차측의 전압이 높다는 것은 전류가 작게 흐른다는 것을 의미하므로 1차측은 가는 권선을 많이 감으며, 2차측의 전압이 낮다는 것은 전류가 크게 흐른다는 것을 의미하므로 2차측은 굵은 권선을 적게 감는다.

1차측과 2차측의 권선 구조에 따라 변압기는 <그림 7.2.2>에 보인 것처럼 3가지의 형태가 있다. 다출력형의 변압기에서 2차측에는 최소 2개에서 많을 때는 6개나 그 이상의 독립적인 권선을 사용하기도 한다.

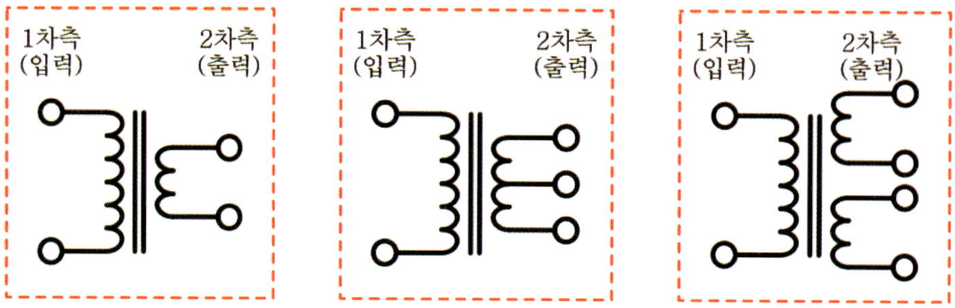

(a) 단일 출력형　　(b) 중간탭형　　(c) 다출력형

<그림 7.2.2> 변압기 권선의 형태

(3) 정류회로

교류전압을 직류전압으로 정류하는 회로에는 <그림 7.2.3>과 같이 2가지의 종류가 있다. 그림의 (a)와 같은 반파정류 회로는 다이오드 1개를 사용하며, 출력전압에서 반주기가 없어져서 나타나지 않기 때문에 리플이 커서 평활 작업이 어려워지고 따라서 매우 특수한 용도가 아니라면 잘 사용하지 않는다. 그림의 (b)와 같은 전파정류 회로는 4개의 다이오드를 사용하며, 모든 반주기마다 동일한 출력전압의 파형이 나타나므로 평활 작업이 용이하다. 4개의 다이오드를 묶어서 만든 브리지 다이오드(bridge diode)에는 그림의 (c)와 같이 전압 및 전류 용량에 따라 여러가지의 모델이 있다.

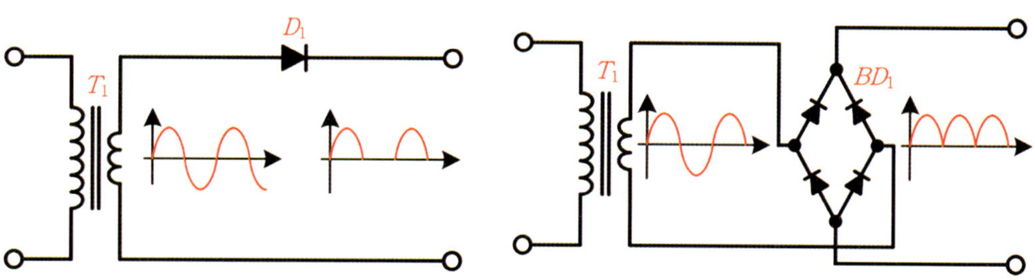

(a) 반파정류 회로　　(b) 전파정류 회로

(c) 브리지 다이오드 제품

<그림 7.2.3> 정류회로의 종류

(4) 평활회로

리니어 전원에서 강압용 변압기와 브리지 다이오드를 사용한 전파정류 회로를 거쳐서 커패시터를 사용한 평활회로까지의 구성과 평활회로를 거쳐서 나온 전압 출력을 <그림 7.2.4>에 보였다. 여기서 전파정류된 파형을 평활하게 하는 것은 전해 커패시터 C_1인데, 이것의 정전용량이 클수록 평활 동작이 우수하여 출력전압의 파형에 리플 성분이 작아진다. 여기서처럼 변압기 T_1에 의하여 전압이 낮아지고 이를 정류 및 평활하는 경우에는 거의 문제가 되지 않지만, SMPS의 스위칭 전원에서는 220V 교류 입력전압을 그대로 전파정류하고 전해 커패시터로 평활하기 때문에 전해 커패시터의 초기전압이 0인 상태에서 전원을 투입하면 매우 큰 돌입전류(inrush current)가 흐르면서 전해 커패시터가 충전되기 때문에 위험한 상황이 발생한다. 이 문제를 해결하기 위해서는 브리지 다이오드 BD_1과 평활용 커패시터 C_1의 사이에 직렬로 NTC형 써미스터를 연결하는 등의 방법으로 돌입전류를 억제해야 한다.

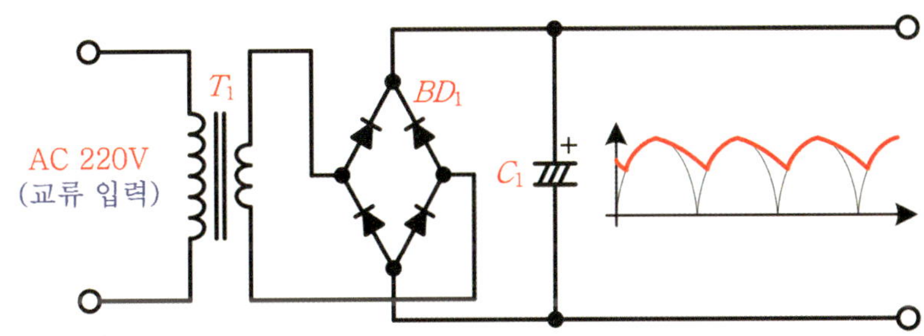

<그림 7.2.4> 리니어 전원에서 강압 정류 평활의 단계적 회로 구조와 동작

(a) 85℃짜리 제품 (b) 105℃짜리 제품

<그림 7.2.5> 전해 커패시터의 온도 특성

평활용으로 사용된 전해 커패시터는 전파정류된 전압 파형의 매주기마다 1번씩 여기에 충전 전류와 방전 전류가 흐르면서 전압을 충전 및 방전하는 방식으로 평활 동작을 수행하

는데, 이런 교류 전류는 전해 커패시터 내부에서 손실 및 발열을 일으킨다. 그러나, 전해 커패시터는 내부의 화학적인 특성으로 발열에 매우 취약하므로 온도가 10℃만큼 증가하면 그것의 수명은 1/2로 감소한다. 실제로 많은 전기전자 제품의 수명이 짧아지는 주된 원인은 그것에 사용된 전원장치 내부의 평활용 커패시터 때문이다. 이 수명을 좀 더 길게 하려면 전해 커패시터를 85℃짜리가 아니라 105℃짜리 제품으로 사용하는 것이 좋다.

▣ 출력전압의 리플

이제 브리지 다이오드를 사용하여 전파정류되고 전해 커패시터를 사용하여 평활된 전압 파형을 좀 더 상세하게 보이면 <그림 7.2.6>과 같다. 만약 무부하 조건이라면 전파정류된 출력전압은 이 그림에서 흑색의 점선과 같이 표시되며, 평활회로를 거친 출력전압은 V_{NL}처럼 수평의 최대 전압이 된다. 그러나, 최대 부하 조건이라면 변압기 권선에 의하여 2차측 전압이 감소하기 때문에 전파정류된 출력전압은 적색의 점선과 같이 표시되며, 평활회로를 거친 출력전압은 V_{FL}처럼 리플을 갖는 적색의 파형이 된다.

이처럼 전파정류의 결과 흑색의 점선 파형이 적색의 점선 파형으로 작아지는 것은 이 회로의 부하 변동률이 나빠지게 만들며, 이를 개선하려면 변압기 T_1의 1차측과 2차측 권선을 지금보다 더 굵게 하여 부하전류에 의한 전압강하를 줄여야 한다.

또한, 평활된 최종 출력전압 파형이 V_{FL}처럼 주기적인 리플을 갖는 것은 전원 전압이 부하 전압보다 높은 부분에서는 이것이 평활용 커패시터를 충전하고 전원 전압이 부하 전압보다 낮아지는 부분에서는 평활용 커패시터가 방전하면서 부하전류를 공급하기 때문인데, 이로 인하여 출력전압의 리플 ΔV_{out}이 커지고 맥동률이 나빠지는 것을 개선하려면 평활용 커패시터 C_1의 정전용량을 더 크게 사용해야 한다.

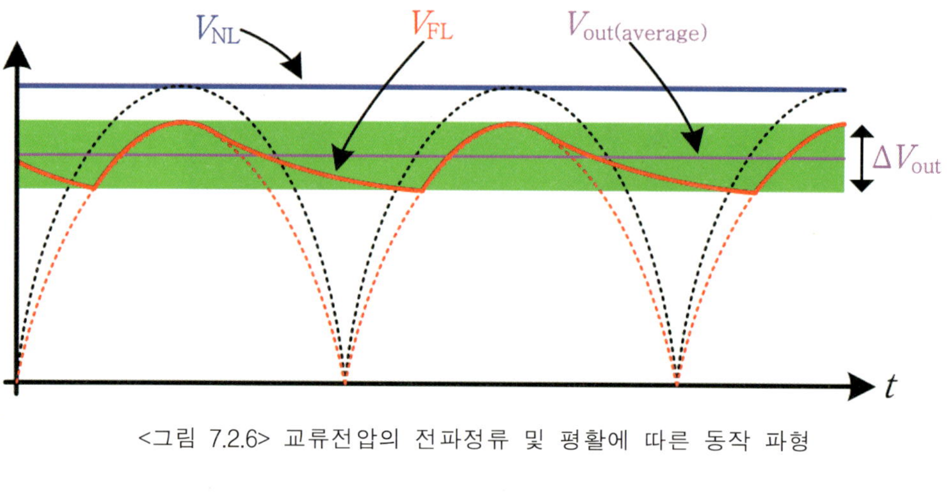

<그림 7.2.6> 교류전압의 전파정류 및 평활에 따른 동작 파형

■ **평활용 커패시터의 정전용량 선정**

출력전압의 리플 ΔV_{out}을 줄이고 맥동률이 좋아지도록 하려면 평활용 커패시터 C_1의 정전용량을 어떻게 선정해야 할까? 당연히 이를 크게 할수록 리플은 줄어들고 맥동률이 좋아져서 좀 더 수평의 직류에 가까운 출력전압 파형을 얻을 수 있지만, 전해 커패시터의 내압이 높아지거나 정전용량이 커지면 가격이 급격하게 높아지므로 무조건 정전용량을 크게 선정할 수도 없는 현실이다.

이 때문에 많은 전원 설계 엔지니어들은 자신의 경험을 바탕으로 하여 주먹구구식으로 전해 커패시터의 용량을 선정하고 있으며, 부하전류 1A당 1000μF~2000μF의 전해 커패시터를 사용하라거나 또는 부하전류 1A당 2200μF를 사용하라는 것처럼 인터넷에 떠도는 아무 근거도 없는 방식으로 정류회로를 설계하는 경우를 너무나도 자주 본다.

그러나, 정류회로에 필요한 평활용 커패시터의 정전용량은 이 회로의 동작 조건에 맞추어 수학적으로 충분히 해석할 수 있으며, 이를 근거로 정확한 값을 계산하여 적합한 소자를 선정할 수 있다. 여기서는 단상 정류회로에서 평활용 커패시터의 정전용량을 올바르게 계산하는 방법에 대하여 설명한다.

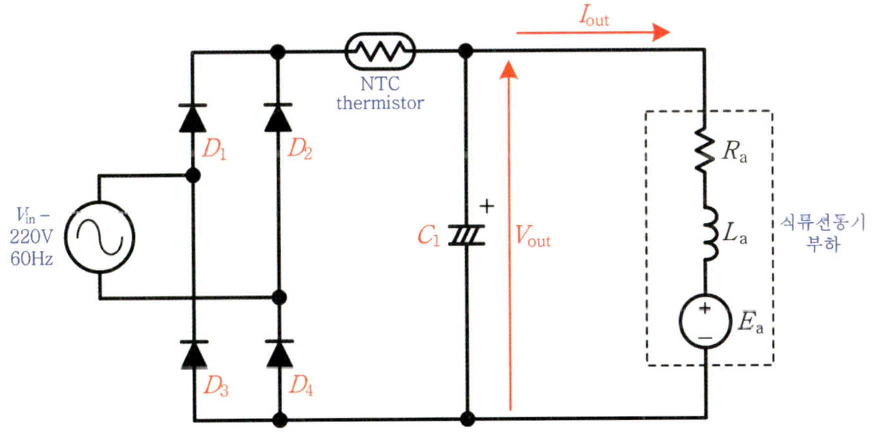

<그림 7.2.7> 단상 전파정류 및 평활회로(직류전동기 부하의 경우)

이제부터 해석의 대상으로 사용할 단상 전파정류 및 평활회로를 <그림 7.2.7>에 보였다. 여기서 전파정류 회로는 4개의 다이오드 D_1~D_4로 구성되고, 평활회로는 1개의 전해 커패시터 C_1으로 구성되며, NTC 써미스터는 초기에 전원을 투입할 때 커패시터 C_1을 통하여 큰 돌입전류(inrush current)가 흐르는 것을 방지하기 위하여 사용된다. 만약, 이 출력전압으로 직류전동기를 구동하는 것으로 가정하면 부하는 그림처럼 전기자 저항 R_a, 인덕턴스 L_a, 그리고 전동기의 유기기전력 E_a로 등가화하여 표현할 수 있다. 또한, 전파정류되고 평활된 출력전압 V_{out}의 피크값을 V_{max}라고 하면 이 회로에 단상 교류 220V가 입력되었을 때 출력

전압의 피크값은 $V_{max} = \sqrt{2} \times 220 \fallingdotseq 311.13\,[\mathrm{V}]$ 로 계산된다.

이 회로에서 정전용량이 C_1인 평활용 커패시터에 충전되는 전하량과 방전되는 전하량은 항상 같아야 하므로 다음의 관계가 성립한다. 여기서, ΔV_{out}은 정류와 평활이 수행된 직류 출력전압의 리플이며, I_{dc}는 평균 부하전류이고, Δt는 방전 시간을 나타낸다.

$$Q = C_1 \times \Delta V_{out} = I_{dc} \times \Delta t$$

따라서, 정류 및 평활회로에서 출력전압의 리플을 ΔV_{out} 이내로 작게 유지하려면 평활용 커패시터 C_1의 정전용량은 다음의 식으로 계산되는 값 이상으로 크게 사용해야 한다.

$$C_1 = \frac{I_{dc} \times \Delta t}{\Delta V_{out}}$$

① 간략한 계산 방법

먼저 간략한 방법으로 좀 더 쉽게 평활용 커패시터의 정전용량을 계산하는 방법은 <그림 7.2.8>과 같은 평활회로의 동작 파형에서 시작한다. 이 그림에서 적색으로 표시한 파형은 평활용 커패시터를 충전(charging)하는 전압 파형이며, 청색으로 표시한 파형은 평활용 커패시터가 방전(discharging)하는 전압 파형을 나타낸다.

여기서 보듯이 정류회로에서 평활용 커패시터는 짧은 시간동안 충전되고 훨씬 긴 시간동안 방전된다.(사실 충전은 정현파의 최대값을 지나서 약간 더 계속되지만 이 파형에서는 충전이 정현파의 최대값까지만 수행되는 것으로 간략화하였다.) 직류전압의 리플이 작을수록 충전 시간이 더 짧아지고 그만큼 방전 시간은 길어지게 된다. 이 충전 시간과 방전 시간을 정확히 알아내려면 이 회로의 부하 조건에 따라 미분방정식으로 표현되는 전압 방정식을 풀어서 전압 및 전류 파형의 식을 알아내야 하므로 계산이 상당히 복잡해진다.

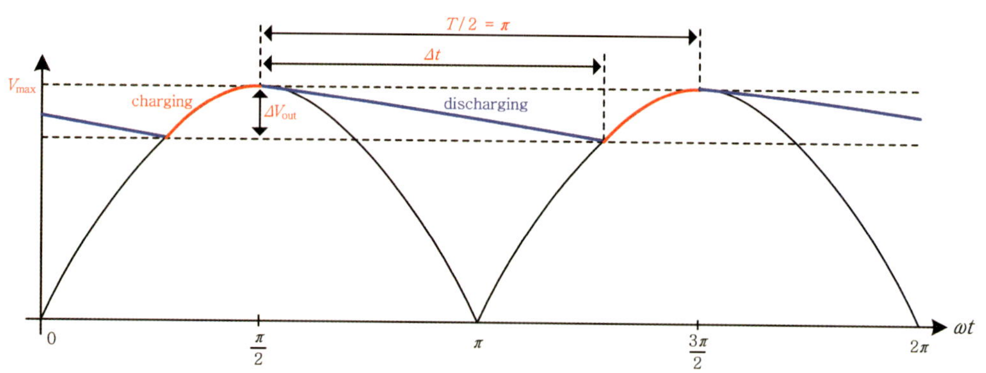

<그림 7.2.8> 단상 전파정류 및 평활회로의 동작 파형에서 커패시터의 충전 및 방전 시간

그러나, 이처럼 충전 시간이 방전 시간에 비하여 훨씬 짧으므로 간략한 계산 방법에서는 충전 시간을 0으로 간주하고 방전 시간이 교류전원 주기의 1/2이 되는 것으로 간주하여 방전 시간을 아래와 같이 쉽게 알아낼 수 있다. 당연히 이렇게 하면 계산 결과에 어느 정도의 오차를 포함한다. 여기서 T는 교류 입력전원의 주기이며, f는 주파수이다.

$$\Delta t \fallingdotseq \frac{T}{2} = \frac{1}{2f}$$

이것을 앞에서 보였던 C_1의 정전용량 계산식에 대입하면 단상 전파정류 회로의 평활용 커패시터를 계산하는 식을 다음과 같이 얻을 수 있다. 출력전압의 리플을 ΔV_{out} 이하로 유지하려면 평활용 커패시터는 이렇게 계산한 값보다 더 큰 정전용량을 사용해야 한다.

$$C_1 = \frac{I_{\text{dc}} \times \Delta t}{\Delta V_{\text{out}}} = \frac{I_{\text{dc}}}{2f \times \Delta V_{\text{out}}}$$

예를 들어 단상 교류 입력전압 220[V]를 정류하고 이를 평활하여 만든 전압이 부하에 평균전류 0.85[A]를 공급하면서 리플전압을 $V_{\max}$의 10%인 31.11[V] 이하로 유지하고자 하면 평활용 커패시터의 정전용량을 다음 값보다 크게 사용해야 한다.

$$C_1 = \frac{I_{\text{dc}}}{2f \times \Delta V_{\text{out}}} = \frac{0.85}{2 \times 60 \times 31.11} \fallingdotseq 228[\mu\text{F}]$$

② 좀 더 정확한 계산 방법

단상 전파정류 회로에서 평활용 커패시터의 방전 시간을 좀 더 정확하게 계산하여 최적의 정전용량을 알아내려면 <그림 7.2.9>와 같이 정류회로와 평활회로의 출력 파형을 좀 더 꼼꼼하게 분석해야 한다. 이 그림에서 점선은 정현파 교류 입력전압 파형이고, 적색으로 표시된 것은 충전 전압 파형이며, 청색으로 표시된 것은 방전 전압 파형을 나타낸다.

그러면 그림에서 보듯이 점선의 정현파(sine wave)로부터 아래의 관계를 얻을 수 있다.

$$\sin\theta = \frac{V_{\max} - \Delta V_{\text{out}}}{V_{\max}} = 1 - \frac{\Delta V_{\text{out}}}{V_{\max}}$$

그런데,

$$\Delta\theta = \Delta\omega t = \theta + \frac{\pi}{2} \quad \therefore \theta = \Delta\omega t - \frac{\pi}{2}$$

의 관계가 있으므로, 이를 앞에서의 $\sin\theta$ 식에 대입하면 아래와 같이 된다.

$$\sin\theta = \sin(\Delta\omega t - \frac{\pi}{2}) = 1 - \frac{\Delta V_{out}}{V_{max}}$$

이로부터 다음과 같이 방전 시간 Δt를 구할 수 있다.

$$\Delta\omega t - \frac{\pi}{2} = \sin^{-1}\left(1 - \frac{\Delta V_{out}}{V_{max}}\right) \quad \therefore\ \Delta t = \frac{1}{2\pi f}\left[\frac{\pi}{2} + \sin^{-1}\left(1 - \frac{\Delta V_{out}}{V_{max}}\right)\right]$$

그런데, 삼각함수의 공식에서 $\sin x = \cos\left(\frac{\pi}{2} - x\right)$ 의 관계가 있으므로 $\sin\theta$ 식을 다음과 같이 표현할 수도 있으며, 이로부터 cos을 사용한 방전 시간 Δt를 구할 수 있다.

$$\sin\theta = \sin\left(\Delta\omega t - \frac{\pi}{2}\right) = \cos\left(\frac{\pi}{2} - \Delta\omega t + \frac{\pi}{2}\right) = \cos(\pi - \Delta\omega t) = 1 - \frac{\Delta V_{out}}{V_{max}}$$

$$\pi - \Delta\omega t = \cos^{-1}\left(1 - \frac{\Delta V_{out}}{V_{max}}\right) \quad \therefore\ \Delta t = \frac{1}{2\pi f}\left[\pi - \cos^{-1}\left(1 - \frac{\Delta V_{out}}{V_{max}}\right)\right]$$

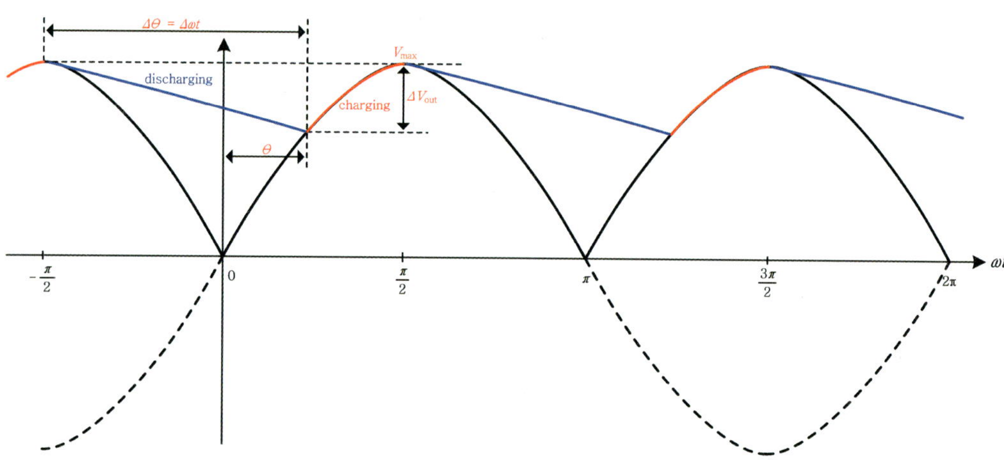

<그림 7.2.9> 단상 전파정류 및 평활회로의 동작 파형에서 커패시터의 방전 시간

이와 같은 얻은 2가지의 방전 시간에 관한 식을 각각 앞에서 보였던 C_1의 정전용량 계산식에 대입하면 단상 전파정류 회로의 평활용 커패시터를 계산하는 식을 좀 더 정확한 방법으로 다음과 같이 얻을 수 있다. 출력전압의 리플을 ΔV_{out} 이하로 유지하려면 평활용 커

패시터는 이렇게 계산한 값보다 더 큰 정전용량을 사용해야 한다.

$$C_1 = \frac{I_{dc} \times \Delta t}{\Delta V_{out}} = \frac{I_{dc}}{2\pi f \times \Delta V_{out}} \left[\frac{\pi}{2} + \sin^{-1}\left(1 - \frac{\Delta V_{out}}{V_{max}}\right) \right]$$

$$C_1 = \frac{I_{dc} \times \Delta t}{\Delta V_{out}} = \frac{I_{dc}}{2\pi f \times \Delta V_{out}} \left[\pi - \cos^{-1}\left(1 - \frac{\Delta V_{out}}{V_{max}}\right) \right]$$

예를 들어 단상 교류 입력전압 220[V]를 정류하고 평활하여 만든 전압이 부하에 평균전류 0.85[A]를 공급하면서 리플전압을 V_{max}의 10%인 31.11[V] 이하로 유지하고자 하면 평활용 커패시터의 정전용량을 다음 값보다 크게 사용해야 한다.

$$C_1 = \frac{I_{dc}}{2\pi f \times \Delta V_{out}} \left[\pi - \cos^{-1}\left(1 - \frac{\Delta V_{out}}{V_{max}}\right) \right] = \frac{0.85}{2\pi 60 \times 31.11} \left[\pi - \cos^{-1}\left(1 - \frac{31.11}{311.13}\right) \right] \fallingdotseq 195[\mu F]$$

단상 전파정류 및 평활회로를 동일한 부하 조건에서 운전할 때 앞에서 간략한 방법으로 계산했던 정전용량은 228[μF]보다 커야 하는데 비하여 이번에 좀 더 정확한 방법으로 계산한 정전용량은 195[μF]보다 크면 된다. 간략한 계산 방법에서는 방전 시간을 실제보다 더 길게 잡았으므로 출력전압의 리플을 31.11[V] 이내로 유지하기 위하여 더 큰 정전용량이 필요하다고 계산 결과가 부정확하게 나오는 것을 알 수 있다.

2. 정전압 리니어 레귤레이터

앞에서 설명한 것처럼 정류회로와 평활회로를 거쳐서 얻어진 직류전압은 이를 어떤 응용에 사용하는데 큰 문제가 없을 정도로 리플 전압이 작게 만들 수는 있으나, 이 전압은 입력전압의 변동이나 부하전류의 변동에 의하여 크기가 불안정하게 달라질 수밖에 없으므로 이러한 전원장치를 unregulated power supply라고 한다. 이를 입력전압이나 부하전류의 변동에도 출력전압이 일정하게 유지되는 정전압 전원(regulated power supply)으로 만들려면 마지막 단계에 정전압 레귤레이터 회로를 추가해야 한다. 이러한 정전압 레귤레이터에는 션트 레귤레이터(shunt regulator)와 시리즈 레귤레이터(series regulator)가 있다.

(1) 션트 레귤레이터

션트 레귤레이터는 병렬형 레귤레이터(parallel regulator)라고도 불리는데, 이것은 정전압 제어를 수행하는 소자 또는 회로가 부하와 병렬로 배치되는 구조를 갖는다. 이 방식은 조건의 변동에 대한 동작 범위나 안정성, 특히 효율의 측면에서 별로 좋지 않으므로 오늘날의 전원에서는 거의 사용하지 않는다. 션트 레귤레이터가 갖는 1가지 장점은 부하측의 단락전류에 대한 보호 기능을 기본적으로 가지고 있다는 것이다. 부하가 단락되는 최악의 상황에서 전류는 다음과 같이 흐르면서 회로의 어느 부분에도 치명적인 문제는 나타나지 않는다.

$$I_S = \frac{V_{in}}{R_S}$$

▣ 제너 다이오드를 사용한 션트 레귤레이터

제너 다이오드와 직렬 저항 R_S를 사용한 가장 간단한 형태의 션트 레귤레이터 회로를 <그림 7.2.10>에 보였다. 여기서는 제너 다이오드의 제너 전압이 곧 출력전압이 된다.

$$V_{out} = V_Z$$

여기서는 직렬 저항에 다음과 같은 전류가 흐른다.

$$I_S = \frac{V_{in} - V_{out}}{R_S} = I_Z + I_L \ , \ I_L = \frac{V_{out}}{R_L}$$

만약, 부하의 변동에 의하여 부하전류 I_L이 변한다면 그만큼 제너 다이오드의 전류 I_Z가 변하여 보상함으로써 직렬 저항에 흐르는 전체 전류 I_S는 일정하게 유지되고, 따라서 직렬 저항에서의 전압강하는 달라지지 않으므로 출력전압이 일정하게 유지된다.

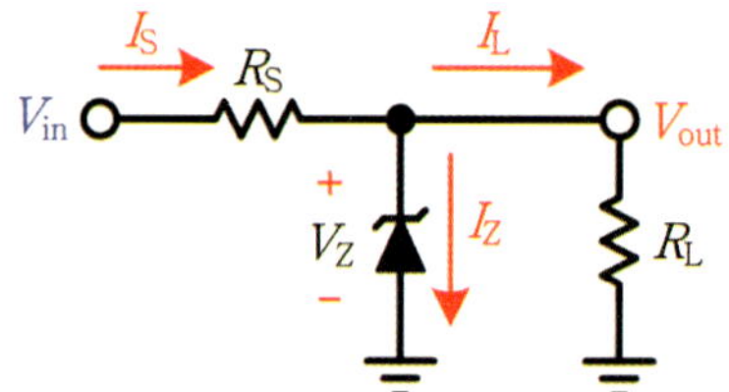

<그림 7.2.10> 제너 다이오드를 사용한 가장 간단한 션트 레귤레이터 회로

▣ 제너 다이오드와 트랜지스터를 사용하여 개선된 션트 레귤레이터

제너 다이오드에 큰 전류가 흐르면 이 소자에서의 소비전력 $I_Z V_Z$가 너무 커져서 큰 부하전류의 보상 동작을 수행하기 어렵기 때문에 <그림 7.2.10>의 회로는 부하전류가 작은 응용에서만 적용할 수 있다는 단점을 갖는다. 이를 해결하려면 <그림 7.2.11>처럼 npn형의 바이폴라 트랜지스터 Q_1을 사용하여 션트 전류의 용량을 크게 하면 된다.

그러나, 여기서는 제너 다이오드의 제너 전압과 트랜지스터의 베이스 전압을 더한 값이 출력전압이 된다.

$$V_{out} = V_Z + V_{BE}$$

여기서 제너 다이오드에 흐르는 전류는 트랜지스터의 컬렉터 전류에 비하여 무시할 수 있을 정도로 작으므로 직렬 저항에 다음과 같은 전류가 흐른다.

$$I_S = \frac{V_{in} - V_{out}}{R_S} = I_C + I_L \ , \ I_L = \frac{V_{out}}{R_L}$$

만약, 부하의 변동에 의하여 부하전류 I_L이 변한다면 그만큼 트랜지스터의 컬렉터 전류 I_C가 변하여 보상함으로써 직렬 저항에 흐르는 전체 전류 I_S는 일정하게 유지되고, 따라서 직렬 저항에서의 전압강하는 달라지지 않으므로 출력전압이 일정하게 유지된다.

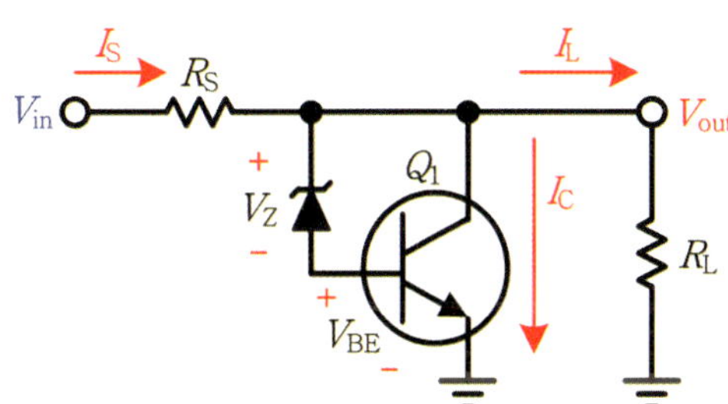

<그림 7.2.11> 제너 다이오드와 트랜지스터를 사용한 개선된 션트 레귤레이터 회로

■ **제너 다이오드와 트랜지스터를 사용하여 좀 더 개선된 션트 레귤레이터**

제너 다이오드와 바이폴라 트랜지스터를 사용하는 션트 레귤레이터에 연산증폭기를 추가하여 <그림 7.2.12>처럼 구성하면 트랜지스터의 베이스-에미터 전압 V_{BE}가 포함되지 않고 제너 전압 V_Z만으로 출력전압이 다음과 같이 결정된다.

$$V_{out} = \frac{R_1 + R_2}{R_2} V_Z$$

여기서 연산증폭기를 사용한 부궤환 제어 회로에 흐르는 전류는 트랜지스터의 컬렉터 전류에 비하여 무시할 수 있을만큼 작으므로 직렬 저항에 다음과 같은 전류가 흐른다.

$$I_S = \frac{V_{in} - V_{out}}{R_S} = I_C + I_L \ , \ I_L = \frac{V_{out}}{R_L}$$

여기서 저항 R_3과 제너 다이오드로 구성되는 기준전압 회로는 연산증폭기의 반전 입력단자에 연결되고, 저항 R_1과 R_2로 구성되는 부궤환 회로는 연산증폭기의 비반전 입력단자에 연결되어 연산증폭기는 차동증폭기로 동작하게 된다. 만약, 어떤 원인으로 출력전압이 증가하려고 한다면 저항 R_1과 R_2에 의하여 출력전압 V_{out}이 증가하는 것으로 검출되므로 연산증폭기의 출력이 증가하면서 트랜지스터의 컬렉터 전류 I_C를 증가시킨다. 그러면 직렬 저항에 흐르는 전류 I_S가 커지면서 전압강하가 커져서 출력전압을 낮추게 된다.

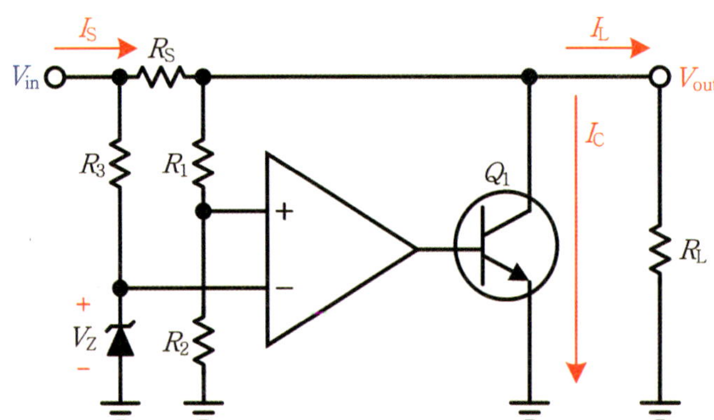

<그림 7.2.12> 제너 다이오드와 트랜지스터를 사용한 좀 더 개선된 션트 레귤레이터 회로

(2) 시리즈 레귤레이터

시리즈 레귤레이터는 <그림 7.2.13>에 개념도로 보인 것처럼 전원과 부하 사이에 직렬로 위치하여 정전압 제어 기능을 수행하는 회로 또는 소자이다. 이것은 전원 전압 V_{in}이나 출력전류 또는 부하전류 I_{out}이 변동하더라도 출력전압을 일정하게 유지하기 위하여 전압증폭기 또는 가변저항처럼 동작하는 것이라고 개념적으로 이해할 수 있다.

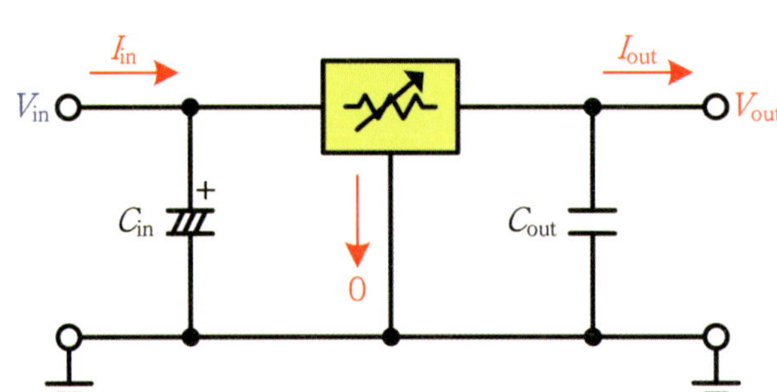

<그림 7.2.13> 시리즈 레귤레이터의 개념도

이러한 시리즈 레귤레이터에서의 소비전력(전원회로의 손실)은 다음과 같이 계산되는데, 이것은 나중에 공부할 스위칭 레귤레이터에 비하여 매우 크며 또한 입력전압이나 부하전류에 따라 상당히 변한다. 이 식에서 보듯이 입력전압 V_{in}이나 출력전류 또는 부하전류 I_{out}이 커지면 리니어 레귤레이터에서의 소비전력 즉 손실이 커지므로 효율이 나빠진다.

$$P_D = (V_{in} - V_{out}) \times I_{out}$$

또한, 션트 레귤레이터에서는 부하전류가 변동하더라도 입력전류가 일정하게 유지되었으나, 시리즈 레귤레이터에서는 입력전류가 부하전류와 항상 같은 값이며, 당연히 부하전류가 변동하면 그에 따라 입력전류가 변동한다. 따라서, 션트 레귤레이터에서는 항상 직렬 저항에서 큰 전력손실을 나타내지만, 시리즈 레귤레이터에서는 부하전류가 작아지면 그에 따라 손실도 작아지므로 시리즈 레귤레이터의 효율이 션트 레귤레이터에 비하여 더 높다.

시리즈 레귤레이터는 상대적으로 회로가 간단하고, 스위칭 동작을 하지 않으므로 노이즈를 발생하지 않으며, 출력전압의 리플이 작아서 품질이 좋다는 장점을 갖는다.

▣ 제너 다이오드와 트랜지스터를 사용한 간단한 시리즈 레귤레이터

제너 다이오드와 npn형의 바이폴라 트랜지스터 Q_1을 사용한 가장 간단한 시리즈 레귤레이터 회로를 <그림 7.2.14>에 보였다. 여기서는 다음과 같이 제너 다이오드의 제너 전압이 출력전압을 결정하므로 이 회로를 “zener follower”라고 부르기도 한다.

$$V_{out} = V_Z - V_{BE}$$

여기서 만약 입력전압이나 부하전류의 변동이 생긴다면 이는 제너 전압 V_Z에 미세한 변동을 일으키고 이것은 트랜지스터의 베이스 전류에 변화로 연결되어 트랜지스터에서 컬렉터-에미터 사이의 전압을 변화시킴으로써 출력전압을 일정하게 유지한다.

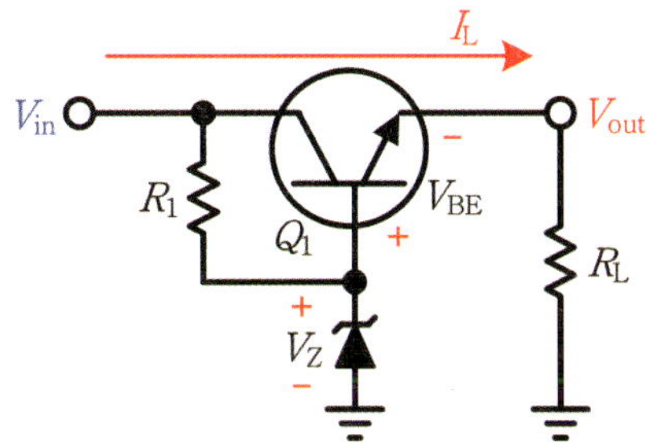

<그림 7.2.14> 제너 다이오드와 트랜지스터를 사용한 가장 간단한 시리즈 레귤레이터 회로

이 회로에서 저항 R_1을 통하여 흐르는 전류는 제너 다이오드를 경유하여 접지로 흐르거나 트랜지스터의 베이스 전류로 동작하여 다시 부하전류에 합해지는데, 제너 다이오드를 통하여 접지쪽으로 흐르는 전류의 크기는 거의 무시할 수 있을 정도로 작은 값이므로 입력전류 I_S와 부하전류 I_L은 같은 값으로 간주한다.

▣ 트랜지스터를 1개와 부궤환 회로를 추가한 시리즈 레귤레이터

앞의 <그림 7.2.14>에 보였던 가장 간단한 형태의 시리즈 레귤레이터 회로에서 제너 다이오드와 직렬로 npn형의 바이폴라 트랜지스터 Q_2를 하나 더 추가한 회로를 <그림 7.2.15>에 보였다. 여기서는 저항 R_1과 R_2로 출력전압을 검출하고 부궤환시켜서 트랜지스터 Q_2를 동작시킴으로써 Q_2의 컬렉터 전류가 변화하고 이것이 트랜지스터 Q_1을 제어하여 출력전압이 일정하도록 유지하게 된다.

이 회로에서 출력전압은 제너 다이오드의 제너 전압과 출력전압을 검출하는 회로의 저항 분압비에 의하여 다음과 같이 결정된다. 여기서 V_{BE}는 트랜지스터 Q_1이 아니라 트랜지스터 Q_2의 베이스-에미터 전압이라는 점에 유의해야 한다.

$$V_{out} = \frac{R_1 + R_2}{R_2}(V_Z + V_{BE})$$

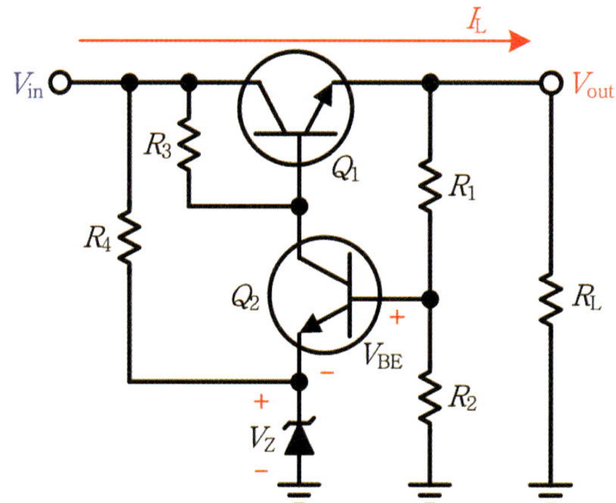

<그림 7.2.15> 트랜지스터 1개와 부궤환 회로를 추가한 시리즈 레귤레이터 회로

▣ 연산증폭기를 사용하여 부궤환 회로를 개선한 시리즈 레귤레이터

앞의 <그림 7.2.15>에 보였던 개선된 형태의 시리즈 레귤레이터 회로에서 출력전압을 부궤환하는 회로를 연산증폭기로 대체하여 더욱 정확한 출력전압 제어가 가능하도록 개선한 회로를 <그림 7.2.16>에 보였다.

여기서 저항 R_3과 제너 다이오드로 구성되는 기준전압 회로는 연산증폭기의 비반전 입력단자에 연결되고, 저항 R_1과 R_2로 구성되는 출력전압 부궤환 회로는 연산증폭기의 반전 입력단자에 연결되어 연산증폭기는 차동증폭기로 동작하게 된다. 만약, 어떤 원인으로 출력전압이 증가하려고 한다면 저항 R_1과 R_2에 의하여 출력전압 V_{out}이 증가하는 것으로 검출되므로 연산증폭기의 출력이 감소하면서 트랜지스터의 컬렉터 전류 I_C를 감소시킨다. 그러면 트랜지스터의 컬렉터-에미터 전압이 증가하여 출력전압을 낮추게 된다.

이 회로에서 출력전압은 제너 다이오드의 제너 전압과 출력전압을 검출하는 회로의 저항 분압비에 의하여 다음과 같이 결정된다. 출력전압에 트랜지스터의 베이스-에미터 전압 V_{BE}가 포함되지 않으므로 좀 더 정확하게 출력전압 설정하는데 유리하게 됨을 알 수 있다.

$$V_{out} = \frac{R_1 + R_2}{R_2} V_Z$$

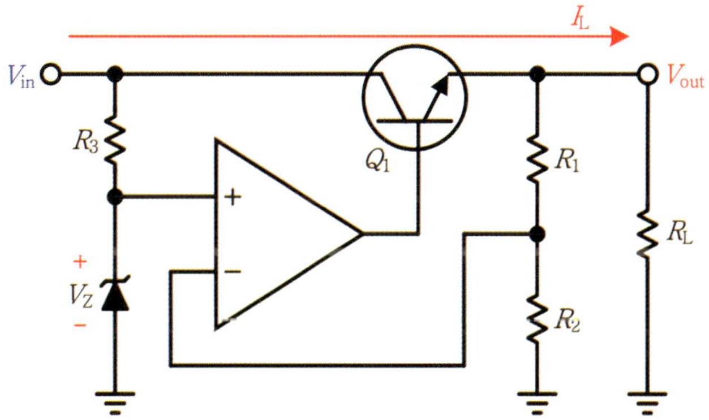

<그림 7.2.16> 연산증폭기를 사용하여 부궤환 회로를 개선한 시리스 레귤레이터 회로

▣ 부하 단락에 대한 보호 기능이 추가된 시리즈 레귤레이터

션트 레귤레이터에는 부하 단락에 대한 보호 기능이 기본적으로 포함되어 있으나, 앞에서 이제까지 소개한 3가지의 시리즈 레귤레이터 회로는 모두 이런 기능을 가지고 있지 않다. 그러므로 이들 시리즈 레귤레이터에서 부하 단락이 발생한다면 트랜지스터에 큰 전류가 흐르면서 이 소자가 발열에 의하여 파손될 수 있으며, 따라서 시리즈 레귤레이터 회로에서는 이런 문제를 해결할 수 있는 보호 회로가 필요하게 된다.

<그림 7.2.16>에 보였던 개선된 형태의 시리즈 레귤레이터 회로에 부하 단락에 대한 보호 기능을 추가한 회로를 <그림 7.2.17>에 보였다. 여기서는 작은 저항값을 갖는 과전류 검출 저항 R_4와 npn형의 트랜지스터 Q_2를 추가하였다. 만약, 부하 단락 등에 의한 과전류가 발생하면 이 전류가 저항 R_4를 통하여 흐르게 되므로 여기서 전압강하가 발생하며, 이 전압

강하가 트랜지스터 Q_2를 동작시킬 수 있는 베이스-에미터 전압을 초과하게 되면 Q_2가 동작하면서 트랜지스터 Q_1의 베이스-에미터 전압을 감소시킴으로써 Q_1을 빠르게 off시키고 그 결과 단락된 부하전류가 감소하게 된다. 이러한 과전류 차단 기능이 동작하면 부하전류와 출력전압은 거의 수직으로 떨어지게 되는데 이를 수하특성(垂下特性)이라고 한다.

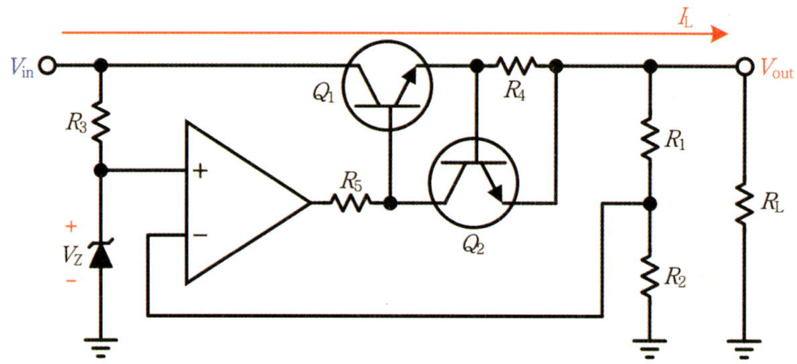

<그림 7.2.17> 부하 단락에 대한 보호 기능이 추가된 시리즈 레귤레이터 회로

3. 리니어 레귤레이터 IC의 종류 및 활용

(1) 리니어 레귤레이터 IC의 종류

앞에서 설명한 것처럼 시리즈 레귤레이터 회로는 트랜지스터 소자를 중심으로 하여 부궤환 회로 등이 추가되므로 일찍부터 이를 하나의 반도체 소자로 만들어 왔다. 이들 정전압 레귤레이터 IC 소자들은 모두 효율 등의 특성이 우수한 시리즈 레귤레이터로 되어 있으며 션트 레귤레이터 방식을 사용한 소자는 거의 찾아보기 어렵다. 실제 제품에는 대부분 과전류나 과열에 대한 보호 기능을 가지고 있으며, 3핀짜리 간단한 패키지부터 14핀짜리 까지의 소자가 있어서 사용자가 편리하게 이를 선택하여 사용할 수 있다.

이러한 정전압 레귤레이터 IC는 사람에 따라 이를 리니어 반도체로 분류하기도 하고 전력용 반도체로 분류하기도 한다. 레귤레이터 IC 소자는 출력전압의 형식에 따라 크게 양(+)의 고정 전압 출력형, 음(-)의 고정 전압 출력형, 가변전압 출력형 등 3가지 종류가 있으며, 그밖에도 입력전압 범위나 최대 출력전류의 크기, 출력 차단기능의 여부와 같은 기타 부수적인 기능 등 여러가지의 기준으로 분류할 수 있다. ON Semiconductor사에서 출시한 대표적인 리니어 방식의 정전압 레귤레이터 IC 소자들을 요약 정리하면 <표 7.2.1>과 같다. 이것들은 많은 반도체 회사에서 호환 제품을 출시하고 있지만, 같은 시리즈의 제품이라고 하더라도 제조사에 따라 약간씩 사양이나 특성이 다를 수 있다는 점에 유의하기 바란다.

<표 7.2.1> ON Semiconductor사의 주요 리니어 레귤레이터 IC 소자

분류	모델명	출력전압[V]		입력전압 범위[V]	최대 출력 전류 [A]	피크 출력 전류 [A]	출력 저항 [mΩ]	패키지
		C 버전	A 버전					
78xx 시리즈	MC7805C/A	5(4.80~5.20)	5(4.90~5.10)	7.5~20	1	2.2	0.9	TO-220, D^{2}PAK
	MC7808C/A	8(7.70~8.30)	8(7.84~8.16)	10.6~23	1	2.2	0.9	TO-220, D^{2}PAK
	MC7809C/A	9(8.65~9.35)	9(8.82~9.18)	11.5~24	1	2.2	1.0	TO-220, D^{2}PAK
	MC7812C/A	12(11.50~12.50)	12(11.75~12.25)	14.8~27	1	2.2	1.1	TO-220, D^{2}PAK
	MC7815C/A	15(14.40~15.60)	15(14.70~15.30)	17.9~30	1	2.2	1.2	TO-220, D^{2}PAK
	MC7818C/A	18(17.30~18.70)	18(17.64~18.36)	21.0~33	1	2.2	1.3	TO-220, D^{2}PAK
	MC7824C/A	24(23.00~25.00)	24(23.50~24.50)	27.3~38	1	2.2	1.4	TO-220, D^{2}PAK
	LM340/A-5.0	5(4.80~5.20)	5(4.90~5.10)	7.5~20	1.5	2.4	8	TO-220
	LM340-12	12(11.50~12.50)	-	14.5~27	1.5	2.4	18	TO-220
	LM340-15	15(14.40~15.60)	-	17.5~30	1.5	2.4	19	TO-220
78L 시리즈	MC78L05A	-	5(4.80~5.20)	7.0~20	0.1			TO-92, SOIC-8
	MC78L08A	-	8(7.70~8.30)	10.5~23	0.1			TO-92, SOIC-8
	MC79L09A	-	9(8.60~9.40)	11.5~24	0.1			TO-92, SOIC-8
	MC78L12A	-	12(11.50~12.50)	14.5~27	0.1			TO-92, SOIC-8
	MC78L15A	-	15(14.40~15.60)	17.5~30	0.1			TO-92, SOIC-8
	MC78L18A	-	18(17.30~18.70)	20.7~33	0.1			TO-92, SOIC-8
	MC78L24A	-	24(23.00~25.00)	27.0~38	0.1			TO-92, SOIC-8
	LM340LA-5.0	-	5(4.90~5.10)	7.2~20	0.1			TO-92
	LM340LA-12	-	12(11.75~12.25)	14.5~27	0.1			TO-92
	LM340LA-15	-	15(14.70~15.30)	17.6~30	0.1			TO-92
78M 시리즈	MC78M05C/A	5(4.80~5.20)	5(4.90~5.10)	7.0~20	0.5			TO-220, DPAK
	MC78M06C	6(5.75~6.25)	-	8.0~21	0.5			DPAK
	MC78M08C/A	8(7.70~8.30)	8(7.84~8.16)	10.5~23	0.5			TO-220, DPAK
	MC78M09C	9(8.64~9.45)	-	11.5~23	0.5			DPAK
	MC78M12C/A	12(11.50~12.50)	12(11.76~12.24)	14.5~27	0.5			TO-220, DPAK
	MC78M15C/A	15(14.40~15.60)	15(14.70~15.30)	17.5~30	0.5			TO-220, DPAK
	MC78M18C/A	18(17.30~18.70)	18(17.64~18.36)	21.0~33	0.5			TO-220, DPAK
	MC78M24C	24(23.00~25.00)		27.0~38	0.5			TO-220, DPAK
	LM341T-5.0	5(4.80~5.20)	-	7.5~20	0.5			TO-220
	LM341T-12	12(11.50~12.50)	-	14.8~27	0.5			TO-220
	LM341T-15	15(14.40~15.60)	-	18.0~30	0.5			TO-220
79xx 시리즈	MC7905C/A	-5(-4.80~-5.20)	-5(-4.90~-5.10)	-7.0~-20	1			TO-220, D^{2}PAK
	MC7906C	-6(-5.75~-6.25)	-	-8.0~-21	1			TO-220
	MC7908C	-8(-7.70~-8.30)	-	-10.5~-23	1			TO-220
	MC7912C/A	-12(-11.50~-12.50)	-12(-11.75~-12.25)	-14.5~-27	1			TO-220, D^{2}PAK
	MC7915C/A	-15(-14.40~-15.60)	-15(-14.70~-15.30)	-17.5~-30	1			TO-220, D^{2}PAK
	MC7918C	-18(-17.30~-18.70)	-	-21.0~-33	1			TO-220
	MC7924C	-24(-23.00~-25.00)	-	-27.0~-38	1			TO-220
	LM320K-5	-5(-4.80~-5.20)	-	-7.0~-25	1.5			TO-3
	LM320T-12	-12(-11.40~-12.60)	-	-14.5~-32	1.5			TO-220
	LM320T-15	-15(-14.50~-15.50)	-	-17.5~-35	1.5			TO-220
79L 시리즈	MC79L05A	-	-5(-4.80~-5.20)	-7.0~-20	0.1			TO-92, SOIC-8
	MC79L12A	-	-12(-11.50~-12.50)	-14.5~-27	0.1			TO-92, SOIC-8
	MC79L15A	-	-15(-14.40~-15.60)	-17.5~-30	0.1			TO-92, SOIC-8
	MC79L18A	-	-18(-17.30~-18.70)	-21.0~-33	0.1			TO-92, SOIC-8
	MC79L24A	-	-24(-23.00~-25.00)	-27.0~-38	0.1			TO-92, SOIC-8
79M 시리즈	MC79M05C	-5(-4.80~-5.20)	-	-7.0~-25	0.5			TO-220, DPAK
	MC79M08C	-8(-7.70~-8.30)	-	-10.5~-25	0.5			TO-220, DPAK
	MC79M12C	-12(-11.50~-12.50)	-	-14.5~-30	0.5			TO-220, DPAK
	MC79M15C	-15(-14.40~-15.60)	-	-17.5~-30	0.5			TO-220, DPAK
LM317 시리즈	LM317	가변형(1.2~37)		$(V_I-V_O)\geq 3$	1.5	2.2		TO-220, D^{2}PAK
	LM317L	가변형(1.2~37)		$(V_I-V_O)\geq 3$	0.1	0.2		TO-92, SOIC-8
	LM317M	가변형(1.2~37)		$(V_I-V_O)\geq 3$	0.5	0.9		TO-220, DPAK
LM337 시리즈	LM337	가변형(-1.2~-37)		$\lvert V_I-V_O \rvert \geq 3$	1.5	2.2		TO-220, D^{2}PAK

☞ 이 표에서 LM340, LM340L, LM341, LM320은 Texas Instruments사의 제품임.

<표 7.2.2> ON Semiconductor사의 주요 LDO형 리니어 레귤레이터 IC 소자

분류	모델명	출력전압[V]	입력전압 범위[V]	최대 입력 전압 [V]	최대 출력 전류 [A]	피크 출력 전류 [A]	line regulation /load regulation	패키지
LM1117 시리즈	LM1117-18	1.8(1.755~1.845)	$(V_I-V_O)\geq 1.2$	20	0.8	1.5	0.1/0.4%	SOT-223
	LM1117-25	2.5(2.450~2.550)	$(V_I-V_O)\geq 1.2$	20	0.8	1.5	0.1/0.4%	SOT-223
	LM1117-33	3.3(3.235~3.365)	$(V_I-V_O)\geq 1.2$	20	0.8	1.5	0.1/0.4%	SOT-223
	LM1117-50	5.0(4.900~5.100)	$(V_I-V_O)\geq 1.2$	20	0.8	1.5	0.1/0.4%	SOT-223
	LM1117-ADJ	가변	$(V_I-V_O)\geq 1.2$	20	0.8	1.5	0.1/0.4%	SOT-223
	NCP1117-15	1.5(1.470~1.530)	$(V_I-V_O)\geq 1.2$	20	1.0	1.5	0.1/0.4%	SOT-223, DPAK
	NCP1117-18	1.8(1.755~1.845)	$(V_I-V_O)\geq 1.2$	20	1.0	1.5	0.1/0.4%	SOT-223, DPAK
	NCP1117-20	2.0(1.960~2.040)	$(V_I-V_O)\geq 1.2$	20	1.0	1.5	0.1/0.4%	SOT-223, DPAK
	NCP1117-25	2.5(2.450~2.550)	$(V_I-V_O)\geq 1.2$	20	1.0	1.5	0.1/0.4%	SOT-223, DPAK
	NCP1117-33	3.3(3.235~3.365)	$(V_I-V_O)\geq 1.2$	20	1.0	1.5	0.1/0.4%	SOT-223, DPAK
	NCP1117-50	5.0(4.900~5.100)	$(V_I-V_O)\geq 1.2$	20	1.0	1.5	0.1/0.4%	SOT-223, DPAK
	NCP1117-12	12(11.760~12.240)	$(V_I-V_O)\geq 1.2$	20	1.0	1.5	0.1/0.4%	SOT-223, DPAK
	NCP1117-A	가변	$(V_I-V_O)\geq 1.2$	20	1.0	1.5	0.1/0.4%	SOT-223, DPAK
LM2931 시리즈	LM2931A-5.0	5.0(4.75~5.25)	$(V_I-V_O)\geq 0.6$	29.5	0.1	0.25		TO-92, SOIC-8
	LM2931A	가변	$(V_I-V_O)\geq 0.6$	29.5	0.1	0.25		TO-92, SOIC-8
LP2950 시리즈	LP2950A-3.0	3.0(2.985~3.025)	$(V_I-V_O)\geq 0.45$	30	0.1	0.22	0.04/0.05%	TO-92, DPAK
	LP2950A-3.3	3.3(3.284~3.317)	$(V_I-V_O)\geq 0.45$	30	0.1	0.22	0.04/0.05%	TO-92, DPAK
	LP2950A-5.0	5.0(4.975~5.025)	$(V_I-V_O)\geq 0.45$	30	0.1	0.22	0.04/0.05%	TO-92, DPAK
	LP2951A-3.0	3.0(2.985~3.025)	$(V_I-V_O)\geq 0.45$	30	0.1	0.22	0.04/0.05%	SOIC-8
	LP2951A-3.3	3.3(3.284~3.317)	$(V_I-V_O)\geq 0.45$	30	0.1	0.22	0.04/0.05%	SOIC-8
	LP2951A	5.0(4.975~5.025)	$(V_I-V_O)\geq 0.45$	30	0.1	0.22	0.04/0.05%	SOIC-8
NCP114 시리즈	NCP114A-080	0.8(1.5±40mV)		5.5	0.3	0.6		TSOP-5, UDFN4
	NCP114A-120	1.2(1.8±40mV)		5.5	0.3	0.6		TSOP-5, UDFN4
	NCP114A-150	1.5(2.0±40mV)	$(V_I-V_O)\geq 0.485$	5.5	0.3	0.6		TSOP-5, UDFN4
	NCP114A-180	1.8(2.5±40mV)		5.5	0.3	0.6		TSOP-5, UDFN4
	NCP114A-250	2.5(2.5±2%)		5.5	0.3	0.6		TSOP-5, UDFN4
	NCP114A-280	2.8(2.8±2%)	$(V_I-V_O)\geq 0.255$	5.5	0.3	0.6		TSOP-5, UDFN4
	NCP114A-300	3.0(3.0±2%)	$(V_I-V_O)\geq 0.245$	5.5	0.3	0.6		TSOP-5, UDFN4
	NCP114A-330	3.3(3.3±2%)	$(V_I-V_O)\geq 0.225$	5.5	0.3	0.6		TSOP-5, UDFN4
NCP140 시리즈	NCP140A-180	1.8(1.8±1%)	$(V_I-V_O)\geq 0.390$	5.5	0.15	0.23		XDFN4
	NCP140A-280	2.8(2.8±1%)		5.5	0.15	0.23		XDFN4
	NCP140A-300	3.0(3.0±1%)		5.5	0.15	0.23		XDFN4
	NCP140A-330	3.3(3.3±1%)	$(V_I-V_O)\geq 0.220$	5.5	0.15	0.23		XDFN4
MCP1700 시리즈	MCP1700-1202	1.2(1.2±0.4%)	$(V_I-V_O)\geq 0.35$	6.0	0.25	0.408	0.75/1.0%	TO-92, SOT-23
	MCP1700-1802	1.8(1.8±0.4%)	$(V_I-V_O)\geq 0.35$	6.0	0.25	0.408	0.75/1.0%	TO-92, SOT-23
	MCP1700-2502	2.5(2.5±0.4%)	$(V_I-V_O)\geq 0.35$	6.0	0.25	0.408	0.75/1.0%	TO-92, SOT-23
	MCP1700-2802	2.8(2.8±0.4%)	$(V_I-V_O)\geq 0.35$	6.0	0.25	0.408	0.75/1.0%	TO-92, SOT-23
	MCP1700-3002	3.0(3.0±0.4%)	$(V_I-V_O)\geq 0.35$	6.0	0.25	0.408	0.75/1.0%	TO-92, SOT-23
	MCP1700-3302	3.3(3.3±0.4%)	$(V_I-V_O)\geq 0.35$	6.0	0.25	0.408	0.75/1.0%	TO-92, SOT-23
	MCP1700-5002	5.0(5.0±0.4%)	$(V_I-V_O)\geq 0.35$	6.0	0.25	0.408	0.75/1.0%	TO-92, SOT-23
MCP1827 시리즈	MCP1827-0802	0.8(0.8±0.5%)	$(V_I-V_O)\geq 0.6$	6.0	1.5	2.2	0.05/0.5%	TO-220, D^2PAK
	MCP1827-1002	1.0(1.0±0.5%)	$(V_I-V_O)\geq 0.6$	6.0	1.5	2.2	0.05/0.5%	TO-220, D^2PAK
	MCP1827-1202	1.2(1.2±0.5%)	$(V_I-V_O)\geq 0.6$	6.0	1.5	2.2	0.05/0.5%	TO-220, D^2PAK
	MCP1827-1802	1.8(1.8±0.5%)	$(V_I-V_O)\geq 0.6$	6.0	1.5	2.2	0.05/0.5%	TO-220, D^2PAK
	MCP1827-2502	2.5(2.5±0.5%)	$(V_I-V_O)\geq 0.6$	6.0	1.5	2.2	0.05/0.5%	TO-220, D^2PAK
	MCP1827-3002	3.0(3.0±0.5%)	$(V_I-V_O)\geq 0.6$	6.0	1.5	2.2	0.05/0.5%	TO-220, D^2PAK
	MCP1827-3302	3.3(3.3±0.5%)	$(V_I-V_O)\geq 0.6$	6.0	1.5	2.2	0.05/0.5%	TO-220, D^2PAK
	MCP1827-5002	5.0(5.0±0.5%)	$(V_I-V_O)\geq 0.6$	6.0	1.5	2.2	0.05/0.5%	TO-220, D^2PAK
LP2985 시리즈	LP2985A-10	1.0(1.0±2.5%)	$(V_I-V_O)\geq 0.35$	16	0.15	0.35		SOT-23
	LP2985A-18	1.8(1.8±2.5%)	$(V_I-V_O)\geq 0.35$	16	0.15	0.35		SOT-23
	LP2985A-25	2.5(2.5±2.5%)	$(V_I-V_O)\geq 0.35$	16	0.15	0.35		SOT-23
	LP2985A-28	2.8(2.8±2.5%)	$(V_I-V_O)\geq 0.35$	16	0.15	0.35		SOT-23
	LP2985A-29	2.9(2.9±2.5%)	$(V_I-V_O)\geq 0.35$	16	0.15	0.35		SOT-23
	LP2985A-30	3.0(3.0±2.5%)	$(V_I-V_O)\geq 0.35$	16	0.15	0.35		SOT-23
	LP2985A-33	3.3(3.3±2.5%)	$(V_I-V_O)\geq 0.35$	16	0.15	0.35		SOT-23
	LP2985A-50	5.0(5.0±2.5%)	$(V_I-V_O)\geq 0.35$	16	0.15	0.35		SOT-23

☞ MCP1700, MCP1827은 Microchip Technology사의 제품이며, LP2985는 Texas Instruments사의 제품임.

그런데, <표 7.2.1>에 정리하여 보인 것과 같은 일반적인 정전압 레귤레이터 IC에서는 입력전압이 출력전압에 비하여 최소한 2~3V 이상으로 높아야 한다.

$|V_{in} - V_{out}| \geq 2 \sim 3\,[V]$

그렇지 않으면 정전압 레귤레이터의 출력선압은 사양내로 출력되지 못하고 부족한 입력전압에 연동하여 출력전압이 감소하게 된다. 대부분의 경우 정전압 레귤레이터 IC에 입력되는 전압은 교류 전압을 전파정류하고 평활하여 얻어지는 unregulated voltage이므로 평활용 커패시터의 정전용량이 부족하거나 부하전류가 커지면 이 전압의 리플이 커지고 맥동률이 나빠져서 입력전압의 최저값이 정전압 레귤레이터 IC의 이러한 요구 사항을 만족하지 못할 수가 있으니 주의해야 한다. 이를 <그림 7.2.18>에서 이해하기 쉽게 설명하였다.

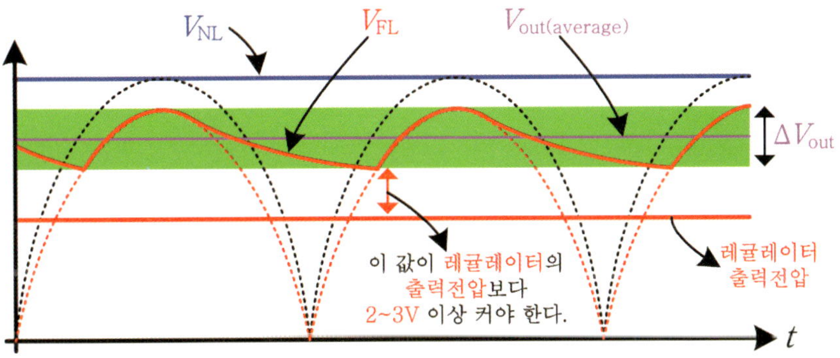

<그림 7.2.18> 부하 단락에 대한 보호 기능이 추가된 시리즈 레귤레이터 회로

그러나, <표 7.2.2>에 정리하여 보인 것처럼 LDO(Low Drop-Out)형의 리니어 정전압 레귤레이터 IC를 사용하면 이런 문제를 개선할 수 있다. 일반 리니어 정전압 레귤레이터 IC에서는 입력전압이 출력전압보다 2~3V 이상 높아야 하지만, LDO형 리니어 정전압 레귤레이터 IC에서는 입력전압이 출력전압에 비하여 0.3~1.2V 정도만 높으면 된다.

$|V_{in} - V_{out}| \geq 0.3 \sim 1.2\,[V]$

<표 7.2.2>에 소개한 LDO형의 레귤레이터 IC는 <표 7.2.1>에 정리하여 보인 일반 리니어 레귤레이터 IC와 기본적으로 별로 다를 것이 없다. 다만, 일반 리니어 레귤레이터 IC에서는 입력전압과 출력전압의 차이가 2~3V로 큰 것에 비하여, LDO형 리니어 레귤레이터 IC에서는 그 차이가 0.3~1.2V로 작아서 사용이 좀 더 편리하다는 것이다. 또한, 일반 리니어 레귤레이터 IC는 24V까지 높은 출력전압에 1.5A까지 큰 출력전류를 갖는 모델도 있는

반면에 LDO형 리니어 레귤레이터 IC는 상대적으로 더 낮은 출력전압과 더 작은 출력전류 사양을 갖는 모델이 많다. 또한, LDO형 리니어 레귤레이터 IC에는 출력전압을 차단(shutdown)하는 제어 단자를 가지고 있는 모델도 있어서 이를 사용하면 마이크로프로세서의 병렬 출력 신호로 전원을 on/off할 수 있다.

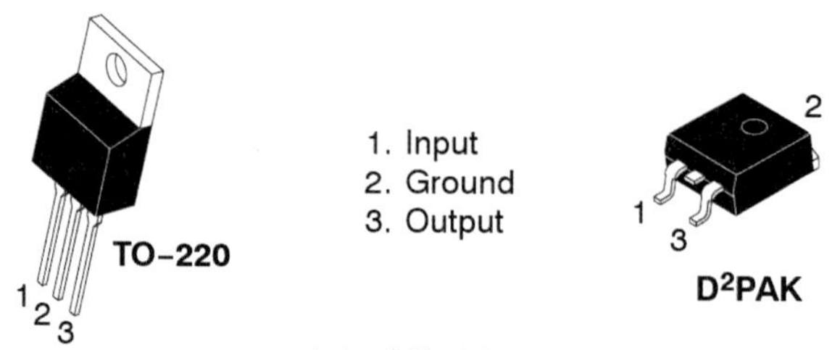

(a) 외부 구조

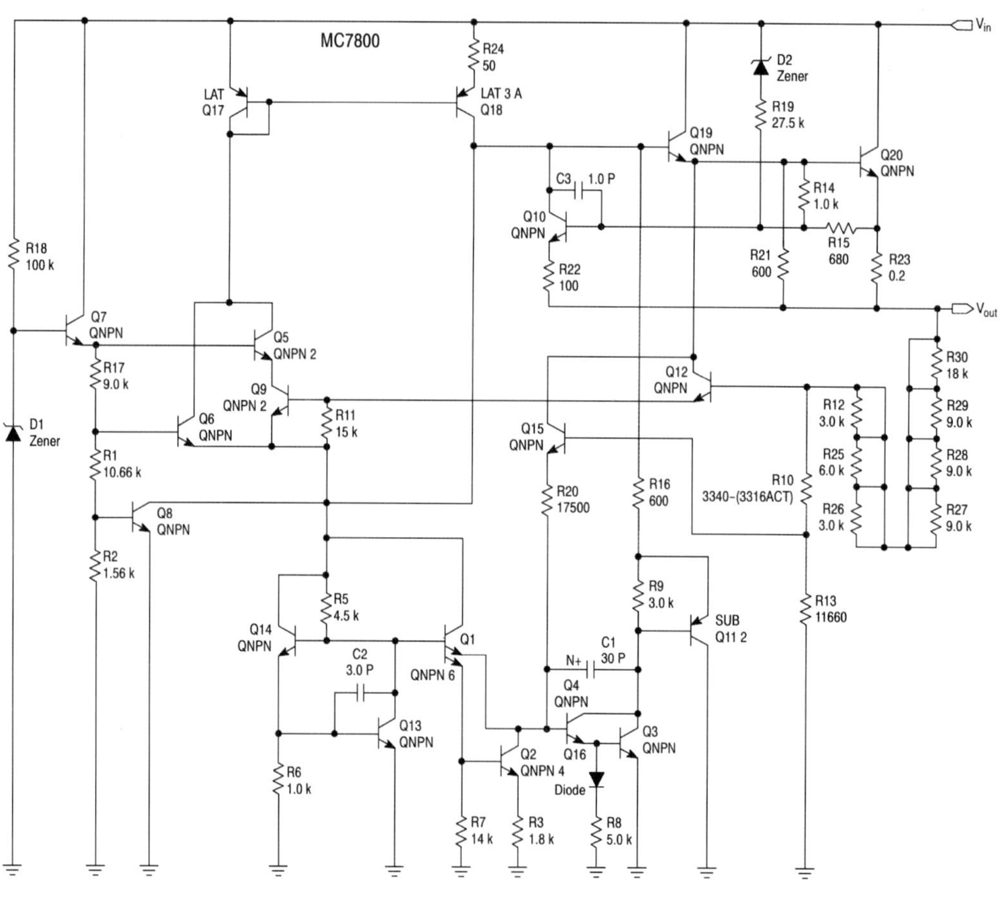

(b) 내부 회로

<그림 7.2.19> MC7805 리니어 정전압 레귤레이터 IC의 구조

(2) 리니어 레귤레이터 MC7805의 활용

이제 앞의 <표 7.2.1>에 정리하였던 ON Semiconductor사의 리니어 정전압 레귤레이터 IC 중에서 대표적으로 MC7805를 선정하여 이것의 여러가지 활용 기술을 공부하기로 한다. 이 소자의 외부 및 내부 구조는 <그림 7.2.19>와 같다.

이 회로에서 보면 전압증폭기로 사용되어 정전압을 유지하는 바이폴라 트랜지스터는 Q19와 Q20이 달링턴형으로 연결되어 있음을 알 수 있고, 과전류 차단 회로의 핵심 소자는 저항 R23과 트랜지스터 Q10으로 구성되어 있다는 것을 확인할 수 있다.

▣ MC7805의 기본적인 응용 회로

MC7805를 정전압 회로에 사용하는 기본 회로는 <그림 7.2.20>에 보였다. 기본적으로는 그림의 (a)처럼 MC7805의 입력측에서 unregulated voltage의 양단에 C_{in} = 0.22~0.33μF 정도의 세라믹 커패시터를 연결하며, 출력측에는 출력전압의 과도특성 개선을 위하여 C_{out} = 0.1μF 정도의 세라믹 커패시터를 연결하도록 권장된다. 여기서 접지단자에 흐르는 전류 I_Q는 quiescent current라고 하는데 MC7805의 경우 이 값은 3.2mA이다.

그러나, 입력전원이 먼거리에서 도선을 통하여 공급되거나 입력전압의 맥동률이 큰 경우에는 그림의 (b)처럼 C_{in}과 병렬로 수십μF 이상의 전해 커패시터 C_1을 연결하기도 하며, 부하의 변동이 심하여 출력전압이 불안정해질 우려가 있는 경우에는 C_{out}과 병렬로 수십μF 이상의 전해 커패시터 C_2를 연결하기도 한다. 그런데, 이처럼 MC7805의 출력에 큰 커패시터를 연결하게 되면 만약 사고에 의하여 입력 단자가 접지와 단락되는 경우에 C_2에 충전되어 남아있던 전압에 의하여 MC7805의 입력단자와 출력단자에는 역전압이 걸리게 되고 이는 MC7805를 파손할 수 있다. 이러한 문제를 해결하려면 그림의 (b)에서처럼 D_1에 고속 역회복 다이오드를 연결하는 것이 좋다. 그러나, C_2가 10μF 이하의 소용량이거나 입력단에서 단락 사고의 위험성이 없다면 굳이 다이오드 D_1을 사용할 필요는 없다.

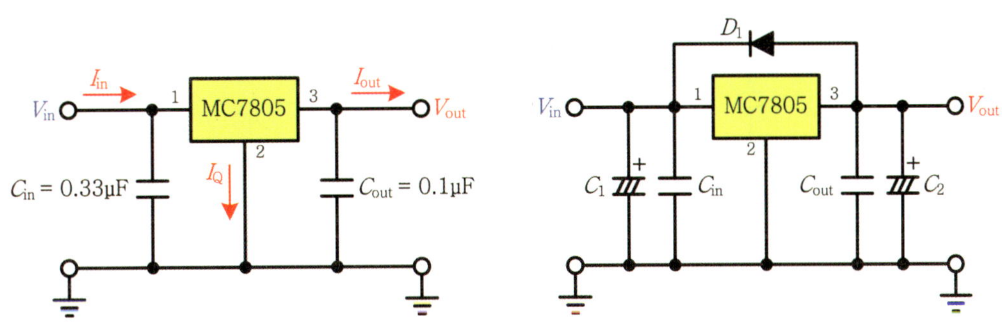

(a) 기본 회로 (b) 입력측의 단락에 대한 보호회로

<그림 7.2.20> MC7805의 기본적인 응용 회로

■ MC7805의 출력전압 변경 또는 가변

MC7805는 항상 출력전압을 5V로 일정하게 유지하는 정전압 레귤레이터 IC지만, 만약 <그림 7.2.21>처럼 회로를 구성하면 출력전압을 5V보다 높게 변경하거나 또는 사용자가 임의로 가변하는 출력전압을 얻을 수 있다. 이러한 방법은 MC78xx 시리즈의 레귤레이터가 지원하는 5, 8, 9, 12, 15, 18, 24V 이외의 출력전압을 필요로 하는 경우에 유용하다.

그림 (a)에서 MC7805의 접지단자와 출력단자 사이의 전압은 항상 5V로 유지되며, 다음 식과 같이 저항 R_1과 R_2의 비에 의하여 회로의 출력전압 V_{out}이 결정된다.

$$V_{out} = 5\left(1 + \frac{R_2}{R_1}\right) + I_Q R_2$$

그런데, 이 소자에서 I_Q = 3.2mA이며, 아래와 같이 저항 R_1에 흐르는 전류가 I_Q의 최소 3~5배를 넘도록 저항값 R_1을 사용하라고 권장되고 있다.

$$\frac{5}{R_1} \geq (3 \sim 5) \times I_Q$$

따라서, R_1 = 300Ω으로 선정하였다면 저항 R_1에 흐르는 전류가 I_Q의 최소 5.2배이므로 이 조건을 만족한다. 이때 만약 출력전압으로 7.6V를 얻고자 한다면 위의 식에 따라 R_1 = 300Ω, R_2 = 130Ω으로 설계하면 된다는 것을 알 수 있다. 여기서 만약 저항 R_2를 1kΩ 정도의 가변저항으로 사용한다면 이를 이용하여 다양한 가변 출력전압을 얻을 수 있다.

그림 (b)에서는 MC7805에 연산증폭기를 전압 폴로워(voltage follower)의 기능으로 추가 사용하여 출력전압을 가변할 수 있는 전원 회로를 구성하였다. 여기서 가변저항 VR_1을 사용하여 출력전압이 5V 이상의 어떤 정전압으로 유지되도록 설정할 수 있다.

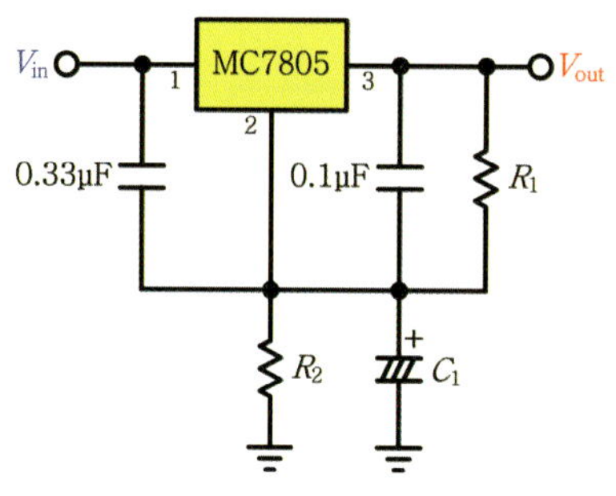

(a) 출력전압 변경 회로

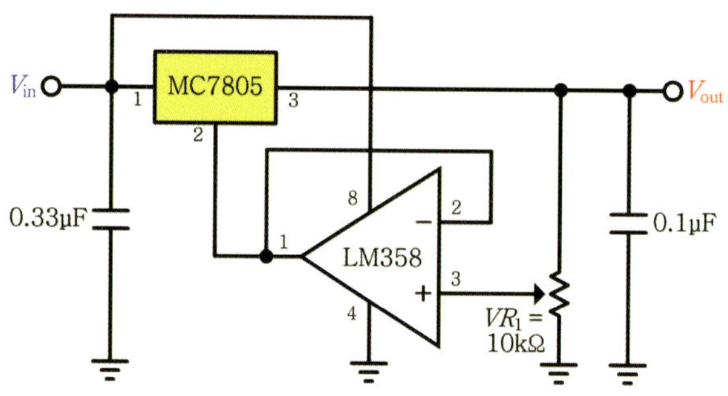

(b) 출력전압 가변 회로

<그림 7.2.21> MC7805의 출력전압 변경 또는 가변

▣ MC7805의 출력전류 증대

MC7805의 사양을 보면 최대 출력전류 용량은 1A이며, 그것도 여기에 충분한 방열판을 사용하여 MC7805의 동작을 안전하게 보장할 경우에만 그렇다. 그런데, 만약 이보다 더 큰 전류를 공급하는 5V의 정전압이 필요하다면 <그림 7.2.22>처럼 MC7805를 2개 이상 병렬로 연결하여 출력전류 용량을 필요한만큼 증대시킬 수 있다.

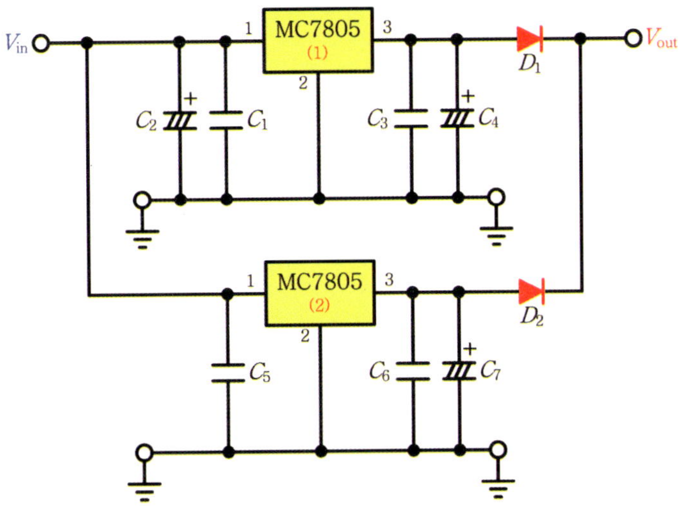

(a) 하나의 전원 소스를 공유하여 사용하는 경우

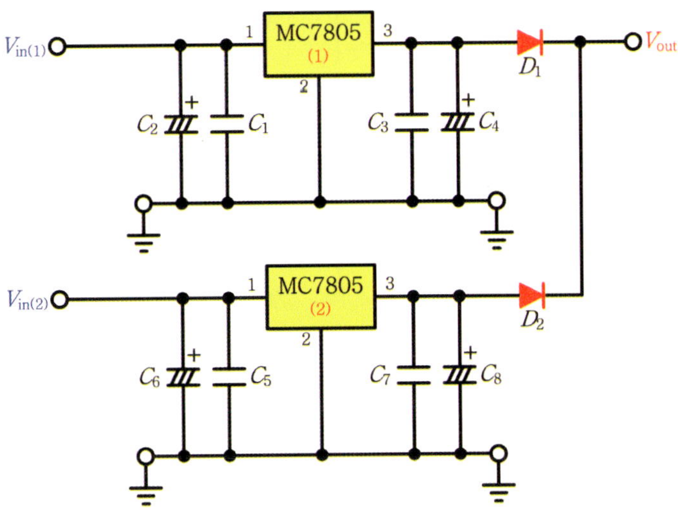

(b) 각각의 전원 소스를 사용하는 경우

<그림 7.2.22> 출력전류 용량을 증대시키기 위하여 MC7805를 병렬로 사용하는 방법

그러나, 이때는 출력단자를 직접 선으로 병렬 연결하지 말고 <그림 7.2.22>에 보인 것처럼 반드시 적절한 용량의 다이오드를 사용하여 병렬로 연결해야 한다. 그렇게 하지 않으면 하나의 MC7805가 내부에서 피드백 제어 방식으로 만들어 내는 출력전압이 다른 MC7805의 출력전압에 의하여 간섭을 받게 됨으로써 정상적인 피드백 제어가 수행되지 않기 때문에 여기에 사용된 MC7805 소자들이 파손될 수 있다.

이와 같이 MC7805를 2개 이상 병렬로 연결하여 사용하는 방법의 치명적인 단점은 출력전압이 다이오드의 순방향 전압강하만큼 낮아진다는 것이다. 이 문제를 개선하려면 다이오드 D_1, D_2에 순방향 전압강하가 작은 쇼트키 다이오드를 사용하는 방법이 있으나, 그렇게 하더라도 역시 출력전압이 아직도 상당히 감소하기 때문에 이는 문제의 근본적인 해결책이 되지 못한다. 또 하나의 해결 방법은 각각의 MC7805 회로에 <그림 7.2.21>의 방법을 적용하여 다이오드 전압강하만큼 더 큰 전압을 발생하도록 하는 것인데, 이것도 회로를 상당히 더 복잡하게 만들기 때문에 그다지 만족스러운 방법이 되지는 못한다.

그러므로 MC7805의 출력전류를 증대시키기 위해서는 <그림 7.2.23>과 같은 방법이 권장된다. 특별히 5V 전원의 경우에는 78H05처럼 출력전류 용량이 5A에 이르는 정전압 레귤레이터 IC 소자도 시장에 나와 있으나, 5V 이외의 전압을 출력하는 정전압 레귤레이터를 사용하는 경우에는 그런 소자도 없으니 이 그림에서 소개하는 방법이 가장 권장할 만한 해결책이라고 할 수 있다.

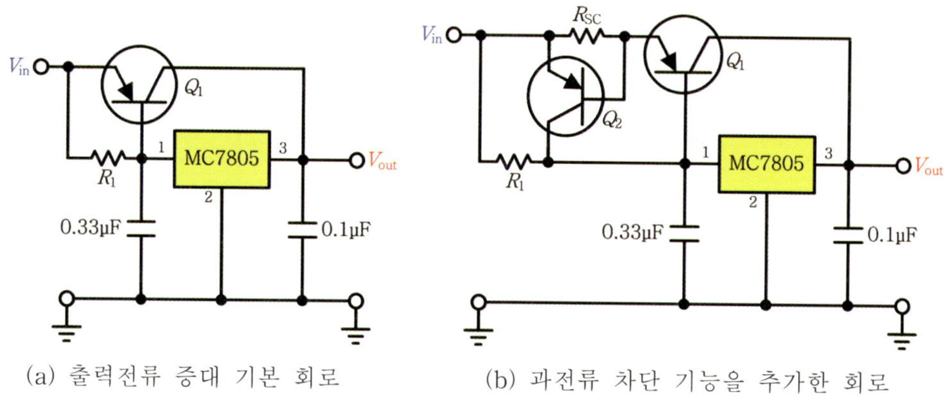

(a) 출력전류 증대 기본 회로 (b) 과전류 차단 기능을 추가한 회로

<그림 7.2.23> MC7805의 출력전류를 증대시키는 회로

<그림 7.2.23>의 (a)에서 MC7805는 전원에서 저항 R_1을 통하여 입력전류를 공급받고 정전압 제어를 수행하면서 출력전류를 내보내는데, 이것의 출력전류는 전체 부하전류 중에서 매우 작은 부분을 차지하며 대부분의 부하전류는 pnp형의 트랜지스터 Q_1을 통하여 공급된다. 즉, MC7805는 주로 정전압 제어 기능을 수행하며, 부하전류는 주로 트랜지스터 Q_1을 거

쳐서 흐른다는 것이다. 저항 R_1은 MC7805의 입력전류가 증가하여 여기서의 전압강하가 Q_1의 전압 V_{BE}를 초과하게 되면 트랜지스터 Q_1을 on시켜서 부하전류가 트랜지스터 Q_1으로 흐르도록 한다. 그런데, 이 회로에서 과부하 또는 부하측에서의 단락으로 과전류가 흐르는 상황이 되면 이 과전류에 대한 보호 기능이 없으므로 트랜지스터 Q_1이 파손될 수 있다.

그림 (b)에서는 이런 문제를 해결하기 위하여 또 하나의 pnp형 트랜지스터 Q_2와 과전류 검출 저항(short current sensing resistor) R_{SC}를 추가하여 과전류 차단 기능을 갖도록 하였다. 저항 R_{SC}에 과전류가 흘러서 여기에서의 전압강하가 트랜지스터 Q_2의 전압 V_{BE}를 초과하면 트랜지스터 Q_2를 on시키고, 이것은 다시 트랜지스터 Q_1의 전압 V_{BE}를 억제하여 Q_1이 off되도록 차단한다.

(3) 리니어 레귤레이터를 사용한 연산증폭기용 ±15V 전원 회로

이제 MC7815와 MC7915를 사용하여 연산증폭기용의 ±15V 정전압을 출력하는 전원 회로를 설계하여 보면 <그림 7.2.24>와 같다.

이 그림에서 (a), (b), (c)는 강압용 변압기의 2차측 권선이 어떤 방식으로 되어 있는지에 따라 나누어진다. 변압기 2차측 권선의 전압과 부하전류의 크기에 따라 평활용 커패시터의 정전용량이 달라지는데, 이를 계산하여 정전용량을 구하는 방법은 앞에서 설명한 바 있다. 여기서 MC7815가 항상 +15V의 정전압을 출력하려면 입력전압이 적어도 +18V보다는 더 커야 하며, MC7915가 항상 −15V의 정전압을 출력하려면 입력전압의 적어도 −18V보다는 더 작아야 한다.

그림의 (a)와 (b)에서는 각각 브리지 다이오드와 다이오드 2개를 사용하여 전파정류를 수행하였으며, MC7815를 사용하여 2개의 +15V 전원을 만든 후에 아래쪽 전원의 +15V 단자를 위쪽 전원의 접지단자에 연결하면 이와 같이 ±15V의 전원을 얻게 됨에 유의하라. 그러나, 그림의 (c)에서는 브리지 다이오드를 사용하여 반파정류 방식으로 +전원과 −전원을 만들어서 MC7815와 MC7915에 각각 입력하고 있다. 따라서, 그림 (c)에서의 평활용 커패시터는 그림 (a)와 (b)의 경우에 비하여 훨씬 더 큰 정전용량을 사용해야 한다.

한편, 이들 회로도에서 출력단에 사용한 다이오드 D_1과 D_2는 출력단의 단락에 의하여 정전압 레귤레이터 IC 소자가 파손되는 것을 보호하기 위한 용도로 사용되었다. MC7815와 같은 리니어 정전압 레귤에이터는 입력전압이 출력전압보다 작거나 또는 접지단자와 출력단자 사이에 역전압이 걸리는 상황이 될 때 매우 취약하여 소자가 파손될 수 있다. 만약 +15V측의 부하에서 단락 사고가 발생하면 −15V측에서 출력단에 사용한 커패시터 C_4에 저장되어 있던 전압에 의하여 +15V측의 정전압 레귤레이터 소자의 접지단자와 출력단자 사이에 역전압이 걸릴 수 있으며, 이때는 다이오드 D_1이 소자를 보호한다. 반대로, −15V측의 부하에서 단락 사고가 발생하면 +15V측에서 출력단에 사용한 커패시터 C_2에 저장되어 있던 전압에 의하여 -15V측의 정전압 레귤레이터 소자의 접지단자와 출력단자 사이에 역전압이 걸릴 수 있으며, 이때는 다이오드 D_2가 소자를 보호한다.

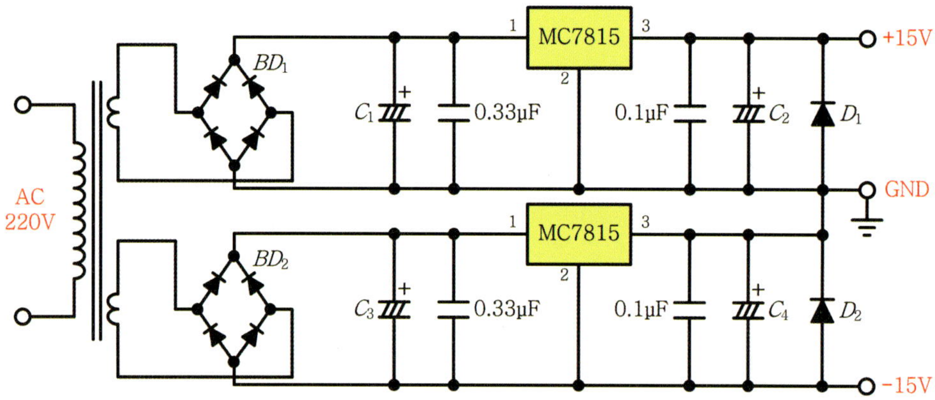

(a) 변압기의 2차측이 2개의 독립 권선을 갖는 경우

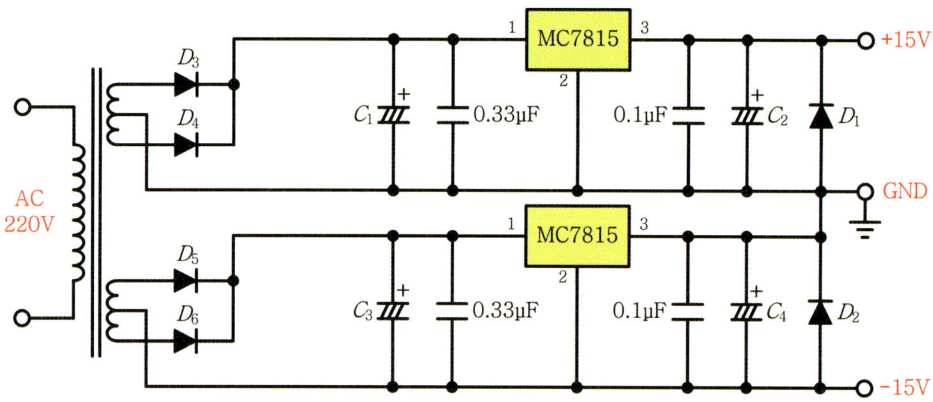

(b) 변압기의 2차측이 2개의 중간탭형 권선을 갖는 경우

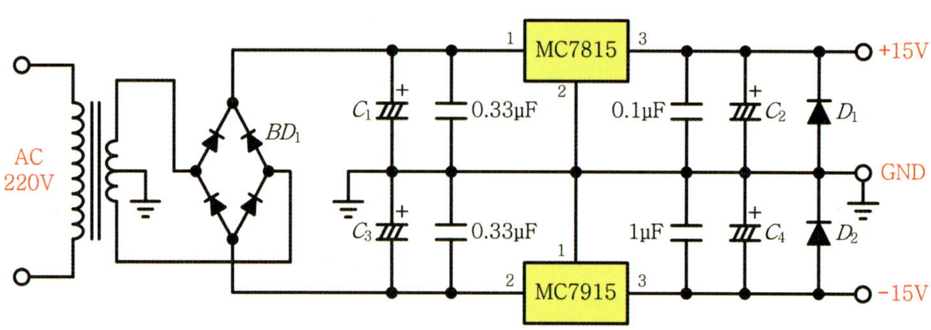

(c) 변압기의 2차측이 1개의 중간탭형 권선을 갖는 경우

<그림 7.2.24> MC7815와 MC7915를 사용한 연산증폭기용 ±15V 전원 회로

(4) LM1117-33의 활용

앞에서도 설명하였지만 LDO형의 레귤레이터 IC는 일반 리니어 레귤레이터 IC와 기본적인 구조와 동작이 별로 다를 것이 없다. 다만, LDO형 리니어 레귤레이터 IC에서는 입력전압과 출력전압의 차이가 0.3~1.2V 정도만 되어도 정전압을 출력하는데 문제가 없으며, 소용량이라서 낮은 출력전압과 작은 출력전류의 특성을 갖는 모델이 많다는 것이다.

이제 3.3V의 출력전압에 0.8A의 출력전류 용량을 갖는 LM1117-33의 응용 회로를 보면 <그림 7.2.25>와 같다. 그림 (a)는 3.3V의 정전압을 얻기 위한 기본 회로이며, 출력전압이 3.3V이므로 입력전압 V_{in}은 이보다 1.2V 더 높은 4.5V 이상이 입력되어야 한다. 그림 (b)는 정전류 출력을 얻기 위한 회로인데, 이 정전류 출력은 다음과 같이 계산된다. 여기서 I_Q는 이 소자의 quiescent current로서 5mA이다.

$$I_{out} = \frac{3.3}{R_1} + I_Q$$

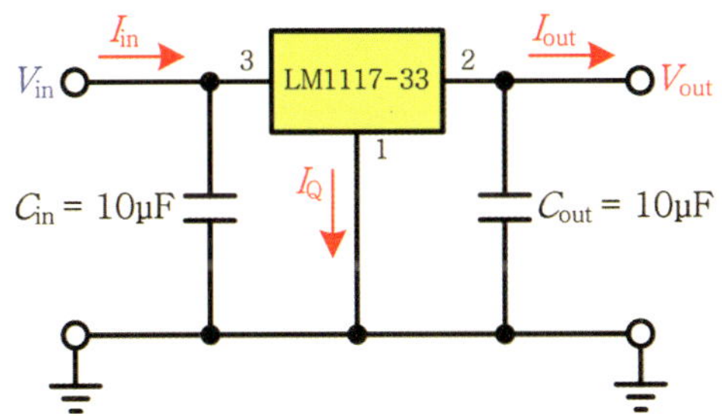

(a) 기본 회로

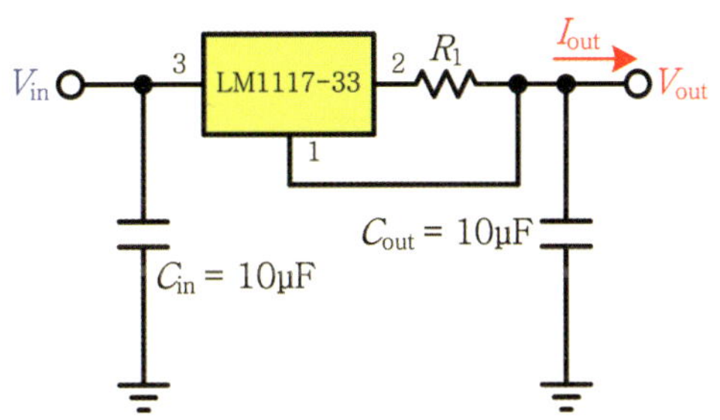

(b) 정전류 출력 회로

<그림 7.2.25> LM1117-33의 기본적인 응용 회로

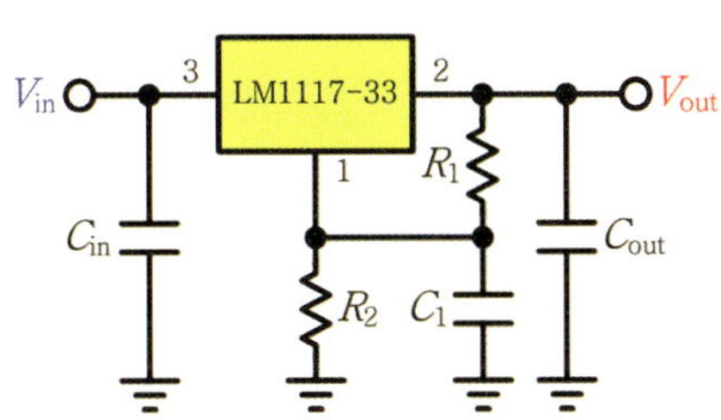

(a) 가변 정전압 회로

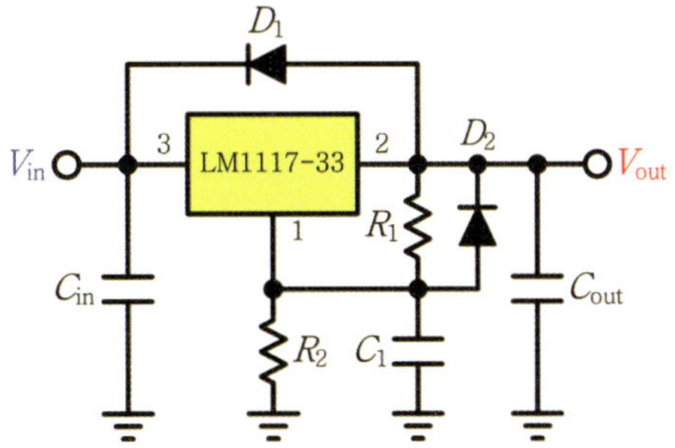

(b) 보호 기능을 추가한 회로

<그림 7.2.26> LM1117-33을 사용한 가변 정전압 회로

이번에는 LM1117-33을 사용한 가변 정전압 회로를 <그림 7.2.26>에 보였다. 그림의 (a)는 기본 회로이며, 여기서 출력전압은 다음과 같이 결정된다. 그러나, 만약 저항 R_2를 가변 저항으로 사용한다면 이 회로는 3.3V 이상의 전압을 얻을 수 있는 가변 전압 회로가 된다.

$$V_{out} = 3.3\left(1 + \frac{R_2}{R_1}\right) + I_Q R_2$$

그림의 (b)는 기본 회로에 보호 회로를 추가한 것인데, 전원측에서 단락 사고가 발생할 때 출력측의 커패시터 C_{out}에 저장되어 있던 전압에 의하여 LM1117-33의 입력단자와 출력단자에 역전압이 걸리는 문제를 해결하기 위하여 다이오드 D_1을 사용하였으며, 부하측에서 단락 사고가 발생할 때 가변전압 안정화용 커패시터 C_1에 저장되어 있던 전압에 의하여 LM1117-33의 접지단자와 출력단자에 역전압이 걸리는 문제를 해결하기 위하여 다이오드 D_2를 사용하였다.

(5) LP2985A-33의 활용

LP2985A-33은 출력전압을 차단하는 기능을 갖는 3.3V/150mA 사양의 소용량 LDO형 리니어 정전압 레귤레이터 IC인데, 이를 기본적으로 사용하는 회로는 <그림 7.2.27>과 같다. 3.3V의 출력전압을 얻기 위해서 입력전압에는 적어도 이보다 0.35V가 큰 3.65V 이상이 입력되어야 한다.

이 회로에서 보듯이 4번의 바이패스(bypass) 단자에는 무조건 접지쪽으로 0.01μF의 커패시터를 연결해야 안정된 출력전압을 얻을 수 있으며, 3번의 출력전압 차단 제어 단자에는 논리값 1(1.6V 이상의 전압)을 인가하면 출력전압이 정상적으로 나오고, 논리값 0(0V의 전압)을 인가하면 출력전압이 차단되어 나오지 않는다.

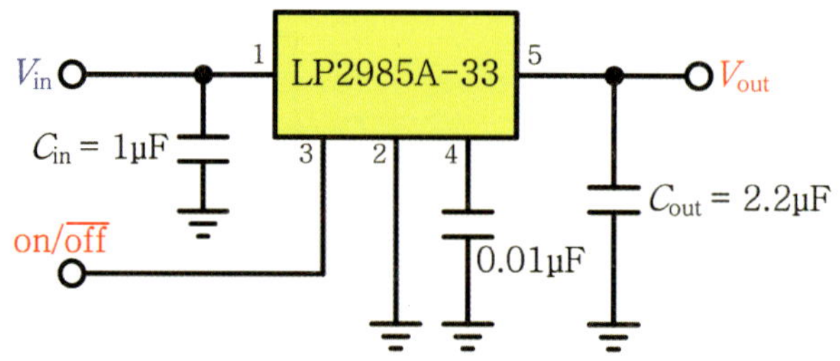

<그림 7.2.27> LP2985A-33의 기본 응용 회로

7.3 스위칭 전원 회로

이 절에서는 스위칭 전원 회로의 기본 구조와 동작 원리를 이해하고, 스위칭 정전압 레귤레이터의 종류에 대하여 공부한다. 스위칭 전원은 크게 교류 220V의 입력을 받아서 절연된 직류 출력전압을 만들어내는 절연형 SMPS의 형태와, 직류 입력전압을 받아서 또 다른 직류 출력전압을 만들어내는 비절연형 DC-DC 컨버터의 형태로 나눌 수 있다. 여기서는 이들 각각의 구조와 동작에 대하여 설명하고, 단일 소자로 만들어진 이들 각 형태의 스위칭 레귤레이터 IC의 종류를 요약하여 제공한다.

1. 절연형 SMPS

(1) 스위칭 전원의 분류

리니어 정전압 레귤레이터(linear voltage regulator)에서는 반도체 소자가 선형증폭기로 동작하여 출력전압을 일정하게 유지하는 것에 비하여 스위칭 정전압 레귤레이터(switching voltage regulator)는 반도체 소자가 스위치로 동작하여 PWM 방식으로 출력전압을 일정하게 유지한다. 이러한 스위칭 레귤레이터를 사용하고 있는 스위칭 방식의 전원 장치를 여러 가지 기준으로 분류하여 보면 다음과 같다.

○ 입력전압과 출력전압의 종류에 따른 분류

- 교류입력/직류출력 --- 이를 보통 "AC-DC 컨버터" 또는 "SMPS"라고 부름.
- 직류입력/직류출력 --- 이를 보통 "DC-DC 컨버터"라고 부름.

○ 입력측과 출력측의 절연 여부에 따른 분류

- 절연형 ----- SMPS는 대부분 절연형으로 되어 있음.
- 비절연형 --- DC-DC 컨버터에는 절연형도 있고 비절연형도 있음.

○ 입력전압과 출력전압의 크기에 따른 분류

- 강압형(Buck converter)
- 승압형(boost converter)

○ 출력전압의 성격에 따른 분류

- 고정 전압 출력형
- 가변 전압 출력형

○ 출력전압의 수에 따른 분류

- 단일 출력형
- 2출력형
- 3출력형

○ 전원장치의 외형 구조에 따른 분류

- 케이스가 있는 외장형
- 케이스가 없는 외장형
- PCB 장착형 모듈

(2) SMPS의 종류

넓은 의미에서 보면 내부에 스위칭 방식으로 동작하는 레귤레이터를 가지고 있어서 최종적으로 직류 정전압을 만들어내는 전원장치는 모두 SMPS(Switching-Mode Power Supply)라고 할 수 있지만, 현실적으로는 입력으로 교류전압을 받아서 AC→DC→AC→DC의 형태로 내부의 스위칭 레귤레이터가 직류 출력전압을 만들어내는 전원장치만을 SMPS라고 부르는 경향이 있다. 이러한 SMPS는 중간에 다시 한번 직류를 교류로 만들었다가 직류로 만드는 과정을 거치면서 스위칭 레귤레이터를 고주파로 동작시키기 때문에 전원장치를 부피가 작고 무게가 가볍게 만들 수 있으며, 또한 이 과정에서 입력단과 출력단이 전기적으로 절연되도록 처리하는 것이 용이해진다.

SMPS를 몇가지 기준으로 분류하여 보면 다음과 같다.

○ SMPS의 외형 구조에 따른 분류

- 케이스가 있는 외장형
- 케이스가 없는 외장형
- PCB 장착형 모듈

○ 교류 입력전압의 종류에 분류

- AC 220V 전용
- AC 110V/220V 스위치 절환형
- 프리 볼트(free volt)형

○ 출력전압의 수에 따른 분류

- 단일 출력형
- 2출력형
- 3출력형

○ 전력회로의 DC-DC 컨버터 방식에 따른 분류

- 포워드형
- 플라이백형
- 센터탭형
- 하프 브리지형
- 풀 브리지형

(a) 케이스가 있는 외장형　(b) 케이스가 없는 외장형　(c) PCB 장착형 모듈

<그림 7.3.1> 외형 구조에 따른 SMPS의 종류

SMPS를 외형 구조에 따라서 분류하였을 때 3가지의 형태를 제품의 사진으로 보이면 <그림 7.3.1>과 같다. 굳이 케이스(case)가 필요 없는 경우에는 이것이 없는 전원장치를 선택하면 설치할 공간과 가격을 줄일 수 있다. PCB 장착형 모듈은 소량으로 생산하는 컨트롤 보드에 내장하여 사용하면 유용하다. 그러나, 이런 모듈 제품의 가격이 만만하지 않을 경우가 많으며, 또한 자신이 원하는 사양의 모듈을 찾기 어렵다면 양산 제품의 경우에는 컨트롤 보드에 직접 자체적인 SMPS를 설계하여 내장하는 것이 더 유리할 경우가 많다.

스위칭 레귤레이터는 1개의 출력전압을 검출하여 피드백함으로써 이를 일정하게 제어한다. 따라서, 2가지 이상의 전압을 출력하는 다출력형 SMPS에서는 이 전압들을 모두 피드백하여 정전압으로 제어하는 것이 불가능하므로 보통 가장 낮은 출력전압 1가지를 선택하여 이를 피드백 제어하며, 나머지 출력전압은 리니어 레귤레이터를 사용하여 정전압으로 만든다. +5V와 ±15V를 출력하는 3출력형 SMPS의 경우를 예를 들어서 구성 블록도로 설명하면 <그림 7.3.2>와 같다.

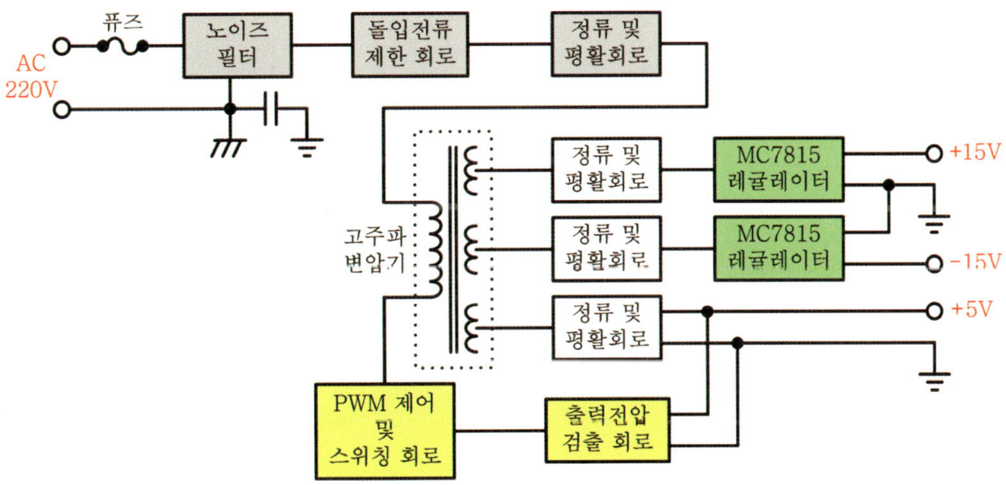

<그림 7.3.2> 3출력형(+5V, ±15V) SMPS의 구성 블록도

SMPS에서 사용하는 절연 방식의 DC-DC 컨버터 회로는 포워드(forward)형, 플라이백(flyback)형, 푸시풀(push-pull)형, 하프 브리지(half-bridge)형, 풀 브리지(full-bridge)형 등으로 나눌 수 있는데, 이것들의 기본적인 회로 구성을 보이면 <그림 7.3.3>과 같다. 요즈음에는 이러한 5가지의 전통적인 회로 방식 이외에도 여러가지 종류의 ZVS(Zero-Voltage Switching) 또는 ZCS(Zero-Current Switching) 기술을 적용하여 매우 고효율로 동작하는 새로운 DC-DC 컨버터들이 많이 사용되는 추세를 보이고 있다.

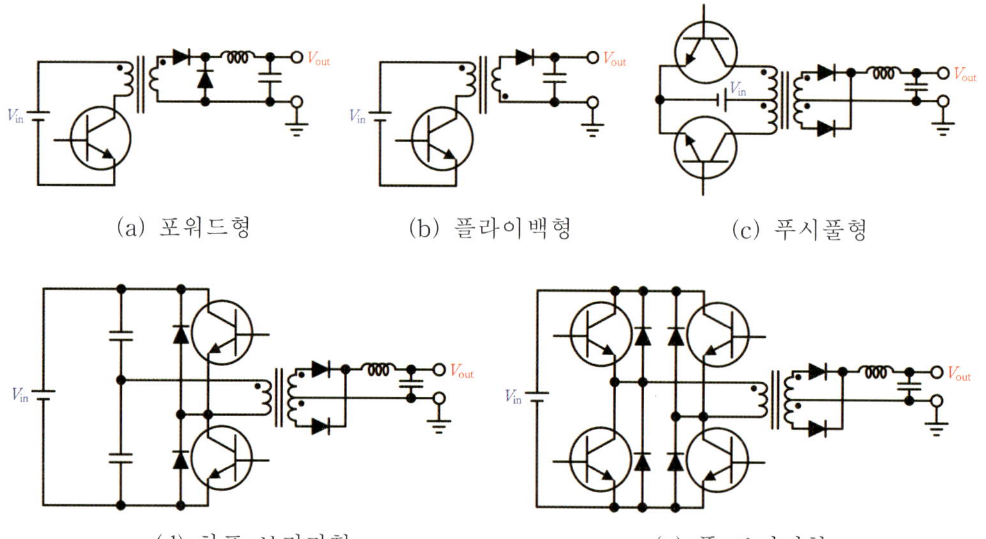

(a) 포워드형 (b) 플라이백형 (c) 푸시풀형

(d) 하프 브리지형 (e) 풀 브리지형

<그림 7.3.3> SMPS에 사용되는 5가지 DC-DC 컨버터의 기본 하드웨어 구조

<표 7.3.1> 5가지 DC-DC 컨버터의 특성 비교 (변압기 1차/2차 권선수 = n_1, n_2)

	출력전압	스위칭 소자의 최대 전압	피크전류로 표현한 최대 출력전력	특징
포워드형	반파정류 $\frac{n_2}{n_1}\frac{t_{on}}{(t_{on}+t_{off})}V_{in}$	$3V_{in} \sim 4V_{in}$	$\frac{1}{2}I_pV_{in}$	◎ 300W 이하의 용량에 적합. ◎ 100kHz 이상의 고주파용에 적합. ◎ 출력단 평활용 커패시터의 리플 전류가 작음.
플라이백형	반파정류 $\frac{(V_{in}t_{on})^2}{2L_1I_{out}(t_{on}+t_{off})}$	$3V_{in} \sim 4V_{in}$	$\frac{1}{2}I_pV_{in}$	◎ 150W 이하의 용량에 적합. ◎ 출력단 평활용 커패시터의 리플 전류가 큼. ◎ 회로가 간단하여 가장 경제적임.
푸시풀형	전파정류 $2\times\frac{n_2}{n_1}\frac{t_{on}}{(t_{on}+t_{off})}V_{in}$	$2V_{in} \sim 3V_{in}$	I_pV_{in}	◎ 1kW 이하의 용량에 적합. ◎ 입력전압이 작은 경우에 적합. ◎ 변압기에서 편자현상 발생 우려. ◎ 구동회로가 상대적으로 간단함.
하프 브리지형	전파정류 $\frac{n_2}{n_1}\frac{t_{on}}{(t_{on}+t_{off})}V_{in}$	V_{in}	$\frac{1}{2}I_pV_{in}$	◎ 500W~수kW의 용량에 적합. ◎ 입력전압이 큰 경우에 적합. ◎ 스위칭 소자의 스트레스가 작음. ◎ 구동회로가 상대적으로 복잡함.
풀 브리지형	전파정류 $2\times\frac{n_2}{n_1}\frac{t_{on}}{(t_{on}+t_{off})}V_{in}$	V_{in}	I_pV_{in}	◎ 수kW 이상의 용량에 적합. ◎ 입력전압이 큰 경우에 적합. ◎ 스위칭 소자의 스트레스가 작음. ◎ 구동회로가 가장 복잡함.

절연 방식의 DC-DC 컨버터 회로 5가지에 대하여 그것들의 동작과 주요 특징을 비교하여 정리하면 <표 7.3.1>과 같다.

(3) 플라이백형 SMPS

오늘날 우리가 시중에서 구입할 수 있는 흔한 SMPS는 대부분 플라이백형으로 되어 있다. 그것은 전체적으로 회로가 간단하여 가장 경제적으로 제작할 수 있기 때문이다. 특히 2가지 부분에서 회로의 구성이 간단한데, 첫째는 고주파 변압기의 2차측에서 사용하는 정류회로 및 평활회로가 다이오드 1개와 커패시터 1개로 구성되어 매우 간단하다. 둘째로 대부분 RCC(Ringing Choke Converter)라고 불리는 자려식 플라이백 컨버터 구조를 사용하는데, 이것은 고주파 변압기와 스위칭 트랜지스터의 작용으로 발진하여 스위칭 동작을 수행하므로 이 부분의 회로가 매우 간단하고, 이러한 제어회로가 동작하기 위한 별도의 보조전원을 필요로 하지 않는다.

그러나, 이러한 자려식 동작에서는 입력전압이나 출력전류에 따라 발진 주파수가 크게 달라지므로 일정한 발진회로의 주파수에 따라 스위칭 동작을 수행하는 다른 4가지 방식에 비하여 불리하다. 또한, 나머지 4가지 방식에서는 모두 1차측에서 스위치가 on되었을 때 전기에너지가 변압기를 통하여 2차측으로 전달되는데 비하여, 플라이백형에서는 스위치가 on되었을 때는 전기에너지를 변압기에 자속(magnetic flux) 형태의 자기에너지로 저장하였다가 스위치가 off될 때 2차측으로 넘겨져서 전달되는 특이한 동작을 수행하는데, 이 때문에 변압기에 표시되는 극성은 플라이백형만 반대로 표시되어 있음에 주목해야 한다. 또한, 이런 특이한 방식 때문에 플라이백형에서는 고주파 변압기의 권선 설계가 다른 방식에 비하여 더 중요하고 또한 더 까다롭다. 이런 변압기 설계 기술은 이 책의 범위를 넘으므로 설명하지 않는다.

전형적인 플라이백형 SMPS의 하드웨어 구조를 <그림 7.3.4>에 보였다. 여기서도 보면 알 수 있듯이 이러한 플라이백형 SMPS의 가장 큰 장점은 무엇보다도 회로가 간단하여 경제적이라는 것이다.

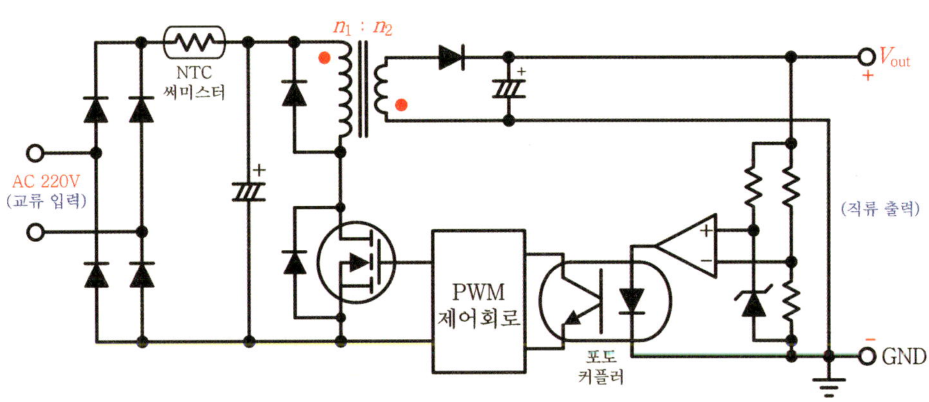

<그림 7.3.4> 전형적인 프라이백형 SMPS의 하드웨어 구성

<표 7.3.2> Power Integrations사의 플라이백형 SMPS의 컨트롤러 IC 소자

분류	모델명	230V_{AC}에서 출력전력 [W]		최저 입력전압 V_{UV} [V]	최고 입력전압 V_{OV} [V]	드레인 피크전류 [A]	과전류 보호전류 [A]	스위칭 주파수 [kHz]	최고 듀티비 [%]	패키지
		밀폐형	개방형							
TOP Switch JX 패밀리	TOP264EG	30.0■	62.0■	102.8	451	2.08	1.30	66/132	78	eSIP-7C
	TOP264KG	30.0□	49.0□							eSOP-12B
	TOP264VG	21.0□	62.0■							eDIP-12B
	TOP265EG	40.0■	81.0■	102.8	451	2.72	1.70	66/132	78	eSIP-7C
	TOP265KG	33.0□	53.0□							eSOP-12B
	TOP265VG	22.5□	81.0■							eDIP-12B
	TOP266EG	60.0■	119.0■	102.8	451	4.08	2.55	66/132	78	eSIP-7C
	TOP266KG	36.0□	58.0□							eSOP-12B
	TOP266VG	24.0□	119.0■							eDIP-12B
	TOP267EG	85.0■	137.0■	102.8	451	5.44	3.01	66/132	78	eSIP-7C
	TOP267KG	40.0□	65.0□							eSOP-12B
	TOP267VG	27.5□	137.0■							eDIP-12B
	TOP268EG	105.0■	148.0■	102.8	451	6.88	3.25	66/132	78	eSIP-7C
	TOP268KG	46.0□	73.0□							eSOP-12B
	TOP268VG	30.0□	148.0■							eDIP-12B
	TOP269EG	128.0■	162.0■	102.8	451	7.73	3.48	66/132	78	eSIP-7C
	TOP269KG	50.0□	81.0□							eSOP-12B
	TOP269VG	32.0□	162.0■							eDIP-12B
	TOP270EG	147.0■	190.0■	102.8	451	9.00	4.20	66/132	78	eSIP-7C
	TOP270KG	56.0□	91.0□							eSOP-12B
	TOP270VG	34.0□	190.0■							eDIP-12B
	TOP271EG	177.0■	244.0■	102.8	451	11.10	5.17	66/132	78	eSIP-7C
	TOP271KG	63.0□	102.0□							eSOP-12B
	TOP271VG	36.0□	244.0■							eDIP-12B
TOP Switch HX 패밀리	TOP252EN	10.0■	21.0■	102.8	451	0.68	0.43	66/132	78	eSIP-7C
	TOP252GN	9.0□	15.0□				0.43			SMD-8C
	TOP252PN	9.0□	15.0□				0.43			DIP-8C
	TOP253EN	21.0■	43.0■	102.8	451	1.37	0.85	66/132	78	eSIP-7C
	TOP253GN	15.0□	25.0□				0.75			SMD-8C
	TOP253PN	15.0□	25.0□				0.75			DIP-8C
	TOP254EN	30.0■	62.0■	102.8	451	2.08	1.30	66/132	78	eSIP-7C
	TOP254GN	16.0□	28.0□				1.00			SMD-8C
	TOP254PN	16.0□	28.0□				1.00			DIP-8C
	TOP254YN	30.0■	62.0■				1.30			TO-220-7C
	TOP255EN	40.0■	81.0■	102.8	451	2.72	1.70	66/132	78	eSIP-7C
	TOP255GN	19.0□	30.0□				1.15			SMD-8C
	TOP255PN	19.0□	30.0□				1.15			DIP-8C
	TOP255YN	40.0■	81.0■				1.70			TO-220-7C
	TOP256EN	60.0■	119.0■	102.8	451	4.08	2.55	66/132	78	eSIP-7C
	TOP256GN	21.0□	34.0□				1.35			SMD-8C
	TOP256PN	21.0□	34.0□				1.35			DIP-8C
	TOP256YN	60.0■	119.0■				2.55			TO-220-7C
	TOP257EN	85.0■	157.0■	102.8	451	5.44	3.40	66/132	78	eSIP-7C
	TOP257GN	25.0□	41.0□				1.50			SMD-8C
	TOP257PN	25.0□	41.0□				1.50			DIP-8C
	TOP257YN	85.0■	157.0■				3.40			TO-220-7C
	TOP258EN	105.0■	195.0■	102.8	451	6.88	4.30	66/132	78	eSIP-7C
	TOP258GN	29.0□	48.0□				1.65			SMD-8C
	TOP258PN	29.0□	48.0□				1.65			DIP-8C
	TOP258YN	105.0■	195.0■				4.30			TO-220-7C
	TOP259EN	128.0■	238.0■	102.8	451	7.73	5.15	66/132	78	eSIP-7C
	TOP259YN	128.0■	238.0■							TO-220-7C
	TOP260EN	147.0■	275.0■	102.8	451	9.00	6.00	66/132	78	eSIP-7C
	TOP260YN	147.0■	275.0■							TO-220-7C
	TOP261EN	177.0■	333.0■	102.8	451	11.10	7.40	66/132	78	eSIP-7C
	TOP261YN	177.0■	333.0■							TO-220-7C
	TOP262EN	177.0■	333.0■	102.8	451	11.10	7.40	66/132	78	eSIP-7C

☞ □는 알루미늄 방열판을 사용하지 않은 경우이며, ■는 알루미늄 방열판을 사용한 경우임.

플라이백형 SMPS의 2가지 핵심 설계 과정에서 첫번째는 출력전압을 검출하고 포토 커플러를 사용하여 절연하면서 이를 스위칭 제어회로 쪽으로 전달하여 PWM 제어회로가 적절한 듀티비로 스위칭 소자를 구동하는 부분이다. 종래에는 반도체 스위칭 소자로서 바이폴라 트랜지스터를 사용하였으나 요즈음은 대부분 스위칭 소자에서의 전력손실을 줄이고 좀 더 높은 주파수로 스위칭하기 위하여 MOSFET를 사용한다. 또한 예전에는 PWM 제어를 수행하는 전용 IC와 스위칭 소자로서 MOSFET가 별도로 사용되는 형태였으나 최근에는 이를 1개의 반도체 소자로 결합시킨 일체형 제품이 나오면서 플라이백형 SMPS의 설계가 훨씬 간편하고 쉬워졌다. 그러한 일체형 SMPS용 반도체 소자의 대표적인 제품으로는 Power Integrations사의 TOPSwitch 시리즈가 있는데, 이것들을 <표 7.3.2>에 정리하였다.

아래의 <그림 7.3.5>에는 TOPSwitch의 HX 패밀리에 해당하는 TOP258PN 소자를 사용하여 +5V/2.2A와 +12V/2A의 2출력형 SMPS를 설계한 예를 보였는데, 이것은 해당 소자의 데이터 시트에서 제공하는 것이다.

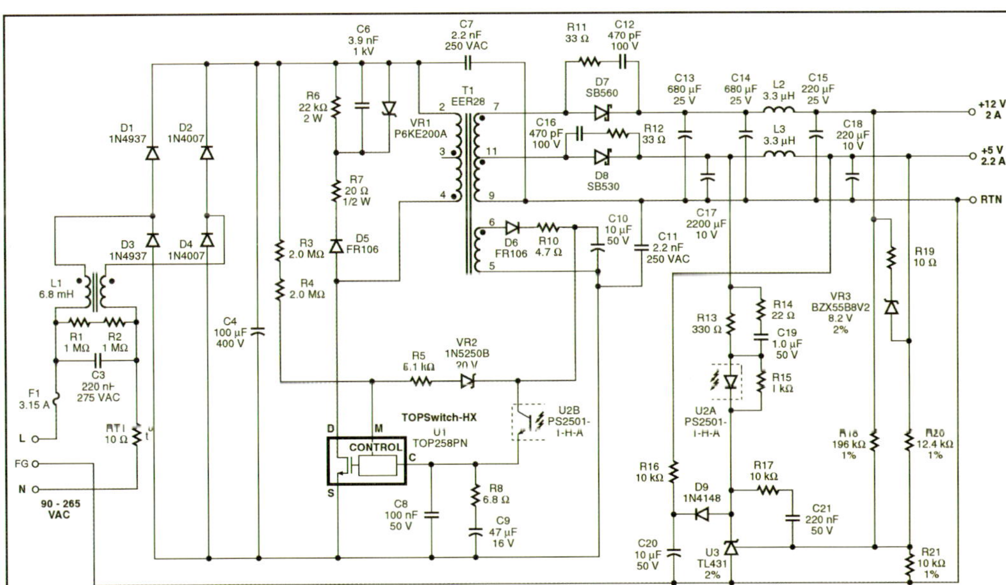

<그림 7.3.5> 전형적인 프라이백형 SMPS의 하드웨어 구성

플라이백형 SMPS의 핵심 설계 과정에서 두번째 사항은 고주파 변압기이다. 설계자는 전원장치의 전력 용량에 따라 적절한 페라이트 코어(ferrite core)와 그에 맞는 보빈(bobbin)을 선정하고 주어진 사양에 맞추어 권선수를 설계하게 된다. 페라이트 코어를 사용하는 고주파 변압기를 제작하는데 필요한 부품이나 재료들을 보이면 <그림 7.3.6>과 같다.

(a) 완성된 변압기　(b) 보빈　(c) 에나멜 권선

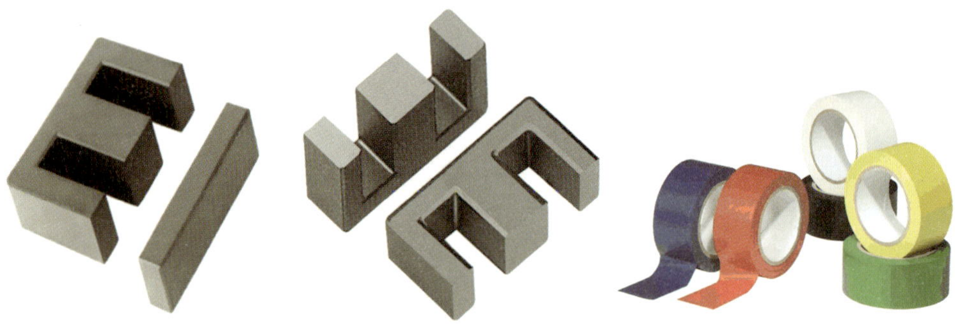

(d) EI형 페라이트 코어　(e) EE형 페라이트 코어　(f) PS 테이프

<그림 7.3.6> SMPS용의 고주파 변압기를 제작하는데 필요한 부품 및 재료

페라이트 코어는 수십 kHz 이상의 전류에서도 양호하게 높은 자속을 발생하는 특성을 가지며, 이것의 모양과 크기 그리고 자속 특성에 따라 매우 다양한 모델이 있는데, 이를 바닥에 떨어뜨리거나 충격을 받으면 깨지기 쉬우므로 주의해야 한다. 보빈은 변압기의 몸체를 이루는 뼈대로서 페라이트 코어의 크기와 형상에 맞도록 적합한 모델을 선정하여 사용한다. 만약 보빈의 형상과 크기는 문제가 없더라도 핀수가 부족한 경우에는 보빈을 주문 제작하여 사용하기도 한다.

에나멜 권선은 구리선의 표면에 에나멜을 코팅하여 절연 처리되어 있으며, 권선의 굵기 즉 단면적에 따라 여러가지의 제품이 있는데, 전류 용량이나 스위칭 주파수가 높아지면 더 굵은 권선을 사용해야 한다. PS(polyester) 테이프는 매우 얇고 내열 특성이 우수하여 고주파 변압기에 널리 사용되는데, 이것은 보빈에 에나멜 권선을 감을 때 층간의 절연을 위하여 사용하기도 하고, 페라이트 코어와 권선 작업이 완료된 보빈을 결합하여 변압기를 완성할 때 이것들을 견고하게 묶어서 고정하기 위해서도 사용한다.

2. 비절연형 DC-DC 컨버터

절연형 SMPS의 경우에는 AC→DC→AC→DC의 과정을 거치면서 전력회로 및 제어회로가 복잡하고 특히 사용자가 직접 설계 또는 제작하기에 만만하지 않게 어려운 고주파 변압기까지 포함되어 있기 때문에 중대용량의 전원은 물론이고 PCB에 장착하여 사용하는 소용량 전원의 경우에도 사용자가 이를 직접 설계하기 보다는 SMPS 모듈을 하나의 부품처럼 구입하여 사용하는 경우가 많다.

그러나, 비절연형 DC-DC 컨버터의 경우에는 DC→DC의 과정으로 하나의 직류전압을 또 다른 직류전압으로 직접 변환하고 또한 절연 처리 과정이 없기 때문에 상대적으로 훨씬 하드웨어 구조가 간단하고 설계가 쉬워서 대부분의 경우 사용자가 이를 직접 설계하여 사용한다. 특히 요즈음에는 전력회로와 제어회로가 일체형으로 단일화된 스위칭 레귤레이터 IC 소자가 많이 출시되고 있어서 여기에 몇가지의 외부 소자만 추가하면 사용자가 쉽게 스위칭 전원을 만들어 사용할 수 있다.

DC-DC 컨버터 방식의 비절연형 스위칭 레귤레이터의 특징을 요약하면 다음과 같다.

○ 출력전압을 피드백하여 반도체 스위칭 소자가 PWM 제어방식으로 출력전압을 일정하게 제어한다.

○ 강압형(Buck converter) 방식의 회로, 승압형(boost converter) 방식의 회로, 강압 및 승압형(Buck-boost converter) 방식의 회로가 모두 가능하다.

○ 강압형은 스위칭과 평활의 과정으로 이루어지는데, 여기서 반도체 스위칭 소자와 평활용 커패시터 이외에 평활용으로 인덕터가 사용되고 전류 프리휠링용으로 고속의 다이오드가 사용된다.

○ 승압형은 스위칭과 승압 및 평활의 과정으로 이루어지는데, 여기서 반도체 스위칭 소자와 평활용 커패시터 이외에 승압용으로 인덕터와 고속의 다이오드가 사용된다.

○ 전력 손실이 적어서 효율이 높으며, 이 효율이 입력전압에 관계 없이 거의 일정하다.

○ 반도체 스위칭 소자로는 바이폴라 트랜지스터보다 훨씬 속도가 빠르고 손실이 적은 MOSFET가 선호된다.

○ 전력회로와 제어회로를 일체화한 스위칭 레귤레이터 IC 소자가 널리 사용되고 있다.

(1) 강압형 스위칭 레귤레이터 회로

비절연 방식으로 구성된 강압형 컨버터(Buck converter)를 사용한 스위칭 레귤레이터의 회로 구성과 동작을 보이면 <그림 7.3.7>과 같다. 그림의 (a)에 보였듯이 스위치가 on되어 있는 동안에는 전원에 의한 입력전류가 그대로 인덕터를 통하여 흐르게 되므로 $I_{in} = I_L$이 되며, 이 인덕터 전류는 직선적으로 증가하면서 평활용 커패시터 C_{out}을 충전시키고 부하전류도 공급한다. 시간이 지나면서 평활용 커패시터의 전압이 충전되어 증가하며, 다이오드 D_1은 역방향으로 바이어스되므로 off 상태가 된다.

그림의 (b)에 보였듯이 스위치가 off되어 있는 동안에는 인덕터 전류가 평활용 커패시터와 다이오드를 통하여 순환전류로 흐르면서 직선적으로 감소한다. 이때 다이오드 D_1은 on되어 전류의 프리휠링 동작을 수행한다. 부하전류는 평활용 커패시터 C_{out}이 공급하므로 시간이 지나면서 이 커패시터의 전압이 방전되어 감소한다.

이러한 PWM 스위칭 동작의 파형은 그림의 (c)에 표시하였다. 여기서, 전원전압 V_{in}은 반도체 스위칭 소자를 거치면서 약간 감소하여 V_{sw}가 되는 것으로 표시하였으며, 출력전압 V_{out}은 실제 약간의 리플을 갖지만 여기서는 리플이 없는 평균전압으로 표시하였다.

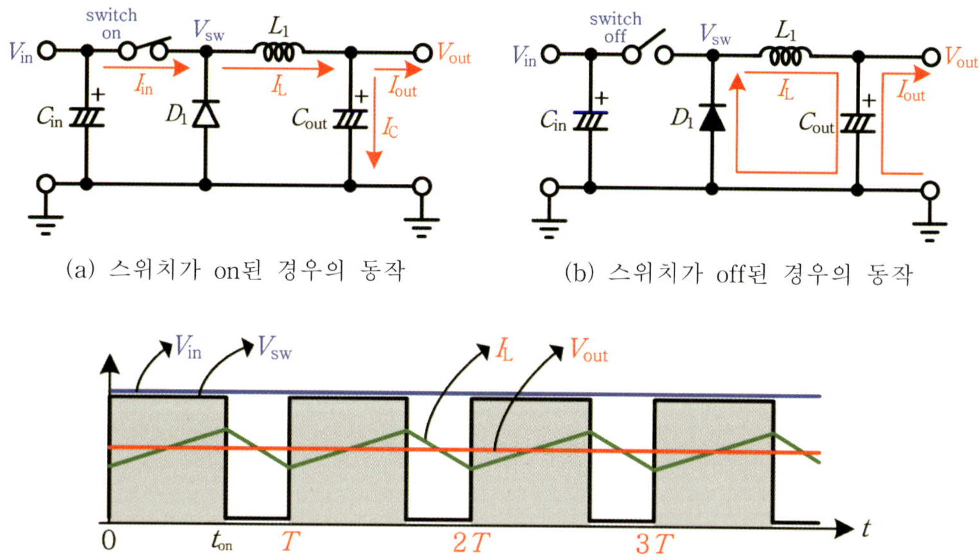

(a) 스위치가 on된 경우의 동작

(b) 스위치가 off된 경우의 동작

(c) 동작 파형

<그림 7.3.7> 비절연 강압형 스위칭 레귤레이터의 회로와 동작

여기서 PWM 제어에 의하여 출력전압이 어떻게 듀티비와 관련되어 표시되는지 그 관계식을 계산하여 보자. 이 계산에서는 스위치가 이상적으로 동작하여 스위치에서의 전압강하가 없어서 $V_{in} = V_{sw}$라고 가정하고, 출력전압 파형은 리플 없이 완전한 수평으로 유지된다고 가정한다. 그러면 <그림 7.3.7>의 (a)에서처럼 스위치가 on되어 있는 경우에는 다음과 같은 전압식이 성립한다. 여기서 L은 인덕터 소자 L_1의 인덕턴스 값을 나타낸다.

$$V_{in} = L\frac{dI_L}{dt} + V_{out} \quad \therefore \frac{dI_L}{dt} = \frac{V_{in} - V_{out}}{L}$$

즉, 스위치가 on되었을 경우에는 인덕터의 전류가 양(+)의 기울기를 가지고 직선적으로 증가하면서 인덕터에 자속(magnetic flux)의 형태로 에너지가 저장된다. 물론 이는 인덕터의 이상적인 동작 특성이며, 인덕터의 전류가 작아서 자기적 특성이 포화(saturation)되지 않는 영역에서만 그러하다.

그러다가 <그림 7.3.7>의 (b)에서처럼 스위치가 off되는 경우에는 다음과 같은 전압식이 성립한다. 이때 다이오드 D_1은 이상적인 소자라서 여기서의 전압강하는 없다고 가정한다.

$$0 = L\frac{dI_L}{dt} + V_{out} \quad \therefore \frac{dI_L}{dt} = -\frac{V_{out}}{L}$$

즉, 스위치가 off되었을 경우에는 인덕터의 전류가 음(-)의 기울기를 가지고 직선적으로 감소하면서 인덕터에 자속의 형태로 저장되어 있던 에너지가 부하측으로 넘겨진다.

이처럼 정상 상태에서 PWM 스위치의 on/off 동작이 반복될 때 인덕터 전류의 증가폭과 감소폭은 서로 같아야 하므로 다음과 같은 등식이 성립한다.

$$\frac{V_{in} - V_{out}}{L} \times t_{on} = \frac{V_{out}}{L} \times t_{off} \quad \therefore V_{out} = \frac{t_{on}}{t_{on} + t_{off}} V_{in} = \frac{t_{on}}{T} V_{in} = D\,V_{in}$$

즉, 위에서 적색으로 표시한 식과 같이 출력전압은 다음과 같이 듀티비(duty ratio) D에 의하여 결정되는 결과를 얻을 수 있는데, 여기서 보듯이 듀티비가 커지면 이에 비례하여 출력전압도 커진다.

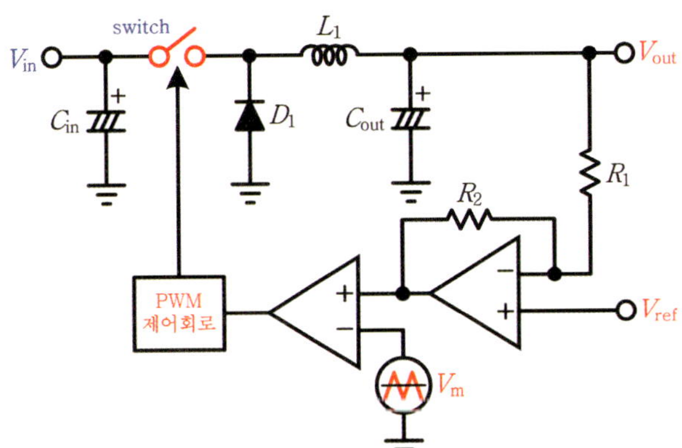

<그림 7.3.8> PWM 제어회로가 추가된 비절연 강압형 스위칭 레귤레이터

이제 <그림 7.3.7>에서 설명한 비절연 강압형 컨버터가 출력전압을 일정하게 유지하는 정전압 스위칭 레귤레이터가 되려면 여기에 출력전압을 검출하여 피드백하는 방법으로 PWM 제어를 수행하는 회로를 추가해야 하는데 이를 <그림 7.3.8>에 보였다. 여기서 출력전압 V_{out}을 검출하면서 연산증폭기를 사용하여 기준전압 V_{ref}와 비교한 차동전압을 계산하고, 이 차동전압은 비교기를 통하여 변조 파형(modulation wave)인 삼각파 V_m과 비교함으로써 PWM 제어 파형을 얻게 된다.

스위칭 소자에서의 전력손실은 도통 손실과 스위칭 손실로 나누어진다. 도통 손실은 스위치가 on되어 있는 동안에는 스위치의 전압강하와 여기에 흐르는 전류를 곱한 값이므로 그 크기가 매우 작으며, 스위치가 off되어 있는 동안에는 여기에 전류가 흐르지 않으므로 양단의 전압을 곱하더라도 0이 되어 손실이 없다. 이러한 도통 손실은 전체 전력손실에서 차지하는 비중이 낮으므로 대부분의 전력손실은 스위칭 손실에 기인한다. 스위칭 손실은 스위치가 on되는 순간이나 off되는 순간에 잠깐동안 트랜지스터의 활성 영역(active region)을 지나가면서 큰 전류와 전압의 곱으로 나타나는 손실인데, 이러한 스위칭 손실은 매 스위칭 주기마다 규칙적으로 2번씩 나타나며 이것이 전체 손실의 대부분을 차지하므로 스위칭 레귤레이터의 효율은 입력전압에 무관하게 일정하다고 말할 수 있는 것이다.

스위칭 레귤레이터를 설계할 때 스위칭 주파수는 사람의 가청 주파수 한계인 20kHz를 넘어서 더 높게 사용할수록 평활회로의 인덕터나 커패시터의 크기가 작아진다. 그러나, 위에서 설명한 것처럼 스위칭 손실이 주파수에 비례하여 커지므로 주파수를 너무 높이는 것은 불리하여 수십 kHz~수백 kHz의 범위에서 스위칭 주파수의 적절한 절충점을 찾아야 한다.

(2) 승압형 스위칭 레귤레이터 회로

비절연 방식으로 구성된 승압형 컨버터(boost converter)를 사용한 스위칭 레귤레이터의 회로 구성과 동작을 보이면 <그림 7.3.9>와 같다. 그림의 (a)에 보였듯이 스위치가 on되어 있는 동안에는 전원에 의한 입력전류가 그대로 인덕터를 통하여 흐르게 되므로 $I_{in} = I_L$이 되며, 이 인덕터 전류는 직선적으로 증가하면서 인덕터 L_1에 자속의 형태로 자기 에너지를 저장한다. 이때 다이오드 D_1은 off 상태가 되어 스위치가 on되면서 커패시터 C_{out}의 전압이 스위치를 통하여 방전되는 것을 저지한다. 부하전류는 평활용 커패시터 C_{out}이 공급하므로 시간이 지나면서 이 커패시터의 전압이 감소한다.

그림의 (b)에서 보였듯이 스위치가 off되어 있는 동안에는 스위치 상단의 전압 V_{sw}이 전원전압과 인덕터에서의 유기기전력의 합으로 되어 커졌으므로 다이오드 D_1은 on 상태가 된다. 따라서, 인덕터 전류가 다이오드를 지나서 흐르게 되고 이것이 부하전류와 평활용 커패시터의 충전전류를 공급하면서 직선적으로 감소한다.

이러한 PWM 스위칭 동작의 파형은 그림의 (c)에 표시하였다. 여기서, 출력전압 V_{out}은 실제 약간의 리플을 갖지만 여기서는 리플이 없는 평균전압으로 표시하였다.

이 승압형 스위칭 레귤레이터 회로에서도 앞의 강압형 스위칭 레귤레이터에서 했던 것처럼 모든 소자들이 이상적으로 동작하는 것으로 가정하면 스위치가 on되었을 때와 off되었을 때의 전압식은 각각 다음과 같다.

$$V_{in} = L\frac{dI_L}{dt} \qquad \therefore \ \frac{dI_L}{dt} = \frac{V_{in}}{L}$$

$$V_{in} = L\frac{dI_L}{dt} + V_{out} \qquad \therefore \ \frac{dI_L}{dt} = -\frac{V_{out} - V_{in}}{L}$$

이처럼 정상 상태에서 PWM 스위치의 on/off 동작이 반복될 때 인덕터 전류의 증가폭과 감소폭은 서로 같아야 하므로 다음과 같은 등식이 성립한다.

$$\frac{V_{in}}{L} \times t_{on} = \frac{V_{out} - V_{in}}{L} \times t_{off} \quad \therefore V_{out} = \frac{t_{on} + t_{off}}{t_{off}} V_{in} = \frac{T}{t_{off}} V_{in} = \frac{1}{\frac{t_{off}}{T}} V_{in} = \frac{1}{\frac{T - t_{on}}{T}} V_{in} = \frac{1}{1 - D} V_{in}$$

즉, 위에서 적색으로 표시한 식과 같이 듀티비 D에 의하여 결정되므로 듀티비가 커지면 출력전압이 증가한다. 듀티비가 최소값인 0에 접근하면 출력전압은 입력전압과 같아진다.

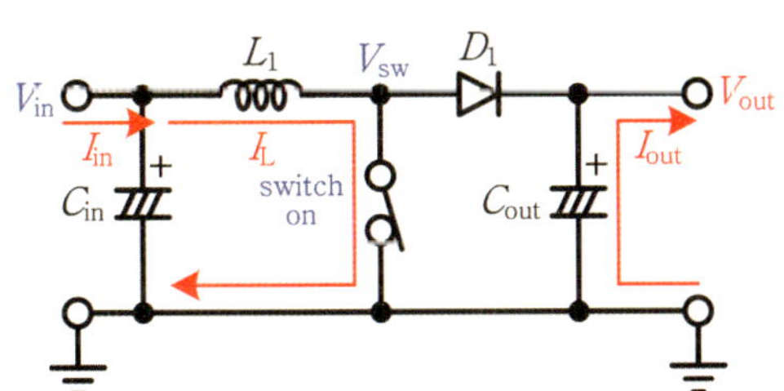

(a) 스위치가 on된 경우의 동작

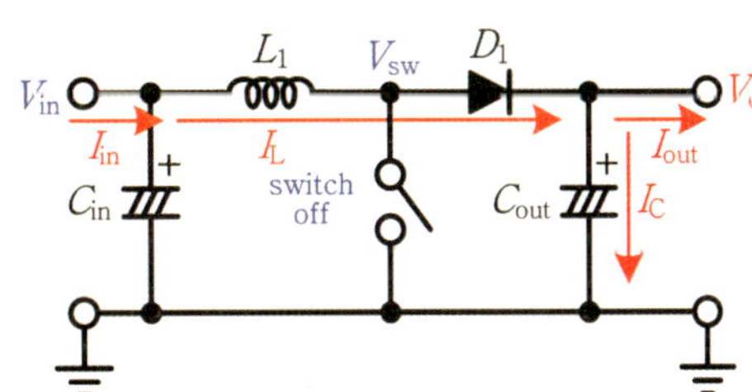

(b) 스위치가 off된 경우의 동작

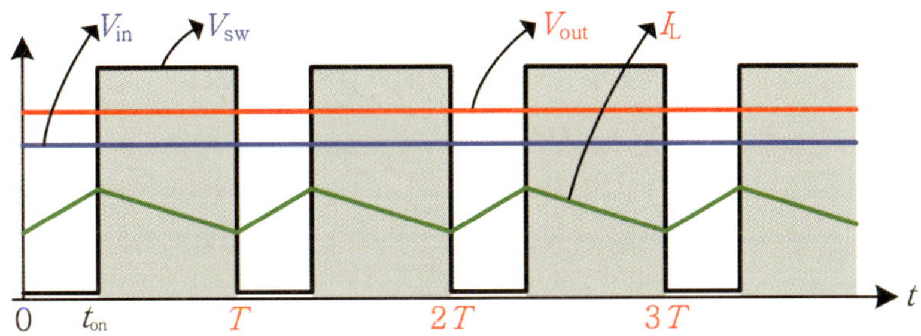

(c) 동작 파형

<그림 7.3.9> 비절연 승압형 스위칭 레귤레이터의 회로와 동작

3. 스위칭 레귤레이터 IC의 종류 및 활용

앞절에서 설명한 강압형 또는 승압형 스위칭 레귤레이터는 변압기를 사용하지 않는 비절연형이므로 PWM 제어회로와 MOSFET를 사용하는 스위칭 소자를 일체형으로 구성하여 IC화되어 널리 사용되어 오고 있다. 이들 소자는 기본적으로 과전류나 과열에 대한 보호 기능을 가지고 있으며, 입력전압이 너무 낮을 경우에 오동작을 방지하는 UVLO(undervoltage lockout) 기능을 갖는 모델도 있다. 또한, 모델에 따라서는 출력전압을 차단할 수 있는 ON/$\overline{\text{OFF}}$ 제어 단자를 가지는 경우도 있으며, 출력전압을 서서히 증가시키는 소프트 스타트(soft start) 제어 단자를 가지는 경우도 있다.

Texas Instruments사의 주요 강압형 스위칭 레귤레이터 IC 소자의 종류와 특성을 요약하면 <표 7.3.3>과 같다. 여기에 정리한 소자는 상당히 오랫동안 사용되어 온 대표적인 모델들이며, 이 회사의 강압형 스위칭 레귤레이터 IC는 이밖에도 매우 많다. 이들 소자는 외부 패키지가 대부분 5핀 또는 그보다 약간 많은 정도의 핀수를 가지고 있어서 외부에 프리휠링 다이오드와 출력전압 평활용의 인덕터 및 커패시터를 연결하면 쉽게 스위칭 레귤레이터 회로를 완성할 수 있다. 출력전압은 1개의 신호선을 연결함으로써 간단하게 피드백하게 되는데, 다만 가변 출력형 모델의 경우에는 외부에서 저항 분압을 이용하여 출력전압을 검출하여 피드백한다. 이러한 소자를 선정하는 절차와 방법은 데이터 시트에서 자세하게 설명하고 있어서 사용자는 이를 보고 쉽게 설계가 가능하다.

Texas Instruments사의 주요 승압형 스위칭 레귤레이터 IC 소자의 종류와 특성을 요약하면 <표 7.3.4>와 같다. 이들 승압형 스위칭 레귤레이터 IC들은 기본적으로 모두 앞의 <그림 7.3.9>에서 소개한 부스트형 DC-DC 컨버터 방식을 사용하고 있으며, 내부에 바이폴라형 트랜지스터나 MOSFET 소자를 사용한 반도체 스위치와 출력전압을 피드백하는 PWM 제어 회로를 가지고 있다. 그러나, 일부 모델에서는 다이오드 D_1을 함께 내장하는 경우도 있으며, 기본적인 부스트형 동작에 추가하여 인덕터 L_1의 위치에 변압기를 사용하여 입력과 출력을 결합하는 플라이백(flyback)형의 승압 회로 구성이 가능한 제품도 있다.

(1) 강압형 스위칭 레귤레이터 LM2575-5.0의 활용

<표 7.3.3>에서 요약하여 소개한 여러가지 비절연 방식의 강압형 스위칭 레귤레이터 중에서 LM2575-5.0을 선정하여 이것의 활용 방법을 알아보기로 한다. 이 소자는 최대 1A의 출력전류 용량을 갖는 강압형 스위칭 레귤레이터 소자로서, <그림 7.3.10>에 보였듯이 5핀짜리 TO-220 또는 D^{2}PAK의 패키지로 되어 있다. 스위칭 주파수는 52kHz로서 사람의 가청 주파수 범위보다 충분히 높지만, 만약 150kHz로 동작하는 LM2595-5.0이나 260kHz로 동작하는 LM2675-5.0을 사용한다면 평활회로의 인덕터와 커패시터를 더 작게 사용할 수 있다.

<표 7.3.3> Texas Instruments사의 주요 강압형 스위칭 레귤레이터 IC 소자

분류	모델명	출력전압[V] (일반/HV 버전)	입력전압 범위 [V] (일반/HV 버전)	최대 출력 전류 [A]	피크 출력 전류 [A]	스위칭 주파수 [kHz]	효율 [%]	패키지
LM2574 시리즈	LM2574-3.3	3.3(3.168~3.432/3.450)	4.75~40/60	0.5	1	52	72	SOIC-14, DIP-8
	LM2574-5.0	5.0(4.800~5.200/5.225)	7~40/60				77	
	LM2574-12	12.0(11.52~12.48/12.54)	15~40/60				88	
	LM2574-15	15.0(14.40~15.60/15.68)	18~40/60				88	
	LM2574-ADJ	가변(1.23~37/57)	7~40/60				77	
LM2575 시리즈	LM2575-3.3	3.3(3.168~3.432/3.450)	4.75~40/60	1	2.2	52	75	TO-220-5, D^2PAK-5
	LM2575-5.0	5.0(4.800~5.200/5.225)	8~40/60				77	
	LM2575-12	12.0(11.52~12.48/12.54)	15~40/60				88	
	LM2575-15	15.0(14.4~15.6/15.68)	18~40/60				88	
	LM2575-ADJ	가변(1.23~37/57)	7~40/60				77	
LM2576 시리즈	LM2576-3.3	3.3(3.168~3.432/3.450)	6~40/60	3	5.8	52	75	TO-220-5, D^2PAK-5
	LM2576-5.0	5.0(4.800~5.200/5.225)	8~40/60				77	
	LM2576-12	12.0(11.52~12.48/12.54)	15~40/60				88	
	LM2576-15	15.0(14.4~15.6/15.68)	18~40/60				88	
	LM2576-ADJ	가변(1.23~37/57)	7~40/60				77	
LM2594 시리즈	LM2594-3.3	3.3(3.168~3.432/3.432)	4.75~40/60	0.5	0.8	150	80	SOIC-8, DIP-8
	LM2594-5.0	5.0(4.800~5.200/5.200)	7~40/60				82	
	LM2594-12	12.0(11.52~12.48/12.48)	15~40/60				88	
	LM2594-ADJ	가변(1.23~37/57)	4.5~40/60				80	
LM2595 시리즈	LM2595-3.3	3.3(3.168~3.432/-)	4.75~40/-	1	1.5	150	78	TO-220-5, D^2PAK-5
	LM2595-5.0	5.0(4.800~5.200/-)	7~40/-				82	
	LM2595-12	12.0(11.52~12.48/-)	15~40/-				90	
	LM2595-ADJ	가변(1.23~37/-)	4.5~40/-				78	
LM2596 시리즈	LM2596-3.3	3.3(3.168~3.432/-)	4.75~40/-	3	4.5	150	73	TO-220-5, D^2PAK-5
	LM2596-5.0	5.0(4.800~5.200/-)	7~40/-				80	
	LM2596-12	12.0(11.52~12.48/-)	15~40/-				90	
	LM2596-ADJ	가변(1.23~37/-)	4.5~40/-				73	
LM2597 시리즈	LM2597-3.3	3.3(3.168~3.432/3.432)	4.75~40/60	0.5	0.8	150	80	SOIC-8, DIP-8
	LM2597-5.0	5.0(4.800~5.200/5.200)	7~40/60				82	
	LM2597-12	12.0(11.52~12.48/12.48)	15~40/60				88	
	LM2597-ADJ	가변(1.23~37/57)	4.5~40/60				80	
LM2598 시리즈	LM2598-3.3	3.3(3.168~3.432/-)	4.75~40/-	1	1.5	150	78	TO-220-7, D^2PAK-7
	LM2598-5.0	5.0(4.800~5.200/-)	7~40/-				82	
	LM2598-12	12.0(11.52~12.48/-)	15~40/-				90	
	LM2598-ADJ	가변(1.23~37/-)	4.5~40/-				78	
LM2599 시리즈	LM2599-3.3	3.3(3.168~3.432/-)	4.75~40/-	3	4.5	150	73	TO-220-7, D^2PAK-7
	LM2599-5.0	5.0(4.800~5.200/-)	7~40/-				80	
	LM2599-12	12.0(11.52~12.48/-)	15~40/-				90	
	LM2599-ADJ	가변(1.23~37/-)	4.5~40/-				73	
LM2674 시리즈	LM2674-3.3	3.3(3.251~3.350/-)	6.5~40/-	0.5	0.8	260	86	SOIC-8, DIP-8
	LM2674-5.0	5.0(4.925~5.075/-)	6.5~40/-				90	
	LM2674-12	12.0(11.82~12.18/-)	15~40/-				94	
	LM2674-ADJ	가변(1.21~37/-)	6.5~40/-				90	
LM2675 시리즈	LM2675-3.3	3.3(3.251~3.350/-)	6.5~40/-	1	1.55	260	86	SOIC-8, DIP-8
	LM2675-5.0	5.0(4.925~5.075/-)	6.5~40/-				90	
	LM2675-12	12.0(11.82~12.18/-)	15~40/-				94	
	LM2675-ADJ	가변(1.21~37/-)	6.5~40/-				90	
LM2676 시리즈	LM2676-3.3	3.3(3.234~3.366/-)	8~40/-	3	4.5	260	86	TO-220-7, D^2PAK-7
	LM2676-5.0	5.0(4.900~5.100/-)	8~40/-				88	
	LM2676-12	12.0(11.76~12.24/-)	15~40/-				94	
	LM2676-ADJ	가변(1.21~37/-)	8~40/-				88	
LM2677 시리즈	LM2677-3.3	3.3(3.234~3.366/-)	8~40/-	5	7	260	82	TO-220-7, D^2PAK-7
	LM2677-5.0	5.0(4.900~5.100/-)	8~40/-				84	
	LM2677-12	12.0(11.76~12.24/-)	15~40/-				92	
	LM2677-ADJ	가변(1.21~37/-)	8~40/-				84	

<표 7.3.4> Texas Instruments사의 주요 승압형 스위칭 레귤레이터 IC 소자

분류	모델명	출력전압[V]	입력전압 범위[V]	최대 출력 전류 [A]	피크 출력 전류 [A]	스위칭 주파수 [kHz]	효율 [%]	패키지
LM2585 시리즈	LM2585-3.3	3.3(3.17~3.43)	4~12	1.2	3	100	76	TO-220-5, D²PAK-5
	LM2585-5.0	5.0(4.80~5.20)	4~12	1.1			80	
	LM2585-12	12.0(11.52~12.48)	4~10	0.8			93	
	LM2585-ADJ	가변	4~40	-			-	
LM2586 시리즈	LM2586-3.3	3.3(3.17~3.43)	4~12	1.2	3	100/200	76	TO-220-7, D²PAK-7
	LM2586-5.0	5.0(4.80~5.20)	4~12	1.1			80	
	LM2586-12	12.0(11.52~12.48)	4~10	0.8			93	
	LM2586-ADJ	가변	4~40	-			-	
LM2587 시리즈	LM2587-3.3	3.3(3.17~3.43)	4~12	1.75	5	100	75	TO-220-5, D²PAK-5
	LM2587-5.0	5.0(4.80~5.20)	4~12	1.45			80	
	LM2587-12	12.0(11.52~12.48)	4~10	1.20			90	
	LM2587-ADJ	가변	4~40	-			-	
LM2588 시리즈	LM2588-3.3	3.3(3.17~3.43)	4~12	1.75	5	100/200	75	TO-220-7, D²PAK-7
	LM2588-5.0	5.0(4.80~5.20)	4~12	1.45			80	
	LM2588-12	12.0(11.52~12.48)	4~10	1.20			90	
	LM2588-ADJ	가변	4~40	-			-	
LM262x 시리즈	LM2621	가변(1.24~14)	1.2~14	1	2.85	300~2000	87	VSSOP-8
	LM2622	가변(1.26~12)	2.0~12	1	1.65	600~1250	87	VSSOP-8
	LM2623	가변(1.24~14)	0.8~14	2	2.85	300~2000	87	VSSOP-8, WSON-14
LM270x 시리즈	LM2703	가변(1.237~21)	2.2~7	0.15	0.35	2500	88	SOT-23-5
	LM2704	가변(1.237~20)	2.2~7	0.25	0.55	2500	90	SOT-23-5
	LM2705	가변(1.237~20)	2.2~7	0.05	0.15	2500	86	SOT-23-5
LM273x 시리즈	LM2731	가변(3~20)	2.7~14	1	2	600/1600	90	SOT-23-5
	LM2733	가변(3~16)	2.7~14	0.5	1.5	600/1600	90	SOT-23-5
	LM2735	가변(3~24)	2.7~5.5	1	3	520/1600	80	SOT-23-5, WSON-6
LM500x 시리즈	LM5001	가변	3.1~75	0.50	1.0	260/780	92	SOIC-8, WSON-8
	LM5002	가변	3.1~75	0.25	0.5	260/780	95	SOIC-8, WSON-8
TLV6104x 시리즈	TLV61046A	가변(3.3~28)	1.8~5.5	0.3	0.98	1050	85	SOT-23-6
	TLV61047	가변(4.5~28)	2.6~20	1	2.2	1600	92	SOT-23-5
	TLV61048	가변(3.3~14)	2.65~5.5	1	3.7	550/1000	90	SOT-23-6

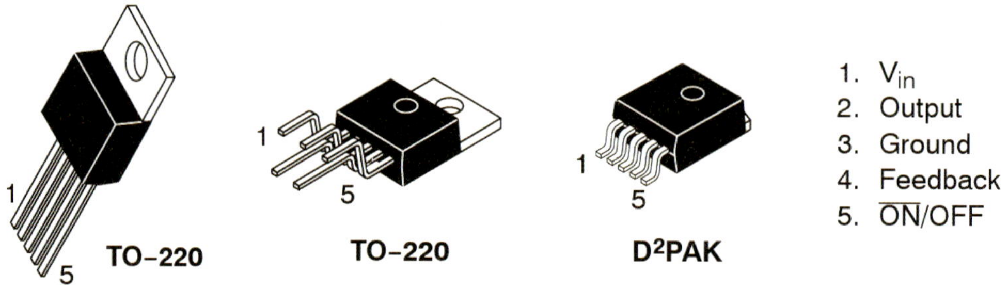

<그림 7.3.10> LM2575-5.0 강압형 스위칭 레귤레이터 IC의 외부 구조

LM2575-5.0 소자의 내부 구조와 외부에 필요한 소자를 연결한 기본적 응용 회로를 보면 <그림 7.3.11>과 같다. 여기서 보듯이 LM2575 시리즈의 출력전압에 따른 모델마다 R_2의 저항값이 다르게 되어 있으며, LM2575-5.0에서는 R_2 = 3.1kΩ으로 되어 있다. 그러나, 가변출력형 모델 LM2575-ADJ에서는 R_1 = ∞, R_2 = 0Ω으로 되어 있고, 이러한 저항 분압은 사용

자가 원하는 출력전압에 따라 외부에서 2개의 저항을 추가하여 실시한다. 또한, 5번 핀의 $\overline{\text{ON}}$/OFF 제어 신호는 GND에 연결하면 정상적으로 출력전압을 만들고, 여기에 1.4V 이상의 H상태 전압을 인가하면 출력전압을 차단한다.

이 그림을 보면 LM2575는 앞에서 설명하였던 <그림 7.3.7>과 <그림 7.3.8>의 기본적인 비절연 방식의 강압형 스위칭 레귤레이터 회로를 그대로 사용하고 있다는 것을 알 수 있다.

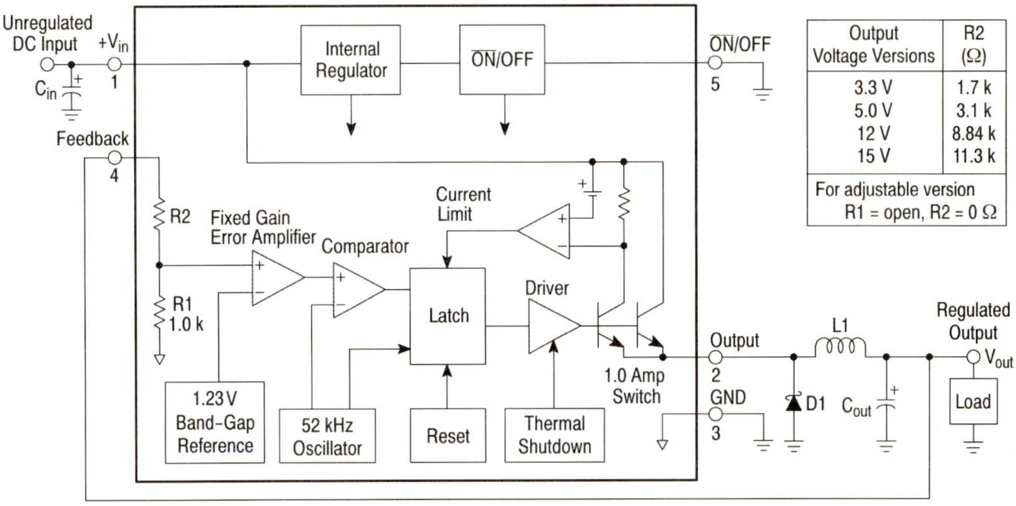

<그림 7.3.11> LM2575-5.0의 내부 구조와 기본적인 응용 회로

이 그림에서 보듯이 사용자가 스위칭 레귤레이터 회로를 완성하려면 외부에 필수적으로 3개의 소자로서 다이오드 D_1, 인덕터 L_1, 커패시터 C_{out}만 추가하면 된다. 커패시터 C_{in}을 사용하는 것은 옵션 사항이다. 그러므로 사용자가 원하는 전원의 사양에 따라 이렇게 다이오드 D_1, 인덕터 L_1, 커패시터 C_{out}의 소자값을 계산하여 적절한 소자를 선정하는 것이 이 스위칭 레귤레이터 설계의 핵심이다.

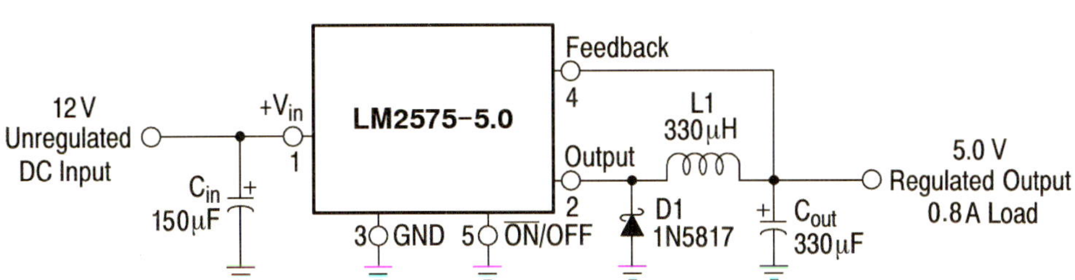

<그림 7.3.12> LM2575-5.0을 사용한 5V/0.8A 전원 회로의 설계

이제 LM2575-5.0 소자를 사용하여 <그림 7.3.12>에 보인 정전압 회로를 단계적으로 설계하여 보기로 한다.

① 입력 및 출력 사양의 결정

이 회로는 12V의 입력전압으로부터 5V의 정전압 출력을 만드는 것을 목표 사양으로 가정하겠다. 출력전류 또는 부하전류는 최대 0.8A까지 흘릴 수 있도록 한다.

$V_{in(max)} = 12V$
$V_{out} = 5V$
$I_{LOAD(max)} = 0.8A$

② 정전압 레귤레이터 소자의 선정

이처럼 출력전압이 5V이고 출력전류가 0.8A라면 LM2575-5.0 모델이 적합하다. 물론, 이 경우에 LM2575-ADJ를 선정하고 이것의 출력단에서 2개의 저항으로 출력전압을 분압하여 피드백하는 방법을 사용해도 되지만, 굳이 LM2575-5.0의 정전압형 소자가 있는데 그런 불편을 감수할 이유는 없다.

또한, 52kHz로 스위칭하는 LM2575-5.0 뿐만 아니라 150kHz로 동작하는 LM2595-5.0이나 260kHz로 동작하는 LM2675-5.0을 사용하는 것도 가능하지만, 여기서는 스위칭 레귤레이터의 대표 기종이라고 할 수 있는 LM2575-5.0을 사용하는 것으로 하겠다.

③ 입력단 커패시터 소자 C_{in}의 선정

입력단 커패시터는 입력전압의 급격한 변동이 있더라도 스위칭 레귤레이터가 안정적으로 동작할 수 있도록 하는 목적으로 사용하는데, 보통 알루미늄 전해 커패시터나 탄탈 커패시터를 사용하며, 가능하면 LM2575-5.0 소자의 1번 핀에서 가까운 위치에 붙이는 것이 좋다. 이 커패시터로는 어떤 정전용량 값을 사용하더라도 그다지 민감한 문제가 아니며, 전압 사양은 전원전압의 1.5배 이상으로 하는 것이 권장되므로 여기서는 150μF/25V의 전해 커패시터를 선정하면 무난하다.

④ 프리휠링 다이오드 소자 D_1의 선정

이 다이오드는 PWM 스위칭 동작에 따라 인덕터 전류가 연속적으로 흐르도록 유지하는 프리휠링의 목적으로 사용되는데, 따라서 이 다이오드의 전류 용량은 부하전류 최대값의 1.2배 이상이 되도록 하고, 역전압 용량은 전원전압의 1.5배 이상이 되도록 선정하는 것이 권장된다. 부하전류가 0.8A이고 전원전압이 12V이므로 이 다이오드는 20V/1A 사양의 쇼트키 다이오드(Schottky barrier diode)인 1N5817이면 충분하다. 만약, 여기서 전압 용량을 좀 더 여유 있게 사용하려면 30V/1A 사양의 1N5818을 선정하면 된다.

일반 정류용 다이오드에 비하여 고속 역회복 다이오드(fast recovery diode)는 약 100배 정도 빠르고, 다시 초고속 역회복 다이오드(ultra-fast recovery diode)는 고속 역회복 다이오드에 비하여 약 10배 정도가 빠르다. 그런데, 쇼트키 다이오드는 이 초고속 역회복 다이오드에 비하여 10배 정도나 더 빨라서 현존하는 다이오드 중에서 동작이 가장 빠른 제품이다. 또한, 쇼트키 다이오드는 순방향 전압강하가 V_F = 0.1~0.6V 정도로서 일반 다이오드의 V_F = 0.6~1.7V에 비하여 훨씬 작다는 장점을 갖지만, 최대 허용 역전압과 전류 용량이 일반 다이오드에 비하여 상당히 작다는 것이 단점이다.

⑤ 인덕터 소자 L_1의 선정

전원의 입력전압과 최대 부하전류의 값에 따라 인덕터 소자의 인덕턴스 값을 선정하는 방법은 <그림 7.3.13>의 그래프에 따르면 된다. 여기서 보듯이 입력전압 12V와 부하전류 0.8A가 만나는 점은 L330 영역에 위치하므로 L_1의 인덕턴스 값은 330μH로 선정하면 된다. 인덕터 소자에는 전류 용량도 지정되어 있어서 만약 소자에 이 값 이상의 전류가 흐르면 포화되기 시작하므로 이런 문제가 없도록 330μH의 인덕터 소자는 0.8A 이상의 전류 용량을 갖는 제품으로 선정해야 한다.

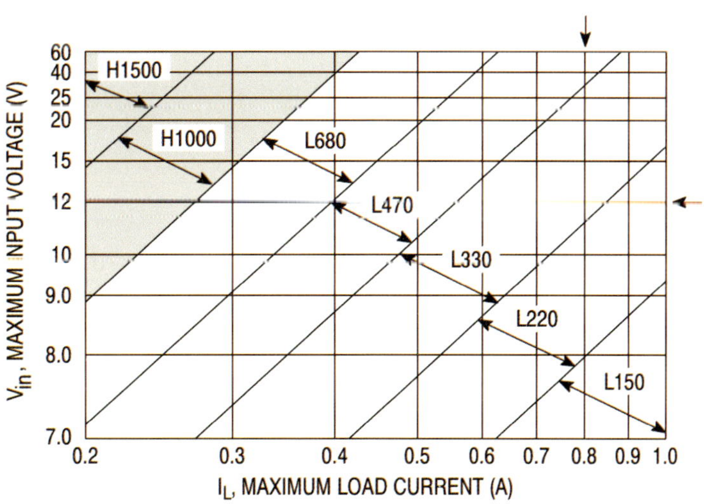

<그림 7.3.13> LM2575-5.0을 사용한 스위칭 레귤레이터에서 인덕터를 선정하는 그래프

⑥ 출력단 커패시터 소자 C_{out}의 선정

출력단에 평활용으로 사용되는 커패시터는 출력전압의 리플을 어느 정도까지 허용할 것인지에 따라 달라지는데 그 값을 계산하는 것은 좀 복잡하다. 출력전압의 리플을 출력전압의 1% 이내로 유지하려면 대략 100μF~470μF 정도의 커패시터가 필요하다. 이 커패시터의 전압 사양은 출력전압의 1.5배 이상으로 선정하는 것이 권장되므로 5V의 1.5배인 7.5V 이상이면 된다. 이를 종합하여 여기서는 C_{out}을 330μF/16V의 전해 커패시터로 선정한다.

이와 같은 방법으로 만든 스위칭 레귤레이터의 출력전압에는 본질적으로 어느 정도의 리플을 포함하게 된다. 만약, 이러한 스위칭 레귤레이터 회로가 디지털 회로의 전원은 물론이고 정밀한 아날로그 회로의 전원을 공급해야 하는 경우라면 <그림 7.3.14>에 보인 것처럼 출력단에 추가적으로 LC 필터를 설치하여 이를 거쳐서 만든 전압을 독립적인 아날로그 전원용으로 사용하는 것이 좋다.

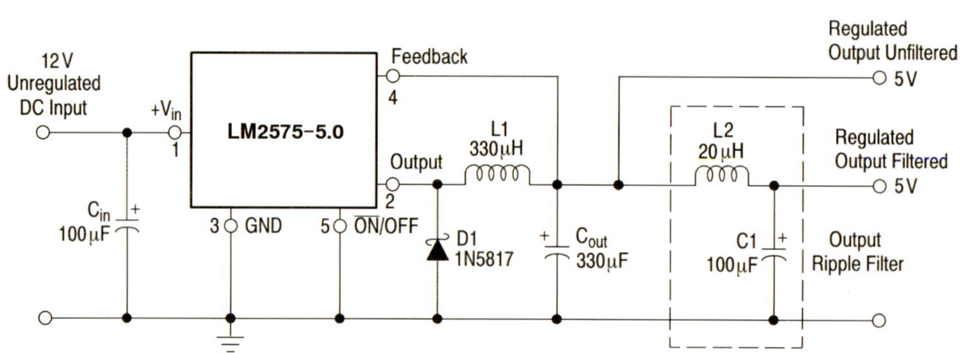

<그림 7.3.14> LM2575-5.0을 사용하여 디지털 전원과 아날로그 전원을 만드는 방법

LM2575-5.0 스위칭 레귤레이터에는 출력전압을 차단할 수 있는 셧다운(shutdown) 제어 단자를 5번 핀에 가지고 있는데, 마이크로프로세서의 디지털 출력 신호를 사용하여 이를 제어하는 회로를 보이면 <그림 7.3.15>와 같다.

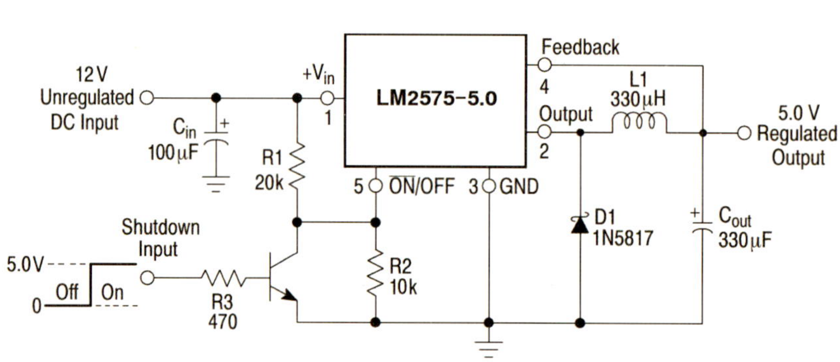

<그림 7.3.15> LM2575-5.0의 출력을 차단할 수 있도록 제어하는 방법

(2) 강압형 스위칭 레귤레이터 LM2595-5.0의 활용

앞에서 살펴본 LM2575-5.0은 스위칭 주파수가 52kHz로 동작하는 1A 용량의 강압형 스위칭 레귤레이터 IC인 것에 비하여 LM2595-5.0은 스위칭 주파수가 150kHz로 동작하는 1A 용량의 강압형 스위칭 레귤레이터 IC인데, 스위칭 주파수가 훨씬 더 높아졌고 핀 배열이 약간 달라진 것을 제외하면 이 2가지의 IC는 서로 매우 유사한 기능을 갖는다. 이들 소자 사이에서 1번 핀과 2번 핀의 배열이 서로 바뀌었다. 즉, LM2575-5.0에서는 1번 핀이 V_{in}이고 2번 핀이 Output인데, LM2595-5.0에서는 1번 핀이 Output이고 2번 핀이 V_{in}이다.

이제 LM2595-5.0 소자를 사용하여 <그림 7.3.16>에 보인 정전압 회로를 단계적으로 설계하여 보기로 한다. 그러면서 앞에서 동일한 사양으로 LM2575-5.0을 사용하여 설계하였던 결과와 비교하여 볼 것이다.

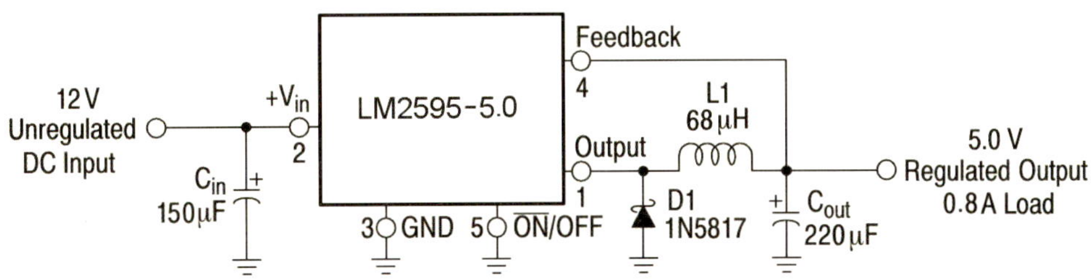

<그림 7.3.16> LM2595-5.0을 사용한 5V/0.8A 전원 회로의 설계

① 입력 및 출력 사양의 결정

이 회로는 12V의 입력전압으로부터 5V의 정전압 출력을 만드는 것을 목표 사양으로 가정하겠다. 출력전류 또는 부하전류는 최대 0.8A까지 흘릴 수 있도록 한다.

$V_{in(max)} = 12V$
$V_{out} = 5V$
$I_{LOAD(max)} = 0.8A$

② 정전압 레귤레이터 소자의 선정

여기서는 52kHz로 동작하는 LM2575-5.0의 정전압형 소자보다 훨씬 더 높은 150kHz로 동작하는 LM2595-5.0 모델을 사용하기로 한다.

③ 입력단 커패시터 소자 C_{in}의 선정

입력단 커패시터는 입력전압의 급격한 변동이 있더라도 스위칭 레귤레이터가 안정적으로 동작할 수 있도록 하는 목적으로 사용하는데, 보통 알루미늄 전해 커패시터나 탄탈 커패시터를 사용하며, 가능하면 LM2595-5.0 소자의 2번 핀에서 가까운 위치에 붙이는 것이 좋다. 이 커패시터로는 어떤 정전용량 값을 사용하더라도 그다지 민감한 문제가 아니지만 대략 <그림 7.3.17>에 따라 선정하는 것이 권장된다. 전압 사양은 전원전압의 1.5배 이상으로 하는 것이 권장되므로 12V×1.5 = 18V 이상이면 되며, 이에 해당하는 것으로 내압 25V짜리 커패시터를 사용하면 된다. 또한, 입력단 커패시터의 RMS 리플 전류는 보통 최대 부하전류의 1/2 정도로 간주하므로 0.8A/2 = 0.4A가 된다. 그러므로 <그림 7.3.17>에서 내압 25V에 RMS 리플 전류가 400mA인 조건을 적용하면 여기서는 150μF/25V의 전해 커패시터를 선정하는 것이 무난하다.

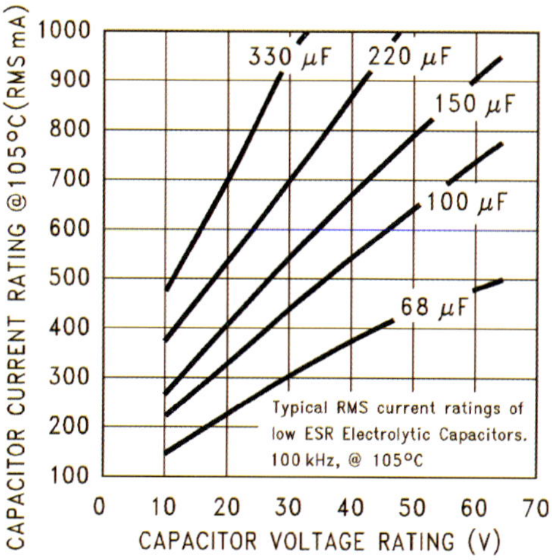

<그림 7.3.17> LM2595-5.0을 사용한 5V/0.8A 전원 회로의 설계

④ 프리휠링 다이오드 소자 D_1의 선정

이 다이오드는 PWM 스위칭 동작에 따라 인덕터 전류가 연속적으로 흐르도록 유지하는 프리휠링의 목적으로 사용되는데, 따라서 이 다이오드의 전류 용량은 부하전류 최대값의 1.2배 이상이 되도록 하고 역전압 용량은 전원전압의 1.5배 이상이 되도록 선정하는 것이 권장된다. 부하전류가 0.8A이고 전원전압이 12V이므로 이 다이오드는 20V/1A 사양의 쇼트키 다이오드인 1N5817이면 충분하다. 만약, 여기서 전압 용량을 좀 더 여유 있게 사용하려면 30V/1A 사양의 1N5818을 선정하면 된다.

⑤ 인덕터 소자 L_1의 선정

전원의 입력전압과 최대 부하전류의 값에 따라 인덕터 소자의 인덕턴스 값을 선정하는 방법은 <그림 7.3.18>의 그래프에 따르면 된다. 여기서 보듯이 입력전압 12V와 부하전류

0.8A가 만나는 점은 L30 영역에 위치하므로 L_1의 인덕턴스 값은 68μH로 선정하면 된다. 인덕터 소자에는 전류 용량도 지정되어 있어서 만약 소자에 이 값 이상의 전류가 흐르면 포화되기 시작하므로 이런 문제가 없도록 68μH의 인덕터 소자는 0.8A 이상의 전류 용량을 갖는 제품으로 선정해야 한다.

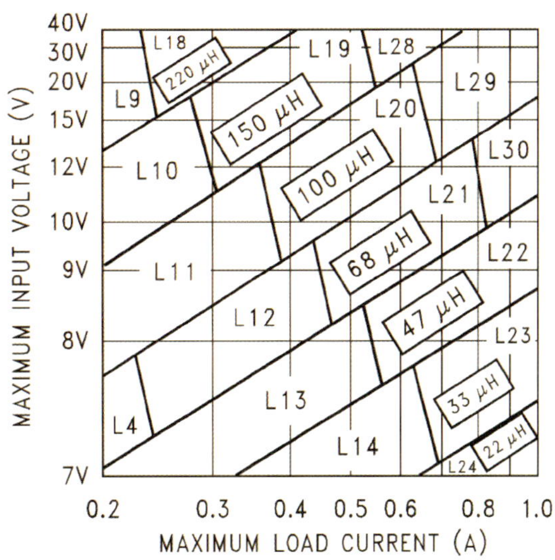

<그림 7.3.18> LM2595-5.0을 사용한 스위칭 레귤레이터에서 인덕터를 선정하는 그래프

⑥ 출력단 커패시터 소자 C_{out}의 선정

출력단에 평활용으로 사용되는 커패시터는 출력전압의 리플을 어느 정도까지 허용할 것인지에 따라 달라지는데 그 값을 계산하는 것은 좀 복잡하다. 출력전압의 리플을 출력전압의 1% 이내로 유지하려면 대략 47μF~330μF 정도의 커패시터가 필요하다. 이 커패시터의 전압 사양은 출력전압의 1.5배 이상으로 선정하는 것이 권장되므로 5V의 1.5배인 7.5V 이상이면 된다. 이를 종합하여 여기서는 C_{out}을 220μF/16V의 전해 커패시터로 선정한다.

이상과 같이 스위칭 주파수가 52kHz로 동작하는 LM2575-5.0을 사용한 경우와 150Hz로 동작하는 LM2595-5.0을 사용한 경우에 서로 동일하게 12V 입력전압으로 5V/0.8A의 출력을 만드는 강압형 스위칭 레귤레이터 회로를 설계하여 보았다. LM2575-5.0을 사용한 회로에서는 출력단 인덕터가 L_1 = 330μH이고 커패시터가 C_1 = 330μH로 선정되었으나, LM2595-5.0을 사용한 회로에서는 출력단의 인덕터가 L_1 = 68μH이고 커패시터가 C_1 = 220μH로 선정되었다. 이미 우리가 예상하였듯이 스위칭 주파수가 높아지면 강압형 레귤레이터 회로에서 출력단 평활용의 인덕터와 커패시터가 더 작아진다.

(3) 승압형 스위칭 레귤레이터 LM2585-12의 활용

이번에는 <표 7.3.4>에서 요약하여 소개한 여러가지 비절연 방식의 승압형 스위칭 레귤레이터 중에서 LM2585-12를 선정하여 이것의 활용 방법을 알아보기로 한다. 이 소자는 최대 0.8A의 출력전류와 3A의 피크 출력전류 용량을 갖는 전형적인 승압형 스위칭 레귤레이터 소자로서, <그림 7.3.19>에 보였듯이 외부 구조는 5핀짜리 TO-220 또는 D^2PAK의 패키지로 되어 있다. 스위칭 주파수는 100kHz로서 사람의 가청 주파수 범위보다 충분히 높지만, 만약 LM2586-12 소자를 사용한다면 사용자가 100kHz와 200kHz의 스위칭 주파수를 선택적으로 동작시킬 수 있다.

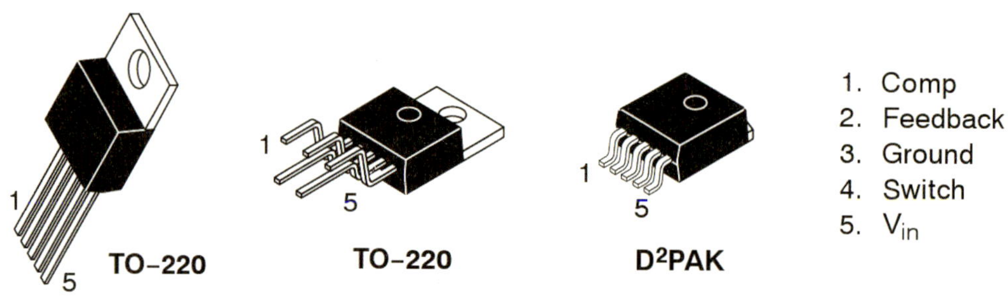

<그림 7.3.19> LM2585-12 승압형 스위칭 레귤레이터 IC의 외형 구조

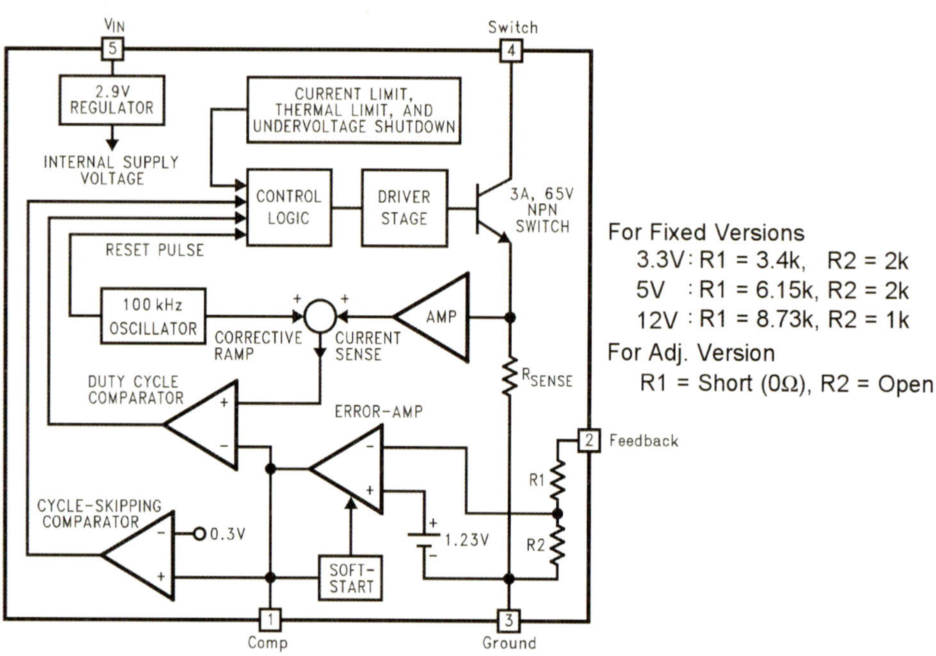

<그림 7.3.20> LM2585-12의 내부 구조와 출력전압 피드백 기능

LM2585-12 소자의 내부 구조는 <그림 7.3.20>에 보였다. 여기서 보듯이 LM2585 시리즈의 출력전압에 따른 모델마다 출력전압 피드백 회로에서 R_1과 R_2의 저항값이 다르게 되어 있으며, LM2585-12에서는 R_1 = 8.73kΩ, R_2 = 1kΩ으로 되어 있다. 그러나, 가변출력형 모델 LM2585-ADJ에서는 R_1 = 0Ω, R_2 = ∞로 되어 있고, 이러한 저항 분압은 사용자가 원하는 출력전압에 따라 외부에서 2개의 저항을 추가하여 실시한다. 또한, 1번 핀의 Comp 제어 신호는 외부에 RC 회로를 추가함으로써 출력전압 피드백 회로를 구성하는 에러 증폭기의 출력전압을 안정화하는 기능에 사용된다.

이제 LM2585-12 소자를 사용하여 5V의 입력을 12V의 출력으로 승압하고 최대 부하전류는 0.8A인 승압형 스위칭 레귤레이터 회로를 설계하여 보면 <그림 7.3.21>과 같다. 또한, LM2585-12에 변압기를 사용하여 플라이백(flyback) 방식으로 5V 입력을 각각 0.15A 용량을 갖는 ±12V 듀얼 출력으로 만드는 승압형 스위칭 레귤레이터 회로는 <그림 7.3.22>와 같다. 이 회로들은 모두 LM2585-12 소자의 데이터 시트에서 응용 회로로 제공하는 것이다.

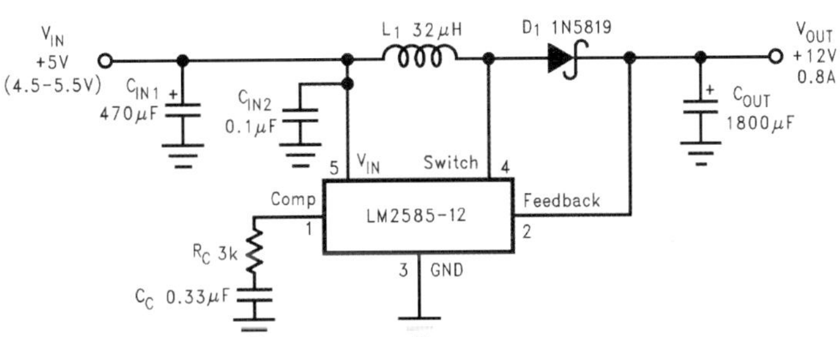

<그림 7.3.21> LM2585-12를 사용한 5V 입력, 12V 출력의 승압형 스위칭 레귤레이터 회로

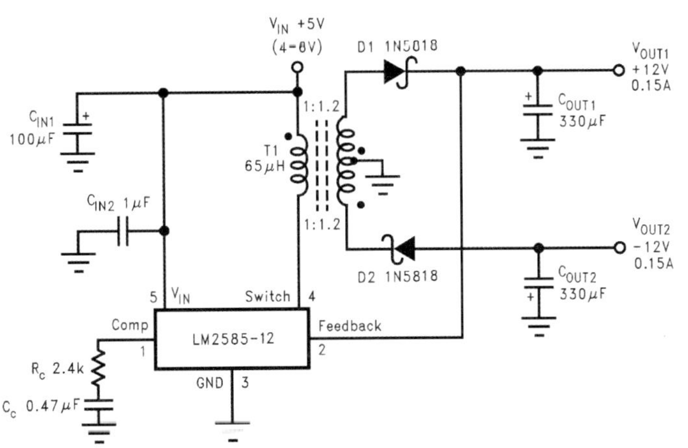

<그림 7.3.22> 변압기를 사용한 플라이백 방식의 승압형 스위칭 레귤레이터 회로

3. 차지 펌프 방식의 전압 컨버터

차지 펌프(charge pump)는 입력전압을 커패시터에 충전하고 반도체 스위치로 내부 회로의 연결을 바꾸어 이 전압을 다시 다른 커패시터로 옮기는 방식으로 최종 출력단에 있는 커패시터에 전압을 충전함으로써 입력전압보다 2~3배 더 높은 출력전압을 만들거나 입력전압과 반대의 극성을 갖는 출력전압을 만드는 전압 컨버터(voltage converter) 또는 전압 인버터(voltage inverter) 회로에 사용된다. 이것은 우리가 앞에서 공부하였던 DC-DC 컨버터처럼 변압기나 인덕터를 사용하지 않으므로 회로가 훨씬 간단하고 소형으로 만들 수 있으며 효율도 높다.

그러나, 기본적으로 이 회로에서는 커패시터에 충전된 전압을 이리저리 바꾸어 연결하는 방식으로 컨버터가 동작하며, 최종 출력단에서도 커패시터에 충전된 전압으로 부하전류가 공급되기 때문에 최대 부하전류가 보통 수십mA 이하 정도로 작으며 부하전류가 커질수록 출력전압도 낮아져서 출력전압의 리플이 커진다는 단점을 가지고 있다. 이러한 방식의 회로를 unregulated형의 차지 펌프 전압 컨버터라고 하며, 출력전압을 피드백하여 이를 일정하게 유지하도록 스위치 회로를 제어하는 regulated형의 차지 펌프 전압 컨버터도 있다. 이런 회로들은 반도체 IC 소자로 다양하게 개발되어 출시되고 있다.

(1) 차지 펌프형 전압 컨버터 TC7660의 활용

여기서는 unregulated 방식으로 된 차치 펌프 전압 컨버터의 대표적인 모델이라고 할 수 있는 ICL7660에 대하여 공부할 것이다. 이것은 워낙에 유명한 모델이기 때문에 여러 반도체 회사에서 그 호환 기종을 생산하고 있는데 예를 들면 Microchip Technology사의 TC7660, Texas Instruments사의 LMC7660 또는 TL7660, Analog Devices사의 LTC7660, Renesas사의 ICL7660 등이 그에 해당하며, 또한 그밖에도 입출력 전압이나 출력전류의 사양이 조금씩 다른 수많은 변형 기종들을 탄생시켰다.

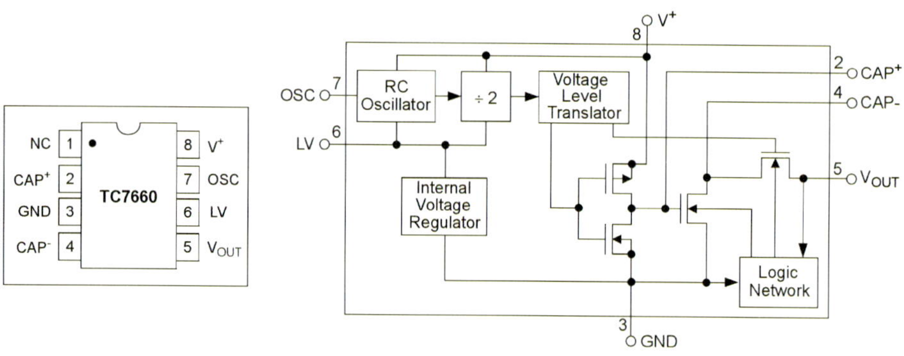

<그림 7.3.23> TC7660의 외부 핀 배열 및 내부 구성 블록도

<그림 7.3.23>에 Microchip Technology사 TC7660의 외부 핀 배열 및 내부 구성 블록도를 보였다. 이 소자는 기본적으로 내부의 10kHz 발진 회로가 만드는 주파수를 1/2로 분주하여 5kHz로 스위칭 동작을 수행하는데, 만약 7번 OSC 단자와 GND 사이에 커패시터를 연결하면 이 주파수가 낮아진다. 이렇게 주파수가 낮아지면 소자 내부에서의 스위칭 손실은 줄어들지만 차지 펌프 동작이 느려지므로 출력전압의 리플이 증가할 것이다. 일반적으로는 이 단자를 개방하여 두고 사용하지 않는다. 6번 LV 단자는 저전압(low voltage)용으로서 입력전압이 +3.5V 미만으로 낮은 경우에는 이 단자를 GND에 연결해야 한다. 입력전압이 +3.5V 이상일 때는 이 단자를 개방하여 두고 사용하지 않는다.

TC7660이 입력전압 V_{IN}을 반전시켜 출력전압 $-V_{IN}$으로 변환하는 원리를 <그림 7.3.24>에 보였다. 이 동작은 5kHz의 주파수 파형에 의하여 2단계로 이루어지는데, 첫번째 단계에서는 스위치 S_2, S_4가 열리고 스위치 S_1, S_3이 닫혀서 커패시터 C_1에 전원전압 V_{IN}이 충전된다. 이때 부하전류는 커패시터 C_2에 충전되어 있던 전압에 의하여 공급되며, 따라서 이 첫번째 단계의 시간이 길어지면 출력전압이 낮아지므로 출력전압에 리플이 발생할 것이다.

두번째 단계에서는 스위치 S_1, S_3이 열리고 스위치 S_2, S_4가 닫혀서 커패시터 C_1의 전압이 커패시터 C_2를 V_{IN}까지 충전하면서 부하전류도 공급한다. 그런데 여기서 출력측 회로의 연결 구조를 보면 출력단 커패시터 C_2에 충전된 전압은 출력단자에 $-V_{IN}$으로 나타나게 되는 것을 알 수 있다.

그런데, TC7660은 출력전압을 피드백 제어하는 regulation 기능을 가지고 있지 않으므로 그냥 5kHz의 주파수에 의하여 이러한 2단계의 동작을 단순히 반복하게 된다. 그러므로, 출력전압의 파형에는 이러한 커패시터 충전과 방전에 의한 리플이 포함되며, 출력전류가 커지면 이 리플도 커지고 전체 출력전압이 감소하게 된다. 이러한 특성은 데이터 시트에서 <그림 7.3.25>와 같은 특성 곡선으로 보여준다.

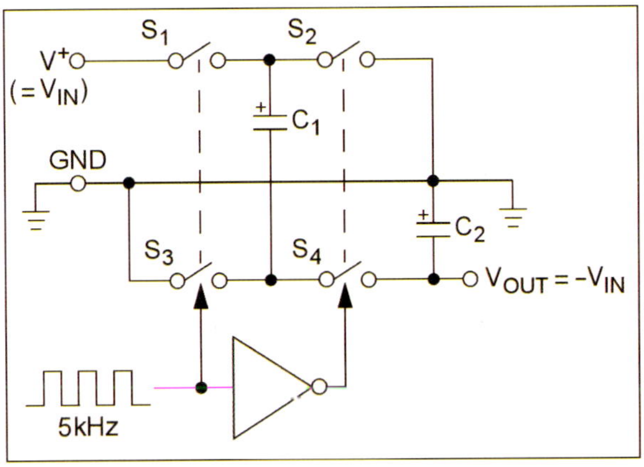

<그림 7.3.24> TC7660이 입력전압을 반전시켜 출력전압으로 변환하는 동작의 원리도

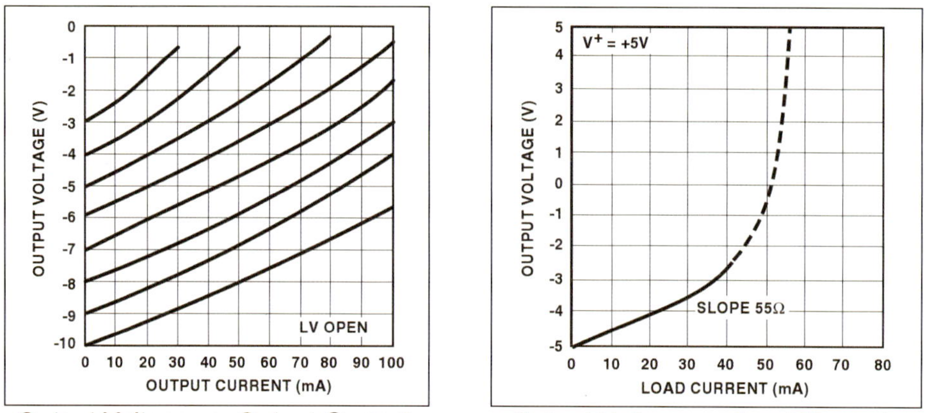

Output Voltage vs. Output Current *Output Voltage vs. Load Current*

<그림 7.3.25> TC7660의 특성 곡선

TC7660을 사용하여 +극성의 입력전압을 반전시켜 -극성의 출력전압을 얻는 전압 반전 회로(voltage inverter)는 <그림 7.3.26>과 같다. 이 소자의 입력전압 범위는 1.5~10V인데, 입력전압이 3.5V 미만일 경우에는 그림의 (a)처럼 6번의 LV 단자를 접지시켜야 하며, 입력전압이 3.5V 이상일 경우에는 6번의 LV 단자를 개방하여 두고 사용하지 않는다.

이 회로에서 입력전압은 1.5~10V의 사양 범위를 벗어나지 않도록 사용해야 하며, 커패시터 C_1 및 C_2에 전해 커패시터나 탄탈 커패시터를 사용할 경우에는 극성에 주의해야 한다. 그러나, 10μF 정도는 MLCC형의 세라믹 커패시터도 있으므로 이를 사용하면 더 좋다. 또한, 만약 8번 핀에 직류전압을 공급하는 전원의 내부 임피던스가 크다면 이 전압이 안정적으로 공급될 수 있도록 하기 위하여 8번 핀과 접지 사이에 수μF 이상의 커패시터를 연결하는 것이 권장된다. 이러한 전압 반전 회로의 출력전압은 작은 전류로도 충분하게 동작할 수 있는 연산증폭기 회로나 센서 회로의 음극성 전원으로 매우 유용하다.

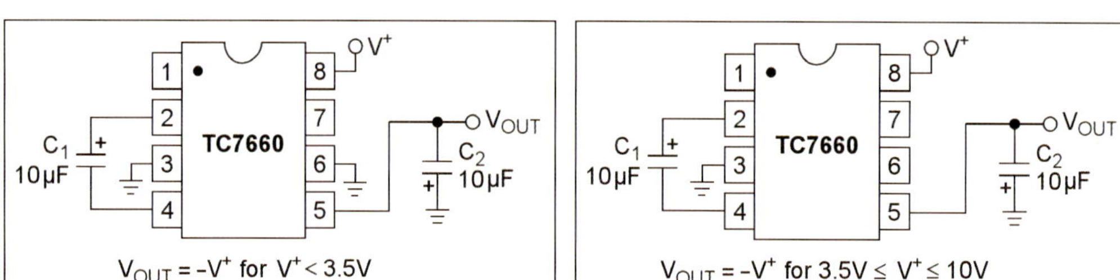

(a) 입력전압이 3.5V 미만일 경우 (b) 입력전압이 3.5V 이상일 경우

<그림 7.3.26> TC7660을 사용한 전압 반전 회로

(2) 차지 펌프형 배전압 인버터 TC682의 활용

이번에는 unregulated 방식으로 동작하는 또 다른 차지 펌프 전압 컨버터로서 Microchip Technology사의 TC682를 소개할 것이다. 앞에서 공부한 TC7660은 입력전압과 크기가 같은 전압을 극성만 반전시켜 출력하는데 비하여, 이 TC682 소자는 입력전압보다 크기가 2배로 커진 반전 출력전압을 만들기 때문에 “inverting voltage doubler”라고 부른다.

TC682의 외부 핀 배열과 전기적 사양은 <그림 7.3.27>에 보였다. 여기서 보듯이 TC682의 입력전압 범위는 V_{IN} = 2.4~5.5V이며, 출력전압은 크기가 입력전압의 2배이면서 극성이 반전된 $V_{OUT} = -2V_{IN}$이다. 이 소자는 전력 변환 효율이 매우 높고 외부에 단 3개의 커패시터만을 사용하여 출력전압을 만들기 때문에 회로가 매우 간단하다는 것이 장점이지만, unregulated 방식으로 동작하기 때문에 부하전류가 커지면 출력전압의 리플이 커지고 출력전압의 크기가 감소한다는 단점이 있다. 따라서, 이러한 전압 반전 회로는 작은 전류로도 충분하게 동작할 수 있는 연산증폭기 회로나 센서 회로의 음극성 전원으로 유용하다.

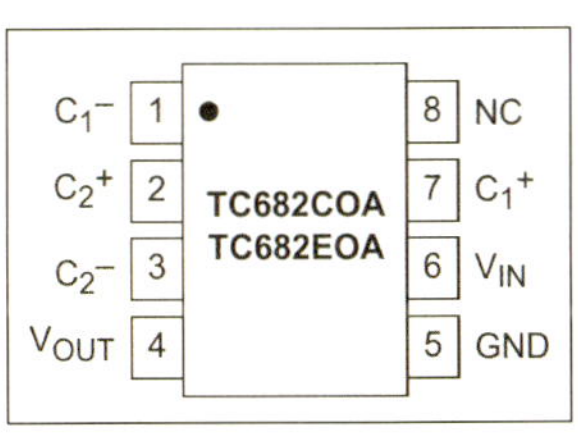

Symbol	Parameter	Min	Typ	Max	Units	Test Conditions
V_{IN}	Supply Voltage Range	2.4	—	5.5	V	R_L = 2 kΩ
I_{IN}	Supply Current	— —	185 —	300 400	μA	$R_L = \infty$, T_A = 25°C $R_L = \infty$
R_{OUT}	V_{OUT} Source Resistance	— — 	140 — 170	180 230 320	Ω	I_L^- = 10 mA, T_A = 25°C I_L^- = 10 mA I_L^- = 5 mA, V_{IN} = 2.8V
F_{OSC}	Oscillator Frequency	—	12	—	kHz	
P_{EFF}	Power Efficiency	90	92	—	%	R_L = 2 kΩ, T_A = 25°C
V_{OUTEFF}	Voltage Conversion Efficiency	99	99.9	—	%	V_{OUT}, $R_L = \infty$

<그림 7.3.27> TC682의 외부 핀 배열 및 전기적 사양

입력전압이 +5V일 경우에 TC682의 동작을 2단계로 나누어 설명하면 <그림 7.3.28>과 같다. 이 동작은 12kHz의 주파수 파형에 의하여 2단계로 이루어지는데, 첫번째 단계에서는 4개의 스위치 $SW_1 \sim SW_4$가 그림의 (a)처럼 연결되어 그 앞 단계에서 커패시터 C_1에 충전되어 있던 +5V가 이 커패시터의 아래쪽인 SW_2 단자를 -5V로 만들며, 이 전압과 전원전압 V_{IN} = +5V의 전압차는 -10V가 되므로 커패시터 C_2는 -10V로 충전된다. 이때 부하전류는 커패시터 C_3에 충전되어 있던 전압에 의하여 공급되며, 따라서 이 첫번째 단계의 시간이 길어지면 출력전압이 낮아지므로 출력전압에 리플이 발생할 것이다.

두번째 단계에서는 스위치 $SW_1 \sim SW_4$가 그림의 (b)처럼 연결되어 커패시터 C_1에는 +5V가 충전되고, 커패시터 C_2의 전압이 커패시터 C_3를 -10V까지 충전하면서 부하전류도 공급한다.

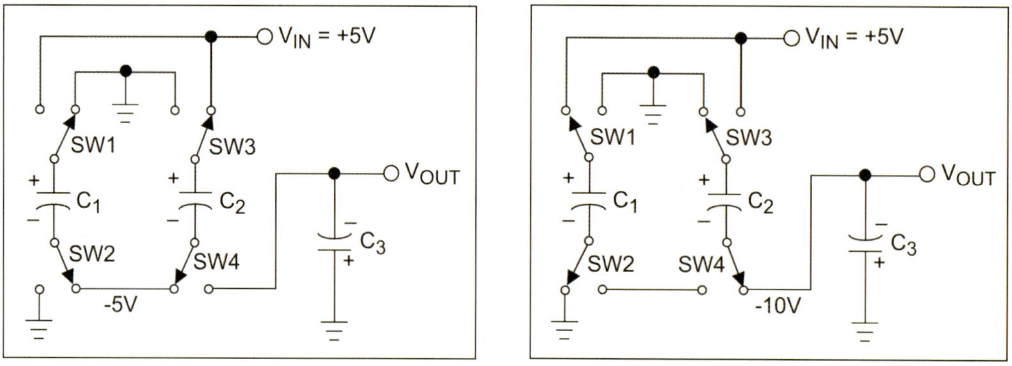

(a) 제1단계의 동작 (b) 제2단계의 동작

<그림 7.3.28> TC682의 2단계 스위칭 동작

TC682의 전형적인 응용 회로를 <그림 7.3.29>에 보였는데, 외부에 커패시터 3개만을 연결하므로 회로가 매우 간단하다는 것을 알 수 있다.

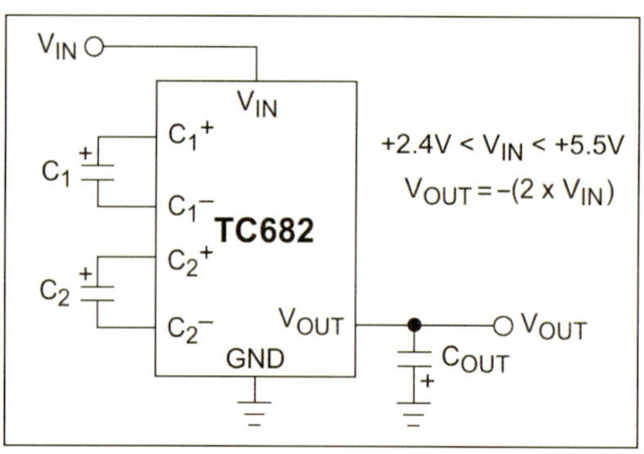

<그림 7.3.29> TC682의 전형적인 응용 회로

이제 사용자가 해결해야 하는 문제는 <그림 7.3.29>의 회로에서 커패시터 $C_1 \sim C_3$의 정전용량을 어떻게 선정하느냐 하는 것이다. 이 회로를 많이 사용해본 사람은 경험적으로 얻은 감각으로 이를 선정할 수도 있겠으나 좀 더 근거를 가지고 이 커패시터들을 선정하려면 데이터 시트에서 제공하는 관계식을 이용하는 것이 좋다.

먼저 커패시터 C_1과 C_1의 정전용량은 다음의 식과 같이 커패시터의 ESR에 따라 결정되는데, 이를 적용한 결과를 정리하면 <표 7.3.5>와 같다.

$$R_{\text{OUT}} = 16R_{\text{SW}} + 4ESR_{\text{C1}} + 4ESR_{\text{C2}} + ESR_{\text{C3}} + \frac{1}{f_{\text{pump}} \times C_1} + \frac{1}{f_{\text{pump}} \times C_2}$$

여기서 R_{SW}는 소자 내부의 스위치 $SW_1 \sim SW_4$가 on되었을 때의 등가저항인데, 데이터 시트에서는 $16R_{SW}$가 80~90Ω 정도라고 소개하고 있다. 또한 ESR은 각 커패시터의 직렬 등가저항(Equivalent Series Resistance)을 나타내며, f_{pump}는 차지 펌프가 동작하는 스위칭 주파수로서 12kHz이다. <표 7.3.5>는 각 커패시터의 ESR이 0.5Ω일 경우에 커패시터 C_1과 C_2의 정전용량을 계산한 것이다.

<표 7.3.5> TC682의 응용 회로에서 출력저항과 커패시터 C_1, C_2의 관계

커패시터 C_1, C_2의 정전용량[μF]	출력저항 R_{OUT} [Ω]
0.05	4085
0.10	2084
0.47	510
1.00	285
3.30	145
5.00	125
10.00	105
22.00	94
100.00	87

또한, 커패시터 C_3의 정전용량은 다음의 식과 같이 출력전류와 허용 리플전압의 크기에 따라 결정되는데, 이를 적용한 결과를 정리하면 <표 7.3.6>과 같다.

$$V_{ripple} = \left(\frac{1}{2 \times f_{pump} \times C_3} + 2ESR_{C3} \right) \times I_{OUT}$$

여기서 V_{ripple}은 peak-to-peak로 표시되는 허용 리플전압이며, I_{OUT}은 출력전류이다. <표 7.3.6>은 커패시터의 ESR이 0.5Ω이고 출력전류가 10mA일 경우에 허용 리플전압에 대하여 커패시터 C_3의 정전용량을 계산한 것이다.

커패시터 C_1의 내압은 전원전압 V_{IN}보다 충분히 커야 하며, 커패시터 C_2와 C_3의 내압은 전원전압의 2배인 $2V_{IN}$보다 충분히 큰 것으로 선정해야 한다.

<표 7.3.6> TC682의 응용 회로에서 허용 리플전압과 커패시터 C_3의 관계

커패시터 C_3의 정전용량[μF]	리플전압 V_{ripple} [mV]
0.50	1020
1.00	520
3.30	172
5.00	120
10.00	70
22.00	43
100.00	25

7.4 전원 스위치 및 역전압 보호 회로

이 절에서는 전원의 공급을 on/off할 수 있는 전원 스위치 회로와 전원장치에 부하를 연결할 때 사용자가 실수로 극성을 거꾸로 연결하더라도 전원장치나 부하를 안전하게 보호할 수 있는 역전압 보호 회로에 대하여 공부한다.

1. 전원 스위치 회로

전원 스위치(power switch) 회로는 사용자가 터치 스위치(touch switch)나 키 스위치(key switch)를 가볍게 누르면 내부에서 마이크로프로세서가 이를 인식하여 신호를 발생하고 이 신호의 지령을 받아 전력용 반도체가 전원장치로부터 부하로 전달되는 전원을 연결하거나 차단하는 회로를 지칭하는데, 이것은 부하 스위치(load switch)라고 부르기도 한다.

원래 이런 전원 스위치에는 <그림 7.4.1>에 보인 것처럼 기계적인 방법으로 동작하는 토글 스위치(toggle switch) 또는 푸시버튼 스위치(push button switch)를 널리 사용하였으나, 이를 터치 스위치나 키 스위치 방식으로 바꾸면 전통적이고 기계적인 느낌에서 현대적이고 전자적인 느낌으로 스위치 조작이 좀 더 스마트해지는 장점이 있다.

<그림 7.4.1> 전통적으로 사용되어 왔던 전원 스위치 소자

(1) 바이폴라 트랜지스터를 사용한 기본적인 전원 스위치 회로

가장 간단하고 저렴한 비용으로 구현할 수 있는 전원 스위치 회로를 <그림 7.4.2>에 보였다. 이 회로에서 전원 스위치는 pnp형의 바이폴라 트랜지스터 Q_1이고, npn형 트랜지스터 Q_2는 Q_1을 제어하기 위한 보조 트랜지스터이다. 보통 3.3V나 5V의 낮은 전압으로 동작하는 마이크로프로세서라도 npn형 트랜지스터 Q_2를 거치면 쉽게 Q_1을 on/off할 수 있다.

그림의 (a)는 기본적인 회로 구성인데, 여기서 저항 R_1은 트랜지스터 Q_1의 베이스 전류를 제한하는 기능을 수행하며, 저항 R_2는 트랜지스터 Q_2가 off되었을 때 Q_1의 베이스 단자가 플로팅되지 않고 베이스 단자의 전위를 에미터 단자의 전위와 같게 만들어서 트랜지스터 Q_1이 안정적으로 동작할 수 있도록 한다. 여기에 부하측에 큰 커패시터가 있을 경우 트랜지스터 Q_1이 on되면서 돌입전류(inrush current)가 흐르는 것을 방지하는 기능을 추가한 회로가 그림의 (b)인데, 트랜지스터 Q_2가 on되면 처음에는 커패시터 C_1과 저항 R_1을 통하여 전류가 흐르면서 커패시터 C_1에 0.7V 이상의 전압이 충전되면 트랜지스터 Q_1이 서서히 on되기 때문에 부하측에 갑작스러운 돌입전류가 흐르는 것을 방지한다.

그러나, <그림 7.4.2>에 보인 이런 회로가 갖는 치명적인 단점은 트랜지스터 Q_1이 on되었을 때 그 양단의 전압강하는 $V_{CE(sat)} = 0.1 \sim 1.2\text{V}$이므로 부하에 공급되는 전압이 전원전압보다 그만큼 낮아진다는 것이다. 트랜지스터 Q_1의 전압과 전류 용량이 커질수록 이 전압강하도 더 커진다. 전원 스위치를 사용하여 정전압 전원을 부하에 공급할 때 이런 전압강하가 나타난다면 부하의 입장에서는 이를 그대로 사용하기가 어려울 경우가 많다. 따라서, 이런 전압강하 없거나 이보다 전압강하가 훨씬 더 작은 전원 스위치 회로가 필요하게 된다.

트랜지스터를 만드는 반도체 제조사에서는 <그림 7.4.2>의 회로와 같은 용도에 적합하게 사용할 수 있도록 pnp형과 npn형의 트랜지스터를 1개의 패키지에 내장한 듀얼 트랜지스터 소자를 출시하고 있는데, 예를 들면 ON Semiconductor사의 FFB2227A나 MBT3946 등이 이에 해당한다.

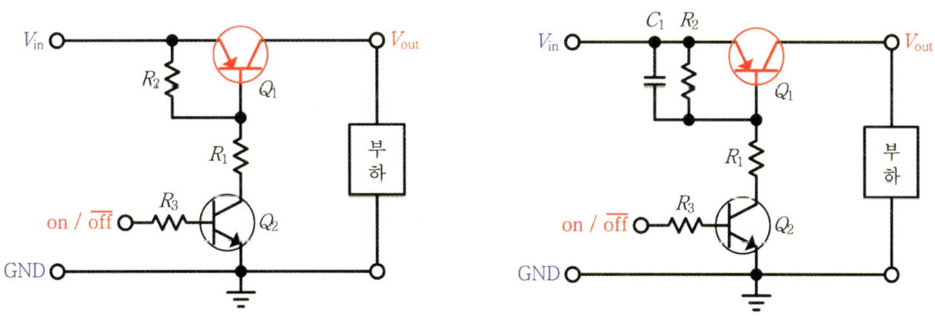

(a) 기본적인 회로 (b) 돌입전류 제한 기능이 추가된 회로

<그림 7.4.2> 바이폴라 트랜지스터를 사용한 기본적인 전원 스위치 회로

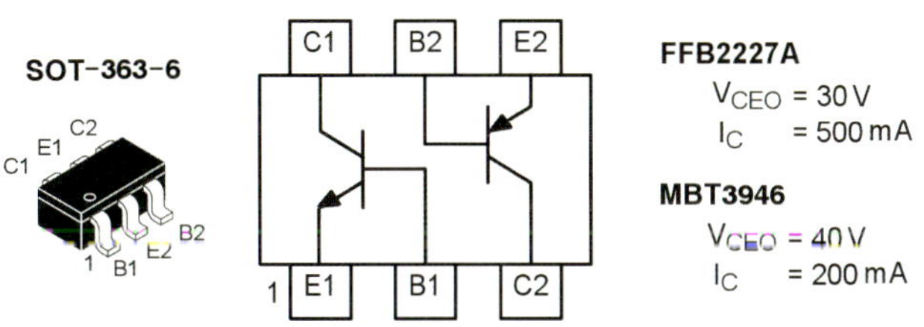

<그림 7.4.3> FFB2227A 및 MBT3946 듀얼 트랜지스터 소자의 패키지와 주요 사양

(2) MOSFET를 사용한 전원 스위치 회로

이제 전원 스위치 회로에서 반도체 스위치의 전압강하를 줄이기 위하여 바이폴라 트랜지스터 대신에 p채널형의 MOSFET를 사용하여 설계한 전원 스위치 회로를 <그림 7.4.4>에 보였다. 그림의 (a)가 기본적인 회로지만 그림의 (b)처럼 MOSFET 소자 Q_1을 구동하기 위한 회로에도 n채널형 MOSFET 소자 Q_2를 사용할 수 있다.

이와 같이 전원 스위치 회로에 MOSFET를 사용하면 이것이 스위치 on되었을 때 이 소자의 등가저항 값은 $R_{DS(on)}$으로 표시되는데, 오늘날 우수한 MOSFET들은 이 값이 수mΩ에서 수십mΩ에 불과하므로 바이폴라 트랜지스터를 사용하는 경우에 비하여 스위치 양단에서 훨씬 더 작은 전압강하를 나타내게 된다. 예를 들어서 Q_1에 $R_{DS(on)}$ = 50mΩ인 MOSFET 소자를 사용한다면 스위치가 on될 때 1A 정도의 큰 부하전류가 흐르더라도 전압강하는 0.05V에 불과하며, 이것은 바이폴라 트랜지스터의 0.1~0.3V에 비하면 훨씬 작은 값이다.

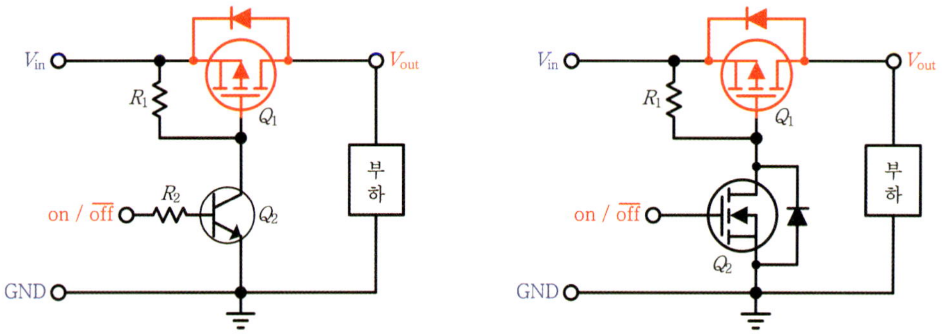

(a) 기본적인 회로 (b) 2개의 MOSFET를 사용한 회로

<그림 7.4.4> MOSFET를 사용하여 스위치에서의 전압강하를 줄인 전원 스위치 회로

그런데, <그림 7.4.4>의 (b)처럼 Q_2에 n채널형의 MOSFET 소자를 사용하는 것으로 설계하는 경우에는 주의가 필요하다. 대부분의 n채널형 MOSFET 소자에서는 활성 영역으로 동작을 시작하는 게이트 전압 $V_{GS(th)}$가 2V 이상으로 크며, 이를 확실하게 on시키려면 게이트 전압으로 8V 정도 이상을 인가해야 하므로 3.3V나 5V로 동작하는 마이크로프로세서의 출력 신호로는 이를 구동하기가 어렵기 때문이다. 그러나, "digital FET" 또는 "logic level MOSFET"라고 불리는 MOSFET 소자들은 $V_{GS(th)}$가 1V 이하로 작고 3.3V나 5V의 신호로도 이를 확실하게 on시킬 수 있도록 만들어져 있으므로 마이크로프로세서의 출력 신호로 쉽게 제어가 가능하다. 이것들의 차이를 확실하게 이해할 수 있도록 ON Semiconductor사의 일반형 MOSFET 소자인 FDN5630(60V/1.7A)와 digital FET 소자인 FDV303N(25V/0.68A)을 선정하여 <그림 7.4.5>에 이것들의 특성을 서로 비교하였다.

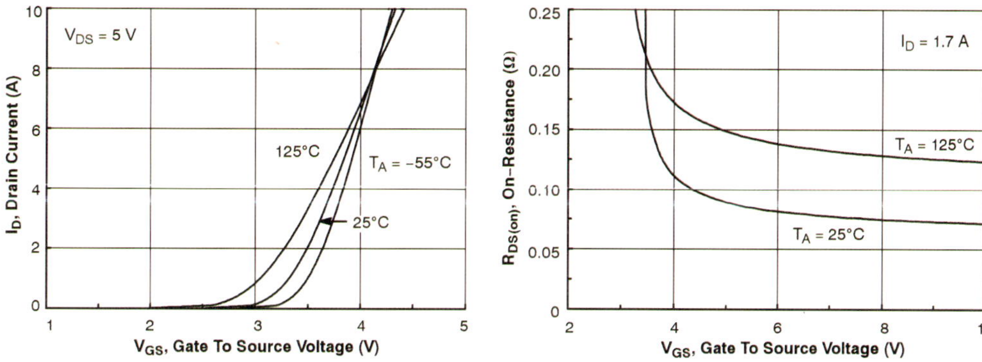

(a) 일반형 MOSFET 소자인 FDN5630(60V/1.7A)의 게이트 전압 특성

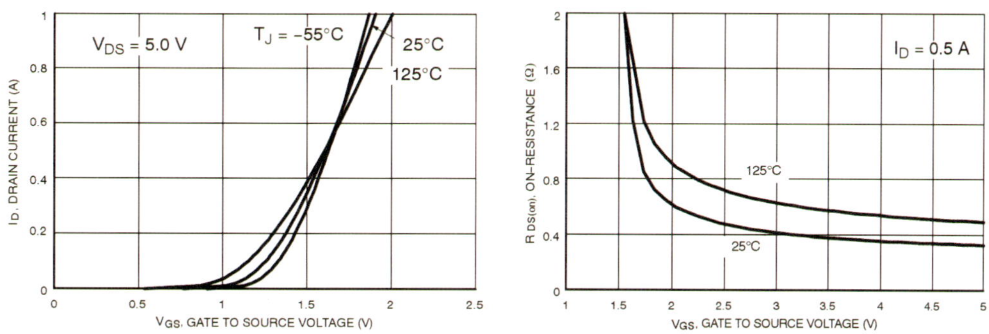

(b) digital FET 소자인 FDV303N(25V/0.68A)의 게이트 전압 특성

<그림 7.4.5> 일반형 MOSFET와 digital MOSFET 소자의 특성 비교

<그림 7.4.4> 회로에서 입력전압이 15V보다 높다면 MOSFET 소자 Q_1의 소스-게이트 전압이 과도하게 커져서 문제가 될 수 있는데, 이는 <그림 7.4.6>처럼 해결할 수 있다.

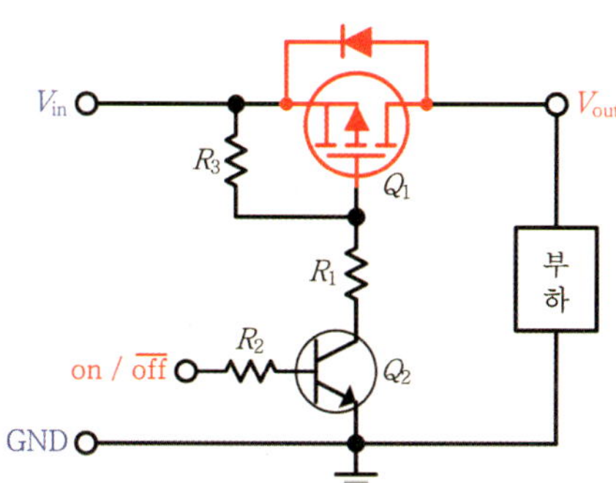

(a) 저항 분압으로 해결하는 방법

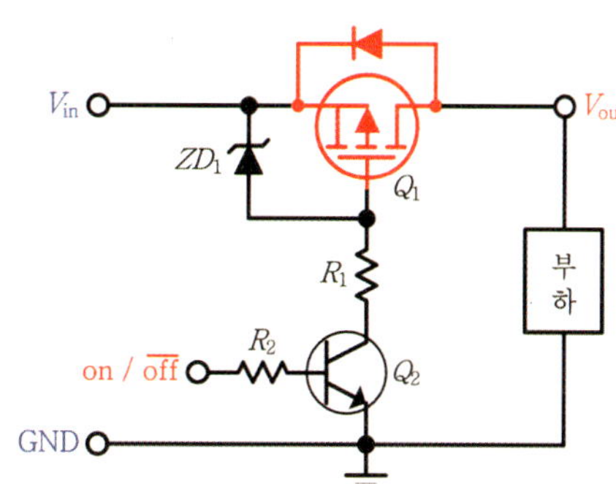

(b) 제너 다이오드를 사용하는 방법

<그림 7.4.6> 입력전압이 15V보다 높을 때 MOSFET를 사용한 전원 스위치 회로

만약 <그림 7.4.6>과 같은 회로에서도 전원 스위치가 on될 때 돌입전류를 방지하는 기능을 넣고 싶다면 <그림 7.4.7>과 같이 2가지 방법으로 해결할 수 있다.

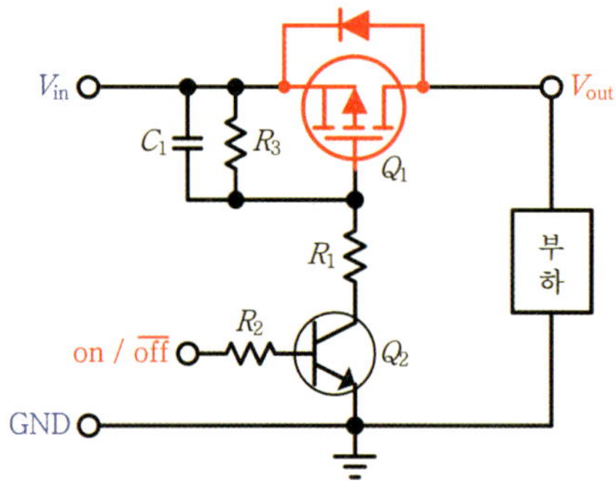

(a) 방법 1

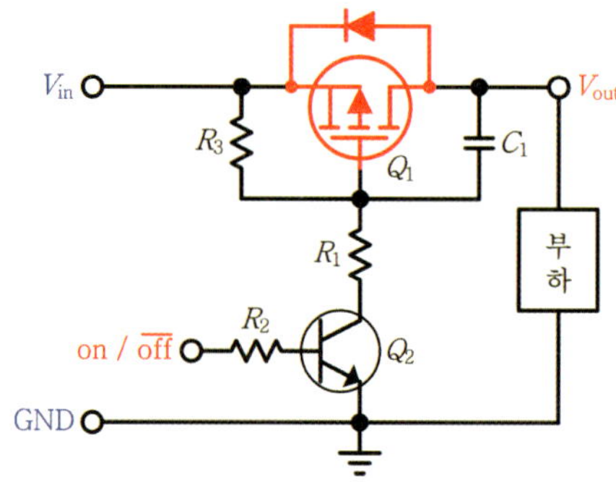

(b) 방법 2

<그림 7.4.7> 높은 입력전압에 대하여 돌입전류 방지 기능을 추가한 전원 스위치 회로

(3) 전용 IC를 사용한 전원 스위치 회로

앞에서 살펴본 것처럼 반도체를 사용한 전원 스위치 회로에서는 바이폴라 트랜지스터보다 전압강하가 작은 p채널형의 MOSFET를 선호한다. 그런데, 이를 사용하려면 주변에 여러 가지의 소자를 추가로 사용하여 제어 회로를 구성해야 하며, 또한 MOSFET를 사용하는 방식에서는 그 소자에 역병렬로 존재하는 다이오드를 통하여 부하측에서 전원측으로 역방향 전류가 흐를 수 있다는 치명적인 단점을 가지게 된다. 만약 전원이 꺼진 이후에 부하측의 커패시터에 충전된 전압이 남아있는 경우라면 이런 문제가 나타날 수 있다.

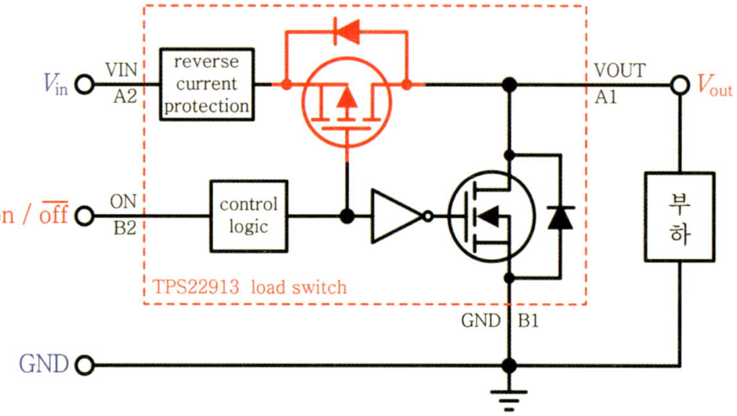

<그림 7.4.8> 부하 스위치 전용 IC인 TPS22913을 사용한 전원 스위치 회로

이런 여러가지 문제로 인하여 반도체 회사들은 전원 스위치 전용의 IC를 출시하였는데, 예를 들어 <그림 7.4.8>에는 Texas Instruments사의 "load switch" 소자인 TPS22913을 사용한 전원 스위치 회로를 보였다. 이것은 기본적으로 p채널형의 MOSFET를 사용한 전원 스위치 소자인데, 내부에 역방향 전류의 흐름을 방지하는 회로가 추가되어 있으며, 전원 스위치가 차단되면 즉시 부하측을 접지에 단락시켜서 혹시 부하측의 커패시터에 충전된 전압이 남아있더라도 이를 강제로 방전시키는 기능을 수행한다. 이 소자의 입력전압은 1.4~5.5V 범위이고, 연속적으로 흘릴 수 있는 최대 전류 용량은 2A이며, 5V 입력전압을 사용할 경우 스위치가 on되었을 때 $R_{DS(on)}$ = 50mΩ이다.

만약, 다이오드처럼 한쪽 방향으로만 도통되어 전류를 흘리면서 그 양단의 전압강하가 없는 완전한 다이오드가 있다면 이를 "ideal diode" 또는 "smart diode"라고 부른다. 당연히 현실적으로 그런 다이오드 소자는 존재하지 않는다. 그러나, 반도체 제조사들은 외부에 n채널형의 MOSFET를 1개 별도로 사용하고 여기에 "ideal diode controller" 또는 "smart diode controller"라고 부르는 소자를 함께 사용함으로써 on되었을 때 전압강하가 거의 없고 역방향 전류도 흐르지 않는 거의 이상적인 전원 스위치를 구현하였다. ON Semiconductor사의 NCV68061이나 Texas Instruments사의 LM74700-EP가 그런 종류의 반도체 소자이다. <그림 7.4.9>에는 LM74700-EP와 n채널형의 MOSFET를 사용한 전원 스위치 회로를 보였다.

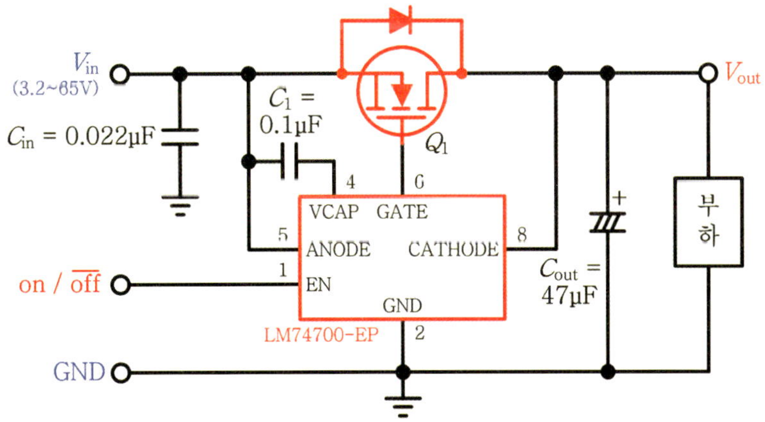

<그림 7.4.9> 이상적인 다이오드 컨트롤러 IC인 LM74700-EP를 사용한 전원 스위치 회로

2. 전원 역전압 보호 회로

이것은 어떤 부하 장치 또는 회로에 전원을 연결하면서 직류전원의 +/- 두 단자를 실수로 바꾸어 연결한 경우에도 부하에 직류전원의 극성이 거꾸로 인가되어 부하측의 회로가 손상되지 않도록 보호하는 기능을 갖는 역극성 보호 회로(reverse polarity protection circuit)

인데, 우리는 관행적으로 이를 역전압 보호 회로(reverse voltage protection circuit) 또는 역접속 보호 회로라고 부르기도 한다.

가장 원초적으로 부하에 역전압이 인가되는 사고를 방지하는 방법은 <그림 7.4.10>에 보인 것처럼 전원 컨넥터를 비대칭으로 만들어서 반대 방향으로는 컨넥터를 연결할 수 없도록 하는 것이다. 따라서 이러한 컨넥터는 "역전압 보호용"이라기 보다는 "역전압 방지용"이라고 부를 수 있을 것이다.

<그림 7.4.10> 기계적인 구조로 역접속을 방지하는 컨넥터

(1) 다이오드를 사용한 간단한 역전압 보호 회로

다이오드를 사용하여 가장 간단하고 저렴한 비용으로 구현할 수 있는 역전압 보호 회로를 <그림 7.4.11>에 보였다. 다이오드는 애노드(anode)-캐소드(cathode) 사이에 정전압이 걸렸을 때만 on되고, 여기에 역전압이 걸리면 off되기 때문에 직류전원을 역방향으로 잘못 연결하더라도 실제로 부하에 역전압이 인가되지는 않는다.

그림의 (a)는 일반 정류용 다이오드를 사용한 경우인데, 여기서 문제는 다이오드가 on되었을 때 애노드-캐소드 사이에 순방향 전압강하가 V_F = 0.6~1.7V 정도만큼 발생한다는 것이다. 그렇게 되면 전원전압이 그만큼 감소되어 부하에 공급되므로 응용 회로에 따라서는 문제가 될 수 있다. 만약 전원전압이 unregulated voltage이며 역전압 보호 회로를 거친 후에 부하측에서 정전압 레귤레이터를 사용하여 원하는 전압을 만들어 사용하는 경우라면 문제가 되지 않지만, 전원전압이 regulated voltage이며 이것이 역전압 보호 회로를 거쳐서 부하에 공급되는 경우라면 부하전압이 V_F만큼 낮아지므로 문제가 될 수 있다는 것이다.

이때 그림 (b)처럼 쇼트키 다이오드를 사용하면 문제가 개선된다. 일반 정류용 다이오드는 모델에 따라 순방향 전압강하가 V_F = 0.6~1.7V 정도나 되지만, 쇼트키 다이오드는 순방향 전압강하가 V_F = 0.1~0.6V 정도로 훨씬 더 작기 때문이다. 그러나, 쇼트키 다이오드를 사용하더라도 상황이 좀 개선되기는 했지만 여전히 전압강하 문제는 남아있게 된다.

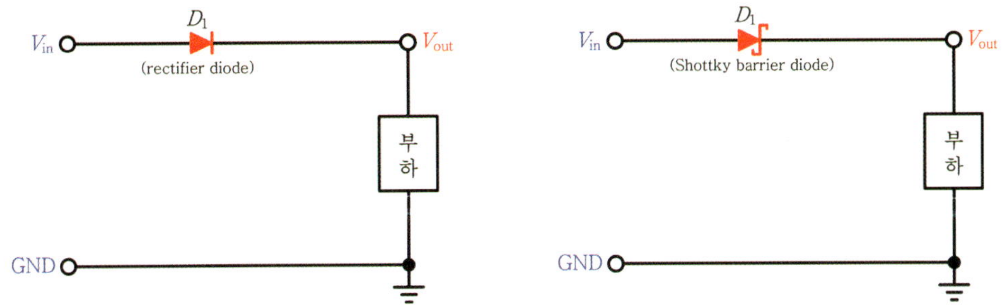

(a) 정류용 다이오드를 사용한 회로　　　　(b) 쇼트키 다이오드를 사용한 회로

<그림 7.4.11> 다이오드를 사용한 역전압 보호 회로

그런데, <그림 7.4.11>처럼 다이오드를 사용한 역전압 보호 회로에는 순방향 전압강하의 문제만 있는 것이 아니다. 만약, 부하로서 <그림 7.4.12>처럼 LED를 구동하는 회로를 사용한다면 전원전압이 역방향으로 잘못 연결되었을 경우 그 역전압이 모두 다이오드 D_1에 걸린다는 보장이 없다. 일반적으로 LED는 최대 허용 역전압이 −6V로 매우 낮은 소자이기 때문에 다이오드 D_1만을 사용하여 역전압 보호 회로를 구성할 경우 부하측의 LED가 역전압에 의하여 파손될 수 있다. 이를 방지하고 부하를 역전압으로부터 보호하려면 이 회로에 다이오드 D_2를 추가하여 전원에 의한 역전압이 모두 다이오드 D_1에 걸리도록 해야 한다.

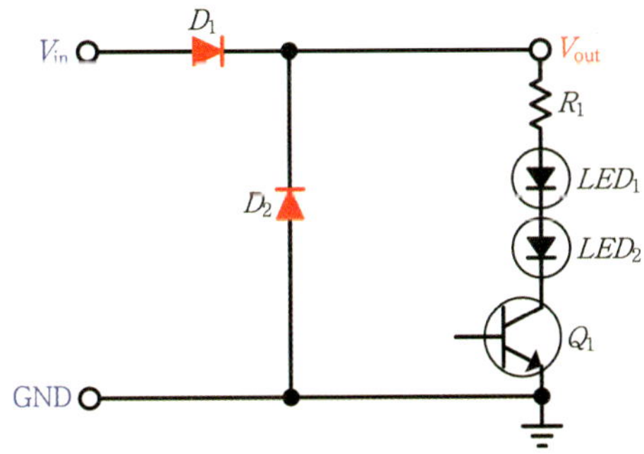

<그림 7.4.12> 부하가 LED 구동 회로인 경우의 역전압 보호 회로

다이오드를 사용하는 역전압 보호회로에서 순방향 전압강하가 거의 발생하지 않도록 하는 하나의 방법으로 <그림 7.4.13>의 (a)에서처럼 퓨즈와 다이오드를 사용하는 회로가 있다. 여기서 전원이 정상적으로 연결되었을 때는 퓨즈에서 거의 전압강하가 발생하지 않고 과전류 보호를 수행할 수 있으며, 전원이 역방향으로 잘못 연결될 경우에는 다이오드 D_1을 통하여 단락 전류(short current)가 흐르면서 퓨즈가 녹아서 끊어진다. 이 방법은 전압강하의 문제가 없지만, 사고가 발생할 때마다 끊어진 퓨즈를 교체해 주어야 하는 단점을 갖는다.

또 다른 방법으로 <그림 7.4.13>의 (b)와 같이 브리지 다이오드를 사용하여 역전압 보호 회로를 구성할 수도 있다. 이렇게 하면 전원이 정방향으로 올바르게 연결되거나 또는 역방향으로 잘못 연결되더라도 상관없이 부하에 전원이 정방향으로 올바르게 공급되어 부하가 정상적으로 동작하게 된다. 그러나 이 회로에서는 정류용 다이오드를 직렬로 2개 거쳐서 전원전압이 부하에 전달되므로 이것에 의한 전압강하가 V_F의 2배만큼 커지며, 전원장치와 부하의 접지점이 일치하지 않게 된다는 단점이 있으므로 이런 사항들이 문제가 되지 않는 응용 회로에서만 사용해야 한다.

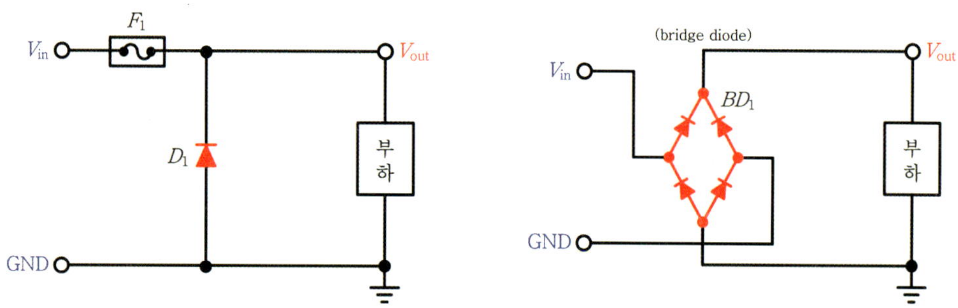

(a) 퓨즈와 다이오드를 사용한 회로 (b) 브리지 다이오드를 사용한 회로

<그림 7.4.13> 또 다른 방식의 간단한 역전압 보호 회로

(2) 바이폴라 트랜지스터를 사용한 역전압 보호 회로

앞에서 설명한 것처럼 다이오드를 사용한 역전압 보호 회로는 다이오드의 순방향 전압강하가 무시할 수 없게 크며, 이를 개선하고자 쇼트키 다이오드를 사용하더라도 아직 상당한 정도의 전압강하가 나타나므로 문제가 되었다. 이를 좀 더 개선하기 위하여 <그림 7.4.14>에 보인 것처럼 바이폴라 트랜지스터를 사용하여 역전압 보호 회로를 구성할 수 있다.

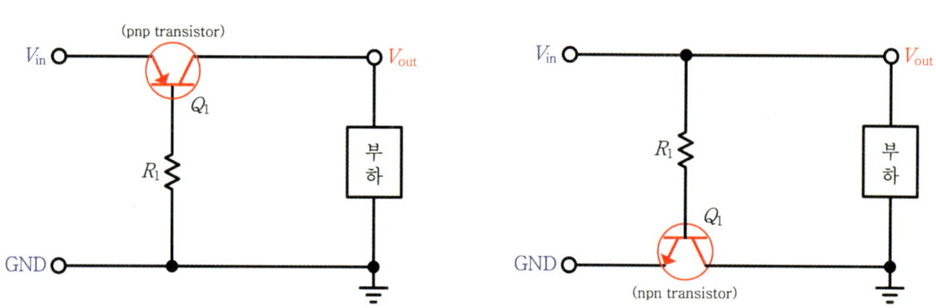

(a) 상단에 pnp형을 사용한 회로 (b) 하단에 npn형을 사용한 회로

<그림 7.4.14> 바이폴라 트랜지스터를 사용한 역전압 보호 회로

<그림 7.4.14>의 (a)는 회로의 상단에 pnp형의 바이폴라 트랜지스터를 사용한 경우인데, 이렇게 하면 이 트랜지스터가 on되었을 때 전압강하가 $V_{CE(sat)}$ = 0.1~1.2V 정도가 되어 다이오드를 사용하는 경우에 비하여 좀 더 작아진다. 이 회로에서 전원이 정방향으로 인가되면 저항 R_1을 통하여 베이스 전류가 흐르면서 트랜지스터가 on된다. 그러나, 전원이 역방향으로 잘못 인가되는 경우에는 트랜지스터가 off되어 부하에 전원전압이 공급되지 않는다.

그림의 (b)는 회로의 하단에 npn형의 바이폴라 트랜지스터를 사용한 경우인데, 이렇게 하면 npn형의 트랜지스터는 모델이 훨씬 다양하고 가격도 싸다는 점에서 좋으며, 이 트랜지스터가 on되었을 때 상단에 pnp형의 바이폴라 트랜지스터를 사용한 경우에 비하여 전압강하가 더욱 작아지는 것도 유리한 사항이다. 그러나, 이 경우에는 전원과 부하의 접지점이 일치하지 않으므로 이를 사용할 수 있는 용도에 제한을 받는다.

(3) MOSFET를 사용한 역전압 보호 회로

이제 <그림 7.4.15>와 같이 상단에 p채널형의 MOSFET를 사용하면 앞에서처럼 다이오드나 바이폴라 트랜지스터를 사용한 경우에 비하여 스위치가 on되었을 때 전압강하를 훨씬 더 줄일 수 있다. MOSFET에서는 이것이 on되었을 때 수mΩ에서 수십mΩ 정도의 $R_{DS(on)}$ 저항으로 동작하므로 여기에 흐르는 전류와 이 저항값의 곱으로 나타나는 전압강하가 상당히 작기 때문이다.

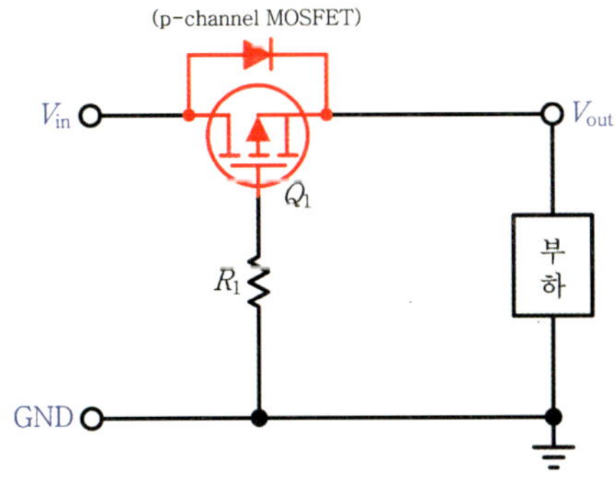

<그림 7.4.15> p채널형 MOSFET를 사용한 역전압 보호 회로

이 회로에서 전원이 정방향으로 인가되면 제1단계의 동작으로 p채널형의 MOSFET에 역병렬로 존재하는 다이오드가 on되어 전류가 흐르면서 전원전압이 다이오드의 순방향 전압강하만큼 작아져서 부하에 공급된다. 그러면, 이 MOSFET의 소스측 전위는 부하전압이 되고 게이트측 전위는 접지 상태가 되므로 제2단계의 동작으로 MOSFET가 on되면서 이제 부하전류는 다이오드가 아니라 MOSFET를 통하여 흐르게 되고 여기서의 전압강하가 바이

폴라 트랜지스터의 전압강하보다 훨씬 더 작아지게 된다. 그런데, 정상적인 게이트 전압에 의하여 MOSFET가 on되면 드레인 전류 I_D는 소스에서 드레인 방향으로 흐를 수도 있고, 반대로 드레인에서 소스 방향으로 흐를 수도 있는 대칭적인 특성을 갖는다는 점에 유의해야 한다. 그러므로 이 경우에는 드레인 전류 즉 부하전류가 MOSFET의 드레인에서 소스 방향으로 흐르게 된다.

그러나, 이 방식의 역전압 보호 회로는 입력전압이 차단되어 0V가 되더라도 만약 부하측에 병렬로 연결되어 있는 커패시터에 높은 충전 전압이 남아있다면 이것에 의하여 p채널형의 MOSFET는 계속 on 상태를 유지하면서 부하에서 전원측으로 역방향 전류가 흐르게 되는 단점을 가지고 있다.

앞의 <그림 7.4.15> 회로에서 입력전압이 15V보다 훨씬 높다면 MOSFET 소자 Q_1의 소스-게이트 전압이 과도하게 커져서 문제가 될 수 있는데, 이는 <그림 7.4.16>처럼 해결할 수 있다. 그림 (a)에서는 저항 R_2에 걸리는 전압이 12~15V 정도가 되도록 저항 분압을 설정하는 것이 바람직하며, 그림 (b)에서는 제너 다이오드의 사양을 V_Z = 12~15V가 되도록 선정하면 된다.

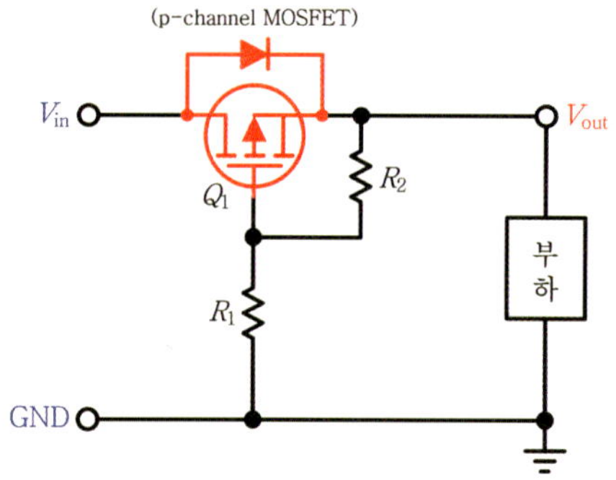

(a) 저항 분압으로 해결하는 방법

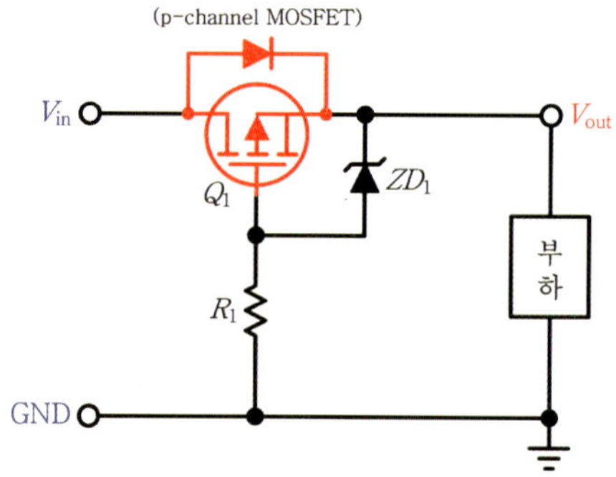

(b) 제너 다이오드를 사용하는 방법

<그림 7.4.16> 입력전압이 15V보다 높을 때 MOSFET를 사용한 역전압 보호 회로

MOSFET를 사용한 역전압 보호 회로의 또 다른 방법으로 <그림 7.4.17>에 보인 것처럼 회로의 하단에 n채널형의 MOSFET를 사용할 수도 있다. n채널형의 MOSFET 소자는 p채널형의 MOSFET 소자보다 모델이 훨씬 다양하고 가격도 싸며, 비슷한 사양이라면 p채널형 MOSFET보다 n채널형 MOSFET의 $R_{DS(on)}$ 값이 더 작아서 이런 용도에 사용하기에 유리하다. 그러나, 이 회로에서는 전원과 부하의 접지점이 일치하지 않으므로 이를 사용할 수 있는 용도에 제한을 받으며, 이것이 회로의 단점이 될 수도 있다.

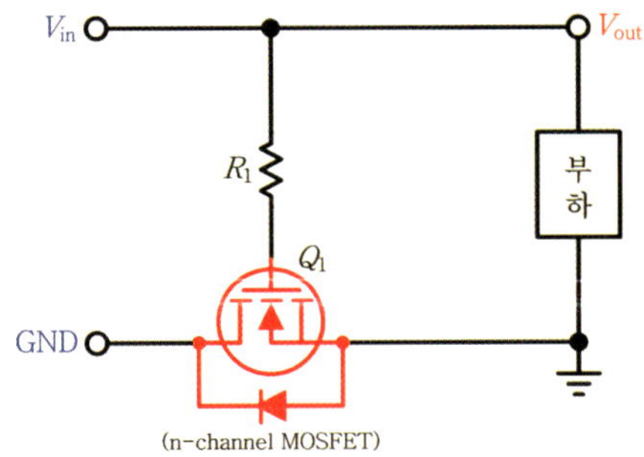

<그림 7.4.17> n채널형 MOSFET를 사용한 역전압 보호 회로

<그림 7.4.17> 회로에서 입력전압이 15V보다 훨씬 높다면 MOSFET 소자 Q_1의 소스-게이트 전압이 과도하게 커져서 문제가 될 수 있는데, 이는 <그림 7.4.18>처럼 해결할 수 있다. 그림 (a)에서는 저항 R_2에 걸리는 전압이 12~15V 정도가 되도록 저항 분압을 설정하는 것이 바람직하며, 그림 (b)에서는 제너 다이오드의 사양을 V_Z = 12~15V가 되도록 선정하면 된다.

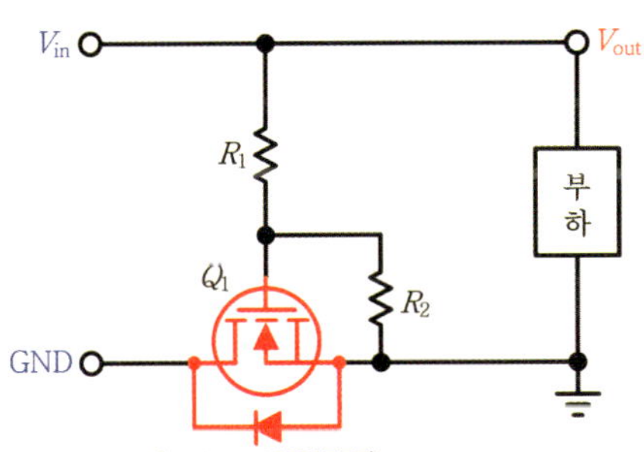

(a) 저항 분압으로 해결하는 방법

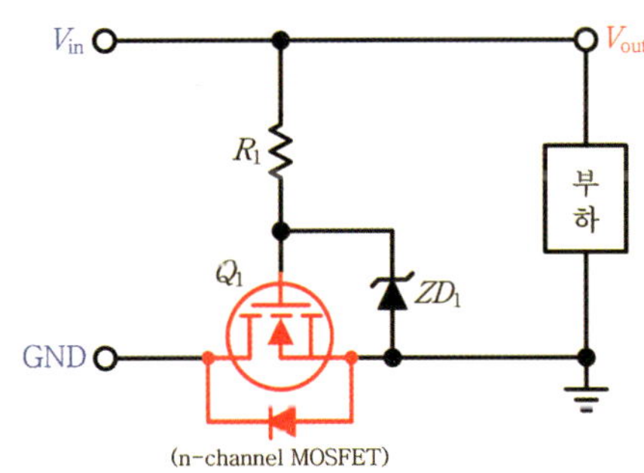

(b) 제너 다이오드를 사용하는 방법

<그림 7.4.18> 입력전압이 15V보다 높을 때 MOSFET를 사용한 역전압 보호 회로

(4) 전용 IC를 사용한 역전압 보호 회로

앞에서 살펴본 것처럼 반도체를 사용한 역전압 보호 회로에서는 다이오드나 바이폴라 트랜지스터보다 전압강하가 작은 p채널형의 MOSFET를 선호한다. 만약, n채널형의 MOSFET를 사용할 수 있다면 더 좋지만, 이는 회로의 하단에 사용해야 하며 이 경우 전원의 접지점과 부하의 접지점이 일치하지 않는다는 단점이 있다.

이런 점들을 고려하면 <그림 7.4.19>에 보인 것처럼 회로의 상단에 n채널형 MOSFET를 사용하여 역전압 보호 회로를 구성하는 것이 바람직하다. 그러나, 이 회로에서는 MOSFET의 게이트 전압이 입력전압 V_{in}보다 12~15V 정도 더 높아야 하므로 출력전압을 이용한 차지 펌프 방식(charge pump)의 승압 회로가 필요하다. 제1단계 동작에서 MOSFET에 병렬로 연결된 다이오드를 통하여 출력전압이 공급되더라도 이 출력전압은 입력전압과 비슷한 크기이므로 이를 그대로 사용해서는 원하는 크기의 게이트 전압을 만들 수 없다. 이처럼 게이트 구동을 위하여 차지 펌프 회로를 사용하는 등 제어회로가 복잡해지는 것을 제외하면 상단에 n채널형 MOSFET를 사용하는 방식의 역전압 보호 회로는 매우 우수한 특성을 갖는다.

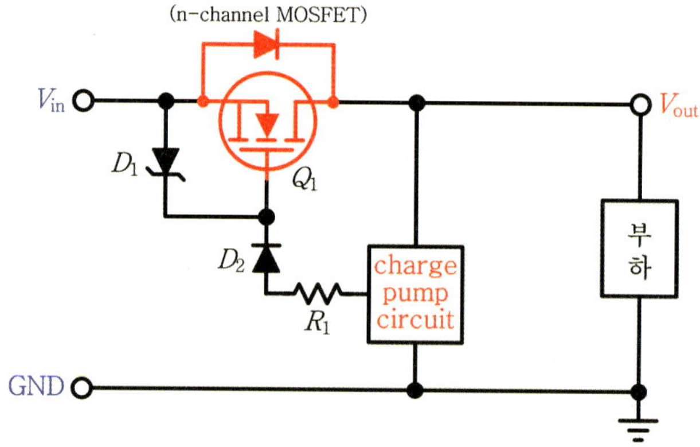

<그림 7.4.19> 상단에 n채널형 MOSFET를 사용한 역전압 보호 회로

반도체 회사들은 이렇게 상단에 n채널형의 MOSFET를 사용하여 역전압 보호 회로를 구성하기 위한 게이트 제어용의 IC를 출시하였는데, 예를 들어 <그림 7.4.20>에는 Texas Instruments사에서 "reverse polarity protection controller"라고 부르는 LM74500-Q1 소자를 사용한 역전압 보호 회로를 보였다. 여기서 보듯이 n채널형의 MOSFET와 LM74500-Q1을 결합하여 사용하면 매우 이상적인 역전압 보호 회로를 쉽게 구성할 수 있다.

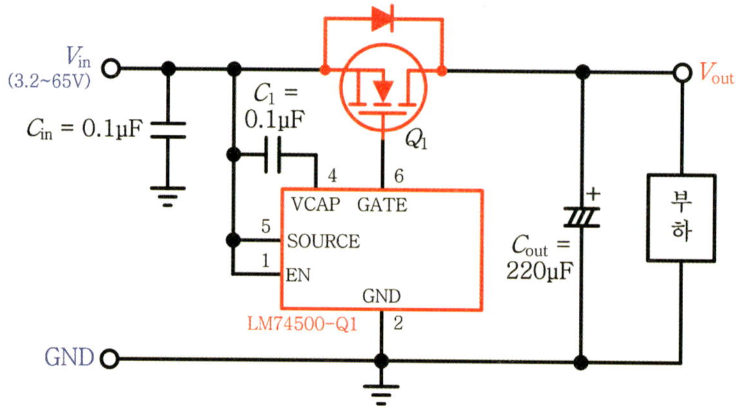

<그림 7.4.20> 역극성 보호 제어기 IC인 LM74500-Q1을 사용한 역전압 보호 회로

또한, 앞의 <그림 7.4.9>에서 소개하였던 것처럼 Texas Instruments사에서 출시한 “ideal diode controller” 소자인 LM74700-EP를 사용한 전원 스위치 회로에서 이 소자의 제어 기능을 on/off하기 위한 1번 핀의 EN 신호에 전원전압 V_{in}을 연결하여 이 소자가 항상 동작하도록 인에이블(enable)시키면 이는 <그림 7.4.21>에 보인 것처럼 훌륭하게 역전압 보호 회로가 된다.

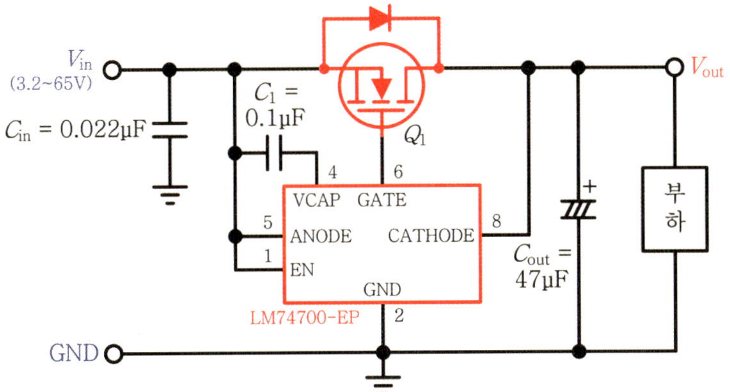

<그림 7.4.21> 이상적인 다이오드 컨트롤러 IC인 LM74700-EP를 사용한 역전압 보호 회로

휴게실

지금은 인공지능(AI)의 시대

2022년 11월 30일에 미국의 OpenAI사에서 공개한 ChatGPT는 선세계에 엄청난 충격과 환호를 불러일으키며 우리가 이제까지 경험해 보지 못했던 새로운 인공지능(AI ; Artificial Intelligence)의 시대를 활짝 열었다. 전세계에서 인터넷 연결이 가능하다면 누구나 그리고 어디서나 이를 무료 또는 유료로 사용할 수 있게 되고, 그리고 그 당시에는 아직 성능과 신뢰성에 많은 문제점이 있음에도 불구하고 그것이 가져다주는 놀라운 능력에 모두가 경악을 금할 수가 없었다. 사람들이 아직은 먼 미래에나 가능할 것으로 알았던 인공지능이 이렇게 우리의 일상생활에 깊이 들어왔나는 사실이 놀랍고 신기하며 반가운 일이었다.

그 이후 지금까지 불과 3년 정도가 지나는 동안에 Microsoft사에서 Copilot을 발표하고, Google에서 Gemini를 발표하였으며, 삼성전자에서 Galaxy AI를 발표하는 등 세계 굴지의 내노라하는 기업들에서 너도나도 인공지능 소프트웨어를 개발하여 공개하고 있다. 이제 이것들이 우리 인간 사회의 구석구석에 미치는 영향은 상상을 초월한다. 이 세상의 방대한 정보와 데이터를 바탕으로 단시간 내에 우리에게 필요한 자료를 수집하고 분석하여 필요한 결론을 도출하거나 이를 활용하여 창작에 가까운 작업까지 수행함으로써 우리의 일상생활이나 직업적인 업무에서 엄청난 생산성과 효율을 얻을 수 있게 되었다. 그런데, 이제까지 우리가 인공지능이라고 알고 있었던 가전제품이나 자동차의 음성인식 처리 기능은 정확히 알고 보니 인공지능이 아니었다. 그것은 단순히 사람의 언어를 알아듣고 그에 따라 가전제품을 동작시키는 몇가지의 명령을 처리하는 음성인식 제어 기능, 조금 다르게 표현하면 음성 비서일 뿐이지 진정한 인공지능과는 상당히 거리가 멀다는 것을 이제는 누구나 알게 되었다.

그러면 도대체 인공지능이란 정확히 무엇을 말하는가? 우리나라에서는 2024년 12월 26일에 국회에서 “인공지능 발전 신뢰 기반 조성 등에 관한 기본법”을 제정하였는데, 여기서 인공지능을 “학습, 추론, 지각, 판단, 언어의 이해 등 인간이 가진 지적 능력을 전자적 방법으로 구현한 것”이라고 정의하고 있다. 그리고 이 법은 인공지능 기술과 인공지능 산업의 안전성과 신뢰성을 제고하여 국민의 삶의 질을 향상시키는 방향으로 발전되도록 하기 위하여 만들어졌다고 밝히고 있다.

그렇다. 인공지능은 첫째 어떤 종류의 언어로 작업을 지시하더라도 그 내용을 정확히 이해하고, 이를 처리하며, 그 처리 결과를 다시 해당 언어로 표현하여 알려주는 것이 가능해야 한다. 휴먼 인터페이스가 원활해야 한다는 것이다. 그리고, 자기 스스로 학습(learning) 기능을 가지고 있어서 시간이 지나면서 점점 처리 능력이 향상되고, 시간의 흐름에 따라 계속하여 새로운 정보와 자료를 받아들이면서 더 나은 처리가 가능하도록 지속적으로 발전해야 한다. 가전제품이나 자동차에 내장된 음성인식 제어 기능 또는 음성 비서는 이러한 학습 기능이 없으므로 인공지능이라고 보기 어렵다. 또한, 인공지능은 수집하고 분석한 정보를 바탕으로 추론(reasoning)하고 판단(decision-making)하여 결론을 내리고 문제를 해결할 수 있어야 한다. 이제까지 우리는 인터넷에서 Google을 사용하여 키워드를 입력하는 방법으로 정보를 검색한 다음에 Google이 검색하여 가져다준 그 방대한 자료들을 선별하고 분석하는 과정을 거쳐서 판단하고 결론을 내리는 모든 작업은 사람이 직접 처리해야 했다. 그러나, 이제는 인공지능이 이런 모든 과정을 아주 빠르고 정확하게 수행하게 되어 작업의 처리 시간과 효율이 엄청나게 빨라졌다. Google을 사용할 때는 사람에게 매우 힘들었던 일이 이제 인공지능을 사용하면 그것이 갖는 단순하고 지엽적인 처리 기능일 뿐이다.

인공지능은 그것의 지능 수준과 역할에 따라 3단계로 나눌 수 있다. 첫째는 약한 인공지능(weak AI, Artificial Narrow Intelligence)으로서 이것은 특정한 작업이나 문제를 해결할 목적으로 만들어진 것이므로 그 외의 작업은 수행하지 못하며, 오늘날 상용으로 공개된 대부분의 인공지능이 여기에 해당한다. 이것은 인공지능이라기 보다는 특정한 작업이나 문제를 해결하기 위한 도구라고 보는 것이 적합하다. 둘째는 강한 인공지능(strong AI, Artificial General Intelligence)으로서 이것은 인간의 지능을 컴퓨터의 정보처리 능력으로 구현함으로써 인간과 매우 가까워진 것이지만, 사실 이것은 아직 정확한 처리 범위도 정해지지 않았으며 당연히 아직 구현된 바도 없다. 셋째는 초인공지능(Artificial Super Intelligence)으로서 현재 인간이 가진 지능을 뛰어넘는 초인간적인 높은 수준의 지능을 지칭하는 것이지만 이것 역시 아직은 정확한 개념조차 정립되지 않은 상태이다.

어쨌든 현재는 가장 낮은 수준이기는 하지만 이렇게 인공지능이 대중적으로 상용화되고 보편화됨에 따라 지금 전세계는 그야말로 격변의 시대를 맞이하고 있다. 비즈니스에 영향을 줄 수 있는 모든 환경 요소들을 분석하여 수요를 예측하고 새로운 비즈니스 모델을 창출하거나, 환자의 증상과 방대한 의학 데이터를 분석하여 질병에 대한 진단과 처방을 수행하고, 각종 법령과 판례를 분석하여 현재 진행 중인 사건의 변론 전략을 세우고 승소 확률이나 형량 등을 예측하는 일도 가능하며, 현재 교통의 흐름을 분석하고 이에 맞추어 교통 관리 시스템을 작동시키거나 교통 기관의 자율 주행을 실시하는 등 이 세상의 다양한 분야에서 이미 인공지능은 매우 중요하게 사용되고 있다.

특히, 교육 분야와 연구개발을 중심으로 하는 엔지니어링 분야에서는 인공지능으로 인하여 지금 대혼돈을 겪고 있다고 해도 과언이 아니다. 인공지능의 보편화 또는 대중화로 인하여 이제 교육 분야에서는 과연 지금처럼 긴 시간동안 힘든 과정을 거쳐야 하는 교육이 필요한지에 대한 근본적인 물음을 던지고 있다. 어쩌면 수천년동안 시행착오를 거치면서 발전되어 온 교육 시스템이 근본적으로 흔들리고 변화하게 될지도 모른다. 또한, 새로운 상품의 기획, 설계, 생산 등의 엔지니어링 분야까지 거침없이 인공지능이 사용됨으로써 이제 전문 분야의 개발자나 엔지니어가 필요한지에 대한 의문이 던져지게 되었다. 이에 따라 사람들은 과거 산업혁명에서 현재까지의 시대를 겪어 오면서 기계화 및 자동화라는 변혁의 물결에서 경험하였던 일자리 감소와 실업의 문제에 대한 공포를 또 다시 느끼지 않을 수 없는 상황이 되었다. 오늘날 전기전자 분야의 개발자 또는 엔지니어로서 우리는 과연 이놈의 인공지능이라는 것을 어떻게 바라보고, 도대체 어떻게 이러한 인공지능의 시대를 살아가야 하는가?

첫째로, 인공지능은 단지 도구일 뿐이라는 것을 바로 알아야 한다. 현재의 인공지능은 그 소프트웨어 회사가 구축하고 있는 데이터 베이스, 그리고 논문이나 정부 보고서와 같은 학술자료, 인터넷 웹사이트에 공개되어 있는 방대한 자료 등을 기반으로 하여 동작하기 때문에 이것들을 수집, 정리, 분석하여 판단할 뿐이지 인공지능이 스스로 독자적이고 창의적인 능력을 수행하지는 못한다. 인공지능이 우리 분야에서 생성형 CAD 모델을 사용하여 설계 작업을 수행하고, 제어 프로그램의 코드를 작성하는 것이 이미 상당히 실용화되고 있더라도 이는 인공지능이 단지 수많은 자료를 분석하여 그와 유사한 방식으로 작업을 처리해 주는 것이지 창의적인 작업이나 처리는 아니다. 따라서, 인공지능이 처리한 결과는 모두 100% 신뢰성을 갖는 것도 아니고 윤리적 또는 법률적인 문제에서 완전히 자유로운 결과물이라는 보장도 없다. 디지털 컴퓨터가 만들어진 옛날부터 널리 회자되고 있는 진리의 명제는 “Garbage in, garbage out”이라는 것이다. 인공지능이 바탕으로 사용하는 모든 자료는 완벽하게 신뢰할 수 있는 것이 아니므로 당연히 인공지능이 처리한 결과물도 100% 완전하게 신뢰할 수 있는 것이 아니다.

둘째로, 그렇기 때문에 개발자나 엔지니어의 입장에서 우리는 인공지능을 유용한 도구로서 올바르게 사용하는 능력을 갖추는 것이 중요하다. 인공지능을 올바르게 사용한다는 것은 2가지로 나누어 생각할 수 있는데, 하나는 인공지능의 역할을 제대로 알고 이것에게 내가 원하는 문제를 가장 간결하고 정확하게 지시하여 일을 시키는 것이고, 또 하나는 인공지능이 처리한 결과를 잘 이해하고 이를 비판적으로 선별하여 받아들이는 것이다. 컴퓨터는 “Garbage in, garbage out”이라는 속성을 갖는 기계이므로 우리가 할 수만 있다면 이와 반대로 “Good in, good out”이 되도록 하면 되겠으나 인공지능에게 필요한 방대한 데이터를 우리가 100% 신뢰할 수 있는 것으로만 선별하여 입력하는 것은 현실적으로 불가능하기 때문에 현재처럼 인공지능이 처리한 결과로부터 우리가 신뢰할 수 있는 내용만을 비판적으로 선별하여 받아들이는 것이 훨씬 현실적인 방법이라는 것이다. 적어도 개발자나 엔지니어로서 어떤 분야의 전문가라는 직업을 가지고 대우를 받고 먹고살겠다면 당연히 이런 능력은 갖추어야 한다.

셋째로, 인공지능에게 맡길 수 있는 일을 덜어내어 나의 업무 효율을 높이고 나는 보다 창의적인 일이나 통찰력이 필요한 분야에 집중해야 한다. 인공지능은 반복 작업이나 데이터를 수집하고 분석하여 결론의 도출하는 일에는 뛰어난 능력을 보이므로 이제부터 이런 작업은 인공지능에게 맡기고, 나는 인공지능이 할 수 없는 보다 창의적인 일이나 경험적 통찰력이 필요한 일에 집중함으로써 나의 업무 효율과 가치를 높여야 한다.

네째로, 끊임없이 배우고 적응하면서 자신감을 유지해야 한다. 세상과 기술은 눈부신 속도로 변하면서 발전하고 있다. 인공지능도 앞으로 더 빠르게 발전할 것이다. 그러나, 인공지능이 아무리 발전하더라도 “인공지능이 나보다 우수하며 인공지능이 나의 일자리를 빼앗아 갈 것이다.”라는 공포감이 아니라 “인공지능 덕분에 나는 더 넓고 멀리 보게 되었으며, 인공지능을 이용하여 나의 업무 효율을 높이고 나의 전문 분야에서 업무 레벨을 향상시킬 수 있게 되었다.”는 자신감을 가져야 한다. 당연히 이런 자신감은 그냥 생기지 않는다. 늘 시대의 흐름을 올바르게 읽으면서 끊임없이 자기 계발의 노력을 기울여야 한다. 그렇게 하면 결코 인공지능이 나를 대체하지 못한다. 언제나 내가 인공지능을 올바르게 활용할 수 있어야 한다.

무료 버전의 ChatGPT에게 AI의 시대를 살아가는 엔지니어의 마음가짐은 어떤 것이 필요할까 하고 물었더니 아래와 같이 10가지로 정리하고 결론까지 요약하여 주었다. 오 마이 갓! 인공지능이 사람에게 인공지능을 대하는 자세를 알려준 것이다.

① AI를 경쟁자가 아닌 동료로 바라보라. AI는 당신의 능력을 확장하는 도구다. 경쟁이 아니라 협업의 대상으로 생각하라.
② 문제를 정의할 줄 아는 사람이 되라. AI는 답을 잘 내지만 무엇을 묻느냐는 오직 인간의 몫이다.
③ 도구보다 목적을 먼저 생각하라. 기술의 궁극적인 목적은 인간의 삶을 향상시키는 것이다. 효율보다 가치를 잊지 마라.
④ AI의 한계를 명확히 인식하라. AI는 통계적 예측에 불과하다. 그 결과를 맹신하지 말고 스스로 검증하고 판단하라.
⑤ 비판적 사고를 유지하라. AI가 제시한 결과에 대한 비판은 불신이 아니라 책임감의 표현이다.
⑥ 배움의 속도를 AI보다 빠르게 하라. AI는 학습 속도가 빠르다. 그러나, 인간의 강한 의지로 끊임없이 탐구하고 성장하라.
⑦ 협업의 능력을 키워라. 엔지니어링은 혼자 하는 일이 아니다. AI, 동료, 다른 분야와의 융합적 협력이 성과를 만든다.
⑧ 윤리적 판단을 두려워하지 마라. AI는 옳고 그름을 모른다. 윤리적 판단은 인간의 몫이며, 기술보다 양심이 더 강하다.
⑨ 창의력을 기술의 중심에 두어라. AI는 항상 과거 데이터를 바탕으로 한다. 미래를 여는 것은 당신의 상상력이다.
⑩ 인간다움을 잃지 마라. 기계는 계산하지만, 인간은 의미를 부여하고 공감하며 책임을 진다.

결론 : AI는 인간을 대체하지 않는다. 다만, AI를 잘 다루는 인간이 그렇지 않은 인간을 대체할 뿐이다.

부록

연산증폭기 IC의 데이터 시트

A.1 연산증폭기 LM358/LM2904

A.2 연산증폭기 TLV9101/9102/9104

LM158, LM158A, LM258, LM258A
LM2904, LM2904B, LM2904BA, LM2904V
LM358, LM358A, LM358B, LM358BA
SLOS068AB – JUNE 1976 – REVISED OCTOBER 2024

TEXAS INSTRUMENTS

Industry-Standard Dual Operational Amplifiers

1 Features

- Wide supply range of 3V to 36V (B, BA versions)
- Quiescent current: 300µA/ch (B, BA versions)
- Unity-gain bandwidth of 1.2MHz (B, BA versions)
- Common-mode input voltage range includes ground, enabling direct sensing near ground
- 2mV input offset voltage maximum at 25°C (BA version)
- 3mV input offset voltage maximum at 25°C (A, B versions)
- Internal RF and EMI filter (B, BA versions)
- On products compliant to MIL-PRF-38535, all parameters are tested unless otherwise noted. On all other products, production processing does not necessarily include testing of all parameters.

2 Applications

- Merchant network and server power supply units
- Multi-function printers
- Power supplies and mobile chargers
- Motor control: AC induction, brushed DC, brushless DC, high-voltage, low-voltage, permanent magnet, and stepper motor
- Desktop PC and motherboard
- Indoor and outdoor air conditioners
- Washers, dryers, and refrigerators
- AC inverters, string inverters, central inverters, and voltage frequency drives
- Uninterruptible power supplies
- Electronic point-of-sale systems

3 Description

The LM358B and LM2904B devices are the next-generation versions of the industry-standard operational amplifiers (op amps) LM358 and LM2904, which include two high-voltage (36V) op amps. These devices provide outstanding value for cost-sensitive applications, with features including low offset (300µV, typical), common-mode input range to ground, and high differential input voltage capability.

The LM358B and LM2904B op amps simplify circuit design with enhanced features such as unity-gain stability, lower offset voltage maximum of 3mV (2mV maximum for LM358BA and LM2904BA), and lower quiescent current of 300µA per amplifier (typical). High ESD (2kV, HBM) and integrated EMI and RF filters enable the LM358B and LM2904B devices to be used in the most rugged, environmentally challenging applications.

The LM358B and LM2904B amplifiers are available in micro-sized packaging, such as the SOT23-8, as well as industry standard packages including SOIC, TSSOP, and VSSOP.

Package Information

PART NUMBER[(1)]	PACKAGE	PACKAGE SIZE[(2)]
LM358B, LM358BA, LM2904B, LM2904BA, LM358, LM358A, LM2904, LM2904V, LM258, LM258A	D (SOIC, 8)	4.9mm × 6mm
LM358B, LM358BA, LM2904B, LM2904BA, LM358, LM358A, LM2904, LM2490V	PW (TSSOP, 8)	3mm × 6.4mm
LM358B, LM358BA, LM2904B, LM2904BA, LM358, LM358A, LM2904, LM2904V, LM258, LM258A	DGK (VSSOP, 8)	3mm × 4.9mm
LM358B, LM358BA, LM2904B, LM2904BA	DDF (SOT-23, 8)	2.9mm × 2.8mm
LM358, LM2904	PS (SO, 8)	6.2mm × 7.8mm
LM358, LM2904, LM358A, LM258, LM258A	P (PDIP, 8)	9.81mm × 9.43mm
LM158, LM158A	JG (CDIP, 8)	9.6mm × 6.67mm
LM158, LM158A	FK (LCCC, 20)	8.89mm × 8.89mm

Family Comparison

Specification	LM358B LM358BA	LM2904B LM2904BA	LM358 LM358A	LM2904	LM2904V LM2904AV	LM258 LM258A	LM158 LM158A	Units
Supply voltage	3 to 36	3 to 36	3 to 30	3 to 26	3 to 30	3 to 30	3 to 30	V
Offset voltage (max, 25°C)	± 3 ± 2	± 3 ± 2	± 7 ± 3	± 7	± 7 ± 2	± 5 ± 3	± 5 ± 2	mV
Input bias current (typ / max)	10 / 35	10 / 35	20 / 250 15 / 100	20 / 250	20 / 250	20 / 150 15 / 80	20 / 150 15 / 50	nA
Gain bandwidth product	1.2	1.2	0.7	0.7	0.7	0.7	0.7	MHz
Supply current (typ, per channel)	0.3	0.3	0.35	0.35	0.35	0.35	0.35	mA
ESD (HBM)	2000	2000	500	500	500	500	500	V
Operating ambient temperature	−40 to 85	−40 to 125	0 to 70	−40 to 125	−40 to 125	−25 to 85	−55 to 125	°C

(1) For all available packages, see the orderable addendum at the end of the data sheet.
(2) The package size (length × width) is a nominal value and includes pins, where applicable.

4 Pin Configuration and Functions

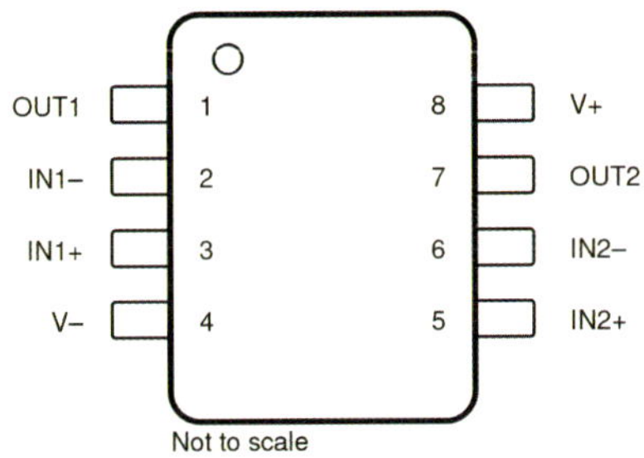

**Figure 4-1. D, DDF, DGK, P, PS, PW, and JG Package
8-Pin SOIC, SOT23-8, VSSOP, PDIP, SO, TSSOP, and CDIP
Top View**

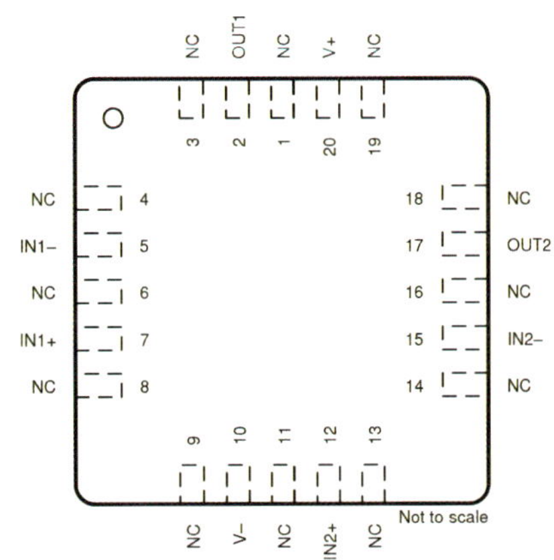

NC - No internal connection

**Figure 4-2. FK Package
20-Pin LCCC
Top View**

Table 4-1. Pin Functions

PIN			I/O	DESCRIPTION
NAME	LCCC[(1)]	SOIC, SOT23-8, VSSOP, CDIP, PDIP, SO, TSSOP, CFP[(1)]		
IN1–	5	2	I	Negative input
IN1+	7	3	I	Positive input
IN2–	15	6	I	Negative input
IN2+	12	5	I	Positive input
OUT1	2	1	O	Output
OUT2	17	7	O	Output
V–	10	4	—	Negative (lowest) supply or ground (for single-supply operation)
NC	1, 3, 4, 6, 8, 9, 11, 13, 14, 16, 18, 19	—	—	No internal connection
V+	20	8	—	Positive (highest) supply

(1) For a listing of which devices are available in what packages, see Section 3.

5 Specifications

5.1 Absolute Maximum Ratings

over operating ambient temperature range (unless otherwise noted)[1]

			MIN	MAX	UNIT
Supply voltage, V_S = ([V+] – [V–])		LM358B, LM358BA, LM2904B, LM2904BA		±20 or 40	V
		LM158, LM258, LM358, LM158A, LM258A, LM358A, LM2904V		±16 or 32	
		LM2904		±13 or 26	
Differential input voltage, V_{ID} [2]		LM358B, LM358BA, LM2904B, LM2904BA,LM158, LM258, LM358, LM158A, LM258A, LM358A, LM2904V	–32	32	V
		LM2904	–26	26	
Input voltage, V_I	Either input	LM358B, LM358BA, LM2904B, LM2904BA	–0.3	40	V
		LM158, LM258, LM358, LM158A, LM258A, LM358A, LM2904V	–0.3	32	
		LM2904	–0.3	26	
Duration of output short circuit (one amplifier) to ground at (or below) T_A = 25°C, V_S ≤ 15 V[3]				Unlimited	s
Operating ambient temperature, T_A		LM158, LM158A	–55	125	°C
		LM258, LM258A	–25	85	
		LM358B, LM358BA	–40	85	
		LM358, LM358A	0	70	
		LM2904B, LM2904BA, LM2904, LM2904V	–40	125	
Operating virtual-junction temperature, T_J				150	°C
Storage temperature, T_{stg}			–65	150	°C

(1) Stresses beyond those listed under *Absolute Maximum Ratings* may cause permanent damage to the device. These are stress ratings only, and do not imply functional operation of the device at these or any other conditions beyond those indicated under *Recommended Operating Conditions*. Exposure to absolute-maximum-rated conditions for extended periods may affect device reliability.
(2) Differential voltages are at IN+, with respect to IN–.
(3) Short circuits from outputs to V_S can cause excessive heating and eventual destruction.

5.2 ESD Ratings

			VALUE	UNIT
LM358B, LM358BA, LM2904B, AND LM2904BA				
$V_{(ESD)}$	Electrostatic discharge	Human-body model (HBM), per ANSI/ESDA/JEDEC JS-001[1]	±2000	V
		Charged-device model (CDM), per JEDEC specification JESD22-C101[2]	±1500	
LM158, LM258, LM358, LM158, LM258A, LM358A, LM2904, AND LM2904V				
$V_{(ESD)}$	Electrostatic discharge	Human-body model (HBM), per ANSI/ESDA/JEDEC JS-001[1]	±500	V
		Charged-device model (CDM), per JEDEC specification JESD22-C101[2]	±1000	

(1) JEDEC document JEP155 states that 500-V HBM allows safe manufacturing with a standard ESD control process.
(2) JEDEC document JEP157 states that 250-V CDM allows safe manufacturing with a standard ESD control process.

5.3 Recommended Operating Conditions

over operating ambient temperature range (unless otherwise noted)

			MIN	MAX	UNIT
V_S	Supply voltage, V_S= ([V+] – [V–])	LM358B, LM358BA, LM2904B, LM2904BA	3	36	V
		LM158, LM258, LM358, LM158A, LM258A, LM358A, LM2904V	3	30	
		LM2904	3	26	
V_{CM}	Common-mode voltage		V–	V+ – 2	V
T_A	Operating ambient temperature	LM358B, LM358BA	–40	85	°C
		LM2904B, LM2904BA, LM2904, LM2904V	–40	125	
		LM358, LM358A	0	70	
		LM258, LM258A	–20	85	
		LM158, LM158A	–55	125	

5.4 Thermal Information

THERMAL METRIC[(1)]		LM258, LM258A, LM358, LM358A, LM358B, LM358BA, LM2904, LM2904B, LM2904BA, LM2904V[(2)]						LM158, LM158A		UNIT
		D (SOIC)	DGK (VSSOP)	P (PDIP)	PS (SO)	PW (TSSOP)	DDF (SOT-23)	FK (LCCC)	JG (CDIP)	
		8 PINS	8 PINS	8 PINS	8 PINS	8 PINS	8PINS	20 PINS	8 PINS	
$R_{\theta JA}$	Junction-to-ambient thermal resistance	124.7	181.4	80.9	116.9	171.7	164.3	84.0	112.4	°C/W
$R_{\theta JC(top)}$	Junction-to-case (top) thermal resistance	66.9	69.4	70.4	62.5	68.8	98.1	56.9	63.6	°C/W
$R_{\theta JB}$	Junction-to-board thermal resistance	67.9	102.9	57.4	68.6	99.2	82.1	57.5	100.3	°C/W
ψ_{JT}	Junction-to-top characterization parameter	19.2	11.8	40	21.9	11.5	11.4	51.7	35.7	°C/W
ψ_{JB}	Junction-to-board characterization parameter	67.2	101.2	56.9	67.6	97.9	81.7	57.1	93.3	°C/W
$R_{\theta JC(bot)}$	Junction-to-case (bottom) thermal resistance	—	—	—	—	—	—	10.6	22.3	°C/W

(1) For more information about traditional and new thermal metrics, see *Semiconductor and IC Package Thermal Metrics*.
(2) For a listing of which devices are available in what packages, see *Section 3*.

5.7 Electrical Characteristics: LM358, LM358A

For V_S = (V+) – (V–) = 5 V, T_A = 25°C (unless otherwise noted)

PARAMETER		TEST CONDITIONS[1]				MIN	TYP[2]	MAX	UNIT
OFFSET VOLTAGE									
V_{OS}	Input offset voltage	V_S = 5 V to 30 V; V_{CM} = 0 V; V_O = 1.4 V	LM358				3	7	mV
				T_A = 0°C to 70°C				9	
			LM358A				2	3	
				T_A = 0°C to 70°C				5	
dV_{OS}/d_T	Input offset voltage drift		LM358	T_A = 0°C to 70°C			7		µV/°C
			LM358A	T_A = 0°C to 70°C			7	20	
PSRR	Input offset voltage vs power supply ($\Delta V_{IO}/\Delta V_S$)	V_S = 5 V to 30 V				65	100		dB
V_{O1}/V_{O2}	Channel separation	f = 1 kHz to 20 kHz					120		dB
INPUT VOLTAGE RANGE									
V_{CM}	Common-mode voltage range	V_S = 5 V to 30 V	LM358			(V–)		(V+) – 1.5	V
		V_S = 30 V	LM358A						
		V_S = 5 V to 30 V	LM358	T_A = 0°C to 70°C		(V–)		(V+) – 2	
		V_S = 30 V	LM358A						
CMRR	Common-mode rejection ratio	V_S = 5 V to 30 V; V_{CM} = 0 V				65	80		dB
INPUT BIAS CURRENT									
I_B	Input bias current	V_O = 1.4 V	LM358				–20	–250	nA
				T_A = 0°C to 70°C				–500	
			LM358A				–15	–100	
				T_A = 0°C to 70°C				–200	
I_{OS}	Input offset current	V_O = 1.4 V	LM358				2	50	nA
				T_A = 0°C to 70°C				150	
			LM358A				2	30	
				T_A = 0°C to 70°C				75	
dI_{OS}/d_T	Input offset current drift						10		pA/°C
			LM358A	T_A = 0°C to 70°C				300	
NOISE									
e_n	Input voltage noise density	f = 1 kHz					40		nV/√Hz
OPEN-LOOP GAIN									
A_{OL}	Open-loop voltage gain	V_S = 15 V; V_O = 1 V to 11 V; R_L ≥ 2 kΩ				25	100		V/mV
				T_A = 0°C to 70°C		15			
FREQUENCY RESPONSE									
GBW	Gain bandwidth product						0.7		MHz
SR	Slew rate	G = +1					0.3		V/µs
OUTPUT									
V_O	Voltage output swing from rail	Positive rail	V_S = 30 V; R_L = 2 kΩ	T_A = 0°C to 70°C				4	V
			V_S = 30 V; R_L ≥ 10 kΩ				2	3	
			V_S = 5 V; R_L ≥ 2 kΩ					1.5	
		Negative rail	V_S = 5 V; R_L ≤ 10 kΩ	T_A = 0°C to 70°C			5	20	mV
I_O	Output current	V_S = 15 V; V_O = 0 V; V_{ID} = 1 V	Source			–20	–30		mA
				LM358A				–60	
					T_A = 0°C to 70°C	–10			
		V_S = 15 V; V_O = 15 V; V_{ID} = –1 V	Sink			10	20		
					T_A = 0°C to 70°C	5			
		V_{ID} = –1 V; V_O = 200 mV				12	30		µA
I_{SC}	Short-circuit current	V_S = 10 V; V_O = V_S / 2					±40	±60	mA
POWER SUPPLY									
I_Q	Quiescent current per amplifier	V_O = 2.5 V; I_O = 0 A		T_A = 0°C to 70°C			350	600	µA
		V_S = 30 V; V_O = 15 V; I_O = 0 A					500	1000	

(1) All characteristics are measured under open-loop conditions, with zero common-mode input voltage, unless otherwise specified. Maximum V_S for testing purposes is 30 V for LM358 and LM358A.
(2) All typical values are T_A = 25°C.

5.8 Electrical Characteristics: LM2904, LM2904V

For V_S = (V+) – (V–) = 5 V, T_A = 25°C (unless otherwise noted)

PARAMETER		TEST CONDITIONS[1]			MIN	TYP[2]	MAX	UNIT
OFFSET VOLTAGE								
V_{OS}	Input offset voltage	V_S = 5 V to maximum; V_{CM} = 0 V; V_O = 1.4 V	Non-A suffix devices			3	7	mV
				T_A = –40°C to 125°C			10	
			A-suffix devices			1	2	
				T_A = –40°C to 125°C			4	
dV_{OS}/d_T	Input offset voltage drift			T_A = –40°C to 125°C		7		µV/°C
PSRR	Input offset voltage vs power supply ($\Delta V_{IO}/\Delta V_S$)	V_S = 5 V to 30 V			65	100		dB
V_{O1}/V_{O2}	Channel separation	f = 1 kHz to 20 kHz				120		dB
INPUT VOLTAGE RANGE								
V_{CM}	Common-mode voltage range	V_S = 5 V to maximum			(V–)		(V+) – 1.5	V
				T_A = –40°C to 125°C	(V–)		(V+) – 2	
CMRR	Common-mode rejection ratio	V_S = 5 V to maximum; V_{CM} = 0 V			65	80		dB
INPUT BIAS CURRENT								
I_B	Input bias current	V_O = 1.4 V				–20	–250	nA
				T_A = –40°C to 125°C			–500	
I_{OS}	Input offset current	V_O = 1.4 V	Non-V suffix device			2	50	nA
				T_A = –40°C to 125°C			300	
			V-suffix device			2	50	
				T_A = –40°C to 125°C			150	
dI_{OS}/d_T	Input offset current drift			T_A = –40°C to 125°C		10		pA/°C
NOISE								
e_n	Input voltage noise density	f = 1 kHz				40		$nV/\sqrt{Hz}$
OPEN-LOOP GAIN								
A_{OL}	Open-loop voltage gain	V_S = 15 V; V_O = 1 V to 11 V; R_L ≥ 2 kΩ			25	100		V/mV
				T_A = –40°C to 125°C	15			
FREQUENCY RESPONSE								
GBW	Gain bandwidth product					0.7		MHz
SR	Slew rate	G = +1				0.3		V/µs
OUTPUT								
V_O	Voltage output swing from rail	Positive rail	R_L ≥ 10 kΩ		V_S – 1.5			V
			Non-V suffix device: V_S = maximum; R_L = 2 kΩ	T_A = –40°C to 125°C			4	
			Non-V suffix device: V_S = maximum; R_L ≥ 10 kΩ	T_A = –40°C to 125°C		2	3	
			V-suffix device: V_S = maximum; R_L = 2 kΩ	T_A = –40°C to 125°C			6	
			V-suffix device: V_S = maximum; R_L ≥ 10 kΩ	T_A = –40°C to 125°C		4	5	
		Negative rail	V_S = 5 V; R_L ≤ 10 kΩ	T_A = –40°C to 125°C		5	20	mV
I_O	Output current	V_S = 15 V; V_O = 0 V; V_{ID} = 1 V	Source		–20	–30		mA
				T_A = –40°C to 125°C	–10			
		V_S = 15 V; V_O = 15 V; V_{ID} = –1 V	Sink		10	20		
				T_A = –40°C to 125°C	5			
		V_{ID} = -1 V; V_O = 200 mV	Non-V suffix device			30		µA
			V-suffix device		12	40		
I_{SC}	Short-circuit current	V_S = 10 V; V_O = V_S / 2				±40	±60	mA
POWER SUPPLY								
I_Q	Quiescent current per amplifier	V_O = 2.5 V; I_O = 0 A		T_A = –40°C to 125°C		350	600	µA
		V_S = maximum; V_O = maximum / 2; I_O = 0 A		T_A = –40°C to 125°C		500	1000	

(1) All characteristics are measured under open-loop conditions, with zero common-mode input voltage, unless otherwise specified. Maximum V_S for testing purposes is 26 V for LM2904 and 32 V for LM2904V.
(2) All typical values are T_A = 25°C.

7 Detailed Description

7.1 Overview

These devices consist of two independent, high-gain frequency-compensated operational amplifiers designed to operate from a single supply over a wide range of voltages. Operation from split supplies also is possible if the difference between the two supplies is within the supply voltage range specified in *Recommended Operating Conditions* and V_S is at least 1.5 V more positive than the input common-mode voltage. The low supply-current drain is independent of the magnitude of the supply voltage.

Applications include transducer amplifiers, dc amplification blocks, and all the conventional operational amplifier circuits that now can be implemented more easily in single-supply-voltage systems. For example, these devices can be operated directly from the standard 5-V supply used in digital systems and easily can provide the required interface electronics without additional ±5-V supplies.

7.2 Functional Block Diagram: LM358B, LM358BA, LM2904B, LM2904BA

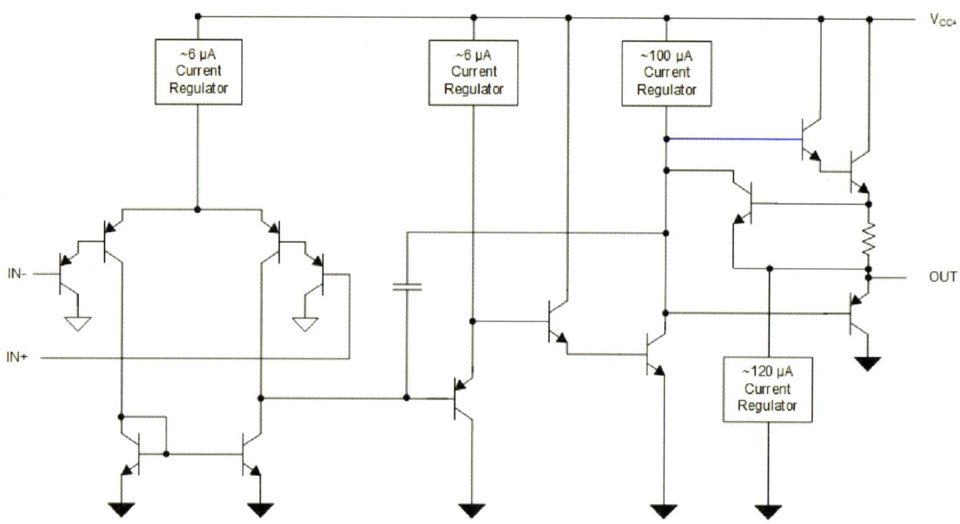

7.3 Feature Description

7.3.1 Unity-Gain Bandwidth

The unity-gain bandwidth is the frequency up to which an amplifier with a unity gain may be operated without greatly distorting the signal. These devices have a 1.2-MHz unity-gain bandwidth (B Version).

7.3.2 Slew Rate

The slew rate is the rate at which an operational amplifier can change its output when there is a change on the input. These devices have a 0.5-V/µs slew rate (B Version).

7.3.3 Input Common-Mode Range

The valid common-mode range is from device ground to V_S – 1.5 V (V_S – 2 V across temperature). Inputs may exceed V_S up to the maximum V_S without device damage. At least one input must be in the valid input common-mode range for the output to be the correct phase. If both inputs exceed the valid range, then the output phase is undefined. If either input more than 0.3 V below V– then input current should be limited to 1 mA and the output phase is undefined.

TLV910x 16-V, 1-MHz, Rail-to-Rail Input/Output, Low Power Op Amp

1 Features

- Rail-to-rail input and output
- Wide bandwidth: 1.1-MHz GBW
- Low quiescent current: 120 µA per amplifier
- Low offset voltage: ±300 µV
- Low offset voltage drift: ±0.6 µV/°C
- Low noise: 28 nV/√Hz at 10 kHz
- High common-mode rejection: 110 dB
- Low bias current: ±10 pA
- High slew rate: 4.5 V/µs
- Wide supply: ±1.35 V to ±8 V, 2.7 V to 16 V
- Robust EMIRR performance: 77 dB at 1.8 GHz

2 Applications

- Optical modules
- Portable test and measurement
- Macro remote radio unit (RRU)
- Baseband unit (BBU)
- Appliances

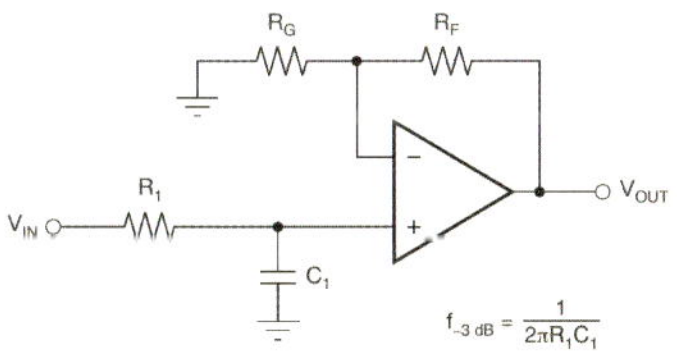

$$\frac{V_{OUT}}{V_{IN}} = \left(1 + \frac{R_F}{R_G}\right)\left(\frac{1}{1 + sR_1C_1}\right)$$

TLV910x in a Single-Pole, Low-Pass Filter

3 Description

The TLV910x family (TLV9101, TLV9102, and TLV9104) is a family of 16-V general purpose operational amplifiers. This family offers excellent DC precision and AC performance, including rail-to-rail input/output, low offset (±300 µV, typ), low offset drift (±0.6 µV/°C, typ), and 1.1-MHz bandwidth.

Wide differential and common-mode input-voltage range, high output current (±80 mA, typ), high slew rate (4.5 V/µs, typ), low power operation (115 µA, typ) and shutdown functionality make the TLV910x a robust, low-power, high-performance operational amplifier for industrial applications.

The TLV910x family of op amps is available in *micro*-size packages, as well as standard packages, and is specified from –40°C to 125°C.

Device Information

PART NUMBER (1)	PACKAGE	BODY SIZE (NOM)
TLV9101	SOT-23 (5)	2.90 mm × 1.60 mm
	SOT-23 (6)	2.90 mm × 1.60 mm
	SC70 (5)	2.00 mm × 1.25 mm
	SOT-553 (5)(2)	1.60 mm × 1.20 mm
TLV9102	SOIC (8)	4.90 mm × 3.90 mm
	SOT-23 (8)	2.90 mm × 1.60 mm
	TSSOP (8)	3.00 mm × 4.40 mm
	VSSOP (8)	3.00 mm × 3.00 mm
	VSSOP (10)	3.00 mm × 3.00 mm
	WSON (8)	2.00 mm × 2.00 mm
	X2QFN (10)	1.50 mm × 1.50 mm
TLV9104	SOIC (14)	8.65 mm × 3.90 mm
	TSSOP (14)	5.00 mm × 4.40 mm
	WQFN (16)	3.00 mm × 3.00 mm
	X2QFN (14)	2.00 mm × 2.00 mm

(1) For all available packages, see the orderable addendum at the end of the data sheet.
(2) This package is preview only.

5 Pin Configuration and Functions

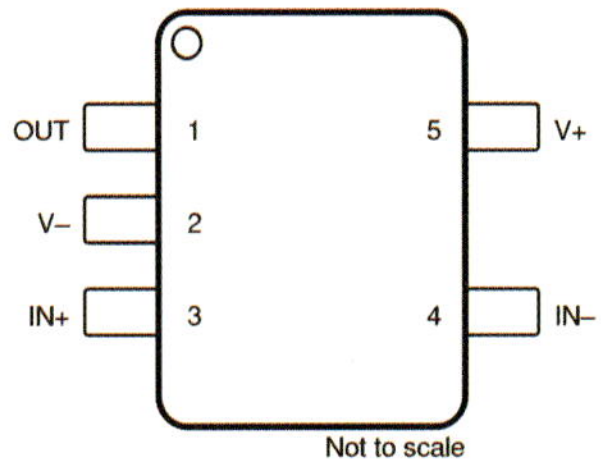

Figure 5-1. TLV9101 DBV Package
5-Pin SOT-23
Top View

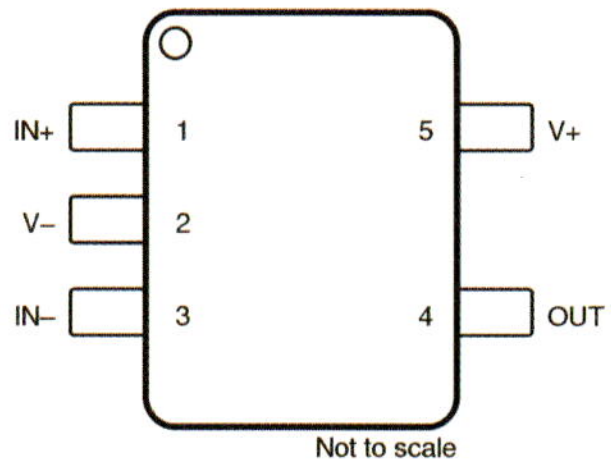

A. Package is preview only.

Figure 5-2. TLV9101 DCK and DRL Package[(A)]
5-Pin SC70 and SOT-553
Top View

Table 5-1. Pin Functions: TLV9101

PIN			I/O	DESCRIPTION
NAME	DBV	DCK and DRL		
+IN	3	1	I	Noninverting input
–IN	4	3	I	Inverting input
OUT	1	4	O	Output
V+	5	5	—	Positive (highest) power supply
V–	2	2	—	Negative (lowest) power supply

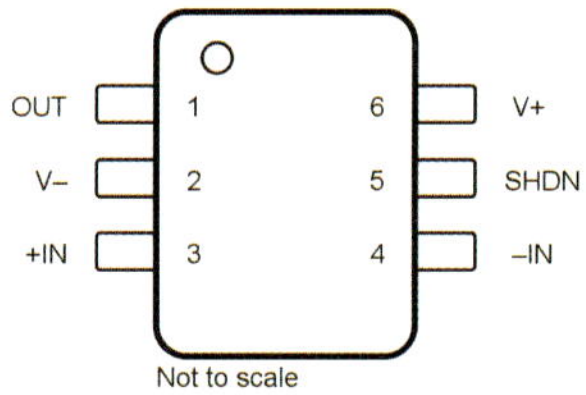

Figure 5-3. TLV9101S DBV Package
6-Pin SOT-23
Top View

Table 5-2. Pin Functions: TLV9101S

PIN		I/O	DESCRIPTION
NAME	NO.		
IN+	3	I	Noninverting input
IN–	4	I	Inverting input
OUT	1	O	Output
SHDN	5	I	Shutdown: low = amplifier enabled, high = amplifier disabled. See Section 7.3.10 for more information.
V+	6	—	Positive (highest) power supply
V–	2	—	Negative (lowest) power supply

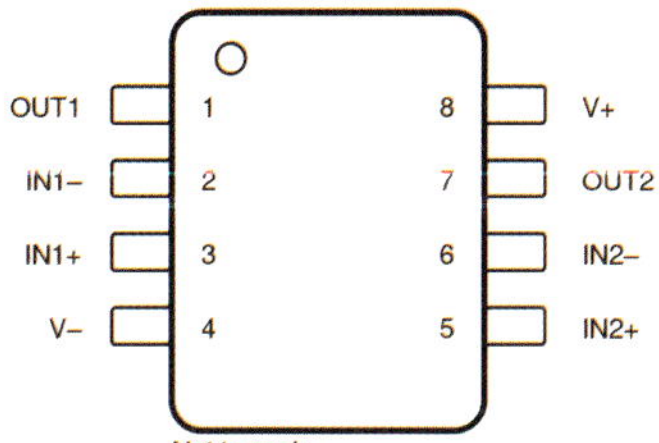

Not to scale

Figure 5-4. TLV9102 D, DDF, DGK, and PW Package 8-Pin SOIC, SOT-23, TSSOP, and VSSOP Top View

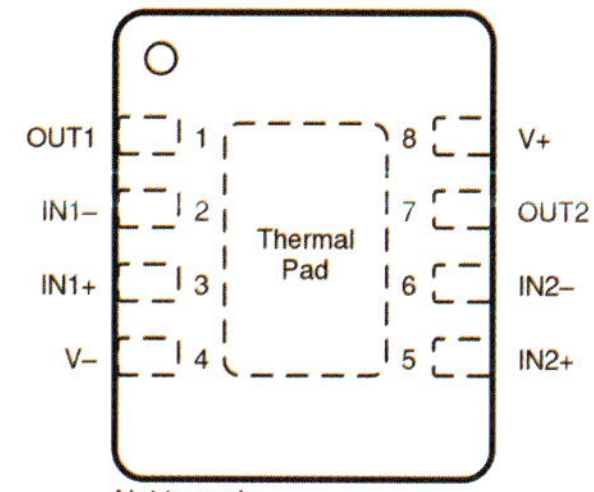

Not to scale

A. Connect thermal pad to V–. See Section 7.3.9 for more information.

Figure 5-5. TLV9102 DSG Package[(A)] 8-Pin WSON With Exposed Thermal Pad Top View

Table 5-3. Pin Functions: TLV9102

PIN		I/O	DESCRIPTION
NAME	NO.		
IN1+	3	I	Noninverting input, channel 1
IN1–	2	I	Inverting input, channel 1
IN2+	5	I	Noninverting input, channel 2
IN2–	6	I	Inverting input, channel 2
OUT1	1	O	Output, channel 1
OUT2	7	O	Output, channel 2
V+	8	—	Positive (highest) power supply
V–	4	—	Negative (lowest) power supply

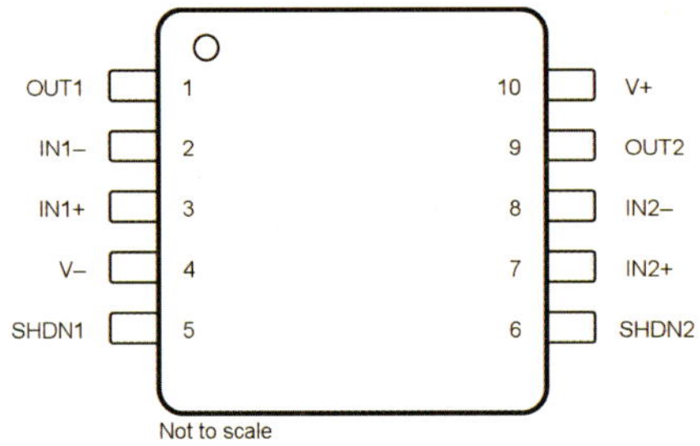

**Figure 5-6. TLV9102S DGS Package
10-Pin VSSOP
Top View**

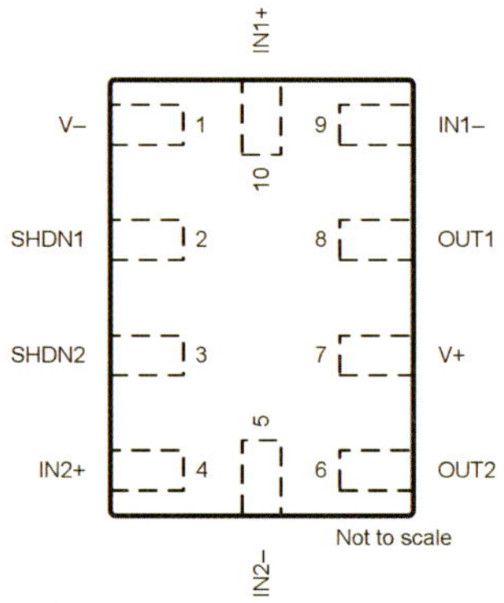

**Figure 5-7. TLV9102S RUG Package
10-Pin X2QFN
Top View**

Table 5-4. Pin Functions: TLV9102S

PIN			I/O	DESCRIPTION
NAME	VSSOP	X2QFN		
IN1+	3	10	I	Noninverting input, channel 1
IN1–	2	9	I	Inverting input, channel 1
IN2+	7	4	I	Noninverting input, channel 2
IN2–	8	5	I	Inverting input, channel 2
OUT1	1	8	O	Output, channel 1
OUT2	9	6	O	Output, channel 2
SHDN1	5	2	I	Shutdown, channel 1: low = amplifier enabled, high = amplifier disabled. See Section 7.3.10 for more information.
SHDN2	6	3	I	Shutdown, channel 2: low = amplifier enabled, high = amplifier disabled. See Section 7.3.10 for more information.
V+	10	7	—	Positive (highest) power supply
V–	4	1	—	Negative (lowest) power supply

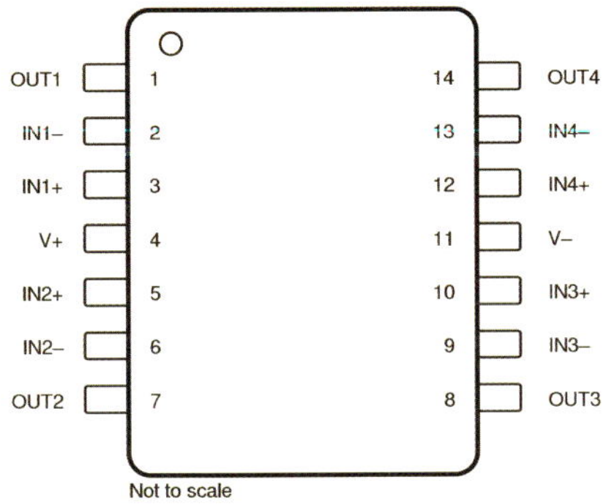

Figure 5-8. TLV9104 D and PW Package 14-Pin SOIC and TSSOP Top View

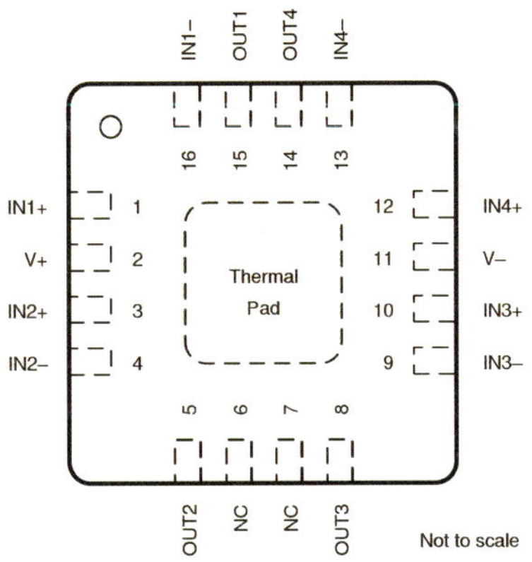

A. Connect thermal pad to V–. See Section 7.3.9 for more information.

Figure 5-9. TLV9104 RTE Package(A) 16-Pin WQFN With Exposed Thermal Pad Top View

Table 5-5. Pin Functions: TLV9104

PIN				I/O	DESCRIPTION
NAME	SOIC and TSSOP	WQFN	X2QFN		
IN1+	3	1	2	I	Noninverting input, channel 1
IN1–	2	16	1	I	Inverting input, channel 1
IN2+	5	3	4	I	Noninverting input, channel 2
IN2–	6	4	5	I	Inverting input, channel 2
IN3+	10	10	9	I	Noninverting input, channel 3
IN3–	9	9	8	I	Inverting input, channel 3
IN4+	12	12	11	I	Noninverting input, channel 4
IN4–	13	13	12	I	Inverting input, channel 4
NC	—	6, 7	—	—	Do not connect
OUT1	1	15	14	O	Output, channel 1
OUT2	7	5	6	O	Output, channel 2
OUT3	8	8	7	O	Output, channel 3
OUT4	14	14	13	O	Output, channel 4
V+	4	2	3	—	Positive (highest) power supply
V–	11	11	10	—	Negative (lowest) power supply

6 Specifications

6.1 Absolute Maximum Ratings

over operating ambient temperature range (unless otherwise noted)(1)

		MIN	MAX	UNIT
Supply voltage, $V_S = (V+) - (V-)$		0	20	V
Signal input pins	Common-mode voltage(3)	(V–) – 0.5	(V+) + 0.5	V
	Differential voltage(3)		V_S + 0.2	V
	Current(3)	–10	10	mA
Shutdown pin voltage		V–	V+	V
Output short-circuit(2)		Continuous		
Operating ambient temperature, T_A		–55	150	°C
Junction temperature, T_J			150	°C
Storage temperature, T_{stg}		–65	150	°C

(1) Stresses beyond those listed under *Absolute Maximum Ratings* may cause permanent damage to the device. These are stress ratings only, which do not imply functional operation of the device at these or any other conditions beyond those indicated under *Recommended Operating Conditions*. Exposure to absolute-maximum-rated conditions for extended periods may affect device reliability.
(2) Short-circuit to ground, one amplifier per package.
(3) Input pins are diode-clamped to the power-supply rails. Input signals that may swing more than 0.5 V beyond the supply rails must be current limited to 10 mA or less.

6.2 ESD Ratings

			VALUE	UNIT
$V_{(ESD)}$	Electrostatic discharge	Human-body model (HBM), per ANSI/ESDA/JEDEC JS-001(1)	±2000	V
		Charged-device model (CDM), per JEDEC specification JESD22-C101(2)	±1000	

(1) JEDEC document JEP155 states that 500-V HBM allows safe manufacturing with a standard ESD control process.
(2) JEDEC document JEP157 states that 250-V CDM allows safe manufacturing with a standard ESD control process.

6.3 Recommended Operating Conditions

over operating ambient temperature range (unless otherwise noted)

		MIN	MAX	UNIT
V_S	Supply voltage, (V+) – (V–)	2.7	16	V
V_I	Input voltage range	(V–) – 0.2	(V+) + 0.2	V
V_{IH}	High level input voltage at shutdown pin (amplifier disabled)	(V–) + 1.1	V+	V
V_{IL}	Low level input voltage at shutdown pin (amplifier enabled)	V–	(V–) + 0.2	V
T_A	Specified temperature	–40	125	°C

6.4 Thermal Information for Single Channel

THERMAL METRIC(1)		TLV9101, TLV9101S				UNIT
		DBV (SOT-23)		DCK (SC70)	DRL(2) (SOT-553)	
		5 PINS	6 PINS	5 PINS	5 PINS	
$R_{\theta JA}$	Junction-to-ambient thermal resistance	192.2	174.6	204.7	TBD	°C/W
$R_{\theta JC(top)}$	Junction-to-case (top) thermal resistance	113.7	113.5	116.6	TBD	°C/W
$R_{\theta JB}$	Junction-to-board thermal resistance	60.6	55.9	51.9	TBD	°C/W
ψ_{JT}	Junction-to-top characterization parameter	37.4	39.7	24.9	TBD	°C/W
ψ_{JB}	Junction-to-board characterization parameter	60.4	55.7	51.6	TBD	°C/W
$R_{\theta JC(bot)}$	Junction-to-case (bottom) thermal resistance	N/A	N/A	N/A	TBD	°C/W

(1) For more information about traditional and new thermal metrics, see the *Semiconductor and IC Package Thermal Metrics* application report, SPRA953.

(2) This package option is preview for TLV9101.

6.5 Thermal Information for Dual Channel

THERMAL METRIC[(1)]		TLV9102, TLV9102S							UNIT
		D (SOIC)	DDF (SOT-23-8)	DGK (VSSOP)	DGS (VSSOP)	DSG (WSON)	PW (TSSOP)	RUG (X2QFN)	
		8 PINS	8 PINS	8 PINS	10 PINS	8 PINS	8 PINS	10 PINS	
$R_{\theta JA}$	Junction-to-ambient thermal resistance	138.7	150.4	189.3	152.2	81.6	188.4	149.6	°C/W
$R_{\theta JC(top)}$	Junction-to-case (top) thermal resistance	78.7	85.6	75.8	67.3	101.6	77.1	58.3	°C/W
$R_{\theta JB}$	Junction-to-board thermal resistance	82.2	70.0	111.0	95.5	48.3	119.1	77.7	°C/W
ψ_{JT}	Junction-to-top characterization parameter	27.8	8.1	15.4	67.9	6.0	14.2	1.3	°C/W
ψ_{JB}	Junction-to-board characterization parameter	81.4	69.6	109.3	94.3	48.3	117.4	77.5	°C/W
$R_{\theta JC(bot)}$	Junction-to-case (bottom) thermal resistance	N/A	N/A	N/A	N/A	22.8	N/A	N/A	°C/W

(1) For more information about traditional and new thermal metrics, see the *Semiconductor and IC Package Thermal Metrics* application report, SPRA953.

6.6 Thermal Information for Quad Channel

THERMAL METRIC[(1)]		TLV9104, TLV9104S				UNIT
		D (SOIC)	PW (TSSOP)	RTE (WQFN)	RUC (WQFN)	
		14 PINS	14 PINS	16 PINS	14 PINS	
$R_{\theta JA}$	Junction-to-ambient thermal resistance	105.2	134.7	53.5	143.0	°C/W
$R_{\theta JC(top)}$	Junction-to-case (top) thermal resistance	61.2	55.0	58.3	46.4	°C/W
$R_{\theta JB}$	Junction-to-board thermal resistance	61.1	70.0	28.6	81.8	°C/W
ψ_{JT}	Junction-to-top characterization parameter	21.4	9.2	2.1	1.0	°C/W
ψ_{JB}	Junction-to-board characterization parameter	60.7	78.1	28.6	81.5	°C/W
$R_{\theta JC(bot)}$	Junction-to-case (bottom) thermal resistance	N/A	N/A	12.6	N/A	°C/W

(1) For more information about traditional and new thermal metrics, see the *Semiconductor and IC Package Thermal Metrics* application report, SPRA953.

6.7 Electrical Characteristics

For V_S = (V+) – (V–) = 2.7 V to 16 V (±1.35 V to ±8 V) at T_A = 25°C, R_L = 10 kΩ connected to V_S / 2, V_{CM} = V_S / 2, and V_{OUT} = V_S / 2, unless otherwise noted.

PARAMETER		TEST CONDITIONS		MIN	TYP	MAX	UNIT
OFFSET VOLTAGE							
V_{OS}	Input offset voltage	V_{CM} = V–			±0.3	±1.5	mV
			T_A = –40°C to 125°C			±1.75	
dV_{OS}/dT	Input offset voltage drift		T_A = –40°C to 125°C		±0.6		μV/°C
PSRR	Input offset voltage versus power supply	V_{CM} = V–	T_A = –40°C to 125°C		±0.1	±0.7	μV/V
	Channel separation	f = 0 Hz			5		μV/V
INPUT BIAS CURRENT							
I_B	Input bias current				±10		pA
I_{OS}	Input offset current				±5		pA
NOISE							
E_N	Input voltage noise	f = 0.1 Hz to 10 Hz			6		$μV_{PP}$
					1		$μV_{RMS}$
e_N	Input voltage noise density	f = 1 kHz			30		nV/√Hz
		f = 10 kHz			28		
i_N	Input current noise	f = 1 kHz			2		fA/√Hz
INPUT VOLTAGE RANGE							
V_{CM}	Common-mode voltage range			(V–) – 0.2		(V+) + 0.2	V
CMRR	Common-mode rejection ratio	V_S = 16 V, (V–) – 0.1 V < V_{CM} < (V+) – 2 V (Main input pair)	T_A = –40°C to 125°C	90	110		dB
		V_S = 4 V, (V–) – 0.1 V < V_{CM} < (V+) – 2 V (Main input pair)		75	95		
		V_S = 2.7 – 16 V, (V+) – 1 V < V_{CM} < (V+) + 0.1 V (Aux input pair)			80		
		(V+) – 2 V < V_{CM} < (V+) – 1 V		See Offset Voltage (Transition Region) in the *Typical Characteristics* section			
INPUT CAPACITANCE							
Z_{ID}	Differential				$100 \parallel 3$		$MΩ \parallel pF$
Z_{ICM}	Common-mode				$6 \parallel 1$		$TΩ \parallel pF$

6.7 Electrical Characteristics (continued)

For V_S = (V+) – (V–) = 2.7 V to 16 V (±1.35 V to ±8 V) at T_A = 25°C, R_L = 10 kΩ connected to V_S / 2, V_{CM} = V_S / 2, and V_{OUT} = V_S / 2, unless otherwise noted.

PARAMETER		TEST CONDITIONS		MIN	TYP	MAX	UNIT
OPEN-LOOP GAIN							
A_{OL}	Open-loop voltage gain	V_S = 16 V, V_{CM} = V– (V–) + 0.1 V < V_O < (V+) – 0.1 V	T_A = –40°C to 125°C	115	135		dB
		V_S = 4 V, V_{CM} = V– (V–) + 0.1 V < V_O < (V+) – 0.1 V		104	125		dB
FREQUENCY RESPONSE							
GBW	Gain-bandwidth product				1.1		MHz
SR	Slew rate	V_S = 16 V, G = +1, C_L = 20 pF			4.5		V/µs
t_S	Settling time	To 0.1%, V_S = 16 V, V_{STEP} = 10 V, G = +1, CL = 20 pF			4		µs
		To 0.1%, V_S = 16 V, V_{STEP} = 2 V, G = +1, CL = 20 pF			2		
		To 0.01%, V_S = 16 V, V_{STEP} = 10 V, G = +1, CL = 20 pF			5		
		To 0.01%, V_S = 16 V, V_{STEP} = 2 V, G = +1, CL = 20 pF			3		
	Phase margin	G = +1, R_L = 10 kΩ, C_L = 20 pF			60		°
	Overload recovery time	V_{IN} × gain > V_S			600		ns
THD+N	Total harmonic distortion + noise	V_S = 16 V, V_O = 1 V_{RMS}, G = -1, f = 1 kHz			0.0028%		
OUTPUT							
	Voltage output swing from rail	Positive and negative rail headroom	V_S = 16 V, R_L = no load		3		mV
			V_S = 16 V, R_L = 10 kΩ		45	60	
			V_S = 16 V, R_L = 2 kΩ		200	300	
			V_S = 2.7 V, R_L = no load		1		
			V_S = 2.7 V, R_L = 10 kΩ		5	20	
			V_S = 2.7 V, R_L = 2 kΩ		25	50	
I_{SC}	Short-circuit current				±80		mA
C_{LOAD}	Capacitive load drive			See Small-Signal Overshoot vs Capacitive Load in the *Typical Characteristics* section			
Z_O	Open-loop output impedance	f = 1 MHz, I_O = 0 A			600		Ω
POWER SUPPLY							
I_Q	Quiescent current per amplifier	I_O = 0 A			115	150	µA
			T_A = –40°C to 125°C			160	

For V_S = (V+) – (V–) = 2.7 V to 16 V (±1.35 V to ±8 V) at T_A = 25°C, R_L = 10 kΩ connected to V_S / 2, V_{CM} = V_S / 2, and V_{OUT} = V_S / 2, unless otherwise noted.

PARAMETER		TEST CONDITIONS	MIN	TYP	MAX	UNIT
SHUTDOWN						
I_{QSD}	Quiescent current per amplifier	V_S = 2.7 V to 16 V, all amplifiers disabled, SHDN = V+		20	30	µA
Z_{SHDN}	Output impedance during shutdown	V_S = 2.7 V to 16 V, amplifier disabled, SHDN = V+		10 || 12		GΩ || pF
V_{IH}	Logic high threshold voltage (amplifier disabled)	For valid input high, the SHDN pin voltage should be greater than the maximum threshold but less than or equal to V+		(V–) + 0.8	(V–) + 1.1	V
V_{IL}	Logic low threshold voltage (amplifier enabled)	For valid input low, the SHDN pin voltage should be less than the minimum threshold but greater than or equal to V–	(V–) + 0.2	(V–) + 0.8		V
t_{ON}	Amplifier enable time (1)	G = +1, V_{CM} = V–, V_O = 0.1 × V_S / 2		11		µs
t_{OFF}	Amplifier disable time (1)	V_{CM} = V–, V_O = V_S / 2		2.5		µs
	SHDN pin input bias current (per pin)	V_S = 2.7 V to 16 V, (V–) + 20 V ≥ SHDN ≥ (V–) + 0.9 V		500		nA
		V_S = 2.7 V to 16 V, (V–) ≤ SHDN ≤ (V–) + 0.7 V		150		

(1) Disable time (t_{OFF}) and enable time (t_{ON}) are defined as the time interval between the 50% point of the signal applied to the SHDN pin and the point at which the output voltage reaches the 10% (disable) or 90% (enable) level.

7 Detailed Description

7.1 Overview

The TLV910x family (TLV9101, TLV9102, and TLV9104) is a family of 16-V general purpose operational amplifiers.

These devices offer excellent DC precision and AC performance, including rail-to-rail input/output, low offset (±300 μV, typ), low offset drift (±0.6 μV/°C, typ), and 1.1-MHz bandwidth.

Wide differential and common-mode input-voltage range, high output current (±80 mA), high slew rate (4.5 V/μs), low power operation (120 μA, typ), and shutdown functionality make the TLV910x a robust, low-power, high-performance operational amplifier for industrial applications.

7.2 Functional Block Diagram

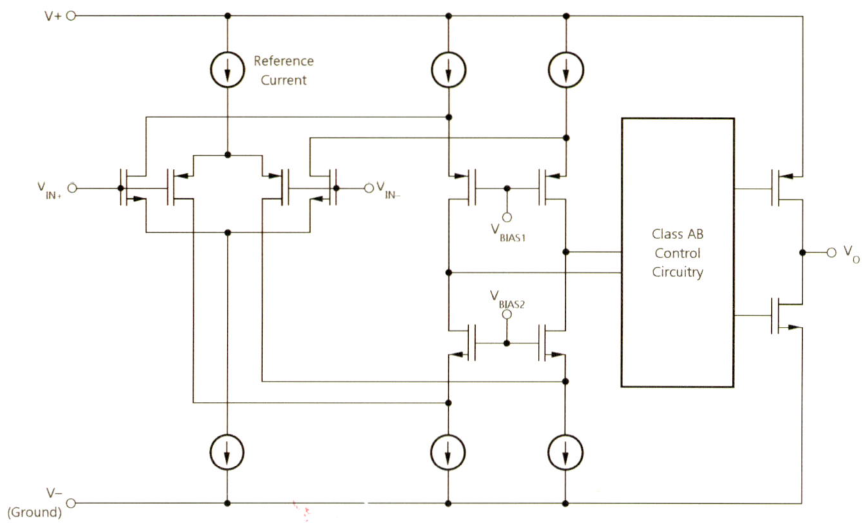

http://www.ohm.co.kr
e-mail : ohm@ohm.co.kr

연산증폭기(Op Amp)를 사용한
아날로그 회로 설계 기술

초판인쇄 2025년 12월 24일
초판발행 2025년 12월 29일

저　　자 공학박사 윤 덕 용 저
발 행 인 이 민 희
발 행 처 도서출판 Ohm사

연산 증폭기 Op Amp

주　　소 서울시 성북구 아리랑로 7길11, 206호
전　　화 02-776-4868~9
팩　　스 02-779-6757
등록번호 1975년 9월 12일 제3-3호

ISBN 978-89-7101-837-8　　정가 40,000원